Kusch / Matthes / Schneider

# Schweißtechnik

**Herausgeber**
Dr.-Ing. Mario Kusch
Prof. Dr.-Ing. habil. Klaus-Jürgen Matthes
Dr.-Ing. Werner Schneider
Institut für Füge- und Montagetechnik, Technische Universität Chemnitz

**Autoren**
Dr.-Ing. Mario Kusch (Kapitel 3, 5 und 7)
Prof. Dr.-Ing. Heiko Lang (Kapitel 4)
Dipl.-Ing. Holger Letsch (Kapitel 6)
Dr.-Ing. Werner Schneider (Kapitel 5)
Dr.-Ing. habil. Dietmar Schober (Abschnitt 3.12, 3.13, 4.4, Kapitel 7 bis 10)
Dr.-Ing. Stefan Thurner (Abschnitt 3.7 bis 3.10)
Dr.-Ing. Marcel Todtermuschke (Kapitel 1 und 2)

Mario Kusch
Klaus-Jürgen Matthes
Werner Schneider

# Schweißtechnik

## Schweißen von metallischen Konstruktionswerkstoffen

8., aktualisierte Auflage

HANSER

FSC
www.fsc.org
MIX
Papier aus verantwortungsvollen Quellen
FSC® C083411

Print-ISBN: 978-3-446-48543-3
E-Book-ISBN: 978-3-446-48692-8



Bibliografische Information der Deutschen Nationalbibliothek:
Die Deutsche Nationalbibliothek verzeichnet diese Publikation in der Deutschen Nationalbibliografie; detaillierte bibliografische Daten sind im Internet unter http://dnb.d-nb.de abrufbar.


Vilshofener Straße 10 | 81679 München | info@hanser.de
*www.hanser-fachbuch.de*
Lektorat: Dipl.-Ing. Natalia Silakova-Herzberg
Herstellung: Frauke Schafft
Coverkonzept: Marc Müller-Bremer, www.rebranding.de, München
Covergestaltung: Max Kostopoulos
Titelmotiv: © stock.adobe.com/Ilshat
Satz: le-tex publishing services, Leipzig
Druck: CPI Books GmbH, Leck
Printed in Germany

# Vorwort

Die schweißtechnische Ausbildung hat in Chemnitz eine langjährige Tradition. Ab dem Jahr 1922 erfolgte eine theoretische und praktische Ausbildung in den Hörsälen und Laborräumen der damaligen Höheren Technischen Lehranstalt. Es wurden die ersten schweißtechnischen Lehrgänge in Verfahrenstechniken des Gas- und Lichtbogenschweißens durchgeführt und Schweißerprüfungen abgenommen. Dieser Tradition fühlen sich die Herausgeber und Autoren verpflichtet.

Forschung, Entwicklung und Anwendung des Schweißens und verwandter Verfahren haben große volkswirtschaftliche Bedeutung. Geschweißte Bauteile finden wir sowohl im Maschinen-, Apparate- und Stahlbau als auch im Automobil-, Schiff- und Flugzeugbau sowie in vielen weiteren technischen Produkten. Die fortschreitende Automatisierung in der Schweißtechnik ermöglicht u. a. auch eine umfassende fertigungstechnische Nutzung physikalischer und chemischer Effekte zum örtlich begrenzten Energieeintrag (Wärme und/oder Druck). Diese unterschiedlichen physikalischen und chemischen Effekte und ihre Kombinationen bilden die Grundlage für die Gliederung dieses Buches und der Verfahrensbeschreibungen.

Neben den theoretischen Grundlagen werden die Schweißverfahren vorgestellt und ihre Anwendungsgebiete aufgezeigt. Schwerpunkte bei den einzelnen Verfahren sind:

- Wirkprinzipien und gerätetechnische Umsetzung,
- Verfahrensmerkmale und Anwendungen,
- Merkblätter und Fachnormen,
- Verfahrensprinzip und Anlagentechnik,
- Verfahrensvarianten,
- Zusatzwerkstoffe,

- Schweißeignung,
- Gestaltungs- und Fertigungshinweise,
- Qualitätsmerkmale, Gütesicherung und Prüfverfahren sowie
- Arbeits- und Gesundheitsschutz.

Schweißen dient dazu, eine Schweißverbindung oder eine geschweißte Beschichtung herzustellen. Voraussetzung für eine qualitätsgerechte Ausführung ist die Berücksichtigung der Einflussfaktoren auf die Schweißbarkeit. Diese Einflussfaktoren umfassen sowohl die konstruktive Gestaltung und die stofflichen Gegebenheiten des zu schweißenden Produkts als auch die fertigungstechnischen Bedingungen. Die fachkundige Ausführung des Schweißvorganges kann nur dann zur qualitätsgerechten Verbindungen führen, wenn das Vorbereiten der Fügestelle und das Nachbereiten sowie Kontrollieren der Verbindung mit Sorgfalt und Umsicht ausgeführt werden. Eine komplexe Berücksichtigung der verschiedenen Einflüsse ist im realen Schweißprozess deshalb in jedem Fall unerlässlich.

Das vorgelegte Lehr- und Fachbuch wendet sich vor allem an Studierende des Maschinenbaus, der Produktionstechnik und der Konstruktionstechnik an Universitäten, Fachhochschulen, Berufsakademien und Weiterbildungseinrichtungen. Es soll ihnen die Möglichkeit geben, den Lernstoff aus den Vorlesungen zu vertiefen sowie Seminare und Übungen gezielt und fundiert vorzubereiten. Natürlich bietet es auch Studienbewerbern die Möglichkeit, sich über das Wissensgebiet „Schweißen und verwandte Verfahren" umfangreich zu informieren. Nicht zuletzt wird es zur Auffrischung und als Nachschlagewerk für in der Praxis tätige Ingenieure und interessierte Leser nutzbar sein.

Das Buch präsentiert den aktuellen Stand des Fachgebietes und der Fachnormen. Die systematische Gliederung des Buches und die annähernd 800 Begriffe des Sachwortverzeichnisses geben dem Nutzer eine klare Orientierung und ermöglichen ein schnelles Auffinden der gesuchten Informationen.

Bei der aktualisierten 8. Auflage dieses Buches haben sehr fachkompetente Autoren mitgewirkt. Es wurden neueste technische Entwicklungen auf dem Gebiet der Schweißtechnik aufgenommen und das zitierte Norm- und Regelwerk dem aktuellen Stand angepasst.

Wir wünschen den Lesern, dass sie die Antworten auf ihre Fragen zu den Schweißverfahren finden und dass trotz der Fülle des Stoffs Klarheit und Verständnis dominieren.

Den Autoren und allen, die an der Fertigstellung dieses Fachbuches maßgeblich mitgearbeitet haben, wird für die gute Zusammenarbeit gedankt.

*Die Herausgeber*

# Inhalt

# 1 Grundlagen

## 1.1 Einteilung der Fertigungsverfahren nach DIN 8580

Produktion (lat.: producere = hervor führen) ist der Prozess der Transformation von Ausgangsstoffen (Rohstoffen) in fertige bzw. weiter zu verarbeitende Produkte bzw. (Wirtschafts-)Güter. Dies erfolgt unter Einsatz von Energie sowie mithilfe spezifischer Produktionsmittel – sogenannter **Produktionstechnik** – nach festgelegtem Schema, d. h. auf der Basis wissenschaftlicher Erkenntnisse in Verfahren und Prozessen, die vom Menschen technologisch beherrscht werden. Die für die Produktion von Gütern mit geometrisch bestimmter Form aus festen Stoffen erforderlichen Bearbeitungsvorgänge werden als **Fertigungsverfahren** bezeichnet. Fertigungsverfahren können durch die Arbeitskraft des Menschen manuell vollzogen werden oder mechanisiert bzw. automatisiert erfolgen. Der Fortschritt in der industriellen Produktionstechnik wird maßgeblich durch Mechanisierung bzw. Automatisierung des **Fertigungsprozesses** sowie der Optimierung seiner Elemente (Arbeitsgegenstand – Arbeitsmittel – Arbeitskraft) zueinander und zur Fertigungsorganisation bestimmt.

Die Vielzahl der Fertigungsverfahren zwingt zur Einordnung in ein überschaubares System, in dem sowohl die bislang bekannten, aber auch die in der Zukunft neu entwickelten Verfahren Platz finden. Die Einteilung der Fertigungsverfahren erfolgt entsprechend DIN 8580 in sechs Hauptgruppen: Urformen, Umformen, Trennen, Fügen, Beschichten und Stoffeigenschaft ändern (Bild 1.1).

Die Fertigungsverfahren lassen sich u. a. nach der Art ihrer Wirkungsweise auf den zu bearbeitenden Werkstoff unterscheiden. Dabei bestehen wechselseitige Anforderungen zwischen dem Fertigungsverfahren und dem Werkstoff. So sind einerseits nicht alle Verfahren auf jeden Werkstoff anwendbar und andererseits lässt sich nicht jeder Werkstoff mit jedem Fertigungsverfahren sinnvoll bearbeiten. Diese Einflüsse und Wechselbeziehungen müssen sowohl bei der Produkt- und Fertigungsprozessgestaltung als auch beim Qualitätsmanagement berücksichtigt werden. Für das Fügen und besonders beim stoffschlüssigen Fügen, wie z. B. Schweißen, Löten, Kleben u. a., besteht in besonderem Maße diese Abhängigkeit, da hier neben Bauteilen aus artgleichen Werkstoffen auch Werkstoffkombinationen gefügt werden. Dies zeigt auch, dass das Fügen eine besondere, grundlegende Bedeutung besitzt. Einerseits existieren kaum monolithische Produkte und andererseits ermöglicht das Fügen die Herstellung komplexer Produkte aus einzelnen, fertigungstechnisch einfacher herzustellenden Bauteilen und erreicht damit außerdem eine Flexibilität in der Prozesskette.

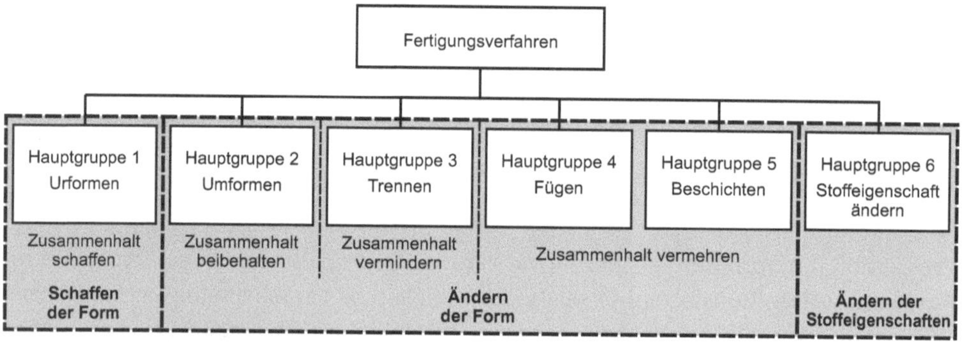


**Bild 1.1** Einteilung der Fertigungsverfahren nach Art des Zusammenhalts und deren Wirkungsweise nach DIN 8580

Neben der Einteilung des Fügens in die Gruppe der Fertigungsverfahren ist Fügen auch eine primäre Operation der **Montage**, zu der auch sekundäre Vorgänge wie Handhaben, Kontrollieren, Justieren sowie weitere Sonderoperationen, wie z. B. Reinigen oder Markieren, gehören (Tabelle 1.1). Das Fügen bewirkt bei der Montage, d. h. beim gezielten Zusammenbau, den aktiven Fertigungsfortschritt am Werkstück bzw. Arbeitsgegenstand hin zum Produkt, d. h., der Zusammenhalt zwischen den Einzelteilen und Baugruppen wird örtlich geschaffen und insgesamt vermehrt.

Unterschiedliche Werkstoffe, wie Metall, Holz, Kunststoff, Textil oder Papier, erfordern jeweils spezifische Fügeverfahren. Gefügt werden können zwei Bauteile **unmittelbar**, d. h. ohne zusätzliche Stoffe, aber auch **mittelbar** mithilfe eines **Verbindungselements**, wie z. B. Schraube, Niet, Nagel oder Spreizring, bzw. eines **Zusatzwerkstoffes** wie Vergussmittel, Schweißelektrode oder Kitt. Dementsprechend gibt es eine große Anzahl verschiedenartiger Fügeverfahren.

Die Unterteilung der Fertigungsverfahrenshauptgruppe „Fügen“ in Gruppen erfolgt in DIN 8593-0 nach dem Ordnungsgesichtspunkt „Art des Zusammenhalts unter Berücksichtigung der Art der Erzeugung“. Die Arten des Zusammenhalts lassen sich dabei unterscheiden in

- Schwerkraft (Reiben), Formschluss oder Federkraft beim Zusammensetzen,
- Einschluss in einen das Füllgut umschließenden Körper beim Füllen,
- Kraftschluss beim An- und Einpressen,
- Formschluss, der durch Urformen bzw. Umformen hervorgerufen wird,
- Stoffverbindung beim Schweißen und Löten,
- Adhäsion beim Kleben sowie
- Formschluss und/oder Kraftschluss bei textilen Faserstoffen.

Daraus resultierend ergibt sich die Einteilung der Hauptgruppe „Fügen“ in neun Verfahrensgruppen (Bild 1.2).

**Tabelle 1.1** Teiloperationen des Montageprozesses nach VDI 2860

| Fügen (DIN 8593) | Handhaben (VDI 2860) | Kontrollieren (VDI 2860) | Justieren durch | Sonderoperation |
|---|---|---|---|---|
| ▪ Zusammensetzen<br>▪ Füllen<br>▪ Anpressen und Einpressen<br>▪ Fügen durch Urformen<br>▪ Fügen durch Umformen<br>▪ Fügen durch Schweißen<br>▪ Fügen durch Löten<br>▪ Fügen durch Kleben<br>▪ textiles Fügen | ▪ Speichern<br>▪ Mengen verändern<br>▪ Bewegen<br>▪ Sichern<br>▪ Kontrollieren | ▪ Messen<br>▪ Prüfen | ▪ Einformen<br>▪ Umformen<br>▪ Trennen<br>▪ Fügen von Ausgleichsteilen<br>▪ Einstellen<br>▪ Nachbehandeln | ▪ Markieren<br>▪ Erwärmen<br>▪ Kühlen<br>▪ Reinigen<br>▪ Entgraten<br>▪ Bedrucken<br>▪ Abdecken<br>▪ Abziehen<br>▪ Auspacken<br>▪ Ölen<br>▪ Einsprühen<br>▪ Abdichten |

Für das **Fügen** wurde folgende Definition entwickelt:

> Fügen ist ein auf Dauer angelegtes Verbinden oder sonstiges Zusammenbringen von zwei oder mehreren Werkstücken (Fügeteilen) geometrisch bestimmter fester Form oder von ebensolchen Werkstücken mit formlosem Stoff, dabei wird der Zusammenhalt örtlich geschaffen und im Ganzen vermehrt.

Der Bereich der Fügeteile, in dem die Verbindung gezielt hergestellt wird, ist die **Fügestelle**. Diese variiert je nach Fügeverfahren in ihren Abmessungen und spezifischen Eigenschaften. Als **Fügevorgang** wird die zeitliche Folge der technologischen Operationen beim Fügen bezeichnet, wie z. B. „In-Lage-bringen“, „In-Lage-halten“ etc. Der **Fügeprozess** ist die Wechselbeziehung der Elemente des Prozesses sowie deren

Wirkung aufeinander in ihrer zeitlichen Folge. Elemente des Fügeprozesses sind u. a. Arbeitsgegenstand (Fügeteile), Arbeitsmittel (z. B. Schweißbrenner, Zusatzwerkstoff etc.), Arbeitskraft (des Menschen) und Arbeitsorganisation (z. B. Gruppenarbeit).

| 1 **Urformen** DIN | 2 **Umformen** DIN 8582 | 3 **Trennen** | 4 **Fügen** DIN 8593-0 | 5 **Beschichten** | 6 **Stoffeigenschaft ändern** |
|---|---|---|---|---|---|
| 1.1 Urformen aus dem flüssigen Zustand | 2.1 Druckumformen DIN 8583-1 | 3.1 Zerteilen DIN 8588 | 4.1 Zusammensetzen DIN 8593-1 | 5.1 Beschichten aus dem flüssigen Zustand | 6.1 Verfestigen durch Umformen |
| 1.2 Urformen aus dem plastischen Zustand | 2.2 Zugdruckumformen DIN 8584-1 | 3.2 Spanen mit geometrisch bestimmten Schneiden DIN 8589-0 | 4.2 Füllen DIN 8593-2 | 5.2 Beschichten aus dem plastischen Zustand | 6.2 Wärmebehandeln DIN EN ISO 4885 |
| 1.3 Urformen aus dem breiigen Zustand | 2.3 Zugumformen DIN 8585-1 | 3.3 Spanen mit geometrisch unbestimmten Schneiden DIN 8589-0 | 4.3 An- und Einpressen DIN 8593-3 | 5.3 Beschichten aus dem breiigen Zustand | 6.3 Thermomechanisches Behandeln |
| 1.4 Urformen aus dem körnigen oder pulverförmigen Zustand | 2.4 Biegeumformen DIN 8586 | 3.4 Abtragen DIN 8590 | 4.4 Fügen durch Urformen DIN 8593-4 | 5.4 Beschichten aus dem körnigen oder pulverförmigen Zustand | 6.4 Sintern Brennen |
| 1.5 Urformen aus dem span- oder faserförmigen Zustand | 2.5 Schubumformen DIN 8587 | 3.5 Zerlegen DIN 8591 | 4.5 Fügen durch Umformen DIN 8593-5 | *Die Gruppe 5.5 entfällt, da Beschichten aus dem spanförmigen Zustand nicht vorkommt.* | 6.5 Magnetisieren |
| *Da Schweißen und Löten beim Urformen im Gegensatz zum Beschichten nicht zur Anwendung kommen, bleiben die Gruppennummern 1.6 und 1.7 frei.* | | 3.6 Reinigen DIN 8592 | 4.6 Fügen durch Schweißen DIN 8593-6 | 5.6 Beschichten durch Schweißen | 6.6 Bestrahlen |
| | | | 4.7 Fügen durch Löten DIN 8593-7 DIN ISO 857-2 | 5.7 Beschichten durch Löten | 6.7 Photochemische Verfahren |
| 1.8 Urformen aus dem gas- oder dampfförmigen Zustand | | | 4.8 Kleben DIN 8593-8 | 5.8 Beschichten aus dem gas- oder dampfförmigen Zustand (Vakuumbeschichten) | |
| 1.9 Urformen aus dem ionisierten Zustand | | | 4.9 Textiles Fügen | 5.9 Beschichten aus dem ionisierten Zustand | |

**Bild 1.2** Detaillierte Übersicht der Fertigungsverfahren nach DIN 8580

## 1.2 Fügen durch Schweißen

Beim Fügen durch **Schweißen** wird der Zusammenhalt durch Stoffverbinden unter Anwendung von Wärme und/oder Kraft mit oder ohne Schweißzusatz erzielt. Dies wird teilweise durch den Einsatz von Schweißhilfsstoffen wie Schutzgasen, Schweißpulver oder Pasten erst ermöglicht oder kann durch diese erweitert werden. Kennzeichnend für eine Schweißverbindung ist, dass alle Fügeteile sowie eventuell verwendete Zusatzwerkstoffe aus artgleichen bzw. artähnlichen Werkstoffen bestehen und daher auch näherungsweise gleiche Schmelztemperaturen aufweisen.

Die Fügestelle wird beim Schweißen als **Schweißzone** bezeichnet und umfasst das **Schweißgut** (tatsächlich aufgeschmolzener Werkstoff) und die **Wärmeeinflusszone (WEZ)**. Die WEZ ist der durch das Schweißen verfahrensbedingt thermisch beeinflusste Bereich direkt neben dem Schweißgut, in dem es infolge der thermischen Beeinflussung zu werkstofflichen Veränderungen (z. B. Kornveränderungen, Diffusionsvorgängen) kommen kann.

Die zum Schweißen erforderliche Energie wird stets von außen in die Fügeteile eingebracht, wobei dies verfahrensabhängig mehr oder weniger lokal an der eigentlichen Fügestelle erfolgt. Dabei können verschiedene physikalische Energieformen Anwendung finden. Die für das Schweißen häufigste Form ist **thermische Energie**, die als **Wärme** zugeführt wird. Das ermöglicht in vielen Fällen den Fügevorgang bzw. fördert in der Regel den Fügeprozess. Typische Formen der Wärmeerzeugung sind chemische Reaktionen, die Wirkung des elektrischen Stroms, Reibung, Wirkung von Strahlen u. a. (Bild 1.3).

Beim Schweißen unter ausschließlicher Anwendung von thermischer Energie wird der Werkstoff an der Fügestelle lokal bis zum Schmelzpunkt der Fügeteile erwärmt, dies führt zum Stoffverbinden. Dieser Prozess wird aus diesem Grund als **Schmelzschweißen** bezeichnet.

Neben der Einwirkung von Wärme kann der Schweißvorgang auch unter der Wirkung von Kraft oder Druck auf die Fügestelle bzw. einer Relativbewegung der Fügeteile erfolgen. Häufig ist eine zusätzliche Wärmeeinbringung erforderlich. Derartige Prozesse werden als **Pressschweißen** bezeichnet.

Eine weitere Unterscheidung der Schweißverfahren nach dem Grad ihrer Mechanisierung und Automatisierung ist ebenso möglich, wie auch nach der Anwendung – d. h. dem Zweck des Schweißens – in Verbindungs- und Auftragschweißverfahren (Bild 1.4). Das Verbindungsschweißen dient der Herstellung von Schweißverbindungen zwischen mindestens zwei Fügeteilen. Auch das **Beschichten** eines Bauteils mit artähnlichem Zusatzwerkstoff, aber beispielsweise höherem Verschleißwiderstand wird als Schweißen (**Auftragschweißen**) bezeichnet. Das Auftragschweißen ist demnach ein stoffschlüssiges Beschichten von Flächen, das je nach der Art der Zusammensetzung des Schweißzusatzes unterschieden wird in Panzern, Plattieren und Puffern.

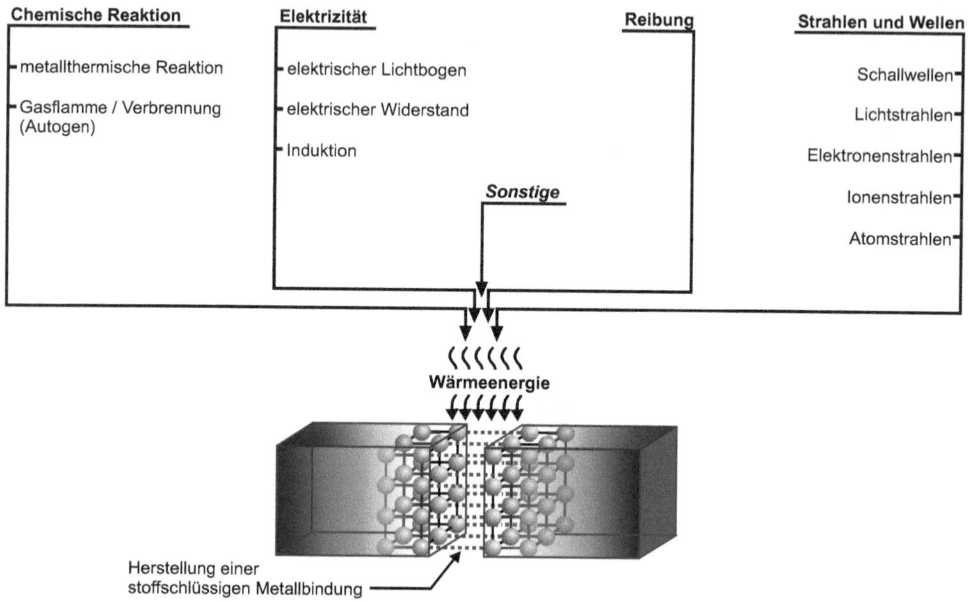


**Bild 1.3** Formen der Wärmeerzeugung an der Fügestelle

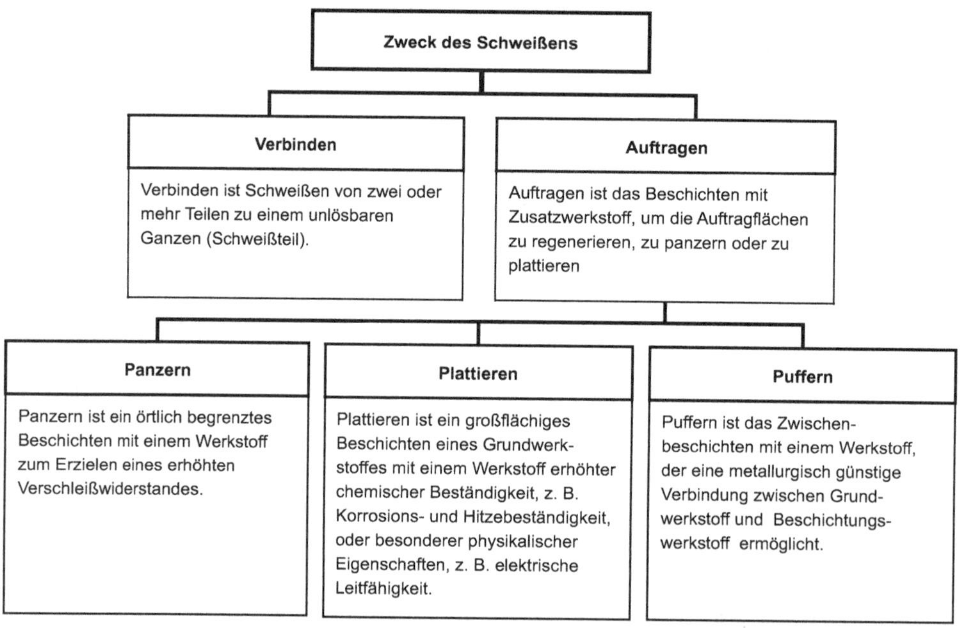


**Bild 1.4** Einteilung des Schweißens nach dessen Zweck

## 1.3 Wirkprinzipien beim Schweißen

Die Schweißverbindung ist eine stoffschlüssige Verbindung. Sie beruht auf der Wirkung zwischenatomarer und zwischenmolekularer Kräfte. Sie zählt zu den **unlösbaren Verbindungen**, die nur durch Materialzerstörung getrennt werden können, z. B. durch mechanische oder thermische Trennverfahren.

Im Folgenden werden ausschließlich Metalle betrachtet. Deren Zusammenhalt basiert auf sogenannter Metallbindung, einer Sonderform der chemischen Bindung, wie sie bei Metallen und in deren Legierungen auftritt. Diese ist gekennzeichnet durch frei bewegliche Elektronen (sogenanntes „**Elektronengas**") innerhalb eines Metallgitters aus Metallionen, was zugleich auch Ursache für Stromleitfähigkeit, Duktilität (Schmiedbarkeit, Verformbarkeit) und den metallischen Glanz dieser Werkstoffe ist. Die eigentliche Bindung innerhalb des Metalls erfolgt durch Anziehungskräfte zwischen Metallionen und freien Elektronen.

Um eine Verbindung zweier fester Metalle herzustellen, ist es notwendig, die Metallgitterstruktur beider Fügepartner sehr stark anzunähern, damit die chemische Bindung der Metallionen an der Oberfläche des Werkstoffes (in der Fügestelle) wirksam wird. Zusätzlich zur Annäherung ist aber auch die Entfernung jeglicher Fremdschichten auf der Oberfläche (z. B. Oxide, Verunreinigungen etc.) der beiden Fügeteile im Bereich der Fügestelle erforderlich. Diese Anforderungen können u. a. durch das Aufschmelzen des Werkstoffes bzw. durch starke Druckeinwirkung oder auch Relativbewegung der Fügeteiloberflächen zueinander erzielt werden.

Schmelz- und Pressschweißen unterscheiden sich in deren physikalischem Ablauf. Das **Schmelzschweißen** ist ein Fügen bei örtlich begrenztem Schmelzfluss ohne Anwendung von Kraft mit oder ohne Schweißzusatz. Das **Pressschweißen** erfolgt unter Anwendung von Kraft ohne oder mit Schweißzusatz. Örtlich begrenztes Erwärmen der Fügeteile an der Fügestelle – auch bis zum Schmelzpunkt – ermöglicht oder erleichtert das Schweißen.

Bild 1.5 zeigt die **Wirkpaarungen** zwischen thermischer und mechanischer Energie, die je nach fertigungstechnischer und gerätetechnischer Umsetzung eine Einteilung der Schweißverfahren nach den **Wirkprinzipien** für das Pressschweißen und für das Schmelzschweißen zulassen.

In den Tabellen 1.2 und 1.3 werden ausgewählte Schweißverfahren entsprechend dieser Einteilung nach den Wirkprinzipien dargestellt. Diese Einteilung bei der Herstellung der Schweißverbindung ist ebenfalls Grundlage des Aufbaus dieses Buches in den nachfolgenden Kapiteln.

Für die dargestellten Verfahren wird neben der Verfahrensbezeichnung – sofern vorhanden – auch die jeweilige **Ordnungsnummer** (ONr.) für Schweißverfahren nach DIN EN ISO 4063 angegeben, die auch Anwendung in den weiteren Kapiteln dieses Buches findet. Die Gliederung dieser höchstens dreistelligen Ordnungsnummer basiert in der ersten Ziffer auf dem physikalischen Grundprinzip, d. h. dem eingesetzten Energieträger zur Durchführung des Schweißens, wird aber gleichfalls für das thermische Schneiden sowie für Lötverfahren angewendet. Die nachfolgenden Ziffern (eine oder zwei) kennzeichnen gegebenenfalls vorhandene Verfahrensuntergruppen und -varianten.

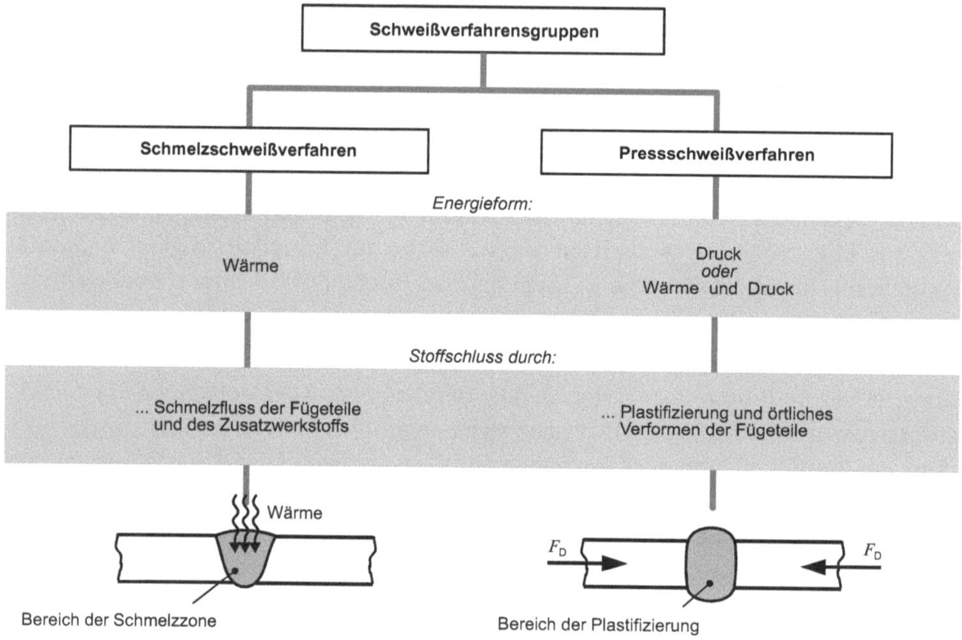


**Bild 1.5** Wirkpaarungen beim Schweißen

**Tabelle 1.2** Wirkprinzipien beim Schmelz- und Pressschweißen (in Anlehnung an DIN 8593-6) **Untergruppe 6.1 Pressschweißen**

| Wirkprinzip | Beschreibung [Ordnungsnummer] | | Beispiel |
|---|---|---|---|
| 6.1.1 ... durch feste Körper | Heizelementschweißen | Fügen von Werkstücken durch Anpressen mit einem beheizten Schweißwerkzeug | 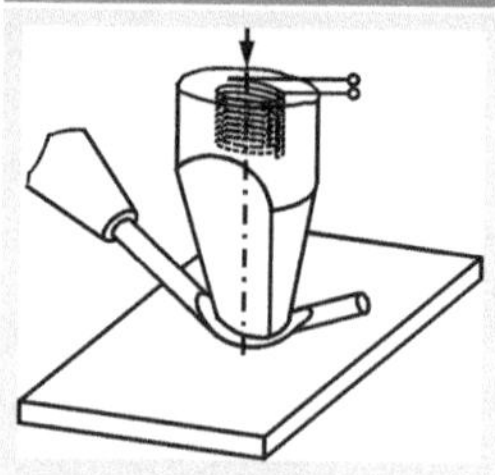 |
| 6.1.2 ... durch Flüssigkeit | Gießpressschweißen | Fügen, indem die Fügestelle der Werkstücke durch Umgießen mit einem flüssigen Energieträger erwärmt und verpresst wird | 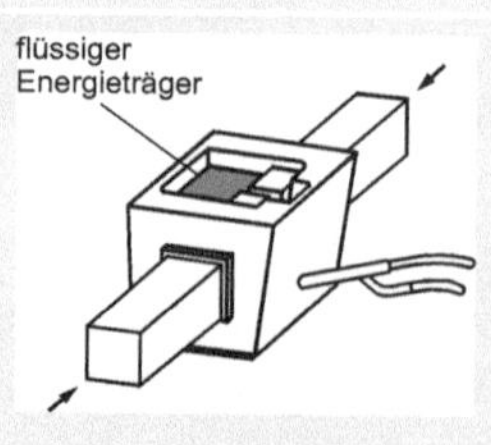  |

| Wirkprinzip | Beschreibung [Ordnungsnummer] | | Beispiel |
|---|---|---|---|
| 6.1.3 ... durch Gas | Gaspressschweißen [ONr. 47] | Fügen durch Verpressen von Werkstücken mit durch Flammen erwärmten Stoßflächen | 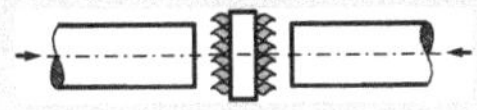 |
| | Walzschweißen | Fügen, indem erwärmte Werkstücke gemeinsam gewalzt werden | 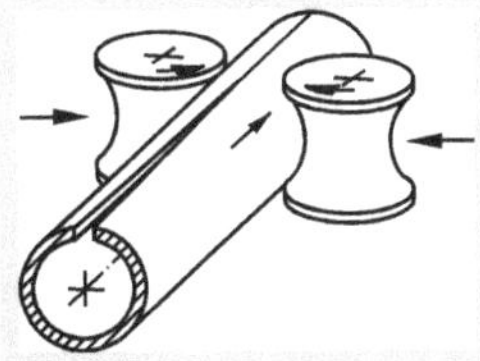 |
| | Feuerschweißen | Fügen von Werkstücken durch Freiformen, Gesenkformen oder Durchdrücken der durch Feuer erwärmten Stoßflächen | 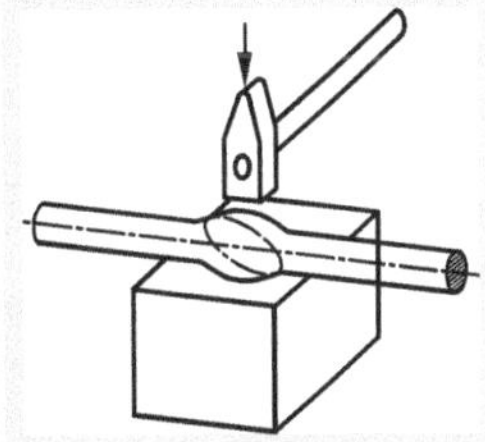 |
| | Diffusionsschweißen [ONr. 45] | Fügen von Werkstücken im Vakuum, unter Schutzgas oder in einer Flüssigkeit auf grund von Diffusion an den Stoßflächen durch Wärme und Kraft | 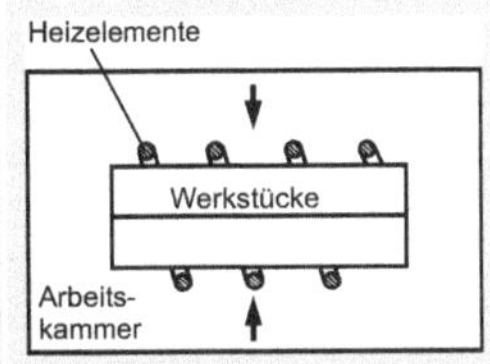  |
| 6.1.4 ... durch elektrische Gasentladung | Lichtbogenpressschweißen | Fügen durch Verpressen von Werkstücken, die durch einen kurzzeitig brennenden Lichtbogen erwärmt wurden | Bolzenschweißen [ONr. 78]<br>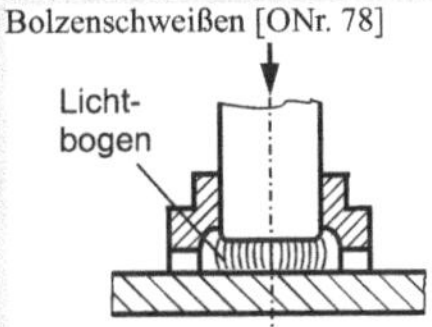 <br><u>alternative Verfahrensvariante:</u><br>Schweißen mit magnetisch bewegtem Lichtbogen [ONr. 185] |
| 6.1.5 ... durch Strahlung | Lichtstrahl-Extrusionsschweißen<br>*Nur für Kunststoffe bekannt* | Kunststoff wird über einen durch Lichtstrahl beheizten Extruder zum Schweißkopf geführt, der die beheizte Masse zwischen die vorher erwärmten Stoßflächen drückt | 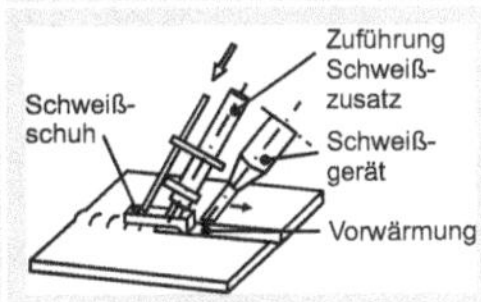  |

Tabelle 1.2 Wirkprinzipien beim Schmelz- und Pressschweißen (in Anlehnung an DIN 8593-6) **Untergruppe 6.1 Pressschweißen** (Fortsetzung)

| Wirkprinzip | Beschreibung [Ordnungsnummer] | | Beispiel |
|---|---|---|---|
| 6.1.6 ... durch Bewegung | Kaltpressschweißen [ONr. 48] | Fügen, indem Werkstücke an der Fügestelle durch stetige Krafteinwirkung ohne Wärme stark plastisch verformt werden | 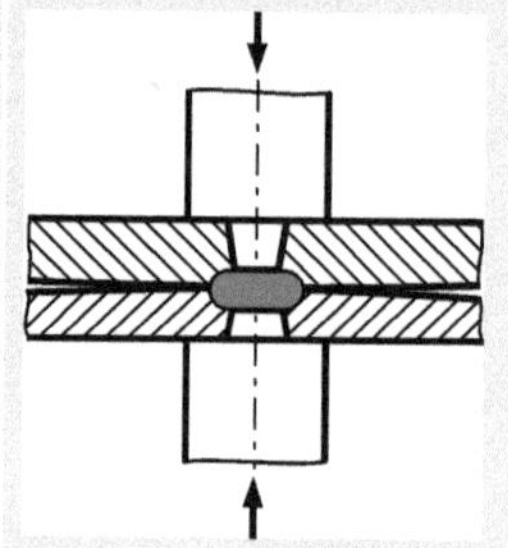 |
| | Schockschweißen | Fügen von Werkstücken durch schlagartige Krafteinwirkung | 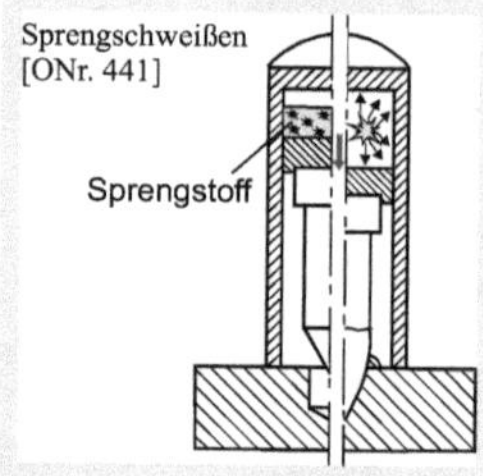<br>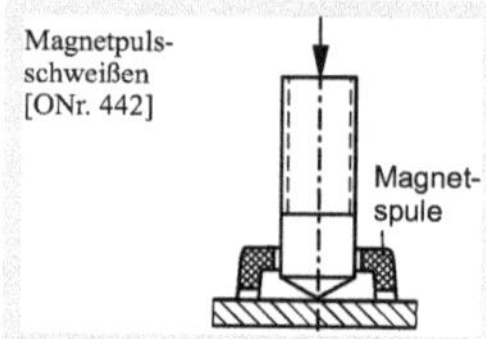 |
| | Ultraschallschweißen [ONr. 41] | Fügen durch Kraft und schwingende Bewegung mit Frequenzen im Ultraschallbereich (f ≥ 20 kHz) | 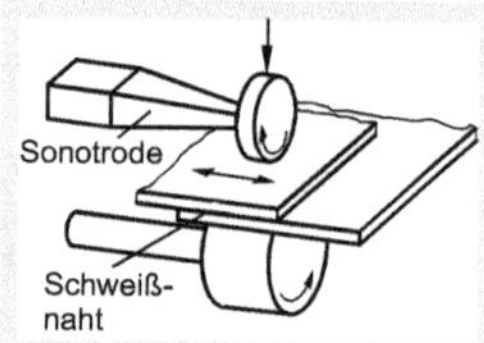 |
| | Reibschweißen [ONr. 42] | Fügen, indem die durch Reibung erwärmten Werkstücke miteinander verpresst werden | 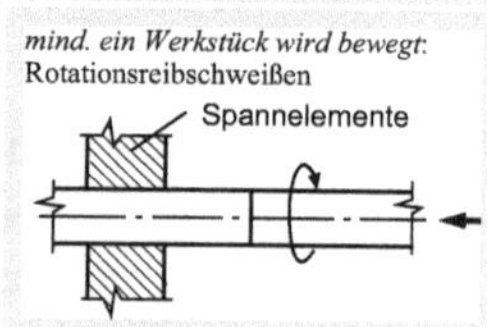<br> |

| Wirkprinzip | Beschreibung [Ordnungsnummer] | | Beispiel |
|---|---|---|---|
| 6.1.7 ... durch elektrischen Strom | Widerstandspress-schweißen | Fügen von Werkstücken durch partielle elektrische Widerstandserwärmung in der Schweißzone und nachfolgendes Verpressen | *konduktives Pressschweißen:* Widerstandspunktschweißen [ONr. 21] 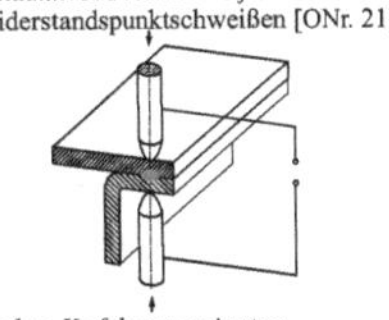 *andere Verfahrensvarianten*: Buckel-, Rollennaht-, Rolltransformator-, Schleifkontakt-, Abbrennstumpf- und Pressstumpfschweißen<br>*induktives Pressschweißen:* Induktionsschweißen [ONr. 74] 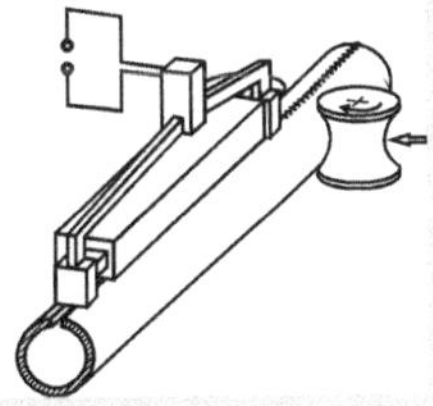 |

**Tabelle 1.3** Wirkprinzipien beim Schmelz- und Pressschweißen (in Anlehnung an DIN 8593-6) **Untergruppe 6.2 Schmelzschweißen**

| Wirkprinzip | Beschreibung [Ordnungsnummer] | | Beispiel |
|---|---|---|---|
| 6.2.1 ... durch feste Körper | *kein Prozess bekannt* | | |
| 6.2.2 ... durch Flüssigkeit | Gießschmelzschweißen | Fügen, indem die eingeformte Fügestelle durch Umgießen mit einem flüssigen Zusatzwerkstoff angeschmolzen wird |   |
| 6.2.3 ... durch Gas | Gasschmelzschweißen [ONr. 3] | Fügen durch Erzeugen des Schweißbades mit einer konzentrierten Brenngas-$O_2$-Flamme |   |

| Wirkprinzip | Beschreibung [Ordnungsnummer] | | Beispiel |
|---|---|---|---|
| 6.2.4<br>... durch elektrische Gasentladung | (Lichtbogen) -Schmelzschweißen mit magnetisch bewegtem Lichtbogen [ONr. 185] | Fügen von Werkstücken, indem ein magnetisch abgelenkter Lichtbogen die Schweißfuge aufschmilzt | 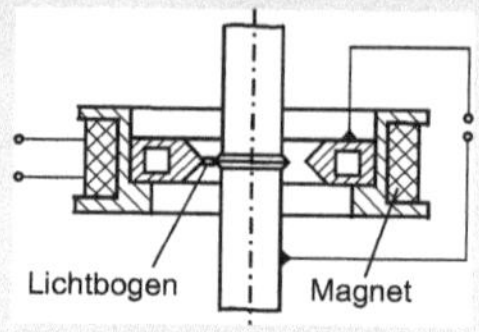 |
| | Funkenschweißen | Fügen, indem durch Funkentladungen der Werkstoff der Elektrode zum Werkstück abgetragen wird | 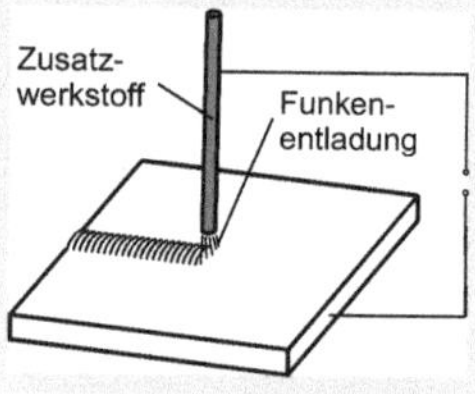 |
| | Metalllichtbogenschweißen [ONr. 11] | Fügen durch Aufschmelzen der Fügestelle mithilfe eines Lichtbogens, der zwischen einer abschmelzenden, schlackebildenden Elektrode und dem Werkstück brennt | Lichtbogenhandschweißen [ONr. 111]<br><br>andere Verfahrensvarianten:<br>Schwerkraft-, Federkraft-, Metalllichtbogenschweißen mit Fülldrahtelektrode, Unterschieneschweißen |
| | Kohlelichtbogenschweißen | Fügen durch Aufschmelzen der Fügestelle mithilfe eines Lichtbogens, der zwischen einer nicht abschmelzenden Kohleelektrode und dem Werkstück brennt | 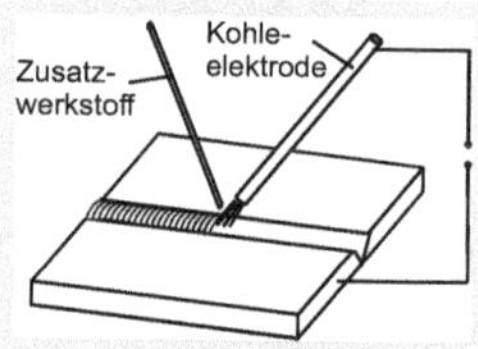 |
| | Unterpulverschweißen [ONr. 12] | Fügen durch Aufschmelzen der Fügestelle mit einem Lichtbogen, der zwischen einer abschmelzenden Elektrode und dem Werkstück brennt, wobei der Lichtbogen mit schlackebildendem Pulver abgedeckt ist | 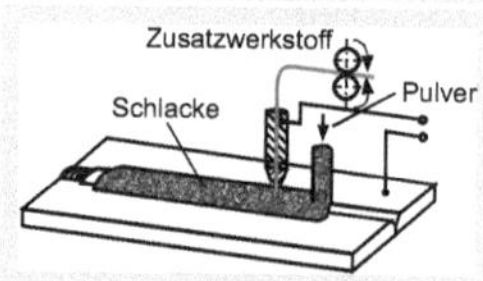 |
| | Schutzgasschweißen | Fügen, indem die Fügestelle mit einem Lichtbogen, der unter Schutzgas zwischen einer Elektrode und dem Werkstück brennt, aufgeschmolzen wird | 1. abschmelzende Elektrode (Metall-Schutzgasschweißen) [ONr. 13]<br>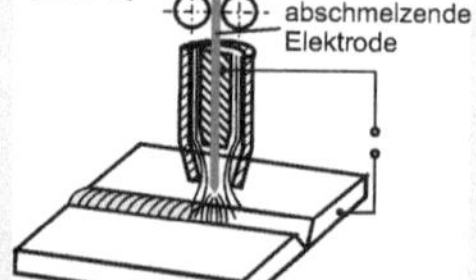<br>2. nicht abschmelzende Elektrode (Wolfram-Schutzgasschweißen) [ONr. 14]<br>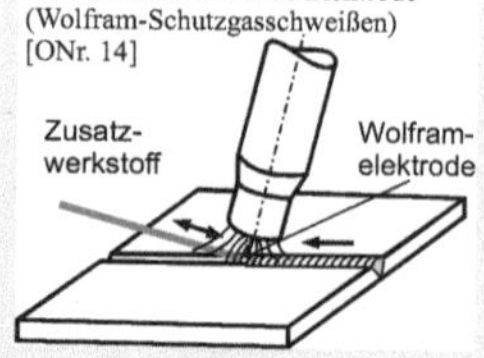 |

| Wirkprinzip | Beschreibung [Ordnungsnummer] | | Beispiel |
|---|---|---|---|
| 6.2.5 ... durch Strahl | Lichtstrahlschweißen [ONr. 75] | Fügen von Werkstücken, indem die Fügestelle mit der Energie eines nicht kohärenten Lichtstrahls aufgeschmolzen wird | 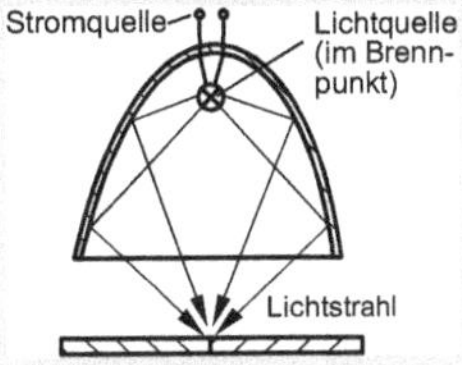  |
| | Laserstrahlschweißen [ONr. 52] | Fügen von Werkstücken, indem die Fügestelle mit der Energie eines kohärenten Strahls aufgeschmolzen wird | 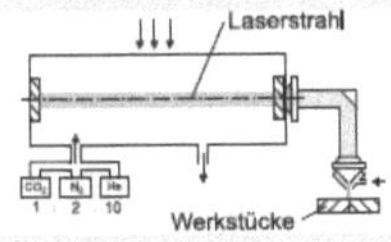  |
| | Elektronenstrahlschweißen [ONr. 51] | Fügen von Werkstücken, indem die Fügestelle mit einem Elektronenstrahl aufgeschmolzen wird | 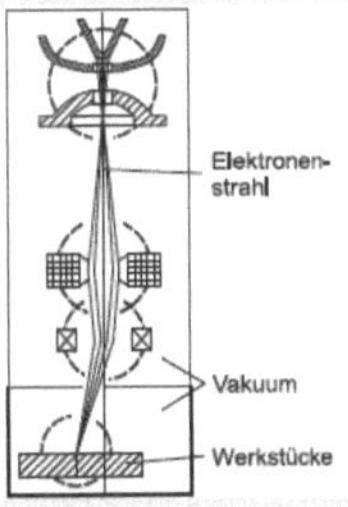  |
| 6.2.6 ... durch Bewegung von Masse | *kein Prozess bekannt* | | |
| 6.2.7 ... durch elektrischen Strom | Widerstandsschmelzschweißen | Fügen von Werkstücken, indem die Fügezone durch Widerstandserwärmung geschmolzen wird | 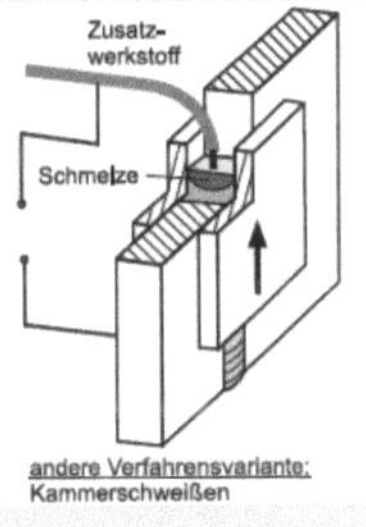  |

# 2 Schweißbarkeit

## 2.1 Grundlagen und Einteilung

Für die **Schweißbarkeit** gilt entsprechend DIN-Fachbericht ISO/TR 581 folgende, international gültige Definition:

> Die Schweißbarkeit eines Bauteils aus metallischem Werkstoff ist vorhanden, wenn der Stoffschluss durch Schweißen mit einem gegebenen Schweißprozess bei Beachtung eines geeigneten Fertigungsablaufs erreicht werden kann. Dabei müssen die Schweißnähte hinsichtlich ihrer örtlichen Eigenschaften und ihres Einflusses auf die Konstruktion, deren Teil sie sind, die gestellten Anforderungen erfüllen.

Die Schweißbarkeit wird von den drei Einflussgrößen Werkstoff, Konstruktion und Fertigung mit näherungsweise gleicher Wichtung bestimmt. Alle drei Einflussgrößen stehen dabei in enger Wechselwirkung untereinander, und die gesamtheitliche Betrachtung der Schweißbarkeit ermöglicht eine qualitative Abschätzung bezüglich:

1. der Eignung von Fügeteilen, diese in eine Verbindung zu überführen, bei denen der Zusammenhalt örtlich geschaffen und insgesamt vermehrt wird,
2. der Sicherheit der gefügten Verbindung während des gesamten Betriebs-Lebenszyklus und
3. der Möglichkeit, mit entsprechenden Technologien Werkstoff- und Bauelementkombinationen mit hoher Zuverlässigkeit zu fügen.

Die Wechselbeziehung zwischen den drei Einflussgrößen wird mit spezifischen Begrifflichkeiten eingeteilt. Dabei ist die **Schweißeignung** eine Werkstoffeigenschaft, die im Wesentlichen von der Fertigung und in geringem Maße von der Konstruktion beeinflusst wird. Die **Schweißsicherheit** als Konstruktionseigenschaft wird vor allem vom Werkstoff und in geringem Maße von der Fertigung beeinflusst. Die **Schweißmöglichkeit** ist eine Fertigungseigenschaft, die insbesondere von der Konstruktion und in geringem Maße vom Werkstoff beeinflusst wird. Jede dieser Eigenschaften hängt – wie die Schweißbarkeit eines Bauteils – von Werkstoff, Konstruktion und Fertigung ab, jedoch ist die Bedeutung der Einflussgrößen für diese drei Eigenschaften unterschiedlich (Bild 2.1).

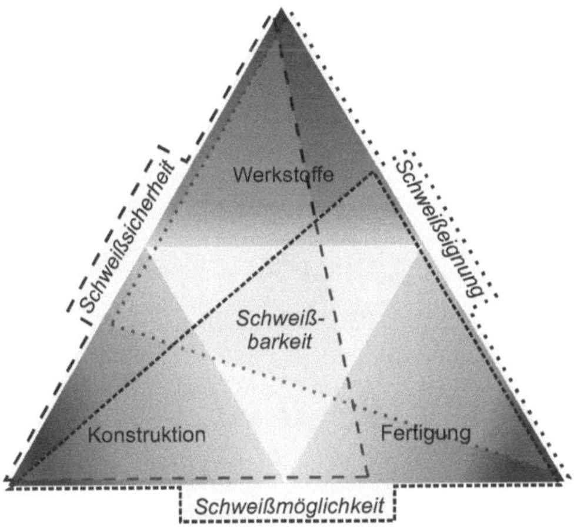


**Bild 2.1**
Beschreibung der Schweißbarkeit als Wechselbeziehung von Schweißeignung, Schweißsicherheit und Schweißmöglichkeit

Als Verallgemeinerung der Schweißbarkeit kann für die Vielzahl der existierenden Fügeverfahren der Begriff der **Fügbarkeit** definiert werden, und damit wird in Analogie die Eigenschaft von Fügeteilen beschrieben, unter gegebenen stofflichen, konstruktiven und fertigungstechnischen Bedingungen so zu einer Verbindung gefügt werden zu können, dass die geforderten Gebrauchseigenschaften erfüllt werden [MAT03].

Die Abschätzung der Schweißbarkeit eines Bauteils erfolgt in drei Stufen:

1. gut geeignet,
2. bedingt geeignet,
3. ungeeignet.

Bei „bedingt geeigneter" Schweißbarkeit kann neben den fertigungstechnischen Maßnahmen, d. h. der Vorbereitung zum Schweißen, dem Ausführen des Schweißens und den Nachbereitungen der geschweißten Verbindung auch mithilfe geeigneter konstruktiver Maßnahmen eine Verbesserung der Schweißbarkeit erreicht werden.

Wichtige Einflussgrößen auf die Schweißeignung, -sicherheit und -möglichkeit sowie deren Wechselbeziehungen sind in Bild 2.2 dargestellt.

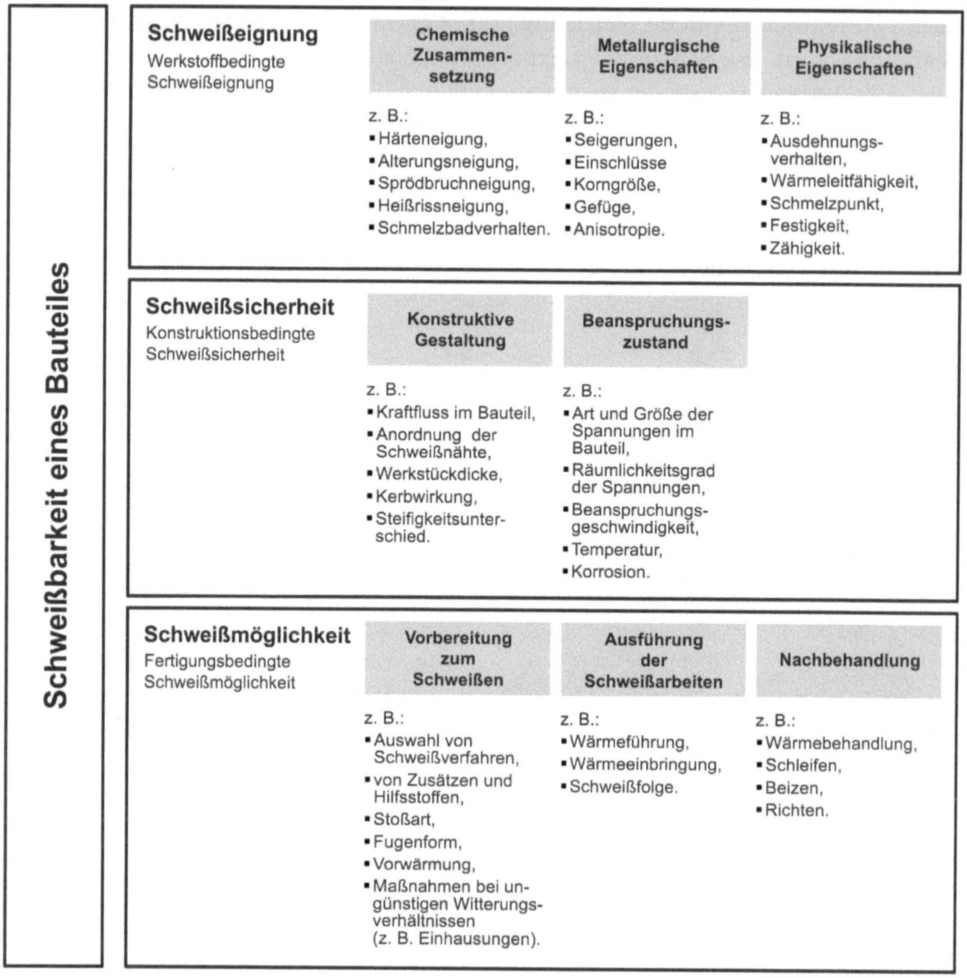


**Bild 2.2** Wichtige Einflussgrößen auf die Schweißeignung, Schweißsicherheit und Schweißmöglichkeit (in Anlehnung an [BOE84])

Eine Auswahl dieser Einflussgrößen, soweit sie für das weitere Verständnis bei der Behandlung von Schweißverfahren von Bedeutung sind, wie z. B. Wärmeeintrag, mechanische Gütewerte, Verformungen und Spannungen, werden in den nachfolgenden Ausführungen erläutert.

## 2.2 Schweißeignung von Stählen

Die Schweißeignung eines Werkstoffs ist vorhanden, wenn bei der Fertigung aufgrund der werkstoffbedingten chemischen, metallurgischen und physikalischen Eigenschaften eine anforderungsgerechte Schweißverbindung hergestellt werden kann. Die Schweißeignung eines Werkstoffes innerhalb einer Werkstoffgruppe ist umso besser, je weniger die werkstoffbedingten Faktoren beim Festlegen der schweißtechnischen Fertigungsoperationen beachtet werden müssen. Die Schweißeignung eines Werkstoffes oder einer Werkstoffgruppe wird von verschiedenen Faktoren beeinflusst, siehe Tabelle 2.1.

**Tabelle 2.1** Einflussfaktoren auf die Schweißeignung

| Einflussfaktor | Beispiele | Mögliche Auswirkung auf ... |
|---|---|---|
| Chemische Zusammensetzung | ▪ Art der Basislegierung (z. B. Eisen-, Aluminium-, Nickel-, Kupfer- usw.)<br>▪ Legierungsbestandteile (gewünschte)<br>▪ Begleitelemente/Verunreinigungen | ▪ Aufhärtung<br>▪ Heißrissbildung<br>▪ Lunkerentstehung<br>▪ Korrosionsbeständigkeit<br>▪ Alterung<br>▪ Sprödbruchneigung<br>▪ Anlegierungsneigung |
| Metallurgische Eigenschaften | ▪ Gefügearten<br>▪ Korngröße<br>▪ Kornstreckung<br>▪ Kornorientierung<br>▪ Seigerungsverhalten | ▪ Gefügeausbildung<br>▪ Anisotropie<br>▪ Umwandlungsverhalten<br>▪ Bildung von Einschlüssen<br>▪ Aufhärtung<br>▪ Rissbildung |
| Physikalische Eigenschaften | ▪ Schmelztemperatur<br>▪ elektrische Leitfähigkeit<br>▪ Wärmeleitfähigkeit<br>▪ Wärmeausdehnungskoeffizient<br>▪ E-Modul<br>▪ Streckgrenze<br>▪ elastische/plastische Dehnbarkeit<br>▪ Zugfestigkeit<br>▪ Glanz/Reflexion | ▪ Festigkeits- und Zähigkeitsverhalten<br>▪ Schrumpfung<br>▪ Eigenspannungen<br>▪ Verzug |

Mit der chemischen Zusammensetzung metallischer Werkstoffe, d. h. mit ihren Legierungsgehalten, aber auch mit ihren **Verunreinigungen** (Phosphor, Schwefel, Stickstoff, Wasserstoff) werden die Werkstoffeigenschaften erheblich beeinflusst. In der Regel verschlechtert sich die Schweißeignung mit zunehmenden Legierungsgehalten sowie Verunreinigungen. Neben der chemischen Zusammensetzung bestimmt vor allem die Metallurgie metallischer Werkstoffe die Schweißeignung ganz wesentlich. Der Anteil von Verunreinigungen und Einschlüssen wird von der **Erschmelzungsart** (z. B. im Vakuum, Elektroofen oder Herdverfahren) und der Vergießungsart (unberuhigt, beruhigt, doppelt beruhigt) bestimmt. Praktisch werden heute keine unberuhigt (d. h. mit viel Restsauerstoff und ausgeprägten Seigerungszonen) vergossenen Stähle mehr hergestellt, da im industriell fast ausschließlich angewandten Stranggussverfahren ein unberuhigter Stahl nicht mehr vergossen werden kann. Dies ist technisch nur noch im Kokillenguss möglich, der aber völlig unwirtschaftlich ist. Dennoch ist insbesondere bei Reparaturschweißungen an älteren Konstruktionen damit zu rechnen, unberuhigte Stähle vorzufinden, was einer speziellen Betrachtung bedarf.

Eine Nachbehandlung, z. B. mechanisch durch Walzen oder thermisch durch Glühen, bewirkt eine Änderung des Gefüges, der Korngröße bzw. der Aufhärtung. Dies verdeutlicht die wechselseitige Beziehung zwischen den stofflichen Komponenten, dem metallurgischen Prozess sowie dem Fertigungsprozess und den Gebrauchseigenschaften der Schweißverbindung.

Bei Stählen erfolgt die Abschätzung der Schweißeignung auf Basis von Stahlgruppen. Diese werden entsprechend DIN EN 10020 (Bild 2.3) unterteilt nach der Menge an Legierungsgehalten in

- unlegierte Stähle,
- nichtrostende Stähle sowie
- andere legierte Stähle.

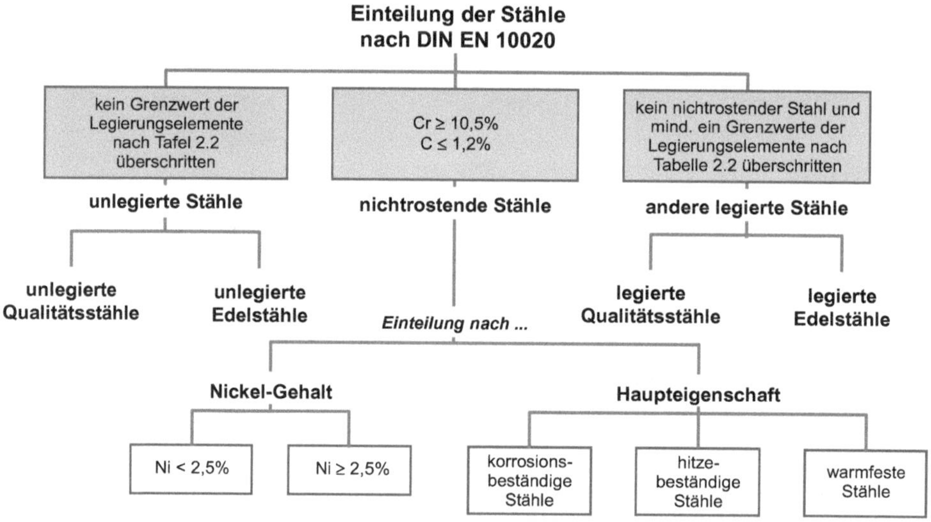


Bild 2.3 Einteilung der Stähle nach DIN EN 10020

Tabelle 2.2 zeigt die Grenzwerte zwischen unlegierten und legierten Stählen. **Edelstähle** unterscheiden sich von den **Qualitätsstählen** durch einen höheren Reinheitsgehalt – speziell bezüglich nichtmetallischer Einschlüsse. Unlegierte Edelstähle eignen sich vor allem zum Vergüten oder Oberflächenhärten. Die präzise Einhaltung der chemischen Zusammensetzung ermöglicht sehr gute Eigenschaften zur Erfüllung erhöhter Anforderungen, so z. B. hohe Streckgrenzen- oder Härtbarkeitswerte, aber auch die spezifische Eignung zur Kaltumformung oder zum Schweißen.

Legierte Edelstähle schließen legierte Maschinenbaustähle und legierte Stähle für Druckbehälter, Wälzlagerstähle, Werkzeugstähle, Schnellarbeitsstähle und solche mit spezifischen physikalischen Eigenschaften, wie z. B. kontrolliertem Ausdehnungskoeffizienten oder besonderem elektrischen Widerstand, ein.

**Tabelle 2.2** Grenzwerte der Legierungselemente zwischen unlegierten und legierten Stähle

| | |
|---|---|
| **Al** | 0,03 % |
| **B** | 0,0008 % |
| **Bi** | 0,10 % |
| **Co** | 0,30 % |
| **Cr** | 0,30 % |
| **Cu** | 0,40 % |
| **La** | 0,10 % |
| **Mn** | 1,65 % |
| **Mo** | 0,08 % |
| **Nb** | 0,06 % |
| **Ni** | 0,30 % |
| **Pb** | 0,40 % |
| **Se** | 0,10 % |
| **Si** | 0,60 % |
| **Te** | 0,10 % |
| **Ti** | 0,05 % |
| **V** | 0,10 % |
| **W** | 0,30 % |
| **Zr** | 0,05 % |

Je nach Grad der Erwärmung des Werkstoffes an der Fügestelle entweder bis zu einem schmelzflüssigen oder noch teigigen Zustand kann zwischen Schmelzschweißeignung und Pressschweißeignung unterschieden werden.

Zur qualitativen Abschätzung der Schmelzschweißeignung von Stählen haben sich drei Methoden praktisch bewährt:

**Methode A – Abschätzung der Schweißeignung von unlegierten Stählen:**

Sie ist gegeben, wenn der Kohlenstoffgehalt $C \leq 0{,}22\,\%$ beträgt. Liegt der Kohlenstoffgehalt zwischen 0,22 % und 0,40 %, so ist die Schweißeignung mit „bedingt schweißbar“ einzuschätzen, kann jedoch durch Vorwärmen der Werkstoffe oberhalb von 100 °C verbessert werden.

**Methode B – Abschätzung der Schweißeignung von legierten Stähle (ausgenommen nichtrostende Stähle):**

Neben Kohlenstoff beeinflussen weitere Legierungselemente im Stahl die Gefügeausbildung in der Schweißverbindung und die resultierende Härte in der Schweißnaht und der Wärmeeinflusszone (WEZ). Unter bestimmten Bedingungen kommt es zu Kaltrissen, d. h. Rissen in der Schweißnaht, die sich erst nach vollständiger Abkühlung der Schweißnaht, teilweise auch mehrere Stunden oder Tage später ohne zusätzliche externe Beanspruchung der geschweißten Bauteile bilden können. Zur Einschätzung der Gefahr von Kaltrissen, d. h. zur Schweißeignung dieser Stähle, kann das **Kohlenstoffäquivalent** herangezogen werden. Das Kohlenstoffäquivalent wird in Abhängigkeit von den Anteilen der Legierungselemente in Gewichtsprozenten bestimmt. Für die Einschätzung der Schweißeignung steht eine Vielzahl von überwiegend empirisch ermittelten Kohlenstoffäquivalenten zur Verfügung. Für unlegierte Stähle und Feinkornbaustähle mit Legierungsgehalten entsprechend Tabelle 2.3 kann nach DIN EN 1011-2 beispielsweise das Kohlenstoffäquivalent nach IIW-(International Institute of Welding)-Formel zur Einschätzung der Kaltrissgefahr durch freien Wasserstoff angewandt werden:

$$CE = C + \frac{Mn}{6} + \frac{Cr + Mo + V}{5} + \frac{Ni + Cu}{15} [\%] \tag{2.1}$$

Die Schweißeignung ist gegeben, wenn das Kohlenstoffäquivalent $CE \leq 0{,}4\,\%$ beträgt. Liegen die Werte für das Kohlenstoffäquivalent $CE$ oberhalb von 0,4 %, so ist entweder vorzuwärmen oder der Wärmeeintrag, d. h. die Streckenenergie, zu erhöhen. Die gleiche Formel wird in der DIN EN 15085 (Schweißen von Schienenfahrzeugen und -fahrzeugteilen) ebenfalls verwendet und dort als CEV bezeichnet. Zusätzlich werden aber bezüglich der erforderlichen Vorwärmtemperaturen die in Tabelle 2.4 dargestellten Angaben gemacht.

**Tabelle 2.3** Grenzwerte für Legierungselemente zur Anwendung des Kohlenstoffäquivalentes *CE* nach DIN EN 1011-2

| | |
|---|---|
| **C** | 0,05...0,25 % |
| **Si** | ≤ 0,8 % |
| **Mn** | ≤ 1,7 % |
| **Cr** | ≤ 0,9 % |
| **Cu** | ≤ 1,0 % |
| **Ni** | ≤ 2,5 % |
| **Mo** | ≤ 0,75 % |
| **V** | ≤ 0,2 % |

**Tabelle 2.4** Empfohlene Vorwärmtemperaturen entsprechend dem Kohlenstoffäquivalent CEV nach DIN EN 15085

| *CEV* [%] | Blechdicke [mm] | Vorwärmtemperaturen [°C] |
|---|---|---|
| > 0,30...0,45[1)] | $t < 25$ | keine |
| | $t \geq 25$ | 100...200 |
| > 0,45...0,60 | $t \leq 50$ (in Ausnahme $t > 50$) | 150...250 |
| > 0,60...0,75 | | 200...350 |

1) Bei Stahlguss ist bereits ab einem *CEV* > 0,35 % vorzuwärmen, dabei sind die Normen und Herstellerangaben zu beachten.

Eine weitere Möglichkeit zur Abschätzung der Kaltrissgefahr ist das Kohlenstoffäquivalent *CET* nach DIN EN 1011-2:

$$CET = C + \frac{Mn + Mo}{10} + \frac{Cr + Cu}{20} + \frac{Ni}{40} [\%] \tag{2.2}$$

Die Grenzwerte der Legierungselemente für die Anwendbarkeit von *CET* sind in Tabelle 2.5 dargestellt.

**Tabelle 2.5** Grenzwerte für Legierungselemente zur Anwendung des Kohlenstoffäquivalentes CET [UWE91]

| | |
|---|---|
| **C** | 0,05...0,32 % |
| **Si** | ≤ 0,8 % |
| **Mn** | 0,5...1,9 % |
| **Cr** | ≤ 1,5 % |
| **Cu** | ≤ 0,7 % |
| **Mo** | ≤ 0,75 % |
| **Nb** | ≤ 0,06 % |
| **Ni** | ≤ 2,5 % |
| **Ti** | ≤ 0,12 % |
| **V** | ≤ 0,18 % |
| **B** | ≤ 0,005 % |

Die Vorwärmtemperatur lässt sich dabei basierend auf dem Kohlenstoffäquivalent CET wie folgt berechnen:

$$T_{pCET} = 750CET - 150°C \tag{2.3}$$

Ferner bestehen Abhängigkeiten der Vorwärmtemperatur von der Blechdicke, dem Wasserstoffgehalt, der Wärmeeinbringung und der Eigenspannungen.

In der Literatur sind weitere Kohlenstoffäquivalente, wie z. B. CEN, CEM oder PCM, bekannt, die jeweils einen eng begrenzten Anwendungsbereich aufweisen.

Detaillierte Aussagen zur Schweißeignung von legierten Stählen sind weiterhin durch Betrachtung der **Gefügeumwandlungen** im Zeit-Temperatur-Verlauf möglich. Beim Schweißvorgang ist die Wärmeführung durch schnelle Aufheizung auf hohe Spitzentemperaturen, kurze Haltezeiten und schnelle Abkühlung gekennzeichnet. Insbesondere die Abkühlung aus der Schweißwärme beeinflusst die Gefügeausbildung und damit die mechanisch-technologischen Eigenschaften, wie Härte, Zugfestigkeit, Dehngrenze, Brucheinschnürung, Kerbschlagarbeit, ganz entscheidend. Dafür wurden spezielle ZTU-Schaubilder unter entsprechenden Bedingungen aufgenommen. Aus diesen sogenannten Schweiß-Zeit-Temperatur-Umwandlungs-Schaubildern (**SZTU-Schaubilder**) sind dann Informationen, wie z. B.

- Ermittlung der Schweißdaten für vergütete Stähle zur Erhaltung des Vergütungseffektes,
- Ermittlung der Güteeigenschaften in der WEZ in Abhängigkeit von den gewählten Schweißdaten,
- Bestimmung der Vorwärmtemperaturen,
- Auswahl von Werkstoffen und Schweißverfahren,
- Beurteilung des Kaltverformungsvermögens

nach dem Schweißen zu entnehmen.

Eine Beeinflussung der Stahleigenschaften durch den Schweißprozess ist besonders in der Nähe der Schmelzlinie (Phasengrenzlinie zwischen aufgeschmolzenem und festem Werkstoff) zu erwarten, da sich hier eine **Grobkornzone** im Gefüge ausbildet. Um die Vorgänge insbesondere in der Wärmeeinflusszone bestimmen zu können, legt man die maßgeblichen Temperaturintervalle in der Abkühlphase fest. Prinzipiell können zur Charakterisierung des Abkühlverlaufes beliebige Temperaturintervalle herangezogen werden. Von besonderer Bedeutung ist aber der Temperaturbereich zwischen 800 und 500 °C, da sich hier im Wesentlichen das Umwandlungsverhalten des Austenits entscheidet. Diese als **$t_{8/5}$-Konzept** bezeichnete Methode basiert auf der Zeitspanne, in der die Schweißraupe und ihre WEZ von 800 auf 500 °C abkühlen. Während dieser Abkühlzeit ($t_{8/5}$-Zeit) finden vorrangig alle für die Eigenschaften des Stahles entscheidenden Umwandlungsvorgänge statt.

SZTU-Diagramme stellen die zu erwartenden Gefügeanteile des Schweißgutes in Abhängigkeit von der jeweiligen

- chemischen Zusammensetzung des Grundwerkstoffes (Charge),
- der Austenitisierungstemperatur und -dauer sowie
- der Abkühlzeit $t_{8/5}$ im Temperaturbereich von 800 °C bis 500 °C

dar.

In Verbindung mit dem SZTU-Diagramm steht das Diagramm der mechanisch-technologischen Gütewerte der Schweißverbindung in der Wärmeeinflusszone. Die mechanischen Gütewerte (Härte *HV*, Zugfestigkeit $R_m$, Streckgrenze $R_{p0,2}$, Einschnürung *Z*, Dehnung *A*, Kerbschlagarbeit *K*) verändern sich ebenfalls mit sich ändernder Abkühlzeit $t_{8/5}$. Die vielfältigen Anwendungsmöglichkeiten der Schweiß-ZTU-Diagramme über die Abschätzung der Schweißeignung hinaus, wie Vermeidung von Kaltrissen durch Vorwärmen und Optimieren der Streckenenergie, des Kaltverformungsvermögens u. a., sind in Bild 2.4 aufgeführt.

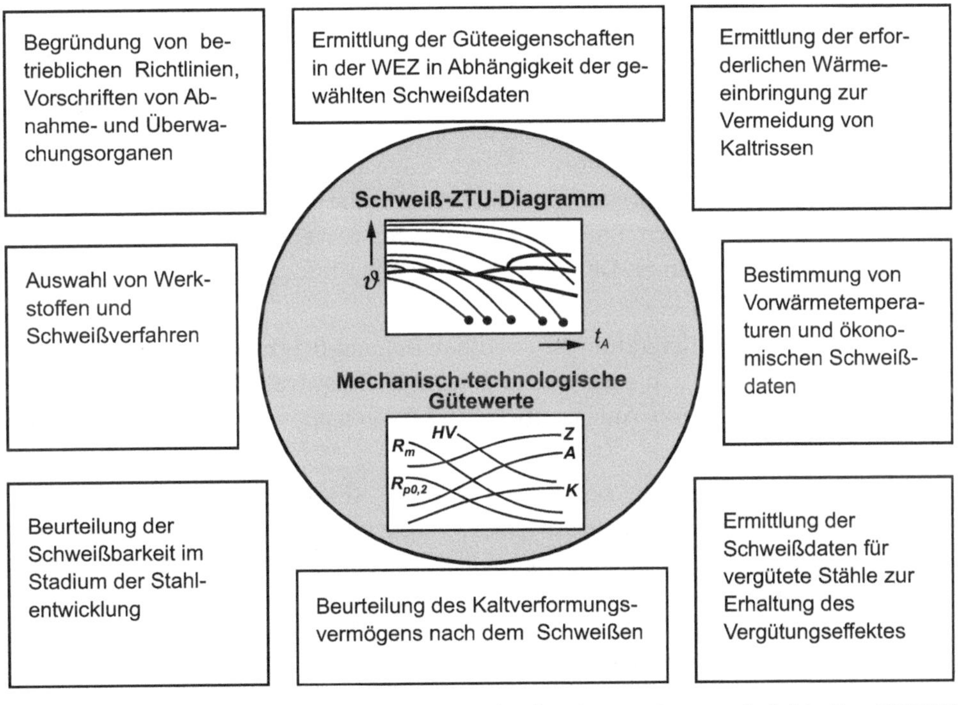


**Bild 2.4** Schematisches SZTU-Diagramm und seine Anwendungsmöglichkeiten [SEY92]

**Methode C – Abschätzung der Schweißeignung von nichtrostenden Stählen:**

**Nichtrostende Stähle** generieren ihre Eigenschaften aus einem hohen Chromgehalt von mindestens 10,5 % und einem begrenzten Kohlenstoff-Massenanteil von höchstens 1,2 %. Eine weitere Einteilung nichtrostender Stähle erfolgt nach ihren jeweiligen Haupteigenschaften als korrosionsbeständig, hitzebeständig oder warmfest bzw. nach ihrem Nickelgehalt. Nickel und Chrom sind in diesen Stählen in erhöhten Anteilen vorhanden. Nickel ist dabei ein **Austenitbildner** und Chrom demgegenüber ein **Ferritbildner**, d. h., dass diese Elemente dem Stahl zulegiert werden, um nach der Abkühlung bei Raumtemperatur ein überwiegend austenitisches bzw. ferritisches Gefüge vorzufinden. Neben Nickel sind weitere Elemente wie Kobalt (Co) und Mangan (Mn) Austenitbildner. Neben Chrom erweitern folgende Elemente das Ferritgebiet ebenfalls: Mo, V, Al, Ti, P, Si, Be. Des Weiteren stabilisieren die Elemente Nb, Ta, Ce, Zr den Ferrit durch heterogene Einschränkung des Austenitgebietes. Wie beim Kohlenstoffäquivalent können deshalb auch Chrom- und Nickeläquivalente bestimmt werden. Diese Kenngrößen geben Aufschluss über die jeweiligen Gefügeanteile in nichtrostenden Stählen. Das Nickel-Äquivalent kann in einem Diagramm gegenüber dem Chrom-Äquivalent aufgetragen werden, um die jeweils auftretenden Gefügeanteile an Austenit und Ferrit zu ermitteln. Damit kann die Schmelzschweißeignung von nichtrostenden Stählen ausreichend abgeschätzt werden. Das **Schaeffler-Diagramm** (Bild 2.5) ermöglicht die Bestimmung der Grundwerkstoffe, des Schweißzusatzes und – bei bekannter Durchmischung des Schweißgutes – dessen Lage im Diagramm. Außerdem sind verschiedene Bereiche gekennzeichnet, die spezifische Gefahren des Versagens der Schweißnaht kennzeichnen. Entscheidend für die Schweißeignung ist die Lage des Schweißgutes im Diagramm. Die günstigste Lage befindet sich im Austenitbereich mit 10...15 % Ferrit.

Neben dem Schaeffler-Diagramm ist auch das DeLong-Diagramm bekannt, welches zusätzlich Stickstoff mit in die Berechnung des Nickel-Äquivalents einbezieht und damit innerhalb eines engeren Analysenbereiches die genauere Abschätzung des Ferritgehaltes ermöglicht.

Die Schmelzschweißeignung bei Strahlverfahren (Elektronenstrahl, Laserstrahl) schließt die bereits vorgestellte Schmelzschweißeignung von Stahl ein und geht vielfach darüber hinaus, d. h. mit konventionellen Lichtbogenschweißverfahren bedingt schweißbare Stähle sind demgegenüber häufig mit Strahlverfahren gut schweißbar. Insbesondere Werkstoffkombinationen, die in vielen Fällen zur Bildung von spröden Phasen führen, sind mittels Strahlverfahren schweißbar, da hierbei nur sehr schmale Aufschmelzzonen entstehen und ein sehr extremer thermischer Zyklus mit hohen Temperaturgradienten abläuft.

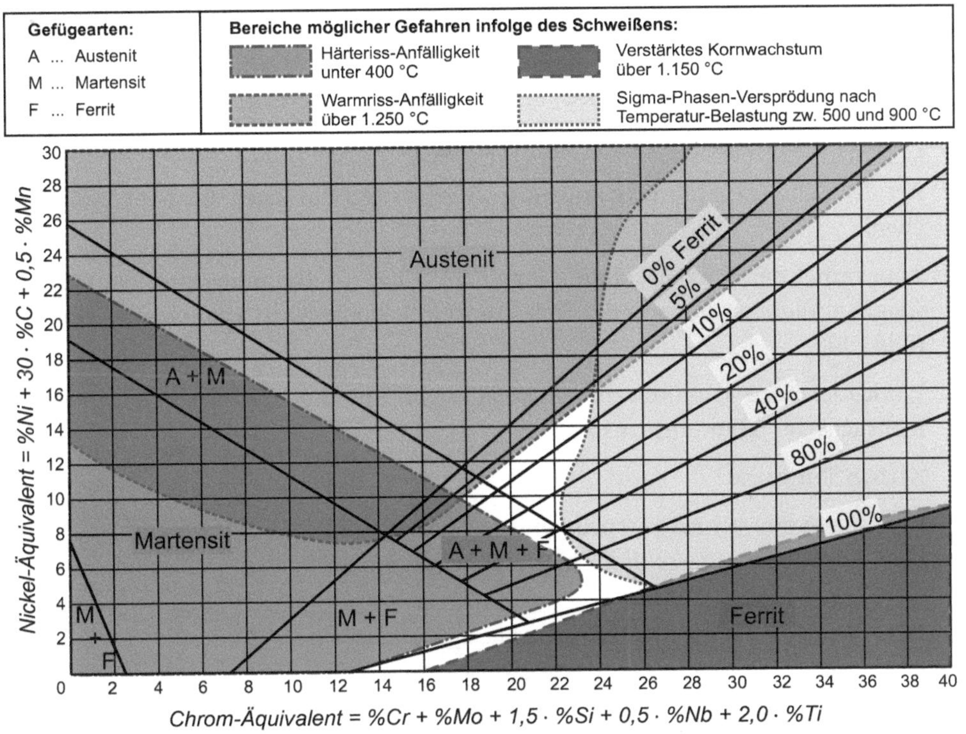


**Bild 2.5** Schaeffler-Diagramm mit Gefahrenbereichen zum Versagen der Schweißnaht

## 2.3 Schweißsicherheit

Die Schweißsicherheit einer Konstruktion ist gegeben, wenn das zu fügende Bauteil mit dem dafür verwendeten Werkstoff aufgrund seiner konstruktiven Gestaltung unter den vorgesehenen Betriebsbedingungen, d. h. dem **Beanspruchungszustand**, funktionsfähig bleibt (Bild 2.2). Je weniger die konstruktionsbedingten Einflussfaktoren bei der Auswahl des Werkstoffes sowie des Schweißverfahrens beachtet werden müssen, desto besser ist die Schweißsicherheit des Bauteils.

## 2.3.1 Konstruktive Gestaltung

Die konstruktive Gestaltung umfasst das Zusammenwirken von:

- Kraftfluss im Bauteil (Bild 2.6 und Bild 2.7),
- Art der Schweißnähte (punktförmig, linienförmig durchgehend oder unterbrochen),
- Anordnung der Schweißnähte (längs oder quer zur Hauptbeanspruchungsrichtung, parallel verlaufend oder sich kreuzend) sowie deren Spannungsverteilung (Bild 2.8),
- Werkstückdicke (Dünnblech = zweiachsiger Spannungszustand; Dickblech = mehrachsiger Spannungszustand),
- Kerbwirkung und
- Steifigkeitsunterschieden (sprunghafter oder allmählicher Querschnittsübergang beim Fügen von unterschiedlichen Querschnitten, bei Eckverbindungen u. a.).

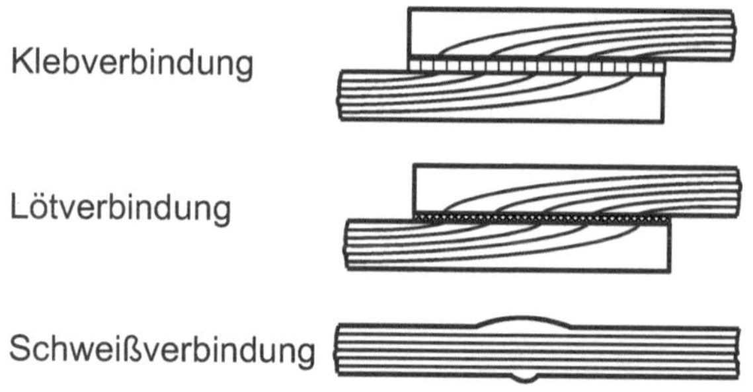


**Bild 2.6**
Kraftfluss im Bauteil bei stoffschlüssigen Verbindungen [NEU96]

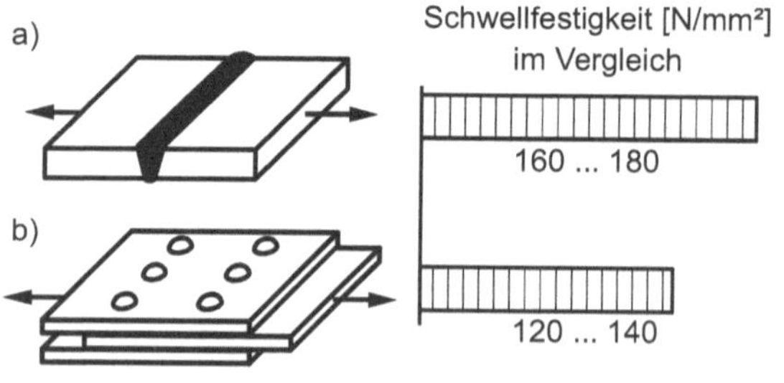


**Bild 2.7**
Einfluss des Kraftflusses auf die Schwellfestigkeit (Werte am Beispiel von Werkstoff S235).
a) Stumpfnaht (Normalgüte);
b) Nietlaschenstoß [NEU96]

An ausgewählten Beispielen wird der Einfluss der Gestaltung auf die dynamische Schwellfestigkeit des Bauteils bzw. der Verbindung gezeigt (Bild 2.7 und Bild 2.10). Die Wirkung von Kerben auf die Schwellfestigkeit von Bauteilen bzw. Schweißverbindungen zeigen die Bild 2.9 bis Bild 2.12.

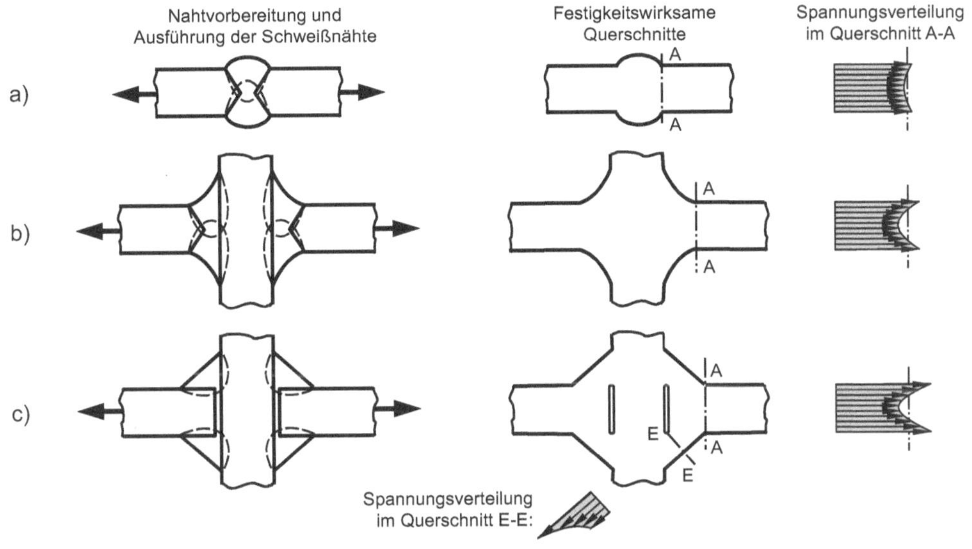


**Bild 2.8** Spannungsverteilungen in Schweißverbindungen bei Zug-Druck-Belastung in Abhängigkeit von der Art und Anordnung der Schweißnähte. a) Stumpfnaht; b) K-Naht; c) Kehlnaht [NEU96]

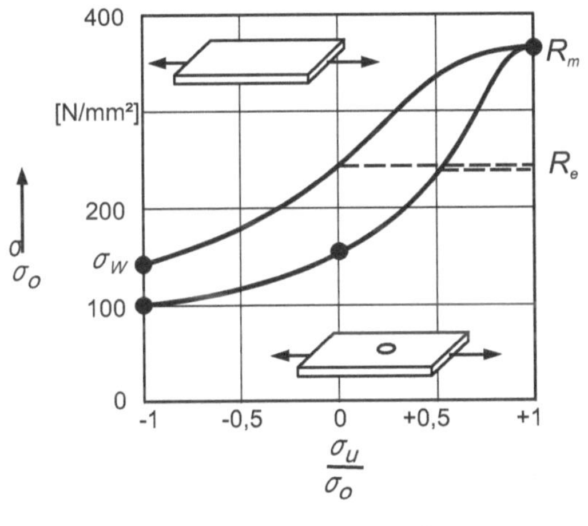


**Bild 2.9**
Dauerfestigkeitswerte eines glatten und eines Lochstabes (Dauerfestigkeitsschaubild nach Moore/Kommers/Jaspers) [NEU96]

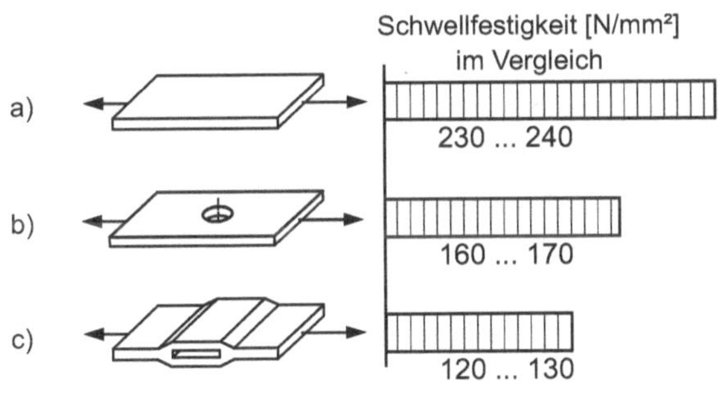


**Bild 2.10**
Schwellfestigkeit glatter und gekerbter Stäbe (Werte am Beispiel von Werkstoff S235) [NEU96]. a) volles Blech mit Walzhaut; b) Lochstab; c) Stirnkehlnaht aus vollem Material

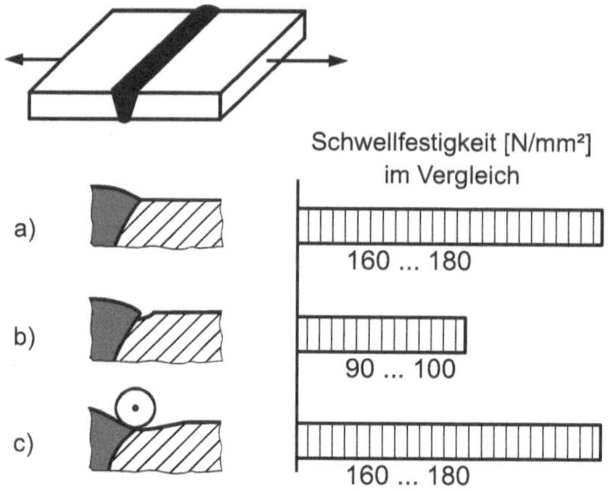


**Bild 2.11**
Schwellfestigkeit von Stumpfnähten in Abhängigkeit von Einbrandkerben [NEU96].
a) Stumpfnaht unbearbeitet, Wurzel gegengeschweißt, Nahtübergang ohne Kerbe;
b) mit größeren Kerben;
c) Kerben verlaufend geschliffen

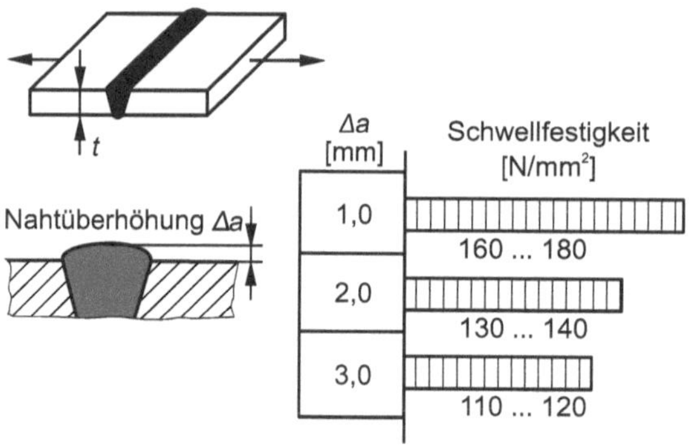


**Bild 2.12**
Schwellfestigkeit von Stumpfnähten (unbearbeitet) in Abhängigkeit von der Nahtüberhöhung, $t$ = 10 mm (Werte am Beispiel von Werkstoff S235) [NEU96]

## 2.3.2 Beanspruchungszustand

Unter Beanspruchungszustand wird die kombinierte Beeinflussung eines Bauteils durch

- Belastungsart (vergleiche Spannungs-Zeit-Diagramme in Bild 2.13),
- Beanspruchungsgeschwindigkeit (z. B. schwellend oder schlagartig),
- Temperatur und
- umgebendes Medium

verstanden.

Die Aufwendungen für das Erzielen einer hohen Schweißsicherheit können geringer gehalten werden, wenn:

a) ein statischer Beanspruchungszustand vorliegt,

b) die Arbeits- und Betriebstemperaturen etwa 20 °C (Raumtemperatur) betragen und

c) das umgebende Medium trockene Luft ist.

Sorgfältigere Gestaltungsmaßnahmen für schweiß- und beanspruchungsgerechte Konstruktionen zum Erzielen einer hohen Schweißsicherheit sind dann erforderlich, wenn:

- dynamische Beanspruchungen,
- niedrige Betriebstemperaturen bzw.
- aggressive Medien (z. B. Salzwasser, Säuren, elektrolytische Flüssigkeiten)

im Einsatzfall vorliegen.

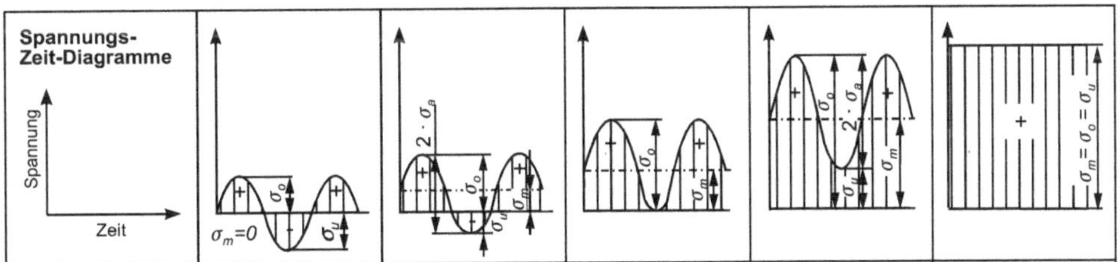


| | | | | | |
|---|---|---|---|---|---|
| **Belastungsbereiche** | rein wechselnd | wechselnd mit Vorspannung | rein schwellend | schwellend mit Vorspannung | statisch (ruhend) |
| **Belastungsfälle nach Bach** | III | | II | | I |
| **Spannungsverhältnis** $R = \frac{\sigma_u}{\sigma_o} =$ | − 1,0 | Zwischenwerte | 0 | Zwischenwerte | + 1,0 |
| **Festigkeits- bzw. Dauerfestigkeitswerte** | $\sigma_W$ Wechselfestigkeit | – | $\sigma_{Sch}$ Schwellfestigkeit | – | $R_e$ Streckgrenze<br>$R_m$ Zugfestigkeit |

**Bild 2.13** Belastungsarten mit zugehörigem Spannungs-Zeit-Diagramm [NEU96]

### 2.3.3 Regelwerke zur Auslegung von Schweißkonstruktionen

In Abhängigkeit vom Anwendungsbereich geschweißter Bauteile müssen verschiedene technische Regeln, nationale und internationale Normen oder gesetzliche Vorschriften für Entwurf und Konstruktion, insbesondere aber für die Bemessung und Berechnung sowie die Fertigung und Montage derartiger Bauteile beachtet werden. Tabelle 2.6 gibt einen Überblick über aktuell geltende Regelwerke für unterschiedliche Anwendungsbereiche sowie die darin berücksichtigten Beanspruchungsbereiche und Werkstoffe.

**Tabelle 2.6** Regel- und Normenwerke für die Bemessung geschweißter Bauteile in unterschiedlichen Anwendungsbereichen (Auswahl)

| Anwendungsbereich | Berechnungsvorschrift/Normenwerk[1)] | Beanspruchungsart[2)] | Werkstoffe |
|---|---|---|---|
| Statisch beanspruchte Stahlbauten | DIN EN 1993-1-1 | statisch | Baustähle, z. B. S235, S275, S355, S450 sowie verschiedene Feinkornbaustähle |
| Krane und Kranausrüstungen (außer Kranbahnen) | DIN EN 13001-3-1 | dynamisch | Baustähle nach DIN EN 10025-2, z. B. S235, S275, S355, Feinkornbaustähle, hochfeste Baustähle |
| Kranbahnen | DIN EN 1993-6 | dynamisch | wie DIN EN 1993-1-1 |
| Anschlüsse in Stahlbauten unter vorwiegend ruhender Beanspruchung | DIN EN 1993-1-8 | statisch | Baustähle: S235, S275, S355 und S460 |
| Ermüdungsbeanspruchte Stahlbauteile, Verbindungen und Anschlüsse | DIN EN 1993-1-9 | dynamisch | Baustähle: S235, S275, S355 und S460 |
| Tragwerke aus Aluminiumknetlegierungen und teilweise Aluminiumgusslegierungen unter vorwiegend ruhender Belastung und einer Wanddicke von mind. 0,6 mm / geschweißt mind. 1,5 mm | DIN EN 1999-1-1 | statisch | verschiedene Aluminiumknetlegierungen nach DIN EN 573-3 z. B. EN AW-Al Mg1, EN AW-Al Mg4,5Mn0,7, EN AW-Al Mg3 u. a. sowie Aluminiumgusslegierungen, z. B. EN AC-Al Si7Mg0,3, EN AC-AlSi9 Mg, EN AC-Al Mg5 |
| Tragwerke aus Aluminium, Bemessung gegenüber dem Grenzzustand des durch Ermüdung hervorgerufenen Bruchs | DIN EN 1999-1-3 | dynamisch | verschiedene Aluminiumknetlegierungen z. B. EN AW AlMg4,5Mn0,7; EN AW AlMg3 und Aluminiumgusslegierungen, z. B. EN AC AlSi12, EN AC AlMg5 |
| Dynamisch beanspruchte Schweißkonstruktionen | IIW-Empfehlungen XIII-1965-03 / XV-1127-03 [HOB07] | dynamisch | Stahl, Aluminium |
| Dynamisch beanspruchte Maschinenbauteile | FKM-Richtlinie [FOR03] | statisch, dynamisch | Stahl, Eisenguss, Aluminium |

| Anwendungsbereich | Berechnungsvorschrift/Normenwerk[1)] | Beanspruchungsart[2)] | Werkstoffe |
|---|---|---|---|
| Geschweißte Schienenfahrzeuge | DIN EN 15085<br>DVS 1608-1<br>DVS 1612<br>DS 952<br>DS 804 | statisch, dynamisch (schwellend, wechselnd) | Stahl, Aluminium |
| Türme und Maste aus Stahl | DIN EN 1993-3-1 | statisch, dynamisch | Stahl (siehe DIN EN 1993-1-1) |
| Schornsteine aus Stahl | DIN EN 1993-3-2 | statisch, dynamisch | Stahl (siehe DIN EN 1993-1-1) |
| Bagger im Braunkohletagebau | DIN 22261-2 | statisch, dynamisch | Baustähle, z. B. S235, S355 oder gleichwertige |
| Druckgeräte mit mehr als 0,5 bar Überdruck, z. B. Dampfkessel, Rohrleitungen, druckhaltende Ausrüstungsteile und Ausrüstungsteile mit Sicherheitsfunktion | DGRL/2014/68/EU<br>AD 2000 Regelwerk (speziell Merkblatt HP 0, Merkblatt HP 1, Merkblatt S 1 und Merkblatt S 6) | statisch, dynamisch | Stahl (ferritisch, austenitisch), Guss, Aluminium (siehe AD-W-Reihe) |
| Bewehrungsstahl in Betonverbundbauteilen | DIN EN 1992-1-1 | statisch, dynamisch | Betonstahl entsprechend DIN EN 10080 |

1) Es sind die jeweils mit geltenden Normen zu beachten.
2) In den Normen sowie der spezifischen Fachliteratur werden statische Beanspruchungen häufig auch als vorwiegend ruhende bzw. quasi-statische bezeichnet, dynamische Beanspruchungen auch als zyklisch wiederkehrende oder wechselnde Lasten, die eine Beanspruchung auf Ermüdung des nachzuweisenden Bauteils hervorrufen.

Weiterhin gibt es häufig innerhalb großer Firmen, wie z. B. Automobilherstellern, firmeninterne Werksnormen für die Konstruktion und Herstellung geschweißter Bauteile. Neben den geregelten Anwendungsbereichen, d. h. denjenigen, für die spezifischen Normen und Regelwerke existieren, können geschweißte Tragwerke auch im ungeregelten Bereich erstellt werden. Dies sind vor allem Bereiche, wo keine unmittelbaren Gefährdungen für den Menschen vorliegen. Hier obliegt es den Vertragspartnern, auf bestehende Regelwerke Bezug zu nehmen oder eigene Kriterien für die Bemessung und Ausführung geschweißter Bauteile festzulegen. Im Schadensfall wird dabei stets der aktuell geltende Stand der Technik für die Ursachenfindung und Feststellung einer eventuellen Schuldfrage herangezogen.

Für die Durchführung einer Tragwerksplanung, d. h. der Dimensionierung und Bemessung einer geschweißten Konstruktion, sind neben den Berechnungsmethoden vor allem die auf das Bauteil einwirkenden Belastungen (Lasten, Einwirkungen) von maßgeblicher Bedeutung. Sollten diese nicht konkret bekannt bzw. durch Experimente oder Messungen ermittelbar sein, so können diese auch auf Basis von Normen und Regelwerken bestimmt werden. Häufig gibt die zur Berechnung des Tragwerkes herangezogene Norm weitere Hilfestellungen zur Ermittlung der wirkenden Belastungen. Insbesondere für die gesamte EUROCODE-Reihe wurden in DIN EN 1990 die Grundlagen der Tragwerksplanung und in der DIN-EN-1991-Reihe (EUROCODE 1) die dafür erforderlichen Lastannahmen, wie z. B. für Eigen- und Nutzlasten (nach DIN EN 1991-1-1), Wind, Temperatur, Schnee und Eis oder Brandeinwirkungen, geregelt.

### 2.3.4 Anwendung von Finite-Elemente-Methoden zur Bemessung geschweißter Tragwerke

Die Bemessung geschweißter Tragwerke mittels analytischer (ingenieurtechnischer) Methoden, d. h. auf der Basis von funktionell bekannten bzw. empirisch gefundenen Zusammenhängen aus der Technischen Mechanik oder Maschinendynamik, stößt bei sehr komplexen Tragwerksstrukturen an ihre Grenzen. So können beispielsweise auftretende Spannungen in Strukturen mit sehr vielen Einzelteilen und Schweißnähten nur noch mit hohem Aufwand ermittelt werden.

Die rechnerische (numerische) Simulation ermöglicht, das Verhalten derartiger Strukturen unter äußeren oder inneren Beanspruchungen mathematisch zu beschreiben, und unterstützt dabei die Arbeit von Ingenieuren, Konstrukteuren und Planern bei der Produktentwicklung in nahezu allen industriellen Bereichen. Speziell bei der Berechnung auftretender Verformungen und Spannungen in Bauteilen hat sich die Finite-Elemente-Methode (**FEM**) als praktikables Mittel durchgesetzt. Neben linearen (elastischen) Berechnungen können auch nichtlineare (plastische) Berechnungen unter Berücksichtigung von großen Verformungen, Plastizität des Werkstoffes sowie der Kontaktierung zwischen mehreren Körpern durchgeführt werden. Diese strukturmechanischen Betrachtungen können erweitert werden auf andere physikalische Größen, wie z. B. Temperatur- oder Magnetfelder sowie Strömungen von Gasen und Flüssigkeiten.

Am Markt existiert eine Vielzahl von Softwareprodukten für die Finite-Elemente-Simulation, die teilweise auf spezielle Anwendungsbereiche oder Beanspruchungsformen, wie z. B. Crash, zugeschnitten sind. Dabei stellen diese Systeme meist standardisierte Schnittstellen zum CAD-System zur Verfügung, um Geometrien von Tragwerken direkt und ohne erneuten Modellierungsaufwand einzulesen. So können diese – vor der Realisierung – am Bildschirm auf ihre Tauglichkeit hin überprüft und notwendige Änderungen und Optimierungen schnell und ohne großen Aufwand eingearbeitet werden.

Die FEM ist insbesondere für **Nachweiskonzepte** zur Lebensdauerabschätzung von schwingend beanspruchten Bauteilen, wie z. B. Nennspannungs-, Kerbspannungs- und Strukturspannungskonzept, ein wesentliches Hilfsmittel. Grob vereinfacht kann gesagt werden, dass bei Anwendung des **Nennspannungskonzeptes** die gemittelten Schnittgrößen (Kräfte und Momente) berechnet werden, die in einer Schweißnaht vorliegen. Beim **Strukturspannungskonzept** wird die Spannung im Bauteil an spezifischen Positionen (da genau in der Schweißnaht eine Singularität vorliegt) neben der Schweißnaht ermittelt und dann in die Schweißnaht hinein extrapoliert. Demgegenüber wird für die Anwendung des **Kerbspannungskonzeptes** ein Ersatzmodell der Schweißnaht modelliert und damit die Spannung in den geometrischen Kerben der Naht ermittelt. In jedem Fall sind anschließend technische Regelwerke hinzuzuziehen, die eine Bewertung der ermittelten Spannungswerte ermöglichen [HOB07], [FOR03], [RAD07]. Jedes der genannten Konzepte hat spezifische Vor- und Nachteile und erfordert ein hohes Maß an Grundlagen auf diesem Gebiet. Die FEM bietet dabei die Möglichkeit lokale Spannungen an den Schweißnahtkerben in Bauteilen rechnerisch zu ermitteln (Bild 2.14). Dazu wird an den Nahtübergangs- oder Wurzelkerben bzw. Wurzelspalten der tatsächlich vorliegende Radius durch einen definierten Referenzradius (1,0 mm Radius in den Nahtübergängen) ersetzt. Die in derart abgebildeten Kerben berechnete Kerbspannung kann anschließend als Kennwert für eine Lebensdauerabschätzung unter schwingender Beanspruchung verwendet werden.

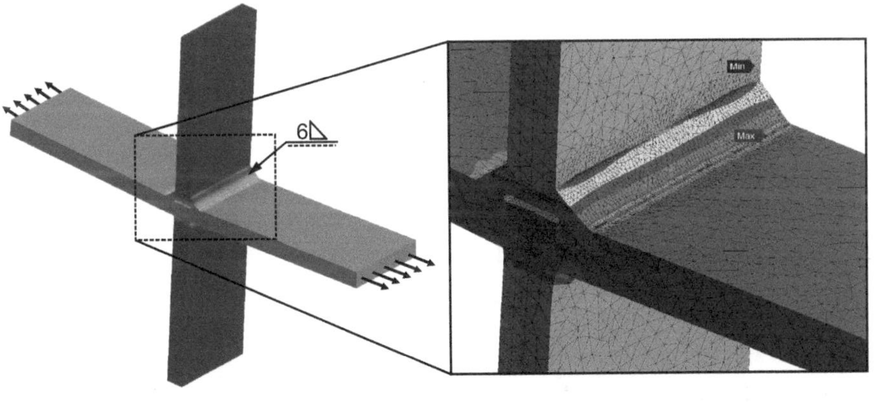


**Bild 2.14** Numerische Simulation einer mittels Kehlnähten geschweißten Kreuzstoßverbindung bei äußerer Beanspruchung als Grundlage für das Struktur- oder Kerbspannungskonzept

# 2.4 Schweißmöglichkeit

## 2.4.1 Grundlagen

Die Schweißmöglichkeit für ein Schweißverfahren ist gegeben, wenn die an einer Konstruktion geplanten Schweißnähte unter den gewählten Fertigungsbedingungen fachgerecht hergestellt werden können. Die Schweißmöglichkeit des für die Ausführung geplanten Schweißverfahrens ist umso besser, je weniger die fertigungsbedingten Faktoren beim Entwurf der Konstruktion für einen bestimmten Werkstoff bei der Ausführung der Schweißarbeiten, einschließlich Vorbereitung und Nachbehandlung des Bauteils, berücksichtigt werden müssen.

Die Schweißmöglichkeit wird u. a. von folgenden Faktoren beeinflusst (Bild 2.2):

- Vorbereitung zum Schweißen (Auswahl von: Stoßart, Schweißverfahren, Fugenform und Schweißzusätzen, Heften und Vorwärmen),
- Ausführung des Schweißens (Wärmeeinbringung, Wärmeführung, Schweißfolge),
- Nachbehandlung der Schweißverbindung (Wärmebehandeln, Richten, Schleifen, Beizen).

Ein Kriterium für die Bewertung einer Schweißnaht ist beispielsweise im Druckbehälter- und Rohrleitungsbau die **Schweißnahtwertigkeit** als Quotient aus Zugfestigkeit der Schweißnaht und Zugfestigkeit des Grundwerkstoffes:

$$\text{Schweißnahtwertigkeit} = \frac{R_{\text{m\_Sw–Verbindung}}}{R_{\text{m\_Grundwerkstoff}}} \tag{2.4}$$

Ein allgemeines Ziel der Ausführung von Schweißarbeiten ist es, die Eigenschaften einer Schweißnaht hinsichtlich Festigkeit und Duktilität so einzustellen, dass diese dem ungeschweißten Grundwerkstoff möglichst ähnlich sind, d. h. eine Schweißnahtwertigkeit möglichst nahe an 1 zu erreichen. Neben einer möglichst hohen Schweißnahtwertigkeit ist es vor allem wichtig, eine verformungs- und spannungsarme Schweißverbindung zu gewährleisten. Niedrige Schweißeigenspannungen entlasten die Schweißverbindung und erfordern keinen zusätzlichen Spannungsabbau durch Wärmebehandlung oder durch Aufbringen von Druckspannungen, z. B. durch Hämmern oder Walzen. Geringe Bauteilendverformung senkt den Anteil der Richtarbeiten (mechanisch oder thermisch) und wirkt deshalb auch Kosten senkend. Durch fachkundiges Aufstellen und Anwenden von **Schweißfolgeplänen** (Festlegung von zeitlicher Reihenfolge und Lagenaufbau der zu schweißenden Nähte), einschließlich eines gezielten Wärmeeintrages, können Schweißeigenspannungen und Endverformungen erheblich reduziert werden.

Neben dem fachkundigen Ausführen der Schweißarbeiten sind es vor allem die dem Schweißen unmittelbar vorgelagerten Verrichtungen, im Folgenden **Vorbereitungen** genannt, sowie die sich unmittelbar an das Schweißen anschließenden Verrichtungen, im Folgenden **Nachbehandlungen** genannt, die sich signifikant auf Nahtwertigkeit, Verformung und Eigenspannung auswirken.

## 2.4.2 Vorbereitungen zum Schweißen

Das Vorbereiten der Fügestelle zum Schweißen ist in erster Linie in Abhängigkeit von

- der Stoßart der Bauteile zueinander (Tabelle 2.7),
- der Halbzeugform (Blech, Rohr, Profil),
- den Bauteilabmessungen (z. B. der Blechdicke) sowie
- dem Schweißverfahren

vorzunehmen.

**Tabelle 2.7** Stoßarten von Bauteilen (in Anlehnung an DIN EN ISO 17659)

| Benennung | Merkmale | Sinnbild |
|---|---|---|
| Stumpfstoß | Teile liegen in einer Ebene |  |
| Überlappstoß | Teile überlappen sich |  |
| Parallelstoß | Teile liegen breitflächig aufeinander |  |
| T-Stoß | Zwei Teile, eins mit seinem Ende, stoßen rechtwinklig aufeinander |  |
| Kreuzstoß | Zwei in einer Ebene liegende Teile stoßen je mit einem Ende rechtwinklig gegen ein dazwischenliegendes drittes | 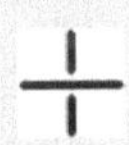 |
| Schrägstoß | Ein Teil stößt mit einem Ende schräg gegen ein anderes |  |
| Eckstoß | Zwei Teile stoßen mit ihren Enden im beliebigen Winkel gegeneinander |  |
| Mehrfachstoß | Drei oder mehrere Teile stoßen unter beliebigem Winkel aneinander | 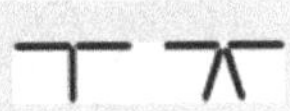 |

Die **Fugenform** beeinflusst das Aufschmelzen der Bauteilkanten sowie ein Durchschweißen der Wurzel und dient vor allem zur Aufnahme des abgeschmolzenen bzw. eingebrachten Schweißzusatzwerkstoffes, der wirtschaftlichen Ausnutzung der unterschiedlichen Aufschmelzquerschnitte bei den verschiedenen Schweißverfahren und der Ausbildung einer flachen Wurzel- und Decklage. Des Weiteren sind bei der Gestaltung der Fugenform (Bild 2.15) und der Größe der Spaltbreite der Einfluss des Grundwerkstoffes mit seinen wärmephysikalischen Kenngrößen, wie Wärmeleitfähigkeit und Ausdehnungskoeffizient, sowie die Schweißposition und die Form und Querschnittsabmessung des Schweißzusatzes (z. B. der Schweißelektrode) zu berücksichtigen.

Mit zunehmenden Querschnittsabmessungen der Schweißzusätze (Kern-/Massivdraht → Fülldraht, Band → Füllband) sind die Spaltbreiten und die Öffnungswinkel zu vergrößern. Mit größeren Elektrodenquerschnitten steigen auch die Abschmelzleistungen, die wiederum **Schmelzbadsicherungen** (Kupfer- oder Keramikschienen auf der Wurzelseite der Schweißnaht) erfordern.

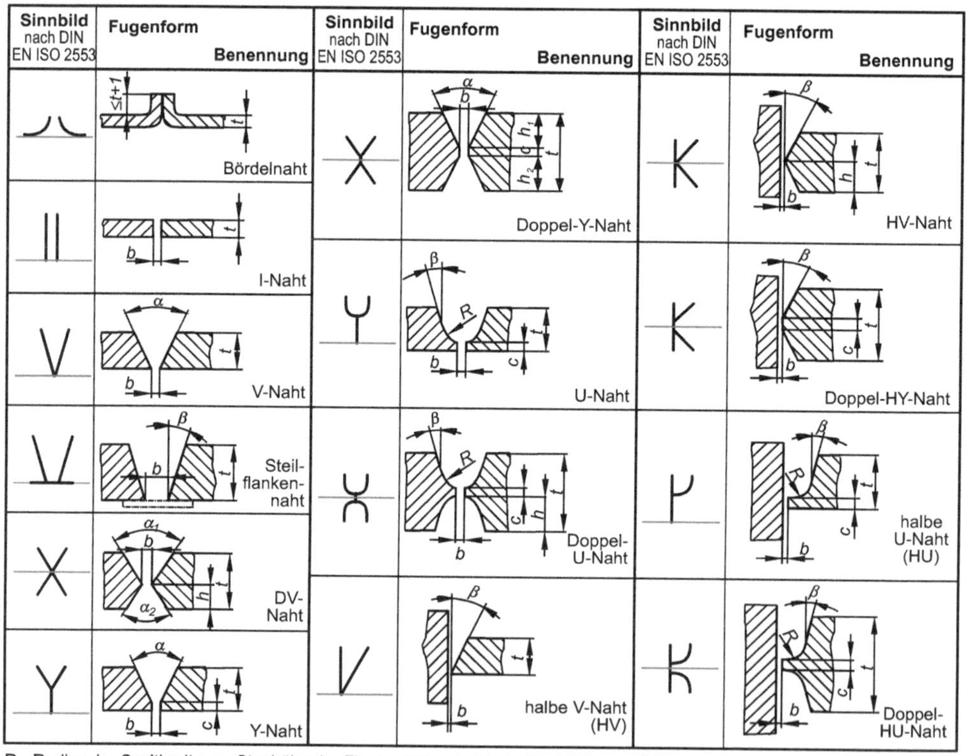


R - Radius, b - Spaltbreite, c - Steghöhe, h - Flankenhöhe, t - Blech-/Wanddicke, α - Öffnungswinkel, β - halber Öffnungswinkel

**Bild 2.15** Typische Fugenformen für das Schmelzschweißen von Stählen für verschiedenen Stoßarten (Stumpf- und T-Stoß) (nach DIN EN ISO 9692 und DIN EN ISO 2553)

Mit der Auswahl und Gestaltung der Fugenform sind die Kanten der zu schweißenden Bauteile vorbereitet. In der Regel werden zwei Bauteile, teilweise aber auch mehrere, in einem Stoß zusammengeführt. Dazu muss neben der Fugenform auch die Lage der Bauteile zueinander (Versatz, Parallelität, Koaxialität) sowie ihr Abstand voneinander (Spaltbreite) in den vorgegebenen Toleranzen gehalten werden. Die Verformungen sind beim Schweißen zu minimieren.

Deshalb gehört zur Fugenvorbereitung auch das „In-Lage-bringen" und das „In-Lage-halten". Der Einsatz geeigneter Vorrichtungen ist in jedem Falle vorteilhaft, aber auch das Heften durch Schweißen ist eine wirkungsvolle Maßnahme zum Sichern der Fügestellen-Geometrie während des Schweißens.

Des Weiteren ist vor dem Schweißen eine Reinigung des Fügestellenbereiches unbedingt erforderlich. Sowohl Oxide als auch Fette, Öle und konventionelle organische Beschichtungen (Farben, Folien) sind mit geeigneten Reinigungsverfahren mechanisch oder chemisch zu entfernen. Die Fügestelle muss im thermisch beeinflussten Bereich, d. h. der nahtnahen Oberfläche, metallisch blank und frei von Konservierungsmitteln und Verunreinigungen sein. Metallische Beschichtungen, wie Zink oder Aluminium (nach DIN EN ISO 14713-3), sowie einige neuartige organische Beschichtungssysteme sind prinzipiell schweißbar. Sie werden aber durch die hohen Temperaturen in der Schweißnaht teilweise zerstört. Zink besitzt dabei eine Fernwirkung, wodurch es nach dem Schweißen dennoch einen begrenzten Korrosionsschutz auf der Schweißnaht gewährleistet. Gleiches wurde für neuartige organische Beschichtungssysteme entwickelt.

Bereits in den fertigungstechnischen Maßnahmen wurde auf das Vorwärmen als eine Möglichkeit hingewiesen, die Schweißeignung zu verbessern. Tabelle 2.8 zeigt Richtwerte für Vorwärmtemperaturen in Abhängigkeit vom K-Wert, vom Elektrodendurchmesser, der Blechdicke und der Nahtform. Der K-Wert ist dabei eine weitere Variante zur Berechnung des Kohlenstoffäquivalents unlegierter und legierter Stähle. Beispielsweise kann für das Lichtbogenhandschweißen (Ordnungs-Nummer 111, siehe Tabelle 1.3) mithilfe des K-Wertes sowie des Elektrodendurchmessers, der Nahtform und der Blechdicke der zu schweißenden Bauteile die Wirkung der Legierungselemente auf die Schweißeignung beschrieben sowie eventuell erforderliche Vorwärmtemperaturen festgelegt werden. Außerdem lässt dies auch Rückschlüsse auf den Wärmeeintrag durch das Lichtbogenhandschweißen sowie das Wärmeabführungsmodell (zwei- oder dreidimensional) zu. Alternative Möglichkeiten zur Bestimmung der erforderlichen Vorwärmtemperaturen beim Lichtbogenschweißen von ferritischen Stählen beschreibt DIN EN 1011-2.

**Tabelle 2.8** Vorwärmtemperaturen in Abhängigkeit vom K-Wert, dem Elektrodendurchmesser, der Blechdicke und der Nahtform (Temperaturwerte in Klammern erfordern einen erhöhten Aufwand beim Vorwärmen, da es zu Verzunderungen kommen kann, die vor dem Schweißen entfernt werden müssen.)

| K-Wert | Elektrodendurchmesser | Vorwärmtemperatur [°C] | | | | | | | |
|---|---|---|---|---|---|---|---|---|---|
| | | Stumpfnaht – Blechdicke [mm] | | | | Kehlnaht – Blechdicke [mm] | | | |
| | | 6 | 12 | 25 | 50 | 6 | 12 | 25 | 50 |
| 0,35 | 3,25 | • | • | • | • | • | • | • | |
| | 4 | • | • | • | • | • | • | • | • |
| | 5 | • | • | • | • | • | • | • | • |
| | 6 | • | • | • | • | • | • | • | • |
| 0,40 | 3,25 | • | • | • | 150 | • | • | 100 | 200 |
| | 4 | • | • | • | • | • | • | • | 150 |
| | 5 | • | • | • | • | • | • | • | 100 |
| | 6 | • | • | • | • | • | • | • | 100 |
| 0,45 | 3,25 | • | • | 150 | 250 | • | 100 | 250 | 300 |
| | 4 | • | • | 100 | 200 | • | • | 200 | 250 |
| | 5 | • | • | • | 150 | • | • | 100 | 200 |
| | 6 | • | • | • | 150 | • | • | • | 150 |
| 0,50 | 3,25 | • | • | 250 | 350 | • | 150 | 350 | (450) |
| | 4 | • | • | 150 | 300 | • | 100 | 250 | 400 |
| | 5 | • | • | 100 | 200 | • | • | 200 | 350 |
| | 6 | • | • | • | 100 | • | • | 150 | 300 |
| 0,55 | 3,25 | • | 150 | 400 | (550) | 100 | 300 | (550) | x |
| | 4 | • | • | 300 | (450) | • | 200 | (450) | x |
| | 5 | • | • | 150 | 350 | • | 100 | 350 | (600) |
| | 6 | • | • | 150 | 300 | • | • | 300 | (600) |
| 0,60 | 3,25 | 150 | 400 | x | x | 350 | x | x | x |
| | 4 | 100 | 250 | x | x | 250 | (600) | x | x |
| | 5 | • | 100 | (500) | (600) | 150 | 300 | (600) | x |
| | 6 | • | • | 350 | (500) | • | 150 | (500) | x |

• Vorwärmung nicht erforderlich.
x Die notwendige Vorwärmtemperatur liegt so hoch, dass sie praktisch nicht anwendbar ist.

Für die Ermittlung des K-Wertes gilt:

$$K = C\,\% + \frac{Mn\%}{6} + \frac{Cr\%}{5} + \frac{Mo\%}{4} + \frac{Ni\%}{15} \tag{2.5}$$

Zu den Maßnahmen bei ungünstigen Witterungsbedingungen während der **Montage** der Fügeteile auf Baustellen gehören u. a.

- Schutz vor Feuchtigkeit (stehende Nässe, Spritzwasser, Regen),
- Vermeiden von erhöhten Luftbewegungen (Wind, Zugluft) und
- Erwärmen der Frischluft sowie der Bauteile bei Außentemperaturen, die wesentlich unterhalb Raumtemperatur liegen.

Üblich ist bei Arbeiten auf Baustellen das Einhausen (Zeltabdeckung) der Schweißstelle, das Trocknen und Vorwärmen der Frischluft (Filtern der Luft und Führen über Wärmequellen sowie Einsatz von Luftduschen) und die örtliche Erwärmung der Schweißstellen.

## 2.4.3 Durchführung des Schweißens

Beim Schweißen und verwandten thermischen Verfahren bewirkt der Wärmeeintrag in die Bauteile die Ausbildung von Temperaturfeldern. Diese wirken sich in Abhängigkeit von der Leistungsdichte des Verfahrens (Bild 2.16) sowohl auf den aufgeschmolzenen Nahtquerschnitt und damit auf die Nahtform als auch auf die räumliche Ausbreitung des Temperaturfeldes im Bauteil (Bild 2.17) aus.

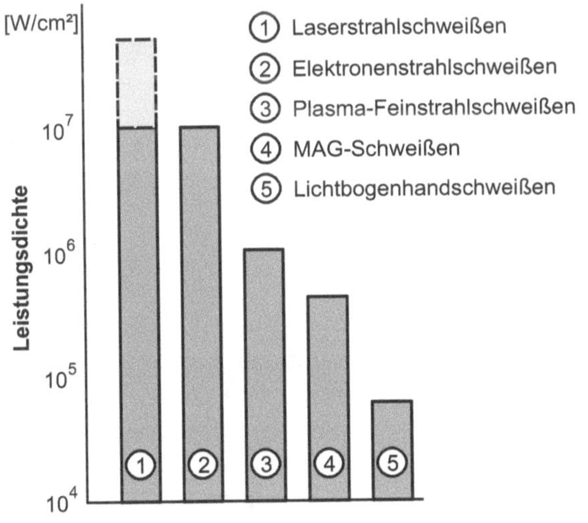


**Bild 2.16**
Gegenüberstellung der Leistungsdichten bei ausgewählten Schmelzschweißverfahren

Große Leistungsdichten, wie sie bei den Strahlverfahren (Laserstrahl, Elektronenstrahl) erzielt werden, bewirken eine schmale Aufschmelzzone und erfordern deshalb eine sehr präzise Fugenvorbereitung und einen engen Schweißspalt (vergleichbar mit einem Presssitz).

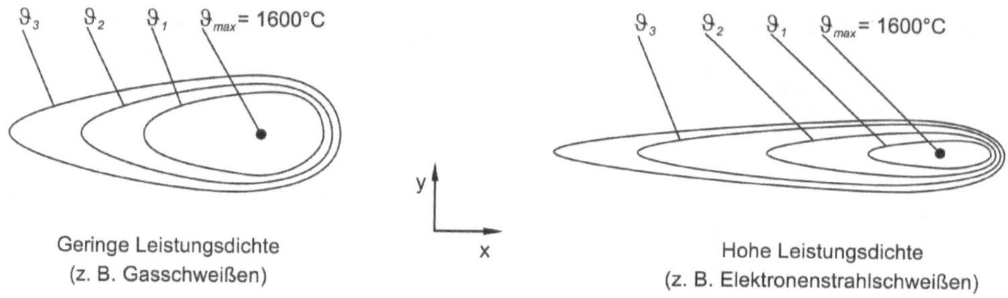


**Bild 2.17** Temperaturfelder bei unterschiedlicher Leistungsdichte [MAL77]

Mit abnehmender Leistungsdichte des Schweißverfahrens und damit zwangsläufig geringerer Schweißgeschwindigkeit vergrößert sich die WEZ. Damit sinken die auftretenden Temperaturgradienten, d. h., die Abkühlgeschwindigkeit reduziert sich, sodass auch die Härtespitzen zurückgehen (Bild 2.18).

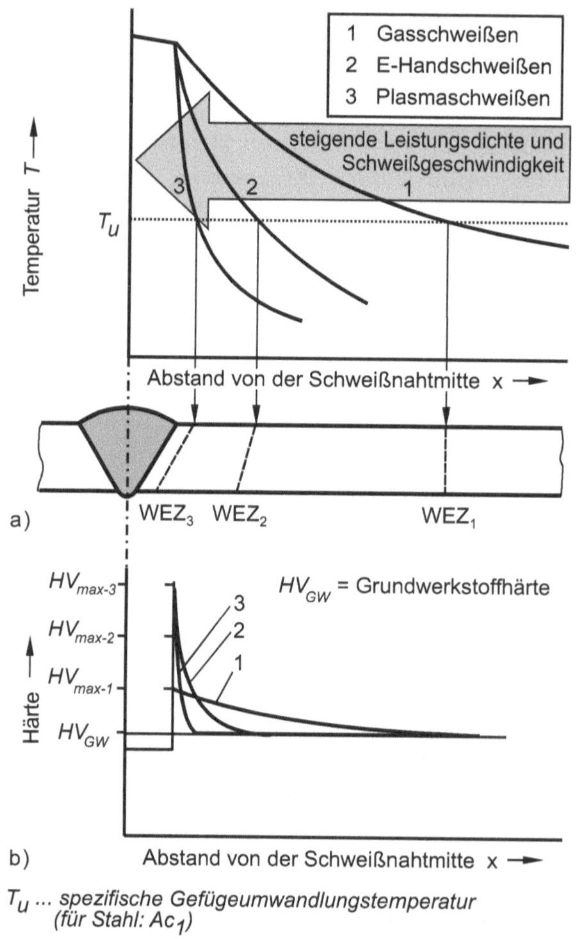


**Bild 2.18**
Einfluss der Leistungsdichte unterschiedlicher Schweißverfahren auf die Maximalhärte in der WEZ sowie auf ihre Breite, dargestellt für umwandlungsfähige Stähle – stark schematisiert. a) Schweißverfahren, b) maximale Härte

Das natürliche Abkühlen der Schweißteile wird sowohl von der Wärmeleitfähigkeit des Bauteilwerkstoffes als auch vom Bauteilquerschnitt und der Stoßart beeinflusst. Austenitische Stähle haben gegenüber ferritischen Stählen, Aluminiumlegierungen und Kupfer eine wesentlich geringere Wärmeleitfähigkeit $\lambda$ (Bild 2.19). Eine schmalere Wärmeeinflusszone und hoher Wärmestau im Nahtbereich sind die Folge. Der Wärmeeintrag durch Schweißen ist deshalb bei austenitischen Stählen zu senken und bei Aluminium und Kupfer zu erhöhen.

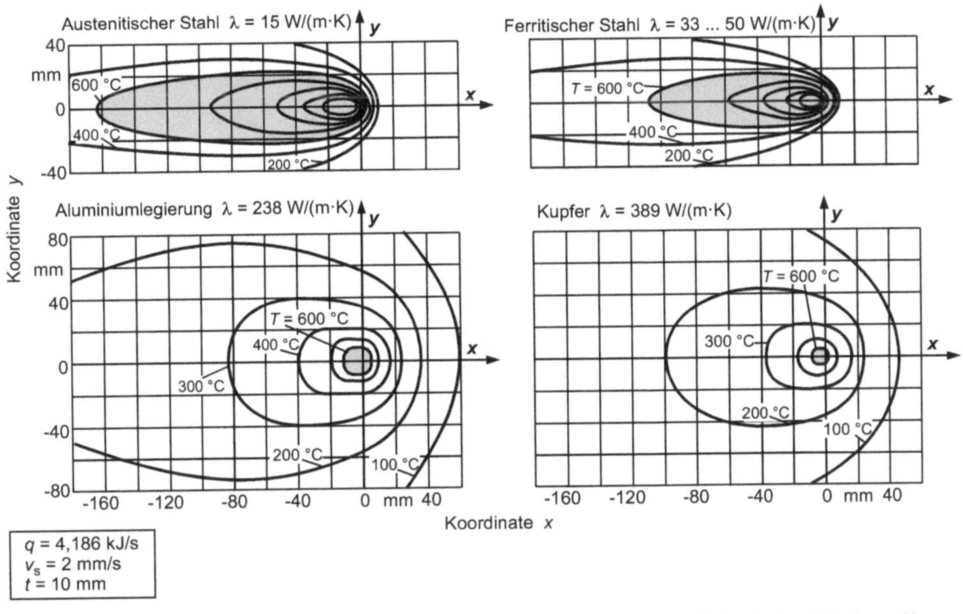


**Bild 2.19** Temperaturfeld um wandernde Linienquelle, unterschiedliche Werkstoffe bei gleicher Wärmeleistung $q$, Geschwindigkeit $v_s$ und Wanddicke $t$ [MAL77]

Für die Abkühlgeschwindigkeit ist in erster Linie die bauteilbedingte Wärmeableitung bestimmend. Die Wärmeableitung erfolgt entweder zweidimensional bei Dünnblechen oder dreidimensional bei Dickblechen, Mehrfachstößen oder beim Auftragschweißen (Bild 2.20).

Bei der Ausführung der Schweißarbeiten sind die fertigungstechnischen Maßnahmen zum Verbessern der Schweißmöglichkeit vor allem dem Zweck des Schweißens (Bild 1.4) anzupassen.

Beim Verbindungsschweißen sind vorrangig artgleiche Schweißzusätze anzuwenden, d. h. die Legierungsgehalte im Schweißzusatz entsprechen denen im Grundwerkstoff, modifiziert für auftretende Oxidations- und für erforderliche Reduktions- bzw. Desoxidationsprozesse. Beim Auftragschweißen ändern sich die chemischen Zusammensetzungen der Schweißzusätze erheblich mit dem Verwendungszweck der Auftragschicht.

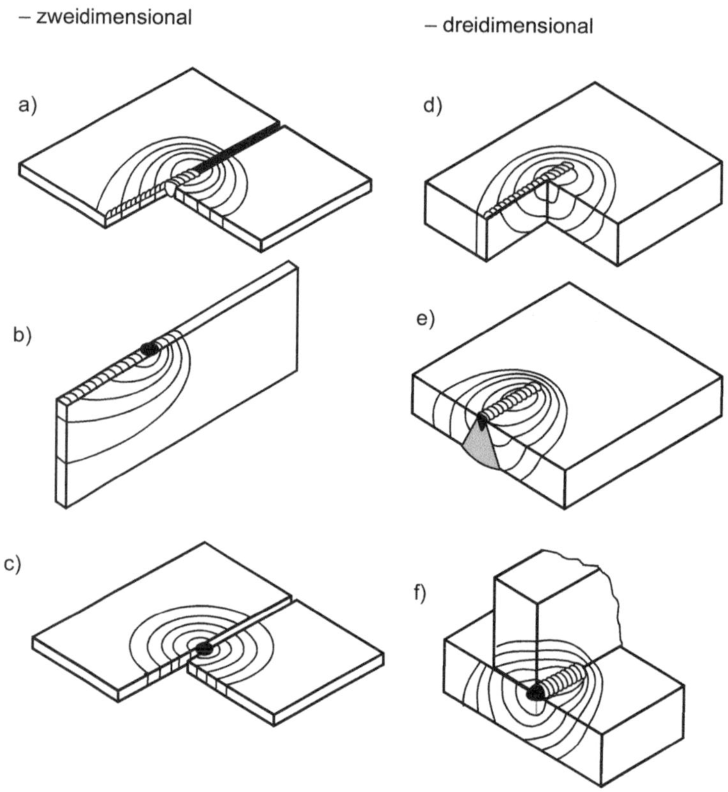


**Bild 2.20** Beispiele von ebenen und räumlichen Temperaturfeldern beim Schweißen. a) Stumpfschweißung dünner Bleche; b) Aufschweißung auf die Kante eines dünnen Blechs; c) Heftschweißen als Verbindung zwischen dünnen Blechen; d) Aufschweißen einer Naht auf ein dickes Blech; e) Nachschweißen der Wurzel einer V-Naht; f) Kehlnaht zwischen dicken Blechen

Grundsätzlich gilt: Der Wärmeeintrag und die Wärmeableitung sind ebenso aufeinander abzustimmen wie der Schweißzusatz auf den Grundwerkstoff beim Verbindungsschweißen und Puffern als auch der Schweißzusatz auf den Verwendungszweck der Beschichtung beim Panzern oder Plattieren. Ziel muss es sein, günstige Gefügezusammensetzungen zu erzielen, die optimale Gebrauchseigenschaften für die Schweißverbindung oder die Auftragschweißung sichern.

Der Wärmeeintrag beim Schmelzschweißen kann mithilfe der Streckenenergie (Tabelle 2.9) bestimmt werden.

Die Streckenenergie berechnet sich für das Lichtbogenschweißen zu:

$$E = \frac{P_S \cdot t_S}{l} = \frac{P_S \cdot 0{,}06}{v_S} \qquad (2.6)$$

$E$ Streckenenergie [kJ/cm], $P_S$ Schweißleistung [W], $v_s$ Schweißgeschwindigkeit [cm/min], $t_s$ Schweißzeit [s], $l$ Schweißnahtlänge [cm]

Tabelle 2.9 Richtwerte für die Streckenenergie

| Schweißverfahren | Elektrodendurchmesser [mm] | Streckenenergie [J/cm] |
|---|---|---|
| E-Hand-Schweißen | 3,25 | 7000...11.000 |
| | 4,0 | 9000...13.000 |
| | 5,0 | 11.000...18.000 |
| MAG-C-Langlichtbogen | 1,2 | 5500...8000 |
| | 1,6 | 7000...11.000 |
| | 2,0 | 11.000...16.000 |
| MAG-C-Kurzlichtbogen | 0,8...1,2 | 4000...7000 |
| UP-Schweißen | 2,5 | 9000...14.000 |
| | 3,0 | 10.000...18.000 |
| | 4,0 | 12.000...30.000 |
| | 5,0 | 18.000...42.000 |

Da beim Lichtbogenschweißen der zeitliche Verlauf der Messwerte von Spannung und Stromstärke selbst beim Gleichstromschweißen, insbesondere aber beim Wechselstrom- und Impulsschweißen nicht konstant ist, muss für die korrekte Ermittlung der Streckenenergie die Schweißleistung als arithmetischer Mittelwert der Produkte der Momentanwerte von Strom und Spannung ermittelt werden.

Beim Schweißen wird nicht die gesamte der Stromquelle entnommene elektrische Energie dem Schweißbad zugeführt, sondern je nach Schweißverfahren und -bedingungen nur ein bestimmter Anteil. Der Erstarrungsverlauf im Schweißgut sowie die thermisch bedingten Gefügeänderungen in der WEZ werden aber nur durch diese wirklich in den Schweißnahtbereich eingebrachte Energie beeinflusst. Es ist daher bei differenzierter Betrachtung erforderlich, die Energieverluste zu berücksichtigen. Die **Streckenenergie** kann dazu um einen Faktor $\eta$ erweitert werden, der das Verhältnis der in den Nahtbereich eingebrachten Energie zur Energie, die der Stromquelle zugeführt wird, beschreibt. Der damit definierte Wärmeeintrag $Q$ in die Schweißnaht berechnet sich zu:

$$Q = E \cdot \eta = \frac{P_s \cdot 0{,}06}{v_s} \cdot \eta \qquad (2.7)$$

$Q$ Wärmeeintrag in die Schweißnaht [kJ/cm], $\eta$ relativer thermischer Wirkungsgrad [-] (siehe Tabelle 2.10)

Der relative thermische **Wirkungsgrad** liegt zwischen 0,6...1,0 und ist auf die unterschiedliche Wärmeableitung und -strahlung sowie auf die unterschiedlichen erforderlichen Abschmelzenergien für den Schweißzusatz und die Aufschmelzenergie für

Grundwerkstoff und Schweißpulver zurückzuführen (Bild 2.21). Richtwerte für übliche Streckenenergien sind in Tabelle 2.10 zusammengestellt. Diese lassen erkennen, dass mit steigendem Elektrodendurchmesser $d_e$ die Streckenenergie zunimmt. Das ergibt sich zwangsläufig aus deren Korrelation.

**Tabelle 2.10** Relativer thermischer Wirkungsgrad verschiedener Schweißverfahren

| Schweißverfahren | Relativer thermischer Wirkungsgrad $\eta$ |
|---|---|
| Unterpulverschweißen | 1,0 |
| Lichtbogenhandschweißen, Rutil umhüllte Stabelektrode | 0,9 |
| Lichtbogenhandschweißen, basisch umhüllte Stabelektrode | 0,8 |
| Metall-Aktivgasschweißen mit Argon bzw. Helium | 0,8...0,9 |
| Metall-Inertgasschweißen mit Argon bzw. Helium | 0,7...0,8 |
| Wolfram-Inertgasschweißen mit Argon bzw. Helium | 0,6...0,7 |

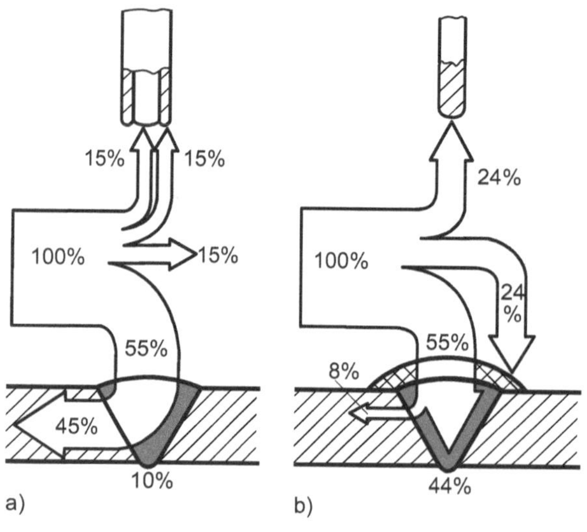


**Bild 2.21** Wärmebilanz beim a) Lichtbogenhandschweißen und b) Unterpulverschweißen [BOE84], [RYK57]

Umgekehrt nimmt die Streckenenergie mit steigender Schweißgeschwindigkeit ab. Die Schweißgeschwindigkeit korreliert mit dem Quotienten aus Stromstärke und Elektrodendurchmesser:

$$v_s \sim \frac{I_s}{d_e} \tag{2.8}$$

Der Einfluss der Lichtbogenspannung $U_s$ kann praktisch vernachlässigt werden, da diese nur in geringen Bereichen infolge der statischen Kennlinien der Schweißstromquellen verändert werden kann. Der Wärmeeintrag aus dem Schweißprozess – interner Wärmeeintrag – muss bei bedingt schweißgeeigneten Stählen häufig mit einer zusätzlichen Erwärmung von außen – externer Wärmeeintrag – kombiniert werden. Der Wärmeeintrag summiert sich dann und bewirkt im zeitlichen Ablauf entsprechend unterschiedliche Effekte, sowohl bei der Gefügeausbildung und Gefügezusammensetzung als auch bei den Spannungszuständen im Bauteil nach dem Schweißen. Derartige Zeit-Temperatur-Verläufe sind in Bild 2.22 sowie Bild 2.27 dargestellt.

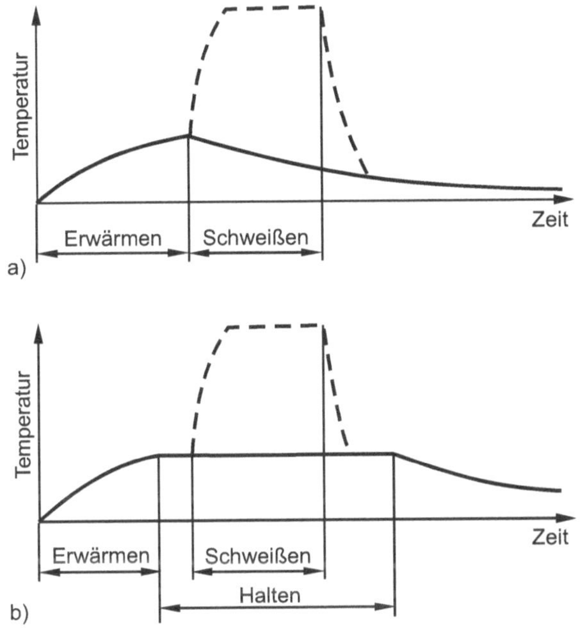


**Bild 2.22**
Zeit-Temperatur-Verlauf für das Schweißen. a) mit Vorwärmen; b) mit konstanter Arbeitstemperatur [NEU96]

Diese thermischen Zyklen ändern sich, sobald in mehreren Lagen geschweißt wird (Bild 2.23).

Eine gezielte örtliche und zeitliche Folge von Wärmeeintragungen (z. B. auf Basis definierter Schweißfolgen für eine Schweißverbindung) führt zu sehr komplexen Erwärmungs- und Abkühlungsvorgängen, die häufig nur empirisch optimiert werden können. Den zusätzlichen Einfluss der Schweißposition auf den Wärmeeintrag und die Wärmeführung lassen Bild 2.23d und Bild 2.23e erkennen. Das gilt sowohl für den unterschiedlichen Nahtaufbau („Pendelraupe" Bild 2.23d und „Zugraupe" Bild 2.23e) als auch für die sich damit ändernden Streckenenergien und Schweißzeiten, d. h. der Dauer des Wärmeeintrags. Diese Dauer hängt dabei auch von der Arbeitsposition bei der Durchführung der Schweißarbeiten ab. Diese ist unabhängig von der geometrischen Gestaltung der Bauteile, hängt aber wesentlich von der Zugänglichkeit des Schweißwerkzeuges (Brenner) zum Nahtstoß sowie vom Mechanisierungsgrad (z. B. Schweißen mithilfe eines Industrieroboters) ab. Bild 2.24 erklärt die Bezeichnungen der einzelnen Arbeitspositionen.

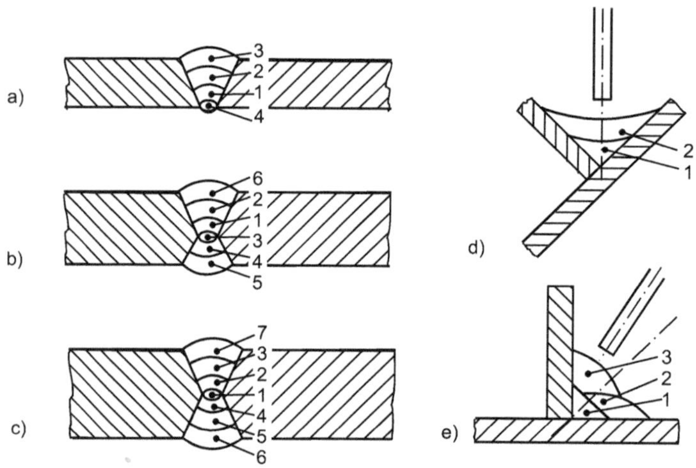


**Bild 2.23** Schweißfolgen bei unterschiedlichem Nahtaufbau. a) V-Naht; b) 2/3-Doppel-V-Naht; c) Doppel-V-Naht; d) Kehlnaht Position PA; e) Kehlnaht Position PB

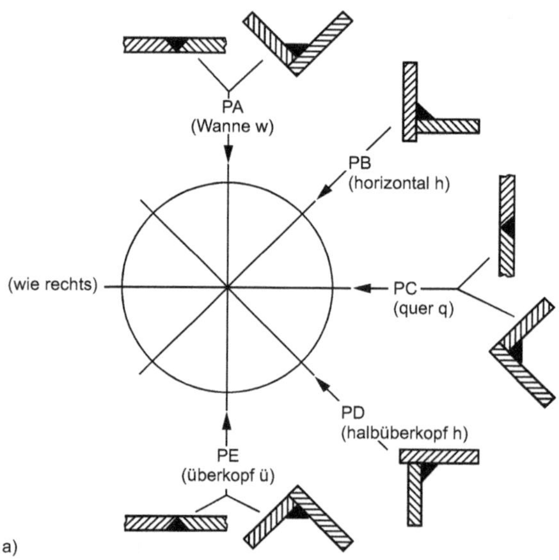


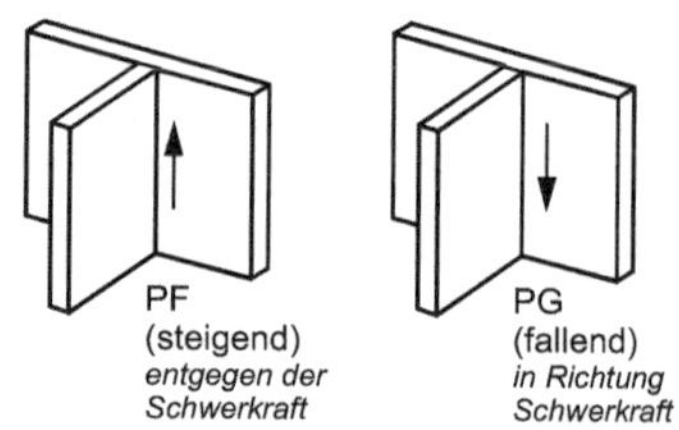


| Position | Korrekturfaktor für die Brenndauer des Lichtbogens $t_h$ |
|---|---|
| PA | 1,0 |
| PB | 1,1 |
| PC | 1,5 |
| PD; PF; PG | 1,6 |
| PE | 1,7 |

b)

**Bild 2.24** a) Schweißpositionen nach DIN EN ISO 6947 und b) deren Korrekturfaktoren für Schweißzeiten, bezogen auf die Wannenposition (PA)

Gelangen schweißempfindliche Werkstoffe zur Anwendung bzw. sind Werkstoffkombinationen zu schweißen, so überlagern sich zusätzlich die Wirkungen unterschiedlicher Wärmeleitfähigkeiten und verschiedener Wärmeausdehnungskoeffizienten. Ein derart komplexes Zusammenspiel von Faktoren inklusive deren Auswirkungen auf Verformung und Spannung sowie auf Gefügeart und Gefügezusammensetzung erfordern von den ausführenden Schweißern und den Schweißaufsichtspersonen sowohl ausreichende thermodynamische als auch werkstoffliche Fachkenntnisse und einen angemessenen Umfang an praktischen Erfahrungen und Schweißfertigkeiten (siehe DIN EN ISO 9606-1 und DIN EN ISO 9606-2).

### 2.4.4 Nacharbeiten beim Schweißen

Das Nacharbeiten umfasst:

- das Säubern der Naht (mechanisch oder chemisch),
- das Bearbeiten der Naht durch vorzugsweise Schleifen, um Spannungsspitzen im Nahtbereich infolge einer Kerbwirkung abzubauen,
- das Richten der Bauteile (mechanisch oder thermisch) sowie
- eventuell eine Wärmebehandlung (Bild 2.25) der Bauteile in Verbindung mit dem Schweißen.

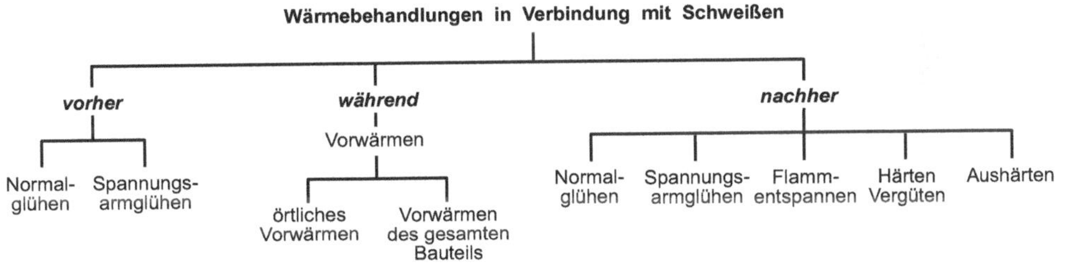


**Bild 2.25** Wärmebehandlungen beim Schweißen

Wesentliche Wärmebehandlungsmaßnahmen in Verbindung mit dem Schweißen sind:

- für die Schweißnaht selbst einschließlich der WEZ: das Normalisieren (Bild 2.26a), wodurch eine Umwandlung von grobkörnigem in feinkörniges Gefüge erfolgt, um damit die Zähigkeit der Schweißverbindung zu erhöhen,
- für das Bauteil insgesamt: der Abbau der Schweißeigenspannungen durch Spannungsarmglühen (Bild 2.26b).

Typische Zeit-Temperatur-Verläufe für das thermische Nachbehandeln (Nachwärmen) in Verbindung mit einem Schweißvorgang zeigt Bild 2.27.

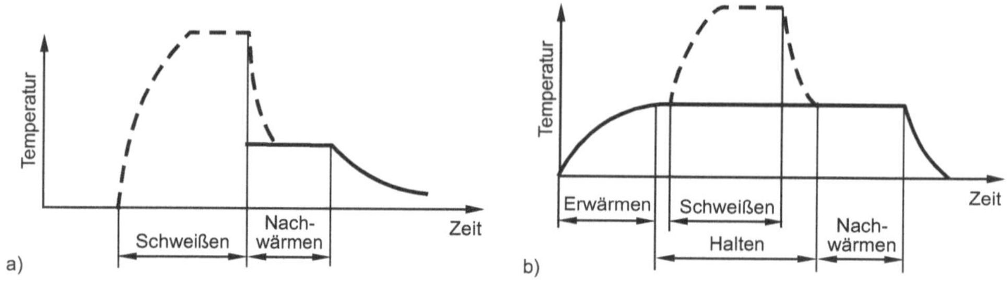


**Bild 2.26** Zwei Grafiken zur Wärmebehandlung abhängig von Zeit und Temperatur. Die Zeiten für Erwärmen (nur in b), Schweißen und Nachwärmen sind markiert.

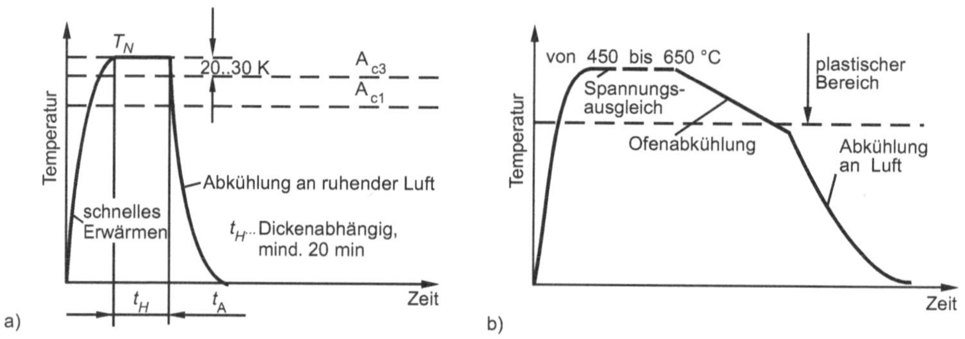


**Bild 2.27** Zeit-Temperatur-Verlauf beim Schweißen. a) mit Nachwärmen und b) mit Vor- und Nachwärmen [NEU96]

## 2.4.5 Anwendung numerischer Simulationen für die Prozessanalyse beim Schweißen

Neben dem Einsatz numerischer Methoden als Hilfsmittel für die Dimensionierung und Bemessung von Schweißnähten und komplexen geschweißten Strukturen kann die FEM auch ganz wesentlich bei der **Prozessanalyse** unterstützen. So erlauben numerische Simulationen, die Wirkung der Prozessparameter, wie z. B. der Schweißgeschwindigkeit und des Energieeintrags, zu ermitteln und gezielt die Eigenschaften der Schweißnaht zu optimieren. Um dies zu erreichen, müssen die Simulationsprogramme multi-physikalische Berechnungen durchführen können, d. h. verschiedene physikalische Randbedingungen in eine Berechnung einbeziehen, um beispielsweise Wärmequellen (Lichtbogen, Gasflamme etc.), **Gefügeumwandlungen** und **Eigen-**

**spannungen** inklusive Deformation und Verzug von Bauteilen zu simulieren. Dazu müssen Bauteil- und Nahtgeometrie, Metallurgie des Werkstoffes und mechanisches Materialverhalten in Abhängigkeit von der Temperatur bekannt sein sowie die entsprechenden Prozessparameter berücksichtigt werden.

Weiterhin ist es neben der Vorhersage auftretender Materialveränderungen auch möglich, den Schweißprozess selbst mithilfe der FEM besser zu verstehen, beispielsweise die Bewegungen des flüssigen Schmelzbades gezielt zu kontrollieren (Bild 2.28a), den Einfluss des Schutzgasstromes auf die Nahtausbildung zu ermitteln (Bild 2.28b) oder auch die Tropfenablösung des Zusatzwerkstoffes bei einer abschmelzenden Drahtelektrode zu analysieren, um Schweißspritzer zu vermeiden.

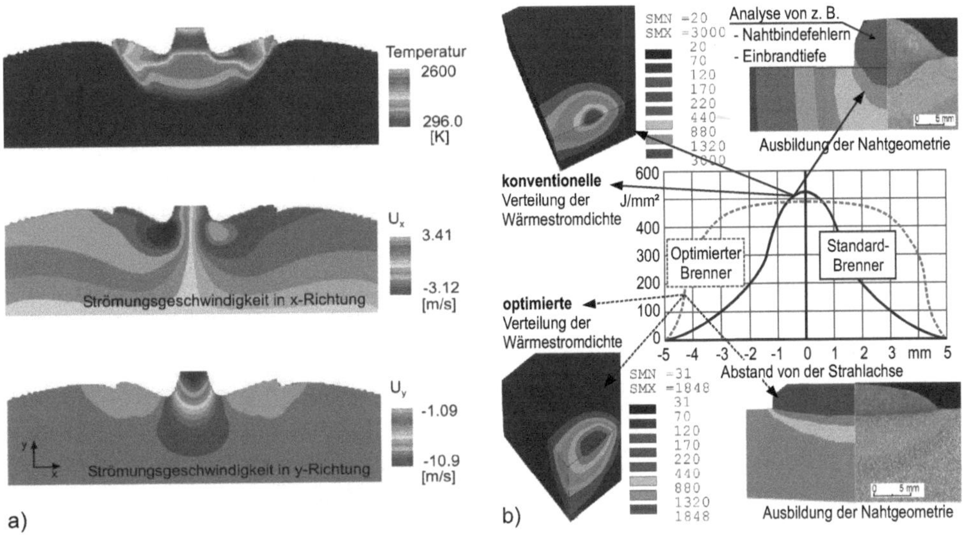


**Bild 2.28** Anwendung der numerischen Simulation für die Prozessanalyse. a) Ermittlung der Strömungsgeschwindigkeiten in einer Schweißnaht; b) Auswirkungen unterschiedlicher Schweißbrennerdüsenformen auf die Schweißnahtausbildung

## 2.5 Qualitätssicherung beim Schweißen

Die Qualitätssicherung umfasst alle erforderlichen Maßnahmen, mit denen sichergestellt werden kann, dass ein Produkt oder ein Verfahren definierte Eigenschaften erreicht. Für eine Schweißverbindung bedeutet dies, dass eine geschweißte Struktur über einen festgelegten Zeitraum die an sie gestellten Anforderungen erfüllen muss, d. h. deren Gebrauchstauglichkeit nachgewiesen ist. Je nach Einsatzgebiet können unterschiedliche Anforderungen an die Schweißverbindungen gestellt werden, z. B.:

- mechanische Belastungen,
- thermische Belastungen,
- Korrosionsbeständigkeit,
- Dichtheit oder
- Aussehen der Nahtoberfläche.

Dieses Ziel wird erreicht durch Definition der Anforderungen an die Qualität der jeweiligen Schweißverbindung eines Produktes bzw. Bauteiles, mit denen ein zuverlässiger, sicherer, störungsfreier und möglichst wartungsarmer Betrieb während seiner gesamten Lebensdauer erreicht werden kann. Die Definition der Anforderungen erfolgt interdisziplinär zwischen Konstrukteur, Hersteller und Anwender. Im Allgemeinen wird bei der Beurteilung von der **Güte einer Schweißverbindung** gesprochen. Diese wird bestimmt durch die Ausführung der Schweißverbindung sowie deren Eigenschaften (Bild 2.29).

Grundsätzlich ist davon auszugehen, dass nahezu jede Schweißverbindung sogenannte **Unregelmäßigkeiten**, d. h. Abweichungen von einem Idealzustand bei der Schweißnahtausbildung, aufweist, wie z. B. Poren, Einschlüsse, Risse, Nahteinfall, Nahtdurchhang, Bindefehler oder Nahtversatz u. a. Eine Einteilung von geometrischen Unregelmäßigkeiten an Metallen für das Schmelzschweißen erfolgt in DIN EN ISO 6520-1 und für das Pressschweißen in DIN EN ISO 6520-2. Diese Normen sollen als Basis für eine genaue Einordnung und Beschreibung von Schweißnahtunregelmäßigkeiten dienen. Metallurgische Unregelmäßigkeiten sind darin nicht enthalten.

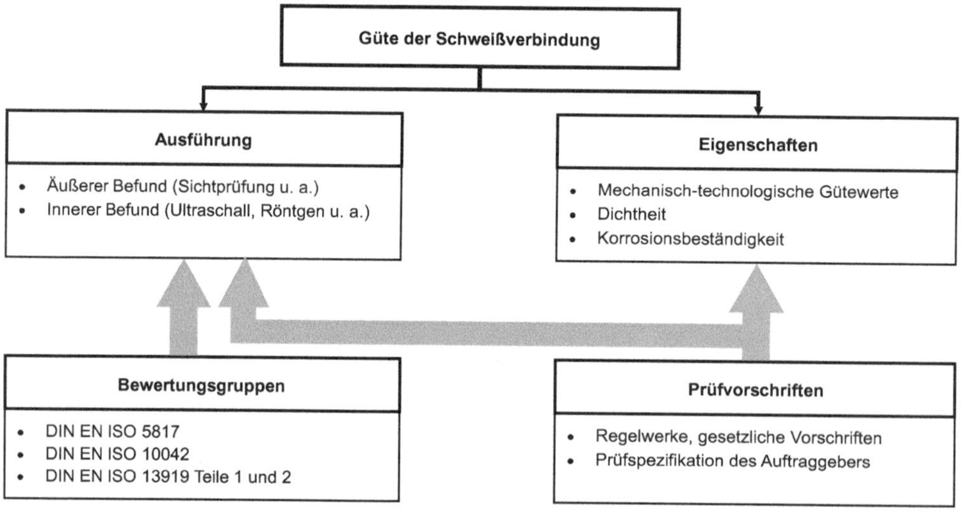


**Bild 2.29** Beschreibung der Güte von Schweißverbindungen

Ob eine festgestellte Unregelmäßigkeit der Schweißverbindung für den geplanten Einsatz toleriert werden kann, wird durch die Festlegung von Bewertungsgruppen für Schweißnähte geregelt. Diese können zwischen Hersteller und Anwender abgestimmt bzw. in Abhängigkeit vom Einsatzfall festgelegt sein. Für verschiedene Werkstoffgruppen und Schweißverfahren sind unterschiedliche Normenwerke für Bewertungsgruppen anzuwenden. Allen gemeinsam ist eine Einteilung in drei verschiedene Gruppen D, C und B, die in dieser Reihenfolge zugleich eine Zunahme der qualitativen Anforderungen bedeuten. Für Schmelzschweißverbindungen an Stahl, die mittels Lichtbogenverfahren hergestellt werden, ist DIN EN ISO 5817 anzuwenden. Für Aluminium gilt DIN EN ISO 10042. Für Strahlschweißverfahren (Elektronenstrahl und Laserstrahl) sind DIN EN ISO 13919 Teil 1 für Stahl und Teil 2 für Aluminium heranzuziehen.

Werden die Toleranzen überschritten, so sind Nacharbeiten an der Schweißnaht erforderlich – vom „Beschleifen" bis zum vollständigen „Ausfugen und Nachschweißen". Für das Bauteil ist beim Überschreiten der Maßtoleranz ein **Ablängen oder Anschweißen** notwendig und beim Überschreiten der Formtoleranzen ein Richten der Bauteile.

Zur Sicherung der Qualität von Schweißverbindungen bzw. Auftragschweißungen ist aber grundsätzlich mehr als die ausschließliche Beurteilung der Schweißnähte erforderlich. Für die durchgängige Qualitätssicherung bei einem Produzenten (unabhängig von der Art des Produktes oder der Dienstleistung) ist die Anwendung eines Qualitätsmanagementsystems erforderlich, wie in DIN EN ISO 9000 und DIN EN ISO 9001 geregelt. Speziell für die durch Schmelzschweißen hergestellten metallischen Strukturen enthält DIN EN ISO 3834-1 ergänzende Kriterien für eine geeignete Stufe der Qualitätsanforderungen. Solche Kriterien sind beispielsweise Regelungen zur Fertigungsplanung, Lagerung von Werkstoffen und Schweißzusätzen sowie die Qualifikation von Schweißverfahren, der ausführenden Schweißer und der Schweißaufsicht. Die wichtigsten Bereiche der Qualitätssicherung in der Schweißtechnik sowie eine diesbezügliche Auswahl grundlegender Normen zeigt Bild 2.30.

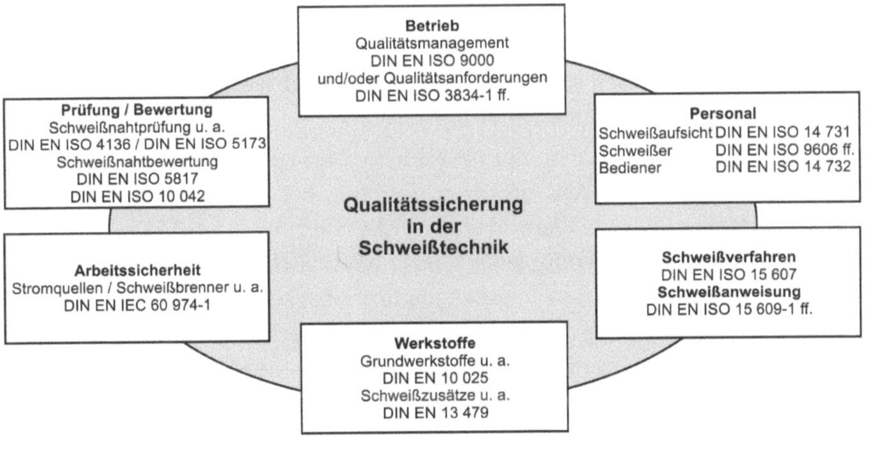


**Bild 2.30** Überblick der Bereiche der Qualitätssicherung in der Schweißtechnik (in Anlehnung an [MAT03])

## 2.6 Arbeitsschutz beim Schweißen

Das Ziel des Arbeitsschutzes im Allgemeinen besteht darin, die in einem Unternehmen tätigen Personen vor gesundheitlichen Gefahren aller Art zu schützen. Dazu müssen die jeweiligen Arbeitsplätze, Arbeitsverfahren und Arbeitsabläufe entsprechend der körperlichen, geistigen und psychischen Leistungsfähigkeit der Beschäftigten gestaltet werden.

Der Gesetzgeber hat die Ziele des Arbeitsschutzes in verschiedenen Gesetzen, Vorschriften und Regelwerken verankert. Die wichtigsten in diesem Kontext sind das Grundgesetz und das Arbeitsschutzgesetz.

Im Wesentlichen ist der Unternehmer verpflichtet, die für seinen Anwendungsfall gültigen Gesetze und Vorschriften zu kennen und anzuwenden. Auch wurden Berufsgenossenschaften gebildet, die dabei auf das Unternehmen einwirken. Berufsgenossenschaften sind sogenannte Sozialversicherungsträger. Als Körperschaften des öffentlichen Rechts finanzieren sie sich ausschließlich aus Beiträgen der ihnen durch Pflichtmitgliedschaft zugeordneten Unternehmen. Zurzeit existieren neben neun landwirtschaftlichen auch dreizehn gewerbliche Berufsgenossenschaften, welche nach Wirtschaftszweigen gegliedert und zugleich die Träger der gesetzlichen Unfallversicherung sind. Aus dieser Verantwortung heraus erarbeiten die Berufsgenossenschaften technische Vorschriften und Regelwerke mit dem Ziel, den Arbeitsschutz zu gewährleisten. Dazu gehören **Unfallverhütungsvorschriften** und **DGUV-Vorschriften**. Die allgemeinen Grundsätze zur Prävention sind in DGUV Vorschrift 1 verankert.

Beim Schweißen treten je nach angewandtem Wirkprinzip sehr unterschiedliche Gefährdungen für den durchführenden Schweißer sowie die Umgebung der Schweißstelle auf. Eine der häufigsten auftretenden Gefahren geht dabei von der oftmals sehr starken Erwärmung der Schweißstelle aus, die neben Verbrennungen für den Schweißer auch zu Bränden führen kann. Aus diesem Grund sind beim Schweißen auf Baustellen und bei Reparaturen die Schweißstellen nach der Herstellung bis zur völligen Abkühlung – bei potenziell brennbaren Stoffen in der Umgebung auch darüber hinaus – zu überwachen. Dies wird durch Erstellung eines **Schweißerlaubnisscheines** geregelt, wie in DGUV Information 205-001 dargestellt.

Insgesamt kann eingeschätzt werden, dass Pressschweißverfahren ein geringeres Gefahrenpotenzial als Schmelzschweißverfahren besitzen, bei denen neben der meist deutlich höheren Erwärmung eine Vielzahl weiterer Gefährdungen existieren. Waren es früher – bei überwiegender Anwendung des autogenen Gasschweißens – vor allem die Gefahren im Zusammenhang mit den eingesetzten brennbaren Gasen, sind es aufgrund der heutigen großen Verbreitung der Lichtbogenschweißverfahren (Lichtbogenhandschweißen, Metallschutzgasschweißen, Wolfram-Inert-Gas-Schweißen usw.) vor allem potenzielle Gefährdungen durch Strom (speziell Hochfrequenz), UV-Strahlung (aus dem

Lichtbogen) und vor allem durch die aus dem Schweißbereich austretenden Schadstoffe. Letztere können in Form von Gasen oder Partikeln auftreten. Für diese wesentlichen Emissionen ist die TRGS 528 zu berücksichtigen, welche die für die Einrichtung und den Betrieb von Schweißarbeitsplätzen erforderlichen Informationen zu Schadstoffen und entsprechenden Schutzmaßnahmen zusammenfasst. Gleichzeitig wurden in diesem Regelwerk auch wichtige Inhalte aus der zwischenzeitlich außer Kraft gesetzten Unfallverhütungsvorschrift BGV D1 „Schweißen, Schneiden und verwandte Verfahren“ übernommen. Weiterhin sind bezüglich der Gefahrstoffe beim Schweißen vor allem DGUV Information 209-016 und TRGS 900 zu beachten. Zur Ermittlung der tatsächlich auftretenden Art und Menge von Schadstoffen existieren ebenfalls verschiedene Regelwerke und Normen, wie z. B. DIN EN ISO 15011-4 und DIN EN ISO 10882-1.

Beim Laserschweißen ist eine weitere Gefährdungsquelle zu berücksichtigen – das hochenergetische, fokussierte, kohärente Licht, welches abhängig von der Wellenlänge auch für das Auge gefährlich werden kann. Deshalb existieren für das Laserschweißen weitere spezifische Regelwerke, wie DGUV Vorschrift 11.

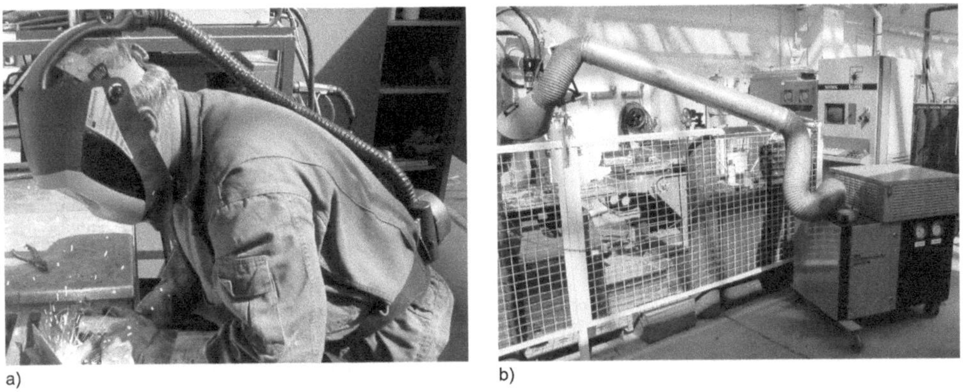

a) b)

**Bild 2.31** Arbeitsschutzeinrichtungen gegen Gefahrstoffe beim Schweißen. a) persönliche Schweißausrüstung (Augenschutz, Luftfilter, Schutzbekleidung) beim manuellen Schutzgasschweißen; b) mobile Absaugeinrichtung

Exemplarische Schutzmaßnahmen beim Schweißen zeigt Bild 2.31. Beim manuell durchgeführten Metallschutzgasschweißen muss der Schweißer zum Schutz gegen die auftretende UV-Strahlung des Lichtbogens Augen und Haut mit entsprechenden Abschirmungen, d. h. Filter und Kleidung, bedecken. Beim Schweißen in Zwangslagen (liegend oder über Kopf) sowie in sehr engen Räumen ist ein zusätzlicher Atemschutz erforderlich.

Die spezifischen Gefährdungen der einzelnen Schweißverfahren werden in den nachfolgenden Kapiteln jeweils gesondert erläutert.

## 2.7 Schweißen im Produkt-, Umwelt- und Energiemanagement

Moderne Methoden für Planung, Entwicklung und Herstellung eines Produktes gehen weit über die technologische Betrachtung des einzelnen Prozesses, wie z. B. eines Schweißprozesses hinaus. So werden für ein Produkt heute vielfach alle Phasen seiner gesamten Existenz, sozusagen von der „Wiege bis zur Bahre" berücksichtigt und als **Produktlebensphasen** bezeichnet (Bild 2.32). Gründe dafür sind zum einen, dass Entwicklung, Produktion, Vertrieb, Nutzung, Wartung und auch Recycling immer komplexere Prozesse darstellen, und zum anderen, dass die Produktlebensphasen aufgrund höherer Dynamik des Absatzmarktes immer kürzer werden und dementsprechend die Produktvielfalt immer weiter zunimmt. Die Verwaltung der Daten, die während aller Produktlebensphasen (bzw. im Produktlebenszyklus) erzeugt werden, erfordert spezielle Maßnahmen, um eine sinnvolle und dauerhafte Lösung zu erhalten. Realisiert werden kann dies mithilfe eines sogenannten „**Product Lifecycle Managements**" (Produkt-Lebenszyklus-Management bzw. **PLM**).

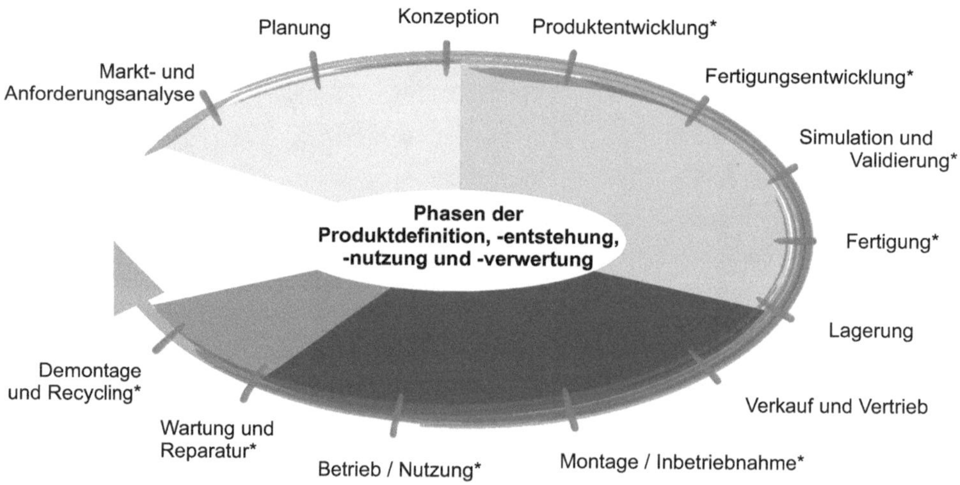


**Bild 2.32** Übersicht der Produktlebensphasen (* Phasen mit Einfluss auf bzw. durch das Schweißen)

Für geschweißte Produkte bedeutet PLM, dass neben der ohnehin erforderlichen Dokumentation und Aufbewahrung relevanter Daten aus der Produktentwicklungsphase, wie z. B. Konstruktions- und Berechnungsunterlagen, sowie der Phase der Fertigungsplanung auch technologischen Prozessdaten während der gesamten Fertigung protokolliert und archiviert werden. Dazu ist eine Überwachung des Schweißprozesses mithilfe von Online-Messsystemen (häufig eingesetzt z. B. in der Automobilindustrie) oder aber eine zerstörungsfreie Prüfung aller hergestellten Schweißverbindungen erforderlich. Weiterhin werden Daten von Schweißnähten in der Nutzungsphase erhoben, beispielsweise durch eine kontinuierliche Überwachung von Dehnungen geschweißter Stahltragwerke (wie z. B. bei speziellen Brücken, Offshore-Bohrplattformen o. Ä.). Damit wird es möglich, Wartungsintervalle anhand tatsächlich aufgetretener Belastungen optimal festzulegen, potenzielle Überbelastungen zu erkennen oder mithilfe bruchmechanischer Bewertungsmethoden eventuell vorhandene Risse und deren Rissfortschritt zu bewerten, um rechtzeitig Reparaturen einzuleiten.

Nicht zuletzt besitzt die Art der Verbindung eines Bauteils einen erheblichen Einfluss auf dessen **Demontage** und **Recyclingfähigkeit** nach Abschluss von dessen Einsatz. Hierbei besitzt das Schweißen sowohl Vor- als auch Nachteile gegenüber anderen Fügeverfahren. Nachteilig ist, dass es sich um unlösbare Verbindungen handelt, die nur durch Zerstörung des Zusammenhaltes, z. B. thermisch mittels Brennschneiden oder spanend durch Sägen, wieder gelöst werden können. Demgegenüber ist vorteilhaft, dass durch Schweißen in den meisten Fällen nur artgleiche Werkstoffe gefügt wurden, sodass derartige Bauteile – sofern deren Größe es zulässt – gar nicht getrennt und sofort wieder, z. B. durch Einschmelzen, recycelt werden können. Einschränkend ist festzustellen, dass beispielsweise Verbindungen zwischen Bauteilen aus nichtrostendem Stahl und unlegierten bzw. anderen legierten Stählen aus wirtschaftlicher Sicht dennoch unmittelbar in der Schweißverbindung zu trennen sind, um die wertvollen Legierungselemente gezielt wiederzuverwenden.

Das Bestreben, die eingesetzten Werkstoffe von nicht mehr genutzten Produkten zu recyceln, stellt aber nur einen ersten Schritt auf dem Weg zur Entwicklung nachhaltiger Produkte dar. Nachhaltige Entwicklung bedeutet dabei die Erhaltung der natürlichen Lebensgrundlagen, die Wahrung der Lebenschancen heutiger und zukünftiger Generationen weltweit sowie Integration ökologischer, ökonomischer und sozialer Belange.

PLM bietet dafür eine wesentliche Grundlage. Die durchgängige Betrachtung eines Produktes über alle Produktlebensphasen hinweg ermöglicht sowohl die Erfassung und Analyse aller energetischen Ein- und Ausgangsgrößen als auch Wechselwirkungen des Produktes mit dessen Umwelt. Darüber hinaus sind Umweltschutzaspekte bereits heute ein wesentliches Kriterium bei der Herstellung und dem Einsatz eines Produktes und als solches in diversen Gesetzen, Normen und Richtlinien verankert. Umweltschutz umfasst dabei alle geeigneten Maßnahmen, die dem Schutz der Umwelt vor schädlichen Emissionen eines Prozesses, d. h. Stoffen, Strahlung etc., dienen mit dem Ziel der Erhaltung der natürlichen Lebensgrundlage aller Lebewesen. Darüber hinaus wurden auf Basis von Qualitätsmanagementsystemen, wie z. B. DIN EN ISO 9001, von verschiedenen Organisationen Managementsysteme für umweltbezogene Aspekte entwickelt. Es wurde erkannt, dass dadurch im Unternehmen auch wirtschaftliche Vorteile erzielt werden, wie z. B. durch Verringerung von Entsorgungskosten auftretender Schadstoffe oder bei der Notwendigkeit von Investitionen zur Einhaltung gesetzlicher Vorschriften. Einen Leitfaden für die Erstellung von Umweltmanagementsystemen stellen die international anerkannte Norm DIN EN ISO 14001 sowie der DIN-Fachbericht ISO/TR 14062 dar. Im Wesentlichen beinhaltet ein **Umweltmanagementsystem** die Definition aller Abläufe und Mittel für die Umsetzung des betrieblichen Umweltschutzes, in dem diesbezügliche Zuständigkeiten, Verantwortlichkeiten und Verhaltensweisen klar geregelt werden. Darin eingeschlossen ist beispielsweise auch eine Dokumentation zum Umweltverhalten von Schweißverfahren bzw. geschweißter Produkte.

Die Erkenntnisse aus Umweltaspekten und die Notwendigkeit zu energetischer Effizienz machen es erforderlich, einen Werkstoff, ein Produkt bzw. einen Prozess nicht nur nach technischen und wirtschaftlichen Kriterien zu bewerten, sondern auch ökologische Bewertungsmaßstäbe anzulegen. Dies hat aufbauend auf Umweltmanagementsystemen zur Entwicklung von sogenannten **Ökobilanzen (LCA** = Life Cycle Assessment) geführt. Eine Ökobilanz beinhaltet die Gesamtheit aller umweltrelevanten Faktoren, Stoff- und Energieumsätze, die im Zusammenhang mit der Herstellung, dem Gebrauch und der Entsorgung eines Produktes Auswirkungen auf die Umwelt, also Boden, Luft und Wasser, haben können. Derartige Bilanzen betrachten also nicht nur den „In- und Output“ in der Fertigungsphase, sondern auch die ökologischen Effekte während des gesamten Produktlebens inkl. der Entsorgung am Ende der Nutzungsphase.

Ökobilanzen sind ein freiwilliges Instrument des Umweltmanagements. Sie helfen, systematisch ökologische Verbesserungspotenziale eines Produktes, Prozesses oder einer Dienstleistung zu identifizieren. Mit der konsequenten Einbeziehung des gesamten Lebensweges (Life Cycle) von der Rohstoffgewinnung über die Produktion und die Anwendung bis zur Beseitigung sind sie ein wichtiges Instrument zur Verwirklichung eines nachhaltigen Life-Cycle-Managements. Sie haben sich in Industrie, Politik, Nichtregierungsorganisationen und Forschung als Methodik für eine ökologische Bewertung etabliert.

So sinnvoll die Aufstellung von Ökobilanzen einerseits erscheint, so herausfordernd ist andererseits deren praktische Umsetzung. Es ist dazu erforderlich, exakte Rahmenbedingungen und Systemgrenzen festzulegen, innerhalb derer eine Bilanz aufgestellt werden kann. Um objektive Aussagen zu erhalten, muss die Erstellung von Ökobilanzen daher unter Einhaltung strikter Regeln und Vorschriften erfolgen, die u. a. in DIN EN ISO 14040 international festgelegt wurden. Die DIN/TS 35807 unterstützt dabei als Leitfaden zur Lebenswegbetrachtung im Allgemeinen. Die DIN/TS 35235 wiederum beschreibt, wie die Umweltauswirkungen verschiedener Schweißverfahren mithilfe von Ökobilanzen systematisch erfasst und verglichen werden. Praxisnahe Anleitungen und Beispiele, etwa für Stahltragwerke, unterstützen Unternehmen dabei, nachhaltigere Entscheidungen in der Fertigung zu treffen. Ziel ist es, Umwelt-Hotspots zu identifizieren und die Nachhaltigkeit in der Schweißtechnik zu verbessern.

Neben der ökologischen Bewertung von Prozessen führt die zunehmende Sensibilisierung für Ressourcenschonung, verbunden mit den kontinuierlich steigenden Energiekosten, dazu, dass der Energieeinsatz als Entscheidungskriterium bei der Produktentwicklung und insbesondere bei der Auswahl der jeweiligen Fertigungsverfahren herangezogen wird. Damit wird die Energie- und Ressourceneffizienz zu einem neuen Innovationstreiber am Markt. Um Unternehmen bei der Ermittlung, Bewertung und Optimierung ihrer Energieeffizienz zu unterstützen, wurde mit DIN EN ISO 50001 ein Instrument geschaffen, ein systematisches Energiemanagement im Unternehmen umzusetzen. Dies geschieht in Form eines kontinuierlichen Verbesserungsprozesses (KVP) mit dem Ziel einen effizienteren und nachhaltigen Energieeinsatz für die Herstellung von Produkten zu erreichen. Grundlegend ist dafür die Analyse des Ist-Standes, d. h., es ist die Bewertung der energetischen Effektivität der Verfahren einer Prozesskette in Form einer Energiebilanzierung durchzuführen. Dabei ist die für jeden Prozessschritt eingesetzte Energie im Bezug zum erreichten Mehrwert des Produktes zu ermitteln. Anschließend kann beispielsweise durch Benchmarking verschiedener Schweißprozesse eine Verfahrenssubstitution oder -optimierung durchgeführt werden. Auch Entwicklungen zur Reduzierung des Energieverbrauchs, beispielsweise durch Rückführung von zunächst nicht mehr nutzbarer Energie in den Prozesskreislauf, stehen im Fokus.

Für das Schweißen bedeuten sowohl Ökobilanzierung als auch Energieeffizienz die Notwendigkeit zu Innovationen, die Verbesserungen hinsichtlich ihrer Umweltverträglichkeit sowie des energetischen Aufwandes ermöglichen. Dies schließt auch die Entwicklung neuer Schweißverfahren und Verfahrensvarianten sowie nicht-thermischer Fügeverfahren ein.

Bei Betrachtung des gesamten Produktlebenszyklus ist festzustellen, dass speziell für Wartung und Reparatur sowie bei Demontage und Recycling derartige Methoden mit Hinblick auf die Schweißtechnik bislang noch nicht durchgängig systematisiert sind und deshalb nur in geringem Maße Anwendung finden. Die energetischen und ökologischen Bewertungen des Schweißens für PLM, Ökobilanzierung und Energiemanagement gewinnen, aus energiepolitischer Sicht, jedoch zunehmend an Bedeutung im industriellen Umfeld und sind Gegenstand einer ganzen Reihe aktuell laufender Forschungen.

# 3 Schweißen mit Lichtbogen

## 3.1 Grundlagen der Lichtbogentechnik

### 3.1.1 Physik des Lichtbogens

Der **Lichtbogen** ist eine Form der Gasentladung. Zwischen zwei Elektroden fließt elektrischer Strom über ein gasförmiges Medium. Voraussetzung dafür sind das Vorhandensein ausreichend freier Ladungsträger im Gas und eine elektrische Potenzialdifferenz zwischen den Elektroden.

Bei Raumtemperatur liegen Gase im molekularen oder atomaren Zustand vor. Damit sie elektrisch leitfähig werden, muss so viel Energie zugeführt werden, dass Elektronen der äußeren Elektronenschale den Atomverbund verlassen können (Bild 3.1). Durch den Verlust eines oder mehrerer Elektronen wird das Atom zum positiv geladenen Ion.

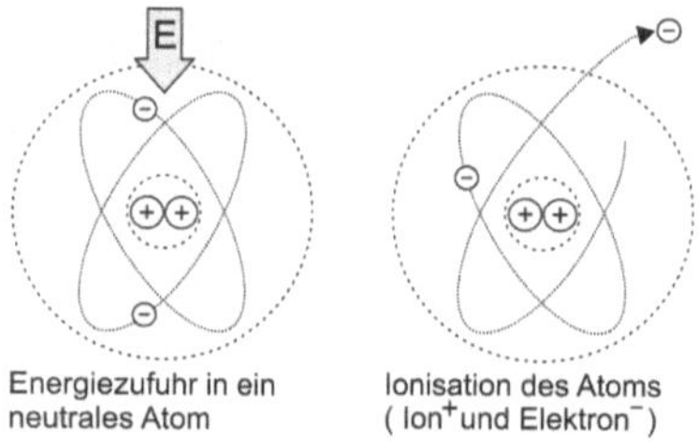


**Bild 3.1**
Ionisation eines Heliumatoms

Die zur **Dissoziation** von Molekülen und zur **Ionisation** von Atomen erforderliche Energiemenge ist eine stoffspezifische Größe (Tabelle 3.1). Bei Schweißlichtbögen wird die notwendige Energie vorwiegend durch hohe Temperaturen aufgebracht. Sie werden deshalb auch als thermisches Plasma bezeichnet.

**Tabelle 3.1** Dissoziations- und Ionisationsenergien

| Element | Dissoziationsenergie [eV] | Ionisationsenergie [eV] |
|---|---|---|
| $CO_2$ | 4,30 | 14,40 |
| $O_2$ | 5,14 | 13,62 |
| $H_2$ | 4,52 | 13,60 |
| $N_2$ | 9,78 | 14,53 |
| Ar | | 15,76 |
| He | | 24,59 |
| Fe | | 7,90 |
| Al | | 5,98 |
| Cu | | 7,64 |
| Cr | | 6,77 |
| Ni | | 7,62 |
| Mg | | 7,65 |
| Zn | | 9,39 |
| K | | 4,34 |
| Ca | | 6,11 |
| Ti | | 6,83 |
| F | | 17,44 |
| Si | | 8,16 |

Im elektrischen Feld zwischen den Elektroden werden die freien Ladungsträger beschleunigt, Elektronen in Richtung Anode, Ionen in Richtung Kathode. Für den Stromtransport sind nahezu ausschließlich die Elektronen relevant, da sie sich aufgrund ihrer geringeren Masse wesentlich schneller bewegen als die Ionen. Auf ihrem Weg zu Anode stoßen die freien Elektronen mit weiteren Gasatomen zusammen. Die Aufprallenergie reicht aus, um lawinenartig weitere Elektronen freizusetzen. Dieser Vorgang wird als Stoßionisation bezeichnet. Dabei werden mehr Elektronen durch Ionisation freigesetzt als durch Rekombination, also der Wiedervereinigung von Ion und Elektron zum Atom, gebunden. Der Anteil freier Ladungsträger im Plasma ist ein Maß für dessen Ionisationsgrad und damit für dessen elektrische Leitfähigkeit. Da Ionen und Elektronen in gleicher Wertigkeit vertreten sind, ist das **Lichtbogenplasma** gegenüber seiner Umgebung elektrisch neutral.

Neben der thermischen Ionisation im Gas finden bei Schweißlichtbögen noch Glüh- und Feldemissionsvorgänge an der Kathode statt. Dabei werden an erhitzten Metalloberflächen Elektronen freigesetzt. Die Energiezufuhr in die Atome erfolgt durch Widerstands- und Strahlungserwärmung. Bei entsprechend hohen Temperaturen nimmt die Eigenbewegung der Elektronen derart zu, dass die Energie zur Überwindung der Austrittsarbeit ausreicht. Das Herauslösen der Elektronen aus dem Atomverband wird durch die elektrischen Feldkräfte unterstützt. Die Elektronenemission an der Kathode wird daher auch als thermische Feldemission bezeichnet.

Zum vollständigen Verständnis der lichtbogenphysikalischen Vorgänge sind auch die Vorgänge an den Elektroden zu betrachten. An der **Kathode** sammeln sich die Ionen aus dem Lichtbogenplasma in einer Art positiven Raumladungswolke. Der Potenzialunterschied zwischen dieser Ionenwolke und der Kathode wird als **Kathodenfallspannung** bezeichnet. Die freien Elektronen des Lichtbogenplasmas bewegen sich mit hoher Geschwindigkeit zur **Anode**. Die beim Aufprall vorhandene kinetische Energie wird dabei in Wärme umgewandelt. Da die Anode keine Ionen emittiert, wird der Strom unmittelbar vor der Anode ausschließlich durch die Elektronen übertragen. An der Anode liegt daher ein Elektronenüberschuss vor, der eine negative Raumladungswolke darstellt. Der Potenzialunterschied zwischen dieser Elektronenwolke und der Anode wird als **Anodenfallspannung** bezeichnet. Die räumlichen Ausdehnungen der Fallgebiete an Kathode ($10^{-4}$ mm) und Anode ($10^{-1}$ mm) sind sehr gering. Die Potenzialunterschiede in den Fallgebieten liegen jedoch im Größenbereich der Lichtbogensäule (Bild 3.2).

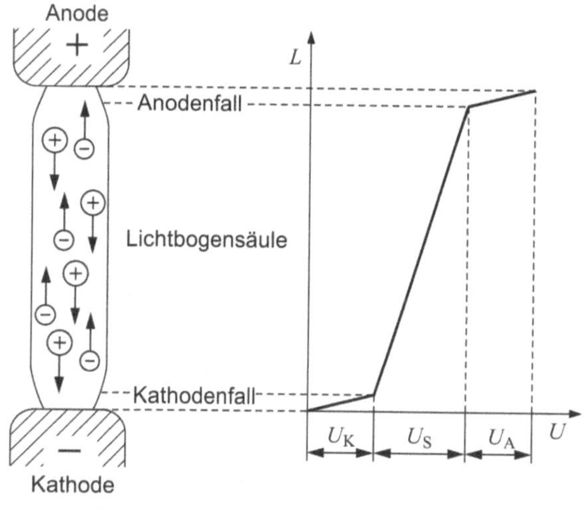


**Bild 3.2**
Potenzialverteilung im Lichtbogen

Die dem Lichtbogen zugeführte elektrische Energie wird größtenteils in Wärme umgewandelt. Haupteinflussfaktoren auf die **Lichtbogentemperatur** sind die Stromstärke und die chemische Zusammensetzung der leitfähigen Gasstrecke. In Abhängigkeit vom Schweißverfahren werden Temperaturen von 4000...25.000 K erreicht. Lichtbogenplasmen mit Metalldampfanteil, wie z. B. beim Elektrodenhandschweißen oder Metallschutzgasschweißen, weisen geringere mittlere Lichtbogentemperaturen auf als Gasplasmen, wie z. B. beim WIG-Schweißen. Ursache dafür sind die höheren erforderlichen Ionisationsenergien von Gasen im Vergleich zu Metallen. Eine Vergrößerung der Stromdichte im Lichtbogen durch Erhöhung der Stromstärke oder durch mechanische Einschnürung der Lichtbogensäule, wie z. B. beim Plasmaschweißen, führt ebenfalls zu höheren Lichtbogentemperaturen. In Tabelle 3.2 sind Richtwerte für Temperaturbereiche verschiedener Schweißverfahren angegeben.

**Tabelle 3.2** Temperaturen in Schweißlichtbögen

| Schweißverfahren | Mittlere Lichtbogentemperatur [K] |
|---|---|
| E-Hand | 4000...6000 |
| WIG | 4000...10.000 |
| MSG | 5000...7000 |
| UP | 6000...7000 |
| Plasma | 10.000...24.000 |

Die Temperaturverteilung im Schweißlichtbogen ist dabei nicht gleichmäßig. In der Lichtbogenstrecke herrschen wesentlich höhere Temperaturen als in den elektrodenseitigen Ansatzstellen. Die Anode wird thermisch höher belastet als die Kathode, da sie dem Beschuss hochbeschleunigter Elektronen aus dem Lichtbogenplasma ausgesetzt ist. Die radiale Temperaturverteilung im Lichtbogen entspricht einer Glockenkurve (Bild 3.3). Bei Lichtbögen, die an nichtabschmelzenden Elektroden ansetzen, wie z. B. beim WIG- und Plasmaschweißen, befindet sich das Temperaturmaximum auf der Lichtbogenlängsachse. Wird eine abschmelzende Elektrode eingesetzt, wie z. B. beim MSG-Schweißen, bildet sich im oberen Leistungsbereich ein konzentrisches Temperaturmaximum aus. Ursache dafür ist der beim Abschmelzen der Elektrode entstehende Metalldampf im Lichtbogenkern. Da das Elektrodenmetall eine geringere Ionisationsenergie aufweist als das Gas in der Lichtbogensäule, wird der Lichtbogenkern weniger aufgeheizt.

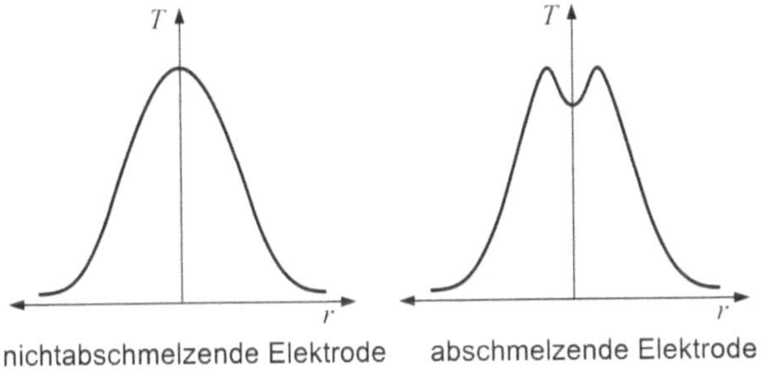


**Bild 3.3** Temperaturverteilung in Schweißlichtbögen

Die elektrische Leitfähigkeit wird von der chemischen Zusammensetzung des Lichtbogenplasmas und der Lichtbogentemperatur bestimmt. Sie nimmt mit steigender Temperatur schnell zu und folgt daher der Ausbildung des Temperaturfeldes. Der Stromfluss erfolgt in den Lichtbogenbereichen mit der geringsten notwendigen Ionisationsenergie und der höchsten Temperatur. Bei Lichtbögen mit geringen Metalldampfanteilen erfolgt der Stromfluss daher vorwiegend über den Metalldampf. Bei Lichtbögen mit hohem Metalldampfanteil besitzt das umgebende Gasplasma aufgrund seiner höheren Temperatur die bessere Leitfähigkeit. Der Stromtransport erfolgt in diesem Fall konzentrisch um den Metalldampfkern im Gasplasma.

Um die Lichtbogensäule bildet sich, wie um jeden stromdurchflossenen Leiter, ein Magnetfeld aus (Bild 3.4). Die magnetische Feldstärke $H$ ist proportional zur Stromstärke $I$ im Lichtbogen.

$$H(r) = \frac{1}{2\pi \cdot r} \tag{3.1}$$

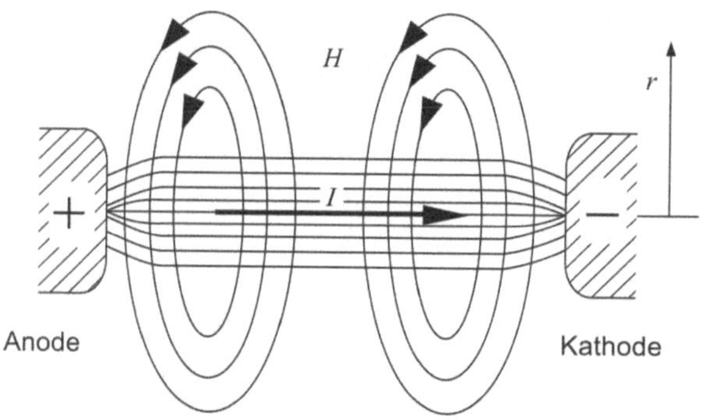


**Bild 3.4**
Magnetfeldausbildung um die Lichtbogensäule

Im Lichtbogenplasma existieren mehrere parallel liegende Strompfade mit gleichsinniger Stromflussrichtung. Ihre sich überlagernden Magnetfelder werden im Überlappungsbereich abgeschwächt und bewirken eine gegenseitige Anziehung der Strompfade, den sogenannten **Pinch-Effekt** (Bild 3.5). Das durch den Stromfluss hervorgerufene Magnetfeld wirkt somit komprimierend auf die Lichtbogensäule. Die Kompressionswirkung ist direkt proportional zur Stromdichte im Lichtbogenplasma.

Da die Lichtbogensäule ein beweglicher elektrischer Leiter ist, kann sie durch magnetische Felder in Form und Lage beeinflusst werden. Technische Anwendungen dieses Effekts sind z. B. das magnetische Lichtbogenpendeln beim WIG-Schweißen oder das Schweißen in sich geschlossener Nahtgeometrien mit magnetisch bewegtem Lichtbogen. Es treten jedoch auch ungewollte magnetische Beeinflussungen des Lichtbogens, die sogenannte magnetische **Blaswirkung**, auf (Bild 3.6). Die Ursachen sind Unterschiede in der magnetischen Feldliniendichte bei gekrümmten Strombahnen und unterschiedliche magnetische Leitfähigkeiten (Permeabilitäten) von Materialien. Die

Lichtbogenablenkung erfolgt stets in Richtung geringerer magnetischer Feldliniendichte bzw. höherer Permeabilität. Beim Schweißen ferromagnetischer Werkstoffe erfolgt zudem eine magnetische Ablenkung hin zu größeren Materialansammlungen.

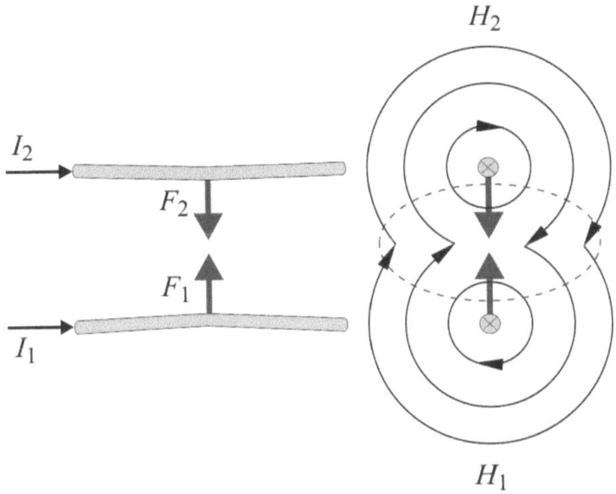


**Bild 3.5**
Pinch-Effekt durch sich überlagernde Magnetfelder

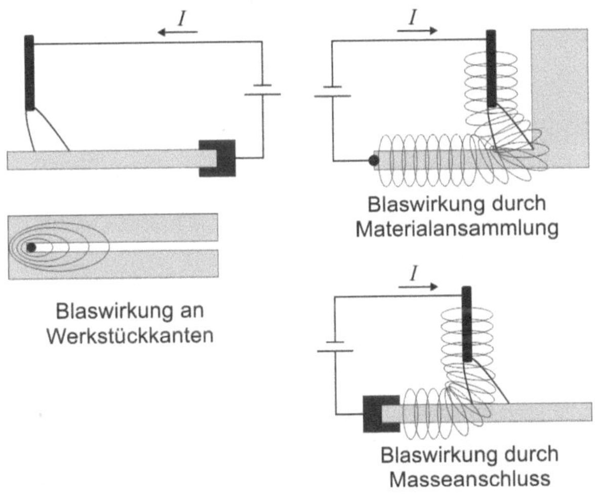


**Bild 3.6**
Ablenkung des Lichtbogens durch magnetische Blaswirkung

## 3.1.2 Zünden des Lichtbogens

Um den Lichtbogen zwischen zwei Elektroden zu zünden, muss die Gasstrecke zwischen den Elektroden ionisiert werden. Dazu existieren prinzipiell zwei Varianten, die Kontaktzündung (auch als Kurzschlusszündung bezeichnet) und die berührungslose Hochspannungszündung.

In schweißtechnischen Anwendungen ist zumeist eine Elektrode flächig (Werkstück) und die andere stiftförmig (Schweißwerkzeug) ausgebildet. Bei der **Kontaktzündung** (Bild 3.7) wird der elektrische Stromkreis durch eine kurzzeitige Berührung der beiden Elektroden unter anliegender Leerlaufspannung der Schweißstromquelle geschlossen. Der dabei fließende Kurzschlussstrom führt zu einer Widerstandserwärmung in deren Folge sich zwischen den Elektroden eine flüssige Schmelzbrücke bildet. Gleichzeitig werden an der Kathode durch thermische Feldemission Elektronen freigesetzt. Der Kurzschlussstrom heizt den geringen Querschnitt der Schmelzbrücke weiter auf. Die sich dabei einstellenden hohen Stromdichten führen zu einer eng begrenzten, explosionsartigen Metallverdampfung. Durch die plötzliche hohe Wärmeenergiezufuhr ist der Metalldampf teilweise thermisch ionisiert. Der Ionisationsgrad steigt unter dem Einfluss der anliegenden elektrischen Spannung über Stoßionisationsvorgänge, die durch eine ausreichende Dichte des Metalldampfes erleichtert werden, schnell an, wodurch eine leitfähige Gasstrecke zwischen den Elektroden entsteht. Die Lichtbogenzündung wird erleichtert durch:

- hohe Leerlaufspannung der Stromquelle,
- große Stromanstiegsgeschwindigkeiten beim Kurzschluss,
- geringe Kontaktfläche zwischen den Elektroden.

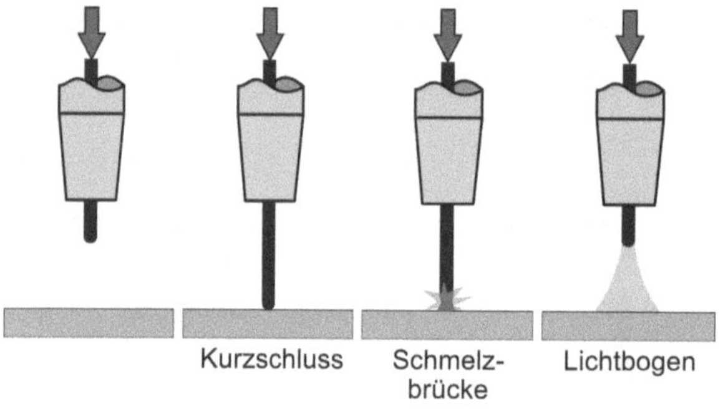


**Bild 3.7**
Prozessablauf Kontaktzündung

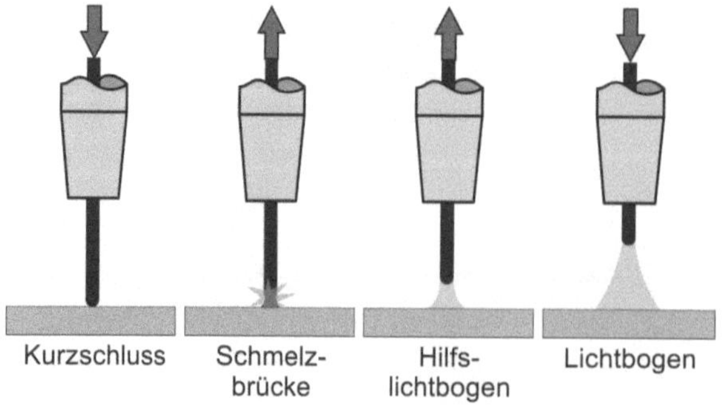


**Bild 3.8**
Prozessablauf Lift-Arc-Zündung

Die Kontaktzündung wird bei Schweißverfahren mit abschmelzender Elektrode, wie z. B. dem E-Hand-, MSG- und UP-Schweißen, eingesetzt. Eine Sondervariante, die ausschließlich beim MSG-Schweißen Anwendung findet, ist die **Lift-Arc-Zündung** (Bild 3.8). Hierbei wird die Auflösung der Schmelzbrücke unterstützt, indem die Drahtelektrode nach dem Kurzschluss mechanisch zurückgezogen wird. Dabei wird nur mit geringen Zündströmen gearbeitet. Erreicht die Lichtbogenlänge den voreingestellten Sollwert, wird die Elektrodenvorschubrichtung wieder umgekehrt und die Stromquelle schaltet auf Lichtbogenstrom um.

Bei der **Hochspannungszündung** (Bild 3.9) erfolgt die Zündung des Lichtbogens ohne Berührung der Elektroden über das kurzzeitige Anlegen von stark überhöhten Spannungsimpulsen im Bereich von ca. 6000...8000 V. Diese werden von einem separaten Hochspannungszündgerät mit Frequenzen von bis zu 500 Hz und Impulsdauern von 0,5...1 µs generiert. Durch Feldemissionsvorgänge an der Kathode werden einige wenige freie Elektronen generiert. Diese werden durch die hohe Spannung in Richtung Anode beschleunigt und setzen die Stoßionisation in Gang. Durch die hohe Frequenz, mit der die Spannungsimpulse erzeugt werden, verläuft die Stoßionisation lawinenartig und bildet einen leitfähigen Kanal zwischen den Elektroden aus. Über diese ionisierte Gasstrecke kann der Lichtbogen dann mit den geringeren Schweißspannungen im Bereich von 20...40 V aufrechterhalten werden. Die Lichtbogenzündung wird erleichtert durch:

- hohe Zündspannung,
- geringe Ionisationsenergie des Mediums in der Gasstrecke,
- geringen Abstand zwischen den Elektroden.

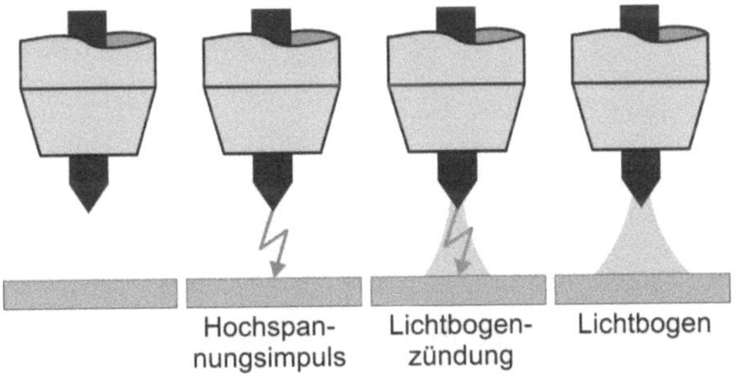


**Bild 3.9**
Prozessablauf Hochspannungszündung

Die Hochspannungszündung wird bei Schweißverfahren mit nicht abschmelzender Elektrode, wie z. B. dem WIG-Schweißen, eingesetzt. Eine Sondervariante der berührungslosen Lichtbogenzündung ist die **Pilotlichtbogen-Zündung** (Bild 3.10). Diese wird dort eingesetzt, wo sich in der Gasstrecke zwischen den beiden Elektroden weitere elektrisch leitfähige Bauteile befinden, die eine direkte Lichtbogenzündung zwischen den Elektroden verhindern. Dies ist z. B. beim Plasmaschweißen der Fall, wo im Lichtbogenraum eine metallische Plasmadüse zur mechanischen Einschnürung des Lichtbogens angeordnet ist (siehe Abschnitt 3.3.3). Hier wird mit einem Hilfslichtbogen, dem sogenannten Pilotlichtbogen, gearbeitet. Dieser wird mit geringen Stromstärken zwischen einer Elektrode und einer Hilfselektrode (zumeist das in der Gasstrecke befindliche Bauteil) mittels Hochspannungszündung gezündet. Anschließend wird das Lichtbogenplasma des Pilotlichtbogens über eine Gasströmung in Richtung der zweiten Elektrode (Werkstück) gedrückt. Im Ergebnis entsteht eine leitfähige Verbindung zwischen den beiden Elektroden über die der Hauptlichtbogen über die anliegende Leerlaufspannung der Schweißstromquelle zünden kann.

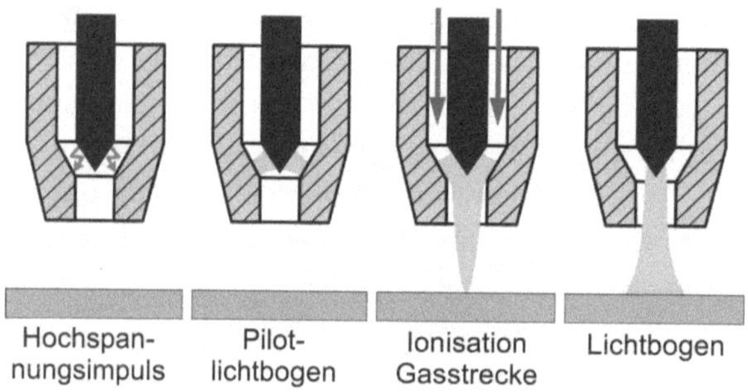


**Bild 3.10** Prozessablauf Pilotlichtbogen-Zündung

### 3.1.3 Betrieb des Lichtbogens

Zur Aufrechterhaltung der Lichtbogenentladung ist eine ausreichend große elektrische Potenzialdifferenz zwischen den beiden Elektroden erforderlich, um den Prozess der Stoßionisation freier Ladungsträger in Gang zu halten. Die erforderliche Spannung ist abhängig von:

- dem Lichtbogenmedium,
- dem Schweißstrom,
- der Lichtbogenlänge,
- der Beschaffenheit von Anode und Kathode.

Der prinzipielle Zusammenhang zwischen Lichtbogenspannung und -strom wird über die **Lichtbogenkennlinie** dargestellt (Bild 3.11). Die Stromstärke repräsentiert die Anzahl und die Spannung die Beschleunigung der freien Ladungsträger in der Lichtbogensäule.

Der Verlauf der Strom-Spannungs-Kennlinie ist nicht linear. Im sogenannten Ayrtonschen Bereich weist sie eine steil fallende Charakteristik auf. Bei geringen Strömen sind hohe Spannungen zur Aufrechterhaltung der Lichtbogensäule erforderlich. Mit steigendem Strom nimmt der Ionisierungsgrad der Lichtbogensäule zu, und der Lichtbogen ist auch bei niedrigen Spannungen stabil. Bei Überschreiten einer gewissen

Grenzstromstärke geht die Kennlinie in eine leicht ansteigende Charakteristik über, den sogenannten Ohmschen Bereich. Der Lichtbogenionisationsgrad lässt sich mit zunehmendem Strom nicht mehr bedeutend steigern. Die Lichtbogenspannung steigt dem Ohmschen Gesetz folgend mit zunehmender Stromstärke an. Lichtbogenschweißprozesse arbeiten ausschließlich im Ohmschen Bereich der Kennlinie. In der EN 60974-1 werden normierte Lichtbogenkennlinien für verschiedene Schweißverfahren angegeben:

- Lichtbogenhandschweißen mit umhüllten Stabelektroden:
  für $I \leq 600$ A: $U = 20 + 0{,}04 \cdot I$
  für $I > 600$ A: $U = 44$ V
- WIG-Schweißen unter Argonatmosphäre:
  für $I \leq 600$ A: $U = 10 + 0{,}04 \cdot I$
  für $I > 600$ A: $U = 34$ V
- MSG-Schweißen:
  für $I \leq 600$ A: $U = 14 + 0{,}05 \cdot I$
  für $I > 600$ A: $U = 44$ V

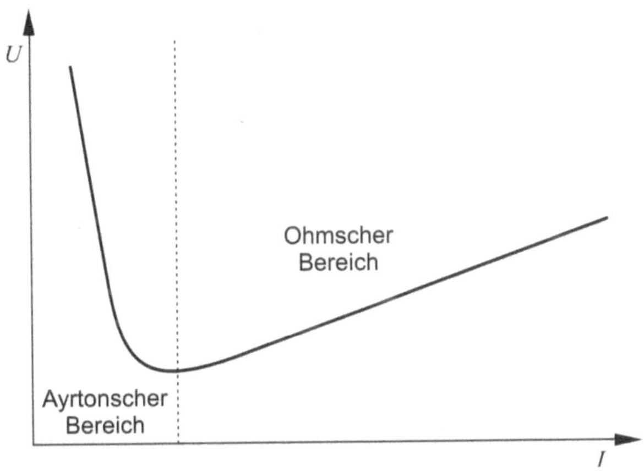


**Bild 3.11**
Lichtbogenkennlinie

Eine Veränderung der Ionisationsbedingungen oder der Lichtbogenlänge bewirken eine Verschiebung der Kennlinie (Bild 3.12). Höhere Ionisationsenergien im Plasmamedium und größere Lichtbogenlängen erfordern höhere Lichtbogenspannungen zur Aufrechterhaltung der Lichtbogensäule. Eine Erhöhung der Stromdichte durch mechanische Einschnürung der Lichtbogensäule, wie z. B. beim Plasmaschweißen, verschiebt den Übergangsbereich zwischen Ayrtonschen und Ohmschen Bereich in Richtung geringer Stromstärken. Damit lässt sich auch bei sehr geringen Stromstärken ein stabiler Lichtbogen erzeugen.

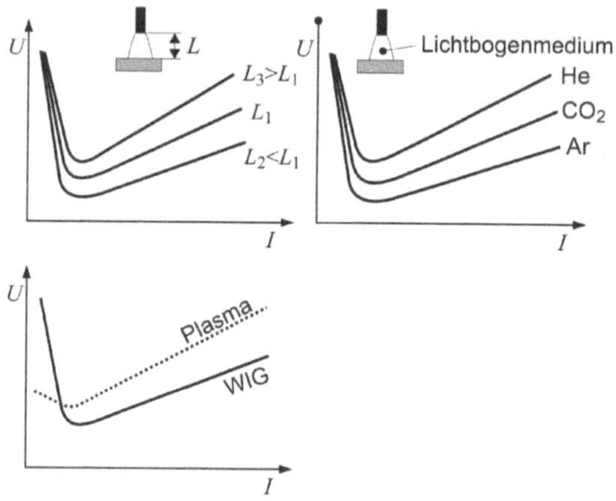


**Bild 3.12**
Abhängigkeit der Lichtbogenkennlinie von verschiedenen Einflussfaktoren

Bei Einsatz von Wechselstrom durchläuft die Strom-Spannungs-Kurve bei jedem Polaritätswechsel kurzzeitig den Nullpunkt (Bild 3.13). Dabei verlischt der Lichtbogen und muss jeweils neu gezündet werden. Um eine erfolgreiche Wiederzündung zu realisieren, muss eine Restionisation in der Gasstrecke zwischen den Elektroden vorhanden sein. Je mehr Metalldampfanteil im Lichtbogen vorhanden ist und je schneller der Polaritätswechsel stattfindet, desto besser gelingt die Wiederzündung. Metalldampflichtbögen, wie z. B. beim E-Hand-Schweißen, können mit sinusförmigem Wechselstrom stabil betrieben werden. Bei Lichtbögen mit Gasplasmen, wie z. B. beim WIG-Schweißen, wird die Wiederzündung durch einen überlagerten Hochspannungsimpuls bei jedem Nulldurchgang unterstützt. Moderne Schweißstromquellen liefern Rechteckimpulse mit sehr steilen Stromanstiegs- und -abfallwinkeln und gewährleisten auch ohne Hochspannungsimpulse stabile Lichtbogenverhältnisse.

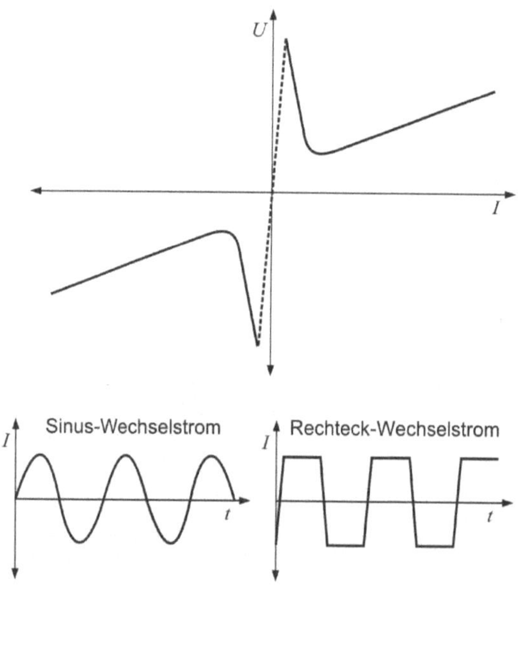


**Bild 3.13**
Kennlinie und Stromverlauf eines Wechselstromlichtbogens

Bei Einsatz von impulsförmigem Gleichstrom verschiebt sich der Lichtbogenarbeitspunkt theoretisch nur auf der Lichtbogenkennlinie (Bild 3.14). In der Realität wird sich jedoch auch die Lichtbogenkennlinie verschieben, da sich bei unterschiedlichen Strömen auch die Lichtbogentemperatur und damit die Ionisationsbedingungen verändern.

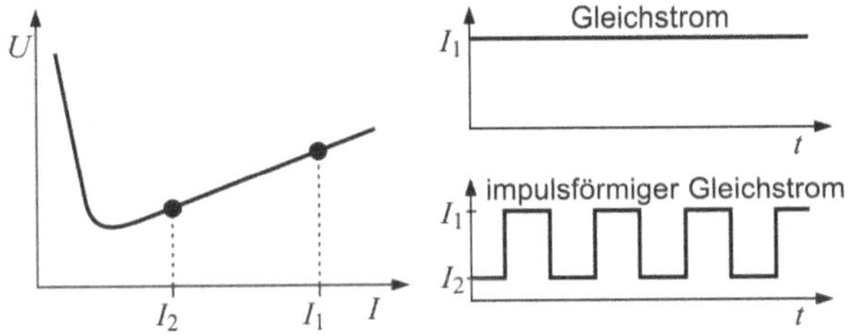


**Bild 3.14**
Kennlinie und Stromverlauf eines Impulslichtbogens

## 3.2 Schweißstromquellen zum Lichtbogenschweißen

### 3.2.1 Überblick

**Schweißstromquellen** sind prinzipiell Energiewandler. Sie wandeln eine bereitgestellte Eingangsenergie in zum Schweißen anwendbare elektrische Kenngrößen um. Zur Anpassung der Ausgangsgrößen an die jeweiligen Prozesserfordernisse kommen mechanische, elektromagnetische oder elektronische Stellprinzipien zur Anwendung. Tabelle 3.3 zeigt eine Übersicht über die Bauarten von Stromquellen zum Lichtbogenschweißen.

**Tabelle 3.3** Übersicht Stromquellenbauarten

| Bauart | Eingangsenergie | Ausgangsenergie | Stellprinzipien |
|---|---|---|---|
| Umformer | Mechanische Drehbewegung | Gleichstrom | Motordrehzahl |
| Transformator | 1-Phasen-Wechselstrom | Wechselstrom | Stufenschalter<br>Drosselspule<br>Streukern<br>Transduktor |
| Gleichrichter, ungesteuert | 3-Phasen-Wechselstrom | Gleichstrom | Stufenschalter Drosselspule<br>Streukern<br>Transduktor |
| Gleichrichter, gesteuert | 3-Phasen-Wechselstrom | Gleichstrom, Wechselstrom | Thyristor Transistor |
| Umrichter | 3-Phasen-Wechselstrom | Gleichstrom, Wechselstrom | Transistor |

## 3.2.2 Schweißumformer

Umformer bestehen aus einem Generator, der von einem Drehstrom-Asynchronmotor oder einem Verbrennungsmotor angetrieben wird (Bild 3.15). Geräte mit Verbrennungsmotor werden auch als **Schweißaggregate** bezeichnet. Sie werden überwiegend im Baustellenbetrieb eingesetzt, also dort, wo kein Netzanschluss zur Verfügung steht. Wird ein Bürstengenerator verwendet, steht Gleichstrom ohne nennenswerte Welligkeit zur Verfügung. Bürstenlose Generatoren hingegen erzeugen einen Wechselstrom, der über eine nachgeschaltete Gleichrichtereinheit zum Gleichstrom umgeformt wird. Zur Verringerung der Stromwelligkeit wird nach dem Gleichrichter noch eine Glättungsdrossel angeordnet.

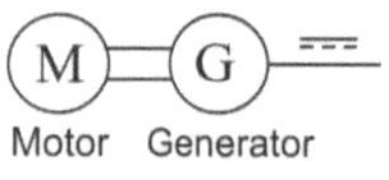


**Bild 3.15**
Umformer mit Gleichstromgenerator, Blockschema

## 3.2.3 Schweißtransformatoren

Transformatoren verändern die Spannung und Stromstärke des aus dem Netz entnommenen Wechselstromes in Abhängigkeit vom Übersetzungsverhältnis des Transformators (Bild 3.16). Das Übersetzungsverhältnis wird von den Windungszahlen *N* der Transformatorenspulen bestimmt (Bild 3.17).

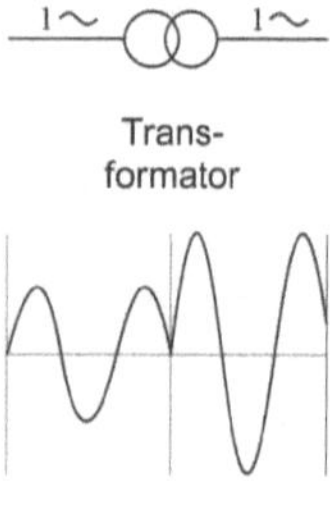


**Bild 3.16**
Einphasen-Transformator, Blockschema und Stromverlauf

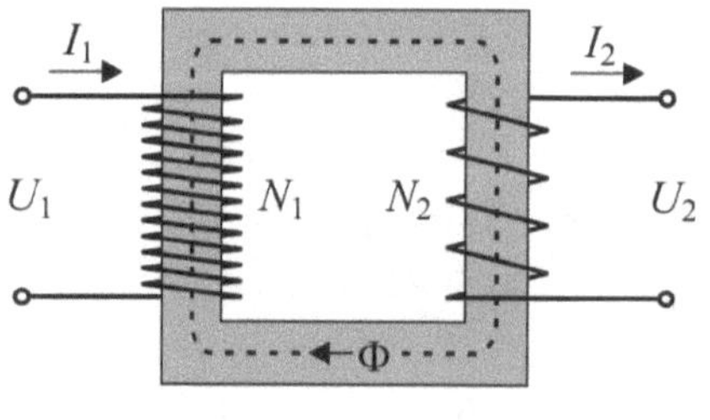


$$\frac{U_1}{U_2} = \frac{N_1}{N_2} = \frac{I_2}{I_1}$$

**Bild 3.17**
Grundaufbau Transformator

Als Schweißstrom steht ein Wechselstrom zur Verfügung. Die Höhe des Schweißstromes ist nach dem Ohmschen Gesetz abhängig von der Spannung auf der Sekundärseite des Transformators und dem Widerstand im Schweißstromkreis. Zur Veränderung der Schweißstromstärke werden die Eigenschaften des Transformators primär- oder sekundärseitig verändert (Bild 3.18).

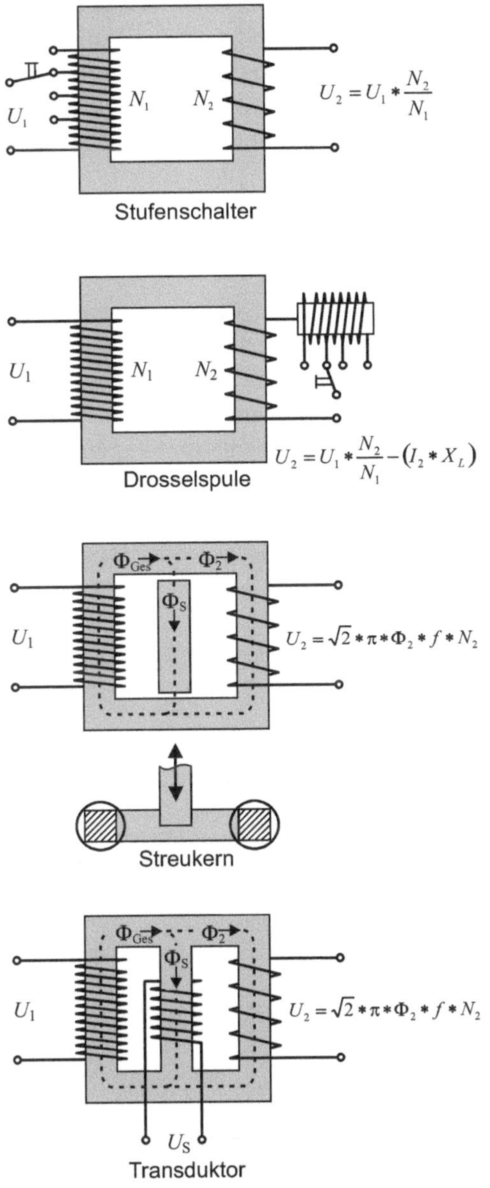


**Bild 3.18**
Verstellmöglichkeiten von Schweißtransformatoren

Bei stufengeschalteten Anlagen ist die Primärspule an verschiedenen Windungen anzapfbar. Damit lässt sich das Übersetzungsverhältnis des Transformators stufenweise variieren. Zur sekundärseitigen Stufenschaltung wird eine Drosselspule mit veränderlichem induktivem Widerstand verwendet. Der durch den Schweißstromfluss hervorgerufene Spannungsabfall über der Spule wirkt sich direkt auf die Schweißspannung aus. Wird im Magnetkreis des Transformators ein bewegliches Blechpaket angeordnet, spricht man von Streukernverstellung. Der Streukern leitet einen Teil des in der Primärspule erzeugten Magnetfeldes ab. Die Induktionswirkung und damit die induzierte Spannung in der Sekundärspule werden somit verringert. Beim Einsatz eines **Transduktors** erfolgt diese Verstellung elektrisch. Der magnetische Nebenfluss wird durch eine separat mit Gleichspannung beaufschlagbare Spulenwicklung variiert.

### 3.2.4 Schweißgleichrichter

Gleichrichter bestehen aus den zwei Hauptbaugruppen Transformator und Gleichrichterblock. Der Transformator formt die Spannungs- und Stromwerte des Netzes auf die zum Schweißen erforderlichen Werte um. Der nachgeschaltete Gleichrichterblock besteht aus einem Diodensatz und wandelt den vom Transformator kommenden Wechselstrom in einen Gleichstrom um. Dioden sind Halbleiterbauelemente, die den Strom immer nur in eine Richtung durchlassen. Nur die positive Halbwelle des Wechselstromes wird zum Verbraucher weitergeleitet (Bild 3.19). Damit beide Halbwellen des Wechselstromes nach der Gleichrichtung genutzt werden können, ist der Diodensatz als Brückenschaltung ausgeführt (Bild 3.20). Die negative Halbwelle wird damit quasi „hochgeklappt“.

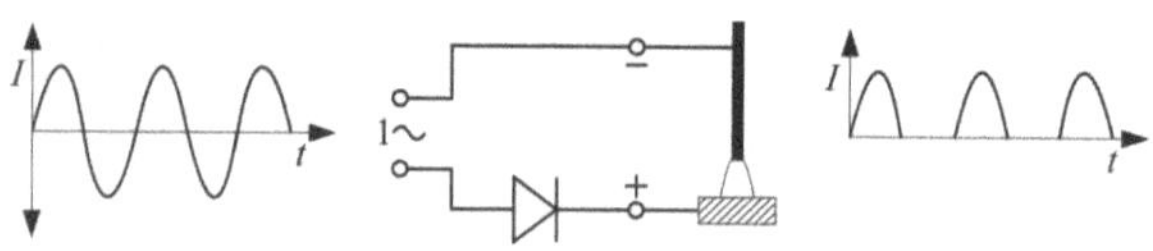

**Bild 3.19**
Diode als Gleichrichter

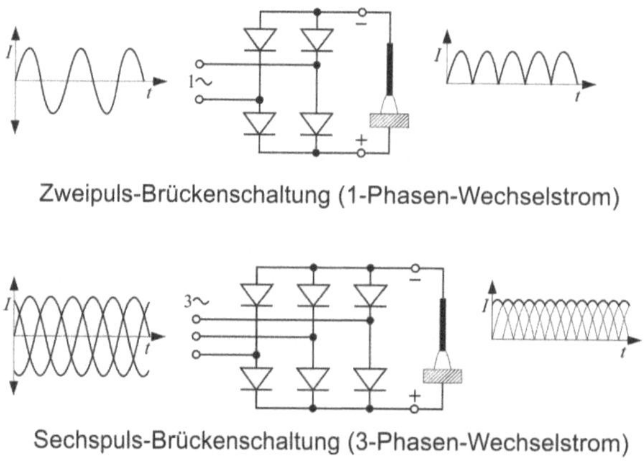


**Bild 3.20**
Gleichrichtung von Wechselstrom mittels Brückenschaltung

Für den Schweißprozess wird ein Gleichstrom benötigt, der nur noch eine geringe Restwelligkeit aufweist. Daher werden Schweißgleichrichter ausschließlich mit 3-phasigem Wechselstrom und nachgeschalteter Glättungsdrossel betrieben (Bild 3.21). Durch entsprechende Dimensionierung und Auslegung der **Glättungsdrossel** können die dynamischen Eigenschaften der Schweißstromquelle, wie z. B. die Stromanstiegsgeschwindigkeit oder der Kurzschlussstrom, beeinflusst werden.

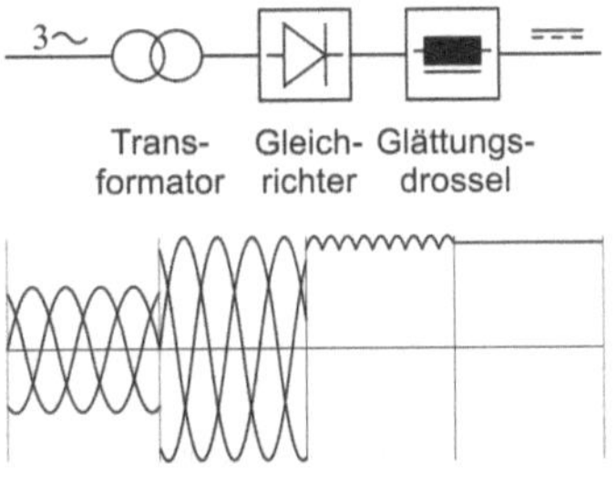


**Bild 3.21**
Konventioneller Gleichrichter, Blockschema und Stromverlauf

Bei konventionellen, **stufengeschalteten Schweißgleichrichtern** wird die Schweißstromstärke über die Eigenschaften des Transformators verändert. Zur Anwendung kommen die Stufenschaltung an der Primärwicklung, die Streukernverstellung sowie die Verstellung über einen Transduktor (siehe Schweißtransformator).

Bei Schweißgleichrichtern mit elektronischen Bauelementen erfolgt die Stromverstellung stufenlos nach dem Transformator. Als Bauformen existieren:

- Thyristorstromquellen,
- Analogstromquellen,
- sekundär getaktete Stromquellen.

Bei **Thyristorstromquellen**, Bild 3.22, werden die Dioden des Gleichrichtersatzes teilweise oder vollständig durch Thyristoren ersetzt. Ein Thyristor arbeitet prinzipiell wie eine Diode, zusätzlich kann jedoch in der positiven Wechselstromhalbwelle die Durchlasszeit über eine angelegte Steuerspannung beeinflusst werden. Strom fließt nur, wenn die Steuerspannung den Thyristor „zündet", (Bild 3.23). Die negative Halbwelle wird generell gesperrt.

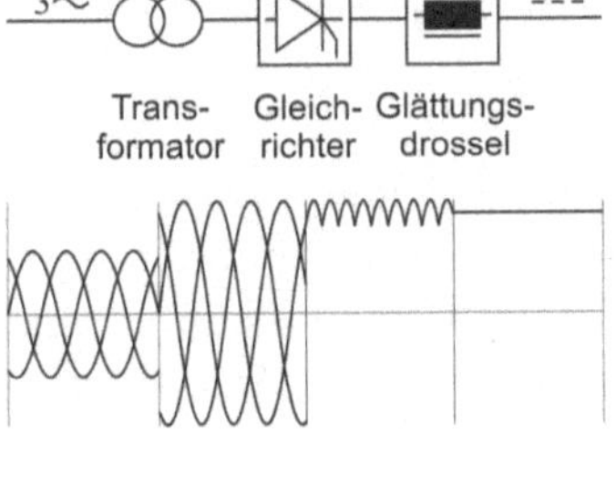


**Bild 3.22**
Thyristorstromquelle, Blockschema und Stromverlauf

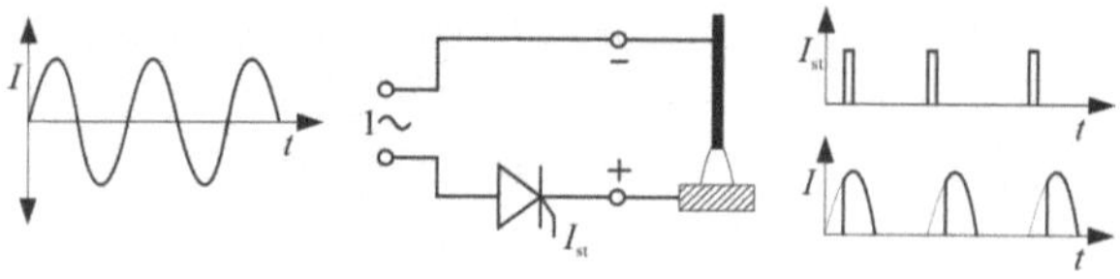

**Bild 3.23**
Thyristor als Gleichrichter

Durch Veränderung des Zündzeitpunktes, die sogenannte **Phasenanschnittsteuerung**, kann der Schweißstrom schnell und stufenlos verstellt werden (Bild 3.24). Nachteilig ist die größere Welligkeit des Stromes gegenüber konventionellen Gleichrichtern. Die Stromverstellung kann maximal mit Netzfrequenz erfolgen, d. h., wenn nach jeder positiven Wechselstromhalbwelle der Zündzeitpunkt verändert wird.

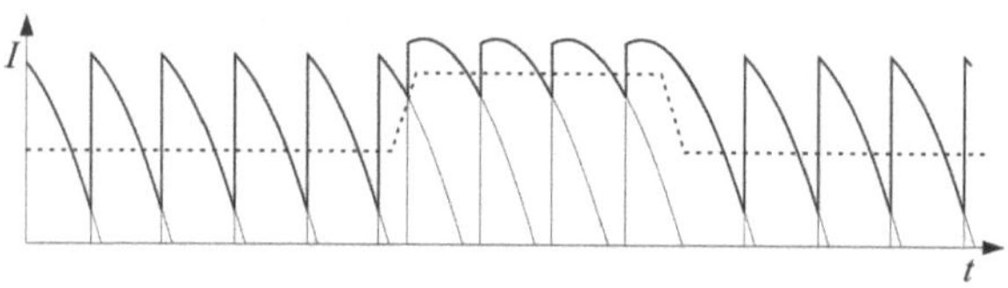

**Bild 3.24**
Stromverstellung durch Phasenanschnittsteuerung

Bei **Analogstromquellen**, Bild 3.25, werden nach dem Gleichrichterblock Transistoren angeordnet. Transistoren sind steuerbare Halbleiterelemente, die prinzipiell wie schnell veränderliche elektrische Widerstände funktionieren. Ihre Durchlassfähigkeit und damit der fließende Schweißstrom wird über eine Steuerspannung verändert (Bild 3.26).

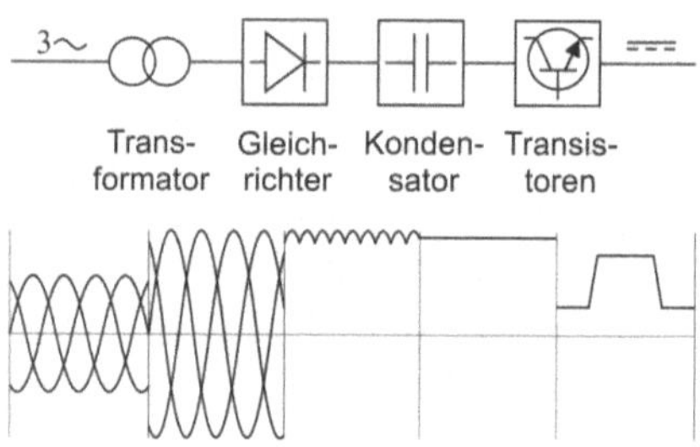


**Bild 3.25**
Analogstromquelle, Blockschema und Stromverlauf

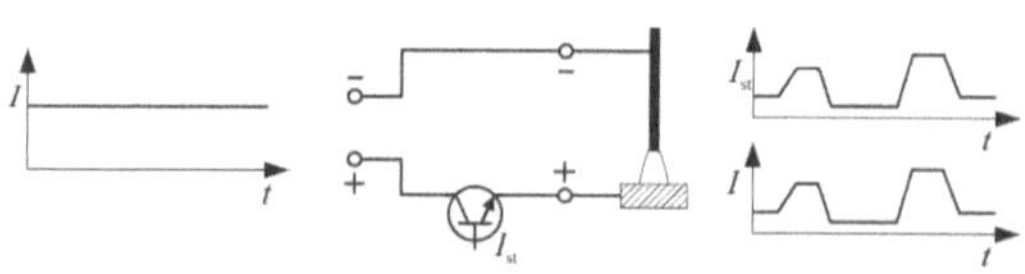

**Bild 3.26**
Stromverstellung über Transistordurchlass

Da die Stromverstellung im Gleichstromteil des Schweißgleichrichters erfolgt, ist die Regelgeschwindigkeit unabhängig von der Netzfrequenz. Der Strom kann so schnell verändert werden, wie die Transistoren angesteuert werden können. Dadurch sind nahezu beliebige Stromformen und -verläufe realisierbar. Nachteil der Analogstromquellen ist die hohe Verlustleitung der Transistoren, die einen großen Teil der Primärenergie über Widerstandserwärmung in Wärme umsetzen.

In **sekundär getakteten Stromquellen**, Bild 3.27, werden nach dem Gleichrichterblock schaltbare Transistoren eingesetzt, die nur die Zustände völliger Stromdurchlass und kein Stromdurchlass realisieren können. Die Frequenz, mit der die Transistoren geschaltet werden, wird als Taktfrequenz bezeichnet und liegt im Bereich von 20...200 kHz. Damit können hochdynamische Regelvorgänge realisiert werden.

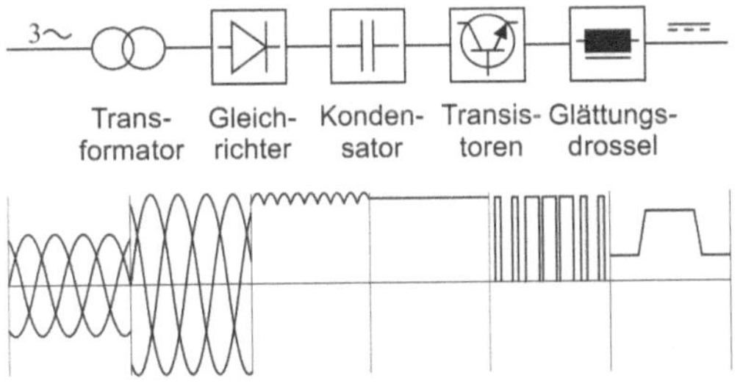


**Bild 3.27**
Sekundär getaktete Stromquelle, Blockschema und Stromverlauf

Die Stromverstellung erfolgt über eine **Pulsbreitenmodulation**, Bild 3.28. Das Stellprinzip basiert auf einer Tastverhältnissteuerung zwischen den Zuständen EIN und AUS. Nach den Transistoren entstehen Impulse gleicher Amplitude, aber unterschiedlicher Zeitdauer.

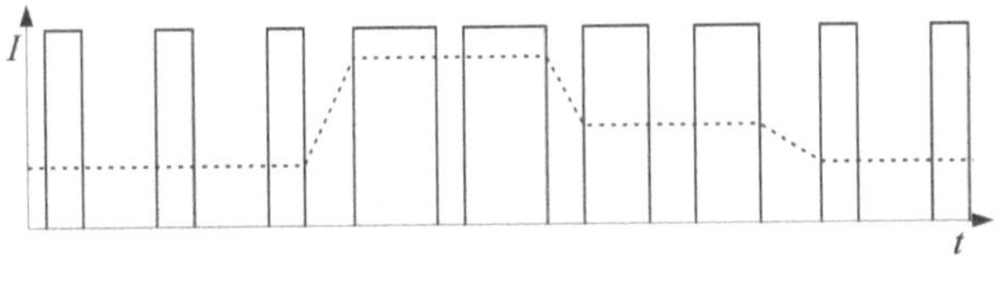


**Bild 3.28**
Stromverstellung über Pulsbreitenmodulation

Neben Gleichstrom können elektronische Gleichrichter auch nahezu rechteckförmigen Wechselstrom erzeugen. Über entsprechende Auslegung der Transistorschaltstufe wird dazu immer abwechselnd der Plus- bzw. Minuspol der Gleichstromquelle auf die Elektrode geschaltet. Über die Schaltzeiten der Transistoren kann neben der Frequenz des Wechselstromes auch der Halbwellenanteil, die sogenannte **Balance**, variiert werden, Bild 3.29.

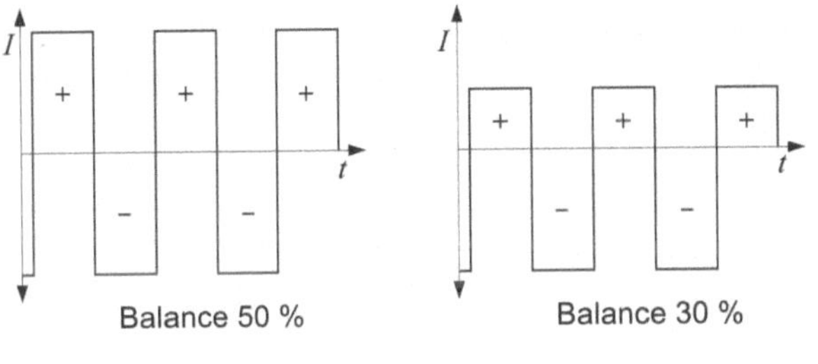


**Bild 3.29**
Wechselstrom mit unterschiedlichen Halbwellenanteilen

### 3.2.5 Schweißumrichter

Schweißumrichter sind **primär getaktete Stromquellen** (Bild 3.30). Sie werden auch als **Inverter** bezeichnet.

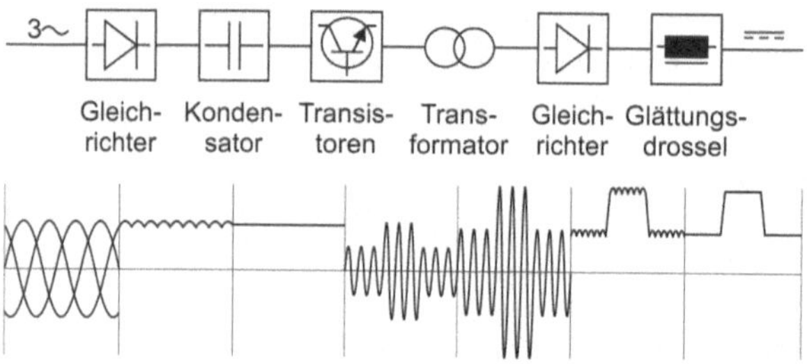


**Bild 3.30**
Primär getaktete Stromquelle, Blockschema und Stromverlauf

Der Wechselstrom des Netzes wird zunächst über einen Diodensatz gleichgerichtet. Anschließend erfolgt eine Taktung über schaltbare Transistoren mit Schaltfrequenzen von bis zu 100 kHz. Die Transistorschaltstufe erzeugt einen getakteten Wechselstrom hoher Frequenz, Bild 3.31, der nachfolgend durch einen Transformator auf schweißgeeignete Werte transformiert wird. Abschließend erfolgt eine nochmalige Gleichrichtung durch einen Diodensatz und eine Stromglättung durch eine Induktivität. Die Einstellung des Schweißstromes erfolgt wie bei sekundär getakteten Stromquellen über eine Pulsbreitenmodulation an den Transistoren, die sich hier jedoch auf der Primärseite des Transformators befinden.

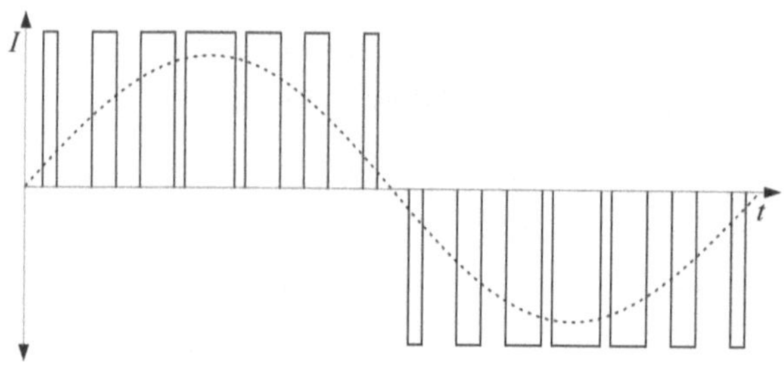


**Bild 3.31**
Getakteter Wechselstrom

Der Vorteil der Primärtaktung liegt darin, dass der Transformator wesentlich kleiner und leichter ausgeführt werden kann. Mit steigender Frequenz des zu transformierenden Stromes nähert sich das Transformatorvolumen durch sinkende Magnetisierungsverluste einem Minimum an (Bild 3.32).

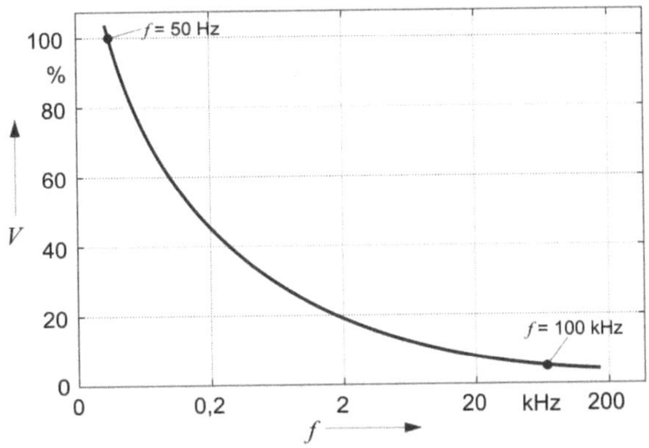


**Bild 3.32**
Frequenz-Volumen-Kennlinie von Transformatoren

## 3.2.6 Statische Kennlinien von Schweißstromquellen

Die statische Kennlinie oder besser die Kennlinienschar der Schweißstromquelle bildet deren nutzbaren Strom-Spannungs-Bereich ab. Der Verlauf der einzelnen Kennlinie gibt an, wie sich die elektrischen Größen bei Änderungen des Belastungszustandes verändern (Bild 3.33).

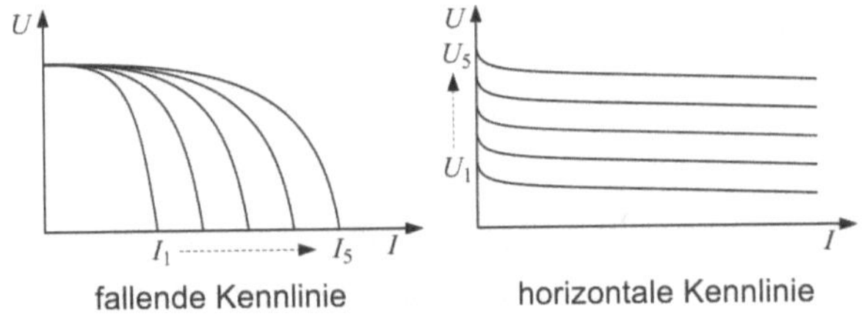


**Bild 3.33**
Statische Kennlinien von Schweißstromquellen

Die Charakteristik der Stromquelle wird über ihren Innenwiderstand bestimmt. Im Ersatzschaltbild des Schweißstromkreises ist dieser parallel zum Lastwiderstand (Lichtbogen) angeordnet (Bild 3.34).

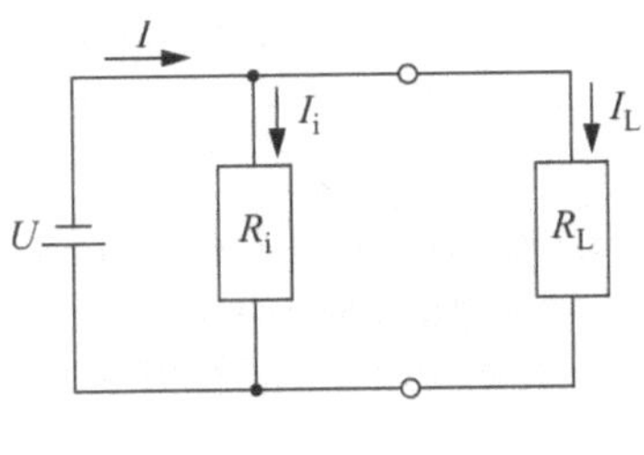


$$I = I_i + I_L$$

$$U = I_i * R_i = I_L * R_L$$

$$R = \frac{R_i * R_L}{R_L + R_i}$$

**Bild 3.34**
Vereinfachtes Ersatzschaltbild für den Schweißstromkreis

Für die elektrischen Größen am Verbraucher gilt folgende Beziehung:

$$I_L = \frac{I - R_i}{R_L + R_i} \tag{3.2}$$

Ist der Innenwiderstand wesentlich größer als der Lastwiderstand, verfügt die Stromquelle über eine fallende Kennlinie. Es gilt näherungsweise:

$$I_L = I = \text{konst.}$$

Der Stromfluss wird durch den Innenwiderstand der Stromquelle bestimmt. Änderungen am Lastwiderstand beeinflussen den fließenden Lichtbogenstrom im Arbeitsbereich der Stromquelle nur geringfügig (Bild 3.35). Die Einstellung der Schweißparameter erfolgt durch Auswahl eines Stromwertes.

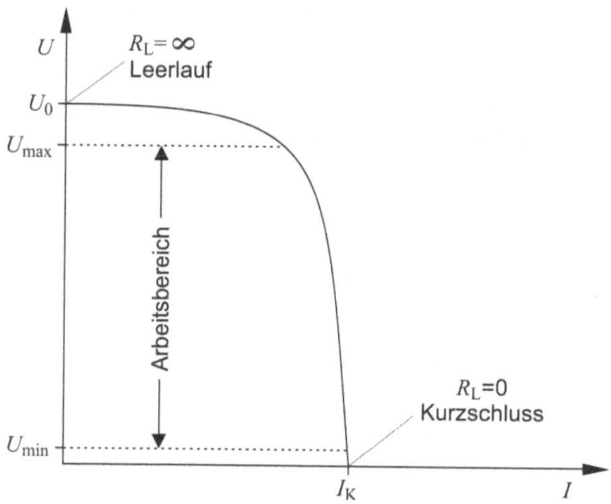


**Bild 3.35**
Arbeitsbereich bei fallender Strom-Spannungs-Kennlinie

Ist der Innenwiderstand wesentlich kleiner als der Lastwiderstand, verfügt die Stromquelle über eine horizontale Kennlinie. Es gilt näherungsweise:

$$I_L = \frac{I \cdot R_i}{R_L} \tag{3.3}$$

$$U_L = I \cdot R_i = \text{konst.}$$

Die Lichtbogenspannung wird durch den Innenwiderstand der Stromquelle bestimmt. Geringe Änderungen des Lastwiderstandes führen zu großen Änderungen im Stromfluss (Bild 3.36). Die Einstellung der Schweißparameter erfolgt durch Auswahl eines Spannungswertes.

Konventionelle Stromquellen besitzen eine nicht veränderbare statische Charakteristik. Bei elektronischen Stromquellen lässt sich der Innenwiderstand über eine entsprechende Ansteuerung der Leistungselektronik verändern. Damit sind nahezu beliebige Kennlinienneigungen einstellbar.

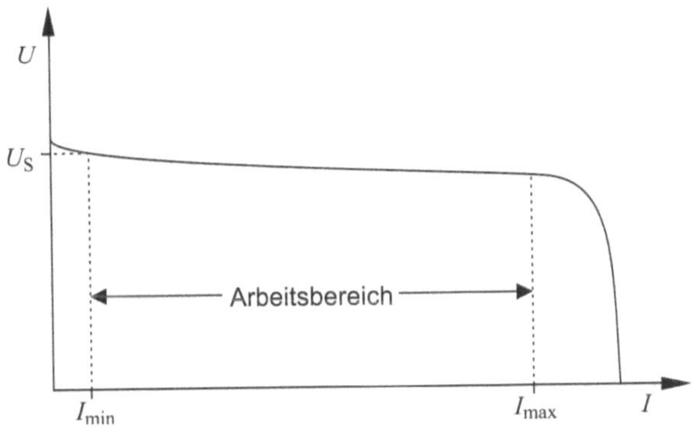


**Bild 3.36**
Arbeitsbereich bei horizontaler Strom-Spannungs-Kennlinie

## 3.2.7 Dynamische Eigenschaften von Schweißstromquellen

Die Dynamik einer Stromquelle beschreibt die Geschwindigkeit, mit der Änderungen der elektrischen Ausgangsgrößen realisiert werden können bzw. mit der äußeren Störung ausgeregelt werden.

Bei konventionellen Stromquellen werden die dynamischen Eigenschaften von der Hardware bestimmt und sind zumeist nicht veränderbar. Die elektromagnetischen Eigenschaften des Schweißstromkreises sind durch Bauart und Größe des Transformators und der Drosselspule definiert. Stehen an der Drosselspule mehrere Anzapfungen zur Verfügung, kann die Induktivität des Schweißstromkreises verändert werden (Bild 3.37). Geringe Induktivitäten ermöglichen hohe Stromanstiegsgeschwindigkeiten. Hohe Induktivitäten begrenzen den Kurzschlussstrom.

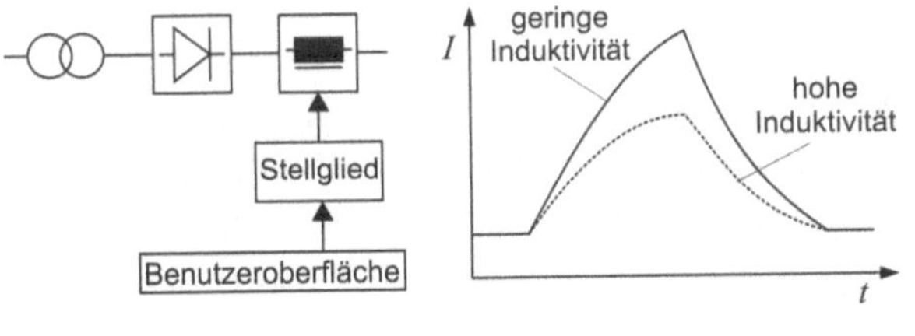


**Bild 3.37**
Dynamik der Stromänderung an konventionellen Schweißgleichrichtern

Bei Stromquellen mit elektronischen Stellgliedern wird die Dynamik durch die Ansteuerung der elektronischen Bauelemente des Leistungsteils festgelegt. Das Steuerteil nimmt einen Soll-/Istwert-Vergleich der Prozessparameter vor und übergibt das Ergebnis als Stellgröße an das Leistungsteil (Bild 3.38). Es sind variable Stromanstiegsgeschwindigkeiten und nahezu beliebige Stromverlaufsformen realisierbar.

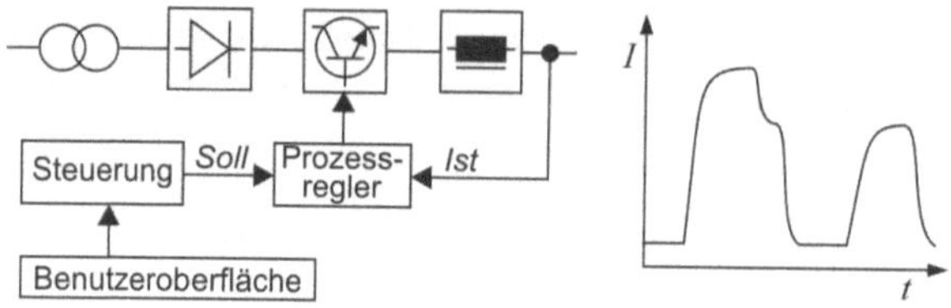


**Bild 3.38**
Dynamik der Stromänderung an elektronischen Gleichrichtern

Der Prozessregler ist konventionell in analoger Schaltungstechnik auf Leiterkarten aufgebaut. Für jede geregelte Stromquellenfunktion ist zumeist eine separate Leiterkarte erforderlich.

Bei **digitalen Stromquellen** erfolgt die Prozessregelung komplett über programmierbare Signalprozessoren. Analoge Prozessgrößen, wie Strom und Spannung, werden dabei in binäre Zahlenwerte transferiert. Jede geregelte Eigenschaft der Stromquelle wird durch mathematische Beziehungen bestimmt.

## 3.2.8 Regelungsprinzipien zur Arbeitspunktstabilisierung

Der Schnittpunkt der Lichtbogenkennlinie mit der **Stromquellenkennlinie** wird als **Arbeitspunkt** bezeichnet (Bild 3.39). Bei Änderung der Lichtbogeneigenschaften verschiebt sich die Lichtbogenkennlinie, und es entsteht ein neuer Arbeitspunkt mit anderen elektrischen Parametern. Zur Gewährleistung stabiler Lichtbogenparameter soll diese Verschiebung möglichst vermieden bzw. ausgeregelt werden.

Für manuelle Schweißprozesse, bei denen die Lichtbogenlänge stark schwanken kann, wie z. B. dem E-Hand- oder WIG-Schweißen, werden fallende Kennlinien verwendet. Große Spannungsänderungen haben nur geringfügige Stromstärkeänderungen zur Folge. Die elektrische Leistung des Lichtbogens lässt sich bei Lichtbogenlängenänderungen auch ohne externe Regelung über einen großen Bereich nahezu konstant halten.

Bei mechanisierten Schweißprozessen mit endlos zugeführten abschmelzenden Elektroden, wie z. B. dem UP- oder dem MSG-Schweißen, liegt das Primat auf einer gleichbleibenden Lichtbogenlänge. Bei Abstandsänderungen sollen unkontrollierte Kurzschlüsse zwischen Drahtelektrode und Werkstück sowie ein Zurückbrennen des Lichtbogens bis zum Stromkontaktrohr verhindert werden. Zur Ausregelung der Lichtbogenlänge werden andere Prozessgrößen nachgeregelt.

Beim Verschweißen dicker Elektroden mit geringen Drahtvorschubraten, wie z. B. beim UP-Schweißen, kommt die sogenannte **„äußere Regelung“** oder **„ΔU-Regelung“** zum Einsatz. Verwendet werden Stromquellen mit fallender Kennlinie. Änderungen der Lichtbogenlänge werden durch geregelte Anpassung der Drahtvorschubrate kompensiert, (Bild 3.40). Als Drahtvorschubmotoren kommen Gleichstromnebenschlussmotoren zum Einsatz, deren Ankerspannung sich proportional zur Lichtbogenspannung verändert.

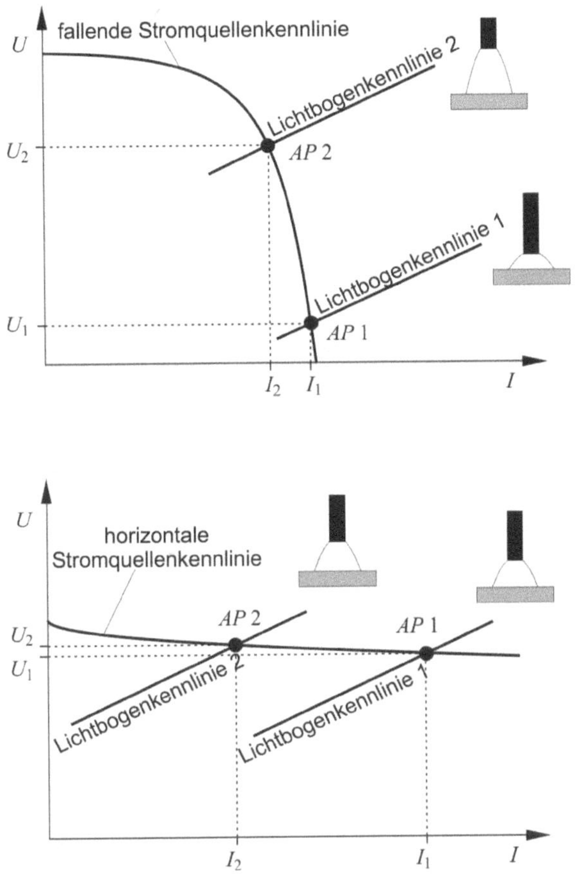


**Bild 3.39**
Arbeitspunktverschiebung auf der Strom-Spannungs-Kennlinie

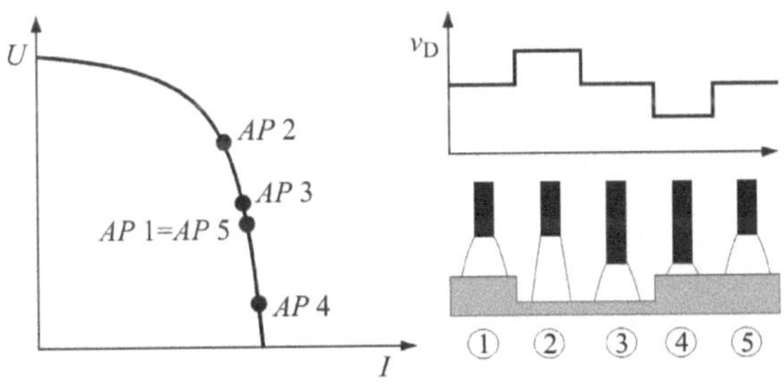


**Bild 3.40**
Arbeitspunktverschiebung bei $\Delta U$-Regelung

Beim Verschweißen dünnerer Drahtelektroden mit hohen Abschmelzraten, wie z. B. beim MSG-Schweißen, ist die äußere Regelung zu träge, um stabile Lichtbogenzustände zu gewährleisten. Hier kommt unter Verwendung von Stromquellen mit horizontaler Kennlinie die sogenannte **„innere Regelung“** oder **„ΔI-Regelung“** zur Anwendung. Änderungen der Lichtbogenlänge werden ohne äußeren Eingriff selbständig von der Stromquelle durch Anpassung des Schweißstromes kompensiert (Bild 3.41).

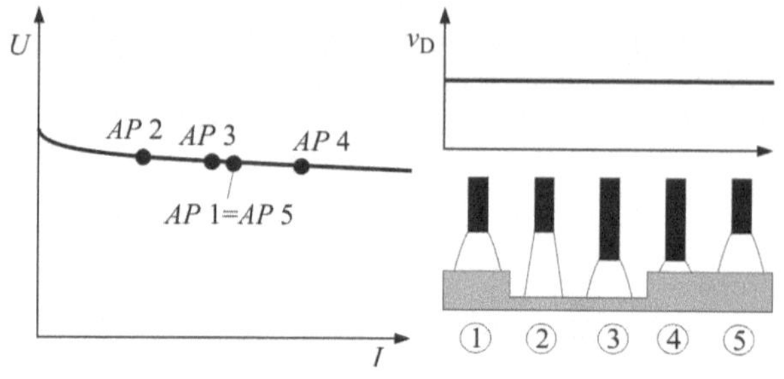


**Bild 3.41**
Arbeitspunktverschiebung bei $\Delta I$-Regelung

### 3.2.9 Modulationsarten bei Impulsstromquellen

Beim Schweißen mit impulsförmigem Stromverlauf wechselt der Arbeitspunkt im Takt der Impulsfrequenz zwischen den Zuständen Grundstrom und Pulsstrom (Bild 3.42).

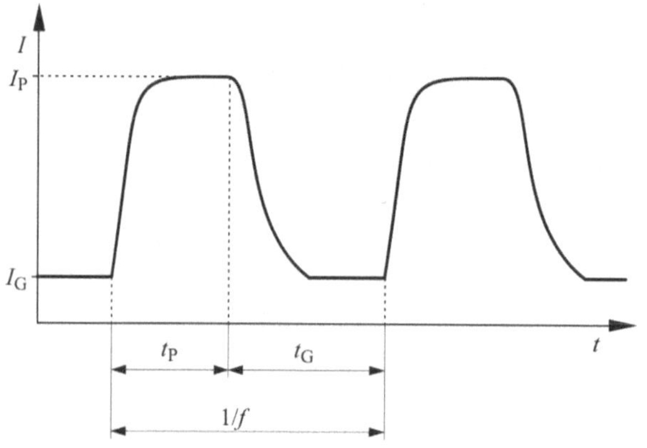


**Bild 3.42**
Verlauf eines Impulsstromes

Die Stromquelle realisiert diesen Wechsel durch Umschalten zwischen zwei verschiedenen statischen Kennlinien. Dieser Vorgang wird auch als Modulation bezeichnet. Technisch eingesetzt werden die Modulationsarten **$I_G$-$U_P$-Modulation** und **$I_G$-$I_P$-Modulation.**

Bei der $I_G$-$U_P$-Modulation, Bild 3.43, wird in der Pulsphase mit horizontaler Kennlinie gearbeitet. Durch den damit verbundenen Selbstregeleffekt wird die Schweißspannung und damit die Lichtbogenlänge in der Pulsphase konstant gehalten. In der Grundphase wird mit niedrigen Lichtbogenleistungen gearbeitet. Die innere Regelung einer horizontalen Kennlinie kann hier dazu führen, dass der Strom derart zurückgeregelt wird, dass der Lichtbogen verlischt. Aus diesem Grund wird in der Grundphase eine fallende Kennlinie verwendet, mit der der Strom konstant gehalten wird.

Beim Schweißen mit geringen Impulsfrequenzen stößt das Selbstregelverhalten der $I_G$-$U_P$-modulierten Stromquelle an seine Grenzen. Bei kleinen Tastverhältnissen kann in den kurzen Pulsphasen die Lichtbogenlänge nicht mehr ausreichend stabilisiert werden.

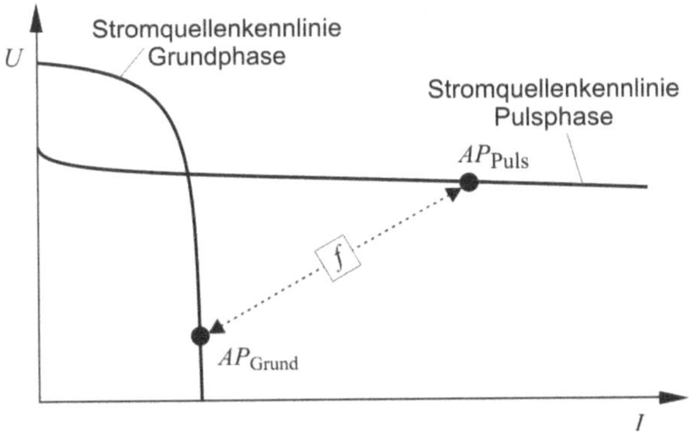


**Bild 3.43**
Arbeitspunktwechsel bei
$I_G$-$U_P$-Modulation

Bei der $I_G$-$I_P$-Modulation, Bild 3.44, wird sowohl in der Grund- als auch in der Pulsphase eine fallende Kennlinie verwendet. Während des gesamten Prozesses wird die Stromstärke konstant geregelt. Die Schweißspannung stellt sich entsprechend den vorliegenden Lichtbogenverhältnissen ein.

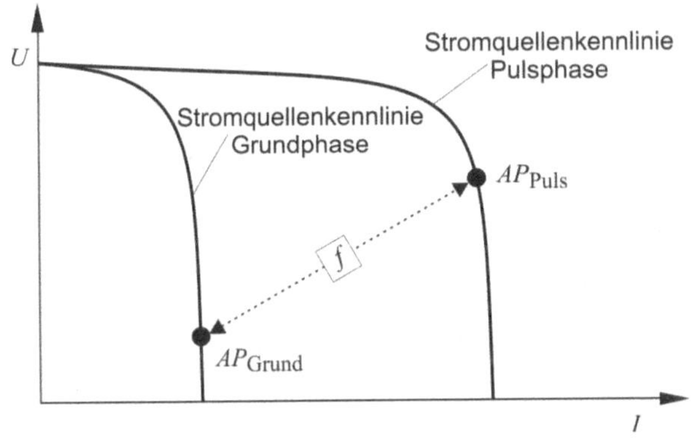


**Bild 3.44**
Arbeitspunktwechsel bei
$I_G$-$I_P$-Modulation

Um unzulässige Lichtbogenlängenänderung zu verhindern, ist ein zusätzlicher Regeleingriff erforderlich. Der Ist-Wert der Schweißspannung dient dabei als Führungsgröße. Bei zu kurzem Lichtbogen muss die elektrische Lichtbogenleistung erhöht werden. Die kann entweder durch eine Verlängerung der Pulszeit, eine Erhöhung der Pulsfrequenz, des Grundstromes oder des Pulsstromes erreicht werden. Bei Verwendung abschmelzender Elektroden wird die Regelung über Pulsfrequenz und Grundstrom bevorzugt, um die für die Tropfenablösung entscheidende Pulsenergie nicht zu stark zu verändern. Eine Lichtbogenverkürzung wird dabei mit einer kurzfristigen Erhöhung von Grundstrom und Pulsfrequenz ausgeglichen. Auf eine Verlängerung des Lichtbogens wird entsprechend umgekehrt reagiert.

### 3.2.10 Angaben auf dem Leistungsschild

Auf dem Leistungsschild der Stromquelle, Bild 3.45, sind die wichtigsten Eigenschaften der Stromquelle in Kurzform angegeben.

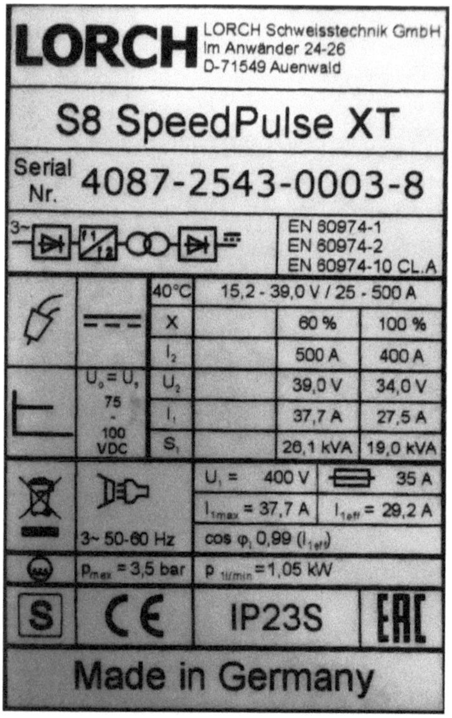


**Bild 3.45**
Leistungsschild einer Schweißstromquelle

Der dreiteilige Aufbau des Schildes ist in DIN EN IEC 60174-1 genormt. Es gliedert sich in drei Teilbereiche. Der obere Teil enthält Angaben zum Hersteller, die Typbezeichnung sowie Angaben zur Bauart (Bild 3.46).

Der mittlere Teil des Leistungsschildes enthält Informationen zum Schweißstromkreis. Angegeben werden die Art der statischen Stromquellenkennlinie, das realisierbare Schweißverfahren, die Stromart, die Leerlaufspannung sowie maximale Schweißleistungswerte in Abhängigkeit von der **Einschaltdauer**.

Beim Lichtbogenschweißen berechnet sich die Einschaltdauer aus dem Verhältnis von Schweißzeit zu Pausenzeit, bezogen auf einen Zeitraum von 10 min:

$$ED = \frac{t_S}{10\,\text{min}} \cdot 100\,\% \tag{3.4}$$

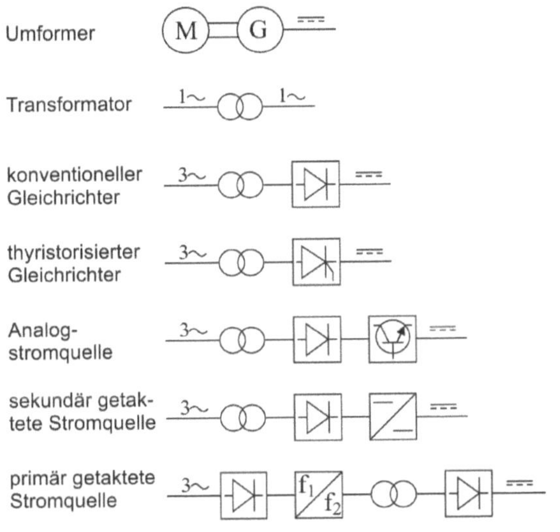


**Bild 3.46**
Symbole für Stromquellenbauarten

Die Einschaltdauer kennzeichnet die Zeitdauer, in der die Stromquelle mit den angegebenen Strom- und Spannungswerten arbeiten kann, ohne thermisch überlastet zu werden (Bild 3.47).

Die zulässige Stromhöhe bei vorgegebener Einschaltdauer kann wie folgt berechnet werden:

$$I_s = I_{ED=100\%} \cdot \sqrt{\frac{100}{ED}} \tag{3.5}$$

Der untere Teil des Leistungsschildes enthält Angaben zum Netzanschluss, zur notwendigen Absicherung, zur Kühlart und zur Schutzart der Stromquelle.

Als Netzanschluss wird entweder Wechselstrom (1-phasig, 230 V) oder Drehstrom (3-phasig, 400 V) angegeben.

Der Leistungsfaktor cos $\phi$ beschreibt das Verhältnis von Wirkleistung zu Scheinleistung bzw. die Phasenverschiebung zwischen Strom und Spannung auf der Primärseite des Transformators (Bild 3.48).

Ursache der Verschiebung ist die induktive Blindleistung der Transformatorspulen. Als Blindleistung wird die zum Aufbau des Magnetfeldes an der Spule benötigte Leistung bezeichnet. Bei dieser induktiven Belastung eilt der Strom der Spannung um 90° nach. Die auftretende Phasenverschiebung bei kombinierter induktiver und ohmscher (Lichtbogen) Belastung ist von deren Verhältnis zueinander abhängig. Die Resultierende aus Blindleistung und am Verbraucher umgesetzter Wirkleistung ergibt die Scheinleistung. Der Netzanschluss wird immer nach der Scheinleistung ausgelegt. Je höher cos $\phi$ ausfällt, desto mehr der aus dem Netz aufgenommenen Scheinleistung wird am Verbraucher in Wirkleistung umgesetzt.

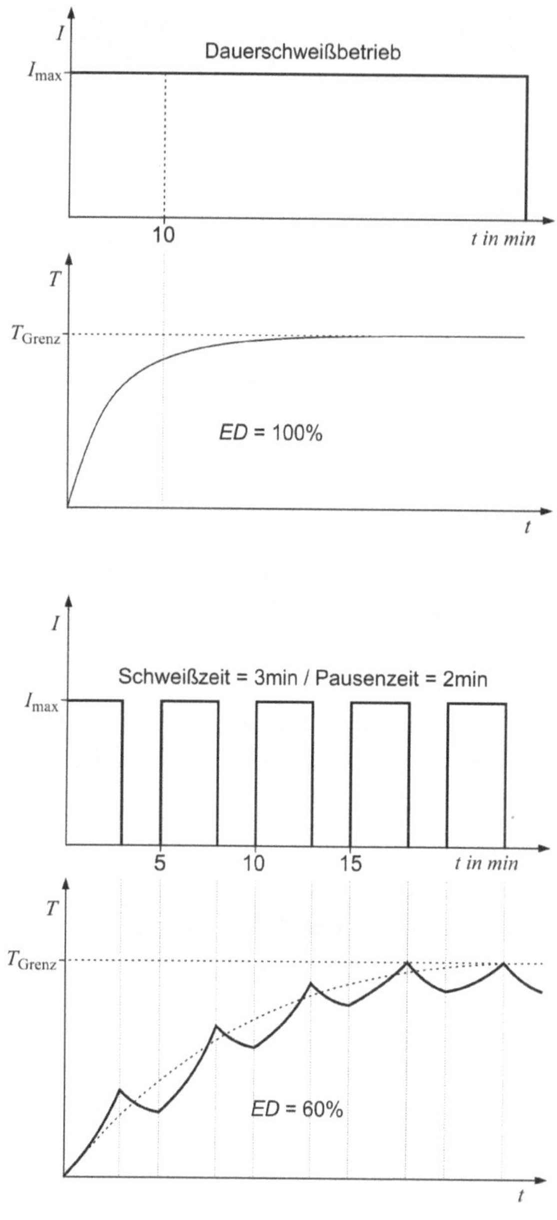


**Bild 3.47**
Spieldauer und Stromquellenerwärmung

Die Kühlart gibt an, ob die Stromquelle bei maximaler Leistungsabgabe mit Ventilatoren zur Kühlung ihrer Komponenten arbeitet. Für die Schweißtechnik relevant sind die Kühlarten:

- AF – Kühlung mit Ventilatoren,
- S – Kühlung ohne Ventilatoren.

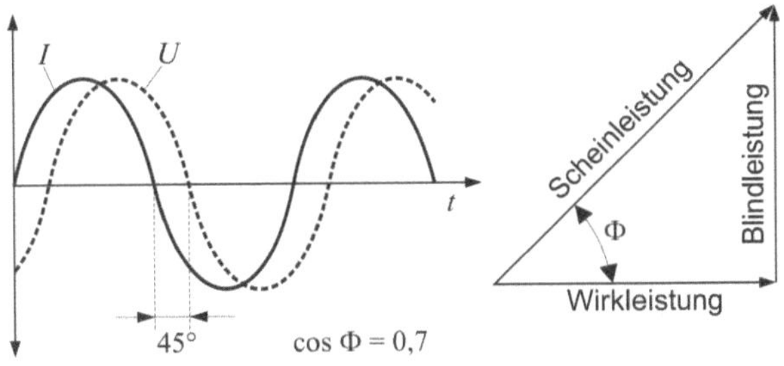


**Bild 3.48**
Leistungsfaktor

Die Schutzart gibt an, welchen Schutz das Gehäuse der Stromquelle gegenüber Berührung spannungsführender oder beweglicher Teile (1. Ziffer) und gegenüber dem Eindringen von Flüssigkeit (2. Ziffer) bietet. Schweißmaschinengehäuse müssen Schutz vor dem Eindringen fester Fremdkörper mit Ø > 12 mm gewährleisten und einzelne Finger von den im Gehäuse befindlichen Bauteilen fernhalten. Für die Schweißtechnik relevant sind die Schutzarten:

- IP 21 – Schutz gegen Tropfwasser,
- IP 23 – Schutz gegen Sprühwasser.

# 3.3 Schweißbrenner zum Lichtbogenschweißen

## 3.3.1 Stabelektrodenhalter

Stabelektrodenhalter werden nur beim manuellen E-Hand-Schweißen verwendet. Sie dienen zur Übertragung des Schweißstromes auf die Stabelektrode und isolieren den Schweißstromkreis gleichzeitig elektrisch gegenüber dem Schweißer. Der Grundaufbau eines Elektrodenhalters ist in Bild 3.49 dargestellt.

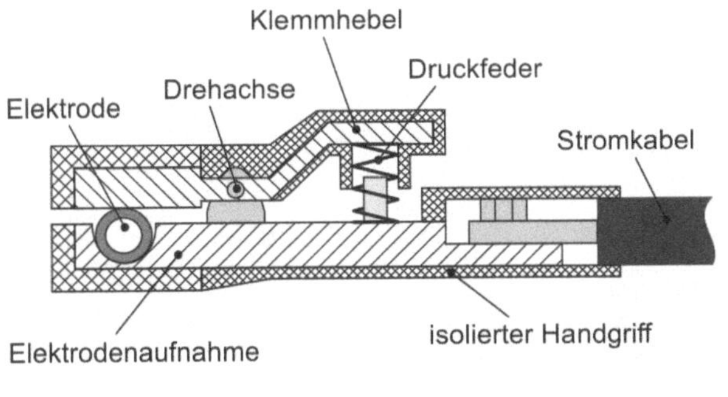


**Bild 3.49**
Stabelektrodenhalter zum E-Hand-Schweißen

Elektrodenhalter sind in DIN EN 60974-7 genormt. Die Dimensionierung des Schweißkabelquerschnittes erfolgt nach der Strombelastbarkeit des Elektrodenhalters.

### 3.3.2 Stromkontakteinrichtung zum UP-Schweißen

Das UP-Schweißen erfolgt ausschließlich mechanisiert. Der Schweißstrom wird durch einen Rohrquerschnitt aus Kupfer über das eigentliche Stromübertragungselement, welches als Verschleißteil ausgelegt ist, auf die Drahtelektrode übertragen (Bild 3.50). Zur vorlaufenden Aufschüttung des Schweißpulvers ist am Brenner ein Zufuhrrohr montiert.

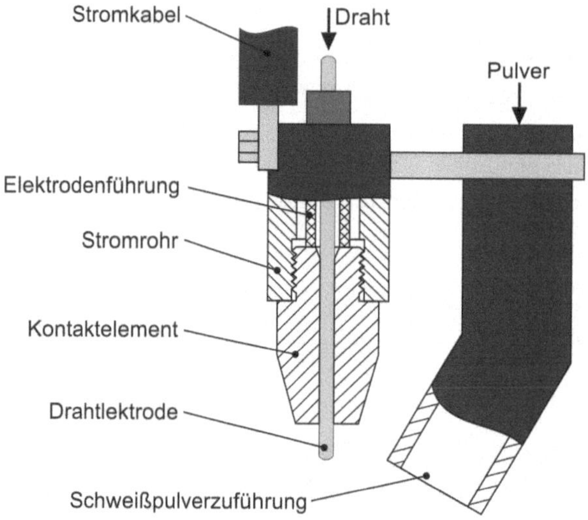


**Bild 3.50**
Grundaufbau UP-Schweißbrenner

Das Kontaktelement wird dabei dem jeweiligen Elektrodenquerschnitt angepasst (Bild 3.51). Drahtelektroden mit Durchmessern bis 2,4 mm werden mit Kontaktdüsen kontaktiert. Für dickere Drahtelektroden oder Bandelektroden werden geteilte Kontaktelemente verwendet, die zur Fixierung miteinander verschraubt werden. Zur vorlaufenden Aufschüttung des Schweißpulvers ist am Brenner ein Zufuhrrohr montiert.

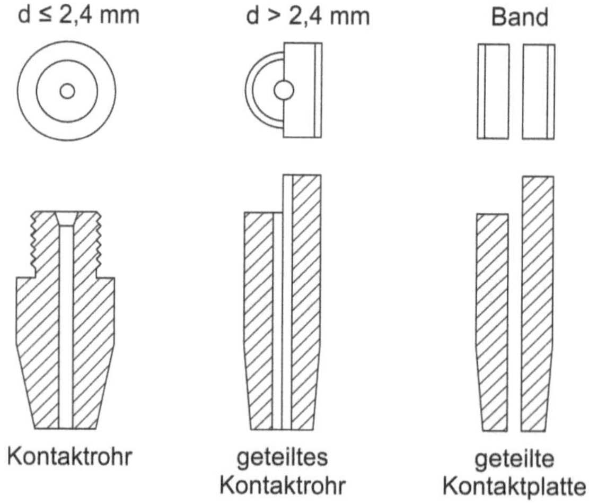


**Bild 3.51**
Stromkontaktelement zum UP-Schweißen

### 3.3.3 Schweißbrenner mit nichtabschmelzender Elektrode

Grundsätzlich wird zwischen Brennern mit offenem Lichtbogen (WIG) und eingeschnürtem Lichtbogen (Plasma) unterschieden.

Der WIG-Brenner ist konzentrisch um die zentral angeordnete nichtabschmelzende **Wolframelektrode** aufgebaut (Bild 3.52).

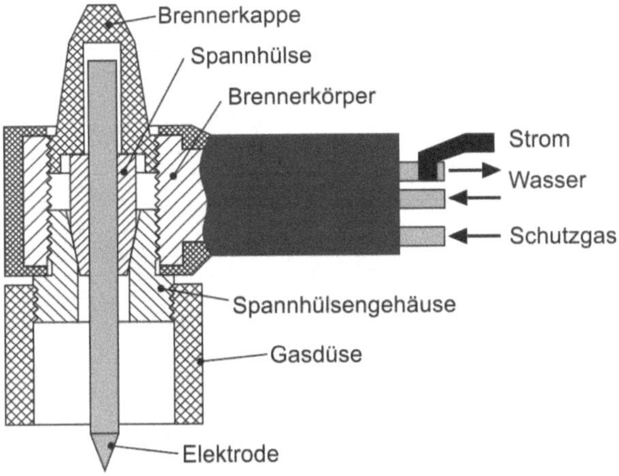


**Bild 3.52** Grundaufbau WIG-Schweißbrenner

Wolframelektroden können wegen des hohen Schmelzpunktes des Metalls (3390 °C) nicht durch Gießen, sondern nur durch Sintern hergestellt werden. Es handelt sich um zylindrische Stäbe, deren Abmessungen und chemische Zusammensetzung in DIN EN ISO 6848 genormt sind. Die genormten Durchmesser liegen im Bereich von 0,25...10 mm. Übliche Größen sind 1,6; 2,0; 2,5; 3,2 und 4,0 mm. Genormt sind Längen zwischen 50 und 600 mm. Übliche Längen sind 50, 75, 150 und 175 mm. Neben Elektroden aus Reinwolfram werden auch Elektroden mit oxidischen Zusätzen (Thorium-, Lanthan-, Cer-, Zirkonoxid) verwendet, Tabelle 3.4. Die Oxide werden beim Sintervorgang gleichmäßig über dem Elektrodenquerschnitt verteilt.

Bei Verwendung von reinen Wolframelektroden stellen sich sehr ruhige und gleichmäßige Lichtbogenverhältnisse ein. Oxidhaltige Elektroden zeichnen sich durch eine verbesserte Zündsicherheit und höhere Strombelastbarkeit aus. Ursache dafür ist eine verringerte Elektronenaustrittsarbeit im Bereich der eingelagerten Oxide im Vergleich zu reinem Wolfram. Zum einen erleichtert dies den Austritt von Elektronen aus dem Metall durch Feld- oder thermische Emission. Zum anderen erwärmt sich die Elektrodenoberfläche weniger.

Der Einsatz von thorierten Elektroden ist aus arbeitsmedizinischen Gründen rückläufig. Thorium ist ein schwacher radioaktiver Alpha-Strahler. Die Strahlenbelastung ist für den Schweißer ungefährlich. Problematisch ist jedoch der beim Anschleifen der Elektrode entstehende Schleifstaub, der die Atemwege des Schweißers belastet.

Tabelle 3.4 Wolframelektroden nach DIN EN ISO 6848

| Kurzzeichen | Oxidzusatz | | Verunreinigung | Wolfram | Kennfarbe |
|---|---|---|---|---|---|
| | Art | Gehalt in % | Gehalt in % | Gehalt in % | |
| WP | – | – | ≤ 0,5 | 99,5 | grün |
| WCe 20 | $CeO_2$ | 1,8...2,2 | ≤ 0,5 | Rest | grau |
| WLa 10 | $La_2O_3$ | 0,8...1,2 | ≤ 0,5 | Rest | schwarz |
| WLa 15 | $La_2O_3$ | 1,3...1,7 | ≤ 0,5 | Rest | gold |
| WLa 20 | $La_2O_3$ | 1,8...2,2 | ≤ 0,5 | Rest | blau |
| WTh 10 | $ThO_2$ | 0,8...1,2 | ≤ 0,5 | Rest | gelb |
| WTh 20 | $ThO_2$ | 1,7...2,2 | ≤ 0,5 | Rest | rot |
| WTh 30 | $ThO_2$ | 2,8...3,2 | ≤ 0,5 | Rest | violett |
| WZr 3 | $ZrO_2$ | 0,15...0,5 | ≤ 0,5 | Rest | braun |
| WZr 8 | $ZrO_2$ | 0,7...0,9 | ≤ 0,5 | Rest | weiß |
| WS 2 | Mischoxide und seltene Erden, nicht genormt | | | | türkis |

Mit steigendem Elektrodendurchmesser erhöht sich die Strombelastbarkeit des Brenners. Brenner geringer Schweißleistung werden über die Schutzgasführung gekühlt. Bei Schweißstromstärken von über 250 A wird der Brennerkörper wassergekühlt ausgelegt. Das Schutzgas strömt zwischen Elektrode und Schutzgasdüse aus. Zur elektrischen Isolation des Brenners gegenüber der Umgebung ist der gesamte Brennerkörper in Kunststoff eingegossen. Die Brenneranschlussleitungen werden in einem Schlauchpaket zusammengefasst, welches den Brenner mit der Schweißstromquelle verbindet.

Plasma-Schweißbrenner verfügen über eine zusätzliche gekühlte Düse, die den Lichtbogen mechanisch einschnürt (Bild 3.53). Über den Öffnungsdurchmesser der Düse lässt sich die Stromdichte des Lichtbogens variieren.

Die Plasmadüse ist elektrisch in den Pilotlichtbogenstromkreis integriert. Der Pilotlichtbogen brennt zwischen Elektrode und Plasmadüse. Vom eigentlichen Schweißstromkreis wird die Plasmadüse über eine Keramikhülse elektrisch isoliert. Das Plasmagas strömt zwischen Elektrode und Plasmadüse, das Schutzgas zwischen Plasma- und Gasdüse aus. Bei Brennern, die für hohe Schweißleistungen ausgelegt sind, wird zusätzlich die Schutzgasdüse gekühlt.

Brenner zum Plasma-Pulver-Auftragschweißen verfügen zusätzlich über eine Pulverdüse, die zwischen Plasma- und Schutzgasdüse angeordnet ist, Bild 3.54. Über diese Pulverdüse wird dem Lichtbogen mittels eines Fördergasstromes Schweißpulver zugeführt (innere Pulverzufuhr). Die Pulverzufuhr erfolgt zwischen Plasma- und Pulverdüse.

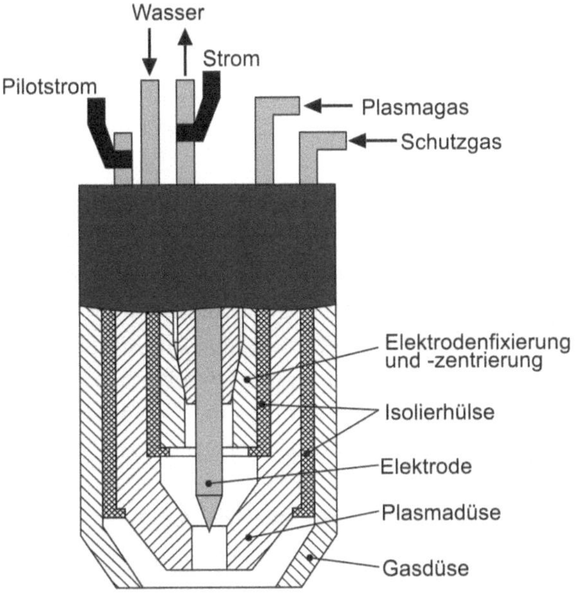


**Bild 3.53**
Grundaufbau Plasma-Schweißbrenner

Alternativ ist auch eine Pulverzufuhr über spezielle, mit Bohrungen versehene Plasmadüsen möglich (äußere Pulverzufuhr). Eine separate Pulverdüse ist in diesem Fall nicht erforderlich.

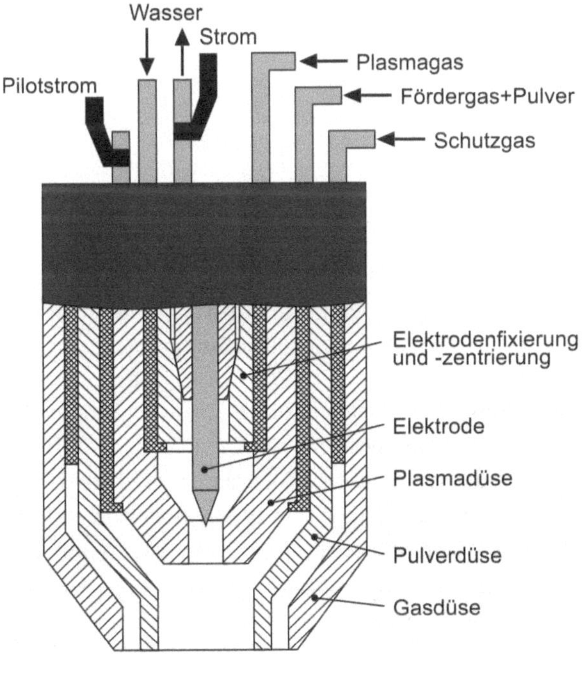


**Bild 3.54**
Grundaufbau Plasma-Pulver-Schweißbrenner

### 3.3.4 Schweißbrenner mit abschmelzender Elektrode

Der MSG-Brenner ist konzentrisch um die zentral angeordnete Drahtelektrodenzufuhr aufgebaut. Grundsätzlich wird zwischen luft- und wassergekühlten Brennern unterschieden.

Luftgekühlte Brenner, Bild 3.55, werden vorwiegend im unteren Leistungsbereich bis zu einer Strombelastbarkeit von ca. 350 A eingesetzt. Der als Kupferrohr ausgeführte Brennerhals ist direkt mit dem Stromzufuhrkabel verbunden. Im als Verschleißteil ausgeführten **Stromkontaktrohr** erfolgt die Stromübertragung auf die Drahtelektrode. Das Schutzgas strömt zwischen Düsenstock und Schutzgasdüse aus. Die Kühlung des Brenners erfolgt über Konvektion in die umgebende Luft und das den Brenner durchströmende Schutzgas sowie durch Wärmeleitung in das Kupferrohr. Zur elektrischen Isolation zwischen Schweißer und Schweißstromkreis werden der Brennerhals mit einem Kunststoffüberzug sowie die Gasdüse mit einer Isolierhülse ausgestattet. Die Versorgungsleitungen werden in einem **Schlauchpaket** zusammengefasst, welches den Brenner mit der Schweißstromquelle verbindet.

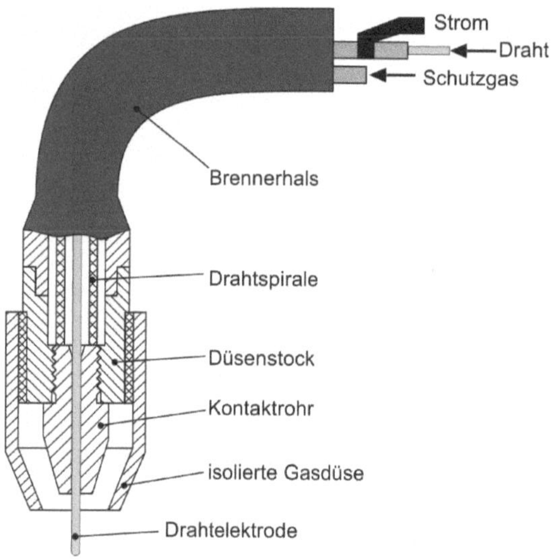


**Bild 3.55**
Grundaufbau luftgekühlter MSG-Schweißbrenner

Für Schweißstromstärken über 350 A werden wassergekühlte Brenner eingesetzt (Bild 3.56). Die Stromzufuhr erfolgt über ein Strom-Wasser-Kabel, das an die Kühlwasserrückleitung des Brennerhalses angeschlossen ist. Das Kühlwasser wird über den Brennerhals bis kurz vor den Düsenstock geführt. Die Kühlung des Brenners erfolgt durch Wärmeleitung in das Kupferrohr und Konvektion in den Kühlwasserstrom. Die Schutzgasführung erfolgt analog den luftgekühlten Brennern. Der Brennerhals und der Gasdüsenträger sind nach außen elektrisch isoliert ausgeführt.

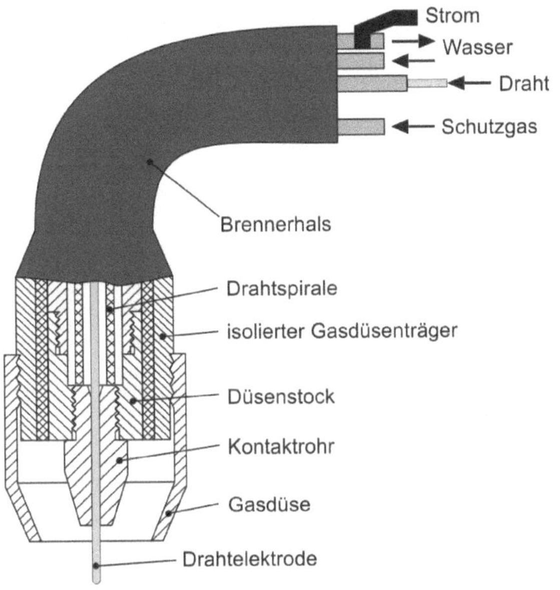


**Bild 3.56**
Grundaufbau wassergekühlter MSG-Schweißbrenner

Bei Brennern, die für höhere Schweißleistungen ausgelegt sind, wird zusätzlich zum Düsenstock der Gasdüsenträger gekühlt. Beide Elemente werden entweder nacheinander vom Kühlmedium durchflossen oder über separate Kühlwasserzuführungen parallel gekühlt. An Hochleistungsschweißbrennern wird zusätzlich die Schutzgasdüse, die dann als Doppelmanteldüse ausgeführt ist, vom Kühlwasser durchströmt.

### 3.3.5 Bolzenschweißpistolen

Eine Bolzenschweißpistole zum Lichtbogenbolzenschweißen besteht aus den Baugruppen Bewegungsteuerung, Bolzenhalter und Schutzvorrichtung (Bild 3.57).

Die aktiven Elemente der Bewegungssteuerung sind ein Hubmagnet und eine Druckfeder. Der Hubmagnet realisiert die Rückholbewegung, die Druckfeder drückt den Bolzen in das Schmelzbad. Die Hublänge und die Federkraft sind einstellbar. Der Schweißbolzen wird mechanisch im stromführenden Bolzenhalter geklemmt. Die Schutzvorrichtung wird an die jeweilige Bolzenschweißvariante angepasst:

- **Hubzündung mit Keramikring:** Am Bolzen anliegender Keramikring, der sich nach unten aufweitet. Der Keramikring konzentriert den Lichtbogen, formt die Schweißwulst und stützt das Schweißbad.
- **Hubzündung unter Schutzgas:** Der Bolzen wird von einem mit Schutzgas gespültem Rohr umschlossen. Lichtbogen und Schmelzbad werden von der Umgebungsatmosphäre abgeschirmt.

- **Spitzenzündung:** aufgrund der geringen Schweißzeiten ist keine Schutzvorrichtung erforderlich.
- **Ringzündung:** Der Bolzen wird von einem überstehenden metallischen Ring umschlossen, über den der Stromfluss zwischen Bolzen und Werkstück realisiert wird.

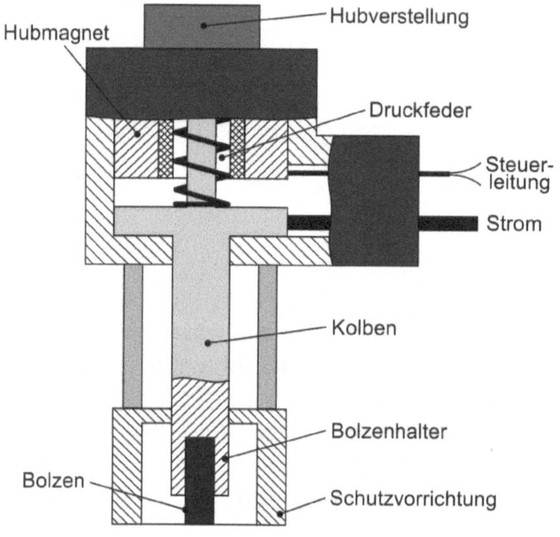


**Bild 3.57** Grundaufbau einer Bolzenschweißpistole

## 3.4 Drahtvorschubsysteme zum Lichtbogenschweißen

### 3.4.1 Grundaufbau

**Drahtvorschubsysteme** haben die Aufgabe, einen Zusatzwerkstoff in Elektrodenform von einem Vorratsbehälter in die Lichtbogenzone zu fördern. Den prinzipiellen Aufbau eines Drahtvorschubsystems zeigt Bild 3.58.

Der **Drahtantrieb** besteht konventionell aus einem Motor mit angeflanschtem Getriebe und den Drahtantriebsrollen. Die Drahteinlauf- und -auslaufdüse dienen als Führungselemente für die Drahtelektrode. Die Einlaufdüse gleicht wechselnde Abspulbedingungen aus, die Auslaufdüse stellt den störungsfreien Übergang der Drahtelektrode in den Drahtförderschlauch sicher. Die Düsen, die Antriebsrollen und der Drahtförderschlauch müssen dem jeweiligen Drahtdurchmesser angepasst werden. Der Drahtförderschlauch ist konventionell als Stahlspirale ausgeführt. Für weiche Drahtelektroden, wie z. B. Aluminiumelektroden, werden zur Minimierung des Abriebs in der Drahtförderstrecke Kunststoff- oder Graphitseelen verwendet.

Die Drahtbereitstellung erfolgt über Plastik- oder Drahtgeflechtspulen mit Abmessungen von bis zu Ø 300 mm und Breite bis zu 100 mm. Der Draht ist Lage für Lage aufgewickelt, um ein störungsfreies tangentiales Abspulen zu gewährleisten. Für das automatisierte Schweißen oder die Realisierung großer Abschmelzleistungen werden größere Drahtgebinde verwendet, um ein ständiges Spulenwechseln zu vermeiden. Die sogenannten Drahtfässer weisen Abmessungen von ca. Ø 500 mm und Höhe ca. 800 mm auf. Ihr Fassungsvermögen beträgt ca. 13 konventionelle Drahtspulen. Zum Abspulen, welches axial erfolgt, ist eine separate Drahtabzugsvorrichtung erforderlich (Bild 3.59).

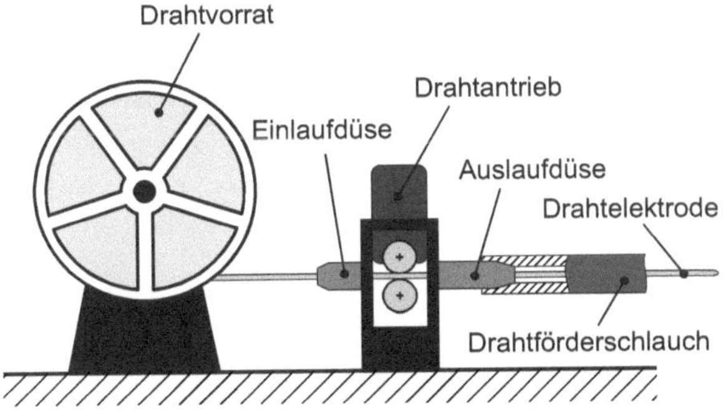


**Bild 3.58**
Grundaufbau eines Drahtvorschubsystems zum Lichtbogenschweißen

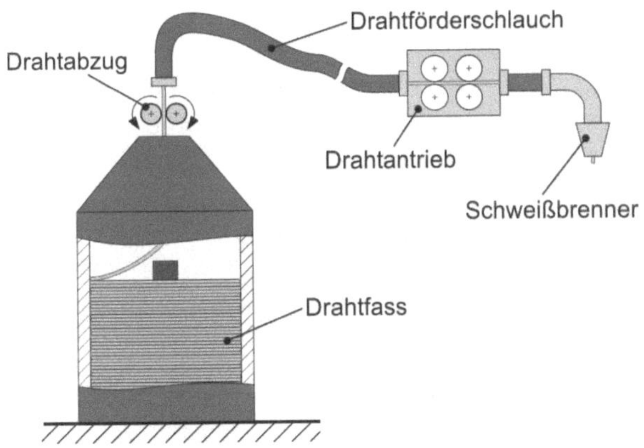


**Bild 3.59**
Drahtbereitstellung über ein Fassgebinde

### 3.4.1.1 Stirnrollenantrieb

Der Stirnrollenantrieb besteht aus einem Gleichstrommotor, einem Übersetzungsgetriebe und den Übertragungselementen, den Drahtantriebsrollen. Die Motordrehzahl wird über eine Steuerspannung vorgegeben. Über eine Drehzahlmessung erfolgt eine Ausregelung der Ist-Drehzahl auf den Sollwert. Wird die Drahtvorschubgeschwindigkeit als Stellgröße zur Regelung der Lichtbogenlänge genutzt, wie z. B. beim UP-Schweißen, werden fremderregte Gleichstromnebenschlussmotoren eingesetzt. Die Ankerspannung des Motors ist mit der Lichtbogenspannung gekoppelt. Veränderungen der Lichtbogenspannung führen zu proportionalen Änderungen der Motordrehzahl.

Die hohe Motordrehzahl wird in jedem Falle durch ein angeschlossenes Getriebe reduziert. Die Übersetzung erfolgt über ein Schneckenrad- oder Planetengetriebe (Bild 3.60).

Zur Umwandlung der Rollendrehzahl in die translatorische Drahtvorschubbewegung muss die Drahtelektrode über eine Gegenrolle mechanisch an die Antriebsrolle angepresst werden. Der Drahttransport erfolgt über Haftreibung zwischen Antriebsrolle und Drahtelektrode (Bild 3.61).

Hohe Anpresskräfte gewährleisten hohe Reibkraftwerte. Die damit verbundene Flächenpressung an der Drahtelektrode kann jedoch, vor allem bei weichen Drahtelektrodenwerkstoffen, zu Deformationen und damit zu Drahtförderstörungen führen. Zur besseren Kraftverteilung wird die Nutgeometrie der Antriebsrolle an die Drahtelektrodenform angepasst (Bild 3.62). Zusätzlich kann der Reibwert zwischen Drahtelektrode und Antriebsrolle erhöht werden, indem das Nutprofil gerillt ausgeführt wird.

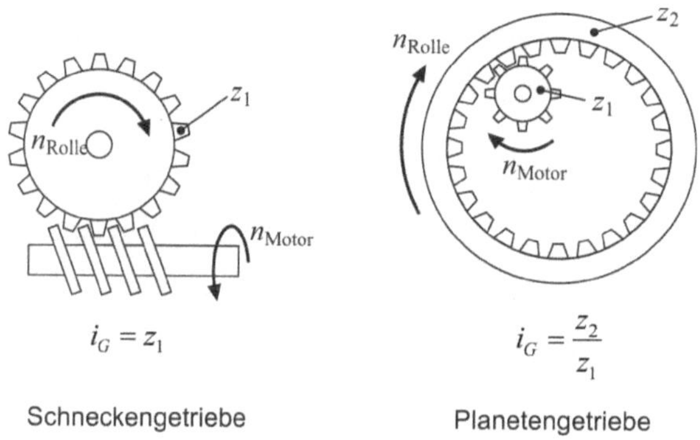


**Bild 3.60**
Übersetzungsgetriebe an Drahtvorschubmotoren

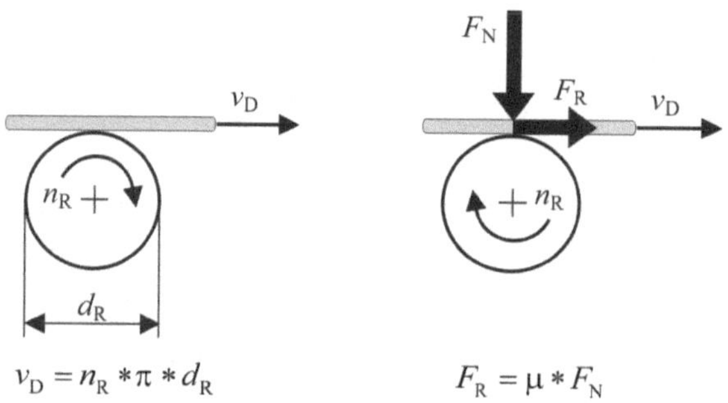


**Bild 3.61**
Physikalische Grundlagen von Rollen-Drahtantrieben

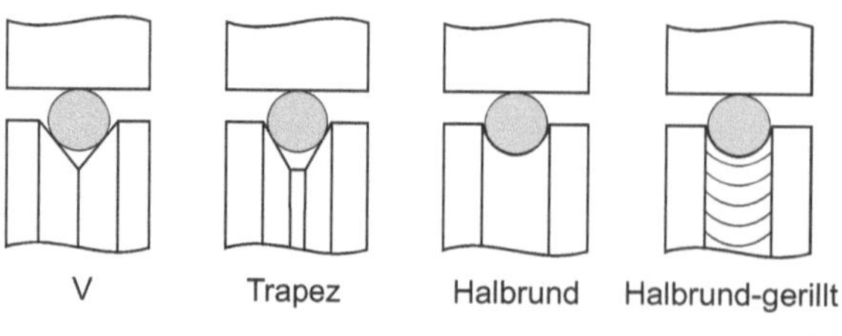


**Bild 3.62**
Nutgeometrien von Drahtantriebsrollen

Bei **Mehrrollenantrieben** wird die Anpresskraft über mehrere Krafteinleitungsstellen aufgeteilt (Bild 3.63). Alle angetriebenen Rollen befinden sich über Zahnräder mit identischen Zähnezahlen im Eingriff mit der Antriebswelle und drehen sich mit der vom Getriebe übersetzten Drehzahl.

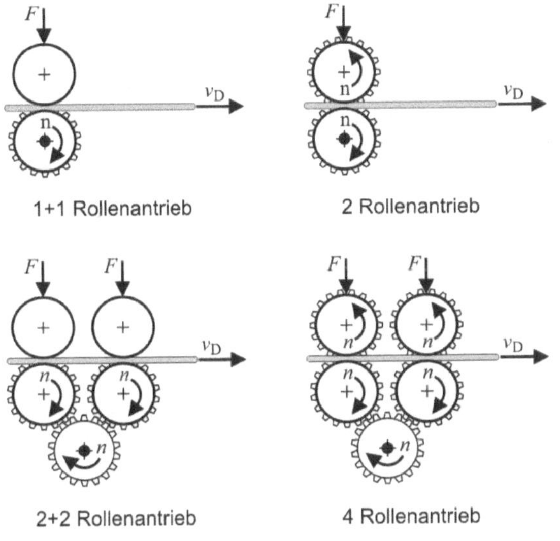


**Bild 3.63**
Aufbau von Mehrrollenantrieben

### 3.4.1.2 Planetarantrieb

Der Planetarantrieb besteht aus einem Gleichstrommotor mit Hohlwelle, einem Vorschubkopf und den Vorschubrollen (Bild 3.64).

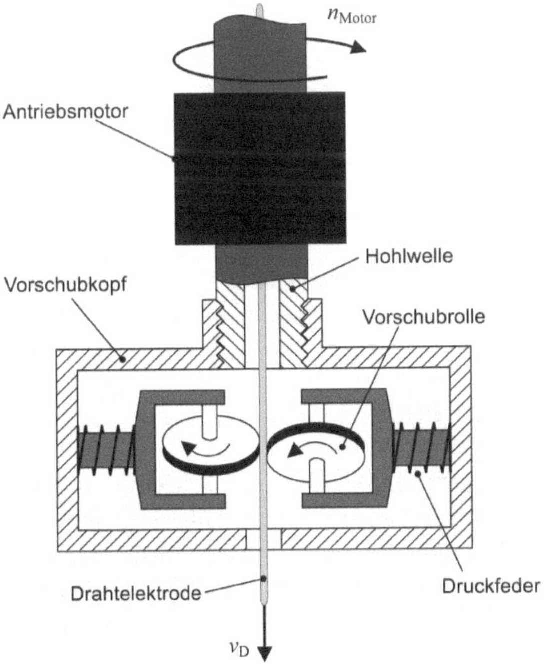


**Bild 3.64**
Aufbau eines Planetarantriebes

Der Vorschubkopf ist ohne Getriebe direkt an die Hohlwelle des Motors angeflanscht und dreht sich um die Drahtelektrode. Die Vorschubrollen sind schräg zur Drahtelektrodenachse angestellt, werden über eine Feder an die Drahtelektrode angepresst und weisen keine Nutprofilierung auf. Zur Vergrößerung der Kontaktfläche zur Drahtelektrode werden hohlgeschliffene Rollenoberflächen verwendet. Der Drahttransport erfolgt wie bei den Stirnradrollen über Haftreibung zwischen Rolle und Drahtelektrode. Die sich einstellende Drahtvorschubgeschwindigkeit ist abhängig von der Motordrehzahl, dem Neigungswinkel der Vorschubrollen und dem Durchmesser der Drahtelektrode (Bild 3.65).

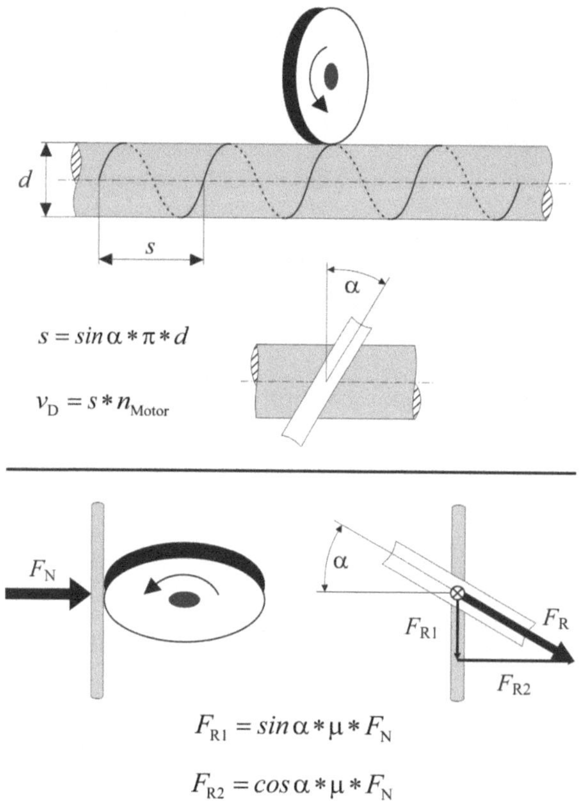


**Bild 3.65**
Physikalische Grundlagen von Planetar-Drahtantrieben

## 3.4.2 Bauformen mit potenzialführender Drahtelektrode

Die Drahtantriebseinheit wird elektrisch isoliert vom Massepol des Schweißstromkreises aufgebaut. Zur Gewährleistung einer konstanten Drahtvorschubgeschwindigkeit wird die Drahtführungslänge hinter dem Drahtantrieb auf 3...5 m begrenzt. Je nach Anordnung des Drahtvorschubgerätes zwischen Schweißstromquelle und Schweißbrenner werden folgende Bauarten unterschieden:

- **Kleinspulengerät:** Drahtspule mit geringem Volumen und Drahtvorschubeinheit sind direkt am Schweißbrenner angebracht.
- **Kompaktgerät:** Drahtvorschubeinheit ist in Stromquellengehäuse integriert.
- **Universalgerät:** Drahtvorschubeinheit ist als selbständige Baugruppe ausgeführt. Verbindung zur Schweißstromquelle erfolgt über ein Zwischenschlauchpaket.

Zur Realisierung von Drahtförderstrecken > 5 m ist der Einsatz von Zwischen- oder Zweitantrieben erforderlich. Die In Reihe geschalteten Drahtantriebe müssen zur Realisierung gleichmäßiger Drahtförderzustände miteinander synchronisiert werden. Je nachdem, welcher Drahtantrieb dabei bestimmend ist, wird zwischen Push-Pull- und Pull-Pull-Regelung unterschieden. Beim **Push-Pull-Antrieb** bestimmt der hintere, an der Drahtspule angeordnete Drahtvorschubmotor die Drahtfördergeschwindigkeit. Ein zweiter Motor im Brenner oder in Brennernähe zieht die Drahtelektrode mit identischer Drehzahl aus dem Schlauchpaket (Bild 3.66). Die Drahtelektrode steht im Schlauchpaket ständig unter Zugspannung. Beim Auftreten des „Bowdenzugeffektes“ infolge wechselnder Drahttransportbedingungen, z. B. durch häufige Schlauchpaketbewegungen beim Roboterschweißen, besteht die Gefahr, dass die Drahtelektrode durch die Zugspannung überlastet wird und reißt.

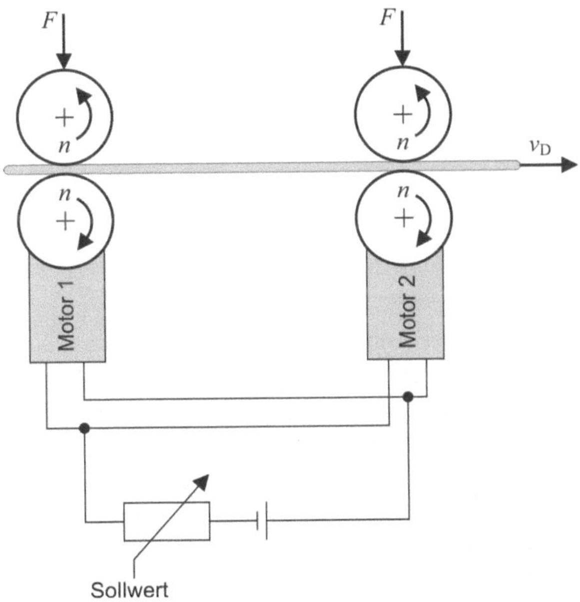


**Bild 3.66**
Grundaufbau des Push-Pull-Antriebes

Beim **Pull-Pull-Antrieb** (Bild 3.67) bestimmt der vordere, im Brenner oder in Brennernähe angebrachte Drahtvorschubmotor die Drahtfördergeschwindigkeit. Der zweite Motor, der an der Drahtspule angeordnet ist, zieht den Draht von der Spule ab. Dieser Motor arbeitet drehmomentgeregelt. Er schiebt den Draht unabhängig von der eingestellten Drahtvorschubgeschwindigkeit so lange in das Schlauchpaket, bis ein voreingestelltes Widerstandsmoment erreicht ist. Am vorderen Drahtantrieb ist somit immer genügend Draht vorhanden, der ohne nennenswerte Zugkräfte aus dem Schlauchpaket gezogen werden kann. Dieses System eignet sich besonders für die Förderung dünner und weicher Drahtelektroden.

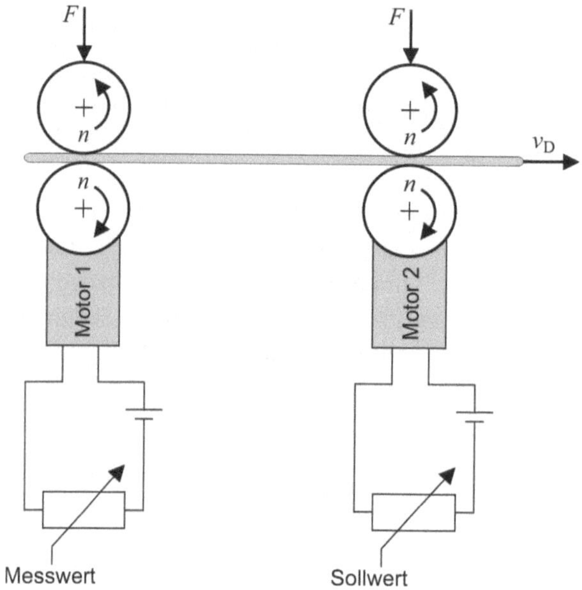


**Bild 3.67**
Grundaufbau des Pull-Pull-Antriebes

### 3.4.2.1 Bauformen mit nicht potenzialführender Drahtelektrode

Zur Realisierung einer Zusatzwerkstoffzufuhr beim mechanisierten WIG-, Plasma- oder Laserschweißen werden Kaltdraht-Vorschubeinheiten nach Bild 3.68 eingesetzt.

Der Aufbau erfolgt komplett elektrisch isoliert vom Schweißstromkreis. Die Drahtantriebseinheit wird direkt hinter der Drahtspule angeordnet und die Drahtförderlänge bis zum Lichtbogen möglichst kurz gehalten. Der Drahtförderschlauch endet in einer am Schweißbrenner befestigten Drahtführungsdüse, deren Innendurchmesser auf die verwendete Drahtelektrodengeometrie abgestimmt ist. Über eine mechanische Verstellung kann die Position der Drahtelektrode zum Lichtbogen variiert werden.

Zur Erhöhung der Abschmelzleistung werden Heißdrahteinheiten, in denen die Drahtelektrode vor dem Eintritt in den Lichtbogen vorgewärmt wird, eingesetzt. Das Aufheizen der Drahtelektrode erfolgt über Widerstandserwärmung mit einer separaten Wechselstromquelle (Bild 3.69). Die Vorwärmtemperatur wird über die Stromstärke am Vorheizgerät eingestellt.

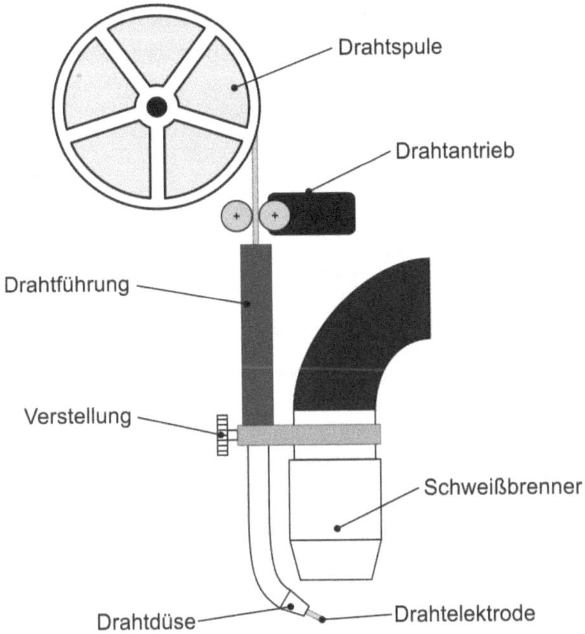


**Bild 3.68**
Grundaufbau der Kaltdraht-Drahtvorschubeinheit

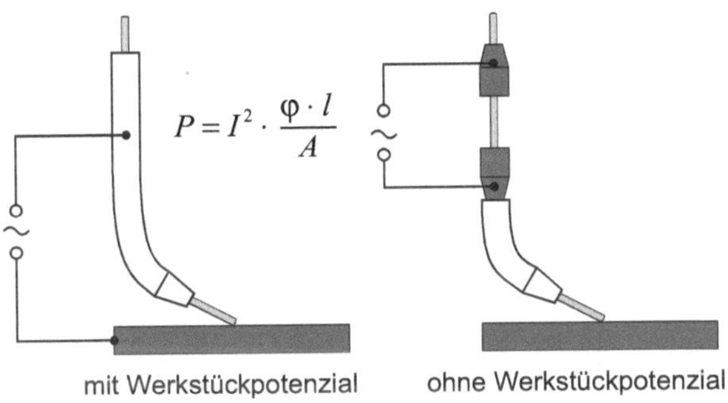


**Bild 3.69**
Grundaufbau der Heißdraht-Drahtvorschubeinheit

Es existieren auch Heißdrahtvarianten mit potenzialfreier Aufheizung der Drahtelektrode über Induktionserwärmung. Die Drahtelektrode wird dabei durch eine Induktionsspule geführt. Die Vorwärmtemperatur wird über die die Spule durchfließende Stromstärke eingestellt.

#### 3.4.2.2 Drahtrichteinheiten

Die von der Spule abgerollte Drahtelektrode weist eine Krümmung, die sogenannte Dressur, auf. Vor allem bei Prozesszuständen mit langen freien Drahtenden im Lichtbogenbereich wirkt sich dies störend auf die Prozessstabilität aus. Die Kompensation dieser plastischen Verformung wird als Richten bezeichnet und erfolgt über eine entgegengesetzte plastische Rückformung mittels mechanischem **Drahtrichtwerk.** Das Grundprinzip besteht darin, eine Umformkraft mittels Drei-Punkt-Biegung auf die durch die Rollen laufende Drahtelektrode aufzubringen (Bild 3.70). Die Verstellung der Andruckrollen erfolgt manuell.

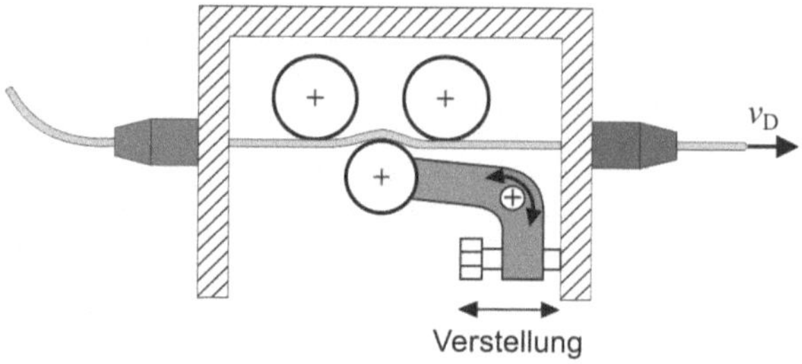


**Bild 3.70**
Grundaufbau des einachsigen Drahtrichtwerkes

Um die Umformkraft pro Biegerolle zu reduzieren, existieren auch Varianten mit mehreren nacheinander geschalteten Rollen (5- oder 7-Rollenrichtwerke). Liegen mehrachsige Verformungszustände an der Drahtelektrode vor, werden zwei um 90° versetzt angeordnete Richtwerke nacheinander geschaltet (Bild 3.71).

**Bild 3.71**
Ausführungen von Drahtrichtwerken

Die größte Richtwirkung wird erzielt, wenn die Drahtförderstrecke nach dem Drahtrichtwerk möglichst kurz gehalten wird.

Anwendung finden Drahtrichtwerke vor allem beim UP-Schweißen und bei Schweißprozessen mit mechanisierter Kaltdrahtzuführung (z. B. WIG, Laser).

## 3.5 Zusatzwerkstoffe zum Lichtbogenschweißen

### 3.5.1 Stabelektroden

**Stabelektroden** werden beim Lichtbogenhandschweißen eingesetzt. Sie dienen gleichzeitig als abschmelzende Lichtbogenelektrode und Zusatzwerkstoff. Es handelt sich um Metallkernstäbe die mit einer Umhüllung versehen sind (Bild 3.72).

Ein Ende des Kernstabes ist in einem Bereich von mindestens 15 mm, dem sogenannten Einspannende, umhüllungsfrei. Die Abmessungen der Stabelektroden sind in DIN EN ISO 544 genormt (Tabelle 3.5). Die anwendbaren Längen werden durch die Strombelastbarkeit des Kernstabes begrenzt.

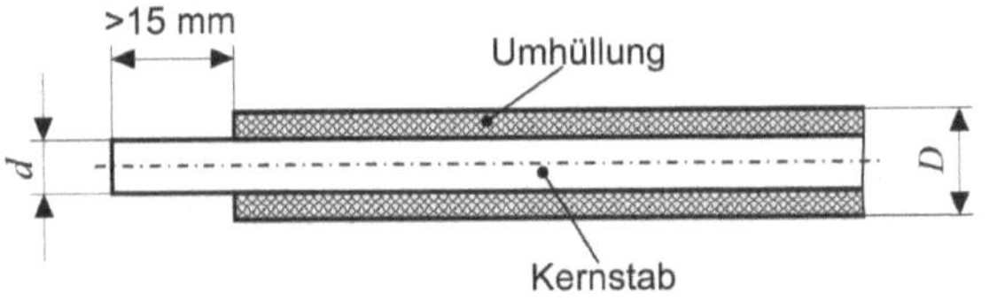


**Bild 3.72** Aufbau einer umhüllten Stabelektrode

**Tabelle 3.5** Abmessungen von Stabelektroden

| Kernstabdurchmesser [mm] | Länge [mm] |
|---|---|
| 1,6 | 200...300 |
| 2,0 | |
| 2,5 | |
| 3,2 | 275...450 |
| 4,0 | |
| 5,0 | |
| 6,0 | |
| 8,0 | |

Für den **Kernstab** werden, je nach Elektrodentyp, unlegierte oder hochlegierte Stahlsorten bzw. Nickellegierungen verwendet. Die Umhüllung besteht aus einer Mischung von oxidischen Erzen, Säuren, Basen, Flussmitteln, organischen Stoffen, Metallen bzw. Metalllegierungen und Bindemitteln. Die Umhüllung wird bei der Elektrodenherstellung auf den Kerndraht aufgepresst und anschließend in einem Ofen bei 250...450 °C getrocknet. Tabelle 3.6 gibt einen Überblick über die gebräuchlichsten Umhüllungstypen.

Während der Kernstab der eigentliche Zusatzwerkstoff ist, der als Schweißgut in die Fügeverbindung eingebracht wird, besitzt die **Elektrodenumhüllung** vielfältige Funktionen:

- Verbesserung der Ionisationsbedingungen im Lichtbogen,
- Bildung eines Schutzgases zur Abschirmung von der Umgebungsluft,
- Schlackenbildung zum Schutz des Schmelzbades,
- metallurgische Beeinflussung des Schweißgutes,
- Beeinflussung der mechanischen Gütewerte des Schweißgutes,
- Erhöhung der Abschmelzleistung (Zusätze von Eisenpulver in der Umhüllung).

**Tabelle 3.6** Umhüllungstypen von Stabelektroden

| Umhüllungstyp | Kurzzeichen | Chemische Richtzusammensetzung | | |
|---|---|---|---|---|
| sauer umhüllt | A | Magnetit | $Fe_3O_4$ | 50 % |
| | | Quarz | $SiO_2$ | 20 % |
| | | Kalkspat | $CaCO_3$ | 10 % |
| | | Ferromangan | FeMn | 20 % |
| zellulose umhüllt | C | Zellulose | | 40 % |
| | | Rutil | $TiO_2$ | 20 % |
| | | Quarz | $SiO_2$ | 25 % |
| | | Ferromangan | FeMn | 15 % |
| rutil umhüllt | R | Rutil | $TiO_2$ | 45 % |
| | | Magnetit | $Fe_3O_4$ | 10 % |
| | | Quarz | $SiO_2$ | 20 % |
| | | Kalkspat | $CaCO_3$ | 10 % |
| | | Ferromangan | FeMn | 15 % |
| dick rutil umhüllt | RR | wie rutil umhüllt, aber Verhältnis Umhüllungs- zu Kernstabdurchmesser ≥ 1,6 | | |
| basisch umhüllt | B | Flussspat | $CaF_2$ | 45 % |
| | | Kalkspat | $CaCO_3$ | 40 % |
| | | Quarz | $SiO_2$ | 10 % |
| | | Ferromangan | FeMn | 5 % |
| rutil-zellulose umhüllt | RC | ähnlich wie rutil umhüllt, teilweise Substitution von Rutil- durch Zellulose-Anteile | | |
| rutil-sauer umhüllt | RA | ähnlich wie sauer umhüllt, teilweise Substitution von Magnetit- durch Rutil-Anteile | | |
| rutil-basisch umhüllt | RB | ähnlich wie rutil umhüllt, mit erhöhten basischen Anteilen | | |

Ein Maß für den Anteil der Umhüllungsstoffe am Schweißgut ist die **Ausbringung** $A$. Darunter versteht man das Verhältnis von eingebrachter Schweißgutmasse zu abgeschmolzener Kernstabmasse.

$$A = \frac{m_{\mathrm{SG}}}{m_{\mathrm{K}}} \cdot 100\,\% \tag{3.6}$$

Durch Zugabe von Eisenpulver in die Umhüllung kann die Ausbringung gesteigert werden. Elektroden mit Ausbringungen von über 105 % werden als Hochleistungselektroden bezeichnet. Hochleistungselektroden gibt es mit rutil-saurer, mit rutiler und mit basischer Umhüllung; am gebräuchlichsten ist eine Ausbringung von 160 %.

Über die Dicke und Zusammensetzung der Umhüllung lassen sich auch bestimmte Prozesseigenschaften wie Zündverhalten, Werkstoffübergang, Spaltüberbrückbarkeit, Nahtaussehen und Einbrandtiefe beeinflussen.

Tabelle 3.7 listet die gültigen Normen zur Einteilung und Bezeichnung umhüllter Stabelektroden für das Lichtbogenhandschweißen auf.

**Tabelle 3.7** Normung von Stabelektroden

| Zu schweißender Werkstoff | Norm |
|---|---|
| unlegierte Stähle | DIN EN ISO 2560 |
| Feinkornstähle | DIN EN ISO 2560 |
| hochfeste Stähle | DIN EN ISO 18275 |
| warmfeste Stähle | DIN EN ISO 3580 |
| nichtrostende Stähle | DIN EN ISO 3581 |
| Nickel- und Nickellegierungen | DIN EN ISO 14172 |
| Auftragschweißen, Hartauftragen | DIN EN 14700 |

Tabelle 3.8 gibt einen Überblick über das Bezeichnungssystem von Stabelektroden. Die Angaben beziehen sich jeweils auf das reine Schweißgut, das mit der Elektrode hergestellt wurde. Die Normbezeichnungen mit Kennzeichnung A entsprechen europäischen Standards, die Bezeichnungen mit Kennzeichnung B entsprechen Standards im pazifischen Raum.

Bild 3.73 zeigt das System der Elektrodenbezeichnung am Beispiel umhüllter Stabelektroden zum Schweißen unlegierter Stähle.

Tabelle 3.8 Systematik der Bezeichnung von Stabelektroden, Benennung der jeweiligen Bezeichnungsposition (* optionale Angaben)

| | DIN EN ISO 2560-A | DIN EN ISO 2560-B | DIN EN ISO 18275-A | DIN EN ISO 3580-A | DIN EN ISO 3580-B | DIN EN ISO 3581-A | DIN EN ISO 14172 |
|---|---|---|---|---|---|---|---|
| Prozess | 1 | 1 | 1 | 1 | 1 | 1 | 1 |
| Streckgrenze | 2 | | 2 | | | | |
| Zugfestigkeit | | 2 | | | 2 | | |
| Kerbschlag-temperatur | 3 | | 3 | | | | |
| chemische Zusammen-setzung | 4 | 4 | 4 | 2 | 4 | 2 | 2 |
| Umhüllungstyp | 5 | 3 | 5 | 3 | 3 | 3 | |
| Wärmebehand-lungszustand | | 5 | 6 | | | | |
| Ausbringung und Stromart * | 6 | | 7 | 4 | | 4 | |
| Schweiß-position * | 7 | | 8 | 5 | | 5 | |
| Wasserstoff-gehalt * | 8 | 7 | 9 | 6 | 5 | | |
| erhöhte Kerb-schlagarbeit * | | 6 | | | | | |
| Legierungs-kurzzeichen * | | | | | | | 3 |

Abweichend vom System der Tabelle 3.8 werden Stabelektroden für das Hartauftragen nach folgender Systematik bezeichnet:

- 1. Stelle: Normnummer EN 14700,
- 2. Stelle: Kennzeichen für die Produktform,
  E = umhüllte Stabelektrode,
- 3. Stelle: Legierungskurzzeichen.

Die Bezeichnung für eine Stabelektrode zum Auftragschweißen einer Cobaltbasislegierung lautet danach beispielsweise: EN 14700 E Co1

**ISO 2560 - A - E 46 3 1Ni B 5 4 H5**

Kennziffer für die Festigkeits- und Dehnungseigenschaften des Schweißgutes

| Kennziffer | Mindeststreckgrenze N/mm² | Zugfestigkeit N/mm² | Mindestbruchdehnung % |
|---|---|---|---|
| 35 | 355 | 440 ... 570 | 22 |
| 38 | 380 | 470 ... 600 | 20 |
| 42 | 420 | 500 ... 640 | 20 |
| 46 | 460 | 530 ... 680 | 20 |
| 50 | 500 | 560 ... 720 | 18 |

Kennzeichen für die Kerbschlagarbeit des Schweißgutes

| Kennzeichen | Temperatur für Mindestkerbschlagarbeit 47 J °C |
|---|---|
| Z | keine Anforderungen |
| A | +20 |
| 0 | 0 |
| 2 | -20 |
| 3 | -30 |
| 4 | -40 |
| 5 | -50 |
| 6 | -60 |

Kurzzeichen für die chemische Zusammensetzung des Schweißgutes (Prozent Masseanteil)

| Legierungskurzzeichen | Chemische Zusammensetzung 1) 2) | | |
|---|---|---|---|
| | Mn | Mo | Ni |
| ohne | 2,0 | < 0,2 | < 0,3 |
| Mo | 1,4 | 0,3 ... 0,6 | < 0,3 |
| MnMo | >1,4 ... 2,0 | 0,3 ... 0,6 | < 0,3 |
| 1Ni | 1,4 | < 0,2 | 0,6 ... 1,2 |
| Mn1Ni | 1,4 ... 2,0 | < 0,2 | 0,6 ... 1,2 |
| 2Ni | 1,4 | < 0,2 | 1,8 ... 2,6 |
| Mn2Ni | 1,4 ... 2,0 | < 0,2 | 1,2 ... 2,6 |
| 3Ni | 1,4 | < 0,2 | 2,6 ... 3,8 |
| 1NiMo | 1,4 | 0,3 ... 0,6 | 0,6 ... 1,2 |
| Z | Jede andere vereinbarte Zusammensetzung | | |

1) Falls nicht festgelegt: Cr < 0,2; V < 0,05; Nb < 0,05; Cu < 0,3
2) Einzelwerte in der Tabelle sind Höchstwerte

Kennzeichen für Wasserstoffgehalt des Schweißgutes

| Kennzeichen | Wasserstoffgehalt in ml / 100 g Schweißgut max. |
|---|---|
| H 5 | 5 |
| H10 | 10 |
| H15 | 15 |

Kennziffer für die Schweißposition

| Kennziffer | Schweißposition |
|---|---|
| 1 | alle Positionen |
| 2 | alle Positionen außer Fallposition |
| 3 | Stumpfnaht in Wannenposition, Kehlnaht in Wannen- und Horizontalposition |
| 4 | Stumpfnaht in Wannenposition, Kehlnaht in Wannenposition |
| 5 | Fallposition und Positionen wie Kennziffer 3 |

Kennziffer für Ausbringung und Stromart

| Kennziffer | Ausbringung A [%] | Stromart |
|---|---|---|
| 1 | A ≤ 105 | Wechsel- und Gleichstrom |
| 2 | A ≤ 105 | Gleichstrom |
| 3 | 105< A ≤ 125 | Wechsel- und Gleichstrom |
| 4 | 105< A ≤ 125 | Gleichstrom |
| 5 | 125< A ≤ 160 | Wechsel- und Gleichstrom |
| 6 | 125< A ≤ 160 | Gleichstrom |
| 7 | A > 160 | Wechsel- und Gleichstrom |
| 8 | A > 160 | Gleichstrom |

Kurzzeichen für den Umhüllungstyp

| Kurzzeichen | Umhüllungstyp |
|---|---|
| A | sauer umhüllt |
| C | zellulose umhüllt |
| R | rutil umhüllt |
| RR | dick rutil umhüllt |
| RC | rutil-zellulose umhüllt |
| RA | rutil-sauer umhüllt |
| RB | rutil-basisch umhüllt |
| B | basisch umhüllt |

**Bild 3.73** Übersicht über die Bezeichnung von umhüllten Stabelektroden nach DIN EN ISO 2560-A

### 3.5.2 Schweißstäbe

**Schweißstäbe** werden beim WIG-Schweißen als Zusatzwerkstoff eingesetzt. Sie werden dem Lichtbogen separat zugeführt und in diesem aufgeschmolzen. Es handelt sich um Metallstäbe, deren Oberfläche frei von Verunreinigungen und Oberflächenfehlern ist. In DIN EN ISO 544 sind Stabdurchmesser von 0,6...8,0 mm genormt. Die Stablänge beträgt 500...1000 mm.

Tabelle 3.9 listet die gültigen Normen zur Einteilung und Bezeichnung von Schweißstäben für das WIG-Schweißen auf.

**Tabelle 3.9** Normung von WIG-Schweißstäben

| Zu schweißender Werkstoff | Norm |
|---|---|
| unlegierte Stähle | DIN EN ISO 636 |
| Feinkornstähle | DIN EN ISO 636 |
| hochfeste Stähle | DIN EN ISO 16834 |
| warmfeste Stähle | DIN EN ISO 21952 |
| nichtrostende Stähle | DIN EN ISO 14343 |
| Nickel- und Nickellegierungen | DIN EN ISO 18274 |
| Kupfer- und Kupferlegierungen | DIN EN ISO 24373 |
| Aluminium- und Aluminiumlegierungen | DIN EN ISO 18273 |
| Titan- und Titanlegierungen | DIN EN ISO 24034 |
| Auftragschweißen, Hartauftragen | DIN EN 14700 |

Innerhalb der jeweiligen Normen existieren teilweise verschiedene Einteilungssysteme. Die Normbezeichnungen mit Kennzeichnung A entspricht dabei europäischen Standards, die Bezeichnungen mit Kennzeichnung B entsprechen Standards im pazifischen Raum.

Schweißstäbe zum Schweißen von **Stahlwerkstoffen** werden nach folgender Systematik bezeichnet:

- 1. Stelle: Normnummer,
- 2. Stelle: Kennzeichen für den Schweißprozess,
  W = WIG-Schweißen,
- 3. Stelle: chemische Zusammensetzung.

Die Bezeichnung für einen WIG-Schweißstab zum Schweißen unlegierter Stähle lautet danach beispielsweise:

ISO 636-A-W3Si1

Schweißstäbe zum Schweißen von **Nichteisenwerkstoffen** werden nach folgender Systematik bezeichnet:

- 1. Stelle: Normnummer,
- 2. Stelle: Angabe der Produktform,
  S = Massivstab,
- 3. Stelle: Kurzzeichen für die chemische Zusammensetzung.

Die Bezeichnung für einen WIG-Schweißstab zum Schweißen der Aluminiumlegierung AlSi5 lautet danach beispielsweise:

ISO 18273 S Al 4043

Schweißstäbe zum **Hartauftragen** werden nach folgender Systematik bezeichnet:

- 1. Stelle: Normnummer EN 14700,
- 2. Stelle: Kennzeichen die Produktform,
  S = Massivstab,
  T = Füllstab,
  R = Gussstab,
  C = Sinterstab,
- 3. Stelle: Legierungskurzzeichen.

Die Bezeichnung für einen Massivschweißstab zum Auftragschweißen einer Cobaltbasislegierung lautet danach beispielsweise:

Massivstab EN 14700 S Co1

### 3.5.3 Massivdrahtelektroden

**Massivdrahtelektroden** werden beim MSG- und UP-Schweißen eingesetzt. Es wird unterschieden zwischen Runddrahtelektroden mit kreisförmigem Querschnitt und **Bandelektroden** mit rechteckigem Querschnitt. Sie dienen gleichzeitig als abschmelzende Lichtbogenelektrode und Zusatzwerkstoff und werden durch Kaltziehen hergestellt. Ausgangsprodukt für den Ziehprozess ist warmgewalzter Draht von 5,5...6,0 mm Durchmesser. Dieser wird zunächst durch Beizen oder mechanisches Entzundern von der vom Walzen herrührenden Oxidhaut befreit. Das Ziehen erfolgt in mehreren Stufen durch Ziehsteine, einem Hartmetallwerkzeug mit konisch zulaufender, polierter Bohrung. Beim Ziehen wird der Querschnitt des Drahtes reduziert, wobei im gleichen Verhältnis seine Länge zunimmt. Bei dieser Kaltverformung, wird das Gefüge des Drahtes mehr und mehr gestreckt, und seine Festigkeit nimmt zu. Schließlich sind größere Querschnittsabnahmen nicht mehr möglich, der Draht muss zwischengeglüht werden. Durch Rekristallisationsglühung wachsen sich die gestreckten Körner wieder zu ihrer ursprünglichen Form aus. Um eine erneute Oxidation des blanken

Drahtes zu vermeiden, muss die Glühung im Vakuumofen oder unter Schutzgas erfolgen. Unlegierte Drahtelektroden werden nahezu ausschließlich mit verkupferter Oberfläche angeboten. Die Verkupferung kann auf elektrolytischem oder galvanischem Wege erfolgen. In jedem Fall durchläuft der Draht ein kupferhaltiges Bad, beispielsweise eine Kupfervitriol-Schwefelsäure-Lösung. Die Säure löst dabei Eisenatome aus der Oberfläche heraus, an deren Stelle sich durch Ionenaustausch Kupfer aus der Lösung niederschlägt. Beim elektrolytischen Verkupfern kann die Dicke der Oberflächenschicht durch die anliegende Spannung beeinflusst werden, beim galvanischen Verkupfern entscheiden dagegen nur die Verweilzeit in der Lösung und deren Kupfergehalt. Die Kupferschicht senkt den Übergangswiderstand in der Stromkontaktdüse und die Reibung in den Drahtzuführungselementen, ein nennenswerter Korrosionsschutz geht von ihr jedoch nicht aus, da sie nicht dicht genug ist, um den darunterliegenden Stahl vor der Atmosphäre zu schützen. Nach der Verkupferung wird die aufgebrachte Schicht durch den nachfolgenden Fertigzug auf Endabmessung noch geglättet und verdichtet. Die zulässigen Toleranzen sind dabei sehr gering, z. B. für einen Drahtdurchmesser von 1,2 mm +0,01 mm/–0,04 mm. Am Ende des Fertigungsprozesses steht die Spulung entweder direkt auf Dorn- oder Haspelspulen oder auf Zwischenspulen von etwa 300 kg Drahtgewicht, von denen aus dann später die endgültige Spulung erfolgt.

In DIN EN ISO 544 sind Elektrodendurchmesser von 0,5...8,0 mm genormt. Bei Bandelektroden ist die Breite wesentlich größer als die Dicke. Übliche Abmessungen zum UP-Schweißen liegen bei 15 × 0,5 mm bis 30 × 1,0 mm Dicke zum Verbindungsschweißen bzw. 60 × 0,5 mm zum Auftragschweißen. Bandelektroden zum MSG-Schweißen, die auch als Flachdrahtelektroden bezeichnet werden, besitzen Abmessungen von ca. 4 mm Breite und 0,5...1,0 mm Dicke.

Die Elektroden sind derart auf Ringen oder Spulen (Bild 3.74) aufgespult, dass durch deren Drehen ein kontinuierliches Abspulen im Schweißprozess gewährleistet ist. Tabelle 3.10 gibt einen Überblick über genormte Spulengrößen.

Tabelle 3.11 listet die gültigen Normen zur Einteilung und Bezeichnung von Massivdrahtelektroden für das MSG- und UP-Schweißen auf.

**Tabelle 3.10** Maße für Drahtspulen nach DIN EN ISO 544

| Typ | Kurzbezeichnung | $d_1$ [mm] | $d_2$ [mm] | $b$ [mm] | $b_3$ [mm] |
|---|---|---|---|---|---|
| Dornspule | S 100 | 100 | – | 45 | 16,5 |
| Dornspule | S 200 | 200 | – | 55 | 50,5 |
| Dornspule | S 300 | 300 | – | 103 | 50,5 |
| Dornspule | S 350 | 350 | – | 103 | 50,5 |
| Dornspule | S 560 | 560 | – | 305 | 35 |

| Typ | Kurzbezeichnung | $d_1$ [mm] | $d_2$ [mm] | $b$ [mm] | $b_3$ [mm] |
|---|---|---|---|---|---|
| Dornspule | S 610 | 610 | – | 345 | 35 |
| Dornspule | S 760E | 760 | – | 290 | 40,5 |
| Dornspule | S 760 A | 760 | – | 345 | 35 |
| Ringspule | R 435 | 435 | 300 | 90 | – |
| Korb-Ringspule | B 300 | 300 | 180 | 100 | – |
| Korb-Ringspule | B 450 | max. 450 | 300 | 100 | – |
| Korbspule | BS 300 | 300 | 189 | 103 | 50,5 |
| Ring | C 435 | max. 435 | 300 | 90 | – |
| Ring | C 450 | max. 450 | 300 | 100 | – |
| Ring | C 800 | max. 800 | 600 | 120 | – |

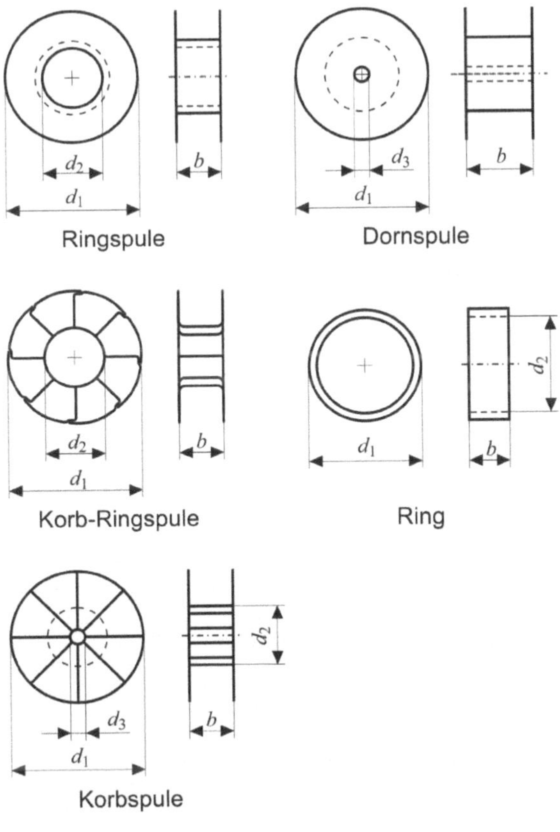


**Bild 3.74**
Spulenarten für Massivdraht-elektroden

Tabelle 3.11 Normung von Massivdrahtelektroden

| Zu schweißender Werkstoff | Norm MSG-Schweißen | Norm UP-Schweißen |
|---|---|---|
| unlegierte Stähle | DIN EN ISO 14341 | DIN EN ISO 14171 |
| Feinkornstähle | DIN EN ISO 14341 | DIN EN ISO 14171 |
| hochfeste Stähle | DIN EN ISO 16834 | DIN EN ISO 26304 |
| warmfeste Stähle | DIN EN ISO 21952 | DIN EN ISO 24598 |
| nichtrostende Stähle | DIN EN ISO 14343 | DIN EN ISO 14343 |
| Nickel- und Nickellegierungen | DIN EN ISO 18274 | DIN EN ISO 18274 |
| Kupfer- und Kupferlegierungen | DIN EN ISO 24373 | – |
| Aluminium- und Aluminiumlegierungen | DIN EN ISO 18273 | – |
| Titan- und Titanlegierungen | DIN EN ISO 24034 | – |
| Auftragschweißen, Hartauftragen | DIN EN 14700 | DIN EN 14700 |

Innerhalb der jeweiligen Normen existieren teilweise verschiedene Einteilungssysteme. Die Normbezeichnungen mit Kennzeichnung A entsprechen dabei europäischen Standards, die Bezeichnungen mit Kennzeichnung B entsprechen Standards im pazifischen Raum.

Massivdrahtelektroden zum Schweißen von Stahlwerkstoffen werden nach folgender Systematik bezeichnet:

- 1. Stelle: Normnummer,
- 2. Stelle: Kennzeichen für den Schweißprozess,
  G = MSG-Schweißen,
  S = UP-Schweißen,
  B = UP-Schweißen mit Bandelektrode,
- 3. Stelle: chemische Zusammensetzung.

Die Bezeichnung für eine Massivdrahtelektrode zum Schweißen unlegierter Stähle lautet danach beispielsweise:

MSG-Schweißen: ISO 14341-A-G 3Si1

UP-Schweißen: ISO 14171-A-S3Si

Massivdrahtelektroden zum Schweißen von Nichteisenwerkstoffen werden nach folgender Systematik bezeichnet:

- 1. Stelle: Normnummer,
- 2. Stelle: Angabe der Produktform,
  S = Massivdraht,
  B = Massivband,

- 3. Stelle: Kurzzeichen für die chemische Zusammensetzung.

Die Bezeichnung für eine Massivdrahtelektrode zum MIG-Schweißen der Aluminiumlegierung AlSi5 lautet danach beispielsweise:

ISO 18273 S Al 4043

Die Bezeichnung für eine Massivbandelektrode zum UP-Schweißen der Nickellegierung NiCr22 Mo9Nb lautet:

ISO 18274 B Ni 6625

Massivdrahtelektroden zum Hartauftragen werden nach folgender Systematik bezeichnet:

- 1. Stelle: Normnummer EN 14700,
- 2. Stelle: Kennzeichen für die Produktform,
  S = Massivdraht,
  T = Fülldraht,
  B = Massivband,
  C = Sinterband,
- 3. Stelle: Legierungskurzzeichen.

Die Bezeichnung für eine Massivdrahtelektrode zum Auftragschweißen einer Cobaltbasislegierung lautet danach beispielsweise:

EN 14700 S Co1

### 3.5.4 Fülldrahtelektroden

**Fülldrahtelektroden** werden beim MSG- und UP-Schweißen eingesetzt. Es handelt sich um mit pulverförmigen Füllstoffen gefüllte Metallröhrchen. Der metallische Mantel gibt der Fülldrahtelektrode Formstabilität, schützt die Füllung vor den Umgebungseinflüssen und übernimmt beim Schweißen die Stromübertragung. Die Füllung besteht aus einem Gemisch von mineralischen und metallischen Komponenten. Neben kreisförmigen Querschnitten werden auch gefüllte Bandelektroden mit rechteckigem Querschnitt eingesetzt.

Je nach Herstellungsprozess wird zwischen nahtlos geschlossenen und formgeschlossenen Fülldrähten unterschieden (Bild 3.75). Bei der nahtlosen Ausführung wird ein Metallrohr mit pulverförmigen Füllstoffen befüllt und anschließend durch Walz- oder Ziehvorgänge auf Endabmessung umgeformt. Die gleichmäßige Verteilung der Pulverbestandteile wird durch zwischengeschaltete Rüttelvorgänge sichergestellt. Bei der formgeschlossenen Ausführung wird der metallische Mantel aus einem bandförmigen Querschnitt durch Umformung erzeugt. Die Füllung wird kontinuierlich vor dem Schließen des Querschnitts eingebracht.

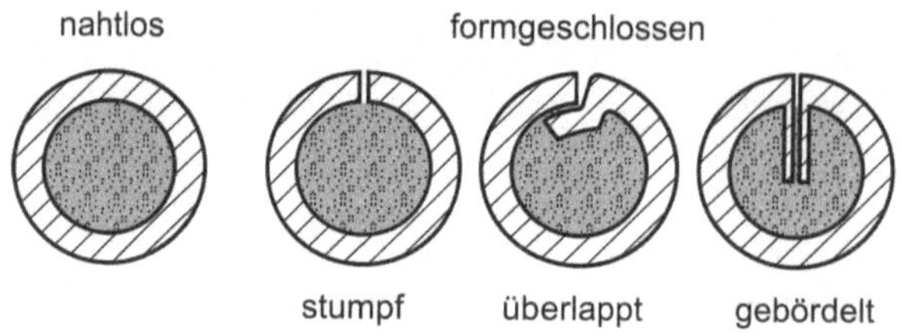


**Bild 3.75**
Gebräuchliche Querschnittsformen von Fülldrahtelektroden

In Abhängigkeit von der chemischen Zusammensetzung der Pulverfüllstoffe (Tabelle 3.12) werden unter Schutzgas zu verschweißende Fülldrahtelektroden in drei Gruppen eingeteilt:

- Metallpulverfülldrähte,
- Rutilfülldrähte,
- basische Fülldrähte.

**Tabelle 3.12** Typen von Fülldrahtelektroden zum Schweißen unlegierter Stähle

| Füllungstyp | Kurzzeichen | chemische Hauptbestandteile | |
|---|---|---|---|
| Metallpulver | M | Eisenpulver | Fe |
| | | | + FeMn, FeSi |
| | | | + Lichtbogenstabilisatoren |
| Rutil<br>▪ langsam erstarrende Schlacke<br>▪ schnell erstarrende Schlacke | R | Rutil | $TiO_2$ |
| | | | + $SiO_2$, FeMn |
| | P | | + Mikrolegierungselemente |
| Basisch | B | Flussspat | $CaF_2$ |
| | | | + CaO, MgO |
| Selbstschützend<br>▪ langsam erstarrende Schlacke<br>▪ schnell erstarrende Schlacke | V | rutil oder basisch/fluoridisch | |
| | W | basisch/fluoridisch | |
| | Y | basisch/fluoridisch | |

Daneben existieren noch selbstschützende Fülldrähte, die ohne Schutzgas verarbeitet werden können.

Über die Zusammensetzung der Füllung lassen sich Prozesseigenschaften wie Werkstoffübergang, Nahtaussehen und Einbrandtiefe sowie die mechanisch-technologischen Gütewerte des Schweißgutes beeinflussen.

Das Verhältnis von Füllungsmasse zu Gesamtmasse der Elektrode wird als **Füllgrad** bezeichnet und in Prozent angegeben. Nach DVS-Merkblatt 0941-1 werden drei Füllgradstufen unterschieden:

- niedrig, Füllgrad < 15 %,
- mittel, Füllgrad 15...25 %,
- hoch, Füllgrad > 25 %.

Die **Ausbringung** *A* wird bei Fülldrahtelektroden aus dem prozentualen Verhältnis der Masse des eingebrachten Schweißgutes zur Masse des abgeschmolzenen Schweißzusatzes berechnet.

$$A = \frac{m_{\mathrm{SG}}}{m_{\mathrm{LW}}} \cdot 100\,\% \tag{3.7}$$

Tabelle 3.13 listet die gültigen Normen zur Einteilung und Bezeichnung von Fülldrahtelektroden für das Lichtbogenschweißen auf.

**Tabelle 3.13** Normung von Fülldrahtelektroden

| Zu schweißender Werkstoff | Norm |
|---|---|
| unlegierte Stähle | DIN EN ISO 17632 |
| Feinkornstähle | DIN EN ISO 17632 |
| hochfeste Stähle | DIN EN ISO 18276 |
| warmfeste Stähle | DIN EN ISO 17634 |
| nichtrostende Stähle | DIN EN ISO 17633 |
| Auftragschweißen, Hartauftragen | DIN EN 14700 |

Tabelle 3.14 gibt einen Überblick über das Bezeichnungssystem von Fülldrahtelektroden. Die Angaben beziehen sich jeweils auf das reine Schweißgut, das mit der Elektrode hergestellt wurde. Die Normbezeichnungen mit Kennzeichnung A entsprechen dabei europäischen Standards, die Bezeichnungen mit Kennzeichnung B entsprechen Standards im pazifischen Raum.

Tabelle 3.14 Systematik der Bezeichnung von Fülldrahtelektroden, Benennung der jeweiligen Bezeichnungsposition (* optionale Angaben)

| | DIN EN ISO 17632-A | DIN EN ISO 17632-B | DIN EN ISO 18276-A | DIN EN ISO 18276-B | DIN EN ISO 17634-A | DIN EN ISO 17634-B | DIN EN ISO 17633-A | DIN EN ISO 17633-B |
|---|---|---|---|---|---|---|---|---|
| T = Kurzzeichen für Fülldrahtelektrode | 1 | 1 | 1 | 1 | 1 | 1 | 1 | 1 |
| Streckgrenze | 2 | | 2 | | | | | |
| Zugfestigkeit | | 2 | | 2 | | 2 | | |
| Kerbschlagtemperatur | 3 | 3 | 3 | 3 | | | | |
| chemische Zusammensetzung | 4 | 8 | 4 | 8 | 2 | 6 | 2 | |
| Anwendungseigenschaften | | 4 | | 4 | | 3 | | |
| Füllungstyp | 5 | | 5 | | 3 | | 3 | 3 |
| Schutzgas | 6 | 6 | 6 | 6 | 4 | 5 | 4 | 4 |
| Wärmebehandlungszustand | | 7 | 9* | 7 | | | | |
| Schweißposition | 7* | 5 | 7* | 5 | 5* | 4 | 5* | 5* |
| Wasserstoffgehalt | 8* | 10* | 8* | 10* | 6* | 7* | | |
| erhöhte Kerbschlagarbeit | | 9* | | 9* | | | | |
| Legierungskurzzeichen | | | | | | | | 2 |

Bild 3.76 zeigt das Bezeichnungssystem am Beispiel von Fülldrahtelektroden zum Schweißen unlegierter Stähle.

**ISO 17632 - A - T 46 3 1Ni B M 4 H5**

Kennziffer für die Festigkeits- und Dehnungseigenschaften des Schweißgutes

| Kennziffer | Mindeststreckgrenze [N/mm²] | Zugfestigkeit N/mm² | Mindestbruchdehnung [%] |
|---|---|---|---|
| 35 | 355 | 440 ... 570 | 22 |
| 38 | 380 | 470 ... 600 | 20 |
| 42 | 420 | 500 ... 640 | 20 |
| 46 | 460 | 530 ... 680 | 20 |
| 50 | 500 | 560 ... 720 | 18 |

Kennzeichen für die Kerbschlagarbeit des Schweißgutes

| Kennzeichen | Temperatur für Mindestkerbschlagarbeit 47 J [°C] |
|---|---|
| Z | keine Anforderungen |
| A | +20 |
| 0 | 0 |
| 2 | -20 |
| 3 | -30 |
| 4 | -40 |
| 5 | -50 |
| 6 | -60 |
| 7 | -70 |
| 8 | -80 |
| 9 | -90 |
| 10 | -100 |

Kurzzeichen für die chemische Zusammensetzung des Schweißgutes (Prozent Masseanteil)

| Legierungskurzzeichen | Chemische Zusammensetzung 1) 2) | | |
|---|---|---|---|
| | Mn | Mo | Ni |
| ohne | 2,0 | 0,2 | 0,5 |
| Mo | 1,4 | 0,3 ... 0,6 | 0,5 |
| MnMo | >1,4 ... 2,0 | 0,3 ... 0,6 | 0,5 |
| 1Ni | 1,4 | 0,2 | 0,6 ... 1,2 |
| 1,5Ni | 1,6 | 0,2 | 1,2 ... 1,8 |
| 2Ni | 1,4 | 0,2 | 1,8 ... 2,6 |
| 3Ni | 1,4 | 0,2 | 2,6 ... 3,8 |
| Mn1Ni | 1,4 ... 2,0 | 0,2 | 0,6 ... 1,2 |
| 1NiMo | 1,4 | 0,3 ... 0,6 | 0,6 ... 1,2 |
| Z | Jede andere vereinbarte Zusammensetzung | | |

1) Falls nicht festgelegt: Cr < 0,2; V < 0,08; Nb < 0,05; Cu < 0,3; Al < 2,0

2) Einzelwerte in der Tabelle sind Höchstwerte

Kennzeichen für Wasserstoffgehalt des Schweißgutes

| Kennzeichen | max. Wasserstoffgehalt in ml / 100 g Schweißgut |
|---|---|
| H 5 | 5 |
| H10 | 10 |
| H15 | 15 |

Kennziffer für die Schweißposition

| Kennziffer | Schweißposition |
|---|---|
| 1 | alle Positionen |
| 2 | alle Positionen außer Fallposition |
| 3 | Stumpfnaht in Wannenposition, Kehlnaht in Wannen- und Horizontalposition |
| 4 | Stumpfnaht in Wannenposition, Kehlnaht in Wannenposition |
| 5 | Fallposition und Positionen wie Kennziffer 3 |

Kennzeichen für Schutzgas

| Kennzeichen | Schutzgas |
|---|---|
| M | Mischgas M2 1) |
| C | Kohlendioxid |
| NO | ohne Schutzgas |

1) nach DIN EN ISO 14175

Kurzzeichen für den Füllungstyp

| Kurzzeichen | Umhüllungstyp |
|---|---|
| R | Rutil, langsam erstarrende Schlacke |
| P | Rutil, schnell erstarrende Schlacke |
| B | Basisch |
| M | Metallpulver |
| V | Rutil oder basisch/flouridisch |
| W | Basisch/flouridisch, langsam erstarrende Schlacke |
| Y | Basisch/flouridisch, schnell erstarrende Schlacke |
| Z | andere Typen |

**Bild 3.76** Übersicht über die Bezeichnung von Fülldrahtelektroden nach DIN EN ISO 17632-A

Abweichend vom System der Tabelle 3.14 werden Fülldrahtelektroden für das Hartauftragen nach folgender Systematik bezeichnet:

- 1. Stelle: Normnummer EN 14700,
- 2. Stelle: Kennzeichen für die Produktform,
  T = Fülldraht,
  C = Füllband,
- 3. Stelle: Legierungskurzzeichen.

Die Bezeichnung für eine Fülldrahtelektrode zum Auftragschweißen einer Cobaltbasislegierung lautet danach beispielsweise:

EN 14700 T Co1

## 3.5.5 Schweißpulver zum UP-Schweißen

**Schweißpulver** sind mineralische Gemische, die durch Schmelzen oder Agglomerieren hergestellt werden. Die Korngröße liegt bei 0,1...2,5 mm und wird als Korngrößenbereich angegeben (Tabelle 3.15). Eine typische Angabe ist z. B. Korngrößenbereich 2...16, was einer Korngröße von 0,2...1,6 mm entspricht.

**Tabelle 3.15** Korngrößenbereiche von UP-Schweißpulvern (nach DIN EN 14174)

| Kennzeichen | Korngröße [mm] |
|---|---|
| 0 | < 0,1 |
| 1 | 0,1 |
| 2 | 0,2 |
| 3 | 0,315 |
| 4 | 0,4 |
| 5 | 0,5 |
| 8 | 0,8 |
| 12 | 1,25 |
| 16 | 1,6 |
| 20 | 2,0 |
| 25 | 2,5 |

Bei der Herstellung von Schmelzpulvern werden die einzelnen Rohstoffkomponenten im gewünschten Verhältnis gemischt und in einem Schmelzofen zu einer Schlacke zusammengeschmolzen. Durch die hohe Verarbeitungstemperatur können in geschmolzenen Pulvern keine metallischen Komponenten eingebracht werden. Je nach Abkühlbedingung der flüssigen Schlacke weist diese im erstarrten Zustand eine amorphe oder kristalline Struktur auf. Amorph erstarrte Pulver sind weniger feuchtigkeitsempfindlich. Die erstarrte Schlacke wird in einem Walzenbrecher zerkleinert und anschließend in einem Trockenofen getrocknet. Abschließend erfolgt ein Sieben auf die gewünschte Korngröße.

Bei der Herstellung agglomerierter Pulver werden die einzelnen Rohstoffe in einer Kugelmühle staubfein gemahlen. Anschließend werden die Komponenten homogen gemischt und mit Wasserglas abgebunden. Unter dem Einfluss der Oberflächenspannung bilden sich dabei kleine Kügelchen, das sogenannte Vorgranulat. Die endgültige Form und Größe erhalten die Pulverpartikel auf einem Granulierteller, einer schräg gestellten, umlaufenden Scheibe. Danach wird das Pulver getrocknet, wobei das Wasserglas abbindet, und anschließend in einem Glühofen bei 600...900 °C geglüht. Die geringe Verarbeitungstemperatur ermöglicht bei agglomerierten Pulvern den Zusatz von Ferrolegierungen. Nach erfolgter Abkühlung wird die gewünschte Korngröße ausgesiebt. Agglomerierte Pulver sind feuchtigkeitsempfindlicher als geschmolzene Pulver.

Zur Vermeidung von Poren und wasserstoffinduzierter Rissbildung müssen feucht gewordene Schweißpulver rückgetrocknet werden. Üblicherweise liefert der Pulverhersteller dazu verbindliche Angaben. Als Anhaltswerte können folgende Angaben dienen:

- geschmolzene Pulver: (150 ± 25) °C, mind. 2 h,
- agglomerierte Pulver: (300 ± 25) °C, mind. 2 h.

Pulver des Fluorid-basischen Typs (FB) erfordern davon abweichend um bis zu 100 °C höhere Rücktrocknungstemperaturen.

Das **Schweißpulver** hat ähnliche Aufgaben zu erfüllen wie die Umhüllungen von Stabelektroden:

- Schlackenbildung zur Abschirmung des Schmelzbades und des Lichtbogens vor der Umgebungsluft,
- Formung der Raupengeometrie und der Nahtoberfläche,
- Verbesserung der Ionisationsbedingungen im Lichtbogen,
- metallurgische Beeinflussung des Schweißgutes,
- Beeinflussung der mechanischen Gütewerte des Schweißgutes.

Über die Zusammensetzung des Schweißpulvers lassen sich Prozess- und Schweißguteigenschaften gezielt beeinflussen. Nach DIN EN ISO 14174 werden Schweißpulver nach ihrem mineralogischen Aufbau in zehn Typen unterteilt (Tabelle 3.16).

**Tabelle 3.16** Kennzeichen für den Pulvertyp, charakteristische chemische Bestandteile nach DIN EN ISO 14174

| Kennzeichen | Inhaltsstoff, chemische Verbindung | Anteil in % |
|---|---|---|
| MS<br>Mangan-Silikat | $MnO + SiO_2$ | min. 50 % |
| | $CaO$ | max. 15 |
| CS<br>Calcium-Silikat | $CaO + MgO + SiO_2$ | min. 55 % |
| | $CaO + MgO$ | min. 15 % |
| CG/CG-I<br>Calzium-Magnesium/mit Eisen | $CaO + MgO$ | 5…50/5…45 |
| | $CO_2$ | mind. 2 |
| | Fe | max. 10/15…60 |
| CB/CB-I<br>Calzium-Magnesium-basisch/<br>mit Eisen | $CaO + MgO$ | 30…80/10…70 |
| | $CO_2$ | mind. 2 |
| | Fe | max. 10/15…60 |
| ZS<br>Zirkon-Silikat | $ZrO_2 + SiO_2 + MnO$ | min. 45 |
| | $ZrO_2$ | min. 15 |
| GS<br>Magnesium-Silikat | $MgO + SiO_2$ | mind. 42 |
| | $Al_2O_3$ | max. 20 |
| | $CaO + CaF_2$ | max. 14 |
| RS<br>Rutil-Silikat | $TiO_2 + SiO_2$ | min. 50 |
| | $TiO_2$ | min. 20 |
| AR<br>Aluminat-Rutil | $Al_2O_3 + TiO_2$ | min. 40 |
| BA<br>Basisch-Aluminat | $Al_2O_3 + CaF_2 + SiO_2$ | mind. 55 |
| | $CaO$ | mind. 8 |
| | $SiO_2$ | max. 20 |
| AAS<br>Aluminat-Silikat-sauer | $Al_2O_3 + SiO_2$ | mind. 50 |
| | $CaF_2 + MgO$ | mind. 20 |
| AB<br>Aluminat-basisch | $Al_2O_3 + CaO + MgO$ | min. 40 |
| | $Al_2O_3$ | min. 20 |
| | $CaF_2$ | max. 22 |

| Kennzeichen | Inhaltsstoff, chemische Verbindung | Anteil in % |
|---|---|---|
| AS Aluminat-Silikat | $Al_2O_3 + SiO_2 + ZrO_2$ | min. 40 |
| | $CaF_2 + MgO$ | min. 30 |
| | $ZrO_2$ | min. 5 |
| AF Aluminat-Fluorid-basisch | $Al_2O_3 + CaF_2$ | min. 70 |
| FB Fluorid-basisch | $CaO + MgO + CaF_2 + MnO$ | min. 50 |
| | $SiO_2$ | min. 20 |
| | $CaF_2$ | min. 15 |
| Z | jede andere vereinbarte Zusammensetzung | |

Eine weitere Möglichkeit der Einteilung der Pulver ist die nach dem **Basizitätsgrad.** Hierunter versteht man das Verhältnis von metallurgisch basisch wirkenden Schlackenkomponenten zu denen, die sich sauer verhalten. Üblicherweise wird der Basizitätsgrades nach Boniczewski angegeben, der sich nach folgender Gleichung berechnet.

$$B = \frac{CaO + MgO + BaO + CaF_2 + Na_2O + K_2O + 0{,}5 \cdot (FeO + MnO)}{SiO_2 + 0{,}5 \cdot (Al_2O_3 + TiO_2 + ZrO_2)} \tag{3.8}$$

Für überschlägige Rechnungen genügt es, die absoluten Massen-% der jeweiligen Pulverbestandteile einzusetzen. Exakter müsste die unterschiedliche Dichte der einzelnen Komponenten berücksichtigt werden, indem in die Formel die relative Molzahl N der Verbindungen, das ist der Quotient aus Massenanteil und Molekularmasse, eingesetzt würde. Nach dem Basizitätsgrad unterscheidet man:

- $B \leq 0{,}9$ = saure Pulver,
- $0{,}9 < B \leq 1{,}2$ = neutrale Pulver,
- $1{,}2 < B \leq 2{,}0$ = basische Pulver,
- $B > 2$ = hoch basische Pulver.

**Schweißpulver zum UP-Schweißen** sind in DIN EN ISO 14174 genormt (Bild 3.77) und werden nach folgender Systematik bezeichnet:

- 1. Stelle: Produktform (Schweißpulver),
- 2. Stelle: Normnummer,
- 3. Stelle: Kennzeichen für den Schweißprozess,
  S = UP-Schweißen,

- 4. Stelle: Herstellungsart,
- 5. Stelle: Kurzzeichen für den Pulvertyp,
- 6. Stelle: Kennzahl für die Pulverklasse,
- 7. Stelle: Kennzahl für das metallurgische Verhalten von Si und Mn (optionale Angabe),
- 8. Stelle: Kennzeichen für die Stromart (optionale Angabe),
- 9. Stelle: Kennzeichen für den Wasserstoffgehalt im Schweißgut (optionale Angabe).

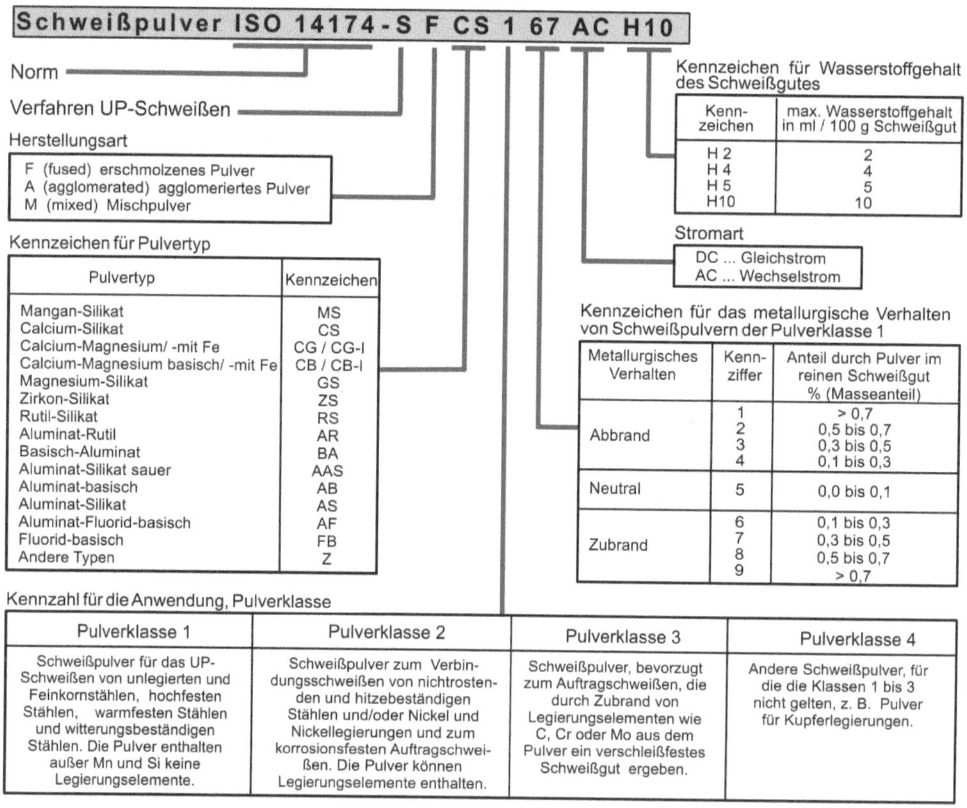


**Bild 3.77** Übersicht über die Bezeichnung von Pulvern zum UP-Schweißen nach DIN EN 14174

### 3.5.6 Schweißpulver zum Plasma-Pulver-Auftragschweißen (PTA)

Pulver zum PTA-Schweißen werden üblicherweise durch Gasverdüsung hergestellt. In einem Induktionsofen werden Metallwerkstoffe aufgeschmolzen und einem Trichter zugeführt. Am Auslass des Trichters, der sogenannten Trichterdüse, wird die Metallschmelze durch einen Hochdruckgasstrahl zerstäubt und abgekühlt. Im Ergebnis liegen Metallpartikel in Pulverform vor. Der gesamte Prozess findet unter inerter Atmosphäre statt. Die übliche Korngröße von PTA-Pulvern liegt bei 50...150 µm.

In der Norm DIN EN 14700 sind einige **Pulverzusammensetzungen** aufgeführt, die auch zum PTA-Schweißen verwendet werden können. Sie werden nach folgender Systematik bezeichnet:

- 1. Stelle: Normnummer EN 14700,
- 2. Stelle: Kennzeichen für die Produktform,
  P = Metallpulver,
- 3. Stelle: Legierungskurzzeichen.

Die Bezeichnung für ein Metallpulver zum Auftragschweißen einer Cobaltbasislegierung lautet danach beispielsweise:

EN 14700 P Co1

Pulver zum PTA-Schweißen sind noch nicht durchgängig genormt, lassen sich aber drei wesentlichen Werkstoffgruppen zuordnen.

**Ni-Basis-Legierungen:**

- NiBSi, auch mit bis zu 60 % eingelagertem Wolframschmelzcarbid,
- NiCrBSi, auch mit bis zu 60 % eingelagertem Wolframschmelzcarbid,
- NiCrMoNb.

**Co-Basis-Legierungen:**

- CoCrW,
- CoCrMoNi.

**Fe-Basis-Legierungen:**

- FeCr mit bis zu 25 % eingelagertem Vanadiumcarbid,
- FeCrNiMo,
- FeCrMnNi,
- FeCrCVWB.

### 3.5.7 Schweißbolzen

Form und Abmessungen von Bolzen und Keramikringen zum Lichtbogenbolzenschweißen sind in DIN EN ISO 13918 genormt. Bild 3.78 und die Tabelle 3.17, Tabelle 3.18 und Tabelle 3.19 geben einen Überblick über die gebräuchlichsten Formen.

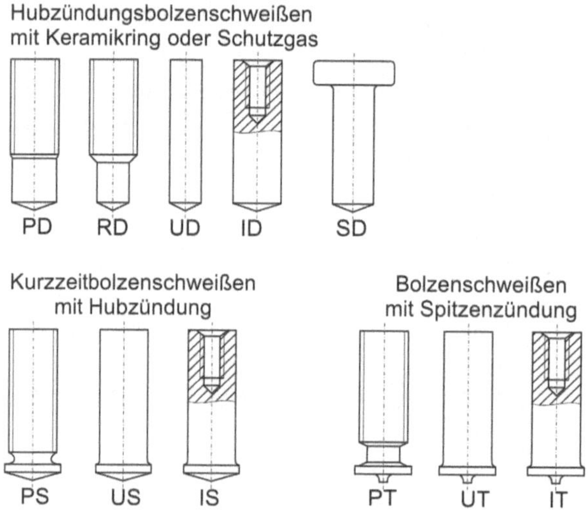


**Bild 3.78** Bolzenformen zum Lichtbogenbolzenschweißen nach DIN EN ISO 13918

Die Bezeichnung der **Schweißbolzen** erfolgt nach folgender Systematik:

- 1. Stelle: Normnummer,
- 2. Stelle: Kurzzeichen für den Bolzen,
- 3. Stelle: Nenndurchmesser. Länge und Innengewinde (wenn zutreffend),
- 4. Stelle: Festigkeitsklasse/Werkstoff,
- 5. Stelle: Oberflächenschutz (wenn zutreffend).

Die Bezeichnung eines Stiftes zum Bolzenschweißen mit Spitzenzündung aus dem Werkstoff AlMg3 mit einem Durchmesser von 5 mm und einer Länge von 20 mm und einem Innengewinde M3 lautet demnach:

Bolzen ISO 13918 – IT 5 × 20 × M3– AlMg3

Die Bezeichnung der **Keramikringe** erfolgt nach folgender Systematik:

- 1. Stelle: Normnummer,
- 2. Stelle: Kurzzeichen für den Keramikring,
- 3. Stelle: Nenndurchmesser des Bolzens.

Die Bezeichnung eines Keramikringes zum Schweißen eines Gewindebolzens M10 lautet demnach:

Keramikring ISO 13918 – PF 10

**Tabelle 3.17** Typen und Abmessungen von Bolzen und Keramikringen zum Lichtbogenbolzenschweißen mit Hubzündung nach DIN EN ISO 13918

| Bolzentyp | Kurzzeichen für Bolzen | Durchmesser Bolzen | Kurzzeichen für Keramikring | Durchmesser Keramikring |
|---|---|---|---|---|
| Gewindebolzen mit Teilgewinde | PD | M6...M24 | PF | 11,5...39 mm |
| Gewindebolzen mit reduziertem Schaft | RD | M6...M24 | RF | 12...36 mm |
| Stift | UD | 6...16 mm | UF | 11,5...31 mm |
| Stift mit Innengewinde | ID | 10...18 mm (M5...M12) | UF | 11,5...31 mm |
| Kopfbolzen | SD | 19...41 mm | UF | 11,5...39 mm |

**Tabelle 3.18** Typen und Abmessungen von Bolzen zum Kurzzeit-Lichtbogenbolzenschweißen mit Hubzündung nach DIN EN ISO 13918

| Bolzentyp | Kurzzeichen für Bolzen | Durchmesser Bolzen |
|---|---|---|
| Gewindebolzen mit Flansch | PS | M3...M10 |
| Stift | US | 3...8 mm |
| Stift mit Innengewinde | IS | 5...8 mm (M3...M6) |

**Tabelle 3.19** Typen und Abmessungen von Bolzen zum Lichtbogenbolzenschweißen mit Spitzenzündung nach DIN EN ISO 13918

| Bolzentyp | Kurzzeichen für Bolzen | Durchmesser Bolzen |
|---|---|---|
| Gewindebolzen | PT | M3...M8 |
| Stift | UT | 3...7,1 mm |
| Stift mit Innengewinde | IT | 5...8 mm (M3...M6) |

## 3.6 Gase zum Lichtbogenschweißen

### 3.6.1 Aufgaben von Schutzgasen

**Schutzgase** werden beim Schutzgasschweißen eingesetzt und erfüllen zwei wesentliche Funktionen:

1. Trägergas für die Ionisationsvorgänge im Lichtbogen,
2. Abschirmung der Schweißelektrode und des Schmelzbades vor der Umgebungsluft zur Vermeidung unerwünschter chemischer Reaktionen.

Darüber hinaus lassen sich mit Schutzgasen die Lichtbogen- bzw. Prozesseigenschaften gezielt beeinflussen sowie chemische Reaktionen mit dem Schmelzbad erzielen.

### 3.6.2 Eigenschaften von Schutzgasen

Je nach Gasart treten unterschiedliche chemische und physikalische Wechselwirkungen zwischen Lichtbogen, Schmelzbad und Schutzgas auf.

Die physikalischen Eigenschaften der Gase beeinflussen die Lichtbogenzündung und -stabilität, sowie die Wärmewirkung des Lichtbogens auf dem Werkstück und damit die Einbrandgeometrie. Für den Lichtbogenbetrieb sind vor allem die **Ionisationsenergie** (Tabelle 3.20), die Wärmeleitfähigkeit (Bild 3.79) und die elektrische Leitfähigkeit (Bild 3.80) der Gase von Bedeutung.

**Tabelle 3.20** Ionisationsenergie von Schutzgasen

| Gas | Ionisationsenergie [eV] |
|---|---|
| $CO_2$ | 14,40 |
| $O_2$ | 13,62 |
| $H_2$ | 13,60 |
| $N_2$ | 14,53 |
| Ar | 15,76 |
| He | 24,59 |

Molekulare Gase müssen vor der Ionisation in ihre Atombestandteile dissoziieren. Die Ionisationsenergie nimmt mit der Anzahl der Elektronenschalen um den Atomkern ab, da mit zunehmendem Abstand der äußeren Elektronen vom Atomkern deren Bindungsenergie abnimmt. Bei gleichem Ionisationsgrad, als Äquivalent für die elektrische Leitfähigkeit, ist daher z. B. ein mit Helium betriebener Lichtbogen deutlich heißer als ein mit Argon betriebener Lichtbogen.

Eine weitere wichtige Eigenschaft der Schutzgase ist deren Dichte. Um eine ausreichende Schutzwirkung zu erzielen, ist der Volumenstrom des Schutzgases an dessen Dichte anzupassen, Bild 3.81.

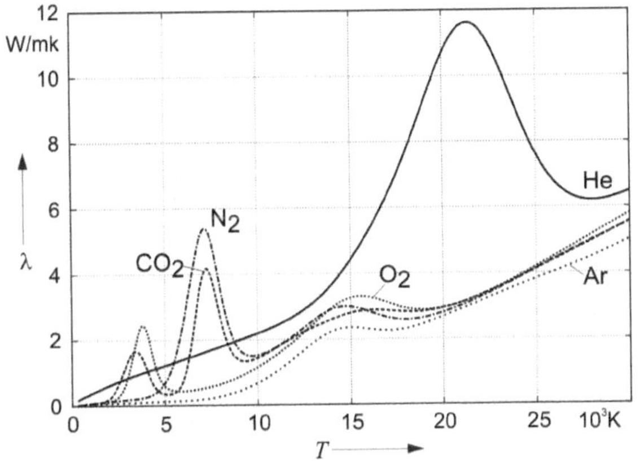


**Bild 3.79**
Wärmeleitfähigkeit von Schutzgasen

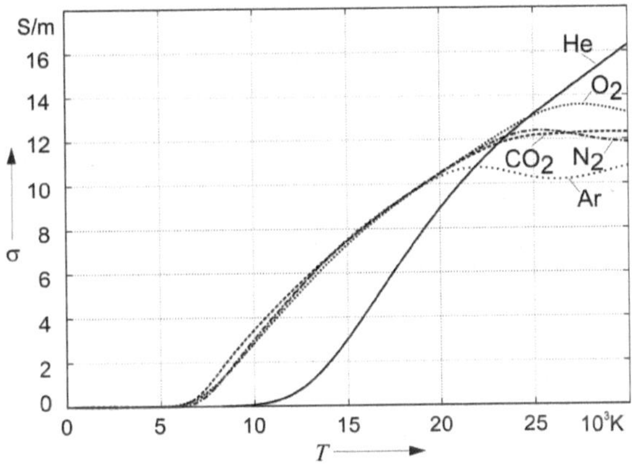


**Bild 3.80**
Elektrische Leitfähigkeit von Schutzgasen

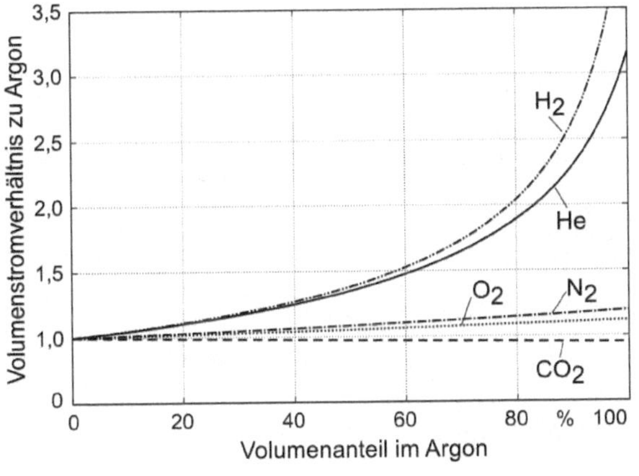


**Bild 3.81**
Abhängigkeit der erforderlichen Gasdurchflussmenge von der Zumischung einzelner Gaskomponenten zu Argon

$$\frac{\dot{V}_2}{\dot{V}_1} = \sqrt{\frac{\rho_1}{\rho_2}} \tag{3.9}$$

Die chemischen Eigenschaften der Schutzgase können die metallurgischen Vorgänge des Ab- bzw. Aufschmelzvorganges und die Konsistenz des Schmelzbades beeinflussen. Nur **inerte Gase**, wie z. B. Argon oder Helium, gehen keinerlei chemische Reaktion mit dem Grund- und Zusatzwerkstoff ein. Sie schützen das Schmelzbad vor dem Zutritt von Sauerstoff und verhindern somit Oxidationsvorgänge.

**Aktive Gase** reagieren mit dem flüssigen Metall des Schweißgutes. Sie werden in oxidierende und reduzierende Gase unterteilt. Oxidierende Gase enthalten Anteile von Sauerstoff oder Kohlendioxid. Sauerstoff bewirkt einen Abbrand von Legierungselementen im Schweißgut und Oxidationsvorgänge im Metall. Kohlendioxid dissoziiert im Lichtbogen nach der Beziehung

$$CO_2 \Leftrightarrow CO + O$$

$$CO \Leftrightarrow C + O$$

Der freigesetzte Sauerstoff führt wiederum zu Oxidationsvorgängen, der Kohlenstoff bewirkt eine Erhöhung des Kohlenstoffgehaltes im Schweißgut (Aufkohlung).

Reduzierende Gase, wie z. B. Wasserstoff, besitzen eine hohe Affinität zu Sauerstoff und reduzieren Metalloxide im Schweißgut, die durch in den Lichtbogen eingewirbelten Luftsauerstoff entstanden sind.

Reaktionsträge sind quasi-inerte Gase, die erst bei hohen Temperaturen mit dem Schweißgut reagieren (z. B. Stickstoff als Austenitbildner beim Schweißen von hochlegierten Stählen).

### 3.6.3 Einteilung und Bezeichnung von Schutzgasen

Schutzgase zum Lichtbogenschweißen sind in DIN EN ISO 14175 genormt. Die grundlegende Einteilung erfolgt auf der Basis des Reaktionsverhaltens der Gase bzw. Gasgemische in Hauptgruppen:

- I: Inerte Gase/Mischgase,
- M: oxidierende Mischgase mit Sauerstoff oder Kohlendioxid,
- C: stark oxidierende Gase/Mischgase,
- R: reduzierende Mischgase,
- N: reaktionsträges Gas/Mischgas mit Stickstoff,
- O: Sauerstoff,
- Z: andere Mischgase, deren Zusammensetzung nicht genormt ist.

Innerhalb der Hauptgruppen erfolgt eine weitere Unterteilung in Untergruppen entsprechend dem Vorhandensein und dem Gehalt verschiedener Komponenten (Tabelle 3.21).

Bezeichnet werden die Gase nach ihrer Einteilung und ihrer Nennzusammensetzung. Dem Symbol für das Basisgas werden die Symbole für die anderen Komponenten in abnehmender Folge ihres Prozentgehaltes und danach die Werte für die Nennzusammensetzung in Volumenprozent, getrennt durch einen Schrägstrich, nachgestellt.

**Tabelle 3.21** Einteilung der Schutzgase nach DIN EN ISO 14175

| Symbol | | Komponenten in Volumen-Prozent (nominell) | | | | | |
|---|---|---|---|---|---|---|---|
| I | 1 | | | 100 | | | |
| | 2 | | | | 100 | | |
| | 3 | | | Rest | 0,5...95 | | |
| M1 | 1 | 0,5...5 | | Rest[1] | | 0,5...5 | |
| | 2 | 0,5...5 | | Rest[1] | | | |
| | 3 | | 0,5...3 | Rest[1] | | | |
| | 4 | 0,5...5 | 0,5...3 | Rest[1] | | | |
| M2 | 0 | 5...15 | | Rest[1] | | | |
| | 1 | 15...25 | | Rest[1] | | | |
| | 2 | | 3...10 | Rest[1] | | | |
| | 3 | 0,5...5 | 3...10 | Rest[1] | | | |
| | 4 | 5...15 | 0,5...3 | Rest[1] | | | |
| | 5 | 5...15 | 3...10 | Rest[1] | | | |
| | 6 | 15...25 | 0,5...3 | Rest[1] | | | |
| | 7 | 15...25 | 3...10 | Rest[1] | | | |
| M3 | 1 | 25...50 | | Rest[1] | | | |
| | 2 | | 10...15 | Rest[1] | | | |
| | 3 | 25...50 | 2...10 | Rest[1] | | | |
| | 4 | 5...25 | 10...15 | Rest[1] | | | |
| | 5 | 25...50 | 10...15 | Rest[1] | | | |
| C | 1 | 100 | | | | | |
| | 2 | Rest | 0,5...30 | | | | |

**Tabelle 3.21** Einteilung der Schutzgase nach DIN EN ISO 14175 (Fortsetzung)

| Symbol | | Komponenten in Volumen-Prozent (nominell) | | | | | |
|---|---|---|---|---|---|---|---|
| R | 1 | | | Rest[1)] | | 0,5...15 | |
| | 2 | | | Rest[1)] | | 15...50 | |
| N | 1 | | | | | | 100 |
| | 2 | | | Rest[1)] | | | 0,5...5 |
| | 3 | | | Rest[1)] | | | 5...50 |
| | 4 | | | Rest[1)] | | 0,5...10 | 0,5...5 |
| | 5 | | | | | 0,5...50 | Rest |
| O | 1 | | 100 | | | | |
| Z | Mischgase mit Komponenten, die nicht in der Tabelle aufgeführt sind oder mit einer Zusammensetzung außerhalb der angegebenen Bereiche[2)] | | | | | | |

1) Für diese Einteilung darf Argon teilweise oder vollständig durch Helium ersetzt werden.
2) Zwei Mischgase mit derselben Z-Einteilung dürfen nicht gegeneinander ausgetauscht werden.

Als Symbole für die Gaskomponenten sind dabei definiert:

- Ar: Argon,
- He: Helium,
- C: Kohlendioxid,
- H: Wasserstoff,
- N: Stickstoff,
- O: Sauerstoff.

Entsprechend diesem Bezeichnungssystem sind nachfolgend einige Beispiele aufgeführt:

- Argongas,
  ISO 14175 – I1 – Ar,
- Mischgas mit dem Basisgas Argon und 18 % Kohlendioxid,
  ISO 14175 – M21 – ArC 18,
- Mischgas mit dem Basisgas Argon und 15 % Helium und 2 % Kohlendioxid,
  ISO 14175 – Z – ArHeC 15/2.

### 3.6.4 Herstellung von Schutzgasen

Die Gewinnung der Schutzgase Sauerstoff, Stickstoff, Argon und Helium erfolgt in Luftzerlegungsanlagen. Angesaugte Luft wird zunächst von Verunreinigungen, wie Kohlendioxid, Kohlenwasserstoffen, Staub und Luftfeuchte gereinigt, auf ca. 6 bar verdichtet und auf ca. –180 °C abgekühlt.

Die komprimierte Prozessluft strömt anschließend in eine Trennkolonne. Durch die dabei auftretende Entspannung kühlt sie weiter ab und verflüssigt teilweise. Aus den flüssigen Bestandteilen verdampft Stickstoff bei –196 °C und steigt zum Kolonnenkopf auf, aus den gasförmigen Bestandteilen kondensiert Sauerstoff bei –183 °C und sinkt zum Kolonnenboden ab. Der im Gegenstrom ablaufende Vorgang wird als Rektifikation bezeichnet. In weiteren Kolonnen werden aus der sauerstoffreichen Flüssigkeit Argon und Helium gewonnen. Auch hierbei wird die Tatsache ausgenutzt, dass die einzelnen Bestandteile bei unterschiedlichen Temperaturen sieden (Sauerstoff –183 °C, Argon –186 °C, Helium –269 °C). Außerhalb Europas wird Helium auch aus heliumhaltigen Erdgasquellen gewonnen. Das Erdgas weist einen wesentlich höheren Heliumanteil auf als Luft, was die Heliumgewinnung wesentlich preiswerter macht. Die Gase werden abschließend tiefkalt in Flüssigtanks (flüssig) oder unter hohem Druck in Stahlflaschen (gasförmig) abgefüllt.

Wasserstoff wird überwiegend mittels Dampfreformierung aus Kohlenwasserstoffen, wie z. B. Erdgas, gewonnen. In einem ersten Schritt werden die Kohlenwasserstoffe unter Zugabe von Wasserdampf unter einem Druck von ca. 30 bar bei einer Temperatur von ca. 500 °C in Methan, Wasserstoff, Kohlenmonoxid und Kohlendioxid aufgespalten. In einem zweiten Schritt wird das Methan bei Temperaturen von ca. 900 °C und einem Druck von ca. 30 bar mit Wasser zur Reaktion gebracht. Dabei entstehen Wasserstoff und Kohlendioxid.

Kohlendioxid wird aus natürlichen Quellen oder Industrieabgasen gewonnen. Wirtschaftlich nutzbare Mengen fallen besonders bei der Wasserstoffherstellung an.

### 3.6.5 Lieferarten und Entnahmestellen

Schutzgase werden in Stahlflaschen oder, bei Großverbrauchern, in Flüssiggastanks geliefert. Verflüssigte Gase besitzen den Vorteil, dass sie wesentlich weniger Raum für Transport und Lagerung beanspruchen. Sie werden bei entsprechend niedriger Temperatur in isolierten Tanks bereitgestellt. Kohlendioxid ist unter hohem Druck (ca. 54 bar) schon bei einer Temperatur von 15 °C flüssig und wird in normalen Druckgas-Stahlflaschen geliefert. Über dem Flüssigkeitsspiegel befindet sich immer eine geringe Menge verdampftes Kohlendioxid im gasförmigen Zustand. Dieses bestimmt den an der Entnahmevorrichtung angezeigten Flascheninnendruck. Alle im flüssigen

Zustand vorliegenden Gase müssen vor dem Schweißen in den gasförmigen Zustand überführt werden. Dies geschieht durch Verdampfung. Die damit verbundene Entspannung des Gases verbraucht Wärme. Bei großen Entnahmemengen besteht die Gefahr, dass die Entnahmeeinrichtung vereist. Über eine Gasvorwärmeinrichtung wird dem entgegengewirkt.

In Druckgas-Stahlflaschen geliefertes Argon, Helium, Wasserstoff, Sauerstoff, Stickstoff und Mischgas liegt im gasförmigen Zustand vor. Zur Erhöhung der Speicherkapazität werden die Gase unter hohem Druck komprimiert geliefert. Tabelle 3.22 gibt einen Überblick über gebräuchliche Lieferformen von Schutzgasen in Stahlflaschen. Der tatsächliche Flascheninhalt ist abhängig von der Schutzgaszusammensetzung, der Kompressibilität der Einzelgase und der Temperatur.

**Tabelle 3.22** Lieferformen von Druckgasflaschen zum Schutzgasschweißen

| **Argon, Helium, Sauerstoff, Stickstoff, Wasserstoff** | | | | | |
|---|---|---|---|---|---|
| Flaschenvolumen [l] | 10 | 20 | 33 | 50 | 50 |
| Fülldruck [bar] | 200 | 200 | 300 | 200 | 300 |
| Gasvolumen [$m^3$] | 2 | 4 | 10 | 10 | 15 |

| **Kohlendioxid** | | | |
|---|---|---|---|
| Füllgewicht [kg] | 10 | 20 | 30 |
| Flaschenvolumen [l] | 13,4 | 26,7 | 40 |
| Gasvolumen [$m^3$] | 5,4 | 10,8 | 16,2 |

Die Gasentnahme kann aus einer Einzelflasche, aus zu Flaschenbündeln oder -batterien zusammengeschlossenen Einzelflaschen oder einer gasgespeisten Ringleitung erfolgen. In jedem Fall muss vor dem Schweißvorgang der Flaschendruck auf ca. 3...5 bar reduziert werden. Dies geschieht durch **Druckminderer**, von denen zwei grundsätzliche Ausführungsarten existieren (Bild 3.82).

Bei der Variante mit druckabhängiger Gasdurchflussmenge wird der Strömungsquerschnitt über eine ausgangsseitig angeordnete Staudüse begrenzt. Die Durchflussmenge wird über eine Veränderung des an der Staudüse anliegenden Vordrucks eingestellt. Bei der durchflussabhängigen Variante wird mit konstantem Vordruck gearbeitet und der ausgangsseitige Strömungsquerschnitt verändert. Aufgrund der unterschiedlichen Kompressibilität der verschiedenen Gase existiert für jede Gasart ein unterschiedliches Verhältnis von Druck zu Durchflussmenge. Die Druckminderer sind daher jeweils nur für die eine Gasart geeignet, für die sie kalibriert sind.

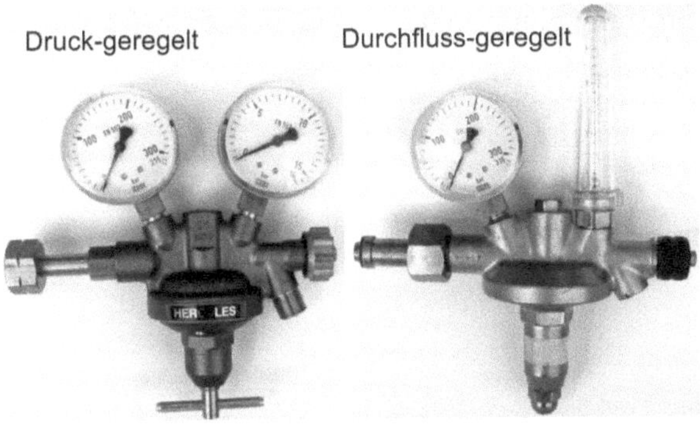


**Bild 3.82**
Druckminderer für Druckgasflaschen

Standardmäßig werden die Druckminderer über einen Gewindeanschluss mit der Gasflasche verbunden. Daneben bieten einige Gasehersteller auch Lösungen mit integriertem Druckminderer an, bei dem die Armatur dauerhaft mit der Druckgasflasche verbunden und von einem Schutzkäfig umgeben ist, Bild 3.83.

**Bild 3.83**
Anschluss von Druckminderen an Gasflaschen

Aus Kostengründen wird ein Gasgemisch auch teilweise direkt vor Ort aus verschiedenen Einzelgasflaschen erzeugt. Dazu sind spezielle Gasmischgeräte auf der Niederdruckseite der Gasversorgung erforderlich.

### 3.6.6 Kennzeichnung von Druckgasflaschen

Auf der Flaschenschulter erfolgt eine verbindliche Kennzeichnung des Flascheninhaltes mit einer Stempelung nach DIN EN ISO 13769 und einem Gefahrgutaufkleber nach DIN EN ISO 7225.

Wesentliche Inhalte der dauerhaften Stempelung sind:

- Kennnummer der Konstruktionsnorm,
- Herstellerkennzeichen,
- Seriennummer,
- Zulassungsland,
- Prüfdaten,
- Leergewicht,
- Arbeitsdruck,
- garantierte Mindestwanddicke,
- Kennzeichnung des Flaschengewindes.

Der Gefahrgutaufkleber setzt sich aus zwei Bestandteilen zusammen:

- einem oder mehreren rautenförmigen Gefahrzetteln für die von der Gasflasche ausgehenden Gefährdungen,
- einem Feld für zusätzliche Angaben wie ordnungsgemäße Lieferbezeichnung, Vorsichtsmaßnahmen, Name und Anschrift der Abfüllfirma, Füllgewicht.

Zusätzlich unterliegen Druckgasflaschen einer Farbkennzeichnung nach DIN EN 1089-3 (Tabelle 3.23). Im Farbfeld der Flaschenschulter ist im Zuge der Normumstellung im Jahre 2006 bei allen Gasen außer Wasserstoff der Buchstabe N (für „Neu“) aufgebracht worden. Diese Gasflaschen sind heute vereinzelt immer noch im Umlauf.

**Tabelle 3.23** Farbkennzeichnung

| Gas | Flasche | Flaschenschulter |
|---|---|---|
| Kohlendioxid | grau | grau |
| Sauerstoff | grau | weiß |
| Argon | grau | grün |
| Helium | grau | braun |
| Stickstoff | grau | schwarz |
| Wasserstoff | rot | rot |

## 3.7 Lichtbogenhandschweißen (Prozess 111)

### Verfahrensmerkmale

Das **Lichtbogenhandschweißen** ist ein Schmelzschweißverfahren mit frei brennendem Lichtbogen zwischen einer abschmelzenden Metallelektrode (Stabelektrode) und dem Werkstück. Die abschmelzende Elektrode ist gleichzeitig Schweißzusatz und bildet mit dem aufgeschmolzenen Grundwerkstoff das Schmelzbad. Dieses wird durch Schlacke oder Schutzgas, welche von einer mineralischen Elektrodenumhüllung stammen, vor dem Zutritt der Atmosphäre geschützt.

### Anwendungsbereich

Das Lichtbogenhandschweißen ist für verschiedenste Aufgabenbereiche einsetzbar und zeichnet sich durch seine Robustheit sowie einfache Handhabung aus. Da keine zusätzliche Schutzgaszuführung für den Nahtschutz notwendig ist, ist das Verfahren unempfindlich gegenüber Luftzug. Dadurch wird es häufig für Montageschweißungen im Freien benutzt. Typische Anwendungsbereiche sind Brücken- und Stahlbau, Rohrleitungsbau und Schiffbau. Angewandt wird es nahezu ausschließlich manuell. Geschweißt werden können Blechstärken ab $t_b \approx 1{,}5$ mm.

### Werkstoffgruppen

Grundsätzlich kann mit dem Verfahren eine Vielzahl von Werkstoffen gefügt werden. Hauptsächlich wird es an Stahlwerkstoffen sowie Gusseisen eingesetzt.

### Wichtige Merkblätter und Normen

- **DVS 0942:** Schweißen mit umhüllten Stabelektroden – Auftreten und Vermeidung von Poren.
- **DVS 0958:** Umhüllte Stabelektroden – Ausbringung, Abschmelzfaktor und Abschmelzkoeffizient.
- **DIN EN ISO 2560:** Schweißzusätze – Umhüllte Stabelektroden zum Lichtbogenhandschweißen von unlegierten Stählen und Feinkornstählen.
- **DIN EN ISO 9692-1:** Schweißen und verwandte Prozesse – Empfehlungen zur Schweißnahtvorbereitung. Teil 1: Lichtbogenhandschweißen, Schutzgasschweißen, Gasschweißen, WIG-Schweißen und Strahlschweißen von Stählen.

## 3.7.1 Verfahrensprinzip und Anlagentechnik

### 3.7.1.1 Funktionsweise

Das Lichtbogenhandschweißen ist ein nach DIN 1910-100 definiertes Schmelzschweißverfahren, bei dem der Lichtbogen zwischen einer abschmelzenden Stabelektrode und dem Werkstück brennt (Bild 3.84). Dieser erwärmt das Material über die Schmelztemperatur und überführt es somit in den flüssigen Zustand. Die Stabelektrode besitzt dabei gleichzeitig die Funktion des Zusatzwerkstoffs und bildet zusammen mit dem aufgeschmolzenen Grundmaterial das Schweißgut. Der Schweißer koordiniert zur Schweißnahtausbildung manuell die Zufuhr der Stabelektrode mit der Schweißvorschubbewegung. Im Gegensatz zu anderen Lichtbogenschweißverfahren wird keine externe Schutzgaszuführung benötigt. Das Schmelzbad wird durch eine mineralische Umhüllung geschützt, welche die Stabelektrode umgibt. Sie schirmt den Prozess durch Ausgasen und Schlackenbildung von der Umgebungsatmosphäre ab und bildet auf der erstarrten Schweißnaht eine nicht fest anhaftende Schlackeschicht (Bild 3.85).

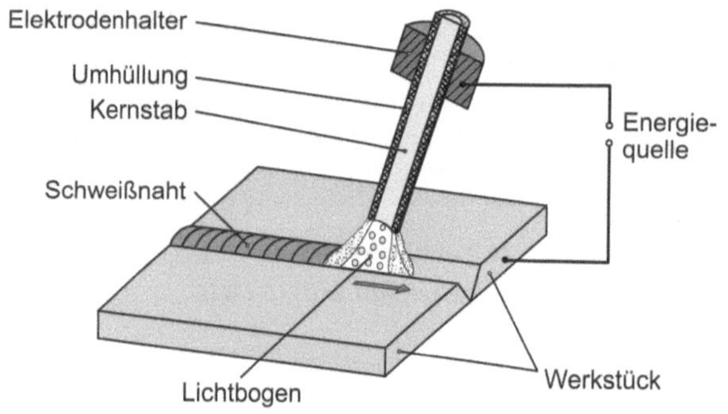


**Bild 3.84**
Verfahrensprinzip des Lichtbogenhandschweißens

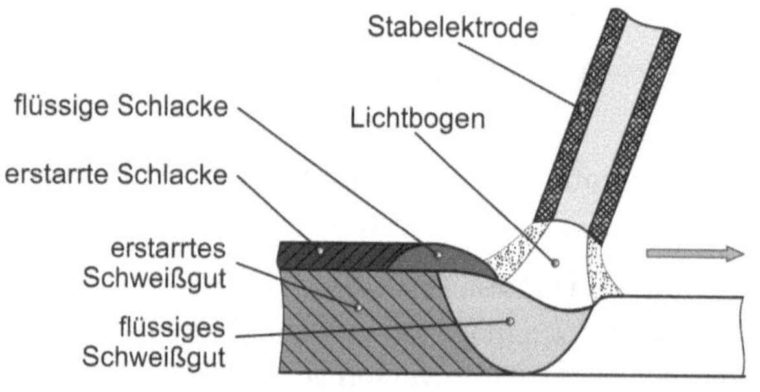


**Bild 3.85**
Schlackenbildung beim Lichtbogenhandschweißen

Zum Schweißen spannt der Bediener die Stabelektrode in eine Zange ein, die mit einer Stromquelle verbunden ist und den Schweißstrom in die Elektrode leitet. Der Lichtbogen wird über eine Kontaktzündung erzeugt. Dabei streicht der Schweißer die Stabelektrode über das Werkstück und erzeugt so einen Kurschluss. Kurz darauf wird die Elektrode leicht angehoben, und eine stabile Lichtbogensäule bildet sich aus. Im

Verlauf des Schweißprozesses schmilzt die Elektrode permanent ab. Um die Lichtbogenlänge konstant zu halten, muss die Elektrode manuell nachgeführt werden. Ist die Elektrode aufgebraucht, wird der Schweißprozess unterbrochen und mit einer neuen Elektrode fortgesetzt.

#### 3.7.1.2 Schweißstromquellen

Beim Lichtbogenhandschweißen kommen Stromquellen mit steil fallender Kennlinie zum Einsatz (siehe Abschnitt 3.2). Wird die Lichtbogenlänge und damit der elektrische Widerstand durch eine Elektrodenbewegung verändert, so kommt es lediglich zu Schwankungen in der elektrischen Spannung und nur zu geringen Änderungen des elektrischen Stroms. Durch dieses Verhalten lässt sich eine hohe Prozessstabilität erzeugen, auch wenn die Elektrode durch den Schweißer nicht konstant geführt wird.

In Betrieben sind häufig noch zahlreiche ältere Schweißstromquellen im Einsatz. Dabei handelt es sich um Schweißtransformatoren, -gleichrichter sowie -umformer. Durch die Entwicklung moderner Steuerungselektronik haben sich auf dem Markt inzwischen Inverterstromquellen etabliert. Diese sind hinsichtlich ihrer Einstellbarkeit, ihres Wirkungsgrades sowie der Abmessungen gegenüber den konventionellen Anlagen im Vorteil. Geschweißt werden kann sowohl mit Gleich- als auch mit Wechselstrom, wobei meist Gleichstrom verwendet wird. Die Polung richtet sich hauptsächlich nach der Zusammensetzung der Elektrodenumhüllung.

Unabhängig von der Stromquellenart erfolgt die Übertragung des Schweißstroms zum Prozess immer gleich. Eine Leitung verbindet die Stromquelle mit dem Elektrodenhalter, eine zweite das Werkstück mit der Stromquelle. Je nach der möglichen Schweißstromstärke und der Leitungslänge müssen die Kabel einen gewissen Durchmesser besitzen, damit es über den Widerstand zu keinem unzulässig hohen Spannungsabfall kommt. Es ist weiterhin darauf zu achten, dass alle Kontakte gut miteinander verbunden sind, sodass es zu keinen versteckten Spannungsverlusten kommt.

#### 3.7.1.3 Elektrodenhalter

Der Elektrodenhalter ist gegenüber WIG- oder MSG-Brennern deutlich einfacher aufgebaut. Im Grunde besteht er aus einer Zange, in die eine Schweißelektrode eingelegt wird (Bild 3.86).

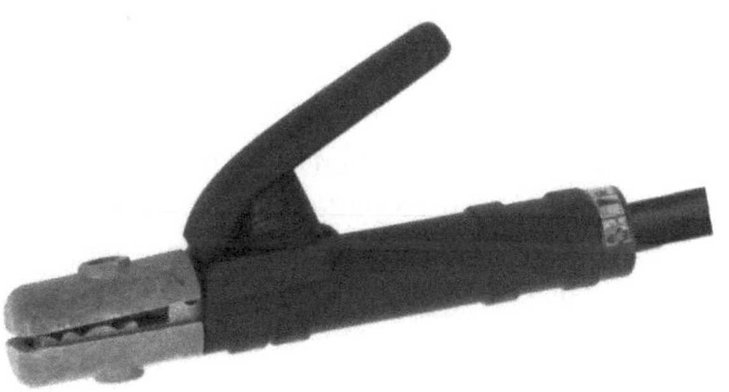

**Bild 3.86** Elektrodenhalter zum E-Hand-Schweißen

Während der Kontakt Zange – Elektrode elektrisch leitend ausgeführt wird, ist der Rest isoliert, damit der Bediener geschützt wird. Genormt sind Elektrodenhalter in der DIN EN 60974-11. Dabei werden sowohl sicherheitstechnische als auch technologische Bedingungen festgelegt. So muss ein Elektrodenhalter bestimmte Schweißströme ohne Beschädigung aushalten können und ebenso Anforderungen bezüglich der thermischen Beständigkeit erfüllen.

### 3.7.1.4 Stabelektroden

Stabelektroden besitzen beim Lichtbogenhandschweißen eine Vielzahl an Funktionen:

- Ausgasen von Schutzgas,
- Abschirmung der Schmelze durch Schlackenbildung,
- Stabilisierung des Lichtbogens,
- Reduzierende Wirkung,
- Beimischung von Legierungsbestandteilen.

So emittieren sie die für einen Lichtbogen notwendigen Elektronen, bringen Zusatzwerkstoff in das Schweißgut ein und schützen es vor Umgebungseinflüssen. Der Aufbau, die Zusammensetzung sowie die Abmessungen der Elektroden sind in Abschnitt 3.5.1 beschrieben.

Unterschieden werden sie nach der Materialart des Kernstabes (unlegierter Stahl, hochlegierter Stahl, Nickelbasislegierung, ...) und der metallurgischen Zusammensetzung der Elektrodenumhüllung. Der Umhüllungstyp hat einen maßgeblichen Einfluss auf den Schweißprozess sowie auf die mechanischen Eigenschaften der entstehenden Naht.

Je nachdem, welche Bestandteile die Umhüllung besitzt, hat diese unterschiedliche Auswirkungen auf den Schweißprozess. In Tabelle 3.24 sind die einzelnen Bestandteile für Elektrodenumhüllungen und deren Wirkungen aufgeführt.

Rutil findet in fast allen Umhüllungen Einsatz. Durch den enthaltenen Sauerstoff wird der Lichtbogen in seiner Wärmewirkung verstärkt, die Schmelze wird dünnflüssiger und der Einbrand nimmt zu. Zudem ist das Oxid ein guter Schlackenbildner, der eine leicht entfernbare Schlacke ermöglicht. Diese ist außerdem ein Halbleiter (siehe Abschnitt 3.7.3.2) und verbessert damit die Wiederzündbarkeit im Prozess. Rutil wird als Mineral vor allem in Sierra Leone, aber auch in den USA und Kanada abgebaut. Künstlich kann Titandioxid durch Hydrolyse hergestellt werden.

Das Eisenerz **Magnetit** besitzt durch den hohen Sauerstoffanteil besondere schweißtechnische Eigenschaften. So wird viel Sauerstoff aufgespalten und es kommt zu einem intensiven Lichtbogen. Dadurch entsteht eine sehr heiße, dünnflüssige Schmelze. Zudem schmilzt die Elektrode sehr feintropfig ab.

Tabelle 3.24 Wirkung einzelner Umhüllungsbestandteile [KIL91]

| Umhüllungsrohstoff | Wirkung auf die Schweißeigenschaften |
|---|---|
| Quarz $SiO_2$ | erhöht die Strombelastbarkeit, Schlackenverdünner |
| Rutil $TiO_2$ | verbessert Schlackenabgang und Nahtzeichnung, gutes Wiederzünden |
| Magnetit $Fe_3O_4$ | verfeinert den Tropfenübergang |
| Kalkspat $CaCO_3$ | setzt die Lichtbogenspannung herab, Schutzgasbildner und Schlackenbildner |
| Flussspat $CaF_2$ | Schlackenverdünner bei basischen Elektroden, verschlechtert die Ionisation |
| Kalifeldspat $K_2O \cdot Al_2O_3 \cdot 6\ SiO_2$ | leicht ionisierbar, verbessert die Lichtbogenstabilität |
| Ferro-Mangan/Ferro-Silizium | Desoxidationsmittel |
| Zellulose | Schutzgasbildner |
| Kaolin $Al_2O_3 \cdot 2\ SiO_2 \cdot 2\ H_2O$ | Gleitmittel |
| K- oder Na-Wasserglas $K_2SiO_3/Na_2SiO_3$ | Bindemittel |

**Flussspat** hingegen bewirkt eine eher zähflüssige Schmelze und dient als Schlackenverdünner. Durch den fehlenden Sauerstoff in der $CaF_2$-Verbindung verschlechtert sich die Ionisation des Lichtbogens, also dessen Stabilität.

**Kalkspat** bildet im Schweißprozess sowohl Schutzgas als auch Schlacke aus und schützt so effektiv die entstehende Naht. Im Gegensatz zu Flussspat verbessert dieser Umhüllungsbestandteil zudem die Ionisation des Lichtbogens.

**Zellulose** ist ein reiner Schutzgasbildner. Schlacke wird mit diesem Stoff nicht gebildet. Es entsteht ein heißes, sehr dünnflüssiges Schmelzbad. Zellulose sorgt zudem für eine starke Rauchentwicklung.

Die Umhüllungsbestandteile wirken sich allesamt auf den Lichtbogen aus. Die erzeugte Atmosphäre bzw. das Lichtbogenplasma können somit bei gleichem Abstand der Elektrode zum Werkstück einen anderen elektrischen Widerstand besitzen. Dies lässt sich durch eine veränderte Lichtbogenspannung bei ansonsten gleichen Voraussetzungen und Einstellungen feststellen. Je schwerer sich die Atmosphäre ionisieren lässt, desto höher ist die Spannung. Im schlimmsten Fall kann das zu einem instabilen Lichtbogen führen. Um dies zu umgehen, wird bei manchen Umhüllungen die Pluspolung auf die Elektrode gelegt. Zu diesem Thema gab es schon einige Grundlagenuntersuchungen mit Umhüllungen, die aus nur einem Mineral oder Stoff bestehen. Ein Ergebnis dazu ist in Tabelle 3.25 zu sehen.

Tabelle 3.25 Lichtbogenspannung mit reinen Einstoffumhüllungen [KIL91]

| Umhüllungsstoff | Polung der Elektrode | Stromstärke A | Spannung V |
|---|---|---|---|
| Magnetit | – | 157 | 22,9 |
| Rutil | – | 169 | 23,0 |
| Quarz | – | 166 | 37,0 |
| Quarz | + | 142 | 36,5 |
| Kalkspat | – | 162 | 18,6 |
| Kalkspat | + | 151 | 22,2 |
| Kali-Feldspat | – | 137 | 21,5 |
| Flussspat | – | 141 | 37,5 |
| Flussspat | + | 149 | 27,8 |

Grundsätzlich werden Umhüllungen in basisch, sauer, Rutil oder Zellulose unterteilt. Neben den Haupttypen gibt es noch weitere Unterteilungen. Die wichtigsten Vertreter und ihre Eigenschaften werden nachfolgend beschrieben.

### Sauer umhüllte Stabelektroden (A)

Hauptbestandteile einer sauren Umhüllung sind Oxide wie Magnetit, Quarz oder Kalkspat. Im Schweißprozess werden die Verbindungen aufgespalten und Sauerstoff wird freigesetzt. Dieser führt im Weiteren zu einem Abbrand von Legierungselementen. Der saure Umhüllungstyp ist somit nicht für das Verschweißen von hochlegierten Stählen geeignet, da sich die chemische Zusammensetzung im Schmelzbad und damit die Materialeigenschaften erheblich verändern können. Zudem verbleibt im erstarrten Schweißgut ein hoher Sauerstoffgehalt, welcher bei Stahl zur Versprödung und damit zu einem schlechten Zähigkeitsverhalten führt. Sauer umhüllte Stabelektroden besitzen ein feintropfiges bis sprühartiges Abschmelzverhalten. Damit ergeben sich eine schlechte Spaltüberbrückbarkeit und eine eingeschränkte Zwangslageneignung. Das Schmelzbad wird zudem als „heißgehend" bezeichnet, was ein dünnflüssiges Verhalten beschreibt. Dadurch bildet sich eine glatte feine Nahtoberfläche, es erhöht sich jedoch auch die Gefahr der Bildung von Einbrandkerben.

Durch die schlechten mechanischen Eigenschaften werden sauer umhüllte Elektroden hauptsächlich für das Schweißen von Decklagen benutzt, während die mechanisch beanspruchten Lagen mit anderen Umhüllungstypen hergestellt werden.

### Zellulose umhüllte Stabelektroden (C)

Elektroden mit einer reinen Zelluloseumhüllung finden aufgrund ihrer speziellen Eigenschaften nur selten Anwendung. Sie enthalten einen großen Anteil verbrennbarer organischer Substanzen in der Umhüllung. Diese führen zu einem intensiven heißen Lichtbogen und damit zu einer hohen Abschmelzleistung. Damit die Substanzen nicht vorschnell abbrennen, muss im Gegensatz zu anderen Umhüllungstypen eine Restfeuchtigkeit vorhanden sein. Dies kann bei unlegierten und vor allem kohlenstoffhaltigen Stählen zum Eintrag von Wasserstoff in das Schweißgut führen und damit wasserstoffinduzierte Risse fördern.

Eingesetzt werden zellulose umhüllte Elektroden vornehmlich für Fallnahtschweißungen an Großrohren. Begründet liegt das in der hohen Abschmelzleistung, was die Wirtschaftlichkeit des Lichtbogenhandschweißens deutlich erhöht. Zudem bilden sie kaum Schlacke, die in der fallenden Position vorlaufen und zu Bindefehlern führen könnte. Schlechte Schweißeigenschaften in anderen Positionen sowie weitere negative Begleiterscheinungen wie eine hohe Rauch- und Sprühentwicklung grenzen die Anwendungsbreite zellulose umhüllter Elektroden stark ein.

### Rutil umhüllte Stabelektroden (R)

Rutil umhüllte Elektroden besitzen einen hohen Anteil an Titandioxid. Sie erzeugen eine ebene, fein geschuppte Naht und eine leicht entfernbare Schlacke. Elektroden mit einer dünnen Umhüllung besitzen einen groben Tropfenübergang, welcher vor allem im Dünnblechbereich genutzt wird. Sie können für alle Schweißpositionen außer dem Fallnahtschweißen eingesetzt werden.

### Dick rutil umhüllte Stabelektroden (RR)

Dick rutil umhüllte Elektroden besitzen eine Umhüllung, deren Außendurchmesser mindestens dem 1,6-fachen des Kernstabdurchmessers entspricht. Damit ergeben sich gegenüber dünn umhüllten Elektroden ein feintropfiges Abschmelzverhalten und eine erhöhte Abschmelzleistung. Es entsteht eine feinschuppige glatte Schweißnaht mit einer leicht entfernbaren Schlacke. Der Einsatz ist in allen Schweißpositionen außer der Fallnaht möglich.

### Rutil-zellulose umhüllte Stabelektroden (RC)

Soll die Stabelektrode gegenüber der RR-Umhüllung auch Fallnahtschweißungen zulassen, so wird Zellulose zugesetzt. Dies wird durch einen intensiveren Lichtbogen ermöglicht. Es erhöht sich jedoch auch die Spritzerbildung.

### Rutil-sauer umhüllte Stabelektroden (RA)

Wie beschrieben besitzt die Verwendung rein saurer Umhüllungen zwar den Vorteil einer guten Nahtoberfläche, scheitert jedoch häufig an den schlechten mechanischen

Werten des Schweißgutes. Bei Rutil-sauer umhüllten Stabelektroden wird ein Teil des Magnetits durch Rutil ersetzt. Damit gelangt weniger Sauerstoff in den Schweißprozess, und es entsteht eine Schweißung, welche in ihren Eigenschaften zwischen der Nutzung von RR- und A-Elektroden steht. Weiterhin kann in allen Positionen außer der Fallnaht geschweißt werden.

#### Basisch umhüllte Stabelektroden (B)

Basische Umhüllungen bestehen hauptsächlich aus Flussspat. Durch den Verzicht von Magnetit kommt es zu keinem weiteren Eintrag von Sauerstoff im Schweißprozess. Die Umhüllungsbestandteile wirken vielmehr reduzierend auf die Schmelze. Dadurch entsteht kein Abbrand von Legierungselementen im Schweißgut. Basische Umhüllungen sind somit sehr gut für das Schweißen hochlegierter Stähle geeignet. Durch den fehlenden Sauerstoffeintrag kommt es zudem zu keiner Versprödung des Schweißgutgefüges. Daraus ergibt sich eine hohe Kerbschlagzähigkeit und Belastbarkeit der Verbindung.

Aufgrund des fehlenden Sauerstoffs sinkt zudem die Temperatur im Lichtbogen. Die Elektrode besitzt dadurch ein mittel- bis grobtropfiges Abschmelzverhalten, und es entsteht ein verhältnismäßig dickflüssiges Schmelzbad. Aus diesem kann Gas nur erschwert entweichen, und es besteht eine erhöhte Gefahr der Porenbildung. Um die hohe Viskosität abzusenken, werden basische Elektroden im Pluspol verschweißt. Trotzdem ist vor allem der kalte Nahtanfang häufig stark porös. Dieser sollte daher durch Pendeln noch einmal überschweißt werden, um das eingelagerte Gas entweichen zu lassen. Zudem ist die resultierende Nahtoberfläche nicht so feinschuppig und eben wie bei anderen Umhüllungen.

Durch die reduzierende Wirkung der Umhüllungsstoffe kann entstehendem Wasserdampf der Wasserstoff entzogen und in das Schweißgut eingetragen werden. Bei unzureichender Trocknung der Elektroden und des Werkstückes besteht damit die Gefahr der Wasserstoffversprödung. Aus diesem Grund ist bei diesem Elektrodentyp eine angepasste Lagerung erforderlich. Um die Wasserstoffaufnahme aus entstehendem Wasserdampf zu vermindern, sollte der Lichtbogen kürzer als bei anderen Umhüllungsarten gehalten werden.

#### Rutil-basisch umhüllte Stabelektroden (RB)

Um die guten mechanischen Eigenschaften der mit basischen Stabelektroden geschweißten Verbindungen mit der guten Handhabbarkeit der rutil umhüllten Elektrode zu kombinieren, gibt es Umhüllungen mit einem hohen Rutil- und einem geringen basischen Anteil. Damit hergestellte Nähte besitzen eine ebene feine Oberfläche und gute Zähigkeitswerte.

Die sich aus dem Umhüllungstyp ableitenden Eigenschaften der Stabelektroden werden in Tabelle 3.26 gegenübergestellt.

Tabelle 3.26 Wirkung der Umhüllungstypen auf Schweißeigenschaften [KIL91]

| Grundtyp | Viskosität | Entfernbarkeit der Schlacke | Tropfenübergang | Zwangslageneignung | Zähigkeit des Schweißgutes |
|---|---|---|---|---|---|
| A | steigt | fast von selbst lösend | feinsttropfig | eingeschränkt | mittel |
| R/RR | sinkt | gut | fein- bis mitteltropfig | gut | gut |
| B | | gut | mittel- bis großtropfig | gut | sehr gut |

## Ausbringung

Ein wesentlicher, vor allem wirtschaftlicher Faktor ist die Ausbringung der Stabelektrode. Sie sagt aus, welche Masse an Zusatzwerkstoff im Verhältnis zur Masse des Kernstabes in das Schweißgut eingebracht wird.

$$A = \frac{m_{SG}}{m_K} \cdot 100\ \% \tag{3.10}$$

Dient nur der Kernstab an sich als Zusatzwerkstoff, so liegt die **Ausbringung** bei 100 %. Besitzt die Umhüllung Elemente, die nicht nur schützen und Schlacke bilden, sondern auch Masse in die Schmelze einbringen, so steigt der Wert auf über 100 %. Je höher die Ausbringung ist, desto geringer wird die benötigte Energie, um ein Schmelzvolumen zu erzeugen. Der Grund liegt darin, dass sich die pulverförmige Umhüllung deutlich leichter abschmelzen lässt als der Kernstab. Es steigt mit der Ausbringung die Energieeffizienz, die Streckenenergie sinkt. Es gibt jedoch zunehmend Probleme mit der Zwangslageneignung, wie es in diesem Kapitel zu Hochleistungselektroden näher beschrieben wird.

## Hochleistungselektroden

Ein begrenzender Faktor für das Lichtbogenhandschweißen ist die geringe Abschmelzleistung. Um diese zu erhöhen, werden Hochleistungselektroden verwendet. Bei den bisher betrachteten Stabelektroden trägt zum größten Teil der Kernstab Schweißgutmasse in den Prozess ein, während die Umhüllung der Schlackenbildung dient. Wird dieser jedoch Eisenpulver zugesetzt, schmilzt es im Lichtbogen auf und wird der Schmelze als zusätzliches Schweißgut zugegeben. Die Ausbringung kann so von den sonst üblichen 100 % auf bis zu 300 % erhöht werden. Üblich ist jedoch eine Ausbringung von 160 %.

Es ist zu bedenken, dass sich die Zwangslageneignung mit steigendem Eisenpulveranteil verschlechtert, sodass teils nur noch die Wannenposition möglich ist. Dies liegt an der Größe und der geringen Viskosität des sich ergebenden Schmelzbades. Hochleistungselektroden gibt es mit Rutil-saurer, Rutil und basischer Umhüllung. Es ist zu bedenken, dass die Ausbringung allein noch keine Aussage zur Wirtschaftlichkeit geben kann. Vielmehr geschieht dies über die **Abschmelzleistung**, wobei diese eine Funktion der elektrischen Parameter und der Ausbringung ist (Bild 3.87).

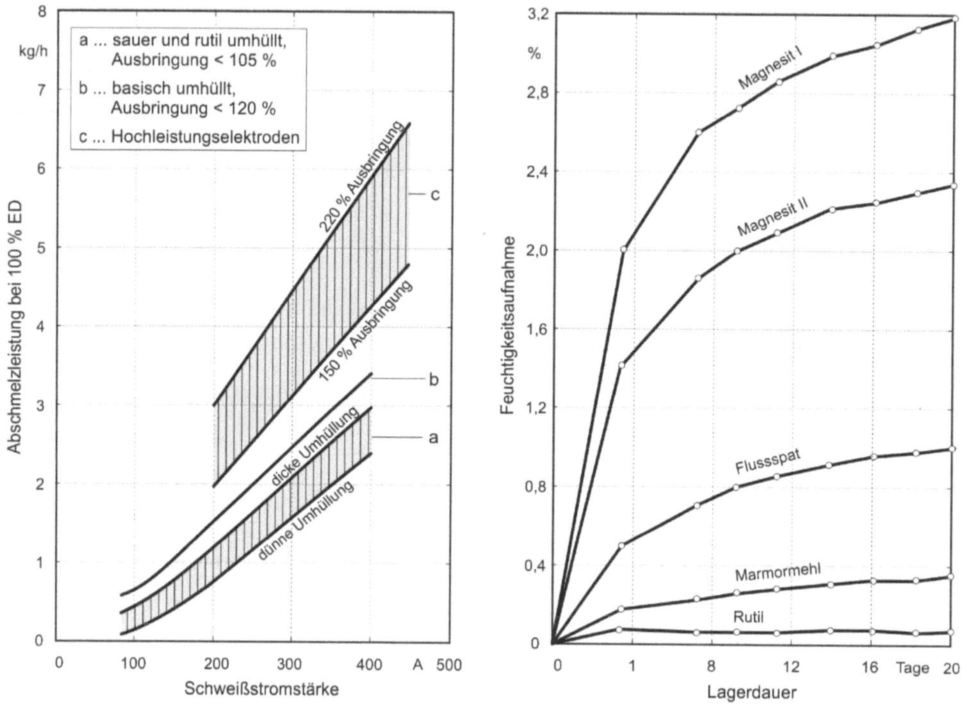


Bild 3.87 Links: Abschmelzleistung von Stabelektroden in Abhängigkeit von der Stromstärke und der Ausbringung Rechts: Feuchtigkeitsaufnahme bestimmter Umhüllungsbestandteile [KIL 91]

## Feuchtigkeit

Feuchtigkeit ist – abgesehen von zellulose umhüllten Elektroden – generell von den Schweißelektroden fernzuhalten. Zum einen können sonst stark porenbehaftete Schweißnähte entstehen, zum anderen kann sich die Umhüllung der Elektroden so mit Feuchtigkeit füllen, dass sie für den Prozess nicht mehr genutzt werden können. Dabei sind einige Umhüllungsbestandteile stark hygroskopisch, wie in Bild 3.87 zu sehen ist. In Hinblick auf eine hohe Nahtqualität sind die Elektroden also vor feuchter Luft zu schützen. In der Regel geschieht dies in temperierten Schränken mit einer niedrigen Luftfeuchtigkeit. Um dennoch aufgenommenes Wasser aus der Umhüllung zu entfernen, werden die Elektroden vor ihrer Benutzung häufig rückgetrocknet. Je nach Hüllenzusammensetzung geschieht dies in bestimmten Temperatur- und Zeitbereichen und wird in der Regel in speziellen **Rücktrocknung**söfen realisiert.

## 3.7.2 Anwendung

### 3.7.2.1 Allgemeines

Wie bereits beschrieben, verlangt das Lichtbogenhandschweißen nur einen sehr geringen gerätetechnischen Aufwand. So werden weder Schutzgaszuleitungen noch Drahtvorschubgeräte oder ähnliches benötigt. In Verbindung mit immer kleiner werdenden Stromquellen ist es daher ohne weiteres möglich, dass der Schweißer die gesamte Anlagentechnik einfach transportiert. Dadurch ist das Verfahren vor allem für Baustellenschweißungen geeignet. Weiterhin ist das Lichtbogenhandschweißen unempfindlich gegenüber Windeinflüssen und findet daher häufig im Freien seine Anwendung, während Schutzgasschweißverfahren mit Hilfsmitteln wie Zelten aufwendig abgeschirmt werden müssen. Das Lichtbogenhandschweißen wird ausschließlich manuell angewendet. Damit ist es nicht für automatisierte Aufgaben einsetzbar. Die geringe Abschmelzleistung im Vergleich zu anderen Verfahren schränkt zudem die Nutzung bei großen Stückzahlen einer Schweißkonstruktion ein. Vielmehr ist das manuelle Schweißen mit der einfachen Parametereinstellung für Einzelfertigungen oder Kleinserien empfehlenswert. Der geringe apparative Aufwand ermöglicht geringe Investitionskosten, sodass das Verfahren in kleinen Werkstätten sehr beliebt ist.

Von Schweißern wird es hinsichtlich der guten Erreichbarkeit auch in beengten Konstruktionen geschätzt. Brenner für das MSG- oder das WIG-Schweißen besitzen aufgrund von Kontaktrohr und Schutzgasdüse deutlich größere Abmessungen und schränken so die Flexibilität ein.

Auch wenn das Lichtbogenhandschweißen hauptsächlich für das Fügen von un- bzw. niedriglegierten Stählen eingesetzt wird, so kann es für eine Vielzahl von Werkstoffen verwendet werden. Dazu gehören unter anderem Gusseisen (mit hinreichender Vorwärmung auf ca. 600 °C), hochlegierter Stahl sowie Kupfer- und Nickelwerkstoffe. Es sind nahezu alle Materialstärken ab ungefähr 1,5 mm geeignet, wobei im Dünnblechbereich andere Schweißverfahren, wie z. B. das WIG-Schweißen, zu bevorzugen sind. Übersteigt die Blechdicke 20 mm, so wird sich häufig für Schweißverfahren mit höherer Abschmelzleistung entschieden (z. B. Unterpulverschweißen, MSG-Tandemschweißen).

### 3.7.2.2 Reparaturschweißen

Aufgrund der Flexibilität des Prozesses ist das Lichtbogenhandschweißen gut geeignet, um Reparaturarbeiten auszuführen. Vor allem an Bauwerken wie Brücken lassen sich auszubessernde Stellen leicht erreichen und verschweißen. Auch beschädigte Gussbauteile lassen sich so reparieren. Es ist jedoch, vor allem bei alten Bauwerken, auf die Wahl der richtigen Elektrode zu achten. Ist alter unberuhigter Stahl verbaut, so können Seigerungszonen angeschmolzen werden. Um die Heißrissgefahr zu mindern, sind dann basische Elektroden einzusetzen.

#### 3.7.2.3 Auftragschweißen

Das Lichtbogenhandschweißen wird häufig angewandt, um Verschleißschutzschichten aufzutragen. Eingesetzt werden können dazu Zusatzwerkstoffe auf Eisen-, Nickel und Kobaltbasis. Definiert sind die Zusätze in der Norm DIN EN 14700. Vorteilhaft ist dabei, dass nahezu alle möglichen Legierungen als Stabelektrode hergestellt werden können, während dies für Massivdrähte zum MSG-Schweißen begrenzt ist.

#### 3.7.2.4 Verbindungsschweißen

Am weitaus häufigsten wird das Lichtbogenhandschweißen für das Verbinden von Blechen und Rohren aus Stahlwerkstoffen eingesetzt. Geschätzt wird es dabei vor allem für die geringe Gefahr der Bildung von Bindefehlern. Bild 3.88 zeigt das typische Nahterscheinungsbild E-Hand-geschweißter Verbindungen.

**Bild 3.88**
E-Hand-geschweißte Stumpfnaht (oben) und Kehlnaht (unten)

### 3.7.3 Fertigungshinweise

#### 3.7.3.1 Konstruktive Gestaltung und Nahtvorbereitung

Das Lichtbogenhandschweißen ist für eine Vielzahl von Stoßarten anwendbar, so zum Beispiel Stumpfstoß, Eckstoß oder Überlappstoß. Für Stumpf- und Kehlnähte sind der Norm DIN EN 9692-1 entsprechende Empfehlungen für die Nahtvorbereitung zu entnehmen. Einige relevante Beispiele sind in Tabelle 3.27 aufgeführt.

**Tabelle 3.27** Typische Nahtvorbereitungen nach DIN EN ISO 9692-1

| *t* [mm] | Ausführung | Benennung | Symbol | Fugenform | *α*, *β* [°] | *b* [mm] | *c* [mm] |
|---|---|---|---|---|---|---|---|
| **Stumpfnähte** | | | | | | | |
| < 3 | einseitig | I-Naht | \|\| | 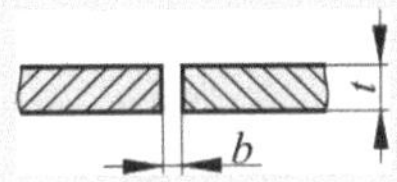 | – | ≈ *t* | – |
| 2 bis 5 | beidseitig | | | | | ≈ *t*/2 | |
| 3 bis 15 | einseitig | V-Naht | V | 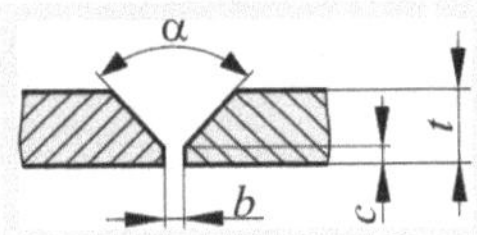 | ≈ 60 | ≤ 4 | ≤ 2 |
| > 12 | einseitig | Steilflanken-Naht |  | 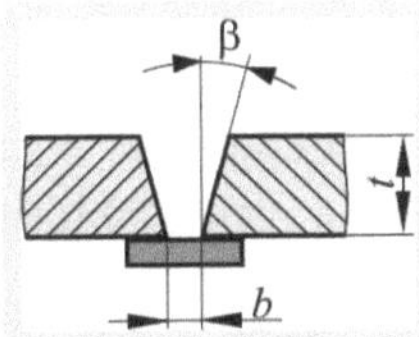 | 5...20 | 5...15 | – |
| 12 bis 30 | beidseitig | X-Naht | X | 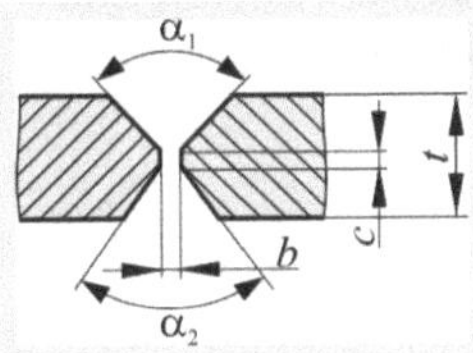 | 60 | 1...3 | ≤ 2 |
| < 16 | beidseitig | U-Naht |  | 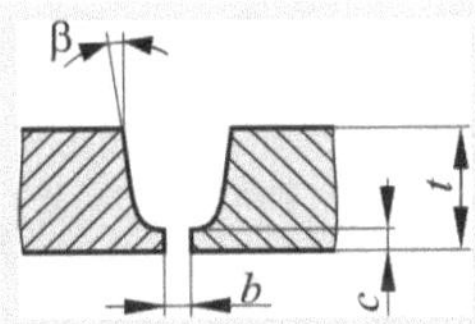 | 8...12 | ≤ 4 | ≤ 3 |
| **Kehlnähte** | | | | | | | |
| > 2 | einseitig | Stirnfläche rechtwinklig | 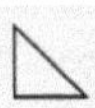 | 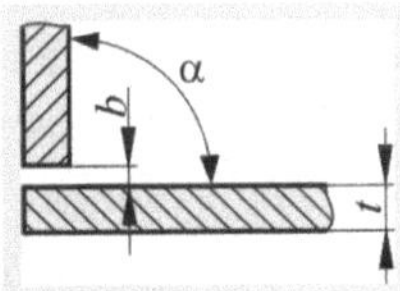 | 70...100 | ≤ 2 | – |
| > 2 | einseitig | Stirnfläche rechtwinklig | | 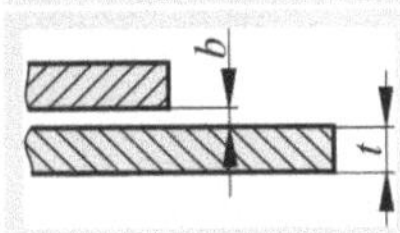 | – | ≤ 2 | – |
| > 2 | einseitig | Stirnfläche rechtwinklig | | 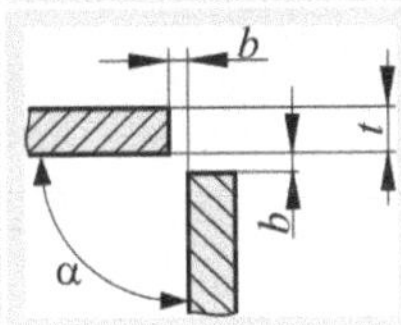 | 60...120 | ≤ 2 | – |

### I-Naht

I-Nähte sind aufgrund ihrer zeitsparenden Vorbereitung eine kostengünstige Fugenform. In der Regel reicht beim Lichtbogenhandschweißen ein Scheren- oder Brennschnitt. Begrenzt wird die Nahtform durch die maximale Materialstärke, die mit einer sicheren Wurzelausbildung entsprechend geschweißt werden kann. Die Anwendung ist somit auf Blechstärken bis maximal 3 mm (einseitig geschweißt) bzw. 5 mm (beidseitig geschweißt) begrenzt. Weiterhin wird bei der I-Naht ein großer Anteil des Grundwerkstoffes aufgeschmolzen. Ist ein geringer Aufmischungsgrad erwünscht, so ist eine andere Fugenform zu wählen.

### V-Naht

Sollen größere Wandstärken geschweißt werden oder ist ein geringer Aufmischungsgrad erwünscht, so empfiehlt sich die V-Naht-Vorbereitung. Dabei wird das Blech an der Stoßkante um ca. 30° angefast. Meist wird mehrlagig geschweißt, sodass eine Wurzellage sowie Füll- und Decklagen hergestellt werden. Aufgrund der Unsymmetrie ist gegenüber der I- oder X-Naht mit einem erhöhten Winkelverzug zu rechen. Oft ist eine Badsicherung zu empfehlen, um eine gleichmäßige Wurzelausbildung zu gewährleisten.

### Steilflanken-Naht

Im Gegensatz zur V-Naht ist die Steilflanken-Naht symmetrischer und verursacht somit einen geringeren Winkelverzug. Für diese Vorbereitung ist eine Badsicherung, zum Beispiel aus einem Blechstreifen, erforderlich. Die entstehende Wurzel bildet eine starke geometrische Kerbe. Damit ist die Fugenform vorwiegend für ruhend beanspruchte Schweißverbindungen geeignet.

### X-Naht

Die X-Naht ist symmetrisch und besitzt ein geringes Nahtvolumen. Wird eine wechselseitige Raupenfolge beachtet, kommt es kaum zu Winkelschrumpfungen. Weiterhin ist diese Naht aufgrund beidseitiger Decklagen dynamisch hoch beanspruchbar. Aufgrund der beidseitigen Schweißung, welche ein häufiges Wenden des Werkstücks erfordert, sind jedoch hohe Schweißzeiten unvermeidbar.

### U-Naht

Im Gegensatz zu den anderen genannten Vorbereitungen kann die U-Fuge nicht durch einfaches Brennschneiden hergestellt werden. Die Herstellung der Nahtflanken ist somit aufwendig und kostenintensiv. Dafür besitzt die entstehende Naht ein sehr kleines Volumen und kann einseitig geschweißt werden. Vorzugsweise wird sie daher im Kessel- und Apparatebau verwendet, wenn es nur eine einseitige Zugänglichkeit gibt.

### 3.7.3.2 Zündvorgang

Wie bei den meisten Lichtbogenschweißverfahren mit abschmelzender Elektrode wird der Lichtbogen über einen Kurzschluss erzeugt. Dies geschieht, indem der Schweißer die Elektrode kurzzeitig berührend über das Werkstück zieht. Durch den hohen Kurzschlussstrom kommt es zu einer starken Widerstandserwärmung des Elektrodenendes. Durch die hohe Temperatur verdampfen Teile des Metalls sowie der Umhüllung und es entsteht eine ionisierbare Atmosphäre. Wird die Elektrode nun wieder vom Werkstück entfernt, so ist der entstandene Luftspalt durch die Temperaturen und durch die enthaltenen Bestandteile weiterhin elektrisch leitfähig. Es kommt zur Ausbildung eines Lichtbogens.

Durch die ungleiche Temperaturverteilung über den Elektrodenquerschnitt wird stets mehr Kernstab als Umhüllung abgeschmolzen. Es kommt also zu einem Rückstand des Kernstabes. Weiterhin wird das Elektrodenende nach dem Schweißen immer von einer dünnen Schlackeschicht überzogen. Würde der Schweißer eine solche Elektrode ein zweites Mal zünden wollen, käme es damit zu keinem Kurzschluss und damit zu keiner Lichtbogenausbildung, da sowohl Umhüllung als auch Schlacke meist nicht leitfähig sind. In der Regel muss daher der Umhüllungsüberstand abgeklopft bzw. abgeschlagen werden. Dabei werden auch die Schlackebestandteile entfernt. Eine Ausnahme bilden dabei Rutil umhüllte Elektroden. Deren Schlacke ist ein Halbleiter, also auch bei niedrigeren Temperaturen leitfähig. Ist das Elektrodenende noch erwärmt, so besteht eine ausreichende Leitfähigkeit, und der Schweißer kann den Lichtbogen ohne das Abschlagen zünden.

Allgemein gilt, dass eine Zündstelle negative Auswirkungen auf das Bauteil haben kann. Wird der Lichtbogen außerhalb der Nahtfuge gezündet, so entsteht auf dem Werkstück eine sehr kurze Wärmeeinwirkung. Dieses schlagartige Erhitzen und durch die Wärmeleitung schnelle Abkühlen kann im Zündpunkt zu einer Aufhärtung und damit zu Rissen führen. Weiterhin entstehen dadurch Spritzer auf der Werkstückoberfläche. Wird in der Fuge gezündet, so sollte der Ansatzpunkt durch Pendeln nochmalig überschweißt werden, da beim unmittelbaren Schweißstart der Grundwerkstoff häufig noch nicht ganz aufgeschmolzen wird und es so zu Bindefehlern kommen kann.

### 3.7.3.3 Führen der Elektrode

Um qualitativ hochwertige Schweißnähte zu erzeugen, sind für jede Position bestimmte Regeln zum Führen der Stabelektrode zu beachten. So müssen Fehler wie Einschlüsse durch vorlaufende Schlacke, Bindefehler, Poren oder Einbrandkerben verhindert werden, da diese negativen Auswirkungen auf die mechanische Belastbarkeit einer Naht haben. Die notwendige Führung ist von vielen Faktoren abhängig, so zum Beispiel von der Nahtvorbereitung, dem Werkstoff, der Materialstärke, der Elektrode und so weiter. Somit können nachfolgend nur auszugsweise Regeln beschrieben werden, welche vor allem auf das Schweißen von unlegierten bzw. niedriglegierten Stählen zutreffen.

Ein wichtiger Faktor ist die Lichtbogenlänge, die durch den Schweißer bestimmt wird. Sie ist so einzustellen, dass sie ungefähr dem Durchmesser des Kernstabes entspricht. Aufgrund der Empfindlichkeit gegenüber Wasserdampf sollte die Lichtbogenlänge bei basischen Elektroden nur die Hälfte des Durchmessers betragen.

Das Schweißen in der Wannenposition stellt die einfachste Variante dar. Die Schwerkraft lässt das Schmelzbad gleichmäßig in die Nahtfuge fließen, sodass eine gute Nahtgeometrie und Wurzelausbildung entstehen. Dadurch ist es auch möglich, mit mehr Strom als in anderen Positionen zu schweißen, was eine erhöhte Abschmelzleistung zur Folge hat. Um alle Nahtflanken gleichmäßig aufzuschmelzen, muss sich die Elektrode senkrecht über dem Werkstück befinden. In Schweißrichtung wird sie um ungefähr 45° angekippt, sodass eine schleppende Stellung entsteht (Bild 3.89). Durch diese Anstellung treibt die Schlacke vom flüssigen Schmelzbad weg. Ein Vorlaufen und Einschließen der Schlacke im Schmelzbad wird so vermieden.

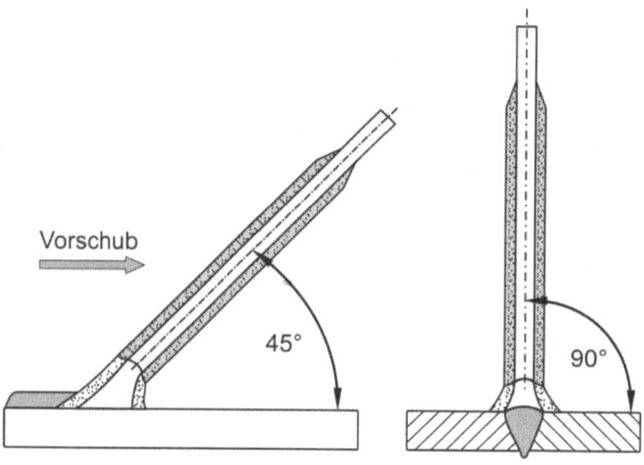


**Bild 3.89**
Stellung der Schweißelektrode in Wannenlage

In Zwangslagen wie der Querposition muss das Schmelzbad gegen die Schwerkraft in der Fuge gehalten werden. So ist es hilfreich, die Viskosität des Schweißgutes zu erhöhen. Dazu sollten der Schweißstrom und damit die eingebrachte Wärme gesenkt werden. Weiterhin muss die Elektrode so gehalten werden, dass der Lichtbogendruck die Schmelze hält. Mit schlackebildenden Elektroden kann in der Regel nicht fallend geschweißt werden. Die Schlacke würde sonst vorlaufen und zu Einschlüssen und Bindefehlern führen. Das Fallnahtschweißen bleibt damit den Zelluloseelektroden vorbehalten. In Tabelle 3.28 sind die unterschiedlichen Schweißpositionen und ihre Kurzzeichen aufgeführt.

Tabelle 3.28 Schweißpositionen für das Lichtbogenhandschweißen

| Position | Illustration |
|---|---|
| PA (Wanne) | 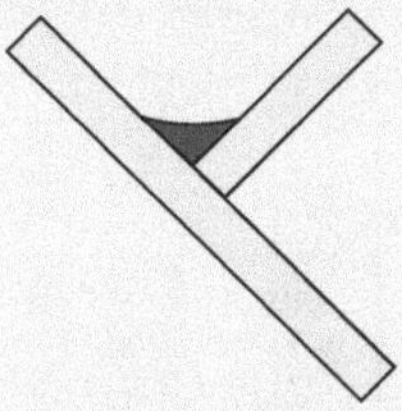 |
| PB (Horizontal) | 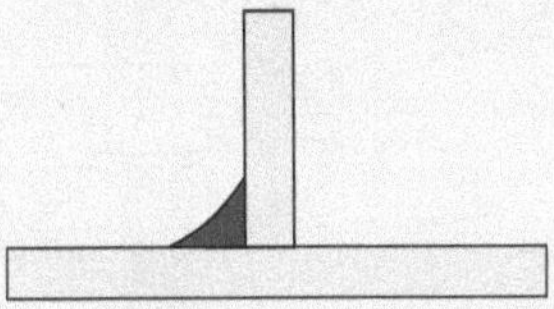 |
| PC (Quer) | 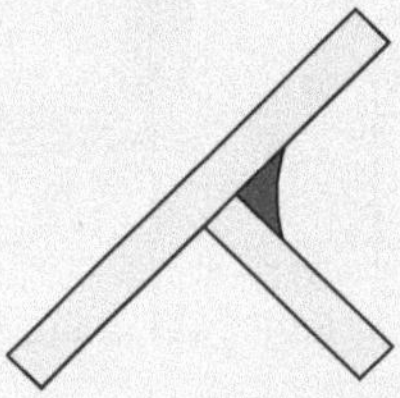 |
| PD (Horizontal Überkopf) | 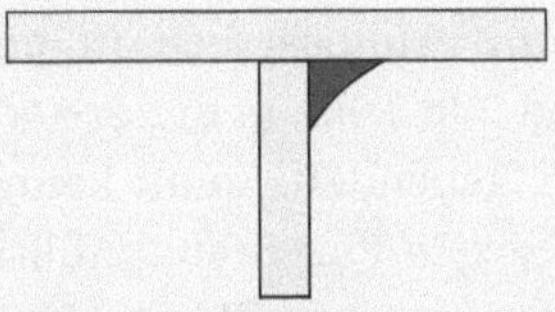 |
| PE (Überkopf) | 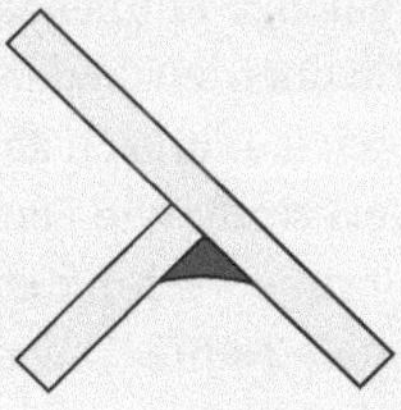 |

Tabelle 3.28 Schweißpositionen für das Lichtbogenhandschweißen (Fortsetzung)

| Position | Illustration |
|---|---|
| PF (Steigend) | 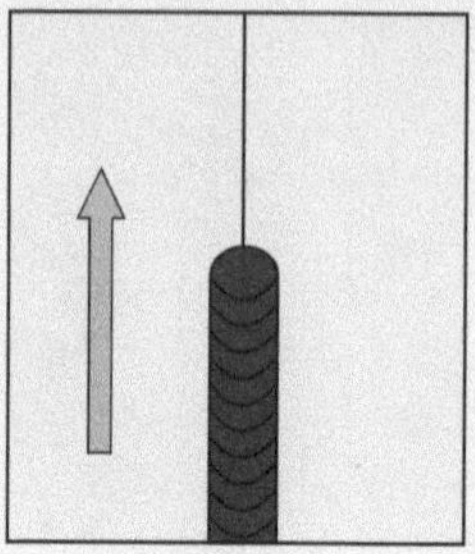 |
| PG (Fallend) | 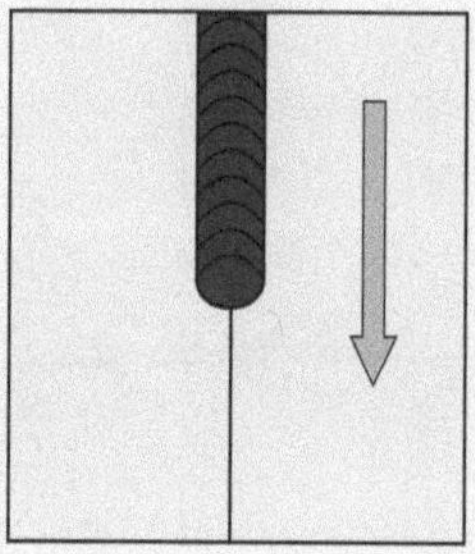 |

Unterschieden werden kann grundsätzlich in pendelndes Schweißen und in die **Strichraupentechnik** (siehe Bild 3.90). In der ersten Variante wird die Elektrode senkrecht zur Vorschubrichtung gependelt. Somit können mit einer Schweißraupe breite Schmelzbäder erzeugt und große Fugen ausgefüllt werden. Verwendet wird dies vor allem beim Verschweißen von Stumpfstößen an Dickblechen. Der Einsatz des Pendelns bringt Zeitersparnisse. So ist eine geringe Raupenzahl möglich, wodurch die Schweißzeit niedrig gehalten wird. Es ist jedoch zu bedenken, dass mit dieser Technik viel Wärme in das Bauteil eingebracht wird. Dadurch kann es zu starkem Verzug sowie zur Grobkornbildung kommen. Für Werkstoffe wie Feinkornbaustähle ist das nicht zulässig. Für diesen Fall wird die Strichraupentechnik eingesetzt. Dabei wird die Elektrode nicht gependelt. Es entstehen schmale Nähte. Um ein großes Nahtvolumen entstehen zu lassen, ist somit eine hohe Anzahl an Strichraupen notwendig. Dies lässt die Schweißzeit und damit die Kosten erheblich steigen. Dafür kann das Bauteil zwischen den einzelnen Raupen abkühlen, es wird deutlich weniger erhitzt als bei der Pendeltechnik. Somit wird der Verzug vermindert und eine Überhitzung des Werkstoffs unterbunden. Weiterhin liegt ein Großteil des Schweißgutgefüges im normalisierten Zustand vor, während lediglich eine dünne Deckschicht ein Guss- bzw. Grobkorngefüge besitzt. Die mechanischen Eigenschaften werden dadurch deutlich verbessert.

Bei mehrlagigen Schweißungen kommt es oft vor, dass für Wurzel-, Füll- und Decklagen unterschiedliche Techniken und Pendelbewegungen ausgeführt werden müssen. In Bild 3.91 sind zwei Beispiele aufgeführt. Zu beachten ist, dass die Pendelgeschwindigkeit oft nicht kontinuierlich ist. Um Einbrandkerben zu vermeiden, ist an den Umkehrpunkten eine Verweildauer notwendig, sodass am Nahtrand vermehrt Schweißgut eingebracht wird.

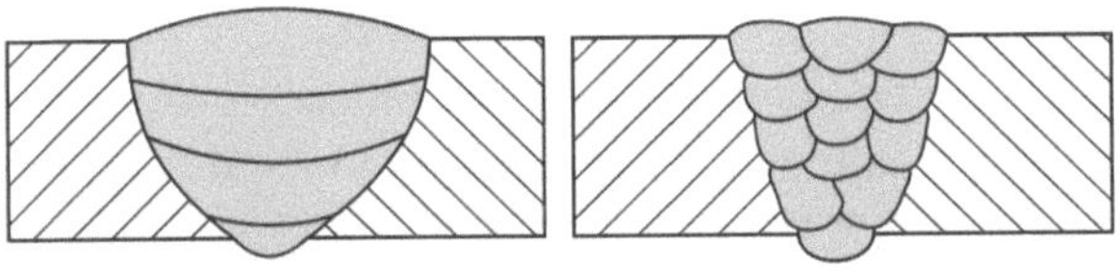


**Bild 3.90** Verschiedene Ausführungen einer mehrlagigen V-Naht

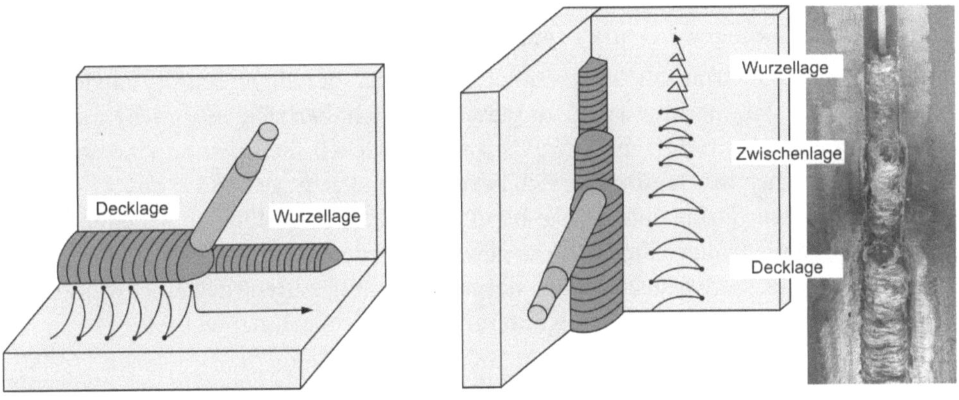


**Bild 3.91** Elektrodenführung beim Kehlnahtschweißen in Schweißposition PA (links) und PF (rechts)

### 3.7.3.4 Schweißparameter

**Stromart und Polung**

An der Schweißelektrode kann sowohl der Plus- als auch der Minuspol anliegen. Es ist auch möglich, zwischen Elektrode und Werkstück Wechselstrom fließen zu lassen. Die Wahl der richtigen Polung richtet sich dabei vor allem nach den technologischen Bedingungen des Schweißprozesses. Grundsätzlich ist der Pluspol deutlich heißer als der Minuspol. Soll also ein möglichst tiefer Einbrand erreicht und damit ein Großteil der Wärme in das Bauteil geleitet werden, so empfiehlt sich die Pluspolung der Stabelektrode. Für Auftragschweißungen mit geringer Aufmischung empfiehlt sich hingegen eine Minuspolung der Elektrode. Die Wahl ist jedoch nicht nur von der Anwendung abhängig. Vielmehr bestimmt der Umhüllungstyp maßgeblich, welche Polung sinnvoll ist. Besteht die Umhüllung vorzugsweise aus schlecht ionisierbaren Bestandteilen, so ist die Pluspolung anzustreben, da so ein stabiler Lichtbogen entsteht. Bei gut ionisierbaren Stoffen kann die Minuspolung gewählt werden. Dies verbessert auch die Strombelastbarkeit der Elektrode. Als Kompromiss kann ebenso mit Wechselstrom geschweißt werden. Hierbei liegt die Wärmeeinbringung zwischen den beiden Polungen. Durch den kurzen Moment der Erlöschung des Lichtbogens ist dieser über den Prozess weniger stabil und damit für den Schweißer schwer zu handhaben.

### Stromstärke, Lichtbogenspannung und Schweißgeschwindigkeit

Die Stromstärke beeinflusst direkt die Energie des Lichtbogenplasmas. Steigt sie an, so wird auch mehr Grund- und Zusatzwerkstoff aufgeschmolzen. Es kann also in gleicher Zeit mehr Nahtvolumen erzeugt werden. Die obere Grenze wird jedoch durch die Strombelastbarkeit der Elektrode festgelegt. Wird sie überschritten, so kann die Umhüllung abplatzen oder ausglühen. Zu niedrige Stromwerte hingegen führen zu einem instabilen Lichtbogen, der sich durch die manuelle Führung oder durch magnetische Blaswirkungen zu stark beeinflussen lässt und abreißen kann.

Die einzustellende Stromstärke ist somit abhängig von der eingesetzten Stabelektrode bzw. ihres Kernstabdurchmessers. Aus diesem Grund haben sich entsprechende Faustregeln zur Wahl des richtigen Schweißstroms entwickelt. Beispielhaft sind solche in folgend aufgeführt. Ihr Geltungsbereich bezieht sich allerdings nur auf das Schweißen un- bzw. niedriglegierter Stähle. Wie bereits erwähnt, kann für das Arbeiten in der Wannenlage eine größere Stromstärke gewählt werden als in Zwangspositionen, da eine hohe Schmelzbadviskosität nicht störend ist. Somit sollten für PA-Schweißungen die oberen und für Zwangslagen die unteren Grenzwerte genutzt werden.

| **Ø Kerndraht [mm]** | **2** | **2,5** | **3,2** | **4** | **5** | **6** |
|---|---|---|---|---|---|---|
| Schweißstrom [A] | 40...80 | 50...100 | 90...150 | 120...200 | 180...270 | 220...360 |
| Faustregel für Schweißstrom [A] | (20...40) × *d* | | (30...50) × *d* | | | (35...60) × *d* |

Die elektrische Leistung wird neben der Stromstärke auch durch die Lichtbogenspannung bestimmt. Diese wird nicht durch die Stromquelle selbst, sondern über die Lichtbogenlänge geregelt. Bewegt der Schweißer die Elektrode vom Werkstück weg, so steigt der elektrische Widerstand und damit die Spannung. Einfluss auf Abschmelzverhalten oder Tiefeneinbrand lässt sich so aber nicht nehmen, da die Lichtbogenlänge kaum verändert werden kann, ohne dass Prozessinstabilitäten auftreten.

Ein weiterer Parameter ist die Vorschubgeschwindigkeit. Da es sich um ein manuelles Schweißverfahren handelt, ist diese individuell vom Schweißer und seinen Fertigkeiten abhängig. Eine niedrige Geschwindigkeit sorgt dabei für einen erhöhten Tiefeneinbrand im Werkstück. Ist sie jedoch zu niedrig, so kann Schmelzbad oder Schlacke in den Lichtbogen vorlaufen und zu Instabilitäten und Nahtfehlern führen. Ist die

Schweißgeschwindigkeit zu hoch, so besitzt die schützende Schlackeschicht einen zu großen Abstand vom Schmelzbad, wodurch dieses über einen gewissen Zeitraum der Atmosphäre ausgesetzt ist. Damit kann es zum Abbrand von Legierungselementen oder zur Porenbildung kommen. Es zeigt sich, dass auch dieser Parameter nur in sehr engen Grenzen variiert werden kann.

## 3.7.4 Fehler beim Lichtbogenhandschweißen

### 3.7.4.1 Häufige Ursachen und Fehlerbilder

Wie bei anderen Schweißverfahren gibt es beim Metall-Lichtbogenschweißen auch Fehler, die für die Verfahrensgruppe typisch sind (Tabelle 3.29).

**Tabelle 3.29** Unregelmäßigkeiten beim Lichtbogenhandschweißen nach DIN EN ISO 6520-1

| Fehlergruppe nach DIN EN ISO 6520 | Fehlerbild | Fehler | Ursachen |
|---|---|---|---|
| Risse | 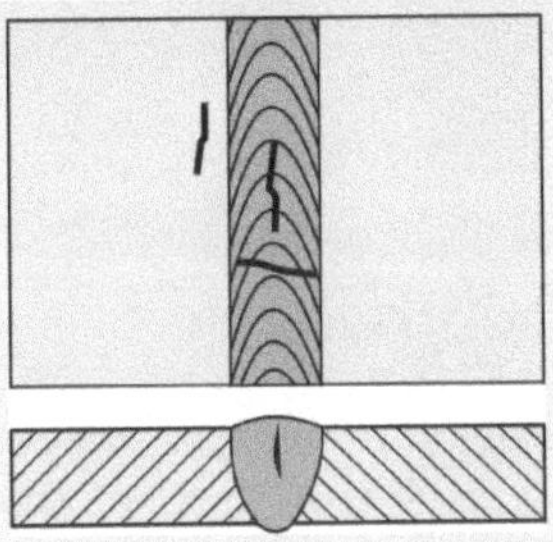 | Kaltrisse (Aufhärtung, wasserstoffinduziert, Terrassenbrüche), Heißrisse, Wiederaufschmelzrisse, Längsrisse, Querrisse | fehlende Vorwärmung, fehlende Rücktrocknung, falscher Umhüllungstyp |
| Hohlräume | 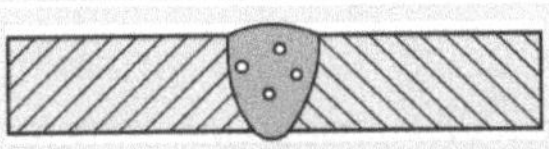 | Poren, Schlauchporen, Porennester | fehlende Rücktrocknung, zu langer Lichtbogen |
| Feste Einschlüsse | 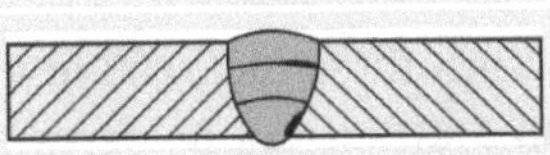 | Schlackeeinschlüsse | fehlende Flankenreinigung, mangelhafte Schlackenentfernung von den Zwischenlagen |
| Bindefehler | 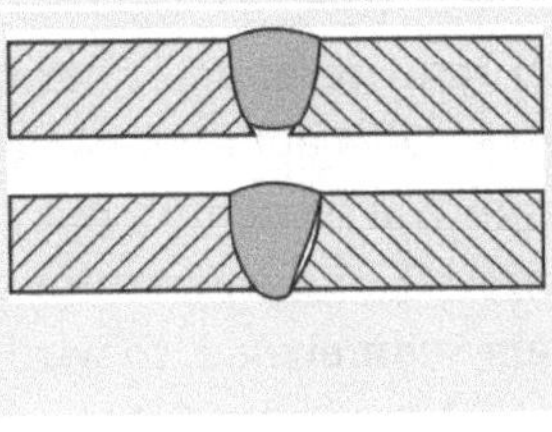 | unzureichende Wurzelerfassung, Nicht aufgeschmolzene Nahtflanken | fehlerhafte Nahtvorbereitung, falscher Haltewinkel der Elektrode |

**Tabelle 3.29** Unregelmäßigkeiten beim Lichtbogenhandschweißen nach DIN EN ISO 6520-1 (Fortsetzung)

| Fehlergruppe nach DIN EN ISO 6520 | Fehlerbild | Fehler | Ursachen |
|---|---|---|---|
| Form- und Maßabweichungen | 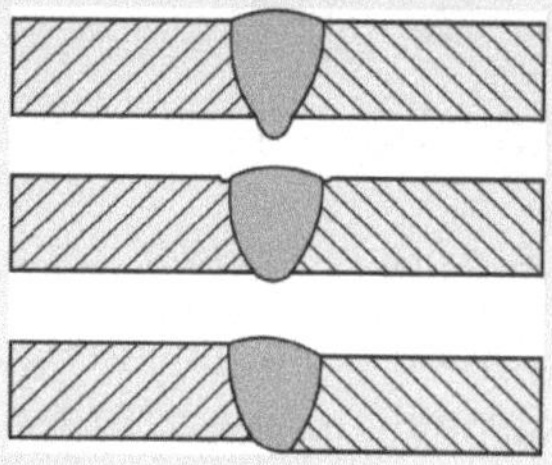 | Nahtüber- oder -unterwölbung, Wurzeldurchhang, Einbrandkerben, Kantenversatz | zu geringer Vorschub, falsche Pendeltechnik, schlechte Vorbereitung |
| Sonstige Unregelmäßigkeiten | 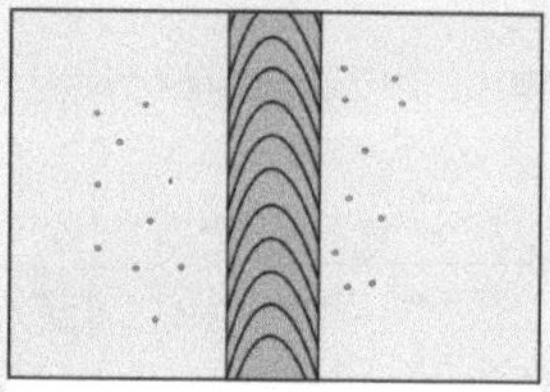 | Schweißspritzer | falsche Lichtbogenlänge |
| | 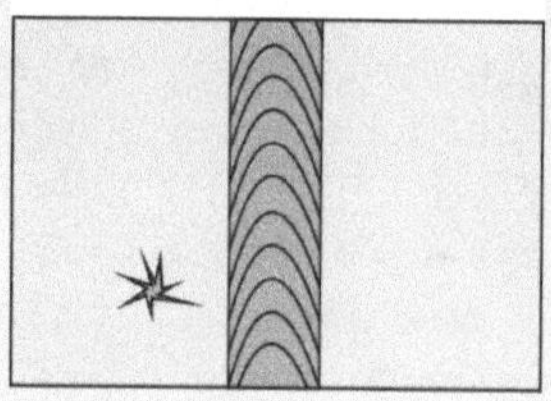 | Zündstelle außerhalb der Naht | falscher Zündpunkt |

### 3.7.4.2 Poren

Gaseinschlüsse sind ein häufig auftretender Fehler in lichtbogenhandgeschweißten Nähten. Die Ursache liegt immer in Gas, welches nicht mehr rechtzeitig aus dem erstarrenden Schmelzbad entweichen konnte. Für jedes Gas können unterschiedliche Gründe der Porenbildung vorliegen.

Sauerstoff wird häufig beim Einsatz sauer umhüllter Elektroden über Oxide aus der Umhüllung eingetragen. Vor allem bei alten Stählen mit Seigerungszonen kommt es so zu einer starken Porenbildung. Bei unberuhigtem Stahl ist deshalb der Einsatz basisch umhüllter Elektroden vorzuziehen.

Basisch umhüllte Elektroden besitzen einen reduzierenden Charakter. Befindet sich Feuchtigkeit in der Nähe des Schweißprozesses, also auf dem Werkstück oder auf der Elektrode selbst, so entsteht durch die Wärme Wasserdampf. Aus diesem reduzieren die basischen Umhüllungsstoffe den Wasserstoff und tragen ihn in das Schweißgut ein. Entweicht er in der Regel schnell aus dem Schmelzbad, so wird die Entgasung bei basischen Elektroden aufgrund der hohen Viskosität der Schmelze stark behindert.

Um eine bessere Entgasung zu ermöglichen, ist durch Pendeln ein großes Schmelzbad herzustellen, welches im Gegensatz zu Strichraupen nur langsam abkühlt.

Poren stellen eine Schwächung des effektiven Nahtquerschnitts dar. Für eine hohe Nahtgüte ist daher nur eine begrenzte Porenzahl und -größe zulässig. Für dynamische Beanspruchungen besitzen sie hingegen nur einen geringen Einfluss, da die Kugelform eine kleine Kerbwirkung darstellt. Allgemein sollten zur Vermeidung eine saubere, trockene Werkstückoberfläche und gut getrocknete Elektroden verwendet werden.

#### 3.7.4.3 Schlackeeinschlüsse

Schlackeeinschlüsse sind in der Regel in einer ungenügenden Nahtreinigung begründet. Bei größeren Blechdicken sind meist mehrlagige Schweißnähte auszuführen. Mit der Herstellung jeder Lage bildet sich an der Oberfläche eine entsprechende Schlackenschicht. Vor dem Schweißen der nächsten Lage muss diese erst gründlich entfernt werden. Ist die Naht jedoch überhöht und die Fuge schlecht erreichbar, so bleiben vor allem im Randbereich Reste übrig. Wird die nächste Lage aufgebracht, so werden hochschmelzende Schlacken nicht aufgeschmolzen und so im Schweißgut eingeschlossen. Ein weiterer Grund kann in einer falschen Elektrodenführung liegen. So kann es im Schweißprozess zu einem Schlackenvorlauf kommen.

#### 3.7.4.4 Bindefehler

Bindefehler sind für mechanisch beanspruchte Schweißnähte unzulässige Unregelmäßigkeiten. Sie senken nicht nur den effektiv tragfähigen Nahtquerschnitt, sondern fördern als geometrische Kerbe die Rissbildung bei schwingender Beanspruchung. Die Fehlerart ist somit unbedingt zu vermeiden. Der Grund für Bindefehler kann sowohl in der Nahtvorbereitung als auch in der Ausführung liegen. So kann eine V-Nahtfuge mit zu steilen Flanken gefertigt werden, sodass der Lichtbogen diese nur noch schwer erfassen kann. Weiterhin kann die Ursache in einer falschen Elektrodenführung liegen, sodass die Schlacke vorlaufen kann oder dass Nahtflanken nicht ausreichend vom Lichtbogen erfasst werden. Es ist auch zu erwähnen, dass die Gefahr von Bindefehlern beim Lichtbogenhandschweißen deutlich geringer ist als beim MSG-Verfahren.

#### 3.7.4.5 Geometrische Unregelmäßigkeiten

Damit Schweißkonstruktionen dynamisch belastbar sind, darf es möglichst keine geometrischen Kerben im Kraftverlauf geben. So sollte sich durch eine Schweißnaht auch nicht die Wandstärke drastisch ändern. Aus diesem Grund dürfen bei wechselnd mechanisch beanspruchten Nähten nur begrenzt Unregelmäßigkeiten wie Nahtüberhöhung, Nahtunterwölbung bzw. Wurzeldurchhang oder Wurzelrückfall auftreten. Der Wurzeldurchhang kann durch eine geeignete Nahtvorbereitung mit einem passenden Luftspalt und mit einer angepassten Schweißgeschwindigkeit unterbunden werden. Bei Werkstoffen und Positionen, in denen das nicht ausreicht, sollte eine Badsicherung verwendet werden. Auch der Wurzelrückfall lässt sich in der Regel durch eine geeignete Nahtvorbereitung unterbinden. In Überkopfpositionen empfiehlt es sich, basische Elektroden zu verwenden, da ihr zähflüssiges Schmelzbad weniger zu diesem Fehler neigt. Nahtunter- und -überwölbungen lassen sich vor allem durch einen geeigneten Lagenaufbau und mit einer passenden Pendeltechnik verhindern.

Ein weiteres Problem ist die Bildung von Einbrandkerben am Übergang der Naht zum Werkstück. Meist treten sie bei Pendelraupen auf. Der Grund liegt zum einen in einem dünnflüssigen Schmelzbad, zum anderen in einer ungenügend hohen Haltezeit an den Umkehrpunkten der Pendelraupen. Unterbunden werden sie durch die Wahl einer geringeren Stromstärke und durch eine optimierte Elektrodenbewegung, bei der in den Umkehrpunkten mehr Zusatzwerkstoff eingebracht wird. Durchlaufende Einbrandkerben sind für dynamisch beanspruchte Bauteile nicht zulässig, da sie eine erhebliche Kerbwirkung verursachen.

### 3.7.5 Gefährdungen für den Schweißer

Beim Lichtbogenhandschweißen ergibt sich eine Vielzahl von Gefährdungen, denen der Schweißer ausgesetzt ist. Für das Lichtbogenschweißen im Allgemeinen gültige Probleme sind in Abschnitt 3.15 aufgeführt. Es ist deshalb auf Defekte wie beschädigte Isolierungen der Schweißleitung oder fehlerhafte Schweißzangen zu achten. Ein verfahrensspezifisches Problem ist vor allem die Schlackenbildung. Nach dem Schweißen wird sie vom Bediener durch Abschlagen entfernt. Dabei können Teile der Schlacke weit vom Bauteil wegspringen, so auch in die Augen oder an andere Stellen des Schweißers. Ist dieser nicht ausreichend mit Schutzbrille und entsprechender Schutzkleidung ausgestattet, kann die noch heiße Schlacke zu Verletzungen auf der Hornhaut oder der Haut führen.

Weiterhin ist zu bedenken, dass die Schweißzange über keinen Start-Ende-Knopf verfügt, wie zum Beispiel WIG-Brenner. Solange die Stromquelle eingeschaltet ist, liegt Spannung an. Ist eine Elektrode eingespannt, so kann diese durch unachtsame Bewegungen mit dem Gegenpol in Berührung kommen und einen Lichtbogen zünden. Der unvorbereitete Schweißer kann sich dabei die Augen verblitzen oder Verletzungen durch Spritzer erleiden. Weiterhin sollten die Zange sowie die eingespannte Elektrode so gehalten werden, dass der Strom nicht durch den menschlichen Körper fließen kann. Der Schweißer sollte die Elektrode selbst nicht berühren, solange diese in der Zange eingespannt ist.

Getragen werden sollten beim Schweißen feuerfeste Schutzkleidung, Sicherheitsschuhe, Schweißerhandschuhe sowie ein Schweißschirm, der die Augen und das Gesicht schützt. Die Haut darf der UV-Strahlung nicht ungeschützt ausgesetzt sein.

Das Lichtbogenhandschweißen führt je nach Umhüllung der Elektrode zu einer starken Rauchentwicklung. Diese kann dauerhaft gefährdend für die Gesundheit sein. Ein Rauchabzug ist vor allem in geschlossenen Räumen über der Schweißstelle anzubringen.

## 3.8 Wolfram-Inertgasschweißen (Prozess 141)

### Verfahrensmerkmale

Das **Wolfram-Inertgasschweißen** ist ein Schmelzschweißverfahren mit frei brennendem Lichtbogen zwischen einer nicht abschmelzenden Elektrode und dem Werkstück. Die Wärme des Lichtbogens wird zum Aufschmelzen des Grund- und Zusatzwerkstoffs genutzt. Zusätzlich wird dem Schweißprozess ständig Schutzgas zugeführt. Es kann mit oder ohne Zusatzwerkstoffe gearbeitet werden. Eine für die Anwendung besonders wichtige Eigenschaft ist die sehr hohe erreichbare Nahtqualität. Nachteilig steht dem die verhältnismäßig geringe Produktivität des Wolfram-Inertgasschweißens gegenüber.

### Anwendungsbereich/Abmessungen

Aufgrund der hohen Nahtgüte wird das Wolfram-Inertgasschweißen häufig für Anwendungen eingesetzt, die erhöhte bzw. höchste Anforderungen an die Schweißverbindung stellen. Das Verfahren ist universell für unterschiedliche Schweißaufgaben einsetzbar und bietet eine einfache Handhabung der zumeist robusten Gerätetechnik. Es kann sowohl manuell als auch mechanisiert ausgeführt werden. Ohne Fugenvorbereitung ist das Wolfram-Inertgasschweißen im Blechdickenbereich $t_B \approx 0{,}5 \ldots 4$ mm gebräuchlich. Mit geeigneter Fugenvorbereitung und der Verwendung von Zusatzwerkstoff sind der schweißbaren Blechdicke nach oben kaum Grenzen gesetzt. Die Verbindungserzeugung erfolgt dann in Mehrlagentechnik.

### Werkstoffgruppen

Grundsätzlich ermöglicht das Wolfram-Inertgasschweißen die Verarbeitung aller metallischen Werkstoffe. Es wird bevorzugt zum Verbindungsschweißen von Aluminiumlegierungen und hochlegierten Stählen eingesetzt.

### Wichtige Merkblätter und Normen

- **DVS 0920:** Wolfram-Inertgasschweißen (WIG) – Prozess, Verfahren, Werkstoffe, Normung.
- **DVS 0934:** WIG-Schweißen – Ausrüstung und Geräte.
- **DVS 0937:** Wurzelschutz beim Schutzgasschweißen.
- **DIN EN ISO 9692-1:** Schweißen und verwandte Prozesse – Empfehlungen zur Schweißnahtvorbereitung. Teil 1: Lichtbogenhandschweißen, Schutzgasschweißen, Gasschweißen, WIG-Schweißen und Strahlschweißen von Stählen.
- **DIN EN ISO 9692-3:** Schweißen und verwandte Prozesse – Empfehlungen für Fugenformen. Teil 3: Metall-Inertgasschweißen und Wolfram-Inertgasschweißen von Aluminium und Aluminium-Legierungen.
- **DIN EN ISO 14175:** Schweißzusätze – Gase und Mischgase für das Lichtbogenschweißen und verwandte Prozesse.

### 3.8.1 Verfahrensprinzip und Anlagentechnik

#### 3.8.1.1 Funktionsweise

Das Wolfram-Inertgasschweißen (WIG-Schweißen) nutzt einen Lichtbogen als Wärmequelle zum Schweißen. Im Lichtbogen werden Temperaturen erzeugt, die weit über der Schmelztemperatur des Grundwerkstoffs liegen. Unter der Einwirkung des Lichtbogens wird der Grundwerkstoff örtlich begrenzt aufgeschmolzen. Im Schweißvorgang mit Vorschubbewegung fließt die Schmelze ineinander und erstarrt hinter dem Lichtbogen anschließend zu einer Schweißnaht. Dementsprechend wird das WIG-Schweißen in der aktuellen Norm DIN 1910-100 den Schmelzschweißverfahren zugeordnet, die eine elektrische Gasentladung (in diesem Fall einen Lichtbogen) als Energieträger verwenden. Das Verfahrensprinzip lässt eine Einteilung des WIG-Schweißens in weitere Untergruppen des Lichtbogenschweißens zu. Aufgrund der Verwendung eines Schutzgases sowie einer nicht abschmelzenden Wolfram-Elektrode als grundlegende Verfahrensmerkmale zählt das WIG-Schweißen zur Gruppe der Schutzgasschweißverfahren und genauer zum WSG-Schweißen (Wolfram-Schutzgasschweißen). Im internationalen Sprachgebrauch sind die Kurzbezeichnungen TIG (*engl.* tungsten inert gas) und GTAW (*engl.* gas tungsten arc welding) für das WIG-Schweißen gebräuchlicher, wobei letztere die gesamte Verfahrensuntergruppe umfasst. Einen allgemeinen Überblick über das Verfahren gibt das DVS-Merkblatt 0920.

Beim WIG-Schweißen brennt der Lichtbogen direkt zwischen einer nicht abschmelzenden Elektrode und dem Werkstück. Gleichzeitig wird diesem Bereich über eine Düse kontinuierlich Schutzgas zugeführt. Die Elektrode hat die Form eines runden Stabs mit einer kegelig angeschliffenen Spitze und besteht im Wesentlichen aus dem hochschmelzenden Metall Wolfram, das mit verschiedenen Zusatzelementen dotiert ist. Die Schutzgasdüse und Wolframelektrode sind koaxial angeordnet, wobei die Elektrodenspitze typischerweise wenige Millimeter aus der Düse hervorsteht.

Den zur Erzeugung des Lichtbogens erforderlichen elektrischen Strom liefert eine Schweißstromquelle. In der Regel sind beim WIG-Schweißen die Wolframelektrode minus- und das Werkstück plus-gepolt. Falls erforderlich, ist das WIG-Schweißen auch mit Wechselstrom, d. h. mit wechselnder Polarität der Elektrode, möglich. Da mit einer nicht abschmelzenden Elektrode gearbeitet wird, ist der Einsatz von Zusatzwerkstoff beim WIG-Schweißen nicht zwingend erforderlich. Bei Verwendung von Zusatzwerkstoff wird dieser lateral von außen dem Lichtbogen bzw. dessen Wirkbereich zugeführt. In Bild 3.92 ist das Verfahrensprinzip des Wolfram-Inertgasschweißens schematisch dargestellt.

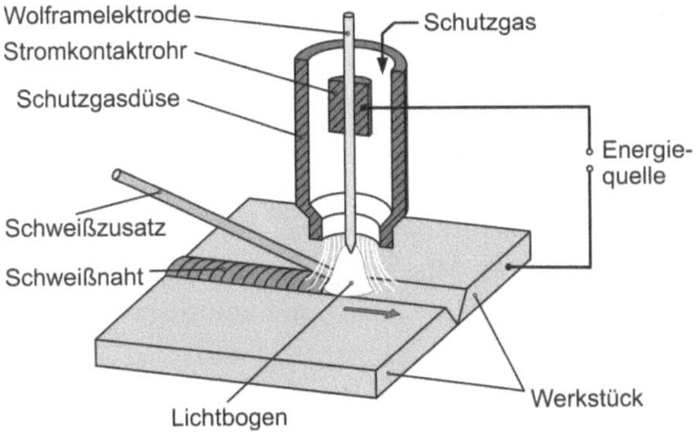


**Bild 3.92** Verfahrensprinzip des Wolfram-Inertgasschweißens

### 3.8.1.2 Schutzgase

Die im Lichtbogen vorherrschenden hohen Temperaturen begünstigen die Reaktionsfreudigkeit von Metallen. Die nichtabschmelzende Wolframelektrode und das Schmelzbad müssen daher durch ein geeignetes Schutzgas von der Umgebungsluft abgeschirmt werden.

Standardmäßig wird beim WIG-Schweißen reines Argon als Schutzgas eingesetzt. Durch seinen inerten Charakter verhindert es thermisch bedingte Oxidationseffekte, reduziert den Verschleiß der Wolframelektrode und verhindert Reaktionen des flüssigen Schweißgutes mit der Atmosphäre. Zudem ist es aufgrund seiner technologischen Eigenschaften überaus gut für die Erzeugung technischer Schweißlichtbögen geeignet und ist verhältnismäßig kostengünstig. Neben Argon sind prinzipiell auch alle anderen nicht oxidierend wirkenden Gase zum WIG-Schweißen geeignet. Nach Norm DIN EN ISO 14175 sind dies Schutzgase der Hauptgruppen I, N und R, siehe Abschnitt 3.6.2. Im Wesentlichen handelt es sich dabei um inerte Gase oder Gasgemische (I1-3), reaktionsträge wirkende Gasgemische aus Argon und Stickstoff (N2) sowie reduzierend wirkende Gasgemische aus Argon und Wasserstoff (R1). Bei einseitig geschweißten Nähten an oxidationsempfindlichen Werkstoffen ist es notwendig, auch die Rückseite der Schweißnaht vor der Umgebungsluft abzuschirmen. Eingeführte Bezeichnungen für diese Art von Schutzgasen sind Formiergas oder Wurzelschutzgas. Zur Anwendung kommen Argon (I), argonreiche Mischgase mit Stickstoff (N2) oder mit Wasserstoff (R1), Stickstoff-Wasserstoff-Gemische (N5) sowie Stickstoff (N1). Im Vergleich zu anderen Schutzgasschweißverfahren stellt der Verzicht auf oxidieren wirkende Anteile im Schutz-gas eine technologische Einschränkung dar, gewährleistet aber im Gegenzug eine sehr hohe Schweißnahtqualität.

Neben der Schutzfunktion kann das Gas beim WIG-Schweißen auch zur gezielten Beeinflussung des Lichtbogens und der Schmelze genutzt werden. Haupteinflussfaktor auf die Wahl der Prozessgase ist der zu verschweißende Werkstoff. Dementsprechend werden von Herstellern für nahezu jeden Werkstoff optimierte Gasgemische zum

WIG-Schweißen angeboten. Die chemische Zusammensetzung dieser Gase ist unter Beachtung der verfahrensbedingten Gegebenheiten auf eine verbesserte Leistung des Schweißprozesses optimiert. Allerdings spielen in der Praxis immer Betrachtungen zu Aufwand und Nutzen eine Rolle, weshalb häufig verschiedene Schutzgase für den gleichen Einsatzzweck verfügbar sind. In Tabelle 3.30 sind mögliche Schutzgaskomponenten zum WIG-Schweißen typischer Werkstoffe dargestellt. Die Auflistung gibt nur einen allgemeinen Überblick der wichtigsten Mischgaskombinationen. Darüber hinaus sind für besondere Anforderungen zahlreiche Mehrkomponentengase mit hoher Reinheit und Mischgenauigkeit bis zu einem Volumenanteil von $\nu = 1/10.000$ erhältlich. In diesem Fall empfiehlt es sich, Hersteller von technischen Gasen zu kontaktieren. Diese verfügen in der Regel über umfangreiches Know-how bei der Anwendung von Schutzgasen zum Schweißen.

**Tabelle 3.30** Mögliche Schutzgaskomponenten zum WIG-Schweißen ausgewählter Werkstoffe

| Werkstoff/Legierungen | Ar | He | $N_2$ | $H_2$ |
|---|---|---|---|---|
| unlegierte/legierte Stähle | * | + | | |
| hoch legierte Stähle | | | | |
| ferritisch | * | + | | |
| austenitisch | * | + | + | + |
| austenitisch-ferritisch | * | + | + | + |
| Aluminium | * | + | + | |
| | + | * | + | |
| Magnesium | * | + | | |
| | + | * | | |
| Nickel | * | + | + | + |
| Kupfer | + | * | | |
| Titan, Niob, Molybdän, Tantal | * | | | |

* bevorzugte Hauptkomponente,
+ mögliche Zusatzkomponente

Die Komponenten Helium und Wasserstoff werden vornehmlich zur Verbesserung der Wärmeeinbringung in den Grundwerkstoff zugemischt. Durch die höhere Ionisationsenergie des Heliums bzw. die zusätzliche Dissoziationsenergie bei Verwendung von Wasserstoff wird im Lichtbogen eine größere Leistung umgesetzt Der erhöhte Leistungsumsatz kann technologisch zur Steigerung der Einbrandwirkung am Werkstück oder zur Erhöhung der Schweißgeschwindigkeit genutzt werden. In Bild 3.93 ist der Einfluss verschiedener Schutzgase auf das Einbrandverhalten schematisch dargestellt.

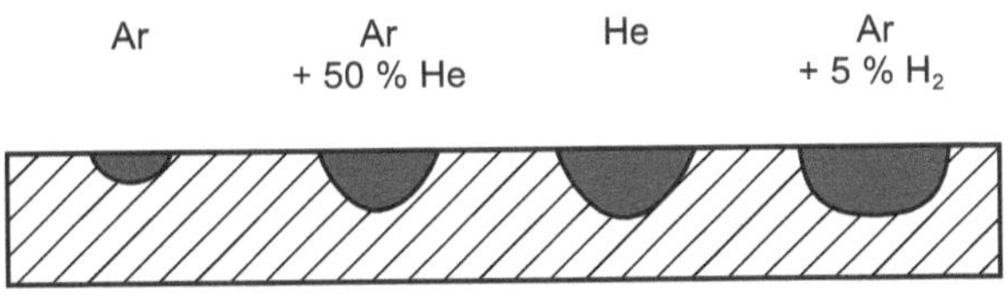


**Bild 3.93**
Einfluss des Schutzgases auf die erzeugte Einbrandgeometrie beim WIG-Schweißen

Helium wird als Gasgemisch mit Argon oder als reines Gas eingesetzt. Mit einem hohen Heliumanteil im Schutzgas kann die starke Wärmeableitung beim Schweißen von Aluminium und Kupfer kompensiert werden. Allerdings verschlechtern sich mit einem zunehmenden Anteil an Helium die Ionisationsbedingungen im Schutzgas, wodurch die Lichtbogenzündung erschwert wird. Im Gegensatz zu Helium ist die Verwendung von Wasserstoff nur in verhältnismäßig geringen Mengen bis maximal 15 % möglich. Zudem beschränkt sich der Einsatz auf Stahlwerkstoffe mit austenitischem Gefüge bzw. Nickel- und Kobaltbasislegierungen. Andere Werkstoffe reagieren in der Regel sehr empfindlich auf den Zutritt von Wasserstoff. Typische Fehler sind z. B. eine verstärkte Porenbildung durch die sehr unterschiedliche Löslichkeit von Wasserstoff in flüssigem und festem Aluminium oder die Bildung von Kaltrissen durch die Rekombination atomaren Wasserstoffs im ferritischen Gefüge von Feinkornbaustählen.

Stickstoffzumischungen von bis zu maximal 2 % im Argon werden zum WIG-Schweißen von hochlegierten Stählen mit austenitisch-ferritischem Gefüge eingesetzt. Der Stickstoff wirkt als **Austenitbildner** stabilisierend auf die Gefügeausbildung. Auch beim Schweißen ohne Zusatzwerkstoff kann damit ein zu hoher Anteil an Deltaferrit wirksam vermieden werden. Ähnlich wie Helium oder Wasserstoff verbessert Stickstoff gleichermaßen die Wärmeeinbringung des WIG-Lichtbogens. Im Formiergas kann teilweise mit höheren Stickstoffanteilen im Argon bis hin zu reinem Stickstoff gearbeitet werden, da die Temperatur an der Schweißnahtrückseite deutlich geringer ist als im Lichtbogenwirkbereich. Hier bietet die reaktionsträge Charakteristik des preiswerteren Stickstoffs ausreichen Schutz vor Oxidation.

Hauptkriterien für die Einstellung der richtigen Schutzgasmenge sind ein optimaler Gasschutz der Schmelze sowie ein ruhig brennender Lichtbogen. Dies richtet sich beim WIG-Schweißen in erster Linie nach dem jeweiligen Einsatzfall und dem dafür eingesetzten Schweißbrenner. Wichtige Einflussfaktoren sind:

- Werkstoff,
- Gasart,
- Lichtbogenleistung,
- Schweißgeschwindigkeit,
- Schmelzbadgröße,

- Art und Lage der Schweißnaht,
- Schweißposition,
- Schutzgasdüsendurchmesser,
- Schutzgasdüsenabstand.

Die Anwendung bestimmt die zu verwendende Fugenform und Prozessleistung, welche maßgeblich die Größe und Exposition des Schmelzbades beeinflussen. Große Schmelzbäder mit einem längeren Temperaturzyklus benötigen eine angepasste Schutzgasabdeckung. Dementsprechend muss mit steigender Prozessleistung die Schutzgasmenge erhöht werden, um eine ausreichende Schutzwirkung zu gewährleisen. In diesem Zusammenhang spielen die Strömungseigenschaften (Ausbildung und Durchmesser der Schutzgasströmung am Austritt der Schutzgasdüse) des Schweißbrenners eine wesentliche Rolle. Kleine Handbrenner mit geringerer Strombelastbarkeit nutzen meist deutlich geringere Durchmesser der Schutzgasdüse als große Automatenbrenner. Der Durchmesser wirkt sich stark auf die Geschwindigkeit bzw. Wirkung der Schutzgasströmung aus. Werden unterschiedliche Schweißbrenner bzw. Schutzgasdüsen eingesetzt, ist dieser Einfluss zu beachten und u. U. eine Angleichung der Durchflussmenge notwendig. Bild 3.94 verdeutlicht den Zusammenhang zwischen dem Durchmesser und dem Volumenstromverhältnis für runde Schutzgasdüsen.

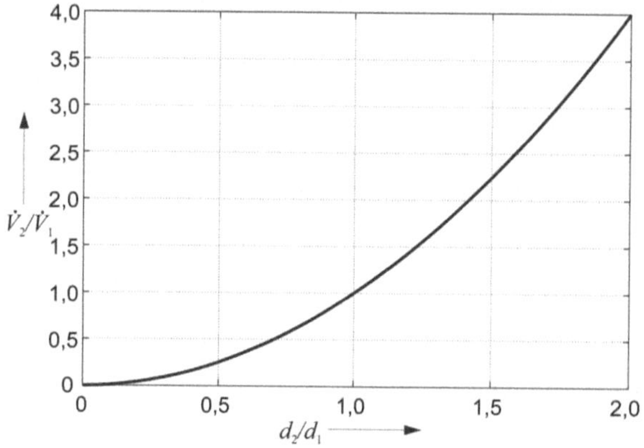


**Bild 3.94**
Zusammenhang zwischen Durchmesser- und Volumenstromverhältnis bei runden Gasdüsen

In der Regel sind Durchflussmengen von $V$ = 5...15 l/min bei Verwendung argonreicher Schutzgase üblich. Dabei ist aufgrund der relativ hohen Dichte von Argon eine gute Schutzwirkung sichergestellt. Allerdings ist zu beachten, dass sich je nach Grundwerkstoff die bevorzugten Schutzgase deutlich voneinander unterscheiden können. Wird mit anderen Gaszusammensetzungen, insbesondere heliumreichen Mischgasen, gearbeitet, ist in Abhängigkeit von der Dichte des Mischgases eine Korrektur der Durchflussmenge erforderlich, siehe Abschnitt 3.6.2. Gleiches gilt grundsätzlich für Abweichungen aus der neutralen Schweißposition. Bei großen Abweichungen ist gegebenenfalls eine größere Schutzgasmenge erforderlich.

### 3.8.1.3 Wolframelektroden

Für das WIG-Schweißen werden vorzugsweise **Wolframelektroden** mit Oxidzusätzen verwendet. Diese erhöhen die Strombelastbarkeit bzw. Standzeit und verbessern gleichzeitig die Zündeigenschaften der Wolframelektroden. Einen Überblick über genormte chemische Zusammensetzungen gibt Abschnitt 3.3.3. Sehr häufig werden die universell einsetzbaren Typen WCe 20 und WLa 15 verwendet. Trotz großer Anwendungsbreite bieten diese verbesserte Gebrauchseigenschaften und eine gute Lichtbogencharakteristik.

Je nach Schweißaufgabe ist in Abhängigkeit von der Stromstärke und der Prozessart ein entsprechender Elektrodendurchmesser auszuwählen. Dies ist für die Ausbildung und Stabilität des Lichtbogens und somit für die Güte des gesamten Schweißprozesses entscheidend. Ist der Elektrodendurchmesser für eine bestimmte Stromstärke zu groß, wird die Spitze nicht gleichmäßig vom Lichtbogen umschlossen. Der Lichtbogen brennt instabil und ist unsymmetrisch ausgebildet. Zudem kann der unruhige Lichtbogen mit punktuellem Ansatz zum Herauslösen von Wolframpartikeln führen. Es besteht die Gefahr einer Verunreinigung der Schmelze und einer verkürzten Standzeit der Elektrode. Ist dagegen der gewählte Elektrodendurchmesser für eine bestimmte Stromstärke zu gering, wird die Spitze thermisch überlastet und aufgeschmolzen. Die angeschliffene Geometrie der **Elektrodenspitze** geht verloren. Infolgedessen brennt der Lichtbogen ungleichmäßig und weniger konzentriert. Tropfen geschmolzenen Elektrodenmaterials können sich ablösen und die Schmelze verunreinigen. Bild 3.95 zeigt geeignete Elektrodendurchmesser in Abhängigkeit von Stromstärke und **Polungsart.**

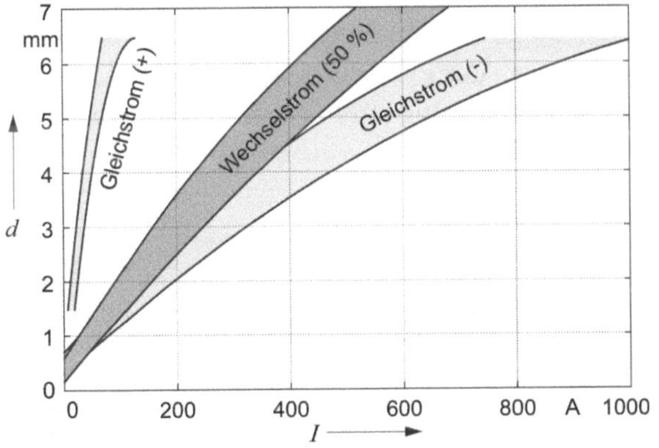


**Bild 3.95**
Elektrodendurchmesser in Abhängigkeit von der Stromstärke beim WIG-Schweißen

Die Angaben sind Richtwerte für das WIG-Schweißen mit dotierten Wolframelektroden. Aufgrund der geringeren Erwärmung der Elektrode bei Minuspolung sind bei gleichem Durchmesser deutlich höhere Schweißstromstärken möglich als bei Pluspolung. Es wird deutlich, dass der technisch nutzbare Leistungsbereich beim WIG-Schweißen mit positiver Polung der Elektrode stark eingeschränkt ist. Selbst Elektroden mit großem Durchmesser halten der höheren thermischen Belastung nur bei verhältnismäßig geringen Stromstärken dauerhaft stand. Dementsprechend liegen geeignete Werte für das WIG-Schweißen mit Wechselstrom je nach Anteil der Polarität zwischen diesen Bereichen.

Aus dem gleichen Grund werden die Elektroden zum WIG-Schweißen mit Wechselstrom nicht spitz geschliffen. Meist wird ein Kegelstumpf angearbeitet. Der Durchmesser der Deckfläche kann bis zu einem halben Elektrodendurchmesser $d_1 \leq d/2$ betragen. Falls notwendig, kann auch beim Schweißen mit Gleichstrom (Minuspolung) mit einer abgeflachten Elektrodenspitze gearbeitet werden, um die Standzeit zu erhöhen. Allerdings sollte der Durchmesser der Deckfläche nicht größer als ein Zehntel des Elektrodendurchmessers $d_1 \leq d/10$ sein. In Bild 3.96 sind zweckmäßige Elektrodenformen für das Schweißen mit Gleichstrom (Minuspolung) und Wechselstrom gegenübergestellt.

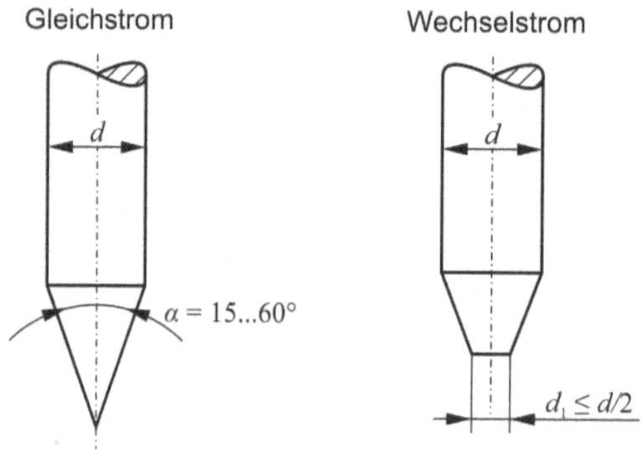


**Bild 3.96** Mögliche Formen der Elektrodenspitze zum WIG-Schweißen

Bei richtiger Belastung der Wolframelektrode bleibt unter Gleichstrom (Minuspolung) die angeschliffene Geometrie der Elektrodenspitze vollständig erhalten. Unter Verwendung von Wechselstrom bildet sich an der Elektrodenspitze eine kleine Kugel flüssigen Wolframs, an welcher der Lichtbogen ruhig ansetzen kann. Durch die abgearbeitete Spitze wird das flüssige Volumen begrenzt. Bei zu großen Tropfen an der Elektrodenspitze wandert der Lichtbogenansatzpunkt auf der Tropfenoberfläche umher. Es entsteht ein unruhiger Lichtbogen. Zusätzlich besteht die Gefahr der Tropfenablösung und einer Verunreinigung des Schmelzbades. Bild 3.97 zeigt einen Vergleich von Elektrodenspitzen mit richtigem Anschliff zum WIG-Schweißen mit Gleich- und Wechselstrom vor und nach sachgerechtem Gebrauch.

Beim Anschleifen der Elektrode sind grobe Schleifriefen unbedingt zu vermeiden. Zu große Unregelmäßigkeiten in der Oberfläche verursachen einen unruhigen Lichtbogen oder können zu einer punktuellen Überlastung der Elektrodenspitze führen. Grundsätzlich sind die Elektroden längs anzuschleifen. Dabei ist ein maschineller Anschliff in jedem Fall zu bevorzugen, um eine Asymmetrie der Elektrodenspitze zu vermeiden. Bei einem Querschliff behindern die umlaufenden Rillen die freie Ausbreitung des Lichtbogens auf der Elektrodenoberfläche. Durch derartig ungünstige Verhältnisse wird die Elektrodenspitze übermäßig thermisch beansprucht. Dies führt zu erhöhtem Verschleiß der Elektrode und einem instabilen Lichtbogen. Nach einem Anschliff müssen die Wolframelektroden sauber und fettfrei sowie frei von Oxidhäuten sein.

**Bild 3.97**
Geschliffene und benutzte Elektrodenspitzen zum WIG-Schweißen mit Gleichstrom (links) und Wechselstrom (rechts)

Je kleiner der Spitzenwinkel der angeschliffenen Elektrode ist, desto konzentrierter brennt der Lichtbogen. Dies bewirkt eine höhere Energiedichte auf der Bauteiloberfläche. Zudem hat die Geometrie der Elektrodenspitze einen großen Einfluss auf den erzeugten Staudruck des Lichtbogens. Spitzere Winkel bewirken einen Anstieg des Staudrucks, d. h. höhere Strömungsgeschwindigkeiten im Lichtbogen. Entsprechend dem Wärmetransport in Gasen wird dadurch die Wärmeeinbringung ins Bauteil erheblich gesteigert. In Kombination führen diese Einflüsse zu einer beträchtlichen Einbranderhöhung bei Verwendung kleiner Spitzenwinkel. Allerdings sind solche Spitzengeometrien aufgrund der Empfindlichkeit und geringeren Strombelastbarkeit nur bedingt anwendbar. Bei einsetzendem Verschleiß der Elektrodenspitze verringert sich das Einbrandverhalten schlagartig. In Bild 3.98 ist der Einfluss verschiedener Geometrien der Elektrodenspitze auf das Einbrandverhalten schematisch dargestellt.

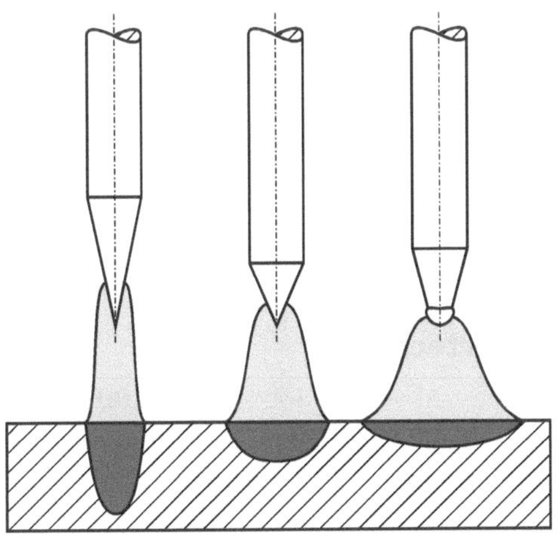

**Bild 3.98**
Einbrandformen in Abhängigkeit der Geometrie der Elektrodenspitze

### 3.8.1.4 Zusatzwerkstoff

Wird mit Zusatzwerkstoff gearbeitet, werden je nach Mechanisierungsgrad unterschiedliche Lieferformen von Zusatzwerkstoff zum WIG-Schweißen verwendet. Im handgeführten Prozess kommen **WIG-Stäbe** zum Einsatz. Deren Abmessungen und Zusammensetzungen sind je nach Werkstoff und Anwendung genormt, siehe Abschnitt 3.5.2.

In Abhängigkeit von der zu verschweißenden Blechdicke und der damit verbundenen Schweißleistung, werden unterschiedliche Stabdurchmesser verwendet. Dies hängt aber stark vom Grundwerkstoff, der Fugenform und der Schweißposition ab. Bild 3.99 gibt einen Anhaltspunkt für die Auswahl eines geeigneten Stabdurchmessers in Abhängigkeit von der Blechdicke. Jedoch spielen hierbei die Fertigkeiten des Schweißers eine große Rolle. Im handgeführten Prozess ist die Menge des abgeschmolzenen Zusatzwerkstoffs direkt an die Geschwindigkeit der Zustellbewegung gebunden. Um diese zu senken, werden im Gegenzug häufig größere Stabdurchmesser gewählt. Zudem ist deren Handhabung einfacher, wodurch Fehler vermieden werden können.

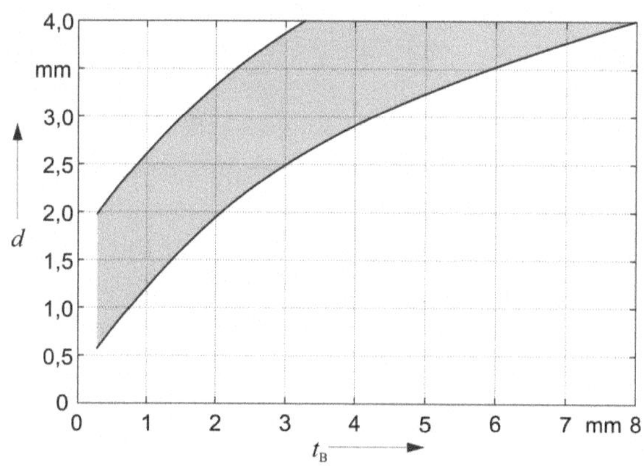


**Bild 3.99** Richtwerte für die Auswahl eines geeigneten Stabdurchmessers in Abhängigkeit von der Blechdicke

Für mechanisierte bzw. automatisierte WIG-Schweißprozesse wird Zusatzwerkstoff in Drahtform verwendet. Hierfür kommen standardmäßig Drahtelektroden für das MSG-Schweißen in den genormten Abmessungen und Zusammensetzungen zum Einsatz, siehe Abschnitt 3.5.3 und Abschnitt 3.5.4. Die Zustellbewegung des drahtförmigen Zusatzwerkstoffs wird über integrierte oder externe Drahtvorschubsysteme realisiert, siehe Abschnitt 3.4.2.1.

### 3.8.1.5 Schweißstromquellen und Brennertechnik

Zum WIG-Schweißen werden Stromquellen, siehe Abschnitt 3.2, mit steil **fallender Kennlinie** verwendet. Entsprechend dem Verlauf einer solchen Kennlinie verursachen verhältnismäßig große Schwankungen der Lichtbogenspannung bzw. Lichtbogenlänge nur geringe Änderungen des Schweißstroms. Damit haben typische Abweichungen des Brennerabstandes in einem handgeführten Schweißprozess kaum Einfluss auf den erzeugten Einbrand. Diese Charakteristik gewährleistet ein stabiles Prozessverhalten und ein gleichbleibendes Schweißergebnis.

Zum WIG-Schweißen findet sowohl Gleich- als auch Wechselstrom Anwendung. Je nach Einsatzfall können deshalb theoretisch alle Bauarten von Schweißstromquellen zum Einsatz kommen. Moderne WIG-Schweißstromquellen basieren üblicherweise auf Invertertechnik. Häufig werden einfache Geräte, die ausschließlich für Gleichstrom geeignet sind, und kombinierte Stromquellen, die eine Umschaltung zwischen Gleich- und Wechselstrom ermöglichen, angeboten. Je nach Einsatzzweck sind WIG-Schweißstromquellen in unterschiedlichen Leistungsklassen erhältlich. Die Spanne reicht von tragbaren Geräten mit einem Schweißstrom von $I \leq 150$ A bis hin zu stationären Anlagen mit Schweißströmen von $I \geq 500$ A bei einer Einschaltdauer von $ED = 60$ %.

Einfache WIG-Schweißstromquellen ermöglichen durch Grob- und Feinschalter eine Einstellung der Schweißstromstärke in einzelnen Stufen. Dabei wird die Kennlinie der Stromquelle verschoben, wodurch sich bei gleicher Lichtbogenlänge die Lichtbogenspannung geringfügig ändert. Jedoch wird diese mehr durch den eingehaltenen Abstand des Brenners zum Werkstück beeinflusst. Moderne elektronisch gesteuerte Stromquellen gestatten ein stufenloses Einstellen und Vorprogrammieren von Schweißregimen, die den jeweiligen Gegebenheiten angepasst werden können. Sie werden derzeit meist für mechanisierte Anlagen eingesetzt. Zudem sind zahlreiche Parameter, die den Strom-Zeit-Verlauf beeinflussen, frei einstellbar, siehe Abschnitt 3.8.2.2. Zusätzlich müssen WIG-Schweißstromquellen für den vollmechanisierten bzw. automatisierten Einsatz über eine Schnittstelle zur Kommunikation mit der Steuerung der Führungsmaschine verfügen. Beispielweise erhält die Stromquelle über diese Schnittstelle das Signal, den Lichtbogen zu zünden, da der Schweißvorgang programmgesteuert ohne Eingriff eines Schweißers abläuft. Die Stromquelle quittiert dies mit einem weiteren Signal der Führungsmaschine, welche anschließend die Verfahrbewegung beginnen kann.

Eine besondere Prozesseigenschaft ist die Möglichkeit, den Schweißstrom bis in den Bereich von einigen Kilohertz zu pulsen (**Kilohertz-Pulsen**). Die erhöhte Stromdichte während der einzelnen Impulse bewirkt eine verstärkte eigenmagnetische Kompression der Lichtbogensäule. Infolgedessen wird der Lichtbogen sichtbar eingeschnürt. Durch die hohen Frequenzen wird die Trägheit der Lichtbogensäule genutzt, sodass keine nennenswerte Aufweitung zwischen den Impulsen entsteht. Im Ergebnis profitieren zahlreiche Anwendungen von dem konzentrierten und stabilen Lichtbogen.

Zusätzlich weisen Stromquellen zum WIG-Schweißen in der Regel einige verfahrensbedingte Besonderheiten auf. Da beim handgeführten WIG-Schweißen häufig mit relativ geringen Strömen gearbeitet wird, muss die Schweißstromquelle vor allem im unteren Leistungsbereich sehr fein einstellbar sein und einen stabilen Lichtbogen erzeugen. Die meisten Stromquellen unterstützen mithilfe eines Hochspannungszündgerätes, siehe Abschnitt 3.1.2, eine berührungslose Zündung des Lichtbogens. Da zum WIG-Schweißen immer Schutzgas benötigt wird, verfügen entsprechende Stromquellen für gewöhnlich über eine einfache Gassteuerung, die mit Schweißstart und -ende die Gaszufuhr ein- bzw. ausschaltet.

Neben der Stromquelle ist der Schweißbrenner die entscheidende Komponente der Anlagentechnik zum WIG-Schweißen. Dessen Aufbau und Funktionsweise bestimmt maßgeblich die Charakteristik des Verfahrens. In Abschnitt 3.3.3 werden grundlegende Merkmale von WIG-Schweißbrennern beschrieben. Unterschiede ergeben sich hauptsächlich in der Gestaltung und Auslegung zwischen Handbrennern und WIG-Schweißbrennern für den vollmechanisierten bzw. automatisierten Einsatz. Maschinenbrenner sind meist für höhere Leistungen konzipiert und wassergekühlt, Handbrenner dagegen häufig gasgekühlt und ergonomisch gestaltet.

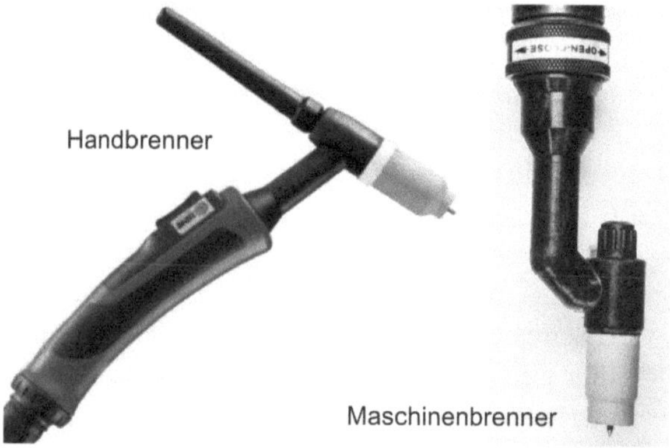


**Bild 3.100**
WIG-Schweißbrenner

Das DVS-Merkblatt 0934 beschreibt ausführlich die notwendige Anlagentechnik zum handgeführten sowie mechanisierten WIG-Schweißen. Neben der Darstellung von Ausrüstungen und Geräten werden wichtige Hinweise zur Einstellung und Arbeitsweise sowie Maßnahmen zur Vermeidung von Gesundheitsgefährdungen gegeben.

## 3.8.2 Verfahrensvarianten

### 3.8.2.1 Zünden des Lichtbogens

Grundsätzlich stehen zwei Möglichkeiten zur Verfügung einen WIG-Schweißlichtbogen zu zünden, siehe Abschnitt 3.1.2.

Bei Schweißanlagen, die mit Hochfrequenz[1] oder **Hochspannungszündgeräten** ausgestattet sind, kann berührungslos gezündet werden. Der Lichtbogen wird durch Hochspannungsimpulse ($U$ = 6...8 kV, $t_P$ = 0,5...1,0 µs, $f$ = ≤ 500 Hz) gezündet, die über der Durchschlagspannung für Luft liegen. Werden durch die Hochspannungsimpulse ausreichend freie Ladungsträger gebildet (Gasatome ionisiert), kommt es zum Durchbruch. Infolge weiterer Ionisationsprozesse werden mehr freie Ladungsträger gebildet, als durch Rekombination vernichtet werden. Es entsteht ein leitfähiger Entladungskanal. Wird beim Schweißstart die Spitze der Wolframelektrode dem Werkstück bis auf etwa 3 mm genähert, zündet der Lichtbogen selbsttätig. Diese Variante ist aufgrund folgender Vorteile gegenüber anderen Zündmethoden zu bevorzugen:

- keine Schmelzbadverunreinigung,
- kein Verschleiß der Wolframelektrode,
- schneller Zündvorgang,
- einfache Handhabung,
- gute Automatisierbarkeit,
- für Gleich- und Wechselstrom geeignet.

Für den Fall, dass kein Zündgerät zur Verfügung steht, muss durch kurzes Berühren der Elektrode mit dem Werkstück ein Kurzschluss das Zünden des Lichtbogens einleiten. Wird die Kurzschlussbrücke durch Zurückziehen der Elektrode aufgelöst, verdampft örtlich begrenzt eine kleine Menge Metall. Die elektrische Leitfähigkeit des Metalldampfs reicht aus, um mit der angelegten Schweißspannung den Lichtbogen zu zünden. Allerdings bleiben bei der Berührungs- bzw. **Abreißzündung** häufig Wolframteilchen von der Elektrode am Bauteil haften, was zu Wolframeinschlüssen im Schweißgut führt. Ebenso können geringe Mengen vom Grundwerkstoff an der Elektrodenspitze anhaften, was einen unsymmetrischen und unruhig brennenden Lichtbogen zur Folge hat.

### 3.8.2.2 Stromart und Polarität

Prinzipiell können für das WIG-Schweißen die Stromarten Gleich- und Wechselstrom angewendet werden. Die Polung der Wolframelektrode kann dabei positiv oder negativ sein bzw. ständig wechseln. Hauptkriterium für die Wahl einer bestimmten Stromart und Polarität ist der zu schweißende Grundwerkstoff. In Tabelle 3.31 sind mögliche Strom- und **Polungsarten** zum WIG-Schweißen einiger ausgewählter Werkstoffe aufgeführt. Je nach Verfahrensvariante sind dabei einige Besonderheiten zu beachten.

---

[1] Hochfrequenzzündgeräte erzeugen Hochspannungsimpulse mit einer Frequenz von mehreren hundert Kilohertz, wodurch Störungen öffentlicher Funknetze hervorgerufen werden können. Da die Entstörung sehr aufwendig und der Betrieb außerdem genehmigungspflichtig ist, werden Hochfrequenzzündgeräte kaum noch eingesetzt.

**Tabelle 3.31** Mögliche Strom- und Polungsarten zum WIG-Schweißen ausgewählter Werkstoffe

| Werkstoff/Legierung | Gleichstrom | | Wechselstrom |
|---|---|---|---|
| | Elektrode negativ (–) | Elektrode positiv (+) | |
| unlegierte/legierte Stähle | + | | |
| hochlegierte Stähle | + | | |
| Aluminium | ∘ | ∘ | + |
| Magnesium | | ∘ | + |
| Nickel | + | | |
| Kupfer | + | | |
| Titan, Niob, Molybdän, Tantal, Zirkon, Wolfram | + | | |
| + bevorzugte Strom-/Polungsart,<br>∘ bedingt einsetzbar | | | |

Bei Gleichstrom (häufig mit DC abgekürzt, *engl.* direct current) wird mit einer konstanten Stromstärke gearbeitet. Der gewünschte Wert wird voreingestellt, und die Stromquelle hält durch Regelung der Spannung die Stromstärke während des Schweißprozesses auf einem konstanten Wert. Dies entspricht der Konstantstrom-Charakteristik einer typischen WIG-Schweißstromquelle mit steil fallender Kennlinie. Bild 3.101 zeigt schematisch den zeitlichen Verlauf der Stromstärke beim WIG-Schweißen mit Gleichstrom.

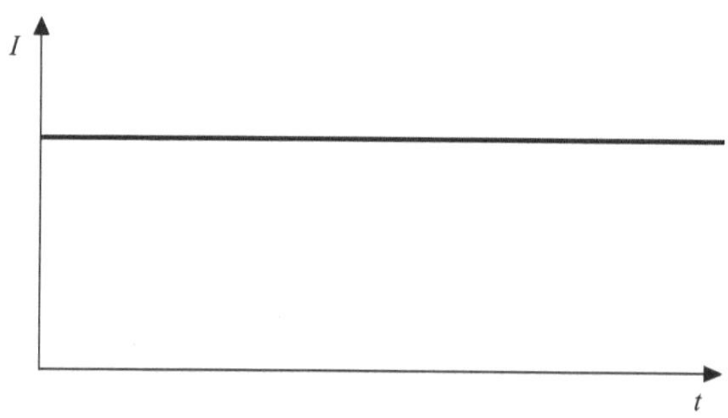


**Bild 3.101**
Schematische Darstellung des Stromverlaufs beim WIG-Schweißen mit Gleichstrom

Der Minuspol ist der kältere Pol, die Strombelastbarkeit und die Haltbarkeit der Wolframelektrode sind demnach beim Schweißen am Minuspol erheblich größer als am Pluspol. Daher ist, bis auf wenige Ausnahmen oder Sonderanwendungen, die negative Polung der Elektrode die Standardkonfiguration beim WIG-Schweißen mit

Gleichstrom. Um nur annähernd praktisch nutzbare Stromstärken zu erreichen, müssen beim Gleichstromschweißen am Pluspol Elektroden mit deutlich größerem Durchmesser verwendet werden (Bild 3.95). Die freien Elektronen im Lichtbogen bewegen sich in Richtung der Anode (Pluspol) und treten schließlich in diese ein. Die überschüssige kinetische Energie wird in Wärme umgewandelt. Austrittsarbeit muss nicht geleistet werden, weshalb die Anode thermisch höher belastet wird als die Kathode (Minuspol).

Bei Wechselstrom (häufig mit AC abgekürzt, *engl.* alternating current) wird mit einer zeitlich veränderlichen Stromstärke gearbeitet, wobei die Polung der Wolframelektrode in jeder Periode wechselt. Das konventionelle WIG-Wechselstromschweißen nutzt meist einen sinusförmigen Funktionsverlauf des Schweißstroms. Der gewünschte Stromwert wird als Amplitude voreingestellt. Über die **Balance** $Bal = A_1/(A_1 + A_2) \cdot 100\,\%$ wird das Verhältnis von positivem und negativem Stromanteil vorgegeben. Während ältere Stromquellen eine feste Frequenz von $f = 50$ Hz nutzen, erlauben moderne Anlagen in der Regel eine freie Einstellung der Schwingungszahl. Neben der Sinusform erlauben elektronisch gesteuerte WIG-Stromquellen auch die Auswahl anderer Stromverläufe, z. B. mit Rechteckimpulsen. In diesem Fall wird die Balance über das Tastverhältnis von negativer und positiver Pulszeit sowie dem Versatz vom Nulldurchgang (Stromoffset) bestimmt. Bild 3.102 zeigt schematisch mögliche Zeitverläufe der Stromstärke beim WIG-Schweißen mit Wechselstrom.

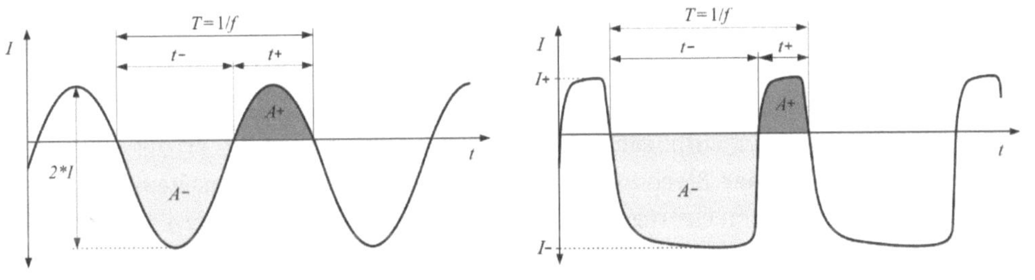


**Bild 3.102** Schematische Darstellung möglicher Stromverläufe beim WIG-Schweißen mit Wechselstrom, links: Offset des Nulldurchgangs, rechts: Variation des Tastverhältnisses

Die Verwendung von Wechselstrom zum WIG-Schweißen stellt im Wesentlichen einen Kompromiss dar. Beim Schweißen mit einem Lichtbogen ist es aus technologischer Sicht sinnvoll, für einige Werkstoffe, wie z. B. Aluminium, eine positive Polung der Elektrode zu verwenden. Um eine thermische Überlastung der plus-gepolten Wolframelektrode zu vermeiden und dennoch die Vorteile einer positiven Polung nutzen zu können, wird mit Wechselstrom geschweißt. Nach der hohen thermischen Belastung während der positiven Polung kann die Wolframelektrode in der negativen Halbwelle abkühlen. Damit können im Schweißprozess deutlich höhere Stromstärken bei ausreichender Standzeit der Elektrode genutzt werden.

Bei gepulstem Gleichstrom (DC-Puls, **Impulsstromschweißen**) wird mit einer zeitlich veränderlichen Stromstärke gearbeitet, wobei die Polung der Wolframelektrode nicht wechselt. In der Regel kann zwischen verschiedenen Pulsformen, wie z. B. Dreieck- oder Rechteckimpuls, gewählt werden. Die Parameter Grund- und Pulsstrom bestimmen die Amplitude der einzelnen Stromimpulse. Je nach zeitlichem Verlauf der Stromstärke wird die Periodendauer über Grund- und Pulszeit oder die Pulsfrequenz definiert. Dabei sind Pulsfrequenzen bis zu mehreren Kilohertz möglich. Häufig erlauben moderne WIG-Stromquellen die Eingabe zahlreicher Hilfsparameter, wie z. B Flankenanstieg, um die Pulsform weiter anzupassen. Bild 3.103 zeigt schematisch den zeitlichen Verlauf der Stromstärke beim WIG-Schweißen mit gepulstem Gleichstrom.

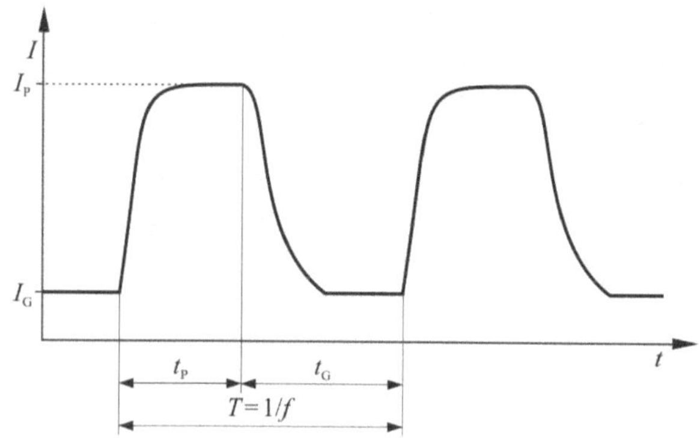


**Bild 3.103** Schematische Darstellung des Stromverlaufs beim WIG-Schweißen mit gepulstem Gleichstrom

Das WIG-Schweißen mit gepulstem Gleichstrom wird häufig im mechanisierten bzw. automatisierten Betrieb eingesetzt. Insbesondere mit höheren Frequenzen werden Effekte genutzt, um den Lichtbogen zu stabilisieren. Dies erhöht die Prozesssicherheit beim Schweißen dünner Blechdicken. Dagegen finden niedrige Pulsfrequenzen Anwendung, um den Wärmeeintrag besser zu kontrollieren und zu steuern. In Zwangslagen ist das Schmelzbad mit einem niederfrequent stromgepulsten WIG-Prozess besser beherrschbar. In der Pulsstromphase wird der Werkstoff ausreichend aufgeschmolzen. Bevor jedoch das Schmelzbad überhitzt, wegläuft oder abtropft, folgt die Grundstromphase. Es kommt zur Abkühlung bzw. teilweisen Erstarrung der Schmelze. Der wiederholte thermische Zyklus zwischen Erhitzung und Abkühlung wirkt sich zudem positiv auf die erzeugten Gefügeeigenschaften aus.

Bei gepulstem Wechselstrom (AC-Puls) wird mit einer zeitlich veränderlichen Stromstärke gearbeitet, wobei sich die Polung der Wolframelektrode entsprechend der Wechselstromfrequenz ändert. Zusätzlich ist dem Wechselstromprozess eine Pulsfrequenz überlagert, mit der die Amplitude der Wechselstromimpulse verändert wird. Diese Pulsfrequenz (und nicht die Wechselstromfrequenz) ist kennzeichnend für einen WIG-Prozess mit gepulstem Wechselstrom. Die Parameter Grund- und Pulsstrom bestimmen die Amplitude der einzelnen Stromimpulse. Die Periodendauer wird über die Grund- und Pulszeit bzw. die Pulsfrequenz vorgegeben. Bild 3.104 zeigt schematisch den zeitlichen Verlauf der Stromstärke beim WIG-Schweißen mit gepulstem Wechselstrom.

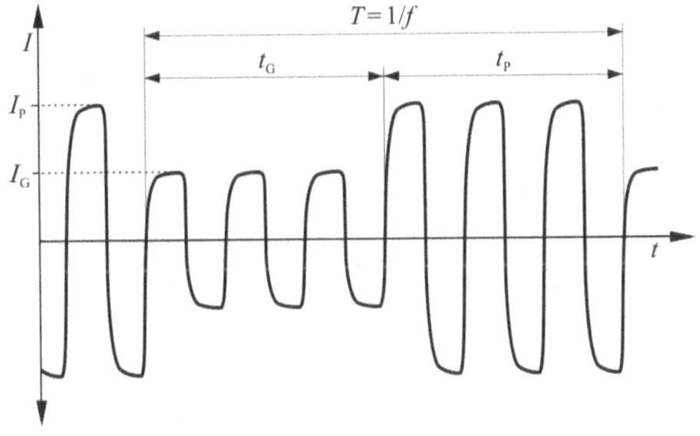


**Bild 3.104**
Schematische Darstellung des Stromverlaufs beim WIG-Schweißen mit gepulstem Wechselstrom

Im Prinzip sind die Gründe für die Anwendung eines gepulsten Wechselstroms die gleichen wie die für den Einsatz eines gepulsten Gleichstroms zum WIG-Schweißen. Ist aus technologischer Sicht die Verwendung von Wechselstrom notwendig, ermöglicht der Pulsprozess eine bessere Kontrolle des Wärmeeintrags. Dies vereinfacht die Beherrschung des Schmelzbades bei Positionsschweißungen in Zwangslagen. In der Pulsstromphase wird der Werkstoff aufgeschmolzen und ausreichend Einbrand erzeugt. Danach folgt in der Grundstromphase eine Abkühlung bzw. teilweise Erstarrung der Schmelze, die sich dadurch selbst stützt. Nebenbei wirkt sich die geringere thermische Belastung der Wolframelektrode in der Grundstromphase günstig auf deren Standzeit beim Wechselstromschweißen aus.

WIG-Schweißen mit Wechselstrom oder plus-gepolter Wolframelektrode wird in der Regel ausschließlich für Aluminium- und Magnesiumlegierungen angewandt. Die Notwendigkeit dafür ist begründet in der Oxidschicht, die diese Werkstoffe an normaler Atmosphäre bilden. Im Vergleich zum reinen Grundwerkstoff hat die Oxidschicht eine wesentlich höhere Schmelztemperatur (Aluminium $\vartheta_S = 660\,°C$, Aluminiumoxid $\vartheta_S = 2245\,°C$). Die große Differenz ist bei Schmelzschweißverfahren besonders störend. Wird mit Gleichstrom (Elektrode negativ gepolt) und normaler Wärmeeinbringung gearbeitet, verhindert die feste Oxidhaut ein Fließen des Schmelzbades und ein Anbinden einzelner Tropfen an die entstehende Raupe. Durch erhöhte Prozessleistungen bessert sich das Verhalten, jedoch besteht erhöhte Gefahr des Durchfallens der Schweißnaht, sodass nur mit einer Badsicherung reproduzierbar gearbeitet werden kann.

Deshalb wird für solche Werkstoffe in der Regel der **kathodische Reinigungseffekt** beim WIG-Schweißen mit positiver Polung der Wolframelektrode genutzt. Im Lichtbogen wandern die negativ gepolten Elektronen als freie Ladungsträger zum Pluspol

(Anode) und die positiv gepolten Ionen zum Minuspol (Kathode). Jedoch nehmen die Ionen aufgrund ihrer größeren Masseträgheit kaum am Ladungstransport teil. Ist die Wolframelektrode positiv gepolt, treten die Elektronen aus der Oxidschicht auf der Werkstückoberfläche aus. Dabei kommt es zum Aufreißen der Oxidschicht und zu einer Reinigung[2)] der Oberfläche. Allerdings wird die Wolframelektrode durch die auftreffenden Elektronen stark thermisch belastet, weshalb als Kompromiss mit Wechselstrom gearbeitet wird. Im Wechsel der Polarität wird die Oxidhaut aufgerissen, wenn der Pluspol an der Elektrode liegt (kathodische Reinigung), und während der anschließenden negativen Halbwelle kann die Elektrode wieder abkühlen. Die Halbwellen werden deshalb Reinigungshalbwellen oder Kühlhalbwellen genannt. Auf diese Weise lassen sich eine ausreichende Reinigung der Badoberfläche von Oxiden und eine gute Standzeit der Elektrode erreichen. In Bild 3.105 ist schematisch der kathodische Reinigungseffekt beim WIG-Schweißen mit positiver Polung der Wolframelektrode dargestellt.

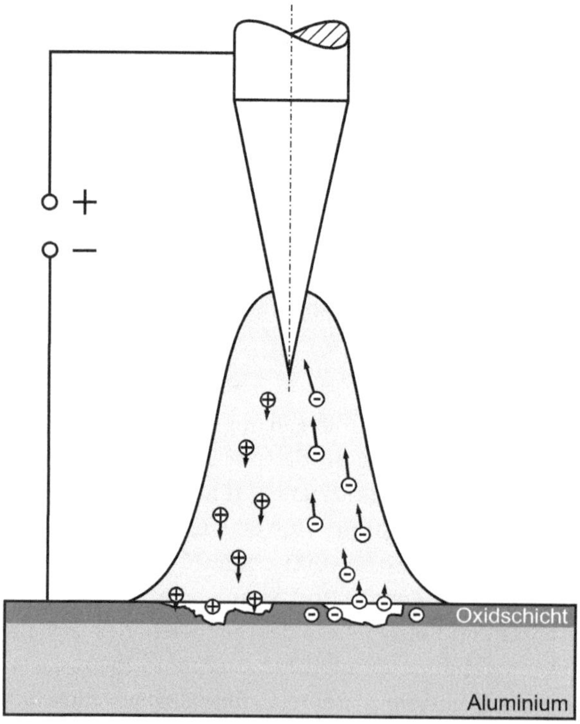


**Bild 3.105**
Schematische Darstellung des kathodischen Reinigungseffekts beim WIG-Schweißen mit positiver Polung der Wolframelektrode

[2] In früheren Erklärungen wurde der kathodische Reinigungseffekt den auf der Werkstückoberfläche auftreffenden Ionen zugeschrieben. Die Überlegung war, dass nur Ionen aufgrund ihrer größeren Masse ausreichend kinetische Energie besitzen, um die Oxidschicht zu zerstören.

### 3.8.2.3 Mechanisierungsgrad

Das WIG-Schweißverfahren wird nach der Definition in der Norm DIN 1910-100 in allen Mechanisierungsgraden eingesetzt. Beim manuellen WIG-Schweißen werden sowohl der Brenner als auch der Zusatzwerkstoff von Hand geführt. Diese Variante stellt einen Großteil aller praktisch eingesetzten WIG-Schweißprozesse. Ebenfalls beim Handschweißen üblich ist ein teilmechanisierter Prozess mit mechanischer Zuführung des Zusatzwerkstoffes in Drahtform. In maschinellen Prozessen wird vollmechanisiert oder automatisiert gearbeitet. In der vollmechanischen Variante werden Zusatzwerkstoff und Schweißbrenner mechanisch geführt, in der automatisierten Variante wird zusätzlich die Handhabung des Werkstücks mechanisiert.

### 3.8.2.4 WIG-Schweißen mit Zusatzwerkstoff

Neben der Zuführung stabförmigen Zusatzwerkstoffs von Hand wird im mechanisierten WIG-Schweißprozess Zusatzwerkstoff in Drahtform verwendet (Bild 3.106). Die Zustellbewegung wird durch Drahtvorschubgeräte realisiert. Die quasi endlose Fördermöglichkeit ist besonders für mechanisierte bzw. automatisierte Prozesse geeignet, da häufige Unterbrechungen zum Nachsetzen des Zusatzwerkstoffs entfallen. Moderne Drahtvorschubsysteme zum WIG-Schweißen ermöglichen eine kontinuierliche, gepulste oder reversierende Zustellbewegung des Zusatzwerkstoffs. Damit lassen sich wichtige Prozesseigenschaften, wie z. B. Werkstoffablösung, Nahtschuppung, Spaltüberbrückung usw., auch beim mechanisierten WIG-Schweißen gezielt beeinflussen.

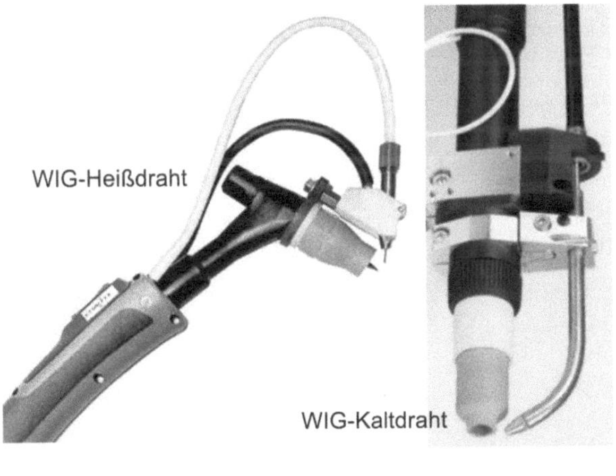


**Bild 3.106** WIG-Schweißbrenner mit mechanisierter Zusatzwerkstoffzufuhr (EWM HIGHTEC WELDING GmbH)

Beim **WIG-Kaltdrahtschweißen** wird der Zusatzwerkstoff ausschließlich durch die Wärme des Lichtbogens aufgeschmolzen. Das bedeutet, dass das ständige Zuführen und Aufschmelzen von kaltem Draht dem Prozess permanent einen nicht zu vernachlässigenden Teil der Wärme entzieht. Die abgeführte Wärmemenge steigt proportional zur Erhöhung der Drahtvorschubgeschwindigkeit an. Dementsprechend reduziert sich bei konstanter Stromstärke der Einbrandleistung des Lichtbogens.

Eine Weiterentwicklung mit deutlich verbesserter Produktivität ist das **WIG-Heißdrahtschweißen.** Durch Vorwärmung des drahtförmigen Zusatzwerkstoffs wird der Wärmeentzug effektiv begrenzt. Während der Zuführung wird der Draht im Durchlauf mit einer sekundären Wärmequelle erhitzt. Um den Draht in der Fügezone endgültig zu verflüssigen, ist nur noch eine verhältnismäßig geringe Energiemenge notwendig. Dem Lichtbogen wird dabei nur ein geringer Teil der Wärme entzogen. Gegenüber dem WIG-Kaltdrahtschweißen bietet das Verfahren dadurch einen besseren Einbrand, der sich in höhere Schweißgeschwindigkeiten umsetzen lässt. Bei gleicher Schweißstromstärke kann durch die Vorwärmung des Zusatzwerkstoffs die Abschmelzleistung nahezu verdoppelt werden. Dies ist für das Verbindungsschweißen gleichermaßen vorteilhaft wie für das Auftragschweißen. Infolge der effektiv geringeren Lichtbogenleistung, die erforderlich ist, um die gleiche Menge Zusatzwerkstoff abzuschmelzen, reduziert sich die Aufmischung mit dem Grundwerkstoff deutlich. Für die Vorwärmung des Zusatzwerkstoffs finden in der Praxis zwei Verfahren Anwendung. Eine Methode ist, den Draht potenzialfrei durch eine Heizkartusche zu führen, die durch Wärmeleitung und -strahlung den Zusatzwerkstoff erhitzt. Eine andere Variante ist es, den Zusatzwerkstoff in einen Stromkreis einzubinden und durch Widerstandserwärmung aufzuheizen. Dazu wird zwischen Draht und Werkstück eine Hilfsstromquelle geschaltet und der Stromkreis durch Kontakt zwischen Zusatzwerkstoff und Schmelzbad geschlossen. In Abschnitt 3.4.2.1 werden Grundaufbau und Funktionsprinzip von Kalt- und Heißdraht-Vorschubeinheiten ausführlich erklärt.

Vorteil des WIG-Schweißens mit Zusatzwerkstoff im Allgemeinen ist die Trennung von Energie- und Werkstoffzufuhr. Damit ist der Schweißprozess vielseitig einsetzbar und kann sehr gut an die jeweiligen Gegebenheiten angepasst werden. Beispielsweise lässt sich durch eine fein dosierte Zugabe von Zusatzwerkstoff die Nahtausbildung beim WIG-Schweißen dünner Bleche stabilisieren. Wird dagegen beim WIG-Schweißen dicker Bleche mehr Wärme benötigt, ist es einfach möglich, die Lichtbogenleistung unabhängig vom Drahtvorschub anzupassen. Nachteil ist der Verlust der Rotationssymmetrie, da beim WIG-Schweißen der Zusatzwerkstoff zwingend von außen dem Lichtbogen zugeführt werden muss.

### 3.8.3 Anwendung

#### 3.8.3.1 Verbindungsschweißen

Das WIG-Schweißen ist für das Verbindungsschweißen metallischer Werkstoffe praktisch universell einsetzbar. Aufgrund der hohen Nahtqualität wird es meist zum Schweißen sicherheitsrelevanter und beaufsichtigungspflichtiger Bauteile bzw. Konstruktionen, aber auch für Verbindungen im Sichtbereich mit optischem Anspruch angewendet. Aufgrund der hohen Flexibilität kommt das Verfahren in zahlreichen Varianten sowie für Sonderanwendungen zum Einsatz. Stumpfstöße können ohne Fugenvorbereitung bis zu einer Blechdicke von $t_B \approx 4$ mm wirtschaftlich gefügt werden. Für größere Blechdicken wird das WIG-Schweißen meist nur in Kombination mit produktiveren Schweißverfahren zum Heften und Schweißen von Wurzel- oder Decklagen eingesetzt. Bild 3.107 zeigt typische Beispiele für Verbindungen aus Aluminium und Stahl, die durch WIG-Schweißen hergestellt wurden.

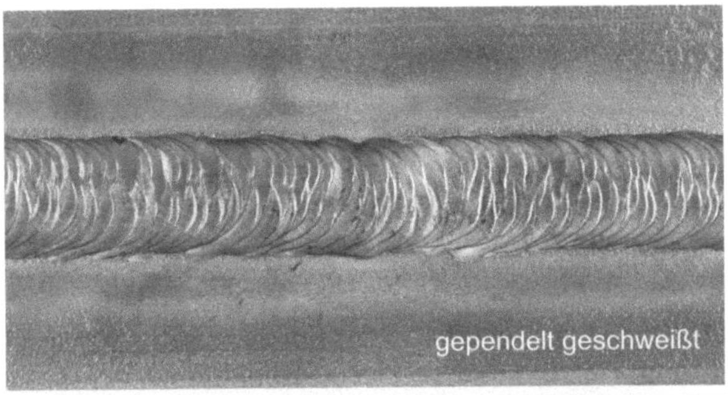

**Bild 3.107** Typisches Nahterscheinungsbild von WIG-Schweißverbindungen CrNi-Stahl (oben) und Aluminium (unten)

### 3.8.3.2 Reparaturschweißen

Neben der universellen Anwendbarkeit zum Schweißen metallischer Werkstoffe ist das WIG-Schweißen durch die Trennung von Energie- und Drahtzufuhr besonders gut als Reparaturverfahren geeignet. Je nach Grundwerkstoff und angewendeter Reparaturtechnologie kann so die Menge an Zusatzwerkstoff exakt dosiert und unabhängig davon der Wärmeeintrag gezielt gesteuert werden. Dies ermöglicht es, den Schweißprozess an die jeweiligen werkstofftechnischen Gegebenheiten gut anzupassen und die Beeinflussung durch den Schweißprozess zu minimieren. Selbst Bauteile aus temperaturempfindlichen Werkstoffen mit eingeschränkter Schweißeignung können durch WIG-Schweißen, ggf. unter Beachtung von Zusatzmaßnahmen, oftmals regeneriert bzw. repariert werden.

### 3.8.3.3 WIG-Orbitalschweißen

Ein häufiger Anwendungsfall, z. B. im Rohrleitungs- und Pipelinebau, Apparate- und Chemieanlagenbau oder Kraftwerksbau, ist das WIG-Schweißen von Rohr-Rohr- bzw. Rohr-Rohrboden-Verbindungen. Da bei Rohrleitungen, die besondere Medien führen oder unter hohem Druck stehen, meist hohe Anforderungen an die Nahtqualität gestellt werden, kommt häufig das WIG-Schweißen zum Einsatz. In der vollmechanisierten Umsetzung derartiger Schweißaufgaben hat das Verfahren als WIG-Orbitalschweißen eine besondere Bedeutung erlangt. Mit dieser Technologie lassen sich unter kontrollierten Bedingungen Rohrverbindungen in gleichbleibend hoher Nahtqualität herstellen.

Die einfache Handhabung und gute Beherrschbarkeit des WIG-Lichtbogens ermöglichen die Anwendung im Orbitalprozess. Dabei umfährt der Schweißbrenner den stillstehenden Rohrstoß. Um dies zu ermöglichen, sind WIG-Brenner und Drahtvorschubeinheit in eine Zange integriert, die für die Schweißbewegung sorgt. Da während eines Umlaufs des Schweißbrenners jede mögliche Schweißposition erreicht wird, ist es erforderlich, die Schweißparameter dynamisch der jeweiligen Position anzupassen, um eine homogene Schweißnaht ohne Fehler bzw. Unregelmäßigkeiten zu erzeugen. Dementsprechend sind Prozessablaufsteuerung und Schweißstromquelle ausgelegt. Das Bild 3.108 zeigt eine offene WIG-Orbitalschweißzange und deren Anwendung zum Verbindungsschweißen von Rohren. Ähnliche Systeme existierten für das vollmechanisierte Schweißen von Rohr-Rohrboden-Verbindungen (Bild 3.109).

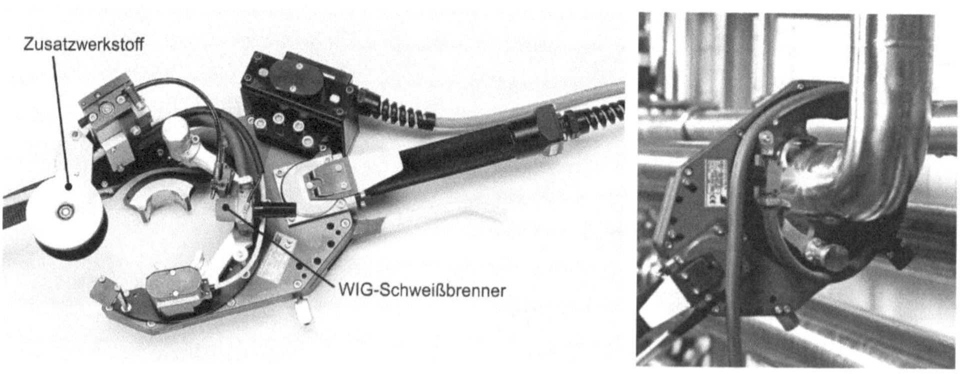


**Bild 3.108** Offene WIG-Orbitalschweißzange in der Draufsicht und im Einsatz während einer Rohr-Rohr-Verbindungsschweißung (ESAB GmbH)

Bild 3.109 Geschlossener (links) und offener (rechts) Schweißkopf im Einsatz zur Herstellung von Rohr-Rohrbodenverbindungen (POLYSOUDE S.A.S)

### 3.8.3.4 WIG-Punktschweißen

Das WIG-Punktschweißen stellt für zahlreiche Anwendungen eine effektive Alternative zum Widerstands-Punktschweißen dar. In Branchen, wie z. B. der Weißwarenindustrie, dem Schaltschrankbau usw., werden häufig punktförmige Verbindungen zu Montagezwecken oder zum Heften verwendet. Diese können durch WIG-Punktschweißen sicher hergestellt werden. Der besondere Vorzug des WIG-Punktschweißens hierbei ist, dass im Gegensatz zum Widerstands-Punktschweißen der Zugang zur Fügestelle von nur einer Seite ausreichend ist. Durch die im Vergleich bessere Zugänglichkeit ergeben sich neue Gestaltungs- und Fertigungsmöglichkeiten sowie eine unkomplizierte Handhabung des Fügeprozesses. Hinzu kommt, dass die Anwendung des WIG-Punktschweißens nicht auf eine Durchschweißung am Überlappstoß beschränkt ist. Andere Verbindungsarten, wie z. B. Stumpf- oder T-Stoß, können problemlos realisiert werden.

Entsprechend der Einbrandcharakteristik des WIG-Schweißens ist bei Überlappverbindungen die Blechdicke auf der Oberseite begrenzt. Als Richtwert für eine sichere Durchdringung bzw. Anbindung gilt eine Blechdicke von $t_B \leq 3$ mm. Die Dicke des Unterblechs ist dagegen unkritisch. Um Risse oder Unterwölbungen des Schweißpunktes zu vermeiden, muss ggf. mit Zusatzwerkstoff gearbeitet werden. Die Lichtbogenbrenndauer, der Verlauf des Schweißstroms und die Menge an Zusatzwerkstoff werden automatisch über die Steuerung geregelt. Die Prozessdauer pro Punkt liegt meist unterhalb von $t \leq 1{,}5$ s.

Zum WIG-Punktschweißen wird leicht modifizierte Brennertechnik eingesetzt. Aufgrund der neutralen Stellung zur Fügestelle ist der Schweißbrenner meist als Pistole ausgeführt. Zudem werden längere Schutzgasdüsen verwendet, sodass die Spitze der Wolframelektrode nicht aus der Schutzgasdüse hervorsteht. Im Schweißprozess wird die Stirnseite der Schutzgasdüse komplett auf dem Blech aufgesetzt und umschließt die Fügestelle. Dies gewährleistet einen optimalen Gasschutz sowie eine definierte Lichtbogenlänge und damit eine reproduzierbare Punktausbildung. Gleichzeitig dient die aufgesetzte Schutzgasdüse als Niederhalter, der die Fügepartner fixiert bzw. aufeinanderpresst. Je nach Stoßart sind unterschiedliche Schutzgasdüsen mit angepassten Endformen verfügbar. In Bild 3.110 sind das WIG-Punktschweißen einer Ecknaht sowie ein typischer Schweißpunkt an einer Überlappverbindung dargestellt.

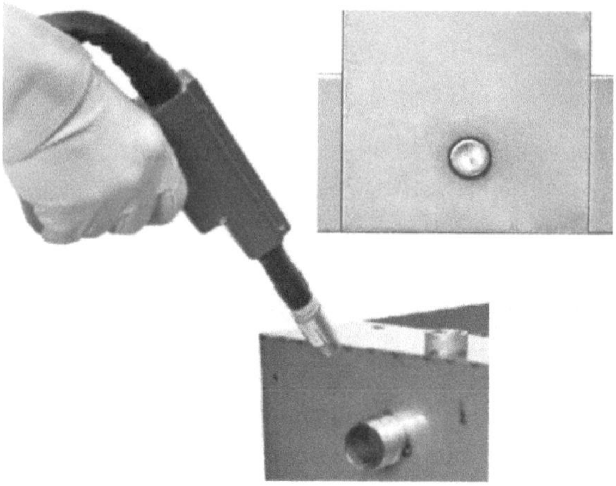

**Bild 3.110**
WIG-Punktschweißen einer Ecknaht und typischer Schweißpunkt an einer Überlappverbindung (EWM HIGHTEC WELDING GmbH)

### 3.8.3.5 WIG-Engspaltschweißen

Eine besondere Anwendung ist das Verbindungsschweißen sehr großer Querschnitte bzw. dickwandiger Bauteile. Dies ist im Normalfall oft nur mit erheblichem zusätzlichem Aufwand möglich. Zur Steigerung der Wirtschaftlichkeit beim Fügen solcher Verbindungen wurde das **Engspaltschweißen** entwickelt. Dabei werden anstatt der üblichen Vorbereitung Fugen mit einer Breite von $b = 5...25$ mm und parallelen Flanken angearbeitet. Im Vergleich erfordert die Herstellung dieser Fugenform nur einen geringen Arbeitsaufwand und Materialabtrag. Zudem ist weniger Zusatzwerkstoff und Schweißzeit zum Füllen des reduzierten Nahtvolumens notwendig, wodurch das Engspaltschweißen ein enormes Einsparungspotenzial bietet. Hinzu kommen wichtige technologische Vorteile des geringeren Nahtquerschnitts, wie z. B. ein geringerer Wärmeeintrag, weniger Verzug und Eigenspannungen, eine lokal begrenzte Fügezone usw. Bild 3.111 zeigt einen WIG-Engspaltschweißprozess und den Querschliff einer entsprechenden Schweißverbindung.

Jedoch bedarf es einer besonderen Technologie sowie modifizierter Brennertechnik, um mit Lichtbogenschweißverfahren den Anforderungen an die spezielle Fugengeometrie gerecht zu werden und qualitätsgerechte Schweißverbindungen herzustellen. Die größten Schwierigkeiten beim Engspaltschweißen liegen in der sicheren Aufschmelzung der parallelen Fugenflanken respektive der Vermeidung von Flankenbindefehlern und der Beherrschung des Schrumpfprozesses beim Füllen der Lagen. Zugleich besteht das Problem des Medientransports (Gas, Kühlung, Zusatzwerkstoff) in die mitunter sehr tiefen und schmalen Fugen.

**Bild 3.111**
WIG-Engspaltschweißen im laufenden Prozess und Querschliff einer entsprechenden Schweißverbindung (POLYSOUDE S.A.S)

Derzeit existieren mehrere verschiedene Systeme für das Engspaltschweißen, die auf dem WIG-Verfahren basieren. Eine Variante arbeitet mit feststehender Wolframelektrode. Pro Lage werden ein oder zwei Strichraupen geschweißt. Wird nur eine Strichraupe eingebracht, kann unterstützend die Stromimpulstechnik eingesetzt werden. In der Pulsphase werden die Flanken angeschmolzen und in der Grundphase das Schmelzbad stabilisiert. Diese Technologie ist relativ einfach umsetzbar, setzt allerdings sehr geringe Toleranzen der Nahtvorbereitung und Schrumpfmaße voraus. Zwei Strichraupen pro Lage erlauben größere Abweichungen, mindern aber die Produktivität der Fügetechnologie und erfordern zusätzlich eine regelmäßige Umpositionierung des Brenners.

Eine andere Variante zählt zu den dynamischen Verfahrensprinzipien und nutzt eine schwenkende oder pendelnde Wolframelektrode. Im Schweißprozess wird eine Pendelraupe pro Lage eingebracht. Das WIG-Engspaltschweißen mit pendelnder Elektrode gewährleistet verfahrensbedingt eine sichere Aufschmelzung der Fugenflanken und toleriert dementsprechend größere Abweichungen der Fugengeometrie. Diese Technologie ist besonders gut für das Schweißen größerer Blechdicken von $t_B > 100$ mm geeignet. Allerdings weist das Verfahren, verglichen mit einer Strichraupe pro Lage, eine geringere Produktivität auf. Für die Pendelraupe muss eine größere Menge an Zusatzwerkstoff abgeschmolzen werden. Hinzu kommt die deutlich komplexere Brennertechnik für die Pendelung der Wolframelektrode.

### 3.8.3.6 WIG-Auftragschweißen

Trotz einer vergleichsweise geringen Abschmelzleistung ist das WIG-Schweißen aufgrund der einfachen Handhabung und guten Prozessbeherrschbarkeit ein etabliertes Verfahren zum Auftragschweißen von Korrosions- und Verschleißschutzschichten sowie der Regeneration verschlissener Bauteile. Die Verfahrenscharakteristik prädestiniert das WIG-Auftragschweißen für Anwendungen mit höchsten Schichtqualitäten. Es können Aufmischungen mit dem Grundwerkstoff von $D \leq 10\,\%$ reproduzierbar eingehalten werden, sodass u. U. ein einlagiger Schichtaufbau ausreicht, um die gewünschten Eigenschaften an der Oberfläche herzustellen. Das WIG-Auftragschweißen ist flexibel an verschiedene Einsatzbedingungen anpassbar und lässt eine präzise Deponierung von Schichtmaterial zu. Dementsprechend ist das Auftragschweißen in nahezu allen Schweißpositionen, d. h. auch in Zwangslagen, möglich. Das WIG-Auftragschweißen wird i. d. R. mit konventioneller Anlagen- und Brennertechnik ohne besondere Anpassungen ausgeführt. Bild 3.112 zeigt einen vollmechanisierten WIG-Auftragschweißprozess und ein fertig beschichtetes Bauteil.

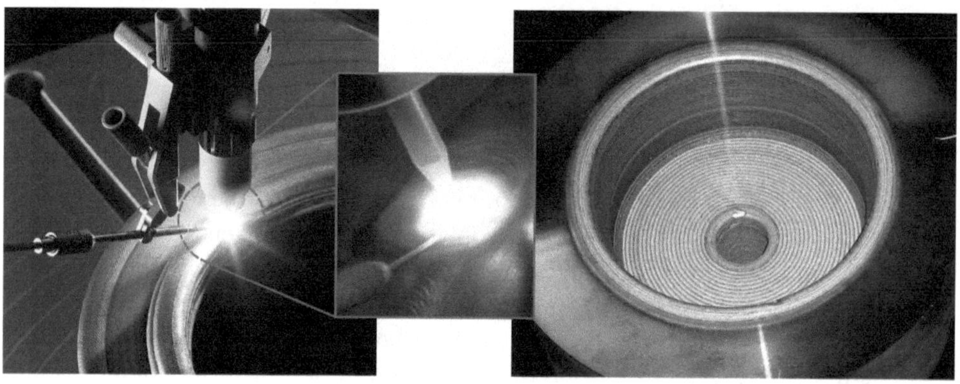

**Bild 3.112** Vollmechanisierter WIG-Auftragschweißprozess und fertig beschichtetes Bauteil (POLYSOUDE S.A.S)

### 3.8.3.7 Sonderanwendungen

Aufgrund zahlreicher Vorzüge ist das WIG-Verfahren häufig Bestandteil von Sonderanwendungen für schweißtechnische Aufgaben. So sind z. B. **Mehrkathodenbrenner** oder die sequenzielle Anordnung mehrerer Einzelbrenner für Hochleistungsschweißprozesse bekannt. Zur Leistungssteigerung wurden **Mehrgasbrenner** entwickelt, welche die Anwendung aktiver Bestandteile im Schutzgas erlauben. Die Wolframelektrode wird durch einen inneren Gasstrom mit Argon vor Oxidation geschützt. In einen äußeren, konzentrisch austretenden Gasstrom können beliebige Aktivgasanteile zugemischt werden, um den Schweißprozess zu beeinflussen. Demgegenüber sind Mikrobrenner und Stromquellen verfügbar, die einen stabilen Lichtbogen schon bei einer Stromstärke von $I \approx 1$ A erzeugen. Damit ist beispielsweise das WIG-Schweißen von Metallfolien möglich. Darüber hinaus sind weitere Verfahrensmodifikationen und Zusatzeinrichtungen in Anwendung, wie z. B. die mechanische Pendelung des Zusatzwerkstoffs oder die magnetische Lichtbogenablenkung zum Schweißen von Füll- und Decklagen.

## 3.8.4 Fertigungshinweise

### 3.8.4.1 Konstruktive Gestaltung und Nahtvorbereitung

Grundsätzlich sind alle Stoßarten üblich, die beim Lichtbogenschmelzschweißen Anwendung finden, wie z. B. Stumpf-, Überlapp-, Parallel- und Winkelstoß. Entsprechende Empfehlungen für geeignete Fugenformen zum WIG-Schweißen unterschiedlicher Blechdicken sind in der Norm DIN EN ISO 9692 Teil 1 und 3 zu finden. Die Nahtwertigkeit der WIG-Schweißung liegt bei 1, d. h., die mechanischen Gütewerte der Schweißnaht entsprechen denen des Grundwerkstoffes. Im Dünnblechbereich kann, falls der Grundwerkstoff dies zulässt, im Regelfall ohne Zusatzwerkstoff geschweißt werden. Bild 3.113 zeigt die dafür gebräuchlichen Nahtarten.

Im Dickblechbereich wird mit Zusatzwerkstoff und entsprechender Fugenvorbereitung (V-, Y-, U-Naht, ...) geschweißt. Ab einer Blechdicke von ca. 6 mm erfolgt der Verbindungsaufbau mehrlagig. Dabei wird der WIG-Prozess aus Produktivitätsgründen häufig mit anderen Schweißverfahren kombiniert. Die Wurzellage und eventuell die Decklage werden mit dem qualitativ hochwertigen WIG-Prozess geschweißt. Für die Fülllagen wird ein Prozess mit höherer Abschmelzleistung, z. B. das MSG-Schweißen, verwendet.

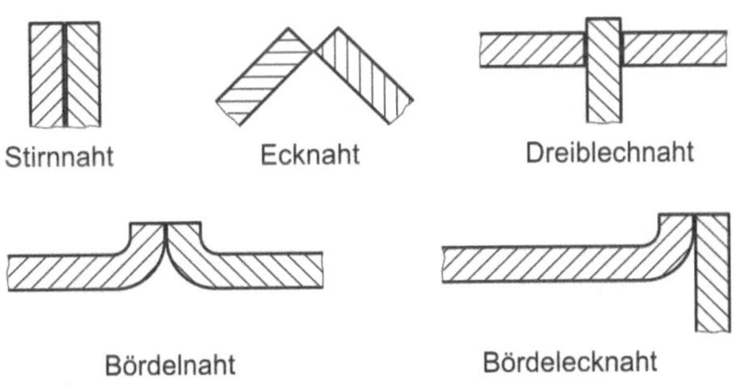


**Bild 3.113** Nahtarten für das WIG-Schweißen ohne Zusatzwerkstoff

### 3.8.4.2 Zündvorgang

Die technisch anwendbaren Möglichkeiten zur Zündung eines WIG-Lichtbogens sind in Abschnitt 3.8.2.1 beschrieben. Wird mit Berührungszündung gearbeitet, können leicht Anhaftungen bzw. Verschmutzung der Elektrodenspitzen und Zündstelle auftreten. In diesem Fall empfiehlt es sich, für kritische Anwendungen nicht direkt auf dem Bauteil, sondern auf einem beigelegten Kupferblech zu zünden und anschließend den brennenden Lichtbogen zum Schweißstoß zu führen. Auf keinen Fall darf auf Kohleplatten gezündet werden. Durch Aufnahme von Kohlenstoff bildet sich an der Elektrodenspitze Wolframkarbid, das einen niedrigeren Schmelzpunkt hat als Wolfram. Es bilden sich große Tropfen an der Elektrodenspitze, wodurch sich einerseits die Lichtbogencharakteristik verändert und andererseits die Gefahr einer Verunreinigung des Schmelzbades durch abgelöstes Elektrodenmaterial besteht.

Wird der Lichtbogen mit Hochspannungsimpulsen gezündet, sollte dies immer in der Schweißfuge erfolgen. Die Position ist so zu wählen, dass die Zündstelle unmittelbar nach Schweißbeginn erneut vom Lichtbogen erfasst und aufgeschmolzen wird. Zündstellen außerhalb der Schweißnaht können durch die schnelle Abkühlung zu Aufhärtungen und Rissen führen. Zudem sind Schädigungen der Passivschicht nichtrostender Stähle durch Zündvorgänge außerhalb der Naht bevorzugte Ausgangpunkte für Korrosion. Derartige Probleme lassen sich mit einer Zündung des Lichtbogens in der Fuge direkt am Nahtanfang wirkungsvoll umgehen.

Für handgeführte WIG-Prozesse hat es sich in der Praxis bewährt, zum Zünden des Lichtbogens zunächst bei abgeschaltetem Schweißstrom die Elektrodenspitze an der gewünschten Zündstelle aufzusetzen. Anschließend wird der Brenner so weit zurückgeneigt, bis die Gasdüse mit dem Rand auf der Werkstückoberfläche aufliegt und die Elektrodenspitze mehrere Millimeter abhebt. Danach wird die Schutzblende geschlossen und der Schweißprozess gestartet. Der Brenner wird über den Rand der Gasdüse langsam aufgerichtet, wobei sich die Elektrodenspitze dem Werkstück so lange nähert, bis der Lichtbogen zündet. Jetzt wird der Brenner in die normale Position gebracht. Bild 3.114 zeigt die Bewegungsabfolge in vereinfachter Form. Mit dieser Technik ist es möglich, den WIG-Lichtbogen sicher zu zünden, ohne die Elektrodenspitze zu beschädigen oder die Werkstückoberfläche zu verunreinigen.

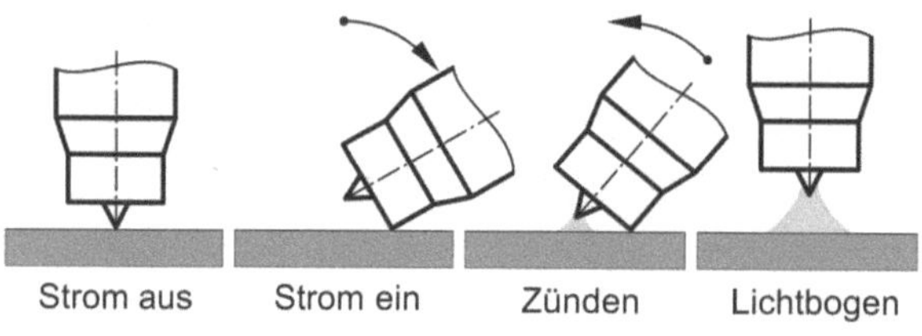


**Bild 3.114** Bewegungsabfolge zum berührungslosen Zünden des WIG-Lichtbogens

Vollmechanisierte und automatisierte Prozesse werden normalerweise mithilfe von Hochspannungsimpulsen gezündet. Dabei kann es für die Zündung des Lichtbogens unter Umständen erforderlich sein, Hilfspunkte in der Programmierung der Führungseinheit vorzusehen. Diese haben einen geringeren Abstand zu Werkstückoberfläche als die normalen Bahnkoordinaten. Damit wird das Durchschlagen der Hochspannungsimpulse vereinfacht und die Zündsicherheit deutlich erhöht. Zum Zünden wird ein Hilfspunkt mit verringertem Abstand von Elektrodenspitze zu Werkstückoberfläche angefahren und der Prozess gestartet. Nach erfolgreicher Zündung des Lichtbogens wird der Brenner in die normale Schweißposition gebracht und die Verfahrbewegung begonnen.

### 3.8.4.3 Brennerführung

Das WIG-Schweißen ist prinzipiell in allen Positionen möglich, jedoch wird nach Möglichkeit die Wannenlage (PA) bevorzugt. Im handgeführten Prozess wird nach dem Zünden zunächst durch kreisende Bewegungen mit dem Lichtbogen der Nahtanfang verflüssigt. Daraufhin beginnt das eigentliche Schweißen, wobei für Verbindungsschweißungen das **Nachlinksschweißen** bevorzugt wird. Der Brenner wird dabei etwa 20° in Schweißrichtung, also stechend, angestellt. Der Abstand zwischen Elektrodenspitze und Werkstück beträgt einige Millimeter. Der Zusatzwerkstoff in Stabform wird vom Schweißer bevorzugt von vorn mit tupfender Bewegung in einem Winkel von etwa 20° zur Werkstückoberfläche in den Lichtbogen geführt. In Bild 3.115 ist die typische Brenner- und Zusatzwerkstoffhaltung beim handgeführten WIG-Verbindungsschweißen schematisch dargestellt. Für mechanisierte bzw. automatisierte Anwendungen wird dagegen meist eine neutrale Brennerstellung bevorzugt.

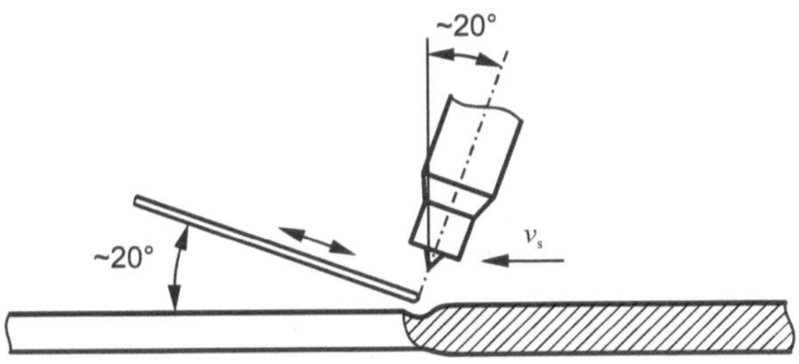


**Bild 3.115**
Typische Brenner- und Stabstellung beim handgeführten WIG-Verbindungsschweißen mit Zusatzwerkstoff

Bei Auftragungen wird wegen der höheren Abschmelzleistung auch nach rechts geschweißt. In fallender (PG) und steigender (PF) Position kann der Brenner je nach Bedarf etwas flacher zur Blechoberfläche geführt werden. Die Schweißgeschwindigkeit ist so abzustimmen, dass eine gleichmäßig breite Raupe entsteht. Pendelbewegungen sind bei dünneren Blechen zu vermeiden, weil dadurch die Schutzgaszufuhr gestört werden kann. Bei Fülllagen an dickeren Blechen ist dagegen eine leichte Pendelbewegung erforderlich, um Flankenbindefehler zu vermeiden. Das Gleiche gilt für die steigende Position (PF). Nach Beendigung des Schweißvorgangs sollte der Lichtbogen zur Kraterfüllung langsam über eine Stromrampe abgeschaltet werden und das Schutzgas noch einige Sekunden nachströmen, um das noch flüssige Bad und die heiße Elektrode zu schützen.

### 3.8.4.4 Heften

Wegen der relativ geringen Schweißgeschwindigkeit ist beim WIG-Schweißen mit stärkerem Verzug zu rechnen. Die Fügepartner müssen deshalb, wenn diese nicht in einer steifen Spannvorrichtung fixiert werden können, zunächst durch sorgfältiges Heften verbunden werden. Das Heften sollte von der Mitte nach außen erfolgen, wobei die Enden der Nähte freigehalten werden. Damit kann ein sicherer Einbrand am Nahtanfang und -ende erreicht werden. Abstand und Länge der einzelnen Heftstellen richten sich in erster Linie nach der Blechdicke.

### 3.8.4.5 Gasschutz

Für einen optimalen Gasschutz der Schmelze ist die Schutzgasdüse je nach Größe, Lage und Zugänglichkeit des Schmelzbades und der zu schützenden Wärmeeinflusszone zu wählen. Die meisten Brennersysteme ermöglichen den Wechsel und bieten ein ganzes Sortiment verschiedener Schutzgasdüsen. Diese sind entsprechend mit dem Durchmesser oder der empfohlenen Durchflussmenge gekennzeichnet. In der Regel bestehen Schutzgasdüsen für WIG-Schweißbrenner aus Metall oder Keramik. Metallschutzgasdüsen ohne Isolierschichten können nur verwendet werden, wenn der Gasdüsenträger vom Schweißstrom isoliert ist. Bei einer Wahlmöglichkeit zwischen Metall- und Keramikdüsen sind beim Wechselstromschweißen keramische Schutzgasdüsen vorzuziehen.

Vorausgesetzt, das Brennersystem unterstützt die Verwendung von **Gaslinsen**, können diese für besonders anspruchsvolle Schweißaufgaben verwendet werden. Gaslinsen sind siebartige Einsätze, die in den Strömungsquerschnitt in der Schutzgasdüse installiert werden. Beim Durchfluss durch die Gaslinse wird eine sehr gleichmäßige Strömung erzeugt. Damit werden eine sehr gute Schutzgasabdeckung der Schmelze und ein ruhiger Lichtbogen gewährleistet.

Für hochbeanspruchte Brenner werden u. U. wassergekühlte Schutzgasdüsen angeboten. Bei Verwendung derartiger Düsen ist darauf zu achten, dass diese absolut dicht und trocken sind, insbesondere nach längeren Schweißpausen oder einem Düsenwechsel. Bereits geringste Feuchtigkeitsmengen durch ausgetretenes Kühlwasser oder Kondensation aus der Luft können Schädigungen der Wolframelektrode und nicht tolerierbare Unregelmäßigkeiten der Schweißnaht verursachen.

Zum Schweißen von besonders gasempfindlichen Werkstoffen, wie z. B. Titan oder hochlegierten Stählen, ist die Schutzgasabdeckung der Schmelze mit normalen Gasdüsen häufig nicht ausreichend. Gleiches gilt für das Schweißen mit hohem Wärmeeintrag und verhältnismäßig großen Schmelzbädern. Unter diesen Bedingungen verlässt die Schweißnaht die Schutzgasglocke in einem kritischen Temperaturbereich. Der Kontakt mit Sauerstoff, Stickstoff oder Wasserstoff aus der Atmosphäre führt in diesem Zustand in der Regel zu starker Oxidation, Porenbildung oder Versprödung. Der erforderliche Schutz kann durch Anordnung von **Schutzgasbrausen** neben der Naht oder mit **Schleppgasdüsen** erreicht werden (siehe Bild 3.116). Bei sehr hohen Qualitätsanforderungen oder extrem reaktiven Werkstoffen kann das Schweißen in einem mit Schutzgas gefülltem Handschuhkasten (manuell) oder in einer geschlossenen Schutzgaskammer (mechanisiert) erfolgen. Die Wirksamkeit der Schutzmaßnahmen kann relativ einfach über das Ausbleiben von Oberflächenverfärbungen bewertet werden. Durch starke Kühlung der Fügezone, z. B. mit aktiv gekühlten Kupferspannvorrichtungen, kann die zu schützende Zone kleiner gehalten werden. Des Weiteren verbessern Schutzgase mit einer höheren Reinheit die Abschirmung der Schmelze bzw. Schweißnaht.

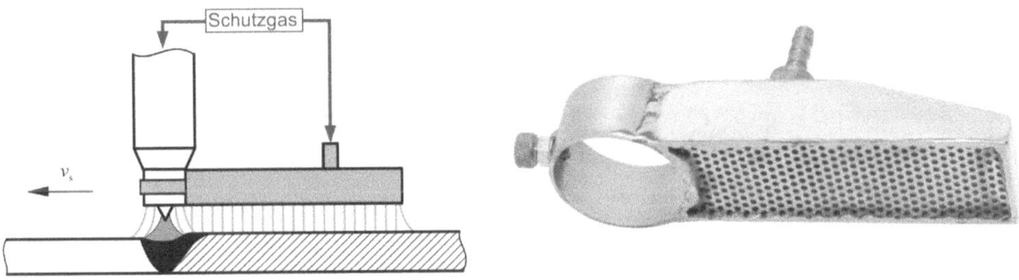


**Bild 3.116** Schematische Darstellung der Anordnung einer Schleppgasdüse im Schweißprozess (links), kommerzielle Schleppgasdüse (rechts), (CK Worldwide Inc.)

Bei einseitig geschweißten Nähten ist es oft notwendig, auch die rückseitig durchtretende Wurzel und den angrenzenden Werkstoff durch Schutzgas vor der Atmosphäre zu schützen. Ein Überblick über den **Wurzelschutz** beim Schutzgasschweißen gibt das DVS-Merkblatt 0937. Für Verbindungen, die mit Spalt geschweißt werden, genügt es vielfach, auf der Rückseite eine genutete Schiene, z. B. aus Kupfer oder nichtrostendem Stahl, anzubringen, in der sich das von oben zuströmende Schutzgas staut und somit einen ausreichenden Schutz bietet. In Bild 3.117 ist das Prinzip dargestellt.

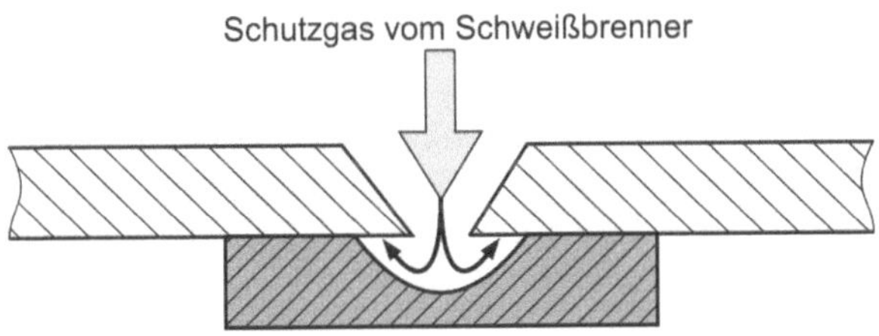


**Bild 3.117** Wurzelschutz durch gestautes Schutzgas vom Brenner in der Nut der Badstütze

Beim Schweißen dünnerer Bleche ohne Spalt oder enger Rohrleitungen, die innen nicht mehr nachbehandelt werden können, ist es meist notwendig, zusätzlich Schutzgas auf die Wurzelseite zu leiten. Bei Blechen erfolgt die Zuleitung des rückseitigen Schutzgasstromes oft aus einem Sintermetallblock, einer großflächigen siebartigen Düse oder einer Badstütze mit Bohrungen, die für eine sparsame und gleichmäßige Verteilung sorgen (siehe Bild 3.118 oben). Rohre werden komplett oder segmentweise auf beiden Seiten der Naht verschlossen und Schutzgas in den abgetrennten Bereich eingeleitet. Es genügt nicht, Rohrabschnitte oder Behälter einmalig mit Schutzgas zu füllen. Während des Schweißens sind die Bereiche unter leichtem Durchströmen ständig mit Schutzgas zu spülen. Damit wird eine übermäßige Aufnahme von Luft vermieden und ein guter Gasschutz sichergestellt (Bild 3.118 unten). Als Wurzelschutzgas kann ebenfalls Argon verwendet werden, bei unlegierten und niedriglegierten Stählen aber auch geeignetes Formiergas (Stickstoff-Wasserstoff-Gemische). Für austenitische nichtrostende Stähle sind auch Argon-Wasserstoff- und Argon-Stickstoff-Gemische oder Stickstoff üblich. Das rückseitig zugegebene Schutzgas verhindert eine schädliche Gasaufnahme der Wurzel sowie deren Oxidation. Die Kühlwirkung, die von dem Gas ausgeht, vermindert zusätzlich die Gefahr des Durchfallens der Schmelze und trägt zur Formung der Nahtunterseite bei. Zu große Wurzelschutzgasmengen können beim Schweißen die Schmelze verdrängen und die Ursache für eine eingezogene Wurzel sein. Jedoch ist bei Verwendung von Argon u. U. dessen größere Dichte zu beachten, wodurch nur mit einer ausreichenden Strömungsgeschwindigkeit eine Abschirmung der Wurzel möglich ist.

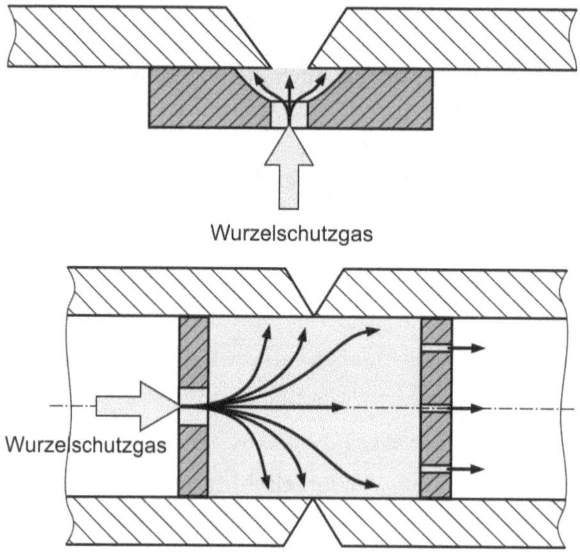


**Bild 3.118**
Wurzelschutz durch aktive Gaszuführung über die Badstütze (oben), Prinzip des Wurzelschutzes (Formierens) beim Schweißen von Rohrleitungen (unten)

### 3.8.4.6 Richtwerte

Unter der Wirkung der vorgenannten Einflussgrößen ergeben sich für bestimmte Schweißaufgaben definierte Einstellwerte, die zu guten Schweißergebnissen führen. Tabelle 3.32 enthält Richtwerte für das Schweißen von Stahl, Aluminium und Kupfer in den für das WIG-Verfahren besonders interessanten Dickenbereichen. Diese Werte stellen Richtwerte dar, d. h., sie können als erste Einstellung dienen, müssen aber gegebenenfalls den jeweiligen Bedingungen noch angepasst werden.

Tabelle 3.32 Richtwerte für das WIG-Schweißen von Stahl, Aluminium und Kupfer

| | Blechdicke [mm] | Nahtart | Lagen | Elektrodendurchmesser [mm] | Stabdurchmesser [mm] | Stromstärke [A] | Schweißgeschwindigkeit [cm/min] |
|---|---|---|---|---|---|---|---|
| Stahl | 1,0 | I-Naht | 1 | 1,0 | 1,6 | 30...60 | 32 |
| | 2,0 | I-Naht | 1 | 1,6 | 1,6 | 90...110 | 30 |
| | 3,0 | I-Naht | 1 | 1,6 | 2,4 | 120...140 | 30 |
| | 4,0 | I-Naht | 2 | 2,4 | 3,2 | 150...190 | 25 |
| | 5,0 | I-Naht | 2 | 3,2 | 3,2 | 200...250 | 22 |
| | 6,0 | V-Naht | 2 | 4,0 | 4,0 | 275...350 | 20 |
| Aluminium | 1,0 | I-Naht | 1 | 1,6 | 2,0 | 50...80 | 26 |
| | 2,0 | I-Naht | 1 | 1,6 | 3,0 | 80...110 | 21 |
| | 3,0 | I-Naht | 1 | 2,4 | 3,0 | 120...140 | 17 |
| | 4,0 | I-Naht | 1 | 2,4 | 3,0 | 140...170 | 15 |
| | 5,0 | I-Naht | 1 | 3,2 | 3,0 | 185...240 | 14 |
| Kupfer | 1,5 | I-Naht | 1 | 1,6 | 2,0 | 110...140 | 28 |
| | 3,0 | I-Naht | 1 | 3,2 | 3,0 | 170...220 | 25 |
| | 5,0 | I-Naht | 2 | 4,0 | 4,0 | 250...300 | 15 |

## 3.8.5 Fehler beim WIG-Schweißen

### 3.8.5.1 Gaseinschlüsse

Hinsichtlich der Bildungsmechanismen unterscheidet man metallurgische und mechanische Porenbildung. Metallurgische Poren treten bevorzugt beim Schweißen von Metallen auf, die eine sehr unterschiedliche Löslichkeit bestimmter Gase in der flüssigen und festen Phase aufweisen. Mechanische Poren hingegen entstehen durch Gase, die sich durch die Schweißwärme sehr stark ausdehnen oder im Schweißprozess in großer Menge gebildet werden und anschließend in der Naht eingeschlossen werden.

Metallurgische Porenbildung kann beim WIG-Schweißen von unlegierten Stählen auftreten. Die CO-Reaktion führt zur Gasblasenbildung und damit zum Einschluss von Poren. Dies betrifft insbesondere aluminiumberuhigte und siliziumberuhigte

Qualitäten, wenn der verbliebene metallische Siliziumgehalt nicht wesentlich größer als 0,1 % ist. Dabei wirkt sich sehr negativ aus, dass beim WIG-Schweißen in der Regel kein oder nur sehr wenig Schweißzusatz verwendet wird, mit dem Silizium zur Desoxidation zugeführt werden könnte. Bei einem geringen Anteil an Desoxidationselementen reichen geringste Mengen gelösten Sauerstoffs aus der Lichtbogenatmosphäre aus, um Poren zu bilden. Die Gasblasen entstehen während der Abkühlung durch die Reaktion von Sauerstoff und Kohlenstoff zu Kohlenstoffmonoxid. Abhilfe schafft eine ausreichende Zugabe von Zusatzwerkstoff mit erhöhtem Siliziumgehalt.

Beim WIG-Schweißen von Aluminium führt in erster Linie die Wasserstoffaufnahme des Schweißgutes zur metallurgischen Porenbildung. Im Gegensatz zur Schmelze weist Aluminium im festen Zustand nahezu keine Löslichkeit für Wasserstoff auf. Ist die Abkühlzeit für eine hinreichende Ausgasung zu kurz, werden Gasblasen eingeschlossen. Ausgehend von einer guten Schutzgasabdeckung, sodass die Aufnahme von Feuchtigkeit aus der Luft ausgeschlossen ist, können Oxidhäute auf dem Grund- und Zusatzwerkstoff Quellen für eine Wasserstoffaufnahme sein. Diese sind sehr hygroskopisch und können größere Mengen Wasserstoff binden. Zusatzwerkstoffe aus Aluminium sollten deshalb nicht lange an Luft lagern. Oxidhäute auf dem Grundwerkstoff müssen vor dem Schweißen sorgfältig entfernt werden.

Mechanische Poren können einerseits durch das Überschweißen gasgefüllter Hohlräume, wie z. B. bei Bördel- oder Überlappnähten, und andererseits durch Verschmutzung bzw. Beschichtungen der Oberfläche, wie z. B. Schmiermittelreste oder Lacke, verursacht werden. In der Schweißwärme kommt es zur Expansion der Gase und zur Verdampfung der Verunreinigungen oder Beschichtungen. Ist der Ausgasungsweg eingeschränkt oder die Ausgasungszeit zu gering, werden Poren eingeschlossen. Durch Säuberung der Oberflächen vor dem Schweißen und gegebenenfalls die Einhaltung von Ausgasungsspalten lassen sich diese Poren vermeiden.

#### 3.8.5.2 Bindefehler

Hierunter sollten weniger Flankenbindefehler oder Lagenbindefehler verstanden werden, sondern Bindefehler durch unvollständiges Aufschmelzen von Stegen. Sie entstehen entweder durch zu geringe Eindringtiefe des Lichtbogens oder wenn der Lichtbogen nicht exakt in der Fuge geführt wird. Ungenügender Einbrand entsteht beispielsweise, wenn die Elektrodenspitze zu stumpf angeschliffen wurde, oder durch übermäßigen Verschleiß beim Schweißen. Sorgfältige Behandlung der Elektroden und häufiges Nachschleifen helfen, derartige Fehler zu vermeiden. Bindefehler entstehen ferner durch vorlaufendes Schmelzbad bei zu geringer Schweißgeschwindigkeit. Im direkten Wirkbereich des Lichtbogens behindert die vorlaufende Schmelze ein effektives Aufschmelzen des Grundwerkstoffs. Der Einbrand nimmt deutlich ab.

### 3.8.5.3 Wolframeinschlüsse

Häufig auftretende Fehler beim WIG-Schweißen sind Wolframeinschlüsse in der Schweißnaht. Diese werden meist bei Berührungszündung des Lichtbogens oder während des Schweißens durch Berührung der Fugenflanken oder des Schmelzbades mit der Elektrode aufgenommen. Aber auch bei Überlastung der Elektrode, wenn sich an der Spitze größere flüssige Tropfen bilden, können Teile ins Schmelzbad übergehen. Aufgrund der hohen Schmelztemperatur von Wolfram werden diese nicht aufgelöst, sondern als Fremdkörper in der Schweißnaht eingelagert. Bei geringer Größe und Konzentration sind Wolframeinschlüsse in der Schweißnaht unter Umständen tolerierbar. Voraussetzung für die Vermeidung von Wolframeinschlüssen sind die richtige Zuordnung von Elektrodendurchmesser und Stromstärke sowie ein fehlerfreier Anschliff der Elektrodenspitze. Des Weiteren sind eine ruhige Brennerführung und ausreichende Fertigkeiten des Schweißers wichtige Bedingungen für einwandfreie Schweißergebnisse.

### 3.8.5.4 Oxideinschlüsse

Oxideinschlüsse treten hauptsächlich in Nähten aus Aluminium auf und werden beim WIG-Schweißen meist mit dem Zusatzwerkstoff eingebracht. Durch eine übermäßige Erwärmung des Drahtes oder WIG-Stabes können Teile außerhalb der Schutzgasglocke verstärkt oxidieren. Da Aluminiumoxid schwerer ist als das reine Metall, sinkt es in die Schmelze ab. Aufgrund der wesentlich höheren Schmelztemperatur bleibt das Oxid fest und wird als Fremdkörper in der Naht eingeschlossen. Um eine Oxidation der flüssigen Spitze des Zusatzes zu vermeiden, sollte diese grundsätzlich während des Schweißens nicht aus der Schutzgasglocke herausgeführt werden. Das bedeutet, dass eine tupfende bzw. pulsierende Bewegung des Zusatzwerkstoffs gut kontrolliert werden muss und nur mit einem geringen Hub erfolgen darf.

Des Weiteren sollten vor dem WIG-Schweißen von I-Nähten an Aluminiumblechen die Kanten wurzelseitig gebrochen werden. Da der kathodische Reinigungseffekt nur im unmittelbaren Wirkbereich des Lichtbogens auftritt, bleibt die Oxidschicht auf der Blechunterseite erhalten. Werden die Kanten an der Fuge nicht gebrochen, verhindert die Oxidschicht ein Zusammenfließen der Schmelze. In der Folge können Bindefehler und Poren in der Wurzel auftreten.

### 3.8.5.5 Häufige Fehlerbilder und Ursachen

Neben den allgemeinen Fehlern können beim WIG-Schweißen verfahrensbedingt einige typische Fehlerbilder in Abhängigkeit von Anwendung und Werkstoff auftreten. Typische Fehler sowie deren Ursachen sind in den folgenden Tabellen aufgeführt.

**Tabelle 3.33** Fehler beim WIG-Schweißen durch Brenner- und Stabführung (Bilder aus [BAU87])

| Fehlerbild | Beschreibung | Ursachen |
|---|---|---|
| 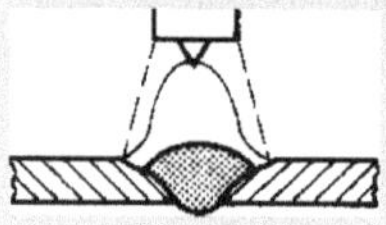 | Einbrandkerben, Poren, Oxideinschlüsse | zu langer Lichtbogen |
| 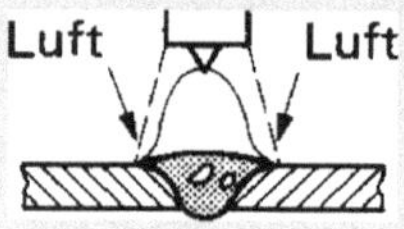  | geringer Einbrand | |
| 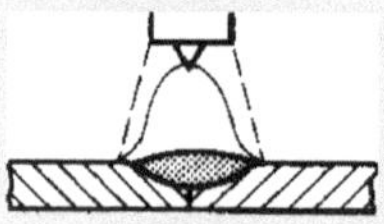 | | |
|   | Poren | zu große Brenneranstellung (Lufteinwirbelung) |
| 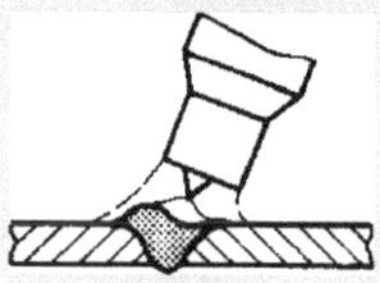 | unsymmetrische Nahtoberfläche, einseitige Nahtunterwölbung | zu großer Brenneranstellwinkel |
| 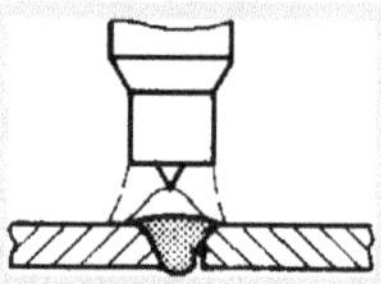 | Wurzelbindefehler | zu großer Brennerversatz |
| 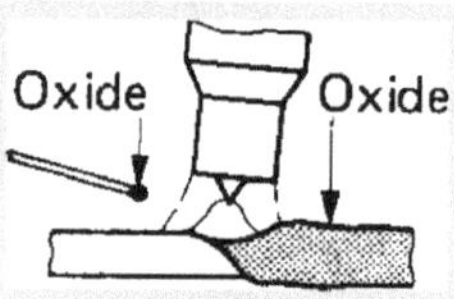  | Oxideinschlüsse | zu weite Stabbewegung (Ende außerhalb der Schutzgasglocke) |
| 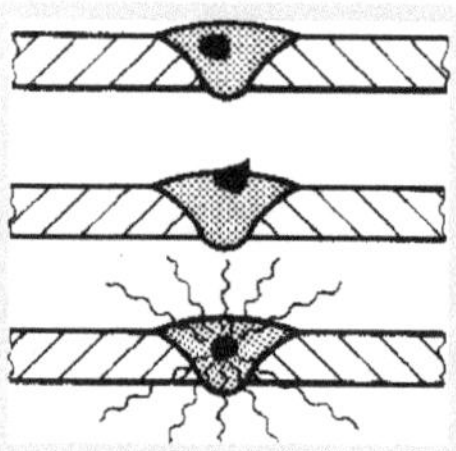 | Wolframeinschlüsse | Berührung zw. Wolframelektrode und Schmelze oder Zusatzwerkstoff |

**Tabelle 3.34** Fehler beim WIG-Schweißen von Wurzellagen (Bilder aus [BAU87])

| Fehlerbild | Beschreibung | Ursachen |
|---|---|---|
| 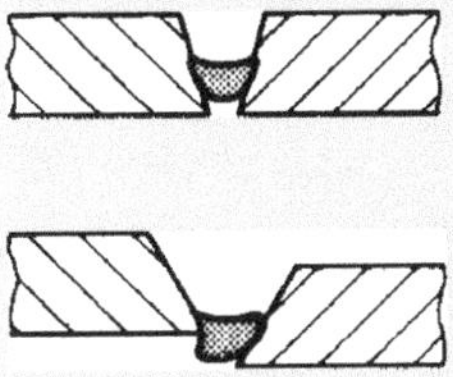 | ungenügende Durchschweißung, Wurzelbindfehler | zu kleiner Öffnungswinkel, Kantenversatz |
| 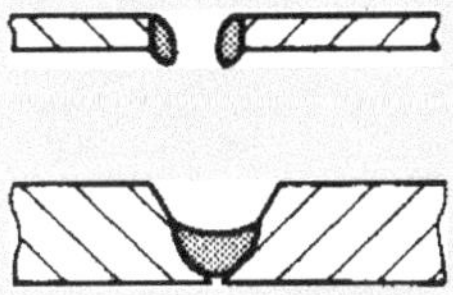 | ungenügende Durchschweißung, Wurzeldurchfall | zu kleiner oder zu großer Stegabstand |
| 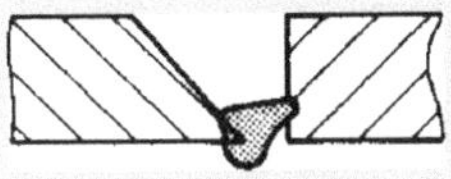 | ungenügende Durchschweißung, Wurzelbindefehler | unsymmetrische Fuge |
| 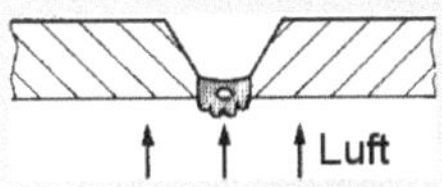  | Poren, Oxidation, Oxideinschlüsse | ungenügender Wurzelschutz |
| 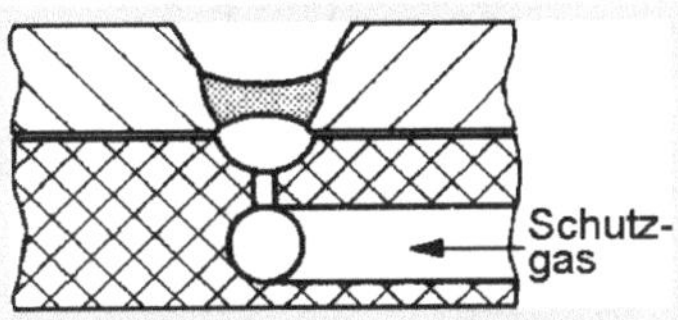  | Wurzelrückfall, Wurzelkerbe | zu viel Wurzelschutzgas |
| 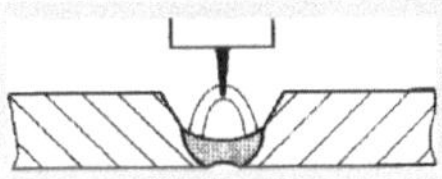 | geringer Einbrand, Wurzelrückfall | zu langer Lichtbogen |
| 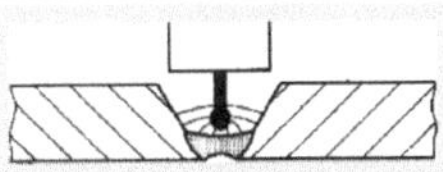 | geringer Einbrand, Wurzelrückfall | verschlissene Spitze der Wolframelektrode |
| 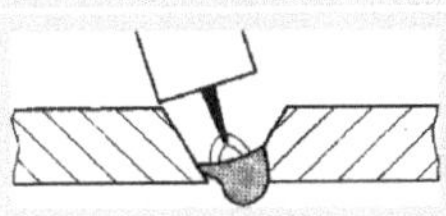 | Wurzelbindefehler, zu große Wurzelüberhöhung | zu großer Brenneranstellwinkel |
| 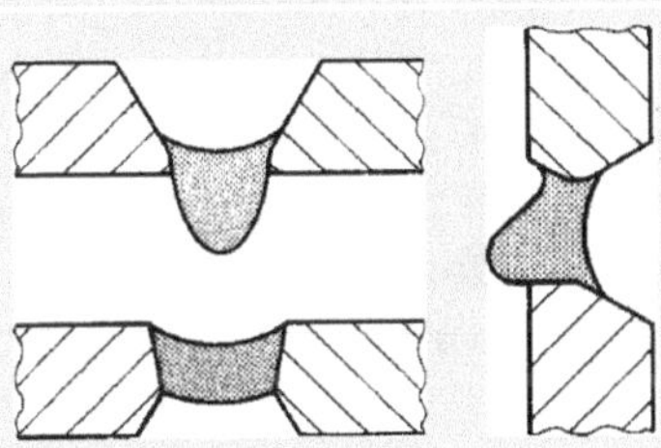 | Wurzeldurchfall, zu große Wurzelüberhöhung, Wurzelrückfall, Wurzelkerbe | zu hohe Schweißstromstärke |

**Tabelle 3.35** Fehler beim WIG-Schweißen von Aluminium (Bilder aus [BAU87])

| Fehlerbild | Beschreibung | Ursachen |
|---|---|---|
| 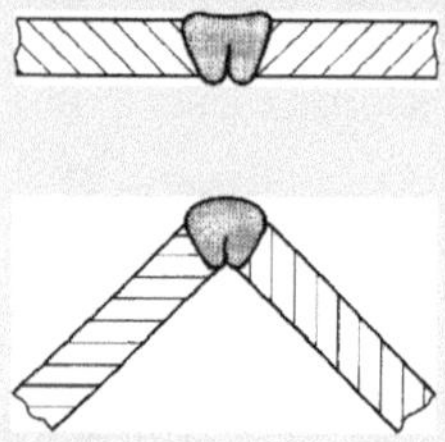 | Bindefehler, Oxideinschlüsse | Oxidschicht nicht beseitigt, Kanten nicht gebrochen, zu geringe Schweißstromstärke, zu weite Stabbewegung, mangelnder Wurzelschutz |
| 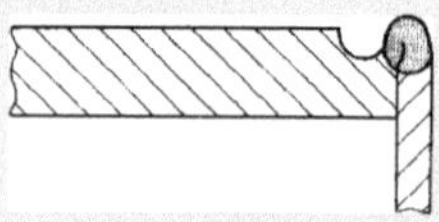 | Bindefehler, Oxideinschlüsse | versperrter Ausweg für Oxide am Nahtgrund, begrenzte Reinigungswirkung des Lichtbogens |
| 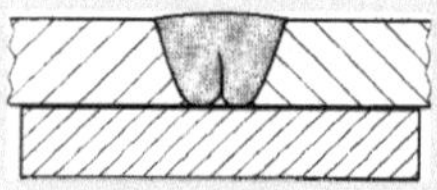 | Bindefehler, Oxideinschlüsse | Unterlage bzw. Badstütze ohne Nut für Aluminium ungeeignet |
| 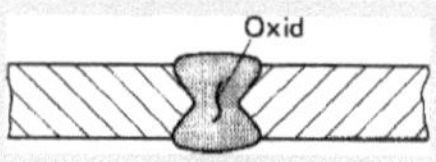  | Oxideinschlüsse | zu große Blechdicke, zu geringer Öffnungswinkel |
| 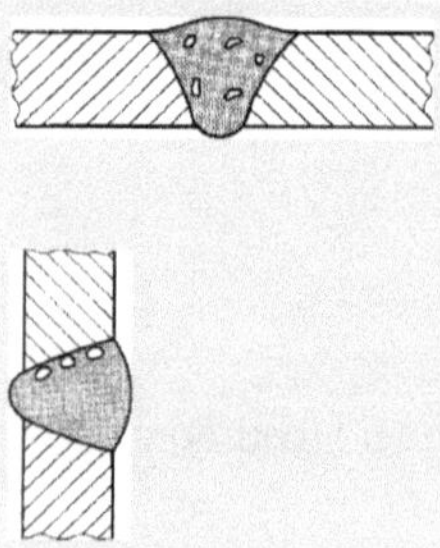 | Poren | Wasserstoffaufnahme (nicht beseitigte Oxidschichten, Lufteinwirbelung, Feuchtigkeit), unruhiger Lichtbogen, zu geringe Vorwärmung, behinderte Ausgasung |

## 3.8.6 Gefährdungen für den Schweißer

Beim WIG-Schweißen können Gefährdungen für den Schweißer in Form von Gasen und Rauch sowie Schall- und Strahlungsemissionen entstehen. Obwohl im Vergleich zu anderen Lichtbogenschweißverfahren das WIG-Schweißen als verhältnismäßig emissionsarm einzustufen ist, sind allgemeingültige Regeln sowie geltende Vorschrift en zum Arbeits- und Gesundheitsschutz unbedingt zu befolgen. In Abschnitt 3.15 beschrieben. Entsprechende Normen zur Bewertung von Gefährdungen sowie derzeit bindende Richtlinien zur Vermeidung von Gesundheitsschäden sind aufgeführt.

Neben den allgemeinen Hinweisen sind beim WIG-Schweißen jedoch einige besondere Gefährdungen zu beachten. Bei WIG-Stromquellen, die eine berührungslose Zündung des Lichtbogens ermöglichen, stellen die Hochspannungszündimpulse eine mögliche Gefährdung für den Schweißer dar. Die Hochspannungsimpulse können zu schweren elektrischen Schlägen führen. Die Folgen wären örtlich begrenzte Verbrennungen der Haut und unter Umständen eine lokale Schädigung bzw. Beeinträchtigung von Nerven. Um derartige Gefährdungen zu vermeiden, sollten stets entsprechende Lederhandschuhe getragen und auf trockene Arbeitskleidung geachtet werden. Wenn möglich, ist die Berührung stromführender Teile zu vermeiden. Zusätzlich sollten vor Schweißbeginn immer eine gute Verkabelung und Kontaktierung des Bauteils sichergestellt werden. Bei Einhaltung dieser einfachen Maßnahmen kann eine Gesundheitsgefährdung des Schweißers durch Hochspannungszündimpulse nahezu ausgeschlossen werden.

Eine weitere Gefahrenquelle beim WIG-Schweißen stellen Wolframelektroden dar, die Thoriumoxid (Typ WTh) enthalten. Thorium und dessen Isotope strahlen radioaktiv. Beim Umgang mit diesen Elektroden in der schweißtechnischen Praxis können Gesundheitsgefährdungen sowohl durch innere als auch äußere Exposition radioaktiver Strahlung auftreten. Die Lagerung **thoriumhaltiger Wolframelektroden** kann eine äußere Strahlenexposition des Schweißers bewirken. Allerdings ist in diesem Fall das Gefährdungspotenzial relativ gering. Die emittierte Alphastrahlung hat nur eine relativ kurze Reichweite in Luft bzw. eine sehr geringe Eindringtiefe in den menschlichen Körper. Wesentlich gefährlicher ist die innere Exposition durch Inhalation von Thoriumverbindungen, die beim Anschleifen und Schweißen entstehen. In der Folge können Schädigung von Knochen und Knochenmark sowie Krebserkrankungen auftreten. Vorbeugend ist beim Anschleifen thoriumhaltiger Wolframelektroden unbedingt darauf zu achten, dass die entstehenden radioaktiven Stäube abgesaugt und in geeigneten Filtern aufgefangen werden. Gleiches gilt für Aerosole, die beim Schweißen, insbesondere mit Wechselstrom, entstehen. Grundsätzlich sollten thoriumhaltiger Rauch und Stäube nicht in den Atembereich des Schweißers gelangen. Gegebenenfalls ist geeignete Absaugtechnik einzusetzen. Ausführliche Hinweise zum Umgang mit thoriumhaltigen Wolframelektroden gibt die DGUV Information 209-049.

Wird im handgeführten WIG-Prozess mit Zusatzwerkstoff gearbeitet, ragt das freie Ende des Stabes unter Umständen in den Gesichtsbereich des ausführenden Schweißers oder anderer umstehender Personen. Um Verletzungen durch die verhältnismäßig scharfe Spitze vorzubeugen, ist es üblich, ein kleines Stück am freien Ende des WIG-Stabs einfach umzubiegen.

## 3.9 Plasmaschweißen (Prozess 15)

### Verfahrensmerkmale

Das **Plasmaschweißen** ist ein Schmelzschweißverfahren, das mit einem mechanisch eingeschnürten Lichtbogen arbeitet. Der Lichtbogen brennt von einer nichtabschmelzenden Elektrode und wird mithilfe einer Düse fokussiert. Je nach Verfahrensvariante wird der Lichtbogen entweder direkt zum Werkstück übertragen oder indirekt als Plasmastrahl genutzt. Die Wärme des Lichtbogens wird zum Aufschmelzen des Grund- und Zusatzwerkstoffs genutzt. Neben dem Schutzgas wird dem Schweißprozess ständig Plasmagas zugeführt. Wahlweise kann mit oder ohne Zusatzwerkstoff gearbeitet werden. Mit dem Plasmaschweißen sind sehr hohe Nahtqualitäten erreichbar. Besonderes Verfahrensmerkmal ist der konzentrierte Lichtbogen, der eine hohe Produktivität und verminderte Beeinflussung des Grundwerkstoffs ermöglicht. Nachteilig steht dem die verhältnismäßig komplexe Anlagen- und Brennertechnik gegenüber.

### Anwendungsbereich/Abmessungen

Das Plasmaschweißen wird bevorzugt für Anwendungen eingesetzt, die eine sehr gute Nahtqualität bei gleichzeitig hoher Produktivität des Fügeverfahrens erfordern. Der konzentrierte Plasmalichtbogen ermöglicht eine große Einbrandtiefe. Diese kann in hohe Schweißgeschwindigkeiten umgesetzt oder zum Punktschweißen genutzt werden. Durch die lokale Wärmeeinbringung ist das Verfahren auch zum verzugsarmen Verbindungsschweißen dünner Bleche anwendbar. Es kann sowohl manuell als auch mechanisiert ausgeführt werden. Ohne Fugenvorbereitung ist das Plasmaschweißen von Stumpfstößen mit Blechdicken bis $t_B \approx 10$ mm gebräuchlich. Jedoch sind dem durch eine geeignete Fugenvorbereitung und die Verwendung von Zusatzwerkstoff in Verbindung mit der Mehrlagentechnik kaum Grenzen gesetzt. In Verbindung mit pulverförmigem Zusatzwerkstoff wird das Verfahren zum Auftragschweißen hochwertiger Schichten genutzt.

### Werkstoffgruppen

Grundsätzlich ermöglicht das Plasmaschweißen die Verarbeitung aller metallischen Werkstoffe. Es wird bevorzugt zum Verbindungsschweißen von Aluminiumlegierungen und hochlegierten Stählen, aber auch zum Auftragschweißen von Hartlegierungen eingesetzt.

### Wichtige Merkblätter und Normen

- **DVS 0919:** Wolfram-Plasmalichtbogenschweißen.
- **DVS 0937:** Wurzelschutz beim Schutzgasschweißen.

- **DVS 0950:** Mechanisiertes WIG- und Plasmaschweißen, Anforderungen an Stromquellen und Gerätetechnik.
- **DIN EN ISO 14175:** Schweißzusätze – Gase und Mischgase für das Lichtbogenschweißen und verwandte Prozesse.

## 3.9.1 Verfahrensprinzip und Anlagentechnik

### 3.9.1.1 Funktionsweise

Das Plasmaschweißen nutzt einen Lichtbogen als Wärmequelle zum Schweißen. Im Lichtbogen werden Temperaturen erzeugt, die weit über der Schmelztemperatur des Grundwerkstoffs liegen. Unter der Einwirkung des Lichtbogens wird der Grundwerkstoff örtlich begrenzt aufgeschmolzen. Im Schweißvorgang mit Vorschubbewegung fließt die Schmelze ineinander und erstarrt hinter dem Lichtbogen anschließend zu einer Schweißnaht. Dementsprechend wird das Plasmaschweißen in der aktuellen Norm DIN 1910-100 den Schmelzschweißverfahren zugeordnet, die eine elektrische Gasentladung (in diesem Fall einen Lichtbogen) als Energieträger verwenden. Das Verfahrensprinzip lässt eine Einteilung des Plasmaschweißens in weitere Untergruppen des Lichtbogenschweißens zu. Aufgrund der Verwendung eines Schutzgases sowie einer nichtabschmelzenden Wolfram-Elektrode als grundlegende Verfahrensmerkmale zählt das Plasmaschweißen zur Gruppe der Schutzgasschweißverfahren und genauer zum WSG-Schweißen (Wolfram-Schutzgasschweißen). Das Plasmaschweißen wird wiederum in fünf weitere Verfahrensvarianten eingeteilt. Einen allgemeinen Überblick über das Verfahren gibt das DVS-Merkblatt 0919.

Das Plasmaschweißen stellt eine leistungsfähige Weiterentwicklung bzw. Modifikation des WIG-Schweißens dar. Es nutzt ebenfalls einen Lichtbogen als Wärmequelle. Der Hauptunterschied und zugleich entscheidendes Verfahrensmerkmal ist, dass beim Plasmaschweißen der Lichtbogen durch eine Düse in Verbindung mit einer Gasströmung künstlich geformt wird. Im Gegensatz zu frei brennenden Lichtbögen wird der Lichtbogen beim Plasmaschweißen beim Durchtritt durch eine Fokusdüse stark einschnürt. Der Plasmalichtbogen ist dadurch deutlich konzentrierter und hat eine annähernd zylindrische Form mit scharf abgegrenzter Kontur. Die Vorteile sind eine gesteigerte Energiedichte und bessere Stabilität des Plasmalichtbogens, die eine örtlich begrenzte Wärmeeinbringung und stärkere Penetration des Werkstoffs ermöglichen. Bild 3.119 zeigt einen Vergleich der Lichtbogenform und erzeugten Einbrandgeometrie zwischen einem fokussierten Plasma- und einem frei brennenden WIG-Lichtbogen.

Die Elektrode wird wie beim WIG-Schweißen nicht abgeschmolzen. Diese hat die Form eines runden Stabs mit einer kegelig angeschliffenen Spitze und besteht im Wesentlichen aus dem hochschmelzenden Metall Wolfram, das mit verschiedenen Zusatzelementen dotiert ist. Im Gegensatz zum WIG-Schweißen steht die Elektrodenspitze nicht aus dem Brenner hervor, sondern ist konzentrisch von einer Fokusdüse, auch Plasmadüse genannt, umgeben. Je nach **Elektrodenrückstand** in der Düse und Fokusdurchmesser wird der Lichtbogen unterschiedlich stark eingeschnürt. Beide Maße betragen i. d. R. nur wenige Millimeter.

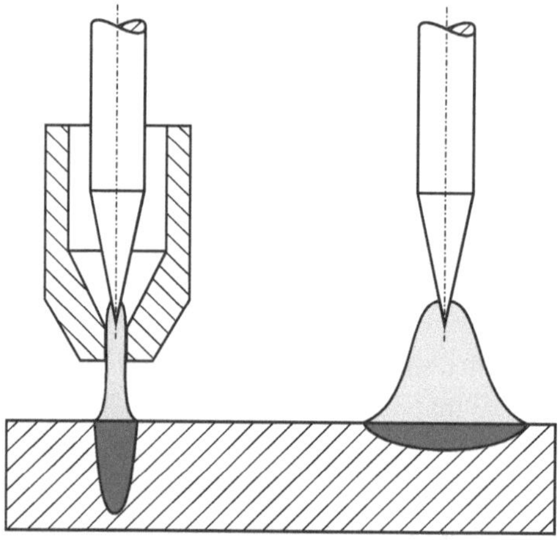

**Bild 3.119**
Vergleich der Lichtbogenform und erzeugten Einbrandgeometrie zwischen einem fokussierten Plasma- (links) und einem frei brennenden WIG-Lichtbogen (rechts)

Plasmaschweißprozesse nutzen üblicherweise zwei oder mehr separate Gasströme. Durch die getrennte Zuführung können Durchflussmenge und chemische Zusammensetzung der einzelnen Gasströme unabhängig voneinander angepasst werden. Das Plasmagas bzw. Prozessgas strömt zentrisch durch die Plasmadüse und dient der gezielten Beeinflussung des Lichtbogens. Gleichzeitig wird dem Schweißprozess kontinuierlich Schutzgas zugeführt. Die Schutzgasdüse, Wolframelektrode und Plasmadüse sind meist koaxial angeordnet.

Den zur Erzeugung des Lichtbogens erforderlichen elektrischen Strom liefert eine Schweißstromquelle. In der Regel sind beim Plasmaschweißen die Wolframelektrode minus- und das Werkstück plus-gepolt. Wenige Anwendungen nutzen eine plus-gepolte Wolframelektrode. Falls erforderlich, ist das Plasmaschweißen auch mit Wechselstrom, d. h. mit wechselnder Polarität der Elektrode, möglich. Da mit einer nichtabschmelzenden Elektrode gearbeitet wird, ist der Einsatz von Zusatzwerkstoff beim Plasmaschweißen nicht zwingend erforderlich. Bei Verwendung von Zusatzwerkstoff wird dieser meist lateral von außen dem Lichtbogen bzw. dessen Wirkbereich zugeführt.

### Plasmalichtbogenschweißen (Prozess 153)

Das **Plasmalichtbogenschweißen** (WPL) nutzt einen übertragenen Lichtbogen, der direkt zwischen der Wolframelektrode und dem Werkstück brennt. Beim Durchtritt durch die Plasmadüse wird der Lichtbogen eingeschnürt. Der übertragene Lichtbogen bewirkt eine effektive Wärmeeinbringung ins Bauteil. Zusätzlich weist dieser durch die künstliche Fokussierung eine hohe Energiedichte auf und eignet sich damit für große Einschweißtiefen. Aufgrund der Lichtbogencharakteristik wird das Verfahren bevorzugt zum Verbindungsschweißen eingesetzt. Das Verfahrensprinzip des Plasmalichtbogenschweißens ist in Bild 3.120 dargestellt.

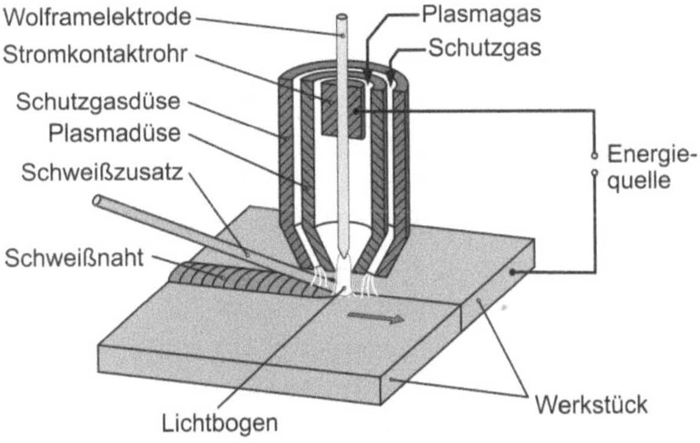


**Bild 3.120** Verfahrensprinzip des Plasmalichtbogenschweißens

### Plasmastrahlschweißen (Prozess 154)

Das **Plasmastrahlschweißen** (WPS) nutzt einen nicht übertragenen Lichtbogen. Im Prinzip unterscheidet es sich damit vom Plasmalichtbogenschweißen lediglich durch die Art der elektrischen Schaltung. Der nicht übertragene Lichtbogen brennt zwischen der Wolframelektrode und der Plasmadüse und wird ausschließlich durch das Prozessgas ausgetrieben. Beim Durchströmen des Lichtbogens wird das Prozessgas stark erhitzt und tritt als heißer Strahl aus der Plasmadüse aus. Der sichtbare Plasma- bzw. Gasstrahl ist daher nicht stromführend. Energiedichte und Wärmeeinbringung sind relativ gering und nehmen mit zunehmender Länge und Ausbreitung des Strahls stark ab. Dieses Verfahren wird vornehmlich zum Wärmen und Schweißen von elektrisch nichtleitenden Stoffen sowie in einigen Fällen zum Auftragschweißen angewendet. Das Verfahrensprinzip des Plasmastrahlschweißens ist in Bild 3.121 dargestellt.

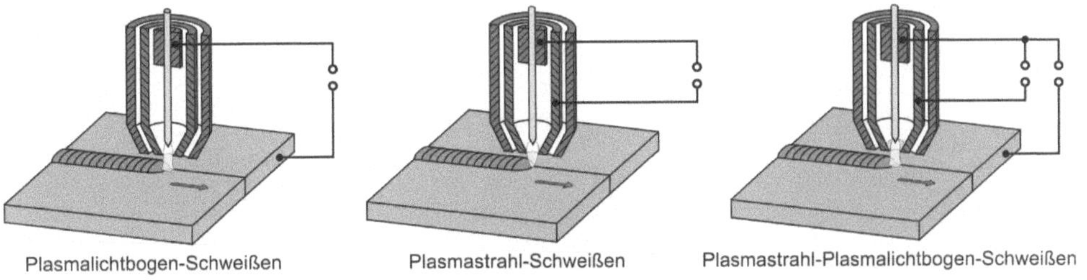


**Bild 3.121** Betriebsarten beim Plasmaschweißen

### Plasmastrahl-Plasmalichtbogenschweißen (Prozess 155)

Das **Plasmastrahl-Plasmalichtbogenschweißen** (WPSL) kombiniert das Plasmastrahlschweißen und das Plasmalichtbogenschweißen in einem Prozess. Demnach werden sowohl ein nicht übertragener als auch ein direkt übertragener Lichtbogen gleichzeitig genutzt. Dieses kombinierte Verfahrensprinzip wird relativ häufig verwendet. Allerdings wird bei den meisten Schweißprozessen weniger auf die unmittelbare Wirkung des nicht übertragenen Lichtbogens abgezielt, sondern vielmehr auf dessen Unterstützung als Hilfslichtbogen. Vor allem bei geringen Leistungen stabilisiert dieser Hilfslichtbogen den übertragenen Hauptlichtbogen. Die Vorionisierung des Plasmagases durch den Hilfslichtbogen gewährleistet einen ruhig brennenden Hauptlichtbogen auch bei geringsten Stromstärken. Häufige Anwendungen hierfür sind das Mikroplasmaschweißen und das Auftragschweißen. Durch eine spezielle Schaltung kann das Verfahren auch vorteilhaft zum Schweißen von Aluminium eingesetzt werden. In diesem Fall dient die Plasmadüse als gemeinsame Anode von übertragenem und nicht übertragenem Lichtbogen. Bei deutlich verringerter Elektrodenbelastung kann der Reinigungseffekt auf der Werkstückoberfläche voll ausgenutzt werden. Das Verfahrensprinzip des Plasmastrahl-Plasmalichtbogenschweißens ist in Bild 3.121 dargestellt.

### Pulver-Plasmalichtbogenschweißen (Prozess 152)

Das **Pulver-Plasmalichtbogenschweißen** unterscheidet sich von anderen Plasmaschweißverfahren durch die Art und Zuführung des Zusatzwerkstoffs. Dieser wird in Pulverform über den Brenner direkt dem Lichtbogen zugeführt. Zum Transport des Pulvers wird ein dritter Gasstrom, das Fördergas, benutzt. Das Pulver-Plasmalichtbogenschweißen nutzt i. d. R. einen übertragenen Lichtbogen (WPL), um den Grund- und Zusatzwerkstoff aufzuschmelzen. Häufig wird aber auch zusätzlich ein Hilfslichtbogen wie beim Plasmastrahl-Plasmalichtbogenschweißen (WPSL) eingesetzt. Dies verbessert die Pulveraufschmelzung bei geringen Leistungen des Hauptlichtbogens. Das Verfahrensprinzip des Pulver-Plasmalichtbogenschweißens ist in Bild 3.122 dargestellt. Im internationalen Sprachgebrauch wird für das Verfahren die Kurzbezeichnung PTA (*engl.* plasma transferd arc) verwendet.

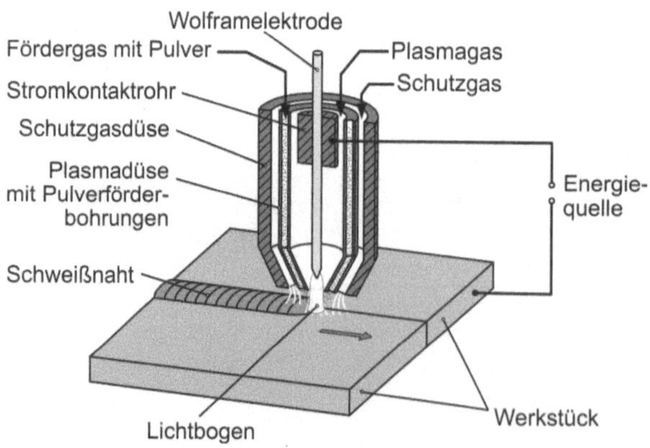


**Bild 3.122**
Verfahrensprinzip des Pulver-Plasmalichtbogenschweißens

### 3.9.1.2 Prozess- und Schutzgase

Die im Lichtbogen vorherrschenden hohen Temperaturen begünstigen die Reaktionsfreudigkeit von Metallen. Die nichtabschmelzende Wolframelektrode, die Plasmadüse und das Schmelzbad müssen daher von der Umgebungsluft abgeschirmt werden. Dies geschieht primär durch Zuführung eines Plasmagases, welches gleichzeitig als Lichtbogenmedium fungiert. Da diese Gasströmung durch die Plasmadüse stark fokussiert wird, reicht ihre räumliche Ausdehnung nicht aus, um auch das Schmelzbad komplett zu schützen. Aus diesem Grund wird zweiter Gasstrom, das Schutzgas, konzentrisch um das Plasmagas zugeführt.

Standardmäßig wird beim Plasmaschweißen reines Argon als Plasmagas eingesetzt. Durch seinen inerten Charakter verhindert es thermisch bedingte Oxidationseffekte an der Plasmadüse und reduziert den Verschleiß der Wolframelektrode. Zudem ist es aufgrund seiner technologischen Eigenschaften überaus gut für die Erzeugung technischer Schweißlichtbögen geeignet und ist verhältnismäßig kostengünstig. Für besondere Anwendungen ist auch eine Zumischung von bis zu maximal 2 % Wasserstoff ins Argon möglich.

Als Schutzgas sind, wie beim WIG-Schweißen, neben Argon prinzipiell auch alle anderen nicht oxidierend wirkenden Gase zum Plasmaschweißen geeignet. Nach Norm DIN EN ISO 14175 sind dies Schutzgase der Hauptgruppen I, N und R, siehe Abschnitt 3.6.2. Im Wesentlichen handelt es sich dabei um inerte Gase oder Gasgemische (I1-3), reaktionsträge wirkende Gasgemische aus Argon und Stickstoff (N2) sowie reduzierend wirkende Gasgemische aus Argon und Wasserstoff (R1). Bei einseitig geschweißten Nähten an oxidationsempfindlichen Werkstoffen ist es notwendig, auch die Rückseite der Schweißnaht vor der Umgebungsluft abzuschirmen. Eingeführte Bezeichnungen für diese Art von Schutzgasen sind Formiergas oder Wurzelschutzgas. Zur Anwendung kommen Argon (I1), argonreiche Mischgase mit Stickstoff (N2) oder mit Wasserstoff (R1), Stickstoff-Wasserstoff-Gemische (N5) sowie Stickstoff (N1). Im Vergleich zu anderen Schutzgasschweißverfahren stellt der Verzicht auf oxidieren wirkende Anteile im Schutzgas eine technologische Einschränkung dar, gewährleistet aber im Gegenzug eine sehr hohe Schweißnahtqualität.

Neben der Schutzfunktion können die Prozessgase beim Plasmaschweißen auch zur gezielten Beeinflussung des Lichtbogens und der Schmelze genutzt werden. Haupteinflussfaktor auf die Wahl der Prozessgase ist der zu verschweißende Werkstoff. Dementsprechend werden von Herstellern für nahezu jeden Werkstoff optimierte Gasgemische zum Plasmaschweißen angeboten. Die chemische Zusammensetzung dieser Gase ist unter Beachtung der verfahrensbedingten Gegebenheiten auf eine verbesserte Leistung des Schweißprozesses optimiert. Allerdings spielen in der Praxis immer Betrachtungen zu Aufwand und Nutzen eine Rolle, weshalb häufig verschiedene Schutzgasgemische für den gleichen Einsatzzweck verfügbar sind. In Tabelle 3.36 sind mögliche Schutzgaskomponenten zum Plasmaschweißen typischer Werkstoffe dargestellt. Die Auflistung gibt nur einen allgemeinen Überblick der wichtigsten Mischgaskombinationen. Darüber hinaus sind für besondere Anforderungen zahlreiche Mehrkomponentengase mit hoher Reinheit und Mischgenauigkeit bis zu einem Volumenanteil von $\nu = 1/10.000$ erhältlich. In diesem Fall empfiehlt es sich, Hersteller von technischen Gasen zu kontaktieren. Diese verfügen in der Regel über umfangreiches Know-how bei der Anwendung von Prozess- und Schutzgasen zum Schweißen.

**Tabelle 3.36** Mögliche Gaskomponenten im Schutzgas zum Plasmaschweißen ausgewählter Werkstoffe

| Werkstoff/Legierungen | Ar | He | $N_2$ | $H_2$ |
|---|---|---|---|---|
| unlegierte/legierte Stähle | * | + | | |
| hochlegierte Stähle | | | | |
| – ferritisch | * | + | | |
| – austenitisch | * | + | + | + |
| – austenitisch-ferritisch | * | + | + | + |
| Aluminium | *+ | *+ | + + | |
| Magnesium | * | + | | |
| | + | * | | |
| Nickel | * | + | + | + |
| Kupfer | + | * | | |
| Kobalt | * | + | | + |

* bevorzugte Hauptkomponente,
\+ mögliche Zusatzkomponente

Die Komponenten Helium und Wasserstoff werden vornehmlich zur Verbesserung der Wärmeeinbringung in den Grundwerkstoff zugemischt. Durch die höhere Ionisationsenergie des Heliums bzw. die zusätzliche Dissoziationsenergie bei Verwendung von Wasserstoff wird im Lichtbogen eine größere Leistung umgesetzt. Der erhöhte Leistungsumsatz kann technologisch zur Steigerung der Einbrandfläche am Werkstück oder zur Erhöhung der Schweißgeschwindigkeit genutzt werden. In Bild 3.93, Abschnitt 3.8.1.2, ist der Einfluss verschiedener Schutzgase auf das Einbrandverhalten beim WIG-Schweißen schematisch dargestellt. Grundsätzlich gelten für das Plasmaschweißen die gleichen Zusammenhänge, wenngleich die Auswirkungen aufgrund des fokussierten Lichtbogens weniger deutlich ausfallen. Die Unterschiede in der Einbrandausbildung beruhen hier primär auf einer Einengung der Plasmasäule durch die Helium- oder Wasserstoffanteile im Schutzgas.

Helium wird als Gasgemisch mit Argon oder als reines Gas eingesetzt. Mit einem hohen Heliumanteil im Schutzgas kann die starke Wärmeableitung beim Schweißen von Aluminium und Kupfer kompensiert werden. Allerdings verschlechtern sich mit einem zunehmenden Anteil an Helium die Ionisationsbedingungen im Schutzgas, wodurch die Lichtbogenzündung erschwert wird. Im Gegensatz zu Helium ist die Verwendung von Wasserstoff im Schutzgas nur in verhältnismäßig geringen Mengen bis maximal 15 % möglich. Zudem beschränkt sich der Einsatz auf Stahlwerkstoffe mit austenitischem Gefüge bzw. Nickel- und Kobaltbasislegierungen. Andere Werkstoffe reagieren in der Regel sehr empfindlich auf den Zutritt von Wasserstoff. Typische Fehler sind z. B. eine verstärkte Porenbildung durch die sehr unterschiedliche Löslichkeit von Wasserstoff in flüssigem und festem Aluminium oder die Bildung von Kaltrissen durch die Rekombination atomaren Wasserstoffs im ferritischen Gefüge von Feinkornbaustählen.

Stickstoffzumischungen von bis zu maximal 2 % im Argonschutzgas werden zum Plasmaschweißen von hochlegierten Stählen mit austenitisch-ferritischem Gefüge eingesetzt. Der Stickstoff wirkt als Austenitbildner stabilisierend auf die Gefügeausbildung. Auch beim Schweißen ohne Zusatzwerkstoff kann damit ein zu hoher Anteil an Deltaferrit wirksam vermieden werden. Ähnlich wie Helium oder Wasserstoff verbessert Stickstoff gleichermaßen die Wärmeeinbringung des Plasmalichtbogens. Im Formiergas kann teilweise mit höheren Stickstoffanteilen im Argon bis hin zu reinem Stickstoff gearbeitet werden, da die Temperatur an der Schweißnahtrückseite deutlich geringer ist als im Lichtbogenwirkbereich. Hier bietet die reaktionsträge Charakteristik des preiswerteren Stickstoffs ausreichend Schutz vor Oxidation.

Von entscheidender Bedeutung für die Funktion eines Plasmaschweißprozesses ist die Menge an zugeführtem **Plasmagas.** Der Volumenstrom hat neben der Formung einen unmittelbaren Einfluss auf wichtige Eigenschaften des Lichtbogens. Die Auswahl der Durchflussmenge richtet sich demnach in erster Linie nach der gewünschten Charakteristik des Schweißprozesses und hängt hauptsächlich vom Durchmesser der eingesetzten Plasmadüse ab. Unter Beachtung dessen liegen übliche Mengen zwischen $V = 0{,}2 \ldots 10$ l/min. Aus Formel 3.11 wird ersichtlich, dass der Volumenstrom und insbesondere der Durchmesser der Plasmadüse ausschlaggebend für den **Lichtbogenstaudruck** (dynamischer Druck) sind.

$$p = \frac{1}{2}\rho v^2 \tag{3.11}$$

mit $v = \frac{4V}{\pi d^2}$.

Der Staudruck eines fokussierten Plasmalichtbogens ist typischerweise so groß, dass unter dessen Einwirkung die Oberfläche des Schmelzbades deformiert bzw. die Schmelze vollständig verdrängt wird. Diese Effekte sorgen für eine tiefe Penetration des Grundwerkstoffs. Durch einen größeren Volumenstrom kann bei sonst gleicher

Plasmadüse und konstanten elektrischen Einstellwerten der Staudruck eines Plasmalichtbogens angehoben werden, was zu einer signifikanten Steigerung der Einbrandtiefe führt. Alternativ kann bei höheren Plasmagasdrücken mit geringeren Stromstärken gearbeitet werden. Bild 3.123 veranschaulicht diesen Zusammenhang.

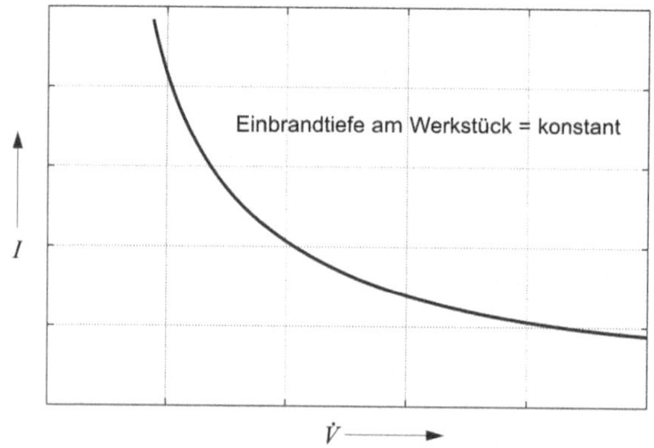


**Bild 3.123**
Schematische Darstellung des Zusammenhangs zwischen Stromstärke und Volumenstrom des Plasmagases beim Plasmaschweißen mit konstanter Einbrandtiefe

Hauptgrund dafür ist der deutlich verbesserte Wärmetransport im Lichtbogen. In Gasen bzw. Plasmen wirkt sich die Strömungsgeschwindigkeit verhältnismäßig stark auf den Wärmetransport aus. Da der Staudruck ein Ausdruck für die Strömungsgeschwindigkeit ist, hat neben der Art auch die Durchflussmenge des Prozessgases einen überaus großen Einfluss auf das Einbrandverhalten beim Plasmaschweißen.

Hauptkriterium für die Einstellung der richtigen Schutzgasmenge ist ein optimaler Gasschutz der Schmelze. Dies richtet sich beim Plasmaschweißen in erster Linie nach dem jeweiligen Einsatzfall und dem dafür eingesetzten Schweißbrenner. Wichtige Einflussfaktoren sind:

- Werkstoff,
- Gasart,
- Lichtbogenleistung,
- Schweißgeschwindigkeit,
- Schmelzbadgröße,
- Art und Lage der Schweißnaht,
- Schweißposition,
- Schutzgasdüsendurchmesser,
- Schutzgasdüsenabstand.

Die Anwendung bestimmt die zu verwendende Fugenform und Prozessleistung, welche maßgeblich die Größe und Exposition des Schmelzbades beeinflussen. Große

Schmelzbäder mit einem längeren Temperaturzyklus benötigen eine angepasste Schutzgasabdeckung. Dementsprechend muss mit steigender Prozessleistung die Schutzgasmenge erhöht werden, um eine ausreichende Schutzwirkung zu gewährleisen. In diesem Zusammenhang spielen die Strömungseigenschaften (Ausbildung und Durchmesser der Schutzgasströmung am Austritt der Schutzgasdüse) des Schweißbrenners eine wesentliche Rolle. Kleine Handbrenner mit geringerer Strombelastbarkeit nutzen meist deutlich geringere Durchmesser der Schutzgasdüse als große Automatenbrenner. Der Durchmesser wirkt sich stark auf die Geschwindigkeit bzw. Wirkung der Schutzgasströmung aus. Werden unterschiedliche Schweißbrenner bzw. Schutzgasdüsen eingesetzt, ist dieser Einfluss zu beachten und u. U. eine Angleichung der Durchflussmenge notwendig. Bild 3.124 verdeutlicht den Zusammenhang zwischen dem Durchmesser- und Volumenstromverhältnis für runde Schutzgasdüsen.

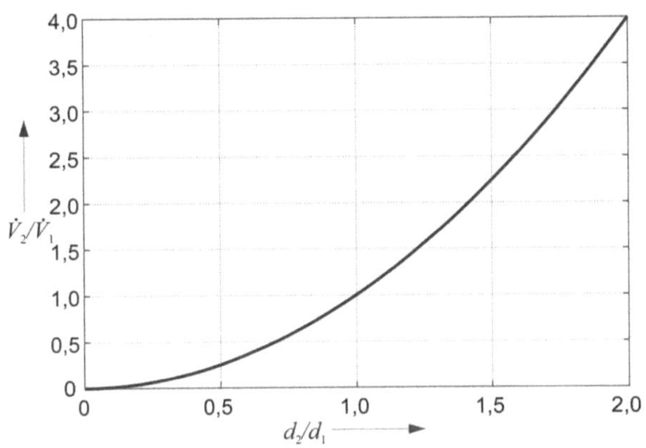


**Bild 3.124** Zusammenhang zwischen Durchmesser- und Volumenstromverhältnis bei runden Gasdüsen

In der Regel sind Durchflussmengen von $V = 5...25$ l/min bei Verwendung argonreicher Schutzgase üblich. Dabei ist aufgrund der relativ hohen Dichte von Argon eine gute Schutzwirkung sichergestellt. Allerdings ist zu beachten, dass sich je nach Grundwerkstoff die bevorzugten Schutzgase deutlich voneinander unterscheiden können. Wird mit anderen Gaszusammensetzungen, insbesondere heliumreichen Mischgasen, gearbeitet, ist in Abhängigkeit von der Dichte des Mischgases eine Korrektur der Durchflussmenge erforderlich, siehe Abschnitt 3.6.2. Gleiches gilt grundsätzlich für Abweichungen aus der neutralen Schweißposition. Bei großen Abweichungen ist gegebenenfalls eine größere Schutzgasmenge erforderlich.

### 3.9.1.3 Wolframelektroden

Für das Plasmaschweißen werden prinzipiell die gleichen Wolframelektroden wie für das WIG-Schweißen eingesetzt. Vorzugsweise werden Typen mit Oxidzusätzen verwendet. Diese erhöhen die Strombelastbarkeit bzw. Standzeit und verbessern gleichzeitig die Zündeigenschaften der Wolframelektroden. Einen Überblick über genormte chemische Zusammensetzungen gibt Abschnitt 3.3.3. Sehr häufig werden die universell einsetzbaren Typen WCe 20 und WLa 15 verwendet. Trotz großer Anwendungsbreite bieten diese verbesserte Gebrauchseigenschaften und eine gute Lichtbogencharakteristik.

Je nach Schweißaufgabe ist in Abhängigkeit von Stromstärke und Prozessart ein entsprechender Elektrodendurchmesser auszuwählen. Dies ist für die Ausbildung und Stabilität des Lichtbogens und somit für die Güte des gesamten Schweißprozesses entscheidend. Ist der Elektrodendurchmesser für eine bestimmte Stromstärke zu groß, wird die Spitze nicht gleichmäßig vom Lichtbogen umschlossen. Der Lichtbogen brennt instabil und ist unsymmetrisch ausgebildet, was zu einem erhöhten Verschleiß der Plasmadüse führt. Zudem kann der unruhige Lichtbogen mit punktuellem Ansatz zum Herauslösen von Wolframpartikeln führen. Es besteht die Gefahr einer Verunreinigung der Schmelze und einer verkürzten Standzeit der Elektrode. Ist dagegen der gewählte Elektrodendurchmesser für eine bestimmte Stromstärke zu gering, wird die Spitze thermisch überlastet und aufgeschmolzen. Die angeschliffene Geometrie der **Elektrodenspitze** geht verloren. Infolgedessen brennt der Lichtbogen ungleichmäßig und weniger konzentriert. Tropfen geschmolzenen Elektrodenmaterials können sich ablösen und die Plasmadüse verstopfen oder die Schmelze verunreinigen. Bild 3.125 zeigt geeignete Elektrodendurchmesser in Abhängigkeit von Stromstärke und **Polungsart**.

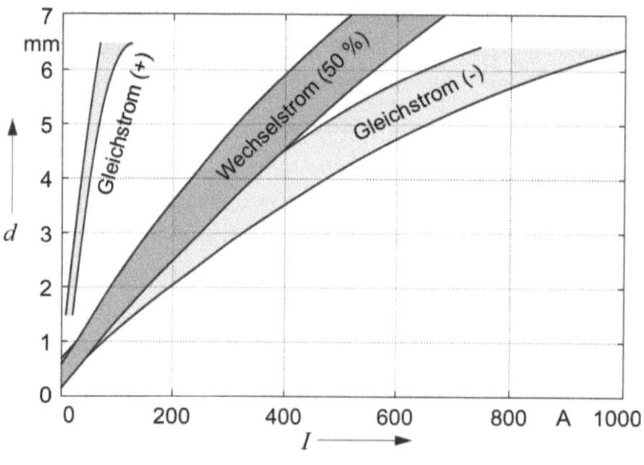


**Bild 3.125**
Elektrodendurchmesser in Abhängigkeit von der Stromstärke beim Plasma-Schweißen mit verschiedenen Polungsarten (für Elektroden mit Oxidzusätzen)

Die Angaben sind Richtwerte für das Plasmaschweißen mit dotierten Wolframelektroden. Aufgrund der geringeren Erwärmung der Elektrode bei Minuspolung sind bei gleichem Durchmesser deutlich höhere Schweißstromstärken möglich als bei Pluspolung. Es wird deutlich, dass der technisch nutzbare Leistungsbereich beim Plasmaschweißen mit positiver Polung der Elektrode stark eingeschränkt ist. Selbst Elektroden mit großem Durchmesser halten der höheren thermischen Belastung nur bei verhältnismäßig geringen Stromstärken dauerhaft stand. Dementsprechend liegen geeignete Werte für das Plasmaschweißen mit Wechselstrom je nach Anteil der Polarität zwischen diesen Bereichen.

Aus dem gleichen Grund werden die Elektroden zum Plasmaschweißen mit Wechselstrom nicht spitz geschliffen. Meist wird ein Kegelstumpf angearbeitet. Der Durchmesser der Deckfläche kann bis zu einem halben Elektrodendurchmesser $d_1 \leq d/2$ betragen. Falls notwendig kann auch beim Schweißen mit Gleichstrom (Minuspolung) mit einer abgeflachten Elektrodenspitze gearbeitet werden, um die Standzeit zu erhöhen. Allerdings sollte der Durchmesser der Deckfläche nicht größer als ein Zehntel des Elektrodendurchmessers $d_1 \leq d/10$ sein. In Bild 3.126 sind zweckmäßige Elektrodenformen für das Schweißen mit Gleichstrom (Minuspolung) und Wechselstrom gegenübergestellt.

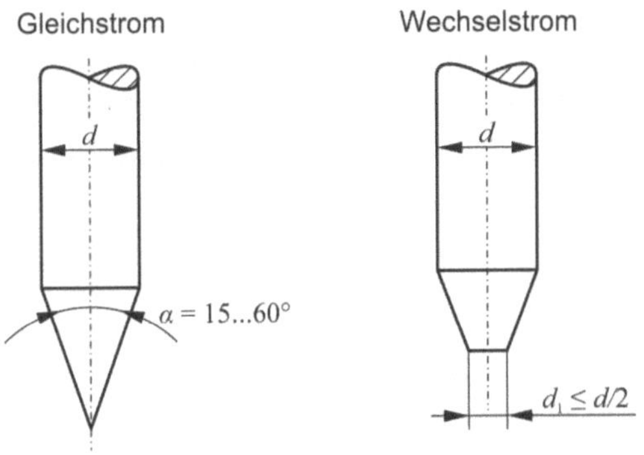


**Bild 3.126**
Mögliche Formen der Elektrodenspitze zum Plasmaschweißen

Bei richtiger Belastung der Wolframelektrode bleibt unter Gleichstrom (Minuspolung) die angeschliffene Geometrie der Elektrodenspitze vollständig erhalten. Unter Verwendung von Wechselstrom bildet sich an der Elektrodenspitze eine kleine Kugel flüssigen Wolframs, an welcher der Lichtbogen ruhig ansetzen kann. Durch die abgearbeitete Spitze wird das flüssige Volumen begrenzt. Bei zu großen Tropfen an der Elektrodenspitze wandert der Lichtbogenansatzpunkt auf der Tropfenoberfläche umher. Es entsteht ein unruhiger Lichtbogen. Zusätzlich besteht die Gefahr der Tropfenablösung und einer Verunreinigung des Schmelzbades.

Aufgrund der sehr hohen thermischen Belastung der Wolframelektrode beim Plasmaschweißen werden von Brennerherstellern teilweise besondere Elektrodenbauformen eingesetzt. Diese weichen meist von den genormten Geometrien ab. Zum Beispiel werden Wolframelektroden mit Kanälen zur aktiven Kühlung oder mit Kupferschaft zur besseren Wärmeableitung verwendet. Ziel der Anpassungen ist es, die Standzeiten der Elektrodenspitze zu maximieren, da im Vergleich zum WIG-Schweißen ein Elektrodenwechsel an einem Plasmabrenner i. d. R. deutlich aufwendiger ist, siehe Abschnitt 3.9.4.7. Zu beachten ist, dass die Leistungskennwerte derartiger Plasmabrenner meist auf diese Elektroden abgestimmt sind. Falls ein Ersatz durch konventionelle Wolframelektroden bauartbedingt überhaupt möglich ist, muss eventuell mit geringeren Leistungswerten oder Elektrodenstandzeiten gerechnet werden.

Beim Anschleifen der Elektrode sind grobe Schleifriefen unbedingt zu vermeiden. Zu große Unregelmäßigkeiten in der Oberfläche verursachen einen unruhigen Lichtbogen oder können zu einer punktuellen Überlastung der Elektrodenspitze führen. Grundsätzlich sind die Elektroden längs anzuschleifen. Dabei ist ein maschineller Anschliff in jedem Fall zu bevorzugen, um eine Asymmetrie der Elektrodenspitze zu vermeiden. Bei einem Querschliff behindern die umlaufenden Rillen die freie Ausbreitung des Lichtbogens auf der Elektrodenoberfläche. Durch derartig ungünstige Verhältnisse wird die Elektrodenspitze übermäßig thermisch beansprucht. Dies führt zu erhöhtem Verschleiß der Elektrode und einem instabilen Lichtbogen. Nach einem Anschliff müssen die Wolframelektroden sauber und fettfrei sowie frei von Oxidhäuten sein.

Im Gegensatz zum WIG-Schweißen hat der Spitzenwinkel der Wolframelektrode einen wesentlich geringeren Einfluss auf die Lichtbogencharakteristik und das Ergebnis beim Plasmaschweißen. Die Wirkung der Plasmadüse ist bestimmend für den Prozess. Kleinere Spitzenwinkel bewirken kaum eine Erhöhung der Energiedichte und des Staudrucks des ohnehin stark fokussierten Plasmalichtbogens. Aus diesem Grund ist die Anwendung eines sehr kleinen Spitzenwinkels technologisch nicht sinnvoll. Allerdings ist der Spitzenwinkel entscheidend für die Zündsicherheit beim Plasmaschweißen. Ist diese gewährleistet, kann zur Erhöhung der Standzeit der Elektrode problemlos ein etwas stumpferer Spitzenwinkel gewählt werden. Für reproduzierbare Ergebnisse beim Plasmaschweißen wird dieser üblicherweise auch bei unterschiedlichen Prozessleistungen nicht verändert.

### 3.9.1.4 Zusatzwerkstoff

Wird mit Zusatzwerkstoff gearbeitet, werden je nach Mechanisierungsgrad unterschiedliche Lieferformen von Zusatzwerkstoff zum Plasmaschweißen verwendet. Im handgeführten Prozess kommen WIG-Stäbe zum Einsatz. Deren Abmessungen und Zusammensetzungen sind je nach Werkstoff und Anwendung genormt, siehe Abschnitt 3.5.2.

In Abhängigkeit von der zu verschweißenden Blechdicke und der damit verbundenen Schweißleistung, werden unterschiedliche Stabdurchmesser verwendet. Dies hängt aber stark vom Grundwerkstoff, der Fugenform und der Schweißposition ab. Bild 3.127 gibt einen Anhaltspunkt für die Auswahl eines geeigneten Stabdurchmessers in Abhängigkeit der Blechdicke. Jedoch spielen hierbei die Fertigkeiten des Schweißers eine große Rolle. Im handgeführten Prozess ist die Menge des abgeschmolzenen Zusatzwerkstoffs direkt an die Geschwindigkeit der Zustellbewegung gebunden. Um diese zu senken, werden im Gegenzug häufig größere Stabdurchmesser gewählt. Zudem ist deren Handhabung einfacher, wodurch Fehler vermieden werden können.

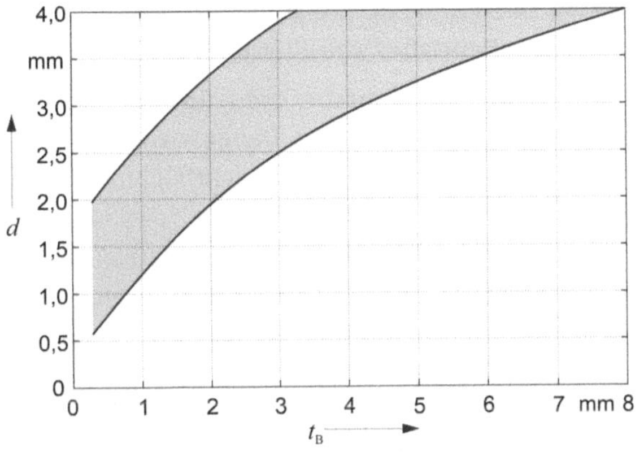


**Bild 3.127**
Richtwerte für die Auswahl eines geeigneten Stabdurchmessers in Abhängigkeit von der Blechdicke

Für mechanisierte bzw. automatisierte Plasmaschweißprozesse wird Zusatzwerkstoff in Draht- oder Pulverform verwendet. Hierfür kommen standardmäßig Drahtelektroden für das MSG-Schweißen in den genormten Abmessungen und Zusammensetzungen zum Einsatz, siehe Abschnitt 3.5.3 und Abschnitt 3.5.4. Die Zustellbewegung des drahtförmigen Zusatzwerkstoffs wird über integrierte oder externe Drahtvorschubsysteme realisiert, siehe Abschnitt 3.4.2.1.

Pulverförmige Zusatzwerkstoffe zum Plasmaschweißen werden teilweise genormt oder als eigene Legierungen von Herstellern angeboten, wobei die Korngrößen meist größer als bei Pulvern für thermische Spritzverfahren sind. Die Zuführung in den Lichtbogen erfolgt über Pulverförderer in Kombination mit einem Fördergasstrom, der je nach Stärke die Partikel in ausreichender Menge transportiert.

### 3.9.1.5 Schweißstromquellen und Brennertechnik

Zum Plasmaschweißen werden Stromquellen, s. Abschnitt 3.2, mit steil fallender Kennlinie verwendet.

Entsprechend dem Verlauf einer solchen Kennlinie verursachen verhältnismäßig große Schwankungen der Lichtbogenspannung bzw. Lichtbogenlänge nur geringe Änderungen des Schweißstroms. Damit werden Abweichungen des Brennerabstandes im Schweißprozess ausreichend gemindert und haben kaum Einfluss auf den erzeugten Einbrand. Diese Charakteristik gewährleistet ein stabiles Prozessverhalten und ein gleichbleibendes Schweißergebnis.

Zum Plasmaschweißen findet sowohl Gleich- als auch Wechselstrom Anwendung. Je nach Einsatzfall können deshalb theoretisch alle Bauarten von Schweißstromquellen zum Einsatz kommen. Moderne Plasmaschweißstromquellen basieren allerdings üblicherweise auf Invertertechnik. Häufig werden kombinierte Stromquellen angeboten, die elektronisch gesteuert eine Umschaltung zwischen Gleich- und Wechselstrom ermöglichen. Je nach Einsatzzweck sind Plasmaschweißstromquellen in unterschiedlichen Leistungsklassen erhältlich. Die Spanne reicht von Geräten zum Mikroplasmaschweißen mit einem Schweißstrom von $I \leq 20$ A bis hin zu stationären Anlagen mit Schweißströmen von $I \geq 500$ A bei einer Einschaltdauer von $ED = 60$ %.

Einfache Plasmaschweißstromquellen ermöglichen durch Grob- und Feinschalter eine Einstellung der Schweißstromstärke in einzelnen Stufen. Dabei wird die Kennlinie der Stromquelle verschoben, wodurch sich bei gleicher Lichtbogenlänge die Lichtbogenspannung geringfügig ändert. Jedoch wird diese mehr durch den eingehaltenen Abstand des Brenners zum Werkstück beeinflusst. Moderne elektronisch gesteuerte Stromquellen gestatten ein stufenloses Einstellen und Vorprogrammieren von Schweißregimen, die den jeweiligen Gegebenheiten angepasst werden können. Sie werden derzeit meist für mechanisierte Anlagen eingesetzt. Zudem sind zahlreiche Parameter, die den Strom-Zeit-Verlauf beeinflussen, frei einstellbar, siehe Abschnitt 3.9.2.2. Zusätzlich müssen Plasmaschweißstromquellen für den vollmechanisierten bzw. automatisierten Einsatz über eine Schnittstelle zur Kommunikation mit der Steuerung der Führungsmaschine verfügen. Beispielweise erhält die Stromquelle über diese Schnittstelle das Signal, den Lichtbogen zu zünden, da der Schweißvorgang programmgesteuert ohne Eingriff eines Schweißers abläuft. Die Stromquelle quittiert dies mit einem weiteren Signal der Führungsmaschine, welche anschließend die Verfahrbewegung beginnen kann.

Zusätzlich weisen Stromquellen zum Plasmaschweißen in der Regel einige verfahrensbedingte Besonderheiten auf. Da das Plasmagas ein entscheidender Prozessparameter ist, unterstützen die meisten Anlagen eine relativ genaue Einstellung der Gasdurchflussmenge in Form einer Ablaufsteuerung. Für verschiedene Segmente des Schweißprozesses (Zünden, Start, Schweißen, ...) lässt sich die Durchflussmenge separat voreinstellen. Bessere Anlagen halten zusätzlich die Gasdurchflussmenge innerhalb einzelner Prozessabschnitte konstant. Für eine entsprechende Regelung wird der Volumenstrom, z. B. mithilfe von Massendurchflussmessgeräten oder einer Differenzdruckmessung, permanent überwacht.

In den meisten Plasmaschweißstromquellen ist eine **Hilfsstromquelle** mit geringerer Leistung eingebaut. Diese dient ausschließlich der Aufrechterhaltung des Pilot- bzw. der Versorgung des Sekundärlichtbogens. In den Hilfsstromkreis ist überdies ein Hochspannungszündgerät integriert. Damit wird eine berührungslose Zündung des Pilotlichtbogens ermöglicht, siehe Abschnitt 3.9.2.1. Häufig ist dies zwingend erforderlich, da die meisten Plasmabrenner entsprechend ausgelegt sind und deren Aufbau mit zurückstehender Elektrode eine Berührungszündung ausschließt.

Anlagen zum Plasmalichtbogenschweißen für den vollmechanisierten oder automatisierten Einsatz enthalten i. d. R. eine **Spannungsüberwachung.** Anhand der Spannung des übertragenen Hauptlichtbogens lassen sich Änderungen des Brennerabstandes beim Plasmalichtbogenschweißen sehr gut detektieren. Entstehende Abweichungen der Lichtbogenspannung werden für eine Regelung genutzt, die über eine mechanische Höhenkorrektur des Brennerabstandes die Spannung konstanthält und so Unterschiede ausgleicht. Durch die automatische Höhenkorrektur lassen sich in bestimmten Grenzen reproduzierbare Schweißergebnisse trotz größerer Bauteiltoleranzen erzielen.

Aufgrund der vielen Verfahrensvarianten des Plasmaschweißens werden an die Stromquellen z. T. sehr unterschiedliche Anforderungen gestellt. Die Absolutwerte der zur Verfügung gestellten Leistungen können stark abweichen, wie z. B. beim Mikroplasmaschweißen mit sehr geringen Stromstärken im Vergleich zum Stichlochschweißen mit verhältnismäßig hohen Stromstärken. In jedem Fall muss, bedingt durch die hohe Energiedichte des Verfahrens, die Leistung sehr fein einstellbar sein und von der Stromquelle gleichbleibend bereitgestellt werden. Je nach Düsengeometrie und Plasmagasmenge ist vor allem im unteren Leistungsbereich ein stabiler Lichtbogen besonders wichtig, um einen definierten Einbrand zu erzeugen.

Neben der Stromquelle ist der Schweißbrenner die entscheidende Komponente der Anlagentechnik zum Plasmaschweißen. Dessen Aufbau und Funktionsweise bestimmt maßgeblich die Charakteristik des Verfahrens. In Abschnitt 3.3.3 werden grundlegende Merkmale von Plasmaschweißbrennern beschrieben. Unterschiede ergeben sich hauptsächlich in der Gestaltung und Auslegung zwischen Handbrennern und Plasmaschweißbrennern für den vollmechanisierten bzw. automatisierten Einsatz.

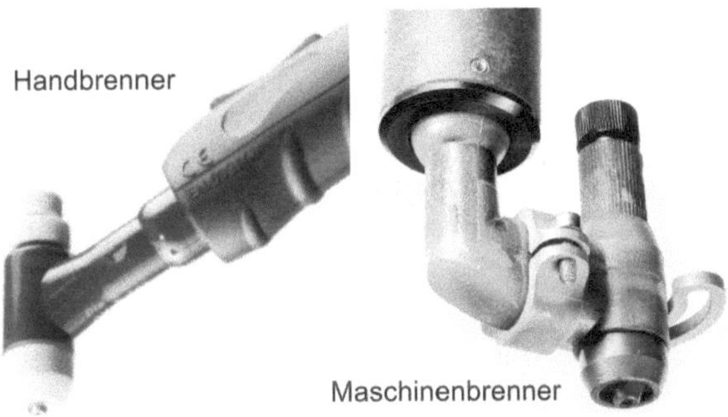


**Bild 3.128**
Plasma-Schweißbrenner

Zusätzlich gibt es besondere Konstruktionsmerkmale je nach Verwendungszweck und Verfahrensvariante, wie z. B. dem Pulver-Plasmalichtbogenschweißen. Aufgrund der hohen thermischen Belastung der Plasmadüse werden Plasmaschweißbrenner in der Regel wassergekühlt. Dementsprechend beinhalten die meisten Anlagen ein eigenes Aggregat zur aktiven Kühlung des hochbelasteten Brenners.

Gemeinsames Merkmal aller Plasmaschweißbrenner ist die **Plasmadüse,** welche der Fokussierung des Lichtbogens bzw. Strahls dient. Als zentrales Bauelement zur Beeinflussung der Lichtbogencharakteristik ist die Plasmadüse bestimmend für den Plasmaschweißprozess. Dabei sind die von der Düsengeometrie erzeugten Strömungseigenschaften entscheidend für die Formung des Lichtbogens und des Freistrahls nach Austritt aus der Düsenöffnung. Folglich beeinflussen Durchmesser und

Kanallänge der Düse maßgeblich wichtige Lichtbogeneigenschaften, wie z. B. die Energiedichte, den Staudruck, die Spannung oder den Wärmeeintrag. Die Auswahl des richtigen Düsendurchmessers ist sehr wichtig, um die gewünschten Effekte im Schweißprozess zu erzielen. Allerdings ist die Variation nicht unbegrenzt möglich. Im Wesentlichen richtet sich der Plasmadüsendurchmesser nach der eingestellten Stromstärke. Mit abnehmendem Durchmesser wird die Düse thermisch höher beansprucht, und der Widerstand der stromführenden Strecke nimmt zu. Somit wird der minimale Durchmesser durch die Belastbarkeit der Plasmadüse und die Kennwerte der Schweißstromquelle begrenzt. Größere Düsendurchmesser sind ohne weiteres möglich, jedoch verringert sich die Fokussierung des Lichtbogens, und die Vorteile des Plasmaschweißens gehen zunehmend verloren. Bild 3.129 gibt einen Anhaltspunkt für die Auswahl eines geeigneten Durchmessers der Plasmadüse in Abhängigkeit von der Stromstärke.

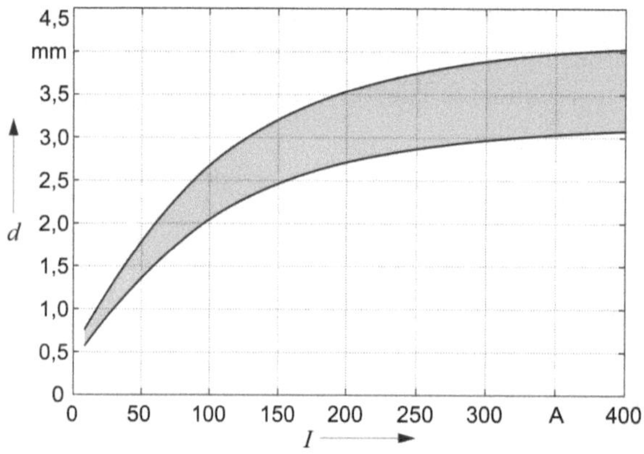


**Bild 3.129**
Richtwerte für die Auswahl eines geeigneten Durchmessers der Plasmadüse in Abhängigkeit der Stromstärke

Um die Strömungseigenschaften bzw. die Formung des Lichtbogens gezielt zu beeinflussen, können zusätzlich die Ein- und die Auslaufgeometrie der Plasmadüse angepasst werden. Deshalb werden von Brennerherstellern meist verschiedene Düsenformen angeboten. In Bild 3.130 sind typische Bauformen schematisch dargestellt. Die Standarddüse mit zylindrischer Form wird am häufigsten verwendet. Für höhere Leistungen sind Plasmadüsen mit konischem Auslauf geeignet. Einerseits werden damit Belastung und Verschleiß am Rand der Düsenöffnung gemindert und andererseits Verwirbelungseffekte durch einen weniger abrupten Querschnittsübergang vermieden. Plasmadüsen mit halbkugelförmigem Einlauf werden vorwiegend zum Plasmaschweißen mit Wechselstrom oder plus-gepolter Elektrode verwendet. Die Innenkontur ist der Elektrodenspitze mit ausgebildeter Kalotte angepasst. Für besondere Anforderungen können Plasmadüsen mit zusätzlichen seitlichen Gaskanälen eingesetzt werden. Bei exakter Positionierung der Gaskanäle lässt sich durch das laterale Anblasen der Lichtbogen in Schweißrichtung zusätzlich stabilisieren.

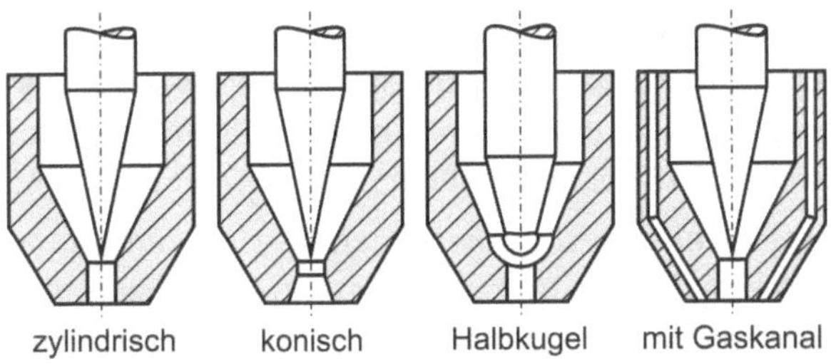


**Bild 3.130**
Typische Bauformen von Plasmadüsen

Im Vergleich mit konventionellen Plasmaschweißbrennern weisen Brenner zum Pulver-Plasmalichtbogenschweißen geringe konstruktive Unterschiede auf. Der Transport des pulverförmigen Zusatzwerkstoffs erfolgt verfahrensbedingt durch den Brenner, sodass weitere Medienkanäle erforderlich sind. Zudem nutzen derartige Schweißbrenner meist modifizierte Plasmadüsen mit zusätzlichen Bohrungen oder separate Düsen für die Zuführung des Pulvers in den Lichtbogen, siehe Abschnitt 3.9.2.4. In der Folge sind die Außenabmaße von Brennern zum Pulver-Plasmalichtbogenschweißen häufig etwas größer.

Das DVS-Merkblatt 0950 beschreibt ausführlich die notwendige Anlagentechnik zum mechanisierten Plasmaschweißen. Neben der Darstellung von Ausrüstungen und Geräten wird auf wichtige zu beachtende Vorschriften und Normen hingewiesen.

## 3.9.2 Verfahrensvarianten

### 3.9.2.1 Zünden des Lichtbogens

Der grundlegende Aufbau der meisten Plasmaschweißbrenner setzt eine berührungslose Zündung des Lichtbogens voraus. Die Wolframelektrode ist mechanisch fest installiert, wobei die Elektrodenspitze in der Plasmadüse zurücksteht. Diese Anordnung schließt eine einfache Berührungszündung aus, da die Wolframelektrode von außen kaum zugänglich ist. Somit ist das Plasmaschweißen zwingend auf eine berührungslose Zündung des Lichtbogens angewiesen, siehe Abschnitt 3.1.2. Allerdings muss bei der Zündung zwischen Hilfs- und Hauptlichtbogen unterschieden werden.

Üblicherweise wird zunächst ein **Pilotlichtbogen** mit geringer Leistung zwischen Wolframelektrode und Plasmadüse mithilfe von Hochspannungsimpulsen gezündet. Dazu muss die Schweißanlage mit einem Hochfrequenz[3]- oder **Hochspannungszündgerät** ausgestattet sein. Die Hochspannungsimpulse ($U = 6...8$ kV, $t_P = 0{,}5...1{,}0$ µs, $f = \leq 500$ Hz) liegen über der Durchschlagspannung für Luft. Werden durch die Hochspannungsimpulse ausreichend freie Ladungsträger gebildet (Gasatome ionisiert) kommt es zum Durchbruch. Infolge weiterer Ionisationsprozesse werden mehr freie

[3] Hochfrequenzzündgeräte erzeugen Hochspannungsimpulse mit einer Frequenz von mehreren hundert Kilohertz, wodurch Störungen öffentlicher Funknetze hervorgerufen werden können. Da die Entstörung sehr aufwendig und der Betrieb außerdem genehmigungspflichtig ist, werden Hochfrequenzzündgeräte kaum noch eingesetzt.

Ladungsträger gebildet als durch Rekombination vernichtet werden. Es entsteht ein leitfähiger Entladungskanal. Ist der Abstand zwischen der Spitze der Wolframelektrode und der Plasmadüse klein genug, zündet der Pilotlichtbogen selbsttätig. In der Regel wird der Pilotlichtbogen auch während des Schweißvorgangs aufrechterhalten.

Für Plasmalichtbogen-Schweißprozesse muss anschließend der übertragene Hauptlichtbogen zwischen Wolframelektrode und Werkstück gezündet werden. Dazu reicht es aus, bei brennendem Pilotlichtbogen und richtigem Brennerabstand zum Werkstück den Hauptstromkreis einzuschalten. Durch die Vorionisation des Pilotlichtbogens und die anliegende Leerlaufspannung der Schweißstromquelle zündet der Hauptlichtbogen selbständig.

Im Gegensatz dazu nutzen Plasmastrahlschweißprozesse den Pilotstromkreis mit nicht übertragenem Lichtbogen auch für den Schweißprozess. Beim Start des Schweißvorgangs muss lediglich die Leistung des Lichtbogens entsprechend angehoben werden. Nach dem Zünden des Pilotlichtbogens ist also kein weiterer Zündvorgang notwendig.

Die berührungslose Zündung mithilfe eines Pilotlichtbogens beim Plasmaschweißen hat eine Reihe von Vorteilen. Der Zündvorgang ist sehr sicher, gut automatisierbar und ohne Verschleiß der Wolframelektrode. Die Zündmethode ist für Gleich- und Wechselstrom geeignet. Durch die Vorionisation ist eine schnelle Zündung des Hauptlichtbogens gewährleistet. Zudem ist die Handhabung relativ einfach, da der Pilotlichtbogen immer eingeschaltet bleiben kann, auch beim Zurückziehen des Brenners vom Bauteil.

### 3.9.2.2 Stromart und Polarität

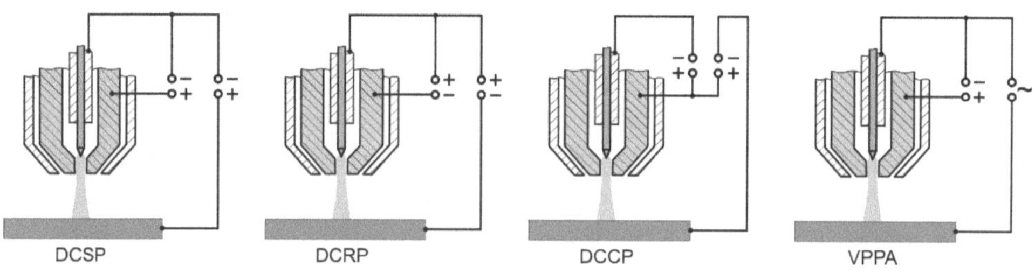


Bild 3.131 Schaltungsarten für das Plasmalichtbogenschweißen

Auf dem Prinzip des Plasmaschweißens basieren eine Reihe unterschiedlicher Verfahrensvarianten, die sich im Wesentlichen durch Stromart und Polarität der stromführenden Komponenten voneinander unterscheiden. Bild 3.131 zeigt verschiedene Schaltungsarten, die beim Plasmalichtbogenschweißen Anwendung finden. Prinzipiell können für das Plasmaschweißen die Stromarten Gleich- und Wechselstrom angewendet werden. Die Polung der Wolframelektrode kann dabei positiv oder negativ sein bzw. ständig wechseln. Hauptkriterium für die Wahl einer bestimmten Stromart und Polarität ist der zu schweißende Grundwerkstoff. In Tabelle 3.37 sind mögliche Strom- und **Polungsarten** zum Plasmaschweißen einiger ausgewählter Werkstoffe aufgeführt. Je nach Verfahrensvariante sind dabei einige Besonderheiten zu beachten.

**Tabelle 3.37** Mögliche Strom- und Polungsarten zum WIG-Schweißen ausgewählter Werkstoffe

| Werkstoff/Legierung | Gleichstrom | | Wechselstrom |
|---|---|---|---|
| | Elektrode negativ (–) | Elektrode positiv (+) | |
| unlegierte/legierte Stähle | + | | |
| hochlegierte Stähle | + | | |
| Aluminium | o | o | + |
| Magnesium | | o | + |
| Nickel | + | | |
| Kupfer | + | | |
| Kobalt | + | | |

+ bevorzugte Strom-/Polungsart,
o bedingt einsetzbar

Bei Gleichstrom (häufig mit DC abgekürzt, *engl.* direct current) wird mit einer konstanten Stromstärke gearbeitet. Der gewünschte Wert wird voreingestellt, und die Stromquelle hält durch Regelung der Spannung die Stromstärke während des Schweißprozesses auf einem konstanten Wert. Dies entspricht der Konstantstrom-Charakteristik einer typischen Plasmaschweißstromquelle mit steil **fallender Kennlinie.** Bild 3.132 zeigt schematisch den zeitlichen Verlauf der Stromstärke beim Plasmaschweißen mit Gleichstrom.

**Bild 3.132**
Schematische Darstellung des Stromverlaufs beim Plasmaschweißen mit Gleichstrom

Der Minuspol ist der kältere Pol, die Strombelastbarkeit und die Haltbarkeit der Wolframelektrode sind demnach beim Schweißen am Minuspol erheblich größer als am Pluspol. Folglich ist bis auf wenige Ausnahmen oder Sonderanwendungen die negative Polung der Elektrode (DCSP, *engl.* direct current straight polarity) die Standardkonfiguration beim Plasmaschweißen mit Gleichstrom. Um nur annähernd praktisch nutzbare Stromstärken zu erreichen, müssen beim Gleichstromschweißen am Pluspol (DCRP, *engl.* direct current reverse polarity) besondere Brenner und Elektroden mit deutlich größerem Durchmesser verwendet werden, siehe Bild 3.125. Die freien Elektronen im Lichtbogen bewegen sich in Richtung der Anode (Pluspol) und treten schließlich in diese ein. Die überschüssige kinetische Energie wird in Wärme umgewandelt. Austrittsarbeit muss nicht geleistet werden, weshalb die Anode thermisch höher belastet wird als die Kathode (Minuspol). Diese Anschlussvariante wird ausschließlich zum Schweißen von Werkstoffen mit hochschmelzenden Oxidschichten, wie z. B. Aluminium, verwendet. Um die Elektrodenbelastung beim Schweißen derartiger Werkstoffe zu reduzieren, kann die Plasmadüse als gemeinsame Anode geschaltet werden. Die Wolframelektrode und das Werkstück sind dabei minus-gepolt (DCCP, *engl.* direct current combined polarity). Diese Schaltungsart ermöglicht höhere Standzeiten der Wolframelektrode bzw. Prozessleistungen bei negativer Polung des Werkstücks.

Bei Wechselstrom (häufig mit AC abgekürzt, *engl.* alternating current) wird mit einer zeitlich veränderlichen Stromstärke gearbeitet, wobei die Polung der Wolframelektrode in jeder Periode wechselt (VPPA, *engl.* variable polarity plasma arc). Das konventionelle Plasma-Wechselstromschweißen nutzt meist einen sinusförmigen Funktionsverlauf des Schweißstroms. Der gewünschte Stromwert wird als Amplitude voreingestellt. Über die Balance $Bal = A_1/(A_1 + A_2) \cdot 100\ \%$ wird das Verhältnis von positivem und negativem Stromanteil vorgegeben. Während ältere Stromquellen eine feste Frequenz von $f = 50$ Hz nutzen, erlauben moderne Anlagen in der Regel eine freie Einstellung der Schwingungszahl. Neben der Sinusform erlauben elektronisch gesteuerte Plasmastromquellen auch die Auswahl anderer Stromverläufe, z. B. mit Rechteckimpulsen. In diesem Fall wird die **Balance** über das Tastverhältnis von negativer und positiver Pulszeit sowie dem Versatz vom Nulldurchgang (Stromoffset) bestimmt. Bild 3.133 zeigt schematisch mögliche Zeitverläufe der Stromstärke beim Plasmaschweißen mit Wechselstrom.

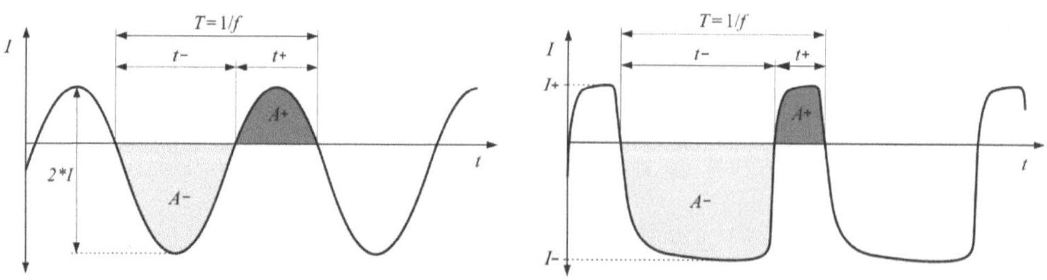


**Bild 3.133** Schematische Darstellung möglicher Stromverläufe beim Plasmaschweißen mit Wechselstrom

Die Verwendung von Wechselstrom zum Plasmaschweißen stellt im Wesentlichen einen Kompromiss dar. Beim Schweißen mit einem Lichtbogen ist es aus technologischer Sicht sinnvoll, für einige Werkstoffe, wie z. B. Aluminium, eine positive Polung der Elektrode zu verwenden. Um eine thermische Überlastung der plus-gepolten Wolframelektrode zu vermeiden und dennoch die Vorteile einer positiven Polung nutzen zu können, wird mit Wechselstrom geschweißt. Nach der hohen thermischen Belastung während der positiven Polung kann die Wolframelektrode in der negativen Halbwelle abkühlen. Damit können im Schweißprozess deutlich höhere Stromstärken bei ausreichender Standzeit der Elektrode genutzt werden.

Bei gepulstem Gleichstrom (DC-Puls, **Impulsstromschweißen**) wird mit einer zeitlich veränderlichen Stromstärke gearbeitet, wobei die Polung der Wolframelektrode nicht wechselt. In der Regel kann zwischen verschiedenen Pulsformen, wie z. B. Dreieck- oder Rechteckimpuls, gewählt werden. Die Parameter Grund- und Pulsstrom bestimmen die Amplitude der einzelnen Stromimpulse. Je nach zeitlichem Verlauf der Stromstärke wird die Periodendauer über Grund- und Pulszeit oder die Pulsfrequenz definiert. Häufig erlauben moderne Plasmaschweißstromquellen die Eingabe zahlreicher Hilfsparameter, wie z. B. Flankenanstieg, um die Pulsform weiter anzupassen. Bild 3.134 zeigt schematisch den zeitlichen Verlauf der Stromstärke beim Plasmaschweißen mit gepulstem Gleichstrom.

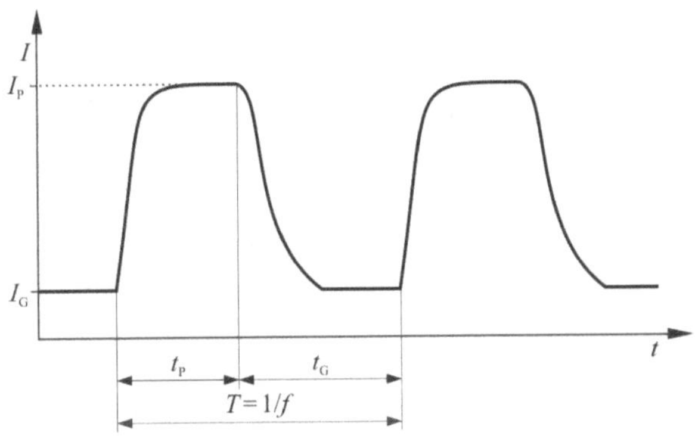


**Bild 3.134**
Schematische Darstellung des Stromverlaufs beim Plasmaschweißen mit gepulstem Gleichstrom

Das Plasmaschweißen mit gepulstem Gleichstrom wird häufig im mechanisierten bzw. automatisierten Betrieb eingesetzt. Insbesondere mit höheren Frequenzen werden Effekte genutzt, um den Lichtbogen zu stabilisieren. Dies erhöht die Prozesssicherheit beim Schweißen dünner Blechdicken. Dagegen finden niedrige Pulsfrequenzen Anwendung, um den Wärmeeintrag besser zu kontrollieren und zu steuern. In Zwangslagen ist das Schmelzbad mit einem niederfrequent stromgepulsten Plasmaschweißprozess besser beherrschbar. In der Pulsstromphase wird der Werkstoff ausreichend aufgeschmolzen. Bevor jedoch das Schmelzbad überhitzt, wegläuft oder abtropft, folgt die Grundstromphase. Es kommt zur Abkühlung bzw. teilweisen Erstarrung der Schmelze. Der wiederholte thermische Zyklus zwischen Erhitzung und Abkühlung wirkt sich zudem positiv auf die erzeugten Gefügeeigenschaften aus.

Bei gepulstem Wechselstrom (AC-Puls) wird mit einer zeitlich veränderlichen Stromstärke gearbeitet, wobei sich die Polung der Wolframelektrode entsprechend der

Wechselstromfrequenz ändert. Zusätzlich ist dem Wechselstromprozess eine Pulsfrequenz überlagert, mit der die Amplitude der Wechselstromimpulse verändert wird. Diese Pulsfrequenz (und nicht die Wechselstromfrequenz) ist kennzeichnend für einen Plasmaschweißprozess mit gepulstem Wechselstrom. Die Parameter Grund- und Pulsstrom bestimmen die Amplitude der einzelnen Stromimpulse. Die Periodendauer wird über die Grund- und Pulszeit bzw. die Pulsfrequenz vorgegeben. Bild 3.135 zeigt schematisch den zeitlichen Verlauf der Stromstärke beim WIG-Schweißen mit gepulstem Wechselstrom.

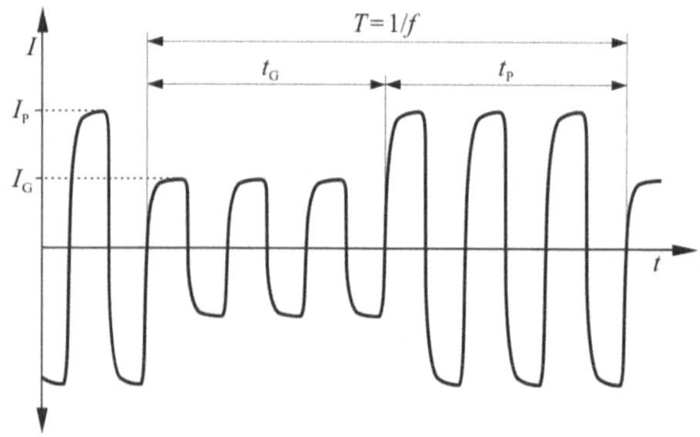


**Bild 3.135**
Schematische Darstellung des Stromverlaufs beim Plasmaschweißen mit gepulstem Wechselstrom

Im Prinzip sind die Gründe für die Anwendung eines gepulsten Wechselstroms die gleichen wie die für den Einsatz eines gepulsten Gleichstroms zum Plasmaschweißen. Ist aus technologischer Sicht die Verwendung von Wechselstrom notwendig, ermöglicht der Pulsprozess eine bessere Kontrolle des Wärmeeintrags. Dies vereinfacht die Beherrschung des Schmelzbades bei Positionsschweißungen in Zwangslagen. In der Pulsstromphase wird der Werkstoff aufgeschmolzen und ausreichend Einbrand erzeugt. Danach folgt in der Grundstromphase eine Abkühlung bzw. teilweise Erstarrung der Schmelze, die sich dadurch selbst stützt. Nebenbei wirkt sich die geringere thermische Belastung der Wolframelektrode in der Grundstromphase günstig auf deren Standzeit beim Wechselstromschweißen aus.

Plasmaschweißen mit Wechselstrom oder plus-gepolter Wolframelektrode wird in der Regel ausschließlich für Aluminium- und Magnesiumlegierungen angewandt. Die Notwendigkeit dafür ist begründet in der Oxidschicht, die diese Werkstoffe an normaler Atmosphäre bilden. Im Vergleich zum reinen Grundwerkstoff hat die Oxidschicht eine wesentlich höhere Schmelztemperatur (Aluminium $\vartheta_S = 660$ °C, Aluminiumoxid $\vartheta_S = 2245$ °C). Die große Differenz ist bei Schmelzschweißverfahren besonders störend. Wird mit Gleichstrom (Elektrode negativ gepolt) und normaler Wärmeeinbringung gearbeitet, verhindert die feste Oxidhaut ein Fließen des Schmelzbades und ein Anbinden einzelner Tropfen an die entstehende Raupe. Durch erhöhte Prozessleistungen bessert sich das Verhalten, jedoch besteht erhöhte Gefahr des Durchfallens der Schweißnaht, sodass nur mit einer Badsicherung reproduzierbar gearbeitet werden kann.

Deshalb wird für solche Werkstoffe in der Regel der kathodische Reinigungseffekt beim Plasmaschweißen mit positiver Polung der Wolframelektrode genutzt. Im Lichtbogen wandern die negativ gepolten Elektronen als freie Ladungsträger zum Pluspol (Anode) und die positiv gepolten Ionen zum Minuspol (Kathode). Jedoch nehmen die Ionen aufgrund ihrer größeren Masseträgheit kaum am Ladungstransport teil. Ist die Wolframelektrode positiv gepolt, treten die Elektronen aus der Oxidschicht auf der Werkstückoberfläche aus. Dabei kommt es zum Aufreißen der Oxidschicht und zu einer Reinigung[4] der Oberfläche. Allerdings wird die Wolframelektrode durch die auftreffenden Elektronen stark thermisch belastet, weshalb als Kompromiss mit Wechselstrom gearbeitet wird. Im Wechsel der Polarität wird die Oxidhaut aufgerissen, wenn der Pluspol an der Elektrode liegt (kathodische Reinigung), und während der anschließenden negativen Halbwelle kann die Elektrode wieder abkühlen. Die Halbwellen werden deshalb Reinigungshalbwellen oder Kühlhalbwellen genannt. Auf diese Weise lassen sich eine ausreichende Reinigung der Badoberfläche von Oxiden und eine gute Standzeit der Elektrode erreichen. In Bild 3.136 ist schematisch der kathodische Reinigungseffekt beim Plasmaschweißen mit positiver Polung der Wolframelektrode dargestellt.

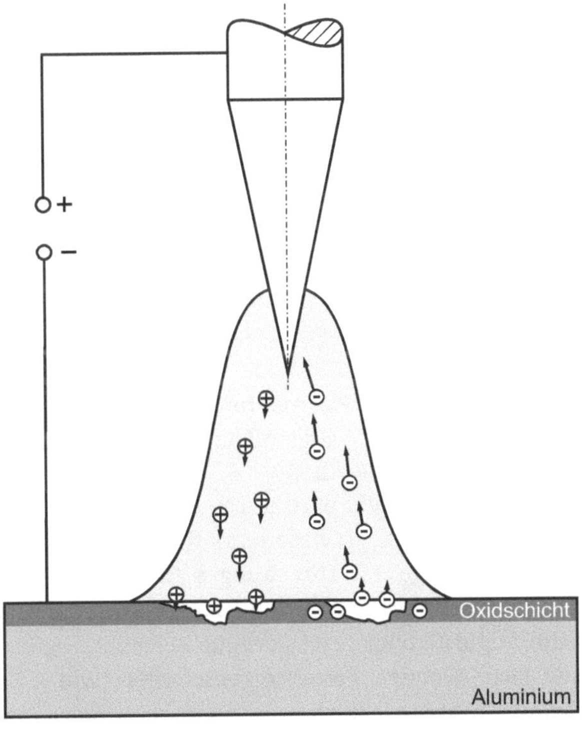


**Bild 3.136** Schematische Darstellung des kathodischen Reinigungseffekts beim Plasmaschweißen mit positiver Polung der Wolframelektrode

[4] In früheren Erklärungen wurde der kathodische Reinigungseffekt den auf der Werkstückoberfläche auftreffenden Ionen zugeschrieben. Die Überlegung war, dass nur Ionen aufgrund ihrer größeren Masse ausreichend kinetische Energie besitzen, um die Oxidschicht zu zerstören.

### 3.9.2.3 Mechanisierungsgrad

Das Plasmaschweißverfahren wird nach der Definition in der Norm DIN 1910-100 in allen Mechanisierungsgraden eingesetzt. Beim manuellen Plasmaschweißen werden sowohl der Brenner als auch der Zusatzwerkstoff von Hand geführt. Allerdings sind, im Vergleich mit dem WIG-Verfahren, handgeführte Plasmaschweißprozesse in der Praxis eher selten vertreten. In der teilmechanisierten Variante wird der Schweißbrenner von Hand geführt und der Zusatzwerkstoff in Draht- oder Pulverform mechanisch zugeführt. In maschinellen Prozessen wird vollmechanisiert oder automatisiert gearbeitet. In der vollmechanischen Variante werden Zusatzwerkstoff und Schweißbrenner mechanisch geführt, in der automatisierten Variante wird zusätzlich die Handhabung des Werkstücks mechanisiert.

### 3.9.2.4 Plasmaschweißen mit Zusatzwerkstoff

Neben der Zuführung stabförmigen Zusatzwerkstoffs von Hand kann im mechanisierten Plasmaschweißprozess Zusatzwerkstoff in Draht- oder Pulverform verwendet werden. Damit ergeben sich zahlreiche Anwendungsmöglichkeiten, aber auch die Notwendigkeit unterschiedlicher Zuführungs- und Brennersysteme, Bild 3.137.

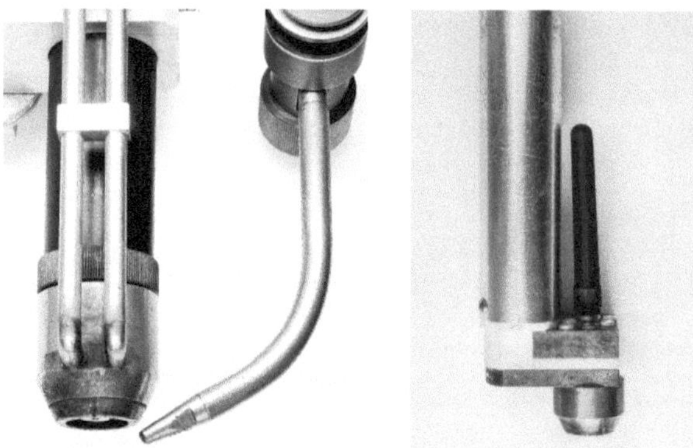


**Bild 3.137** Plasmabrenner mit Zusatzwerkstoffzufuhr

Die Zustellbewegung drahtförmigen Zusatzwerkstoffs wird durch Drahtvorschubgeräte realisiert. Die quasi endlose Fördermöglichkeit ist besonders für mechanisierte bzw. automatisierte Prozesse geeignet, da häufige Unterbrechungen zum Nachsetzen des Zusatzwerkstoffs entfallen. Moderne Drahtvorschubsysteme zum Plasmaschweißen ermöglichen eine kontinuierliche, gepulste oder reversierende Zustellbewegung des Zusatzwerkstoffs. Damit lassen sich wichtige Prozesseigenschaften, wie z. B. Werkstoffablösung, Nahtschuppung, Spaltüberbrückung usw., auch beim mechanisierten Plasmaschweißen gezielt beeinflussen.

Beim **Plasma-Kaltdrahtschweißen** wird der Zusatzwerkstoff ausschließlich durch die Wärme des Lichtbogens aufgeschmolzen. Das bedeutet, dass das ständige Zuführen und Aufschmelzen von kaltem Draht dem Prozess permanent einen nicht zu vernachlässigenden Teil der Wärme entzieht. Die abgeführte Wärmemenge steigt proportional zur Erhöhung der Drahtvorschubgeschwindigkeit an. Dementsprechend reduziert sich bei konstanter Stromstärke die Einbrandleistung des Lichtbogens.

Eine Weiterentwicklung mit deutlich verbesserter Produktivität ist das **Plasma-Heißdrahtschweißen.** Durch Vorwärmung des drahtförmigen Zusatzwerkstoffs wird der Wärmeentzug effektiv begrenzt. Während der Zuführung wird der Draht im Durchlauf mit einer sekundären Wärmequelle erhitzt. Um den Draht in der Fügezone endgültig zu verflüssigen, ist nur noch eine verhältnismäßig geringe Energiemenge notwendig. Dem Lichtbogen wird dabei nur ein geringer Teil der Wärme entzogen. Gegenüber dem Plasma-Kaltdrahtschweißen bietet das Verfahren dadurch einen besseren Einbrand, der sich in höhere Schweißgeschwindigkeiten umsetzen lässt. Bei gleicher Schweißstromstärke kann durch die Vorwärmung des Zusatzwerkstoffs die Abschmelzleistung nahezu verdoppelt werden. Dies ist für das Verbindungsschweißen gleichermaßen vorteilhaft wie für das Auftragschweißen. Infolge der effektiv geringeren Lichtbogenleistung, die erforderlich ist, um die gleiche Menge Zusatzwerkstoff abzuschmelzen, reduziert sich die Aufmischung mit dem Grundwerkstoff deutlich.

Für die Vorwärmung des drahtförmigen Zusatzwerkstoffs finden in der Praxis zwei Verfahren Anwendung. Eine Methode ist, den Draht potenzialfrei durch eine Heizkartusche zu führen, die durch Wärmeleitung und -strahlung den Zusatzwerkstoff erhitzt. Eine andere Variante ist es, den Zusatzwerkstoff in einen Stromkreis einzubinden und durch Widerstandserwärmung aufzuheizen. Dazu wird zwischen Draht und Werkstück eine Hilfsstromquelle geschaltet und der Stromkreis durch Kontakt zwischen Zusatzwerkstoff und Schmelzbad geschlossen. In Abschnitt 3.4.2.1 werden Grundaufbau und Funktionsprinzip von Kalt- und Heißdraht-Vorschubeinheiten ausführlich erklärt.

Im Gegensatz zu anderen Schweißverfahren wird beim Plasmaschweißen Zusatzwerkstoff auch in Pulverform verwendet. Die Dosierung der zugeführten Menge an Zusatzwerkstoff erfolgt über einen **Pulverförderer.** Gleichzeitig sorgt ein **Fördergasstrom** (zumeist Argon) für den Transport des Pulvers zum Brenner bzw. in den Lichtbogen. Dabei müssen Fördergas und Pulverförderer aufeinander abgestimmt sein, um eine gleichbleibende Menge an Zusatzwerkstoff zu gewährleisten. Die unmittelbare Zuführung des Pulvers in den Lichtbogen kann je nach verwendetem Brennersystem unterschiedlich erfolgen. Grundsätzlich wird zwischen innerer und äußerer Zuführung differenziert. In Bild 3.138 sind die Varianten schematisch dargestellt.

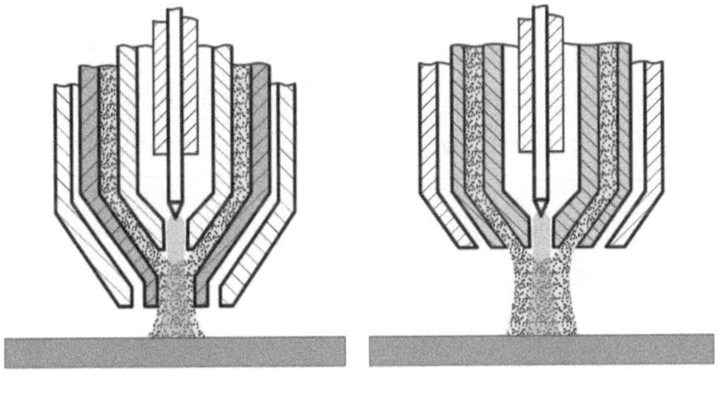

**Bild 3.138**
Innere (links) und äußere (rechts) Pulverzuführung im Brenner beim Pulver-Plasmalichtbogenschweißen

Für die innere Zuführung wird eine zusätzliche Düse eingesetzt. Diese bildet einen Ringkanal um die Plasmadüse und leitet das Pulver noch im Brenner in den Lichtbogen. Diese Methode gewährleistet eine sichere Aufschmelzung des Metallpulvers. Für die äußere Zuführung werden spezielle Plasmadüsen mit seitlichen Gaskanälen eingesetzt, Bild 3.139.

**Bild 3.139**
Plasmabrenner mit äußerer Pulverzufuhr

Über diese Bohrungen strömt das Fördergas mitsamt dem Pulver den Lichtbogen seitlich an. Bedingt durch den Austrittswinkel, erfolgt die Zuführung in den Lichtbogen erst außerhalb des Brenners. Dadurch hat das Pulver im Vergleich mit der inneren Zuführung eine kürzere Verweildauer im Lichtbogen. Die resultierende geringere thermische Belastung kann vorteilhaft z. B. für das Auftragschweißen mit eingelagerten Hartstoffpartikeln eingesetzt werden.

Vorteil des Plasmaschweißens mit Zusatzwerkstoff im Allgemeinen ist die Trennung von Energie- und Werkstoffzufuhr. Damit ist der Schweißprozess vielseitig einsetzbar und kann sehr gut an die jeweiligen Gegebenheiten angepasst werden. Beispielsweise lässt sich durch eine fein dosierte Zugabe von Zusatzwerkstoff die Nahtausbildung beim Plasmaschweißen dünner Bleche stabilisieren. Wird dagegen beim Plasmaschweißen dicker Bleche mehr Wärme benötigt, ist es einfach möglich, die Lichtbogenleistung unabhängig von der Menge an zugeführtem Werkstoff anzupassen. Nachteil ist häufig der Verlust der Rotationssymmetrie, da der Zusatzwerkstoff u. U. von außen oder in besonderer Position zum Lichtbogen zugeführt werden muss.

### 3.9.2.5 Schmelzbadausbildung

Die **Durchdrücktechnik** beschreibt das **Wärmeleitungsschweißen** mit dem Plasmaverfahren. Im unteren Blechdicken- und Leistungsbereich wird ähnlich wie beim WIG-Schweißen, nur in konzentrierter Form, die Prozesswärme ausschließlich der Oberfläche des Werkstückes zugeführt. Durch Wärmeleitung werden von der Oberfläche aus tiefer liegende Werkstoffschichten aufgeschmolzen. Das Schmelzbad entsteht von oben nach unten. Die Oberfläche des Schmelzbades wird infolge des Lichtbogenstaudrucks leicht deformiert und nach unten gedrückt. Bezüglich der Schweißgeschwindigkeit bietet diese Variante kaum Vorteile gegenüber dem WIG-Schweißen. Die Durchdrücktechnik kann sowohl manuell als auch mechanisiert ausgeführt werden.

Die **Stichlochtechnik** (auch **Schlüssellochtechnik,** *engl.* keyhole welding) beschreibt das **Tiefschweißen** mit dem Plasmaverfahren. Im oberen Blechdicken- und Leistungsbereich eingesetzt, durchdringt der Plasmastrahl die gesamte Werkstückdicke. Erreicht wird dies durch die Kombination einer ausreichend hohen Stromstärke mit einer erhöhten Durchflussmenge an **Plasmagas.** Das sich durch die hohe Prozessleistung rasch bildende Schmelzbad wird durch den hohen Staudruck des Plasmalichtbogens bzw. -strahls seitlich verdrängt. Es bildet sich eine **Schweißöse**, sodass der Prozess unmittelbar auf den noch festen Grundwerkstoff einwirkt. Der tiefer liegende Grundwerkstoff wird aufgeschmolzen, bis es zum Durchstechen des gesamten Querschnitts kommt. Die Oberflächenspannung der Schmelze verhindert auch ohne Badstütze ein Durchfallen. Unmittelbar hinter der Schweißöse fließt die Schmelze wieder zusammen und erstarrt zur Schweißnaht. In Bild 3.140 ist das **Plasma-Stichlochschweißen** schematisch dargestellt.

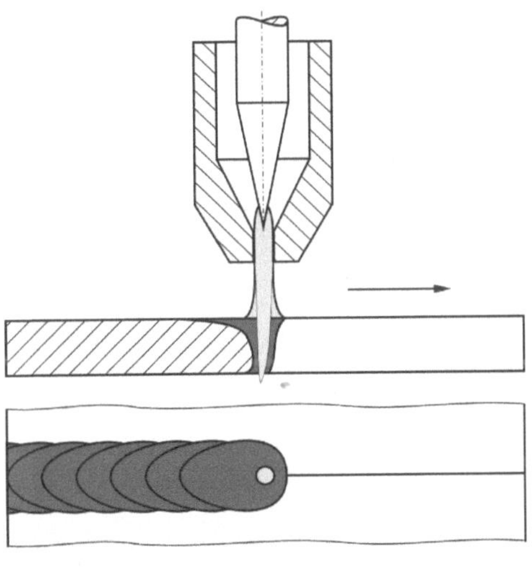

**Bild 3.140**
Prinzip des Plasma-Stichlochschweißens

Durch die Ausbildung der Schweißöse wird die Wärmeeinkopplung des Lichtbogens in den Grundwerkstoff deutlich verbessert. Der Wärmeeintrag erfolgt nicht nur über die Schmelzbadoberfläche wie beim Wärmeleitungsschweißen, sondern über den gesamten Querschnitt. Dies ermöglicht nicht nur den **Tiefschweißeffekt**, sondern im Vergleich zum WIG-Verfahren auch wesentlich höhere Schweißgeschwindigkeiten.

Das Parameterfenster zur Aufrechterhaltung eines einwandfreien Stichloches ist verhältnismäßig klein. Die Prozessleistung, Plasmagasmenge und Schweißgeschwindigkeit müssen genau aufeinander abgestimmt und eingehalten werden. Mit jedem

Schweißvorgang muss das Stichloch neu gebildet und am Nahtende wieder geschlossen werden. Dazu werden über eine definierte Zeit Stromstärke und Plasmagasmenge angehoben bzw. abgesenkt. Da der Prozess nur geringe Abweichungen ohne Fehler toleriert, wird aus diesen Gründen das Plasma-Stichlochschweißen i. d. R. vollmechanisiert oder automatisiert ausgeführt.

## 3.9.3 Anwendung

### 3.9.3.1 Verbindungsschweißen

Grundsätzlich ist das Plasmaschweißen für das Verbindungsschweißen aller metallischen Werkstoffe einsetzbar. Aufgrund der Ähnlichkeit mit dem WIG-Schweißen erfüllt das Plasmaschweißen ebenfalls höchste Anforderungen an die erzeugte Nahtqualität. Die hohe Energiedichte und Lichtbogenstabilität ermöglichen höhere Schweißgeschwindigkeiten als beim WIG-Schweißen. Allerdings stehen den technologischen Vorzügen höhere Investitionskosten, verglichen mit dem WIG-Schweißen, gegenüber. Daher wird das Verfahren meist nur für Anwendungen vorgezogen, die gleichzeitig eine hohe Qualität und Produktivität erfordern. Bevorzugt wird das Plasmaschweißen im Apparate- und Behälter-, Chemieanlagen- sowie Rohrleitungsbau eingesetzt. Typische Werkstoffe sind hochlegierte Stähle und Aluminiumlegierungen. Die hohe Stabilität des gebündelten Lichtbogens wird auch zum Mikroplasmaschweißen mit sehr geringen Schweißströmen genutzt, um kleinste Fügestellen, z. B. für Anwendungen der Feinwerktechnik, zu erzeugen. Richtwerte für das einlagige Verbindungsschweißen von CrNi-Stahl sind in Tabelle 3.38 angegeben.

**Tabelle 3.38** Arbeitsbereiche beim Plasmaschweißen (CrNi-Stahl, Gleichstrom, Prozessgase Argon)

| Blechdicke [mm] | Stromstärke [A] | Schweißgeschwindigkeit [cm/min] | Technologie |
|---|---|---|---|
| 0,2...0,5 | 0,1...10 | 20...35 | Mikroplasma |
| 0,5...1,0 | 1...20 | | |
| 1.0...2,0 | 5...40 | | |
| 0,5...1,5 | 40...100 | 60...80 | Durchdrücktechnik |
| 1,5...3,0 | 40...100 | | |
| 3,0...6,0 | 100...200 | 40...60 | Stichlochtechnik |
| 6,0...10,0 | 250...350 | 20...30 | |

Aufgrund der guten Beherrschbarkeit und Reproduzierbarkeit kommt das Verfahren in zahlreichen Varianten sowie für Sonderanwendungen zum Einsatz. Stumpfstöße können ohne Fugenvorbereitung bis zu einer Blechdicke von $t_B \approx 10$ mm besonders wirtschaftlich gefügt werden. Für größere Blechdicken wird das Plasmaschweißen häufig mit anderen Schweißverfahren kombiniert und meist nur zum Schweißen von Wurzel- oder Decklagen eingesetzt. In Bild 3.141 sind der Querschnitt und die Oberfläche einer Schweißnaht dargestellt, die durch Plasma-Stichlochschweißen hergestellt wurden.

**Bild 3.141** Plasmastichloch-Schweißprozess und Querschnitt einer durch Plasma-Stichlochschweißen hergestellten Schweißnaht (H. Butting GmbH & Co. KG)

### 3.9.3.2 Plasma-Punktschweißen

Das Plasma-Punktschweißen stellt für zahlreiche Anwendungen eine effektive Alternative zum Widerstands-Punktschweißen dar. In Branchen, wie z. B. der Weißwarenindustrie, dem Schaltschrankbau usw., werden häufig punktförmige Verbindungen zu Montagezwecken oder zum Heften verwendet. Diese können durch Plasma-Punktschweißen sicher hergestellt werden. Der besondere Vorzug des Plasma-Punktschweißens hierbei ist, dass im Gegensatz zum Widerstands-Punktschweißen der Zugang zur Fügestelle von nur einer Seite ausreichend ist. Durch die im Vergleich bessere Zugänglichkeit ergeben sich neue Gestaltungs- und Fertigungsmöglichkeiten sowie eine unkomplizierte Handhabung des Fügeprozesses. Hinzu kommt, dass die Anwendung des Plasma-Punktschweißens nicht auf eine Durchschweißung am Überlappstoß beschränkt ist. Andere Verbindungsarten, wie z. B. Stumpf- oder T-Stoß, können problemlos realisiert werden.

Vorteil gegenüber dem WIG-Punktschweißen ist die konzentrierte Wärmeeinbringung und konstante Lichtbogencharakteristik auch mit zunehmendem Verschleiß der Wolframelektrode. Dadurch können bei Überlappverbindungen wesentlich dickere Bleche auf der Oberseite verschweißt werden. Zudem ist der Durchmesser des Schweißpunktes kleiner und die thermische Belastung des Bauteils geringer. Um Risse oder Unterwölbungen des Schweißpunktes zu vermeiden, muss ggf. mit Zusatzwerkstoff gearbeitet werden. Die Lichtbogenbrenndauer, der Verlauf des Schweißstroms und die Menge an Zusatzwerkstoff werden automatisch über die Steuerung geregelt. Die Prozessdauer pro Punkt liegt meist unterhalb von $t \leq 0{,}5$ s.

Zum Plasma-Punktschweißen wird leicht modifizierte Brennertechnik eingesetzt. Aufgrund der neutralen Stellung zur Fügestelle ist der Schweißbrenner meist als Pistole ausgeführt. Zudem werden längere Schutzgasdüsen verwendet, sodass die Plasmadüse nicht aus der Schutzgasdüse hervorsteht. Im Schweißprozess wird die Stirnseite der Schutzgasdüse komplett auf dem Blech aufgesetzt und umschließt die Fügestelle. Dies gewährleistet einen optimalen Gasschutz sowie eine definierte Lichtbogenlänge und damit eine reproduzierbare Punktausbildung. Gleichzeitig dient die aufgesetzte Schutzgasdüse als Niederhalter, der die Fügepartner fixiert bzw. aufeinanderpresst. Je nach Stoßart sind unterschiedliche Schutzgasdüsen mit angepassten Endformen verfügbar. In Bild 3.142 sind ein Brenner zum Plasma-Punktschweißen sowie der Querschliff eines typischen Schweißpunkts an einer Überlappverbindung dargestellt.

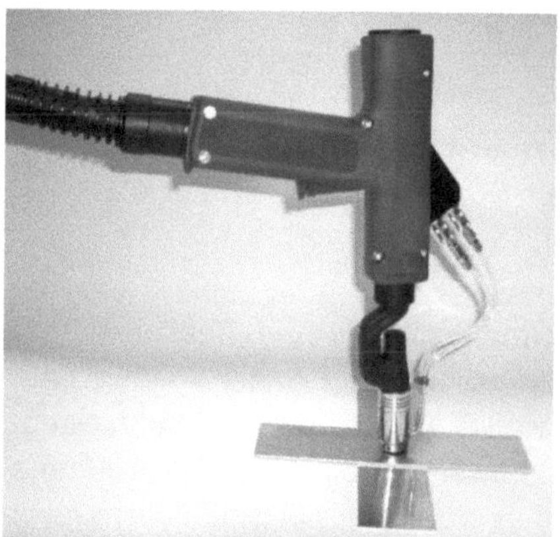

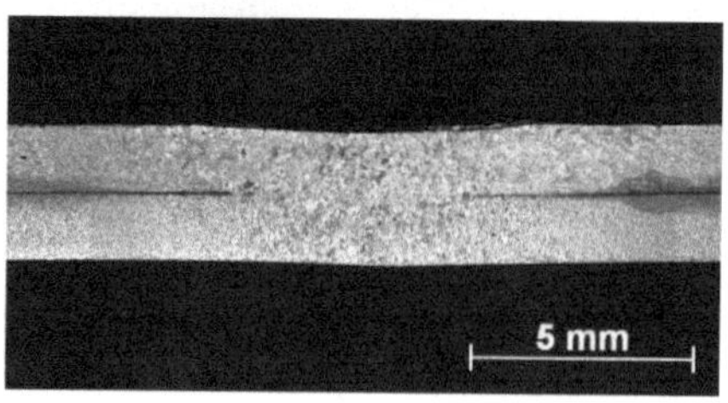


**Bild 3.142**
Brenner zum Plasma-Punktschweißen (SBI Produktion techn. Anlagen GmbH) und Querschliff eines typischen Schweißpunkts

### 3.9.3.3 Plasma-Auftragschweißen

Das Plasma-Verfahren wird zum Auftragschweißen von Korrosions- und Verschleißschutzschichten sowie zur Regeneration verschlissener Bauteile eingesetzt. Die verfahrensbedingte Trennung von Energie- und Werkstoffzufuhr gewährleistet eine gewisse Freiheit der Deponierung von Zusatzwerkstoff und eine effektive Begrenzung der Wärmeeinbringung. Dies ermöglicht höchste Schichtqualitäten und eine flexible

Anpassung des Verfahrens an verschiedene Anwendungsfälle. Vorzugsweise kommt dabei die Technologie des Pulver-Plasmalichtbogenschweißens zum Einsatz, die auch als **Plasma-Pulver-Auftragschweißen** (PPA) oder englisch als Plasma Transfered Arc (PTA) bezeichnet wird. Die Technologie ist vergleichsweise einfach zu handhaben und der Auftragschweißprozess gut beherrschbar. Der pulverförmige Zusatzwerkstoff bietet durch einfache Mischung verschiedener Komponenten Vorteile bei der Herstellung von Legierungen zum Schichtauftrag. Durch die Verwendung mehrerer Pulverförderer kann die Mischung im Prozess erfolgen bzw. verändert werden.

Die Verfahrenscharakteristik prädestiniert das **Plasma-Pulver-Auftragschweißen** für Anwendungen mit höchsten Anforderungen an die Schichtqualität. Der Auftragschweißprozess arbeitet absolut spritzerfrei und erzeugt Raupen mit sehr glatten Oberflächen und Rändern. Es können Aufmischungen mit dem Grundwerkstoff von $D \leq 10\,\%$ reproduzierbar eingehalten werden, sodass u. U. ein einlagiger Schichtaufbau ausreicht, um die gewünschten Eigenschaften an der Oberfläche herzustellen. Typische Abschmelzleistungen an Zusatzwerkstoff liegen bei $MR \leq 8$ kg/h, können aber im Hochleistungsbereich mit besonderer Anlagentechnik bis zu $MR \leq 25$ kg/h erreichen. Dennoch ist die Flächenleistung meist kleiner als bei konkurrierenden Verfahren, weshalb das Verfahren meist nur für Anwendungen mit erhöhten Qualitätsanforderungen eingesetzt wird.

Das Plasma-Pulver-Auftragschweißen ist flexibel an verschiedene Einsatzbedingungen anpassbar und lässt eine präzise Deponierung von Schichtmaterial zu. Dementsprechend ist das Auftragschweißen in nahezu allen Schweißpositionen, d. h. auch in Zwangslagen, möglich. Der Prozess wird mit entsprechender Anlagen- und Brennertechnik sowohl handgeführt als auch vollmechanisiert/automatisiert ausgeführt, siehe Abschnitt 3.9.1.5. Für einen großflächigen Auftrag wird üblicherweise die Pendelraupentechnik angewendet, für feinere Konturen ist die Zugraupentechnik besser geeignet. Bild 3.143 zeigt Bauteile mit auftraggeschweißten Funktionsschichten, die durch Pulver-Plasmalichtbogenschweißen hergestellt wurden.

**Bild 3.143** Durch Pulver-Plasmalichtbogenschweißen auftraggeschweißte Funktionsschichten an Bauteilen

Ebenfalls zum Auftragschweißen eingesetzt wird das Plasma-Heißdrahtschweißen. Hier wird ein vorgewärmter drahtförmiger Zusatzwerkstoff in den Plasmalichtbogen zugeführt. Die Vorwärmung ermöglicht eine Absenkung der Lichtbogenleistung und damit eine Reduzierung der Aufschmelzung bzw. Aufmischung am Grundwerkstoff. Alternativ kann der zusätzliche Wärmeeintrag auch zur Erhöhung der Auftragsrate oder der Schweißgeschwindigkeit genutzt werden.

### 3.9.3.4 Mikroplasmaschweißen

Als **Mikroplasmaschweißen** wird der Arbeitsbereich mit Stromstärken von $I = 0{,}1...50$ A bezeichnet. Damit können Werkstücke im Folien- und Feinblechbereich mit eine Blechdicke von $t_B \approx 0{,}02...1$ mm sicher geschweißt werden. Zum Mikroplasmaschweißen werden spezielle Schweißstromquellen eingesetzt, die für den Arbeitsbereich entsprechend ausgelegt sind. Das Verfahren wird sowohl handgeführt als auch mechanisiert angewendet. Bild 3.144 und Bild 3.145 zeigen beispielhaft das Mikroplasmaschweißen einer Rundnaht zum Anschluss eines Metallbalgs und einer Längsnaht zur Herstellung dünnwandiger Rohre.

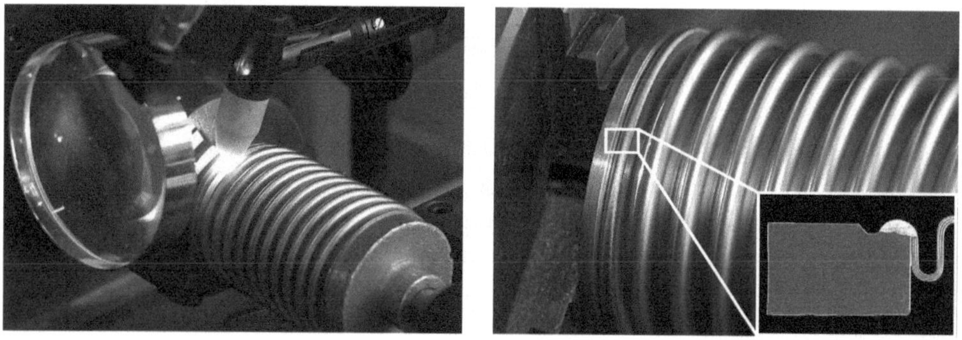

**Bild 3.144** Mikroplasmaschweißen zum Anschluss eines Metallbalgs mit einer Blechdicke von $t_B = 0{,}2$ mm und gefertigte Rundnaht (Witzenmann GmbH)

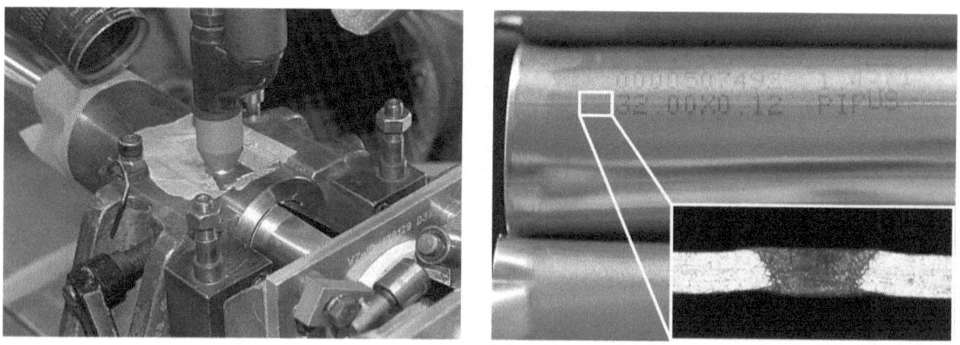

**Bild 3.145** Mikroplasmaschweißen von Rohren mit einer Blechdicke von $t_B = 0{,}12$ mm und gefertigte Längsnaht (Witzenmann GmbH)

Bei derart niedrigen Prozessleistungen bietet die Fokussierung des Plasmalichtbogens entscheidende Vorteile. Im Vergleich zu einem WIG-Prozess brennt der Lichtbogen ruhig und richtungsstabil, sodass reproduzierbare Schweißungen möglich sind.

Besonders bei Stromstärken von $I < 1$ A zeigen sich die Vorzüge dieser Technologie. In diesem Bereich befindet sich ein frei brennender WIG-Lichtbogen im Übergang zwischen dem ohmschen und Ayrtonschen Gebiet der Lichtbogenkennlinie, siehe Abschnitt 3.1.3. An der unteren Leistungsgrenze ist die Ausbildung eines stabilen Arbeitspunkts durch den steilen Anstieg von Lichtbogen- und Stromquellenkennlinie kaum möglich. Die Bogenentladung wird unbeständig und kann zusammenbrechen.

Durch die Einschnürung wird die Charakteristik des Lichtbogens derart geändert, dass sich dessen Kennlinie verschiebt. Der Übergangsbereich ist hin zu kleineren Stromstärken und höheren Spannungen verlagert. Damit stellt sich auch bei niedrigsten Stromstärken ein exakter Arbeitspunkt ein.

#### 3.9.3.5 Additive Fertigung

Nach DIN EN ISO/ASTM 5290 ist die additive Fertigung als ein Prozess definiert, bei dem Bauteile auf Grundlage von 3D-Modelldaten durch Verbinden von Werkstoffen schichtweise hergestellt werden. Weitere eingeführte Begriffe für diese Fertigungsmethode sind Additive Manufacturing (AM), Rapid Prototyping, generative Fertigung oder 3D-Druck.

Der additive Aufbau von Bauteilen mit dem Plasma-Schweißen ist eine Weiterentwicklung des Plasma-Pulver-Auftragschweißens. Als Werkzeug dient ein klassischer Plasma-Pulver-Schweißbrenner, der die aufzubauende Geometrie automatisiert schichtweise abfährt. Die dazu notwendigen Bahnbewegungsalgorithmen werden mittels einer Slicer-Software aus einem 3D-CAD-Modell des Bauteils abgeleitet. Der pulverförmige Zusatzwerkstoff wird im Plasmalichtbogen aufgeschmolzen und das erstarrende Schmelzbad bildet im Bahnverlauf eine Schicht der Bauteilstruktur. Der konzentrische Aufbau des Schweißwerkzeuges ermöglicht dabei beliebige Bahnverläufe und -änderungsvektoren. Bild 3.146 zeigt einige Beispiele für additiv gefertigte Bauteile.

Additive Fertigungstechniken eignen sich besonders zur Herstellung komplexer Bauteilgeometrien. Im Vergleich zu substraktiven Fertigungsmethoden, wie z. B. dem Herausfräsen eines Werkstücks aus einem massiven Block, sind Bearbeitungszeit, Werkzeugverschleiß und Materialverlust deutlich geringer. Die Verwendung von pulverförmigem Zusatzwerkstoff ermöglicht eine enorme Anwendungsvielfalt in Bezug auf den Bauteilwerkstoff. Über die Pulvermischung können z. B. Legierungen erzeugt werden, die drahtförmig nicht herstellbar sind. Durch einen gezielten Wechsel der Pulverzusammensetzung während des Auftragens können auch gradierte Bauteile mit variablen Eigenschaften in unterschiedlichen Schichtbereichen hergestellt werden. Die Abschmelzleistung (Volumenauftrag) und der lichtbogengebundene Energieeintrag in das Bauteil sind in weiten Bereichen getrennt voneinander regelbar. Nachteilig ist die wiederholte thermische Beeinflussung des Bauteils beim nacheinander Aufschweißen der einzelnen Lagen. Hier müssen werkstoffspezifische Besonderheiten, wie z. B. Umwandlungstemperaturen, Abkühlbedingungen, u. a. beachtet werden. Im Vergleich zu drahtbasierten additiven Schweißverfahren sind zudem die Kosten für den Zusatzwerkstoff Pulver höher und der Materialausnutzungsgrad geringer. Prozessbedingt treten Pulververluste von bis zu 20 % auf.

**Bild 3.146** Mittels Plasma-Pulver-Auftragschweißen additiv gefertigte Bauteile

Neben dem Plasma-Pulver-Auftragschweißen kann auch das Plasmaschweißen mit Drahtzuführung, vorzugsweise in der Heißdrahtvariante, zur additiven Fertigung eingesetzt werden. Der konzentrierte Plasmalichtbogen erlaubt den Aufbau von relativ dünnwandigen Strukturen. Die Schweißleistung kann weitgehend unabhängig von der Drahtzufuhrrate eingestellt werden, wodurch die Wärmeführung im Bauteil aktiv geregelt werden kann. Durch die externe Drahtzufuhr ist der Prozess allerdings richtungsabhängig, d. h. bei Bahnverlaufsänderungen muss die Drahtzufuhreinheit umorientiert werden. Dies schränkt die Zugänglichkeit zum Bauteil und die Flexibilität der abzuschweißenden Bahngeometrien ein.

## 3.9.4 Fertigungshinweise

### 3.9.4.1 Allgemeines

Soll das Plasmaschweißen in der Fertigung eingesetzt werden, möglicherweise als Ersatz für das WIG-Schweißen, ist es sinnvoll, beide Verfahren vergleichend zu betrachten. Anhand der Gegenüberstellung sind Unterschiede zum oftmals bekannten WIG-Schweißen gut ersichtlich. Damit lassen sich ggf. Fehler vermeiden und die Vorzüge des Plasmaschweißens optimal ausnutzen.

Aufgrund des wesentlich geringeren Öffnungswinkels des fokussierten Plasmalichtbogens wirken sich Abstandsänderungen weniger auf die Energieeinbringung und damit auf die Durchschweißung aus. Im direkten Vergleich zum WIG-Schweißen bleibt die Fläche des unmittelbaren Wirkbereichs des Lichtbogens selbst bei größeren Schwankungen des Brennerabstandes nahezu unverändert. Die Einbrandgeometrie bleibt erhalten. Bild 3.147 verdeutlicht diesen Zusammenhang.

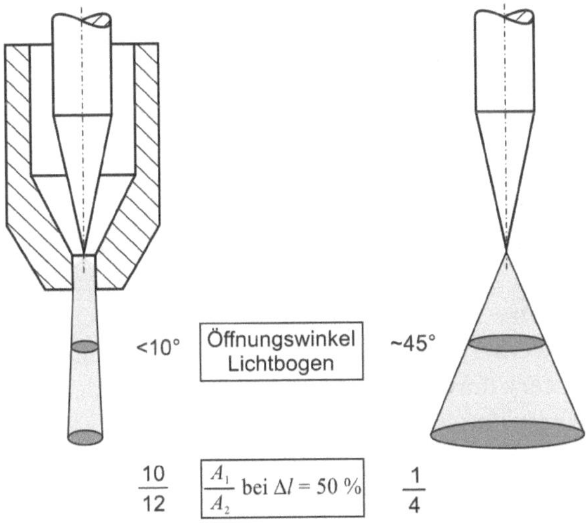


**Bild 3.147**
Vergleich der Lichtbogengestalt zwischen dem Plasma- und WIG-Verfahren

Der konzentrierte Plasmalichtbogen mit einer hohen Energiedichte erzeugt i. d. R. eine schmalere Schweißnaht. Verglichen mit dem WIG-Verfahren ist die gleiche Schweißaufgabe mit einer geringeren Streckenenergie realisierbar. Dies begrenzt die Wärmeeinflusszone und führt zu geringeren Schweißeigenspannungen bzw. geringerem Verzug. Die lokale/reduzierte Wärmeeinbringung qualifiziert das Verfahren besonders für das Schweißen wärmeempfindlicher Werkstoffe.

Mit dem Plasma-Verfahren können je nach Werkstoff I-Nähte bis zu einer Blechdicke von $t_B \approx 10$ mm durchgeschweißt werden. Erst darüber hinaus ist eine Fugenvorbereitung notwendig. Dies stellt gegenüber dem WIG-Schweißen näherungsweise eine Verdopplung dar. Einerseits lässt sich deshalb wegen der kleineren aufzufüllenden Fugenquerschnitte Zusatzwerkstoff einsparen, andererseits ergibt die geringere Langenanzahl eine deutliche Zeitersparnis.

Durch die Fokussierung brennt der Plasmalichtbogen wesentlich richtungsstabiler. Im Vergleich neigt der WIG-Lichtbogen dazu, bestimmte Ansatzpunkte auf dem Werkstück zu bevorzugen. Dadurch kann es zu einer Auslenkung bzw. unsymmetrischen Ausbildung des WIG-Lichtbogens kommen. Unter bestimmten Voraussetzungen führt dies zu Unregelmäßigkeiten der Schweißnaht, wie z. B. Bindefehlern oder Einbrandkerben. Die höhere Stabilität des Plasmalichtbogens mindert die Gefahr derartiger Fehler. In Bild 3.148 ist ein Vergleich der Lichtbogenstabilität zwischen dem Plasma- und WIG-Verfahren schematisch dargestellt.

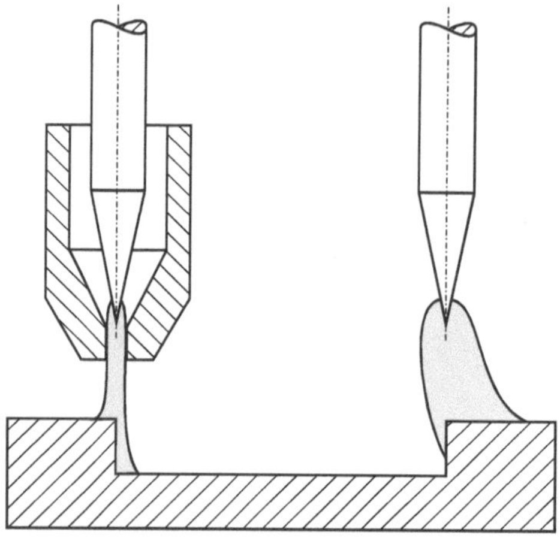

**Bild 3.148**
Vergleich der Lichtbogenstabilität zwischen Plasma- und WIG-Verfahren

Typischerweise wird beim Plasmaschweißen mit wesentlich größeren Standzeiten der Wolframelektrode gearbeitet. Beim WIG-Schweißen hat sich nach maximal 10 Stunden die Form der Elektrodenspitze so stark verändert, dass nachgeschliffen werden muss, um gleichbleibende Schweißergebnisse zu erhalten. Da die Eigenschaften eines Plasmalichtbogens weniger stark durch die Geometrie der Elektrodenspitze, sondern mehr durch die Plasmadüse beeinflusst werden, sind deutlich größere Standzeiten tolerierbar. Zudem sitzt die Elektrodenspitze geschützt in der Plasmadüse, sodass im Vergleich zum WIG-Schweißen eine Verunreinigung bzw. der Zutritt atmosphärischer Gase deutlich erschwert ist. Größere Spitzenwinkel tragen ebenfalls zur größeren Lebensdauer der Wolframelektrode beim Plasmaschweißen bei.

Allerdings stehen den technologischen Vorzügen des Plasmaschweißens einige Nachteile gegenüber. Die konzentrierte Wärmeeinbringung macht eine exakte Schweißnahtvorbereitung erforderlich und stellt erhöhte Anforderungen an die Spannvorrichtungen. Die komplexe Brennertechnik kann zu Problemen bei der Zugänglichkeit zur Schweißstelle bzw. der Beobachtungsmöglichkeit der Schweißstelle führen. Insgesamt muss für eine Anlage zum Plasmaschweißen mit höheren Investitionskosten gerechnet werden.

### 3.9.4.2 Konstruktive Gestaltung und Nahtvorbereitung

Grundsätzlich sind alle Stoßarten üblich, die beim Lichtbogenschmelzschweißen Anwendung finden, wie z. B. Stumpf-, Überlapp-, Parallel- und Winkelstoß. Aufgrund der besonderen Charakteristik des Verfahrens kann i. d. R. auf eine Fugenvorbereitung verzichtet werden, normale Toleranzen der Stoßkanten vorausgesetzt. Dementsprechend werden in Regelwerken keine konkreten Empfehlungen zur Fugenform für das Plasmaschweißen gegeben. Allerdings sind aus konstruktiver Sicht für die Gestaltung einige Besonderheiten der Verfahrenstechnologie zu beachten.

Im Folienbereich erweisen sich Bördelnähte als zweckmäßig. Falls der Grundwerkstoff dies zulässt, kann dabei im Regelfall auf die Zugabe von Zusatzwerkstoff verzichtet werden. Der vorhandene Werkstoffpuffer aus der Überlappung stabilisiert die Schweißung. Stumpfstöße bis zu einer Blechdicke von $t_B \leq 10$ mm können problemlos ohne Fugenvorbereitung durchgeschweißt werden. Wiederum ist die Zugabe von Zusatzwerkstoff nicht notwendig, wenn dies unter werkstofftechnischen Gesichtspunkten nicht unbedingt erforderlich ist. Für dickere Stumpfstöße wird eine Y-Naht mit entsprechender Steghöhe verwendet. Beim Dickblechschweißen kann das Plasmaschweißen in Kombination mit dem MIG-/MAG-Verfahren eingesetzt werden. Dabei wird das Plasmaschweißen aufgrund der hohen Nahtqualität für die Wurzel und eventuell die Decklage eingesetzt. Die Fülllagen werden mit dem produktiveren Schweißverfahren ausgeführt. An Überlapp- und Winkelstößen wird meist nicht die Kehlnaht geschweißt, sondern vom Deckblech her durchgeschweißt und das darunter liegende Teil angeschlossen. Einen Überblick über typische Fugenformen und Nahtgeometrien beim Plasmaschweißen gibt Tabelle 3.39. Die Nahtwertigkeit einer reinen Plasmaschweißung liegt bei 1, das entspricht den mechanischen Gütewerten des Grundwerkstoffes.

**Tabelle 3.39** Typische Fugenformen und Nahtgeometrien beim Plasmaschweißen

| Stoß | Fugenvorbereitung | Nahtgeometrie | Bemerkungen |
|---|---|---|---|
| Stumpf | 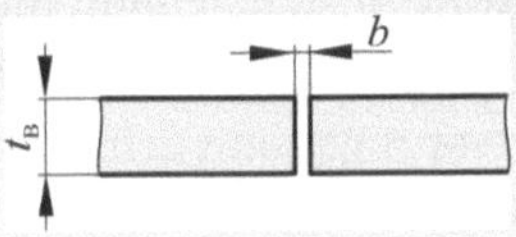  |  | $t_B \leq 10$ mm<br>$b < 0{,}15 \cdot t_B$ |
| | 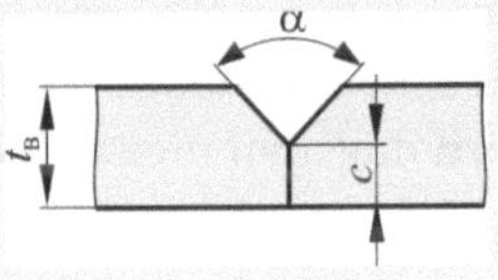  |  | $t_B = 10...13$ mm<br>$\alpha = 60°$<br>$c \approx 0{,}5 \cdot t_B$ |
| | 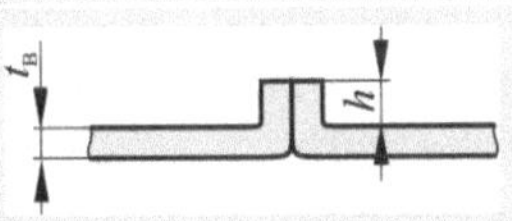  |  | $t_B \leq 0{,}1$ mm<br>$h \leq 2 \cdot t_B$ |
| Überlapp | 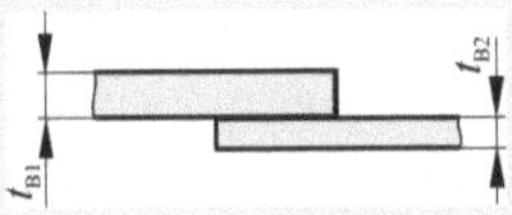  |  | $t_{B1} + t_{B2} = 0{,}2...15$ mm<br>$t_{B1} / t_{B2} \leq 5 / 1$ |
| Winkel | 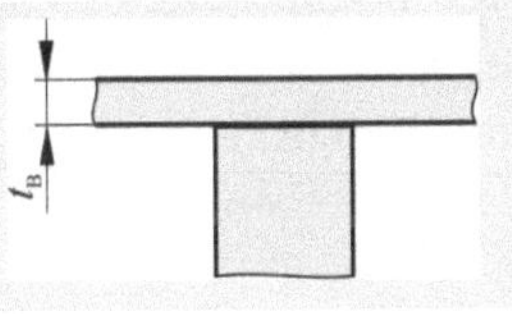  | 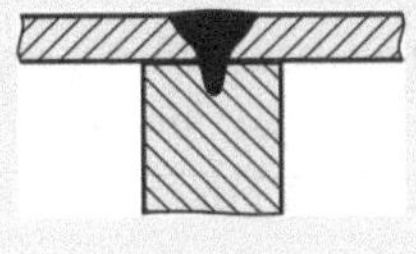 | $t_{B2} \approx 0{,}2...5$ mm |

### 3.9.4.3 Zündvorgang

Das Zünden des Lichtbogens, sollte immer in der Schweißfuge erfolgen. Die Position ist so zu wählen, dass die Zündstelle unmittelbar nach Schweißbeginn erneut vom Lichtbogen erfasst und aufgeschmolzen wird. Zündstellen außerhalb der Schweißnaht können durch die schnelle Abkühlung zu Aufhärtungen und Rissen führen. Zudem sind Schädigungen der Passivschicht nichtrostender Stähle durch Zündvorgänge außerhalb der Naht bevorzugte Ausgangpunkte für Korrosion. Derartige Probleme lassen sich mit einer Zündung des Lichtbogens in der Fuge direkt am Nahtanfang wirkungsvoll umgehen. Dies betrifft auch den Betrieb des Pilotlichtbogens. Trotz der geringen Leistung kann dessen Wärme bei längerer Verweildauer außerhalb der Schweißfuge zur Schädigung der Werkstückoberfläche führen.

### 3.9.4.4 Brennerführung

Das Plasmaschweißen ist prinzipiell in allen Positionen möglich, jedoch wird nach Möglichkeit die Wannenlage (PA) bevorzugt. Im handgeführten Prozess werden Brenner und Zusatzwerkstoff grundsätzlich genauso wie beim WIG-Schweißen geführt. Nach dem Zünden wird zunächst durch kreisende Bewegungen mit dem Lichtbogen der Nahtanfang verflüssigt. Daraufhin beginnt das eigentliche Schweißen, wobei für Verbindungsschweißungen das **Nachlinksschweißen** bevorzugt wird. Der Brenner wird dabei etwa 20° in Schweißrichtung, also stechend angestellt. Der Abstand zwischen Plasmadüse und Werkstück beträgt einige Millimeter. Der Zusatzwerkstoff in Stabform wird vom Schweißer bevorzugt von vorn mit tupfender Bewegung in einem Winkel von etwa 20° zur Werkstückoberfläche in den Lichtbogen geführt. In Bild 3.149 ist die typische Brenner- und Zusatzwerkstoffhaltung beim handgeführten Plasma-Verbindungsschweißen schematisch dargestellt. Für mechanisierte bzw. automatisierte Anwendungen wird dagegen meist eine neutrale Brennerstellung bevorzugt.

Beim Auftragschweißen wird wegen der höheren Abschmelzleistung auch nach rechts geschweißt. In fallender (PG) und steigender (PF) Position kann der Brenner je nach Bedarf etwas flacher zur Blechoberfläche geführt werden. Die Schweißgeschwindigkeit ist so abzustimmen, dass eine gleichmäßig breite Raupe entsteht. Pendelbewegungen sind bei dünneren Blechen zu vermeiden, weil dadurch die Schutzgaszufuhr gestört werden kann. Bei Fülllagen an dickeren Blechen ist dagegen eine leichte Pendelbewegung erforderlich, um Flankenbindefehler zu vermeiden. Das Gleiche gilt für die steigende Position (PF). Nach Beendigung des Schweißvorgangs sollte der Lichtbogen zur Kraterfüllung langsam über eine Stromrampe abgeschaltet werden und das Schutzgas sowie Plasmagas noch einige Sekunden nachströmen, um das noch flüssige Bad und die heiße Elektrode zu schützen.

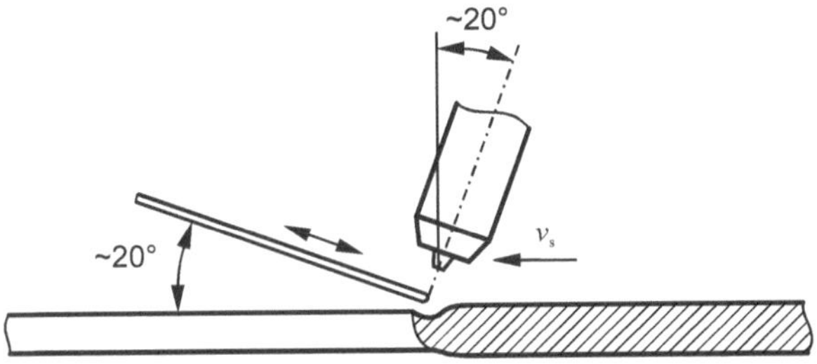


Bild 3.149
Typische Brenner- und Stabstellung beim handgeführten Plasmaschweißen mit Zusatzwerkstoff

### 3.9.4.5 Heften

Aufgrund der hohen Energiedichte und des lokal begrenzten Wärmeeintrags ist das Plasmaschweißen auf enge Toleranzen der Fügegeometrie angewiesen. Falls die Fügepartner nicht in einer steifen Spannvorrichtung fixiert werden können, empfiehlt es sich, diese vor dem Plasmaschweißen sorgfältig zu heften. Das Heften sollte von der Mitte nach außen erfolgen, wobei die Enden der Nähte freigehalten werden. Damit kann ein sicherer Einbrand am Nahtanfang und -ende erreicht werden. Abstand und Länge der einzelnen Heftstellen richten sich in erster Linie nach der Blechdicke.

### 3.9.4.6 Gasschutz

Für einen optimalen Gasschutz der Schmelze ist die Schutzgasdüse je nach Größe, Lage und Zugänglichkeit des Schmelzbades und der zu schützenden Wärmeeinflusszone zu wählen. Die meisten Brennersysteme ermöglichen den Wechsel und bieten ein ganzes Sortiment verschiedener Schutzgasdüsen. Diese sind entsprechend mit dem Durchmesser oder der empfohlenen Durchflussmenge gekennzeichnet. In der Regel bestehen Schutzgasdüsen für Plasmaschweißbrenner aus Metall oder Keramik. Metallschutzgasdüsen ohne Isolierschichten können nur verwendet werden, wenn der Gasdüsenträger vom Schweißstrom isoliert ist. Bei einer Wahlmöglichkeit zwischen Metall- und Keramikdüsen sind beim Wechselstromschweißen keramische Schutzgasdüsen vorzuziehen.

Vorausgesetzt, das Brennersystem unterstützt die Verwendung von **Gaslinsen,** können diese für besonders anspruchsvolle Schweißaufgaben verwendet werden. Gaslinsen sind siebartige Einsätze, die in den Strömungsquerschnitt in der Schutzgasdüse installiert werden. Beim Durchfluss durch die Gaslinse wird eine sehr gleichmäßige Strömung erzeugt. Damit werden eine sehr gute Schutzgasabdeckung der Schmelze und ein ruhiger Lichtbogen gewährleistet.

Für hochbeanspruchte Brenner werden u. U. wassergekühlte Schutzgasdüsen angeboten. Bei Verwendung derartiger Düsen ist darauf zu achten, dass diese absolut dicht und trocken sind, insbesondere nach längeren Schweißpausen oder einem Düsenwechsel. Bereits geringste Feuchtigkeitsmengen durch ausgetretenes Kühlwasser oder Kondensation aus der Luft können Schädigungen der Wolframelektrode und nicht tolerierbare Unregelmäßigkeiten der Schweißnaht verursachen.

Zum Schweißen von besonders gasempfindlichen Werkstoffen, wie z. B. Titan oder hochlegierten Stählen, ist die Schutzgasabdeckung der Schmelze mit normalen Gasdüsen häufig nicht ausreichend. Gleiches gilt für das Schweißen mit hohem Wärmeeintrag und verhältnismäßig großen Schmelzbädern. Unter diesen Bedingungen verlässt die Schweißnaht die Schutzgasglocke in einem kritischen Temperaturbereich. Der Kontakt mit Sauerstoff, Stickstoff oder Wasserstoff aus der Atmosphäre führt in diesem Zustand in der Regel zu starker Oxidation, Porenbildung oder Versprödung. Der erforderliche Schutz kann durch Anordnung von **Schutzgasbrausen** neben der Naht oder mit **Schleppgasdüsen** erreicht werden (Bild 3.150). Bei sehr hohen Qualitätsanforderungen oder extrem reaktiven Werkstoffen kann das Schweißen in einem mit Schutzgas gefülltem Handschuhkasten (manuell) oder in einer geschlossenen Schutzgaskammer (mechanisiert)erfolgen. Die Wirksamkeit der Schutzmaßnahmen kann relativ einfach über das Ausbleiben von Oberflächenverfärbungen bewertet werden. Durch starke Kühlung der Fügezone, z. B. mit aktiv gekühlten Kupferspannvorrichtungen, kann die zu schützende Zone kleiner gehalten werden. Des Weiteren verbessern Schutzgase mit einer höheren Reinheit die Abschirmung der Schmelze bzw. Schweißnaht.

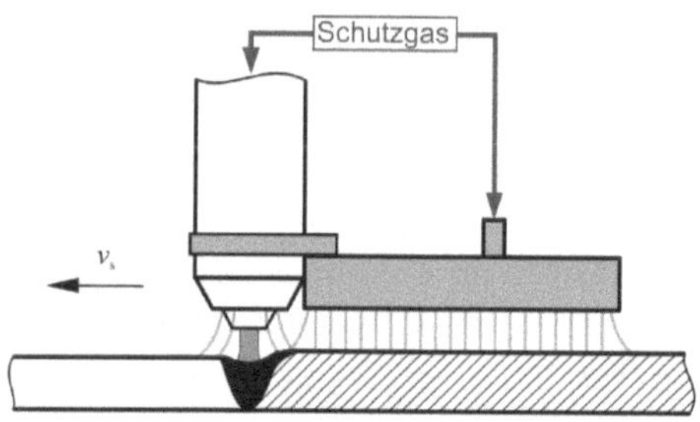

**Bild 3.150** Schematische Darstellung der Anordnung einer Schleppgasdüse im Schweißprozess (links), kommerzielle Schleppgasdüse (rechts) (Precision Welding Technology Inc.)

Bei einseitig geschweißten Nähten ist es oft notwendig, auch die rückseitig durchtretende Wurzel und den angrenzenden Werkstoff durch Schutzgas vor der Atmosphäre zu schützen. Ein Überblick über den **Wurzelschutz** beim Schutzgasschweißen gibt das DVS-Merkblatt 0937. Für Verbindungen, die mit Spalt geschweißt werden, genügt es vielfach, auf der Rückseite eine genutete Schiene, z. B. aus Kupfer oder nichtrostendem Stahl, anzubringen, in der sich das von oben zuströmende Schutzgas staut und somit einen ausreichenden Schutz bietet. In Bild 3.151 ist das Prinzip dargestellt.

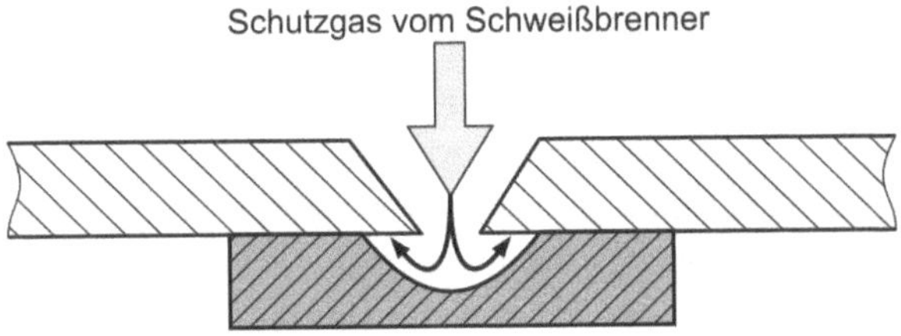


**Bild 3.151** Wurzelschutz durch gestautes Schutzgas vom Brenner in der Nut der Badstütze

Beim Schweißen dünnerer Bleche ohne Spalt oder enger Rohrleitungen, die innen nicht mehr nachbehandelt werden können, ist es meist notwendig, zusätzlich Schutzgas auf die Wurzelseite zu leiten. Bei Blechen erfolgt die Zuleitung des rückseitigen Schutzgasstromes oft aus einem Sintermetallblock, einer großflächigen siebartigen Düse oder einer Badstütze mit Bohrungen, die für eine sparsame und gleichmäßige Verteilung sorgen (siehe Bild 3.152 links). Rohre werden komplett oder segmentweise auf beiden Seiten der Naht verschlossen und Schutzgas in den abgetrennten Bereich eingeleitet (Bild 3.152 rechts). Es genügt nicht, Rohrabschnitte oder Behälter einmalig mit Schutzgas zu füllen. Während des Schweißens sind die Bereiche unter leichtem Durchströmen ständig mit Schutzgas zu spülen. Damit wird eine übermäßige Aufnahme von Luft vermieden und ein guter Gasschutz sichergestellt. Als Wurzelschutzgas kann ebenfalls Argon verwendet werden, bei unlegierten und niedriglegierten Stählen aber auch geeignetes **Formiergas** (Stickstoff-Wasserstoff-Gemische). Für austenitische nichtrostende Stähle sind auch Argon-Wasserstoff- und Argon-Stickstoff-Gemische oder Stickstoff üblich. Das rückseitig zugegebene Schutzgas verhindert eine schädliche Gasaufnahme der Wurzel sowie deren Oxidation. Die Kühlwirkung, die von dem Gas ausgeht, vermindert zusätzlich die Gefahr des Durchfallens der Schmelze und trägt zur Formung der Nahtunterseite bei. Zu große Wurzelschutzgasmengen können beim Schweißen die Schmelze verdrängen und die Ursache für eine eingezogene Wurzel sein. Jedoch ist bei Verwendung von Argon u. U. dessen größere Dichte zu beachten, wodurch nur mit einer ausreichenden Strömungsgeschwindigkeit eine Abschirmung der Wurzel möglich ist.

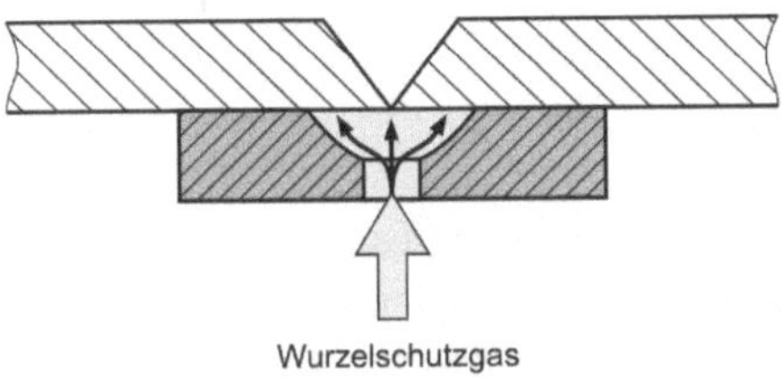


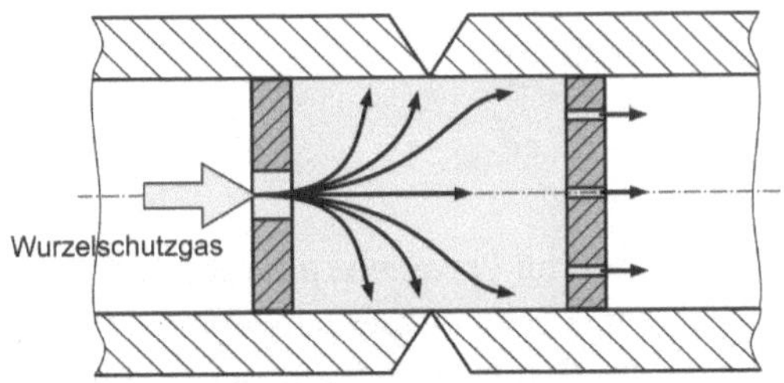


**Bild 3.152** Wurzelschutz durch aktive Gaszuführung über die Badstütze (links), Prinzip des Wurzelschutzes (Formierens) beim Schweißen von Rohrleitungen (rechts)

### 3.9.4.7 Richtwerte

Unter der Wirkung der vorgenannten Einflussgrößen ergeben sich für bestimmte Schweißaufgaben definierte Einstellwerte, die zu guten Schweißergebnissen führen. Tabelle 3.40 enthält Richtwerte für das Verbindungsschweißen von Stahl und Aluminium in den für das Plasmaverfahren besonders interessanten Dickenbereichen. Diese Werte stellen Richtwerte dar, d. h., sie können als erste Einstellung dienen, müssen aber gegebenenfalls den jeweiligen Bedingungen noch angepasst werden. Ohne Feineinstellung sind die Parameter zwischen verschiedenen Anwendungen oftmals nicht übertragbar. Unter anderem gibt das DVS-Merkblatt 0950 weitere Anhaltswerte zum Plasmaschweißen.

**Tabelle 3.40** Richtwerte für das Plasmaschweißen von Stahl und Aluminium (Stumpfstoß, I-Naht)

| | Blechdicke [mm] | Plasmadüsen-durchmesser [mm] | Plasmagas-menge [l/min] | Stromstärke [A] | Schweiß-geschwindigkeit [cm/min] |
|---|---|---|---|---|---|
| Stahl | 0,1 | 0,5 | 0,2 | 2 | 15 |
| | 0,5 | 0,8 | 0,3 | 20 | 25 |
| | 3,0 | 2,5 | 3,0 | 160 | 65 |
| | 4,0 | 3,0 | 4,0 | 180 | 60 |
| | 5,0 | 3,0 | 5,0 | 200 | 50 |
| | 8,0 | 3,0 | 8,0 | 250 | 30 |
| | 10,0 | 3,5 | 10,0 | 300 | 20 |
| Aluminium | 0,5 | 1,2 | 0,3 | 15 | 10 |
| | 1,0 | 1,2 | 0,3 | 20 | 15 |
| | 2,0 | 1,6 | 0,4 | 30 | 20 |
| | 3,0 | 2,0 | 0,7 | 40 | 20 |
| | 4,0 | 2,4 | 1,0 | 75 | 25 |

Neben anderen Parametern ist die Einstellung der Plasmagasmenge entscheidend für das Ergebnis beim Plasmaschweißen. Mit steigender Durchflussmenge nehmen Lichtbogenstaudruck und Wärmeeintrag zu. Damit kann das Einbrandverhalten gezielt beeinflusst werden. Allerdings nimmt auch die Gefahr der Erzeugung von Fehlern zu. Eine zu große Plasmagasmenge führt häufig zu Poren oder einer großen Nahtunterwölbung. Ein zu kleiner Volumenstrom verringert den Einbrand und führt zu einer übermäßigen Belastung der Plasmadüse. Demnach ist für reproduzierbare Ergebnisse beim Plasmaschweißen eine sehr genaue Einstellung der Plasmagasmenge unbedingt erforderlich.

Außerdem ist größte Sorgfalt bei der Positionierung der Elektrodenspitze notwendig. Diese muss absolut zentrisch zur Plasmadüse angeordnet sein. Einerseits verbessert die genaue Positionierung das Zündverhalten sowie die gleichmäßige Ausbildung des Pilotlichtbogens, andererseits wird ein hoher Verschleiß der Plasmadüse durch einen unsymmetrisch brennenden Lichtbogen vermieden. Der Rückstand der Elektrodenspitze in der Plasmadüse wirkt sich stark auf die Eigenschaften des erzeugten Plasmalichtbogens aus. Über die Kanallänge werden die Bündelung und die Spannung des Lichtbogens beeinflusst. Mit zunehmendem Rückstand wird der Lichtbogen härter. Zudem steigt der Leistungsumsatz im Lichtbogen. Daher ist eine genaue Einstellung im Zehntelmillimeterbereich, meist mit einer Lehre, für reproduzierbare Schweißergebnisse unbedingt erforderlich.

## 3.9.5 Fehler beim Plasmaschweißen

### 3.9.5.1 Gaseinschlüsse

Hinsichtlich der Bildungsmechanismen unterscheidet man metallurgische und mechanische Porenbildung. Metallurgische Poren treten bevorzugt beim Schweißen von Metallen auf, die eine sehr unterschiedliche Löslichkeit bestimmter Gase in der flüssigen und festen Phase aufweisen. Mechanische Poren hingegen entstehen durch Gase, die sich durch die Schweißwärme sehr stark ausdehnen oder im Schweißprozess in großer Menge gebildet werden und anschließend in der Naht eingeschlossen werden.

Metallurgische Porenbildung kann beim Plasmaschweißen von unlegierten Stählen auftreten. Die CO-Reaktion führt zur Gasblasenbildung und damit zum Einschluss von Poren. Dies betrifft insbesondere aluminiumberuhigte und siliziumberuhigte Qualitäten, wenn der verbliebene metallische Siliziumgehalt nicht wesentlich größer als 0,1 % ist. Dabei wirkt sich sehr negativ aus, dass beim Plasmaschweißen in der Regel kein oder nur sehr wenig Schweißzusatz verwendet wird, mit dem Silizium zur Desoxidation geführt werden könnte. Bei einem geringen Anteil an Desoxidationselementen reichen geringste Mengen gelösten Sauerstoffs aus der Lichtbogenatmosphäre aus, um Poren zu bilden. Die Gasblasen entstehen während der Abkühlung durch die Reaktion von Sauerstoff und Kohlenstoff zu Kohlenstoffmonoxid. Abhilfe schafft eine ausreichende Zugabe von Zusatzwerkstoff mit erhöhtem Siliziumgehalt.

Beim Plasmaschweißen von Aluminium führt in erster Linie die Wasserstoffaufnahme des Schweißgutes zur metallurgischen Porenbildung. Im Gegensatz zur Schmelze weist Aluminium im festen Zustand nahezu keine Löslichkeit für Wasserstoff auf. Ist die Abkühlzeit für eine hinreichende Ausgasung zu kurz, werden Gasblasen eingeschlossen. Ausgehend von einer guten Schutzgasabdeckung, sodass die Aufnahme von Feuchtigkeit aus der Luft ausgeschlossen ist, können Oxidhäute auf dem Grund- und Zusatzwerkstoff Quellen für eine Wasserstoffaufnahme sein. Diese sind sehr hygroskopisch und können größere Mengen Wasserstoff binden. Zusatzwerkstoffe aus Aluminium sollten deshalb nicht lange an Luft lagern. Oxidhäute auf dem Grundwerkstoff müssen vor dem Schweißen sorgfältig entfernt werden.

Mechanische Poren können einerseits durch das Überschweißen gasgefüllter Hohlräume, wie z. B. bei Bördel- oder Überlappnähten, und andererseits durch Verschmutzung bzw. Beschichtungen der Oberfläche, wie z. B. Schmiermittelreste oder Lacke, verursacht werden. In der Schweißwärme kommt es zur Expansion der Gase und zur Verdampfung der Verunreinigungen oder Beschichtungen. Ist der Ausgasungsweg eingeschränkt oder die Ausgasungszeit zu gering, werden Poren eingeschlossen. Durch Säuberung der Oberflächen vor dem Schweißen und gegebenenfalls die Einhaltung von Ausgasungsspalten lassen sich diese Poren vermeiden.

Des Weiteren besteht beim Plasmaschweißen die Möglichkeit, durch eine falsche Einstellung der Plasmagasmenge die Bildung von Poren zu provozieren. Der Staudruck bei Anwendung zu hoher Volumenströme führt zu einer starken Deformation bzw. zum Ausblasen der Schmelze. Ohne die Bildung eines Austrittsweges nach unten (Stichloch) steigt die Gefahr der Porenbildung mit zunehmender Durchflussmenge deutlich an.

### 3.9.5.2 Nahtunterwölbung

Die Plasmagasmenge steht in unmittelbarem Zusammenhang mit dem Lichtbogenstaudruck und beeinflusst nicht nur die Einbrandtiefe, sondern auch die Oberflächenausbildung der Schweißnaht. Zu hohe Volumenströme verursachen eine zu tief durchhängende Wurzel. Der Staudruck des Lichtbogens drückt das Schweißgut nach unten bzw. verdrängt es seitlich. Bedingt durch das fehlende Schweißgut entsteht eine eingefallene Nahtoberfläche. Abhilfe schaffen eine Reduzierung der Plasmagasmenge bzw. eine Erhöhung der Schweißgeschwindigkeit. Beide Maßnahmen verringern die Einbrandtiefe. Die Wurzelüberhöhung nimmt ab, und es steht mehr Material zur Bildung der Schweißnaht zur Verfügung. Führen diese Schritte nicht zum Erfolg, ist die Zugabe von Zusatzwerkstoff erforderlich, um das fehlende Nahtvolumen aufzufüllen.

### 3.9.5.3 Einbrandkerben

Einbrandkerben sind ein häufiger Fehler beim Plasmaschweißen. Hauptursachen sind meist eine fehlerhafte Brennerstellung bzw. eine ungünstige Einstellung der Plasmagasmenge. In beiden Fällen ist der Einfluss des Lichtbogenstaudrucks der Grund für eine übermäßige Deformation der Schmelzbadoberfläche. Wirkt dieser unsymmetrisch oder in ungünstigem Maße, können Einbrandkerben entstehen. Durch eine exakte Positionierung des Brenners und eine Anpassung der Durchflussmenge an Plasmagas lässt sich dieser Fehler i. d. R. vermeiden. Eventuell ist die Zugabe von Zusatzwerkstoff erforderlich, um die Bildung von Einbrandkerben vollständig zu vermeiden.

### 3.9.5.4 Oxideinschlüsse

Oxideinschlüsse treten hauptsächlich in Nähten aus Aluminium auf und werden beim Plasmaschweißen meist mit dem Zusatzwerkstoff eingebracht. Durch eine übermäßige Erwärmung des Drahtes oder Stabes können Teile außerhalb der Schutzgasglocke verstärkt oxidieren. Da das Oxid schwerer ist als das reine Metall, sinkt es in die Schmelze ab. Aufgrund der wesentlich höheren Schmelztemperatur wird das Oxid als Fremdkörper in der Naht eingeschlossen. Um eine Oxidation der flüssigen Spitze des Zusatzes zu vermeiden, sollte diese grundsätzlich während des Schweißens nicht aus der Schutzgasglocke herausgeführt werden. Das bedeutet, dass eine tupfende bzw. pulsierende Bewegung des Zusatzwerkstoffs gut kontrolliert werden muss und nur mit einem geringen Hub erfolgen darf.

Des Weiteren sollten vor dem Plasmaschweißen von I-Nähten an Aluminiumblechen die Kanten wurzelseitig gebrochen werden. Da der kathodische Reinigungseffekt nur im unmittelbaren Wirkbereich des Lichtbogens auftritt, bleibt die Oxidschicht auf der Blechunterseite erhalten. Werden die Kanten an der Fuge nicht gebrochen, verhindert die Oxidschicht ein Zusammenfließen der Schmelze. In der Folge können Bindefehler und Poren in der Wurzel auftreten.

### 3.9.5.5 Häufige Fehlerbilder und Ursachen

Neben den allgemeinen Fehlern können beim Plasmaschweißen verfahrensbedingt einige typische Fehlerbilder in Abhängigkeit von Anwendung und Werkstoff auftreten. Typische Fehler sowie deren Ursachen sind in der Tabelle 3.41 aufgeführt.

**Tabelle 3.41** Typische Fehler beim Plasmaschweißen (Bilder aus [BAU87])

| Fehlerbild | Beschreibung | Ursachen |
|---|---|---|
| 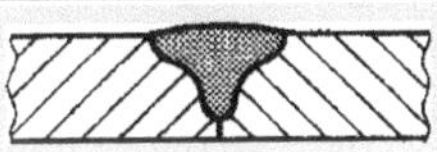 | geringer Einbrand, ungenügende Durchschweißung | zu geringe Stromstärke, zu geringe Plasmagasmenge, zu hohe Schweißgeschwindigkeit |
| 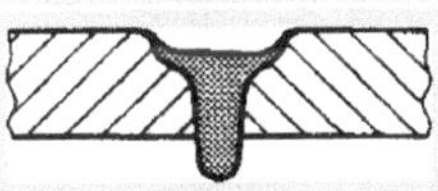 | zu große Nahtunterwölbung, Wurzelüberhöhung | zu hohe Stromstärke, zu hohe Plasmagasmenge, zu geringe Schweißgeschwindigkeit |
| 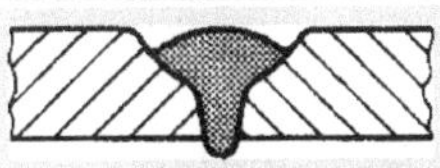 | Einbrandkerben | ungünstige Brennerstellung, ungünstige Plasmagasmenge, zu langer Lichtbogen |
| 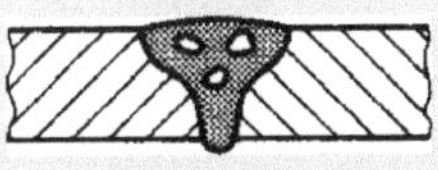 | Poren, Oxideinschlüsse | zu hohe Plasmagasmenge, zu hohe Schweißgeschwindigkeit, ungenügende Schutzgasabdeckung, Wasserstoffaufnahme |
| 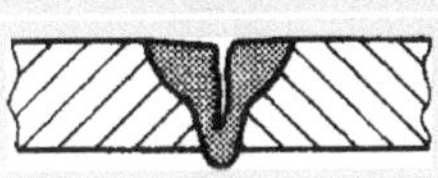 | Risse | zu hohe Schweißgeschwindigkeit (ungünstiger Temperaturzyklus), Schweißen ohne Zusatzwerkstoff, heißrissempfindlicher Werkstoff |

### 3.9.6 Gefährdungen für den Schweißer

Beim Plasmaschweißen können Gefährdungen für den Schweißer in Form von Gasen und Rauch sowie Schall- und Strahlungsemissionen entstehen. Obwohl im Vergleich zu anderen Lichtbogenschweißverfahren das Plasmaschweißen als verhältnismäßig emissionsarm einzustufen ist, sind allgemeingültige Regeln sowie geltende Vorschriften zum Arbeit- und Gesundheitsschutz unbedingt zu befolgen. In Abschnitt 3.15 sind alle Gefährdungen, die generell beim Schweißen mit Lichtbogen auftreten können, ausführlich beschrieben. Entsprechende Normen zur Bewertung von Gefährdungen sowie derzeit bindende Richtlinien zur Vermeidung von Gesundheitsschäden sind aufgeführt.

Neben den allgemeinen Hinweisen sind beim Plasmaschweißen jedoch einige besondere Gefährdungen zu beachten. Typischerweise unterstützen Plasmastromquellen eine berührungslose Zündung des Pilotlichtbogens über Hochspannungszündimpulse. Diese stellen eine mögliche Gefährdung für den Schweißer dar. Die Hochspannungsimpulse können zu schweren elektrischen Schlägen führen. Die Folgen wären örtlich begrenzte Verbrennungen der Haut und unter Umständen eine lokale Schädigung bzw. Beeinträchtigung von Nerven. Um derartige Gefährdungen zu vermeiden, sollten stets entsprechende Lederhandschuhe getragen und auf trockene Arbeitskleidung geachtet werden. Wenn möglich, ist die Berührung stromführender Teile zu vermeiden. Zusätzlich sollten vor Schweißbeginn immer eine gute Verkabelung und Kontaktierung des Bauteils sichergestellt werden. Bei Einhaltung dieser einfachen Maßnahmen kann eine Gesundheitsgefährdung des Schweißers durch Hochspannungszündimpulse nahezu ausgeschlossen werden.

Eine weitere Gefahrenquelle beim Plasmaschweißen stellen Wolframelektroden dar, die Thoriumoxid (Typ WTh) enthalten. Thorium und dessen Isotope strahlen radioaktiv. Beim Umgang mit diesen Elektroden in der schweißtechnischen Praxis können Gesundheitsgefährdungen sowohl durch innere als auch äußere Exposition radioaktiver Strahlung auftreten. Die Lagerung thoriumhaltiger Wolframelektroden kann eine äußere Strahlenexposition des Schweißers bewirken. Allerdings ist in diesem Fall das Gefährdungspotenzial relativ gering. Die emittierte Alphastrahlung hat nur eine relativ kurze Reichweite in Luft bzw. eine sehr geringe Eindringtiefe in den menschlichen Körper. Wesentlich gefährlicher ist die innere Exposition durch Inhalation von Thoriumverbindungen, die beim Anschleifen und Schweißen entstehen. In der Folge können Schädigung von Knochen und Knochenmark sowie Krebserkrankungen auftreten. Vorbeugend ist beim Anschleifen thoriumhaltiger Wolframelektroden unbedingt darauf zu achten, dass die entstehenden radioaktiven Stäube abgesaugt und in geeigneten Filtern aufgefangen werden. Gleiches gilt für Aerosole, die beim Schweißen, insbesondere mit Wechselstrom, entstehen. Grundsätzlich sollte thoriumhaltiger Rauch und Staub nicht in den Atembereich des Schweißers gelangen. Gegebenenfalls ist geeignete Absaugtechnik einzusetzen. Ausführliche Hinweise zum Umgang mit thoriumhaltigen Wolframelektroden gibt die DGUV Information 209-049.

Wird im handgeführten Plasmaschweißprozess mit Zusatzwerkstoff gearbeitet, ragt das freie Ende des Stabes unter Umständen in den Gesichtsbereich des ausführenden Schweißers oder anderer umstehender Personen. Um Verletzungen durch die verhältnismäßig scharfe Spitze vorzubeugen, ist es üblich, ein kleines Stück am freien Ende des Stabs einfach umzubiegen.

## 3.10 Metall-Schutzgasschweißen (Prozess 13)

### Verfahrensmerkmale

Das **Metall-Schutzgasschweißen** ist ein Schmelzschweißverfahren mit frei brennendem Lichtbogen zwischen einer abschmelzenden Drahtelektrode und dem Werkstück. Die Wärme des Lichtbogens wird zum Aufschmelzen des Grund- und Zusatzwerkstoffs genutzt. Die quasi endlose Drahtelektrode wird während des Schweißens kontinuierlich aus einem Reservoir nachgefördert. Das bedeutet, dass beim Metall-Schutzgasschweißen funktionsbedingt immer mit Zusatzwerkstoff gearbeitet werden muss. Zusätzlich wird dem Schweißprozess ständig Schutzgas zugeführt. Eine für die Anwendung besonders wichtige Eigenschaft ist die sehr hohe Produktivität des Verfahrens. Dafür müssen u. U. Abstriche bei der Nahtqualität in Kauf genommen werden.

### Anwendungsbereich/Abmessungen

Das Metall-Schutzgasschweißen wird in nahezu allen Bereichen der schweißtechnischen Fertigung angewendet. In diesem Zusammenhang zählt das Metall-Schutzgasschweißen zu den bedeutendsten Technologien der Verfahrenshauptgruppe Schweißen und ist fester Bestandteil einer Vielzahl fertigungstechnischer Abläufe unterschiedlichster Produkte. Die Anwendung des Verfahrens ist aufgrund der einfachen Gerätetechnik sowie der relativ unkomplizierten Handhabung stark verbreitet. Mit vergleichsweise geringen Investitionskosten bieten moderne Anlagen flexible Einsatzmöglichkeiten des Schutzgasschweißens. Das Metall-Schutzgasschweißen bietet eine hohe Wirtschaftlichkeit, weshalb es meist für Anwendungen eingesetzt wird, die eine hohe Produktivität des Fügeverfahrens erfordern. Es kann sowohl handgeführt als auch vollmechanisiert bzw. automatisiert ausgeführt werden. Ohne Fugenvorbereitung ist das Metall-Schutzgasschweißen von Stumpfstößen mit Blechdicken bis $t_B \approx 6$ mm gebräuchlich. Darüber hinaus ist eine geeignete Fugenvorbereitung notwendig. In Verbindung mit der Mehrlagentechnik sind dem Verbindungsquerschnitt kaum Grenzen gesetzt.

### Werkstoffgruppen

Grundsätzlich ermöglicht das Metall-Schutzgasschweißen die Verarbeitung aller metallischen Werkstoffe. Es wird jedoch bevorzugt zum Schweißen aller Stahlsorten sowie von Aluminiumlegierungen eingesetzt.

**Wichtige Merkblätter und Normen**

- **DVS 0909-1:** Grundlagen des MSG-Hochleistungsschweißens mit Massivdrahtelektroden, Definitionen und Begriffe.
- **DVS 0912-1:** Metall-Schutzgasschweißen von Stahl; Richtlinien zur Verfahrensdurchführung, Vermeiden von Bindefehlern.
- **DVS 0912-2:** Metall-Schutzgasschweißen von Stahl; Richtlinie zur Verfahrensdurchführung, Vermeiden von Poren.
- **DVS 0913-2:** MIG-Schweißen von Aluminium; Geräte, Prozesse, Hilfsstoffe.
- **DVS 0913-3:** MIG-Schweißen von Aluminium, Anwendungstechnische Hinweise.
- **DVS 0916:** Metall-Schutzgasschweißen von Feinkornbaustählen.
- **DVS 0926-1:** Anforderungen an Energiequellen zum Metall-Schutzgasschweißen.
- **DVS 0926-2:** Anforderungen an Drahtvorschubsysteme, Schlauchpakete und Schweißbrenner zum Metall-Schutzgasschweißen.
- **DVS 0931:** MAG-Schweißen von nichtrostenden austenitischen Stählen.
- **DVS 0937:** Wurzelschutz beim Schutzgasschweißen.
- **DVS 0941-1:** Fülldrahtelektroden für das Verbindungs- und Auftragschweißen, Grundlagen und Begriffsbestimmung.
- **DVS 0941-2:** Fülldrahtelektroden zum Metall-Lichtbogenschweißen mit und ohne Schutzgas von unlegierten, Feinkorn- sowie hochfesten Stählen.
- **DIN EN ISO 9692-1:** Schweißen und verwandte Prozesse – Empfehlungen zur Schweißnahtvorbereitung. Teil 1: Lichtbogenhandschweißen, Schutzgasschweißen, Gasschweißen, WIG-Schweißen und Strahlschweißen von Stählen.
- **DIN EN ISO 9692-3:** Schweißen und verwandte Prozesse – Empfehlungen für Fugenformen. Teil 3: Metall-Inertgasschweißen und Wolfram-Inertgasschweißen von Aluminium und Aluminium-Legierungen.
- **DIN EN ISO 14175:** Schweißzusätze – Gase und Mischgase für das Lichtbogenschweißen und verwandte Prozesse.

## 3.10.1 Verfahrensprinzip und Anlagentechnik

### 3.10.1.1 Funktionsweise

Beim MSG-Schweißen (Metall-Schutzgasschweißen) wird ein Lichtbogen zwischen einer abschmelzenden Elektrode, die gleichzeitig als Zusatzwerkstoff dient, und dem Werkstück erzeugt. Standardmäßig werden als Elektrode der jeweiligen Schweißaufgabe angepasste Metalldrähte im Durchmesser von 0,8...1,6 mm verwendet. Unter der

Einwirkung des Lichtbogens schmilzt die endlos zugeführte Drahtelektrode ab und der Grundwerkstoff örtlich begrenzt auf. Der Ab- bzw. Aufschmelzvorgang wird durch die kontinuierliche Zufuhr von Schutzgas von der Umgebungsluft abgeschirmt.

Nach DIN 1910-100 ist das MSG-Schweißen den Schmelzschweißverfahren zugeordnet, die eine elektrische Gasentladung als Energieträger nutzen (Lichtbogenschweißen). Innerhalb dieser Verfahrensgruppe zählt der MSG-Prozess zu den Schutzgasschweißverfahren. Anhand der verwendeten Gasarten erfolgt eine weitere Unterteilung in Metall-Aktivgasschweißen (MAG-Schweißen) und Metall-Inertgasschweißen (MIG-Schweißen). Im internationalen Sprachgebrauch ist die Kurzbezeichnung GMAW (*engl.* gas metal arc welding) gebräuchlich.

Den zur Erzeugung des Lichtbogens erforderlichen elektrischen Strom liefert eine Schweißstromquelle. Standardmäßig wird beim MSG-Schweißen Gleichstrom oder pulsierender Gleichstrom verwendet, wobei die Elektrode plus- und das Werkstück minusgepolt sind. Die Zufuhr der Drahtelektrode erfolgt mechanisiert über ein Drahtvorschubgerät, welches die Drahtelektrode kontinuierlich aus einem Drahtvorrat zur Schweißstelle fördert. Die Kontaktierung der Drahtelektrode mit dem Schweißstrom erfolgt im Schweißbrenner über ein Stromkontaktrohr. Hierbei handelt es sich um eine Düse mit einer zentrischen, dem jeweiligen Drahtelektrodendurchmesser angepassten Bohrung. Die Zuführung des Schutzgases zur Schweißstelle erfolgt über eine konzentrisch zur Drahtelektrode angeordnete Gasdüse. Alle Medien (Schutzgas, Kühlwasser, Drahtelektrode) werden über ein Schlauchpaket vom Drahtvorschubgerät zum Schweißbrenner geleitet. In Bild 3.153 ist das Grundprinzip des Metall-Schutzgasschweißens schematisch dargestellt.

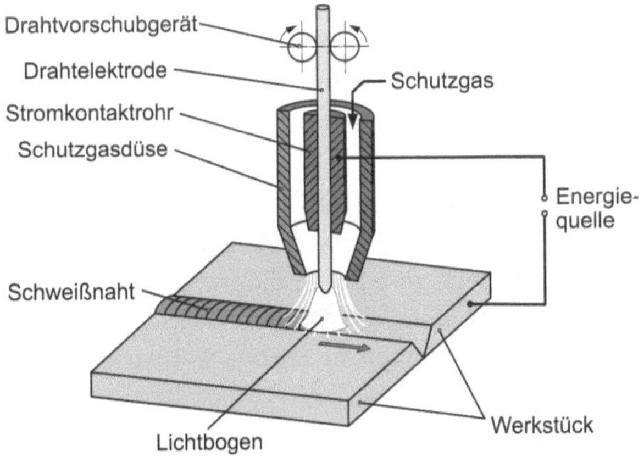


**Bild 3.153**
Verfahrensprinzip des Metall-Schutzgasschweißens

### 3.10.1.2 Schutzgase

Die im Lichtbogen vorherrschenden hohen Temperaturen begünstigen die Reaktionsfreudigkeit von Metallen. Die abschmelzende Drahtelektrode und das Schmelzbad müssen daher durch ein geeignetes Schutzgas von der Umgebungsluft abgeschirmt werden, um Unregelmäßigkeiten in der Schweißnaht zu vermeiden (siehe Abschnitt 3.10.6). Die Auswahl des Schutzgases wird durch den zu verschweißenden Werkstoff bestimmt. Grundsätzlich wird das MSG-Schweißen unterteilt in das **Metall-Inertgas**- (MIG, Prozess 131) und das **Metall-Aktivgasschweißen** (MAG, Prozess 135).

Beim MIG-Schweißen werden ausschließlich inerte, d. h. nicht reagierende, Gase eingesetzt. Nach Norm DIN EN ISO 14175 sind dies Schutzgase der Hauptgruppe I. Standardmäßig wird reines Argon (I1) als Schutzgas verwendet. Durch seinen inerten Charakter verhindert es thermisch bedingte Oxidationseffekte und die Aufnahme schädlicher Gase in der Metallschmelze. Zudem ist es aufgrund seiner technologischen Eigenschaften überaus gut für die Erzeugung technischer Schweißlichtbögen geeignet und ist verhältnismäßig kostengünstig. Ebenfalls einsetzbar sind Argon-Helium-Gemische (I3) oder reines Helium (I2). Für besondere Anwendungen wird auch mit Sauerstoff dotiertes Argon verwendet, wobei der Sauerstoffgehalt maximal 0,03 % beträgt. Haupteinsatzgebiet des MIG-Schweißens ist das Schweißen von Aluminium und seinen Legierungen.

Beim MAG-Schweißen werden Schutzgase mit aktiven Komponenten eingesetzt. Nach Norm DIN EN ISO 14175 sind dies Gase der Hauptgruppen M1-3 und C, siehe Abschnitt 3.6.2. Im Wesentlichen handelt es sich dabei um oxidierende Gasgemische aus Argon und Kohlenstoffdioxid (M12, M20, M21) oder stark oxidierendes reines Kohlenstoffdioxid (C). Für besondere Anwendungen sind auch Gasgemische aus Argon und Sauerstoff (M13, M22) und Dreistoffgemische aus Argon, Helium und Kohlenstoffdioxid (M12) im Einsatz.

Das MAG-Schweißen mit Mischgasen wird auch als MAGM-Schweißen bezeichnet. Haupteinsatz-gebiet ist das Schweißen von Stählen. Vor allem aus metallurgischen Gründen sind die Anteile der oxidierenden Komponenten zu begrenzen. Üblich sind Anteile von bis zu 25 % Kohlenstoffdioxid bzw. bis zu 8 % Sauerstoff. Als Standardschutzgas zum MSGM-Schweißen von un- und niedriglegierten Stählen wird ein Gemisch aus 82 % Argon und 18 % Kohlenstoffdioxid verwendet (M21). Beim Schweißen hochlegierter Stähle sind nur geringere Aktivgasanteile von ca. 2,5 % Kohlenstoffdioxid bzw. ca. 3 % Sauerstoff zulässig.

Als MAGC-Schweißen werden Anwendungen bezeichnet, bei denen als Schutzgas reines Kohlenstoffdioxid eingesetzt wird. Dieses Gas ist preiswerter als Mischgase und weist einige technologische Vorzüge, wie z. B. geringere Porenbildung im Schweißgut oder höhere Wärmeeinbringung ins Werkstück, auf. Aufgrund der starken Spritzerbildung im Schweißprozess wird das MAGC-Schweißen in Europa industriell allerdings kaum noch angewandt.

Neben der Schutzfunktion kann das Gas beim MSG-Schweißen auch zur technologischen Beeinflussung des Schweißprozesses genutzt werden. Die aktiven Komponenten ermöglichen eine Lichtbogenstabilisierung, eine Gestaltung der Einbrandverhältnisse am Werkstück, eine Verbesserung des Fließverhaltens der Schmelze, metallurgische Effekte im Schweißgut, u. a. Eine gute Schutzwirkung ist durch den hohen Anteil der inerten Grundkomponente trotzdem gewährleistet. Dennoch stellt die Zugabe aktiver

Gase meist einen Kompromiss zwischen Schutzwirkung und Prozessbeeinflussung, d. h. zwischen Qualität und Produktivität, dar. Eine ausgewogene Mischung der Komponenten im Schutzgas ist unbedingt erforderlich. Dementsprechend werden von Herstellern für nahezu jeden Werkstoff optimierte Gasgemische zum MSG-Schweißen angeboten. Die chemische Zusammensetzung dieser Gase ist unter Beachtung der werkstofftechnischen Gegebenheiten auf eine verbesserte Leistung des Schweißprozesses optimiert. Allerdings spielen in der Praxis immer Betrachtungen zu Aufwand und Nutzen eine Rolle, weshalb häufig verschiedene Schutzgase für den gleichen Einsatzzweck verfügbar sind. In Tabelle 3.42 sind mögliche Schutzgaskomponenten zum MSG-Schweißen typischer Werkstoffe dargestellt. Die Auflistung gibt nur einen allgemeinen Überblick der wichtigsten Mischgaskombinationen. In jedem Fall sind bei Auswahl eines geeigneten Schutzgases zum MSG-Schweißen die Vorgaben der Gas- bzw. Werkstoffhersteller zu beachten. Darüber hinaus sind für besondere Anforderungen zahlreiche Mehrkomponentengase mit hoher Reinheit und Mischgenauigkeit bis zu einem Volumenanteil von $\nu = 1/10.000$ erhältlich. In diesem Fall empfiehlt es sich, Hersteller von technischen Gasen zu kontaktieren. Diese verfügen in der Regel über umfangreiches Know-how bei der Anwendung von Schutzgasen zum Schweißen.

**Tabelle 3.42** Mögliche Schutzgaskomponenten zum MSG-Schweißen ausgewählter Werkstoffe

| Werkstoff/Legierungen | Ar | He | $CO_2$ | $O_2$ | $N_2$ | $H_2$ |
|---|---|---|---|---|---|---|
| unlegierte/legierte Stähle | * | + | + | + | | |
| hochlegierte Stähle | | | | | | |
| - ferritisch | * | + | + | + | | |
| - austenitisch | * | + | + | + | | + |
| - austenitisch-ferritisch | * | + | + | + | | + |
| Aluminium | * | + | | + | | |
| | + | * | | + | | |
| Magnesium | * | + | | | | |
| | + | * | | | | |
| Nickel | * | + | + | + | + | + |
| Kupfer | + | * | | | | |
| Kobalt | * | + | + | + | | + |

* bevorzugte Hauptkomponente,
+ mögliche Zusatzkomponente

Helium wird vornehmlich zur Verbesserung der Wärmeeinbringung in den Grundwerkstoff zugemischt. Bedingt durch die höhere Ionisationsenergie wird im Lichtbogen eine größere Leistung umgesetzt. In Verbindung mit der guten Wärmeleitfähigkeit von Helium führt dieser erhöhte Leistungsumsatz zur Vergrößerung der Einbrandwirkung am Werkstück. Alternativ kann die erhöhte Lichtbogenleistung auch in eine höhere Schweißgeschwindigkeit umgesetzt werden. Allerdings verschlechtert sich mit zunehmendem Heliumgehalt die Zündfähigkeit des Lichtbogens. Eingesetzt werden Heliumzumischungen vorrangig beim MIG-Schweißen von Aluminium und Kupferwerkstoffen, aber auch beim MAG-Schweißen hochlegierter Stähle. Bild 3.154 zeigt die Wirkung von Heliumzusätzen am Beispiel einer Aluminiumschweißung.

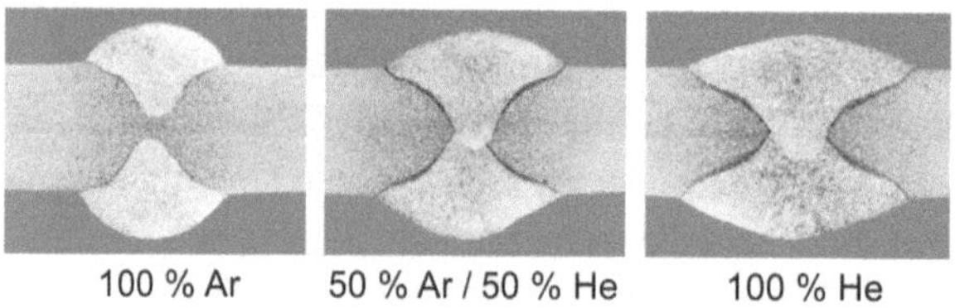


**Bild 3.154**
Einfluss von Helium auf die Einbrandausbildung an Aluminium

Wasserstoff wird dem Schutzgas zur Verbesserung des Fließverhaltens der Schmelze zugemischt. Die Anwendung ist allerdings auf geringe Volumengehalte von wenigen Prozent begrenzt und erfolgt vorzugsweise zum Schweißen von Nickel- und Kobaltbasislegierungen. Viele andere Werkstoffe reagieren in der Regel sehr empfindlich auf den Zutritt von Wasserstoff. Typische Fehler sind z. B. eine verstärkte Porenbildung durch die sehr unterschiedliche Löslichkeit von Wasserstoff in flüssigem und festem Aluminium, die Bildung von Kaltrissen durch die Rekombination atomaren Wasserstoffs im ferritischen Gefüge von Feinkornbaustählen oder die Wasserdampfbildung in sauerstoffhaltigen Kupferwerkstoffen.

Stickstoff kommt beim MSG-Schweißen nur in geringen Volumenanteilen (maximal 5 %) als Bestandteil von Mehrkomponentengasen in Sonderanwendungen zum Einsatz. Ein Beispiel ist die Anwendung zur Reduzierung der Heißrissneigung beim Schweißen hochwarmfester Nickellegierungen.

Die Komponenten Kohlenstoffdioxid und Sauerstoff sind aktive Gase die oxidierend wirken. In geringen Mengen bis ca. 0,05 % erhöhen diese Bestandteile die Lichtbogenstabilität argon- und heliumreicher Mischgase beim MIG-Schweißen. Beim MAG-Schweißen werden höhere Anteile im Prozentbereich verwendet. Hier steigern die molekularen Gase durch Dissoziationsvorgänge die Wärmeübertragung des Lichtbogens. Zusätzlich wird die Oberflächenspannung der Metallschmelze beeinflusst, was sich positiv auf das Fließverhalten und die Anbindung auswirkt. Mit steigendem Aktivgasanteil im Schutzgas werden das Einbrandverhalten und die Porensicherheit des MAG-Schweißprozesses verbessert. Bild 3.155 zeigt die Wirkung von Kohlenstoffdioxidzusätzen am Beispiel von Baustahl.

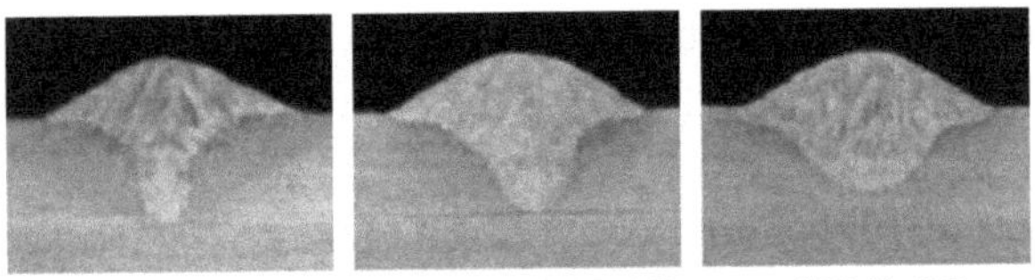


**Bild 3.155**
Einfluss von Kohlenstoffdioxid auf die Einbrandausbildung an unlegiertem Stahl

Aufgrund ihres aktiven Charakters bilden Kohlenstoffdioxid und Sauerstoff bei den hohen Lichtbogentemperaturen sehr schnell Oxide mit den Metallen des Grund- und Zusatzwerkstoffes. Im Ergebnis dieser Oxidationsvorgänge lagern sich Schlacketeilchen oder Silikate auf der Schweißnahtoberfläche ab. Aus diesem Grund wird der Aktivgasanteil im Schutzgas begrenzt. Übliche Werte liegen im Bereich von 5 bis 25 % Kohlenstoffdioxid bzw. 2 bis 8 % Sauerstoff für das Schweißen un- und niedriglegierter Stähle. Zu hohe Volumenanteile von Aktivgasen beeinträchtigen speziell im oberen Leistungsbereich die Ausbildung eines feintropfigen Werkstoffübergangs. Unruhiges Prozessverhalten mit Spritzerauswurf bis hin zur Überhitzung einzelner Tropfen sind die Folgen.

Ursächlich für dieses Verhalten sind die physikalischen Eigenschaften der Prozessgase. Argon weist im Vergleich zu Kohlenstoffdioxid bei hohen Temperaturen eine geringere Wärme- und elektrische Leitfähigkeit auf. In der Folge benötigt das Argon-Lichtbogenplasma eine größere Querschnittsfläche zur Stromübertragung von der Drahtelektrode in den Lichtbogen. Im Ergebnis hüllt der Lichtbogen einen relativ großen Teil des Drahtelektrodenendes ein. Der sich bildende Tropfen wird gleichmäßig aufgeheizt, Viskosität und Oberflächenspannung nehmen ab. Es entsteht ein ruhiger Abschmelzprozess mit kleinen Tropfen und axialem Werkstoffübergang. Gleichzeitig weist der Argon-Lichtbogen einen hohen radialen Temperaturgradienten auf. Dies führt am Werkstück zu einer schmalen Einbrandausbildung, dem sogenannten „Argonfinger". In einem Kohlestoffdioxid-Plasma wird aufgrund der höheren Wärmeleitfähigkeit mehr Wärme in die radialen Lichtbogenrandbereiche abgegeben, wodurch sich am Werkstück ein breiteres Einbrandprofil ausbildet. Die breitere Wärmeverteilung im Kohlenstoffdioxid-Plasma hat aber auch zur Folge, dass sich nur ein relativ schmaler Entladungskanal mit ausreichender Temperatur zur Aufrechterhaltung der Ionisationsvorgänge ausbildet. Diese stromführende Lichtbogensäule setzt nur punktuell am Drahtelektrodenende an. Aufgrund der besseren elektrischen Leitfähigkeit von Kohlenstoffdioxid im Vergleich zu Argon, reicht diese kleine Fläche jedoch aus, um den Stromübergang von der Drahtelektrode in den Lichtbogen zu gewährleisten. Das Elektrodenende wird nicht wie beim Argon-Plasma vom Lichtbogen umhüllt und gleichmäßig aufgeschmolzen, sondern nur von unten aufgeheizt. Dies führt zur Ausbildung großer, unförmiger Tropfen, die sich unkontrolliert und unter starker Spritzerbildung vom Drahtelektrodenende ablösen. Bild 3.156 verdeutlicht diese Vorgänge schematisch. Für die Einstellung eines exakten Impuls- oder Sprühlichtbogens sollte Kohlenstoffdioxid einen Volumenanteil von 20 % nicht überschreiten. Im Kurzlichtbogen hingegen kann mit bis zu 100 % Kohlenstoffdioxid geschweißt werden. Durch die periodischen Kurzschlüsse zwischen Elektrode und Werkstück kann es hier nicht zur Ausbildung großer Tropfen kommen. Vielmehr erfolgt ein Werkstoffübergang nach jeder Kurzschlussauflösung.

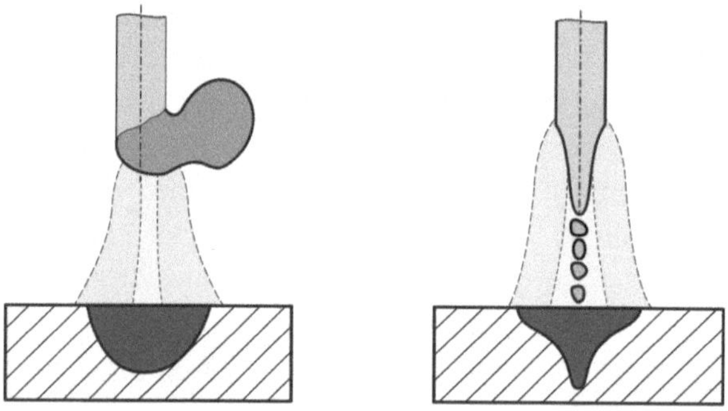

**Bild 3.156** Werkstoffübergang und Einbrand beim MAG-Schweißen unter Verwendung von Kohlenstoffdioxid (links) und Argon (rechts)

Beim Schweißen hochlegierter, nichtrostender Stähle muss der maximale Aktivgasanteil auf ca. 2,5 % abgesenkt werden. Dies ist notwendig, um die Passivschicht, die die Korrosionsbeständigkeit dieser Werkstoffe gewährleistet, nicht durch zu starke Oxidation zu schädigen. Weitere Gründe für die Begrenzung der aktiven Schutzgasanteile sind die metallurgisch aufkohlende Wirkung von Kohlenstoffdioxid im Schweißgut und der Legierungsabbrand durch Oxidation des flüssigen Schmelzgutes.

Hauptkriterien für die Einstellung der richtigen Schutzgasmenge sind ein optimaler Gasschutz der Schmelze sowie ein ruhig brennender Lichtbogen. Dies richtet sich beim MSG-Schweißen in erster Linie nach dem jeweiligen Einsatzfall und dem dafür eingesetzten Schweißbrenner. Wichtige Einflussfaktoren sind:

- Werkstoff,
- Gasart,
- Lichtbogenleistung,
- Schweißgeschwindigkeit,
- Schmelzbadgröße,
- Art und Lage der Schweißnaht,
- Schweißposition,
- Schutzgasdüsendurchmesser,
- Schutzgasdüsenabstand.

Die Anwendung bestimmt die zu verwendende Fugenform und Prozessleistung, welche maßgeblich die Größe und Exposition des Schmelzbades beeinflussen. Große

Schmelzbäder mit einem längeren Temperaturzyklus benötigen eine angepasste Schutzgasabdeckung. Dementsprechend muss mit steigender Prozessleistung die Schutzgasmenge erhöht werden, um eine ausreichende Schutzwirkung zu gewährleisen. In diesem Zusammenhang spielen die Strömungseigenschaften (Ausbildung und Durchmesser der Schutzgasströmung am Austritt der Schutzgasdüse) des Schweißbrenners eine wesentliche Rolle. Der Durchmesser wirkt sich stark auf die Geschwindigkeit bzw. Wirkung der Schutzgasströmung aus. Werden unterschiedliche Schweißbrenner bzw. Schutzgasdüsen eingesetzt, ist dieser Einfluss zu beachten und u. U. eine Angleichung der Durchflussmenge notwendig. Bild 3.157 verdeutlicht den Zusammenhang zwischen dem Durchmesser- und Volumenstromverhältnis für runde Schutzgasdüsen.

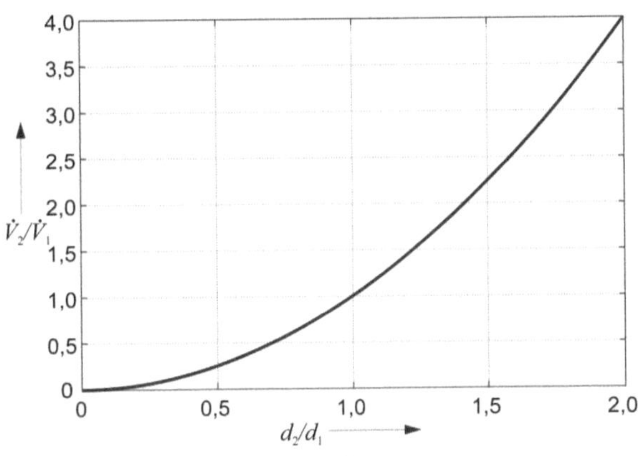


**Bild 3.157**
Zusammenhang zwischen Durchmesser- und Volumenstromverhältnis bei runden Gasdüsen

In der Regel sind Durchflussmengen von $V = 10...25$ 1/min bei Verwendung argonreicher Schutzgase üblich (als Anhaltspunkt kann 10 × Drahtdurchmesser für die Einstellung dienen). Dabei ist aufgrund der relativ hohen Dichte von Argon eine gute Schutzwirkung sichergestellt. Allerdings ist zu beachten, dass sich je nach Grundwerkstoff die bevorzugten Schutzgase deutlich voneinander unterscheiden können. Wird mit anderen Gaszusammensetzungen, insbesondere heliumreichen Mischgasen, gearbeitet, ist in Abhängigkeit von der Dichte des Mischgases eine Korrektur der Durchflussmenge erforderlich, siehe Abschnitt 3.6.2. Gleiches gilt grundsätzlich für Abweichungen aus der neutralen Schweißposition. Bei großen Abweichungen ist gegebenenfalls eine größere Schutzgasmenge erforderlich.

### 3.10.1.3 Zusatzwerkstoff

Beim MSG-Schweißen werden Metalldrahtelektroden als Zusatzwerkstoff verwendet. Unterschieden wird in Massiv- und Fülldrahtelektroden. Deren chemische Zusammensetzung ist der jeweiligen Schweißaufgabe angepasst und orientiert sich in der Regel am Material des Grundwerkstoffs. Abmessungen, Zusammensetzung und Bereitstellungsformen sind genormt, siehe Abschnitt 3.5.3 (Massivdrähte) und Abschnitt 3.5.4 (Fülldrähte).

**Fülldrahtelektroden** ermöglichen eine größere Flexibilität bezüglich der metallurgischen Beeinflussung des Schweißgutes. Über das Füllpulver sind z. B. auch Materialzusammensetzungen generierbar, die in Drahtform nicht herstellbar sind. Unterschieden wird in Metallpulver-, rutile, basische und selbstschützende Fülldrähte (siehe Abschnitt 3.5.4). Außer dem Metallpulvertyp sind alle Fülldrähte schlackeführend, d. h., sie bilden auf der Schweißnahtoberfläche bei der Schweißguterstarrung eine Schlackeschicht aus. Selbstschützende Fülldrähte können ohne Schutzgas verschweißt werden. Die DVS-Merkblätter 0941-1 und 0941-2 geben ausführlich Hinweise zu Eigenschaften und Einsatzmöglichkeiten von Fülldrahtelektroden zum MSG-Auftrag- und Verbindungsschweißen.

Übliche Elektrodendurchmesser sind 0,8/1,0/1,2/1,6 mm. Für Sonderanwendungen werden Elektrodendurchmesser bis 4,0 mm eingesetzt. Der Querschnitt der Drahtelektrode ist proportional zu deren Strombelastbarkeit und der erzielbaren Abschmelzleistung. Die Drahtbereitstellung erfolgt standardmäßig über Spulen im Durchmesser von 300 mm. Für Stahlwerkstoffe liegt deren Gewicht bei ca. 15 kg, für Aluminiumwerkstoffe bei ca. 6 kg. Dies ergibt aufgespulte Drahtlängen nach Tabelle 3.43.

**Tabelle 3.43** Lauflängen in m für verschiedene Drahtbereitstellungen (Stahldrahtelektrode)

| Drahtdurchmesser [mm] | 0,8 | 1,0 | 1,2 | 1,6 |
|---|---|---|---|---|
| Spule, 15 kg | 3800 | 2430 | 1690 | 950 |
| Fass, 200 kg | – | 32.400 | 22.530 | 12.660 |

Für automatisierte Anwendungen werden bevorzugt Drahtfässer eingesetzt. Deren größeres Volumen gewährleistet einen längeren unterbrechungsfreien Schweißbetrieb durch Wegfall des Drahtspulenwechsels. Zur sicheren Drahtentnahme aus dem Fass ist ein zusätzlicher Drahtantrieb erforderlich, der direkt auf dem Fass angebracht ist und den Draht axial abzieht, siehe Abschnitt 3.4.1.

### 3.10.1.4 Schweißstromquellen und Brennertechnik

Zum MSG-Schweißen werden Stromquellen, siehe Abschnitt 3.2, mit flach fallender Kennlinie **(horizontale Kennlinie)** verwendet. Entsprechend dem Verlauf einer solchen Kennlinie verursachen bereits geringe Schwankungen der Lichtbogenspannung bzw. Lichtbogenlänge eine verhältnismäßig große Änderung des Schweißstroms. Allerdings gleicht die innere Regelung von MSG-Schweißstromquellen Schwankungen der Lichtbogenlängen sehr schnell aus. Damit ist auch im handgeführten Schweißprozess mit typischen Abweichungen des Brennerabstandes ein stabiles Prozessverhalten und ein gleichbleibendes Schweißergebnis gewährleistet.

Zum MSG-Schweißen findet sowohl Gleich- als auch Impulsstrom Anwendung. Je nach Einsatzfall können deshalb theoretisch alle Bauarten von Schweißstromquellen zum Einsatz kommen. Moderne MSG-Schweißstromquellen basieren üblicherweise auf Invertertechnik. Je nach Einsatzzweck sind MSG-Schweißstromquellen in unterschiedlichen Leistungsklassen erhältlich. Die Spanne reicht von Geräten mit einem maximalen Schweißstrom von $I \leq 250$ A bis hin zu Anlagen für das Hochleistungsschweißen mit Schweißströmen von $I \geq 500$ A bei einer Einschaltdauer von $ED = 60$ %.

Einfache MSG-Schweißstromquellen ermöglichen durch Grob- und Feinschalter eine Einstellung der Schweißstromstärke in einzelnen Stufen. Dabei wird die Kennlinie der Stromquelle verschoben. Moderne, elektronisch gesteuerte Stromquellen gestatten ein stufenloses Einstellen und Vorprogrammieren von Schweißregimen, die den jeweiligen Gegebenheiten angepasst werden können. Zudem sind zahlreiche Parameter, die den Strom-Zeit-Verlauf beeinflussen, frei einstellbar. Aufgrund der Vielzahl frei einstellbarer Parameter arbeiten moderne MSG-Schweißstromquellen mit Jobs oder **Synergiekennlinien**. Für eine bestimmte Schweißaufgabe sind mehrere, optimal eingestellte Arbeitspunkte unterschiedlicher Prozessleistung definiert. Zwischen den einzelnen Arbeitspunkten interpoliert die Stromquelle und bildet eine Kennlinie mit automatischer Anpassung aller Parameter. Damit ist eine einfache Bedienung, trotz z. T. sehr komplexer Schweißprozesse, möglich. Der Schweißer muss bzw. kann lediglich die Drahtvorschubgeschwindigkeit entsprechend der Schweißaufgabe anpassen. Alle anderen Parameter regelt die Steuerung nach, sodass ein stabiler Schweißprozess und gleichmäßiger Werkstoffübergang erhalten bleiben.

Zusätzlich weisen Stromquellen zum MSG-Schweißen in der Regel einige verfahrensbedingte Besonderheiten auf. Da zum MSG-Schweißen immer Schutzgas benötigt wird, verfügen entsprechende Stromquellen für gewöhnlich über eine einfache Gassteuerung, die mit Schweißstart und -ende die Gaszufuhr ein- bzw. ausschaltet. Verfahrensbedingt muss zum MSG-Schweißen eine Drahtelektrode kontinuierlich dem Prozess zugeführt werden. Dementsprechend ist immer ein Drahtvorschubgerät Bestandteil derartiger Anlagen. Normalerweise ist der Drahtvorschub direkt in die Steuerung der Stromquelle integriert und kann als ein Hauptparameter vorgegeben werden.

Zusätzlich müssen MSG-Schweißstromquellen für den vollmechanisierten bzw. automatisierten Einsatz über eine Schnittstelle zur Kommunikation mit der Steuerung der Führungsmaschine verfügen. Beispielweise erhält die Stromquelle über diese Schnittstelle das Signal, den Lichtbogen zu zünden, da der Schweißvorgang programmgesteuert ohne Eingriff eines Schweißers abläuft. Die Stromquelle quittiert dies mit einem weiteren Signal der Führungsmaschine, welche anschließend die Verfahrbewegung beginnen kann. Anlagen zum vollmechanisierten/automatisierten MSG-Schweißen sind meist mit einem Push-Pull-Drahtvorschubsystem ausgestattet.

Der zusätzliche Antrieb am Brenner verhindert ein Ausknicken der Drahtelektrode und gewährleistet eine schlupffreie Vorschubbewegung. Zudem verfügen diese Stromquellen häufig über eine Ablaufsteuerung. Für einzelne Segmente des Schweißvorgangs (z. B. Zünden, Start, Schweißen, Ende, Kraterfüllen) können separate Schweißparameter eingestellt werden. Damit lassen sich im vollmechanisierten Schweißprozess Unregelmäßigkeiten am Nahtanfang und -ende auch ohne ausgleichende Fertigkeiten eines Handschweißers wirksam vermeiden.

Neben der Stromquelle ist der Schweißbrenner die entscheidende Komponente der Anlagentechnik zum MSG-Schweißen. Dessen Aufbau und Funktionsweise bestimmen maßgeblich die Charakteristik des Verfahrens. In Abschnitt 3.3.4 werden grundlegende Merkmale von Schweißbrennern mit abschmelzender Elektrode beschrieben. Unterschiede ergeben sich hauptsächlich in der Auslegung für verschiedene Anwendungen und der Gestaltung zwischen Handbrennern und MSG-Schweißbrennern für den vollmechanisierten bzw. automatisierten Einsatz (Bild 3.158). Handbrenner sind zur Reduzierung des Gewichts häufig gasgekühlt und ergonomisch gestaltet. Lediglich hoch belastbare Handbrenner sind wassergekühlt. Maschinenbrenner sind dagegen meist wassergekühlt, obwohl diese ebenfalls zunehmend auf Gewicht optimiert werden. Für extreme Belastungen werden zudem Brenner mit aktiv gekühlten Schutzgasdüsen angeboten. Ein weiteres Unterscheidungsmerkmal ist die Art der Medienversorgung des Schweißbrenners. Bei Handbrennern wird das Schlauchpaket in der Brennergriffschale fix über Verschraubung /Klemmung montiert. Maschinenbrenner verfügen dagegen über eine Schnittstelle, die den Brennerhals vom Schlauchpaket trennt. Dies ermöglicht zum einen ein einfaches wechseln zwischen verschiedenen Brennerhälsen und zum anderen die Integration von zusätzlichen Drahtantriebsmotoren in den Schweißbrenner (Bild 3.159).

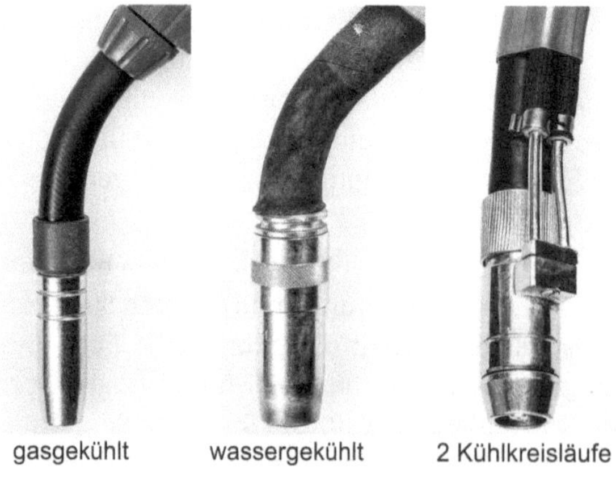


**Bild 3.158**
MSG-Schweißbrenner

**Bild 3.159**
Push-Pull-Schweißbrenner

Eine Besonderheit stellen **Absaugbrenner** dar. Beim MSG-Schweißen werden z. T. gesundheitsgefährdende Mengen an Schweißrauch und Staub emittiert. In diesem Fall sind Maßnahmen zum Schutz des Schweißers erforderlich. Eine Möglichkeit sind Handbrenner mit integrierter Absaugung. Die Aerosole werden größtenteils in unmittelbarer Nähe zum Entstehungsort abgesaugt und anschließend gefiltert. Die Restbelastung für den Schweißer kann als gering eingestuft werden. Vor allem vor dem Hintergrund fortlaufend sinkender Arbeitsplatzgrenzwerte für Schweißrauche überwiegen die erzielbaren Absaugeffekte die Nachteile der Absaugbrenner, wie z. B. höheres Handlinggewicht und höhere Anschaffungskosten. Bild 3.160 zeigt verschiedene Ausführungsvarianten von MSG-Absaugbrennern. Bei konzentrisch angeordneter Absaugdüse wird der Schweißrauch direkt durch die Griffschale und das Schlauchpaket abgeführt. Bei Brennern mit externem Absaugschlauch erfolgt die Rauchgasführung außerhalb des Schlauchpaketes. In beiden Fällen ist zusätzliche Absaug- und Filtertechnik erforderlich.

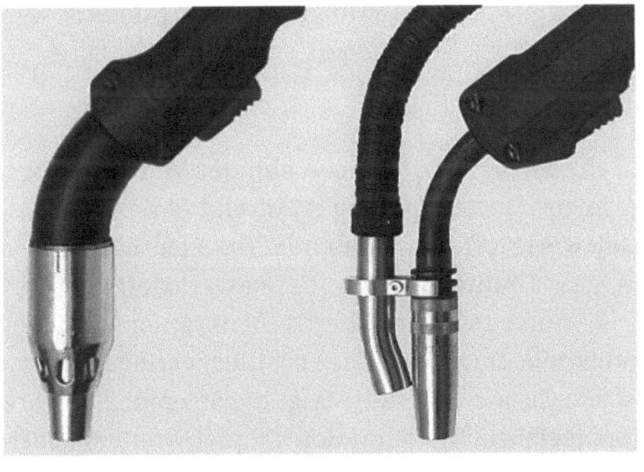

**Bild 3.160**
MSG-Absaugbrenner (links mit Lochmanteldüse, rechts mit Zusatzschlauch)

Die DVS-Merkblätter 0926-1 und 0926-2 beschreiben ausführlich die notwendige Anlagentechnik zum MSG-Schweißen. Es werden die Funktionsweise verschiedener Komponenten dargestellt und grundlegende Anforderungen an MSG-Schweißstromquellen, MSG-Schweißbrenner, Schlauchpakete sowie Drahtvorschubsysteme aufgezeigt.

## 3.10.2 Lichtbogenarten

### 3.10.2.1 Allgemein

In Bild 3.161 sind die Arbeitsbereiche wichtiger **Lichtbogenarten** beim MSG-Schweißen dargestellt. Für die Erzeugung einer bestimmten Lichtbogenart mit einer abschmelzenden Elektrode sind im Wesentlichen die Leistung (Spannung, Stromstärke/Drahtvorschubgeschwindigkeit), das Schutzgas, der Zusatzwerkstoff (Art, Durchmesser, Form) und der Kontaktrohrabstand verantwortlich. Je nach Kombination dieser Einflussgrößen stellt sich eine bestimmte Lichtbogenart beim MSG-Schweißen ein. Allerdings können sich im Zusammenspiel der genannten Parameter die Lichtbogenarbeitsbereiche verschieben, ihre Ausdehnung ändern oder ganz entfallen.

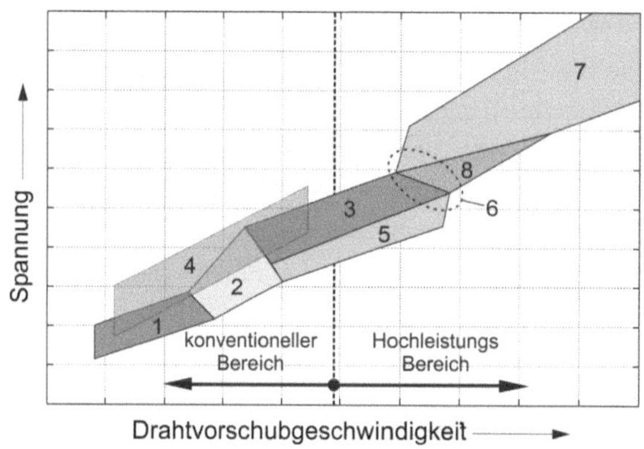


**Bild 3.161** Arbeitsbereiche wichtiger Lichtbogenarten beim MSG-Schweißen. 1 Kurzlichtbogen; 2 Übergangslichtbogen; 3 Sprühlichtbogen; 4 Impulslichtbogen; 5 Hochleistungs-Kurzlichtbogen; 6 instabiler Lichtbogen; 7 rotierender Lichtbogen; 8 Hochleistungs-Sprühlichtbogen

### 3.10.2.2 Kurzlichtbogen

Der **Kurzlichtbogen** stellt sich bei sehr geringen Leistungen ein. Der Werkstoffübergang erfolgt im Kurzschluss mit geringer Spritzerbildung. Während der Lichtbogen brennt, sammelt sich flüssiger Zusatzwerkstoff am Drahtende. Die Lichtbogenlänge und Spannung nehmen ab, bis das Drahtende den Grundwerkstoff berührt (Bild 3.162). Der Lichtbogen erlischt. Aufgrund von Oberflächenkräften wird der Tropfen von der Schmelze aufgenommen. Durch die Querschnittsverringerung im Bereich zwischen festem und flüssigem Zusatzwerkstoff steigt die Stromdichte stark an. Die folgende Überhitzung der Schmelzbrücke trennt den Tropfen von der Elektrode, und der Lichtbogen zündet erneut. Durch den explosionsartigen Abriss können Spritzer ausgeworfen werden. Angewendet wird der Kurzlichtbogen in Verbindung mit argon- oder kohlendioxidreichen Mischgasen zum Schweißen von Wurzel- oder Zwangslagen bzw. bei geringen Blechdicken.

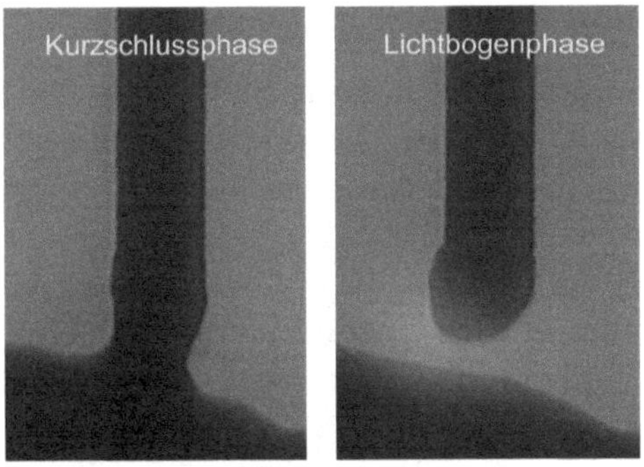


**Bild 3.162**
Werkstoffübergang im Kurzlichtbogen

### 3.10.2.3 Übergangslichtbogen

Der Übergangslichtbogen stellt sich im Leistungsbereich zwischen Kurz- und Sprühlichtbogen ein. In diesem Bereich wechselt die Art des Werkstoffüberganges sprunghaft. Der Zusatzwerkstoff wird ungleichmäßig, kurzschlussbehaftet in großen Tropfen oder feintropfig abgelöst. Die Folgen sind stärkere Spritzerneigung und ungleichmäßiger Einbrand. Normalerweise wird versucht, diesen Leistungsbereich durch geeignete Schweißparameter zu umgehen.

### 3.10.2.4 Sprühlichtbogen

Der **Sprühlichtbogen** stellt sich im oberen Leistungsbereich ab einer bestimmten Grenzstromstärke unter Schutzgasen mit großen Anteilen von Argon oder Helium ein. Ab dieser bestimmten Stromstärke steigt die Frequenz der **Tropfenablösung** sprunghaft an. Gleichzeitig nimmt die Tropfengröße entsprechend dem Volumenerhaltungssatz deutlich ab. Typisch ist die Bildung einer konischen Elektrodenspitze mit flüssigem Elektrodenwerkstoff in einem relativ langen Bereich (Bild 3.163). Häufig zerfällt die Flüssigkeitssäule durch die Oberflächenspannung in einzelne Tropfen während des Transfers ins Schmelzbad. Es entsteht ein feintropfiger, kurzschlussfreier Prozess. Durch den gleichmäßigen Werkstoffübergang entstehen hochwertige Nahtoberflächen mit wenigen Spritzern. Mit den hohen Leistungen und dem großen hocherhitzten Schmelzbad eignet sich der Spühlichtbogenprozess zum Schweißen von dickwandigen Bauteilen oder für eine Steigerung der Schweißgeschwindigkeit. Das Schweißen in Zwangspositionen ist nur eingeschränkt möglich.

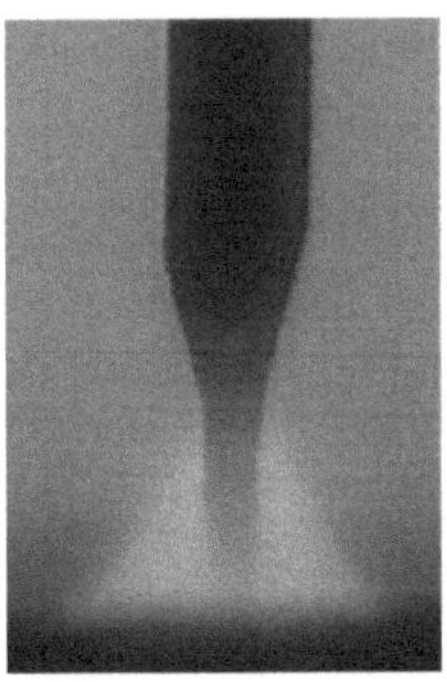

**Bild 3.163**
Werkstoffübergang im Sprühlichtbogen

### 3.10.2.5 Impulslichtbogen

Der Arbeitsbereich des **Impulslichtbogens** liegt im unteren bis mittleren Leistungsbereich. Durch eine Modulation der Stromstärke wird der normale Werkstoffübergang mit Stromimpulsen überlagert. Dadurch kommt es in der Erweichungsphase zur Tropfenablösung, noch bevor ein flüssiges Volumen erreicht wird, bei dem sich der Tropfen durch das Eigengewicht ablösen würde (Bild 3.164). Die Kraftwirkung der periodisch generierten Stromimpulse wird genutzt, um den aufgeschmolzenen Elektrodenwerkstoff definiert abzulösen (häufig 1 Tropfen pro Impuls). Es entsteht ein sehr gleichmäßiger und nahezu spritzerfreier Werkstoffübergang. Die Lichtbogenleistung und das Einbrandprofil können in bestimmten Grenzen der jeweiligen Schweißaufgabe angepasst werden. Für das MSG-Schweißen mit Impulslichtbogen werden üblicherweise argonreiche Mischgase eingesetzt.

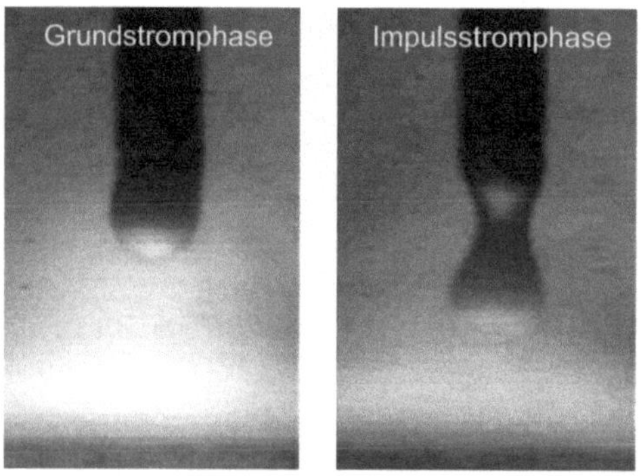


**Bild 3.164**
Werkstoffübergang im Impulslichtbogen

### 3.10.2.6 Hochleistungs-Kurzlichtbogen

Der **Hochleistungs-Kurzlichtbogen** stellt sich bei Drahtvorschubgeschwindigkeiten ähnlich denen des Sprühlichtbogens ein, allerdings bei geringerer Spannung und gleichzeitig längerer freier Drahtelektrodenlänge. Durch die verringerte Spannung geht der Werkstoff meist im Kurzschluss ins Schmelzbad über. Die erhöhte Widerstandserwärmung führt zu einer Auslenkung des weichen Drahtendes. Die flüssige Elektrodenspitze beginnt zu rotieren und verursacht periodische Kurzschlüsse. Trotz der Kurzschlüsse werden nur wenige Spritzer ausgeworfen, da viele durch den kurzen Lichtbogen direkt ins Schmelzbad übergehen. Unter argonreichen Schutzgasen entsteht ein hinreichend breiter sowie tiefer Einbrand, der in höhere Schweißgeschwindigkeiten umgesetzt werden kann.

### 3.10.2.7 Instabiler Lichtbogen

Ein instabiler Lichtbogen entsteht bei Leistungen zwischen dem Sprühlichtbogen bzw. Hochleistungs-Kurzlichtbogen und Arbeitsbereichen mit noch höherer Leistung. Der Werkstoffübergang ist sehr unregelmäßig, da der Prozess unkontrollierbar zwischen

Hochleistungs-Sprühlichtbogen und rotierendem Lichtbogen wechselt. Die entstehende Schweißnaht zeigt die sehr unterschiedlichen Einbrandgeometrien dieser beiden Lichtbogenarten. Der schnelle Übergang von sehr schmalem und tiefem Einbrand (Hochleistungs-Sprühlichtbogen) zu breiterem und flacherem Einbrand (rotierender Lichtbogen) verursacht häufig Schweißfehler, wie z. B. Einschlüsse durch nachfließende Schmelze.

### 3.10.2.8 Rotierender Lichtbogen

Der **rotierende Lichtbogen** stellt sich bei sehr hohen Leistungen ein. Das freie Drahtende wird sehr schnell aufgeschmolzen und ist in einem relativ großen Bereich dünnflüssig. Durch die hohen Drahtvorschubgeschwindigkeiten ist die Geschwindigkeit des Werkstoffüberganges so groß, dass keine einzelnen Tropfen mehr gebildet werden. Der aufgeschmolzene Elektrodenwerkstoff geht schlauchförmig in das Schmelzbad über und wird durch verschiedene Kräfte beim Werkstoffübergang ausgelenkt, sieheAbschnitt 3.10.2.10. Es entsteht eine Rotation der Flüssigkeitssäule, die das typische Einbrandprofil dieser Lichtbogenart verursacht (Bild 3.165). Der breite wannenförmige Einbrand erweist sich bei bestimmten Anwendungen, wie z. B. der sicheren Erfassung von Nahtflanken, als günstig. Mit speziellen **Mehrkomponentenschutzgasen** lassen sich Lichtbögen mit besonders stabiler Rotation erzeugen.

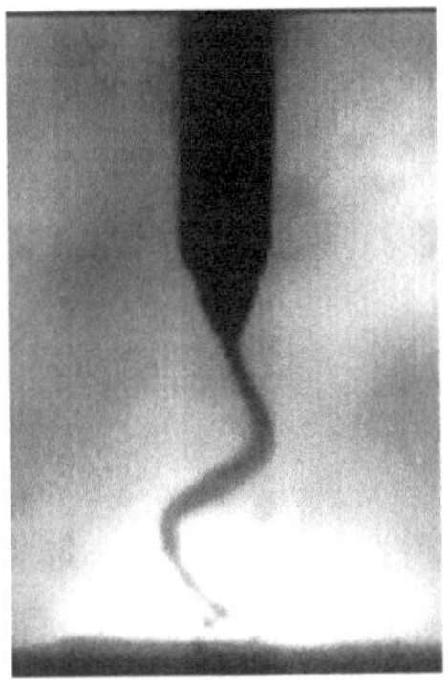

Bild 3.165
Werkstoffübergang im rotierenden Lichtbogen

### 3.10.2.9 Hochleistungs-Sprühlichtbogen

Der Hochleistungs-Sprühlichtbogen entsteht bei Erhöhung der Leistung über den instabilen Lichtbogenbereich hinaus, allerdings mit geringem Kontaktrohrabstand und weniger Spannung als beim rotierenden Lichtbogen. Verglichen mit dem konventionellen Sprühlichtbogen ist der Werkstoffübergang deutlich grober mit Tropfendurchmessern größer gleich dem Drahtdurchmesser. Typisch für den Hochleistungs-Sprühlichtbogen ist die Ausbildung einer sehr konzentrierten, energiereichen Plasmasäule. Der Einbrand ist sehr tief und schmal, was unter Umständen zu Problemen, wie z. B. Bindefehlern oder Härtespitzen, führen kann. Für die Erzeugung eines stabilen Hochleistungs-Sprühlichtbogens werden oft argonreiche Mehrkomponentengase eingesetzt.

### 3.10.2.10 Kräfte beim Werkstoffübergang

Durch die Ausbildung eines Lichtbogens zwischen Drahtelektrode und Werkstück wird beim MSG-Schweißen Zusatzwerkstoff abgeschmolzen. Eine Reihe innerer und äußerer Kräfte, die auf das freie Drahtende der Elektrode einwirken, beeinflussen die Art und Weise des Werkstoffübergangs. Diese Kräfte werden im Wesentlichen durch die Eigenschaften des Zusatzwerkstoffes und durch die Art des Lichtbogens bestimmt, sodass bei verschiedenen Anwendungen die Summe der Kräfte unterschiedlich ausfällt. Kenntnis und gezielte Beeinflussung dieser Kräfte über die Auswahl von Schweißparametern sind entscheidend für die Herstellung gewünschter Nahtqualitäten und Einbrandgeometrien. In Bild 3.166 sind wichtige Kräfte und deren Wirkrichtungen bei Ablösung und Übergang des Zusatzwerkstoffs schematisch dargestellt:

- Gewichtskräfte,
- elektromagnetische Kräfte (Pinch-Kräfte),
- Oberflächenkräfte flüssiger Schmelzen von Drahtende, Tropfen und Schmelzbad,
- Strömungskräfte von Gas, Plasma und Metalldampf,
- Expansionskräfte durch chemische Reaktionen oder Überhitzungen.

Die Gewichtskraft (Schwerkraft, Gravitationskraft) entsteht infolge der Erdbeschleunigung und wirkt senkrecht zur Erdoberfläche. Als einzige Variable bestimmt die Masse des flüssigen Tropfens den Betrag der Gewichtskraft. Ersichtlich wird das bei der Werkstoffablösung mit kurzschlussfreiem Übergang im ungepulsten Lichtbogen mit geringer Leistung. Es bilden sich in langsamer Abfolge große Tropfen, die hauptsächlich durch den Gravitationseinfluss abgelöst werden. In Schweißpositionen, in denen die Tropfenablösung entgegen der Schwerkraft erfolgt (z. B. Überkopf-Position) wirkt diese Komponente nicht. Hier dominieren elektromagnetische Effekte und Plasmaströmungskräfte die Tropfenablösung.

Elektromagnetische Kräfte (Pinch-Kräfte) entstehen infolge der Ausbildung eines elektromagnetischen Feldes bei Stromfluss durch einen elektrischen Leiter. Wird der Elektrodenwerkstoff abgeschmolzen, bildet sich eine Flüssigkeitssäule aus. Deren innerer Druck steht im Gleichgewicht mit dem Umgebungsdruck. Die radiale Komponente der Pinch-Kraft beträgt nur einen Bruchteil des Umgebungsdruckes und hätte auf eine ideal zylindrische Flüssigkeitssäule keinen Einfluss. Im Realfall bilden sich jedoch ab einer bestimmten Länge der Flüssigkeitssäule hinreichend viele geometrische Unregelmäßigkeiten. Diese Druckschwankungen (Instabilitäten) und damit die Ausbildung von Einschnürungen werden durch die radiale Komponente der Pinch-Kraft verursacht. Die in axialer Richtung wirkende Kraft ist größer als der radiale **Pinch-Effekt** und bewirkt eine Schwingung der Flüssigkeitssäule in Kraftrichtung, wodurch die Bildung von Einschnürungen in der Flüssigkeitssäule verstärkt wird. Für die Tropfenablösung bzw. -beschleunigung entscheidend ist jedoch der Leitfähigkeitssprung beim Stromübergang zwischen Elektrodenwerkstoff und Plasma.

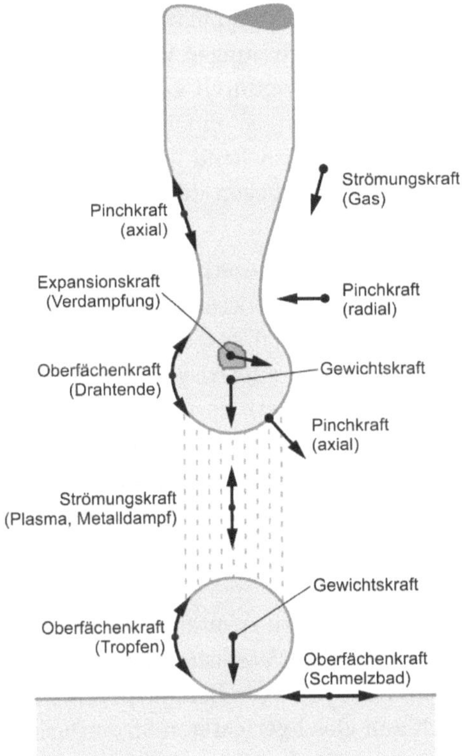


**Bild 3.166**
Schematische Darstellung der Kräfte beim Werkstoffübergang im MSG-Schweißprozess

Die Kräfte in der Oberfläche des flüssigen Zusatzwerkstoffes wirken einer Tropfenablösung entgegen. Der Vektor der Oberflächenspannung liegt tangential zur Grenzfläche. Die Oberfläche des flüssigen Elektrodenwerkstoffs umfasst neben der Grenzfläche zu Gas und Plasma auch die Grenzfläche zur noch festen Drahtelektrode. Die Form dieser Flüssig-fest-Grenzfläche kann annäherungsweise mit der Form eines Kegelstumpfes beschrieben werden. Wie alle physikalischen Systeme neigt auch der sich bildende Tropfen dazu, seinen Energiegehalt zu minimieren. Der Tropfen nimmt eine Gestalt an, zu deren Ausbildung der geringste Energieaufwand nötig ist. Ist die Grenzflächenenergie flüssig-fest geringer als die Oberflächenenergie der noch festen Elektrode, benetzt der Flüssigkeitstropfen den Festkörper und wirkt so einer Ablösung entgegen. Berührt der Tropfen das Schmelzbad, verschmelzen beide, und es bildet sich eine gemeinsame Oberfläche aus. Der Tropfen wird vom größeren Volumen aufgenommen, was eine Ablösung begünstigt.

Die Gasströmung bei Austritt und Verteilen des Schutzgases beim konventionellen MSG-Schweißen hat nur einen sehr geringen Anteil an den Strömungskräften. Stärkeren Einfluss haben dagegen die Wirkung der Plasmasäule und die Wirkung des Metalldampfes. Die Plasmasäule wirkt auf beide Ansatzpunkte (Elektrode und Werkstück) mit einer Kraft, die von der Art des Lichtbogens, der Elektrode und dem Schutzgas abhängig ist. Brennt der Lichtbogen zwischen Elektrode und Werkstück, bewirken elektromagnetische Kräfte einen Radialdruck auf den Lichtbogen, der den Kernbereich verengt. Der Druckausgleich erfolgt durch Strömungen in Richtung der Lichtbogenachse. Gleichzeitig entsteht ein Ansaugeffekt, wodurch kaltes Schutzgas von außen in den Lichtbogen eintritt. Metalldampfströmungen entstehen durch das Verdampfen von Elektroden- bzw. Grundwerkstoff bei hinreichend hohen Temperaturen. Der Metalldampfdruck setzt sich aus den Dampfdrücken der einzelnen Bestandteile von Grund bzw. Zusatzwerkstoff zusammen.

Ist ein Tropfen lange genug der Wärme des Lichtbogens ausgesetzt, kann es zur Bildung von Gasblasen im oberflächennahen Bereich kommen. Dieser Effekt tritt meist an den Stellen der größten Wärmezufuhr (Lichtbogenansatz) auf. Ist die Erhitzung entsprechend groß, zerplatzt die Blase. Gase, Dampf sowie mitgerissenes Metall aus der flüssigen Tropfenoberfläche werden herausgeschleudert und können so zur Spritzerbildung beitragen. Voraussetzung für die Entstehung dieser Gasblasen ist das Vorhandensein von Stoffen im Elektrodenwerkstoff, die gelöste Gase enthalten oder durch chemische Reaktionen Gase bilden können. Obwohl die Richtung dieser Kräfte nicht kontrollierbar ist, werden diese von einigen Elektroden gezielt für das Abschmelzen genutzt.

Ein weiterer Effekt bei MSG-Schweißverfahren mit mehreren stromführenden Elektroden ist die gegenseitige Beeinflussung der Lichtbögen und Werkstoffablösung. Aufgrund von elektromagnetischen Kräften werden die Lichtbögen bei entsprechender räumlicher Nähe aufeinander zu bewegt. Durch den gleichgerichteten Stromfluss in beiden Leitern bildet sich ein Magnetfeld mit einer resultierenden radialen Kraftwirkung nach innen um beide Elektroden aus und komprimiert so den umgebenen Bereich (Bild 3.167). In ungünstigen Arbeitsbereichen kommt es zu Lichtbogeninstabilitäten und unregelmäßigem Werkstoffübergang mit Spritzerauswurf.

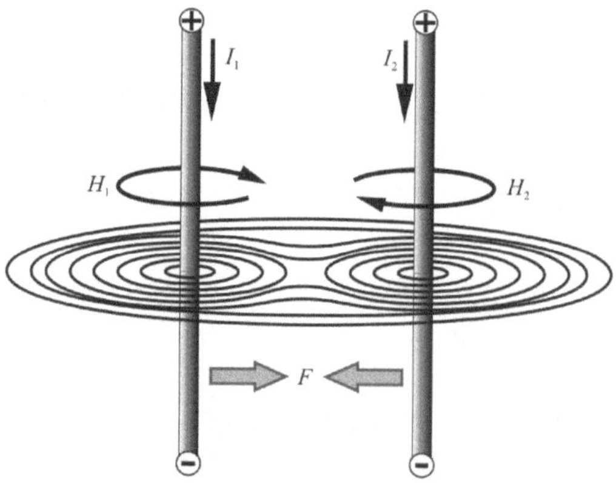


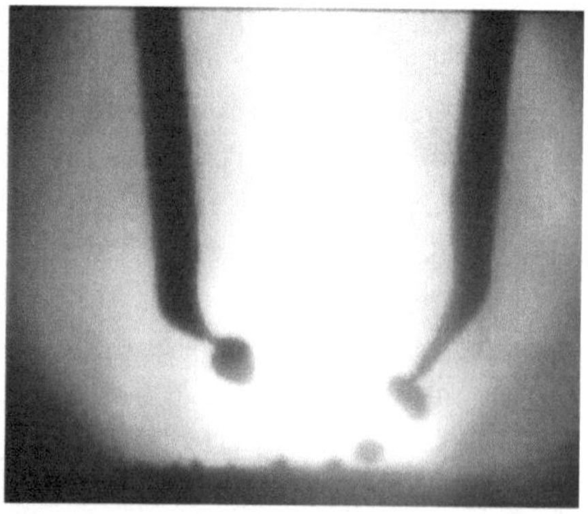

**Bild 3.167** Magnetfeld um zwei in gleicher Richtung stromdurchflossene Leiter (links), Wirkung auf den Werkstoffübergang beim Doppeldrahtschweißen (rechts)

## 3.10.3 Verfahrensvarianten

### 3.10.3.1 Hochleistungsschweißen

Nach DVS-Merkblatt 0909-1 spricht man beim MSG-Schweißen von Hochleistungsprozessen wenn die Abschmelzleistung den Wert von $MR = 8$ kg/h übersteigt. Ausgehend von der Definition der Abschmelzleistung existieren bei vorgegebenem Werkstoff der Drahtelektrode zwei Möglichkeiten zu deren Steigerung: Zum einen die Vergrößerung des Drahtelektrodendurchmessers und zum anderen die Erhöhung der Drahtvorschubgeschwindigkeit:

$$MR = \frac{\pi}{4} d_\mathrm{d}^2 - v_\mathrm{d} \cdot 0{,}06 \tag{3.12}$$

$MR$ Abschmelzleistung in kg/h, $v_\mathrm{d}$ Drahtvorschubgeschwindigkeit in m/min, $d_\mathrm{d}$ Durchmesser der Drahtelektrode in mm

Eine Steigerung des abgeschmolzenen Drahtvolumens erfordert eine adäquate Erhöhung der elektrischen Schweißleistung. Die Realisierung von Hochleistungsprozessen erfordert daher den Einsatz entsprechend leistungsfähiger Stromquellen, angepasster Drahtvorschubsysteme und gut gekühlter Schweißbrenner. Technisch realisiert sind folgende MSG-Hochleistungsvarianten:

- Hochleistungsschweißen mit einer Drahtelektrode
  - Schweißen mit verlängertem **Kontaktrohrabstand** und hohen Drahtvorschubraten, (Hochleistungskurzlichtbogen, rotierender Lichtbogen),
  - Schweißen mit vergrößertem Drahtelektrodendurchmesser (2,4...4,0 mm),
  - Schweißen mit verändertem Elektrodenquerschnitt (Flachdraht, z. B. 4,0 × 0,5 mm).
- Hochleistungsschweißen mit zwei Drahtelektroden
  - Doppeldrahtschweißen,
  - Tandemschweißen.

#### Schweißen mit hohen Drahtvorschubraten

Um konstante Abschmelzverhältnisse zu gewährleisten, muss bei einer Erhöhung der Drahtvorschubrate die Schweißstromstärke ebenfalls angehoben werden. Die dünnen Drahtelektroden sind jedoch nur begrenzt strombelastbar. Bei Überlastung kommt es zu instabilen Lichtbogenverhältnissen durch einen starken Anstieg der Metallverdampfung aus der Elektrode oder zu schneidenden Lichtbogenzuständen. Dabei tritt ein zu tiefer Einbrand am Werkstück auf, der nicht mehr mit der abgeschmolzenen Menge an Zusatzwerkstoff aufgefüllt werden kann. Die Grenzstromstärke, bei der diese Unregelmäßigkeiten auftreten, ist vom Drahtelektrodenwerkstoff und vom

Querschnitt der Drahtelektrode abhängig. Die Abschmelzleistung lässt sich über diesen kritischen Zustand hinaus erhöhen, wenn mit verlängertem Kontaktrohrabstand (bis zu 40 mm) geschweißt wird. Das sich dabei einstellende längere **freie Drahtelektrodenende** führt zu einer Vergrößerung des ohmschen Widerstandes zwischen Kontaktrohr und Werkstück (Bild 3.168).

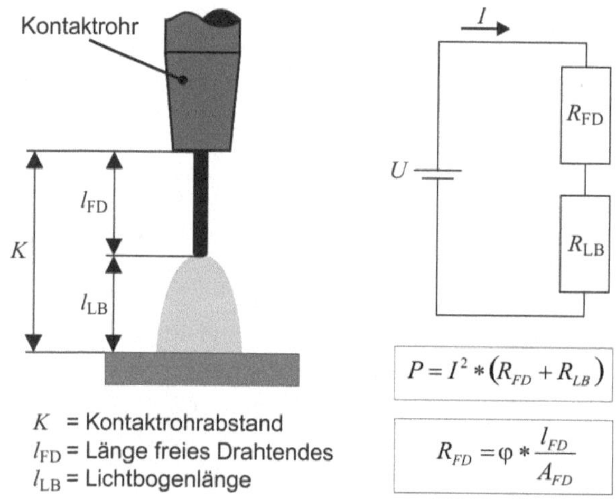


**Bild 3.168**
Einfluss der Länge des freien Drahtendes auf die Schweißleistung

Durch die Konstantspannungsregelung der Stromquelle sinkt in der Folge bei konstanter Drahtvorschubrate die Schweißstromstärke ab. Im Umkehrschluss kann mit gleichem Schweißstrom mehr Drahtvolumen abgeschmolzen werden (Bild 3.169). Bei gleichem Schweißstrom beträgt die Zuwachsrate an abgeschmolzenem Zusatzwerkstoff bis zu 20 %.

Eingesetzt werden Stromquellen im Leistungsbereich von mind. 400 A und Drahtvorschubgeräte, die Drahtfördergeschwindigkeiten > 22 m/min realisieren können. Zudem kann in Abhängigkeit des zu verschweißenden Werkstoffs der Einsatz spezieller Schutzgasgemische erforderlich sein. Anwendung finden verlängerte Kontaktrohrabstände beim Schweißen mit Hochleistungskurz- und rotierendem Lichtbogen. Ebenfalls eingeführt sind Verfahrensvarianten, bei denen die Verlängerung des freien Drahtendes durch eine Verkürzung der Lichtbogenlänge bei Standard-Kontaktrohrabständen realisiert wird. Dies erfordert jedoch stromquellenseitig eine zusätzliche elektronische Lichtbogenlängenregelung, um das Auftreten von Kurzschlüssen auszuschließen.

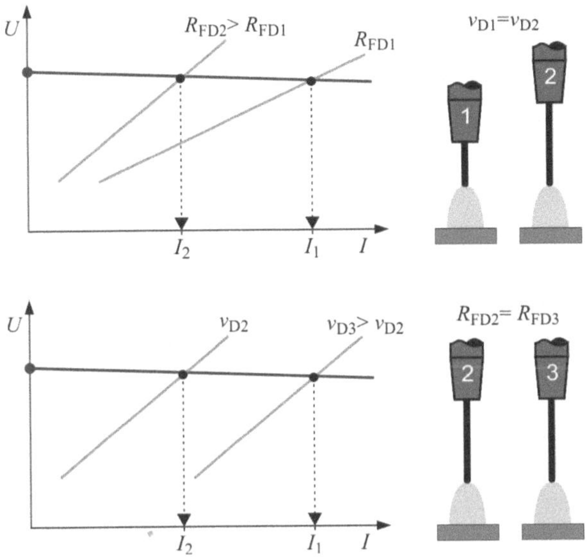


**Bild 3.169**
Einfluss der Länge des freien Drahtendes auf die Abschmelzleistung

### MSG-Dickdrahtschweißen

Mit zunehmendem Drahtelektrodendurchmesser sinkt deren ohmscher Widerstand und erhöht sich die Grenzstromstärke für das Auftreten von Überlastungszuständen. Die Abschmelzleistung wird rein durch Volumenvergrößerung der Drahtelektrode gesteigert. Der Einsatz dickerer Drahtelektroden im Durchmesserbereich 2,4...4,0 mm ermöglicht ein Schweißen mit erhöhten Stromstärken im Sprühlichtbogenbereich, ohne den Elektrodenquerschnitt thermisch zu überlasten.

Eingesetzt wird der MSG-Dickdrahtprozess zum Schweißen von dickwandigen Aluminiumbauteilen und in Heftschweißanlagen der Stahl-Großrohrfertigung. Anlagenseitig sind Stromquellen im Leistungsbereich bis 1500 A, angepasste Drahtvorschubsysteme und spezielle Schweißbrenner erforderlich

### MSG-Flachdrahtschweißen

Die mit hohen Abschmelzleistungen verbundenen hohen Lichtbogenenergien müssen in den Grundwerkstoff eingekoppelt werden. Bei Überschreiten einer gewissen Lichtbogenstromdichte treten jedoch schneidende Lichtbogenzustände auf, die eine qualitätsgerechte Nahtausbildung verhindern. Durch den Einsatz von **Flachdrahtelektroden** lässt sich die Lichtbogenstromdichte reduzieren. Flachdrähte sind Zusatzwerkstoffe mit rechteckförmigen Querschnitten in den Abmessungen (3,5...4,5) m m × (0,5...0,8) mm. Der Lichtbogen bildet sich über den gesamten Drahtquerschnitt aus und die Lichtbogenenergie wird weniger konzentriert in das Bauteil eingebracht als bei Verwendung von Runddrahtelektroden (Bild 3.170).

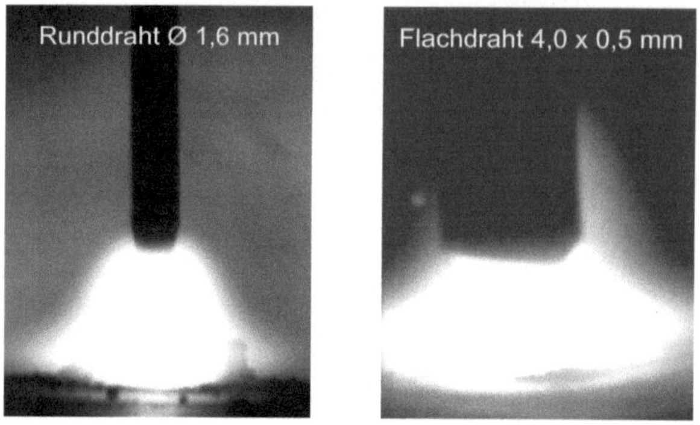


**Bild 3.170**
Lichtbogenausbildung an Rund- und Flachdrahtelektrode

Der Tropfenübergang findet dort statt, wo der geringste Abstand zwischen Drahtelektrode und Werkstück besteht. Aufgrund der Oberflächenspannungen am flüssigen Drahtende erfolgt die Tropfenablösung zumeist in der Drahtmitte, wobei der Tropfendurchmesser deutlich geringer ist als die Elektroden- bzw. Lichtbogenbreite. Der breitere Lichtbogen bewirkt durch seinen Energieeintrag außerhalb der Tropfenübergangsstrecke eine bessere Benetzungsfähigkeit des Schweißgutes. Das Mehr an möglicher Abschmelzleistung resultiert also hier nicht primär aus einem höheren Energieumsatz im Zusatzwerkstoff, sondern aus besseren Einkopplungsbedingungen der Lichtbogenenergie in den Grundwerkstoff.

Für das MSG-Flachdrahtschweißen sind spezielle Kontaktrohre (Bild 3.171) und Drahtführungselemente mit rechteckförmigem Querschnitt sowie ein angepasstes Drahtvorschubsystem erforderlich.

**Bild 3.171**
MSG-Flachdrahtbrenner

Nutzbare Lichtbogenzustände sind der Sprüh- und der Impulslichtbogen. Die Bandanstellung zur Schweißrichtung stellt einen zusätzlichen technologischen Parameter dar, über den vor allem die Spaltüberbrückbarkeit beeinflusst werden kann.

### MSG-Doppeldrahtschweißen

Die Abschmelzleistung wird durch die gleichzeitige Zuführung von zwei Drahtelektroden erhöht. Die beiden Drahtelektroden sind so angeordnet, dass sie unter einer gemeinsamen Schutzgasabdeckung jeweils einen eigenen Lichtbogen ausbilden. Die abschmelzenden Tropfen gehen jedoch in ein gemeinsames Schmelzbad über. Beim Doppeldrahtschweißen wird der Schweißstrom für beide Drahtelektroden von einer gemeinsamen Stromquelle bereitgestellt. Im Schweißbrenner werden die Drahtelektroden über ein Kontaktrohr mit zwei separaten Bohrungen geführt. Zur Drahtförderung sind zwei separate Drahtvorschubgeräte erforderlich. In Bild 3.172 ist das Grundprinzip des MSG-Doppeldrahtprozesses schematisch dargestellt.

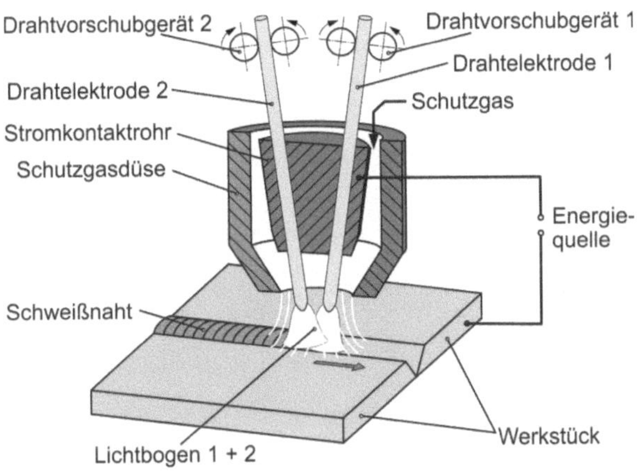


**Bild 3.172**
Prinzip und Anlagenschema des MSG-Doppeldrahtschweißens

Da beide Drahtelektroden an das gleiche elektrische Potenzial angeschlossen sind, werden sie auch mit identischen Schweißleistungen abgeschmolzen. Variationsmöglichkeiten im Lichtbogenzustand ergeben sich nur durch geringfügig unterschiedlich eingestellte Drahtvorschubraten zwischen beiden Drahtelektroden. Als Lichtbogenart kommt vorzugsweise der Sprühlichtbogen zum Einsatz. Die Drahtanstellung zur Schweißrichtung erfolgt beim Verbindungsschweißen üblicherweise hintereinander. Über eine seitliche versetzte Anordnung kann der Schweißprozess zusätzlich beeinflusst werden.

### MSG-Tandemschweißen

In Bild 3.173 ist das Grundprinzip des MSG-Tandemschweißens schematisch dargestellt. Wie beim MSG-Doppeldrahtschweißen wird die Abschmelzleistung durch Zuführung von zwei Drahtelektroden in ein gemeinsames Schmelzbad gesteigert. Beim Tandemschweißen wird aber jede Drahtelektrode separat mit Schweißenergie beaufschlagt. Dazu sind zwei Schweißstromquellen, zwei Drahtvorschubgeräte und ein spezieller Schweißbrenner erforderlich. Im Schweißbrenner werden die Drahtelektroden über zwei elektrisch voneinander isolierte Kontaktrohre geführt, Bild 3.174.

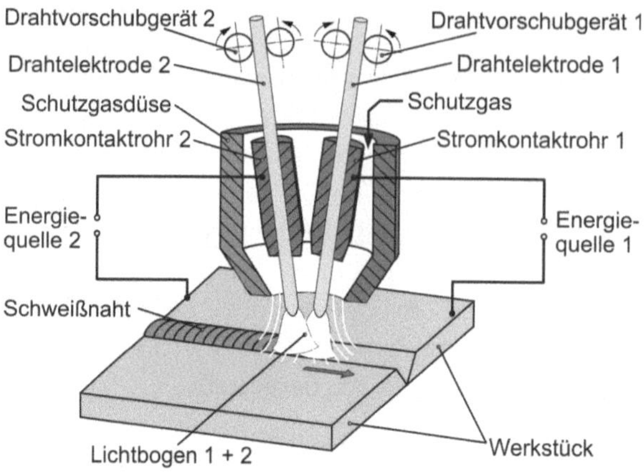


**Bild 3.173**
Prinzip und Anlagenschema des MSG-Tandemschweißens

**Bild 3.174**
MSG-Tandemschweißbrenner

Der Anschluss der beiden Drahtelektroden an verschiedene elektrische Potenziale ermöglicht die Realisierung sehr variabler Prozesszustände (Tabelle 3.44).

**Tabelle 3.44** Anwendbare Lichtbogenarten beim MSG-Tandemschweißen

| 1. Drahtelektrode | 2. Drahtelektrode | Zeitsteuerung |
|---|---|---|
| Kurz-LB | Impuls-LB | – |
| Sprüh-LB | Impuls-LB | – |
| Sprüh-LB | Sprüh-LB | – |
| Impuls-LB | Impuls-LB | asynchron |
| Impuls-LB | Impuls-LB | synchron |

Auf der in Schweißrichtung ersten Drahtelektrode wird zumeist mit der höheren Schweißleistung gearbeitet. Die 1. Drahtelektrode realisiert den Einbrand am Werkstück oder die Wurzelausbildung, während mit der 2. Drahtelektrode die Fugenfüllung und Nahtformung gewährleistet werden. Wird an beiden Drahtelektroden mit Impulstechnik gearbeitet, kann die Impulsfolge mit unterschiedlichen (asynchron) oder gleichen Frequenzen (synchron) an den Drahtelektroden realisiert werden. Im Synchronbetrieb muss die Phasenverschiebung der beiden Impulsfolgen zueinander begrenzt werden, um undefinierte Tropfenablösevorgänge zu vermeiden. Standardmäßig erfolgt die Impulsauslösung an den beiden Drahtelektroden daher alternierend (Bild 3.175).

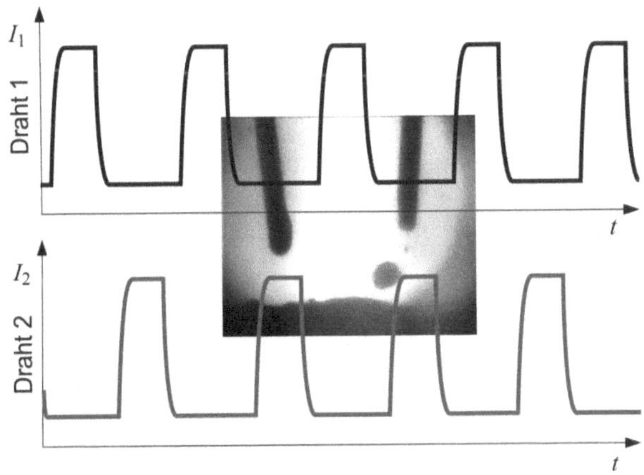


**Bild 3.175** Alternierende Impulsfolgen im synchronisierten MSG-Tandemprozess

#### 3.10.3.2 Energiereduzierte MSG-Prozesse

Im MSG-Schweißprozess ist die Lichtbogenleistung nur bis zu einer gewissen Grenze reduzierbar. Ursache ist die Verknüpfung der Zusatzwerkstoffzufuhr mit dem Energieeintrag in den Grundwerkstoff. Es ist immer eine gewisse Mindestenergie $Q$ zum Aufschmelzen des Zusatzwerkstoffes erforderlich:

$$Q = m_{\mathrm{d}} \cdot c_{\mathrm{d}} \cdot \Delta T \tag{3.13}$$

$m_{\mathrm{d}}$ Masse Zusatzwerkstoff, $c_{\mathrm{d}}$ spezifische Wärmekapazität Zusatzwerkstoff in J/(kg · K), $\Delta T$ Differenz Schmelztemperatur Zusatzwerkstoff zu Raumtemperatur in K

Diese Energie wird von der Schweißstromquelle als Schweißleistung über die Schweißzeit bereitgestellt:

$$Q = U \cdot I \cdot \Delta T - \eta \tag{3.14}$$

$U$ Schweißspannung in V, $I$ Schweißstromstärke in A, $\Delta t$ Schweißzeit in s, $\eta$ Prozesswirkungsgrad

Die Möglichkeiten, durch eine Reduzierung der zugeführten Zusatzwerkstoffmasse, also der Drahtvorschubgeschwindigkeit, die benötigte Energiemenge zu verringern, sind prozesstechnisch begrenzt. Die dabei erforderliche Absenkung der Schweißleistung lässt sich mit konventionellen MSG-Schweißprozessen nicht realisieren. Im Impulslichtbogen stellen sich bei geringen Drahtvorschubraten sehr lange Grundphasen ein. Für die Aufrechterhaltung der Ionisation der Lichtbogenstrecke in diesen Phasen ist ein Mindestmaß an Energiezufuhr nötig. Eine weitere Absenkung würde zu Kurzschlüssen und anderen Prozessinstabilitäten führen. Auch im spannungsgeregelten Kurzlichtbogen lässt sich die Energie nicht beliebig verringern. Im Kurzschluss steigt die Stromstärke bis zur Auflösung des Kurzschlusses unkontrolliert bis zur Auflösung der Kurzschlussbrücke an. Der Energieeintrag in den Grundwerkstoff liegt dabei über der erforderlichen Mindestenergie, die zum Aufschmelzen des Zusatzwerkstoffs erforderlich ist.

Um den Energieeintrag weiter zu minimieren, wurden **ereignisgesteuerte Kurzlichtbogentechniken** entwickelt, die den Vorgang der Kurzschlussauflösung kontrolliert gestalten. Nach dem Ereignis Kurzschluss Drahtelektrode-Werkstück erfolgt eine Reduktion der Energiezufuhr in der Kurzschluss- oder der Lichtbogenbrennphase. Mit diesen Techniken sind extrem dünne Bleche im Blechdickenbereich $t \leq 1$ mm schweißbar. Weitere Anwendungsgebiete sind das Schweißen wärmesensibler Werkstoffe, wie z. B. höchstfester Stähle, und das stoffschlüssige Fügen von beschichteten Stahlblechen oder auch von Stahl mit Aluminium.

Eine weitere eingeführte Technologie zur Reduzierung der Prozessenergie ist das MIG-Löten. Hier wird die zur Aufschmelzung des Zusatzwerkstoffs erforderliche Energiemenge durch eine Absenkung von dessen Schmelztemperatur erreicht. Das heißt, es werden artfremde, niedrigschmelzende Zusatzwerkstoffe, wie z. B. Kupferlegierungen, verwendet. Eingesetzt wird die MIG-Löttechnologie vorwiegend zum Fügen verzinkter Stahlbleche.

### Gesteuerter Kurzlichtbogen mit Energiereduktion in der Lichtbogenbrennphase

Der Stromverlauf wird während des gesamten Schweißprozesses aktiv gesteuert (Bild 3.176). Als Führungsgröße zur Regelung der Stromstärke dient die Schweißspannung, die kontinuierlich gemessen wird.

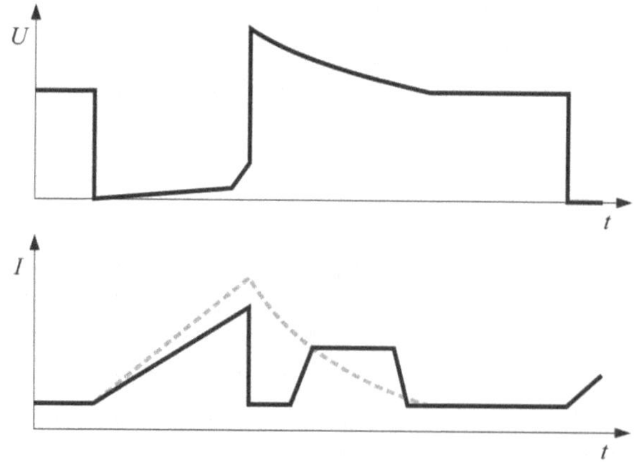


**Bild 3.176**
Kurzschlussauflösung mit Energiereduktion in der Lichtbogenbrennphase (gestrichelte Linie = Stromverlauf Standard – Kurzlichtbogen)

Beim Kurzschluss der Drahtelektrode mit dem Werkstück verlischt der Lichtbogen, und die Spannung fällt auf null. Der Strom steigt über eine definierte Anstiegsfunktion auf den Wert des ebenfalls einstellbaren Kurzschlussstromes an. Beim Auflösen der Kurzschlussbrücke, also unmittelbar vor dem Wiederzünden des Lichtbogens, wird der Strom schlagartig auf sehr niedrige Werte reduziert. Die Lichtbogenzündung erfolgt sehr weich und nahezu ohne Spritzerbildung. Direkt nach der Lichtbogenzündung wird ein kurzer Stromimpuls gesetzt. Dadurch wird das Drahtelektrodenende definiert und reproduzierbar in einen schmelzflüssigen Zustand gebracht. In der restlichen Zeit der Lichtbogenbrennphase muss nur noch die Lichtbogenionisation aufrechterhalten werden. Dies kann mit extrem geringen Stromwerten realisiert werden. Mit dem nächsten Kurzschluss beginnt der ganze Zyklus von vorn.

Die Einstellparameter für den Stromverlauf sind jeweils abhängig vom verwendeten Zusatzwerkstoff.

### Gesteuerter Kurzlichtbogen mit Energiereduktion in der Kurzschlussphase

Der Stromverlauf wird während des gesamten Schweißprozesses aktiv gesteuert. Gleichzeitig wird der Drahtvorschub aktiv in die Prozessregelung eingebunden (Bild 3.177). Als Führungsgröße zur Regelung des Stromes dient die Schweißspannung, die kontinuierlich gemessen wird.

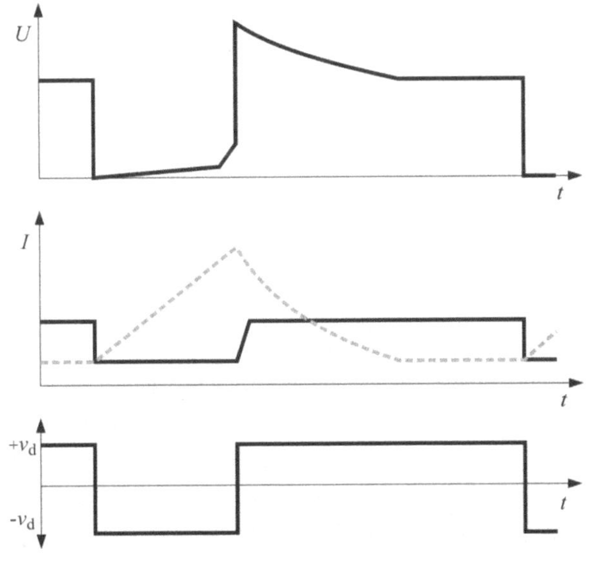


**Bild 3.177** Kurzschlussauflösung mit Energiereduktion in der Kurzschlussphase (gestrichelte Linie = Stromverlauf Standard-Kurzlichtbogen)

Beim Kurzschluss der Drahtelektrode mit dem Werkstück wird die Drahtvorschubrichtung umgekehrt und die Kurzschlussbrücke mechanisch aufgelöst. Dabei sind keine überhöhten Kurzschlussströme erforderlich, der Strom wird vielmehr auf einem sehr niedrigen Niveau konstant geregelt. Nach dem Zünden des Lichtbogens wird die Drahtvorschubrichtung wieder umgekehrt und die Drahtelektrode in Richtung Werkstück gefördert. Der Strom wird dabei auf ein höheres Niveau gebracht, um das Elektrodenende zu verflüssigen. Beim erneuten Kurzschluss zwischen Drahtelektrode und Werkstück verlischt der Lichtbogen und der Zyklus beginnt von vorn.

Die Einstellparameter für den Stromverlauf sind wiederum abhängig vom verwendeten Zusatzwerkstoff. Der Prozess bietet auch die Möglichkeit, die Lichtbogenlänge über eine einstellbare Drahtrückzugszeit unabhängig von der vorliegenden Schweißspannung zu regeln. Die dadurch mechanisch eingestellte Lichtbogenlänge ergibt sich dann als Produkt aus Drahtgeschwindigkeit und Rückzugszeit. Die maximal erreichbare Kurzschlussfrequenz liegt bei ca. 70 Hz. Da hierbei auch die Drahtvorschubrichtung bis zu 70 Mal pro Sekunde geändert wird, ist eine spezielle Drahtantriebseinheit erforderlich, die über die notwendige Dynamik verfügt.

### MIG-Löten

Der Einsatz niedrigschmelzender Zusatzwerkstoffe ermöglicht eine derartige Reduktion der Prozessenergie, dass der Grundwerkstoff durch die Lichtbogeneinwirkung nicht angeschmolzen wird, obwohl der Zusatzwerkstoff abgeschmolzen wird. Es handelt sich also definitionsgemäß um einen Lötprozess (Bild 3.178). Dies setzt jedoch entsprechende Werkstoffkombinationen Grundwerkstoff – Zusatzwerkstoff voraus.

**Bild 3.178**
Querschliff einer MIG-Lötverbindung

Bevorzugt eingesetzt werden kupferbasierte Drahtelektroden zum Fügen von verzinkten Blechen. In konventionellen Schweißprozessen verdampft die Zinkschicht unter dem Einfluss der Lichtbogenenergie. Dies führt zu Prozessinstabilitäten, zu starker Spritzerbildung und zu einem hohen Porenanteil im Schweißgut. Zudem ist ein Korrosionsschutz im Bereich der Schweißnaht nicht mehr gegeben. Durch den Einsatz von niedrigschmelzenden Zusatzwerkstoffen lassen sich diese Probleme minimieren. Eingesetzt werden niedriglegierte Kupfersorten (z. B. $CuSi_3$), Zinnbronzen (z. B. $CuSn_6$) und Aluminiumbronzen (z. B. $CuAl_8$). Deren geringere Schmelztemperatur ermöglicht eine Reduzierung der zum Abschmelzen des Zusatzwerkstoffs erforderlichen Energie und in der Folge des Zinkverdampfungsvolumens. Ein weiterer

Vorteil der Technologie ist, dass der Korrosionsschutz im Nahtbereich aufgrund der Stoffeigenschaften des Kupfer-Zusatzwerkstoffs nahezu vollständig erhalten bleibt. Die Festigkeit der Verbindung wird von der Querschnittsfläche des eingebrachten Zusatzwerkstoffs und der Größe der Anbindungsfläche Zusatzwerkstoff-Grundwerkstoff bestimmt.

Als Lichtbogenart wird nahezu ausschließlich der Impulslichtbogen eingesetzt. Die Stromquelle muss in der Lage sein, bei geringen Lichtbogenenergien stabile Lichtbogenzustände zu gewährleisten. Bevorzugt werden daher I-I-modulierte Impulsstromquellen eingesetzt. Als Schutzgas wird Inertgas, vorzugsweise Argon, verwendet.

### 3.10.3.3 Modifizierte MSG-Impulsprozesse

Zur definierten Energieverteilung über dem zeitlichen oder räumlichen Prozessverlauf wurden modifizierte MSG-Impulsschweißprozesse entwickelt.

#### MIG-AC-Schweißen

Beim MIG-AC- Schweißen (*engl.* alternating current) handelt es sich nicht um einen klassischen Wechselstromprozess. Das Grundprinzip des Verfahrens besteht darin, dass in einem MSG-Impulsschweißprozess während der Grundstromphase kurzzeitig die Polarität der Drahtelektrode gewechselt wird (Bild 3.179).

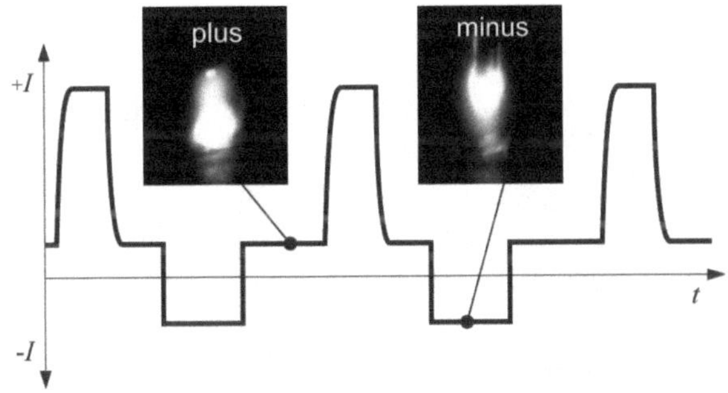


**Bild 3.179**
Beispielhafter Stromverlauf MIG-AC-Prozess

Ist die Drahtelektrode als Kathode geschaltet, reduziert sich der Energieeintrag in das Bauteil. Zudem wandert der Lichtbogenansatzpunkt am Drahtende hinauf und wärmt das Drahtelektrodenende stärker vor. Der in der anschließenden Pulsphase, in der die Drahtelektrode wieder als Anode geschaltet ist, abgelöste Tropfen besitzt dadurch ein größeres Volumen als beim konventionellen MIG-Impulsschweißen. Während des Polaritätswechsels werden also Energieanteile aus dem Lichtbogen in Richtung Drahtelektrode verschoben. Über die Größe des Energieanteils der negativen Stromphase kann der Energieeintrag in das Bauteil an den jeweiligen Anwendungsfall angepasst werden. Als Einstellparameter stehen dabei die Zeitdauer und die Stromhöhe des Negativanteils zur Verfügung. Bei zu langen negativen Stromphasen steigt das Tropfenvolumen derart an, das eine saubere Tropfenablösung in der positiven Impulsphase nicht mehr gegeben ist.

Der MIG-AC-Prozess zeichnet sich durch eine gute Spaltüberbrückbarkeit und eine erhöhte Abschmelzleistung gegenüber konventionellen MSG-Impulsprozessen aus. Eingesetzt wird der Prozess vor allem in der Aluminium-Dünnblechverarbeitung bei geringen Drahtvorschubraten, die mit relativ langen Grundstromphasen verbunden sind. Für das MIG-AC-Schweißen sind spezielle Stromquellen erforderlich, die in der Lage sind, die Lichtbogenionisation beim Nulldurchgang des Stromes aufrechtzuerhalten.

### Impulsförmige Schweißleistungsänderung quer zur Schweißrichtung

Beim sogenannten **Thermopulsen** werden die Schweißleistung und die Drahtvorschubrate synchron zu einer mechanischen Pendelbewegung des Schweißbrenners quer zur Schweißrichtung variiert (Bild 3.180).

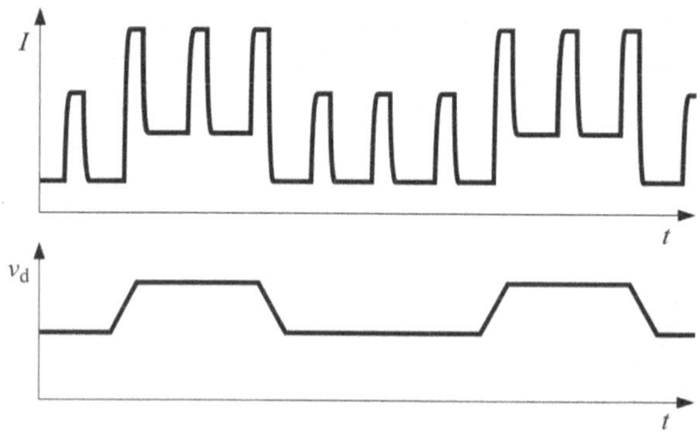


**Bild 3.180**
Modulation der Schweißleistung beim Thermopulsen

Einsatzgebiete der Technologie sind das Verschweißen von unterschiedlichen Materialien oder Materialien unterschiedlicher Wandstärke (Bild 3.181).

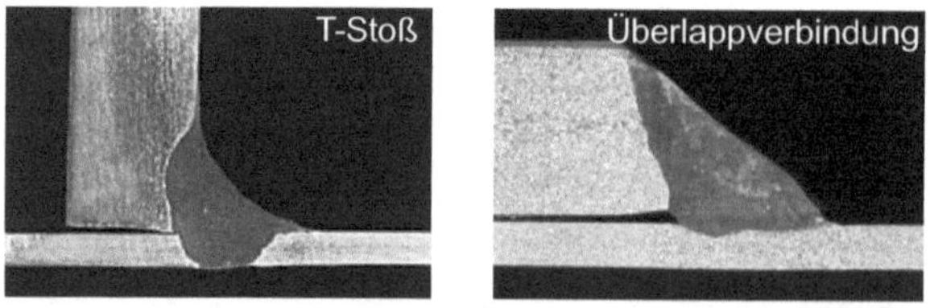


**Bild 3.181**
Querschliffe von mit Thermopulsen geschweißten Nähten

### Impulsförmige Schweißleistungsänderung in Schweißrichtung

Zur Verbesserung der Oberflächenoptik von MSG-Schweißnähten wird dem konventionellen Impulsschweißprozess eine niederfrequente Änderung (2...4 Hz) der Impulsparameter überlagert (Bild 3.182). Diese **Doppelpulstechnik** wird von verschiedenen Stromquellenherstellern als Sonderfunktion angeboten.

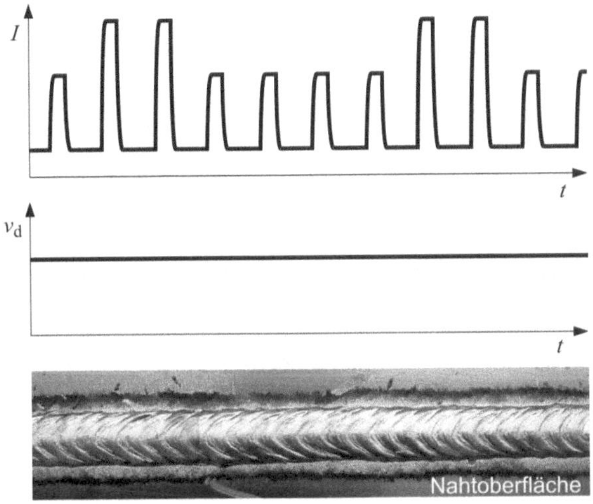


**Bild 3.182**
Modulation der Schweißleistung beim Doppelpulsen

Mit der Technologie lassen sich Schweißnähte mit definierter Schuppung erzeugen. Einen ähnlichen Ansatz verfolgt die Technik des **Drahtpulsens**. Hier wird der mechanische Parameter Drahtvorschubgeschwindigkeit niederfrequent variiert. Die elektrischen Parameter werden dabei der jeweiligen Drahtvorschubgeschwindigkeit angepasst (Bild 3.183).

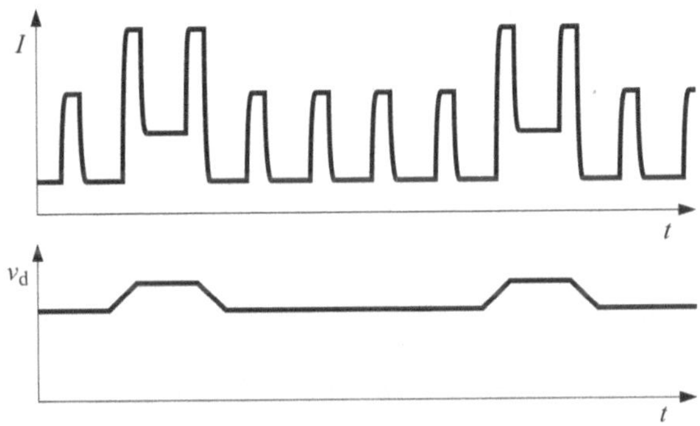


**Bild 3.183**
Modulation der Schweißleistung beim Drahtpulsen

### 3.10.3.4 MSG-Hybridprozesse

Unter **Hybridprozess**en versteht man die Kombination von zwei unterschiedlichen Wirkprinzipien in einer Wirkzone. Ziel derartiger Verfahrenskombinationen ist zumeist die Verknüpfung von Vorteilen der beiden Einzelprozesse bzw. deren gegenseitige Ergänzung.

#### Laser-MSG-Schweißen

Beim Laserschweißen wird mit Leistungsdichten oberhalb $10^6$ W/cm$^2$ gearbeitet. Damit können Schweißnähte mit einem sehr großen Tiefe-Breite-Verhältnis erzeugt werden. Um prozesssicher arbeiten zu können, sind jedoch hohe Anforderungen an die

Nahtvorbereitung und die Spanntechnik zu stellen. Durch eine Kombination des Laserprozesses mit dem MSG-Prozess lässt sich die Toleranzfähigkeit der Laseranwendung verbessern. Im Laser-MSG-Hybrid-Prozess werden dazu ein konventioneller MSG-Lichtbogen und ein Laserstrahl in einem Schmelzbad angeordnet. Als Laserquelle kommen sowohl $CO_2$- als auch Festkörperlaser zum Einsatz. Aufseiten der MSG-Komponente wird vorzugsweise eine Impulsstromquelle eingesetzt. Beide Energiezuführungen werden in einem speziellen Hybrid-Schweißkopf vereint, in dem eine Laserschweißoptik und ein konventioneller MSG-Brenner angeordnet sind (Bild 3.184).

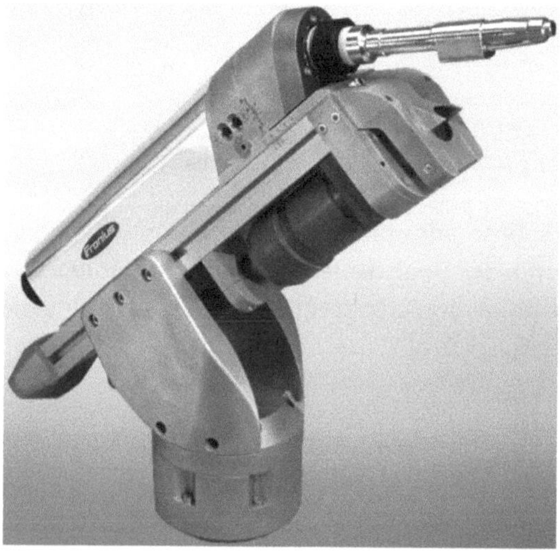


**Bild 3.184**
Laser-MSG-Hybridschweißkopf
(Fronius International GmbH)

Das Metalldampfplasma des MSG-Lichtbogens verbessert die Einkopplungsbedingungen für die Laserstrahlung in den Grundwerkstoff. Der Laserstrahl führt dem abgeschmolzenen Zusatzwerkstoff zusätzlich zum Lichtbogen Wärme zu. Die MSG-Leistung kann somit im Vergleich zum alleinigen MSG-Schweißen bei vergleichbarer Einbrandtiefe stark abgesenkt werden. Da die MSG-Leistung mit dem zugeführten Drahtvolumen korreliert, ermöglicht dies die Ausbildung schmalerer Nähte mit geringerer Nahtüberhöhung. Die Einbrandgeometrie kann durch Variation des Verhältnisses von MSG- zu Laserleistung flexibel an verschiedene Aufgabenstellungen angepasst werden. Ein weiteres Kennzeichen der Laser-MSG-Technologie sind die hohen erreichbaren Schweißgeschwindigkeiten von mehreren Metern pro Minute. Haupteinsatzgebiet der Technologie ist das Schweißen langer Nähte an hohen Materialstärken, z. B. im Schiffbau oder der Rohrfertigung.

### Plasma-MIG-Schweißen

Das Grundprinzip des Plasma-MIG-Verfahrens besteht darin, dass im Zentrum eines Plasmalichtbogens eine stromführende Drahtelektrode über einen eigenen Lichtbogen abgeschmolzen wird (Bild 3.185).

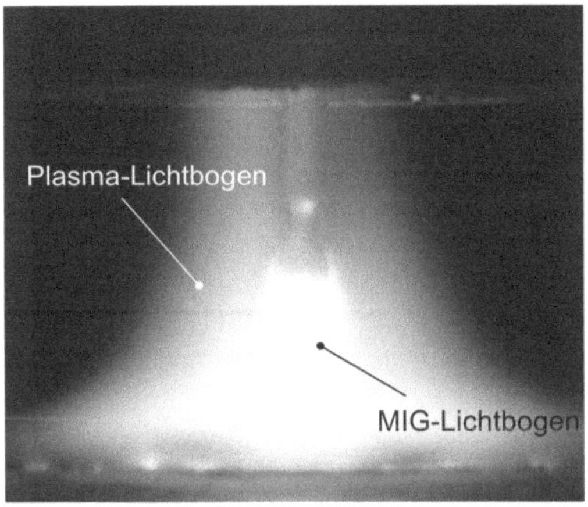


**Bild 3.185**
Plasma-MIG-Lichtbogen

Die Plasma- und die Drahtelektrode arbeiten beide plusgepolt und werden von getrennten Energiequellen mit Schweißstrom versorgt. Diese beiden Stromquellen sind über eine Ablaufsteuerung miteinander verknüpft, um definierte zeitliche Abläufe, z. B. beim Zündvorgang, zu realisieren. Die Pluspolung der Plasmakomponente sorgt für eine hervorragende kathodische Reinigungswirkung auf Bauteiloberflächen. Der Plasmalichtbogen wird an einer ringförmigen, nicht abschmelzenden Elektrode erzeugt, die konzentrisch um den MIG-Prozess angeordnet ist (Bild 3.186).

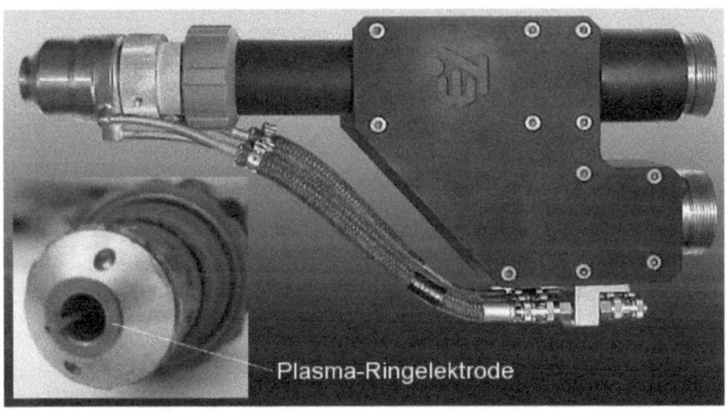


**Bild 3.186**
Plasma-MIG-Schweißbrenner (TBi Industries GmbH)

Im Vergleich zu konventionellen Plasmaschweißlichtbögen weist der Plasmalichtbogen im Plasma-MIG-Prozess einen größeren Durchmesser und eine geringere Energiedichte auf. Ein Stichlochschweißen ist daher nicht möglich. Der überlagerte Plasmastrom stellt jedoch einen zusätzlichen Einstellparameter für den Abschmelzprozess der Drahtelektrode dar. Anwendbare Lichtbogenzustände in der MIG-Komponente sind der Sprüh- und der Impulslichtbogen. Als Prozessgas sind nur inerte Gase, vorzugsweise Argon, einsetzbar. Aktive Gasgemische führen zu Abbranderscheinungen an der nichtabschmelzenden Plasmaelektrode.

Der Plasma-MIG-Prozess ermöglicht ein spritzerfreies Schweißen mit hohen Abschmelzleistungen bei guter Nahtqualität. Die Schweißnähte weisen ein porenarmes

Schweißgut und eine saubere Nahtoberfläche auf und sind frei von Bindefehlern. Die getrennte Steuerung der Einzellichtbögen ermöglicht zudem eine flexible Gestaltung der Einbrandverhältnisse. Haupteinsatzgebiet der Plasma-MIG-Technologie ist das Schweißen dickwandiger Aluminiumbauteile.

#### 3.10.3.5 Zünden des Lichtbogens

Der Schweißlichtbogen ist eine elektrische Gasentladung größerer Stromstärke. Die Zündung kann über verschiedene Mechanismen erfolgen und richtet sich nach dem jeweiligen Verfahrensprinzip. Das MSG-Schweißen mit abschmelzender Elektrode nutzt die Abreißzündung. Durch Kurzschluss der Drahtelektrode mit dem Werkstück fließt über eine kleine Kontaktfläche ein hoher elektrischer Strom. Wird die Berührung durch mechanisches Zurückziehen der Elektrode oder durch thermische Überlastung der Metallbrücke aufgelöst, verdampft örtlich begrenzt eine kleine Menge des Metalls. Die elektrische Leitfähigkeit des Metalldampfs reicht aus, um mithilfe der angelegten Schweißspannung den Lichtbogen zu zünden und das Schutzgas thermisch zu ionisieren, siehe Abschnitt 3.1.1.

Zum Zünden des Lichtbogens fördern die meisten Stromquellen die Drahtelektrode mit stark verringerter Geschwindigkeit zum Werkstück (**Einschleich-Funktion**). Für eine besonders sichere Zündung bieten einige Stromquellen zum MSG-Schweißen eine sog. **Hotstart-Funktion**. Durch einen kurzen hohen Stromimpuls (thermische Ionisation zur Stabilisierung des Entladungskanals) wird das Zündverhalten deutlich verbessert, insbesondere bei heliumreichen Schutzgasen. Gleichzeitig ermöglicht diese Funktion, durch Anhebung des Startstroms Fehlstellen und zu geringen Einbrand am kalten Nahtanfang zu vermeiden.

#### 3.10.3.6 Mechanisierungsgrad

Das MSG-Schweißverfahren wird nach der Definition in der Norm DIN 1910-100 teil- und vollmechanisiert sowie automatisiert eingesetzt. Da das MSG-Schweißen mit abschmelzender Drahtelektrode arbeitet, erfolgt die Zuführung des Zusatzwerkstoffs auch beim handgeführten Prozess immer mechanisiert. Im vollmechanisierten Verfahren werden Zusatzwerkstoff und Schweißbrenner mechanisch geführt. Das automatische MSG-Schweißen ist eine Erweiterung des vollmechanisierten Prozesses. Zusätzlich zur Bewegung von Brenner und Zusatzwerkstoff erfolgt die Handhabung des Werkstücks ebenfalls mechanisch. Im Gegensatz zu den Wolfram-Schutzgasschweißverfahren dominiert beim MSG-Schweißen keiner der Mechanisierungsgrade. In der schweißtechnischen Praxis sind handgeführte MSG-Schweißprozesse ebenso häufig vorzufinden wie vollmechanisierte oder automatisierte. Da der Zusatzwerkstoff prinzipiell immer in Drahtform vorliegt, bestehen zwischen den Varianten keine grundlegenden Unterschiede in der Zuführung des Zusatzwerkstoffs.

## 3.10.4 Anwendung

### 3.10.4.1 Verbindungsschweißen

Das MSG-Schweißen ist für das Verbindungsschweißen metallischer Werkstoffe praktisch universell einsetzbar. Das Verfahren ist fester Bestandteil einer Vielzahl fertigungstechnischer Abläufe für unterschiedlichste Produkte. Moderne Anlagen und Verfahrensvarianten bieten flexible Einsatzmöglichkeiten und decken ein breites Anwendungsgebiet ab. Die einfache Handhabung und hohe Produktivität haben zu einer weit verbreiteten Anwendung des Verfahrens in zahlreichen Branchen, wie z. B. dem Stahlbau, Schienenfahrzeugbau, Kranbau, Schiffbau oder Apparate- und Behälterbau, geführt.

Stumpfstöße können ohne Fugenvorbereitung bis zu einer Blechdicke von $t_B \approx 6$ mm wirtschaftlich gefügt werden. Die untere Grenze liegt bei $t_B \approx 0{,}5$ mm, die durch den Einsatz modifizierter Kurzlichtbogenprozesse beherrschbar ist. Aber auch für größere Blechdicken ist das MSG-Schweißen sehr gut geeignet. Mit einer zweckmäßigen Fugenvorbereitung, einer vergleichsweise hohen Abschmelzleistung und Anwendung der Mehrlagentechnik können dickere Bleche wirtschaftlich gefügt werden. Häufig wird das MSG-Schweißen auch zum Heften und zur Vormontage für Konstruktionen genutzt. Bild 3.187 zeigt typische Beispiele für Verbindungen aus Aluminium und Stahl, die durch MSG-Schweißen hergestellt wurden.

Für Werkstoffe, die erhöhte Anforderungen an das Fügeverfahren stellen, geben die DVS-Merkblätter 0913-2, 0913-3, 0916, 0931 ausführliche Hinweise und Empfehlungen zum MSG-Schweißen von Aluminiumlegierungen, Feinkornbaustählen und nichtrostenden austenitischen Stählen.

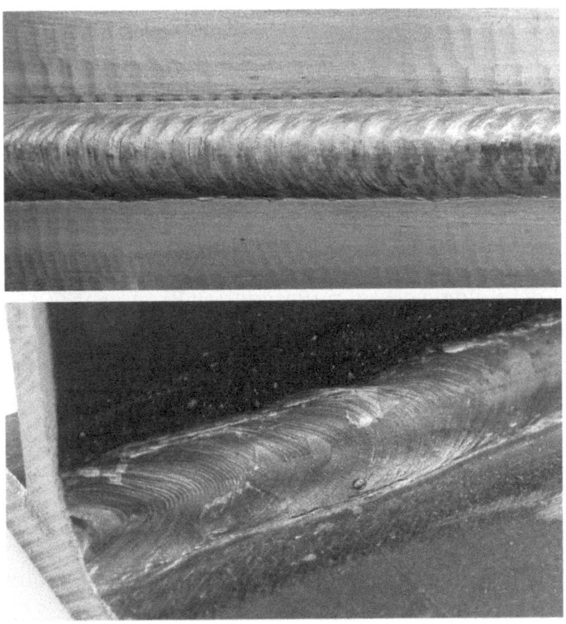

**Bild 3.187**
Typisches Nahterscheinungsbild von MSG-Schweißverbindungen an Aluminium (oben) und Baustahl (unten)

### 3.10.4.2 MSG-Engspaltschweißen

Eine besondere Anwendung ist das Verbindungsschweißen sehr großer Querschnitte bzw. dickwandiger Bauteile. Dies ist im Normalfall oft nur mit erheblichem zusätzlichem Aufwand möglich. Zur Steigerung der Wirtschaftlichkeit beim Fügen solcher Verbindungen wurde das **Engspaltschweißen** entwickelt. Dabei werden anstatt der üblichen Vorbereitung Fugen mit einer Breite von $b$ = 5...25 mm und parallelen Flanken angearbeitet. Im Vergleich erfordert die Herstellung dieser Fugenform nur einen geringen Arbeitsaufwand und Materialabtrag. Zudem ist weniger Zusatzwerkstoff und Schweißzeit zum Füllen des reduzierten Nahtvolumens notwendig, wodurch das Engspaltschweißen ein enormes Einsparungspotenzial bietet. Hinzu kommen wichtige technologische Vorteile des geringeren Nahtquerschnitts, wie z. B. ein geringerer Wärmeeintrag, weniger Verzug und Eigenspannungen, eine lokal begrenzte Fügezone usw. Bild 3.188 zeigt einen MSG-Engspaltschweißprozess und den Querschliff einer entsprechenden Schweißverbindung.

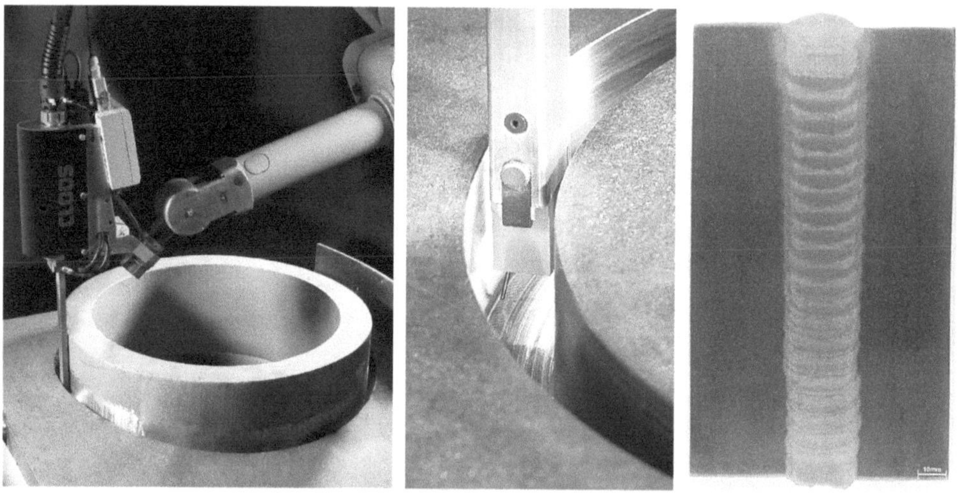

**Bild 3.188** MSG-Engspaltschweißprozess und Querschliff einer entsprechenden Schweißverbindung (CARL CLOOS SCHWEISSTECHNIK GmbH)

Jedoch bedarf es einer besonderen Technologie sowie modifizierter Brennertechnik, um mit Lichtbogenschweißverfahren den Anforderungen an die spezielle Fugengeometrie gerecht zu werden und qualitätsgerechte Schweißverbindungen herzustellen. Die größten Schwierigkeiten beim Engspaltschweißen liegen in der sicheren Aufschmelzung der parallelen Fugenflanken respektive der Vermeidung von Flankenbindefehlern und der Beherrschung des Schrumpfprozesses beim Füllen der Lagen. Zugleich besteht das Problem des Medientransports (Gas, Kühlung, Zusatzwerkstoff) in die mitunter sehr tiefen und schmalen Fugen. Deshalb werden spezielle Schweißbrenner mit rechteckigem oder ovalem Querschnitt und entsprechender Länge eingesetzt, die auch als Schweißschwert bezeichnet werden.

Theoretisch sind zahlreiche Varianten des MSG-Engspaltschweißens denkbar. Die Möglichkeit der mechanischen Verformung der Drahtelektrode eröffnet zahlreiche Wege, die Nahtflanken auch in engen Fugen mithilfe eines Lichtbogens aufzuschmelzen. Allerdings sind viele dieser Lösungsansätze störungsbehaftet bzw. in der Funktion stark eingeschränkt. Deshalb basiert die Mehrheit der zurzeit verfügbaren Systeme im Wesentlichen auf zwei unterschiedlichen Varianten.

Eine Variante arbeitet mit feststehender Drahtelektrode. Dabei wird die Drahtelektrode im Bereich des Austritts mechanisch in Richtung einer Nahtflanke abgelenkt, sodass der Lichtbogen diese sicher aufschmilzt. In diesem Zusammenhang besteht die Schwierigkeit, eine ausreichende Auslenkung der Drahtelektrode und zugleich eine störungsfreie Drahtförderung zu gewährleisten. Pro Lage werden mehrere Raupen geschweißt. Diese Technologie ist relativ einfach umsetzbar, setzt allerdings durch die statische Auslenkung verhältnismäßig geringe Toleranzen der Nahtvorbereitung und Schrumpfmaße voraus. Zudem mindern zwei Strichraupen pro Lage die Produktivität der Fügetechnologie und erfordern zusätzlich eine regelmäßige Umpositionierung des Brenners. Aus diesem Grund werden häufig Schweißschwerter verwendet, die es erlauben, zwei Drahtelektroden gleichzeitig abzuschmelzen. Durch die entgegengesetzte Auslenkung der Drahtelektrode werden beide Nahtflanken aufgeschmolzen. Typischerweise sind die Elektroden so nahe beieinander angeordnet, dass sich ein gemeinsames Schmelzbad ausbildet. In diesem Fall wird eine Raupe pro Lage geschweißt.

Eine andere Variante zählt zu den dynamischen Verfahrensprinzipien und nutzt eine pendelnde Drahtelektrode. Im Schweißprozess wird eine Pendelraupe pro Lage eingebracht. Das MSG-Engspaltschweißen mit pendelnder Elektrode gewährleistet verfahrensbedingt eine sichere Aufschmelzung der Fugenflanken und toleriert dementsprechend größere Abweichungen der Fugengeometrie. Durch die Pendelung ist eine Anpassung an veränderliche Geometrien der Nahtflanken im Schweißprozess möglich. Diese Technologie erlaubt die Nutzung des kompletten Lichtbogenleistungsbereichs. Damit lässt sich die Streckenenergie beim Verschweißen empfindlicher Werkstoffe gut kontrollieren. Nachteilig am MSG-Engspaltschweißen mit pendelnder Elektrode ist die deutlich komplexere Brennertechnik für die Pendelung der Drahtelektrode.

### 3.10.4.3 MSG-Auftragschweißen

Aufgrund der vergleichsweise hohen Abschmelzleistung, der einfachen Handhabung und guten Prozessbeherrschbarkeit ist das MSG-Schweißen ein etabliertes Verfahren zum Auftragschweißen. Vorzugweise wird die konventionelle Verfahrenstechnik für das großflächige Auftragschweißen beispielsweise von Walzen und Platten eingesetzt (Bild 3.189). Dabei werden Abschmelzleistungen von $MR \leq 15$ kg/h erreicht. Die Aufmischung mit dem Grundwerkstoff in der ersten Lage liegt meist bei $D = 10...20$ %, wobei die Schichtdicken $t_S = 3...5$ mm betragen. Um die gewünschten Schichteigenschaften an der Oberfläche herzustellen, sind daher häufig zwei oder mehr Lagen bzw. eine ausreichende Überdeckung mit der vorhergehenden Raupe notwendig. In diesem Zusammenhang ist die verfahrensbedingte Kopplung von Energie- und Drahtzufuhr beim MSG-Schweißen problematisch. Durch geeignete Parameter muss ein Ausgleich zwischen Produktivität und Schichtqualität gefunden werden.

**Bild 3.189**
Mechanisiertes MSG-Auftragschweißen einer Walze

Moderne MSG-Verfahren mit energiereduzierten Lichtbogenprozessen werden zunehmend auch für das Auftragschweißen eingesetzt. Die geringere thermische Belastung wirkt sich positiv auf den Bauteilverzug, die Aufmischung und die Schichtdicke aus. Mit diesen Verfahren ist auch im MSG-Prozess eine präzise Deponierung von Schichtmaterial möglich. Das Auftragschweißen ist in nahezu allen Schweißpositionen, d. h. auch in Zwangslagen, möglich. Durch den Einsatz energiereduzierter Lichtbogenprozesse können Aufmischungen von $D \leq 10\,\%$ auch mit dem MSG-Auftragschweißen sicher eingehalten werden. Zudem werden relativ große Schichtdicken erreicht. Trotz der im Vergleich mit konventionellen Prozessen geringeren Abschmelzleistung wird eine ausreichende Flächenleistung erzielt. Aufgrund der geringen Aufmischung und großen Schichtdicke ist der Schichtaufbau mit einer Lage meist ausreichend.

Zum MSG-Auftragschweißen werden häufig Fülldrahtelektroden eingesetzt. Vorteilhaft sind die guten Verarbeitungseigenschaften und einfache Legierungsbildung. Im Vergleich mit Massivdrahtelektroden sind durch die Pulverfüllung verschiedenste Legierungssysteme vergleichsweise unkompliziert und kostengünstig realisierbar. Daraus ergibt sich eine große Vielfalt verfügbarer Fülldrahtelektroden zum MSG-Auftragschweißen. Zudem trägt das charakteristische Abschmelzverhalten der Fülldrahtelektroden zur Reduzierung der Aufmischung bei. Spezielle Fülldrahtelektroden können auch open-arc, d. h. ohne Schutzgas, verarbeitet werden. Durch die Zugabe von besonderen Zusätzen zur Pulverfüllung wirken diese Fülldrahtelektroden selbstschützend. Derartige Fülldrahtelektroden sind besonders für den Einsatz im Baustellenbereich geeignet. Typische Probleme des MSG-Schweißens in diesem Einsatzgebiet, wie z. B. gute Schutzgasabdeckung bei Wind oder Handhabung und Transport von Gasflaschen, entfallen.

Weitere Möglichkeiten ergeben sich aus der Anwendung von Flachdrahtelektroden oder der Tandemtechnik zum MSG-Auftragschweißen. Der rechteckige Querschnitt von Flachdrahtelektroden erzeugt eine besondere Lichtbogencharakteristik. Trotz hoher Abschmelzleistung können geringe Aufmischungsgrade erreicht werden. Die Tandemtechnik bietet neben doppelter Abschmelzleistung die Möglichkeit, verschiedene Elektroden oder Lichtbogenarten zu kombinieren. Damit können der Auftragschweißprozess bzw. die Schichtqualität gezielt beeinflusst werden.

Das MSG-Auftragschweißen wird i. d. R. mit konventioneller Anlagen- und Brennertechnik ohne besondere Anpassungen ausgeführt.

#### 3.10.4.4 Additive Fertigung

Nach DIN EN ISO/ASTM 5290 ist die additive Fertigung als ein Prozess definiert, bei dem Bauteile auf Grundlage von 3D-Modelldaten durch Verbinden von Werkstoffen schichtweise hergestellt werden. Weitere eingeführte Begriffe für diese Fertigungsmethode sind Additive Manufacturing (AM), Rapid Prototyping, generative Fertigung oder 3D-Druck.

Der additive Aufbau von Bauteilen mit dem MSG-Schweißen ist ein mehrlagiger Auftragschweißprozess. Im internationalen Sprachgebrauch wird das Verfahren als **Wire Arc Additive Manufacturing** (WAAM) bezeichnet. Als Werkzeug dient ein klassischer MSG-Schweißbrenner, der die aufzubauende Geometrie automatisiert schichtweise abfährt. Die dazu notwendigen Bahnbewegungsalgorithmen werden mittels einer Slicer-Software aus einem 3D-CAD-Modell des Bauteils abgeleitet. Der drahtförmige Zusatzwerkstoff wird im Lichtbogen aufgeschmolzen und das erstarrende Schmelzbad bildet im Bahnverlauf eine Schicht der Bauteilstruktur. Der konzentrische Aufbau des Schweißwerkzeuges ermöglicht dabei beliebige Bahnverläufe und -änderungsvektoren. Bild 3.190 zeigt einige Beispiele für additiv gefertigte Bauteile.

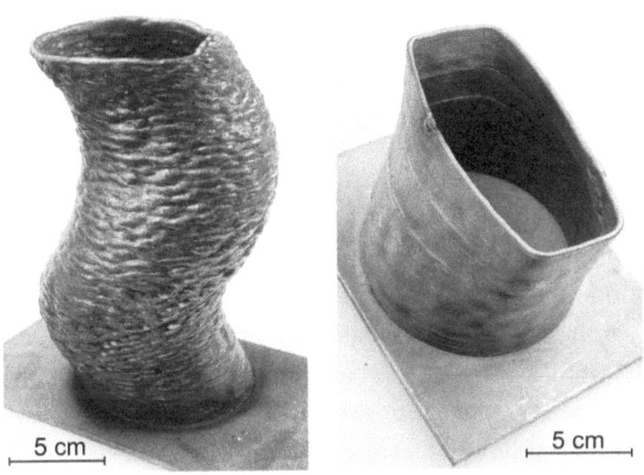


**Bild 3.190**
Mittels MSG-Schweißen additiv gefertigte Bauteile

Additive Fertigungstechniken eignen sich besonders zur Herstellung komplexer Bauteilgeometrien. Im Vergleich zu substraktiven Fertigungsmethoden, wie z. B. dem Herausfräsen eines Werkstücks aus einem massiven Block, sind Bearbeitungszeit, Werkzeugverschleiß und Materialverlust deutlich geringer. Nachteilig ist die wiederholte thermische Beeinflussung des Bauteils beim nacheinander Aufschweißen der einzelnen Lagen. Hier müssen werkstoffspezifische Besonderheiten, wie z. B. Umwandlungstemperaturen, Abkühlbedingungen, u. a. beachtet werden. Der Schweißprozess muss so energiearm wie möglich eingestellt werden, damit die darunterliegende Schicht nicht überhitzt und nur minimal aufschmilzt, jedoch bestmöglich benetzt. Zudem muss verhindert werden, dass das bei der Drahtabschmelzung entstehende flüssige Schmelzbad unkontrolliert abläuft. Im MSG-Prozess sind die Abschmelzleistung (Volumenauftrag) und der lichtbogengebundene Energieeintrag in das Bauteil direkt miteinander verknüpft. Für die additive Fertigung sind daher nur MSG-Lichtbogenarten mit geringen Drahtvorschubraten anwendbar. Zum Einsatz kommt ausschließlich der Kurzlichtbogen, vorzugsweise in energieminimierten Varianten. Für die Qualität des Bauteils ist neben der Wärmeführung vor allem die Stabilität des Schweißprozesses von Bedeutung. Die geschweißten Lagen müssen durchgängig ausgebildet, spritzerarm und gleichmäßig sein. Geometrische Fehlstellen oder Unstetigkeiten bei der Schichterzeugung setzen sich in den Lagen darüber fort und sind kaum durch Folgelagen auszugleichen. Die Qualität des gesamten additiv gefertigten Bauteils hängt somit von der Güte der „schlechtesten“ Lage ab.

#### 3.10.4.5 Sonderanwendungen

Aufgrund zahlreicher Vorzüge ist das MSG-Verfahren häufig Bestandteil von Sonderanwendungen für schweißtechnische Aufgaben. So sind z. B. Hybridprozesse mit sequenzieller oder konzentrischer Anordnung eines MSG-Lichtbogens in Anwendung. Daneben existieren zahlreiche weitere Verfahrensmodifikationen zur Leistungssteigerung oder mit speziell angepassten Eigenschaften. So findet beispielweise ein automatisiertes System mit mehreren MSG-Tandemschweißprozessen Anwendung im Pipelinebau. Ebenso existiert Brenner- und Gerätetechnik zum MSG-Unterwasserschweißen mit Fülldrahtelektroden. Im Vergleich mit dem Lichtbogenhandschweißen ermöglicht das Fülldraht-Unterwasserschweißen deutlich höhere Schweißgeschwindigkeiten. Eine weitere Modifikation des MSG-Schweißens ist das **Elektrogasschweißen.** Es wird eingesetzt, um dicke Bleche im Stumpfstoß in steigender Position zu fügen. Eine Fugenvorbereitung ist i. d. R. nicht erforderlich. Die Blechkanten werden mit einem Spalt von $b = 15...30$ mm zueinander positioniert. Mithilfe gekühlter Kupferbacken wird die I-Naht eingeformt. In die sich ergebende Fuge wird eine Drahtelektrode über einen speziellen Brennerhals zugeführt und mit hoher Leistung abgeschmolzen. Der Lichtbogen brennt zwischen der Drahtelektrode und einem großen Schmelzbad, welches für einen ausreichenden Einbrand an den Stoßkanten sorgt. Die Kupferbacken verhindern ein Weglaufen der Schmelze. Gleichzeitig wird der gesamte Bereich mit Schutzgas abgedeckt. Zur Steigerung der Produktivität werden für das Verfahren vorzugweise Drahtelektroden mit relativ großem Durchmesser verwendet. Das Verfahrensprinzip ist in Bild 3.191 dargestellt. Das Elektrogasschweißen wird erfolgreich im Schiff- und Großbehälterbau eingesetzt.

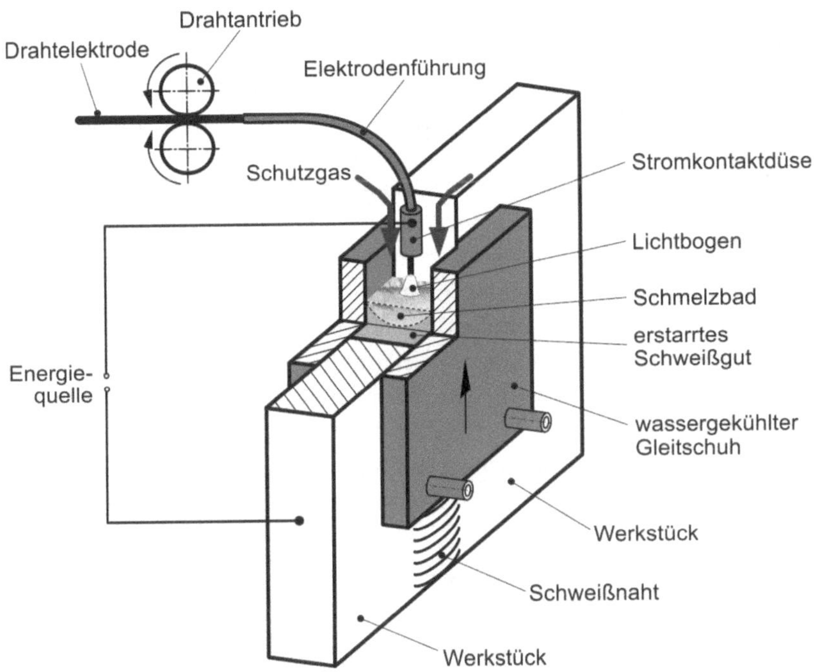


**Bild 3.191** Schematische Darstellung des Elektrogasschweißens

## 3.10.5 Fertigungshinweise

### 3.10.5.1 Konstruktive Gestaltung und Nahtvorbereitung

Grundsätzlich sind alle Stoßarten üblich, die beim Lichtbogenschmelzschweißen Anwendung finden, wie z. B. Stumpf-, Überlapp-, Parallel- und Winkelstoß. Aufgrund der besonderen Charakteristik des Verfahrens mit abschmelzender Elektrode ist häufig eine Fugenvorbereitung erforderlich, insbesondere beim Schweißen dicker Bleche. Dementsprechend sind Empfehlungen für geeignete Fugenformen zum MSG-Schweißen unterschiedlicher Blechdicken in der Norm DIN EN ISO 9692 Teil 1 und 3 zu finden. Ist eine Fugenvorbereitung aus technologischen Gesichtspunkten unumgänglich, bedeutet dies meist einen erheblichen Mehraufwand, wodurch die hohe Wirtschaftlichkeit des MSG-Schweißens eingeschränkt wird.

Für das MSG-Schweißen von Überlappverbindungen, T-, Eck-, Winkelstößen usw. wird die Kehlnaht oftmals bevorzugt. In den meisten Fällen kann auf eine aufwendige Vorbereitung an derartigen Verbindungen verzichtet werden, normale Toleranzen der Stoßkanten vorausgesetzt. Werden höhere Festigkeitsanforderungen, z. B. an T-Stöße, gestellt, kann es notwendig sein, die Kehlnaht durch eine andere zu ersetzen. Typischerweise werden dann HV- oder K-Nähte geschweißt. Die Ausführung der Schweißung mit geeigneter Fugenvorbereitung ermöglicht es, einen größeren Querschnitt einzubinden bzw. bei Vollanschluss die Kerbwirkung zu reduzieren.

Für das Schweißen von Stumpfstößen sind neben der I-Naht besonders V- und Y-Nähte für größere Blechdicken gebräuchlich. Falls ein Schweißen von beiden Seiten möglich ist, empfiehlt sich die Vorbereitung einer X- oder DY-Fuge, um den Verzug beim Schweißen dicker Bleche zu minimieren. Die entsprechenden Fugengeometrien sind in der Norm in weiten Grenzen angegeben. Allerdings ergeben sich unter Beachtung einiger Faktoren Anhaltspunkte für die Auslegung einer geeigneten Fugenform. Grundsätzlich ist die Fuge aus wirtschaftlichen Gründen möglichst klein zu dimensionieren. Der Öffnungswinkel ist so zu wählen, dass der MSG-Lichtbogen sicher den Fugengrund erreicht und Flankenbindefehler beim Schweißen von Fülllagen vermieden werden können. Die Steghöhe richtet sich in erster Linie nach der Prozessleistung bzw. dem Einbrand beim Schweißen der Wurzel. Der Steg muss voll aufgeschmolzen werden, soll aber ein Durchfallen der Naht verhindern. Wenn möglich, ist auf die Einhaltung eines zusätzlichen Spaltes zu verzichten. Eine Fugenvorbereitung mit Steg und ohne Spalt erleichtert die Vormontage der zu schweißenden Teile.

Beim Dickblechschweißen wird das MSG-Schweißen häufig in Kombination mit dem WIG- oder Lichtbogenhandschweißen eingesetzt. Dabei werden das WIG- und Lichtbogenhandschweißen aufgrund der hohen Sicherheit und Nahtqualität für die Wurzel eingesetzt. Die Fülllagen werden mit dem produktiveren MSG-Schweißverfahren ausgeführt. Eine einwandfreie MSG-Schweißung hat bei statischer Beanspruchung die Nahtwertigkeit 1, was den mechanischen Gütewerten des Grundwerkstoffes entspricht. Bei dynamischer Beanspruchung wird dieser Wert je nach Nahtform abgemindert.

#### 3.10.5.2 Zündvorgang

Das Zünden des Lichtbogens sollte ohne Ausnahme in der Schweißfuge erfolgen. Vielfach wird mit gedrosselter Leistung gezündet, um den Auswurf von Spritzern zu vermeiden. Verfahrensbedingt ist der Bereich der Zündstelle bzw. des Nahtanfangs beim MSG-Schweißen als kritisch zu betrachten. Durch die sofortige Einbringung von Zusatzwerkstoff ohne Vorwärmung des noch kalten Blechs besteht die Gefahr von Bindefehlern und zu geringem Einbrand. Abhilfe kann eine kurzzeitig erhöhte Prozessleistung im Startmoment schaffen. Eine andere Möglichkeit besteht in der Verwendung von An- und Auslaufblechen. Die eigentliche Schweißnaht wird ausschließlich im stationären Schweißprozess hergestellt. Zündstelle und Nahtende befinden sich auf den Hilfsblechen, die im Nachgang abgetrennt werden.

### 3.10.5.3 Brennerführung

Das MSG-Schweißen ist prinzipiell in allen Positionen möglich, jedoch wird nach Möglichkeit die Wannenlage (PA) bevorzugt. Zum Verbindungsschweißen wird der Schweißbrenner im handgeführten Prozess neutral zur Werkstückoberfläche bzw. in Schweißrichtung leicht stechend oder schleppend geführt. In dieser Position arbeitet der MSG-Prozess sehr stabil und spritzerarm. Zudem können der Lichtbogen und das Schmelzbad durch den Schweißer gut beobachtet werden. Gleiches gilt auch für einen vollmechanisierten bzw. automatisierten MSG-Schweißprozess. Im Normalfall wird eine neutrale Brennerstellung bevorzugt.

Allerdings wirkt sich die Brennerstellung beim MSG-Schweißen verfahrensbedingt relativ stark auf die Prozesscharakteristik aus. Dementsprechend ändern sich die erzeugte Einbrandgeometrie und die Nahtform. Für verschiedene Anwendungsfälle kann es daher vorteilhaft sein, bewusst von der neutralen Brennerstellung abzuweichen. Dabei werden der große Einfluss der abschmelzenden Drahtelektrode und die Verteilung der Schmelze auf die erzeugte Nahtgeometrie genutzt.

Ausgehend von einer neutralen Brennerstellung nimmt die Einbrandtiefe $p$ mit zunehmend schleppender oder stechender Schweißbrenneranstellung $b$ ab. Im MSG-Schweißprozess kann dies direkt genutzt werden, um den Einbrand zu kontrollieren. In Bild 3.192 ist der Zusammenhang schematisch dargestellt. Im Gegensatz dazu wird die Nahtbreite $b$ von **schleppender** zu **stechender Schweißbrenneranstellung** deutlich größer. Die resultierende Nahtüberhöhung nimmt entsprechend ab. Damit lassen sich über die Brennerstellung wichtige Prozesseigenschaften, wie z. B. Spaltüberbrückbarkeit oder die Anbindung zum Grundwerkstoff, gezielt verbessern. In Bild 3.193 ist der Zusammenhang schematisch dargestellt.

In Kombination dieser Wirkungen ergeben sich für bestimmte Schweißaufgaben typische Arten der Brennerführung. Dünne Bleche werden meist stechend geschweißt. Der reduzierte Einbrand in Verbindung mit einer größeren Nahtbreite erhöht die Prozesssicherheit. Dicke Bleche werden meist neutral oder schleppend geschweißt. Bei höheren Leistungen wird damit ein Vorlaufen des Schmelzbades in der Fuge verhindert und ein sicherer Einbrand gewährleistet. In fallender Position ist eine schleppende Schweißbrenneranstellung vorzuziehen. Der Lichtbogen erzeugt einen ausreichenden Einbrand und stützt gleichzeitig das Schmelzbad. In steigender Position wird je nach zu schweißender Lage das unterschiedliche Einbrandverhalten von stechender und schleppender Schweißbrenneranstellung genutzt. Generell ist zu beachten, dass zu große Winkel abweichend von der neutralen Brennerstellung die Ursache für Unregelmäßigkeiten der Schweißnaht sein können. Vermehrte Spritzerbildung, Bindefehler durch reduzierten Einbrand und Schweißen auf der Schmelze, ungünstige Nahtform sowie Lufteinwirbelungen sind typische Folgeerscheinungen.

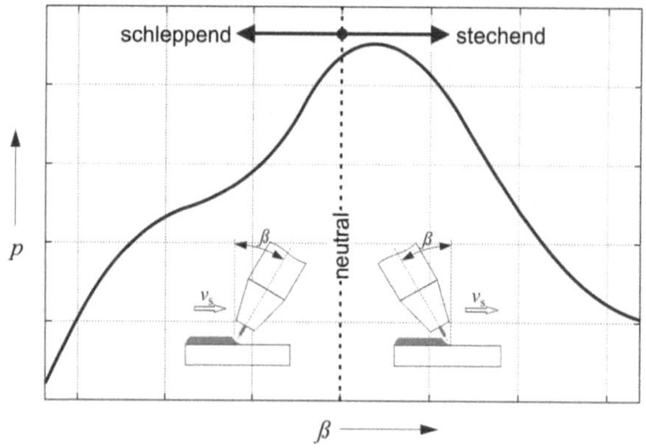


**Bild 3.192**
Einbrandtiefe in Abhängigkeit der Schweißbrenneranstellung

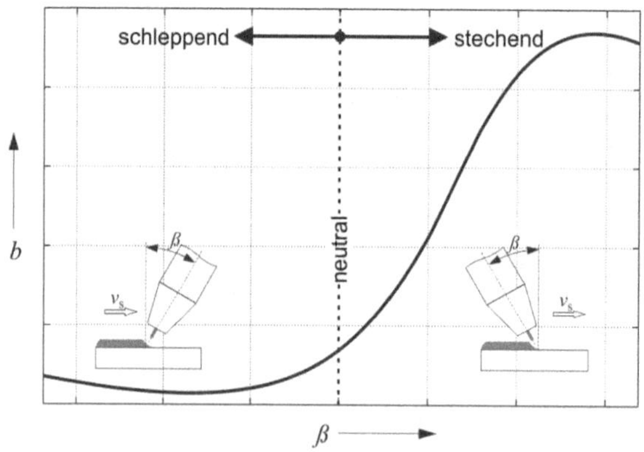


**Bild 3.193**
Nahtbreite in Abhängigkeit der Schweißbrenneranstellung

Beim MSG-Auftragschweißen wird häufig eine Brennerstellung außerhalb der neutralen Position gewählt, um bei hohen Abschmelzleistungen die Aufmischung dennoch gering zu halten. Dabei wird weniger die Schweißbrenneranstellung, sondern mehr der Brenneranstellwinkel quer zur Schweißrichtung angepasst. Der Lichtbogen brennt auf der vorhergehenden Raupe. Dadurch wird die Einbrandwirkung des Lichtbogens reduziert und die Aufmischung mit dem Grundwerkstoff begrenzt.

Neben der Brennerstellung hat das **freie Drahtelektrodenende** einen großen Einfluss auf den erzeugten Einbrand beim MSG-Schweißen. Wie in Abschnitt 3.10.3.1 ausgeführt, steigt mit zunehmender freier Drahtelektrodenlänge der ohmsche Widerstand der stromführenden Strecke zwischen Kontaktrohr und Werkstück. Bei gleicher Drahtvorschubgeschwindigkeit sinkt die Schweißstromstärke. Durch die reduzierte Lichtbogenleistung verringert sich der Einbrand. Bild 3.194 zeigt schematisch die Wirkung der freien Drahtelektrodenlänge auf das Einbrandverhalten beim MSG-Schweißen. Die freie Drahtelektrodenlänge sollte daher möglichst konstant gehalten werden, um ein gleichbleibendes Schweißergebnis zu erzielen. Als Richtwert im unteren Leistungsbereich kann 10 × Drahtelektrodendurchmesser und bis zu 20 × Drahtelektrodendurchmesser im oberen Leistungsbereich angenommen werden.

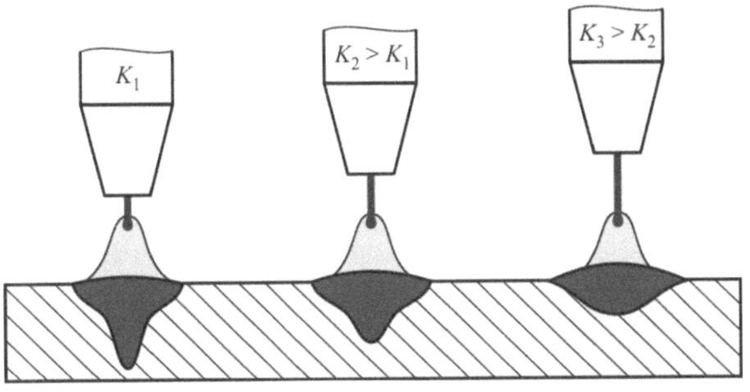


**Bild 3.194**
Wirkung der freien Drahtelektrodenlänge auf das Einbrandverhalten eines MSG-Schweißprozesses

### 3.10.5.4 Heften

Wegen der relativ großen Wärmeeinbringung ist beim MSG-Schweißen prinzipiell mit stärkerem Verzug zu rechnen. Es empfiehlt sich deshalb, die Fügepartner, wenn diese nicht in einer steifen Spannvorrichtung fixiert werden können, zunächst durch sorgfältiges Heften miteinander zu verbinden. Das Heften sollte von der Mitte nach außen erfolgen, wobei die Enden der Nähte freigehalten werden. Damit kann ein sicherer Einbrand am Nahtanfang und -ende erreicht werden. Abstand und Länge der einzelnen Heftstellen richten sich in erster Linie nach der Blechdicke.

### 3.10.5.5 Gasschutz

Für einen optimalen Gasschutz der Schmelze ist die Schutzgasdüse je nach Größe, Lage und Zugänglichkeit des Schmelzbades und der zu schützenden Wärmeeinflusszone zu wählen. Die meisten Brennersysteme ermöglichen den Wechsel und bieten unterschiedlich große Schutzgasdüsen an. Bei ungenügender Zugänglichkeit an schmalen Bauteilgeometrien werden für MSG-Schweißbrenner auch kürzere Schutzgasdüsen eingesetzt. Durch den Rückstand der Schutzgasdüse kann das Kontaktrohr näher an die Fuge positioniert werden, siehe Bild 3.195. Lichtbogenlänge und freie Drahtelektrodenlänge können auf optimale Werte eingestellt werden. Ein ausreichender Gasschutz ist aufgrund der engen Fuge dennoch gegeben. Für hochbeanspruchte Brenner werden u. U. wassergekühlte Schutzgasdüsen angeboten. Bei Verwendung derartiger Düsen ist darauf zu achten, dass diese absolut dicht und trocken sind, insbesondere nach längeren Schweißpausen oder einem Düsenwechsel. Bereits geringste Feuchtigkeitsmengen durch ausgetretenes Kühlwasser oder Kondensation aus der Luft können zu nicht tolerierbaren Unregelmäßigkeiten der Schweißnaht führen.

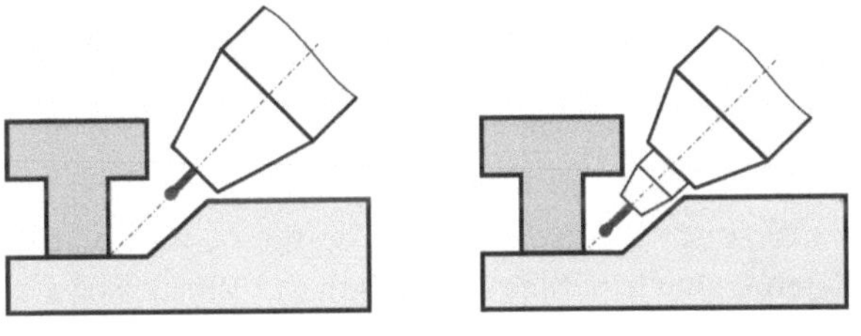

**Bild 3.195**
Verbesserte Bauteilzugänglichkeit beim MSG-Schweißen mit zurückgesetzter Schutzgasdüse

Zum Schweißen von besonders gasempfindlichen Werkstoffen, wie z. B. hochlegierten Stählen, ist die Schutzgasabdeckung der Schmelze mit normalen Gasdüsen häufig nicht ausreichend. Gleiches gilt für das Schweißen mit hohem Wärmeeintrag und verhältnismäßig großen Schmelzbädern. Unter diesen Bedingungen verlässt die Schweißnaht die Schutzgasglocke in einem kritischen Temperaturbereich. Der Kontakt mit Sauerstoff, Stickstoff oder Wasserstoff aus der Atmosphäre führt in diesem Zustand in der Regel zu starker Oxidation, Porenbildung oder Versprödung. Der erforderliche Schutz kann durch den Einsatz von **Schleppgasdüsen** erreicht werden, siehe Bild 3.196.

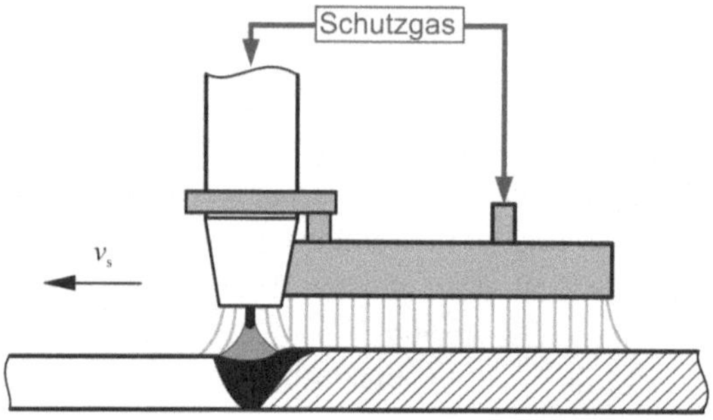


**Bild 3.196**
Schematische Darstellung der Anordnung einer Schleppgasdüse im Schweißprozess

Die Wirksamkeit der Schutzmaßnahmen kann relativ einfach über das Ausbleiben von Oberflächenverfärbungen bewertet werden. Durch starke Kühlung der Fügezone, z. B. mit aktiv gekühlten Kupferspannvorrichtungen, kann die zu schützende Zone kleiner gehalten werden. Des Weiteren verbessern Schutzgase mit einer höheren Reinheit die Abschirmung der Schmelze bzw. Schweißnaht.

Bei einseitig geschweißten Nähten ist es oft notwendig, auch die rückseitig durchtretende Wurzel und den angrenzenden Werkstoff durch Schutzgas vor der Atmosphäre zu schützen. Bei Verbindungen, die mit Spalt geschweißt werden, genügt es vielfach, auf der Rückseite eine genutete Schiene, z. B. aus Kupfer oder nichtrostendem Stahl, anzubringen, in der sich das von oben zuströmende Schutzgas staut und somit einen ausreichenden Schutz bietet. In Bild 3.197 ist das Prinzip dargestellt.

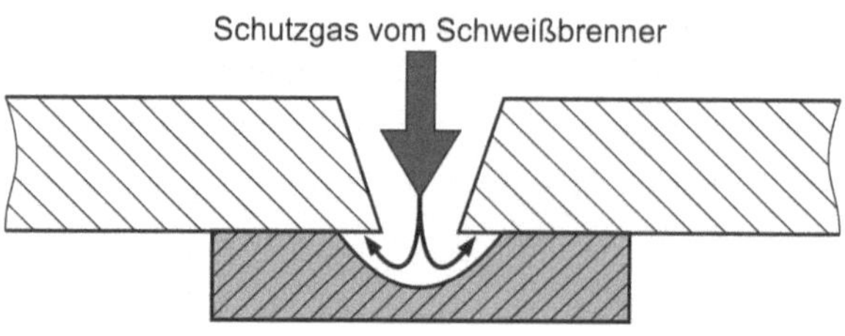


**Bild 3.197**
Wurzelschutz durch gestautes Schutzgas vom Brenner in der Nut der Badstütze

Beim Schweißen von Wurzellagen an mehrlagigen Schweißverbindungen wird zumeist eine aktive, zusätzliche Gaszuführung angeordnet. Dazu wird eine Kupferbadstütze mit Bohrungen versehen, die eine gleichmäßige Verteilung des Wurzelschutzgases über die Schweißnahtlänge gewährleistet (Bild 3.198). Für das Schweißen von

Rohrleitungen gibt das DVS-Merkblatt 0937 ausführliche Hinweise zur Gestaltung des aktiven Wurzelschutzes. In diesem Anwendungsfeld kommt jedoch aus qualitativen Gründen bevorzugt der WIG-Prozess zum Schweißen der Wurzellage zum Einsatz. Mit dem produktiveren MSG-Prozess werden häufig die Zwischen- und Decklagen geschweißt, bei denen kein rückseitiger Gasschutz erforderlich ist.

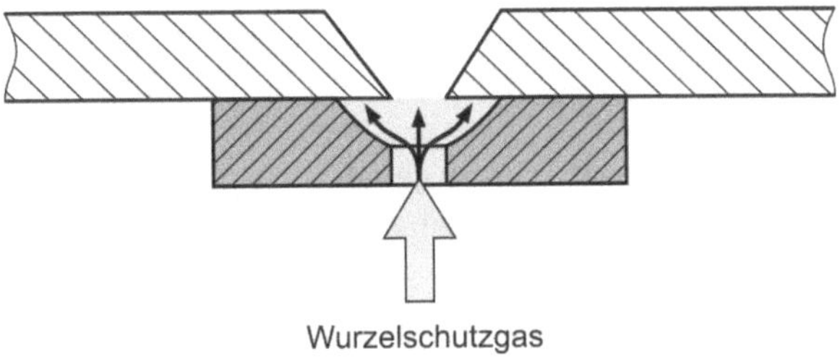


**Bild 3.198**
Wurzelschutz durch aktive Gaszuführung über die Badstütze

### 3.10.5.6 Richtwerte

Besonders wichtige Schweißparameter sind die Schweißspannung und die Schweißstromstärke. In Bild 3.199 ist der Einfluss der Schweißspannung auf das Einbrandverhalten beim MSG-Schweißen schematisch dargestellt. Die Schweißspannung bestimmt maßgeblich die Länge des Lichtbogens. Durch dessen Aufweitung hat die Lichtbogenlänge einen großen Einfluss auf die Nahtbreite. Mit zunehmender Lichtbogenlänge wird die Naht deutlich breiter. Einbrandtiefe und Nahtüberhöhung nehmen dagegen ab. Eine zu große Schweißspannung birgt die Gefahr von Instabilitäten des Lichtbogens und der Bildung von Einbrandkerben. Zudem muss mit erhöhtem Legierungsabbrand und verstärkter Rauchentwicklung gerechnet werden.

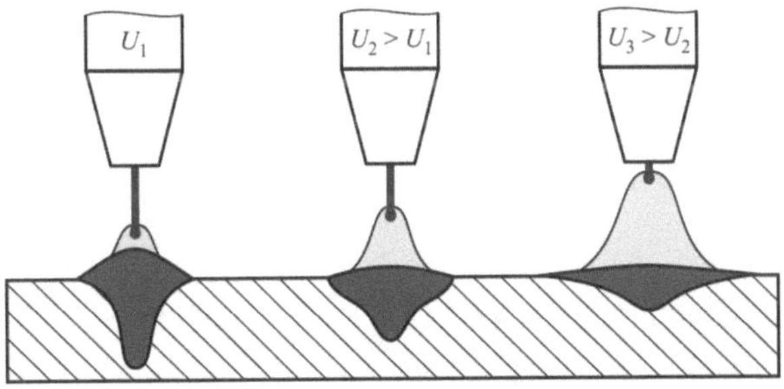


**Bild 3.199**
Einfluss der Schweißspannung auf das Einbrandverhalten beim MSG-Schweißen

In Bild 3.200 ist der Einfluss der Schweißstromstärke auf das Einbrandverhalten beim MSG-Schweißen schematisch dargestellt. Die Schweißstromstärke bestimmt maßgeblich die Einbrandtiefe des Lichtbogens. Mit zunehmender Schweißstromstärke nimmt die Einbrandtiefe deutlich zu. Die Nahtüberhöhung wird geringer, die Nahtbreite bleibt nahezu unbeeinflusst. Zu beachten ist, dass beim MSG-Schweißen die Schweißstromstärke direkt an die Drahtvorschubgeschwindigkeit gekoppelt ist. Eine höhere Schweißstromstärke bedingt immer auch eine gesteigerte Drahtvorschubgeschwindigkeit, d. h., das Nahtvolumen ändert sich.

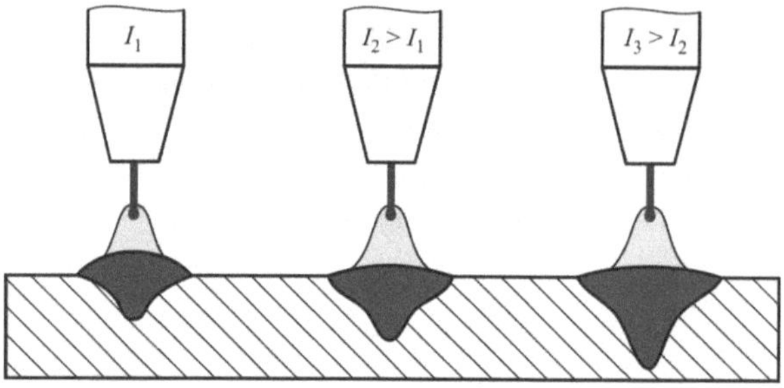


**Bild 3.200**
Einfluss der Schweißstromstärke auf das Einbrandverhalten beim MSG-Schweißen

Unter der Wirkung der vorgenannten Einflussgrößen ergeben sich für bestimmte Schweißaufgaben definierte Einstellwerte, die zu guten Schweißergebnissen führen. Tabelle 3.45 und Tabelle 3.46 enthalten Richtwerte für das Schweißen von Stahl und Aluminium in den für das MSG-Verfahren besonders interessanten Dickenbereichen. Diese Werte stellen Richtwerte dar, d. h., sie können als erste Einstellung dienen, müssen aber gegebenenfalls den jeweiligen Bedingungen noch angepasst werden.

**Tabelle 3.45** Richtwerte für das MSG-Schweißen von Stumpfstößen an unlegiertem/legiertem Stahl; Schutzgas ISO 14175 – M21, Zusatzwerkstoff ISO 14341 – G3Si1/G4Si1, Drahtelektrodendurchmesser 1,2 mm

| Blechdicke [mm] | Nahtart | Lagen | Drahtvorschubgeschwindigkeit [m/min] | Lichtbogenart | Stromstärke [A] | Spannung [V] |
|---|---|---|---|---|---|---|
| 1,5 | I-Naht | 1 | 1,5 | Impuls | 54 | 18,7 |
| | | | | Kurz | 68 | 15,7 |
| 2,0 | I-Naht | 1 | 2,0 | Impuls | 68 | 19,7 |
| | | | | Kurz | 88 | 16,3 |
| 2,5 | I-Naht | 1 | 2,5 | Impuls | 83 | 20,4 |
| | | | | Kurz | 108 | 17,0 |
| 3,0 | I-Naht | 1 | 3,0 | Impuls | 98 | 20,9 |
| | | | | Kurz | 126 | 17,4 |
| 3,5 | I-Naht | 1 | 4,0 | Impuls | 123 | 21,9 |
| | | | | Kurz | 162 | 18,5 |

| Blechdicke [mm] | Nahtart | Lagen | Drahtvorschubgeschwindigkeit [m/min] | Lichtbogenart | Stromstärke [A] | Spannung [V] |
|---|---|---|---|---|---|---|
| 4,0 | I-Naht | 1 | 5,0 | Impuls | 146 | 22,9 |
| | | | | Kurz | 199 | 20,5 |
| 5,0 | V-Naht | 1 | 6,0 | Impuls | 161 | 23,8 |
| 6,0 | V-Naht | 2 | 7,0 | Impuls | 182 | 24,1 |
| 8,0 | V-Naht | 2 | 8,0 | Impuls | 224 | 25,9 |
| 10 | V, X-Naht | 2 | 10,0 | Sprüh | 300 | 29,0 |
| 12 | V, X-Naht | 2 | 12,0 | Sprüh | 340 | 31,5 |
| 15 | V, X-Naht | 3 | 14,0 | Sprüh | 378 | 32,9 |

**Tabelle 3.46** Richtwerte für das MSG-Schweißen von Stumpfstößen an Aluminium; Schutzgas ISO 14175 – I1, Zusatzwerkstoff Massivdraht EN ISO 18273 – S Al 4043 (AlSi5), Drahtelektrodendurchmesser 1,2 mm

| Blechdicke [mm] | Nahtart | Lagen | Drahtvorschubgeschwindigkeit [m/min] | Lichtbogenart | Stromstärke [A] | Spannung [V] |
|---|---|---|---|---|---|---|
| 1,0 | I | 1 | 1,5 | Impuls | 30 | 16,4 |
| 2,0 | I | 1 | 3,0 | Impuls | 69 | 18,5 |
| 3,0 | I | 1 | 4,0 | Impuls | 97 | 19,6 |
| 4,0 | I | 1 | 5,0 | Impuls | 122 | 20,5 |
| | | | | Kurz | 95 | 13,4 |
| 5,0 | I | 1 | 6,0 | Impuls | 147 | 21,9 |
| | | | | Kurz | 110 | 16,4 |
| 6,0 | Y | 1 | 7,0 | Sprüh | 174 | 22,9 |
| 7,0 | Y | 2 | 8,0 | Sprüh | 198 | 24,8 |
| 10,0 | Y | 3 | 11,0 | Sprüh | 257 | 26,5 |

## 3.10.6 Fehler beim MSG-Schweißen

### 3.10.6.1 Gaseinschlüsse

Hinsichtlich der Bildungsmechanismen unterscheidet man mechanische und metallurgische Porenbildung. Mechanische Poren treten typischerweise beim Überschweißen von Fertigungsbeschichtungen (Verzinkung, Primer) oder Verunreinigungen (beölte Bleche, Ziehmittelrückstände) auf. Durch die Schweißwärme verdampfen die Verunreinigungen bzw. Beschichtungen und bilden dabei große Mengen an Gasen, die als Blasen im Schweißgut eingeschlossen werden. Auch beim Überschweißen von gasgefüllten Hohlräumen, wie z. B. an Überlappverbindungen, können mechanische Poren entstehen. Das eingeschlossene Gas expandiert unter dem Einfluss der Schweißwärme sehr stark und bleibt in Form von Poren im Schweißgut zurück. Durch Säuberung der Oberflächen vor dem Schweißen und die Schaffung günstiger Ausgasungsbedingungen (keine Hohlräume, langsame Abkühlraten) lassen sich diese Poren vermeiden.

Die metallurgische Porenbildung beim MSG-Schweißen geht bei niedriglegierten Stählen von Stickstoff aus, bei hochlegierten Stählen und bei Aluminiumlegierungen von Wasserstoff. Ursache ist die unterschiedliche Löslichkeit der Gase in der flüssigen (Schmelzbad) und festen (erstarrte Schweißnaht) Phase der Metalle. Die Poren verursachenden Gase stammen überwiegend aus der Umgebungsluft. Die Gase gelangen durch Turbulenzen in der Schutzgasabdeckung oder durch zu geringe Schutzgasdurchflussmengen in die Lichtbogenatmosphäre. Ursache für Verwirbelungen im Schutzgasstrom können Zugluft, verunreinigte Gasdüsen oder zu schräge Brenneranstellungen sein. Eine weitere Quelle für die Aufnahme von Wasserstoff können auch Verunreinigungen oder Oxidschichten auf Drahtelektrode und Grundwerkstoff sein. Dies trifft besonders auf das Schweißen von Aluminiumwerkstoffen zu. Oxidschichten auf Aluminiumoberflächen sind stark hygroskopisch und können größere Mengen Wasserstoff binden. Zusatzwerkstoffe aus Aluminium sollten deshalb nicht lange an Luft lagern. Oxidhäute auf dem Grundwerkstoff müssen vor dem Schweißen sorgfältig entfernt werden.

Das DVS-Merkblatt 0912-2 gibt ausführlich Hinweise zur Vermeidung von Poren beim MSG-Schweißen von Stahlwerkstoffen.

### 3.10.6.2 Bindefehler

Unter Bindefehlern versteht man im Allgemeinen eine nicht stoffschlüssig ausgebildete Verbindung zwischen Schweißgut (abgeschmolzener Zusatzwerkstoff) und Grundwerkstoff. Ursachen sind eine zu geringe Lichtbogenenergie oder vorlaufendes Schmelzbad.

Bindefehler durch zu geringe Lichtbogenenergie können durch ungenügende Schweißleistung oder zu hohe Schweißgeschwindigkeiten verursacht werden. In beiden Fällen wird der abgeschmolzene Zusatzwerkstoff nur auf nicht aufgeschmolzenem Grundwerkstoff „abgelegt". Derartige Bindefehler treten häufig am Nahtanfang, bei ungünstiger Fugengeometrie oder bei sehr gut wärmeleitenden Grundwerkstoffen (z. B. Kupfer) auf.

Bindefehler durch vorlaufendes Schmelzbad entstehen durch falsche Brenneranstellung, zu hohe Abschmelzleistung oder zu geringe Schweißgeschwindigkeit. In allen Fällen läuft das Schmelzgut vor dem Lichtbogen vor. Der Lichtbogen brennt auf dem flüssigen Schweißgut, welches eine deutlich schlechtere Wärmeleitfähigkeit als der Grundwerkstoff besitzt. Die Wärme staut sich im Schmelzgut und verhindert ein Aufschmelzen des darunterliegenden Grundwerkstoffes.

Das DVS-Merkblatt 0912-1 gibt ausführlich Hinweise zur Vermeidung von Bindefehlern beim MSG-Schweißen von Stahlwerkstoffen.

### 3.10.6.3 Häufige Fehlerbilder und Ursachen

Neben Poren und Bindefehlern können beim MSG-Schweißen noch Nahtgeometriefehler auftreten. Die wichtigsten Fehlerbilder und ihre Ursachen sind in Tabelle 3.47 aufgeführt.

**Tabelle 3.47** Fehler beim MSG-Schweißen

| Fehlerbild | Beschreibung | Ursachen |
|---|---|---|
|  | zu geringe Durchschweißung | Schweißstrom zu gering, Lichtbogen zu lang, Brennerabstand zu groß, Schweißgeschwindigkeit zu hoch |
| 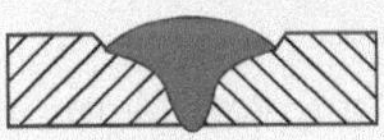 | Einbrandkerben | Schweißstrom zu hoch, Lichtbogen zu lang, Brennerabstand zu gering, Schweißgeschwindigkeit zu gering |
| 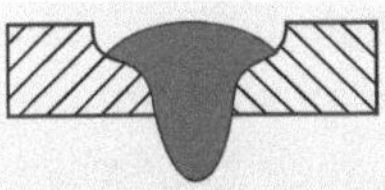 | Durchbrand | Schweißstrom zu hoch, Lichtbogen zu kurz, Brennerabstand zu gering, Schweißgeschwindigkeit zu gering |
| 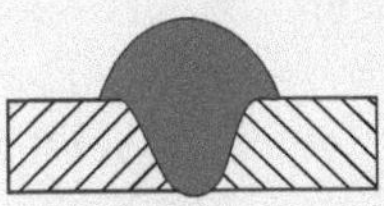 | zu große Nahtüberhöhung | Drahtvorschubrate zu hoch, Schweißgeschwindigkeit zu gering |
| 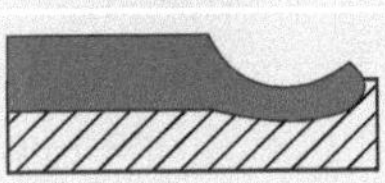 | Endkrater | falsches Prozessregime bei Abschaltung des Lichtbogens |

Tabelle 3.47 Fehler beim MSG-Schweißen (Fortsetzung)

| Fehlerbild | Beschreibung | Ursachen |
|---|---|---|
| 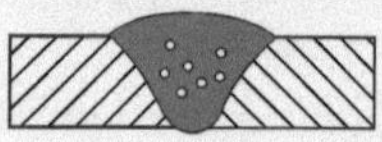 | Poren | mangelhafte Schutzgasabdeckung, verunreinigte Bauteiloberfläche, verunreinigte Drahtelektrodenoberfläche, Oxidschichten auf der Bauteiloberfläche |
| 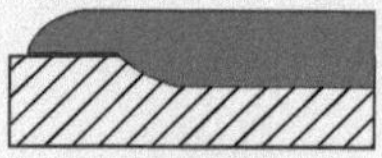 | Nahtanfangs-Bindefehler | zu geringe Startstromstärke, zu hohe Abschmelzleistung |
| 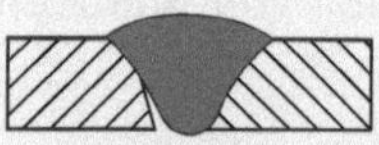 | Flankenbindefehler | vorlaufendes Schmelzbad, außermittige Brennerposition |
| 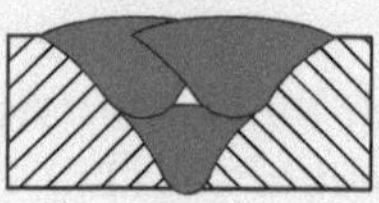 | Lagenbindefehler | vorlaufendes Schmelzbad, ungünstiger Lagenaufbau |

### 3.10.7 Gefährdungen für den Schweißer

Die allgemeinen Gefährdungen beim Schweißen mit Lichtbogen sind ausführlich in Abschnitt 3.15 beschrieben.

Beim MSG-Schweißen ist der Schweißer vor allem intensiver Strahlung aus dem Lichtbogen (UV, Licht und Wärme) ausgesetzt. Zusätzlich können heiße Metallspritzer aus dem Lichtbogenbereich herausgeschleudert werden. Die Haut und vor allem die Augen sind durch entsprechende Schweißerschutzkleidung und einen Sichtschutz davor zu schützen. Darüber hinaus wird der Schweißer stark durch Rauch und Gase, die vor allem bei der Abschmelzung des Zusatzwerkstoffes und bei der Verdampfung eventueller Bauteilbeschichtungen entstehen, belastet. Diese sind nach Möglichkeit direkt an der Entstehungsstelle über brennerintegrierte Absaugsysteme zu erfassen oder durch andere geeignete Absaugmaßnahmen vom Atembereich des Schweißers fernzuhalten. Ist dies nicht möglich, kann der Einsatz fremdbelüfteter Schweißerschutzhelme erforderlich sein.

Eine weitere Gefährdung geht beim MSG-Schweißen von den Drahtvorschubgeräten aus. Zum einen besteht die Gefahr, dass der Bediener mit der Hand oder Kleidungsstücken in die sich drehenden Teile des Vorschubsystems gerät. Zum anderen besteht Verletzungsgefahr an der aus dem Brenner austretenden, dünnen, spitzen Drahtelektrode.

## 3.11 Unterpulverschweißen (Prozess 12)

### Verfahrensmerkmale

Das **Unterpulverschweißen** ist ein Schmelzschweißverfahren, bei dem der Lichtbogen zwischen einer abschmelzenden Elektrode und dem Grundwerkstoff verdeckt unter einer Schicht von körnigem Pulver brennt. Dabei bildet sich aus Metalldampf und verdampftem Pulver eine **Kaverne** aus. Das Pulver hat im Wesentlichen die Aufgabe, das Schmelzbad vor den schädlichen Einflüssen der Atmosphäre zu schützen und einen stabilen Lichtbogen zu erzeugen. Das Verfahren besitzt einen hohen thermischen Wirkungsgrad und ermöglicht die Realisierung hoher Abschmelzleistungen bei guter Schweißnahtqualität. Es wird ausschließlich vollmechanisch ausgeführt. Das notwendige Pulverhandling und das große Schmelzbad schränken die anwendbaren Schweißpositionen ein.

### Anwendungsbereich/Abmessungen

Aufgrund der hohen Abschmelzleistung wird das Verfahren vorzugsweise zum Schweißen langer Nähte im Blechdickenbereich ≥ 10 mm eingesetzt. Es ist aber auch möglich, geringere Blechdicken zu verschweißen. Das Unterpulverschweißen wird im Kessel-, Behälter- und Rohrleitungsbau sowie im Stahl- und Brückenbau eingesetzt. Ebenfalls findet das Verfahren im Druckbehälter- und Chemieanlagenbau Anwendung. Weitere Anwendungsbereiche sind der Nuklear-, Kraftanlagen- und Offshorebau sowie der Schiffbau.

### Werkstoffgruppen

Es werden un- und niedriglegierte sowie hochfeste und hochlegierte Stähle mit dem Unterpulverschweißen verarbeitet. Des Weiteren können Nickelbasislegierungen gefügt werden.

### Wichtige Merkblätter und Normen

- **DVS Merkblatt 0915:** Unterpulver-Mehrdrahtschweißen
- **DVS Merkblatt 0940:** Unterpulverschweißen mit Bandelektrode
- **DVS Merkblatt 0948:** Unterpulverschweißen mit seinen Verfahrensvarianten
- **DIN EN ISO 9692-2:** Schweißen und verwandte Verfahren – Schweißnahtvorbereitung. Teil 2: Unterpulverschweißen von Stahl
- **DIN EN ISO 6947:** Schweißen und verwandte Prozesse – Schweißpositionen
- **DIN EN ISO 14171:** Schweißzusätze – Massivdrähte, Fülldrähte und Draht-Pulver-Kombinationen zum Unterpulverschweißen von unlegierten Stählen und Feinkornstählen – Einteilung

- **DIN EN ISO 14174:** Schweißzusätze – Pulver zum Unterpulverschweißen und Elektroschlackeschweißen – Einteilung
- **DIN EN ISO 18274:** Schweißzusätze – Massivdraht- und Massivbandelektroden, Massivdrähte und -stäbe zum Schmelzschweißen von Nickel und Nickellegierungen – Einteilung
- **DIN EN ISO 14343:** Schweißzusätze – Drahtelektroden, Bandelektroden, Drähte und Stäbe zum Schmelzschweißen von nichtrostenden und hitzebeständigen Stählen – Einteilung

## 3.11.1 Verfahrensprinzip und Anlagentechnik

### 3.11.1.1 Funktionsweise

Beim UP-Schweißen (Unterpulverschweißen) wird ein Lichtbogen zwischen einer abschmelzenden Elektrode, die gleichzeitig als Zusatzwerkstoff dient, und dem Werkstück erzeugt. Standardmäßig werden als Elektrode der jeweiligen Schweißaufgabe angepasste Metalldrähte im Durchmesser von 2,0...6,0 mm verwendet. Unter der Einwirkung des Lichtbogens schmilzt die endlos zugführte Drahtelektrode ab und der Grundwerkstoff örtlich begrenzt auf. Der Ab- bzw. Aufschmelzvorgang wird durch auf das Werkstück aufgeschüttetes Schweißpulver von der Umgebungsluft abgeschirmt. Der Lichtbogen brennt, für das Auge nicht sichtbar, in einer gasgefüllten Kaverne zwischen der kontinuierlich zugeführten Elektrode und dem Grundwerkstoff unter der Pulverschicht. Die aus verdampftem Pulver und Metalldämpfen gebildete Kaverne wird einerseits durch den Grundwerkstoff (Schmelzbad) und andererseits durch das geschmolzene Pulver (Schlacke) begrenzt. In Bild 3.201 ist das Grundprinzip des Unterpulverschweißens schematisch dargestellt.

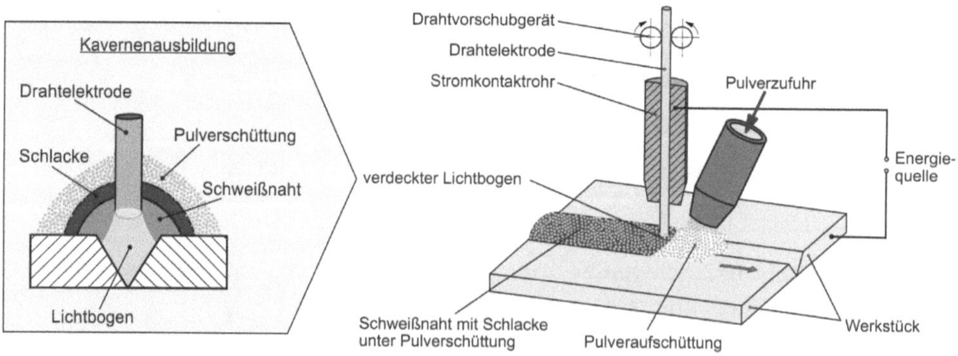


Bild 3.201 Verfahrensprinzip des Unterpulverschweißens

Nach DIN 1910-100 ist das UP-Schweißen den Schmelzschweißverfahren zugeordnet, die eine elektrische Gasentladung als Energieträger nutzen (Lichtbogenschweißen). Im internationalen Sprachgebrauch ist die Kurzbezeichnung SAW (*engl.* submerged arc welding) gebräuchlich.

Den zur Erzeugung des Lichtbogens erforderlichen elektrischen Strom liefert eine Schweißstromquelle. Standardmäßig wird beim UP-Schweißen Gleichstrom verwendet, wobei die Elektrode plus- und das Werkstück minusgepolt sind. Für Mehrdrahtanwendungen wird Wechselstrom eingesetzt. Die Zündung des Lichtbogens erfolgt bei langsamer Einschleichgeschwindigkeit durch Berührung der Drahtelektrode mit dem Werkstück (Kurzschlusszündung). Die Drahtelektrode wird mechanisiert über ein Drahtvorschubgerät, welches die Drahtelektrode kontinuierlich aus einem Drahtvorrat zur Schweißstelle fördert, zugeführt. Die Kontaktierung der Drahtelektrode mit dem Schweißstrom erfolgt im Schweißbrenner über der Elektrodengeometrie angepasste Kontaktelemente. Das Schweißpulver wird vor dem Schweißkopf auf das Werkstück aufgeschüttet. Im Schweißprozess bildet es auf der Schweißnaht eine Schlacke. Überschüssiges Pulver kann hinter der Schweißstelle abgesaugt und dem Pulverbehälter (evtl. nach einer Aufbereitung) wieder zugeführt werden. Das Schweißpulver wird vor oder um den Schweißkopf auf das Werkstück aufgeschüttet und kann nach dem Erstarren der Schlacke hinter der Schweißstelle abgesaugt und dem Pulverbehälter (evtl. nach einer Aufbereitung) wieder zugeführt werden.

Das Unterpulverschweißen weist den höchsten thermischen Wirkungsgrad aller Schmelzschweiß-verfahren auf. Dieser ist als Verhältnis von zugeführter elektrischer Energie zum Wärmeeintrag in das Bauteil definiert. In DIN EN 1011 wird für das UP-Schweißen ein thermischer Wirkungsgrad von $\eta_{th} = 1{,}0$ angegeben. Dabei sind Wärmeströme in das Schweißpulver und die Wärmeableitung über das Werkstück jedoch nicht berücksichtigt. Real werden, in Abhängigkeit von den Pulvereigenschaften und der Wärmeleitfähigkeit der Grundwerkstoffe, nur 40...70 % der zugeführten elektrischen Energie zur Aufschmelzung von Grund- und Zusatzwerkstoff genutzt, Bild 3.202. Im Vergleich mit offen brennenden Lichtbögen kommt es nicht zu Abstrahlungsverlusten des Lichtbogens in die Umgebung oder zu Wärmeverlusten durch Materialauswurf (Spritzer). Zudem wird eine Wärmeabstrahlung der Schweißnaht in die Umgebung durch die aufliegende Pulverschicht effektiv verhindert.

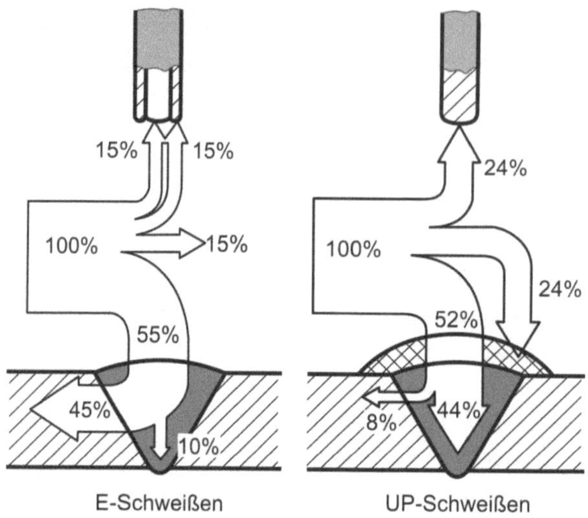


**Bild 3.202**
Wärmebilanzen von E-Hand und UP-Schweißen im Vergleich (nach MUE83)

### 3.11.1.2 Schweißpulver

Die Inhaltsstoffe der **Schweißpulver** setzen sich aus überwiegend mineralischen Bestandteilen zusammen (s. Abschnitt 3.5.5). Abhängig von ihrer chemischen Zusammensetzung und ihrer Korngröße besitzen Schweißpulver eine unterschiedliche Dichte.

#### Aufgaben der Schweißpulver

Das Schweißpulver übernimmt die gleichen Aufgaben wie die Elektrodenumhüllung beim Lichtbogenhandschweißen. Durch die geschlossene Kaverne sowie eine dickere Schlackenschicht (bis 10 mm) im Vergleich zum Elektrodenhandschweißen erfolgen die Abschirmung des Schmelzbades vor der Atmosphäre und die Schweißnahtformung noch wirksamer.

Die Aufgaben des Schweißpulvers sind:

1. Schutz des Schmelzbades und des Abschmelzvorgangs gegen Einwirkungen der Atmosphäre durch Ausbildung einer gleichmäßigen Pulver- und Schlackeschicht.
2. Metallurgische Beeinflussung des Schweißgutes durch im Pulver enthaltene Komponenten.
3. Stabilisierung des Lichtbogens durch Verdampfung von leicht ionisierbaren Elementen (z. B. Calcium, Natrium) in der Kaverne.
4. Formung der Schweißraupe durch entsprechende Viskosität und Oberflächenspannung der Schlacke.

#### Bezeichnung und Einteilung der Schweißpulver

Die Pulver zum Unterpulver- und Elektroschlackeschweißen werden nach DIN EN ISO 14174 bezeichnet und eingeteilt (Bild 3.203). Die Bezeichnung der Schweißpulver erfolgt durch folgende sieben Merkmale:

1. Verfahren,
2. Herstellungsart,
3. Pulvertyp,
4. Pulverklasse, Anwendung,
5. metallurgisches Verhalten (optional),
6. Stromart (optional),
7. Wasserstoffgehalt im Schweißgut (optional).

Die Bezeichnung: ISO 14174 – S F CS 1 67 AC H10 bedeutet, dass ein erschmolzenes Pulver (F) zum UP-Schweißen (S) vom Calcium-Silikat-Typ (CS) für den Anwendungsbereich der Klasse 1 (1), mit einem Zubrand an Silizium von 0,2 % (6) und Mangan von 0,5 % (7), für das Schweißen mit Wechselstrom (AC) geeignet ist und im reinen Schweißgut einen Wasserstoffgehalt von 10 ml/100 g (H10) erzeugt.

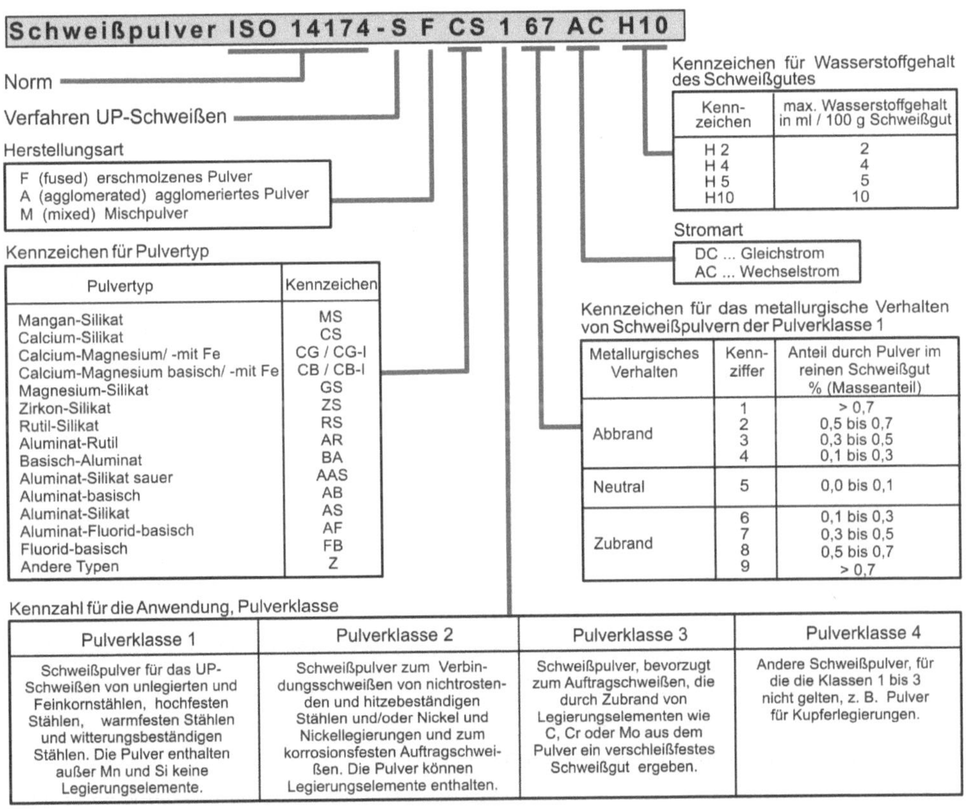


**Bild 3.203** Bezeichnung von UP-Schweißpulvern nach DIN EN ISO 14174

### Herstellung der Schweißpulver

Die fest und dauerhaft miteinander verbundenen verschiedenen Komponenten der Schweißpulver werden nach ihrer Herstellungsart unterschieden. Diese sind:

- erschmolzene Schweißpulver (F = fused),
- agglomerierte Schweißpulver (A = agglomerated),
- Mischpulver (M = mixed).

Bei den erschmolzenen Schweißpulvern werden die Bestandteile wie Kalk, Quarz, Rutil usw. zuerst zerkleinert, gereinigt und getrocknet. Anschließend werden sie im gewünschten Verhältnis in einem Schmelzofen geschmolzen. Im Ofen entsteht eine Schmelze, die nach dem Erstarren eine Schlacke bildet. Diese wird dann durch einen Walzenbrecher gemahlen und anschließend durch Sieben auf die erforderliche Korngröße gebracht. Die erschmolzenen Schweißpulver können amorph oder kristallin erstarren, abhängig von der Zusammensetzung und der Erstarrungsgeschwindigkeit. Keine Feuchtigkeitsempfindlichkeit besitzen Pulver, die amorph erstarrt sind. Aufgrund ihres vollkommen homogenen und ausreagierten Korns – die chemischen Reaktionen zwischen den einzelnen Rohstoffkomponenten sind bereits bei der Herstellung abgeschlossen – besteht keine Möglichkeit zur Desoxidation oder zum Auflegieren des Schweißgutes durch Einbringen von metallischen Bestandteilen. Die Herstellungskosten solcher erschmolzenen Pulver sind relativ gering. Durch ihre höhere Dichte im Vergleich zu agglomerierten Pulvern ist der Pulververbrauch gewöhnlich höher.

Bei agglomerierten Schweißpulvern werden die Pulverbestandteile staubfein gemahlen, im gewünschten Verhältnis gemischt und mit Wasserglas abgebunden. Unter dem Einfluss der Oberflächenspannung bilden sich kleine Kügelchen, die auf einem Granulierteller auf die erforderliche Korngröße gebracht werden. Abschließend wird das Pulver getrocknet, wobei das Wasserglas abbindet, und bei 600...900 °C geglüht.

Die agglomerierten Schweißpulver besitzen ein heterogenes Korn, d. h., die einzelnen Rohstoffkomponenten reagieren erst während des Schweißvorgangs. Durch die relativ niedrige Temperatur bei der Herstellung können metallische Komponenten, wie Ferrosilizium oder Ferromangan, eingebracht werden, die beim Schmelzen verschlacken würden. Ebenfalls ist es möglich, das Schweißgut durch Zugabe von metallischen Desoxidationsstoffen und Legierungselementen zu reinigen und besser vor Seigerungen zu schützen. Die agglomerierten Schweißpulver sind feuchtigkeitsempfindlich und müssen vor Gebrauch rückgetrocknet werden. Die Kosten der Herstellung sind höher im Vergleich zu den erschmolzenen Pulvern. Aufgrund des niedrigen Schüttgewichtes ist der Verbrauch jedoch geringer.

Mischpulver sind Pulver, die aus verschiedenen Pulverarten bestehen, bzw. denen weitere Pulverbestandteile zugemischt werden.

### Pulvertypen

In DIN EN ISO 14174 sind, ausgehend von mineralischen Inhaltsstoffen, insgesamt 17 Pulvertypen definiert, Tabelle 3.48. Tabelle 3.49 listet die chemische Zusammensetzung der wichtigsten Pulvertypen auf. Jedes Schweißpulver hat verschiedene spezifische Eigenschaften, die sich in Kombination mit der verwendeten Drahtelektrode auf die metallurgischen und mechanischen Eigenschaften des Schweißgutes auswirken. Anwendungsrelevante Stichpunkte sind hier z. B. Schnellschweißeignung, Strombelastbarkeit, Eignung fürs Mehrdrahtschweißen, Eignung fürs Mehrlagenschweißen, Tieftemperatur-Kerbschlagzähigkeit, Schlackelösbarkeit, usw. Zudem generieren die Hersteller Spezialpulver für bestimmte Anwendungsfälle. Eine scharfe Abgrenzung der einzelnen Pulvertypen untereinander ist somit nicht immer möglich. Einen Überblick über die grundsätzlichen Eigenschaften der verschiedenen Pulvertypen gibt folgende Auflistung.

**Tabelle 3.48** Kennzeichen für den Pulvertyp, charakteristische chem. Bestandteile nach DIN EN ISO 14174

| Kennzeichen | Charakteristische chemische Zusammensetzung Bestandteile | Grenzwerte [%] |
|---|---|---|
| MS<br>Mangan-Silikat | $MnO + SiO_2$ | min. 50 |
| | $CaO$ | max. 15 |
| CS<br>Calcium-Silikat | $CaO + MgO + SiO_2$ | min. 55 |
| | $CaO + MgO$ | min. 15 |
| CG/CG-I<br>Calzium-Magnesium/mit Eisen | $CaO + MgO$ | 5...50/5...45 |
| | $CO_2$ | mind. 2 |
| | Fe | max. 10/15...60 |
| CB/CB-I<br>Calzium-Magnesium-basisch/mit Eisen | $CaO + MgO$ | 30...80/10...70 |
| | $CO_2$ | mind. 2 |
| | Fe | max. 10/15...60 |
| ZS<br>Zirkon-Silikat | $ZrO_2 + SiO_2 + MnO$ | min. 45 |
| | $ZrO_2$ | min. 15 |
| GS<br>Magnesium-Silikat | $MgO + SiO_2$ | min. 42 |
| | $Al_2O_3$ | max. 20 |
| | $CaO + CaF_2$ | max. 14 |

**Tabelle 3.48** Kennzeichen für den Pulvertyp, charakteristische chem. Bestandteile nach DIN EN ISO 14174 (Fortsetzung)

| Kennzeichen | Charakteristische chemische Zusammensetzung Bestandteile | Grenzwerte [%] |
|---|---|---|
| RS<br>Rutil-Silikat | $TiO_2 + SiO_2$ | min. 50 |
| | $TiO_2$ | min. 20 |
| AR<br>Aluminat-Rutil | $Al_2O_3 + TiO_2$ | min. 40 |
| AB<br>Aluminat-basisch | $Al_2O_3 + CaO + MgO$ | min. 40 |
| | $Al_2O_3$ | min. 20 |
| | $CaF_2$ | max. 22 |
| AS<br>Aluminat-Silikat | $Al_2O_3 + SiO_2 + ZrO_2$ | min. 40 |
| | $CaF_2 + MgO$ | min. 30 |
| | $ZrO_2$ | min. 5 |
| AF<br>Aluminat-Fluorid-basisch | $Al_2O_3 + CaF_2$ | min. 70 |
| FB<br>Fluorid-basisch | $CaO + MgO + CaF_2 + MnO$ | min. 50 |
| | $SiO_2$ | min. 20 |
| | $CaF_2$ | min. 15 |
| Z | jede andere vereinbarte Zusammensetzung | |

**Tabelle 3.49** Richtanalysen handelsüblicher UP-Schweißpulver [KIL91]

| | $SiO_2$ | MnO | CaO | MgO | $CaF_2$ | $Al_2O_2$ | $TiO_2$ | Sonstige |
|---|---|---|---|---|---|---|---|---|
| | % | % | % | % | % | % | % | % |
| Mangan-Silikat-Typ | 40 | 40 | 10 | 2 | 2 | 3 | – | 3 |
| Calcium-Silikat-Typ | 35 | 10 | 12 | 25 | 3 | 13 | – | 2 |
| Aluminat-Rutil-Typ | 15 | 20 | 3 | 2 | 5 | 40 | 10 | 5 |
| Aluminat-basischer Typ | 12 | 20 | 22 | 5 | 15 | 23 | – | 3 |
| Fluorid-basischer Typ | 15 | 5 | 12 | 33 | 20 | 13 | – | 2 |

- Mangan-Silikat-Typ (MS)

Hauptkomponenten dieses Pulvertyps sind MnO und $SiO_2$. Das Pulver erzeugt im Schweißgut einen hohen Mangan- und Siliziumzubrand. Daher wird es mit niedrig manganhaltigen Drahtelektroden kombiniert. MS-Pulver sind hoch strombelastbar, für hohe Schweißgeschwindigkeiten geeignet und bieten eine hohe Sicherheit gegen Porenbildung. Die Schweißnähte sind regelmäßig ausgebildet und frei von Kerben an den Nahtübergängen. Das erzeugte Schweißgut weist aufgrund des hohen Sauerstoffgehalts nur geringe Zähigkeitswerte auf. Dies schließt eine Verwendung zum Mehrlagenschweißen an dicken Blechen zumeist aus. Sie sind jedoch gut geeignet für das Schnellschweißen dünner Werkstücke und das Schweißen von Kehlnähten. Daneben wird es auch zum Auftragschweißen mit Massiv- und Fülldrahtelektroden eingesetzt

- Calcium-Silikat-Typ (CS)

Hauptkomponenten dieses Pulvertyps sind CaO, MnO und $SiO_2$. Die Strombelastbarkeit von CS-Pulvern sinkt mit steigendem Basizitätsgrad. Je nach Basizität der Pulvermischung entstehen auch verschieden Pulvereigenschaften.

Saure Pulvertypen erzeugen im Schweißgut einen hohen Siliziumzubrand und sind am höchsten strombelastbar. Diese Pulver eignen sich zum Lage-/Gegenlageschweißen von dicken Werkstücken bei geringen Anforderungen an die mechanischen Eigenschaften des Schweißgutes.

Basische Pulvertypen erzeugen im Schweißgut einen geringen Siliziumzubrand. Diese Pulver können zum Mehrlagenschweißen dicker Bleche, auch bei hohen Anforderungen an die Festigkeits- und Zähigkeitseigenschaften des Schweißgutes, angewandt werden.

Mit CS-Pulvern geschweißte Nähte weisen eine glatte Nahtoberfläche ohne Randkerben auf. Haupteinsatzgebiet ist das Auftragschweißen und Bandplattieren von Korrosions- und Verschleißschutzschichten. Daneben wird es auch zum Verbindungsschweißen in Ein- und Mehrdrahtvarianten an niedriglegierten warmfesten Stählen und hochlegierten nichtrostenden Stählen eingesetzt.

- Magnesium-Silikat-Typ (GS)

Hauptkomponenten dieses Pulvertyps sind MgO und $SiO_2$. Das Pulver erzeugt im Schweißgut einen geringen Siliziumzubrand und einen geringen Manganabbrand Die entstehenden Schweißnähte weisen eine glatte Oberfläche auf und die Schlacke ist leicht entfernbar. Hauptanwendung ist das Bandplattieren zu Korrosions- und Verschleißschutzzwecken

- Zirkon-Silikat-Typ (ZS)

Hauptkomponenten dieses Pulvertyps sind $ZrO_2$ und $SiO_2$. Die Pulver sind für hohe Schweißgeschwindigkeiten geeignet und werden vorzugsweise für das einlagige Schnellschweißen dünnerer Bleche eingesetzt. Die entstehende Schlacke besitzt eine gute Benetzungsfähigkeit und gewährleistet auch bei hohen Schweißgeschwindigkeiten die Ausbildung gleichmäßiger Nähte ohne Randkerben.

- Rutil-Silikat-Typ (RS)

Hauptkomponenten dieses Pulvertyps sind $TiO_2$ und $SiO_2$. Das Pulver erzeugt im Schweißgut einen hohen Manganabbrand und einen hohen Siliziumzubrand. Daher wird es Drahtelektroden kombiniert, die einen höheren Mangangehalt aufweisen. Das erzeugte Schweißgut weist aufgrund des hohen Sauerstoffgehalts nur eingeschränkte Zähigkeitswerte auf. Dies schließt eine Verwendung zum Mehrlagenschweißen an dicken Blechen zumeist aus. RS-Pulver sind hoch strombelastbar und für hohe Schweißgeschwindigkeiten geeignet. Sie eignen sich infolge dessen zum Ein- und Mehrdrahtschweißen bei hohen Geschwindigkeiten. Ein typischer Anwendungsfall ist das Lage-/Gegenlageschweißen bei der Herstellung von Großrohren.

- Aluminat-Rutil-Typ (AR)

Hauptkomponenten dieses Pulvertyps sind $Al_2O_3$ und $TiO_2$. Das Pulver erzeugt im Schweißgut einen mittleren Mangan- und Siliziumzubrand. Die hohe Viskosität der im Schweißprozess entstehende Schlacke verleiht den AR-Pulvern eine Reihe von vorteilhaften Verarbeitungseigenschaften, wie gutes Nahtaussehen, hohe Schweißgeschwindigkeit und gute Spaltüberbrückbarkeit. Zudem lässt sich die Schlacke, besonders an Kehlnähten, sehr leicht entfernen. Die Pulver werden für das Schweißen von un -und niedriglegierten Stählen eingesetzt. Sie können mit Gleich- und Wechselstrom verschweißt werden und sind daher sowohl für das Ein- als auch das Mehrdrahtschweißen einsetzbar. In Folge des relativ hohen Sauerstoffgehalts erzeugen sie ein Schweißgut mit nur mittleren mechanischen Eigenschaften. Typische Anwendungen für AR-Pulver sind das einlagige Schweißen von Stumpf- und Überlappnähten an dünnwandigen (bis ca. 25 mm) Behältern und Rohren, Rohr-Steg-Verbindungen an Flossenrohrwänden sowie Kehlnähten im Stahl- und Schiffbau.

- Basisch-Aluminat-Typ (BA)

Hauptkomponenten dieses Pulvertyps sind $Al_2O_3$, $CaF_2$, und $SiO_2$. Das Pulver verhält sich metallurgisch neutral und bietet eine sehr gute Schlackelösbarkeit. Das Schweißgut wiest eine hohe Heißrissbeständigkeit auf. Die Pulver sind gleichermaßen unter Gleich- und Wechselstrom verschweißbar. Hauptanwendung ist das Verbindungs- und Auftragschweißen mit Ni-basierten Schweißdrähten.

- Aluminat-Silikat-sauer-Typ (AAS)

Hauptkomponenten dieses Pulvertyps sind $Al_2O_3$ und $SiO_2$. Das Pulver erzeugt im Schweißgut einen geringen Siliziumzubrand und einen mittleren Manganabbrand. Die Schlackeablösung nach der Schweißnahterstarrung ist sehr gut. Haupteinsatzgebiet ist das Auftragschweißen mit Bandelektroden zur Erzeugung korrosionsbeständiger Plattierungen.

- Aluminat-basischer Typ (AB)

Hauptkomponenten dieses Pulvertyps sind $Al_2O_3$, MgO und CaO. Das Pulver erzeugt im Schweißgut einen mittleren Manganzubrand. Die Pulvercharakteristik ist basisch und die Bestandteile sind so abgestimmt sind, dass ein optimaler Kompromiss zwischen Schweißgutqualität und Verarbeitungseigenschaften erzielt wird. Sie zeichnen sich durch hohe Risssicherheit und eine kurze Schlacke aus und ergeben gute Zähigkeitswerte im Schweißgut. Die Pulver sind zum Lage-/Gegenlageschweißen sowie zum Mehrlagenschweißen dicker Bleche unter Gleich- und Wechselstrom geeignet. AB-Pulver werden im großen Umfang in Ein- und Mehrdrahtprozessen zum Schweißen un- und niedriglegierter Stähle eingesetzt.

- Aluminat-Silikat-Typ (AS)

Bei diesem Pulvertyp werden die basischen Hauptkomponenten MgO und $CaF_2$ durch erhebliche Anteile an Silikaten wie $Al_2O_3$ und $ZrO_2$ ausgeglichen. Das metallurgische Verhalten ist neutral mit Tendenz zu Manganabbrand. Die Pulver werden daher zumeist mit höher manganhaltigen Elektroden kombiniert. Der Pulvertyp erzeugt ein sehr sauberes Schweißgut mit niedrigem Sauerstoffgehalt. AS-Pulver sind nur vergleichsweise gering strombelastbar und werden vorzugsweise mit Gleichstrom bei moderaten Schweißgeschwindigkeiten verschweißt. Schlackelösbarkeit und Nahtaussehen sind gut und das erzeugte Schweißgut weist hohe Zähigkeitswerte auf. Bevorzugtes Einsatzgebiet von AS-Pulvern sind daher Mehrlagenschweißungen an hochfesten Feinkornbaustählen, besonders bei hohen Zähigkeitsanforderungen. Anwendungen finden sich im Druckbehälterbau, an Bauteilen in der Nukleartechnik oder an Offshore-Konstruktionen. Die Pulver sind dabei auch für das Engspaltschweißen geeignet.

- Aluminat-Fluorid-basischer Typ (AF)

Hauptkomponenten dieses Pulvertyps sind $Al_2O_3$ und $CaF_2$. Das metallurgische Verhalten des Pulvertyps ist neutral. Die hohen Fluoridanteile bewirken eine gute Benetzungsfähigkeit und ein sauberes Nahtaussehen, erfordern jedoch eine höhere Lichtbogenspannung im Vergleich zu Aluminat-basischem Pulver. AF-Pulver werden hauptsächlich mit legierten Drahtelektroden zum Verbindungsschweißen hitzebeständiger und nichtrostender Stähle sowie zum Auftragschweißen mit hochlegierten Fülldrähten und -bändern eingesetzt. Weiter Anwendungsgebiete sind das Schweißen von Nickellegierungen und die Herstellung von Schwarz-Weiß-Verbindungen (Austenit-Ferrit).

- Fluorid-basischer Typ (FB)

Hauptbestandteile dieses Pulvertyps sind die basischen Komponenten CaO, MgO, MnO und $CaF_2$. Das metallurgische Verhalten des Pulvers ist dennoch weitgehend neutral, Manganabbrand ist aber möglich. Die Pulver werden daher zumeist mit höher manganhaltigen Elektroden kombiniert. Der Pulvertyp erzeugt ein sehr sauberes Schweißgut mit niedrigem Sauerstoffgehalt. FB-Pulver sind nur vergleichsweise gering strombelastbar und werden vorzugsweise mit Gleichstrom bei moderaten Schweißgeschwindigkeiten verschweißt. Der Einsatz in Mehrdrahtvarianten mit Wechselstrom ist jedoch ebenfalls möglich. Schlackelösbarkeit und Nahtaussehen sind gut und das erzeugte Schweißgut weist höchste Zähigkeitswerte, auch bei tiefen Temperaturen, auf. Die Einsatzgebiete von FB-Pulvern sind ähnlich wie bei den AS-Pulvern, nur für noch höhere Anforderungen an die Schweißgutzähigkeit. Hauptanwendungen sind Mehrlagenschweißungen an hochfesten Feinkornbaustählen im Druckbehälterbau, an Bauteilen in der Nukleartechnik oder an Offshore-Konstruktionen, auch bei Engspaltschweißungen. FB-Pulver sind auch zum Schweißen von nichtrostenden Stählen und Nickellegierungen und zum Auftragschweißen/ Bandplattieren geeignet.

Die Eigenschaften von Schweißpulvern sind in Tabelle 3.50 zusammengefasst. UP-Schweißpulver werden in verschiedenen Korngrößen geliefert. Feine Pulver haben eine höhere Strombelastbarkeit und gestatten schnelleres Schweißen. Sie ergeben aber eine dichtere Aufschüttung und deshalb einen höheren Pulververbrauch. Grobe Pulver garantieren wegen der lockeren Aufschüttung eine gute Ausgasung und tragen damit zur Porensicherheit bei. Der Verbrauch ist niedriger als bei feiner Körnung

**Tabelle 3.50** Eigenschaften von UP-Schweißpulvern [KIL91]

| Eigenschaften | Typ | | | | |
|---|---|---|---|---|---|
| | Mangan-Silikat | Kalzium-Silikat | Aluminat-Rutil | Aluminat-basisch | Fluorid-basisch |
| Strombelastbarkeit | +++ | +++ | ++ | ++ | + |
| Wechselstromschweißbarkeit | +(+) | ++ | +++ | ++ | (+) |
| Porensicherheit | +++ | ++ | ++ | ++ | ++ |
| Kehlnahtschweißbarkeit | + | ++ | +++ | ++ | + |
| Spaltüberbrückbarkeit | + | ++ | +++ | ++ | ++ |
| Schweißgeschwindigkeit | ++ | ++ | +++ | ++ | + |
| Schlackenentfernbarkeit | + | +++ | +++ | ++ | ++ |
| Nahtaussehen | +++ | +++ | +++ | ++ | + |
| Risssicherheit | + | + | + | ++ | +++ |
| Mechanische Gütewerte | + | + | + | ++ | +++ |
| + normal, ++ gut, +++ sehr gut | | | | | |

### Basizitätsgrad

Eine weiter Möglichkeit Schweißpulver zu klassifizieren, besteht in der Einteilung nach dem Basizitätsgrad oder Basizitätsindex. Dieser ist in der Norm DIN EN ISO 14174 nicht explizit ausgewiesen. Er wird aber von den Pulverherstellern in den technischen Datenblättern zumeist angegeben, um die chemischen Eigenschaften der Schlacke und ihr metallurgisches Verhalten zu beschreiben, Tabelle 3.51.

**Tabelle 3.51** Einteilung von UP-Schweißpulvern nach dem Basizitätsgrad

| Basizitätsgrad | Schweißpulvertyp | Sauerstoffgehalt im Schweißgut |
|---|---|---|
| B ≤ 0,9 | sauer | ≥ 700 ppm |
| 0,9 < B ≤ 1,2 | neutral | 500...700 ppm |
| 1,2 < B ≤ 2,0 | basisch | 300...500 ppm |
| B > 2,0 | hochbasisch | ≤ 300 ppm |

Zur Berechnung des Basizitätsgrades existiert eine Reihe von Formeln, allgemein durchgesetzt hat sich aber die Berechnung nach Boniczewski, in der die basisch wirkenden Bestandteile der Schlacke ins Verhältnis zu den sauer wirkenden Anteilen gesetzt werden.

$$B = \frac{CaO + MgO + BaO + CaF_2 + NaO + K_2O + 0{,}5(MnO + FeO)}{SiO_2 + 0{,}5(Al_2O_2 + TiO_2 + ZrO_2)} \tag{3.15}$$

Die Dichten der einzelnen Komponenten gehen in die Berechnung ein, wenn für die jeweiligen Stoffe die relative Molzahl *M* eingesetzt wird. Für überschlägige Rechnungen genügt es, wenn die jeweiligen Anteile in Masseprozent verwendet werden.

- saure und neutrale Schweißpulver

Diese Schweißpulver erzeugen Schlacken, die niedrigschmelzender als die zu verschweißenden Werkstoffe sind. Dies begünstigt eine einfache Ablösung der Schlacke. Die elektrische Leitfähigkeit der flüssigen Schlacke ist hoch genug, um ein glatte Schweißnahtoberfläche auszubilden. Zu den sauren/neutrale Pulvern gehören hauptsächlich die Pulvertypen Mangan-Silikat (MS), Calcium-Silikat (CS) und Aluminat-Rutil (RS). Hauptanwendung ist das Schweißen von Stumpf- und Kehlnähten an dünneren Blechen bis ca. 25 mm.

- basische und mittelbasische Schweißpulver

Die Schlacken dieser Schweißpulver weisen die gleiche oder eine höhere Schmelztemperatur als die zu verschweißenden Werkstoffe auf. Dadurch kommt es vermehrt zu chemischen Gas-Metall- und Schweißpulver-Metall-Reaktionen. Diese Reaktionsfreudigkeit kann gezielt zur metallurgischen Beeinflussung des Schweißgutes genutzt werden und gewährleistet eine gute Desoxidation der Schmelze. Hauptvertreter basischer Pulver ist der Pulvertyp Aluminat-basisch (AB). Eingesetzt werden diese Pulver vorzugsweise dann, wenn im Schweißgut gute Zähigkeitseigenschaften bei tiefen Temperaturen von bis zu –40 °C erreicht werden sollen. In Verbindung mit geeigneten Drahtelektroden kann ein niedriger diffusibler Wasserstoffgehalt im Schweißgut erreicht werden.

- hochbasische Schweißpulver

Diese Schweißpulver sind nur relativ gering strombelastbar und bilden eine niedrigviskose Schlacke. Hauptvertreter hochbasischer Pulver ist der Pulvertyp Fluorid-basisch (FB). Mit diesen Pulvern können in Verbindung mit geeigneten Drahtelektroden Schweißgüter erzeugt werden, die auch bei Temperaturen von bis zu –60 °C die geforderten Kerbschlagzähigkeiten aufweisen und zudem einen niedrigen diffusiblen Wasserstoffgehalte besitzen.

### Wirkung der mineralischen Bestandteile

Die Pulver werden unter der Lichtbogeneinwirkung aufgeschmolzen und bilden eine Schlacke aus. Dabei entstehen gasförmige Verbindungen in der Kaverne und es kommt zu chemischen Reaktionen zwischen Gas und Lichtbogenplasma, Gas und Metallschmelze sowie geschmolzenem Schweißpulver und Schweißbad. Damit können der Lichtbogen und die Metallurgie des Schweißgutes gezielt beeinflusst werden. Im Folgenden sind die Wirkungen der wichtigsten Pulverbestandteile auf diese Vorgänge beschrieben.

- Aluminiumoxid ($Al_2O_3$, Korund)

Die Viskosität der Schlacke wird erhöht und deren elektrische Leitfähigkeit verringert. Bei erhöhten Gehalten kann es zum Abreißen des Lichtbogens kommen. Es wirkt der vorherrschenden Pulvercharakteristik entgegen, d. h. bei basischen Pulvern wirkt es sauer und bei sauren Pulvern basisch.

- Calciumfluorid ($CaF_2$, Flussspat)

Rost und andere Wasserstoffverbindungen werden durch $CaF_2$ zu Fluorwasserstoffen gebunden. Es wirkt desoxidierend und entschwefelnd. Das Schweißbad kann gut entgasen, sodass die Bildung von Poren vermieden wird. Es senkt die Viskosität der Schlacke, wodurch sich breite Schweißraupen mit glatter Nahtoberfläche ausbilden. Das Zünd- und Wiederzündverhalten ist durch die schlechte Ionisierbarkeit der Fluoride erschwert. Darüber hinaus wird die elektrische Leitfähigkeit der Schlacke vermindert.

- Calciumoxid (CaO, Brandkalk)

CaO ist eine hochwirksame Base. Sie trägt zur Desoxidation und zur Entschwefelung bei und erhöht den Schmelzpunkt des Pulvers. Zudem erhöht es die Aufnahmefähigkeit der flüssigen Schlacke gegenüber $SiO_2$. Bei höheren Gehalten wird die Schlacke porös. Dies kann zu Zündschwierigkeiten und zum Abreißen des Lichtbogens führen. Im Schweißgut bewirkt es einen Anstieg der Kerbschlagzähigkeit.

- Magnesiumoxid (MgO, Magnesia)

MgO wirkt basisch, entschwefelnd und desoxidierend. Die Schlackelösbarkeit wird in agglomerierten Pulvern gefördert. Auch hier ist ein Abreißen des Lichtbogens bei zu hohen Gehalten möglich.

- Mangan-II-oxid (MnO, Manganosit)

MnO wirkt lichtbogenstabilisierend. Die elektrische Leitfähigkeit der Schlacke wird erhöht und deren Viskosität verringert. Aufgrund der dünnflüssigen Schlacke sind Pulver mit MnO Bestandteilen nur bis ca. 1000 A strombelastbar, da das Schweißbad bei hohen Strömen nicht gehalten werden kann. Es wirkt basisch und im Schweißgut kann ein Auflegieren von Mangan erfolgen.

- Siliziumdioxid ($SiO_2$)

$SiO_2$ reduziert die Schmelztemperatur des Pulvers und erhöht die Viskosität der Schlacke. Es beeinflusst über die Fließeigenschaften des Schweißgutes und nimmt damit Einfluss auf die Ausbildung der Schweißraupe. Die elektrische Leitfähigkeit der Schlacke wird vermindert, wodurch unter Umständen die Lichtbogenstabilität beeinflusst werden kann.

- Titan-IV-Oxid ($TiO_2$, Rutil)

$TiO_2$ reduziert die elektrische Leitfähigkeit und die Viskosität der Schlacke. Im Schweißbad führt es zur Reduzierung von Oberflächenspannungen, was zur Vermeidung von Einbandkerben beiträgt.

### Metallurgisches Verhalten

Das **Ab-** und **Zubrandverhalten** von Legierungselementen beim UP-Schweißen von un- und niedriglegiertem Stahl läuft nach folgenden Gleichungen ab:

$$[C] + [O] \rightleftarrows \{CO\}$$

$$[Si] + 2[O] \rightleftarrows (SiO_2)$$

$$[Mn] + [O] \rightleftarrows (MnO)$$

[] im Metall gelöst, () in Schlacke gelöst, {} gasförmig

Da diese Reaktionen reversibel sind, können sie sowohl nach links als auch nach rechts ablaufen. Die Richtung ist abhängig von der Gleichgewichtslage, d. h. je nach Gehalt im Metall und in der Schlacke bzw. der Gasatmosphäre und von der Reaktionstemperatur. Deshalb kann ein Zubrand oder Abbrand erfolgen.

Mit Ausnahme der Pulver zum Auftragsschweißen, wo es zu einem Kohlenstoffzubrand kommt, brennt der Kohlenstoff in Größenordnung zwischen 0,05 und 0,06 % ab. Somit ist der C-Gehalt im Schweißgut stets niedriger als der in der verwendeten Drahtelektrode.

Das Verhalten des Siliziumzu- oder -abbrandes bei Pulvern mit niedrigen $SiO_2$-Gehalten ist fast neutral. Bei höheren $SiO_2$-Gehalten kommt es in den meisten Fällen zu geringem bis mittlerem Si-Zubrand. Zum einen kann dies durch die Reduktion von $SiO_2$ zu Silizium und zum anderen durch Ferrosilizium in agglomerierten Schweißpulvern herrühren.

Beim UP-Schweißen kann es zu Ab- und Zubränden von Mangan kommen. Dies ist abhängig vom Gehalt an MnO im Pulver und dem Mn-Gehalt in der Drahtelektrode (Bild 3.204). Es ergibt sich beim UP-Schweißen mit gegebenem Manganoxidgehalt des Pulvers und einem geringen Mn-Gehalt des Drahtes ein Zubrand und bei hohem Gehalt im Draht aber ein Abbrand. Demzufolge liegt der neutrale Punkt, bei dem weder ein Zu- noch ein Abbrand auftritt, dazwischen. Die Zubrände können aus dem Manganoxid oder aus dem metallischen Mangan des Pulvers stammen.

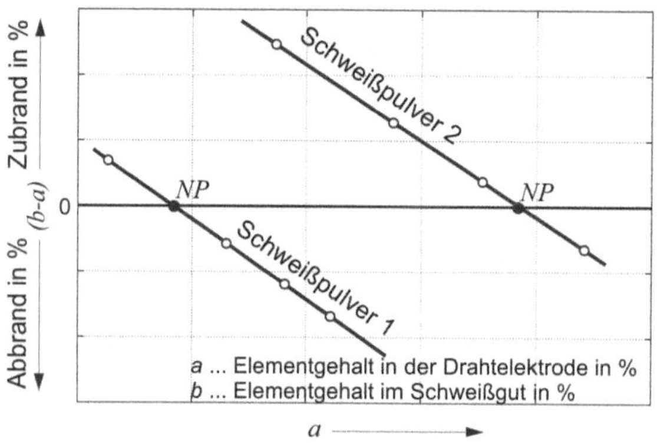


**Bild 3.204**
Ermittlung des Neutralpunktes NP nach DVS-Merkblatt 0907-1

Zu den oben genannten Reaktionen muss beim UP-Schweißen von legierten Stählen mit einem Abbrand an Chrom und Niob gerechnet werden. Die Legierungselemente Nickel und Molybdän bleiben im Schweißgut erhalten. Ebenfalls kann es zu Zu-/Abbränden von Phosphor und Schwefel kommen, abhängig von der Reinheit der verwendeten Mineralien.

Eine Beeinflussung aller genannten Reaktionen findet durch die Schweißparameter statt. Verdeutlicht wird dies am Beispiel der Manganreaktion bei einem Pulver vom Calcium-Silikat-Typ. Der Neutralpunkt für Mangan liegt bei diesem Pulver bei 1,28 % (Bild 3.205). Es ist zu sehen, dass durch die Lichtbogenspannung die absolute Höhe des Zu- und Abbrandes steigt, aber die Lage des Neutralpunktes sich nicht ändert.

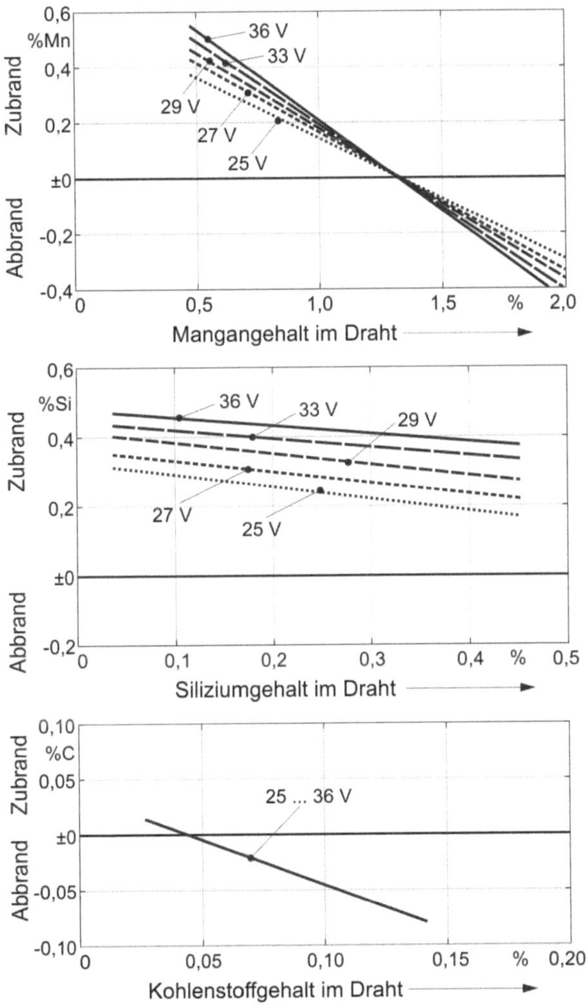


**Bild 3.205**
Zu- und Abbrand von Legierungselementen – Einfluss der Lichtbogenspannung [nach THI77]

Durch eine Verringerung der Stromstärke wird der Neutralpunkt zu höheren Mangangehalten in der Drahtelektrode verschoben. In Bild 3.206 wird deutlich, dass die absolute Höhe des Zu- bzw. Abbrandes größer wird. Aus der Verschiebung des Neutralpunktes kann abgeleitet werden, dass mit der Stromstärke in erster Linie die Tropfentemperatur verändert wird und durch die Lichtbogenspannung nur die Reaktionszeit und damit die Reaktionsausbeute.

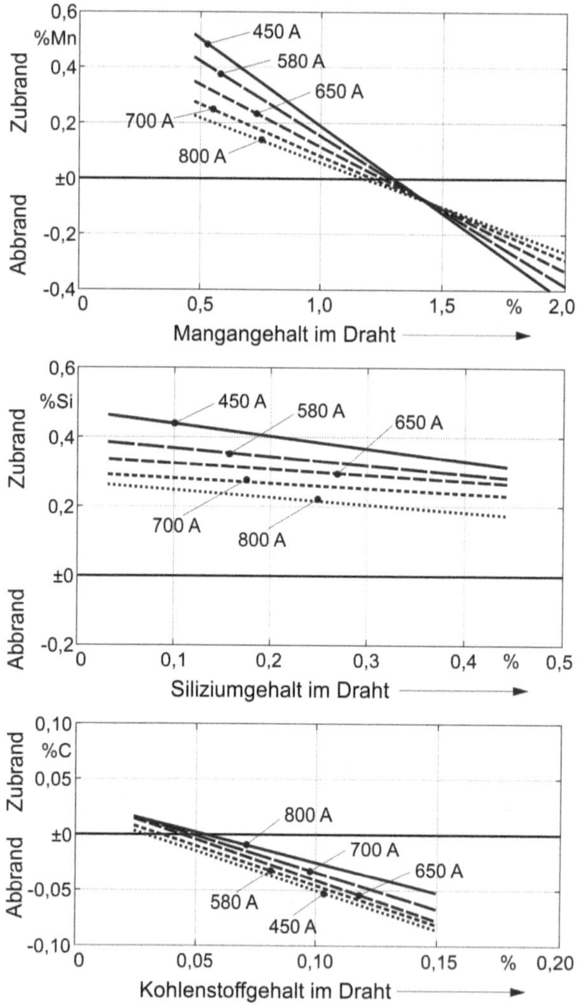


**Bild 3.206**
Zu- und Abbrand von Legierungselementen – Einfluss der Stromstärke [nach THI77]

Das Zu- und Abbrandverhalten von Mangan wird durch die Schweißgeschwindigkeit nur unwesentlich beeinflusst (Bild 3.207). Ein schwacher Einfluss der Schweißgeschwindigkeit kann bei Pulvern, die große Mengen an Ferrolegierungen enthalten, erkannt werden. Die Neutralpunkte für Silizium liegen oberhalb 1 % in der Drahtelektrode und somit weit außerhalb des genutzten Bereiches. Aus den Bild 3.205 bis Bild 3.207 ist zu entnehmen, dass die Neutralpunkte für Kohlenstoff zwischen 0,03 und 0,05 % liegen.

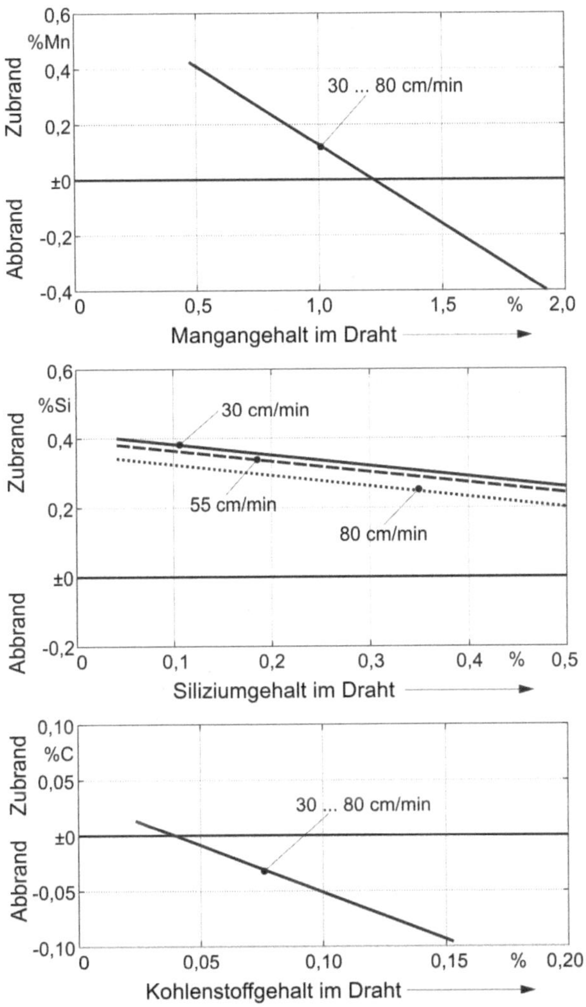


**Bild 3.207**
Zu- und Abbrand von Legierungselementen – Einfluss der Schweißgeschwindigkeit [nach THI77]

### Mechanisch-technologische Eigenschaften

Das Bild 3.208 zeigt, die Zähigkeitswerte von Schweißgütern, die mit Pulvern unterschiedlichen Basizitätsgrades und gleicher Drahtelektrode S 1 geschweißt wurden. Betrachtet man die Kerbschlagarbeit bei 35 J, so ergibt sich eine Übergangstemperatur von –20 °C bei sauren Pulvern und von unter –60 °C bei den hochbasischen Pulvern. Dass mit basischen und hochbasischen Pulvern gute Zähigkeitswerte erreicht werden, liegt darin begründet, dass bei diesen Pulvern niedrige Sauerstoffgehalte im Schweißgut erzeugt werden.

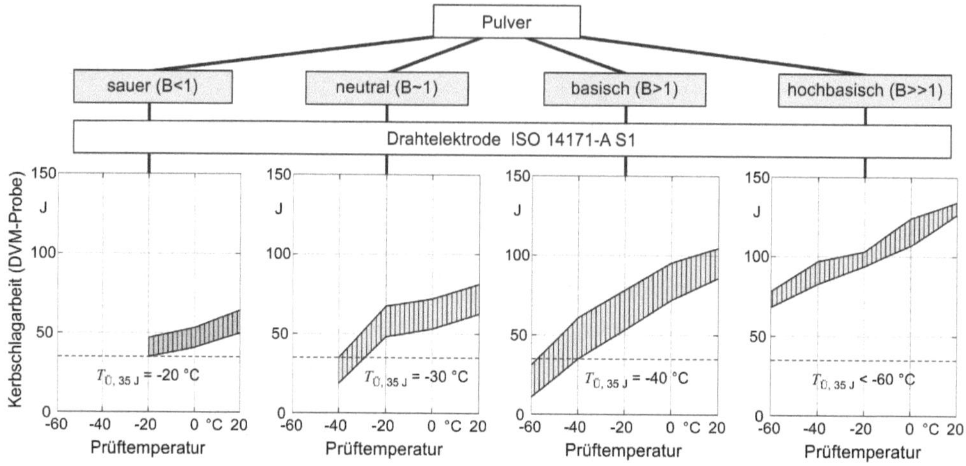


**Bild 3.208** Zähigkeit des Schweißgutes bei unterschiedlichem Basizitätsgrad der Pulver [nach KIL91]

Das Bild 3.209 zeigt den Zusammenhang zwischen Basizitätsgrad und Sauerstoffgehalt sowie der Kerbschlagarbeit. Mit steigendem Basizitätsgrad sinkt der Sauerstoffgehalt, und im gleichen Maße steigt die Zähigkeit im Schweißgut. Daraus kann abgeleitet werden, dass die chemische Zusammensetzung des Schweißpulvers einen wesentlichen Einfluss auf die mechanisch-technologischen Gütewerte des Schweißgutes hat.

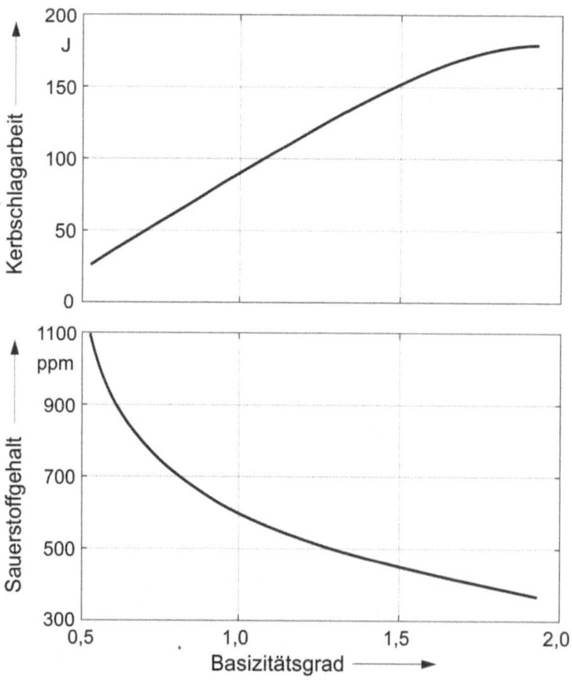


**Bild 3.209** Sauerstoffgehalt und Zähigkeit des Schweißgutes in Abhängigkeit von der Basizität [nach KIL91]

Die Festigkeit der UP-Schweißverbindung ist bei günstigen Arbeitswerten und metallurgischen Reaktionen (Draht-Pulver-Grundwerkstoff) sehr gut. Die Nahtwertigkeit 1 kann weitestgehend gewährleistet werden, da durch das Pulver eine ausreichende Desoxidation des Schweißgutes und damit porenfreie Schweißnähte möglich sind.

### Pulververbrauch

Ein wesentliches Kriterium für den **Pulververbrauch** ist die Dichte und damit das Schüttgewicht des Schweißpulvers. Des Weiteren haben Korngröße und Kornaufbau einen Einfluss, aber auch die elektrischen Parameter wirken sich auf den Pulververbrauch aus. Diesen Sachverhalt zeigen Bild 3.210 bis Bild 3.212, bei denen folgende Pulvertypen untersucht wurden:

- Pulver ISO 14174 – S A CS 1 (agglomeriertes Pulver vom Calzium-Silikat-Typ mit Anteilen von FeSi und FeMn),
- Pulver ISO 14174 – S A AR 1 (agglomeriertes Pulver vom Aluminat-Rutil-Typ mit Anteilen von FeSi und FeMn),
- Pulver ISO 14174 – S A FB 1 (agglomeriertes Pulver vom fluoridbasischen Typ ohne Metallpulveranteile),
- Pulver ISO 14174 – S F FB 1 (geschmolzenes Pulver vom fluoridbasischen Typ),
- Pulver ISO 14174 – S F CS 1 (geschmolzenes Pulver vom Calzium-Silikat-Typ).

In Bild 3.210 ist zu sehen, dass der Pulververbrauch mit steigender Lichtbogenspannung zunimmt. Dies hängt mit der Länge des Lichtbogens zusammen, da ein langer Lichtbogen eine größere Grundfläche des Lichtbogenkegels erzeugt und somit mehr von der Aufschüttung des Pulvers schmilzt als ein kurzer.

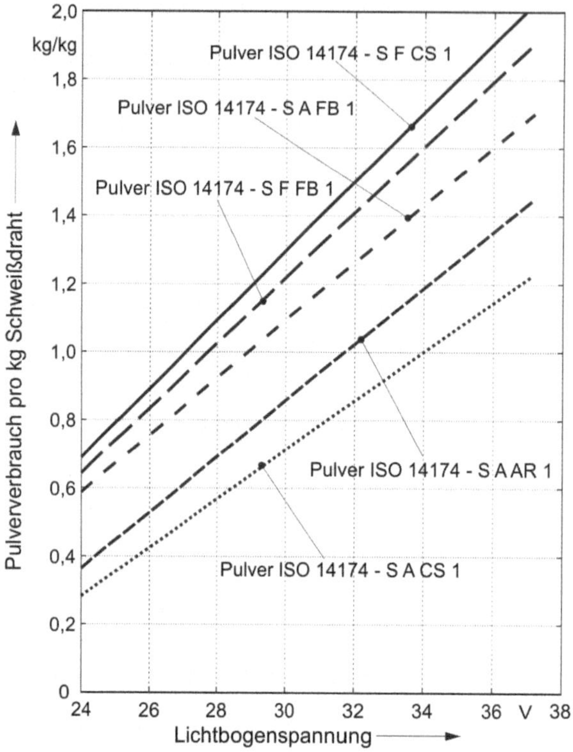


**Bild 3.210**
Pulververbrauch in Abhängigkeit von der Lichtbogenspannung [nach KIL78]

Aus Bild 3.211 wird ersichtlich, dass der Pulververbrauch mit steigender Stromstärke bei konstanter Spannung abnimmt. Da die Stromstärke direkt mit der Drahtvorschubrate verknüpft ist, ergibt eine Erhöhung der Stromstärke einen kürzeren Lichtbogen und eine Erhöhung der Abschmelzleistung. Das heißt, der Lichtbogen schmilzt weniger Pulver auf, aber gleichzeitig wird unter der gleichbleibenden Pulverschicht mehr Drahtelektrodenmaterial abgeschmolzen.

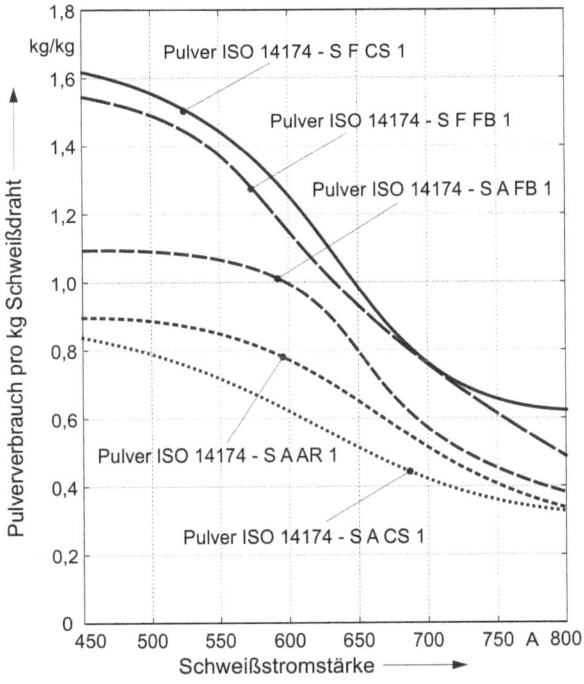


**Bild 3.211**
Pulververbrauch in Abhängigkeit von der Stromstärke [nach KIL78]

Das Bild 3.212 zeigt, dass eine Erhöhung der Schweißgeschwindigkeit zu einem geringeren Pulververbrauch führt.

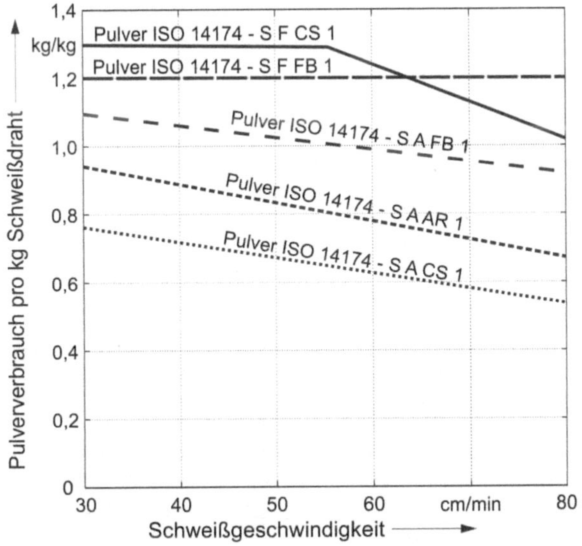


**Bild 3.212**
Pulververbrauch in Abhängigkeit von der Schweißgeschwindigkeit [nach KIL78]

Ein weiterer Einflussfaktor auf den Pulververbrauch ist die Nahtvorbereitung. Naturgemäß steigt dieser bei größeren zu füllenden Fugenvolumen, wie z. B. U- oder V-Nahtvorbereitungen.

## Rücktrocknen der Schweißpulver

Die Feuchtigkeitsempfindlichkeit der Schweißpulver ist abhängig von der Herstellungsart und den mineralischen Bestandteilen. Die Pulver müssen trocken gelagert und zur Vermeidung von Poren und wasserstoffinduzierten Rissen eventuell vor dem Gebrauch getrocknet werden. Die Trockendauer ist den Herstellerangaben zu entnehmen. Nach DVS-Merkblatt 0914 gelten folgende Anhaltswerte:

- Schmelzpulver (außer FB): 150 ± 20 °C,
- agglomerierte Pulver (außer FB): 300 ± 20 °C,
- flouridbasische Schmelzpulver: 250 ± 20 °C,
- agglomerierte fluoridbasische Pulver: 350 ± 20 °C.

Die Mindesttrocknungszeit beträgt jeweils 2 Stunden. Dauer und Temperatur der Rücktrocknung werden auch vom für die jeweilige schweißtechnische Anwendung maximal zulässigen diffusiblen Wasserstoffgehalt beeinflusst, Tabelle 3.52. Je geringer dieser sein darf, desto intensiver muss rückgetrocknet werden.

**Tabelle 3.52** Maximal zulässige Wasserstoffgehalte im Schweißgut (DVS-Merkblatt 0914)

| Diffusibler Wasserstoffgehalt im Schweißgut ml/100 g | bevorzugte Anwendung | Pulvertyp |
|---|---|---|
| 15 | Allgemeine Baustähle, Kesselbleche | alle, außer AF und FB |
| 10 | Feinkornbaustähle mit Mindeststreckgrenze ≤ 390 MPa | alle, außer AF und FB |
| 7 | Feinkornbaustähle mit Mindeststreckgrenze 390...690 MPa | AB, FB, (CS), (AS) |
| 5 | Feinkornbaustähle mit Mindeststreckgrenze > 690 MPa | FB, (AF) |

## Draht-Pulver-Kombination

Wie bereits erwähnt, kann es durch die Schweißpulver beim Schweißen im Sinne von Metall-Schlacke- und Metall-Gas-Reaktionen sowohl zu Abbränden als auch zu Zubränden von Legierungselementen im Schweißgut kommen. Somit haben die Schweißpulver einen wesentlichen Einfluss auf die chemische Zusammensetzung und auf die mechanisch-technologischen Gütewerte des Schweißgutes. Deshalb ist die richtige Wahl der Draht-Pulver-Kombination von besonderer Bedeutung. Draht- und Pulverhersteller geben in Schweißweisern Hinweise zur optimalen Kombination für viele Anwendungsfälle.

## Bezeichnung von Draht-Pulver-Kombinationen

Nach DIN EN ISO 14171 erfolgt die Bezeichnung der Draht-Pulver-Kombinationen durch folgende sechs Merkmale:

1. Verfahren,
2. Festigkeit – Bruchdehnung,
3. Kerbschlagzähigkeit,
4. Pulvertyp,
5. Drahtelektrode,
6. Wasserstoffgehalt im Schweißgut (optional).

Die Bezeichnung: ISO 14171 – S 46 3 AB S2 bedeutet, dass mit der unlegierten Drahtelektrode (S2) und einem Aluminat-basischen Schweißpulver (AB) durch UP-Schweißen (S) ein Schweißgut erzielt wird, das eine Mindeststreckgrenze von 460 N/mm² (46) und eine Mindestkerbschlagarbeit von 47 J bei –30 °C (3) garantiert.

**ISO 14171 - S 46 3 AB S2**

Norm

Verfahren UP-Schweißen (Submerged arc welding)

Drahtelektrode vergl. Tabelle 3.45

Kennziffer für die Festigkeitseigenschaften von Mehrlagenschweißverbindungen

| Kennziffer | Mindest-streckgrenze 1) N/mm² | Zugfestigkeit N/mm² | Mindest-bruchdehnung 2) % |
|---|---|---|---|
| 35 | 355 | 440 ... 570 | 22 |
| 38 | 380 | 470 ... 600 | 20 |
| 42 | 420 | 500 ... 640 | 20 |
| 46 | 460 | 530 ... 680 | 20 |
| 50 | 500 | 560 ... 720 | 18 |

1) Es gilt die untere Streckgrenze ($R_{eL}$). Bei nicht eindeutig ausgeprägter Streckgrenze ist die 0,2%-Dehngrenze ($R_{p0,2}$) anzuwenden.
2) Messlänge ist gleich dem fünffachen Probendurchmesser

Kennzeichen für die Festigkeitseigenschaften von Lage/Gegenlage-Schweißverbindungen

| Kennzeichen | Mindeststreckgrenze des Grundwerkstoffes N/mm² | Mindestzugfestigkeit der Schweißverbindung N/mm² |
|---|---|---|
| 2T | 275 | 370 |
| 3T | 355 | 470 |
| 4T | 420 | 520 |
| 5T | 500 | 600 |

Kennzeichen für Pulvertyp

| Pulvertyp | Kennzeichen |
|---|---|
| Mangan-Silikat | MS |
| Calcium-Silikat | CS |
| Calcium-Magnesium/ -mit Fe | CG / CG-I |
| Calcium-Magnesium basisch/ -mit Fe | CB / CB-I |
| Magnesium-Silikat | GS |
| Zirkon-Silikat | ZS |
| Rutil-Silikat | RS |
| Aluminat-Rutil | AR |
| Basisch-Aluminat | BA |
| Aluminat-Silikat sauer | AAS |
| Aluminat-basisch | AB |
| Aluminat-Silikat | AS |
| Aluminat-Fluorid-basisch | AF |
| Fluorid-basisch | FB |
| Andere Typen | Z |

Kennzeichen für die Kerbschlagarbeit des reinen Schweißgutes oder Schweißverbindung

| Kennzeichen | Temperatur für Mindestkerbschlagarbeit 47 J °C |
|---|---|
| Z | keine Anforderungen |
| A | +20 |
| 0 | 0 |
| 2 | -20 |
| 3 | -30 |
| ⋮ | ⋮ |
| 10 | -100 |

Bild 3.213 Bezeichnung für Draht-Pulver-Kombinationen nach DIN EN ISO 14171

### 3.11.1.3 Elektroden

Beim UP-Schweißen werden Metalldrahtelektroden als Zusatzwerkstoff verwendet. Unterschieden wird in Massiv- und Fülldrahtelektroden. Deren chemische Zusammensetzung ist der jeweiligen Schweißaufgabe angepasst und orientiert sich in der Regel am Material des Grundwerkstoffs in Kombination mit dem verwendeten Schweißpulver. Abmessungen, Zusammensetzung und Bereitstellungsformen sind genormt, siehe Abschnitt 3.5.3 (Massivdrähte) und Abschnitt 3.5.4 (Fülldrähte). Für das Verbindungsschweißen werden üblicherweise kreisförmige Elektrodenquerschnitte (Draht) verwendet und für das Auftragschweißen rechteckige Querschnitte (Band). Die Bereitstellung erfolgt auf Spulen oder Haspeln in Einheiten von 15...30 kg, auf Großspulen auch bis zu 100 kg. Für Großanwendungen werden auch Fässer oder Kronenstöcke mit bis zu 1250 kg Draht eingesetzt.

#### Massivdrahtelektroden

In der DIN EN ISO 544 werden Massivdrahtelektroden in den Durchmessern von 1,2...8,0 mm genormt. Elektroden mit einem Durchmesser von 2,5...4,0 mm sind am häufigsten in Anwendung. Die Normung der chemischen Zusammensetzung der Drahtelektroden erfolgt nach Werkstoffklassen:

- DIN EN ISO 14171: unlegierte Stähle und Feinkornstähle,
- DIN EN ISO 26304: hochfeste Stähle,
- DIN EN ISO 24598: warmfeste Stähle,
- DIN EN ISO 14343: nichtrostende und hitzebeständige Stähle,
- DIN EN ISO 18274: Nickel- und Nickellegierungen,
- DIN EN 14700: Auftragschweißen, Hartauftragen.

Tabelle 3.53 zeigt beispielhaft die Einteilung der Elektroden zum UP-Schweißen von unlegierten Stählen und Feinkornstählen. Das vorangestellte „S“ in der Bezeichnung steht für den Schweißprozess Unterpulverschweißen (*engl.* submerged arc welding) und die erste Ziffer ergibt, durch 2 dividiert, den mittleren Mangangehalt in Masseprozent. Sind außer Mangan noch andere Legierungselemente enthalten, wird nachfolgend das entsprechende Legierungssymbol angegeben.

Mit Silizium legierte Elektroden verbessern die Sicherheit gegen Porenbildung im Schweißgut, vor allem beim Schweißen auf korrodierten oder verzunderten Werkstücken. Mit Molybdän legierte Elektroden verbessern die Heißrisssicherheit und die Festigkeits- und Zähigkeitswerte des Schweißgutes. Sie werden daher bevorzugt zum Schweißen höherfester Feinkornbaustähle eingesetzt. Mit Nickel legierte Elektroden erhöhen die Tieftemperaturzähigkeit im Schweißgut und werden eingesetzt, wenn hohe Kerbschlagzähigkeiten gefordert sind.

**Tabelle 3.53** Chemische Zusammensetzung von Drahtelektroden zum Unterpulverschweißen von unlegierten Stählen und Feinkornstählen, Massenanteil in Prozent nach DIN EN ISO 14171

| Kurzzeichen | Chemische Zusammensetzung in % (Massenanteil)[1) 2)] | | | | | | | |
|---|---|---|---|---|---|---|---|---|
| | C | Si | Mn | P | S | Mo | Ni | Cr |
| S1 | 0,05...0,15 | 0,15 | 0,35...0,60 | 0,025 | 0,025 | 0,15 | 0,15 | 0,15 |
| S2 | 0,07...0,15 | 0,15 | 0,80...1,30 | 0,025 | 0,025 | 0,15 | 0,15 | 0,15 |
| S3 | 0,07...0,15 | 0,15 | >1,30...1,75 | 0,025 | 0,025 | 0,15 | 0,15 | 0,15 |
| S4 | 0,07...0,15 | 0,15 | >1,75...2,25 | 0,025 | 0,025 | 0,15 | 0,15 | 0,15 |
| S1Si | 0,07...0,15 | 0,15...0,40 | 0,35...0,60 | 0,025 | 0,025 | 0,15 | 0,15 | 0,15 |
| S2Si | 0,07...0,15 | 0,15...0,40 | 0,80...1,30 | 0,025 | 0,025 | 0,15 | 0,15 | 0,15 |
| S2Si2 | 0,07...0,15 | 0,40...0,60 | 0,80...1,30 | 0,025 | 0,025 | 0,15 | 0,15 | 0,15 |
| S3Si | 0,07...0,15 | 0,15...0,40 | >1,30...1,85 | 0,025 | 0,025 | 0,15 | 0,15 | 0,15 |
| S4Si | 0,07...0,15 | 0,15...0,40 | >1,85...2,25 | 0,025 | 0,025 | 0,15 | 0,15 | 0,15 |
| S1Mo | 0,05...0,15 | 0,05...0,25 | 0,35...0,60 | 0,025 | 0,025 | 0,45...0,65 | 0,15 | 0,15 |
| S2Mo | 0,07...0,15 | 0,05...0,25 | 0,80...1,30 | 0,025 | 0,025 | 0,45...0,65 | 0,15 | 0,15 |
| S2MoTiB[3)] | 0,05...0,15 | 0,15...0,35 | 1,00...1,35 | 0,025 | 0,025 | 0,40...0,65 | – | – |
| S3Mo | 0,07...0,15 | 0,05...0,25 | >1,30...1,75 | 0,025 | 0,025 | 0,45...0,65 | 0,15 | 0,15 |
| S4Mo | 0,07...0,15 | 0,05...0,25 | >1,75...2,25 | 0,025 | 0,025 | 0,45...0,65 | 0,15 | 0,15 |
| S2Ni1 | 0,07...0,15 | 0,05...0,25 | 0,80...1,30 | 0,020 | 0,020 | 0,15 | 0,80...1,20 | 0,15 |
| S2Ni1,5 | 0,07...0,15 | 0,05...0,25 | 0,80...1,30 | 0,020 | 0,020 | 0,15 | >1,20...1,80 | 0,15 |
| S2Ni2 | 0,07...0,15 | 0,05...0,25 | 0,80...1,30 | 0,020 | 0,020 | 0,15 | >1,80...2,40 | 0,15 |
| S2Ni3 | 0,07...0,15 | 0,05...0,25 | 0,80...1,30 | 0,020 | 0,020 | 0,15 | >2,80...3,70 | 0,15 |
| S2Ni1Mo | 0,07...0,15 | 0,05...0,25 | 0,80...1,30 | 0,020 | 0,020 | 0,45...0,65 | 0,80...1,20 | 0,20 |
| S3Ni1,5 | 0,07...0,15 | 0,05...0,25 | >1,30...1,70 | 0,020 | 0,020 | 0,15 | >1,20...1,80 | 0,20 |
| S3Ni1Mo | 0,07...0,15 | 0,05...0,25 | >1,30...1,80 | 0,020 | 0,020 | 0,45...0,65 | 0,80...1,20 | 0,20 |
| S3Ni1,5Mo | 0,07...0,15 | 0,05...0,25 | >1,20...1,80 | 0,020 | 0,020 | 0,30...0,50 | 1,20...1,80 | 0,20 |
| S3Ni1Mo0,2 | 0,07...0,15 | 0,10...0,35 | 1,20...1,60 | 0,015 | 0,015 | 0,15...0,30 | 0,80...1,25 | 0,15 |
| S2Ni1Cu[4)] | 0,08...0,12 | 0,15...0,35 | 0,70...1,20 | 0,020 | 0,020 | 0,15 | 0,65...0,90 | 0,40 |
| S3Ni1Cu[5)] | 0,05...0,15 | 0,15...0,40 | 1,20...1,70 | 0,025 | 0,025 | 0,15 | 0,60...1,20 | 0,15 |
| SZ | jede andere vereinbarte Zusammensetzung | | | | | | | |

1) Chemische Zusammensetzung des Fertigproduktes, Cu einschließlich Kupfer-Überzug ≤ 0,30 %, Al ≤ 0,030 %
2) Einzelwerte in der Tabelle sind Höchstwerte
3) Ti: 0,10...0,20 %, B: 0,005...0,020 %
4) Cu: 0,40...0,65 %
5) Cu: 0,30...0,60 %

#### Fülldrahtelektroden

In der DIN EN ISO 544 werden Fülldrahtelektroden in den Durchmessern von 0,6...8,0 mm genormt. Für das UP-Schweißen übliche Abmessungen liegen im Bereich 2,4...4,0 mm. Sie werden vorzugsweise zum Schweißen un- und niedriglegierter Stähle und zum Auftragschweißen eingesetzt. Angewandt werden nahezu ausschließlich nahtlose Fülldrähte, da diese gegen Feuchtigkeitsaufnahme geschützt sind. Über die Zusammensetzung der Füllung können gezielt Legierungselemente in das Schweißgut eingebracht werden. Dabei können auch Werkstoffkompositionen verwendet werden, die als Massivdraht metallurgisch nicht herstellbar sind. In Verbindung mit entsprechenden Schweißpulvern lassen sich die Eigenschaften des Schweißgutes damit gezielt beeinflussen.

#### Bandelektroden

Der Vorteil von Bändern gegenüber Drahtelektroden besteht in der sehr viel höheren Abschmelz-leistung, die vor allem zum Auftragschweißen und Plattieren genutzt wird. Die größeren Bandquer-schnitte ergeben auch bei hohen Stromstärken nur moderate Stromdichten und damit nur geringe Aufmischungseffekte mit dem Grundwerkstoff. Übliche Bandabmessungen liegen bei 30, 60 und 90 mm Bandbreite, bei einer Banddicke von 0,5 mm. Hauptanwendungsgebiet ist das Auftragschweißen von korrosionsbeständigen Schutzschichten aus CrNi-Stählen oder Nickelbasislegierungen.

Zum Verbindungsschweißen werden schmalere Bänder mit Breiten von 15...30 mm verwendet. Die Banddicke beträgt 0,5...1,0 mm. Verbindungsschweißungen erfolgen nahezu ausschließlich an un- und niedriglegierten Stählen mit Bändern der Güten S1, S2 und S2Mo.

Neben Massivbändern existieren auch Füllbänder. Diese kommen zum Aufschweißen von Verschleißschutzschichten zum Einsatz und sind mit Hartstoffpartikeln auf Kobalt- oder Wolframcarbidbasis versehen. Die Füllbandbreite beträgt üblicherweise nur 10...15 (40) mm.

### 3.11.1.4 Stromquellen und Brennertechnik

Eine Anlage zum UP-Schweißen besteht aus einer Schweißstromquelle, einer Drahtversorgungseinheit, einem Schweißbrenner, einer Pulverstrecke und einem Steuerungspanel, die an einer Handlingeinheit montiert sind (Bild 3.214). Drahtvorrat, Drahtfördereinheit, Schweißbrenner, Pulverversorgung und -absaugung und Steuerung werden auch unter dem Begriff Schweißautomat zusammengefasst. Der Schweißbrenner wird zuweilen auch als Schweißkopf bezeichnet.

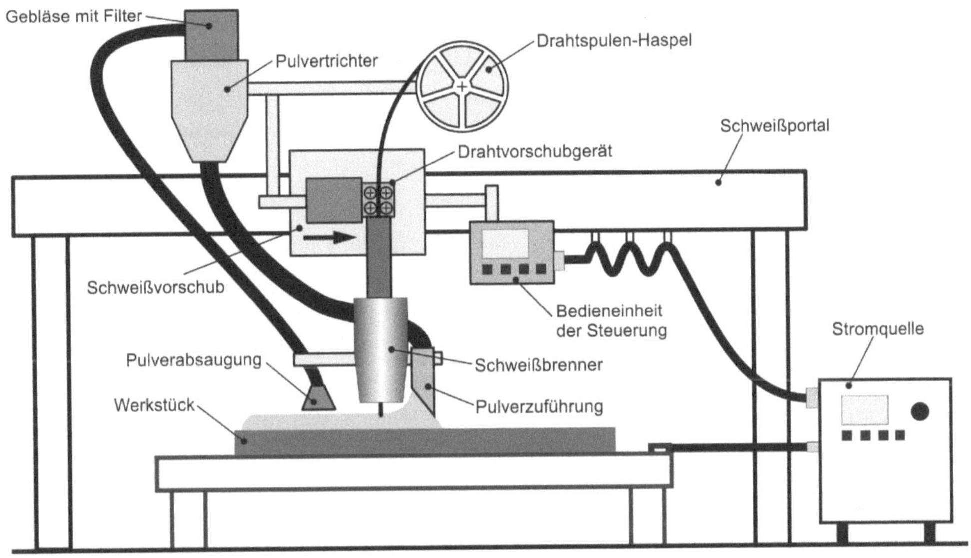


**Bild 3.214** Aufbau einer UP-Schweißanlage

## Schweißstromquellen

Das Unterpulverschweißen wird zum Schweißen langer Nähte mit hohen Abschmelzleistungen eingesetzt. UP-Schweißstromquellen sind daher auf hohe Schweißleistung bei hohen Einschaltdauern ausgelegt. Übliche sind Schweißströme von 800...1250 A bei 100 % Einschaltdauer. Für Gleichstromanwendungen werden thyristorgesteuerte Gleichrichter eingesetzt, für sinusförmigen Wechselstrom Transformatoren. Moderne Stromquellen ermöglichen ein Umschalten zwischen beiden Stromarten und die Realisierung von rechteckförmigem Wechselstrom mit verschiebbaren Anteilen. Hierzu werden getaktete Gleichrichter, wie z. B. Inverter, verwendet (siehe Abschnitt 3.2).

Zur Lichtbogenlängenregelung wird standardmäßig eine äußere Regelung in Verbindung mit fallender Stromquellenkennline (CC, *engl.* constant current) eingesetzt. Änderungen der Lichtbogenlänge werden durch eine geregelte Anpassung der Drahtvorschubrate mechanisch kompensiert. Dazu ist die Lichtbogenspannung direkt mit der Ansteuerung des Drahtvorschubmotors verknüpft. Geringere Lichtbogenspannungen führen zu einer Reduzierung der Drahtvorschubrate, längere Lichtbogenzustände zu einer Erhöhung. Für das Verschweißen dünner Drähte $d < 2{,}0$ mm, die zumeist mit höheren Drahtvorschubraten abgeschmolzen werden, ist diese Art der Regelung zu träge, da mechanische Komponenten (Drahtantrieb) involviert sind. Hier wird, wie beim MSG-Schweißen, die innere Regelung in Verbindung mit horizontalen bzw. flachfallenden Kennlinien (CV, *engl.* constant voltage) eingesetzt. Änderungen der Lichtbogenlänge werden ohne äußeren Eingriff selbständig von der Stromquelle über eine Anpassung des Schweißstromes kompensiert. Geringere Lichtbogenlängen führen zu einem Anstieg der Schweißstromstärke und damit zur vermehrten Abschmelzung der Drahtelektrode. Längere Lichtbogenzustände führen im Umkehrschluss zu einer Reduzierung der Stromstärke und damit einer Verringerung der Drahtabschmelzung. Während des gesamten Regelvorgangs bleibt hier die Drahtvorschubrate konstant. Moderne Stromquellen erlauben eine Umschaltung zwischen CC- und CV-Charakteristik.

### Schweißbrenner

Der UP-Schweißbrenner besteht im Wesentlichen aus einem Kupferrohr, welches mit einer Drahtkontakteinrichtung versehen ist. Innerhalb des Kupferrohres wird die Drahtelektrode durch ein elektrisch isoliertes Führungsrohr geleitet und erst im Kontaktelement mit Schweißstrom beaufschlagt. Die Wärmeabfuhr aus dem hochbelasteten Brenner erfolgt über Wärmeableitung in die groß dimensionierten Kupfermassen. Eine zusätzliche Wasserkühlung ist nicht erforderlich. Zur Stromkontaktierung werden Kontaktrohre (bis Draht-Ø 2,4 mm) und geteilte Kontaktelemente verwendet. Diese sind für dicke Drähte als Halbschalen und für Bandelektroden als Platten ausgelegt. Der Bohrungsdurchmesser der Kontaktrohre bzw. die Nutengeometrie der Kontaktelemente sind dem jeweiligen Drahtdurchmesser angepasst.

Bei Ein-Draht-Prozessen wird häufig die Pulverzuführung über eine konzentrische Düse an den Schweißbrenner adaptiert. Bei Mehr-Draht-Prozessen erfolgt die Pulverzufuhr dagegen extern über eine vorlaufende Schüttdüse. Bild 3.215 zeigt verschiedene Ausführungen von UP-Schweißbrennern.

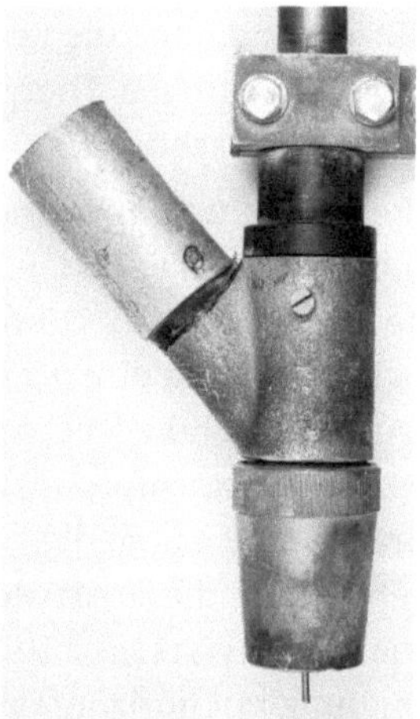

Ein-Draht-Brenner

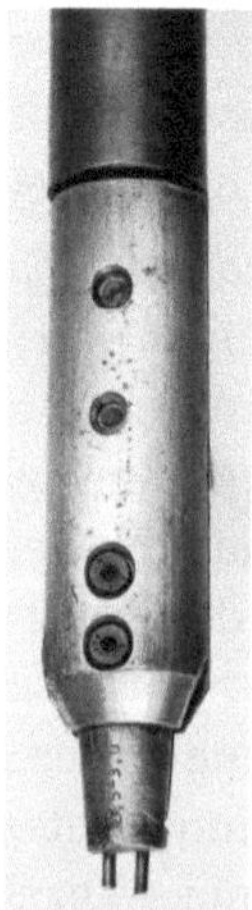

Doppel-Draht-Brenner

**Bild 3.215**
Schweißbrenner zum Unterpulverschweißen

### Drahtvorschubeinheit

Der Drahtvorschub erfolgt über motorisch angetriebene Stirnrollen, die zumeist als 2- oder 4-Rollenantrieb ausgelegt sind. Drahtantriebsmotor und Drahtvorschubrollen sind größer dimensioniert als beim MSG-Schweißen. Beim Drahtabzug von Großgebinden kann der Einsatz eines unterstützenden Drahtabspulantriebes notwendig sein, um die Drahtförderkräfte zu begrenzen. Ebenfalls häufig im Einsatz sind ein- oder zweiachsige Drahtrichtwerke, die die aufspulbedingte plastische Verformung der Drahtelektrode ausgleichen. Die Drahtrichtsätze werden direkt vor dem Drahtantrieb angeordnet.

### Pulverstrecke

Zur Pulverversorgung des Schweißprozesses erfolgt aus einem über dem Schweißbrenner angeordneten Vorratsbehälter. Das Pulver fließt durch die Schwerkraft nach unten und wird über einen Schlauch und eine Pulverdüse zur Schweißstelle geführt. Die notwendige Schütthöhe wird über den vertikalen Abstand Pulverdüse-Werkstück eingestellt. Die Steuerung der Pulverzufuhr erfolgt über eine mechanisch verstellbare Drosselklappe. Während des Schweißvorgangs erstarrt nur ein Teil des Pulvers zu Schlacke. Das überschüssige Pulver wird zumeist über ein Gebläse abgesaugt und nach einer Filterung wieder dem Pulverbehälter zugeführt. Ein weiterer, externer Bestandteil der Pulverstrecke ist der Trocknungsofen. Hier werden die Schweißpulver vor dem Einsatz rückgetrocknet, um deren Feuchtigkeitsaufnahme zu eliminieren.

### Schweißsteuerung

Bedingt durch den zumeist großen Abstand zwischen Stromquelle und Schweißstelle werden die Schweißparameter beim UP-Schweißen nicht an der Stromquelle eingestellt. Vielmehr ist am Schweißautomaten ein Steuerungspanel angebracht, an den die wichtigsten Prozessparameter, wie Stromstärke oder Schweißspannung, Drahtvorschubrate und Schweißgeschwindigkeit eingestellt werden können. Bei Anlagen, die mit rechteckförmigem Wechselstrom arbeiten, können zudem die Plus- und Minusanteile im Schweißstromverlauf variiert werden.

## 3.11.1.5 Mechanisierungseinrichtungen

Das UP-Schweißen erfolgt ausschließlich mechanisiert. Dazu sind entsprechende Handlingaufbauten erforderlich, die den Schweißbrenner zur Fügestelle positionieren und den Schweißvorschub realisieren. Bild 3.216 zeigt dazu einige Mechanisierungslösungen.

Unterschieden wird in Einrichtungen mit feststehendem und bewegtem Schweißbrenner. Bei feststehendem Schweißbrenner wird zur Erzeugung des Schweißvorschubes das Werkstück bewegt. Diese Variante wird zum Schweißen von Rundnähten eingesetzt. Das rohrförmige Werkstück wird von Rollenböcken angetrieben und dreht sich unter dem an einem Schweißmast befestigten Schweißautomaten. Kleinere Bauteile können auch von außen mit Spannbacken fixiert und über Drehfutter oder -tische bewegt werden.

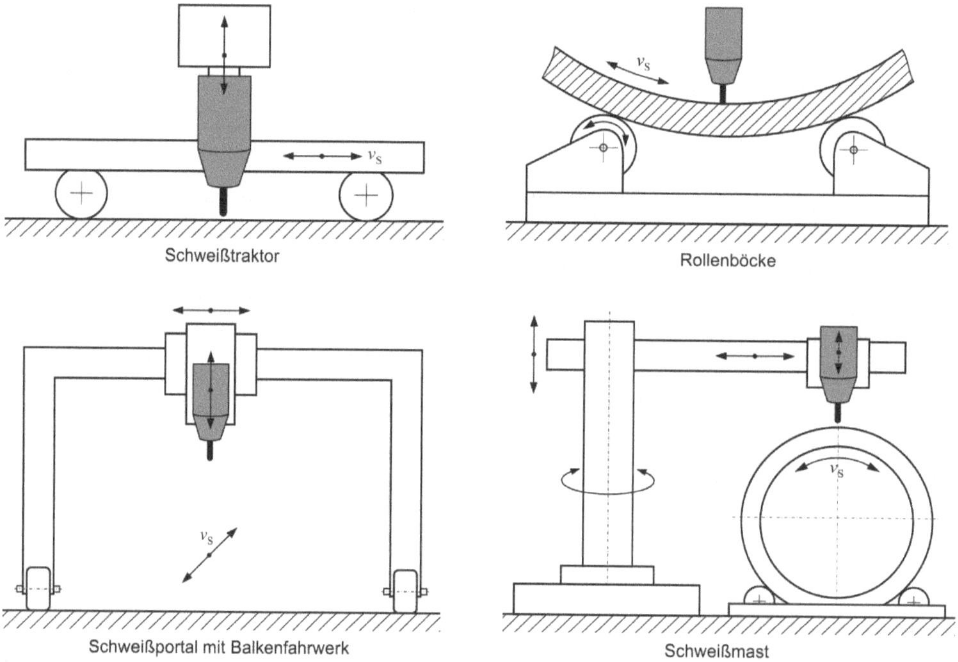


**Bild 3.216** Möglichkeiten zur Mechanisierung der Schweißbewegung beim UP-Schweißen

An Längsnähten erfolgt die Erzeugung des Schweißvorschubes bei stillstehendem Werkstück durch eine Linearbewegung des Schweißautomaten. Zum Einsatz kommen Schweißportale oder Schweißtraktoren. An Schweißtraktoren ist der komplette Schweißautomat auf einem selbstfahrenden Wagen montiert, der meist auf dem Werkstück aufgespannten Schienen fährt.

Der Schweißbrenner ist über einen Kreuzsupport an den Mechanisierungseinrichtungen montiert. Über diesen wird der Schweißbrenner zur Schweißfuge positioniert. Die Justierung erfolgt dabei manuell durch den Anlagenbediener, der auch während des Schweißvorgang korrigierend eingreifen kann. In vollmechanischen Prozessen kommen auch taktile Sensoren zur Nahtverfolgung zum Einsatz. In diesem Fall muss der Kreuzsupport elektrisch ansteuerbar sein.

## 3.11.2 Verfahrensvarianten

### 3.11.2.1 Überblick

Der UP-Schweißprozess weist eine große Variantenvielfalt auf. Dies betrifft die Geometrie der Elektrode (Draht, Fülldraht, Band), die Stromart und die Anzahl und elektrische Beschaltung der zugeführten Elektroden (Bild 3.217).

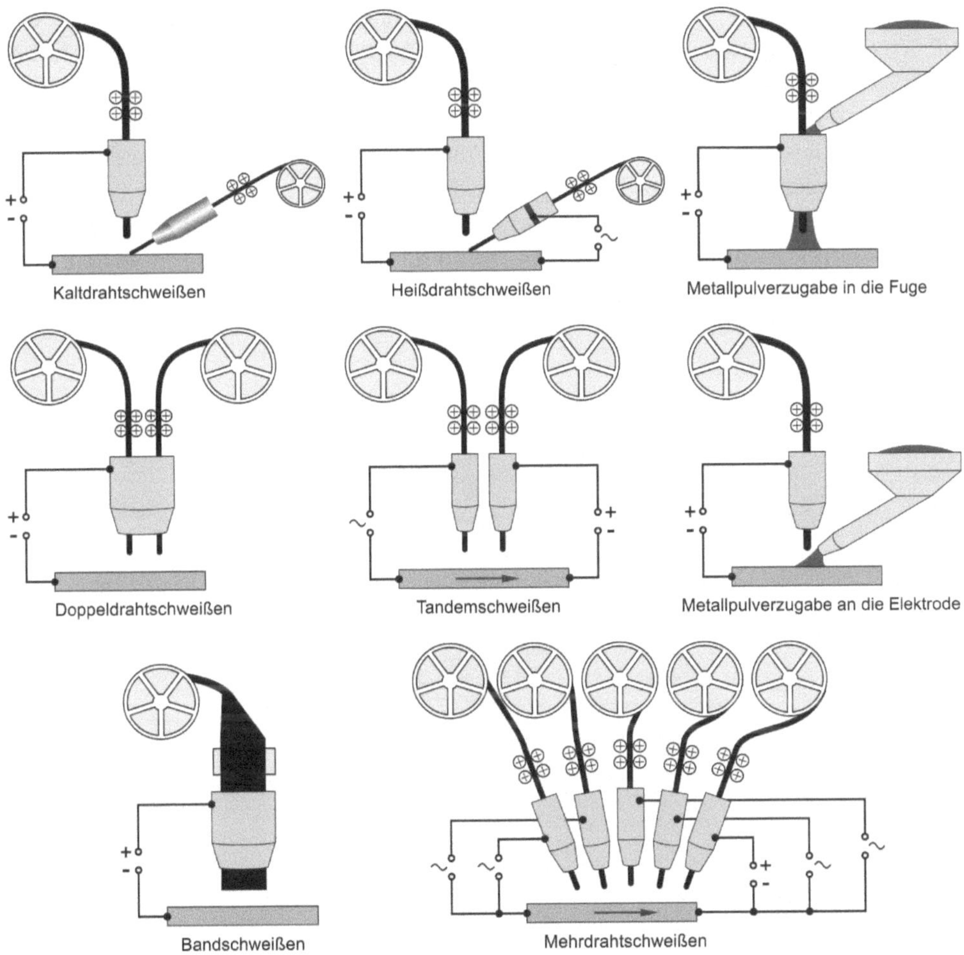


**Bild 3.217** Varianten des Unterpulverschweißens

Drahtelektroden werden vorzugsweise zum Verbindungsschweißen, Bandelektroden zum Auftrag-schweißen eingesetzt. Im Ein-Draht-Prozess und bei Einsatz hochbasischer Pulver wird mit Gleichstrom (DC, *engl.* direct current) und in Mehrdrahtvarianten mit Wechselstrom (AC, *engl.* alternating current) gearbeitet. Mehrdrahtvarianten in verschiedenen Ausprägungen werden zur Steigerung der Abschmelzleistung genutzt.

Aufgrund des großen Schmelzbades wird bevorzugt in Wannenposition (PA) gearbeitet. Daneben existieren noch Verfahrensvarianten zum Kehlnahtschweißen (PB) und Quernahtschweißen (PC).

### 3.11.2.2 UP-Eindrahtschweißen

Das Schweißen mit einem Draht ist die am weitesten verbreitete Variante des UP-Schweißverfahrens. Typischerweise werden Drahtelektroden im Durchmesserbereich 2,0...4,0 mm unter Gleichstrom am Pluspol verschweißt. Blechdicken bis 25 mm können mit der Lage-Gegenlage-Technik miteinander verschweißt werden. Bei größeren Materialstärken kommt die Mehrlagentechnik zum Einsatz. Theoretisch ist die Blechdicke nach oben hin unbegrenzt. Für dünne Bleche oder schnelles Schweißen werden auch dünnere Drähte von 1,2...1,6 mm Durchmesser verwendet. Bei gleichen Stromwerten lassen sich mit dünneren Drähten aufgrund der höheren Stromdichte tiefere Einbrände am Werkstück erzielen. Bild 3.218 zeigt ein typisches Nahtbild einer mit einem Draht geschweißten UP-Naht.

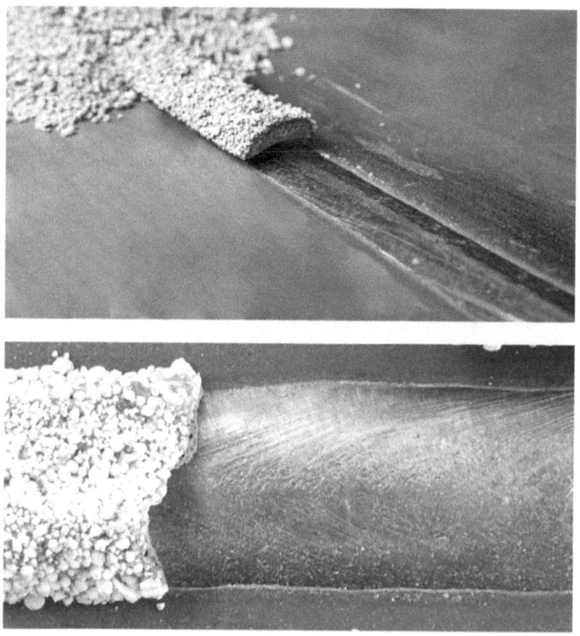

**Bild 3.218**
UP-Schweißnaht

Nach dem Erstarren der Schmelze löst sich im Normalfall die Schlacke von selbst. Die oberen Schlackeschichten kühlen schneller ab als die unteren. Der dabei auftretende Spannungsgradient führt zu einem „abrollen“ der Schlacke von der Schweißnaht.

### 3.11.2.3 UP-Doppeldrahtschweißen

Beim Doppeldraht- oder auch Paralleldrahtschweißen werden zwei Drahtelektroden in einen Schweißbrenner zugeführt. Beide Drähte sind an derselben Stromversorgung angeschlossen und werden über ein gemeinsames Drahtvorschubsystem gefördert. Dazu sind der Drahtvorschub mit Doppelantriebsrollen und der Schweißbrenner mit doppelt genuteten Kontaktbacken versehen.

Geschweißt wird mit Gleich- oder Wechselstrom, wobei bei gleicher Abschmelzleistung die Stromwerte unter Wechselstrom höher sind. Im Umkehrschluss bedeutet dies, dass die Abschmelzleistung unter Gleichstrom höher ausfällt (Bild 3.219).

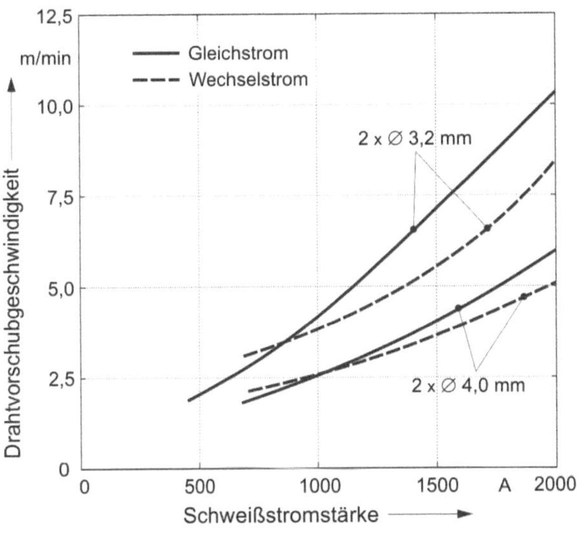


**Bild 3.219**
Abschmelzleistung beim UP-Doppeldrahtschweißen in Anhängigkeit von der Stromart (nach MUE83)

Die Abschmelzleistung kann im Vergleich zum Eindrahtschweißen bei gleicher Stromstärke um bis zu 30 % gesteigert werden, selbst wenn geringere Drahtdurchmesser verwendet werden (Bild 3.220). Ursache dafür ist die höhere Stromdichte an geringeren Drahtquerschnitten, die zu einer verstärkten Elektrodenabschmelzung führt und dadurch bei selben Stromwerten höhere Drahtvorschubraten ermöglicht.

Mit zunehmendem Drahtabstand und längeren Lichtbögen steigt der Pulververbrauch an, da sich eine größere Kaverne ausbildet. Die Drähte können in Schweißrichtung hintereinander oder nebeneinander positioniert werden. Hintereinander angeordnet ergibt sich ein längeres Schmelzbad und es kann mit hohen Stromstärken eine hohe Schweißgeschwindigkeit gefahren werden. Bei Queranstellung ergibt sich ein breiteres Schmelzbad mit dem eine gute Spaltüberbrückbarkeit gewährleistet wird. Mit steigendem Elektrodenabstand sinkt die Stromdichte des Gesamtlichtbogens in der Kaverne und damit auch die Einbrandtiefe am Werkstück. Bei zu großen Abständen können Nahtunregelmäßigkeiten, wie Schlackeeinschlüsse und Bindefehler, auftreten. Tabelle 3.54 gibt Einstellwerte für den Drahtabstand an.

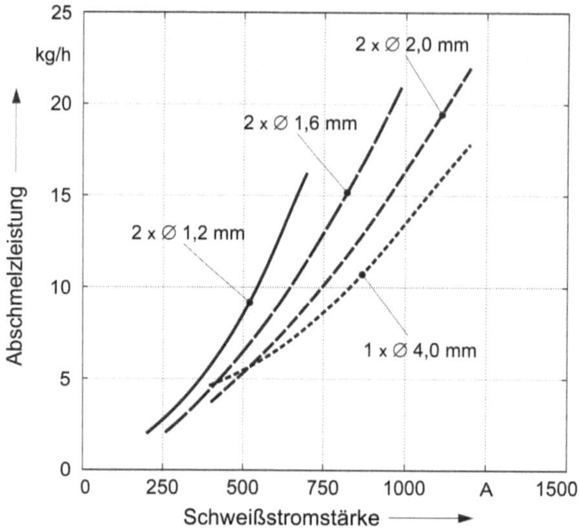


**Bild 3.220**
Abschmelzleistung niedriglegierter Drahtelektroden beim UP-Doppeldrahtschweißen (nach HER89)

**Tabelle 3.54** Drahtachsenabstände für das UP-Doppeldrahtschweißen in Querstellung

| Drahtdurchmesser [mm] | Drahtachsenabstand [mm] |
|---|---|
| 1,6 | 6...7 |
| 2,0 | 6...8 |
| 2,5 | 7...9 |
| 3,0 | 8...10 |
| 4,0 | 9...12 |

Bevorzugt wir mit kurzen Lichtbogenzuständen gearbeitet, um die gegenseitige Beeinflussung der Lichtbögen gering zu halten. Zu beachten ist, dass vor allem in engen Fugen die Lichtbogenintensität zwischen den beiden Drahtelektroden wechseln kann. Ursache ist deren elektrische Parallelschaltung, die dazu führt, dass sich der Lichtbogen dort am stärksten ausbildet, wo die Ionisationsbedingungen am besten sind. In den meisten Fällen ist dies dort, wo der Abstand Drahtelektrode-Werkstück am kürzesten ist. Dieser Effekt trägt maßgeblich zur guten Spaltüberbrückbarkeit bei, da der Lichtbogen abwechselnd auf beiden Nahtflanken brennt (Bild 3.221).

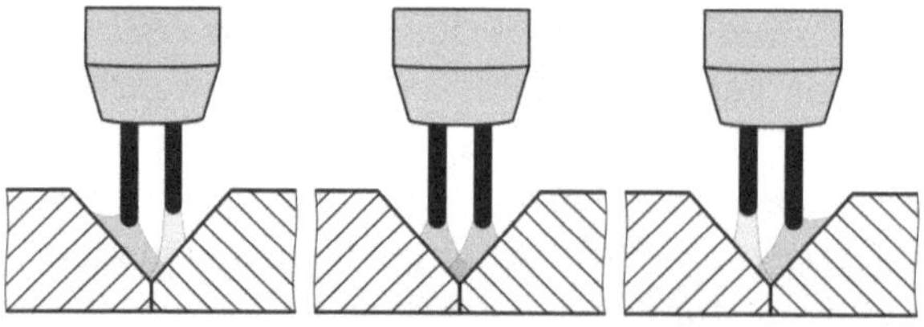

**Bild 3.221**
Wechselnde Lichtbogenausbildung beim UP-Doppeldrahtschweißen

Ein typischer Anwendungsfall für das Doppeldrahtschweißen ist das Kehlnahtschweißen mit dünnen Drähten (1,2...1,6 mm) und hohen Schweißgeschwindigkeiten.

#### 3.11.2.4 UP-Tandemschweißen

Beim Tandemschweißen werden der Fügestelle zwei Drahtelektroden in jeweils einem separaten Brennerrohr zugeführt. Jeder der Drähte wird über eine eigene Stromquelle versorgt und mit einem eigenem Drahtvorschubgerät gefördert. Die Elektroden werden zumeist hintereinander im Abstand von ca. 20 mm angeordnet und ihre Lichtbögen brennen in einer gemeinsamen Kaverne. Da jede Drahtelektrode über eine eigene Stromquelle verfügt, können an den Drähten verschiedene Schweißparameter eingestellt werden. Der erste Draht wird in der Regel mit Gleichstrom am Pluspol und hohen Stromstärken verschweißt, um einen tiefen Einbrand am Werkstück zu generieren. Die zweite Elektrode wird mit geringerer Leistung, aber längerem Lichtbogen unter Wechselstrom verschweißt, um eine ausreichende Nahtbreite sowie eine glatte Nahtoberfläche zu erzeugen. Der Einsatz von Wechselstrom unterdrückt die gegenseitige elektromagnetische Beeinflussung der beiden Lichtbögen. Bei gleichsinniger Polung würden sich die Lichtbögen ansonsten anziehen, bei gegensinniger Polung abstoßen. Beide Effekte beeinflussen die Lichtbogenstabilität und die regelmäßige Tropfenablösung negativ.

Mit dem Tandemschweißen können ähnliche Steigerungen der Abschmelzleistung wie mit dem Doppeldrahtverfahren erzielt werden. Die separate elektrische Beschaltung der beiden Elektroden ermöglicht darüber hinaus eine günstige Gestaltung der Nahtgeometrie. Der Prozess wird vorzugsweise zum Schweißen dicker Bleche mit Drahtelektroden im Durchmesser 3,0...5,0 mm eingesetzt.

Eine weitere Steigerung der Abschmelzleistung ist möglich, wenn einer oder beide Schweißköpfe mit Doppeldraht (Draht-Ø bis 2,5 mm) bestückt werden. Dieser Prozess wird als Tandem-Doppeldraht-Schweißen bezeichnet.

#### 3.11.2.5 UP-Mehrdrahtschweißen

Das Mehrdrahtschweißen ist eine Erweiterung des Tandemschweißens um weitere Schweißköpfe. Zur Erzielung hoher Abschmelzleistungen werden bis zu sechs Drahtelektroden nacheinander angeordnet. Damit sind enorme Abschmelzleistungen von bis zu 45 kg/h realisierbar. Jede Drahtelektrode verfügt über ein eigenes Brennerrohr, eine eigene Stromquelle und ein eigenes Drahtvorschubgerät. Auch hier wird an der ersten Elektrode mit Gleichstrom am Pluspol gearbeitet. Diese soll mit hohen Schweißleistungen einen tiefen Einbrand am Werkstück erzeugen. Alle nachfolgenden Elektroden werden mit abnehmender Stromstärke unter Wechselstrom verschweißt und sorgen für die Füllung der Schweißfuge mit Schweißgut, eine breite Nahtausbildung und eine glatte Nahtoberfläche. Der Abstand zwischen den einzelnen Elektroden darf nicht mehr als ca. 25 mm betragen, damit alle Lichtbögen in einer gemeinsamen Kaverne brennen. Um dies zu gewährleisten sind die einzelnen Brenner im Anstellwinkel von 5...25° gegeneinander geneigt.

Neben der Erhöhung der Abschmelzleistung ermöglichen die Mehrdrahtvarianten eine gezielte Steuerung der Nahtgeometrie und eine Beeinflussung der Schweißmetallurgie. So können Drähte unterschiedlicher Güte oder Zusammensetzung verwendet oder mit Fülldrahtelektroden kombiniert werden.

### 3.11.2.6 UP-Bandschweißen

Beim UP-Bandschweißen werden rechteckige Elektrodenquerschnitte mit einem großen Breite-Dicke Verhältnis eingesetzt. Hierzu sind ein spezieller Schweißkopf mit flächigen Stromkontaktbacken (Bild 3.222), spezielle Bandvorschubrollen und eine Pulverzugabe vor und hinter der Bandelektrode erforderlich. Die doppelte Pulverzufuhr ist erforderlich, weil das Band das aufgeschüttete Pulver wie ein Pflug vor sich herschiebt.

Bandelektroden werden ausschließlich mit Gleichstrom am Pluspol verschweißt. Der Lichtbogen brennt nicht über die gesamte Bandbreite, sondern wandert an dieser immer in den Bereich mit dem kürzesten Abstand zum Werkstück entlang. Dadurch wird der Energieeintrag ins Werkstück auf einer größeren Fläche verteilt und es können geringe Aufmischungen Grundwerkstoff-Zusatzwerkstoff erzielt werden (ca. 20 %). Die Schweißgeschwindigkeit ist geringer als beim Schweißen mit Drahtelektroden und liegt bei ca. 10...12 cm/min.

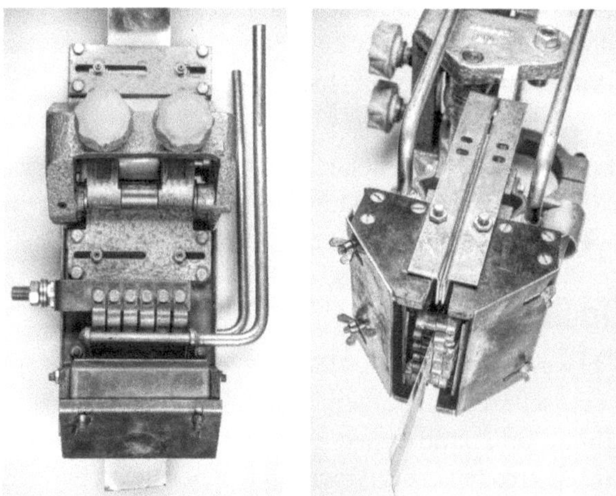

**Bild 3.222**
UP-Bandelektrodenschweißkopf

Das UP-Bandelektrodenschweißen wird vorwiegend zum Auftragschweißen in den Varianten Puffern, Plattieren und Panzern genutzt. Hauptanwendungsgebiet ist das Auftragschweißen von korrosionsbeständigen Schutzschichten aus CrNi-Stählen oder Nickelbasislegierungen. Die Stromstärke wird den Bandquerschnitten angepasst. Sie liegt beispielsweise bei einem Band 120 × 0,5 mm bei etwa 1300...1500 A. Aus diesem Grund werden zum Auftragschweißen üblicherweise nur Bandbreiten bis max.

90 mm verwendet, da darüber hinaus Spezialstromquellen mit hoher Schweißleistung erforderlich sind. Die erreichbaren einlagigen Schichtdicken liegen im Bereich 3,5...5,5 mm und sind abhängig von der verwendeten Schweißgeschwindigkeit. Die Oberflächen der Auftragschichten sind glatt und frei von Kerben, sodass eine mechanische Nachbearbeitung zumeist entfallen kann. Zum Aufschweißen von Verschleißschutzschichten werden auch schmalere Füllbänder, die mit Hartstoffpartikeln auf Kobalt- oder Wolframcarbidbasis versehen sind, eingesetzt. Die Füllbandbreite beträgt üblicherweise nur 10...15 (40) mm, bei Dicken von 1,0...3,0 mm.

Neben dem Auftragschweißen lässt sich das UP-Bandelektrodenschweißen auch zum Verbindungsschweißen an un- und niedriglegierten Stählen nutzen. Hier werden allerding nur geringe Bandbreiten von 15...30 mm, bei Banddicken von 0,5...1,0 mm, verwendet. Das Band kann längs oder quer zur Schweißrichtung angestellt werden. Auch hier wandert der Lichtbogen die Bandkante entlang und erzeugt damit einen flächigen Energieeintrag in das Werkstück mit geringen Einbrandtiefen. Bei längs angestelltem Band kann dieser Effekt, ähnlich wie beim Doppeldrahtschweißen, zur Erhöhung der Stromstärke, respektive der Abschmelzleistung genutzt werden. Damit sind entweder größere Fugenvolumen zu füllen oder höhere Schweißgeschwindigkeiten erzielbar. Wird das Band quer angestellt, verbessert sich die Spaltüberbrückbarkeit des Prozesses. An Kehlnähten kann zudem eine bessere Gleichschenkligkeit in der Nahtausbildung erzielt werden.

### 3.11.2.7 UP-Kaltdrahtschweißen

Beim UP-Kaltdrahtschweißen wird dem Schmelzbad eine zusätzliche Drahtelektrode stromlos über einen separaten Drahtantrieb zugeführt. Damit wird die Abschmelzleistung des Prozesses erhöht, ohne die Lichtbogenleistung zu steigern. Der kalt zugeführte Draht entzieht dem Lichtbogen zudem einen Teil seiner Energie, wodurch dessen Einbrandwirkung am Werkstück zurückgeht. Über eine Variation der Kaltdraht-Vorschubrate können diese beiden Effekte gezielt gesteuert werden. Gegenüber dem Eindrahtschweißen sind Steigerungen der Abschmelzleistung bei deutlich vermindertem EInbrand um bis zu 30 % möglich.

Der Kaltdraht wird vorlaufend mit geringer Neigung zur Schweißebene derart zugeführt, dass das schmelzende Drahtende den Schmelzbadrand berührt, aufschmilzt und ohne Tropfenbildung in das Schmelzbad einfließt. Die Drahtvorschubrate ist auf die Lichtbogenleistung und Schmelzbadgröße abzustimmen. Bei zu hohen Zufuhrraten des Kaltdrahtes kann es im Schmelzbad zur Bildung eines Trichters kommen, der Schweißnahtunregelmäßigkeiten zur Folge hat. Ebenfalls wichtig ist eine exakte Positionierung des Kaltdrahtes zum Schmelzbad, um ein vollständiges Aufschmelzen zu gewährleisten.

Das UP-Kaltdrahtschweißen wird zum Auftragschweißen und zum Schweißen von Fülllagen eingesetzt, also überall dort wo bei geringen Einbrandtiefen viel Material abgeschmolzen werden soll.

#### 3.11.2.8 UP-Heißdrahtschweißen

Beim UP-Heißdrahtschweißen wird dem Schmelzbad eine zusätzliche, bereits erwärmte Drahtelektrode über einen separaten Drahtantrieb zugeführt. Die Drahtaufheizung erfolgt über elektrische Widerstandserwärmung. Dazu ist eine separate Heizstromquelle, die mit Wechselstrom betrieben wird, notwendig. Die Drahtelektrode wird wie beim UP-Kaltdrahtschweißen am Schmelzbadrand zugeführt. Durch den Kontakt Drahtelektrode-Werkstück wird der Heizstromkreis geschlossen und der Drahtabschnitt zwischen Heißdraht-Stromkontaktdüse und Werkstück bis auf Rotglut erwärmt. Das endgültige Aufschmelzen erfolgt erst unter Lichtbogeneinwirkung im Schmelzbad.

Das UP-Heißdrahtschweißen ermöglicht eine Steigerung der Abschmelzleistung bei moderater Strombelastung der Hauptelektrode. Im Vergleich zum UP-Doppeldrahtschweißen ist der Wärmeeintrag in das Bauteil deutlich geringer. Zum einen entzieht das endgültige Aufschmelzen der Heißdrahtelektrode dem Lichtbogen Energie, zum anderen ist die Widerstandserwärmung wesentlich effizienter als eine Lichtbogenerzeugung. Die Heizstromquelle kann daher mit deutlich weniger Leistung (Faktor 5...10) betrieben werden als ein Lichtbogen. Übliche Betriebswerte sind z. B. 150 A und 14 V, also ca. 2100 W.

#### 3.11.2.9 UP-Schweißen mit Metallpulverzugabe

Auch durch eine eisenbasierte Metallpulverzugabe ist eine Steigerung der Abschmelzleistung ohne Erhöhung der elektrischen Leistung möglich. Das Metallpulver wird entweder vorlaufend in die Schweißfuge eingebracht oder als Elektrodenanhaftung dem Schmelzbad zugeführt. Bei vorlaufender Aufschüttung sind Steigerungen der Abschmelzleistung von bis zu 100 % erreichbar. Bei Zufuhr über Elektrodenhaftung wird das Pulver brennerintern zugegeben. Die ferromagnetischen Pulverpartikel werden durch das Magnetfeld der stromdurchflossenen Elektrode angezogen, lagern sich konzentrisch an der Elektrodenoberfläche ab und werden gemeinsam mit der Elektrode im Lichtbogen aufgeschmolzen. Mit dieser Variante lässt sich die Abschmelzleistung um bis zu 70 % steigern.

In beiden Varianten entzieht das aufzuschmelzende Metallpulver dem Lichtbogen Energie. In der Folge verringern sich Einbrand und Aufmischung bei breiterer Schweißnahtausbildung. Einsatzmöglichkeiten bieten sich vor allem beim Schweißen größerer Querschnitte im Stumpfstoß oder an Kehlnähten, sowie beim Auftragschweißen.

### 3.11.3 Anwendung

#### 3.11.3.1 Überblick

Das UP-Schweißen ist aufgrund seiner hohen Abschmelzleistung für das Schweißen langer Nähte an dicken Blechen oder zum Auftragen großflächiger Beschichtungen geeignet. Der UP-Schweißprozess wird dabei ausschließlich mechanisiert eingesetzt. Dies bedingt einen entsprechenden Aufwand an Maschinentechnik und Vorrichtungen.

Der Schutz von Lichtbogen und Schmelzbad erfolgt durch eine aufgeschüttete Pulverschicht. Der Lichtbogen brennt verdeckt in einer Kaverne unter dieser Pulverschicht, wodurch Wärmeverluste durch Abstrahlung in die Umgebung vermieden werden. Der UP-Prozess weist in der Folge den höchsten thermischen Wirkungsgrad aller Schmelzschweißverfahren auf.

Verarbeitbare Werkstoffe sind un- und niedriglegierte Stähle, hochlegierte nichtrostende Stähle, warmfeste Stähle sowie Nickellegierungen. Die Schweißnahtqualitäten sind durchgängig hoch und es bilden sich glatte Nahtoberflächen mit kerbfreien Übergängen aus.

Aufgrund des großen Schmelzbades kann der Prozess nur in wenigen Schweißpositionen eingesetzt werden. Vorzugsweise wird in Wannenlagen (PA) geschweißt. Wenn immer möglich, sind die Bauteile mit Handligeinheiten so zu manipulieren, dass die Schweißfuge in diese Position gebracht wird. Ebenfalls möglich, aber mit eingeschränkter Abschmelzleistung, ist ein Schweißen von Kehlnähten in Position PB und ein Schweißen von Quernähten in Position PC.

### 3.11.3.2 Verbindungsschweißen

Wirtschaftlich einsetzbar ist das UP-Schweißen ab einer Blechdicke von ca. 6 mm. Nach oben sind bei Anwendung der Mehrlagentechnik theoretisch keine Grenzen gesetzt. Neben dem Eindrahtschweißen werden zur Steigerung der Abschmelzleistung vor allem Doppel- und Mehrdrahtvarianten des UP-Schweißens eingesetzt.

Zur Aufnahme des abgeschmolzenen Zusatzwerkstoffes ist eine entsprechende Fugenvorbereitung erforderlich. Geschweißt werden Stumpfnähte in Wannenposition (PA) und Kehlnähte in Horizontalposition (PB) oder bei gedrehtem Werkstück auch in PA. Je nach Blechdicke und Fugenvorbereitung kommen verschiedene Arbeitstechniken zur Anwendung. Nach aufsteigender Blechdicke geordnet sind dies:

- Einlagenschweißung,
- Lage-Gegenlage-Schweißung,
- Mehrlagenschweißung einseitig,
- Mehrlagenschweißung beidseitig.

Beim Einlagenschweißen muss das Schmelzbad gegen Durchfallen gesichert werden. Daher wird zumeist auf einer Unterlage (siehe Abschnitt 3.11.4.2) geschweißt. Im Vergleich mit anderen Schmelzschweißverfahren wird beim einlagigen UP-Schweißen ein großer Teil des Schmelzbades (bis zu 60 %) aus Grundwerkstoff gebildet.

Beim Mehrlagenschweißen wird die Wurzellage häufig mit anderen Schweißverfahren hergestellt, die eine geringer Abschmelzleistung aufweisen und damit kleiner Nahtdimensionen erzeugen. Die Schlacke muss zwischen dem Schweißen der einzelnen Lagen jeweils gründlich von der Oberfläche entfernt werden, um Schlackeeinschlüsse in der Schweißnaht zu vermeiden.

Die Schweißstromstärken bei den gebräuchlichen Drahtelektroden liegen bei 300...1200 A, die Lichtbogenspannung beträgt ca. 25...42 V. Die anwendbare Schweißgeschwindigkeit ist abhängig von der Strombelastbarkeit der Draht-Pulver-Kombination und dem zu füllenden Fugenvolumen. Dabei ist zu beachten, dass das die Nahtbreite größer ausfällt als die Einbrandtiefe, um Heißrisse im Schweißgut zu vermeiden. Übliche Schweißgeschwindigkeiten beginnen bei ca. 30 cm/min und können beim Schnellschweißen von Kehlnähten 120 cm/min und mehr betragen. Mit dicken Drahtelektroden können höhere Abschmelzraten und breitere Nähte erzielt werden, mit dünnen Drähten höhere Einbrandtiefen oder höhere Schweißgeschwindigkeiten.

### 3.11.3.3 UP-Auftragschweißen

Das UP-Auftragschweißen wird zum großflächigen Plattieren, Panzern und Puffern genutzt. Bei Plattieren werden Korrosionsschutzschichten aus nichtrostendem Stahl oder Nickellegierungen auf das Grundmaterial aufgeschweißt. Beim Panzern werden Verschleißschutzschichten, vorzugsweise aus Kobaltbasislegierungen erzeugt. Die Arbeitstechnik des Pufferns beschreibt das Auftragen eine Zwischenschicht aus nickelbasierten Werkstoffen zur Erzeugung einer Austentit-Ferrit-Schweißverbindung, umgangssprachlich auch Schwarz-Weiß-Verbindung. In allen drei Fällen soll nur eine möglichst geringe Aufmischung mit dem Grundwerkstoff erzielt werden. Mit dem UP-Verfahren sind Werte von ca. 20 % erreichbar. Genügt dies nicht, wird mehrlagig aufgetragen, um die Vermischung in der obersten Auftragschicht weiter zu reduzieren. Für den flächenhaften Auftrag werden mehrere Schweißraupen mit definierter Überlappung nebeneinander aufgeschweißt.

Zum Auftragschweißen wird vorzugsweise das UP-Schweißen mit Bandelektroden eingesetzt. Übliche Schichtdicken liegen im Bereich von 3,5...5,5 mm. Die erzielbare Auftragsraupenbreite ist abhängig von der Breite der Bandelektrode. Verarbeitet werden Bänder in Breiten von 30...120 mm. Die Höhe der Auftragsschicht ist abhängig von der Strombelastbarkeit der Bandelektrode und der Schweißgeschwindigkeit. Bei höheren Strömen kann prinzipiell mehr Material abgeschmolzen werden, allerdings erhöht sich dabei auch die Stromdichte und damit die Einbrandwirkung am Werkstück. Zur Vermeidung unzulässiger Aufmischungsgrade muss dann dementsprechend schneller geschweißt werden. Anwendbare Stromdichten liegen nach DVS Merkblatt 0940 im Bereich von 20...24 A/mm$^2$. Übliche Schweißgeschwindigkeiten liegen bei 10...12 cm/min.

Ebenfalls in Anwendung ist das UP-Doppeldrahtschweißen mit quer zur Schweißrichtung angeordneten Elektroden. Hier wird die Raupenbreite der Auftragung im Wesentlichen vom Abstand der beiden Drahtelektroden zueinander bestimmt. Im Vergleich zum Bandschweißen werden schmalere Auftragungen mit höherer Schweißgeschwindigkeit erzeugt.

### 3.11.3.4 UP-Engspaltschweißen

Diese Verfahrensvariante wird beim Schweißen von Stumpfstößen an großen Blechdicken (ab ca. 80 mm) eingesetzt. Hier wird die Wirtschaftlichkeit nicht durch eine Erhöhung der Abschmelzleistung, sondern durch eine Verkleinerung des mit Schweißgut zu füllenden Querschnitts erhöht. Es werden volumenarme Fugenformen, mit Spaltbreiten von 16...24 mm und Öffnungswinkeln von 0...12° verwendet. Bild 3.223 zeigt einen Vergleich der Nahtquerschnitte bei unterschiedlichen Fugenvorbereitungen in Abhängigkeit der zu verschweißenden Blechdicke.

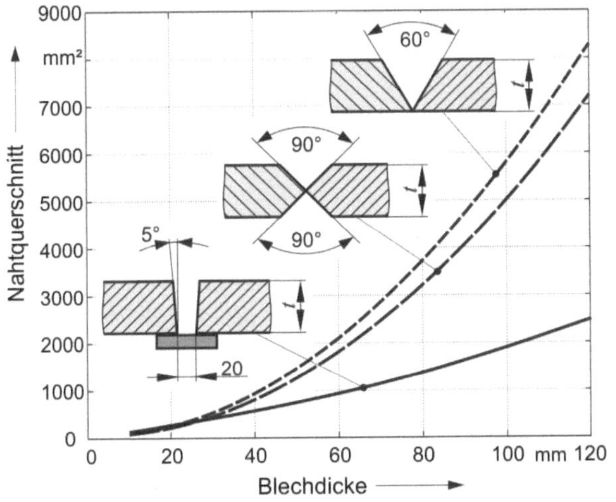


**Bild 3.223** Nahtquerschnitte bei verschiedenen Fugenformen

Durch das geringere Füllvolumen reduzieren sich Schweißzeit, Zusatzwerkstoffverbrauch und Energieaufwand. Der insgesamt geringere Wärmeeintrag in das Bauteil minimiert zudem dessen Verzugserscheinungen.

Zum Einsatz kommt das UP-Eindraht- und das UP-Tandemschweißen. Die Elektroden werden unter Gleichstrom am Pluspol oder unter Wechselstrom verschweißt, beim Tandemschweißen ausschließlich unter Wechselstrom. Für das Engspaltschweißen wurden spezielle Stromkontaktelemente entwickelt. Für dünnere Drähte kommen lange Stromkontaktrohre zum Einsatz, für dicker Drähte oder Tandemvarianten schmale, lange Kontaktbacken, die auch als Schweißschwert bezeichnet werden. Beide Varianten sind an der Oberfläche mit einer Isolierschicht (PTFE) versehen um keinen elektrischen Kurzschluss in der engen Fuge zu verursachen. Von besonderer Bedeutung für einen störungsfreien Ablauf des Verfahrens sind neben der einwandfreien Führung der Drahtelektrode die Eigenschaften des Schweißpulvers. Bevorzugt eingesetzt werden Pulver mit geringem Schüttgewicht und feiner Körnung. Das Pulver muss bei hoher Erstarrungstemperatur eine dünne, rasch zerfallende Schlacke bilden, die sich leicht entfernen lässt und möglichst wenig Gase entwickeln.

Das UP-Engspaltschweißen wird beim Schweißen un- und niedriglegierter Stähle mit Festigkeiten bis 700 MPa und an warmfesten Kesselbau stählen eingesetzt. Ein typischer Anwendungsfall ist das Schweißen von Rundnähten an dickwandigen Rohren, Druckbehältern und Kesseln. Häufig werden sensorische Nahtführungssysteme eingesetzt um eine ausreichende Prozessstabilität und ein sicheres Aufschmelzen der Nahtflanken zu gewährleisten.

### 3.11.3.5 UP-Quernahtschweißen

Beim Quernahtschweißen werden Schweißverbindungen horizontal an hohen, aufrechtstehenden Bauteilen gefertigt (Schweißposition PC), Bild 3.224. Eingeführt ist dafür auch die Bezeichnung Gürtelschweißen. Das Verfahren stellt besondere Anforderung an Nahtaufbau, Schmelzbadsicherung und Pulverzufuhr. Pulver und Schmelze müssen entgegen der Schwerkraftwirkung gegen Abrieseln bzw. Auslaufen gesichert werden.

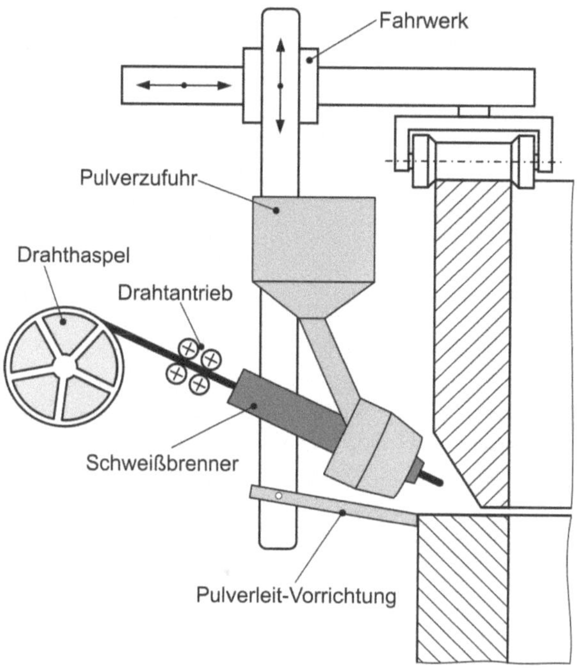


**Bild 3.224**
Verfahrensprinzip UP-Quernahtschweißen

Die Fugenvorbereitung und der Nahtausbildung werden asymmetrisch aufgebaut, um eine gewisse Stützwirkung für das flüssige Schmelzbad zu erzeugen. Die Neigung der Drahtelektrode gegen die senkrechten Bleche beträgt 65...80°. Beherrschbar sind nur relativ kleine Schmelzbäder. Daher kommt zum UP-Quernahtschweißen nur die UP-Eindrahtvariante mit Drahtdurchmessern bis 2,5 mm und geringen Abschmelzleistungen zum Einsatz. Zudem werden die Verbindungen mehrlagig aufgebaut. Die erste Lage wird als Wurzellage, teilweise auch von der Gegenseite, zumeist mit anderen Schweißverfahren (MSG) geschweißt.

Das Pulverhandling erfolgt über ein Förderband, welches über Rollen läuft und quer mittels Federkraft an die zu schweißenden Bleche angedrückt wird. Das Pulver wird vor dem Brenner aufgeschüttet, über die Bewegung des Förderbandes zur Schweißstelle geleitet und am Ende des Förderbandes wieder abgesaugt (Bild 3.225). Die Vorschubbewegung des Förderbandes ist gegenläufig zur Richtung des Schweißvorschubes, aber vom Betrag her gleich groß. Dadurch ist die Relativbewegung zwischen Blech und Pulver null, analog einer Pulveraufschüttung in Wannenposition.

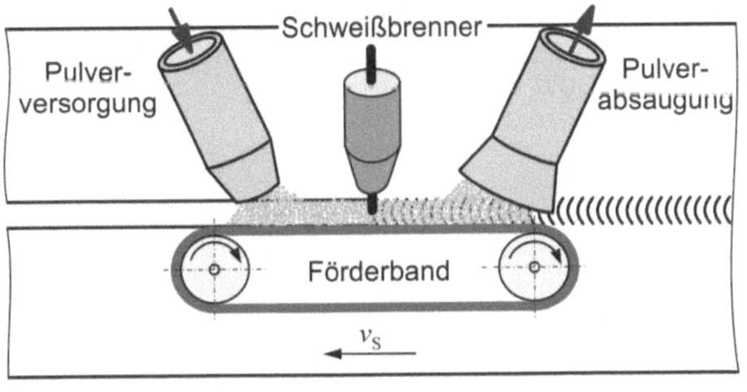


**Bild 3.225**
Pulverzufuhrmechanismus beim UP-Quernahtschweißen

Das Verfahren wird hauptsächlich im Großbehälterbau zum Schweißen von Rundnähten an stehenden Tanks, Kugelbehältern, u. ä. sowie zum Längsnahtschweißen in Querposition im Schiffbau verwendet. Übliche Blechdicken liegen im Bereich 10...25 mm.

### 3.11.3.6 Verfahrensvergleich

Tabelle 3.55 gibt einen Überblick über Leistungsparameter und Anwendungsmöglichkeiten der verschieden Varianten des UP-Schweißens.

**Tabelle 3.55** Wesentliche Merkmale der UP-Verfahrensvarianten (nach DVS Merkblatt 0948)

| | Eindraht | Kalt-/Heißdraht | Metallpulver | Band – längs | Band – quer | Doppeldraht – längs | Doppeldraht – quer | Tandem/Mehrdraht |
|---|---|---|---|---|---|---|---|---|
| **Anwendungen** | | | | | | | | |
| Einlagenschweißung (PA) | + | o | + | o | – | + | + | + |
| Lage-Gegenlage-Schweißung (PA) | + | o | o | o | – | + | + | + |
| Mehrlagenschweißung (PA) | + | o | o | o | – | + | + | + |
| Kehlnaht (PB) | + | o | o | o | – | + | + | + |

Tabelle 3.55 Wesentliche Merkmale der UP-Verfahrensvarianten (nach DVS Merkblatt 0948) (Fortsetzung)

| | Eindraht | Kalt-/Heißdraht | Metallpulver | Band – längs | Band – quer | Doppeldraht – längs | Doppeldraht – quer | Tandem/Mehrdraht |
|---|---|---|---|---|---|---|---|---|
| Quernaht (PC) | + | – | ∘ | ∘ | – | ∘ | ∘ | - |
| Auftragschweißen | + | ∘ | ∘ | – | + | ∘ | + | - |
| **Merkmale im Vergleich zum UP-Eindrahtschweißen** | | | | | | | | |
| Abschmelzleistung | | ↑ | ↑ | ↑ | ↑ | ↑ | ↑ | ↑ |
| Schweißgeschwindigkeit | | ↑ | ↑ | ↑ | ↓ | ↑ | ↓ | ↑ |
| Streckenenergie | | ↓ | ↓ | ↓ | ↑ | ↓ | ↑ | ↑ |
| Einbandtiefe | | ↓ | ↓ | ↓ | ↓ | ↓ | ↓ | ↑ |
| Aufmischung | | ↓ | ↓ | ↓ | ↓ | ↓ | ↓ | ↑ |
| Investitionskosten | | ↑ | ↑ | = | = | = | = | ↑ |

\+ geeignet und industriell eingesetzt
∘ prinzipiell geeignet
– ungeeignet
↑ nimmt zu
↓ nimmt ab
= gleichbleibend

## 3.11.4 Fertigungshinweise

### 3.11.4.1 Konstruktive Gestaltung und Nahtvorbereitung

Die Gestaltung der Fügestellen an den Bauteilen sollte möglichst so erfolgen, dass ein Schweißen in Wannenlage (PA) möglich ist. Hier lässt sich die hohe Abschmelzleistung des UP-Prozesses am effektivsten umsetzen. Zudem sollten möglichst lange durchgehende Nähte > 1000 mm vorgesehen werden damit das Verfahren seine Produktivität ausspielen kann. Zur Aufnahme des abgeschmolzenen Zusatzwerkstoffes ist eine Fugenvorbereitung notwendig. Diese erfolgt in Abhängigkeit der Blechdicke und der Schweißposition. Typische Fugenformen für das UP-Schweißen sind in Tabelle 3.56 und Tabelle 3.57 zusammengestellt. Angestrebt wird zumeist das kleinstmögliche Fugenvolumen, um die Schweißverbindung mit möglichst geringer Lagenanzahl herzustellen und den Verbrauch an Zusatzwerkstoff, Pulver, Zeit und Energie gering zu halten.

**Tabelle 3.56** Fugenformen für das UP-Schweißen von Stumpfnähten nach DIN EN ISO 9692-2

| *t* [mm] | Ausführung | Benennung | Symbol | Fugenform | *α*, *β* [°] | b/R [mm] | c [mm] |
|---|---|---|---|---|---|---|---|
| 3...12 | einseitig | I-Naht |  | 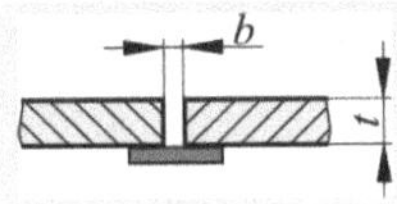 | - | ≤ 0,5 t<br>max. 5 | |
| 3...20 | zweiseitig | | | | | ≤ 2 | |
| 10...20 | einseitig | V-Naht |  | 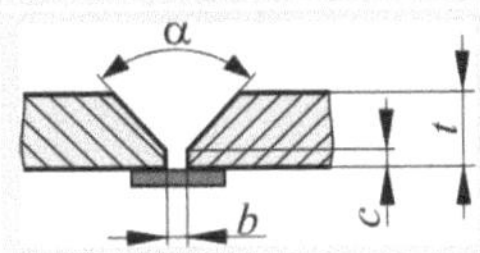 | 30...50 | 4...8 | ≤ 2 |
| 10...20 | zweiseitig | V-Naht |  | 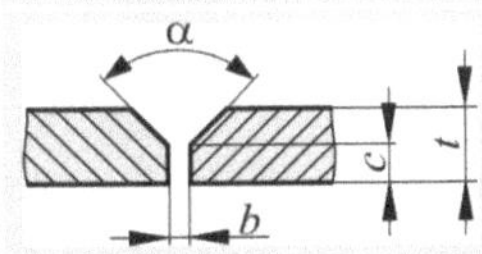 | 60...80 | ≤ 4 | 5...15 |
| 10...35 | zweiseitig | Y-Naht mit Gegenlage |  | 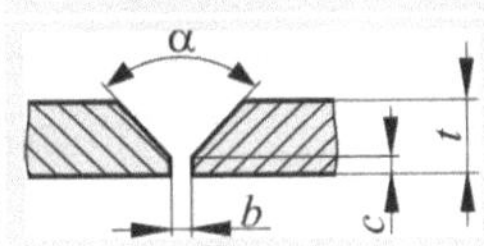 | 30...60 | ≤ 4 | 4...10 |
| > 20 | einseitig | Steilflankennaht |  | 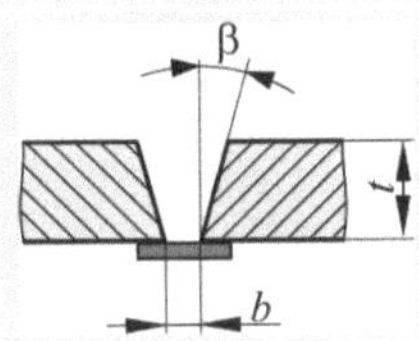 | 4...10 | 10...25 | - |
| ≥ 30 | einseitig | U-Naht |  | 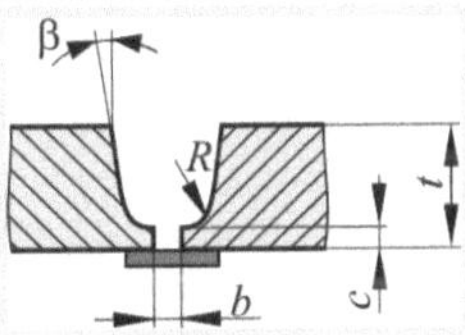 | 4...10 | 1...4<br>R:<br>5...10 | 2...3 |
| ≥ 16 | zweiseitig | DY-Naht |  | 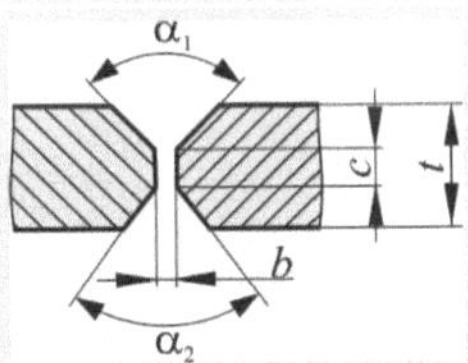 | 30...70 | ≤ 4 | 4...10 |
| ≥ 30 | zweiseitig | U-Naht mit Gegenlage |  | 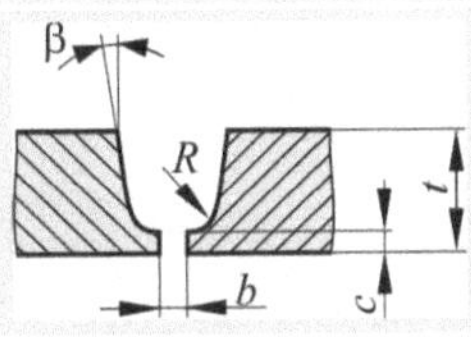 | 5...10 | ≤ 4<br>R:<br>5...10 | 4...10 |
| ≥ 50 | zweiseitig | DU-Naht | 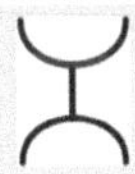 | 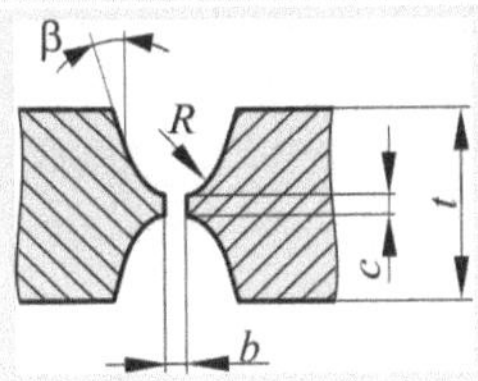 | 5...10 | ≤ 4<br>R:<br>5...10 | 4...10 |

Tabelle 3.57 Fugenformen für das UP-Schweißen von Kehlnähten nach DIN EN ISO 9692-2

| *t* [mm] | Ausführung | Benennung | Symbol | Fugenform | *α*, *β* [°] | b/R [mm] | c [mm] |
|---|---|---|---|---|---|---|---|
| 3...16 | einseitig | HV-Naht |  | 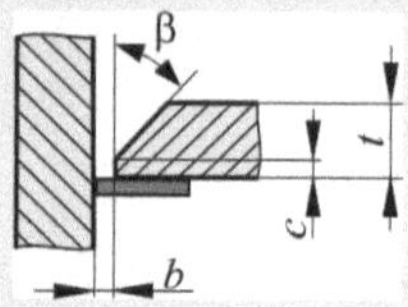 | 30...50 | 1...4 | ≤ 2 |
| < 12 | zweiseitig | HV-Naht mit Gegenlage |  | 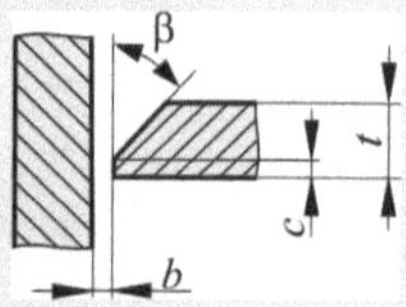 | 30...50 | ≤ 4 | ≤ 2 |
| ≥ 12 | zweiseitig | DHY-Naht |  | 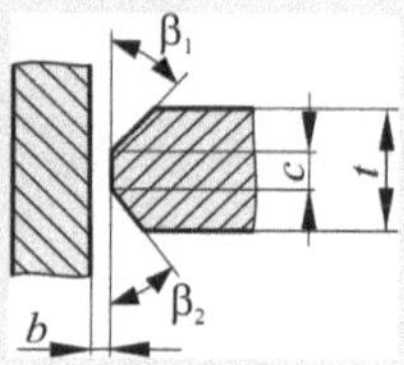 | 30...50 | ≤ 4 | 4...10 |
| ≥ 16 | einseitig | Halbsteilflankennaht |  | 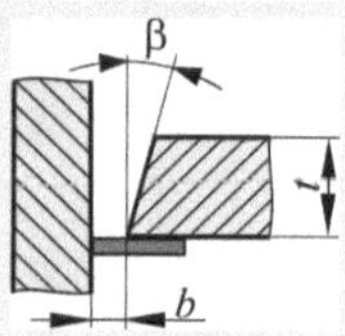 | 8...10 | 5...15 | - |
| ≥ 16 | einseitig | HU-Naht |  | 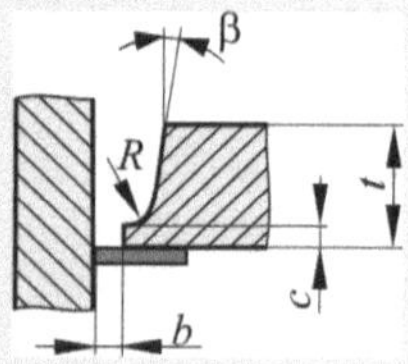 | 4...10 | 2...4 R: 5...10 | 2...3 |
| ≥ 30 | zweiseitig | DHU-Naht |  | 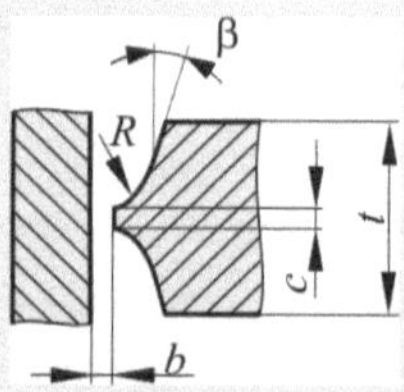 | 5...10 | ≤ 4 R: 5...10 | 2...7 |

Die Nahtvorbereitung wird maschinell an die Blechkanten angearbeitet. Im Einsatz sind dazu spananhebende Verfahren, wie z. B. Fräsen oder Hobeln, und thermische Trennverfahren wie Brenn- und Plasmaschneiden.

### 3.11.4.2 Schmelzbadsicherung

Der UP-Schweißprozess erzeugt großvolumige Schmelzbäder. Beim einlagigen Schweißen oder dem Schweißen der Wurzellage an mehrlagigen Schweißverbindungen besteht die Gefahr, dass die Schmelze nach unten durchbricht. Ursachen können eine zu hohe Wärmewirkung des Lichtbogens, zu große Spaltmaße oder zu geringe Steghöhen sein. Um dies zu verhindern, werden Schmelzbadsicherungen eingesetzt (Bild 3.226).

Bei einer Nahtvorbereitung mit Steg sind Steghöhe und Spaltbreite auf die Schweißleistung abgestimmt. Zur Gewährleistung der Prozesssicherheit müssen diese Maße über die gesamte Schweiß-nahtlänge konstant sein. Häufig werden die Bleche dazu zusätzlich mit Vorrichtungen gespannt. Eine geschweißte Wurzellage verschließt den Spalt zwischen den Blechen dagegen dauerhaft und sorgt somit für konstante Bedingungen. Geschweißt wird die Wurzel nicht mit dem Unterpulverprozess, sondern mit einem anderen Schweißverfahren geringerer Schweißleistung. Die Dicke der Wurzellage wird auf die Schweißleistung der nachfolgenden UP-Lage abgestimmt.

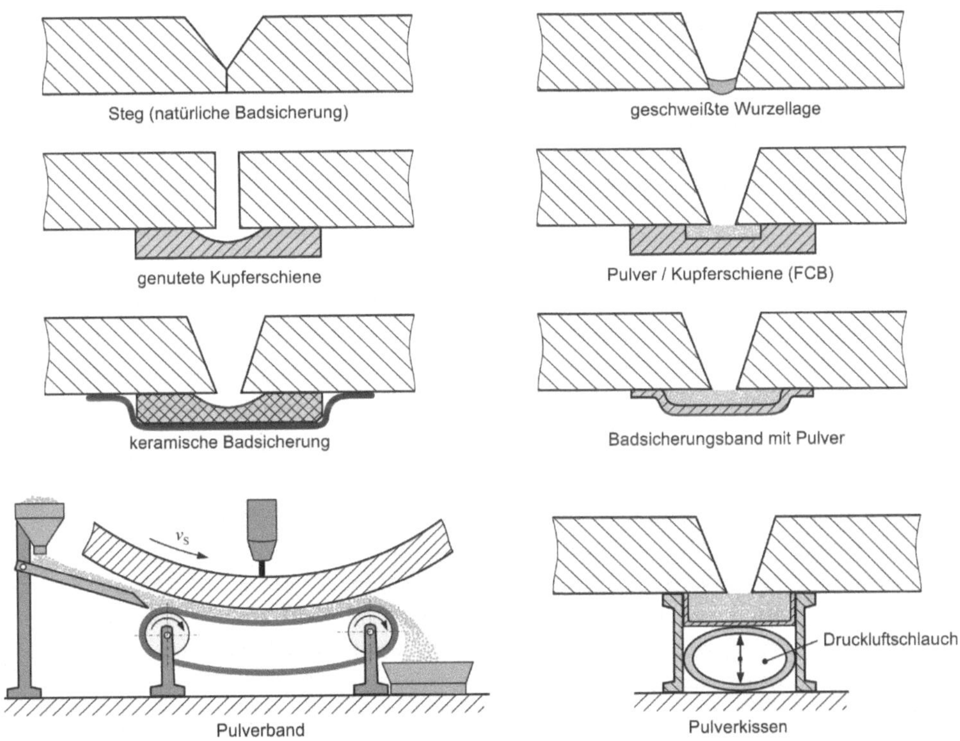


**Bild 3.226** Badsicherungen zum UP-Schweißen

Starre, zum Teil wassergekühlte Kupferschienen kommen beim Längsnahtschweißen von Stumpf-nähten an Blechen zum Einsatz. Der Luftspalt zwischen den Blechen darf nicht zu groß gewählt werden, da sonst die Gefahr besteht, dass der Lichtbogen die

Kupferschiene mit anschmilzt. Dies kann zu einer unzulässigen Kupferaufnahme im Schweißgut führen. Die Kombination der Kupferschiene mit einer Pulverschüttung schließt diese Unregelmäßigkeit weitgehend aus.

Keramische Badsicherungen werden in kurzen Abschnitten ausgeführt und sind somit flexibler. Sie werden mit einem dazugehörigen Klebeband oder mittels Haftmagneten am Werkstück fixiert und können auch an gekrümmten Werkstücken, z. B. auf der Innenseite von Rohren, angebracht werden. Noch flexibler sind Badsicherungsbänder einsetzbar. Diese bestehen aus einer Aluminiumfolie, auf der sich eine mit organischem Binder fixierte Pulverschicht befindet. Über einen Kleberand werden diese Folien unter die Schweißfuge ans Werkstück geklebt.

Bei Pulverkissen handelt es sich um textile Schläuche, die mit Druckluft aufgeblasen werden und dabei eine Pulverschicht fest an die Werkstückunterseite anpressen. Sie werden bevorzugt beim Schweißen von Längsnähten eingesetzt.

Pulverbänder kommen zum Einsatz, wenn keine dauerhafte Pulverunterlage möglich ist, wie z. B. beim Innenschweißen von Rohrgeometrien. Der Brenner steht hier still und das Rohr und damit die Schweißfuge dreht sich kontinuierlich unter dem Brenner weg. Das Pulverbett unter der wegdrehende Schweißfuge muss daher kontinuierlich erneuert werden. Ein weiteres Einsatzgebiet von Pulverbändern ist das Quernahtschweißen in Horizontalposition (PC). Hier allerdings nicht als Schweißbadstütze sondern als Werkzeug zur Pulverzufuhr für den Schweißprozess an senkrechten stehenden Werkstückoberflächen (siehe Abschnitt 3.11.3.5).

### 3.11.4.3 Heften

Zur Lagefixierung der Bauteile zueinander werden vor dem Schweißen Heftstellen gesetzt. Dabei handelt es sich um kurze Schweißnähte im Wurzelbereich, die durch den nachfolgenden UP-Schweißprozess wieder aufgeschmolzen werden. Die Heftnähte werden nicht mit dem UP-Verfahren geschweißt, sondern zumeist manuell. Sie verhindern ein thermisch bedingtes Aufklaffen oder Schrumpfen des Spaltes zwischen den Blechen während des Schweißvorgangs und kommen vor allem dann zum Einsatz, wenn die Bauteile nicht vollständig gespannt werden können. Der Abstand der Heftstellen zueinander beträgt je nach Blechdicke 50...150 mm. Ihre Länge und Dicke ist dem Energieeintrag des nachfolgenden UP-Prozesses anzupassen. Zu kleine Heftstellen können beim Schweißen der UP-Naht unter Einwirkung von Schrumpfkräften aufreißen. Zu dicke Heftstellen können Bindefehler verursachen, wenn sie beim Überschweißen nicht vollständig aufgeschmolzen werden.

### 3.11.4.4 An- und Auslaufbleche

Beim Zünden und Abschalten des Lichtbogens können Fehlstellen in der Schweißnaht entstehen. Am Nahtanfang trifft abgeschmolzener Zusatzwerkstoff auf ein kaltes Blech. Die Einbrandtiefe bildet sich noch nicht vollständig aus und das Schmelzgut erzeugt eine Nahtüberhöhung. Am Nahtende wird die Abschmelzung abrupt gestoppt und der Schmelzkrater nicht mehr mit Zusatzwerkstoff aufgefüllt. An Längsnähten kommen daher An- und Auslaufbleche zum Einsatz, mit denen Nahtanfang und -ende nach außerhalb der eigentlichen Schweißnaht verlegt werden. Dabei handelt es sich um Blechstücke, die an die Werkstücke angeheftet werden (Bild 3.227).

Nach dem Schweißen werden diese Hilfsbleche wieder entfernt. Beim Schweißen von Rundnähten ist ein Anbringen von zusätzlichen Blechen im Nahtverlauf nicht möglich. Hier muss zur Vermeidung von Nahtanfangs- und -endfehlern der Nahtanfang überschweißt werden, d. h. die Schweißnahtlänge der Rundschweißung beträgt mehr als 360°.

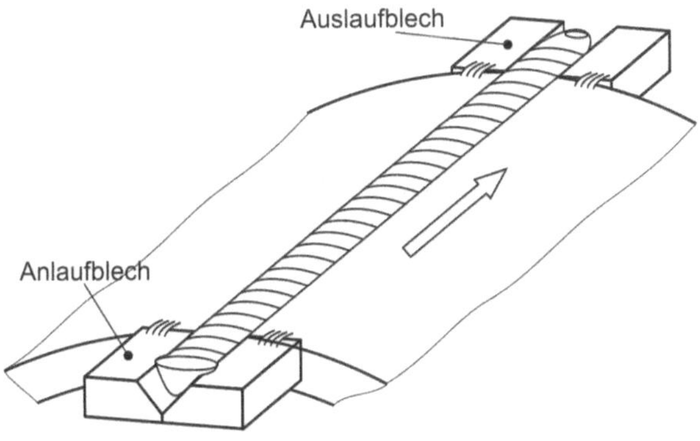


**Bild 3.227**
An- und Auslaufbleche

### 3.11.4.5 Werkstückneigung

Um ein schwerkraftbedingtes Verfließen der Schmelze zu verhindern, sollte das UP-Schweißen immer an waagerecht ausgerichteten Werkstücken erfolgen. Liegen die Werkstücke schräg, kommt es zu veränderter Nahtausbildung, Bild 3.228. Beim „Bergaufschweißen" läuft das Schmelzbad zurück. Die Naht wird dadurch überhöht und ein tiefer Einbrand erzeugt. Die entstandene schmale und tiefe Naht ist rissanfällig. Schweißt man „Bergab" läuft das Schmelzbad vor. Der Einbrand sinkt und die Raupe bildet sich flach aus. Es ist mit der Gefahr von Bindefehlern und Schlackeneinschlüssen zu rechnen. Die maximal zulässige Neigung liegt bei etwa ± 6°.

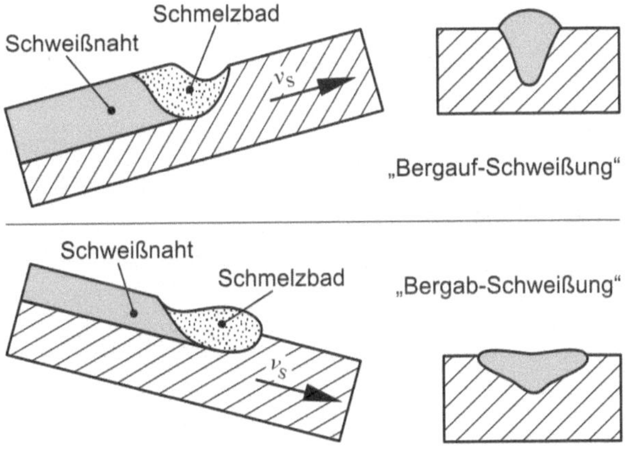


**Bild 3.228**
Einfluss der Werkstückneigung auf die Nahtform

Beim Schweißen von Rundnähten wird der Schweißbrenner außermittig positioniert (Bild 3.229). Beim Rohrinnenschweißen wird somit „bergab" und bei Außenschweißen „bergauf" geschweißt.

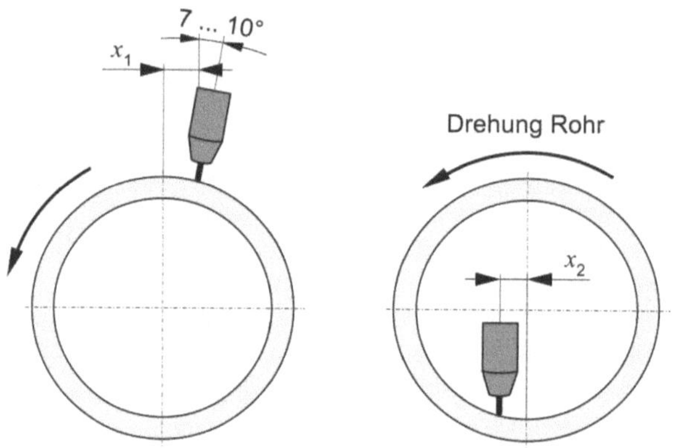


**Bild 3.229**
Anordnung der Elektrode beim Schweißen von Rohrrundnähten

Das Werkstück mit dem entstandenen Schweißbad dreht sich unter dem Schweißbrenner weg. Die Elektrode sollte so positioniert sein, dass das Schweißbad möglichst nur direkt um die 12-Uhr-Position herum flüssig ist und nicht vor- oder zurücklaufen kann. Tabelle 3.58 gibt dazu Richtwerte an. Eine Abstimmung mit der Schweißgeschwindigkeit ist erforderlich.

**Tabelle 3.58** Brennerversatz beim Schweißen von Rundrohren

| Rohrdurchmesser [mm] | Versatz $x_1$ [mm] | Versatz $x_2$ [mm] |
|---|---|---|
| < 450 | max. 25 | max. 20 |
| 450...900 | 40 | 32 |
| 900...1100 | 45 | 38 |
| 1100...1250 | 50 | 45 |
| 1250...1850 | 65 | 50 |
| > 1850 | 65...80 | 50...70 |

Innenschweißungen an runden Teilen erfordern aufgrund des Brenneraufbaus einen Mindestdurchmesser von ca. 250 mm. An Außendurchmessern ist die Möglichkeit des Haltens von Schmelzbad und Pulver entscheidend.

### 3.11.4.6 Zünden des Lichtbogens

Die Zündung des UP-Lichtbogens erfolgt durch Kurzschluss der Drahtelektrode mit dem Werkstück. Dabei wird nicht mit voller Drahtvorschubrate gearbeitet, um ein zu hartes Auftreffen der Elektrode und einen damit verbundenen Versatz des Schweißkopfes zu verhindern. Für den Zündvorgang verfügen die Anlagen über einen „Schleichgang", der die Elektrode mit wenigen Millimeter pro Minute durch die Pulverschüttung zum Werkstück fördert. Nach dem Zünden wird von der Steuerung auf Betriebsparameter umgeschaltet und der Schweißprozess beginnt.

Bei dieser Zündmethode kann es vorkommen, dass sich beim Auftreffen der Elektrode auf das Werkstück Pulverteilchen zwischen den Kontaktflächen befinden, die einen Kurzschluss verhindern. Um dies zu umgehen, bedient man sich in der Praxis anderer Zündmethoden. Eine Möglichkeit besteht darin, dass die Elektrode zunächst ohne Pulverschüttung stromlos auf das Werkstück aufgesetzt wird. Erst danach wird die Pulverzufuhr eingeschaltet. Ist ausreichend Pulver an der Schweißstelle vorhanden, werden Schweißstrom und Drahtvorschub (im Schleichgang) eingeschaltet und es kommt zur Lichtbogenzündung. In einer anderen Variante werden Zündhilfen aus Stahlwolle oder Eisenspänen genutzt, die am Nahtanfang positioniert werden bevor die Pulverzufuhr gestartet wird. Durch den geringen Leitungsquerschnitt der Zündhilfen schmelzen diese sofort nach anlegen des Schweißstromes und zünden den Lichtbogen. Diese Methode der Kurzschlusszündung wird vor allem an dicken Drähten angewendet. An dünnen Drahtelektroden kann auch mit einem „fliegenden Start" gezündet werden. Hier wird gleichzeitig mit dem Einschalten des Schweiß-stromes die Schweißvorschubbewegung gestartet. Das Drahtende kratzt somit über die Werkstückoberfläche und verdrängt eventuell eingeklemmte Pulverpartikel.

Beim Mehrdrahtschweißen muss nur am ersten Draht gezündet werden. Die Lichtbögen der weiteren Drähte zünden bei angelegter Spannung selbständig über die bereits existierende flüssige, stromleitende Schlacke.

### 3.11.4.7 Nahtformung

Die Nahtausbildung wird mit den geometrischen Größen Einbrandtiefe $p$, Nahtbreite $b$ und Nahtüberhöhung $h$ beschrieben. Die innere Nahtform wird über das Verhältnis Nahtbreite zu Einbrandtiefe, die äußere Nahtform über das Verhältnis Nahtbreite zu Nahtüberhöhung beschrieben (Bild 3.230).

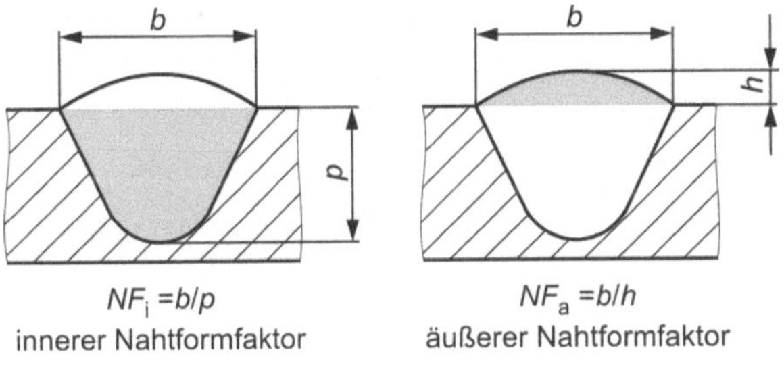


**Bild 3.230**
Nahtformfaktoren

Als Richtwerte für günstige Nahtformfaktoren gelten für das:

- Verbindungsschweißen $NF_i$ = 1,3...2,0 und $NF_a$ = 7,0...12,0,
- Auftragschweißen $NF_i$ = 8,0...10,0 und $NF_a$ = 6,0...13,0.

Die Ausbildung der Nahtgeometrie kann durch die Parametrisierung des UP-Schweißprozesses in weiten Bereichen beeinflusst werden.

Beim einlagigen Schweißen oder dem Schweißen der ersten Lage beim Mehrlagenschweißen sollte die Einbrandtiefe möglichst hoch sein. Dabei ist allerdings zu beachten, dass die Nahtbreite größer sein soll als die Nahttiefe, um Heißrisse durch ungünstig ausgebildete Erstarrungsfronten zu vermeiden. Beim Schweißen von Fülllagen dagegen sind nur geringe Einbrände erforderlich, hier sollte möglichst viel Zusatzwerkstoff in die Fuge eingebracht werden. Beim Schweißen von Decklagen sind ebenfalls nur geringe Einbrände nötig, bei gleichzeitig großer Nahtbreite und minimaler Nahtüberhöhung.

Beim Auftragschweißen werden minimale Einbrandtiefen bei möglichst hoher Abschmelzleistung angestrebt. Ziel ist der Aufbau möglichst dicker Auftragschichten mit minimaler Aufmischung.

### Einfluss der Schweißstromstärke

Die Schweißstromstärke $I_S$ beeinflusst primär die Einbrandtiefe und die Menge des abgeschmolzenen Zusatzwerkstoffs. Sekundär wird über die Lichtbogenintensität auch der Zu- und Abbrand von Legierungselementen und damit die Metallurgie des Schweißgutes beeinflusst. Im Bild 3.231 ist der Einfluss der Stromstärke auf die Ausbildung der Nahtgeometrie dargestellt.

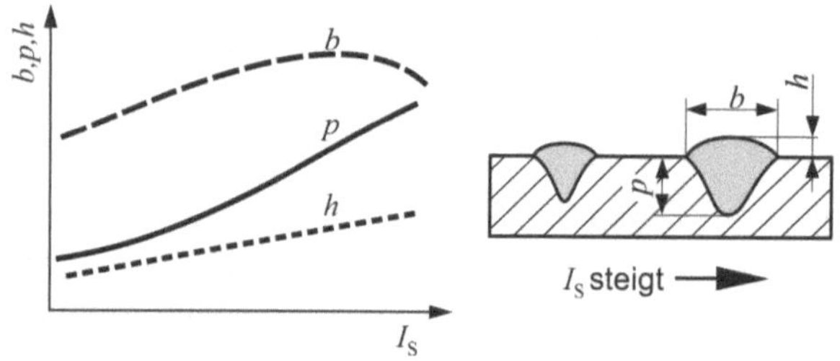


**Bild 3.231** Einfluss der Schweißstromstärke auf die Nahtausbildung [nach RUG93]

Mit steigender Stromstärke nimmt die Stromdichte und damit auch die „grabende" Wirkung des Lichtbogens zu und die Einbrandtiefe steigt. Gleichzeitig erhöht sich die Abschmelzleistung und die äußeren Nahtabmessungen nehmen ebenfalls zu. Eine Erhöhung der Stromstärke um 100 A bewirkt eine Erhöhung der Einbandtiefe um ca. 1 mm und steigert die Abschmelzleistung u ca. 1,5 kg/h. Dickere Drähte sind höher strombelastbar als dünnere. Als Faustregel gilt hier ein Wert von max. 200 A pro Millimeter Drahtdurchmesser.

### Polung der Elektrode

Standardmäßig wird beim UP-Schweißen mit Gleichstrom und Pluspol an der Elektrode geschweißt. Bei Einsatz von Wechselstrom reduziert sich die Abschmelzleistung. In der Folge nehmen Nahtbreite und -überhöhung ab. Wechselstrom wird nahezu ausschließlich in Mehrdrahtvarianten des UP-Prozesses eingesetzt.

Wird mit minusgepolter Elektrode geschweißt, werden Energieanteile des Lichtbogens in Richtung Abschmelzung der Drahtelektrode verschoben. Diese kathodische Erwärmung führt zu einer Erhöhung der Abschmelzleistung bei gleichzeitiger Reduzierung des Energieeintrages in das Werkstück. In der Folge entstehen breite, hohe Schweißnähte mit geringem Einbrand. Allerdings ist die Prozessstabilität geringer als beim Pluspol- oder Wechselstromschweißen. Die Minuspolung wird daher nur in Sonderfällen zum Auftragschweißen angewandt

### Einfluss der Schweißspannung

Die Schweißspannung $U_S$ beeinflusst primär die Nahtbreite und die Raupenhöhe. Eine Änderung der Lichtbogenspannung hat eine proportionale Änderung der Lichtbogenlänge zur Folge. Sekundär wird dadurch das Zu- und Abbrandverhalten von Legierungselementen über unterschiedliche Verweildauern im Lichtbogen beeinflusst. In Bild 3.232 ist der Einfluss der Spannung auf die Ausbildung der Nahtgeometrie dargestellt.

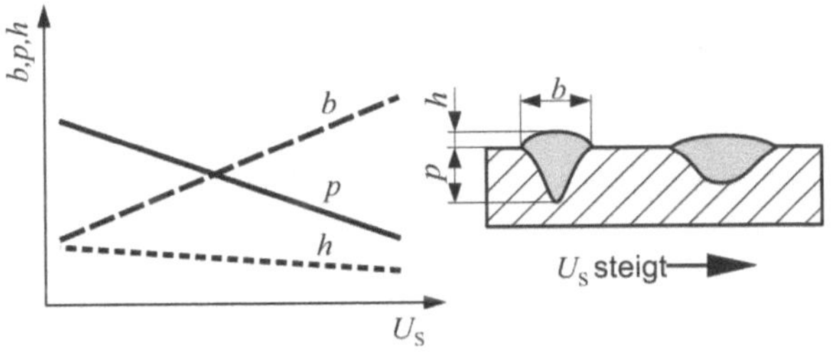


**Bild 3.232** Einfluss der Schweißspannung auf die Nahtausbildung [nach RUG93]

Mit zunehmender Lichtbogenlänge sinkt die Nahtüberhöhung bei gleichzeitiger Vergrößerung der Nahtbreite. Eine Erhöhung der Schweißspannung um 1 V bewirkt eine Verbreiterung der Naht um ca. 1 mm. Die Einbandtiefe nimmt dabei nur geringfügig ab. Zu beachten ist, dass breiter ausgebildete Nähte den Pulververbrauch erhöhen.

### Einfluss der freien Drahtelektrodenlänge

Als freie Drahtelektrodenlänge wird der Elektrodenabschnitt zwischen der Stromkontaktstelle im Schweißbrenner und dem lichtbogenseitigen Ende der Drahtelektrode bezeichnet. Dieser Drahtabschnitt ist stromdurchflossen und unterliegt einer Widerstandserwärmung $Q$:

$$Q = I^2 \cdot R \cdot t \tag{3.16}$$

Bei konstantem Schweißstrom $I$ kann die Erwärmung über die Änderung des elektrischen Widerstandes $R$ beeinflusst werden:

$$R = \frac{\rho \cdot l}{A} \quad (3.17)$$

Bei gegebenem Werkstoff ist der Widerstand abhängig von der Drahtelektrodenfläche $A$ und der freien Drahtelektrodenlänge $l$. Eine Vergrößerung der freien Drahtlänge führt zu einer verstärkten Jouleschen Erwärmung des Drahtes. Bei gleicher Stromstärke kann somit, mehr Drahtvolumen abgeschmolzen werden, ohne die Einbrandtiefe zu steigern. An kleineren Elektrodendurchmessern ist dieser Effekt stärker ausgeprägt als an dicken Elektroden.

Standardmäßig wird mit ca. 30 mm freier Elektrodenlänge gearbeitet. Zur Erhöhung der Ab-schmelzleistung kann dieser Wert bis auf über 100 mm gesteigert werden.

### Einfluss der Schweißgeschwindigkeit

Mit steigender Schweißgeschwindigkeit $v_S$ verringert sich primär die Nahtbreite, während die Einbrandtiefe bei mittleren Geschwindigkeiten ein Maximum aufweist (Bild 3.233).

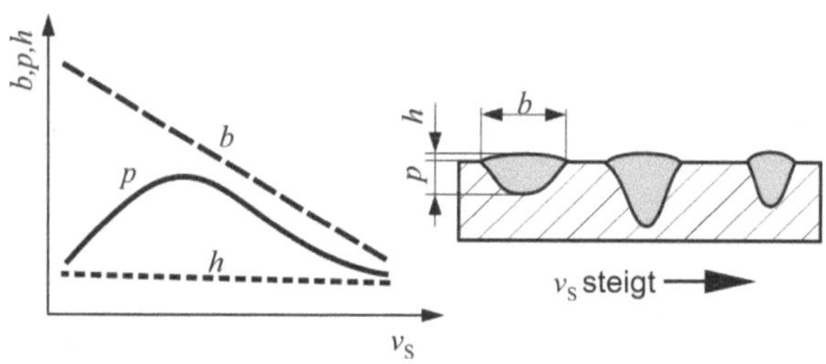


**Bild 3.233**
Einfluss der Schweißgeschwindigkeit auf die Nahtausbildung [nach RUG93]

Bei zu geringen Schweißgeschwindigkeiten stellen sich nur geringere Einbrandtiefen ein, da eine breite Erwärmungszone und ein großes Schmelzbad erzeugt werden. Die grabende Wirkung des Lichtbogens wird gedämpft und Schlacke- und Metallschmelzbad laufen vor. Dabei besteht die Gefahr von Schlackeneinschlüssen. Bei zu hohen Schweißgeschwindigkeiten wird der Lichtbogen so schnell entlang der Fügestelle bewegt, dass sich seine Tiefenwirkung nicht vollständig entfalten kann. Die Schweißraupe bildet sich bei geringem Einbrand schmal und leicht überhöht aus. Das kleinere Schmelzbad erstarrt schnell, wodurch die sich die Gefahr von Porenbildung erhöht.

## 3.11.4.8 Richtwerte

Bei der Auswahl von Schweißparametern sind die Hinweise von Draht- und Pulverstellern zu beachten. Im Folgenden werden Richtwerte für das UP-Eindrahtschweißen von Stumpf- und Kehlnähten (Tabelle 3.59 und Tabelle 3.60) sowie für das UP-Quernahtschweißen (Tabelle 3.61) angegeben.

**Tabelle 3.59** Richtwerte für das Schweißen von Stumpfnähten

| Nahtart | Blechdicke [mm] | Ø-Elektrode [mm] | Lage Nr. | Spannung [V] | Stromstärke [A] | Schweißgeschwindigkeit [cm/min] |
|---|---|---|---|---|---|---|
| 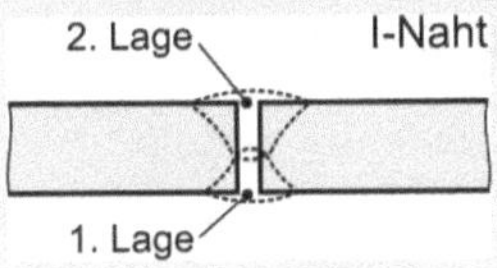 | 6 | 4 | 1/2 | 35 | 300/350 | 83 |
| | 8 | 4 | 1/2 | 35 | 400/500 | 77 |
| | 10 | 4 | 1/2 | 35 | 500/550 | 70 |
| | 12 | 5 | 1/2 | 35 | 600/700 | 63 |
| | 14 | 5 | 1/2 | 35 | 650/750 | 58 |
| 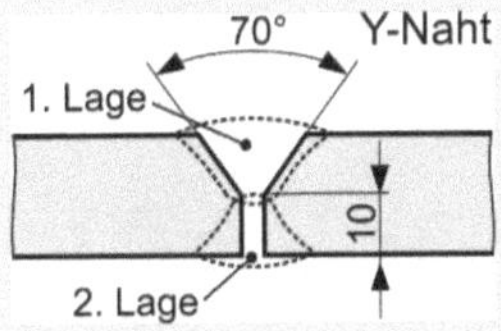 | 16 | 5 | 1/2 | 35/36 | 700/800 | 58 |
| | 18 | 6 | 1/2 | 35/38 | 850/850 | 50 |
| | 20 | 6 | 1/2 | 36/38 | 925/850 | 45 |
| 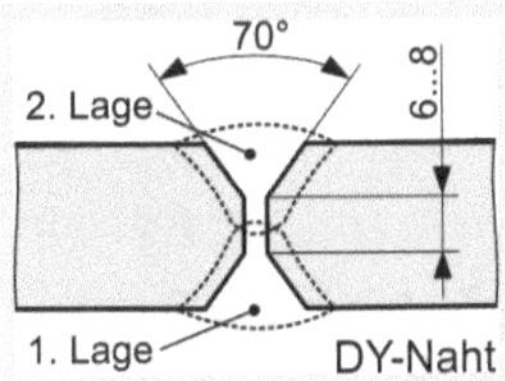 | 18 | 6 | 1/2 | 36 | 775/800 | 50 |
| | 20 | 6 | 1/2 | 36 | 800/850 | 42 |
| | 25 | 6 | 1/2 | 36 | 900/950 | 33 |
| | 30 | 6 | 1/2 | 36 | 975/1000 | 25 |

**Tabelle 3.60** Richtwerte für das Schweißen von Kehlnähten

| Nahtart | Blechdicke [mm] | Ø-Elektrode [mm] | Nahtdicke a [mm] | Spannung [V] | Stromstärke [A] | Schweißgeschwindigkeit [cm/min] |
|---|---|---|---|---|---|---|
| 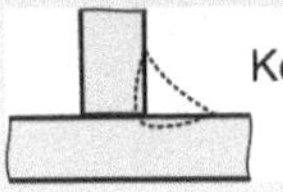 Kehlnaht, PB | ≤ 6 | 3 | 3 | 30...32 | 450 | 75 |
| | 6...10 | 4 | 4 | 30...32 | 575 | 72 |
| | > 10 | 4 | 5 | 30...32 | 650 | 60 |
| 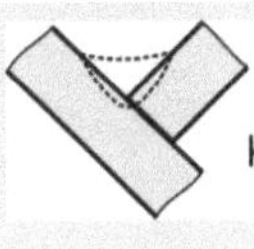 Kehlnaht, PA | ≤ 8 | 5 | 4 | 32...34 | 800 | 83 |
| | 8...15 | 5 | 6 | 32...34 | 850 | 58 |
| | > 15 | 6 | 7 | 33...35 | 875 | 42 |
| 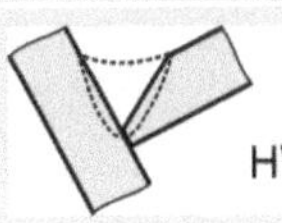 HV-Naht, PA | ≤ 15 | 5 | - | 36 | 825 | 45 |
| | > 15 | 5 | - | 36 | 850 | 37 |

**Tabelle 3.61** Richtwerte für das UP-Quernahtschweißen

| Nahtart und -aufbau | Blech-dicke [mm] | Lage Nr. | Spannung [V] | Stromstärke [A] | Schweiß-geschwin-digkeit [cm/min] |
|---|---|---|---|---|---|
| 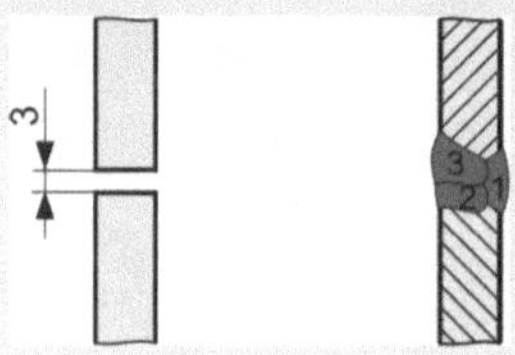 | 8 auf 8 | 1 | manuell geschweißte Gegenlage | | |
| | | 2/3 | 28 | 450...500 | 60...80 |
| 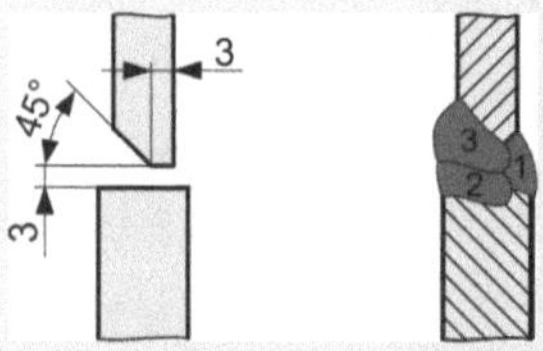 | 8 auf 12 | 1 | manuell geschweißte Gegenlage | | |
| | | 2/3 | 28 | 450...500 | 30...70 |
| 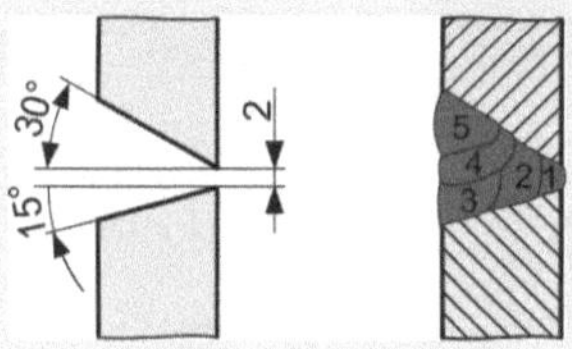 | 16 auf 16 | 1 | manuell geschweißte Wurzellage | | |
| | | 2 bis 5 | 30 | 320...330 | 30...90 |
| 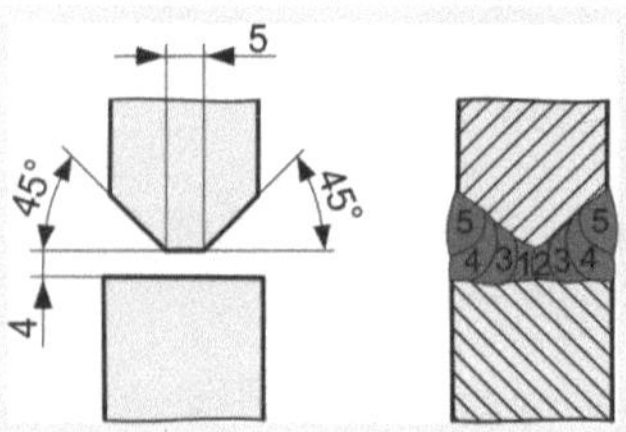 | 20 auf 24 | 1/2 | manuell geschweißte Wurzellage | | |
| | | 2 bis 4 | 28 | 450...500 | 25 ...50 |
| | | | gleichzeitig beidseitig geschweißt | | |

Die erzielbare Abschmelzleistung steigt mit dem verwendeten Drahtdurchmesser an (Tabelle 3.62). Bei gleicher Stromstärke sind mit dünneren Drähten höhere Abschmelzleistungen realisierbar als mit dickeren.

**Tabelle 3.62** Abschmelzleistung in kg/h beim UP-Eindrahtschweißen

| Draht-Ø mm | Stromstärke in A | | | | | | |
|---|---|---|---|---|---|---|---|
| | 200 | 300 | 400 | 500 | 600 | 700 | 800 |
| 2,0 | 1,9 | 3,0 | 4,5 | 6,7 | | | |
| 2,4 | | 2,9 | 4,4 | 5,9 | 8,0 | | |
| 3,2 | | 2,5 | 3,8 | 5,2 | 6,7 | 8,5 | |
| 4,0 | | | 3,5 | 5,0 | 6,5 | 8,3 | 10,0 |

Mit Zuführung mehrerer Drahtelektroden ins Schmelzbad kann die Abschmelzleistung weiter gesteigert werden. Ein zusätzlicher Heißdraht oder ein zweiter Draht beim Doppeldraht- oder Tandem schweißen ermöglichen Abschmelzleistungen bis zu 25 kg/h. In Mehrdrahtvarianten sind bis zu 45 kg/h erreichbar (Bild 3.234).

Die Anwendung hoher Abschmelzleistung ist aber immer an die Werkstoffverträglichkeit (max. zulässiger Wärmeeintrag) und die Beherrschung der großen Schmelzbäder gebunden.

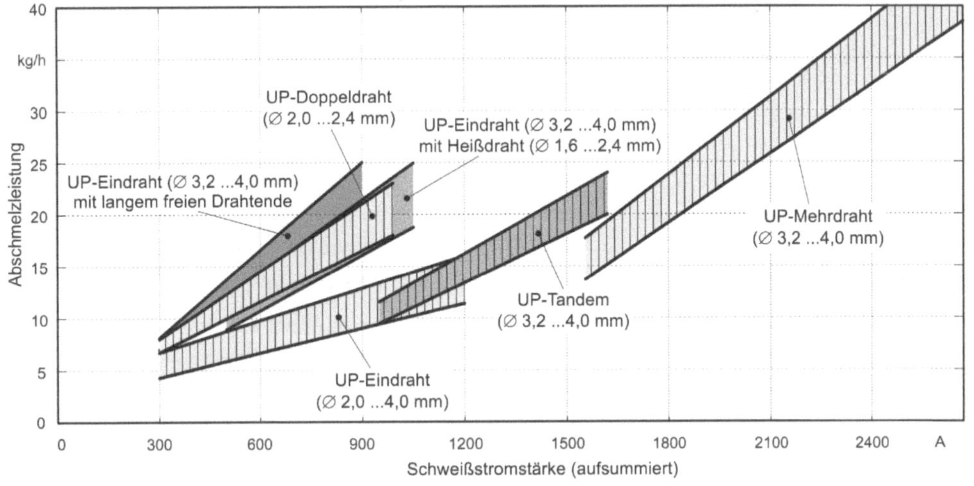


**Bild 3.234** Abschmelzleistungen verschiedener UP-Varianten

## 3.11.5 Fehler beim UP-Schweißen

### 3.11.5.1 Häufige Fehlerbilder und Ursachen

Das UP-Schweißverfahren liefert Schweißnähte von hoher Güte. Wegen der großen Schmelzbäder und deren langsamen Erstarrung sind UP-Schweißungen wenig anfällig für Gas- und Schlackeeinschlüsse. Die perfekte Abschirmung des Schweißgutes von der Umgebungsluft durch das Schweißpulver verhindert zudem den Eintrag von Fremdgasen in das Schmelzbad. Im Ergebnis ist das UP-Schweißen relativ unanfällig für Porenbildung im Schweißgut.

Nahtanfangs- oder Endfehler werden durch das Verwenden von Anlauf- und Endblechen aus dem eigentlichen Schweißnahtverlauf heraus verlagert. Kaltstellen und Bindefehler am Nahtanfang sowie das Auftreten von Endkratern können so eliminiert werden.

Die Ausbildung ungünstiger Erstarrungsfronten in den großen Schmelzbädern kann zum Auftreten von Heißrissen und Lunkern führen. Weitere mögliche Fehlerbilder beim UP-Schweißen betreffen die Einbrandausbildung sowie Form- und Maßabweichungen. In Tabelle 3.63 sind die wichtigsten Fehler und ihre Ursachen aufgeführt.

Tabelle 3.63 Fehler beim UP-Schweißen

| Fehlerbild | Beschreibung | Ursachen |
|---|---|---|
| 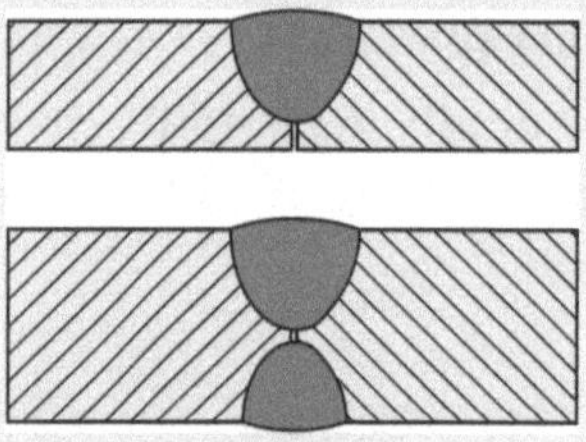 | zu geringe Einschweißtiefe | Schweißstrom zu gering, Schweißgeschwindigkeit zu hoch |
| 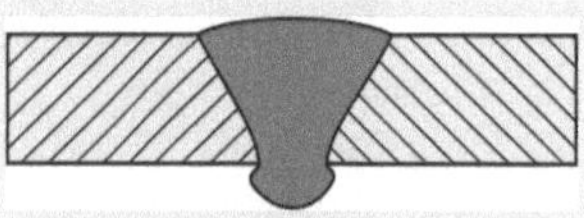 | Durchbrand | Schweißstrom zu hoch, Schweißgeschwindigkeit zu gering, fehlende Schmelzbadsicherung |
| 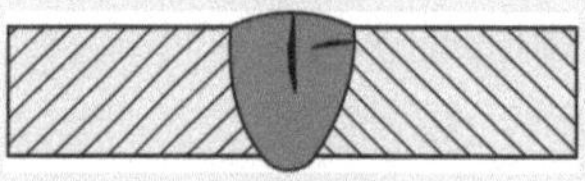 | Risse | Nahtbreite-Nahttiefe-Verhältnis zu gering, Schweißstrom zu hoch, Verwendung feuchter Schweißpulver |
| 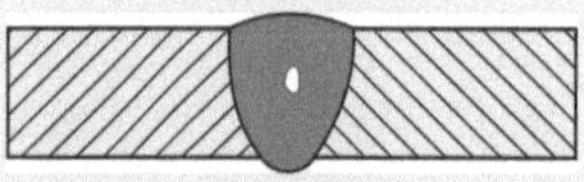 | Lunker | zu großes Schmelzbad, Nahtbreite-Nahttiefe-Verhältnis zu gering |
| 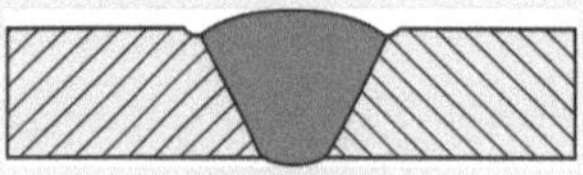 | Einbrandkerben | Schweißspannung zu hoch, Schweißgeschwindigkeit zu hoch |
| 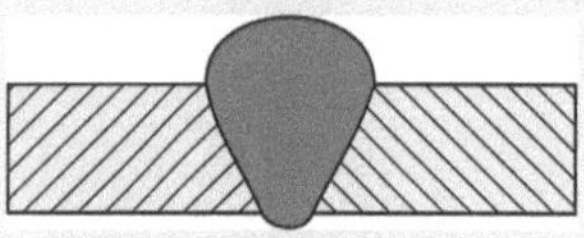 | Nahtüberhöhung | Schweißspannung zu gering, Drahtvorschubrate zu hoch, Schweißgeschwindigkeit zu hoch |
| 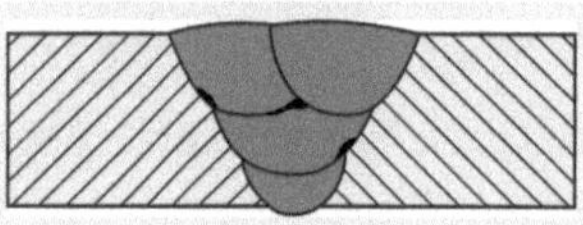 | Schlackeeinschlüsse | Schweißspannung zu gering, Schweißgeschwindigkeit zu gering, mangelnde Schlackeentfernung beim Mehrlagenschweißen |

### 3.11.5.2 Durchschweißfehler

Durchschweißfehler sind immer das Ergebnis eines falschen Verhältnisses von Schweißstromstärke zu Schweißgeschwindigkeit. Ein zu geringes Verhältnis kann eine ungenügende Durchschweißung nach sich ziehen. Beim einlagigen Schweißen bildet sich dann keine Nahtwurzel aus, beim Lage-Gegenlage Schweißen eine nur unzureichende Nahtüberlappung. Ein zu hohes Verhältnis verursacht hingegen ein zu starkes Durchschmelzen der Wurzellage. Dies kann durch Einsatz einer entsprechenden Badsicherung, die die durchbrechende Schmelze auffängt und zur Wurzel ausformt, ausgeglichen werden.

#### 3.11.5.3 Nahtüberhöhung

Eine Nahtüberhöhung entsteht, wenn das Verhältnis Drahtvorschubrate – Schweißgeschwindigkeit nicht stimmt. Ein zu hohes Verhältnis führt dazu, dass mehr Zusatzwerkstoff abgeschmolzen wird, als die Nahtfuge aufnehmen kann. Der überschüssig abgeschmolzene Zusatzwerkstoff bildet dann eine stark überwölbte Schweißnahtgeometrie aus. Dabei besteht die Gefahr, dass sich Schlackereste zwischen Grundwerkstoff und der sehr steilen Nahtflanke ablagern.

#### 3.11.5.4 Risse

Bei ungünstigen Nahtbreite-Nahttiefe-Verhältnissen besteht die Gefahr von Heißrissen. Die dendritische Erstarrung erfolgt dann eher in Richtung Schweißnahtmitte und es bildet sich eine lange, senkrechte Kristallisationsfront aus, Bild 3.235. Eventuell vorhandene niedrigschmelzende Phasen in diesem Bereich werden durch die bei der Abkühlung auftretenden Schrumpfspannungen überlastet und reißen vor ihrer endgültigen Erstarrung auf. Die Risse verlaufen grundsätzlich senkrecht zur stärksten Schrumpfverformung. Derartige Fehler lassen sich durch die Realisierung eines inneren Nahtformfaktors $NF_i > 1$ weitestgehend vermeiden. Erreicht wird dies durch die Auswahl geeigneter Fugenöffnungswinkel und Schweißparameter.

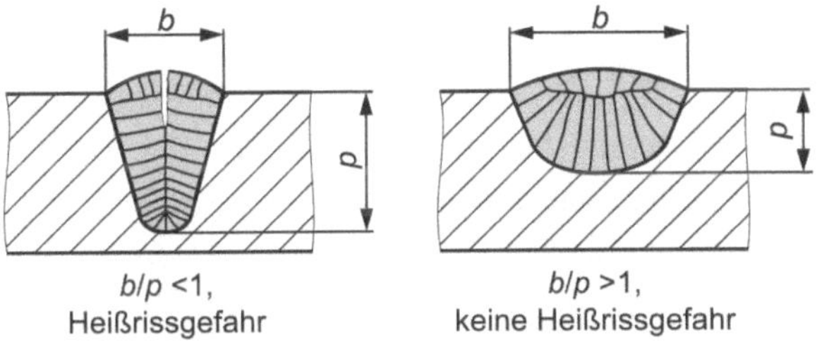


**Bild 3.235**
Nahtbreite-Nahttiefe-Verhältnis

Kaltrisse infolge zu schneller Abkühlung und damit verbundener Aufhärtung sind beim UP-Schweißen eher untypisch. Beachtet werden sollte jedoch die Gefahr der wasserstoffinduzierten Kaltrissbildung, die sowohl im Schweißgut als auch in der Wärmeeinflusszone auftreten kann. Eine häufige Ursache dafür stellt die Verwendung feuchter bzw. nicht ausreichend rückgetrockneter Schweißpulver dar.

#### 3.11.5.5 Lunker

Lunker treten bei der Erstarrung der Schmelze auf, wenn Kristallisationsfronten im Schmelzgut aufeinandertreffen, sich unter Schrumpfspannungen bei der Abkühlung gegeneinander verschieben und die noch dazwischen befindliche Restschmelze nicht mehr ausreicht, die entstandenen Hohlräume zu füllen. Ihr Auftreten wird durch große Schmelzbäder und ein zu geringes Nahtbreite-Nahttiefe-Verhältnis begünstigt. Durch die Auswahl geeigneter Fugenformen und die Anwendung der Mehrlagentechnik können Lunker vermieden werden.

#### 3.11.5.6 Schlackeeinschlüsse

Die Gefahr von Schlackeeinschlüssen besteht insbesondere bei Mehrlagenschweißungen. Ursache ist eine unzureichende Entfernung der Schlacke an bereits geschweißten Lagen. Weiterhin können ungünstige Nahtformen, ungünstige Schweißparameter und Schweißfolgen sowie ungeeignete Draht-Pulver-Kombinationen Schlackeneinschlüsse begünstigen. Für entsprechende Anwendungen sollten bevorzugt Pulver eingesetzt werden, die eine gute Schlackeablösung bewirken. Ein eingeführter Begriff dafür ist „Pulver mit selbstablösender Schlacke“.

### 3.11.6 Gefährdungen für den Schweißer

Da das UP-Schweißverfahren ausschließlich mechanisiert eingesetzt wird, ist das Gefährdungspotenzial für den Bediener geringer als bei Handschweißverfahren. Gefahren gehen von beweglichen Teilen des Drahtantriebssystems aus, wenn der Bediener mit der Hand oder Kleidungsstücken in rotierende Elemente gerät. Ebenfalls zu beachten sind die zumeist großen Gewichte der zu verarbeitenden Bauteile. Diese müssen gegen Abrutschen und Umfallen gesichert werden. Darüber hinaus besteht Quetschgefahr beim Einsatz von Vorrichtungstechnik.

Schweißprozessbedingte Gefährdungen gehen vor allem von heißen Bauteilen und der Abplatzung der glasigen Schlacke aus. Da der Lichtbogen verdeckt unter der Pulveraufschüttung brennt, werden keine Lichtbogenstrahlung und keine Rauche oder Gase emittiert. Ein Blendschutz oder eine Rauchabsaugung sind somit nicht erforderlich.

## 3.12 Lichtbogenschweißen mit magnetisch bewegtem Lichtbogen

**Verfahrensmerkmale**

Fügeflächen werden durch einen im Magnetfeld rotierenden Lichtbogen erwärmt, Verschweißen erfolgt unter Druck bzw. mit Hilfselektrode.

**Anwendungsbereich/Abmessungen**

Geschlossene Hohlprofile, wie Rohre und Vierkantprofile z. B. im Fahrzeugbau;

Profilwanddicken: 0,7...10 mm,

Durchmesserbereich: 5...300 mm.

**Werkstoffgruppen**

unlegierte, niedriglegierte und hochlegierte Stähle

**Wichtige Merkblätter und Normen**

- **DVS 2934:** Pressschweißen mit magnetisch bewegtem Lichtbogen (MBP-Schweißen)

## 3.12.1 Grundlagen

Das Lichtbogenschweißen mit magnetisch bewegtem Lichtbogen ist geeignet für das Schweißen geschlossener Hohlprofile. Das Verfahren beruht auf der Ampereschen Regel, welche besagt, dass auf einen mit Strom durchflossenen Leiter (in diesem Falle der Lichtbogen) durch ein senkrechtes Magnetfeld eine Kraft ausgeübt wird, die den Leiter in Bewegung setzt (Rotation des Lichtbogens). Dadurch werden die Fügeflächen erwärmt und das Verschweißen ermöglicht.

## 3.12.2 Pressstumpfschweißen mit magnetisch bewegtem Lichtbogen (Prozess 185)

### 3.12.2.1 Verfahrensprinzip

Der Verfahrensablauf des Pressstumpfschweißens mit magnetisch bewegtem Lichtbogen (MBP-Schweißen) ist schematisch im Bild 3.236 dargestellt.

In der Ausgangsposition (a) berühren sich die zu verschweißenden Werkstücke. Schweißstrom und Magnetfeld werden eingeschaltet. Die Zündung des Lichtbogens (b) erfolgt durch eine Abhubbewegung bis zu einer definierten Spaltbreite. Der Lichtbogen beginnt zu rotieren (c) und erwärmt die Stoßflächen bis zum Schmelzfluss. Nach genügender Erwärmung werden die Werkstücke gestaucht (d), und gleichzeitig werden Schweißstrom und Magnetfeld abgeschaltet.

In der Regel wird mit Schutzgas gearbeitet, um den Lichtbogen zu stabilisieren.

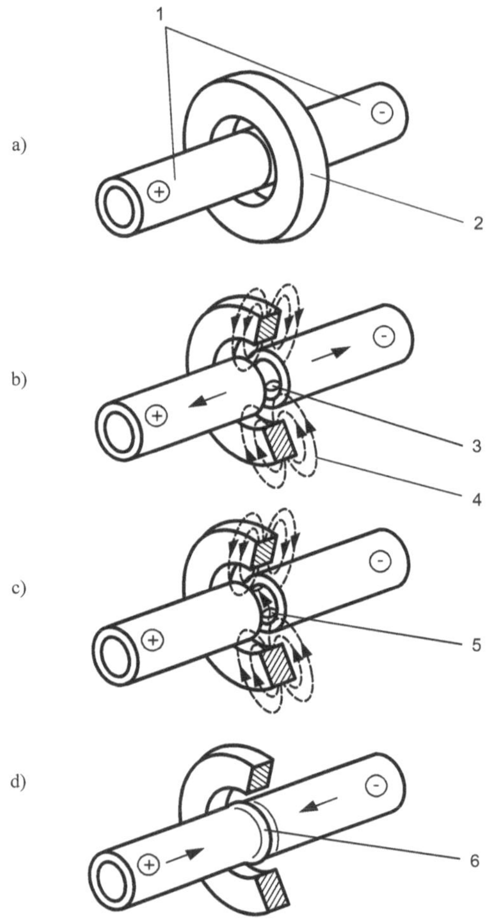


**Bild 3.236**
Verfahrensablauf des MBP-Schweißens [NENT 86]. 1 zu schweißende Bauteile; 2 Magnetspule; 3 gezündeter Lichtbogen; 4 Magnetfeld; 5 rotierender Lichtbogen; 6 verschweißte Bauteile mit Stauchwulst

### 3.12.2.2 Anwendungsbereiche

Das Schweißen von Hohlprofilen mit herkömmlichen Verfahren ist zeitaufwendig, und es wird komplizierter, je kleiner die Wanddicken der Werkstücke werden. Darüber hinaus besteht oft die Aufgabe, auch nichtrotationssymmetrische Teile aus verschiedenen Werkstoffen zu verbinden. Mit dem MBP-Schweißen sind solche Probleme lösbar. Die schweißbaren Profilwanddicken betragen 0,7...10 mm, Durchmesserbereich 5...300 mm. Bild 3.237 zeigt mit dem magnetisch bewegten Lichtbogen geschweißte Gelenkwellen. Weitere Anwendungsbeispiele sind Hinterachsgehäuse, Federbeine und Katalysatorenteile.

**Bild 3.237**
MBP-geschweißte Gelenkwellen (Quelle: [KUKA 06])

### 3.12.2.3 Ausrüstungen

MBP-Standardmaschinen bestehen aus einem steifen Maschinenbett, einem Arbeitsschlitten, dem Werkzeugträger und Spanneinrichtungen zur Aufnahme der Werkstücke. Druckaufbringung und Betätigung der Spannwerkzeuge erfolgen in der Regel hydraulisch.

Das Magnetspulen-System wird von der Schweißaufgabe bestimmt. Zum Einsatz kommen zweigeteilte Außenspulen, Innenspulen oder kombinierte Systeme. Eine geteilte Spule mit entsprechender Strom- und Schutzgaszuführung zeigt Bild 3.238. Die geteilte Spule gewährleistet ein zeitsparendes Be- und Entladen der Maschine von oben.

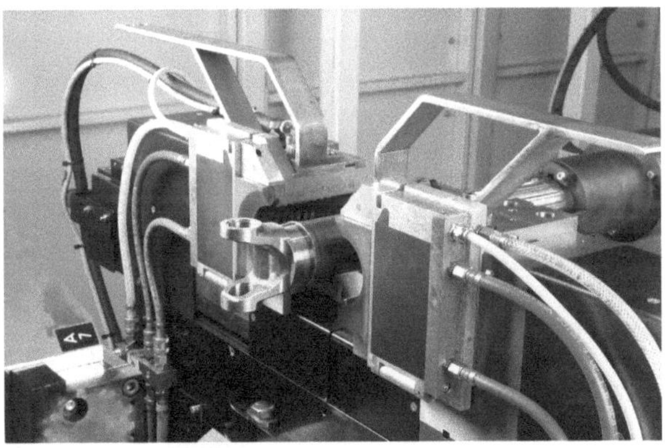

**Bild 3.238**
Geteilte Spule beim MBP-Schweißen (Quelle: [KUKA 06])

Computergesteuerte Hydraulik für die Hauptparameter, wie Schlittenhub und Stauchdruck, ermöglicht eine präzise Fertigung mit wiederholbaren Eigenschaften.

Überwachung und Dokumentation der Prozessparameter garantieren die geforderte Qualität der Fertigung.

Spezielle Aufgabenstellungen, wie z. B. besondere geometrische Formen oder große Mengenleistungen, erfordern individuell gestaltete Sondermaschinen. Sie werden in horizontaler oder vertikaler Ausführung gebaut und sind meist als reine Einzweck-Maschinen konzipiert, wobei auf bewährte Module der Standardmaschinen zurückgegriffen wird. Dreiteilige Werkstücke, wie sie bei Hinterachsen und Gelenkwellen vorkommen, lassen sich auf MBP-Sondermaschinen in Doppelkopfbauweise in einem Arbeitsgang und damit besonders wirtschaftlich schweißen.

### 3.12.2.4 Zusatzstoffe

Das Verfahren arbeitet ohne Schweißzusatz. Beim Schweißen von Stahl wird in der Regel $CO_2$ als Schutzgas zugeführt, dass ein Zünden und Anlaufen des Lichtbogens erleichtert und für eine gleichmäßige Wulstbildung sorgt. Bei hochlegierten Stählen ist ein vollständiger Gasschutz durch Ar-He-Gemische empfehlenswert.

### 3.12.2.5 Konstruktive Gestaltung und Festigkeit

Typische Verbindungsformen sind Stumpfverbindungen an in sich geschlossenen Hohlprofilen (Rohre, Vierkanthohlprofile u. ä.). Die erzielbaren Festigkeiten entsprechen denen des Grundwerkstoffs. Die Qualität wird maßgeblich von der Einhaltung der Nahtvorbereitung, der exakten Einspannung und Führung der Schweißteile beeinflusst.

### 3.12.2.6 Fertigungshinweise

Für das MBP-Schweißen gelten die Parameterbereiche nach Tabelle 3.64. Die Stoßflächen der Fügeteile müssen frei von Verunreinigungen wie Rost und Zunder sein. Die Spaltbreite zwischen den Fügeteilen muss konstant sein, eine Abweichung von 0,2 mm ist maximal zulässig. Nichtferromagnetische Grundwerkstoffe erfordern eine spezielle Ausbreitung des Magnetfeldes. Mittels Prozesssimulationen können Magnetspulensysteme und Schweißabläufe optimiert werden.

**Tabelle 3.64** Parameterbereiche für das MBP-Schweißen

| | | |
|---|---|---|
| **Stromstärke** | | 80...1000 A |
| **Schweißzeit** | **ohne Stromprogramm** | 0,5...1,5 s |
| | **mit Stromprogramm** | 5...15 s |
| **Stauchdruck** | **bei allgemeinen Rohrstählen** | 30...100 N/mm² |
| | **bei Cr-Ni-Stählen** | 200...300 N/mm² |
| **Rotationsgeschwindigkeit des Lichtbogens entlang der Stoßkante** | | 8...100 m/s |

## 3.12.3 Schmelzschweißen mit magnetisch bewegtem Lichtbogen (MBS-Schweißen)

### 3.12.3.1 Verfahrensprinzip

Das MBS-Schweißen ist ein Schmelzschweißen, bei dem der Lichtbogen, in der Regel unter Schutzgas, zwischen einer wassergekühlten Hilfselektrode und den in sich geschlossenen Fugenkanten des Werkstücks brennt sowie magnetisch mit hoher Geschwindigkeit bewegt wird (Bild 3.239). Eine Bewegung der Schweißteile während des Schweißprozesses entfällt.

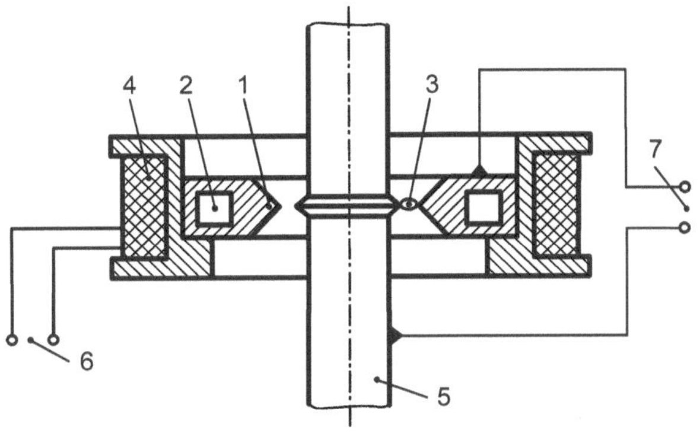


Bild 3.239 Prinzip des Schweißens mit magnetisch bewegtem Lichtbogen und Hilfselektrode [PEN 75]. 1 ringförmige Kupferelektrode (Hilfselektrode); 2 Kühlwasser; 3 rotierender Lichtbogen; 4 ringförmige Magnetspule; 5 Werkstück; 6 Erregerenergiequelle; 7 Schweißenergiequelle

### 3.12.3.2 Anwendungsbereiche

In den 1970er-Jahren wurden umfangreiche Entwicklungen zum MBS-Schweißen durchgeführt. Eine breite Anwendung ist diesem Verfahren aber aufgrund des hohen Aufwandes für die zusätzliche Anpassung der Hilfselektroden an die jeweilige Schweißaufgabe verwehrt geblieben. Das MBS-Schweißen kann angewendet werden für das Verbindungsschweißen in sich geschlossener Fugenkanten. Der Durchmesser der Schweißteile beträgt maximal 300 mm bei Wanddicken von 2 mm. Es können unlegierte, niedriglegierte und hochlegierte Stähle verbunden werden. Anwendungen sind denkbar in der Dünnblech verarbeitenden Industrie, dem Fahrzeugbau sowie dem Behälter- und Apparatebau. Die Schweißposition entspricht der Lage der geschlossenen Fugenkanten bzw. der Rotationsebene des Lichtbogens.

### 3.12.3.3 Zusatzstoffe

Das Verfahren arbeitet ohne Schweißzusätze. Als Schutzgase können $CO_2$, Argon und Mischgase verwendet werden.

### 3.12.3.4 Konstruktive Gestaltung und Festigkeit

Im Bild 3.240 sind typische Stoßarten dargestellt. Es können vorrangig Bördelnähte, Ecknähte und Stirnflachnähte geschweißt werden. Bei Einhaltung und richtiger Abstimmung der Größen Schweißenergie, Nahtvorbereitung und Magnetfeldausbreitung entstehen Verbindungen mit sehr guten Festigkeitseigenschaften.

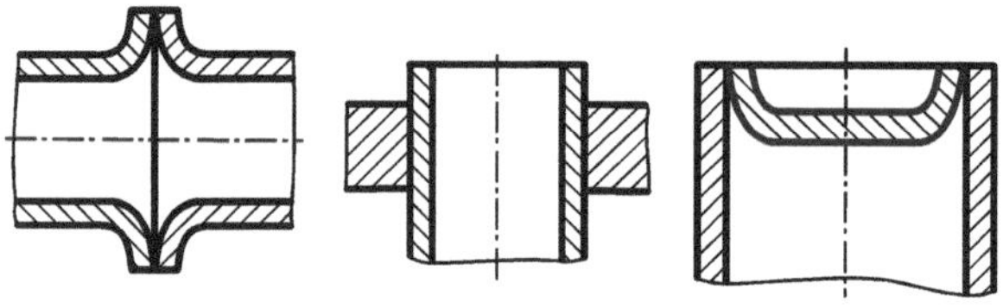

**Bild 3.240** Stoßarten beim MBS-Schweißen

### 3.12.3.5 Fertigungshinweise

Für das MBS-Schweißen wurden in den Entwicklungen der 70er-Jahre Energiequellen (Gleichstrom) mit steil fallender Kennlinie und einer Leerlaufspannung > 80 V verwendet. Die Hilfselektrode liegt am Pluspol. Hilfselektrode und Spulensystem sind dem Werkstück anzupassen. Der Ablauf der Schweißung wird elektronisch gesteuert. Die Zündung des Lichtbogens erfolgt durch HF-Spannung.

Die Parameterbereiche sind:

$I_s$ = 100...1000 A,

$U_s$ = 25...35 V,

Rotationszeit des Lichtbogens $t_n$ = 0,3...10 s,

Schutzgas: $CO_2$, Ar, Mischgas,

Schutzgasmenge ≤ 10 l/min.

Der Toleranzbereich der zugeführten elektrischen Energie muss ≤ 10 % sein, um Qualitätsmängel (Bindefehler) beim Schweißen zu vermeiden. Sorgfältige Nahtvorbereitung und geringe Abweichungen der Lichtbogenlänge sind erforderlich. Eine ungleichmäßige Verteilung der ferromagnetischen Massen kann zu Feldverzerrungen führen (z. B. beim Schweißen von Rohr-Flansch-Verbindungen). Beispiele für Parameter zum MBS-Schweißen enthält Tabelle 3.65.

**Tabelle 3.65** Schweißparameter für das MBS-Schweißen eines Rohres

| Werkstückabmessung | Fugenform | $I_s$ [A] | $t_n$ [s] | $I_{magn}$ [A] | $Q_{Ar}$ [l/min] |
|---|---|---|---|---|---|
| Rohr Ø 70 mm × 1 mm | Bördelnaht | 250...300 | 9...6 | 12 | 10 |
| | Stumpfstoß | 500...700 | 2...1,5 | 12 | 10 |

## 3.13 Lichtbogenbolzenschweißen

#### Verfahrensmerkmale

Bolzenstirnfläche und gegenüberliegendes Werkstück werden durch einen Lichtbogen, der dazwischen gezündet wird, angeschmolzen und mithilfe von Druck verschweißt. Es erfolgt eine vollflächige Anbindung des Bolzens.

#### Anwendungsbereiche/Abmessungen

Aufschweißen von stift- bzw. bolzenförmigen Teilen auf flächige Werkstücke z. B. in Automobilindustrie, im Anlagenbau, im Behälterbau im chemischen Apparatebau, in der Bauindustrie, im Schiffbau; stiftförmige Bauteile bis maximal 25 mm Durchmesser, rechteckige Querschnitte bis 30 mm × 10 mm

#### Werkstoffgruppen

Bolzen aus unlegierten und legierten Stählen, Aluminium, Kupfer und Messing

#### Wichtige Merkblätter und Normen

- **DVS 0901:** Bolzenschweißprozesse für Metalle – Übersicht.
- **DVS 0902:** Lichtbogenbolzenschweißen mit Hubzündung.
- **DVS 0903:** Kondensatorentladungs – Bolzenschweißen mit Spitzenzündung.
- **DVS 0904:** Hinweise für die Praxis – Lichtbogenbolzenschweißen.
- **DIN EN ISO 14555:** Schweißen – Lichtbogenbolzenschweißen von metallischen Werkstoffen.
- **DIN EN ISO 14732:** Schweißpersonal – Prüfung von Bedienern von Schweißeinrichtungen zum Schmelzschweißen und von Einrichtern für das Widerstandsschweißen.

### 3.13.1 Grundlagen

Mit dem Lichtbogenbolzenschweißen werden stift- bzw. bolzenförmige Teile mit flächigen Werkstücken im plastischen oder flüssigen Zustand der Schweißzone durch Pressschweißen verbunden.

Die Bolzenstirnfläche und das gegenüberliegende Werkstück werden durch einen Lichtbogen angeschmolzen und dann gefügt. Es erfolgt eine vollflächige Anbindung des Bolzens.

Entsprechend der Art der Zündung werden drei Verfahrensvarianten unterschieden (Bild 3.241).

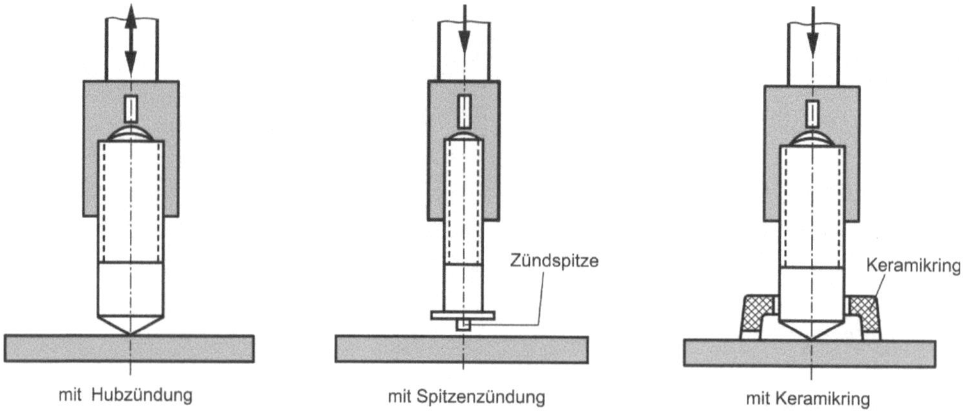


**Bild 3.241** Verfahrensvarianten des Lichtbogenbolzenschweißens

## 3.13.2 Verfahrensprinzip

### 3.13.2.1 Kondensatorentladungs-Bolzenschweißen mit Hubzündung (Prozess 785)

Das **Kondensatorentladungs-Bolzenschweißen** mit **Hubzündung** dient zum Aufschweißen von stiftförmigen Teilen bis maximal 10 mm Durchmesser und rechteckigen Querschnitten bis 30 mm × 10 mm. Der Lichtbogen wird durch Anheben des Bolzens vom Werkstück durch Kondensatorentladung gezündet. Er brennt kurzzeitig zwischen den Stoßflächen und schmilzt sie an. Der Bolzen wird dann mit einem Druck > 10 N/mm$^2$ in das Schmelzbad eingetaucht. Den Ablauf zeigt Bild 3.242.

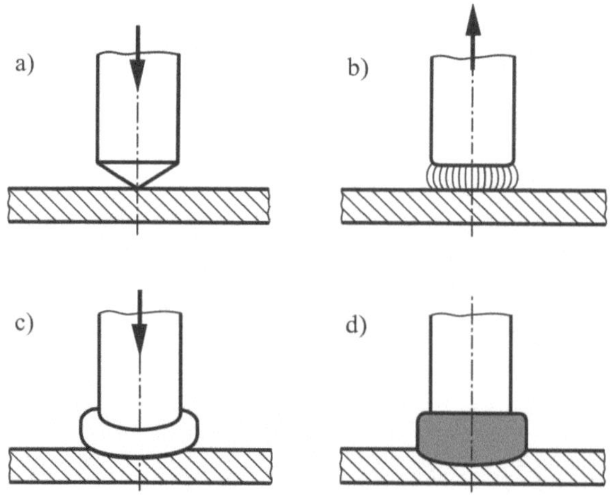


**Bild 3.242** Arbeitsablauf beim Kondensatorentladungs-Bolzenschweißen mit Hubzündung [DVS 0902]. a) Aufsetzen des Bolzens; b) Abhub und Zünden des Lichtbogens; c) Eintauchen des Bolzens in das Schmelzbad; d) verschweißter Bolzen

### 3.13.2.2 Lichtbogenbolzenschweißen mit Spitzenzündung (Prozess 786)

Das **Lichtbogenbolzenschweißen** mit **Spitzenzündung** dient zum Aufschweißen von stiftförmigen Teilen, vorwiegend bis 8 mm Durchmesser. Der Lichtbogen wird durch Schmelzen und Verdampfen einer kleinen Bolzenspitze mit bestimmter Abmessung eingeleitet. Er erfasst die ganze Bolzenstirnfläche und schmilzt sie und die gegenüberliegende Fläche des Werkstückes an. Die Teile werden unter Druck < 10 N/mm$^2$ verbunden.

Als Energiequellen kommen Kondensatoren zum Einsatz. Die Phasen des Schweißvorganges zeigt Bild 3.243.

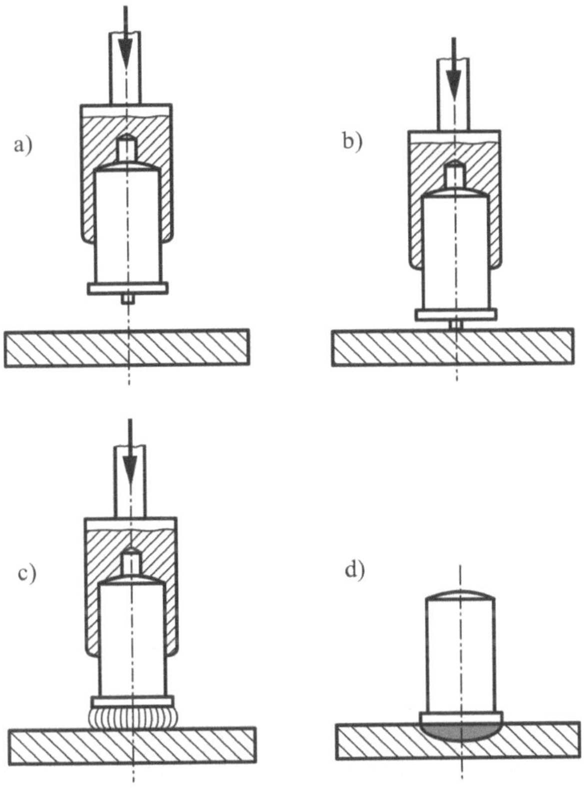


**Bild 3.243**
Phasen des Lichtbogenbolzenschweißens mit Spitzenzündung [DVS 0903]. a) Bolzen in Ausgangsstellung; b) Bolzen wird mit Zündspitze auf Bauteiloberfläche aufgesetzt; c) schlagartiges Verdampfen der Zündspitze durch hohe Stromdichte und Zünden des Lichtbogens sowie Bewegung des Bolzens in Richtung Blech; d) Erstarren der Schmelze

### 3.13.2.3 Hubzündungs-Bolzenschweißen mit Keramikring oder Schutzgas (Prozess 783)

Das **Hubzündungs-Bolzenschweißen** mit **Keramikring** oder Schutzgas dient zum Aufschweißen von stiftförmigen Teilen von 5...22 mm Durchmesser. Um den Bolzen wird ein Keramikring eingelegt. Der Bolzen berührt zunächst das Werkstück, der Lichtbogen wird durch Abheben des Bolzens gezündet. Der Lichtbogen schmilzt die Bolzenstirnfläche und die Werkstückoberfläche an. Der unter Druck stehende Bolzen wird zum werkstückseitigen Schmelzbad bewegt und verschweißt.

Der Keramikring beeinflusst durch seine Form und Zusammensetzung den Schweißvorgang. Er schützt vor der Atmosphäre, stabilisiert den Lichtbogen, bestimmt die Schweißzeit und die Form des Schweißwulstes. Der Ring wird nach dem Schweißen entfernt. Er kann nur einmal verwendet werden.

Anstelle des Keramikringes ist für Bolzendurchmesser bis 12 mm, bei geeigneter Schutzgaszuführung, auch Schutzgas als Schweißbadschutz möglich. Die Arbeitsphasen zeigt Bild 3.244.

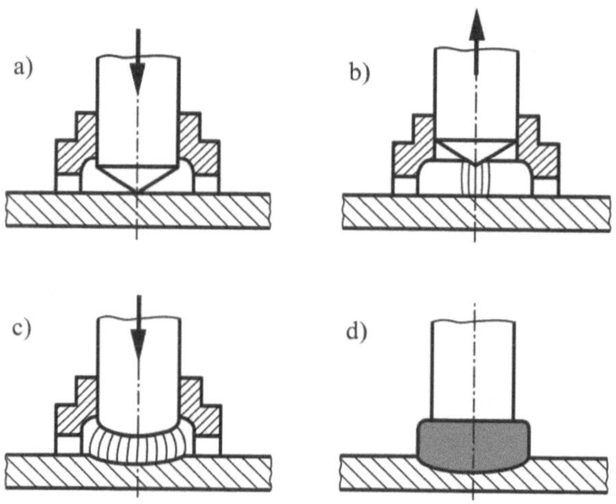


**Bild 3.244** Arbeitsphasen des Hubzündungs-Bolzenschweißens mit Keramikring [DVS 0904]. a) Einlegen eines Keramikringes und Aufsetzen des Bolzens auf das Werkstück; b) Abheben des Bolzens, der Lichtbogen wird gezündet; c) der Lichtbogen brennt zwischen den Stoßflächen und schmilzt sie an; d) der unter Federdruck stehende Bolzen wird in das Schmelzbad des Bleches gedrückt und verschweißt

## 3.13.3 Anwendungsbereiche

Seit Jahrzehnten bewährt hat sich der Einsatz in der Automobilindustrie zur Befestigung von Kabelbäumen, Brems- und Kraftstoffleitungen, Verkleidungen, Zierleisten und Dämmstoffen.

Im Anlagenbau wird das Lichtbogenbolzenschweißen für die Auskleidung von Bunkern und Silos verwendet. Im Behälterbau werden mit dem Verfahren Wellenanker für Kesselauskleidungen, Kopfbolzen an Spundwände und Gewindebolzen an Flansche zur Deckelbefestigung angeschweißt. Bei der Verarbeitung von Feinblech, z. B. Fertigung von Chemieapparaten, Maschinen für die Lebensmittelverarbeitung, Fassadenelementen und Schaltschränken gibt es kaum ein anderes Schweißverfahren, bei dem die Rückseite der Bauteile so wenig beschädigt wird. Weiterhin wird das Verfahren im Stahl-Beton-Verbundbau zum Aufschweißen von Kopfbolzen auf Brückenträger, Bewehrung von Betonflächen und Kanten sowie Befestigung von Isoliermatten verwendet. Anwendungen im Schiffbau sind u. a. Schiffsdeckbeplankungen, Elektro- und Rohrinstallationen, aber auch Montagehilfen. In der Massenfertigung werden auch CNC-gesteuerte Bolzenschweißeinrichtungen mit automatischer Bolzenzuführung eingesetzt.

### 3.13.4 Zusatzstoffe

Mit dem Lichtbogenbolzenschweißen lassen sich in Abhängigkeit von der Verfahrensvariante Bolzen aus unlegierten und legierten Stählen, aber auch aus Aluminium, Kupfer und Messing schweißen. Es werden zahlreiche unterschiedliche **Bolzenformen** angeboten (Bild 3.245).

Die Bolzen sind mit einer Spritzschicht aus Aluminium oder mit einer in die Spitze eingepressten Aluminiumkugel versehen. Aluminium hat eine geringere Ionisationsenergie als Eisen und erleichtert damit das Zünden des Lichtbogens. Durch seine hohe Affinität zu Sauerstoff verhindert es dessen Reaktion mit Kohlenstoff und „beruhigt" das Schmelzbad. Außerdem bindet Aluminium den Stickstoff, erhöht damit die Feinkörnigkeit und verringert die Porenbildung [TRI 97]. Bauaufsichtliche Zulassungen sind zu beachten.

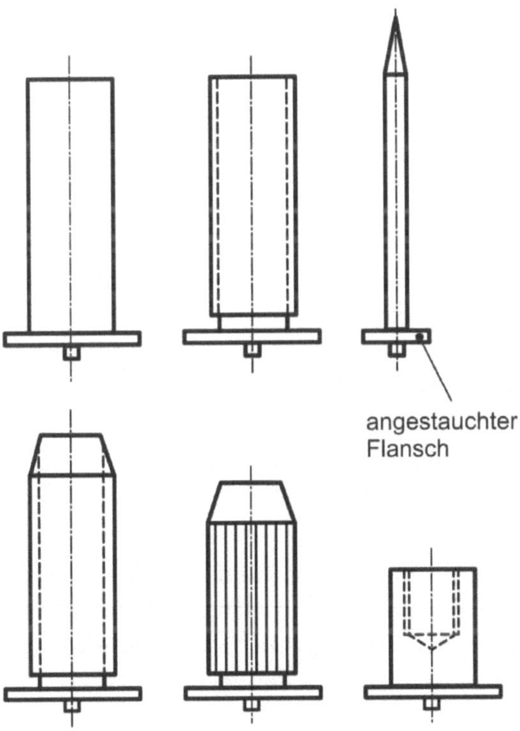


**Bild 3.245**
Verschiedene Bolzenformen mit angestauchtem Flansch für die Spitzenzündung [DVS 0903]

### 3.13.5 Fertigungshinweise

Die konstruktive Gestaltung der Fügestelle ist durch die unterschiedlichen Verfahrensprinzipe und Bolzenformen vorgegeben. Der Anwender muss jeweils die Anforderungen an die Bolzenschweißungen beachten. Grundsätzlich sollten bei möglichen folgenschweren Schäden Elemente mit mehreren Bolzen befestigt werden. Ebenso muss bei Ermüdungsbelastung die Kerbwirkung durch den aufgeschweißten Bolzen in Rechnung gestellt werden [TRI 05]. Im geregelten Bereich dürfen Bolzenschweißungen nur von Unternehmen ausgeführt werden, die eine Qualifikation nach DIN EN ISO 14555 besitzen und deren Bediener nach DIN EN ISO 14732 geprüft sind.

Für die Auswahl der geeigneten Verfahrensvariante können nach [TRI 05] folgende grobe Entscheidungshilfen dienen:

- Je kürzer die Schweißzeit, umso sauberer muss die Oberfläche sein. Bei unsauberen oder beschichteten Oberflächen sollten Varianten mit längerer Schweißzeit gewählt werden, z. B. Bolzenschweißen mit Keramikring statt Spitzenzündung.
- Werden bindefehler- und porenfreie Bolzenschweißverbindungen gefordert, sind ebenfalls Verfahrensvarianten mit längeren Schweißzeiten zu empfehlen. Es ist also für eine gute Abschirmung des Schweißbades durch Keramikring oder Schutzgas zu sorgen, anstatt ohne Schweißbadschutz zu schweißen.
- Bei geringer Blechdicke und hohen Anforderungen an eine unbeschädigte Rückseite des Bleches sind Verfahrensvarianten mit kurzer Schweißzeit und geringem Einbrand zu wählen, d. h. Bolzenschweißen mit Spitzenzündung statt mit Keramikring.
- Kurze Schweißzeit und kleiner Bolzendurchmesser sind zu bevorzugen, wenn in anderen Positionen als in PA geschweißt wird.

In [TRI 05] sind darüber hinaus eine Reihe von Hinweisen zu Einstellrichtwerten bei verschiedenen Verfahrensvarianten des Bolzenschweißens enthalten. Zu beachten ist dabei, dass Sollwerte selten geräteunabhängig eingestellt werden können. Der Schweißstrom, den eine Tabelle angibt, ist der Endwert, den eine geregelte Stromquelle nach einiger Zeit erreicht. Wird der Schweißprozess aber bereits nach weniger als 100 ms beendet, ist der tatsächliche mittlere Strom erheblich niedriger als der vorgewählte. Eine Zusammenstellung von Kenngrößen für das Bolzenschweißen enthält DVS-Merkblatt 0901.

Zur Gütesicherung beim Bolzenschweißen werden Sichtprüfung, Parameterkontrolle, Biegeprüfung, Zugprüfung, Makroschliff und Durchstrahlungsprüfung angewendet.

Zunehmend wichtig sind prozessbegleitende Prüfungen. Geräte, die bei jeder Schweißung die Istwerte aufzeichnen und eventuell mit vorher gespeicherten Referenzwerten oder Grenzwerten vergleichen, sind heute verfügbar. Dies gibt dem Anwender zumindest die Sicherheit, dass grobe Abweichungen bei den elektrischen Werten, zum Beispiel ein Phasenausfall, Kabelbruch oder unzulässige Erwärmungen und

Netzspannungsschwankungen, erkannt werden. Der Bediener wird durch Blockieren der Stromquelle oder andere Signale auf unzulässige Abweichungen aufmerksam gemacht. Die erreichten Werte kann die Schweißaufsicht zur Dokumentation ausdrucken lassen.

Wegen der sehr kurzen Schweißzeit müssen die Bauteiloberflächen sauber und frei von isolierenden Schichten sein (Oberflächenrauigkeit < 30 µm). Bolzen und Bolzenhalter sind sauber zu halten, um einen ausreichenden elektrischen Kontakt zu gewährleisten. Eine einwandfreie Schweißung liegt vor, wenn sich um den geschweißten Bolzen eine gleichmäßige Werkstoffverteilung zeigt.

Die kurzzeitig hohen Stromstärken von bis zu 10 kA führen zu störender **Blaswirkung**. Bild 3.246 zeigt verschiedene Anordnungen von Stromzuführung und Verlauf der Schweißstromkabel. Die entstehende Lichtbogenauslenkung ist in b), c) und e) sichtbar. Abhilfemaßnahmen sind in a), d) und f) dargestellt.

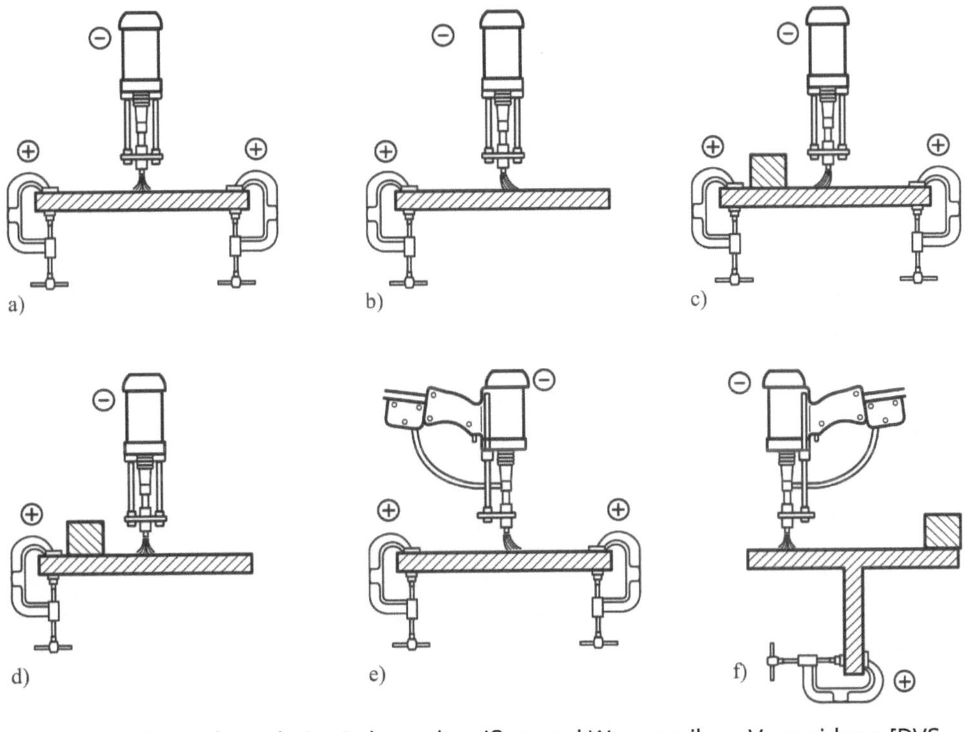


**Bild 3.246** Blaswirkung beim Bolzenschweißen und Wege zu ihrer Vermeidung [DVS 0902]. a) Gabelpolung lässt Lichtbogen normal brennen; b) Lichtbogen wird abgelenkt (Blaswirkung), weg von der Stromanschlussklemme; c) Lichtbogen wird zur größeren Fe-Masse hin abgelenkt; d) Lichtbogen brennt normal, da sich die gegensätzlichen Wirkungen von Stromanschluss und Fe-Masse aufheben; e) unsymmetrische Stromzufuhr durch quergestellte Pistole führt trotz Gabelpolung zur Auslenkung des Lichtbogens; f) Lichtbogen brennt normal, da sich die gegensätzlichen Wirkungen von Stromanschluss und Fe-Masse aufheben

### 3.13.6 Ausrüstungen

Eine Bolzenschweißanlage besteht aus einer Handschweißpistole oder einem Maschinenschweißkopf mit Bolzenhalter und Hubvorrichtung, einem Steuergerät und einer Energiequelle. Die Anordnung zeigt Bild 3.247.

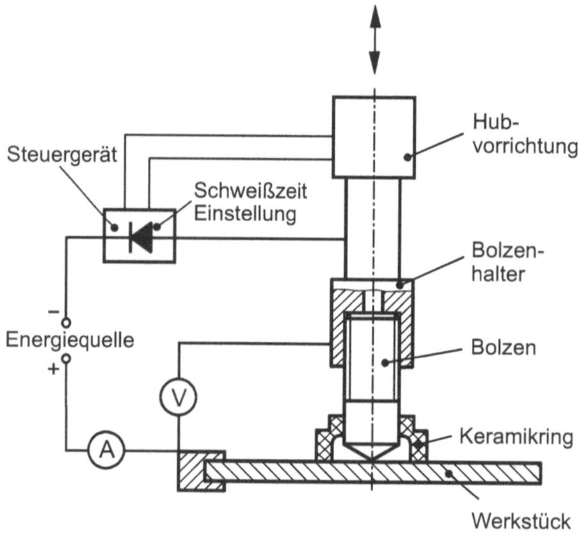


**Bild 3.247**
Schaltanordnung einer Hubzündungs-Bolzenschweißanlage [DVS 0902]

Die Leistungsdaten von Bolzenschweißanlagen sind entsprechend [DVS 0968] nach standardisierten Kriterien zu ermitteln. Damit sind eindeutige und praxisnahe Leistungsvergleiche unterschiedlicher Gerätetypen möglich. Um unterschiedliche Einsatzbedingungen abzudecken, sind Geräte auf dem Markt, die breite Einstellbedingungen ermöglichen.

Seit den 1980er-Jahren waren elektronische Thyristorstromquellen gebräuchlich. Ihr Vorteil sind der robuste Aufbau und die Möglichkeit, den Strom stufenlos vorwählen zu können. Nachteilig ist die starke Welligkeit bei Teillast (Phasenanschnittsteuerung). Inverterstromquellen, die nicht wie Thyristoren mit 50 Hz, sondern mit zum Beispiel 20 kHz betrieben werden, haben den Vorteil, dass sie bei kurzen Zeiten und hohen Strömen einen fast rechteckförmigen Stromverlauf mit hoher Wiederholgenauigkeit bieten [TRI 05]. Der Strom ist auch bei Teillast ideal glatt, und es lassen sich sehr kurze Schweißzeiten (unter 50 ms) sicher erreichen. Im Gegensatz zu Thyristoren kann man Transistoren beliebig ein- und ausschalten und so die sonst übliche Stromspitze beim Eintauchen des Bolzens vermeiden (Bild 3.248).

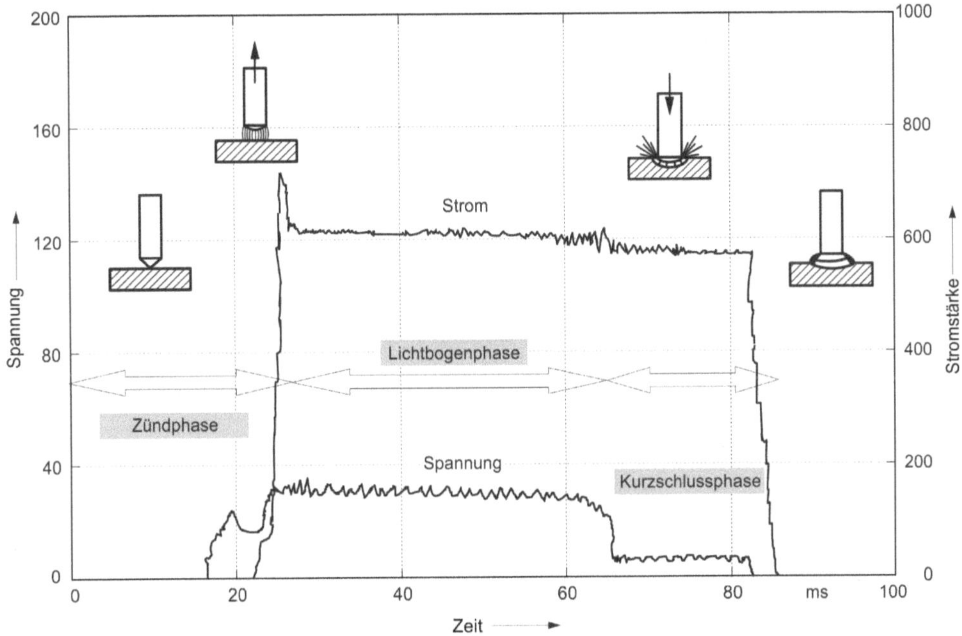


**Bild 3.248** Prozessverlauf beim Bolzenschweißen mit Hubzündung und einer Inverterstromquelle

# 3.14 Sensorik beim Lichtbogenschweißen

## 3.14.1 Überblick

Sensoren werden bei vollmechanischen/automatisierten Schweißprozessen eingesetzt. Die von ihnen gewonnenen Signale liefern Informationen über die Fügestelle bzw. den Prozessverlauf adäquat zu den Sinneswahrnehmungen des Schweißers beim manuellen Schweißen. Aufgabe der **Sensorik** ist die Kompensation von auftretenden Schwankungen in den Fügebedingungen mit dem Ziel der Realisierung einer qualitätsgerechten Schweißung. Nach DVS-Merkblatt 0927-1 lassen sich die eingesetzten Sensoren nach der Art der Signalgewinnung unterteilen (Bild 3.249).

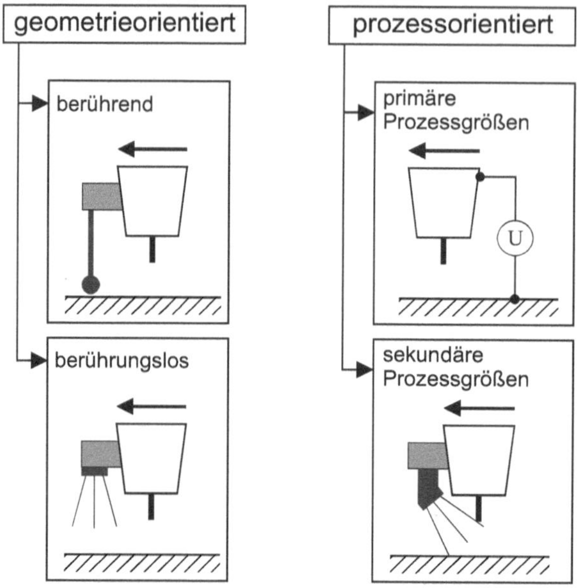


**Bild 3.249**
Einteilung von Sensorsystemen nach der Art der Signalgewinnung

Bei geometrieorientierten Sensoren werden die Sensorsignale aus dem Verlauf von Fugen- oder Bauteilkonturen gewonnen. Der Sensor ist dabei in jedem Fall getrennt vom Schweißwerkzeug angebracht, sodass die Signalgewinnung vor- oder auch nachlaufend zum eigentlichen Schweißprozess erfolgt. Bei prozessorientierten Sensoren erfolgt die Signalgewinnung intern aus primären Prozessgrößen (z. B. Schweißstrom, Schweißspannung) oder extern aus sekundären Prozessgrößen (z. B. Schmelzbadgröße, Durchschweißung). Da das Schweißwerkzeug quasi als Sensor genutzt wird bzw. die Signale direkt aus der Fügezone gewonnen werden, sind Mess- und Fügestelle ortsgleich.

Eine weitere Unterteilung der Sensorsysteme kann nach deren Einsatzzweck vorgenommen werden (Bild 3.250). Sensoren zur Abstandsmessung dienen der Realisierung eines konstanten Abstandes zwischen Schweißwerkzeug und Bauteil. Sensorik zur Fugenverfolgung hat die Aufgabe, das Schweißwerkzeug mittig zur Schweißfuge zu positionieren. Systeme zur Oberflächenerkennung detektieren bestimmte Geometriemerkmale der Schweißfuge oder der Schweißnaht.

**Bild 3.250**
Einteilung von Sensorsystemen nach dem Einsatzzweck

Die von den Sensoren gelieferten Signale werden in jedem Fall weiterverarbeitet und einer übergeordneten Steuerung übergeben, die auf den Fügeprozesses steuernd oder regelnd rückwirkt. Die Möglichkeiten reichen dabei, in Abhängigkeit von Signalgüte und Verarbeitungsgeschwindigkeit, von einfachen Bahnkorrekturen bis hin zu komplexen Parameteranpassungen.

### 3.14.2 Taktile Sensoren

**Taktile Sensoren** sind berührend arbeitende geometrieorientierte Sensoren, die ihre Signale aus dem Verlauf von Werkstückkanten gewinnen. Nach ihrem Funktionsprinzip werden sie in mechanische, elektromechanische und elektrische Sensoren unterschieden (Bild 3.251).

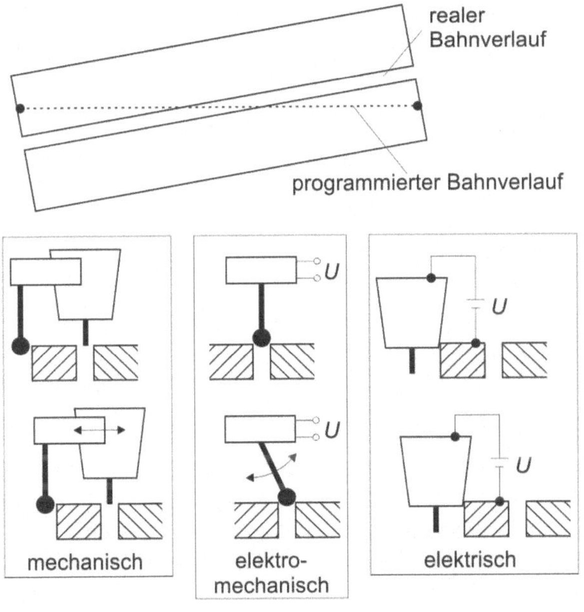


**Bild 3.251** Funktionsprinzipien von taktilen Sensoren

Mechanische Taktilsensoren sind starr mit dem Schweißwerkzeug verbunden. Eine Bewegung des Sensors wird direkt in den Bahnverlauf der Schweißung übernommen. Als Sensor dient ein Taststift, dessen Ende der abzutastenden Geometrie angepasst ist. Der Taststift wird an einer zum Bahnverlauf parallelen Bauteilkante geführt und ist seitlich neben dem Schweißwerkzeug angeordnet. Überwacht wird der Bahnverlauf oder der Abstand Werkstück – Werkzeug. Das Schweißwerkzeug muss in der überwachten Achse mechanisch frei beweglich sein.

Elektromechanische Taktilsensoren wandeln eine mechanische Auslenkung des Sensors in ein elektrisches Signal um. Üblich sind Gleichspannungssignale im Bereich von 0...10 V. Aus diesem Signal berechnet eine Steuerung Bahnkorrekturen für die

Führung des Schweißwerkzeuges. Als Sensoraktor werden wiederum Taststifte eingesetzt, die in Schweißrichtung vorlaufend angeordnet werden. Der Vorlauf des Sensors vor der eigentlichen Fügestelle muss steuerungstechnisch kompensiert werden.

Elektrische Taktilsensoren sind in einen Messstromkreis zwischen Werkstück und Werkzeug eingebunden. Üblich sind Gleichspannungen von 24 V bis zu einigen kV, je nach Bauteilwerkstoff, Beschichtungsart usw. Als Sensor wird die metallische Gasdüse des Schweißbrenners oder die Drahtelektrode beim MSG-Schweißen genutzt. Bei Berührung des Werkstücks durch den Sensor wird der Messstromkreis geschlossen und ein Signal ausgegeben. Diese Art von Sensor wird ausschließlich zur Offline-Korrektur von Bahnverläufen genutzt. Vor dem Schweißen werden markante Bahnpunkte, mindestens jedoch Nahtanfang und -ende, abgetastet. Die dabei ermittelten Abweichungen vom programmierten Soll-Bahnverlauf oder der Werkstücklage im Raum werden von der Steuerung transformiert. Die Schweißung findet dann auf einem korrigierten Bahnverlauf statt. Während des Schweißens ist der Sensor nicht aktiv. Anwendung findet der sogenannte **Gasdüsensensor** vor allem beim Roboterschweißen. Auftretende Werkstücktoleranzen lassen sich damit leicht ausgleichen und erfordern keine manuelle Neuprogrammierung der Schweißbahn. Die Abtastung erfolgt in der Schweißfuge oder an einer dazu parallelen Bauteilkante.

### 3.14.3 Elektromagnetische Sensoren

Elektromagnetische Sensoren sind berührungslos arbeitende geometrieorientierte Sensoren, die ihre Signale aus der sensorinternen Änderung elektromagnetischer Größen gewinnen. Sie werden zur Abstandssensierung und zur Seiten- oder Höhenkorrektur des Schweißwerkzeuges eingesetzt. Die Sensoren bestehen aus den Bauelementen Sensorkopf, Oszillator, Auswerteeinheit und Ausgangsstufe. Der Oszillator erzeugt im Sensorkopf ein hochfrequentes Wechselfeld. Daraus wird über die Auswerteeinheit ein analoges, abstandsproportionales Ausgangssignal generiert. Entsprechend dem Aufbau des Sensorkopfes wird in induktive und kapazitive Sensoren unterschieden.

In **induktiven Sensoren** (Bild 3.252) besteht der Sensorkopf aus einer Spule und einem Ferritkern. Das in der Spule erzeugte Magnetfeld kann nur an der offenen Seite des Ferritkerns austreten. Wird in dieses Magnetfeld ein metallischer Leiter (Messobjekt) eingebracht, werden in diesem nach dem Induktionsgesetz Wirbelströme induziert. Diese Wirbelströme wirken dem sie verursachenden Wechselfeld entgegen und führen zu einer Impedanzänderung im sensorinternen LC-Schwingkreis. Die Impedanzänderungen werden durch die Sensorelektronik ausgewertet und zu einem Ausgangssignal verarbeitet. Mit induktiven Sensoren können nur metallische Gegenstände sensiert werden.

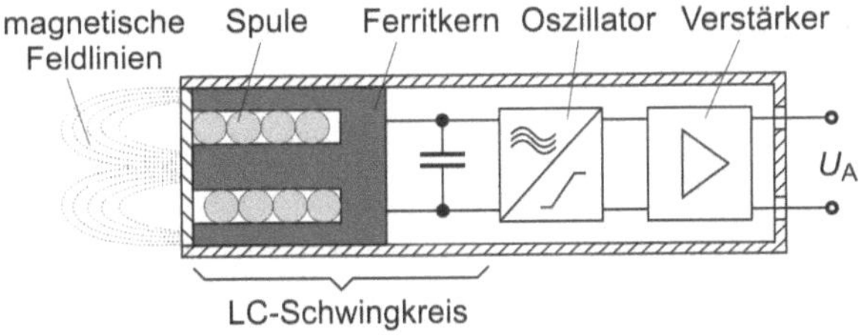


**Bild 3.252**
Grundaufbau eines induktiven Sensors

In **kapazitiven Sensoren** (Bild 3.253) besteht der Sensorkopf aus einer Elektrodenplatte und einer Abschirmung, die zusammen einen Kondensator bilden. Mit kapazitiven Sensoren können sowohl metallische als auch nichtmetallische Gegenstände sensiert werden. Ein metallischer Gegenstand im elektrischen Feld des Kondensators wirkt als Gegenelektrode. Diese bildet mit den beiden Kondensatorelektroden im Sensor eine kapazitive Reihenschaltung. Wird ein nichtmetallischer Gegenstand in das elektrische Feld des Kondensators eingebracht, ändert sich das Medium und damit die Dielektrizitätskonstante zwischen den Kondensatorelektroden. In beiden Fällen erhöht sich mit sinkendem Abstand Sensorkopf – Messobjekt die Kondensatorkapazität. Die Kapazitätsänderungen werden durch die Sensorelektronik ausgewertet und zu einem Ausgangssignal verarbeitet.

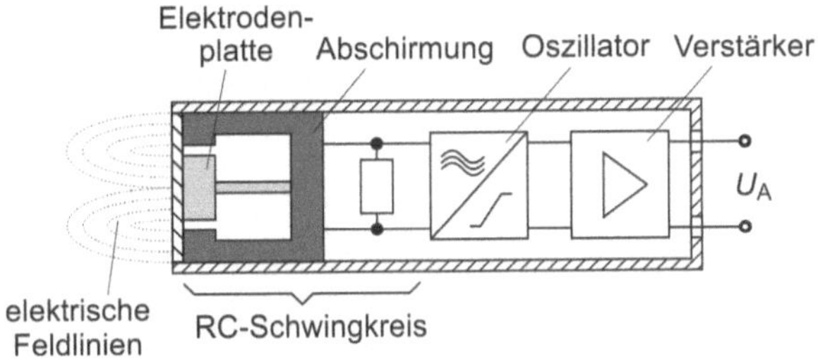


**Bild 3.253**
Grundaufbau eines kapazitiven Sensors

## 3.14.4 Lasersensoren

Lasersensoren sind berührungslos arbeitende geometrieorientierte Sensoren. Sie bestehen aus einem Laser, der Licht einer bestimmten Wellenlänge aussendet, einem Detektor, welcher das reflektierte Laserlicht empfängt, und einer Auswerteelektronik. Sie werden zur eindimensionalen Abstandsmessung sowie zur zweidimensionalen Geometrievermessung eingesetzt. Nach ihrem Funktionsprinzip werden sie in Abstandssensoren, Laserscanner und Lichtschnittsensoren unterschieden.

**Laser-Abstandssensoren** arbeiten nach dem Prinzip der **Triangulation**. Das vom Werkstück diffus reflektierte Laserlicht wird auf eine CCD-Zeilenkamera gebündelt (Bild 3.254). Bei einer Veränderung des Abstandes Laser – Bauteil verschiebt sich die Position des reflektierten Lichtpunktes auf der Detektorzeile.

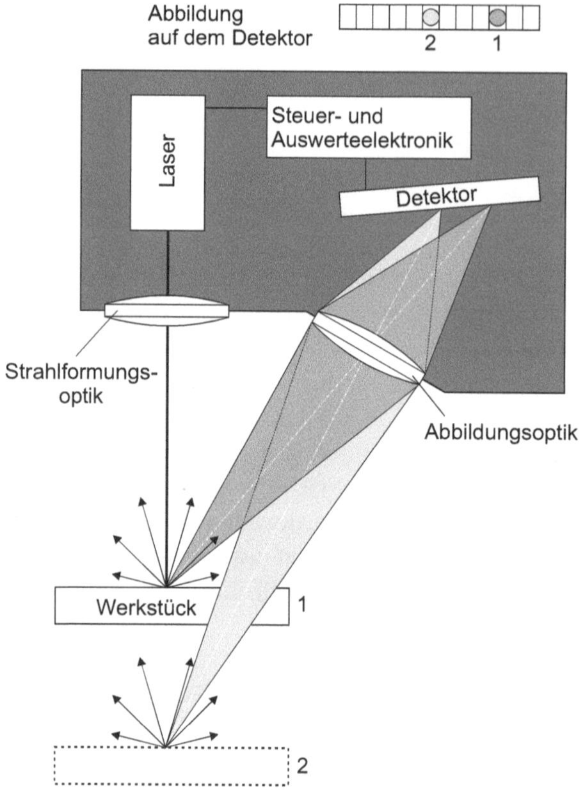


**Bild 3.254**
Funktionsprinzip Laser-Abstandssensor

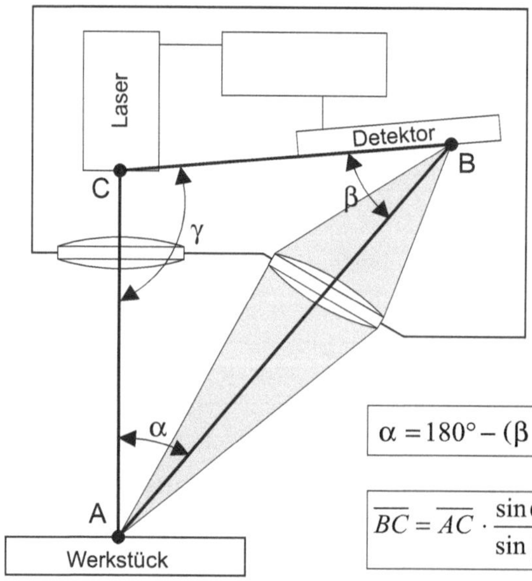


$$\alpha = 180° - (\beta + \gamma)$$

$$\overline{BC} = \overline{AC} \cdot \frac{\sin\alpha}{\sin\beta}$$

**Bild 3.255**
Abstandsmessung mittels Triangulation

Aus den bekannten sensorinternen Abmessungen lässt sich unter Anwendung trigonometrischer Funktionen der Abstand zwischen Sensor und Bauteil berechnen (Bild 3.255). Der Detektor ist geometrisch definiert zur Laserquelle angeordnet. Für jede beleuchtete CCD-Zelle sind die Größen für die Strecke $BC$ und den Winkel $\beta$ in einer Wertetabelle hinterlegt. Da der Winkel $\gamma$ ebenfalls eine feste Größe ist, lässt sich der Winkel $\alpha$ aus den Dreiecksbeziehungen berechnen. Über den Sinussatz kann dann die Größe der Strecke $AC$ bestimmt werden.

**Laserscanner** funktionieren ebenfalls nach dem Triangulationsprinzip. Zur Gewinnung zweidimensionaler Informationen wird jedoch der Laserstrahl über dem Messobjekt gependelt. Dies wird zumeist durch eine im Sensorkopf positionierte bewegliche Spiegeleinheit realisiert (Bild 3.256). Die Bauteilgeometrie wird punktweise mit der Geschwindigkeit der Pendelbewegung abgetastet. Aus den einzelnen Punkten berechnet die Auswerteeinheit die abgetastete Geometrie. Als Detektor wird eine zweidimensionale CCD-Matrix verwendet.

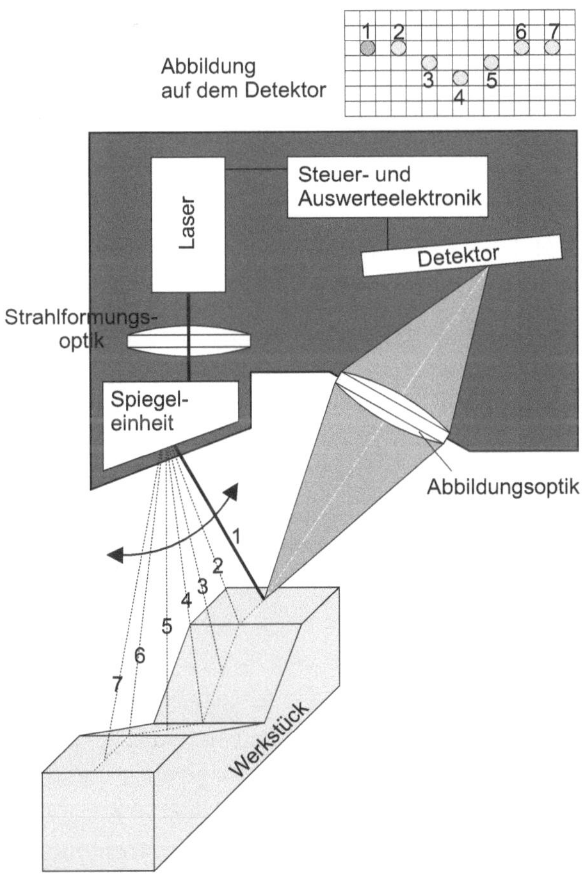


**Bild 3.256**
Funktionsprinzip Laserscanner

**Lichtschnittsensoren** tasten das Bauteil linienförmig ab. Der punktförmige Laserstrahl wird dazu über eine Optik zu einer Linie aufgeweitet. Zur Abbildung des reflektierten Laserlichtes sind zweidimensionale Detektorelemente in Form einer CCD-Matrix erforderlich (Bild 3.257). Im Gegensatz zum Laserscanner liegen die Informationen über alle Punkte der abgetasteten Geometrie gleichzeitig vor.

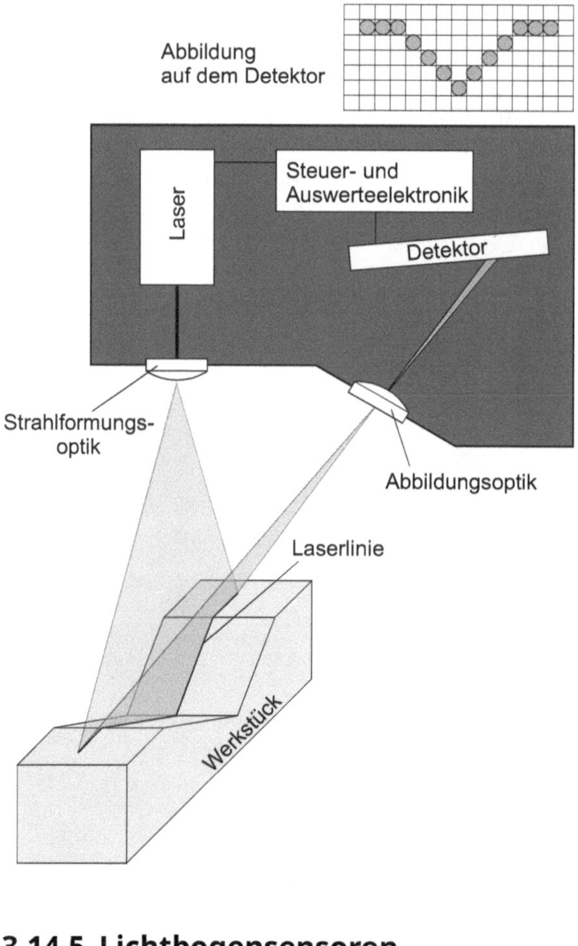


**Bild 3.257**
Funktionsprinzip Lichtschnittsensor

## 3.14.5 Lichtbogensensoren

**Lichtbogensensoren** sind prozessorientierte Sensoren, die ihre Signale aus Änderungen der elektrischen Prozessgrößen gewinnen. Am Schweißwerkzeug sind keine zusätzlichen Anbauten erforderlich, der Lichtbogen wird direkt als Aktor genutzt. Die Erfassung der Messwerte erfolgt durch einen Abgriff innerhalb des Schweißstromkreises.

Bei Schweißprozessen mit nichtabschmelzender Elektrode werden Stromquellen mit Konstantstrom-Charakteristik eingesetzt. Eine Veränderung der Lichtbogenlänge führt zu einer proportionalen Änderung der Lichtbogenspannung (Bild 3.258). Diese

Änderung wird detektiert und kann zur Höhenkorrektur des Schweißwerkzeuges genutzt werden.

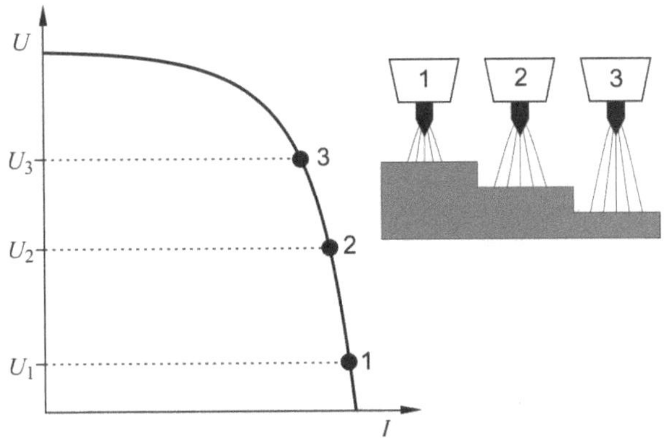


**Bild 3.258**
Arbeitspunktverschiebung bei Konstantstromkennlinie

Bei Schweißprozessen mit abschmelzender Elektrode werden Stromquellen mit Konstantspannungs-Charakteristik eingesetzt. Eine Veränderung der Lichtbogenlänge führt auch hier zu einer proportionalen Änderung der Lichtbogenspannung. Entsprechend der Kennliniencharakteristik der Stromquelle verändert sich nachfolgend die Stromstärke. Dadurch wird die Abschmelzrate an der Drahtelektrode beeinflusst, sodass sich die ursprüngliche Lichtbogenlänge wieder einstellt („innerer Selbstausgleich“) (Bild 3.259). Der Ausgleichsvorgang erstreckt sich über eine Zeitspanne von ca. 100 ms. Trotz unterschiedlicher Abstände Schweißwerkzeug – Bauteil liegen identische Lichtbogenlängen vor. In die Berechnung des elektrischen Widerstandes geht jedoch auch die Länge des **freien Drahtelektrodenendes** ein. Im Ergebnis verschiebt sich der **Arbeitspunkt** auf der **Stromquellenkennlinie** geringfügig. Die dabei auftretende Stromstärkeänderung wird detektiert und liefert abstandsproportionale Signale. Bei Drahtelektrodenwerkstoffen mit guter elektrischer Leitfähigkeit, wie z. B. Aluminium, ist der Lichtbogensensor nicht einsetzbar, da hier Unterschiede in der freien Drahtlänge nur sehr geringfügige Änderungen des elektrischen Widerstandes zur Folge haben.

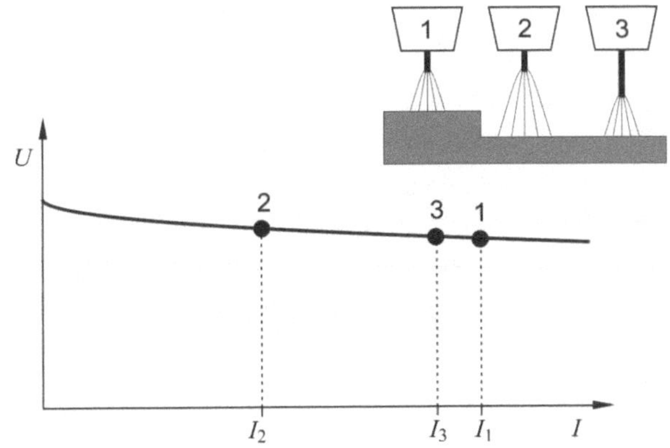


**Bild 3.259**
Arbeitspunktverschiebung bei Konstantspannungskennlinie

Durch ein Pendeln des Lichtbogens kann eine zweidimensionale Fugengeometrie abgetastet werden. Aus dem Vergleich der Messwerte in den Umkehrpunkten der Pendelbewegung können Informationen zur Seitenkorrektur des Schweißwerkzeuges gewonnen werden. Bei symmetrischen Fugengeometrien steht der Brenner genau mittig zu Fuge, wenn die Messwerte in den Umkehrpunkten identisch sind (Bild 3.260).

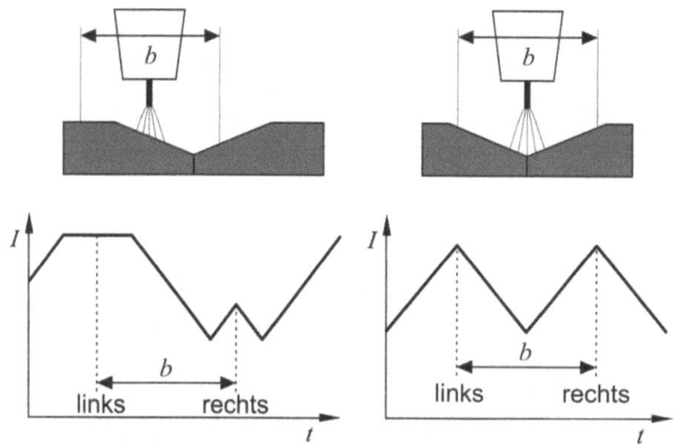


**Bild 3.260**
Signalverlauf bei gependeltem Lichtbogen

Die Realisierung der Pendelbewegung erfolgt mechanisch über eine Auslenkung des Schweißbrenners. Zur Erhöhung der Signalrate kann der Lichtbogen auch magnetisch oder rotatorisch ausgelenkt werden. Die magnetische Auslenkung findet vor allem beim WIG-Schweißen Anwendung. Über am Brenner angebrachte Magnetspulen lässt sich der Lichtbogen wesentlich schneller pendeln als mit der mechanischen Variante. Die rotatorische Auslenkung wird als Sonderfall beim MSG-Schweißen eingesetzt. Hier rotiert der exzentrisch aufgehängte Brenner über der Schweißfuge. Damit lassen sich umkehrpunktsfrei wesentlich höhere Relativgeschwindigkeiten zwischen Brenner und Fuge erzielen. Dadurch wird der „innere Selbstausgleich“ der Stromquelle verhindert, und es stehen wesentlich höhere Signalamplituden zur Verfügung.

## 3.15 Gefährdungen beim Lichtbogenschweißen

### 3.15.1 Elektrischer Strom

Bei Berührung von spannungsführenden Elementen des Schweißstromkreises besteht für den Bediener die Gefahr eines Stromschlages. Der menschliche Körper stellt dabei trotz seines hohen Körperinnenwiderstandes von ca. 1000 Ω einen alternativen Leiter für den Schweißstrom dar (Bild 3.261). Je größer die Potenzialdifferenz über dem elektrischen Widerstand des menschlichen Körpers ist, desto höhere Ströme fließen durch ihn hindurch.

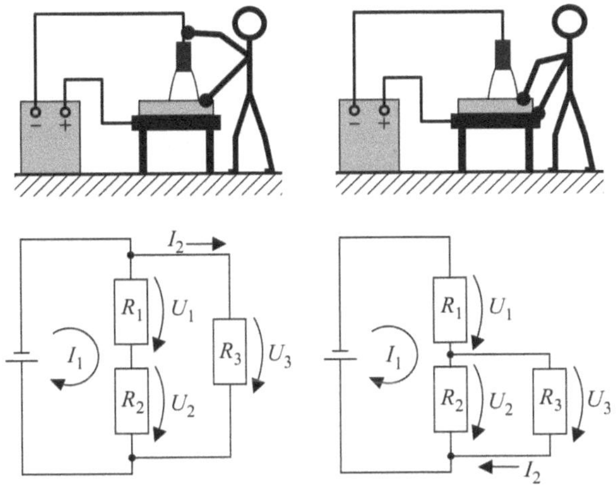


$$I_2 = \frac{U_1 + U_2}{R_3} \qquad I_2 = \frac{U_2}{R_3}$$

**Bild 3.261**
Möglicher Stromfluss durch den Bediener. $R_1$ Lichtbogen, $R_2$ Werkstück, $R_3$ Bediener

Die Wirkungen des Stromes auf den Menschen sind abhängig von der Stromstärke, der Einwirkdauer, der Stromart und dem Weg des Stromes durch den Körper. Physikalisch verursacht der Stromfluss im menschlichen Körper eine Widerstandserwärmung, die in Abhängigkeit von der fließenden Stromstärke zu Verbrennungen bis hin zum Kochen von Gewebeflüssigkeit führt. Daneben wirkt der Strom auf das Nervensystem in Form von Muskelverkrampfungen bis hin zum Herzstillstand. Wechselstrom ist dabei gefährlicher als Gleichstrom, da seine Frequenz den Herzrhythmus überlagert. Ausgehend von der Wirkung des Stromes lassen sich vier Bereiche nach Tabelle 3.66 einteilen.

**Tabelle 3.66** Stromstärkebereiche und ihre Wirkungen

| Bereich | Gleichstrom | Wechselstrom | Wirkung |
|---|---|---|---|
| I | < 80 mA | < 25 mA | keine Schädigung, Krampfgefühl, Kontaktstarre |
| II | 80...300 mA | 25...80 mA | Blutdrucksteigerung, Herzunregelmäßigkeiten, Bewusstlosigkeit |
| III | 300 mA...3 A | 80 mA...3 A | Lebensgefahr, Herzkammerflimmern, Bewusstlosigkeit |
| IV | > 3 A | > 3 A | wie Bereich 3, zusätzlich schwere Verbrennungen und innere Verkochungen |

Im Schweißbetrieb lässt sich eine Berührung spannungsführender Teile (z. B. Werkstück) nicht vollständig vermeiden. Zum Schutz des Bedienpersonals ist daher die Leerlaufspannung von Schweißstromquellen nach Tabelle 3.67 begrenzt (DIN EN IEC 60974). Damit wird gewährleistet, dass bei Stromschlägen der Stromfluss durch den menschlichen Körper nicht größer als 25 mA ist. Erhöhte **elektrische Gefährdung** liegt vor, wenn die Schweißarbeiten in engen Räumen, in nassfeuchter Umgebung oder in Zwangshaltung durchgeführt werden. In all diesen Fällen verringert sich der Übergangswiderstand zwischen Schweißstromkreis und Bediener. Alle für Schweißarbeiten unter erhöhter elektrischer Gefährdung zugelassenen Schweißstromquellen tragen die Kennzeichnung S.

**Tabelle 3.67** Zulässige Leerlaufspannungen von Schweißstromquellen

| Einsatzbedingung | Spannungsart | max. Leerlaufspannung [V] | |
|---|---|---|---|
| | | Scheitelwert | Effektivwert |
| erhöhte elektrische Gefährdung | Gleichspannung | 113 | – |
| | Wechselspannung | 68 | 48 |
| ohne erhöhte elektrische Gefährdung | Gleichspannung | 113 | – |
| | Wechselspannung | 113 | 80 |
| begrenzter Betrieb ohne erhöhte elektrische Gefährdung | Gleichspannung | 113 | – |
| | Wechselspannung | 78 | 55 |
| maschinell geführter Lichtbogenbrenner | Gleichspannung | 141 | – |
| | Wechselspannung | 141 | 100 |
| Plasmaverfahren | Gleichspannung | 710 | – |
| | Wechselspannung | 710 | 500 |
| unter Wasser mit Personen im Wasser | Gleichspannung | 65 | – |
| | Wechselspannung | unzulässig | unzulässig |

Wird mit mehreren Stromquellen an einem Werkstück gearbeitet, können unzulässig hohe Berührungsspannungen bis zur doppelten Leerlaufspannung auftreten, wenn das Bedienpersonal gleichzeitig spannungsführende Teile in beiden Schweißstromkreisen berührt (Bild 3.262). Beim Schweißen mit Gleichstrom hängt die Spannungsdifferenz zwischen den beiden Stromkreisen von der Elektrodenpolung, beim Schweißen mit Wechselstrom vom Netzanschluss ab.

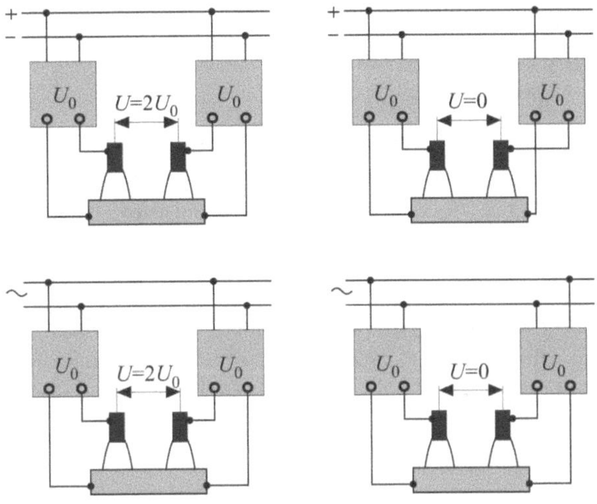


**Bild 3.262**
Summenspannung beim Anschluss mehrerer Schweißstromquellen an ein Werkstück

## 3.15.2 Elektromagnetische Strahlung

Der Lichtbogen weist ein breites Strahlungsspektrum auf. In Abhängigkeit von der Wellenlänge wird zwischen drei Bereichen unterschieden:

- ultraviolette Strahlung (1 nm < $\lambda$ < 380 nm),
- sichtbares Licht (380 nm < $\lambda$ < 780 nm),
- infrarote Strahlung (780 nm < $\lambda$ < 1 mm).

Die intensive UV-Strahlung des Lichtbogens bewirkt auf ungeschützter Haut sehr schnell einen Sonnenbrand. Besonders gefährdet ist das menschliche Auge in Form von Horn- oder Bindehautentzündungen, die auch als „Verblitzen" bekannt sind. Auch das sichtbare Licht weist eine hohe Intensität (Helligkeit) auf. Eine Lichtbogenbeobachtung ohne Schutzglasfilter bewirkt eine starke Blendung des Auges, die zur Minderung der Sehleistung führen kann. Die IR-Strahlung wird als Wärmestrahlung wahrgenommen. Für kurzwellige Infrarotstrahlung bis $\lambda$ = 1400 nm ist das menschliche Auge transparent. Es besteht die Gefahr von Netzhautverbrennungen bis hin zur Linsentrübung.

Zur Vermeidung von Gesundheitsschäden muss die Haut des Bedienpersonals durch schwer entflammbare Arbeitskleidung geschützt werden. Die Augen müssen durch in Schweißerhelme oder -schilde integrierte Schweißerschutzfilter, die in DIN EN 169 und DIN EN 379 genormt sind, geschützt werden.

## 3.15.3 Rauch, Stäube und Gase

Durch den Lichtbogen werden Grund- und Zusatzwerkstoff aufgeschmolzen. Die Temperaturen erreichen dabei Werte, bei denen eine teilweise Materialverdampfung eintritt. Ca. 95 % des entstehenden **Schweißrauchs** stammen aus dem Zusatzwerkstoff und 5 % aus dem Grundwerkstoff. Werden beschichtete Grundwerkstoffe verschweißt, verdampft die Beschichtung im Wirkbereich des Lichtbogens komplett und erhöht die entstehende Schweißrauchmenge deutlich.

In Abhängigkeit von der Partikelgröße wird in Rauch (< 1 µm) und Stäube (> 1 µm) unterschieden. Gasförmige Schadstoffe entstehen überwiegend durch chemische Reaktionen im Lichtbogen, z. B. Ozon beim MIG-Schweißen von Aluminium oder CO beim MAG-Schweißen mit $CO_2$-Schutzgas.

Der Schweißer nimmt die Schadstoffe vorwiegend über den Atemweg auf. Der überwiegende Teil der Partikel weist Dimensionen < 1 µm auf und ist somit alveolengängig, d. h., er gelangt in die Lungenbläschen. Die Gefährdung des Schweißers hängt von der Emissionsrate der Schadstoffe und deren Wirkung auf den menschlichen Körper ab. Es wird unterschieden in:

- inerte Stoffe,
- toxische Stoffe,
- krebserzeugende und erbgutverändernde Stoffe.

Inerte Stoffe, wie z. B. FeO oder $Al_2O_3$, lagern sich in der Lunge ab und behindern den Gasaustausch in den Lungenbläschen. Toxische Stoffe, wie z. B. CO oder ZnO, erzeugen im menschlichen Körper eine Giftwirkung. Krebserzeugende und erbgutverändernde Stoffe, wie z. B. Cr-VI-Verbindungen oder Be, begünstigen die Ausbildung von bösartigen Geschwülsten im Körper bzw. führen zu Mutationen an der DNA.

Zum Schutz des Schweißers sind in der TRGS 900 Arbeitsplatzgrenzwerte (AGW) für einzelne Schadstoffe festgelegt. Der AGW wird in mg/m$^3$bzw. ml/m$^3$ angegeben und stellt einen Schichtmittelwert bei 8-stündiger Exposition an fünf Tagen in der Woche dar. Sind im Schweißrauch keine toxischen, krebserregenden oder erbgutschädigenden Stoffe enthalten, findet der allgemeine Staubgrenzwert Anwendung. Für Schweißarbeiten gilt der Grenzwert für A-Staub (alveolengängiger Staub) von 1,25 mg/m$^3$. Die Konzentration aller Schweißrauchpartikel darf diesen Wert in der Summe nicht überschreiten. Können die Grenzwerte nicht eingehalten werden, müssen technische Maßnahmen zur Luftreinhaltung nach DGUV Regel 100-500 realisiert werden. Am wirksamsten ist die Absaugung der Schadstoffe direkt im Entstehungsbereich.

### 3.15.4 Sauerstoffmangel

Beim Schweißen mit Schutzgasverfahren in engen Räumen kann es bei ungenügender Belüftung zu einer Anreicherung der Schutzgase und damit zu einer Reduzierung des Sauerstoffgehaltes in der Umgebungsluft kommen. Schweißschutzgase, wie z. B. Ar, He, $CO_2$ oder $N_2$, sind farb- und geruchlos, verursachen keine spürbare Atemnot und werden durch den Menschen nicht wahrgenommen. Symptome des Sauerstoffmangels sind Unwohlsein und Kopfschmerzen. Fällt der Sauerstoffgehalt in der Atemluft unter 6 %, tritt eine plötzliche Bewusstlosigkeit ein. Die Sauerstoffversorgung des Organismus bricht zusammen, und es besteht akute Erstickungsgefahr.

Schutzgase, die schwerer sind als Luft, wie z. B. Ar oder $CO_2$, sinken nach unten. In engen Räumen mit hochliegendem Einstieg und mangelnder Belüftung sammeln sich diese Gase am Boden. Bewegt der Schweißer seinen Kopf in diesen Bereich, besteht schon nach wenigen Atemzügen akute Erstickungsgefahr.

Zur Vermeidung von Erstickungsunfällen gibt die DGUV Regel 113-004 ausreichende Handlungsanweisungen. Vordringlich ist eine ausreichende Belüftung in engen Räumen oder eine Fremdluftversorgung des Schweißers zu gewährleisten. Der Einsatz eines zusätzlichen Sicherungspostens am Eingang des engen Raumes erhöht die Erkennungswahrscheinlichkeit von Erstickungssymptomen.

### 3.15.5 Spritzer und Schlacke

Spritzer und Schlackeabplatzungen besitzen eine hohe Temperatur und werden mit großer kinetischer Energie aus dem Schweißbereich herausgeschleudert. Durch diesen **Funkenflug** besteht die Gefahr von Verletzungen an Haut und Auge sowie der Entzündung von brennbaren Stoffen. Nach Richtwerten der DGUV Regel 100-500 liegt die Gefährdungszone durch Funkenflug bei:

- horizontal 7,5 m,
- vertikal nach oben 4 m,
- vertikal nach unten 20 m.

### 3.15.6 Druckgasflaschen

Gasflaschen dürfen nur mit demontiertem Druckminderer und Sicherungskappe transportiert werden. Im Betrieb sind sie gegen Umfallen zu sichern. Eine mechanische Beschädigung der Flasche führt zu einer plötzlichen Entspannung des unter Druck stehenden Flascheninhaltes. In der Folge bewegt sich die Gasflasche nach dem Rückstoßprinzip unkontrolliert mit hoher Geschwindigkeit im Raum. Besonders explosionsgefährdet sind Sauerstoffflaschen, da reiner Sauerstoff extrem brandbeschleunigend wirkt. Die Armaturen einer Sauerstoffflasche sind absolut fettfrei zu halten, da sich Fette in reiner Sauerstoffatmosphäre selbst entzünden können.

Eine weitere Gefährdung geht vom Gewicht der Flaschen aus. Bei unsachgemäßem Transport besteht die Gefahr von Quetschungen an Händen und Füßen. Gasflaschen sind daher immer mit dafür geeigneten Transportwagen zu bewegen.

# 4 Schweißen mit Brenngas-Sauerstoff-Flamme

## 4.1 Grundlagen der Autogentechnik

### 4.1.1 Autogenflamme

#### 4.1.1.1 Allgemeines

In der Autogentechnik dient eine Flamme als Werkzeug für verschiedene thermische Prozesse, einschließlich des Schweißens mit Brenngas-Sauerstoff-Flamme, auch bekannt als **Autogenschweißen** oder Gasschweißen. Die thermische Wirkenergie wird durch die Verbrennung eines Brenngases freigesetzt. Obwohl die Bedeutung des Gasschmelzschweißens in den letzten Jahrzehnten zurückgegangen ist, besitzt dieses Schweißverfahren Vorteile, wie die Möglichkeit der Speicherung der am Prozess beteiligten Gase (Prozessgase) in Behältern. Hierdurch ist das Verfahren unabhängig von einer öffentlichen Energieversorgung. Die Brenner können mittels Schlauchleitungen auch über große Entfernungen mit den Prozessgasen versorgt werden. Die Investitionskosten sind im Vergleich zu zahlreichen anderen Schmelzschweißverfahren gering. Zudem besteht die Möglichkeit, die Anlagen- und Apparatetechnik auch für andere Fertigungsverfahren, wie das Flammlöten, das autogene Brennschneiden, das Flammrichten oder das Flammwärmen, zu nutzen.

Als Prozessgase werden ein Brenngas – meist Acetylen, Propan oder auch Gemische brennbarer Gase – und ein oxidierend wirkendes Gas bzw. Gasgemisch in Form von Sauerstoff oder Luft benötigt.

Das wichtigste Brenngas der Autogentechnik ist Ethin ($C_2H_2$), auch als **Acetylen** oder Azetylen benannt. Im Weiteren wird statt des Namens Ethin, der der chemischen Nomenklatur entspricht, der in den Ingenieurwissenschaften einschließlich der Fügetechnik übliche Trivialname Acetylen verwendet.

Neben den für das Schmelzschweißen allgemein vorhandenen Gefährdungen durch Schweißrauche, Metalldämpfe und Stäube sind für die Anwendung der Autogentechnik Gefährdungen infolge des Umgangs mit brennbaren Gasen, explosionsfähigen Gasgemischen und unter hohem Überdruck stehenden Druckgasflaschen charakteristisch. Umfangreiche Angaben zum Umgang mit der Anlagentechnik, zu Gesundheitsgefahren, zur persönlichen Schutzausrüstung, zu Schweißarbeiten mit besonderen Gefahren sowie zu Vorschriften und Regeln enthält die DGUV-Information „Gasschweißen“ (DGUV Information 209-011) der Vereinigung der Metall-Berufsgenossenschaften [RÖS06]. Um Unfälle zu vermeiden sowie Gefährdungen zu erkennen und diese einzuschränken, existiert eine Vielzahl von Normen und Regeln insbesondere zum Umgang mit Prozessgasen der Autogentechnik sowie zu Anforderungen an die Anlagentechnik, deren Bedienung und Prüfung. Eine Auswahl an besonders wichtigen Normen und Regeln enthält das Quellenverzeichnis.

### 4.1.1.2 Verbrennung

Die thermische Wirkenergie wird durch eine **Verbrennung** aus chemisch gebundener Energie freigesetzt. Im Folgenden wird die Verbrennung des Brenngases Acetylen durch Sauerstoff beschrieben. Die Verbrennung läuft in zwei Stufen ab. In einer ersten Verbrennungsstufe, einer unvollkommenen Verbrennung, wird das Acetylen mit Sauerstoff zu Kohlenmonoxid und Wasserstoff umgesetzt:

$$C_2H_2 + O_2 \longrightarrow 2\,CO + H_2$$

Im Einzelnen zerfällt zunächst das Acetylen in Kohlenstoff und Wasserstoff, wobei der Kohlenstoff zu Kohlenmonoxid oxidiert wird. Die entstehenden Gase Kohlenmonoxid (CO) und Wasserstoff ($H_2$) wirken chemisch reduzierend auf die üblicherweise mit Oxiden behafteten Oberflächen der Grund- und Zusatzwerkstoffe und des Schweißbades. Oxide werden hierdurch abgebaut. Die zweite Verbrennungsstufe wirkt in Form einer vollkommenen Verbrennung:

$$4\,CO + 2H_2 + 3O_2 \longrightarrow 4\,CO_2 + 2\,H_2O$$

Diese Verbrennungsstufe tritt in der sog. Streuflamme auf (Bild 4.1). Der Verbrennungsvorgang erfolgt außerhalb des eigentlichen Brenners vor dem Brennermundstück.

Die Autogenflamme, d. h. deren Gestalt, Temperaturen und **Temperaturverteilung** in der Flamme sowie chemische Wirkung (neutral, oxidierend, reduzierend), ist durch zahlreiche Einflussgrößen bestimmt, wie den beteiligten Prozessgasen, deren Mischungsverhältnis, Druck und Volumenstrom sowie der Brennerbauart. Die Temperaturverteilung in einer neutralen Acetylen-Sauerstoff-Flamme, einer sog. Normflamme, ist in Bild 4.1 dargestellt. Für diese Flamme ist eine höchste Temperatur von ≈ 3200 °C in der Arbeitszone charakteristisch. Für die vollkommene Verbrennung von 1 Volumenteil Acetylen sind 2,5 Volumenteile Sauerstoff notwendig.

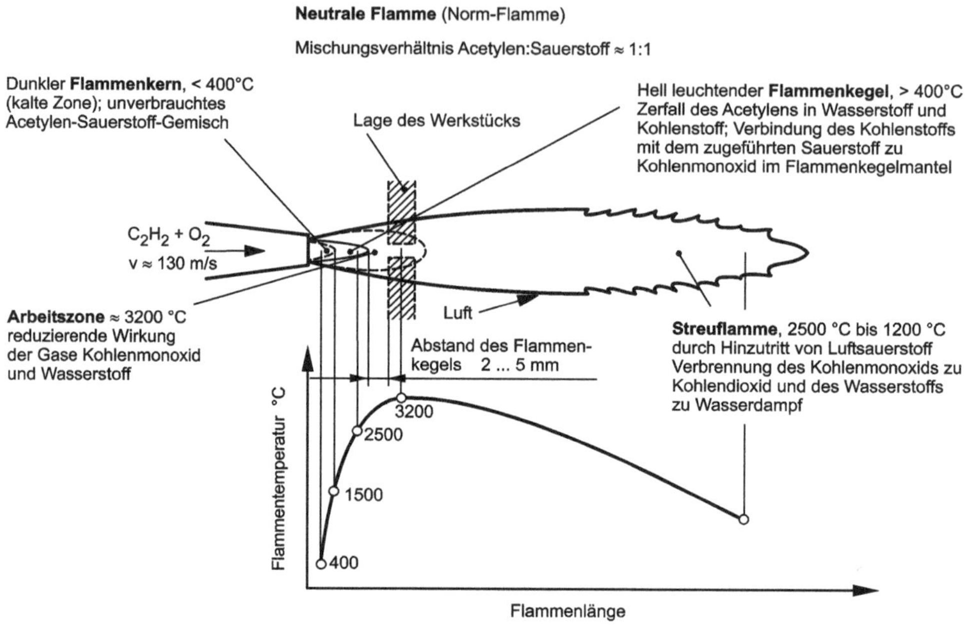


**Bild 4.1** Temperaturen und typische Bereiche einer Acetylen-Sauerstoff-Flamme

Die Verbrennungsstufen unterschiedlicher Brenngase und die erreichbaren Flammentemperaturen sind in Tabelle 4.1 wiedergegeben. Über die gebräuchlichen Mischungsverhältnisse (Volumenanteile) für unterschiedliche Verwendungszwecke von Autogenflammen gibt Tabelle 4.2 Auskunft.

**Tabelle 4.1** Verbrennungsstufen unterschiedlicher Brenngase und erreichbare Flammentemperaturen

| Brenngas | Unvollkommene Verbrennung in der ersten Stufe | | Vollkommene Verbrennung | | Flammentemperatur in °C |
|---|---|---|---|---|---|
| | Mischungsverhältnis $B:O_2$ | Ablauf | Mischungsverhältnis $B:O_2$ | Ablauf | |
| Acetylen $C_2H_2$ | 1:1 | $C_2H_2 + O_2 \rightarrow 2\,CO + H_2$ | 1:2,5 | $2\,C_2H_2 + 5\,O_2 \rightarrow 4\,CO_2 + 2\,H_2O$ | 3180 |
| Propan $C_3H_8$ | 1:4 | $C_3H_8 + 4\,O_2 \rightarrow 2\,CO + CO_2 + 4\,H_2O$ | 1:5 | $2\,C_3H_8 + 5O_2 \rightarrow 3\,CO_2 + 4\,H_2O$ | 2850 |
| Erdgas (Methan) $CH_4$ | 2:1 | $2\,CH_4 + O_2 \rightarrow 2\,CO + 4\,H_2$ | 1:2 | $CH_4 + 2\,O_2 \rightarrow CO_2 + 2\,H_2O$ | 2750 |

Tabelle 4.2 Mischungsverhältnisse (Volumenanteile) für unterschiedliche Verwendungszwecke von Autogenflammen

| Brenngas | Brenngas-Sauerstoff-Gemische für | | |
|---|---|---|---|
| | Schweißen | Brennschneiden | Flammwärmen |
| Acetylen | 1:1...1:1,2 | 1:1,1...1:1,3 | 1:1,25...1:1,5 |
| Propan | – | 1:4,5 | 1:3,6...1:5 |
| Erdgas | – | 1:1,5...1:2,8 | 1:1,5...1:2 |

### 4.1.1.3 Flammeneinstellung

Die Acetylen-Sauerstoff-Flamme kann bezüglich ihrer chemischen und thermischen Eigenschaften den Anforderungen des Schweißprozesses in weiten Grenzen angepasst werden. Die chemische Wirkung wird durch das Mischungsverhältnis bestimmt. Mittels Einstellung der Strömungsgeschwindigkeiten der Prozessgase kann die thermische Leistung der Flamme verändert werden. Diese **Flammeneinstellungen** werden durch Ventile am Griffstück des Brenners vorgenommen.

#### Neutrale Flamme

Eine neutrale Flamme erfordert ein Mischungsverhältnis zwischen dem Brenngas Acetylen und Sauerstoff im Bereich von 1:1...1:1,2 Volumeneinheiten.

Eine neutrale Flamme besitzt einen inneren, weiß leuchtenden Flammenkern, der sich scharf gegenüber der äußeren Streuflamme abgrenzt. Der Flammenkern hat je nach Intensität der Flamme eine Länge von 5...15 mm und soll möglichst zylindrisch und länglich ausgebildet sein. Die Streuflamme, die den Flammenkern umgibt, ist in Abhängigkeit von der Reinheit des Brenngases und der Raumluft bläulich oder gelbbläulich. Beim Schweißen kommt es infolge der Erwärmung der Schweißdüse zu einer Vergrößerung der Düsenbohrung. Hierdurch reduziert sich die Strömungsgeschwindigkeit des Sauerstoffs. Es wird deshalb weniger Acetylen angesaugt, wodurch sich der chemische Charakter der Flamme verändert. Deshalb kann es während des Betriebs des Brenners notwendig werden, durch Betätigen der Ventile die Flammeneinstellung zu korrigieren.

Das Gasschmelzschweißen von Eisenbasiswerkstoffen erfolgt ausschließlich mit einer neutralen Flamme. Oxidschichten (Oxidhäute) auf der Schmelzbadoberfläche werden bei richtigem Brennerabstand durch Wirken der ersten Stufe der Verbrennung im Bereich des Gasgemisches durch Kohlenmonoxid und Wasserstoff reduziert. Auch neutral eingestellte Flammen können in Abhängigkeit vom Brenngas geringe Anteile oxidierend wirkender Gasanteile enthalten: ≈ 6 Vol.-% für die Brenngase Propylen, Propan und Methan [END73].

### Sauerstoff-Überschuss-Flamme

Steigt das Acetylen-Sauerstoff-Verhältnis über 1:1,2, so stellt sich eine Sauerstoff-Überschuss-Flamme, auch als oxidierende Flamme bezeichnet, ein. Mit zunehmendem Sauerstoffanteil verkürzen sich sowohl der Flammenkern als auch der sich anschließende Flammenkegel. Der Flammenkern nimmt eine leicht violette Farbe an. Diese Flammeneinstellung wird durch ein deutlich hörbares, zischendes Geräusch der Flamme gekennzeichnet.

Aus einem geringen Sauerstoffüberschuss resultiert eine Erhöhung der Flammenleistung, was sich positiv auf die Schweißgeschwindigkeit auswirkt. Zu große Sauerstoffanteile führen am Schweißbad zu Verbrennungs- und Überhitzungserscheinungen. Beim Schweißen von Stahl kommt es zur Funkenbildung, indem aus dem Schweißbad fortgeschleuderte Tropfen am Ende ihrer Flugbahn sternförmig platzen. Weitere Folgen des Sauerstoffüberschusses sind ein erhöhter Abbrand von Legierungselementen sowie die verstärkte Poren- und Oxidbildung im Schweißbad. Oxideinschlüsse können die Verformungsfähigkeit der Schweißverbindung und deren Beanspruchbarkeit insbesondere bei zeitlich veränderlicher Beanspruchung (Schwingbeanspruchung) oder schlagartiger Beanspruchung wesentlich reduzieren. Mit gezielt eingestelltem Sauerstoffüberschuss werden nur Kupfer-Zink-Legierungen (Messinge) geschweißt. Bei diesen Grundwerkstoffen wirkt der Sauerstoffanteil der Porenbildung entgegen und verhindert das Ausdampfen von Zink aus dem Grundwerkstoff.

Sofern der Grundwerkstoff nicht aufgeschmolzen werden soll, z. B. beim Flammwärmen, kann durch einen Sauerstoffüberschuss eine leistungsstarke Flamme erzielt werden.

### Acetylen-Überschuss-Flamme

Sinkt das Acetylen-Sauerstoff-Verhältnis unter 1:1,2, so bildet sich eine Acetylen-Überschuss-Flamme, auch als karburierende Flamme bezeichnet, aus. Diese Flamme besitzt einen je nach Acetylenüberschuss verlängerten, gelblich-weißen inneren Flammenkegel, dessen Umriss nicht mehr scharf begrenzt ist, sondern unregelmäßig gefiedert erscheint.

In der ersten Verbrennungsstufe reicht der dargebotene Sauerstoff nicht zur Oxidation des durch den Zerfall des Acetylens entstehenden Kohlenstoffs aus. Verbleibender „freier" Kohlenstoff kann beim Gasschmelzschweißen von Eisenbasiswerkstoffen vom flüssigen Schweißgut aufgenommen werden. Bei ausgeprägtem Acetylenüberschuss bilden sich in der Flamme Kohlenstoffflocken (Ruß). Die Folge der Anwendung einer Acetylen-Überschuss-Flamme sind eine Aufkohlung und ggf. Härtesteigerung. Bei Stahl kommt es zur Erhöhung von Härte und statischen Festigkeitseigenschaften, aber auch zu Versprödung und zunehmender Härterissgefahr. Gezielt mit Acetylenüberschuss wird Gusseisen geschweißt. Zum Zwecke des Auftragschweißens kann mit Acetylen-Überschuss-Flamme gearbeitet werden, wobei durch den Kohlenstoffeintrag die Bildung härtesteigernder Carbide unterstützt wird. Da die Temperatur in einer Acetylen-Überschuss-Flamme unter der einer neutralen Flamme liegt, wird die Acetylen-Überschuss-Flamme bevorzugt für das Löten eingesetzt, wo i. d. R. niedrigere Arbeitstemperaturen als beim Schweißen erforderlich sind.

#### „Harte" und „weiche" Flamme

Die Eigenschaften einer Flamme werden neben dem Mischungsverhältnis der Prozessgase wesentlich durch deren Ausströmgeschwindigkeiten bestimmt. Eine Flamme mit hoher Ausströmgeschwindigkeit und folglich großer Flammenleistung wird als „harte Flamme" bezeichnet, während eine Flamme mit geringer Ausströmgeschwindigkeit vergleichsweise leistungsarm ist und als „weiche Flamme" gilt.

Mittels unterschiedlicher Schweißeinsätze im Brenner kann die thermische Leistung bzw. die „Härte" der Flamme der Schweißaufgabe angepasst werden, wobei das gewünschte, optimale Mischungsverhältnis der Prozessgase unverändert bleibt. Für das Gasschmelzschweißen werden die thermische Leistung und damit der Schweißeinsatz entsprechend der Dicke der zu schweißenden Bauteile gewählt. Darüber hinaus kann durch Betätigen der Ventile weiterhin die Flamme feinfühlig „hart" oder „weich" eingestellt werden.

Die Gasausströmgeschwindigkeiten liegen für sehr kleine Schweißeinsätze im Bereich von ≈ 50...60 m/s und bei mittleren Schweißeinsätzen im Bereich von ≈ 80...130 m/s. Sehr große Schweißeinsätze erreichen Ausströmgeschwindigkeiten um 200 m/s und werden zum Wärmen, wo kein Wegblasen des Schmelzbades eintreten kann, oder zum autogenen Trennen benutzt.

## 4.1.2 Autogenbrenner

### 4.1.2.1 Allgemeines

Ein **Autogenbrenner** hat die Aufgabe, aus dem zugeführten Brenngas und dem Sauerstoff oder der Luft ein definiert einstellbares Gemisch zu bilden und dieses Mischungsverhältnis konstant zu halten. Das Gasgemisch soll mit einer solchen Geschwindigkeit aus dem Brenner austreten, sodass sich nach dem Zünden eine rückzündsicher brennende Flamme bestimmter Form, Größe und Leistung einstellt.

Die Autogenbrenner werden für verschiedene Gase mit entsprechender Flammengröße und -form in den Handel gebracht. Die Düsen dürfen nur für jenes Gas verwendet werden, für das sie bestimmt sind. Die Mischeinrichtung und die Düse des Schweißeinsatzes sind wie folgt gekennzeichnet:

- A = Acetylen,
- P = Flüssiggas,

- H = Wasserstoff,
- C = Leuchtgas (Stadtgas, d. h. ein Gemisch aus Wasserstoff, Kohlenmonoxid und Methan, kaum mehr in Anwendung),
- M = Erdgas (Methan).

Zusätzlich sind der Schweißbereich (Bauteildickenbereich) sowie das Herstellerzeichen und auf der Mischeinrichtung noch der Sauerstoffdruck angegeben.

In der Autogentechnik wird eine Vielfalt unterschiedlicher Brenner für verschiedene Aufgaben genutzt. Eine Einteilung von Brennern kann nach folgenden Kriterien erfolgen:

**Mischungsprinzip:**

- Saugbrenner (Injektorbrenner, Bunsenbrenner),
- Druckbrenner.

**Brenngasart:**

- Acetylenbrenner,
- Propanbrenner,
- Erdgasbrenner,
- Wasserstoffbrenner.

**Flammenform und Flammenanordnung:**

- Einflammenbrenner,
- Mehrflammenbrenner.

**Einsatzzweck:**

- zum Fügen (Schweißen, Löten),
- zum Trennen,
- zum Stoffeigenschaftsändern (Wärmen),
- zum Beschichten,
- zum Umformen (Flammrichten).

**Mechanisierungsgrad:**

- manuell,
- mechanisiert.

Angaben über Aufbau, Funktion, Sicherheitsanforderungen und weitere Merkmale enthält DIN EN ISO 5172. Die meisten handelsüblichen Brenner sind mehrteilig ausgeführt, sodass durch einfaches Auswechseln bzw. Zusammenstellen von Bauteilen ein Brenner verschiedenen Einsatzzwecken angepasst werden kann.

### 4.1.2.2 Brennerarten

#### Injektorbrenner (Saugbrenner)

Die meisten in der Praxis genutzten Autogenbrenner sind Injektorbrenner. Die Prozessgase strömen über die beiden Ventile (z. B. Sauerstoff- und Acetylenventil) durch Rohre bzw. im Brenner gebohrte Kanäle durch die Mischdüse in einen Mischraum. Den schematischen Aufbau des Injektors stellt Bild 4.2 dar. Bei einem Acetylen-Sauerstoff-Injektorbrenner strömt Sauerstoff aufgrund des im Vergleich zu Acetylen hohen Drucks von etwa 2,5 bar mit großer Geschwindigkeit in die Druckdüse. Die Druckdüse ist von einem metallischen Mantel umgeben, welcher einen spaltförmigen Ringraum bildet. Durch diesen Ringraum wird das Acetylen mit geringem Überdruck von 0,2...0,4 bar zugeführt. Die große Geschwindigkeit des in die Mischdüse strömenden Sauerstoffs erzeugt im Ringraum zwischen Druck- und Mischdüse einen Unterdruck, durch welchen das Brenngas angesaugt wird. Dieser Effekt wird als Injektorwirkung bezeichnet. Die obigen Druckangaben entsprechen den jeweiligen Arbeitsdrücken für Sauerstoff bzw. für Acetylen beim Gasschweißen, welche an den Druckminderern einzustellen sind.

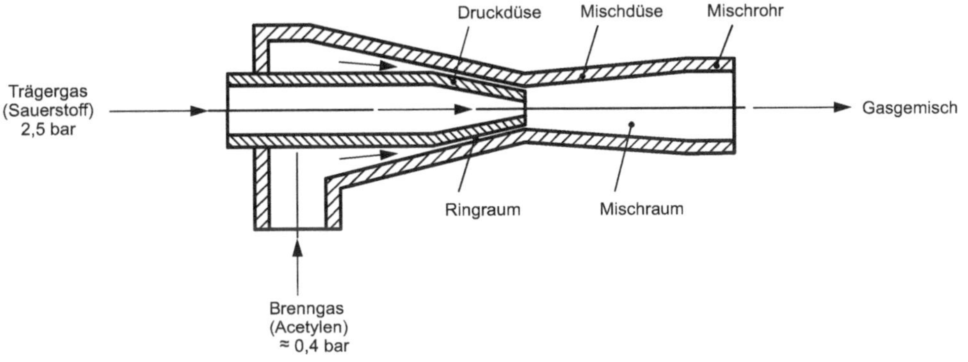


**Bild 4.2** Injektor, schematisch

Den Aufbau eines Injektorbrenners zeigt Bild 4.3. Über das Griffstück erfolgt die Zufuhr von Sauerstoff- und Brenngas, gesteuert durch das jeweilige Ventil. Die Ventile sind mit folgenden Farben gekennzeichnet:

- blau: Sauerstoff,
- gelb: Acetylen,
- orange: Flüssiggas,
- rot: übrige Brenngase.

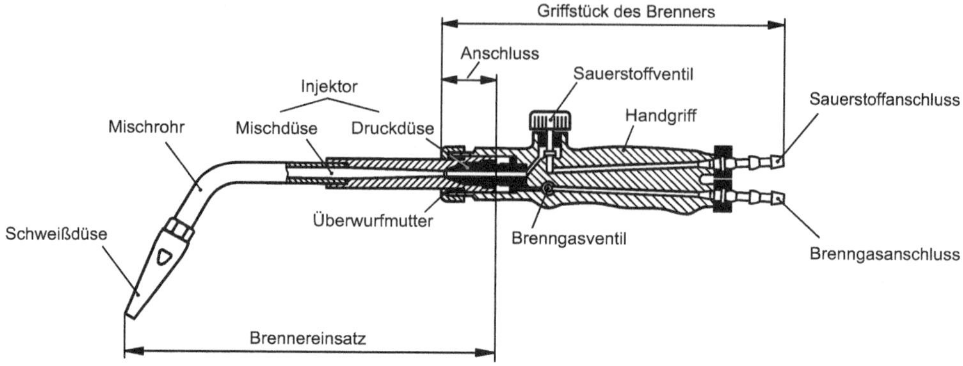


**Bild 4.3** Aufbau eines Injektorbrenners, nach [BÖH92]

Der an den Einsatzzweck bzw. die zu schweißenden Werkstückdicken anzupassende Schweißeinsatz ist bei den meisten Brennern auswechselbar. Der Schweißeinsatz wird in das Griffstück eingesteckt und hier mit Rundringen gedichtet sowie mittels einer Überwurfmutter angezogen und verbunden. Der Schweißeinsatz besteht aus dem Injektor mit Druck- und Mischdüse, dem Mischrohr und der Schweißdüse.

Die Funktionsfähigkeit eines Injektorbrenners lässt sich überprüfen, indem man den Schlauch am Brenngasanschluss abzieht und das Sauerstoffventil öffnet. Die Saugwirkung muss dann am Brenngasanschluss spürbar sein.

### Weitere Brennbauarten und Mischungsprinzipien

Weitere Brenner, die gegenwärtig nur noch eine untergeordnete oder gar historische Bedeutung besitzen, sind der **Hochdruckbrenner** (meist für Brenngas Wasserstoff verwendet) und der **Gleichdruckbrenner**. Für weitere Informationen zu diesen Brennern sei auf das Schrifttum, z. B. [KRI54], verwiesen.

Eine Auswahl weiterer Brennerbauarten und Brennereinsätze für verschiedene Anwendungsgebiete, wie Fügen, Trennen, Umformen (Flammrichten), Stoffeigenschaftsändern (z. B. Flammwärmen) zeigt Bild 4.4.

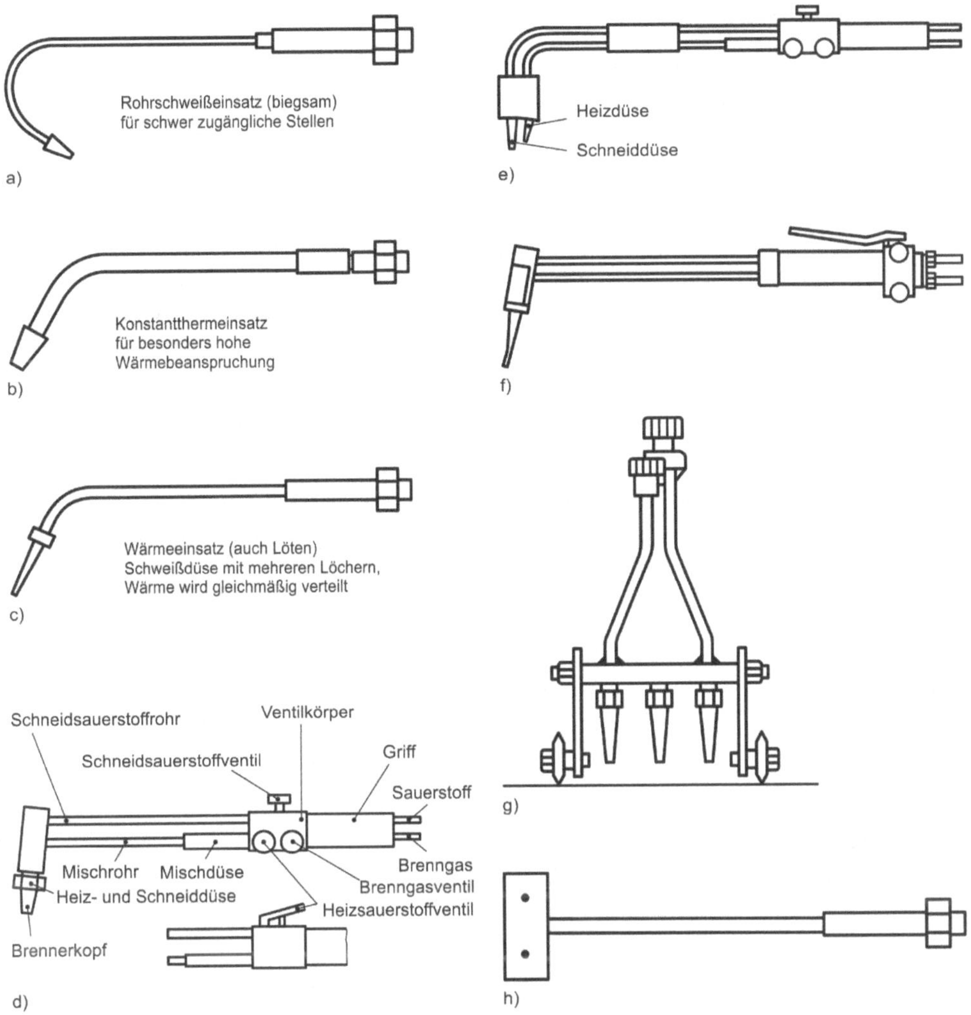


**Bild 4.4** Auswahl weiterer Brennerbauarten und Brennereinsätze für verschiedene Anwendungsgebiete. a) Rohrschweißeinsatz (biegsam) für schwer zugängliche Stellen; b) Konstanttherm-Brennereinsatz für besonders hohe Wärmebeanspruchung; c) Wärmeeinsatz (auch für Löten, Wärme wird durch Schweißdüse mit mehreren Löchern gleichmäßig verteilt); d) Schneidbrenner (konventionelle Bauart); e) Schneidbrenner mit Stufendüse; f) Fugenhobel; g) Flammrichtbrenner (mehrflammig); h) Brennereinsatz zum Flammenstrahlen, Entrosten, Entzundern

#### Mehrflammenbrenner

Zur Erhöhung der Schweißleistung wurde dazu übergegangen, an dem Schweißbrennermundstück zwei Flammen brennen zu lassen (sog. Zweiflammenbrenner). Die voreilende Flamme wärmt vor, und mit der nachlaufenden Flamme wird unter gleichzeitiger Zugabe des Zusatzwerkstoffes (drahtförmiger Schweißstab) geschweißt. Der Zweiflammenbrenner bedingt zwangsläufig die Nachrechtsschweißung. Bei Anwendung dieses Brenners können relativ hohe Schweißgeschwindigkeiten und schmale Schweißnähte bzw. Wärmeeinflusszonen erzielt werden. Zur Steigerung der Arbeitsleistung bei dickeren Blechen werden auch Brennerköpfe für Handschweißbrenner mit vier, fünf und mehr Flammen oder Schlitzflammen gebaut. Mit Ausnahme des Zweiflammenbrenners haben sich die anderen erwähnten Mehrflammenbrenner nur in Sonderfällen bewährt.

#### Maschinenbrenner

Maschinenbrenner mit 20 und mehr Einzelflammen finden in Sonderfällen, z. B. in der Röhrenfertigung, Anwendung. Die Brenner werden in der Regel mit Rücksicht auf die starke Erwärmung wassergekühlt. Der Schmelzvorgang erfordert oft, dass die einzelnen Flammen desselben Brenners verschiedene Wärmeleistungen (Flammenstärken) und Richtungen besitzen, um den Metallfluss richtig zu beeinflussen.

### 4.1.2.3 Betreiben der Autogenbrenner

#### Inbetriebsetzen und Zünden

Acetylen-Sauerstoff-Schweißbrenner werden in nachstehender Reihenfolge der Bedienungsgriffe bzw. Tätigkeiten in Betrieb genommen:

1. Sauerstoffventil (weit) öffnen und Arbeitsdruck am Druckminderer einstellen.
2. Acetylenventil öffnen. Das Acetylen wird infolge des mit größerer Strömungsgeschwindigkeit fließenden Sauerstoffs von diesem angesaugt (Injektorwirkung) und anschließend mit dem Sauerstoff gemischt.
3. Zünden des am Brennermundstück austretenden Gasgemischs,
4. Durch Einstellen am Acetylenventil wird das typische Bild einer neutralen Flamme erzeugt.

Diese Reihenfolge des Öffnens der Ventile ist notwendig, um zu verhindern, dass Acetylen unnötig in die Schweißwerkstatt austritt. Ein sofortiges Zünden des Acetylens ohne Sauerstoffzufuhr bewirkt eine stark rußende Flamme. Für das Zünden sind nur hierfür bestimmte Geräte zu benutzen. Das Verwenden von Feuerzeugen ist aufgrund der Explosionsgefahr unzulässig.

Beim Inbetriebsetzen der Wasserstoff- und Leuchtgasschweißbrenner wird zuerst der Brenngashahn geöffnet. Das an der Brennermündung austretende Gas wird an einer offenen Flamme entzündet und nachträglich der Sauerstoffhahn geöffnet. Beim Absperren wird zuerst der Sauerstoffhahn geschlossen.

#### Löschen

Bei normaler Beendigung der Schweißarbeit, Störungen und Flammenrückschlägen ohne pfeifendes Geräusch ist der Brenner in folgender Weise außer Betrieb zu setzen:

1. Acetylenventil schließen.
2. Sauerstoffventil schließen.

Durch diese Reihenfolge wird eine stark rußende Acetylenflamme vermieden und eine kleine Restflamme, die durch ein nicht völlig dicht schließendes Acetylenventil verbleiben kann, durch den noch strömenden Sauerstoff ausgeblasen. Nicht beachtete Acetylenrestflammen können einen Acetylenzerfall mit schweren Zerstörungen bis zur Sicherheitsvorlage (s. Abschnitt 4.1.5.4) einleiten.

### 4.1.2.4 Flammenstörungen

#### Flammenrückschlag

Der kontinuierliche Verlauf der Verbrennung kann infolge unterschiedlicher Ursachen gestört werden, sodass **Flammenstörungen** eintreten. Verschmutzte oder beschädigte Düsen erzeugen ein ungleichmäßiges Flammenbild und führen zu nicht reproduzierbaren Schweißergebnissen. Eine regelmäßige Reinigung des Brennermundstücks ist notwendig, darf aber nur mit den für diesen Zweck bestimmten Reinigungsnadeln vorgenommen werden. Eine beschädigte Düse muss ersetzt werden.

Eine weitere Flammenstörung ist die Rückzündung der Flamme. Verantwortlich hierfür ist die Vergrößerung des Ausströmquerschnittes bei zunehmender Temperatur (z. B. bei Gusseisenwarmschweißungen oder Schweißen in Werkstückwinkeln), wodurch die Strömungsgeschwindigkeit des Gasgemisches bis unter dessen Zündgeschwindigkeit absinkt. Die zurückschlagende Flamme erlischt meist sofort vor der Druckdüse, kann sich jedoch auch entgegen der Gasströmungsrichtung unter Entwicklung eines charakteristischen, pfeifenden Geräuschs zurück in den Brenner ausbreiten. Wird die Zufuhr der Prozessgase nicht sofort unterbrochen, kann dies zur Zerstörung des Brenners, u. U. auch zu einem Acetylenzerfall in der Zuleitung führen. In diesem Fall ist der Brenner sofort mit folgenden Maßnahmen außer Betrieb zu setzen:

1. Sauerstoffventil schließen.
2. Acetylenventil schließen.

Geschieht das nicht rechtzeitig, so zerstört eine im Gerät weiterbrennende Flamme den Schweißbrenner. Außerdem kann auch ein Acetylenzerfall in der Schlauchleitung verursacht werden.

Infolge einer Überhitzung des Mundstücks kann die Flamme „abknallen", d. h., die Flamme verlischt plötzlich. Nachströmendes Gasgemisch entzündet sich wieder und erlöscht abermals (sog. „Abknallen"), wodurch der Brenner knattert. In diesem Fall ist das Brennermundstück durch Eintauchen in Wasser bei schwach geöffnetem Sauerstoffventil zu kühlen.

Ein Gasrücktritt als weitere Form einer Flammenstörung kann eintreten, wenn infolge von Undichtigkeiten im Brennergriffstück, verstärkt durch eine Düsenverstopfung, Gas aus der Leitung mit höherem Druck (dies ist Sauerstoff) in die Leitung mit niedrigerem Druck (Acetylen) eintritt. Kommt es zum Zünden eines zündfähigen Gemischs, so tritt eine explosionsartige Verbrennung ein, die möglicherweise zu Personen- und Sachschäden führen kann.

## 4.1.3 Betriebsmittel der Autogentechnik

### 4.1.3.1 Allgemeines

Unter **Betriebsmittel** der Autogentechnik werden die Prozessgase, d. h. Sauerstoff oder Luft, einerseits und Brenngase, wie Acetylen, Flüssiggas, Erdgas oder Wasserstoff andererseits, verstanden.

Die für das Schweißen mit Brenngas-Sauerstoff-Flamme und verwandte Anwendungen geltenden Technischen Regeln für Acetylenanlagen und Calciumcarbidlager (TRAC) sind zum 31.12.2012 außer Kraft und durch die **Technischen Regeln für Betriebssicherheit (TRBS)** ersetzt worden. In diesem neuen Regelwerk wird jedoch nicht ausdrücklich auf die Gefährdungen durch Acetylen Bezug genommen, sondern es werden allgemeine Gefährdungen, wie z. B. Explosionsgefährdung oder Gefährdungen durch Druck bei Freisetzung von Medien, behandelt. In vorliegendem Kapitel werden deshalb noch Regeln des TRAC-Regelwerkes erwähnt.

### 4.1.3.2 Sauerstoff

#### Allgemeines

Ausgewählte Eigenschaften des Sauerstoffs sind in Tabelle 4.3 zusammengefasst. Technisch genutzter Sauerstoff wird durch fraktionierte Destillation aus flüssiger Luft im Gegenstromverfahren nach Carl v. Linde gewonnen.

Armaturen und Verschraubungen, durch die Sauerstoff geleitet wird, dürfen nicht mit Ölen und Fetten in Kontakt kommen, demzufolge auch nicht mit Ölen oder Fetten geschmiert werden! Anderenfalls besteht akute Brand- und Explosionsgefahr!

**Tabelle 4.3** Ausgewählte Eigenschaften von Sauerstoff und Brenngasen der Autogentechnik

| Merkmale | | Sauerstoff | Brenngase | | | |
|---|---|---|---|---|---|---|
| | | | Acetylen | Flüssiggas (Propan) | Methan (Erdgas) | Wasserstoff |
| Chemisches Symbol | | $O_2$ | $C_2H_2$ | $C_3H_8$ | $CH_4$ | $H_2$ |
| Darstellung/ Gewinnung | | Luftverflüssigung, fraktionierte Destillation | Carbidvergasung, Hochtemperaturpyrolyse | Erdöldestillation | unmittelbare Fündigkeit | Chloralkalielektrolyse, Wasserelektrolyse |
| Verwendung | | Autogentechnik, Hüttenindustrie, Stahlerzeugung, chemische Industrie, Medizin, Raketentechnik | Autogentechnik, chemische Industrie, Kunststoffe, Düngemittel | Treibgas, Industrie, Heizzwecke, Autogentechnik | Heizzwecke, Industrie, Autogentechnik (meist Verschnitt) | Schweißen von Blei und Aluminium, Brennschneiden dicker Querschnitte, Ofenlöten |
| Reinheit, handelsüblich, in % | | > 99,5 | > 99 | > 99,8 | ≈ 85 | > 99,75 |
| Eigenschaften | | ungiftig, geruch-, geschmack- und farblos, unbrennbar, verbrennungsfördernd | ungiftig, farblos, in Mengen betäubend, charakteristischer Geruch | geruch- und farblos, hohes spezifisches Gewicht, wirkt lösend oder quellend gegenüber einzelnen Elastomer- und Polymerwerkstoffen | ungiftig, geruch-, geschmack- und farblos | ungiftig, geruch- und farblos |
| Verunreinigungen | | $N_2$, Ar, $H_2O$ | Ar, $H_2O$ | $H_2$, $N_2$, $O_2$, $CH_4$ | $N_2$, $CO_2$, $C_3H_8$ | $O_2$, $H_2O$ |
| Spezifische Masse in $kg/m^3$ | 0 °C und 1,01 bar | 1,43 | 1,17 | 2,02 | 0,72 | 0,09 |
| | 15 °C und 1,00 bar | 1,33 | 1,07 | 2,00 | 0,66 | 0,08 |

Tabelle 4.3 Ausgewählte Eigenschaften von Sauerstoff und Brenngasen der Autogentechnik (*Fortsetzung*)

| Merkmale | | Sauerstoff | Brenngase | | | |
|---|---|---|---|---|---|---|
| | | | Acetylen | Flüssiggas (Propan) | Methan (Erdgas) | Wasserstoff |
| Siedetemperatur in °C | | –183 | -84 | –43 | -161 | -253 |
| Spezifischer Heizwert in kJ/m$^3$ | | | 57.120 | 93.000 | ≈ 36.000 | 10.750 |
| Minimale Zündtemperatur in °C | mit Luft | | 335 | 510 | 640 | 510 |
| | mit $O_2$ | | 295 | 490 | 590 | 450 |
| Zündgeschwindigkeit in m/s | mit Luft | | 1,3 | 0,3 | 0,4 | 2,7 |
| | mit $O_2$ | | 13,1 | 3,7 | 3,3 | 8,9 |
| Maximale Flammentemperatur in °C | mit Luft | | 2325 | 1925 | 1920 | 2095 |
| | mit $O_2$ | | 3180 | 2850 | 2750 | 2525 |
| Flammenleistung in kJ/(cm$^3$ s) | | | ≈ 45 | ≈ 11 | ≈ 13 | ≈ 14 |
| Mischungsverhältnis Brenngas : Sauerstoff | | | 1:1 | 1:3,5 | 1:1,7 | 4:1 |

**Bereitstellung, Transport und Verteilung**

Die Art der Bereitstellung richtet sich nach der Höhe des Gasverbrauches. Folgende Anhaltswerte zu Gasverbrauch und Transport können angegeben werden:

| | |
|---|---|
| > 3000 m$^3$/Monat: | Transport flüssig in Tankwagen für Kaltvergaseranlagen (zu Umrechnungsfaktoren für gasförmigen und flüssigen Sauerstoff s. Tabelle 4.4), |
| > 100 m$^3$/Monat: | Transport in Flaschenbündeln, |
| < 100 m$^3$/Monat: | Einzelflaschen mit Fülldruck von 200 bar oder 300 bar. |

Tabelle 4.4 Umrechnungsfaktoren für gasförmigen und flüssigen Sauerstoff

| Volumen des Gases [m³] (bezogen auf 15 °C und 1 bar) | Volumen des Flüssiggases [l] (im Siedezustand) | Masse [kg] |
|---|---|---|
| 1,000 | 1,171 | 1,337 |
| 0,854 | 1,000 | 1,142 |
| 0,748 | 0,876 | 1,000 |

Verschiedene Arten der **Sauerstoffversorgung** in Abhängigkeit vom Sauerstoffverbrauch zeigt Bild 4.5 in schematischer Form. Die Verteilung erfolgt in Werkstätten mit größerem Verbrauch über Ringleitungen. Wichtige Baugruppen und Komponenten einer zentralen Sauerstoffversorgung beim Verbraucher werden in Bild 4.6 und Bild 4.7 dargestellt.

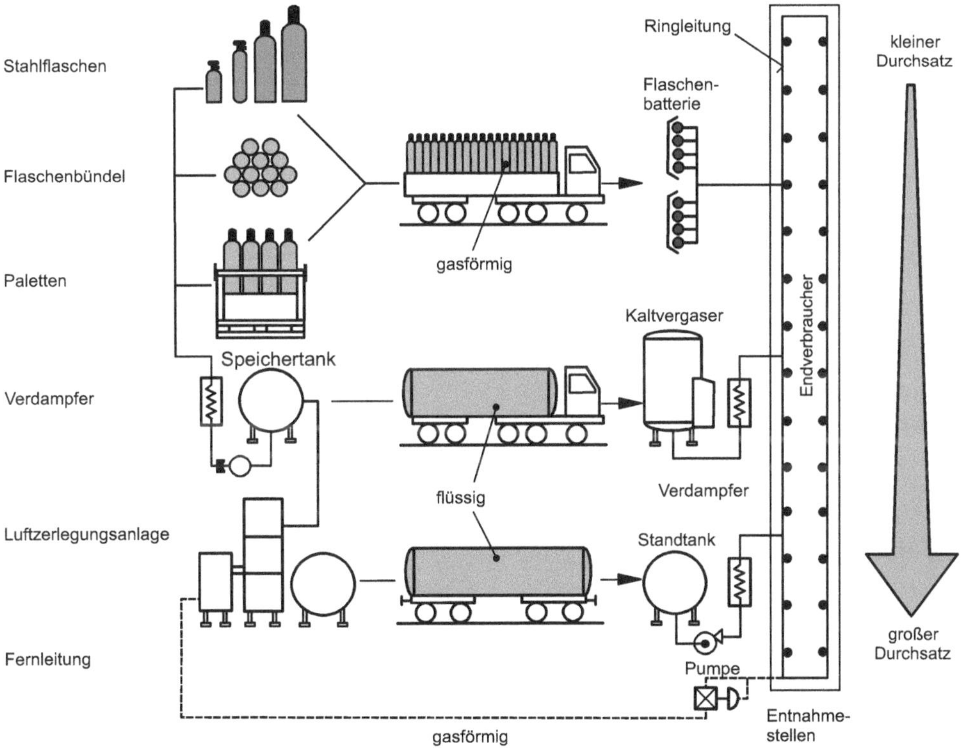


Bild 4.5 Möglichkeiten der Sauerstoffversorgung, nach [BÖH92]

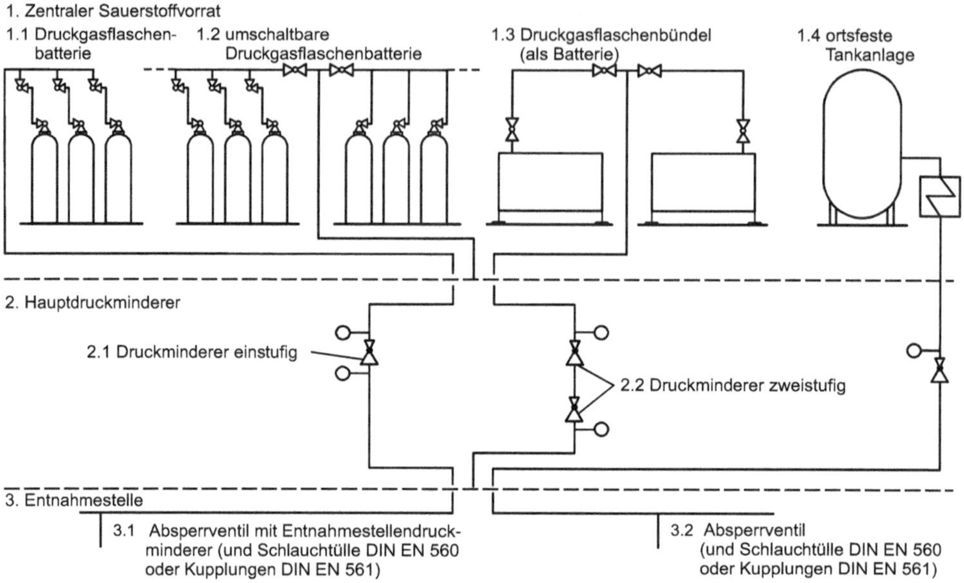


**Bild 4.6** Zentrale Versorgung mit Sauerstoff, schematisch, nach [BÖH92]

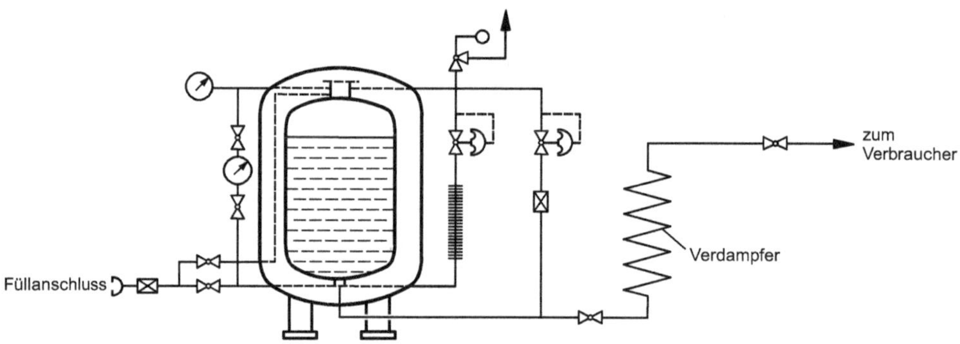


**Bild 4.7** Ortsfeste Tankanlage (Kaltvergaser) für flüssigen, tiefkalten Sauerstoff, nach [BÖH92]

### 4.1.3.3 Brenngase

Eine möglichst vollständige Verbrennung mit hohem Wirkungsgrad setzt das intensive Mischen des Brennstoffs mit Sauerstoff oder Luft voraus. Dies lässt sich insbesondere dann realisieren, wenn als Brennstoff ein Gas, ein sog. Brenngas, verwendet wird. Entsprechend DIN 1340 versteht man unter Brenngasen Gase oder Gasgemische, die in durch Grenzen bezeichneten Mischungsverhältnissen bzw. Volumenanteilen mit Luft bzw. mit Sauerstoff brennbar sind und zur Wärmeerzeugung genutzt werden können.

Die in der Autogentechnik eingesetzten Brenngase sind vor allem die Kohlenwasserstoffe Acetylen, Flüssiggas (Propan oder propanhaltige Gasgemische) und Erdgas (Methan). Wasserstoff findet für Autogenverfahren kaum mehr Verwendung.

## Acetylen

### Eigenschaften

Acetylen (nach chemischer Nomenklatur Ethin) ist ein gasförmiger, ungesättigter Kohlenwasserstoff mit der Summenformel $C_2H_2$. Zwischen den beiden Kohlenstoffatomen liegt eine Dreifachbindung vor. Acetylen ist ungiftig und farblos. In hohen Konzentrationen wirkt es narkotisierend. Acetylen bildet mit Luft bzw. Sauerstoff explosible Gasgemische. In reinstem Zustand ist Acetylen ein geruchloses Gas, das mit heißer, stark leuchtender Flamme brennt. Der charakteristisch scharfe Geruch des technischen Acetylens stammt von in geringen Anteilen enthaltenen Verunreinigungen wie Phosphor- und Schwefelwasserstoff. Acetylen ist etwa 10 % leichter als Luft und sammelt sich daher nicht am Boden oder in Vertiefungen an. Ungenügende Lüftung kann jedoch zur Bildung eines Acetylen-Luft-Gemisches unter Decken oder Dächern führen. In Abhängigkeit von Druck, Volumen und Temperatur kann es zum Zerfall des Acetylens (Dissoziation) in seine Spaltprodukte Kohlenstoff (Ruß) und Wasserstoff kommen. Der Zerfall kann durch äußere Einwirkungen wie Erwärmung oder Zündung durch Flammenrückschlag ausgelöst werden. Bei normalem Druck und langsamer Temperaturerhöhung zerfällt Acetylen in der Regel nicht explosiv. Demgegenüber steigt die Gefahr eines explosiven Zerfalls bei verdichtetem, also unter Überdruck stehendem Acetylen. Im Falle eines begrenzten Gasvolumens (beispielsweise in einer Druckgasflasche) bewirkt ein Temperaturanstieg eine große Druckerhöhung. Die Gefahr eines **Acetylenzerfalls** nimmt ebenfalls mit steigendem Speichervolumen zu. In den Technischen Regeln für Acetylenanlagen und Calciumcarbidlager (TRAC) sind Maximaldrücke in Acetylenleitungen und Acetylenverdichtern festgelegt, um einen Zerfall des Acetylens zu vermeiden. Für die sichere Speicherung von Acetylen in Druckgasflaschen (Stahlflaschen) unter erhöhtem Druck wird die Flasche mit der porösen Masse, die sich durch eine Vielzahl von Poren und kleinsten Verbindungskanälen zwischen den Poren auszeichnet, gefüllt. Zur weiteren Erhöhung des Speichervermögens wird in die mit der porösen Masse gefüllte Stahlflasche zusätzlich ein Lösungsmittel eingefüllt, in welchem sich das Acetylen löst. Eine unter sicherheitstechnischen Gesichtspunkten sehr wichtige und problematische Eigenschaft des Acetylens ist die Fähigkeit zur Explosion in einem weiten Bereich des Brenngasanteils (Bild 4.8). In den schraffierten Bereichen verläuft die Verbrennung explosionsartig. Insbesondere im Vergleich zu den Brenngasen Propan und Methan ist der Bereich der Explosionsfähigkeit ausgedehnt. Von Bedeutung ist vor allem die untere Explosionsgrenze in Luft. Diese Brenngaskonzentration kann in abgeschlossenen Räumen im Falle von Undichtigkeiten schnell erreicht werden.

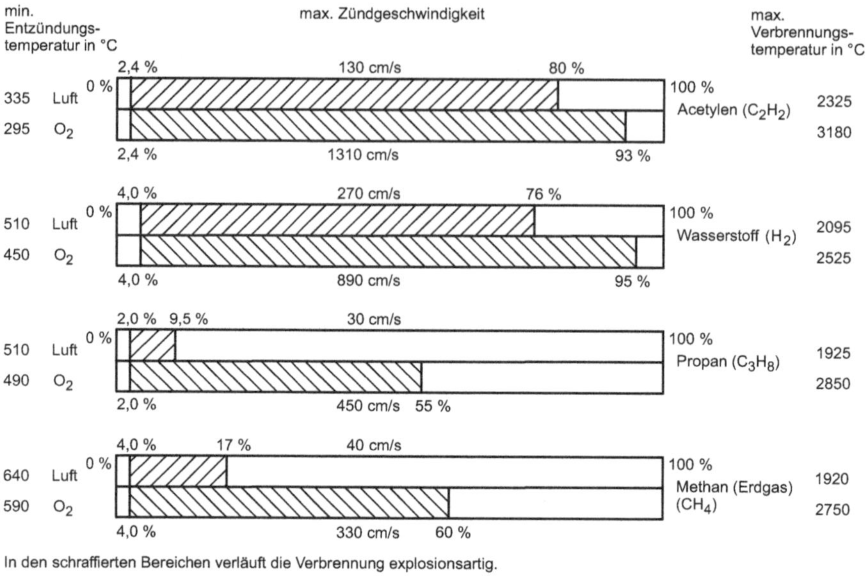


**Bild 4.8** Explosionsgrenzen verschiedener Brenngas-Luft- bzw. Brenngas-Sauerstoff-Gemische, nach [BÖH92]

### Erzeugung des Acetylens

Es gibt keine natürlichen Acetylenvorkommen auf der Erde. Für die Autogentechnik genutztes Acetylen wird erzeugt, indem **Calciumcarbid** ($CaC_2$) mit Wasser in Kontakt gebracht wird, wodurch es zu einer exothermen chemischen Reaktion kommt, bei welcher Acetylen ($C_2H_2$) und Calciumhydroxid ($Ca(OH)_2$) entstehen sowie Wärmeenergie freigesetzt wird:

$$CaC_2 + 2\,H_2O \rightarrow C_2H_2 + Ca(OH)_2$$

Aus 1 kg Calciumcarbid und 0,56 kg Wasser können 0,41 kg (= 372 l unter Normbedingungen) Acetylen neben 1,15 kg Calciumhydroxid dargestellt werden. Die genannte chemische Reaktion läuft in speziellen Geräten, sog. Acetylenentwicklern, ab.

Ein weiteres Verfahren, um Acetylen herzustellen, ist die Hochtemperaturpyrolyse von leichten oder mittleren Fraktionen des Erdöls oder von Erdgas.

### Acetylenentwickler

Acetylenentwickler werden bezüglich der Masse des Calciumcarbideinsatzes, des Gasdrucks und der Art des Vergasungssystems eingeteilt.

Masse des Calciumcarbideinsatzes:

- **L-Entwickler** (Lötentwickler): weniger als 1 kg Calciumcarbid-Einsatz, Gasentwicklung (Dauerleistung) bis 0,5 $m^3$/h, für Lötbrenner ohne Druckluft oder Sauerstoff, keine Kontrollpflicht,
- **M-Entwickler** (Montageentwickler): bis 2,5 kg Calciumcarbid-Einsatz, Gasentwicklung (Dauerleistung) bis 1 $m^3$/h, keine Kontrollpflicht,

- **I-Entwickler** (Innenraum- oder Werkstattentwickler): über 2,5...20 kg Calciumcarbid-Einsatz, Gasentwicklung (Dauerleistung) unter 10 $m^3$/h, untersuchungspflichtig,
- **S-Entwickler** (ortsfeste Großentwickler): 20 kg und mehr Calciumcarbid-Einsatz, Gasentwicklung (Dauerleistung) 10 $m^3$/h und mehr, zustimmungs-, abnahme- und überwachungspflichtig,
- **SF-Entwickler** (fahrbare Großentwickler): 20 kg und mehr Calciumcarbid-Einsatz, Gasentwicklung (Dauerleistung) 10 $m^3$/h und mehr, zustimmungs-, abnahme- und überwachungspflichtig.

Gasdruck:

- **Niederdruckentwickler**: Überdruck max. 0,2 bar,
- **Mitteldruckentwickler**: Überdruck max. 1,5 bar.

Art des Vergasungssystems:

- Nassentwickler (Calciumcarbid wird mit Wasserüberschuss vergast, Calciumhydroxid fällt als Schlamm aus),
- Trockenentwickler (Calciumcarbid wird mit genau dosierter Wassermenge vergast, Calciumhydroxid fällt als Kalkpulver aus).

Acetylenentwickler besitzen in der Autogentechnik nur noch als Entwickler in auf die Erzeugung von Acetylen spezialisierten Unternehmen, wobei das Brenngas dem Verbraucher in Druckgasflaschen geliefert wird, oder als zentrale Einrichtung zur Gasererzeugung in größeren Unternehmungen Bedeutung. Insbesondere die Nutzung von Acetylenentwicklern in Werkstätten oder auf Baustellen ist zugunsten von in Druckgasflaschen gespeichertem Acetylen nahezu vollständig außer Gebrauch gekommen. Technische Regeln zu Acetylenentwicklern sind im Regelwerk TRAC 201 zusammengefasst. Bauarten und Funktionsweisen von Acetylenentwicklern sind beschrieben in [KRI54] und [RUG93].

**Bereitstellung und Verteilung**

Acetylen kann dem Anwender entweder aus einer eigenen Erzeugungsanlage oder aus Druckgasflaschen (einzelne Acetylenflasche bzw. Flaschensysteme) bereitgestellt werden. Die Eigenerzeugung des Acetylens ist heute fast ausschließlich auf Betriebe mit sehr hohem Acetylenbedarf beschränkt, wie beispielsweise Schiffswerften. Ebenso wird in wenig industrialisierten oder abgelegenen Regionen vielfach mit Acetylenentwicklern gearbeitet. In der Regel erfolgt die Versorgung aus Druckgasflaschen (Stahlflaschen mit Rauminhalten von 10, 20, 40 oder 50 l). Die besonderen Anforderungen an Druckgasflaschen für Acetylen sind in dem Regelwerk TRG 311 festgelegt.

Eine Verdichtung des Acetylens in Stahlflaschen auf hohe Drücke, wie sie bei Sauerstoff üblich ist, muss zwangläufig einen explosionsartigen Zerfall hervorrufen. Die Speicherung in Druckgasflaschen (bei im Vergleich zu Sauerstoff-Druckgasflaschen geringen Drücken von maximal 18 bar) ist in sicherer Weise möglich, wenn das Acetylen in einem Lösungsmittel, meist Aceton ($CO(CH_3)_2$) oder Dimethylformamid ($C_3H_7NO$), gelöst wird. In 1 l Aceton können bei einer Temperatur von 15 °C unter atmosphärischem

Druck etwa 20 l Acetylen gelöst werden. Das Lösungsvermögen wächst verhältnisgleich mit dem Druck, d. h., in einer Druckflasche kann in 1 l Aceton bei einem Druck von 18 bar ein Acetylenvolumen von 20 l · (18 bar/1 bar) = 360 l gelöst werden. Dieser Druck von 18 bar kann ohne Gefahr beherrscht werden kann. Wird der Druck erniedrigt, so tritt das ehedem gelöste Acetylen aus dem Aceton in gasförmiger Form aus.

In großen Acetylenvolumina könnte aber ein explosibler Zerfall des Acetylens auftreten. Es muss daher in einer Acetylenflasche dafür gesorgt werden, dass keine größeren Gasräume entstehen können. Diesen sicheren Zustand erreicht man dadurch, dass die Flasche mit einer porösen Masse aus Calciumsilicathydrat oder anderen Stoffen vollständig gefüllt wird. Bis in die 1990er-Jahre waren auch asbesthaltige Füllungen in Gebrauch. Derartige Acetylenflaschen müssen mit einem weißen „a“ auf schwarzem Untergrund gekennzeichnet werden. Von etwaig vorhandenem Asbest geht bei bestimmungsgemäßem Gebrauch keine Gesundheitsgefahr aus. Als problematisch ist jedoch die Entsorgung dieser Druckgasflaschen einzuschätzen.

Bild 4.9 und Bild 4.10 verdeutlichen die Aufteilung der Volumina einer 40-l-Druckgas_ flasche. Die feste, nichtporöse Substanz der porösen Masse macht etwa 9 % des Flaschenvolumens aus, 91 % verbleiben somit für das Lösungsmittel und für den Gasraum. Derartige Flaschen werden als **Dissousgasflaschen** bezeichnet. Das Lösungsvermögen von Aceton ist druck- und temperaturabhängig, d. h., mit steigender Temperatur und steigendem Flaschendruck nimmt die gelöste Gasmenge zu, die Konzentration Acetylen/ Aceton steigt (Bild 4.11). Für das Lösungsmittel Dimethylformamid (DMF) gelten ähnliche Abhängigkeiten.

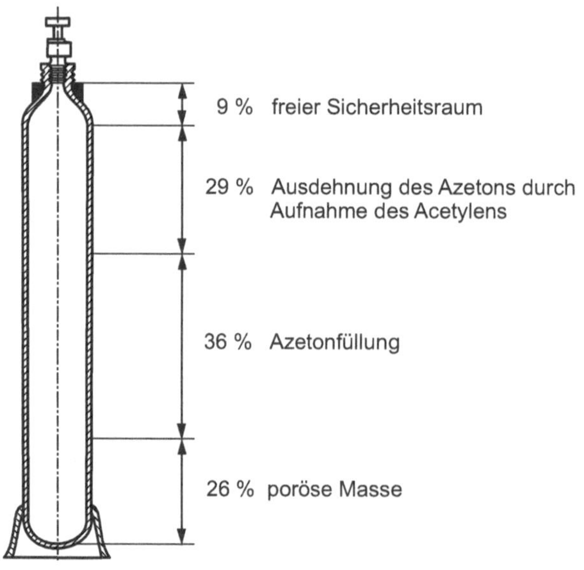


**Bild 4.9**
Prozentuale Nutzung des Volumens einer Dissousgasflasche für Acetylen

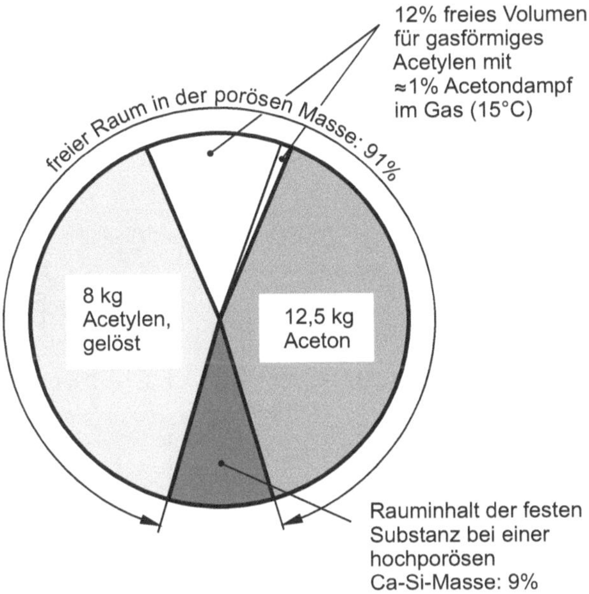


**Bild 4.10**
Aufteilung des Rauminhalts einer gefüllten Acetylenflasche, nach [BÖH92]

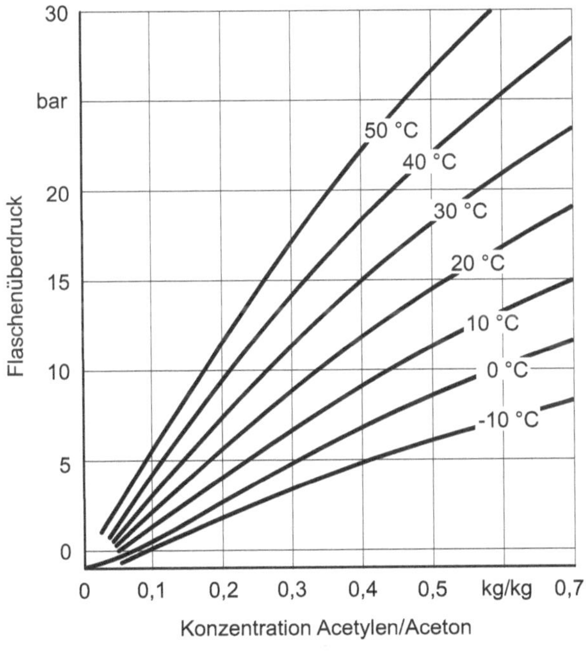


**Bild 4.11**
Löslichkeit von Acetylen in Aceton (angegeben als Konzentration Acetylen/Aceton) für unterschiedliche Flaschendrücke und Temperaturen

Eine zentrale Acetylenversorgung erfolgt über Ringleitungen, die von Druckgasflaschenbatterien bzw. -bündeln oder Acetylenentwicklern gespeist werden (Bild 4.12). Informationen zur Arbeitssicherheit bezüglich Aufstellung, Ausrüstung und Betrieb von Acetylenflaschenbatterieanlagen enthält das Regelwerk TRAC 206.

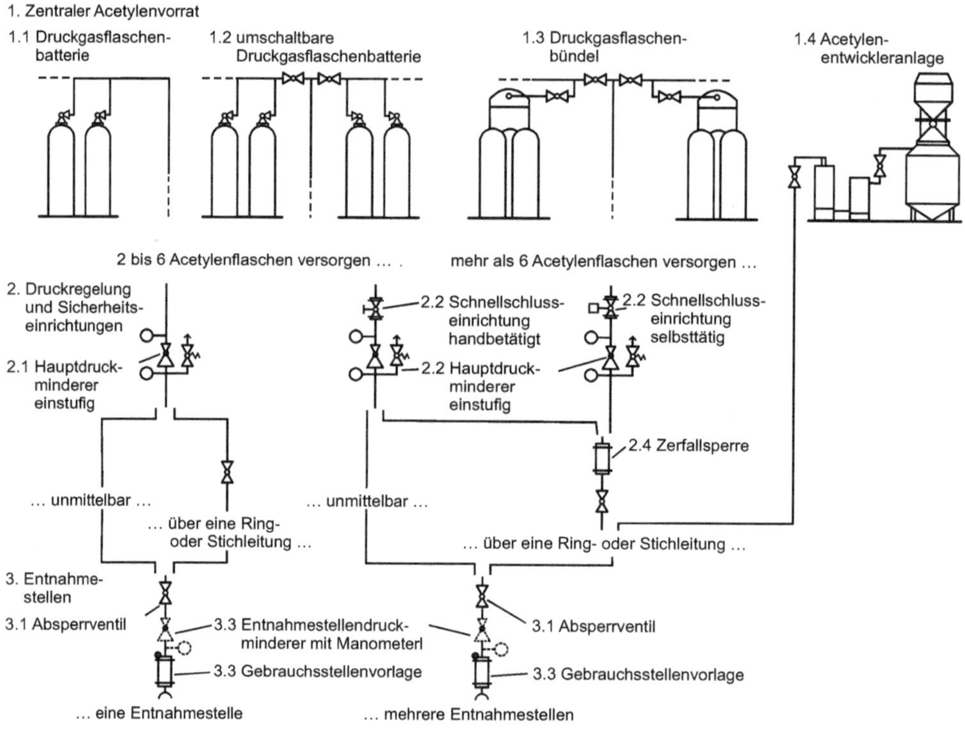


Bild 4.12 Zentrale Versorgung mit Acetylen, schematisch, nach [BÖH92]

## Flüssiggas

### Eigenschaften

Unter **Flüssiggas** versteht man die gesättigten und ungesättigten Kohlenwasserstoffverbindungen Propan und Butan bzw. Propylen und Butylen sowie deren Gemische. Sowohl bei Normdruck und Temperaturen unter etwa –40 °C bzw. bei Raumtemperatur als auch bei Drücken > 10 bar ist dieses Gas bzw. Gasgemisch flüssig. Im flüssigen Zustand reduziert sich der Raumbedarf auf ≈ 1/200 gegenüber dem Volumen des Gases bzw. Gasgemisches.

Nach DIN 51622 werden jene Gasgemische als Propan bezeichnet, die neben Butan und anderen Kohlenwasserstoffen mindestens 95 % Propan enthalten und deren

Dampfdruck bei 70 °C unter 30 bar liegt. Das in der Schweißtechnik eingesetzte Flüssiggas wird meist pauschal als Propan bezeichnet und ist in mit „Propan" gekennzeichneten Druckgasflaschen im Verkehr, obwohl meist Gasgemische vorliegen. Dementsprechend wird in den folgenden Ausführungen der Begriff „Propan" meist als Bezeichnung für Gasgemische gebraucht.

**Erzeugung**

Die wichtigen Bestandteile von Flüssiggas, nämlich Propan ($C_3H_8$) und Butan ($C_4H_{10}$), fallen in der Erdölverarbeitung beim Spalten („cracken") der großen Kohlenwasserstoffmoleküle des Rohöls in großen Mengen an. Vor der technischen Weiterverwendung wird das Gas von Fremdgasen, wie Schwefelwasserstoff und Kohlendioxid, gereinigt. Sicherheitstechnisch ist besonders zu beachten, dass Propan etwa 1,5-mal schwerer ist als Luft, woraus sich Konsequenzen für die Handhabung und die Lagerung dieses Gases ergeben. Angaben hierüber enthalten die TRF 2021. Propan ist „parfümiert", um unbeabsichtigtes Ausströmen durch einen charakteristischen Geruch sofort erkennen zu können.

**Speicherung, Bereitstellung und Verteilung**

Flüssiggas muss wegen seines hohen Dampfdruckes in druckfesten Behältern gelagert werden. Dem Anwender steht Flüssiggas in Druckgasflaschen (Stahlflaschen) oder ortsfesten Behältern (Standtanks) zur Verfügung. Der Transport und die Lagerung kleiner Mengen Propan erfolgen in Druckgasflaschen mit einem Prüfdruck von 2,5 N/mm$^2$. Es sind Flaschen mit Füllgewichten von 3 kg; 5 kg; 11 kg; 15 kg; 22 kg; 33 kg und 46 kg in Gebrauch. In der Autogentechnik wird meist die Industrieflasche mit 33 kg Füllung eingesetzt. Diese besitzt ein Volumen von 79 l, einen Außendurchmesser von 318 mm und eine Gesamtlänge von 1300 mm. Da 1 kg flüssiges Propan ein Gasvolumen von 0,511 m$^3$ ergibt, können aus einer 33-kg-Flasche rund 16 m$^3$ Gas entnommen werden. Für Großverbraucher werden ortsfeste Druckbehälter (sog. Standtanks) genutzt. Die Befüllung dieser Behälter erfolgt mit speziellen Tankfahrzeugen für Flüssiggas.

Die Einspeisung von Flüssiggas in betriebliche Versorgungsleitungen erfolgt je nach Gasbedarf aus Flaschenbatterien oder Standtanks. Eine zentrale Gasversorgung für Flüssiggas besteht aus Gasquelle, Druckreduzierung, Rohrleitungen und Entnahmestellen. Die Entnahme aus der Gasquelle kann im flüssigen oder gasförmigen Zustand erfolgen. Bei Entnahme aus der Flüssigphase muss ein Verdampfer eingesetzt werden.

Der Druck im Behälter (Druckgasflasche oder Standbehälter) ist temperaturabhängig. Aus einem gemessenen Innendruck, z. B. am Vordruckmanometer des Druckminderers, kann deshalb nicht auf den Flascheninhalt geschlossen werden. Dieser ist durch Wägung festzustellen. Einrichtungen zur zentralen Versorgung mit Flüssiggas sind in Bild 4.13 dargestellt.

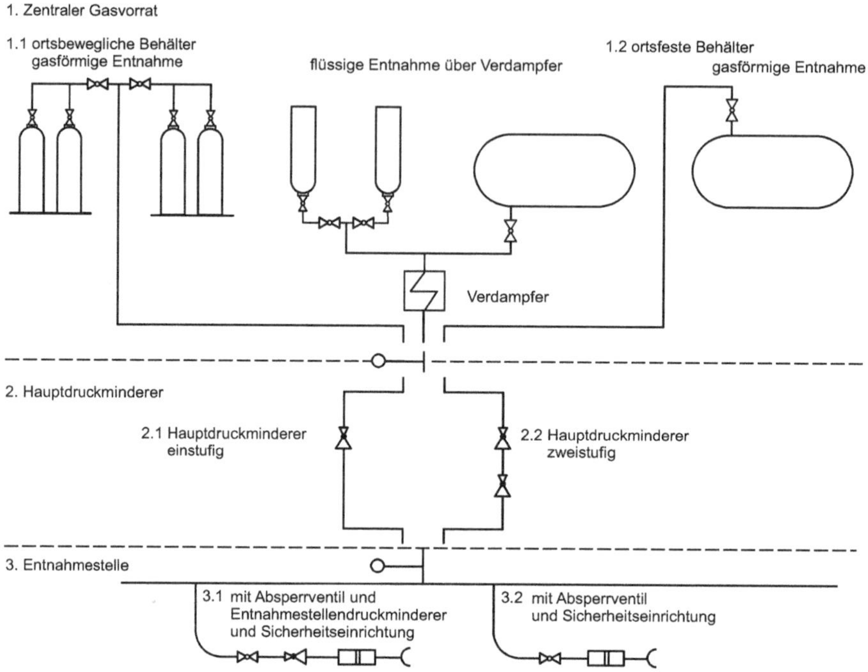


**Bild 4.13** Zentrale Versorgung mit Flüssiggas, schematisch, nach [BÖH92]

## Erdgas

### Eigenschaften

**Erdgas** ist ein Naturgas, das vorwiegend aus Methan und geringen Mengen Ethan, Propan und Butan sowie aus unbrennbaren Ballaststoffen wie Kohlendioxid, Stickstoff, Schwefelwasserstoff und anderen organischen Schwefelverbindungen besteht. Es ist auf ähnliche Weise wie Erdöl entstanden.

Erdgas ist unter Druck stehend in natürlichen Lagerstätten vorrätig und wird in seinem Naturzustand gefördert. Neben den dominierenden Verwendungszwecken als Brennstoff für Heizungen, Betrieb von Kraftmaschinen und Ausgangsstoff in der Chemie wird es in begrenztem Maße auch in der Autogentechnik als Brenngas eingesetzt.

Erdgas ist farb- und geruchlos sowie, im Gegensatz zu Leuchtgas, nicht giftig, da kein Kohlenmonoxid vorhanden ist. Erdgas ist spezifisch leichter als Luft. Es kann unter Druck gespeichert oder verflüssigt werden. Insgesamt gesehen hängen die Eigenschaften des Erdgases von seiner genauen Zusammensetzung ab, die wiederum vom Gewinnungsort abhängig ist und geringfügige Unterschiede aufweisen kann. Deshalb wird üblicherweise mit Mittelwerten der Eigenschaften des Gasgemisches oder idealisiert mit den Werten von Methan gearbeitet. Mit Sauerstoff oder Luft bildet Erdgas in Abhängigkeit der Erdgaskonzentration brennbare oder explosible Gasgemische.

**Bereitstellung und Verteilung des Erdgases**

Für die Nutzung auf Baustellen und in Laboratorien wird vielfach in Druckgasflaschen aufgespeichertes Erdgas verwendet. Für die industrielle Nutzung wird Erdgas den öffentlichen Versorgungsnetzen entnommen. Die Betriebsdrücke und die möglichen Liefermengen dieser Versorgungsnetze können in einzelnen Regionen sehr unterschiedlich sein. Eine Verteilung des Erdgases in Produktionsstätten ist nur über ein werksinternes Leitungsnetz möglich. Eine zentrale Gasversorgung besteht somit aus der Übergabestation vom öffentlichen Versorgungsnetz, der Werksrohrleitung und den Entnahmestellen. Für bestimmte Autogenverfahren ist eine Druckerhöhungsstation vorzusehen.

## 4.1.3.4 Gegenüberstellung von Gasen der Autogentechnik

### Eigenschaften

Den Vergleich zwischen Sauerstoff und Brenngasen der Autogentechnik bzgl. Gewinnung, Verwendung und Eigenschaften ermöglichten Tabelle 4.3 und Bild 4.14 und Bild 4.15.

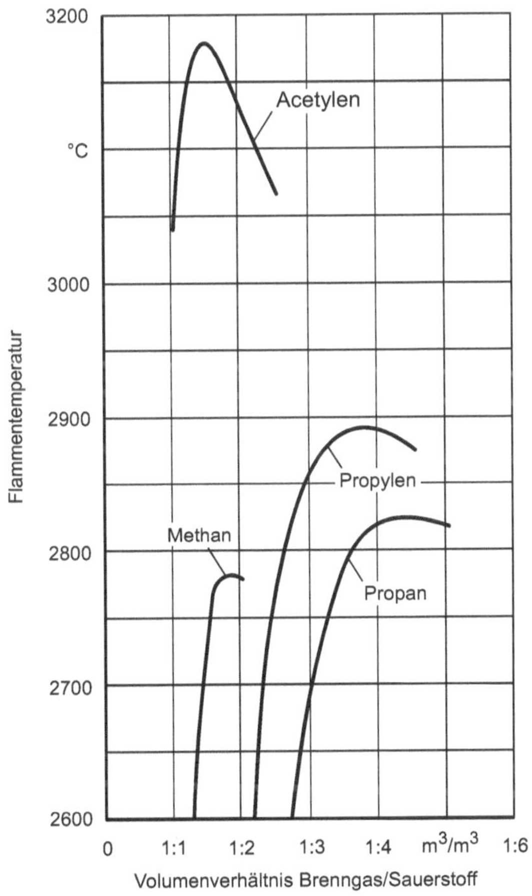


**Bild 4.14**
Flammentemperaturen für verschiedene Brenngas-Sauerstoff-Gemische, nach [BÖH92]

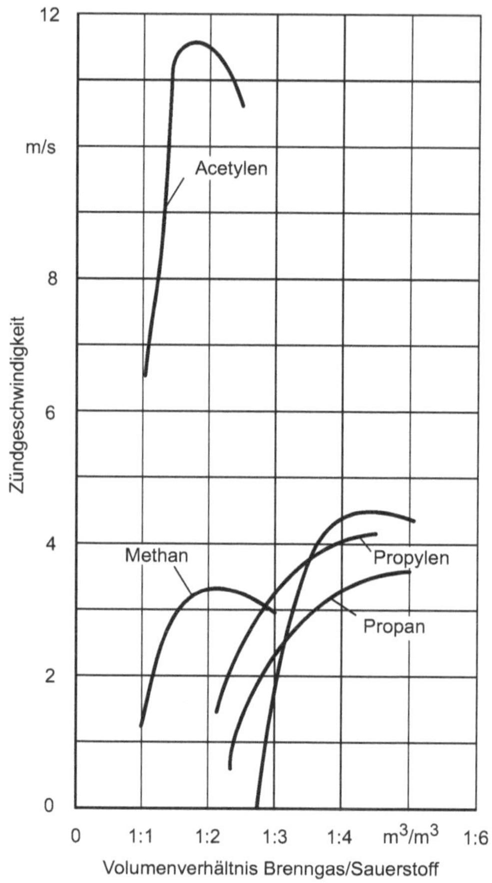


**Bild 4.15**
Zündgeschwindigkeiten von verschiedenen Brenngas-Sauerstoff-Gemischen, nach [BÖH92]

### Bereitstellung

Die Bereitstellung der technischen Gase erfolgt in Abhängigkeit vom monatlichen Gasverbrauch. Richtwerte für die Versorgungsart ausgewählter Prozessgase der Autogentechnik gibt Tabelle 4.5 an.

**Tabelle 4.5** Richtwerte für die Versorgungsart ausgewählter Prozessgase der Autogentechnik in Abhängigkeit vom monatlichen Gasverbrauch

| Gas | Gasverbrauch [$m^3$/Monat] | | | | | |
|---|---|---|---|---|---|---|
| | < 100 | 100...300 | 300...600 | 600...1000 | 1000...4000 | > 4000 |
| Acetylen | Einzelflasche | Batterie oder Bündel (6 Flaschen) | Bündel (6 Flaschen) | Bündel (16 Flaschen) | Bündel (16 Flaschen) | Container/ Trailer, Entwickler |
| Flüssiggas | Einzelflasche | Batterie | Tank | Tank | Tank | Tank |
| Sauerstoff | Einzelflasche | Batterie | Bündel | Bündel, Kaltvergaser | Kaltvergaser | Kaltvergaser |

### 4.1.4 Sicherheitshinweise und -vorschriften für den Umgang mit Sauerstoff und Brenngasen

Der Umgang mit den Prozessgasen birgt eine Reihe von Gefahren und erfordert die Beachtung von Sicherheitshinweisen und -vorschriften.

Als Gefahren sind zu nennen:

- Gefahr durch Sauerstoffverarmung,
- Gefahr durch Brände und Explosionen,
- Gefahr durch brandfördernde Wirkung von Sauerstoff und
- Gefahr durch Bersten von Druckbehältern.

Bezüglich des Umgangs mit Druckgasflaschen sei auf das Merkblatt DVS 0212 verwiesen. Neben den hier aufgeführten Technischen Regeln, Normen und Merkblättern wurden weitere Dokumente herausgegeben, die einen sicheren Betrieb mit Prozessgasen und unter Überdruck stehenden technischen Gasen sowie der erforderlichen Anlagentechnik gewährleisten. Informationen zu Normen und Merkblättern enthält das Literaturverzeichnis.

Bei Gasschweißarbeiten in engen, ungenügend belüfteten Räumen ist mit einer Sauerstoffverarmung, bei Brennschneidarbeiten hingegen mit einer Sauerstoffanreicherung zu rechnen. Für eine gute Be- und Entlüftung des Arbeitsraumes ist zu sorgen, wobei allerdings Sauerstoffmangel keinesfalls durch direkte Sauerstoffzufuhr aus einer gerade bereitstehenden Sauerstoffflasche erfolgen darf.

Stoffe, die an gewöhnlicher Atmosphäre nicht oder nur schwer entflammbar sind, flammen schon bei nur geringfügig erhöhtem Sauerstoffgehalt. Selbst als „feuerhemmend" deklarierte Stoffe lassen sich in einer Atmosphäre mit erhöhtem Sauerstoffgehalt möglicherweise entzünden.

Beim Einsatz von Acetylen ist besonders darauf zu achten, dass der höchstzulässige Arbeitsdruck von 1,5 bar nicht überschritten wird. Für das Aufstellen größerer Gasstationen (größer als 2 × 6 Flaschen) sind besondere Vorschriften zu beachten, wie die **Technischen Regeln für Acetylenanlagen und Calciumcarbidlager (TRAC)**.

Propanbehälter sind so aufzustellen, dass ausströmendes Gas aufgrund seines hohen spezifischen Gewichts nicht in Kanäle, Keller, Gruben usw. einströmen kann. Bei hoher Propanentnahme können Propanflaschen vereisen. Ein Anwärmen der Druckgasflaschen, Rohrleitungen oder Armaturen mit offenem Feuer ist verboten. Das Abstellen oder Lagern von Druckgasflaschen in kleinen, nicht oder nur schlecht belüfteten Räumen, beispielsweise in hierfür nicht ausdrücklich vorgesehenen und entsprechend ausgerüsteten Schränken, ist mit hoher Explosionsgefahr verbunden.

Zum Schutz der Gasquellen, z. B. Druckgasflaschen, sowie zum Schutz von Armaturen und Verteilleitungen gegen Gasrücktritt und somit gegen mögliche Explosionen durch Flammenrückschlag, sind die Brenngasentnahmestellen für Acetylen mit zugelassenen Gebrauchsstellenvorlagen auszurüsten. Dies gilt auch für Entnahmestellen von Flüssiggas (Propan) und Erdgas, wenn die Brenngase mit Sauerstoff oder Druckluft eingesetzt werden.

Für die Planung, den Bau oder das Betreiben einer zentralen Gasversorgung wird auf Band 37 der Fachbuchreihe Schweißtechnik „Zentrale Versorgung von Betrieben mit technischen Gasen zum Schweißen, Schneiden und für verwandte Verfahren" [DVS89] verwiesen.

Unter Druck stehende Speicherbehälter, d. h. auch Druckgasflaschen, dürfen nicht geworfen, gestoßen oder auf andere Weise mechanisch stark beansprucht werden. Sie sind bei ihrer Aufstellung zu sichern, sodass sie nicht umfallen können. Für das Betreiben von Druckgasbehältern gilt die Technische Regel TRG 280, welche Aussagen bezüglich allgemeinen Anforderungen, Transport, Bereitstellen, Bereithalten, Entleeren und Instandhalten von Druckgasbehältern macht (gilt nicht für das Entleeren von Acetylen-Druckgasflaschen, hierfür gelten die Regelwerke TRAC 206 und TRAC 208).

Wichtige Informationen zur Wahl des richtigen Werkstoffs für Gasleitungen können [DVS89] entnommen werden. Grundsätzlich ist zu beachten, dass Acetylen mit einer Vielzahl von Stoffen nicht in Kontakt kommen darf. Einzelheiten sind in den Regelwerken TRAC 202 und TRAC 204 festgelegt. Insbesondere ist zu beachten, dass es bei Kontakt von Acetylen mit Silber (problematisch besonders bei silberhaltigen Hartloten) oder Werkstoffen, die mehr als 70 Masse-% Kupfer enthalten, zur Bildung von chemisch instabilen Verbindungen, den Acetyliden, kommen kann, welche explosiv zerfallen. Für Bauteile, die relativ große Oberflächen besitzen, z. B. Siebe, sind auch kupferhaltige Werkstoffe mit weniger als 70 Masse-% Kupfer unzulässig. Silberhaltige Hartlote sind zulässig, sofern der Silbergehalt nicht mehr als 46 Masse-%, der Kupfergehalt nicht mehr als 37 Masse-%, die Summe beider Bestandteile höchstens 76 Masse-% beträgt und die Breite des Lötspaltes, in dem das Silberlot mit Acetylen in Berührung kommen kann, 0,3 mm nicht übersteigt.

## 4.1.5 Armaturen und Zubehör

### 4.1.5.1 Allgemeines

**Armaturen**, z. B. Druckminderer, und Zubehör, wie Sicherheitsgeräte und Gasschläuche, werden genutzt, um die Prozessgase bzw. Betriebsmittel reproduzierbar in ausreichender Menge und mit dem erforderlichen Druck in sicherer Weise dem Prozess zuzuführen.

### 4.1.5.2 Druckminderer

Der Flaschenfülldruck eines Betriebsgases ist deutlich höher als der benötigte Arbeitsdruck. Ein **Druckminderer** hat somit die Aufgabe, den Arbeitsdruck unabhängig von dem Flaschenfülldruck, dem sog. Vordruck, und der entnommenen Gasmenge einstellen zu können und möglichst konstant zu halten. Es gibt Druckminderer in unterschiedlicher Bauart. Weit verbreitet in der Autogentechnik sind einstufige Druckminderer, deren Aufbau in Bild 4.16 unter Bezeichnung der für die Funktion entscheidenden Bauteile und Baugruppen dargestellt ist.

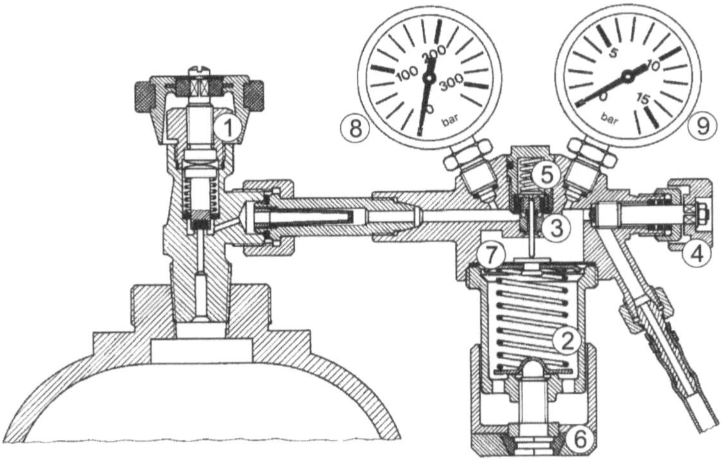


**Bild 4.16** Einstufiger Druckminderer (Erläuterung der nummerierten Bauteile und Baugruppen im Text)

Nachdem das Flaschenventil 1 langsam (!) geöffnet wurde, strömt das Gas aus der Flasche bis zum Drosselventil 3, das von der Schließfeder 5 geschlossen gehalten wird. Der in diesem Teil des Druckminderers anliegende Druck (Vordruck = Flaschendruck) wird durch das Vordruckmanometer 8 angezeigt. Werden nun das Ausgangsventil 4 und das Ventil am Brenner geöffnet, strömt Gas über das Drosselventil 3, d. h. Gas wird verbraucht. Während das Gas den Druckminderer durchströmt, wird mit der Stellschraube 6 der gewünschte Arbeitsdruck (Hinterdruck) eingestellt. Das Hinterdruckmanometer 9 zeigt den Hinterdruck an. Die mit der Stellschraube 6 gespannte Einstellfeder 2 öffnet das Drosselventil 3, und das Gas strömt durch die Membrankammer oberhalb der Membran 7 zum Brenner. Zwischen dem auf die Membran 7 lastenden Gasdruck und dem Druck, den die Einstellfeder 2 hervorruft, stellt sich ein Gleichgewicht ein. Sinkt der Hinterdruck infolge des Gasverbrauchs temporär, so kann sich die Einstellfeder 2 entspannen und das Drosselventil 3 öffnen. Das nun in die Membrankammer einströmende Gas führt zu einer Erhöhung des Hinterdrucks und zur Wiederherstellung des Gleichgewichtszustandes. Es ist darauf zu achten, dass das am Druckminderer vorhandene Druckbegrenzungsventil immer senkrecht steht (in Bild 4.16 nicht dargestellt). Nach Abschluss der Arbeit ist das Flaschenventil zu schließen und der Druckminderer mittels Stellschraube 6 zu entlasten.

Druckminderer für einzelne Druckgasflaschen, sog. Flaschendruckminderer, sind in DIN EN ISO 2503 und Druckminderer für Batterien, sog. Hauptstellendruckregler oder Batteriedruckminderer, in DIN EN ISO 7291 genormt. Es wird weiterhin zwischen ein- und zweistufigen Bauarten unterschieden. Bei extremen Druckunterschieden zwischen Vordruck und Hinterdruck (Arbeitsdruck) oder bei stoßartiger Entnahme werden zweistufige Druckminderer eingesetzt.

Ein Druckminderer ist stets nur für ein bestimmtes Gas oder eine festgelegte Gruppe von Gasen zugelassen. Um Verwechslungen zu vermeiden, werden unterschiedliche Anschlüsse zu den Druckgasflaschen verwendet:

- Acetylen: Spannbügelanschluss,
- alle brennbaren Gase außer Acetylen: Anschluss mit Überwurfmutter W 21,80 × $^1/_4$" LH,
- Sauerstoff: Anschluss mit Überwurfmutter G $^3/_4$" oder W 30 × 2 (17,3/18,7) bei $p$ = 300 bar,
- Druckluft: Innengewinde G $^5/_8$" oder W 30 × 2 (16,6/19,4) bei $p$ = 300 bar.

Weiterhin müssen die Manometer nach DIN EN ISO 5171 und die Druckminderer nach DIN EN ISO 2503 entsprechend der zugelassenen Gasart gekennzeichnet sein. Bei Acetylen-Druckminderern ist darauf zu achten, dass der Hinterdruck nicht höher als 1,5 bar einstellbar ist. Sauerstoff-Druckminderer müssen mit einem Ausbrennschutz versehen sein. Druckminderer sind in Geräteklassen entsprechend dem Nenngasdurchfluss eingeteilt (Tabelle 4.6). Acetylen-Druckminderer müssen ein Bauartzulassungs-Kennzeichen und Sauerstoff-Druckminderer ein berufsgenossenschaftliches Prüfzeichen tragen. Sauerstoffmanometer müssen mit der Aufschrift „Sauerstoff! Öl- und fettfrei halten!" versehen sein. Die Forderung der Öl- und Fettfreiheit gilt für sämtliche Sauerstoff-Armaturen.

**Tabelle 4.6** Geräteklassen für Druckminderer nach DIN EN ISO 2503

| Gas | Klasse | Nennvordruck [bar] | Nennhinterdruck [bar] | Nenngasdurchfluss [m³/h] |
|---|---|---|---|---|
| Sauerstoff und andere verdichtete Gase | 0 | 0 bis 300[1)] | 2 | 1,5 |
| | 1 | | 4 | 5 |
| | 2 | | 6 | 15 |
| | 3 | | 10 | 30 |
| | 4 | | 12,5 | 40 |
| | 5 | | 20 | 50 |
| Acetylen, gelöst | 1 | 25 | 0,8 | 1 |
| | 2 | | <1,5 | 5[2)] |

| Gas | Klasse | Nennvordruck [bar] | Nennhinterdruck [bar] | Nenngasdurchfluss [$m^3$/h] |
|---|---|---|---|---|
| Flüssiggas (LPG) | 0 | 25[3)] | 1,5 | 1 |
| | 1 | | 4 | 5 |

1) Druck bezogen auf den maximalen Fülldruck der Druckgasflasche bei 15 °C
2) Durchflüsse > 0,8 $m^3$/h sollten bei Gasentnahme aus Acetylendruckgasflaschen vermieden werden.
3) Druck für Propan bei 70 °C

Seit einigen Jahren kommen auch Armaturen einschließlich Druckminderer zum Einsatz, die mit der eigentlichen Druckgasflasche fest verbaut und von einem Schutzkäfig umgeben sind, Bild 4.17. Derartige Armaturen verbleiben dauerhaft an der Druckgasflasche.

**Bild 4.17**
Acetylen-Druckgasflasche mit Armatur System LISY tec®
(Linde GmbH)

### 4.1.5.3 Gasschläuche

Gasschläuche sind farblich gekennzeichnet (Tabelle 4.7). In DIN EN ISO 3821 sind Schläuche für Schweißen sowie für Schneiden und verwandte Verfahren genormt. Der Gültigkeitsbereich dieser Norm umfasst Schläuche für Brenngas, Sauerstoff und andere nichtbrennbare Gase. Sie erstreckt sich nicht auf Schläuche für Flüssiggase und Methylacetylen-Propadien-Gemische. Schläuche für diese Gase sind in der Norm DIN EN 16436-1 genormt, da diese quellbeständig gegen Flüssiggase sein müssen. Schläuche nach DIN EN ISO 3821 müssen an der Außenschicht fortlaufend und dauerhaft im Abstand von 100 mm mit folgenden Angaben versehen sein:

- der Nummer der Internationalen Norm (ISO 3821),
- der Kennzeichnung „FLUX“ bei Fluxschläuchen,

- dem höchstzulässigen Betriebsdruck in MPa,
- der Nennweite,
- dem Namen oder Zeichen des Herstellers,
- dem Jahr der Herstellung.

Tabelle 4.7 Kennfarben für Gasschläuche

| Gasart | Kennfarbe und Kennzeichnung der Außenschicht nach DIN EN ISO 3821 |
|---|---|
| Acetylen und andere Brenngase (außer LPG (Flüssiggas), MPS (Methylacetylen-Propadien-Gemische), Erdgas, Methan) | rot |
| Sauerstoff | blau |
| Druckluft, Stickstoff, Argon, Kohlendioxid | schwarz |
| LPG (Flüssiggas), MPS (Methylacetylen-Propadien-Gemische), Erdgas, Methan | rot und orange |
| mit Flussmittel versetzte Brenngase | rot-FLUX |

Für diese Schläuche sind folgende Nennweiten (= Innendurchmesser in mm) genormt: 4; 4,8; 5; 6,3; 7,1; 8; 9,5; 10; 12,5; 16; 20; 25; 32; 40 und 50.

Ferner sind zwei Druckklassen festgelegt:

- „Leichte Klasse“ (für Nennweite ≤ 6,3 mm) – höchstzulässiger Betriebsdruck 10 bar,
- „Normale Klasse“ – höchstzulässiger Betriebsdruck 20 bar.

Schläuche für Flüssiggas müssen mit dem DIN-DVGW-Zeichen (DVGW = Deutscher Verein des Gas- und Wasserfaches e. V.) und mit der Druckklasse gekennzeichnet sein. Es gibt die Druckklassen 0,1 bar, 6 bar und 30 bar. Für das Schweißen und Schneiden sind Schläuche der Druckklassen 6 bar oder 30 bar einzusetzen. Die Wahl der Nennweite eines Schlauches ist von der Gasmenge und von der Schlauchlänge abhängig. Zu geringe Schlauchquerschnitte können unzulässig hohe Druckverluste hervorrufen.

Neue Sauerstoffschläuche sind vor dem ersten Gebrauch mit Sauerstoff auszublasen. Die Verwendung von Druckluft ist aufgrund der nicht auszuschließenden Verunreinigung durch Öl nicht zulässig.

Neue Brenngasschläuche sollten möglichst mit Druckluft ausgeblasen werden. Vor längeren Arbeitsunterbrechungen sind Schläuche drucklos zu machen. Das Verbinden von Schläuchen untereinander oder mit Anschlussstutzen sowie das Flicken mittels Umwickeln mit Isolierband oder Bindedraht sind nicht statthaft. Es sind nach DIN EN 560 genormte Schlauchverbinder einzusetzen. Anforderungen an die Ausführung von Schlauchleitungen, insbesondere zu Schlauchanschlüssen und Schlaucheinbindungen, enthält die Norm DIN EN 1256.

### 4.1.5.4 Sicherheitseinrichtungen

#### Allgemeines

Durch die Sicherheitseinrichtungen sollen ein Gasrücktritt und der Flammdurchschlag bzw. -rückschlag in die Acetylenflasche oder den Acetylenentwickler verhindert werden. Des Weiteren sind das Überschreiten des höchstzulässigen Druckes, das Fortschreiten eines Acetylenzerfalls und das Eindringen von Luft oder Sauerstoff in die Acetylenanlage zu verhindern.

Auch beim Einsatz einer Acetyleneinzelflaschenanlage ist oft eine Absicherung erforderlich. Eine Einzelflaschensicherung ist immer dann zu empfehlen, wenn mobile Geräte eingesetzt werden, beispielsweise Flaschenwagen. Gefordert wird diese Sicherung nach dem Regelwerk TRAC 208, wenn die Einzelflaschenanlage nicht ständig beobachtet werden kann. Diese Sicherung kann am Brennergriffstück, im Schlauch oder am Flaschendruckminderer installiert werden. In jedem Fall ist ein ausreichender Gasdurchsatz sicherzustellen. Vielfach wird die Sicherheitseinrichtung am Druckminderer angebracht. Die Einzelflaschensicherung muss Sicherheit gegen **Gasrücktritt** (Gasrücktrittsventil) und gegen **Flammdurchschlag** (Flammensperre mit Sintermetall-Einsatz) gewährleisten.

Werden zwei oder mehr Acetylenflaschen, beispielsweise zum Betreiben eines Anwärmbrenners, zusammengekoppelt, so ist am Druckminderer eine Sicherheitseinrichtung (sog. Gebrauchsstellenvorlage) anzubringen. Acetylenflaschen-Batterien mit bis zu 2 × 6 Flaschen (Kleinanlagen) sind entsprechend den Technischen Regeln für Acetylenanlagen und Calciumcarbidlager (TRAC) mit bauartzugelassenen Kugelhähnen vor dem Druckminderer im Hochdruckteil als Sicherheitseinrichtung auszurüsten.

#### Flammenausbreitung und deren Vermeidung

Es kann zwischen zwei Formen der Flammenausbreitung unterschieden werden: **Deflagration** und **Detonation**. Bei Acetylen werden bei einer Deflagration Flammengeschwindigkeiten zwischen 0,1 m/s und etwa 100 m/s erreicht. Der Druck steigt in allen Raumrichtungen etwa gleichmäßig an. Bei der Detonation dagegen treten Flammengeschwindigkeiten von ≈ 2 km/s auf. In diesem Fall ist die (kurzzeitig wirksame) Drucksteigerung deutlich größer als bei der Deflagration.

An einem einwandfrei funktionierenden Brenner beträgt die Strömungsgeschwindigkeit 80...150 m/s bei einer Flammengeschwindigkeit (Zündgeschwindigkeit) von 1,3 m/s. Bei zu kleiner Ausströmungsgeschwindigkeit (z. B. durch eine teilweise zugesetzte Düse) besteht die Gefahr des Flammendurchschlags bzw. Rückzündens.

## Bauarten

### Sicherheitswasservorlage

Nach der Betriebssicherheitsverordnung (BetrSichV) muss jeder Acetylenentwickler mit einer **Sicherheitswasservorlage** ausgerüstet sein, die folgende Aufgaben erfüllt:

- Verhindern des Luftzutritts zum Entwickler (bei leerem Entwickler möglich),
- Verhindern des Sauerstoffrücktritts in den Entwickler (z. B. bei locker aufgesetztem Schweißeinsatz oder bei verstopfter Düse am Brenner),
- Aufhalten von Flammenrückschlägen (brennbares Gemisch in Brenner oder Schlauch). Flammenrückschläge können auftreten, wenn die Strömungsgeschwindigkeit des Gasgemisches an der Brennermündung kleiner ist als die Flammengeschwindigkeit.

Es wird zwischen Niederdruck- und Hochdruckwasservorlagen unterschieden. Gegenwärtig finden Wasservorlagen meist an zentralen Acetylenversorgungsanlagen Verwendung. Entscheidend für die Funktion ist der korrekte Wasserstand, der täglich mittels eines angebauten Wasserstandsventils zu prüfen ist. Die Wasserfüllung ist gegen Einfrieren zu schützen.

### Trockensicherung

An allen Entnahmestellen zentraler Gasversorgungsanlagen, an denen ein Brenngas für ein Verbrauchsgerät entnommen und dieses Brenngas mit Druckluft oder Sauerstoff verbrannt wird, ist der Einbau einer Sicherheitseinrichtung vorgeschrieben. Sicherheitseinrichtungen an Entnahmestellen für Acetylen werden als Gebrauchsstellenvorlagen bezeichnet (Bild 4.18) und müssen folgende Anforderungen erfüllen:

- Sicherheit gegen Gasrücktritt (Gasrücktrittsventil),
- Sicherheit gegen Flammenrückschlag (Sintermetallkörper),
- Sicherheit gegen Nachströmen (Nachströmsperre, temperatur- oder druckgesteuert).

Überwiegend sind heute trockene Gebrauchsstellenvorlagen, sog. **Trockensicherungen**, im Einsatz. Werden Entnahmestellen aus Entwicklern versorgt, so sind in diesem Fall zusätzliche Filter anzubringen. Trockene Gebrauchsstellenvorlagen sind im Gegensatz zu Wasservorlagen wartungsarm. Gebrauchsstellenvorlagen für Erdgas und Flüssiggas müssen mit einem Gasrücktrittsventil und mit einer Flammensperre ausgerüstet sein. Bei einem Betriebsdruck unter 0,1 bar kann die Flammensperre entfallen.

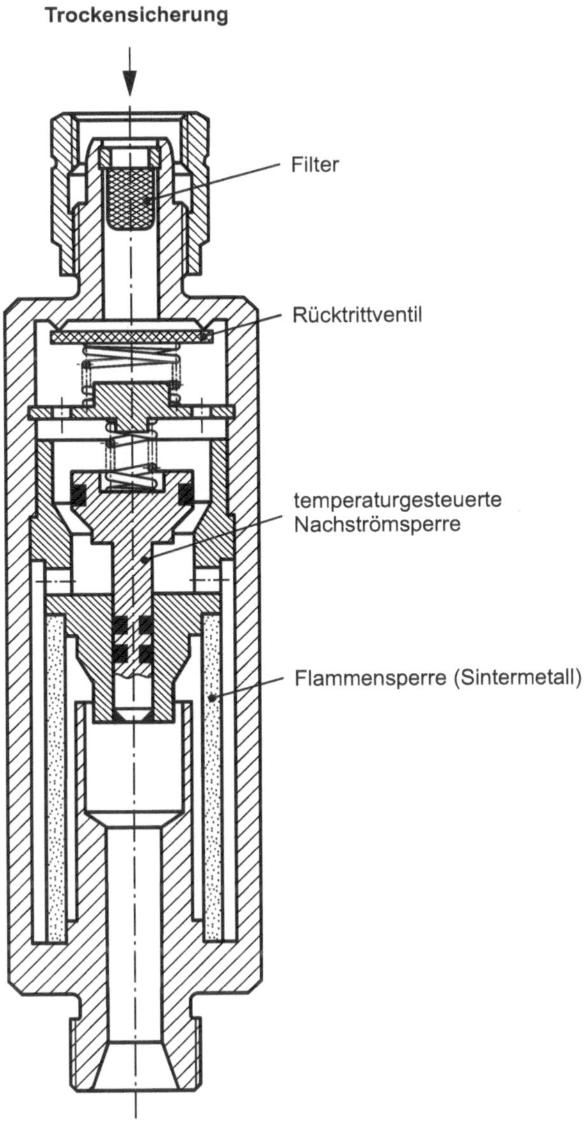


**Bild 4.18**
Gebrauchsstellenvorlage, Längsschnitt [BÖH 92]

Alle Gebrauchsstellenvorlagen sind jährlich einmal auf Sicherheit gegen Gasrücktritt zu überprüfen. Anforderungen an Aufbau und Prüfung sind für Sicherheitseinrichtungen mit integrierter Flammensperre in der Norm DIN EN ISO 5175-1 und für Sicherheitseinrichtungen ohne integrierte Flammensperre in der Norm DIN EN ISO 5175-2 beschrieben. Bild 4.19 zeigt den schematischen Aufbau von Sicherheitseinrichtungen mit integrierter Flammensperre.

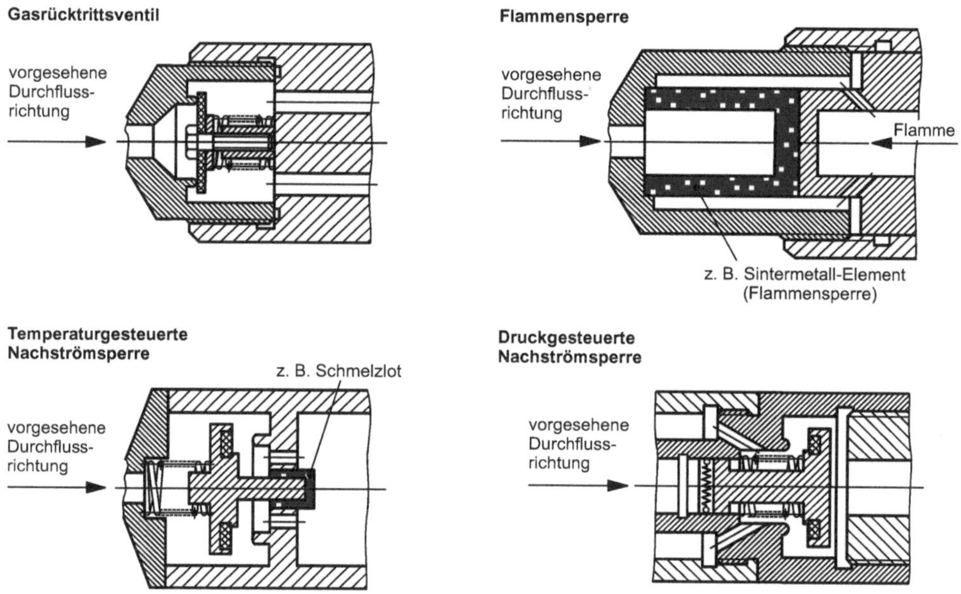


**Bild 4.19** Aufbau von Sicherheitseinrichtungen mit integrierter Flammensperre, schematisch, nach DIN EN ISO 5175-1

## 4.2 Einteilung der Verfahren der Autogentechnik nach DIN 8522

Die Autogentechnik kann auf unterschiedliche **Hauptgruppen der Fertigungsverfahren** angewendet werden (Bild 4.20). Jeder Hauptgruppe sind meist mehrere Verfahren zugeordnet, welche wiederum in Normen erfasst sind.

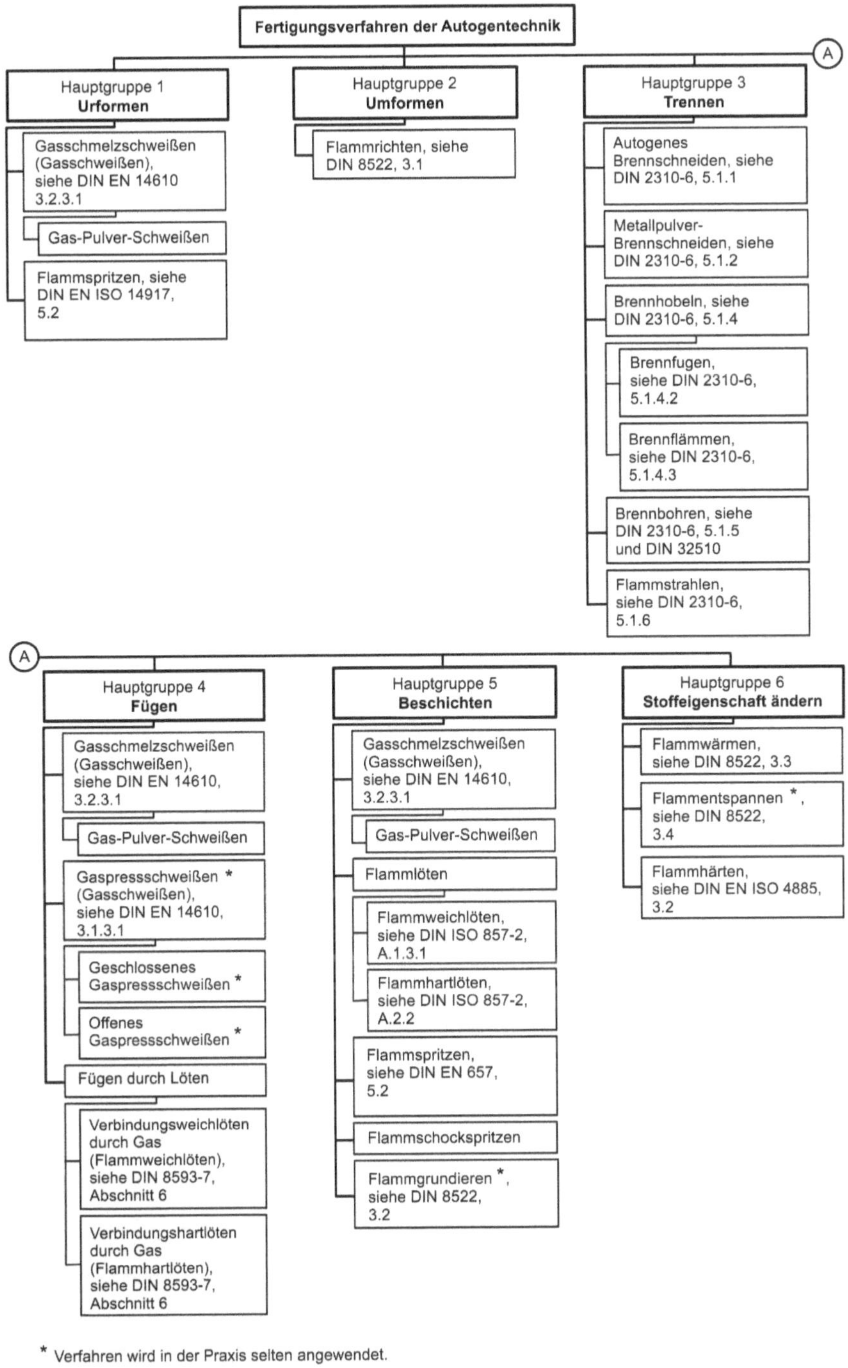


**Bild 4.20** Anwendung der Autogentechnik auf unterschiedliche Hauptgruppen der Fertigungsverfahren nach DIN 8522 mit Verweisen zu weiteren Normen

## 4.3 Gasschmelzschweißen (Prozess 31)

#### Verfahrensprinzip

Schmelzschweißverfahren, bei welchem die thermische Wirkenergie durch die Verbrennung von Brenngas mit Sauerstoff oder Luft mittels einer Flamme in die Werkstücke eingebracht wird.

#### Anwendungsbereich/Abmessungen

Verbindungs- oder Auftragschweißen, unabhängig von öffentlicher Versorgung mit Elektroenergie, vielfach für Reparaturarbeiten, im Heizungs- und Rohrleitungsbau angewandt, Nutzung der Anlagentechnik und des Werkzeugs Flamme beispielsweise auch für Löten (Flammlöten), Wärmebehandlung und Flammrichten möglich, Schweißen auch in Zwangslagen möglich, geeignet für Bleche, Profile, Rohre, wirtschaftlich bis ≈ 6,3 mm Bauteildicke, gute Spaltüberbrückbarkeit.

#### Werkstoffgruppen

un- und niedriglegierte Stähle, Aluminiumwerkstoffe, seltener Kupfer

#### Wichtige Merkblätter und Normen

- **DVS 0212:** Umgang mit Druckgasflaschen.
- **DIN 1340:** Gasförmige Brennstoffe und sonstige Gase – Arten, Bestandteile, Verwendung.
- **DIN 8522:** Fertigungsverfahren der Autogentechnik – Übersicht.
- **DIN EN ISO 20378:** Schweißzusätze – Stäbe zum Gasschweißen von unlegierten und warmfesten Stählen – Einteilung.
- **DIN EN ISO 5172:** Gasschweißgeräte – Brenner für Schweißen, Wärmen und Schneiden – Anforderungen und Prüfungen.

### 4.3.1 Grundlagen

Beim **Gasschmelzschweißen** nach DIN EN 14610, vielfach auch als **Gasschweißen** oder **Autogenschweißen** bezeichnet, wird mithilfe einer von einem Schweißbrenner gebildeten Flamme die Schweißstelle solange erwärmt, bis die beiden Werkstückflanken schmelzflüssig werden, ineinanderfließen und nach dem Erstarren die Schweißnaht, also einen Stoffschluss, bilden. Zum Ausfüllen einer Fuge oder zum Aufbau einer

Schweißraupe wird meist Zusatzwerkstoff benötigt. Dieser ist weitgehend artgleich zum Grundwerkstoff und liegt stabförmig vor. Bild 4.21 illustriert das Prinzip des Gasschmelzschweißens.

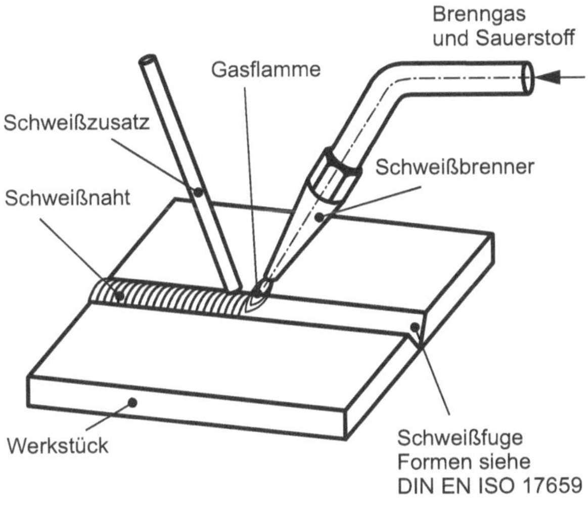


**Bild 4.21**
Prinzip des Gasschmelzschweißens

Um eine qualitätsgerechte Schweißverbindung zu erzeugen, müssen der Schweißbrenner bzw. dessen Schweißeinsatz, die Flammeneinstellung sowie die Führung des Brenners und des Zusatzstabes optimal aufeinander abgestimmt sein. Die Wärmekonzentration (Energiedichte) der Gasflamme ist gegenüber Wärmequellen anderer Schmelzschweißverfahren vergleichsweise gering. Im Vergleich zu den meisten Lichtbogenschweißverfahren, wie dem Lichtbogenhandschweißen und den Metallschutzgasschweißverfahren (MIG/MAG), ist die Produktivität des Gasschmelzschweißens geringer. Es stellen sich breite Wärmeeinflusszonen ein. Infolge der notwendigen, vergleichsweise großen Schweißzeiten bilden sich trotz des hohen Wärmeeintrags nur geringe bis mäßige Schweißeigenspannungen aus.

Das Gasschweißen zeichnet sich durch gute **Spaltüberbrückbarkeit** und damit verbundene, relativ geringe Anforderungen an die Nahtvorbereitung aus. Die Ausbildung des Schweißbades kann gut beobachtet und deshalb auch sicher beherrscht werden. Infolge des durch die Flamme bewirkten Schutzes des Schweißbades gegenüber der Atmosphäre ist eine separate Zufuhr von Schutzgas nicht erforderlich. Aus diesem Grund eignet sich das Gasschmelzschweißen neben dem Einsatz in der Werkstatt auch für Anwendungen auf Baustellen, da die Einschränkung einer Schutzgasabdeckung durch Witterungseinflüsse (Wind) nicht relevant ist. Im Vergleich zu anderen Schmelzschweißverfahren kann auch an vergleichsweise schwer zugänglichen Stellen geschweißt werden. Dies hat z. B. für das sog. „Spiegelschweißen“ im Rohrleitungsbau Bedeutung.

Eine reproduzierbar hohe Schweißnahtqualität erfordert insbesondere beim Gasschweißen einen hohen und regelmäßig kontrollierten Ausbildungsstand des Schweißers.

Wie bei den meisten Schweißverfahren lässt sich auch beim Gasschmelzschweißen eine Exposition des Schweißers gegenüber Gefahrstoffen, die beim Schweißen entstehen bzw. freigesetzt werden, nicht vollständig vermeiden. Arbeitsplatzgrenzwerte sind im Regelwerk TRGS 900 zusammengefasst.

## 4.3.2 Anwendungsbereiche

### 4.3.2.1 Allgemeines

Die **Anwendungsgebiete** des Gasschweißens werden in der Regel durch drei wesentliche Faktoren bestimmt:

- durch den Werkstoff,
- durch die Dimension des Bauteils,
- durch den Ort der Ausführung, d. h. Baustelle oder Werkstatt.

Schweißgeeignet sind un- und niedriglegierte Stähle. Insbesondere das Schweißen in Zwangslagen bei Rohren bis zu Nennweiten von 150 mm und Wanddicken von maximal 6,3 mm kann wirtschaftliche Vorteile gegenüber anderen Schweißverfahren bieten. Hochlegierte Stähle und Nichteisenmetalle, wie Aluminium-, Magnesium- und Kupferwerkstoffe, lassen sich unter Verwendung von Flussmitteln schweißen. Für diese Werkstoffe findet das Gasschmelzschweißen kaum noch Anwendung. In der industriellen Fertigung wurde das Gasschweißen durch das Lichtbogenhandschweißen und insbesondere durch verschiedene Schutzgasschweißverfahren auf einen verhältnismäßig kleinen Anwendungsbereich zurückgedrängt. Für das Schweißen von Stahlrohren kann das Gasschweißen vielfach wirtschaftlich vorteilhaft eingesetzt werden, da es gelingt, Verbindungen einlagig zu schweißen, die bei Anwendung von anderen Schmelzschweißverfahren mehrlagig geschweißt werden müssten. Das Verfahren findet hauptsächlich im Installations-, Heizungs- und Rohrleitungsbau sowie bei Reparaturarbeiten in Werkstätten, in welchen neben dem Schweißen mit der Autogenausrüstung auch andere Fertigungsverfahren (Löten, Wärmen, Flammrichten u. a.) praktiziert werden, Anwendung.

### 4.3.2.2 Fugenformen

Für unlegierte und niedriglegierte Stähle werden in DIN EN ISO 9692-1 Empfehlungen und Richtwerte für die Gestaltung der **Fuge** angegeben ( Tabelle 4.8).

**Tabelle 4.8** Empfehlungen und Richtwerte für die Gestaltung der Fuge

| Werkstückdicke *t* [mm] | Ausführungsart | Benennung | Sinnbild | Fugenform (Schnitt) | Maße | | | Bemerkungen |
|---|---|---|---|---|---|---|---|---|
| | | | | | *α*, *b* | Stegabstand* *b* [mm] | Flankenhöhe *h* [mm]mm | |
| ≤ 2 | einseitig | Bördelnaht | ⌡⌠ | 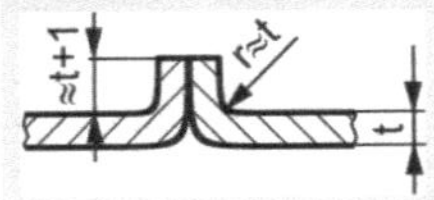 | | | | ohne Zusatzwerkstoff |
| ≤ 1 | einseitig | I-Naht | \|\| | 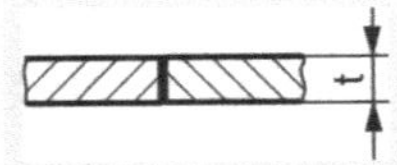 | | | | |
| 1...2 | einseitig | | | 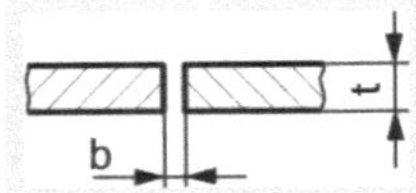 | | ≈ 1 | | |
| 3...8 | | | | | | ≈ 2 | | |
| 5...10 | beidseitig | | | | | ≈ 1 | | gleichzeitig beiderseits schweißen, ggf. mit 2-Flammenbrenner |
| 3...12 | einseitig | V-Naht | V | 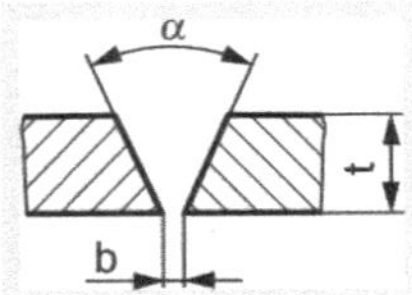 | ≈ 60° | 2...4 | | Stegslängskante kann auch gebrochen sein |
| > 12 | beidseitig | DV-Naht | X | 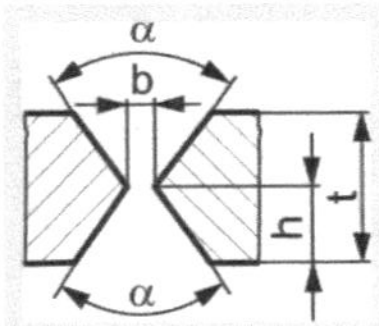 | ≈ 60° | ≈ 4 | t/2 | für Sonderfälle bei Nachrechtsschweißen und bei gleichzeitig beidseitigem Schweißen |
| ≤ 5 | einseitig | Stirn-Flachnaht | \|\|\| | 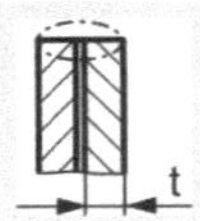 | | | | |

### 4.3.2.3 Schweißpositionen

Anwendbare **Schweißpositionen** (Hauptpositionen nach DIN EN ISO 6947) wurden in Bild 4.22 zusammengestellt. Andere Positionen sind durch Nahtneigungswinkel und Nahtdrehwinkel festzulegen.

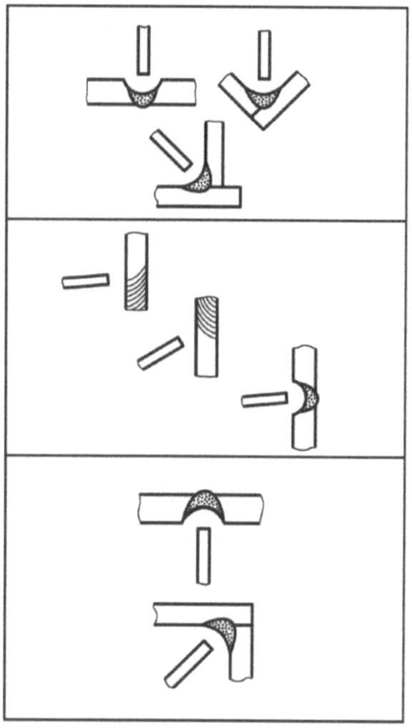

| | |
|---|---|
| **PA (w)**<br>**Wannenposition** | waagerechtes Arbeiten,<br>Nahtmittellinie senkrecht,<br>Decklage oben |
| **PB (h)**<br>**Horizontalposition** | horizontales Arbeiten,<br>Decklage nach oben |
| **PF (s)**<br>**Steigposition** ↑ | steigendes Arbeiten |
| **PG (f)**<br>**Fallposition** ↓ | fallendes Arbeiten |
| **PC (q)**<br>**Querposition** | waagerechtes Arbeiten,<br>Nahtmittellinie horizontal |
| **PE (ü)**<br>**Überkopfposition** | waagerechtes Arbeiten, überkopf,<br>Nahtmittellinie senkrecht,<br>Decklage unten |
| **PD (hü)**<br>**Horizontalüberkopf-position** | horizontales Arbeiten, überkopf,<br>Decklage nach unten |

**Bild 4.22** Anwendbare Schweißpositionen (Hauptpositionen nach DIN EN ISO 6947)

### 4.3.2.4 Werkstückdicken

Die schweißbaren **Werkstückdicken** liegen üblicherweise in einem Bereich von 0,2...30 mm. In Abhängigkeit von der Werkstückdicke ändert sich der **Gasverbrauch**. Angaben zu empfohlenen Schweißeinsätzen und zum Sauerstoffverbrauch macht Tabelle 4.9. Überschlägig kann der Durchsatz je Gassorte eines Einflammenbrenners nach folgender zugeschnittener Größengleichung bestimmt werden:

$$\text{Gasdurchsatz(inl/h)} \\ = [\text{Summe der Grenzwerte des Blechdickenbereichs(in mm)}] \cdot 100/2$$

Für einen Dickenbereich von 2...4 mm, dem ein Schweißeinsatz der Größe 3 zugeordnet ist, ergibt sich somit ein Gasdurchsatz von (2 + 4) · 100/2 = 300 l/h. Bei Einstellung einer neutralen Flamme beträgt demnach der stündliche Acetylenverbrauch etwa 300 l/h, verbunden mit einem Sauerstoffbedarf von 300...360 l/h.

Tabelle 4.9 Empfohlene Schweißeinsätze und Sauerstoffverbrauch für Nennbereiche von Werkstückdicken (Stahl)

| Schweißeinsatz Größe | Nennbereich (Stahlblechdicke) [mm] | Sauerstoff | |
|---|---|---|---|
| | | Betriebsüberdruck [bar] | Verbrauch [l/h] im Normzustand |
| 0 | 0,2...0,5 | 2,5 | 40 ± 5 |
| 1 | 0,5...1 | 2,5 | 80 ± 10 |
| 2 | 1...2 | 2,5 | 160 ± 15 |
| 3 | 2...4 | 2,5 | 315 ± 30 |
| 4 | 4...6 | 2,5 | 500 ± 50 |
| 5 | 6...9 | 2,5 | 800 ± 80 |
| 6 | 9...14 | 2,5 | 1250 ± 125 |
| 7 | 14...20 | 2,5 | 1800 ± 180 |
| 8 | 20...30 | 2,5 | 2500 ± 250 |

## 4.3.3 Ausrüstung

Geeignete und in technisch einwandfreiem Zustand befindliche Anlagentechnik ist eine zwingende Voraussetzung, um qualitätsgerecht und unfallfrei arbeiten zu können. Zur Ausrüstung gehören im Allgemeinen neben Schweiß- bzw. Schneidbrennern mit ihren verschiedenartigsten Einsätzen auch Schläuche, Druckminderer sowie für die Brenngaszuleitungen meist auch Gasrücktrittssicherungen (Sicherheitsvorlagen) und zur Entnahme von Sauerstoff und Brenngasen Versorgungseinrichtungen wie Flaschen oder Rohrnetze.

Die farbliche Kennzeichnung von Druckgasflaschen erfolgt seit 2004 auf Basis von DIN EN 1089-3 nicht mehr nach dem eingefüllten Gas, sondern nach der Gefährdung, die durch das Gas entsteht. Die Gase Sauerstoff und Acetylen gelten nach dieser Norm als „besondere" Gase, wobei die Flaschenschulter folgenden farblichen Anstrich trägt:

- Sauerstoff: weiß (besonderes Gas, oxidierendes Gas),
- Acetylen: kastanienbraun (besonderes Gas, brennbares Gas).

Die **Farbkennzeichnung** gilt nur für die Flaschenschulter, die restliche Oberfläche der Flasche kann andere Farben aufweisen! Insbesondere ist darauf hinzuweisen, dass die

Jahrzehnte im Gebrauch befindliche Farbkennzeichnung der ganzen Flasche (z. B. blau: Sauerstoff, gelb: Acetylen, rot: Wasserstoff) **nicht** mehr gültig ist. Eine gelbe Flaschenschulter bedeutet nach DIN EN 1089-3: „Gas/Gasgemisch ist giftig und/oder korrosiv". Dies trifft auf Acetylen nicht zu. Um auf die neue Farbkennzeichnung hinzuweisen, tragen die Flaschen auf der Schulter vielfach den Aufdruck N („Neu").

### 4.3.4 Zusatzwerkstoffe und Hilfsstoffe

Für das Gasschmelzschweißen werden üblicherweise stabförmige Zusatzwerkstoffe verwendet, meist mit einer Länge von 1000 mm und Durchmessern von 1...6 mm. Die Zusatzwerkstoff-Stäbe sind glatt, Stäbe aus Stahl sind meist verkupfert. Sie sind von Ölen, Fetten, Farben und sonstigen Oberflächenbelägen frei zu halten. Bezüglich der chemischen Zusammensetzung sind die Zusatzwerkstoffe weitgehend artgleich zum Grundwerkstoff bzw. etwas höher legiert, um den geringen Abbrand leicht oxidierender Legierungselemente (Silizium, Mangan) auszugleichen. Auch Chrom und Molybdän können zulegiert werden. Unter Beachtung der Kerbschlagarbeitswerte des jeweiligen Schweißgutes wird nach DIN EN ISO 20378 in Klassen eingeteilt. Mangangehalte von ≈ 0,5 % und mehr werden gewählt, um das Schäumen des Schmelzbades sowie Schlackeeinflüsse zu vermeiden. Die Porenbildung durch Gaseinschlüsse in der Schmelze wird durch Siliziumgehalte zwischen 0,02 % und 0,35 % unterdrückt. Durch das Zulegieren von Chrom und Molybdän erhöht sich die Warmfestigkeit des Schweißgutes. Für unterschiedliche Stahlgrundwerkstoffe (un- und niedriglegiert) werden in Tabelle 4.10 geeignete **Schweißstabklassen** nach DIN EN ISO 20378 angegeben. Die Gehalte an Legierungselementen für die unterschiedlichen Schweißstabklassen gibt Tabelle 4.11 wieder. In Abhängigkeit von der Schweißstabklasse stehen auch das Fließverhalten sowie die Neigung zur Spritzer- und Porenbildung. Mit steigender Schweißstabklasse erhöhen sich die Schweißstabkosten. Schweißeigenschaften von Schweißstäben für das Gasschweißen werden in Tabelle 4.12 qualitativ bewertet.

**Tabelle 4.10** Schweißstabklassen nach DIN EN ISO 20378 für un- und niedriglegierte Stähle

| Stahlart bzw. Halbzeug | Stahlmarke | Geeignete Schweißstabklasse (Schweißverfahren: O...Gasschweißen) | | | | | |
|---|---|---|---|---|---|---|---|
| | | I | II | III | IV | V | VI |
| Warmgewalzte Erzeugnisse aus unlegierten Baustählen nach DIN EN 10025-2 | S185[1)] | x | x | x | x | | |
| | S235JR | | x | x | x | | |
| | S275JR | | | | | | |
| | S235J2+N | | | x | x | | |
| | S275J2+N[2)] | | | | | | |
| Geschweißte kreisförmige Rohre aus unlegiertem Stahl für besondere Anforderung | P235TR1 | x | x | x | x | | |
| | P265TR1[2)] | | | | | | |
| | P235TR2 | | | x | x | | |
| | P265TR2[2)] | | | | | | |
| Nahtlose kreisförmige Rohre aus unlegiertem Stahl für besondere Anforderung | P235TR1 | x | x | x | x | | |
| | P265TR1[2)] | | | | | | |
| Nahtlose kreisförmige Rohre für besonders hohe Anforderung | P235TR2 | | | x | x | | |
| | P265TR2[2)] | | | | | | |
| Rohre nach DIN EN 10216-2 | P235GH | | | x | x | | |
| | P265GH | | | | x | | |
| Geschweißte warmfeste Rohre nach DIN EN 10217-2 | P235GH | | | x | x | | |
| | P265GH | | | | x | | |
| | 16Mo3 | | | | | | |
| Kesselbleche nach DIN EN 10028-2 sowie nahtlose Rohre aus warmfesten Stählen nach DIN EN 10216-2 | P295GH | | | | x | | |
| | 16Mo3 | | | | | | |
| | 13CrMo4-5 | | | | | x[3)] | |
| | 10CrMo9-10 | | | | | | x[3)] |

1) Stahl ist nur bedingt schweißgeeignet.
2) Die Zugfestigkeit normalgeglühter Schweißnähte kann geringer sein als die Zugfestigkeit des Grundwerkstoffes.
3) bei Mehrlagenschweißung

Tabelle 4.11 Gehalte an Legierungselementen für unterschiedliche Schweißstabklassen

| Schweißstab-klasse | Gehalt [Masse-%] | | | | | | | | Einprägung | Farbkenn-zeichnung |
|---|---|---|---|---|---|---|---|---|---|---|
| | C | Si | Mn | P | S | Mo | Ni | Cr | | |
| I | 0,03...0,12 | 0,02...0,20 | 0,35...0,65 | ≤ 0,030 | ≤ 0,025 | ≤ 0,3 | ≤ 0,30 | ≤ 0,15 | I | keine |
| II | 0,03...0,20 | 0,05...0,25 | 0,50...1,20 | ≤ 0,025 | ≤ 0,025 | ≤ 0,3 | ≤ 0,30 | ≤ 0,15 | II | grau |
| III | 0,05...0,15 | 0,05...0,25 | 0,95...1,25 | ≤ 0,020 | ≤ 0,020 | ≤ 0,3 | 0,35...0,80 | ≤ 0,30 | III | gold |
| IV | 0,08...0,15 | 0,10...0,25 | 0,90...1,20 | ≤ 0,020 | ≤ 0,020 | 0,45...0,65 | ≤ 0,30 | ≤ 0,15 | IV | rot |
| V | 0,10...0,15 | 0,10...0,25 | 0,80...1,20 | ≤ 0,020 | ≤ 0,020 | 0,45...0,65 | ≤ 0,30 | 0,80...1,20 | V | gelb |
| VI | 0,03...0,10 | 0,10...0,25 | 0,40...0,70 | ≤ 0,020 | ≤ 0,020 | 0,90...1,20 | ≤ 0,30 | 2,00...2,20 | VI | grün |
| Z | jede andere vereinbarte Zusammensetzung | | | | | | | | | |

Tabelle 4.12 Schweißeigenschaften von Schweißstäben für das Gasschweißen (nach DIN EN ISO 20378)

| Schweißstabklasse | O I | O II | O III | O IV | O V | O VI |
|---|---|---|---|---|---|---|
| Fließverhalten | dünnfließend | weniger dünnfließend | zähfließend | | | |
| Spritzerneigung | hoch | gering | keine | | | |
| Porenneigung | ja | ja | nein | | | |

Die Bezeichnung der Schweißstabklasse ist auf dem Schweißstab eingeprägt, bei kleinen Durchmessern erfolgt zusätzlich eine farbliche Kennzeichnung. Die Nomenklatur der Bezeichnung nach DIN EN ISO 20378 erläutert Bild 4.23. Prinzipiell ist es auch möglich, ohne Schweißzusatz zu schweißen, sofern die Gestaltung der Fuge dies zulässt. Ein klassisches Beispiel dafür ist die Bördelnaht.

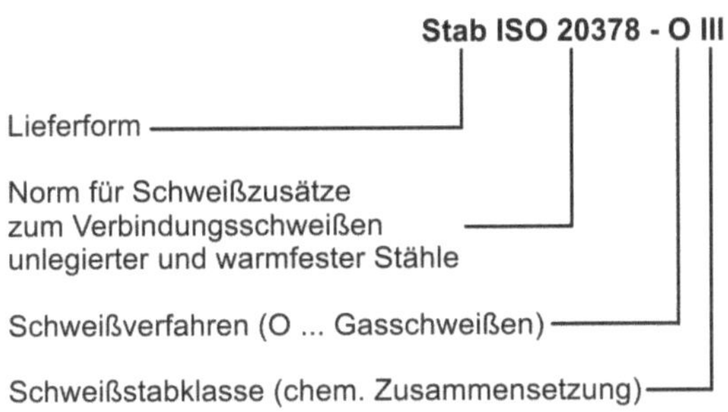


Bild 4.23 Nomenklatur der Bezeichnung von Schweißstäben nach DIN EN ISO 20378 (Beispiel)

## 4.3.5 Technologische Merkmale

Der Brennerabstand, die Neigung des Brenners zum Werkstück sowie die Art der Brennerführung beeinflussen maßgeblich die Wärmewirkung der Flamme und den Wärmeeintrag. Man unterscheidet zwischen zwei grundsätzlichen Arbeitsweisen, dem **Nachlinksschweißen** und dem **Nachrechtsschweißen**. Jeder ausgebildete Gasschweißer beherrscht beide Arbeitsverfahren und ist somit in der Lage, alle für dieses Verfahren typischen Werkstückdickenbereiche einwandfrei zu schweißen.

Das Gasschmelzschweißen kann prinzipiell mechanisiert werden. Dies wird jedoch nur selten angewandt, insbesondere dann, wenn ohne Zusatzwerkstoff geschweißt wird. Zur Erzielung einer möglichst hohen Schweißgeschwindigkeit benutzt man hierbei meistens Mehrflammenbrenner. Die große Mehrzahl der Anwendungen erfolgt jedoch als manuelles Schweißen.

### 4.3.5.1 Nachrechtsschweißen (NR)

Bei der Nachrechtsschweißung ist, aus der Blickrichtung des Schweißers, die Schweißrichtung nach rechts orientiert, wobei vorausgesetzt wird, dass der Brenner in der rechten, der Schweißstab in der linken Hand gehalten wird (Bild 4.24). Mittels der NR-Schweißung können eine bessere Durchschweißung besonders an Blechen und Rohren mit Dicken über 3 mm und ein besserer Schutz des Schweißbades vor der Atmosphäre erzielt werden.

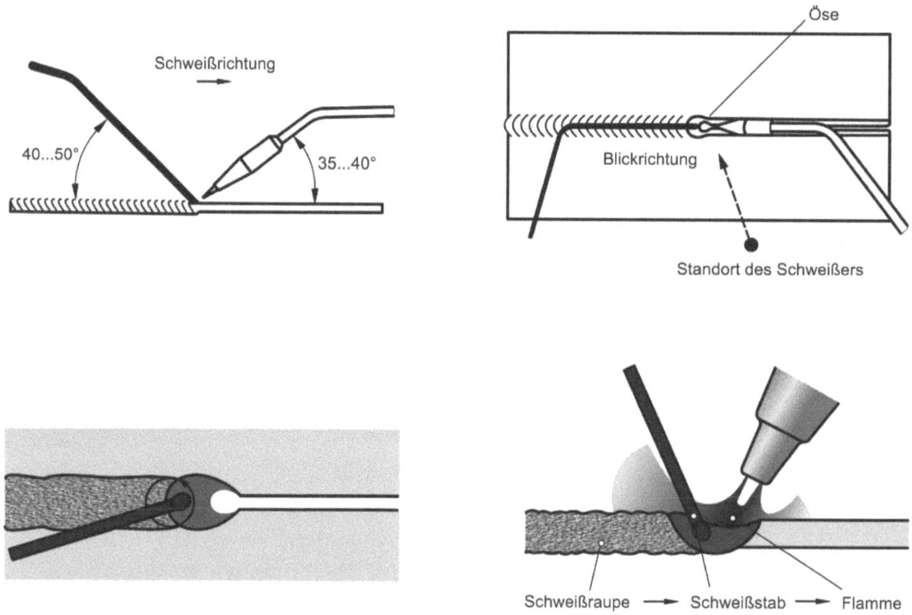


**Bild 4.24** Prinzip des Nachrechtsschweißens (NR-Schweißen)

#### Merkmale

Merkmale des Nachrechtsschweißens sind:

- gute Durchschweißung,
- Bad und abschmelzender Schweißstab sind ständig durch die Flamme vor der Luft geschützt,
- schmalere Schweißraupe,
- geringerer Gasverbrauch,
- Anwendung bei Bauteildicken über 3 mm,
- der Schweißdraht kreist (wird durch den Schweißer kreisförmig geführt),
- der Brenner wird ruhig gehalten.

**Schweißpositionen und Brennerhaltung**

Charakteristische **Brennerhaltungen** bei NR-Schweißen in Zwangspositionen zeigt Bild 4.25.

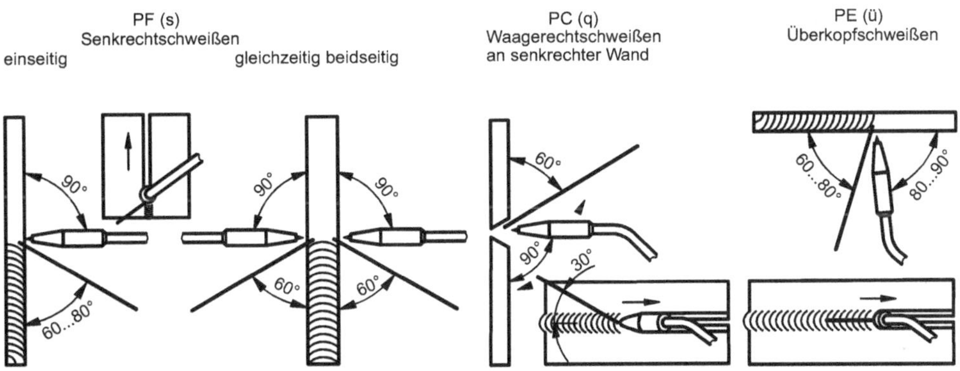


Bild 4.25 Charakteristische Brennerhaltungen bei NR-Schweißen in Zwangspositionen, nach [BÖH92]

## 4.3.5.2 Nachlinksschweißen (NL)

Die Schweißung erfolgt von rechts nach links (Bild 4.26). Durch die hierdurch bedingte Brennerhaltung des NL-Schweißens wird weniger Wärme an das Werkstück abgegeben. Das NL-Schweißen eignet sich deshalb besonders für Blechdicken bis zu 3 mm (Dünnblechschweißung).

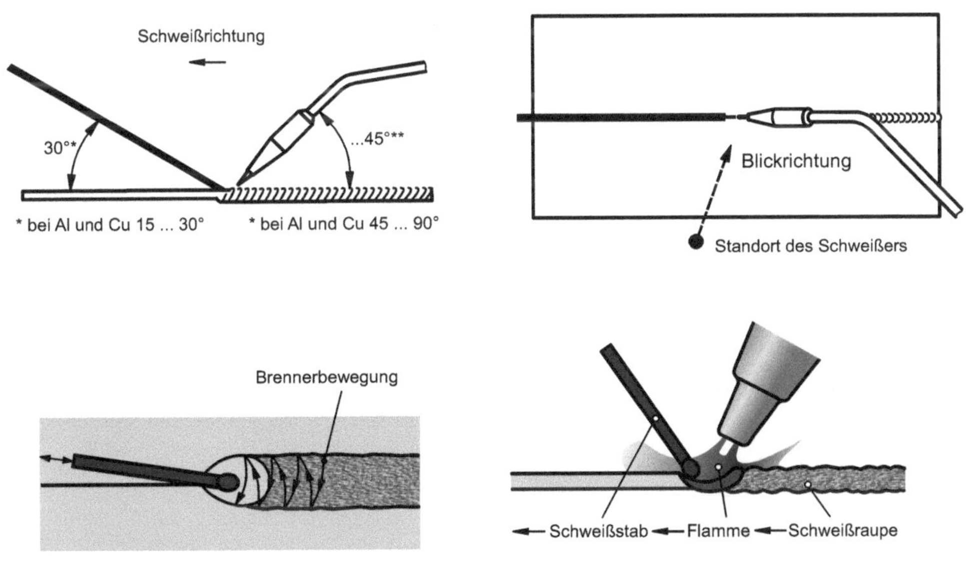


Bild 4.26 Prinzip des Nachlinksschweißens (NL-Schweißen)

### Merkmale

Die Merkmale des Nachlinksschweißens sind:

- der Schweißstab taucht von Zeit zu Zeit in das Schmelzbad, bleibt aber sonst ruhig,
- der Brenner pendelt ein wenig,
- bei dünnen Blechen leichter zu handhaben.

### Schweißpositionen und Brennerhaltung

Charakteristische Brennerhaltungen bei NL-Schweißen in Zwangspositionen zeigt Bild 4.27.

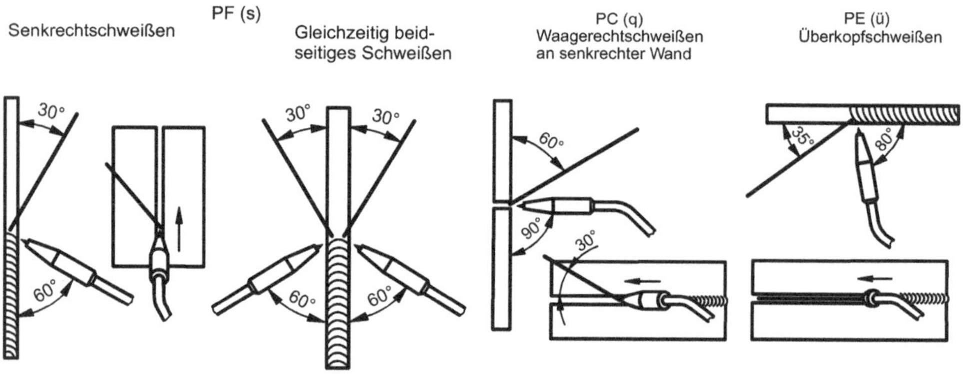


Bild 4.27 Charakteristische Brennerhaltungen bei NL-Schweißen in Zwangspositionen, nach [BÖH92]

## 4.4 Gaspressschweißen (Prozess 47)

### Verfahrensmerkmale

Erwärmen der Bauteile am Schweißstoß durch Brenngas-Sauerstoff-Flamme bis zum beginnenden Schmelzfluss und anschließendes Verschweißen durch Druck.

### Anwendungsbereich/Abmessungen

Pressschweißen von Rund-, Vierkant-, Rohr- und Schienenprofilen z. B. in der Bauindustrie;

Rundprofile von 10...40 mm Durchmesser, gewalzter Profilstahl bis 200 mm Profilhöhe

### Werkstoffgruppen

unlegierte, niedriglegierte Stähle, Betonstähle, Kupfer

## 4.4.1 Verfahrensprinzip

Die Bauteile werden am Schweißstoß durch eine Brenngas-Sauerstoff-Flamme bis zum beginnenden Schmelzfluss (ca. 100...150 °C unter der Solidustemperatur des Werkstoffes) erwärmt und anschließend durch einen Stauchvorgang verschweißt. Es entsteht ein Schweißwulst. Die beiden Verfahrensvarianten des Gaspressschweißens, das offene und das geschlossene Verfahren, zeigt Bild 4.28.

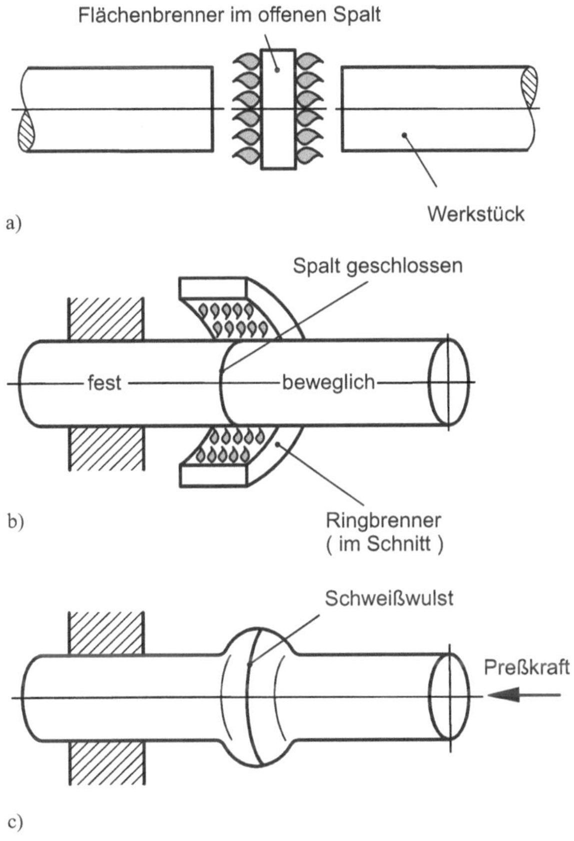


**Bild 4.28** Prinzipien des Gaspressschweißens [BUR62]. a) offenes Verfahren; b) geschlossenes Verfahren; c) fertiggestellte Schweißung

## 4.4.2 Anwendungsbereiche

**Querschnittsformen:**

Rund-, Vierkant-, Rohr- und Schienenprofile.

**Abmessungen:**

Rundprofile 6...50 mm Durchmesser, gewalzter Profilstahl bis 200 mm Profilhöhe.

**Werkstoffe:**

Unlegierte, niedriglegierte Stähle, Betonstähle, Kupfer.

**Typische Schweißungen:**

Schweißen von Bewehrungsstählen in Biegebetrieben und Fertigteilwerken, insbesondere auch unter Montagebedingungen, Eisenbahnschienenschweißungen in Japan

### 4.4.3 Zusatzstoffe

Notwendig sind Hilfsstoffe, wie Brenngase und Sauerstoff sowie Druckluft für das Spannen der Bauteile und den Stauchvorgang. Schweißzusätze werden nicht benötigt.

### 4.4.4 Fertigungshinweise

Typische Verbindungsformen für das Gaspressschweißen sind Stumpfverbindungen an Rundstählen. Es werden aber auch gewalzte Profilstähle verbunden.

Die für das Gaspressschweißen vorgesehenen Teile erfordern an den Stoßflächen einen Glattschnitt. Der Werkstückabstand ist abhängig vom Querschnitt, der verschweißt werden soll. Tabelle 4.13 enthält Richtwerte für Betonstahl.

Tabelle 4.13 Richtgrößen für das Gaspressschweißen von Betonstahl

| **Werkstückdurchmesser [mm]** | 10 | 14 | 18 | 22 | 26 | 30 |
|---|---|---|---|---|---|---|
| **Werkstückabstand [mm]** | 8 | 11 | 13 | 14 | 15,5 | 16,5 |

Gaspressschweißverbindungen erreichen statische Zugfestigkeiten, die dem Grundwerkstoff entsprechen. Die Schweißtemperatur soll ca. 100...150 °C unter der Solidustemperatur des Werkstoffes liegen, für Stahl wird eine Arbeitstemperatur von etwa 1200 °C angegeben. Die Vorwärmzeit muss ausreichen, um den gesamten Querschnitt auf diese Temperatur zu bringen. Eine weitere wesentliche Einflussgröße ist der Stauchweg. Bei Stahl ist der Mindeststauchweg für eine hochwertige Verbindung umso größer, je höher der C-Gehalt ist. Ein empfindliches Kriterium für den Einfluss des Stauchweges ist die Kerbschlagzähigkeit. Beim Schweißen kalt verfestigter Stähle wird vielfach der Stauchweg gleich dem Stabdurchmesser gewählt. Falls erforderlich, lässt sich durch nachträgliches Normalglühen die Güte von Gaspressschweißverbindungen verbessern.

Als Richtwerte für den Stauchdruck werden empfohlen:

- für unlegierte Stähle: 25...35 $N/mm^2$,
- für niedrig legierte Stähle: bis 45 $N/mm^2$,
- für kalt verfestigte Bewehrungsstähle: 60...80 $N/mm^2$.

Durch die lange Erwärmung entsteht im Bereich der Fügezone ein grobkörniges Gefüge, sodass die Verbindungen geringe Zähigkeitswerte aufweisen.

### 4.4.5 Ausrüstungen

Zum Spannen der Bauteile und zum Aufbringen der Axialkräfte werden spezielle Vorrichtungen, welche möglichst leicht bauen (Bedienung durch einen Schweißer) sowie Flächenbrenner bzw. Ringbrenner und entsprechendes Zubehör für die Gasversorgung eingesetzt.

Gaspressschweißausrüstungen sind gegenüber Abbrennstumpfschweißmaschinen wesentlich leichter und benötigen keinen leistungsfähigen Netzanschluss.

# 5 Schweißen mit Widerstandserwärmung

## 5.1 Einteilung der Widerstandsschweißverfahren

Die zum Schweißen erforderliche Wärme wird durch Stromfluss über den elektrischen Widerstand der Fügestelle bzw. eines Hilfsstoffes erzeugt. Prinzipiell wird in Widerstandspress- und Widerstandschmelzschweißverfahren unterschieden.

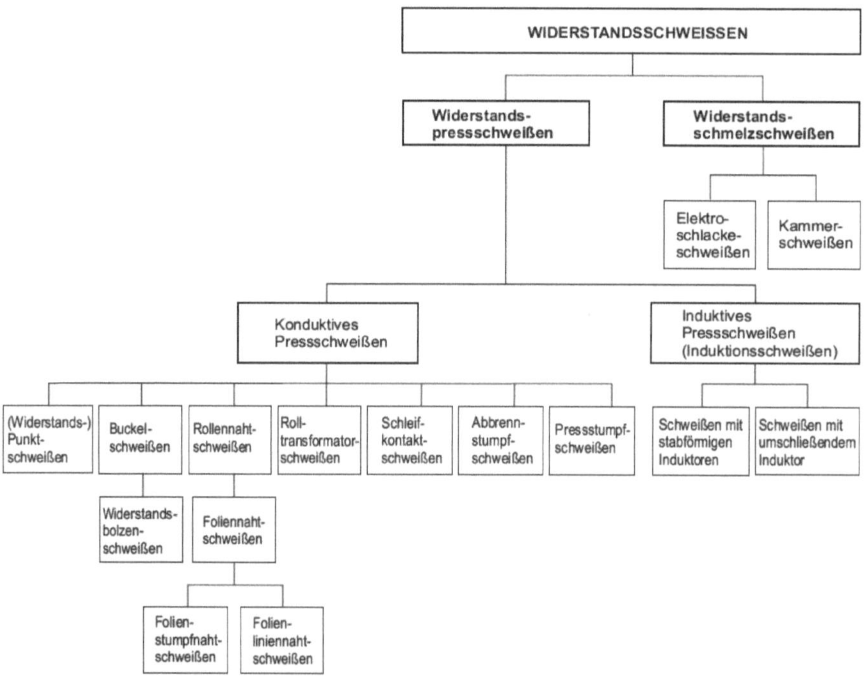


**Bild 5.1** Einteilungen der Widerstandsschweißverfahren (nach DIN 1910-100)

Beim Widerstandsschmelzweißen werden der Grundwerkstoff im Bereich der Fügestelle und etwaiger Schweißzusatz durch die elektrische Widerstandserwärmung verflüssigt und es entsteht ein Schmelzbad. Beim Widerstandspressschweißen erfolgt die Verbindungsausbildung unter Kombination von Widerstandserwärmung und Anpresskraft unterhalb der Schmelztemperatur des Grundwerkstoffs. Die Schweißverfahren werden nach der Art der Stromübertragung und dem Ablauf des Schweißvorganges unterteilt (Bild 5.1).

## 5.2 Konduktives Widerstandspressschweißen

### 5.2.1 Widerstandserwärmung durch konduktive Stromübertragung

Zu dieser Gruppe gehören nach DIN EN ISO 4063 die Verfahren:

- Punktschweißen (Prozess 21),
- Rollennahtschweißen (Prozess 22),
- Buckelschweißen (Prozess 23) sowie
- Abbrennstumpfschweißen (Prozess 24) und
- Pressstumpfschweißen (Prozess 25).

Die Verfahren unterscheiden sich durch:

- die Elektrodenform und -nutzung,
- die Werkstückgestaltung,
- die Steuerung des Schweißzyklusses und durch den Verfahrensablauf.

Verfahren, die in der Mikrotechnik eingesetzt werden, sind das Spalt-, Kompaktier- und Isolierdrahtschweißen. Bei der konduktiven Stromübertragung entsteht die Wärme unmittelbar an der Fügestelle. Kurze Schweißzeiten und die damit verbundene geringe Wärmeeinbringung ergeben geringe Schrumpfungen und Verwerfungen der Bauteile. Die verschiedenen Verfahren der Verfahrensgruppe Widerstandspressschweißen sind modular einsetzbar und relativ einfach automatisierbar.

### Anwendungsbereich

Die Vielfalt der Teile, die hergestellt werden können, ist nahezu unbegrenzt. Simples und Hochkompliziertes – vom Kochtopf bis zum hochbeanspruchten Flugzeugteil. Extrem sind die möglichen Größenunterschiede der Bauteile.

Das Widerstandspressschweißen mit konduktiver Stromübertragung wird schwerpunktmäßig in der Dünnblech verarbeitenden Industrie angewendet, z. B. im Karosseriebau der Fahrzeugindustrie, Waggonbau und Luftfahrzeugbau. Weitere Anwendungsgebiete sind in der Bauindustrie Bewehrungsskelette und Stahlmatten. In der Haushaltgeräteindustrie ergibt sich ein vielfältiges Anwendungsgebiet. In der Mikrotechnik werden Bauteile der Elektro- und Elektronikindustrie schweißtechnisch verarbeitet.

### Physikalische Grundlagen

Die Wärme wird unmittelbar an der Schweißstelle zwischen den Fügepartnern erzeugt (Kontaktwiderstand zwischen den Fügepartnern bei Überlappstößen). Die zwischen zwei Elektroden durch den Schweißstrom erzeugte Wärmemenge $Q$ ist nach dem Jouleschen Gesetz der zwischen den Elektroden umgesetzten elektrischen Arbeit $W$ gleichwertig.

$$W = I^2 Rt \quad [\mathrm{Ws}] \tag{5.1}$$

Die elektrische Arbeit von 1 Ws entspricht einer Wärmemenge von 1 J. Die beim Widerstandsschweißen erzeugte Wärmemenge ist somit:

$$Q = I_\mathrm{s}^2 R_\mathrm{g} t_\mathrm{s} \quad [\mathrm{J}] \tag{5.2}$$

$I_\mathrm{s}$ Schweißstrom in A, $R_\mathrm{g}$ Gesamtwiderstand in Ω, $t_\mathrm{s}$ Schweißzeit in s

Aus der Gleichung sind deutlich die Zusammenhänge zwischen Wärmemenge, Schweißstrom, Gesamtwiderstand und Schweißzeit ersichtlich. Zur Bildung der Schweißlinse trägt allerdings nur die Wirkwärmemenge $Q_W$ bei. Sie setzt sich zusammen aus der zugeführten Wärmemenge abzüglich der Verlustwärmemenge. Der bei der Widerstandserwärmung wirkende Widerstand setzt sich aus den Kontaktwiderständen an beiden Blechen und ihrem Stoffwiderstand zusammen. Die Verlustwärme ist unter anderem abhängig von der Schweißzeit, der Wärmeleitfähigkeit, der Blechdicke, der Geometrie und Kühlung der Elektroden sowie der Nachpresszeit.

Durch richtiges Abstimmen der Prozessparameter Schweißstrom, Schweißzeit und Schweißkraft wird die notwendige Schweißwärme zwischen den zu verbindenden Werkstücken erzeugt. Voraussetzung für eine optimale stoffschlüssige Verbindung ist die Bildung einer dünnen, schmelzflüssigen Phase zwischen beiden Fügepartnern. Eine optimale Energieauslastung liegt vor, wenn der Schweißstrom groß und die Schweißzeit klein gewählt werden, um die Verlustwärme gering zu halten. Die Elektroden nehmen bis zu 70 % der entstehenden Verlustwärme auf. In Bild 5.2 ist die Wärmebilanz beim Punktschweißen dargestellt.

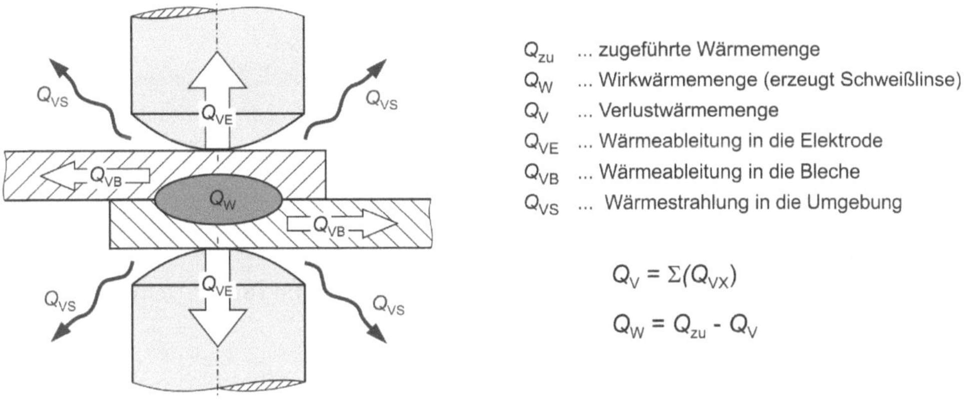


Bild 5.2 Wärmebilanzen beim Punktschweißen

## 5.2.2 Ausrüstungen zum konduktiven Widerstandspressschweißen

### 5.2.2.1 Aufbau einer konduktiven Widerstandsschweißmaschine

Durch die Schweißeinrichtung wird die zum Schweißen benötigte Energie in die Schweißstelle eingebracht. Mithilfe der Schweißsteuerung kann die Energie entsprechend der Schweißaufgabe dosiert werden. Der Prozessparameter „Elektrodenkraft" wirkt über ein Drucksystem auf die Schweißstelle ein. Je nach Schweißaufgabe werden zum Schweißen die unterschiedlichsten Bauformen von Widerstandsschweißmaschinen eingesetzt. Das können ortsfeste bzw. bewegliche Schweißmaschinen sein. Für spezielle Schweißaufgaben steht eine Vielzahl von Sonderschweißmaschinen zur Verfügung. In Bild 5.3 sind die Systemkomponenten einer konduktiven Widerstandsschweißanlage in einem Blockdiagramm dargestellt.

Die Aufgaben der Einzelkomponenten werden nach DVS Merkblatt 2904 wie folgt beschrieben (auszugsweise):

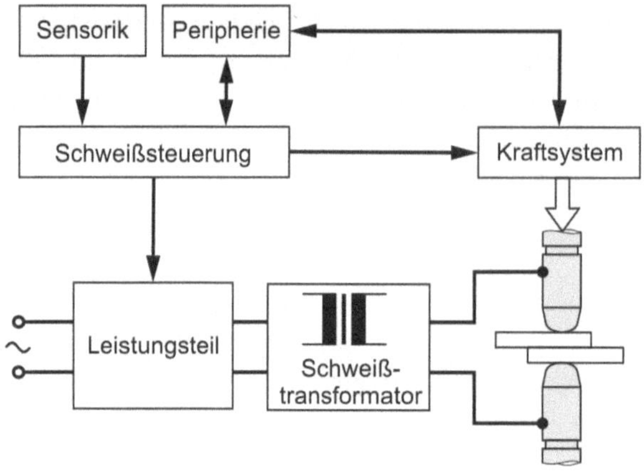


**Bild 5.3**
Blockschaltbild einer konduktiven Widerstandsschweißmaschine (nach DVS Merkblatt 2904)

### Transformator

Der Schweißtransformator erzeugt aus der Netzleistung die für die Schweißung erforderlichen hohen Schweißströme im kA-Bereich.

### Leistungsteil

Das Leistungsteil ist das Stellglied im Schweißsystem, welches die Vorgaben der Schweißsteuerung bezüglich des zeitlichen Verlaufs und der Höhe des Schweißstroms umsetzt.

### Kraftsystem

Das Kraftsystem sorgt für die beim Widerstandsschweißen erforderliche Zustellbewegung der Elektroden und den Aufbau der Elektrodenkraft.

### Schweißsteuerung

Die Schweißsteuerung gibt den zeitlichen Verlauf und die Höhe von Schweißstrom und -kraft vor und synchronisiert beide mit den Maschinenabläufen. In verschiedenen Ausbaustufen kann sie zusätzlich Regelungs-, Überwachungs-, Visualisierungs- und Qualitätssicherungsfunktionen übernehmen.

### Peripherie

Unter Peripherie werden folgende Anlagenteile zusammengefasst:

- Externe Aktuatoren (z. B. Ventile)
- Freigabemelder (Druckluft, Kühlmenge, Temperaturschalter, Netzüberwachung, ...)
- Schalt- und Meldegräte (Schalter, Taster, Initiatoren, ...)
- Roboter
- SPS (Speicher-Programmierbare-Steuerungen)

- Sicherheitseinrichtungen
- Bedien-, Programmier- und Visualisierungseinheit
- Schnittstellenanbindung an übergeordnete Netzwerke

**Sensorik**

Die Sensorik dient zur Erfassung der Schweißprozessgrößen wie z. B. Schweißstrom, Elektrodenspannung, Elektrodenweg, Elektrodenkraft, usw.

#### 5.2.2.2 Schweißstromquellen zum konduktiven Widerstandspressschweißen

Das konduktive Widerstandspressschweißen kann mit Wechsel- oder Gleichstrom erfolgen. Je nach Prozessablauf kommen verschiedene Stromverlaufsformen, wie Dauerstrom, Stromtakte, Impulsstrom, u. ä. zum Einsatz. Dazu stehen verschiedene Bauarten von Stromquellen zur Verfügung:

- Transformator (Wechselstrom),
- Gleichrichter mit Dioden (Gleichstrom),
- Gleichrichter mit Transistoren (Gleichstrom),
- Mittelfrequenz-Inverter (getakteter Gleichstrom),
- Hochfrequenz-Inverter (getakteter Gleichstrom),
- Kondensatorentladungsmaschine.

Die erforderliche Schweißleistung der Stromquellen ist abhängig vom Anwendungsfall und der Bauart des Schweißsystems. In Tabelle 5.1 sind Richtwerte angegeben.

**Tabelle 5.1** Leistungsdaten von Schweißstromquellen zum konduktiven Widerstandspressschweißen an Stahlwerkstoffen

| | Stationäre Maschine | Schweißzange | Kleinteilschweißen |
|---|---|---|---|
| Transformator | bis 50 kA,<br>> 100 ms | 6...20 kA,<br>> 100 ms | 2...20 kA,<br>20...100 ms |
| Gleichrichter | 10...400 kA<br>> 100 ms | – | bis 5 kA,<br>1...100 ms |
| Mittelfrequenz-Inverter | 3...400 kA,<br>> 30 ms | 3...20 kA,<br>> 60 ms | 2...50 kA,<br>> 5 ms |
| Hochfrequenz-Inverter | 3...60 kA,<br>> 5 ms | 3...15 kA,<br>> 60 ms | 0,2...50 kA,<br>> 1 ms |
| Kondensatorentladung | 20...1000 kA,<br>< 20 ms | – | 1...50 kA,<br>< 20 ms |

Die Hardware der Schweißstromquelle besteht aus Leistungsteil und Transformator, welche von der Schweißsteuerung angesteuert werden. Für Gleichstromanwendungen ist dem Transformator noch ein Gleichrichter nachgeschaltet.

Das Leistungsteil ist auf der Primärseite des Transformators angeordnet. Es realisiert entsprechend der Vorgaben der Schweißsteuerung den zeitlichen Verlauf und die Amplitude des Stromes zur Versorgung des Schweißtransformators. Leistungsteile werden zumeist luftgekühlt (Zwangskühlung mit Lüfter) ausgelegt, im hohen Leistungsbereich auch wassergekühlt.

Der Transformator erzeugt aus der vom Leistungsteil bereitgestellten Energie die für das Schweißen notwendigen hohen Stromstärken im kA-Bereich. Die Querschnitte der Spulenwindungen auf der Sekundärseite müssen dementsprechend groß dimensioniert werden. Die sekundäre Leerlaufspannung liegt im Bereich 3...16 V. Üblicherweise werden die Transformatoren wassergekühlt.

In den folgenden Abschnitten werden die in der Praxis am häufigsten eingesetzten Schweißstromquellen vorgestellt.

### Schweißanlagen für Wechselstrom

Die Schweißstromquelle besteht aus einem Transformator und einem vorgeschalteten Thyristorsteller (Bild 5.4). Erzeugt wird ein sinusförmiger Wechselstrom, der durch die Thyristoren angeschnitten werden kann. Schweißanlagen für Wechselstrom können nur ein- oder zweiphasig angeschlossen werden. Dadurch wird das Versorgungsnetz ungleichmäßig belastet.

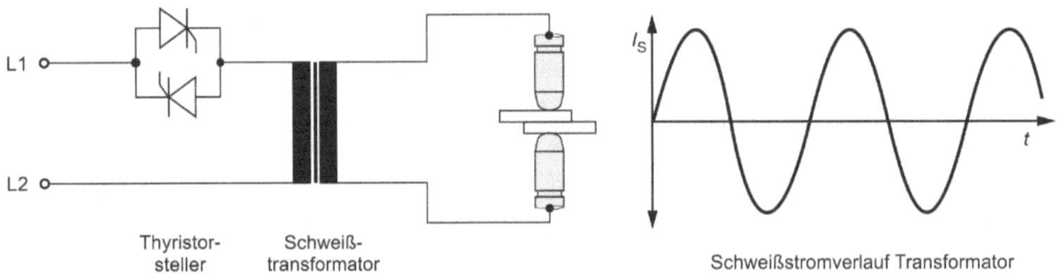


**Bild 5.4** Prinzipschaltung einer Einphasen-Wechselstromquelle

Durch den Einsatz der Thyristoren als Wechselstromsteller besteht die Möglichkeit der Spannungseinstellung durch eine Zündpunktverzögerung. Die Thyristoren werden hierzu mit einer Zündimpulsreihe leitend geschaltet. Die Zündimpulse werden in der Steuerstufe der Schweißmaschinensteuerung erzeugt. Durch die Zündpunktverschiebung kommt wegen der verspäteten Zündung des Thyristors nur ein Teil jeder Halbwelle an dem Schweißtransformator zur Wirkung. Es wird in diesem Fall von einer Stromsteuerung durch Phasenanschnitt gesprochen. Durch den Phasenanschnitt ergibt sich ein bestimmter Stromflusswinkel δ, (Bild 5.5). Die

Zündzeitpunktverzögerung wird vom jeweiligen Nulldurchgang einer Halbwelle ausgemessen und als Zündwinkel α in Winkelgrad angegeben. So entsprechen 360° einer Periodendauer. In der Praxis werden variable Zündwinkel von 30...150° angewendet.

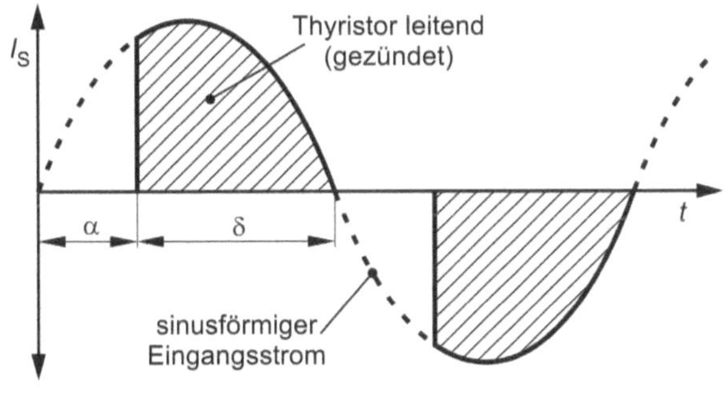


**Bild 5.5**
Phasenanschnitt durch Thyristoren (Zündwinkel 60°)

Der Effektivwert des Schweißstromes verändert sich je nach Größe der Zündverzögerung gegenüber der nicht angeschnittenen Phase. Er wird umso kleiner, je größer die Zündverzögerung ausfällt (Bild 5.6).

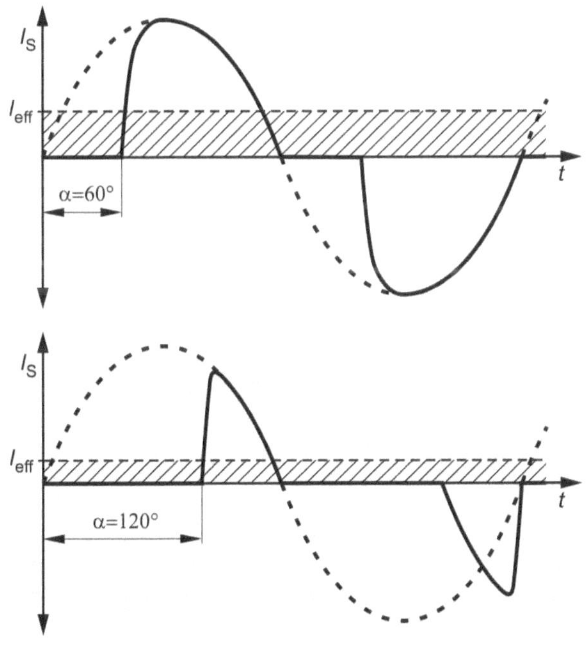


**Bild 5.6**
Effektivwert in Abhängigkeit vom Zündwinkel

Die kleinste kontrollierbare Zeiteinheit beträgt 10 ms bei 50 Hz Netzfrequenz und ist kaum geeignet für kurze Schweißzeiten. Die hohe Restwelligkeit des Schweißstromes verkleinert das „Schweißfenster" für bestimmte Schweißaufgaben.

Aufgrund der geringeren Gerätekosten wird die Wechselstromschweißung für einfache Schweißaufgaben immer noch angewendet.

### Schweißanlagen für Gleichstrom (konventionelle Gleichrichter)

Die Schweißstromquelle besteht aus einem Transformator, einem vorgeschalteten Thyristorsteller und einem nachgeschalteten Gleichrichter, Bild 5.7.

Der Anschluss erfolgt dreiphasig und es werden in der Regel drei Einphasentransformatoren verwendet, die auf der Sekundärseite mit einer Mittenanzapfung ausgestattet sind. Die Schweißstromverstellung erfolgt, wie in den Wechselstrom-Schweißanlagen, über eine Phasenanschnittsteuerung an den Thyristoren. Die Gleichrichtung des transformierten Stromes erfolgt über parallel geschaltete Diodenpakete. Erzeugt wird ein Gleichstrom mit definierter Restwelligkeit. Die kleinste regelbare Zeiteinheit beträgt bei 50 Hz Netzfrequenz 3,33 ms.

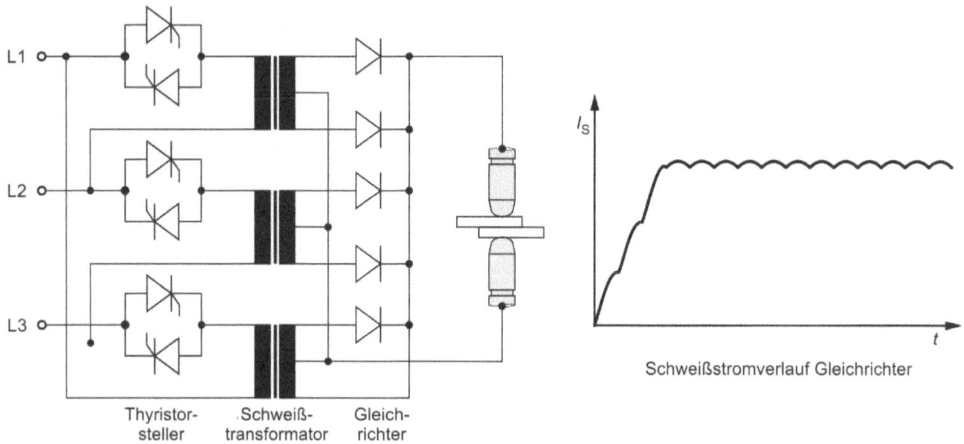


**Bild 5.7** Prinzipschaltung einer 3-Phasen-Gleichstromquelle

Die symmetrische Netzbelastung lässt die Erzeugung höherer Schweißströme auch bei langen Schweißzeiten und hohen Einschaltdauern zu. Der Einstellbereich für verschiedene Schweißaufgaben ist deutlich größer als bei Wechselstromanlagen.

### Schweißanlagen auf Inverterbasis

Die Schweißstromquelle besteht aus einem Transformator, einem Leistungsteil aus Netzgleichrichter und Wechselrichter sowie einem nachgeschalteten Gleichrichter (Bild 5.8).

Die Netzspannung wird auf der Primärseite des Transformators über einen Gleichrichter zu einer Gleichspannung umgeformt. Diese wird anschließend auf einem Wechselrichter in eine rechteckförmige Wechselspannung hoher Frequenz umgewandelt und auf den Transformator geleitet. Die Kondensatoren im Zwischenstromkreis glätten die im Netzgleichrichter erzeugte Gleichspannung und dämpfen die Schaltspitzen des Wechselrichters. Im Wechselrichter sind schnelle Transistorschalter (GBT – insulated gate bipolar transistor) als H-Brücke verschaltet. Die Stromverstellung erfolgt durch Pulsweitenmodulation über das gesteuerte Ein- und Ausschalten dieser Transistoren während eines Rechteckimpulses (Bild 5.9). Bedingt durch die Schaltzeiten der Transistoren kann ein Impuls nicht voll ausgesteuert werden, praktikabel sind Pulsweiten von bis zu 90 %. Je größer die angesteuerte Pulsweite ist, desto höher fällt der Schweißstrom aus (Bild 5.10). Die Gleichrichtung des transformierten Stromes erfolgt, wie bei konventionellen Gleichrichtern, über parallel geschaltete Diodenpakete.

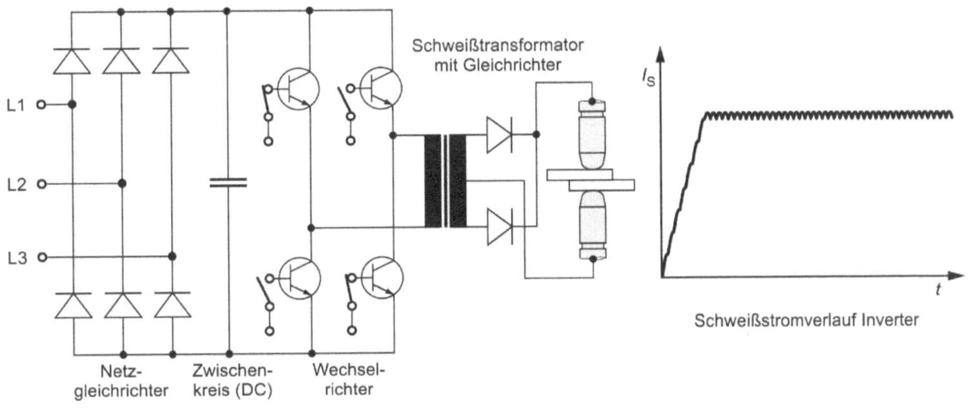


**Bild 5.8** Prinzipschaltung einer Inverterstromquelle

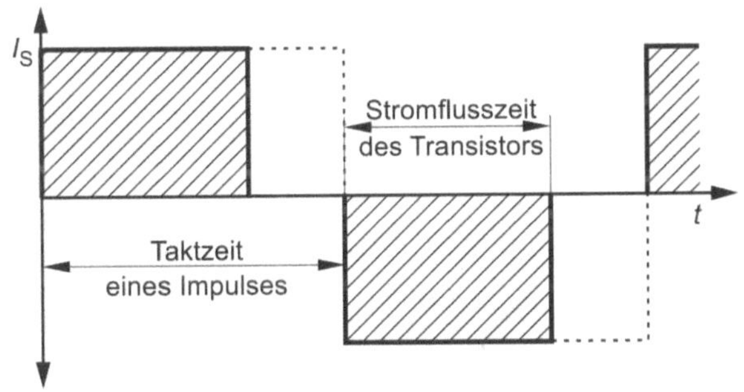


**Bild 5.9**
Prinzip der Pulsweitenmodulation

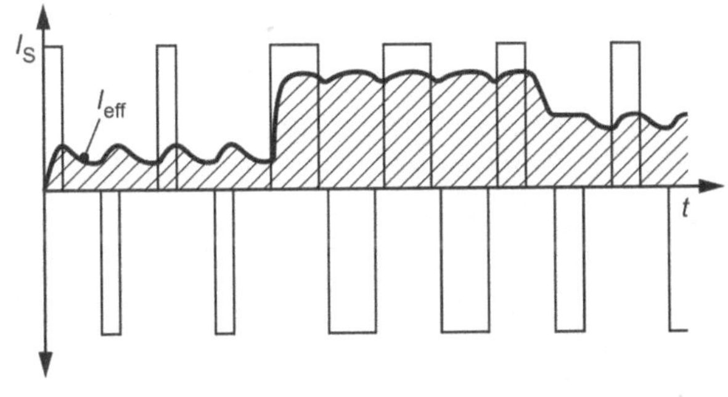


**Bild 5.10**
Effektivwert in Abhängigkeit von der Pulsweite

Unterschieden werden die Schweißinverter in:

- Mittelfrequenzinverter (DCMF), Schaltfrequenz 1000...4000 Hz
- Hochfrequenzinverter (DCHF), Schaltfrequenz > 4000 Hz

Je höher die Frequenz des zu transformierenden Stromes ist, desto geringer kann die Transformatorbaugröße ausfallen.

Der mit dem Inverter erzeugte Gleichstrom weist nur eine sehr geringe Restwelligkeit auf und bietet alle Vorteile des konventionellen Gleichstromes. Vorteilhaft ist die wesentlich höhere Regelgeschwindigkeit der Invertertechnik, die nicht mehr von der Netzfrequenz, sondern von der Frequenz des Wechselrichters abhängt. Für einen typischen 1000-Hz-Mittelfrequenzinverter beträgt die kleinste regelbare Zeiteinheit 0,5 ms, für einen 20.000 Hz-Hochfrequenzinverter 0,025 ms. Damit lässt sich der Schweißprozess sehr detailliert steuern und an spezielle Werkstofferfordernisse anpassen. Ein weiterer Vorteil der Invertertechnik im Vergleich zu Thyristorstellern ergibt sich durch eine erhebliche Einsparung an Transformatorengewicht.

### Schweißanlagen mit Kondensatorentladung

Die Schweißstromquelle besteht aus einem Lade- und einem Entladeteil (Bild 5.11). Im Ladeteil wird eine Kondensatorbank mit einer gleichgerichteten Netzspannung aufgeladen. Die Ladespannung liegt, je nach Anwendungsfall und erforderlicher Ausgangsleistung, im Bereich 150...3500 V. Im Entladeteil wird die im Kondensator gespeicherte Energie über einen Thyristorschalter auf den Schweißtransformator geleitet, der die zum Schweißen erforderlichen hohen Ströme generiert. Die Entladung der Kondensatoren erfolgt impulsartig mit steilem Stromanstieg.

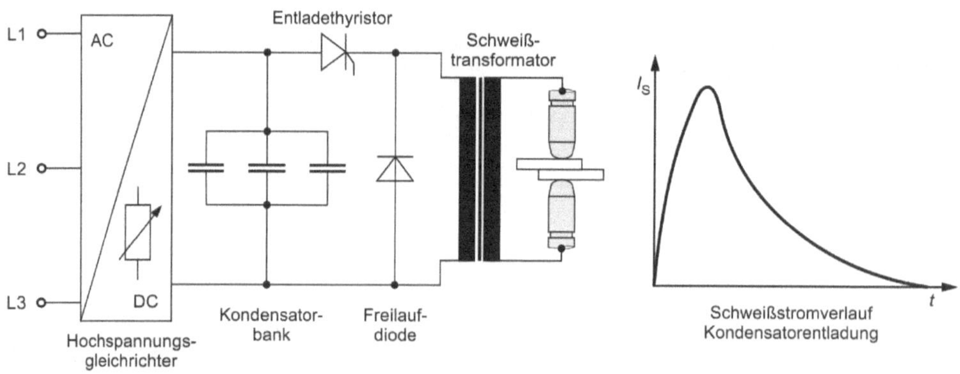


**Bild 5.11** Prinzipschaltbild einer Kondensatorentladungs-Stromquelle

Die Schweißströme können mehrere Hundert kA betragen, die Schweißzeiten liegen im Bereich weniger Millisekunden. Die Schweißzeit lässt sich allerdings nicht einstellen, sondern sie ergibt sich aus den elektrischen Verhältnissen im Entladestromkreis. Nach jedem Schweißzyklus muss der Kondensator neu aufgeladen werden. Der Ladevorgang ist in der Regel innerhalb weniger Sekunden abgeschlossen. Wegen der im Verhältnis zur Schweißzeit langen Ladezeit sind nur vergleichsweise geringe Netzanschlussleistungen notwendig. Die kurzen Schweißzeiten führen nur zu einer geringen Erwärmung des Transformators, sodass dieser ohne Wasserkühlung ausgelegt werden kann. Vorrangig werden diese Stromquellen zum Buckelschweißen eingesetzt [NIM 09]. Ein weiteres Einsatzgebiet ist das Punktschweißen von Kleinteilen in der Mikrotechnik, insbesondere an Werkstoffen mit hoher thermischer Leitfähigkeit. Der extrem kurzzeitige Wärmeintrag verhindert weitgehend ein Verziehen oder Ausglühen der Bauteile.

### 5.2.2.3 Mechanischer Teil der Schweißeinrichtungen

#### Punkt-, Rollennaht- und Buckelschweißen

Realisiert werden muss eine Zustellbewegung der Elektroden zum Werkstück und der Aufbau einer Fügekraft. Beim Rollennahtschweißen muss zusätzlich eine Vorschubbewegung generiert werden (Bild 5.12).

Für die Erzeugung der Elektroden-Anpresskräfte werden verschiedene Kraftsysteme eingesetzt:

- mechanisch betätigte Antriebe, z. B. Hebelsysteme, Fußpedal; nur für einfache Anwendungen;
- pneumatisch betätigte Antriebe; Pneumatikzylinder mit Schalt- oder Servoventilen;
- hydraulisch betätigte Antriebe; Hydraulikzylinder mit Schalt- oder Servoventilen;
- elektromotorisch betätigte Antriebe, z. B. Servomotor mit Linearspindelantrieb.

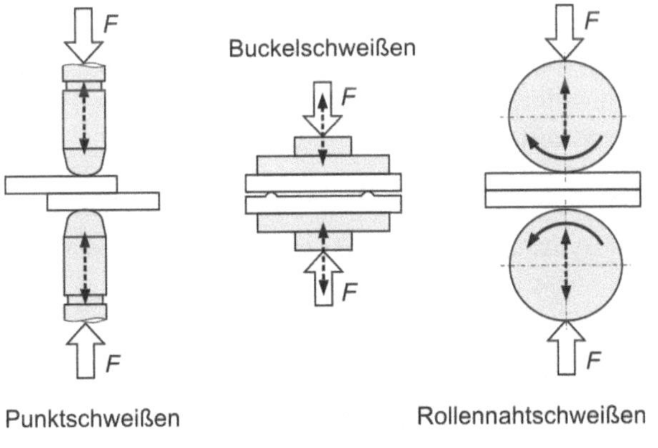


**Bild 5.12** Bewegungs- und Kraftrichtung beim punktförmigen Widerstandspressschweißen

Antriebe mit Servotechnik ermöglichen eine präzise Steuerung der Elektrodenkraft. Auch bei hohen Anpresskräften lassen sich damit die Elektroden nahezu prallfrei aufsetzen. Das verhindert Prellschlag und Blechverformung, garantiert eine gleichmäßige Schweißlinsenausbildung und schont die gesamte Schweißausrüstung. In mechanisierten Anlagen geht der Trend zu elektromotorisch betätigten Servoantrieben, da diese einen bis zu 5-mal schnelleren Kraftaufbau als pneumatische Systeme ermöglichen. Die damit verbundene Einsparung von Prozesszeit kann in höhere Taktraten umgesetzt werden.

Für mobile Schweißsysteme sind zusätzlich Einrichtungen erforderlich, die das Fügewerkzeug zur Fügestelle positionieren. Im einfachsten Fall wird die Schweißzange manuell geführt, in mechanisierten Anwendungen kommt zumeist ein Industrieroboter als Handlingsystem zum Einsatz.

**Abbrennstumpf- und Stumpfschweißen**

Unterschieden wird in Spann-, Anpress- und Vorschubeinrichtungen. Die Spanneinrichtungen wirken radial und fixieren die Fügeteile. Die Vorschubeinrichtung, ausgelegt als beweglicher Schlitten, bewegt ein Fügeteil axial zum anderen und realisiert die Anpress- und Stauchbewegung (Bild 5.13).

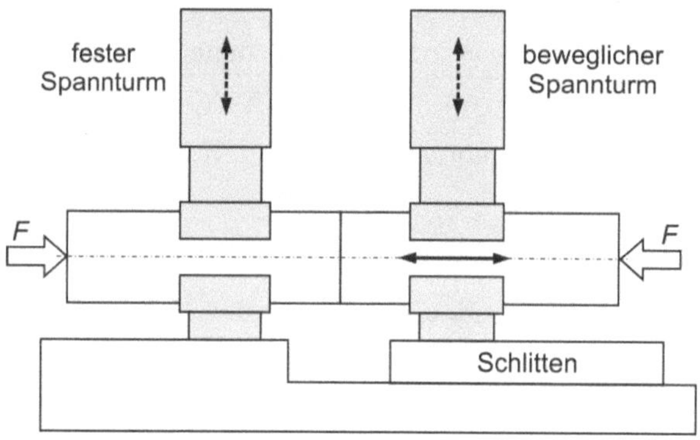


**Bild 5.13** Bewegungs- und Kraftrichtung beim flächigen Widerstandspressschweißen

Zur Erzeugung der Fügekraft werden verschiedene Wirkprinzipien angewendet:

- mechanisch betätigte Maschinen: Federkraft oder Kraftaufbringung über Hebelsystem, nur für geringe Fügequerschnitte;
- pneumatisch betätigte Maschinen: Pneumatikzylinder;
- hydraulisch betätigte Maschinen: Hydraulikzylinder, für große und massive Querschnitte.

## 5.2.3 Widerstandspunktschweißen (Prozess 21)

### 5.2.3.1 Verfahrensmerkmale

Beim Widerstandspunktschweißen kommen stabförmige Elektroden zur Strom- und Kraftübertragung zum Einsatz. Der Schweißstrom kann je nach Schweißaufgabe für Stahl bis zu 40 kA und für Aluminium bis zu 65 kA betragen. Es können Elektrodenkräfte bis zu 150 kN angewendet werden. Die Verbindungsart ist vorrangig der Überlappstoß. Eine spezielle Nahtvorbereitung ist nicht erforderlich. Die Verbindung bildet sich als Schweißlinse zwischen den Fügeteilen aus (Bild 5.14).

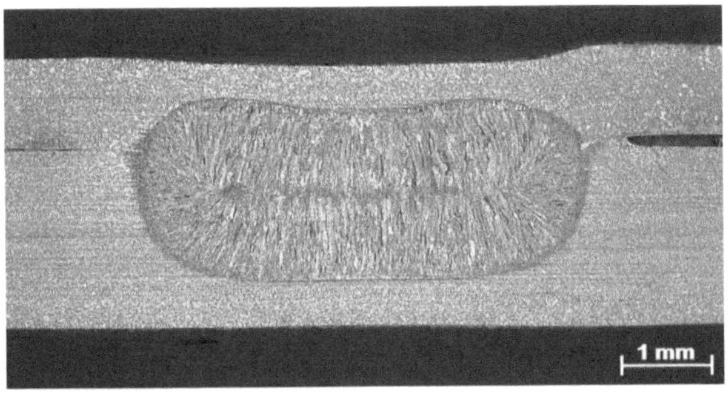


**Bild 5.14**
Schweißlinse beim Widerstandspunktschweißen

### Anwendungsbereich/Abmessungen

Das Widerstandspunktschweißen kommt vor allem zum Verbinden von dünnen Blechen und Drähten zum Einsatz. Es wird im großen Umfang in der Automobilindustrie zum Schweißen an Stahlkarosserien eingesetzt. Weiter Anwendungsgebiete sind der Gehäusebau in der Haushaltgeräteindustrie und das Schweißen von Kontaktverbindungen in der Elektroindustrie. Darüber hinaus wird es in der Mikrofertigungstechnik zum Schweißen von Kleinteilen eingesetzt.

Übliche Blechdicken liegen bei Stahlwerkstoffen im Bereich 0,5...4,0 mm. In der Mikrotechnik können mit dem Feinpunktschweißen auch Folien ab 0,01 mm Dicke geschweißt werden.

### Werkstoffgruppen

Mit dem Widerstandspunktschweißen lassen sich alle Stähle und eine Vielzahl von Nichteisenmetallen verbinden. Als Beispiele seien Aluminium, Nickel und Titan genannt. In der Mikrotechnik werden auch Werkstoffkombinationen geschweißt. Weitere Hinweise zu den Werkstoffgruppen sind im Abschnitt Schweißeignung enthalten.

### Wichtige Merkblätter und Normen

**Verfahren und Werkstoffe:**

- **DVS 2950:** Widerstandsschweißen in Elektronik und Feinwerktechnik – Übersicht und Grundlagen.
- **DVS 2902-1:** Widerstandspunktschweißen von Stählen bis 3 mm Einzeldicke – Übersicht.
- **DVS 2902-2:** Widerstandspunktschweißen von Stählen bis 3 mm Einzeldicke – Punktschweißeignung.

- **DVS 2902-3:** Widerstandspunktschweißen von Stählen bis 3 mm Einzeldicke – Konstruktion und Berechnung.
- **DVS 2902-4:** Widerstandspunktschweißen von Stählen bis 3 mm Einzeldicke – Grundlagen, Vorbereitung und Durchführung.
- **DVS 2903:** Elektroden für das Widerstandsschweißen.
- **DVS 2904:** Steuerungen, Leistungsteile und Transformatoren für das Widerstandsschweißen.
- **DIN EN ISO 5182:** Werkstoffe für Elektroden und Hilfseinrichtungen.
- **DIN EN ISO 18595:** Widerstandsschweißen – Punktschweißen von Aluminium und Aluminiumlegierungen – Schweißeignung, Schweißen und Prüfen.

**Prüfen von Widerstandsschweißverbindungen/Qualitätssicherung beim Widerstandsschweißen:**

- **DIN EN ISO 6520-2:** Schweißen und verwandte Prozesse – Einteilung von geometrischen Unregelmäßigkeiten an metallischen Werkstoffen – Teil 2: Pressschweißungen.
- **DIN EN ISO 15614–12:** Anforderung und Qualifizierung von Schweißverfahren für metallische Werkstoffe – Schweißverfahrensprüfung – Teil 12: Widerstandspunkt-, Rollennaht- und Buckelschweißen.
- **DIN EN ISO 14273:** Widerstandsschweißen – Zerstörende Prüfung von Schweißverbindungen – Probenmaße und Durchführung für die Scherzugprüfung an Widerstandspunkt-, Rollennaht- und Buckelschweißungen mit geprägten Buckeln.
- **DIN EN ISO 14329:** Widerstandsschweißen – zerstörende Prüfung von Schweißverbindungen, Brucharten und geometrische Messgrößen für Widerstandspunkt-, Rollennaht- und Buckelschweißungen.
- **DIN EN ISO 14327:** Widerstandsschweißen – Verfahren für das Bestimmen des Schweißbereichsdiagramms für das Widerstandspunkt-, Buckel- und Rollennahtschweißen.

### 5.2.3.2 Verfahrensprinzip/-beschreibung

Die Werkstücke werden an den Stoßflächen erwärmt und unter Anwendung von Kraft punktförmig (genauer linsenförmig) geschweißt. Strom und Kraft werden durch Punktschweißelektroden übertragen (Bild 5.15).

Die Elektroden sind stabförmig ausgebildet, bestehen aus legiertem Kupfer und werden zumeist intern wassergekühlt. Die Fügeteile müssen zum Schweißen überlappt angeordnet sein.

Der Gesamtwiderstand $R_{ges}$ setzt sich aus den Stoffwiderständen $R_1$, $R_2$, $R_5$, $R_6$ und den Kontaktwiderständen $R_3$, $R_4$, $R_7$ zusammen (Bild 5.16) und ändert sich im Verlauf der Schweißzeit stark.

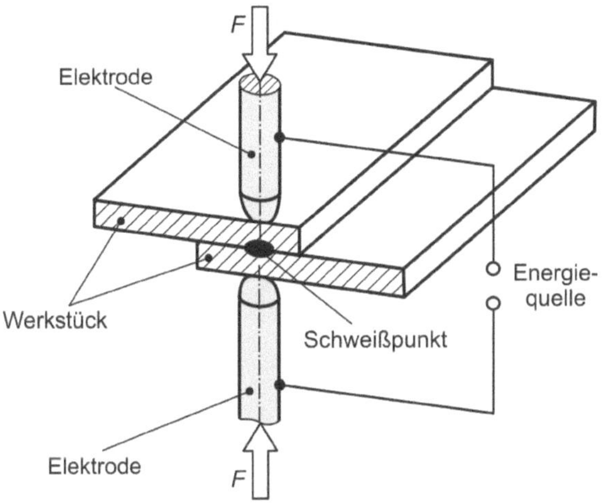


**Bild 5.15**
Zweiseitiges Punktschweißen

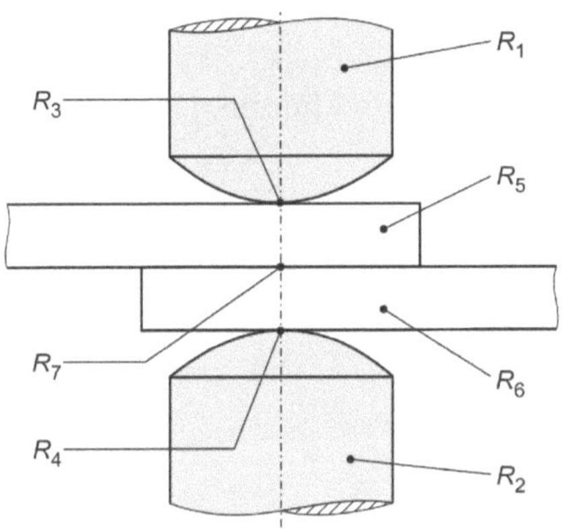


$R_1$ ... Stoffwiderstand der oberen Elektrode

$R_2$ ... Stoffwiderstand der unteren Elektrode

$R_3$ ... Kontaktwiderstand obere Elektrode - Werkstück (Oberblech)

$R_4$ ... Kontaktwiderstand untere Elektrode - Werkstück (Unterblech)

$R_5$ ... Stoffwiderstand Werkstück (Oberblech)

$R_6$ ... Stoffwiderstand Werkstück (Unterblech)

$R_7$ ... Kontaktwiderstand zwischen den Werkstücken (Oberblech - Unterblech)

$$R_{Ges} = R_1 + R_2 + R_3 + R_4 + R_5 + R_6 + R_7$$

**Bild 5.16** Widerstände beim Widerstandspunktschweißen

Die Stoffwiderstände $R_1$ und $R_2$ der Punktschweißelektroden sollen klein sein, da die dort entstehende Wärme nicht zum Schweißvorgang beiträgt. Die Kontaktwiderstände $R_3$ und $R_4$ sind ebenfalls klein zu halten, weil es sonst an diesen Stellen zu unerwünscht hoher Erwärmung und als deren Folge zum „Anlegieren" und zu erhöhtem Elektrodenverschleiß kommt. Die große Wärmeleitfähigkeit der zumeist wassergekühlten Elektroden bewirkt zusammen mit dem hohen Kontaktwiderstand im Bereich der Fügestelle, dass die Schweißverbindung in der Mitte der zu verbindenden Bleche entsteht und eine linsenförmige Gestalt aufweist. Die vorhandenen Stoffwiderstände $R_6$ und $R_5$ sowie der Kontaktwiderstand $R_7$ tragen zur Entstehung der Wirkwärmemenge bei.

Die einzelnen Widerstände ändern sich im Verlauf der Schweißung (Bild 5.17). Der zu Schweißbeginn hohe Kontaktwiderstand verringert sich unter dem Einfluss der Anpresskraft und bricht mit dem Aufschmelzen einer ersten dünnen Oberflächenschicht zwischen den Werkstücken zusammen. Der Stoffwiderstand steigt mit zunehmender Temperatur bis zum Erreichen der Schmelztemperatur an. Die danach einsetzende

Linsenausbildung vergrößert die leitfähige Querschnittsfläche, wodurch der Stoffwiderstand wieder absinkt.

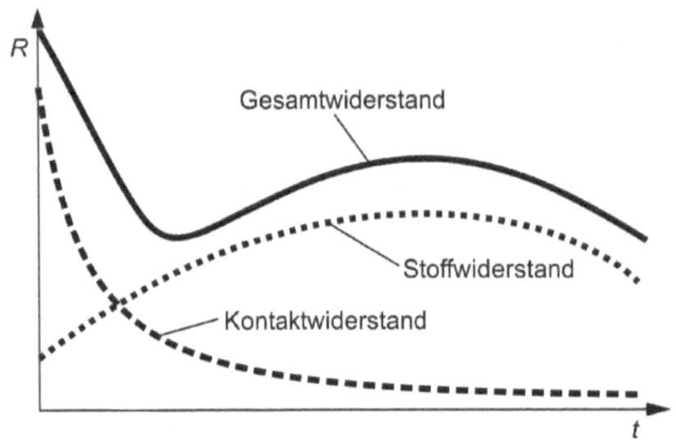


**Bild 5.17**
Verlauf der Widerstände im Punktschweißprozess

Der bei geringen Elektrodenkräften sehr große Streubereich der Messwerte verringert sich bei steigender Elektrodenkraft erheblich (Bild 5.18). Zu geringe Elektrodenkräfte bewirken weiterhin einen größeren Übergangswiderstand und führen damit zu Schmorstellen auf der Blechoberfläche und an der Elektrodenarbeitsfläche. Es ist daher beim Punktschweißen stets mit hohen Elektrodenkräften zu arbeiten, weil dadurch eine gleichmäßigere Punktfestigkeit erzielt wird.

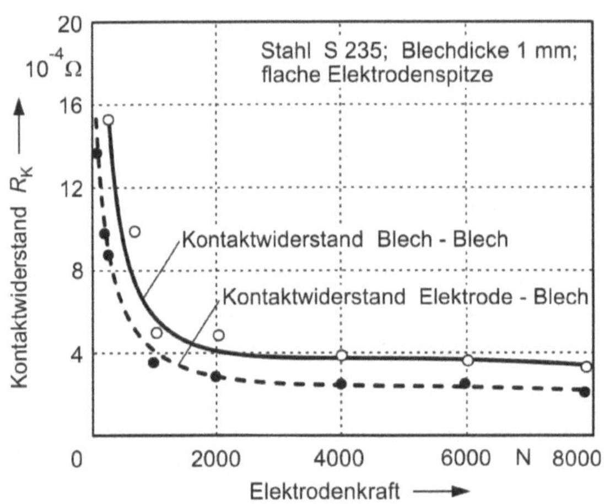


**Bild 5.18**
Kontaktwiderstand

### 5.2.3.3 Schweißanlagenaufbau

Die Schweißmaschinen kann man im Allgemeinen einteilen in

- stationäre Punktschweißmaschinen,
- Punktschweißzangen,
- Tisch-Punktschweißmaschinen.

Nach der Art der Schließbewegung der Elektrodenarme wird in C- und X-Ausführungen unterschieden (Bild 5.19).

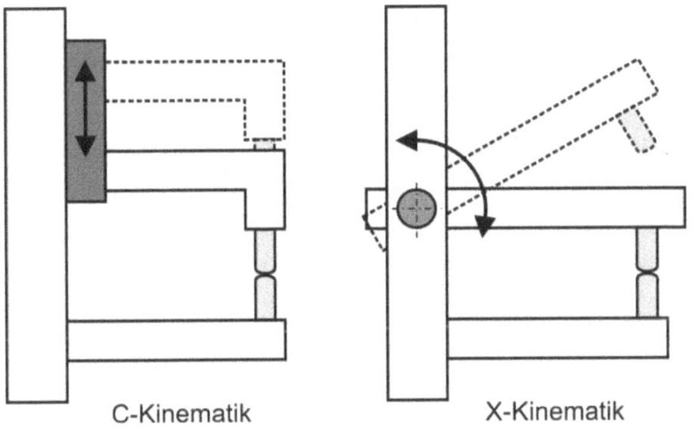


**Bild 5.19**
Schließkinematik an Widerstandspunkt-Schweißeinrichtungen

### Stationäre Punktschweißmaschinen

Diese Maschinen sind als ortsfeste Ständermaschinen ausgeführt und erlauben eine mechanisch steife Konstruktion auch bei großen Ausladungen (Bild 5.20).

**Bild 5.20**
Stationäre Punktschweißmaschine (DALEX Schweißmaschinen GmbH & Co. KG)

Sind mehrere Paare von Elektrodenarmen in einem Maschinengestell angeordnet, spricht man von Vielpunktschweißeinrichtungen. Damit können an einem Werkstück gleichzeitig mehrere Punkte geschweißt werden. Zumeist handelt es sich dabei um Sondereinrichtungen, die an ein spezielles Bauteil angepasst wurden.

### Punktschweißzangen

Schweißzangen werden als ortsveränderliche Maschinen eingesetzt, das heißt, das Schweißwerkzeug wird zum Bauteil geführt. Unterschieden wird in Kabel- und Trafozangen. Bei Trafozangen ist die Schweißstromquelle in die Schweißzange integriert (Bild 5.21). Aus Gewichtsgründen wird dabei zumeist Invertertechnik eingesetzt. Bei Kabelzangen sind die Elektrodenarme über ein längeres Kabel an die Sekundärseite der Schweißstromquelle angeschlossen. Die Handhabung der Zangen erfolgt entweder manuell oder mittels Industrieroboter. Bei manueller Handhabung erfolgt eine Gewichtsentlastung über eine entsprechende Aufhängung (Balancer).

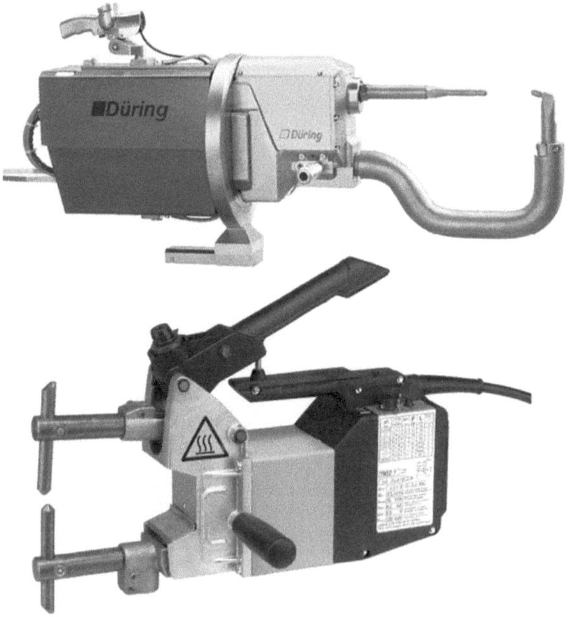


**Bild 5.21** Punktschweißzangen, oben: C-Zange (Düring Schweißtechnik GmbH), unten: X-Zange (TECNA S.p.A.)

### Tisch-Punktschweißmaschinen

Dieser Maschinentyp wird für Kleinteile- und Feinschweißungen eingesetzt. Die Punktschweißmaschine ist auf einem Arbeitstisch montiert (Bild 5.22).

Bild 5.22
Tisch-Punktschweißmaschine (NIMAK GmbH)

### 5.2.3.4 Elektroden zum Widerstandspunktschweißen

Elektroden für das Widerstandspunktschweißen dienen zur Übertragung der Elektrodenkraft und des Schweißstromes. Sie sind Verschleißteile und sollten deshalb leicht auswechselbar sein.

Elektroden sollen folgende Eigenschaften haben:

- gute elektrische und thermische Leitfähigkeit,
- große Grund- und Warmhärte,
- hohe Anlassbeständigkeit,
- hohe Erweichungstemperatur,
- geringe Anlegierungsneigung zum Werkstück,
- leichte Bearbeitungsmöglichkeit.

#### Elektrodenwerkstoffe

Die Forderung nach guter elektrischer und thermischer Leitfähigkeit lässt sich am wirtschaftlichsten mit reinem Kupfer erfüllen. Dieser Werkstoff genügt jedoch nicht den Anforderungen hinsichtlich Formbeständigkeit und Legierungsneigung. Für hohe Punktfolgen, z. B. in der Massenfertigung, sind Elektroden mit hohen Standzeiten erforderlich. Es werden deshalb Elektroden aus Kupferlegierungen eingesetzt, die jedoch eine geringere Leitfähigkeit besitzen als unlegiertes Kupfer.

Informationen über Elektrodenwerkstoffe und Hilfseinrichtungen und empfohlene Anwendungen befinden sich in DIN EN ISO 5182 sowie im Merkblatt DVS 2903.

Bei der Auswahl der Elektroden sind folgende Kriterien zu achten:

- Auswahl der Elektroden nur nach der Eigenschaft Härte ergibt eine geringe elektrische Leitfähigkeit. Die Arbeitstemperatur der Elektrode wird erhöht und somit die Neigung zum „Kleben" mit dem zu verschweißendem Werkstoff.
- Auswahl der Elektroden nur nach guter elektrischer Leitfähigkeit ergibt einen verminderten Härtewert (z. B. Schweißen von Leichtmetallen). Es erfolgt eine schnellere Deformation der Arbeitsflächen. Kürzere Nacharbeitsintervalle und ein höherer Verschleiß sind die Folge.

Für den Einsatz beim Widerstandspunktschweißen haben sich Elektroden aus den Kupferlegierungen CuCr für unlegierten Stahl, CuCrZr für unlegierten, beschichteten Stahl und hochfesten Stahl sowie CuCo2Be für nichtrostenden und hitzebeständigen Stahl bewährt (Tabelle 3 und Tabelle A1 in DIN EN ISO 5182).

Dagegen werden beim Schweißen von Kupfer in der Kleinteilfertigung Elektroden aus Wolfram, Molybdän oder Titan-Zirkon-Molybdän verwendet. Diese Elektroden weisen einen wesentlich höheren spezifischen Widerstand auf als das zu schweißende Grundmaterial. Dies führt zu einer relativ starken Erwärmung an der Kontaktstelle zwischen Elektrode und Werkstück. Diese Wärme wird durch Wärmeleitung in das Werkstück übertragen und liefert somit einen zusätzlichen Anteil an der Herstellung der Schweißverbindung (Merkblatt DVS 2950).

Nach DIN EN ISO 5182 werden die Werkstoffe für Elektroden und Hilfseinrichtungen nach Gruppe, Typ und Nummer gekennzeichnet.

Beispiel:

CuCr1Zr wird gekennzeichnet als

ISO 5182 – A2/2

Dabei ist:

A die Werkstoffgruppe (Cu-Legierung),

2 der Werkstofftyp (wärmebehandelte Cu-Legierung),

2 die Werkstoffbezeichnung (CuCr1Zr).

In Tabelle 3 der DIN EN ISO 5182 sind für die Werkstoffgruppen die Eigenschaften wie z. B. Härte, elektrische Leitfähigkeit und Erweichungstemperatur aufgeführt. In einer weiteren Tabelle A1 werden für diese Werkstoffgruppen die typischen Anwendungsfälle angegeben. Tabelle 5.2 zeigt für den Elektrodenwerkstoff A2/2 die Anwendungsfelder.

**Tabelle 5.2** Typische Anwendungsfälle, Beispiel aus Tabelle A1, DIN EN ISO 5182

| Werkstoff | Punktschweißen | Nahtschweißen | Buckelschweißen | Stumpfschweißen | Hilfsanwendungsfälle |
|---|---|---|---|---|---|
| A2/2 | Elektroden zum Schweißen von unlegiertem Stahl und beschichtetem Stahl | Rollenelektroden zum Schweißen unlegiertem Stahl und beschichtetem Stahl | Elektroden und Einsätze | - | belastete stromführende Teile, Teile für Schweißzangen, z. B. Halter, Schäfte und Arme |

Die Elektroden für das Kleinteilwiderstandsschweißen werden wegen der sehr kleinen Kontaktfläche mechanisch und thermisch sehr hoch belastet. Hinweise zur Auswahl von Elektrodenwerkstoffen können der Tabelle 1 des Merkblattes DVS 2950 entnommen werden.

### Schweißelektroden – Form und Art

Je nach Form und Art gibt es einteilige Massivelektroden und zweiteilige Elektroden. Bei Letzteren lassen sich die Kappen oder Spitzen je nach Verschleiß leicht auswechseln. Weiterhin wird zwischen zentrischen und exzentrischen Elektroden, Kugel- oder Pendelelektroden, geraden, gewinkelten und gekröpften Elektroden unterschieden (Bild 5.23). Die Befestigung der Elektroden am Elektrodenarm erfolgt durch Klemmen, über einen Kegelsitz oder durch Anschrauben. Das Befestigungsende der Elektrode muss dementsprechend ausgebildet sein. Die Elektroden sind in den meisten industriellen Einsätzen wassergekühlt, um ein Anlegieren der Elektrode zu verhindern.

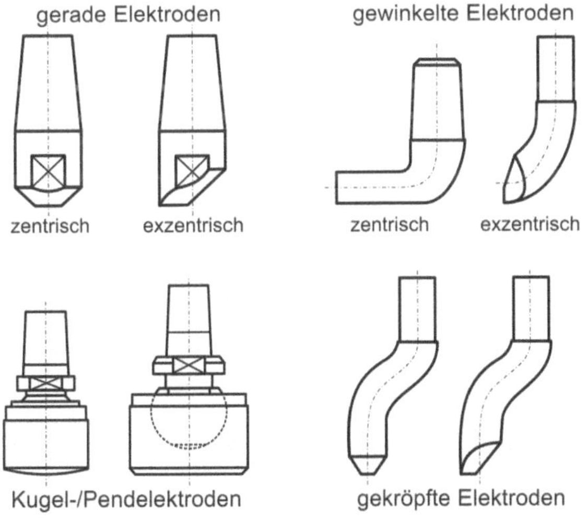


**Bild 5.23** Elektrodenformen zum Widerstandspunktschweißen

## Elektrodenarme

Die Punktschweißelektroden sitzen in Elektrodenarmen. Aufgrund der Zugänglichkeit zu den Werkstücken müssen die Elektrodenarme unter Umständen gebogen oder gekröpft sein (Bild 5.24).

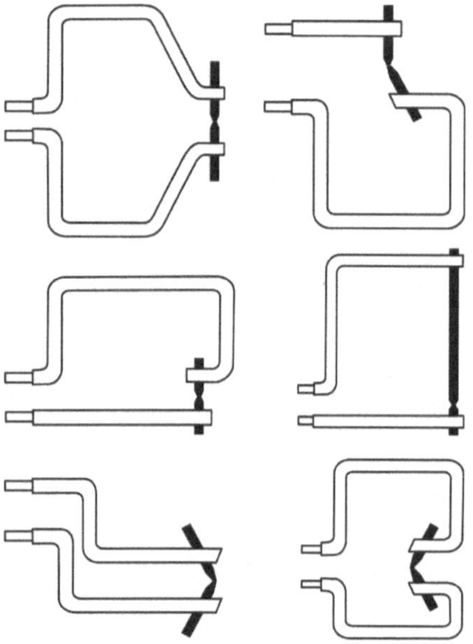

**Bild 5.24**
Elektrodenarme

## Formen der Elektrodenspitze

Die Elektrodenspitze ist der Teil der Elektrode, der mit dem Werkstück in Berührung steht. Die dabei wirksame Kontaktfläche bestimmt das Schweißergebnis, die Standmenge der Elektrode und die Wirtschaftlichkeit des Schweißprozesses. Elektrodenspitzen werden nach ihrer Auslaufgeometrie, der Form der Kontaktfläche und deren Anordnung zur Elektrodenachse unterschieden (Bild 5.25).

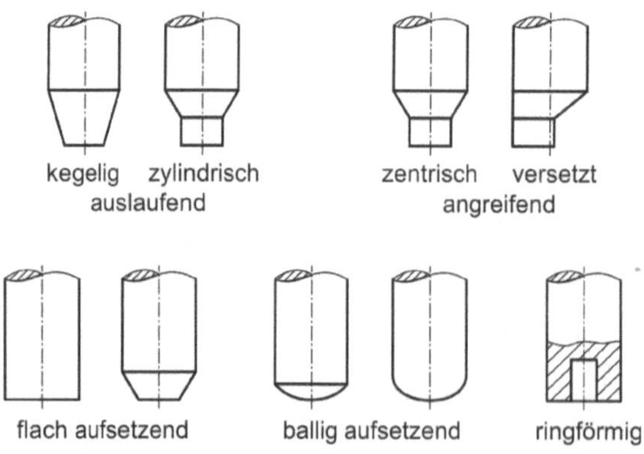


**Bild 5.25**
Formen von Elektrodenspitzen (nach DVS 2903)

Die Geometrie der Elektrodenspitze wird durch die in Bild 5.26 angegebenen Maßangaben bestimmt.

Der Elektrodendurchmesser $d_1$ ist definiert als der größte Durchmesser der Elektrode und wird in Abhängigkeit von Schweißstrom und Anpresskraft ausgewählt. Die Berührungsfläche zwischen Elektrode und Werkstück wird mit Durchmesser $d_2$ charakterisiert. Er wird in Relation zur kleinsten Einzelblechdicke t ausgewählt.

$$d_2 = 4 \ldots 10\sqrt{t} \quad [\text{mm}] \tag{5.3}$$

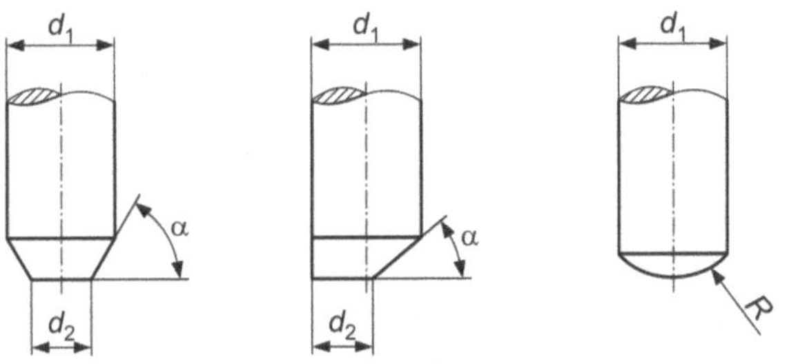


$d_1$ ...Elektrodendurchmesser
$d_2$ ...Kontaktflächendurchmesser
α ...Spitzenwinkel
$R$ ...Balligkeitsradius

**Bild 5.26** Benennung von Maßen an Elektrodenspitzen

Keglig auslaufende oder versetzt eingreifende Elektroden weisen eine Spitzenwinkel α auf. Als Kompromiss zwischen guter Wärmeableitung und ausreichender Kontaktfläche hat sich in der Praxis ein Winkel von α = 30° bewährt. Die Kontaktfläche selbst kann flach oder ballig ausgeführt sein. Ballige Kontaktflächen werden bevorzugt eingesetzt, da hier eine bessere anfängliche Punktberührung zwischen Elektrode und Werkstück stattfindet. Zudem erlauben sie größere Toleranzen in der Positionierung der Bauteile zur Schweißzange. Die Größe des Balligkeitsradiuses $R$ ist abhängig von der jeweiligen Schweißaufgabe:

- $R$ = 5...20 mm: Anwendung an Kleinstteilen, kleine Punktdurchmesser, Blechdicken < 0,5 mm,
- $R$ = 20...50 mm: Blechdicken ≤ 0,5 mm, kleine Linsendurchmesser schweißbar,
- $R$ = 50...150 mm: Blechdicken ≥ 0,5 mm, Standardanwendung,
- $R$ > 150 mm: Blechdicken ≥ 0,5 mm, nur zum Schweißen von NE-Metallen,
- $R$ = ∞: plane Elektrode, Anwendung an Sichtflächen.

Je kleiner der Balligkeitsradius ausgeführt wird, desto geringer fallen die Elektrodenstandmengen aus.

### Standmenge der Elektroden

Die Standmenge der Elektroden wird angegeben als Zahl der Schweißungen, die mit der Elektrode ohne Nacharbeiten ausgeführt werden können, ohne die Güte der Schweißung wesentlich zu beeinträchtigen. Die Standmenge ist stark abhängig von dem Grundmaterial, Werkstoff der Elektrode, von den Schweißparametern, der Schweißtechnologie und den Kühlbedingungen. In der Regel können einige 1000 Punkte beim Schweißen von Stahlwerkstoffen erreicht werden. Die Standmenge der Elektroden muss in Abhängigkeit der Schweißaufgabe empirisch ermittelt werden.

Eine Möglichkeit, die Standmenge zu erhöhen ist der Einsatz von Prozessbändern (Bild 5.27). Diese werden zwischen Elektrode und Werkstück zugeführt und nach jedem einzelnen Schweißpunkt umlaufend weiterbewegt. Für jeden Schweißpunkt liegen damit identische Kontaktverhältnisse vor. Über die Auslegung des Stoffwiderstandes der Bänder lässt sich zusätzlich Wärme in den Prozess einbringen. Weitere Vorteile der Prozessbänder sind ein nahezu spritzerfreies Schweißen und die Verringerung des Elektrodenabdrucks auf dem Werkstück. Dem gegenüber stehen zusätzliche Aufwendungen für die Integration der Prozessbandführung in die Schweißzange. Eingesetzt werden Bänder von bis zu 70 m Länge. Die Standmenge eines solchen Bandes beträgt ca. 7000 Schweißpunkte.

**Bild 5.27**
Widerstandspunktschweißen mit umlaufenden Prozessbändern (Fronius International GmbH)

## 5.2.3.5 Schweißeignung

Die Schweißeignung für das Widerstandspunktschweißen hängt insbesondere von den chemischen, metallurgischen und physikalischen Werkstoffeigenschaften sowie von der Oberflächenbeschaffenheit der Werkstoffe ab. Voraussetzung für eine optimale stoffschlüssige Verbindung ist die Bildung einer dünnen, schmelzflüssigen Phase zwischen beiden Werkstücken. Schmelztemperatur, Siedetemperatur und Dampfdruck bei der Schweißtemperatur sollten gleich sein, damit sich ein relativ gleichmäßiges Kristallgefüge über die Grenzfläche hinaus bilden kann.

### Schweißteilvorbereitung

Ausführungen zur Oberflächenbeschaffenheit der Fügepartner können dem Merkblatt DVS 2902-2 entnommen werden. Die Oberflächen der Fügepartner müssen von Rost, Zunder, Oxiden, Farbe und Fett gesäubert werden. Schleifriefen und Oberflächennarben wirken sich ungünstig aus. Warmgewalzte Stahlbänder weisen auf der Oberfläche eine Walzhaut auf, die aus Zunder und Walzrückständen besteht. Als Folge ergeben sich Verschmutzungen und Ablagerungen an den Elektrodenarbeitsflächen. Die Standmenge der Elektroden wird dadurch vermindert. Warmgewalzte Stahlbänder ohne Nachbehandlung sind deshalb für das Punktschweißen nicht geeignet. Eine Verbesserung wird erreicht durch Beizen der Warmbänder.

Unlegierte Bleche und Bänder werden aus Gründen des Korrosionsschutzes üblicherweise geölt. Diese als dünne Filme aufgebrachten Korrosionsschutzöle beeinträchtigen die Punktschweißeignung und Elektrodenstandzeitmengen nur unwesentlich. Bei den nicht rostenden, austenitischen Stählen ist die Oberfläche von ausschlaggebender Wichtigkeit für die Verarbeitung. Diese Stähle müssen metallisch blanke Oberflächen haben und frei von Verunreinigungen und Ablagerungen sein, da es zu ungleichmäßiger Erwärmung und verstärkten Anlauffarben kommen kann. Die Anlauffarben bewirken eine Verringerung der Korrosionsbeständigkeit. Öl kann in Verbindung mit der Schweißwärme Aufkohlungen verursachen, die zu einer Verminderung oder zum Verlust der chemischen Beständigkeit führen. Oberflächenrauheiten bei kalt gewalzten Stahlbändern haben nur einen untergeordneten Einfluss auf die Schweißeignung.

### Stähle

Eine Einschätzung der Punktschweißeignung für Stähle bis zu einer Einzelblechdicke von 3 mm kann nach Tabelle 1, Merkblatt DVS 2902-2 wie folgt vorgenommen werden:

- Gruppe 1 „gut geeignet“: Unlegierte unbeschichtete Bänder und Bleche, höherfeste tiefziehfähige Stähle, nicht rostende austenitische Stähle und hitzebeständige austenitische Stähle.
- Gruppe 2 „geeignet“: S235, Stähle mit metallischen Überzügen (Ausnahme Chrom), nichtrostende ferritische Stähle und hitzebeständige ferritische Stähle mit C-Gehalten < 0,08 %.
- Gruppe 3 „bedingt geeignet“: S275, S355, Stähle mit schweißfähigen Lackierungen, Stähle mit metallischen Überzügen aus Chrom, Verbundwerkstoffe, Stähle mit anorganisch nichtmetallischen Beschichtungen, hitzebeständige ferritische Stähle mit C-Gehalten < 0,12 %, nicht rostende martensitische Stähle mit C-Gehalten > 0,12 %, austenitische Federstähle.
- Gruppe 4 „nicht geeignet“: Kunststoff beschichtete und lackierte Bleche, sorbitische Federstähle, Stähle mit emaillierter Oberfläche.
- Höherfeste Stähle

Aussagen zur Schweißeignung von Feinblechen aus kaltgewalzten höherfesten Stählen können dem Merkblatt DVS 2935-1 entnommen werden. Hierzu gehören die mikrolegierten Stähle (Streckgrenze von 240...300 MPa), die phosphorlegierten Stähle (Streckgrenze von 220...300 MPa) sowie die Stähle mit zusätzlicher Verfestigung nach Wärmeeinwirkung (Streckgrenze von 180...300 MPa). Das Punktschweißen erfordert eine Anpassung der Schweißeinstellwerte, d. h. es sind ausreichend große Einstellbereiche für die Schweißparameter erforderlich. In der Tabelle 3 des Merkblattes DVS 2920 sind Richtwerte für anwendbare Schweißparameter enthalten.

Im Merkblatt DVS 2935-1 wird weiterhin dargelegt, dass aufgrund der sehr kurzen Schweißzeiten und der schnellen Abkühlung auch bei Kohlenstoffgehalten von ≤ 0,05 % Aufhärtungen festgestellt werden. Hohe Härtewerte sind jedoch alleine kein Indiz für eine Beeinträchtigung des Tragverhaltens einer Verbindung. Hinweise zu zulässigen Härtewerten in der Schweißlinse in Abhängigkeit von der Härte des Grundwerkstoffes gibt Tabelle 5.3.

**Tabelle 5.3** Empfohlene maximale Härtewerte in Schweißlinsen (DVS Merkblatt 2935-1), für un- und niedriglegierte Stähle in unverformtem Zustand

| Grundwerkstoff HV 1 | Schweißlinse HV 1 |
|---|---|
| < 120 | < 350 |
| 120...200 | < 450 |
| 200...300 | < 550 |
| > 300 | < 600 |

Im DVS Merkblatt 2935-2 sind Hinweise zum Widerstandspunktschweißen höherfester Dualphasen-, Complexphasen- und TRIP-Stähle aufgeführt. Der Schweißbereich der Mehrphasenstähle wird im Vergleich zu konventionellen Tiefziehstählen zu niedrigeren Stromstärken verschoben. In der Regel sind höhere Elektrodenkräfte erforderlich. Das Aufhärtungsverhältnis (Schweißguthärte zu Grundwerkstoffhärte) liegt nicht über dem von weichen Tiefziehstählen (Faktor ca. 2). Bei geringeren Kohlenstoffgehalten, wie z. B an Complexphasenstählen, liegt der Wert bei ca. 1,3...1,5.

Die Schweißeignung von presshärtendem Stahl mit kathodischem Korrosionsschutz wird in [MAN07] beschrieben. Die Umwandlung der 15 µm Zn- Schicht in eine 20...35 µm FeZn-Schicht, bedingt durch die Wärmebehandlung, macht beim Widerstandspunktschweißen eine Anpassung der Schweißparameter an diese geänderten Bedingungen erforderlich. Beispielsweise kommen Doppelpulsschweißungen mit abgestimmtem Zeit-Stromzyklus zum Einsatz. Die Erweichungszone, die durch die Wärmeeinbringung beim Schweißen entsteht, hat bei einer Beanspruchung von Punktschweißverbindungen keinen Einfluss, da das Versagen der Schweißverbindung entweder am Kerbgrund seinen Anfang nimmt, oder außerhalb der weichen Zone im Grundwerkstoff erfolgt [MAN07].

- Nicht rostende austenitische Stähle

Nicht rostende Stähle haben einen verhältnismäßig hohen Widerstand, deshalb sind zum Schweißen geringere Stromstärken erforderlich als bei unlegierten und niedrig legierten Stählen. Der erhöhte Übergangswiderstand erfordert eine Erhöhung der Anpresskraft um den Faktor 1,5 bis 2. Die verwendeten Elektroden müssen eine hohe Warmfestigkeit aufweisen.

**Oberflächenbeschichtungen und Überzüge**

Handelsüblich sind metallische Beschichtungen mit Zinn, Cadmium, Blei, Zink, Aluminium, Messing, Silber, Kupfer, Nickel sowie Chrom. Elektrolytische Überzüge haben eine Schichtdicke zwischen 1 µm (Chrom) und < 20 µm (Zink). Überzüge, die durch Schmelztauchen erzeugt werden, wie die von Zinn, Blei, Zink, haben Dicken bis zu 50 µm. Dicke und Gleichmäßigkeit der Beschichtung beeinflussen die Schweißeignung. Sie ist umso besser, je dünner und gleichmäßiger der Überzug ist.

Die Deckschicht im Bereich des Schweißpunktes muss weitestgehend erhalten bleiben. Die meisten Überzüge sind weicher, besser elektrisch leitend und niedriger schmelzend als der Grundwerkstoff. Daher drückt sich die Elektrodenspitze nach dem ersten Stromfluss stärker in die Werkstückoberfläche ein. Die so vergrößerte Kontaktfläche hat einen niedrigeren Kontaktwiderstand und infolgedessen im Vergleich zum unbeschichteten Stahl eine geringere Stromdichte zur Folge. Daher ist bei gleichem Schweißstrom die Wärmewirkung geringer. Dies bedeutet, dass der Schweißstrom und/oder die Schweißzeit erhöht werden muss. So ergeben sich für verzinkte Stahlbleche Richtwerte einer Stromerhöhung von 7...15 %. Die Stromzeit wird bei Zinkbeschichtung in der Regel bis zu 25 % verlängert.

- Stahl mit Zinkschutzschicht

Schweißeignung grundsätzlich vorhanden. Es besteht aber eine Anlegierungsneigung und Minderung des Korrosionsschutzes an der Schweißstelle. Die Anfälligkeit gegenüber Poren in der Schweißlinse steigt und die Standmenge der Elektroden nimmt ab. Im Vergleich zum Schweißen unverzinkter Bleche ist der anwendbare Schweißstrombereich schmaler. Weitergehende Hinweise sind dem Merkblatt DVS 2920-2 zu entnehmen.

- Punktschweißlack

Leitfähigkeit durch leitfähige Pigmente oder leitfähige Bindemittel. Frisch aufgetragen ergibt sich eine gute Schweißeignung. Die Schweißeignung nimmt mit der Zeit ab, weil die Leitfähigkeit sinkt. Weitergehende Hinweise sind dem Merkblatt DVS 2933 zu entnehmen.

- Kupfer-, Nickel-, Chrom-, Silberüberzüge

Diese Schichten werden meist galvanisch in einer Dicke von 3...5 µm aufgebracht und sind gut schweißbar. Keine Anlegierungsneigung, die Korrosionsbeständigkeit bleibt erhalten. Weitergehende Hinweise sind dem Merkblatt DVS 2920-2 zu entnehmen.

- Nicht schweißbare Schutzschichten

Phosphatierung, Eloxierung, Emaillierung, Kunststoffüberzüge, Anstriche.

### Aluminiumwerkstoffe

Beim Widerstandspunktschweißen von Aluminiumwerkstoffen treten folgende werkstoffbedingte Schwierigkeiten auf:

- hohe elektrische und thermische Leitfähigkeit,
- hoher Oberflächenwiderstand durch eine Oxidschicht,
- ungleiche Schmelzintervalle verschiedener Legierungen,
- plötzlicher Übergang in die flüssige Phase möglich,
- Neigung zum Anlegieren mit anderen Werkstoffen.

Die Blechoberflächen werden mechanisch oder chemisch vorbehandelt, um den Kontaktwiderstand zu reduzieren. Im Vergleich zu Stahlwerkstoffen sind deutlich höhere Schweißstromstärken erforderlich (ca. Faktor 3). Die Elektrodenkraft ist möglichst prallfrei in die Bleche einzukoppeln. Die Paarung Kupferelektrode – Aluminiumbleche besitzt eine große Anlegierungsneigung. In Verbindung mit den erhöhten Stromstärken führt dies zu einer erheblichen Reduktion der Elektrodenstandmenge.

### Magnesium

Magnesiumbleche müssen vor dem Widerstandsschweißen oberflächenbehandelt werden, um die Oxidschicht zu beseitigen. Während das Magnesium bereits bei 1050 °C verdampft, beginnt die MgO-Deckschicht erst bei 2820 °C zu schmelzen. Wird die Passivschicht durchschlagen, tritt der Magnesiumdampf unter hohem Druck aus und es kommt zu einer explosionsartigen Entladung von verdampftem und verflüssigtem Magnesium. Um diese Effekte zu begrenzen, werden Kurzzeitschweißung, Stromrampenprogramme oder Impulsprogramme empfohlen. Gute Ergebnisse werden auch mittels Kondensator-Entladungsschweißen erzielt [MIT09].

### Kupfer

Kupfer besitzt eine sehr hohe elektrische und thermische Leitfähigkeit, daher ist die Schweißeignung stark eingeschränkt. Es werden sehr hohe Ströme bei kurzen Schweißzeiten benötigt. Die Oberflächen müssen gebeizt oder mechanisch gesäubert werden. Da die Anlegierungsneigung bei der Paarung Kupferelektrode – Kupferblech sehr hoch ist, müssen besondere Elektroden verwendet werden z. B., aus Wolfram, Molybdän und Titan-Zirkon-Molybdän.

#### Nickel

Die elektrische Leitfähigkeit ist etwa doppelt so hoch wie bei Stahl. Zum Schweißen ist ein hoher Strom erforderlich. Die Klebneigung ist größer, deshalb werden höhere Elektrodenkräfte gewählt. Zum Einsatz kommen versilberte Elektroden.

#### Werkstoffpaarungen in der Elektronik und Feinwerktechnik

Anwendungen der Mikrowiderstandstechnik sind vor allem Kleinteile für die Feinwerktechnik und Elektronik, bei denen überwiegend Drähte, Fahnen, Kontakte, Stege, Bolzen, Scharniere oder Federn unterschiedlicher Werkstoffarten verbunden werden. Werkstoffe, die verarbeitet werden, sind: Edelmetalle, Leiter- und Kontaktwerkstoffe, Heizleiterlegierungen, Thermobimetalle, Magnetwerkstoffe, Federwerkstoffe u. a.

Voraussetzungen für brauchbare Punktschweißverbindungen sind:

- Die Schmelzpunkte der beteiligten Werkstoffe sollten nicht zu weit auseinander liegen.
- In der Schweißzone müssen die Werkstoffe eine Legierung bilden, d. h. ineinander in Lösung gehen.
- Eventuelle Oberflächenschichten sollten eine geringere Härte und Schmelztemperatur aufweisen als der Grundwerkstoff.

Die Schweißeignung kann praktisch nur anhand von Versuchen bestimmt werden. Im Merkblatt DVS 2950 sind mögliche Werkstoffpaarungen und Anwendungsbeispiele für widerstandsgeschweißte Verbindungen im Mikrobereich aufgeführt.

### 5.2.3.6 Konstruktive Gestaltung

#### Gestaltung

Punktgeschweißte Konstruktionen können aus Profilen, flächigen Blechelementen oder aus Kombinationen zwischen beiden zusammengesetzt sein. Die Punktschweißungen können für die Krafteinleitung, die Kraftübertragung oder die Positionierung von Teilen eingesetzt werden. Beispiele für Verbindungsarten und Anordnung der Punktabstände zeigt Bild 5.28.

Der Abstand und damit die Anzahl der Schweißpunkte an einem Bauteil richten sich nach der Art und Größe der Last. Zu beachten ist ferner der Einfluss des Nebenschlusses bei zu eng gewählten Punktabständen. Weitere Aussagen zur Anordnung der Schweißpunkte sind dem Merkblatt DVS 2902 Teil 3 zu entnehmen. In Zeichnungen sind für die sinnbildliche Darstellung der Schweißpunkte die Angaben in DIN EN ISO 2553 zu berücksichtigen.

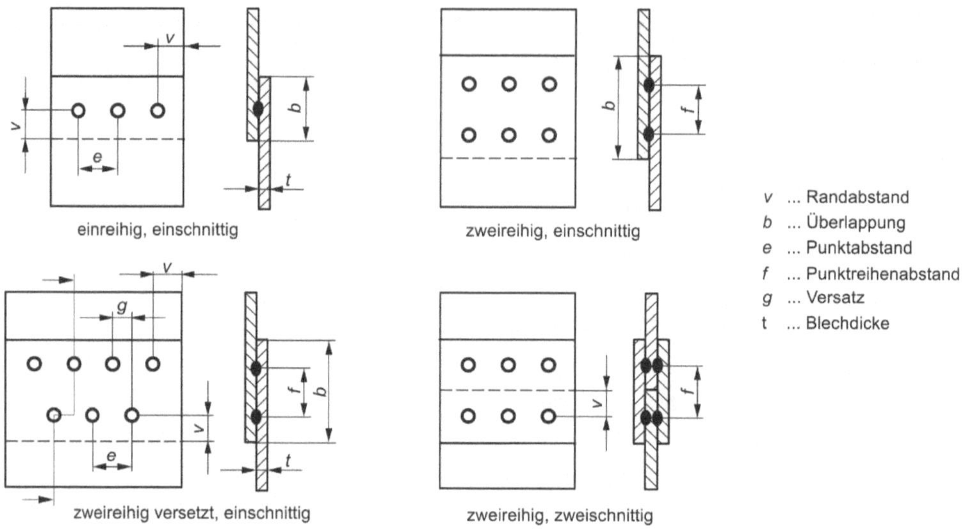


**Bild 5.28** Verbindungsarten und Anordnung von Schweißpunkten, Merkblatt DVS 2902-3

### Beanspruchung der Punktschweißverbindung

Beanspruchungsarten der Schweißungen: je nach Gestaltung der Schweißverbindungen können diese durch Scherzug, Kopfzug, Schälen oder Torsion beansprucht werden (Bild 5.29).

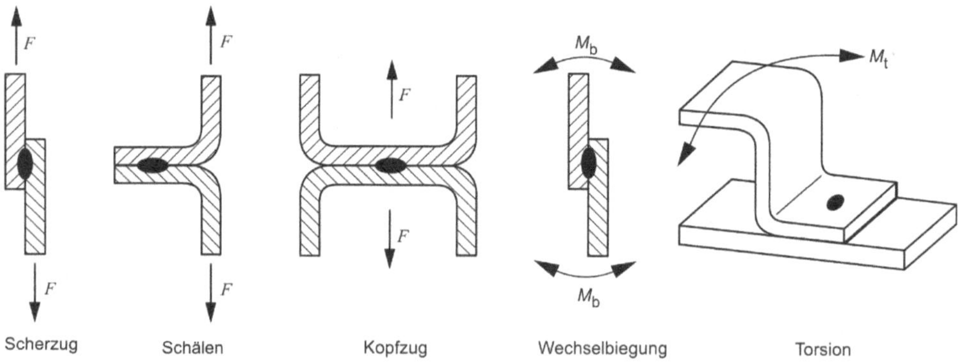


**Bild 5.29** Beanspruchungsarten an Punktschweißverbindungen

Punktschweißverbindungen sollen möglichst auf Scherzug beansprucht werden, weil bei dieser Beanspruchungsart die höchsten Kräfte je Schweißpunkt übertragen werden können. Reine Kopfzug-, Schäl- oder Torsionsbeanspruchungen sind durch konstruktive Maßnahmen zu vermeiden. Werden einschnittige Einpunktverbindungen auf Zug beansprucht, so tritt in den meisten Fällen eine Verformung ein, ehe der

Bruch in Form eines Ausknöpfbruches erfolgt. Durch die plastische Verformung tritt am Schweißpunkt außer der Scherbeanspruchung eine Zugbeanspruchung auf. Es erfolgt eine Zerlegung der angreifenden Kraft in eine Normal- und eine Tangentialkomponente (Bild 5.30). Möglichkeiten zur Verbesserung des Festigkeitsverhaltens beim Scherzug zeigt Bild 5.31.

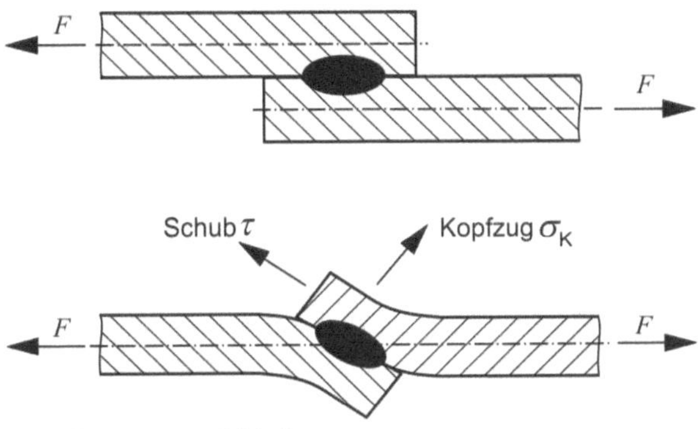


**Bild 5.30**
Verformung unter Scherzugbelastung

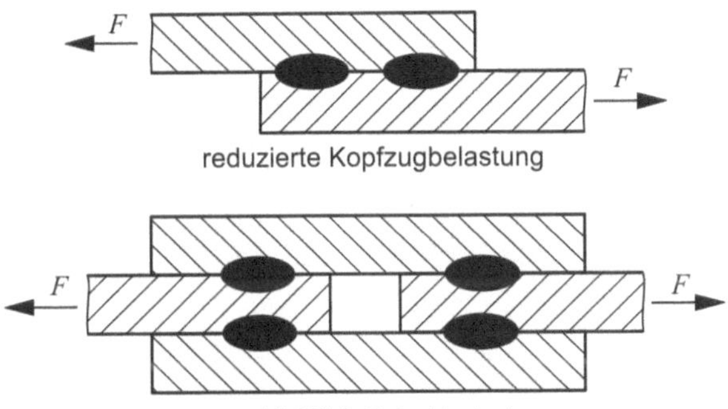


**Bild 5.31**
Konstruktive Erhöhung der Scherzugfestigkeit

### Vorauswahl des Linsendurchmessers

Der Linsendurchmesser ist in Abhängigkeit von der Verbindungsbeanspruchung und der Blechdicke festzulegen. Die in Tabelle 5.4 aufgeführten Linsendurchmesser stellen die nach bisherigen Erfahrungen mit üblichen Maschinen und üblichen Einstellwerten bei zulässiger Streuung herstellbaren Linsendurchmesser dar.

Der Linsendurchmesser $d_N$ ist der am Schliff gemessene Durchmesser des aufgeschmolzenen Werkstoffs. Hinweise zur Berechnung von Punktschweißverbindungen sind dem Merkblatt DVS 2902 Teil 3 zu entnehmen.

Tabelle 5.4 Linsendurchmesser in Abhängigkeit von der Blechdicke

| Blechdicke $t$ [mm] | $d_N$ klein [mm] | $d_N$ mittel [mm] | $d_N$ groß [mm] |
|---|---|---|---|
| 0,5 | 2,5 | 3,5 | 5,5 |
| 0,8 | 3,1 | 4,5 | 7,0 |
| 1,0 | 3,5 | 5,0 | 8,0 |
| 1,25 | 3,9 | 5,5 | 9,0 |
| 1,5 | 4,3 | 6,1 | 10,0 |
| 2,0 | 5,0 | 7,0 | 11,0 |
| 2,5 | 5,5 | 8,0 | 12,5 |
| 3,0 | 6,1 | 8,5 | 14,0 |

### 5.2.3.7 Fertigungshinweise

#### Schweißparameter und Einflussgrößen

Die Schweißparameter Schweißstrom, Schweißzeit und Elektrodenkraft sowie die Nebenzeiten sind auf den Werkstoff und die Werkstückabmessungen unter Beachtung der maschinenbedingten Faktoren abzustimmen (Bild 5.32).

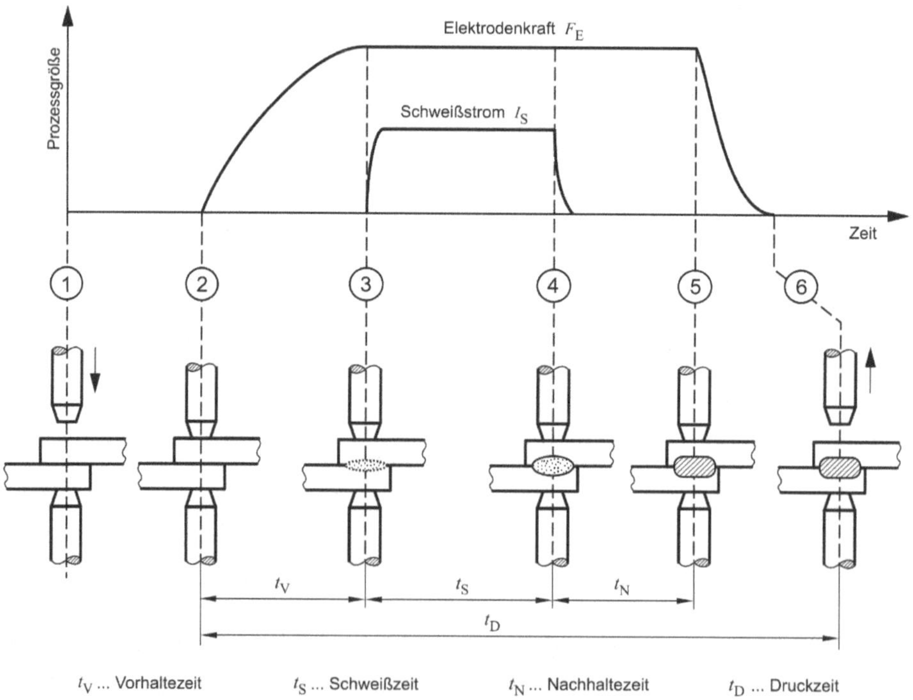


Bild 5.32 Abläufe einer Punktschweißung

### Schweißzeit und Nebenzeiten

Die Schweißzeit ist der Zeitabschnitt innerhalb eines Schweißvorganges, in dem der Schweißstrom fließt. Die Zeiten werden an der Steuerung der Schweißmaschine eingestellt. Bei Wechselstrom erfolgt die Einstellung in Perioden (Eine Periode bei 50 Hz entspricht 20 ms) und bei Gleichstrom in Millisekunden (ms). Die Schweißzeit hat einen wesentlichen Einfluss auf die Ausbildung der Schweißlinse. Zu kurze Schweißzeiten ergeben zu kleine Schweißlinsen und ungenügende Festigkeiten der Schweißverbindung, während zu lange Schweißzeiten zu Spritzern und tiefen Elektrodeneindrücken führen.

Das Merkblatt DVS 2902 Teil 4 (Stähle bis 3 mm) unterscheidet zwischen:

- Kurzzeitschweißen (K),
- Mittelzeitschweißen (M),
- Langzeitschweißen (L).

Die Varianten unterscheiden sich durch das Verhältnis von Stromstärke zu Schweißzeit. Geringere Stromstärken werden durch längere Schweißzeiten ausgeglichen und umgekehrt. Bei richtiger Anpassung ergeben alle Varianten identische Linsendurchmesser. Beim Kurzzeitschweißen ergeben sich ein geringer Verzug der Werkstücke, kleine Elektrodeneindrücke und große Elektrodenstandzeiten. Die Taktzeiten lassen sich damit wesentlich verringern. Bei Langzeitschweißungen tritt ein größerer Verzug auf, die Elektrodeneindrücke sind tiefer und die Elektrodenstandzeiten kleiner.

Die Elektrodenkraft als Prozessparameter ist in der richtigen Zuordnung zur Stromzeit zu schalten. Die Vorhaltezeit ist erforderlich, um die Werkstücke zwischen den Elektroden mit der gewünschten Kraft zusammenzupressen. In der Regel ist bei pneumatischen Elektrodenkraftsystemen der Kraftaufbau nach rund 15 Perioden abgeschlossen [POL06]. Die Nachhaltezeit schließt sich der Stromzeit an. Die Elektroden bleiben noch zusammengepresst, um ein Rückkühlen der Schweißstelle zu ermöglichen. In der Regel reichen bis 3 mm Blechdicke etwa 20 Perioden [POL06].

### Schweißstrom

Der Schweißstrom hat den größten Einfluss auf die Wärmeeinbringung und wird häufig zur Überwachung des Schweißprozesses herangezogen. Die Stromhöhe muss an die jeweilige Schweißaufgabe angepasst werden. Bei der Auswahl sind mögliche Wärmeverluste und eventuelle Nebenschlusseffekte zu berücksichtigen.

In der Praxis sind hauptsächlich Veränderungen des Schweißstromes zu erwarten durch z. B.:

- Netzschwankungen,
- Abnutzung der Elektrodenarbeitsfläche,
- Impedanzverluste,
- Nebenschlussverluste,

- Werkstückpassung,
- Blecheigenschaften.

So können zu hohe Schweißströme Spritzer und damit Lunker in der Schweißlinse verursachen. Bei zu geringen Schweißströmen bilden sich zu geringe Linsendurchmesser aus.

### Impedanzverluste

Beim Schweißen mit Wechselstrom kommt es durch die Aufmagnetisierung von Eisenmassen von Schweißanlage und -vorrichtungen zu einer Selbstinduktion, die den Stromfluss im Schweißstromkreis mindert. Die als Fensterwirkung bekannte Erscheinung ist abhängig von der Fensterfläche zwischen den Elektrodenarmen und der Menge an Eisenmassen in der Umgebung der Schweißstelle. Beide sollten möglichst klein gehalten werden. Der Effekt wirkt sich vor allem bei Serienschweißungen aus. Bei der in Bild 5.33 gezeigten Anordnung wird sich am Schweißpunkt 3 trotz identische Maschineneinstellungen, ein geringerer Schweißstrom einstellen als am Schweißpunkt 1. Eine Abschwächung dieses Effektes ist durch Einsatz von Vorrichtungen aus nicht magnetisierbaren Werkstoffen möglich. Genügt dies nicht, ist mit Gleichstrom zu schweißen.

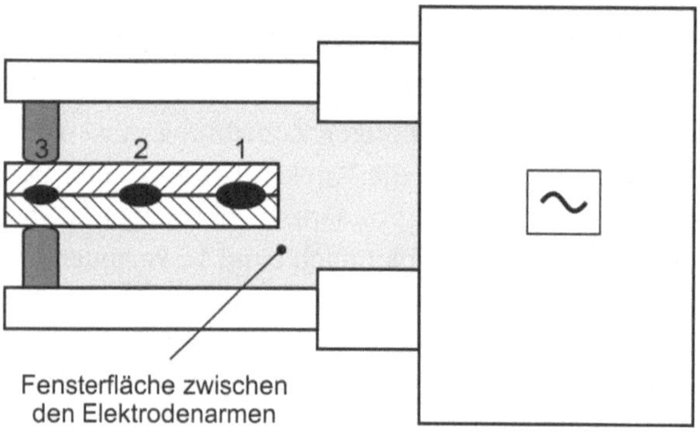


**Bild 5.33**
Fensterwirkung beim Widerstandsschweißen

### Nebenschlussverluste

Nicht messbar ist der Einfluss der Nebenschlussverluste auf den Schweißstrom durch konstruktive und fertigungsbedingte Fehler. Fertigungsbedingter Nebenschluss tritt auf, wenn zwei zu schweißende Punkte nahe beieinander liegen bzw. ein Punkt zu nahe am Blechrand liegt. Beim Schweißen des zweiten Punktes fließt ein Teil des Stromes über den bereits geschweißten ersten Punkt. Dieser Stromanteil fehlt beim Schweißen des zweiten Punktes, sodass dieser zu klein wird (Bild 5.34 links). Konstruktiv bedingter Nebenschluss tritt bei ungünstiger Profilgestaltung auf. An der Schweißstelle steht infolge der Ableitung des Stromes nicht genügend Strom zur Verfügung (Bild 5.34 rechts). Nebenschluss kann auch auftreten, wenn Werkstückteile mit der Schweißelektrode Kontakt bekommen.

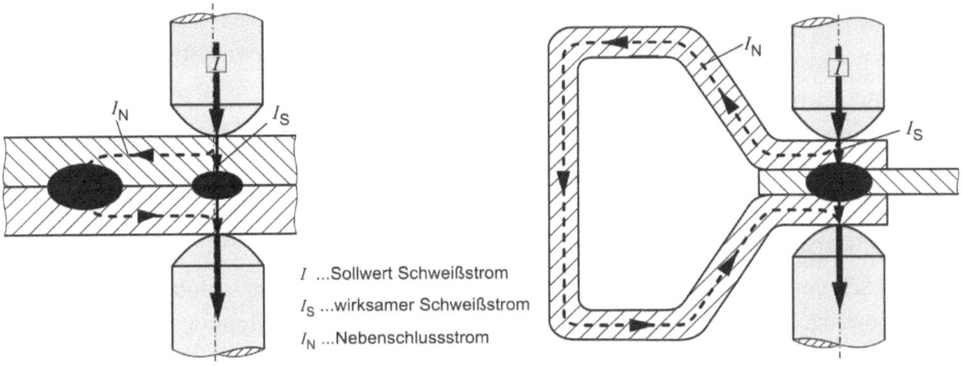


**Bild 5.34** Nebenschluss. a) infolge zu kleinen Punktabstandes; b) infolge ungünstiger Profilgestaltung

### Elektrodenkontaktfläche und Stromdichte

Maßgeblich für die Widerstandserwärmung an der Schweißstelle ist primär die Stromdichte $J$, die sich aus der Stromstärke $I_s$ und dem Querschnitt der Strombahn $A$ berechnen lässt.

$$J = \frac{I_s}{A} [\mathrm{A/mm^2}] \tag{5.4}$$

Die Kontaktfläche der Elektrode unterliegt einem Verschleiß und vergrößert sich mit zunehmender Anzahl von geschweißten Punkten. Dadurch sinkt die Stromdichte und der Linsendurchmesser wird kleiner. Auftretender Nebenschluss verstärkt diesen Effekt. Technisch vermeiden lässt sich die Verringerung der Stromdichte durch die schrittweise Erhöhung des Schweißstromes (Stepperfunktion) bzw. durch das Nachfräsen der Elektrodenkappen.

### Elektrodenkraft

Qualitätsgerechtes Punktschweißen setzt voraus, dass die Elektrodenkraft einen gewünschten Wert erreicht, wenn der Schweißstrom eingeschaltet wird. Bei mittleren Schweißzeiten verringert eine erhöhte Elektrodenkraft die Neigung zur Anlegierung der Elektrode. Geringe Elektrodenkräfte können bei dünnen Blechen zu stärkerer Porenbildung führen. Zu hohe Elektrodenkräfte führen zu tiefen Eindrücken im Werkstück. Für bestimmte Schweißaufgaben sind Kraftprogramme erforderlich. So wird bei schlechter Blechanlage und nicht passenden Einzelteilen mit erhöhter Elektrodenkraft gearbeitet.

Nach Merkblatt DVS 2902-4 hat die Elektrodenkraft drei wesentliche Funktionen zu erfüllen:

- Die Kontaktwiderstände an den Stromübergangsstellen zwischen Elektrode und Fügeteil zu verringern, um z. B. ein Anlegieren der Elektrode zu vermeiden.

- Durch die Größe der Anpresskraft wird der Kontakt zwischen Elektroden und Fügepartner und damit die Wärmeleitung im Bereich der Schweißstelle beeinflusst.
- Einen kraftschlüssigen „Haltering“ um die Schweißlinse aufzubauen, sodass z. B. flüssiger Werkstoff nicht aus dem Blech herausspritzt und das Schweißgut unter Druck erstarren kann.

### Schweißparameter-Programme

Je nach Schweißaufgabe können an den Schweißsteuerungen verschiedene Schweißparameter-Programme eingestellt werden. Das im Bild 5.35 dargestellte Einimpulsschweißen wird vorwiegend für das Schweißen von Blechen $s \leq 3$ mm angewendet.

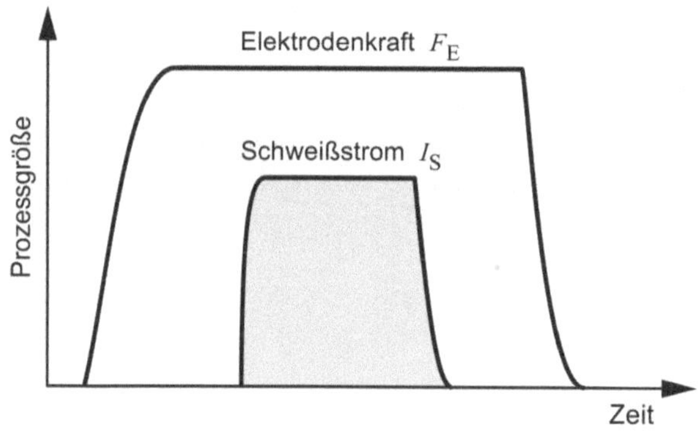


**Bild 5.35**
Einimpulsschweißungen

Das Mehrimpulsschweißen (Bild 5.36) wird für das Schweißen von Blechen mit $s \geq 3$ mm eingesetzt. Hierdurch wird überwiegend die Temperatur in der Schweißstelle erhöht.

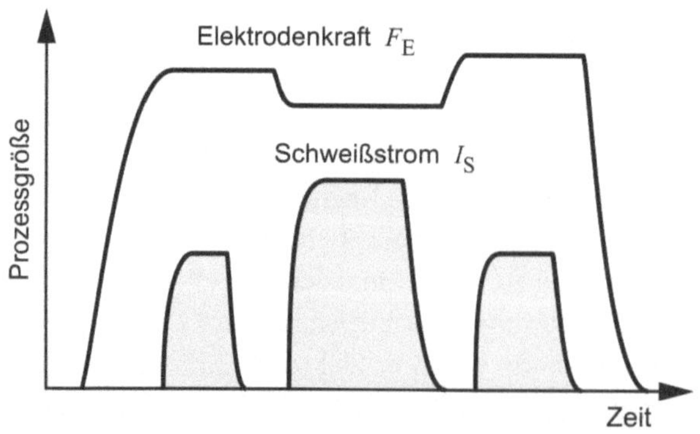


**Bild 5.36**
Mehrimpulsschweißungen

Das Schweißen mit Kraft- und Stromprogrammen (Bild 5.37), z. B. mit Vorwärmen und Nachwärmen, kommt für das Schweißen von aufhärtungsempfindlichen Stählen zum Einsatz. Das Vorwärmen vermindert die kritische Abkühlgeschwindigkeit, und das Nachwärmen bewirkt ein Anlassen und verhindert kritische Spannungsspitzen.

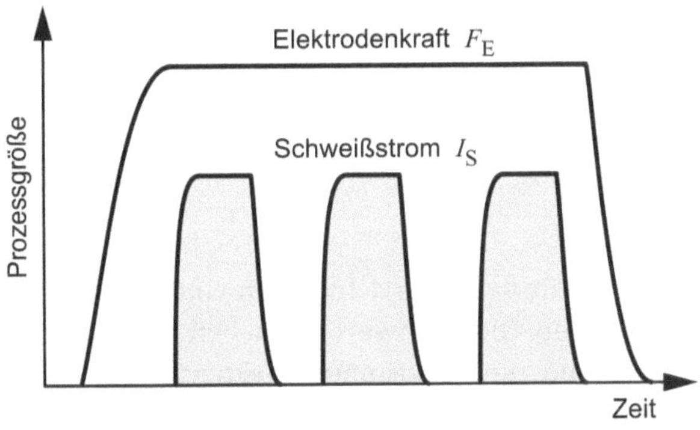


**Bild 5.37**
Kraft- und Stromprogrammschweißung

Des Weiteren wird dieses Programm zum Schweißen von thermisch und metallurgisch empfindlichen Werkstoffen, Aluminiumlegierungen und dickwandigen Werkstücken, eingesetzt. Die Programmsteuerungen gestatten es, innerhalb eines Arbeitsspieles den Strom zu verändern bzw. unterschiedliche Elektrodenkräfte anzuwenden.

Die Schweißparameter können nach Näherungsformeln ermittelt, nach Richtwerten der Maschinenhersteller oder Empfehlungen der DVS-Merkblätter festgelegt werden. In Tabelle 5.5 werden für verschiedene Werkstoffe die Schweißparameter und die zu erwartenden Gütewerte nach Näherungsformeln ermittelt.

Die aufgelisteten Werte in der Tabelle sollten nur als grober Anhalt für die Größenordnung der einzustellenden Parameter dienen. In der Mehrzahl der Schweißaufgaben wird in der Praxis eine Korrektur erforderlich sein. Die endgültigen Prozessparameter werden nach der Bestimmung des geforderten Punktdurchmessers festgelegt.

**Tabelle 5.5** Näherungsformeln für Schweißparameter-Gütewerte ($t$ = Dicke des dünneren Bleches) [SFM16]

| Parameter | Stahl | St verzinkt | CrNi-Stahl | Aluminium | Messing |
|---|---|---|---|---|---|
| Elektrodenkraft $F_E$ [N] | $2500 \cdot \sqrt{t}$ | $(2500...3000) \cdot \sqrt{t}$ | $4000 \cdot \sqrt{t}$ | $2500 \cdot \sqrt{t}$ | $1200 \cdot \sqrt{t}$ |
| Schweißzeit $t_S$ [Per] | $10 \cdot t$ | $(11...12) \cdot t$ | $5 \cdot t$ | $(2...3) \cdot t$ | $10 \cdot t$ |
| Schweißstrom $I_S$ [kA] | $8 \cdot \sqrt{t}$ | $(10...12) \cdot \sqrt{t}$ | $6{,}5 \cdot \sqrt{t}$ | $30 \cdot \sqrt{t}$ | $15 \cdot \sqrt{t}$ |
| Punktdurchmesser $d_P$ [mm] | $5{,}5 \cdot \sqrt{t}$ | $5{,}5 \cdot \sqrt{t}$ | $5{,}5 \cdot \sqrt{t}$ | $5{,}5 \cdot \sqrt{t}$ | $5{,}5 \cdot \sqrt{t}$ |
| Scherzugkraft $F_{max}$ [N] | $5000 \cdot t$ | $5000 \cdot t$ | $5500 \cdot t$ | $1200 \cdot t$ | $3500 \cdot t$ |

Um Wärmeverluste auf ein Mindestmaß zu reduzieren, sind die Prozessparameter wie folgt zu wählen:

- hohe Schweißströme,
- hohe Elektrodenkräfte,
- kürzeste Schweißzeiten.

In Tabelle 5.6 sind auszugweise Richtwerte für das Punktschweißen von unbeschichtetem Tiefziehstahl der Güte DC 04 angegeben. Die Richtwerte beziehen sich stets auf einen bestimmten Elektrodenwerkstoff und eine bestimmte Elektrodenform und müssen an den konkreten Anwendungsfall angepasst werden.

**Tabelle 5.6** Richtwerte für das Widerstandspunktschweißen von Tiefziehstahl DC 04 (Linsendurchmesser $5 \cdot \sqrt{t}$), Merkblatt DVS 2902-4

| **Blechdicke t [mm]** | 0,5 | | | 1,0 | | | 1,5 | | | 2,0 | | |
|---|---|---|---|---|---|---|---|---|---|---|---|---|
| **Schweißart** | K | M | L | K | M | L | K | M | L | K | M | L |
| **Elektrode** | DIN EN ISO 5821 – A16 | | | | | | | | | –A20 | | |
| **Stromzeit $t_s$ [Per]** | 2 | 5 | 10 | 5 | 10 | 20 | 7 | 14 | 28 | 8 | 16 | 32 |
| **Schweißstrom $I_s$ [kA]** | 7,8 | 6,6 | 5,9 | 10,2 | 7,7 | 6,8 | 12,2 | 9,1 | 8,8 | 15,5 | 10,1 | 9,2 |
| **Elektrodenkraft FE [kN]** | 1,7 | 1,3 | 1,0 | 4,5 | 2,5 | 1,9 | 5,5 | 3,1 | 2,8 | 7,2 | 3,8 | 3,0 |

Schweißart: K...Kurzzeit, M...Mittelzeit, L...Langzeit

### 5.2.3.8 Qualitätssicherung

Die Sicherstellung einer ausreichenden Schweißpunktqualität kann über folgende Methoden gewährleistet werden:

- Prozessbeschreibung (Schweißanweisung),
- Schweißbereichsdiagramm,
- Prozessüberwachung (Messtechnik),
- Prozessregelung,
- Elektrodenmanagement.

#### Schweißanweisung

Die Schweißanweisung (WPS, *engl.* welding procedure specification) enthält alle zur Durchführung der Schweißaufgabe benötigten Informationen. Die erforderlichen Mindestangaben sind in DIN EN ISO 15609-5 wie folgt aufgeführt:

- Bauart und Hersteller der Schweißmaschine,
- Art des Grundwerkstoffes, inkl. Angabe von Beschichtungen,
- Blechdicke(n) der Fügeteile,
- verwendete Schweißelektroden,
- Art und Mechanisierungsgrad des Schweißprozesses,
- Gestaltung der Verbindung,
- Ausführung des Schweißvorganges
- Prozessparameter (Strom, Kraft, Zeit, usw.).

Qualifiziert wird die Schweißanweisung über eine Schweißverfahrensprüfung nach DIN EN ISO 15614–12. Dabei werden nach den Angaben aus der WPS Schweißungen an einem genormten Prüfstück durchgeführt und anschließend zerstörungsfrei und zerstörend geprüft. Erfüllen die geschweißten Punkte die geforderten Qualitätskriterien, wird davon ausgegangen, dass beim Schweißen nach der zugrunde liegenden Schweißanweisung qualitätsgerecht gearbeitet wird.

### Schweißbereichsdiagramm

Zur Erstellung von Schweißbereichsdiagrammen werden experimentell Stromstärkebereiche ermittelt, mit denen ein geforderter Punktdurchmesser ohne Spritzerbildung realisiert werden kann. Das Diagramm gilt immer nur für eine konkrete Schweißanlage (Stromquelle, Elektrode, Kühlung, ...) und einen konkreten Anwendungsfall (Werkstoff, Blechdicke, ...). Unterschieden wird in Schweißbereichsdiagramme für konstante Elektrodenkraft oder konstante Schweißzeit (Bild 5.38).

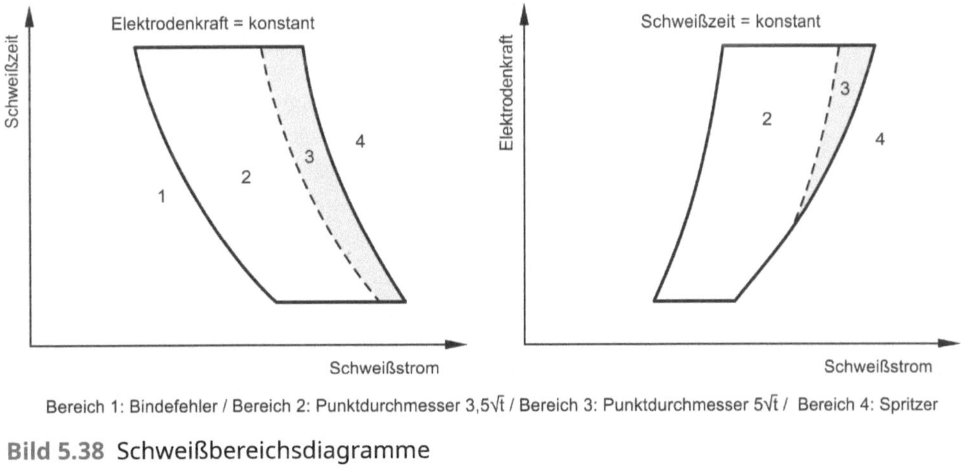


**Bild 5.38** Schweißbereichsdiagramme

### Prozessüberwachung

Die Prozessüberwachung erfolgt durch Messung einer oder mehrerer relevanter Prozessgrößen:

- Schweißstrom,
- Elektrodenkraft,
- Schweißzeit,
- Übergangswiderstand.

Ausführliche Informationen zu geeigneten Messgeräten und -verfahren enthält Merkblatt DVS 2908.

- Schweißstrommessung

Der Schweißstrom fließt in der Regel nur wenige Millisekunden und kann je nach Typ der verwendeten Schweißstromquelle sehr unterschiedliche zeitliche Verläufe aufweisen. Zur Strommessung müssen deshalb Geräte mit entsprechend hoher zeitliche Auflösung eingesetzt werden, die eine Effektiv- und Spitzenwertausgabe ermöglichen (Impulsstrom-Messgeräte). Als Messaufnehmer kommen zumeist Strommessspulen zum Einsatz, deren Ausgangssignal proportional der zeitlichen Änderung des durch den Stromfluss hervorgerufenen Magnetfeldes ist. Je nach Ausführung werden sie als Strommessrahmen, Strommesszange, Rogowskigürtel oder Toroid bezeichnet. In Industrieanlagen ist die Strommessung üblicherweise integriert. Bei externer Messung ist die Strommessspule im Sekundärkreis anzuordnen. Dabei sind die Herstellerangaben bezüglich Einbauort und -lage zu beachten, um fehlerfrei Messungen zu gewährleisten. Weiterführende Informationen zur Strommessung enthält Merkblatt DVS 2942.

- Messung der Elektrodenkraft

Die Elektrodenkraft hat einen großen Einfluss auf die Kontaktwiderstände im Schweißprozess. Sie kann direkt oder indirekt gemessen werden. Bei direkten Messmethoden sind die Kraftsensoren in der Wirkungsachse der Kraftrichtung angeordnet. Verwendet werden hier zumeist Kraftmessdosen und die Messung erfolgt vor dem Schweißen. Soll während des Schweißens gemessen werden, kommen indirekte System zum Einsatz, die ein kraftproportionales Signal liefern, z. B. Dehnungsmessstreifen. An hydraulischen oder pneumatischen Krafterzeugern kann die Elektrodenkraft indirekt über eine Druckmessung in den Leitungen bestimmt werden. An servoelektrischen Antrieben kann über eine Messung des Motorstromes auf die Elektrodenkraft zurückgeschlossen werden.

- Übergangswiderstand

Der Kontaktwiderstand Elektrode-Blech bzw. Blech-Blech beeinflusst die Prozess-Parametrisierung und die Punktqualität, ist allerdings nicht direkt messbar. Um die Eigenschaften der zu fügenden Halbzeuge (Bleche) dennoch beurteilen zu können, wird als Hilfsgröße der Übergangswiderstand genutzt. Dieser ist laut Merkblatt DVS 2908 als Summe aller Kontaktwiderstände und der Stoffwiderstände der Fügeteile (Bleche) definiert. Unter Beaufschlagung mit einem geringen Messstrom wird die Spannung zwischen den Elektroden in zwei Zuständen gemessen. Zum einen mit den Fügeblechen zwischen den Elektroden, zum anderen mit direktem Elektrodenkontakt. Aus der ermittelten Spannungsdifferenz zwischen den beiden Zuständen lässt sich der Übergangswiderstand berechnen. Zweck der Bestimmung ist ein Vergleich von Halbzeugeigenschaften vor dem Schweißen im Sinne einer Eingangskontrolle oder Fertigungsüberwachung. Von Bedeutung ist die Messung vor allem an Werkstoffen mit Oxidschichten (z. B. Aluminium) und beschichteten Blechen.

- dynamischer Widerstand

Bestimmt wird der zeitliche Verlauf des Gesamtwiderstandes zwischen den Elektroden. Er kann nicht direkt gemessen werden, sondern wird aus den Momentanwerten von Strom und Spannung berechnet. Anhand des Widerstandsverlaufes können Rückschlüsse auf den Schweißprozess und die Linsenausbildung gezogen werden.

### Prozessregelung

Im Gegensatz zur Prozessüberwachung greift die Prozessregelung in den Schweißprozess ein. Ein vorgegebener Regelwert wird bei Prozessstörungen über die Veränderung von Stellgrößen konstant gehalten.

- Konstantstromregelung

Gemessen und konstant geregelt wird die Schweißstromstärke. Abweichungen durch Störeinflüsse werden von der Stromquelle kompensiert. Als Stellgröße dient der Phasenanschnittwinkel bei Thyristoren oder die Pulsweite bei Inverteranlagen.

- Konstantspannungsregelung

Als Führungsgröße für den Regelprozess dient die Elektrodenspannung. Dieses Regelverfahren wird nahezu ausschließlich beim Kleinteileschweißen angewandt.

- Konstantleistungsregelung

Das momentane Produkt aus Schweißstrom und -spannung wird konstant geregelt. Dieses Regelverfahren wird zur Begrenzung der Elektrodenerwärmung beim Kleinteileschweißen eingesetzt.

- adaptive Regelung

Komplexe Systeme zur Gewährleistung einer gleichbleibenden Schweißpunkt-Qualität. Stromhöhe und Schweißzeit werden entsprechend vorprogrammierter Regelalgorithmen angepasst. Je nach Hersteller werden verschiedene Führungsgrößen verwendet. Die Bandbreite reicht von direkten Einzelmessgrößen (Schweißstrom, Elektrodenspannung) über berechnete Größen (Widerstandsverlauf) bis hin zu Kombinationsmethoden unter Einbeziehung der Elektrodenkraft. Aufgrund der notwendigen hohen Regelgeschwindigkeit kommen adaptive Regelsysteme nur an Inverteranlagen zum Einsatz.

### Elektrodenmanagement

Die Elektroden unterliegen während des Gebrauchs einem Verschleiß. Die äußert sich zum einen in Anlegierungen und zum anderen in einer Vergrößerung der Kontaktfläche. In der Folge ändern sich die Widerstandsverhältnisse im Schweißprozess und damit die Schweißpunktausbildung. Um diesen Effekt zu begrenzen, werden die Schweißparameter in Abhängigkeit der Anzahl geschweißter Punkte angepasst oder die Elektrodengeometrie in regelmäßigen Abständen wiederhergestellt. In beiden Fällen wird der Elektrodenverschleiß nicht verhindert, sondern nur kompensiert.

- Stromanpassung (Steppfunktion)

In der Schweißmaschinensteuerung ist eine Stepperkurve hinterlegt, die den Stromsollwert in Abhängigkeit der Anzahl bereits geschweißter Punkte erhöht. Die Stepperkurven werden empirisch für jeden Anwendungsfall ermittelt.

- Nachfräsen der Elektroden

Nach einer festgelegten Anzahl von Schweißpunkten wird die Elektrodenspitze durch einen Fräsvorgang neu angearbeitet. Die Anzahl der Fräsvorgänge ist begrenzt, da bei jedem Fräsvorgang Material abgetragen wird.

#### 5.2.3.9 Prüfen der Schweißverbindung

Nach der Schweißung kann die Qualität der Schweißverbindung geprüft werden. Prüfkriterien können das Auftreten von Unregelmäßigkeiten oder Eigenschaften der Verbindung sein.

Unregelmäßigkeiten an Widerstandspunktschweißverbindungen sind in DIN EN ISO 6520-2 definiert und in sechs Gruppen unterteilt:

- P1 – Risse,
- P2 – Hohlräume,
- P3 – feste Einschlüsse,
- P4 – Bindefehler,
- P5 – Form- und Maßabweichungen,
- P6 – Sonstige Unregelmäßigkeiten.

Diesen Hauptgruppen sind jeweils mehrere Untergruppen zugeordnet. Eine Beurteilung der Zulässigkeit von Unregelmäßigkeiten wird in dieser Norm nicht vorgenommen. Für verschiedene Branchen existieren allerdings spezifische Regelwerke oder Werksnormen. Grundlage der Bewertung ist immer die Beanspruchung der Verbindung im Einsatz. Danach werden auch notwendige Verbindungsfestigkeiten oder Punktdurchmesser definiert.

Zur Prüfung der Schweißverbindung steht eine Vielzahl von Prüfverfahren zur Verfügung. Unterschieden wird in zerstörungsfreie (z. B. Ultraschallprüfung) und zerstörende Prüfmethoden (z. B. Scherzugversuch).

##### Werkstattprüfverfahren

In einer Werkstattprüfung wird die Verbindung zwischen den Blechen durch verschiedene Methoden zerstört (Bild 5.39) und anschließend der Punktdurchmesser und die

Bruchart bewertet. Innere Fehler, wie mangelnde Anbindung, Porosität und ähnliches sind erkennbar. Aussagen zur Festigkeit der Schweißverbindung sind nicht möglich.

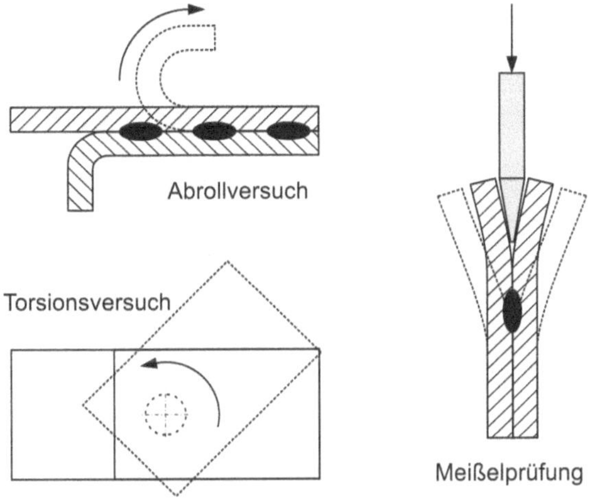


**Bild 5.39**
Einfache Werkstattprüfungen an Punktschweißverbindungen

Beim Abrollversuch wird ein Blech fest eingespannt und das andere mithilfe einer Zange oder eines Dornes von der Verbindung abgerollt. Die Schweißverbindung wird dabei schälend beansprucht. Bei der Meißelprüfung wird die Verbindung mithilfe eines speziellen Meißels aufgekeilt. Der Schweißpunkt wird beim Aufklaffen der Bleche durch Kopfzug beansprucht. Beim Torsionsversuch wird das obere Blech gegen das fixierte Unterblech verdreht, bis der Schweißpunkt versagt.

Diese Prüfungen sind einfach handbarbar und kostengünstig und dienen zur Überprüfung der eingestellten Schweißparameter. Von einer guten Verschweißung ist auszugehen, wenn die Schweißpunkte nicht abreißen, sondern aus dem Grundwerkstoff ausknöpfen (Bild 5.40).

Die Vermessung der Punkte erfolgt nach DIN EN ISO 14239. Knöpft der Punkt unsymmetrisch oder als Mischbruch aus, wird der Punktdurchmesser als Mittelwert von größtem und kleinstem Maß bestimmt.

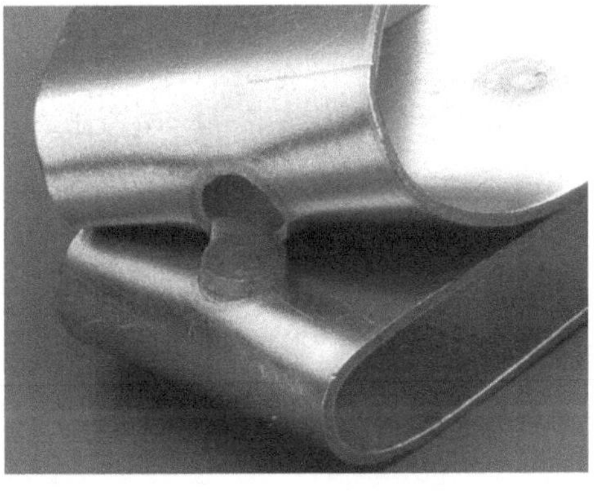

**Bild 5.40**
Ausgeknöpfter Punkt nach einer Werkstattprüfung

### Scherzugversuch

Der Scherzugversuch dient zum Ermitteln der Scherzugkraft an punktgeschweißten Proben und wird zur Beurteilung des statischen Tragverhaltens einer Punktschweißung herangezogen. Neben der Scherzugbeanspruchung tritt mit zunehmender Belastung eine Kopfzugbeanspruchung der Schweißverbindung auf, die sich aus der Verformung der Probe im Bereich der Überlappung ergibt (Bild 5.41). Ausgewertet wird neben der Bruchkraft, die Bruchart (Bild 5.42) und der mittlere Punkt- bzw. Ausknöpfdurchmesser.

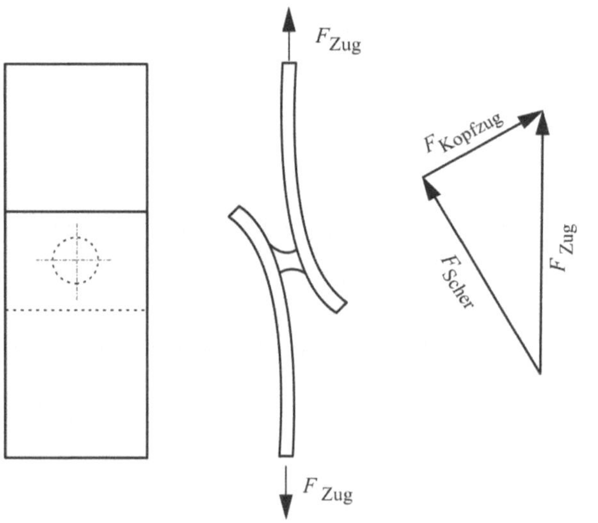


**Bild 5.41** Beanspruchungen beim Scherzugversuch (nach Merkblatt DVS 2916-1)

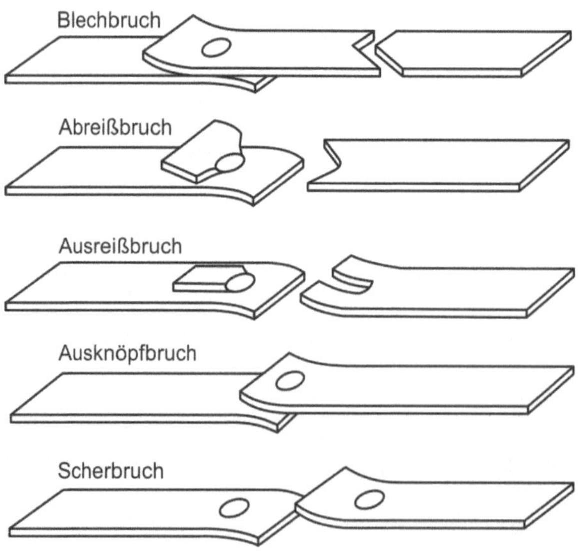


**Bild 5.42** Brucharten beim Scherzugversuch (nach Merkblatt DVS 2916-1)

### Metallografische Prüfung

Zur Herstellung von metallografischen Schliffproben wird der Schweißpunkt in der Mitte, senkrecht zur Blechoberfläche aufgeschnitten, angeschliffen und angeätzt. Die Vorgehensweise ist ausführlich in Merkblatt DVS 2916-4 beschrieben. Ausgewertet wird die Linsengeometrie (Bild 5.43), die Tiefe des Elektrodeneindrucks und die Größe von inneren Unregelmäßigkeiten, wie z. B. Poren, Bindefehler und Risse.

An Mikroschliffen kann unter dem Mikroskop zudem eine Bewertung der Gefügeausbildung bzw. -beeinflussung vorgenommen werden.

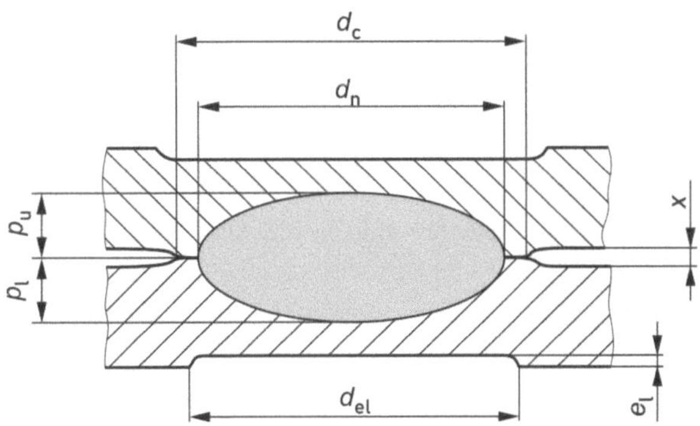


$d_n$ ...Linsendurchmesser
$d_c$ ...Haftdurchmesser
$p$ ...Linseneindringtiefe
$d_e$ ...Elektrodeneindruckdurchmesser
$e$ ...Elektrodeneindrucktiefe
$x$ ...Blechspalt

Index u ...oberes Blech
Index l ...unteres Blech

**Bild 5.43**
Messgrößen am Querschliff einer Punktschweißverbindung

### Härtemessung

Der thermische Einfluss des Schweißvorganges beeinflusst die Gefügestruktur des Materials und kann zu Aufhärtungen im Bereich der Schweißlinse und der Wärmeeinflusszone führen. Die Bestimmung der Härte erfolgt am Mikroschliff der Verbindung über Einzeleindrücke, Messreihen oder -raster. Als Härteprüfverfahren hat sich die Methode nach Vickers durchgesetzt. Da das Widerstandspunktschweißen zumeist an geringen Blechdicken zur Anwendung kommt, wird im Kleinlastbereich geprüft, z. B. HV 1.

### Ultraschallprüfung

Geprüft wird mit der Impuls-Echo-Technik, bei der ein Ultraschallprüfkopf manuell auf das Bauteil aufgesetzt wird. Der Prüfkopf arbeitet gleichzeitig als Sender und Empfänger. Er leitet einen Schallimpuls an der Bauteiloberfläche ein, der an der Bauteilrückseite reflektiert wird und ein Echo im Empfänger erzeugt. Unstetigkeiten im Material bilden sich in diesem Echo als Signaländerungen ab. Mit dieser Prüftechnik lassen sich zu kleine oder fehlende Schweißlinsen, Poren und Lunker nachweisen. Risse können ebenfalls detektiert werden, wenn sie ausreichend groß sind und senkrecht zur Einschallrichtung liegen.

Werden mehrere Einzelprüfköpfe in einem Gerät zusammengefasst und über eine Software gezielt angesteuert, lassen sich auch bildgebende Messungen realisieren. Über eine Auswertesoftware werden die Echos der einzelnen Prüfköpfe aufbereitet und zu einer 2D-Darstellung der verschweißten Fläche verarbeitet.

#### 5.2.3.10 Verfahrensvarianten

##### Einseitiges Widerstandspunktschweißen

Beim einseitigen Schweißen werden beide Elektroden auf eine Seite der Verbindung aufgesetzt. Der Strom fließt über beide Schweißstellen und durch das untere Blech. Zur Gewährleistung dieses Strompfades muss das obere Fügeteil als Profil gestaltet sein (Bild 5.44). Zur Aufnahme der Fügekraft muss das Unterblech eine entsprechende Bauteilsteifigkeit aufweisen. Alternativ kann auf einer festen Kupferunterlage geschweißt werden.

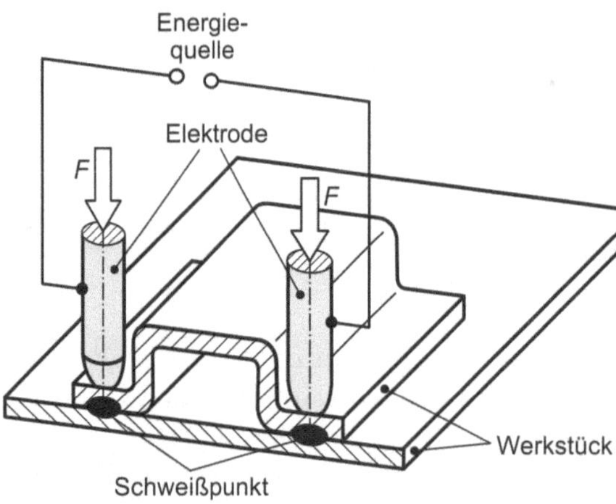


**Bild 5.44** Einseitiges Punktschweißen

##### Dreiblech-Schweißen

Stoßen an der Fügestelle mehrere Bleche zusammen, können diese in einem Schweißvorgang gefügt werden. Die Bleche müssen dazu überlappend aufeinander liegen. Das mittlere Blech wird an der Fügestelle komplett aufgeschmolzen. Die sich dabei ausbildende Schweißlinse bindet das obere und das untere Blech stoffschlüssig an. Es entsteht nur ein durchgängiger Schweißpunkt (Bild 5.45).

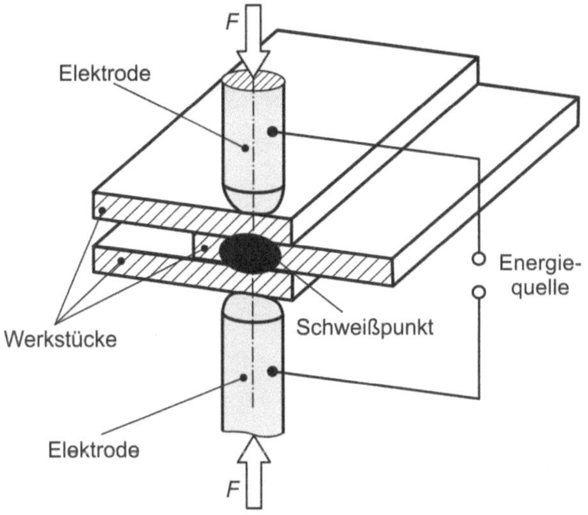


**Bild 5.45**
Dreiblech-Schweißen

### Mikro-Widerstandspunktschweißen

Einsatz der Widerstandspunktschweißtechnik für Feinschweißungen im Bereich Elektrotechnik/Elektronik und Medizintechnik. Zum Einsatz kommen Tisch-Punktschweißmaschinen mit geringen Elektrodenabmessungen. Bevorzugt wird die Kondensatorentladungstechnik genutzt. Die damit realisierbaren kurzen Stromzeiten verringern die Wärmebelastung der Bauteile und damit deren thermischen Verzug. Geschweißt werden Folien und dünne Bleche im Blechdickenbereich 0,005...0,5 mm und Drähte im Durchmesser 0,005...1,5 mm. Angewandt wird sowohl das zweiseitige als auch das einseitige Schweißen (Spaltschweißen).

## 5.2.3.11 Arbeits- und Gesundheitsschutz

### Gefährdungen durch elektrischen Strom

Die maximal verwendete Sekundärspannung beträgt etwa 20 V. Diese Spannungen gelten als ungefährliche Kleinspannungen (bis 42 V).

### Gefährdungen durch elektromagnetische Felder (EMF)

An Widerstandsschweißeinrichtungen können hohe elektromagnetische Felder auftreten. Informationen zu einer eventuell auftretenden elektromagnetischen Gefährdung können von Schweißgeräteherstellern eingeholt werden. Wegen der möglichen hohen elektrischen Feldstärken dürfen Mitarbeiter mit Herzschrittmacher nicht eingesetzt werden.

### Gefährdungen durch mechanische Vorgänge

Entstehen durch die Schließbewegung der Elektroden, Vorrichtungen und Transporteinrichtungen. Schutzmaßnahmen z. B. beim Punktschweißen kleiner Bauteile und von Hand beschickbarer Sonderanlagen sind:

- Zweihandbedienung,
- Schutzgitter mit elektrischer Startverrieglung,
- Sperren der Betätigung durch Lichtschranken,
- Begrenzung des Elektrodenhubes.

### Gefährdungen durch Emissionen

Gefährdungen sind gegeben beim Verarbeiten von oberflächenbeschichteten Blechen, z. B. Blei-, Zink- und Kunststoffbeschichtungen. Kann bei Schweißarbeiten eine Exposition von Beschäftigten gegenüber Gefahrstoffen nicht vermieden werden, sind zur Beseitigung oder zur Minimierung der dadurch bedingten Gefährdung geeignete Schutzmaßnahmen erforderlich wie z. B. lüftungstechnische Maßnahmen bzw. persönliche Schutzmaßnahmen. Die festgelegten Maßnahmen sind in einer Gefährdungsbeurteilung zu dokumentieren.

### Gefährdungen durch Lärm

Die Wirkung des Lärms kann psychisch, vegetativ oder gehörschädigend sein. In den Bereichen mit einem Beurteilungspegel über 80 dB (A) muss der Unternehmer persönliche Schallschutzmittel zur Verfügung stellen.

Maßnahmen zur technischen Lärmminderung z. B.:

- Schalldämpfer bei pneumatischen Anlagen,
- gedämpftes Aufsetzen und Rücksetzen der Elektroden,
- Aufstellen von Abschirmwänden,
- geeignete Gehörschutzmittel.

### Gefährdungen durch Spritzer

Schutz durch persönliche Schutzausrüstung je nach Arbeitsbedingungen: dazu gehören Schutzbrille, Schweißerschutzhandschuhe, Lederschürze, Arbeitssicherheitsschuhe und schwer entflammbarer Schutzanzug.

## 5.2.4 Rollennahtschweißen (Prozess 22)

### 5.2.4.1 Verfahrensmerkmale

Anstelle von stabförmigen Elektroden werden beim Rollennahtschweißen zur Übertragung von Schweißstrom und Elektrodenkraft rollenförmige Elektroden eingesetzt. Das Rollenpaar berührt ebenso wie die Punktelektroden das Werkstück auf einer kleinen Fläche. Die Rollen drehen sich entsprechend der Weiterbewegung des Werkstückes. Geschweißt werden mehrere Punkte nacheinander auf einer Linie oder durchgehende Liniennähte. Die Elektrodenabnutzung ist gegenüber dem Punktschweißen wesentlich geringer. Das Auf- und Abbewegen der Elektroden entfällt, dadurch sind höhere Schweißgeschwindigkeiten möglich. Der Schweißstrom kann je nach Schweißaufgabe für Stahl bis zu 30 kA betragen. Es können Elektrodenkräfte bis zu 7,0 kN angewendet werden.

#### Anwendungsbereich/Abmessungen

Das Verfahren hat eine große Bedeutung bei der Herstellung von Massenbedarfsgütern wie z. B. Kraftstofftanks aus Stahlblech, Radiatoren, Konserven- und Getränkedosen, Fässern, Schalldämpfern und Töpfen. Weitere Einsatzmöglichkeiten ergeben sich bei der Herstellung längsnahtgeschweißter Rohre bzw. in der Behälterfertigung. Auch auf dem Gebiet der Mikro- und Präzisionstechnik wird das Rollennahtschweißen eingesetzt, z. B. Rollennahtschweißen von Membranbälgen, Topf- und Flachmembranen aus Edelstahl, Toplay- und Inlay-Profilen für Kontaktbimetallbänder. Übliche Blechdicken liegen bei Stahlwerkstoffen im Bereich 0,1...3,5 mm und bei Aluminiumwerkstoffen im Bereich 0,2...2,5 mm.

#### Werkstoffgruppen

Mit dem Rollennahtschweißen lassen sich alle Stähle und eine Vielzahl von Nichteisenmetallen verbinden. Als Beispiele seien Aluminium, Nickel und Titan genannt. In der Mikrotechnik werden auch Werkstoffkombinationen geschweißt. Weitere Hinweise zu den Werkstoffgruppen sind im Abschnitt Schweißeignung enthalten.

#### Wichtige Merkblätter und Normen

DVS Merkblätter und Normen, die bereits im Abschnitt 5.2.3.1 aufgeführt sind und auch für das Rollennahtschweißen zutreffen, erscheinen in diesem Punkt nicht.

**Verfahren und Werkstoffe:**

- **DVS 2906-1:** Widerstands-Rollennahtschweißen – Verfahren und Grundlagen.
- **DVS 2906-2:** Widerstands-Rollennahtschweißen – Quetschnahtschweißen von Blechen aus Stahl.
- **DVS 2906-3:** Widerstands-Rollennahtschweißen mittels Drahtzwischenelektrode.

- **DVS 2906-4:** Widerstands-Foliennahtschweißen von Blechen aus Stahl.
- **DIN EN ISO 18278-1:** Widerstandsschweißen-Schweißeignung – Teil 1: Allgemeine Anforderungen an die Bewertung der Schweißeignung von Widerstandspunkt-, Rollennaht- und Buckelschweißen von metallischen Werkstoffen.
- **DIN EN ISO 669:** Widerstandsschweißen – Widerstandsschweißeinrichtungen – Mechanische und elektrische Anforderungen.

### 5.2.4.2 Verfahrensprinzip/-beschreibung

Die Werkstücke werden an den Stoßflächen erwärmt und unter Anwendung von Kraft geschweißt. Strom und Kraft werden von beiden Werkstückseiten (zweiseitig) durch ein Rollenelektrodenpaar oder eine Rollenelektrode und einen Dorn übertragen (Bild 5.46). Es werden mehrere Punkte in Reihe oder eine durchgehende Naht erzeugt. Die Rollen übernehmen den Werkstücktransport (stationäre Maschine) oder rollen auf diesem ab (mobile Maschine).

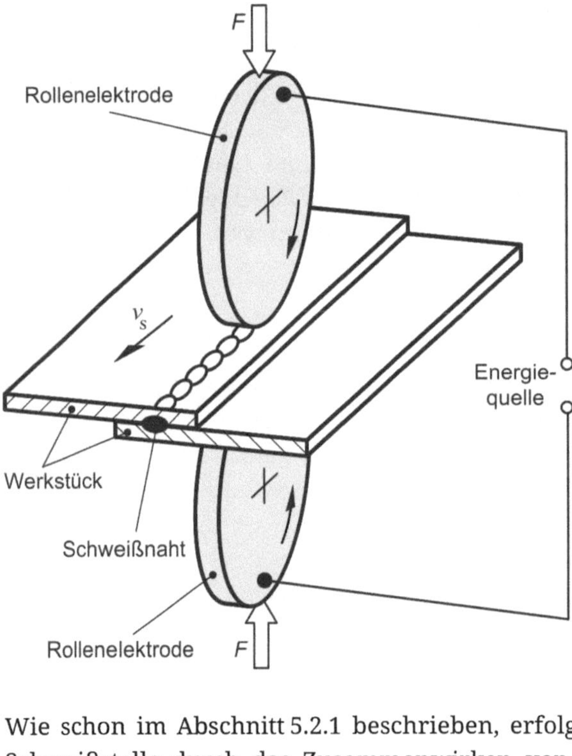


**Bild 5.46** Verfahrensprinzip Überlapp-Rollennahtschweißen (Prozess 221), nach DIN EN 14610

Wie schon im Abschnitt 5.2.1 beschrieben, erfolgt die Wärmeentwicklung an der Schweißstelle durch das Zusammenwirken von Schweißstrom, Widerstand und Schweißzeit nach dem Jouleschen Gesetz.

Bild 5.47 zeigt einige Möglichkeiten der Stromzuführung zur Schweißstelle. Im Standardfall wird der Schweißstrom über zwei beiderseits der zu schweißenden Bleche angeordnete Rollenelektroden zugeführt. Alternativ kann eine Rolle durch eine Kupferunterlage ersetzt werden. Beim indirekten Schweißen werden beide Rollen auf einer Seite aufgesetzt. Der Strom fließt über beide Schweißstellen und die gegenüberliegende Kupferschiene. Zur Gewährleistung dieses Strompfades muss das obere Fügeteil als Profil gestaltet sein. Dies gilt beim Doppelnahtschweißen für beide Fügeteile. Hier werden mit zwei in Reihe geschalteten Schweißstromquellen zwei Schweißnähte gleichzeitig gefertigt.

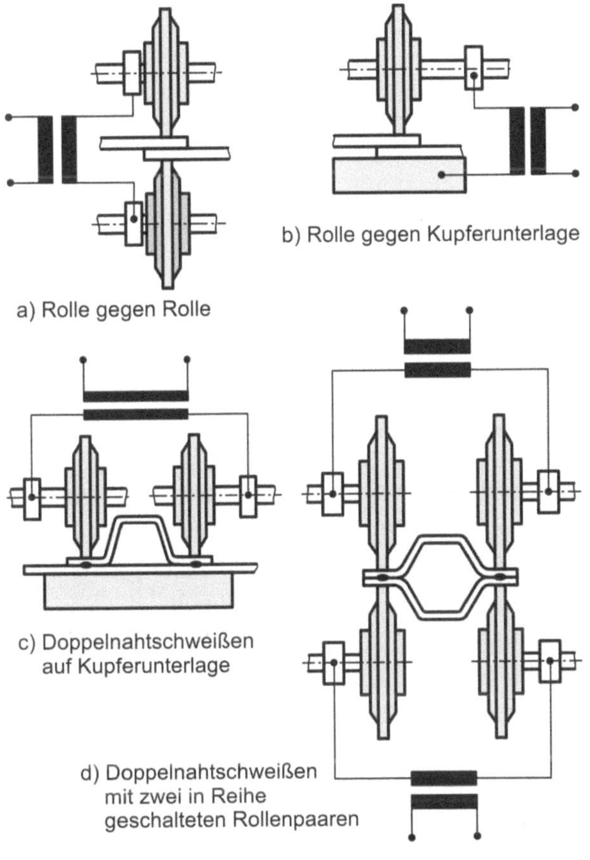


**Bild 5.47** Sekundärkreisanordnungen beim Rollennahtschweißen (Merkblatt DVS 2906-1)

Sekundäranordnungen nach c) und d) sollten möglichst vermieden werden, da aus unterschiedlichen elektrischen Widerständen in den beiden Schweißstellen nicht reproduzierbare Schweißnahtgüten folgen können.

### 5.2.4.3 Schweißanlagenaufbau

Das Rollennahtschweißen wird vorwiegend mit stationären Schweißmaschinen ausgeführt. Für mobile Anwendungen in Verbindung mit Schweißrobotern werden auch Rollennahtzangen eingesetzt.

Stationäre Maschinen werden als ortsfeste Ständermaschinen ausgeführt und weisen den gleichen Grundaufbau wie eine Punktschweißmaschine auf (Bild 5.48).

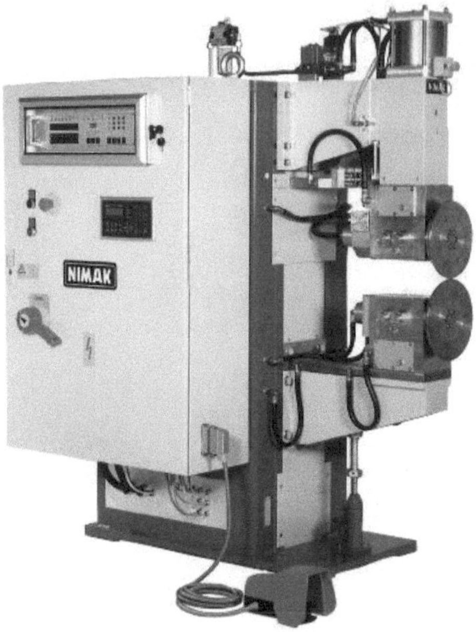


**Bild 5.48**
Rollennaht-Schweißmaschine (NIMAK GmbH)

Zusätzlich zur Hubbewegung der Elektroden muss jedoch noch eine Drehbewegung der Rollen realisiert werden. In den meisten Fällen wird nur eine Rollenelektrode angetrieben und die andere läuft als Schlepprolle über den Reibschluss mit dem Werkstück mit. Die Schweißmaschinen kann man im Allgemeinen einteilen in:

- Längsnaht-Schweißmaschinen,
- Quernaht-Schweißmaschinen,
- Dorn-Schlitten-Schweißmaschinen,
- Wanderrollen-Schweißmaschinen.

Geschweißt wird vorzugsweise mit Wechselstrom oder Mittelfrequenz-Invertertechnik.

### Längsnaht-Schweißmaschine

Bei Längsnaht-Schweißmaschinen stehen die Rollenachsen quer zu den Elektrodenarmen (Bild 5.49).

Geschweißt werden Profile, Rohre, Hohlkörper u. ä., die über den unteren Elektrodenarm geführt werden. Die Unterarmausführung wird der jeweiligen Halbzeuggeometrie angepasst. Die Fügeteile werden durch die Drehbewegung der ortsfesten Rollen über Reibschluss durch die Schweißeinrichtung bewegt. Die mögliche Schweißnahtlänge ist durch die Auslegerlänge der Elektrodenarme begrenzt.

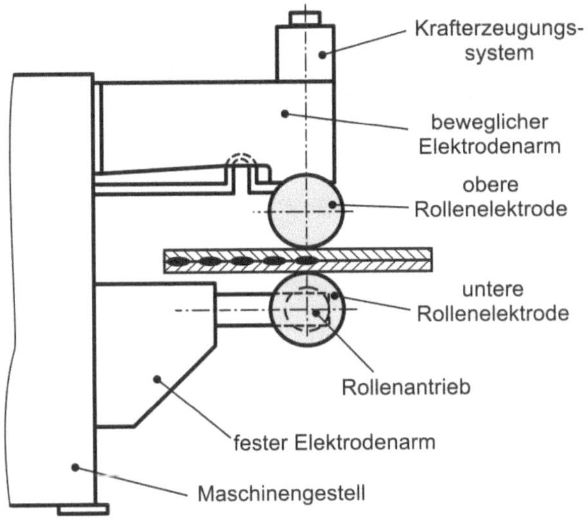


**Bild 5.49**
Längsnaht-Schweißeinrichtung

## Quernaht-Schweißmaschine

Bei Quernaht-Schweißmaschinen stehen die Rollenachsen parallel zu den Elektrodenarmen (Bild 5.50).

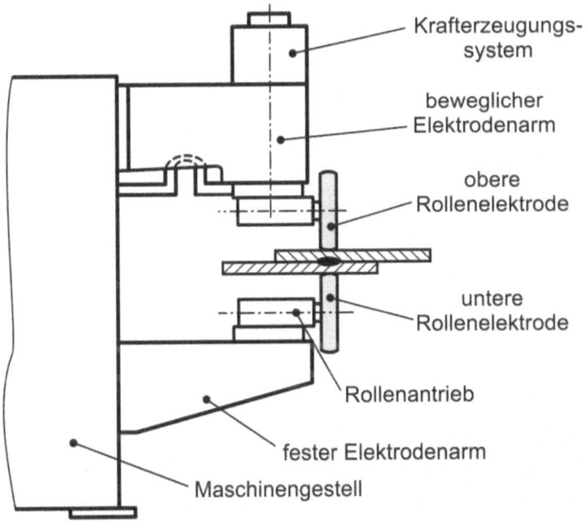


**Bild 5.50**
Quernaht-Schweißeinrichtung

Geschweißt werden Bleche und offene Profilgeometrien. Die Schweißnahtlänge ist maschinenseitig nicht begrenzt. Die Fügeteile werden durch die Drehbewegung der ortsfesten Rollen über Reibschluss durch die Schweißeinrichtung bewegt. Geschlossen Profil oder Rohrgeometrien können nicht geschweißt werden, da der untere Elektrodenarm quer im Schweißweg steht.

### Dorn-Schlitten-Schweißmaschine

Die untere Rolle wird bei diesem Maschinentyp durch einen längsverschiebbaren Dorn ersetzt. Das zumeist rohrförmige Werkstück wird über den Dorn aufgeschoben. Die Schweißvorschubbewegung kann durch die angetriebene Rolle oder eine Längsverschiebung des Dorns erzeugt werden. Geschweißt werden bevorzugt Längsnähte an kurzen Profil- oder Rohrgeometrien. Die mögliche Schweißnahtlänge ist durch die Länge des Dorns begrenzt.

### Wanderrollen-Schweißmaschine

Die untere Rolle wird bei diesem Maschinentyp durch einen längeren Dorn oder eine Kupferunterlage ersetzt, welche fest an der Maschine angebracht sind und das Werkstück aufnehmen. Die obere Rolle wird auf der Schweißbahn über das Werkstück bewegt. Der Schweißvorschub entsteht durch das Abrollen der Elektrode in Schweißrichtung. Die mögliche Schweißnahtlänge ist durch die Länge des Dorns bzw. der Unterlage begrenzt.

### Roboter-Schweißzangen

Das Rollenpaar ist, zumeist in Quernahtausführung, in einer Zangenkonfiguration angeordnet und wird vom Roboter zum Bauteil geführt. Die Schweißvorschubbewegung entsteht durch Abrollen der Elektroden auf dem Bauteil. Die mögliche Schweißnahtlänge ist durch den Arbeitsbereich des Roboters begrenzt. Bild 5.51 zeigt ein Ausführungsbeispiel.

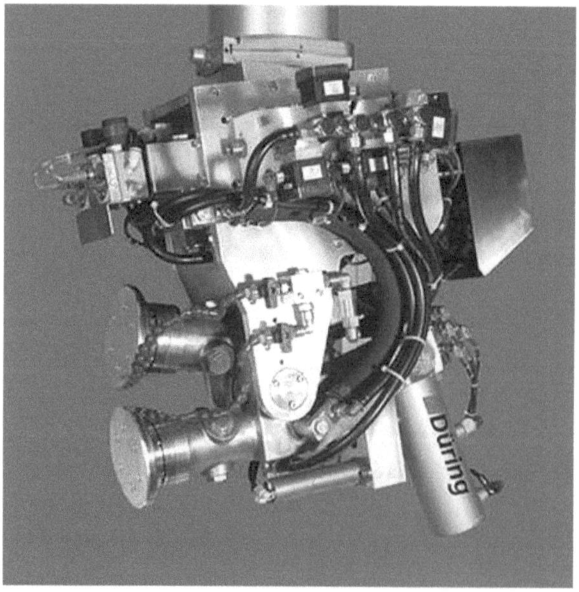


**Bild 5.51**
Rollennaht-Schweißzange (Düring Schweißtechnik GmbH)

### 5.2.4.4 Elektroden zum Rollennahtschweißen

Neben der Übertragung der Elektrodenkraft und des Schweißstromes auf die Fügestelle übernehmen die Elektroden zusätzlich die Aufgabe des Transportes der Schweißteile. Die überwiegende Anzahl von Schweißnähten wird zwischen einem Rollenelektrodenpaar verschweißt. Für gerade Nähte, insbesondere Längsnähte von Hohlkörpern, kann eine Rollenelektrode durch einen zylindrischen oder profilierten Dorn ersetzt werden.

#### Elektrodenwerkstoffe

Die Auswahl der Elektrodenwerkstoffe erfolgt nach den gleichen Gesichtspunkten wie beim Punktschweißen (siehe Abschnitt 5.2.3.4). Zusammensetzung und Eigenschaften der Werkstoffe für Elektroden sind im Merkblatt DVS 2903 aufgeführt.

Der Standardelektrodenwerkstoff ist CuCrZr. Damit werden un- und niedriglegierte Stähle (auch oberflächenbeschichtet) und Aluminiumwerkstoffe geschweißt. Für hochlegierte Stähle werden CuCoBe-Legierungen eingesetzt. Zum Schweißen von Kupferwerkstoffen werden Elektroden aus Molybdänwerkstoffen verwendet.

#### Schweißelektroden – Form und Art

Die Breite der Kontaktfläche der Elektrode bestimmt zusammen mit ihrem Rollendurchmesser die Größe der Berührungsfläche und damit die Stromdichte. Rollenschweißelektroden zum Nahtschweißen werden entsprechend der Zugänglichkeit der Schweißstelle gerade oder mit einseitiger bzw. beidseitiger Flanke ausgeführt. Die günstigste Form des Rollenprofils hängt im Allgemeinen von dem zu schweißenden Werkstoff ab und kann ballig oder flach sein (Bild 5.52). Bevorzugt werden ballige Elektroden eingesetzt. Flache Ausführungen werden nur zum Schweißen an blanken Stahlblechen verwendet.

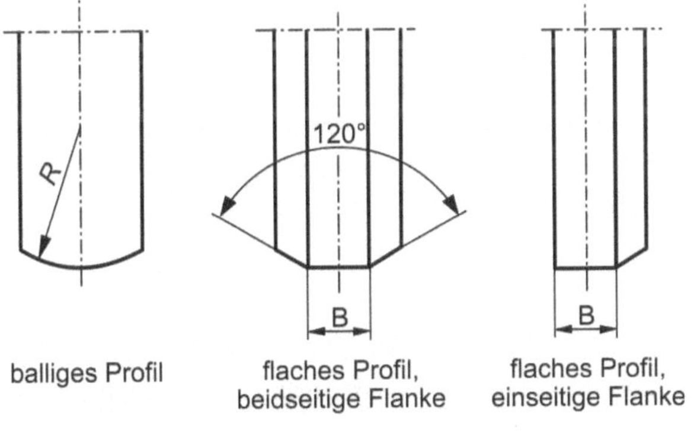


**Bild 5.52** Elektrodenrollen

Die notwendige Rollenprofilbreite an balligen Elektroden kann in Abhängigkeit von der zu verschweißenden Einzelblechdicke $t$ nach folgender Formel ermittelt werden:

$$B = 2t + 3 \quad [\text{mm}] \tag{5.5}$$

Für den Ballenradius $R$ werden Werte im Bereich 50...100 mm verwendet.

Bei Verwendung von flachen Elektroden bemisst sich die notwendige Rollenprofilbreite $B$ nach der angestrebten Nahtbreite $b$:

$$B = b + 1[\text{mm}] \tag{5.6}$$

#### 5.2.4.5 Schweißeignung

Im Hinblick auf die Schweißeignung von Werkstoffen und die Festigkeitseigenschaften der Schweißpunkte entspricht die Rollennahtschweißung angenähert dem Punktschweißen.

##### Werkstückvorbereitung

Der Oberflächenzustand hat einen wesentlichen Einfluss auf das Schweißergebnis. Kaltgewalzter Stahl im blanken Zustand lässt sich ohne Vorbereitung schweißen. Warmgewalzter Stahl lässt sich nur dann verarbeiten, wenn die Zunderschichten vor dem Schweißen chemisch oder mechanisch entfernt werden. Bei den Leichtmetallen ist eine sorgfältige Oberflächenvorbereitung erforderlich. Sie kann entweder durch Beizen oder mechanisch erfolgen.

##### Un- und niedriglegierte Stähle

Unbeschichtete (blanke) Stähle sind ohne Einschränkungen schweißbar. Zum Schweißen von Dichtnähten wird bis ca. 1,5 mm Einzelblechdicke mit Dauerstrom geschweißt, darüber hinaus werden Stromprogramme (Wechsel von Strom- und Pausenzeiten) verwendet. Mit steigender Schweißgeschwindigkeit wird der anwendbare Parameterbereich schmaler. Beim Schweißen verzinkter oder aluminierter Bleche kommt es zu Anlegierungen an den Elektroden. Hier muss mit geringeren Strömen und längeren Schweißzeiten (geringe Schweißgeschwindigkeit) als bei unbeschichteten Blechen gearbeitet werden. Stahlbleche mit elektrolytisch abgeschiedenen Überzügen aus Kupfer, Nickel oder Chrom werden mit höheren Strom- und Elektrodenkraftwerten geschweißt. Hier besteht nur eine geringe Anlegierungsneigung.

##### Hochlegierte Stähle

Die Wärmewirkung des Schweißprozesses kann unter Umständen Chromcarbid-Ausscheidungen hervorrufen, die das Auftreten interkristalliner Korrosion begünstigen.

Zur Vermeidung muss die Wärmezufuhr begrenzt werden. In der Regel geschieht dies durch Einstellung verkürzter Stromzeiten.

#### Aluminiumwerkstoffe

Die Oxidschichten auf der Blechoberfläche sind durch Bürsten oder Beizen zu entfernen bzw. zu vergleichmäßigen. Die gute thermische und elektrische Leitfähigkeit erfordert die Anwendung hoher Schweißströme. Um ein Herauspressen von Schmelze aus dem Fügespalt zu vermeiden, muss die Überlappung der Bleche wesentlich breiter als die Auflage der Schweißrollen sein.

### 5.2.4.6 Konstruktive Gestaltung

#### Stoßarten

Mit dem Rollennahtschweißen werden überlappt angeordnete Bleche miteinander verschweißt. Das Schweißen von Stumpfverbindungen ist mit speziellen Verfahrensvarianten ebenfalls möglich. Bild 5.53 zeigt einige mögliche Stoßarten.

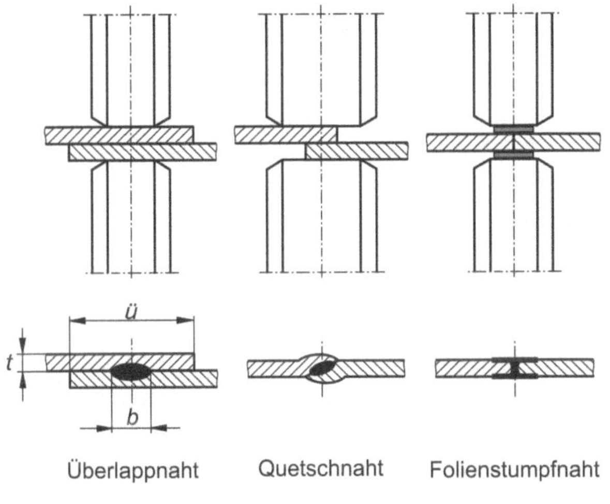


**Bild 5.53**
Stoßarten und Nahtausbildung bei verschiedenen Varianten des Rollennahtschweißen

- Überlappnaht

Standardmäßig wird im Überlappstoß gearbeitet, bei dem die Elektrodenrollen in einem definierten Abstand von der Stoßkante angeordnet werden. Als Überlappung *ü* wird das fünffache der Gesamtblechdicke empfohlen. Die Verbindungsausbildung erfolgt analog dem Widerstandspunktschweißen als Schweißlinse zwischen den beiden Fügeteilen. Die Breite *b* der Schweißlinse bzw. der Schweißnaht kann in Abhängigkeit von der Einzelblechdicke *t* nach folgender Beziehung näherungsweise ermittelt werden:

$$b = 2t + 2[\text{mm}] \quad (5.7)$$

- Quetschnaht

Zur Angleichung der Blechdicke im Fügebereich wird die Variante Quetschnaht eingesetzt. Hier werden die Rollen direkt auf der Stoßkante angesetzt und die erwärmten Blechkanten während des Schweißvorgangs unter dem Einfluss der Elektrodenkraft miteinander verquetscht.

- Folienstumpfnaht

Stumpfstöße lassen sich unter Einsatz einer Hilfsfolie aus artgleichem Werkstoff schweißen. Die Folie wird beidseitig zwischen Rollenelektrode und Werkstück positioniert und reduziert die Wärmeabfuhr aus dem Blech an die gekühlte Elektrode. In der Folge erwärmen sich die Blechkanten über die gesamte Fugenhöhe des Stumpfstoßes auf Schweißtemperatur und verschweißen miteinander. Die zugeführten Folienbänder verschweißen mit der Blechoberfläche.

### Nahtarten

Beim Rollennahtschweißen werden mehrere Punkte nacheinander auf einer Verbindungslinie geschweißt. Je nach Abstand der Punkte voneinander, unterscheidet man in Rollenpunkt- und in Dichtnähte (Bild 5.54).

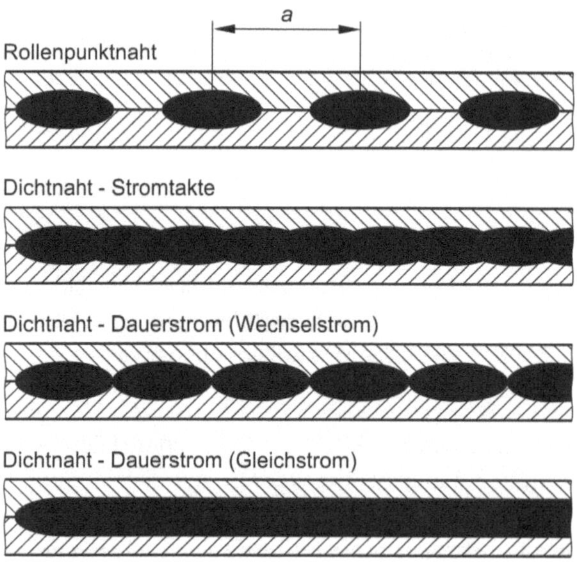


**Bild 5.54** Nahtarten beim Rollennahtschweißen

- Rollenpunktnaht

Punktnähte entstehen, wenn mit Stromtaktprogrammen gearbeitet wird. Die Strom- und Pausenzeiten sind so mit der Schweißgeschwindigkeit abgestimmt, dass zwischen zwei geschweißten Punkten unverschweißte Zwischenräume existieren. Der Punktabstand $a$ ergibt sich bei gegebener Schweißgeschwindigkeit $v_s$ (in mm/s), der Stromzeit $t_S$ (in s) und der Pausenzeit $t_P$ (in s) zu:

$$a = v_S \cdot (t_S + t_P)[\text{mm}] \tag{5.8}$$

Die Festigkeitseigenschaften eines Schweißpunktes sind analog einer Widerstandspunktschweißung. Die Belastbarkeit der Rollenpunktnaht hängt neben der Tragfähigkeit des Einzelpunktes wesentlich vom Punktabstand ab. Der Einsatz des Rollennahtschweißens anstelle des Punktschweißens ermöglicht höhere Arbeitsgeschwindigkeiten bei geringerem Elektrodenverschleiß.

- Dichtnaht

An Dichtnähten überlappen sich die nacheinander geschweißten Punkte, der Punktabstand ist kleiner als der Punktdurchmesser. Geschweißt wird mit Dauerstrom oder entsprechend kurzen Stromtaktpausen. Die maximal mögliche Schweißgeschwindigkeit $v_{max}$ berechnet sich aus dem Punktabstand $a$ (in mm) und der Stromtaktfrequenz $f$ (in Hz) zu:

$$v_{\text{max}} = x \cdot a \cdot f \quad [\text{mm/s}] \tag{5.9}$$

Bei Anwendung von Dauerwechselstrom ist der Faktor $x = 2$, unter der Annahme, dass in jeder Halbwelle ein Schweißpunkt entsteht. Bei Stromtaktprogrammen, die sich aus Strom- und Pausenzeiten zusammensetzen, ist der Faktor $x = 1$. Hier wird davon ausgegangen, dass in jeder Stromzeit ein Schweißpunkt entsteht. Bei Anwendung von Dauergleichstrom (3-phasig gleichgerichtet) ist die Berechnung der maximalen Schweißgeschwindigkeit nach Formel 5.9 nicht möglich, da der Gleichstrom keine Frequenz besitzt.

Die geschweißten Nähte sind medien- und druckdicht und besitzen annähernd Grundwerkstofffestigkeit.

### 5.2.4.7 Fertigungshinweise

#### Maschineneinstellungen

Für die Schweißaufgabe sind die passenden Rollenelektroden auszuwählen. Die betrifft die Rollengeometrie (Durchmesser, Breite, Profilierung) und den Rollenwerkstoff.

An der Schweißmaschine sind folgende Parameter einzustellen:

- Elektrodenkraft,
- Stromstärke,
- Stromzeit,

- Stromtaktfrequenz,
- Schweißgeschwindigkeit.

Tabelle 5.7 zeigt die Einstelltendenzen in Abhängigkeit von Werkstückeigenschaften und angestrebten Punktabständen.

**Tabelle 5.7** Zusammenfassung von Einflussgrößen beim Rollennahtschweißen

| Einstellparameter | Werkstückeigenschaften | | |
|---|---|---|---|
| | Blechdicke | Leitfähigkeit | Punktabstand |
| | klein → groß | schlecht → gut | klein → groß |
| Rollenbreite | steigt | – | – |
| Elektrodenkraft | steigt | – | – |
| Stromstärke | steigt | steigt | sinkt |
| Stromzeit | steigt | sinkt | – |
| Strompausenzeit | steigt | – | steigt |
| Schweißgeschwindigkeit | sinkt | sinkt | steigt |

### Stromtaktprogramme

Während des Schweißvorschubes kann die Strombeaufschlagung des Werkstücks über das Verhältnis von Stromzeit zu Strompausenzeit gezielt beeinflusst werden. Der Schweißstrom kann stetig (Dauerstrom) oder periodisch (Stromtaktprogramm) zugeführt werden. Je kürzer die Stromzeit für den einzelnen Punkt ist, desto höher kann die Schweißgeschwindigkeit gewählt werden.

- Dauerstrom

Bei Einsatz von Dauerstrom ist die Strompausenzeit Null und die Schweißzeit entspricht der Stromzeit. Geschweißt werden Dichtnähte am Überlappstoß bis zu einer Einzelblechdicke von ca.1,5 mm. Wird mit Netz-Wechselstrom (50 Hz) geschweißt, ergibt sich ein Nahtbild aus periodisch direkt aneinandergereihten Schweißpunkten. In jeder Stromhalbwelle wird ein Schweißpunkt erzeugt. Die anwendbaren Schweißgeschwindigkeiten liegen über 2 m/min. Tabelle 5.8 gibt Richtwerte für das Schweißen mit Dauerwechselstrom an.

Bei Anwendung von Gleichstrom (dreiphasig gleichgerichtet) wird die Energie kontinuierlich in das Werkstück eingebracht und es bilden sich gleichmäßige Nahtverläufe aus. Mit Gleichstrom sind die höchsten Schweißgeschwindigkeiten (bis zu 20 m/min) erzielbar.

Unter Dauerstrom werden die Rollenelektroden thermisch hoch belastet und es besteht eine hohe Anlegierungsneigung.

**Tabelle 5.8** Richtwerte zum Rollennahtschweißen von un- und niedriglegiertem Stahl mit Dauerwechselstrom, Merkblatt DVS 2906-1

| Blechdicke [mm] | Rollenbreite [mm] | Ballenradius [mm] | Elektrodenkraft [kN] | Schweißstrom [kA] | Schweißgeschwindigkeit [m/min] |
|---|---|---|---|---|---|
| 0,25 | 3,0 | 50 | 1,8 | 8 | 6,1 |
| 0,50 | 3,0 | 50 | 2,4 | 9 | 5,5 |
| 0,75 | 3,5 | 75 | 2,9 | 10 | 4,7 |
| 1,00 | 4,0 | 75 | 4,0 | 11 | 3,7 |
| 1,25 | 4,5 | 75 | 4,5 | 12 | 3,1 |
| 1,50 | 5,0 | 75 | 5,3 | 14 | 2,2 |

- Stromtaktprogramm

Beim Stromtaktprogramm wird der Schweißstromfluss nach Ablauf der wählbaren Stromzeit $t_s$ für einstellbare Strompausen $t_p$ periodisch unterbrochen (Bild 5.55). Die Schweißzeit ergibt sich aus der Summe aller Strom- und Pausenzeiten.

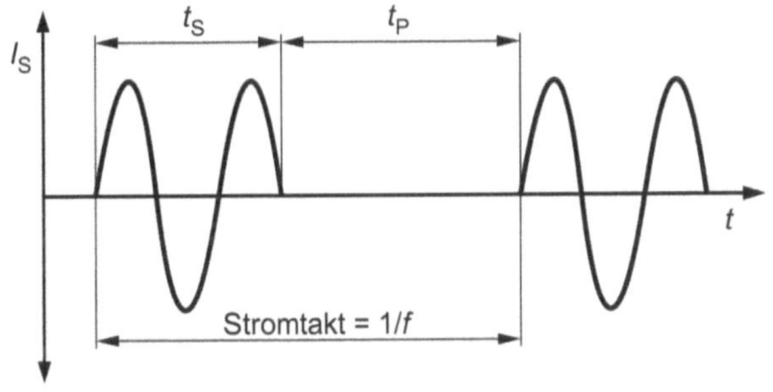


**Bild 5.55**
Stromtaktprogramm

In jeder Stromzeit eines Taktes wird ein Schweißpunkt geschweißt. Über die Länge der Stromzeit kann die Wärmeeinbringung flexibel an die Werkstofferfordernisse angepasst werden. Über die Länge der Pausenzeit wird bei konstanter Schweißgeschwindigkeit der Punktabstand eingestellt. Mit Stromtaktprogrammen können sowohl Dichtnähte (Punktabstand < Punktdurchmesser) als auch unterbrochene Nähte (Rollenpunktnaht) gefertigt werden.

Eingesetzt werden Stromtakte vorrangig zum Schweißen dickerer Bleche, an wärmeempfindlichen Werkstoffen (beschichtete Stähle, hochfeste Stähle), an Werkstoffen mit guter elektrischer Leitfähigkeit (z. B. Aluminium) und zur Minimierung des Wärmeverzuges. Die Belastung der Rollenelektrode und die Anlegierungsneigung sind geringer als beim Dauerstromschweißen. Tabelle 5.9 gibt Richtwerte für das Schweißen mit Stromtaktprogramm an.

Tabelle 5.9 Richtwerte zum Rollennahtschweißen von un- und niedriglegiertem Stahl mit Stromtaktprogramm (Dichtnaht), Merkblatt DVS 2906-1

| Blechdicke [mm] | Rollenbreite [mm] | Ballenradius [mm] | Elektrodenkraft [kN] | Schweißstrom [kA] | Stromzeit [ms] | Strompause [ms] | Schweißgeschwindigkeit [m/min] |
|---|---|---|---|---|---|---|---|
| 0,5 | 4 | 50 | 2,5 | 11 | 40 | 40 | 2,0 |
| 1,0 | 5 | 75 | 4,0 | 15 | 60 | 40 | 1,8 |
| 1,5 | 6 | 75 | 5,2 | 18 | 80 | 60 | 1,6 |
| 2,0 | 7 | 75 | 6,7 | 19 | 100 | 80 | 1,4 |
| 2,5 | 8 | 100 | 8,0 | 20 | 120 | 100 | 1,3 |
| 3,0 | 9 | 100 | 9,5 | 22 | 180 | 120 | 1,1 |

#### Strom-Kraft-Programme

Bei schwer schweißbaren Werkstoffen, z. B. Nichteisenmetallen, können auch Strom-Kraft-Programme mit intermittierenden Elektrodenbewegungen zur Anwendung kommen. Nach jedem geschweißten Punkt wird die Vorschubbewegung gestoppt und unter erhöhter Elektrodenkraft ein Nachwärmstrom geschaltet. Die erreichbaren Schweißgeschwindigkeiten sind wesentlich kleiner als bei kontinuierlichen Drehbewegungen der Rollenelektroden.

Über die Variation von Stromanstiegs- und -abfallgeschwindigkeit kann die Erwärmung an der Schweißstelle zusätzlich beeinflusst werden.

#### Schweißen unterschiedlicher Blechdicken

Werden unterschiedliche Blechdicken miteinander verschweißt, sind die Einstellwerte auf das dünnere Blech anzupassen. Generell gilt, dass das Blechdickenverhältnis einen Wert von 3 : 1 nicht überschreiten sollte.

#### Nebenschluss

Wegen des geringen Punktabstandes fließt, vor allem beim Dichtnahtschweißen, ein Teil des Schweißstromes anstatt über die Schweißstelle über die zuvor geschweißte Naht. Dem wird maschinenseitig durch eine Stromanpassung begegnet. Der Strom wird, unter Beachtung von Bauteilwerkstoff und Punktabstand, kontinuierlich mit dem Schweißfortschritt angehoben.

### 5.2.4.8 Qualitätssicherung

Die Sicherstellung einer ausreichenden Schweißpunktqualität kann über folgende Methoden gewährleistet werden:

- Prozessbeschreibung (Schweißanweisung),
- Prozessüberwachung (Messtechnik),
- Prozessregelung,
- Elektrodenmanagement.

### Schweißanweisung

Die Schweißanweisung (WPS, *engl.* welding procedure specification) enthält alle zur Durchführung der Schweißaufgabe benötigten Informationen. Die erforderlichen Mindestangaben sind in DIN EN ISO 15609-5 wie folgt aufgeführt:

- Bauart und Hersteller der Schweißmaschine,
- Art des Grundwerkstoffes, inkl. Angabe von Beschichtungen,
- Blechdicke(n) der Fügeteile,
- verwendete Schweißelektroden,
- Mechanisierungsgrad des Schweißprozesses,
- Gestaltung der Verbindung,
- Ausführung des Schweißvorganges
- Prozessparameter (Strom, Kraft, Zeit, usw.).

Qualifiziert wird die Schweißanweisung über eine Schweißverfahrensprüfung nach DIN EN ISO 15614-12. Dabei werden nach den Angaben aus der WPS Schweißungen an einem genormten Prüfstück durchgeführt und anschließend zerstörungsfrei und zerstörend geprüft. Erfüllen die geschweißten Punkte die geforderten Qualitätskriterien, wird davon ausgegangen, dass beim Schweißen nach der zugrunde liegenden Schweißanweisung qualitätsgerecht gearbeitet wird.

### Prozessüberwachung

Die Prozessüberwachung erfolgt durch Messung einer oder mehrerer relevanter Prozessgrößen:

- Schweißstrom,
- Elektrodenkraft,
- Schweißleistung,
- Widerstand,
- Oberflächentemperatur.

Ausführliche Informationen zu geeigneten Messgeräten und -verfahren enthält Merkblatt DVS 2908.

- Schweißstrommessung

Die Messung erfolgt zumeist im Sekundärstromkreis über Strommessspulen. Der gemessene Strom wir als Effektivwert ausgegeben. Um bei Stromtaktprogrammen auch den zeitlichen Verlauf des Stromes zu erfassen, sind Messgeräte mit hoher Abtastfrequenz einzusetzen, die den Messwertverlauf speichern und visualisieren können. Weiterführende Informationen zur Strommessung enthält Merkblatt DVS 2942.

- Messung der Elektrodenkraft

Die Elektrodenkraft wird indirekt über Dehnungsmessstreifen oder piezoelektrische Messwertaufnehmer gemessen. Um den Kraftverlauf über die Schweißnahtlänge zu erfassen, sind speichernde Messgeräte erforderlich.

- Schweißleistung

Gemessen wird die Schweißstromstärke und der Spannungsabfall zwischen den Rollenelektroden. Das Produkt dieser Messgrößen entspricht der an der Fügestelle entwickelten Wärmeleistung und liefert aussagefähige Informationen zum Energieumsatz. Zur Darstellung des zeitlichen Verlaufes sind die jeweiligen Momentanwerte der Messungen zur Leistungsberechnung zu verwenden.

- Widerstand

Bestimmt wird der zeitliche Verlauf des Gesamtwiderstandes zwischen den Elektroden. Er kann nicht direkt gemessen werden, sondern wird aus den Momentanwerten von Strom und Spannung berechnet. Anhand des Widerstandsverlaufes können Rückschlüsse auf Veränderungen im Schweißprozess, z. B. Oberflächenverunreinigungen, schlechte Werkstückpassung, Elektrodenabnutzung, usw., gezogen werden.

- Oberflächentemperatur

Überwacht wird die Temperatur der Blechoberfläche im Bereich der Schweißnaht direkt nach den Elektrodenrollen. Zum Einsatz kommen berührungslos messende Infrarot-Messgeräte. Die Ermittlung der absoluten Temperatur ist nicht vordergründig. Vielmehr wird die Konstanz des Temperaturwertes über die Schweißnahtlänge bewertet. Änderungen lassen Unregelmäßigkeiten im Schweißprozess vermuten.

### Prozessregelung

Im Gegensatz zur Prozessüberwachung greift die Prozessregelung in den Schweißprozess ein. Ein vorgegebener Regelwert wird bei Prozessstörungen über die Veränderung von Stellgrößen konstant gehalten.

- Konstantstromregelung

Gemessen und konstant geregelt wird die Schweißstromstärke. Abweichungen durch Störeinflüsse werden von der Stromquelle kompensiert. Als Stellgröße dient der Phasenanschnittwinkel bei Thyristoren oder die Pulsweite bei Inverteranlagen.

- Konstantleistungsregelung

Das momentane Produkt aus Schweißstrom und -spannung wird konstant geregelt. Dieses Regelverfahren soll einen konstanten Wärmeeintrag in die Fügestelle gewährleisten.

- Adaptive Regelung

Komplexe Systeme zur Gewährleistung einer gleichbleibenden Schweißnaht-Qualität. Stromhöhe und -verlauf werden entsprechend vorprogrammierter Regelalgorithmen angepasst. Je nach Hersteller werden verschiedene Führungsgrößen verwendet. Die Bandbreite reicht von direkten Einzelmessgrößen (Schweißstrom, Elektrodenspannung) über berechnete Größen (Widerstandsverlauf) bis hin zu Kombinationsmethoden unter Einbeziehung der Elektrodenkraft. Aufgrund der notwendigen hohen Regelgeschwindigkeit kommen adaptive Regelsysteme nur an Inverteranlagen zum Einsatz.

#### Elektrodenmanagement

Die Elektroden unterliegen während des Gebrauchs einem Verschleiß, der im Wesentlichen durch Anlegierungen hervorgerufen wird. Durch Anbau von Schabevorrichtungen können diese anhaftenden Verunreinigungen entfernt werden. Das Nachschaben erfolgt entweder fortlaufend im Schweißprozess oder in periodischen Zeitabständen. Ebenfalls möglich ist das Nachprofilieren der Rollenlaufflächen. Hierzu werden Profilrollen mit hoher Kraft gegen die Rollenelektrode gedrückt. Die Elektrodensäuberung und -nachprofilierung ist nur an angetriebenen Rollen möglich.

### 5.2.4.9 Prüfen der Schweißverbindung

Die Prüfung der Schweißverbindung erfolgt weitestgehend analog zu den in Abschnitt 5.2.3.9 beschriebenen Methoden für Punktschweißverbindungen.

#### Zerstörungsfreie Prüfung

Im einfachsten Fall wird mittels Sichtprüfung eine äußere Begutachtung der Schweißnaht durchgeführt. Bewertet werden die Gleichmäßigkeit der Elektrodenabdrücke auf der Blechoberfläche, Spaltmaße zwischen den Blechen, thermische Verzüge, u. ä. Zur Detektion innerer Fehler, wie z. B. Poren oder Bindefehler, wird die Ultraschallprüfung eingesetzt.

#### Zerstörende Prüfung

Von den Werkstattprüfverfahren (siehe Abschnitt 5.2.3.9) wird bevorzugt der Abrollversuch eingesetzt. Ungenügende oder unterbrochene Schweißungen lassen sich damit einfach und sicher feststellen. Die Festigkeit der Verbindung wird in Scherzugversuchen bestimmt. Metallographie und Härtemessungen erfolgen analog zum Widerstandspunktschweißen. Zusätzlich sind hier jedoch Längsschliffe der Verbindung möglich (Bild 5.56).

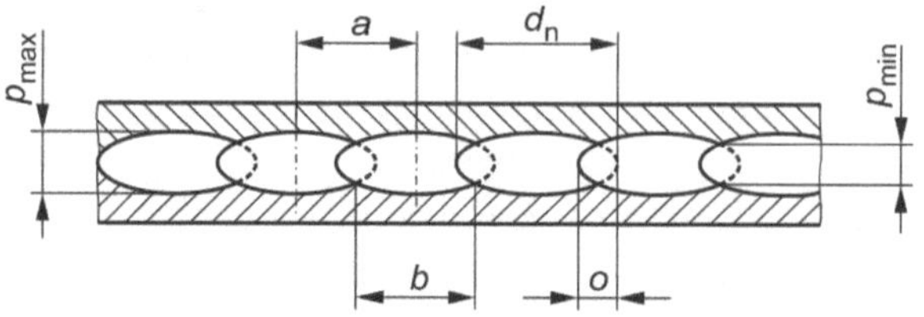


$d_n$ ...Linsendurchmesser
$a$ ...Abstand zwischen Linsenmitten
$b$ ...Abstand der minimalen Schweißlinseneindringtiefe
$o$ ...Überlappung der Linsen
$p_{max}$...maximale Linseneindringtiefe
$p_{min}$...minimale Linseneindringtiefe

**Bild 5.56** Messgrößen am Längsschliff einer Rollennaht-Schweißverbindung

Zur Prüfung von Dichtnähten an geschlossenen Behältern werden folgende Prüfmethoden eingesetzt:

- Dichtheitsprüfung, Bewertung der Durchgängigkeit der Schweißnaht,
- Berstprüfung, Bewertung der Schweißnahtfestigkeit.

Speziell für Quetschnaht- und Folienstumpfnaht-Schweißverbindungen sind weitere Prüfverfahren etabliert, wie

- Tiefungsversuch,
- Hin- und Herbiegeversuch,
- Schältest.

Ausführliche Informationen zu diesen Prüfmethoden enthält Merkblatt DVS 2916-1.

### 5.2.4.10 Verfahrensvarianten

#### Quetschnahtschweißen (Prozess 222)

Beim Quetschnahtschweißen laufen die Rollenelektroden direkt auf den nur kurz überlappten Blechkanten (Bild 5.57). Die Überlappbreite liegt im Bereich des 0,8...2,0-fachen der Einzelblechdicke. Geschweißt wird mit breiteren Rollen. Übliche Rollenbreiten betragen mindestens das Achtfache der Einzelblechdicke.

Die durch die Wirkung des Stromes plastifizierten Blechkanten werden durch die Elektrodenkraft fast auf Einzelblechdicke eingeebnet. Der komplette Überlappbereich wird verschweißt. Das Verfahren führt zu glatten und nur wenig überhöhten

Nahtoberflächen. Um ein gegenseitiges Verschieben der Bleche während der Fertigung zu verhindern, sind kräftige Spannvorrichtungen oder ein Vorheften erforderlich. Verschweißt werden Blechdicken im Bereich 0,4...1,6 mm.

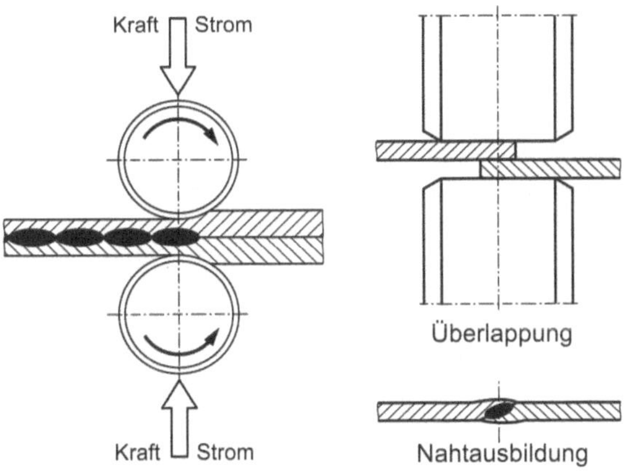


**Bild 5.57** Quetschnahtschweißen

Haupteinsatzgebiete sind die

- Blechherstellung: Verbinden von Blechcoils in Walzstraßen,
- Verpackungsindustrie: Schweißen von Weißblechverpackungen, Dosen, Fässern, u. ä.,
- Haushaltgeräteindustrie: Schweißen von Gehäuseteilen,
- Automobilindustrie: Schweißen von Tailored Blanks und Schalldämpfertöpfen,
- Herstellung von Platinen aus Einzelblechen.

Weitere Angaben können dem Merkblatt DVS 2906-2 entnommen werden.

### Rollennahtschweißen mit Drahtzwischenelektrode (Prozess 224)

Zwischen den Rollenelektroden und der Werkstückoberfläche werden fortlaufend beidseitig Kupferdrähte zugeführt, die aus Vorratsspulen oder -fässern entnommen werden (Bild 5.58). Die Drahtelektroden werden endlos zugeführt und nach der Schweißung wieder aufgewickelt, zumeist jedoch nur einmalig verwendet.

Verschweißt werden Blechdicken im Bereich 0,15...1,2 mm. Die Drahtdurchmesser liegen im Bereich 1,0...3,5 mm und steigen proportional mit der Blechdicke. Die Anwendung ist sowohl beim Überlapp- als auch beim Quetschnahtschweißen möglich.

Das Verfahren gewährleistet durch die ständige Erneuerung der elektrodenseitigen Kontaktfläche eine gleichmäßige Nahtqualität. Die geringe Breite der Kontaktfläche sorgt für eine starke Stromkonzentration und ergibt schmale und verzugsarme Schweißnähte. Die profilierten Rollenelektroden haben beim Stromübergang keinen direkten Kontakt mit dem Werkstück. Dadurch können keine Anlegierungen auftreten und die Standlängen sind entsprechend deutlich höher als beim klassischen Rollennahtschweißen.

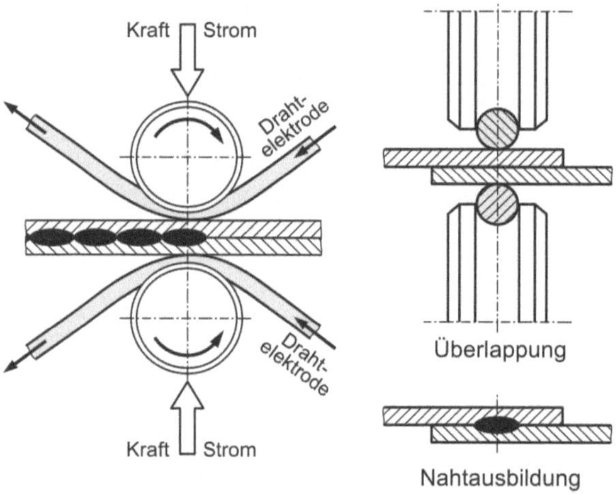


**Bild 5.58**
Rollnahtschweißen mit Drahtzwischenelektrode

Haupteinsatzgebiet des Verfahrens ist das Schweißen von Blechen mit beschichteten Oberflächen in verschiedenen Industriezweigen. Geschweißt werden Gehäuse, Dosen und Behälter aus Stahlblechen mit Überzügen aus Zink, Aluminium, u. ä.

Weitere Angaben können dem Merkblatt DVS 2906-3 entnommen werden.

## Folien-Überlappnahtschweißen (Prozess 226)

Zwischen den Rollenelektroden und der Werkstückoberfläche werden fortlaufend beidseitig artgleiche Folienbänder zugeführt, die aus Vorratsspulen entnommen werden (Bild 5.59). Die Überlappbreite der Bleche sollte mindestens das Fünffache der Einzelblechdicke, mindestens aber 8 mm betragen. Es werden ein- oder zweiseitig angeschrägte Rollenelektroden mit flachem Profil und einer Kontaktflächenbreite von 6 mm verwendet. Die Folien werden endlos zugeführt und unter dem Einfluss von Schweißstrom und Elektrodenkraft stoffschlüssig auf die Werkstückoberfläche aufgewalzt. Zusätzlich bildet sich zwischen den überlappt angeordneten Blechen eine Schweißverbindung aus.

Verschweißt werden Blechdicken im Bereich 0,5...2,0 mm. Die Folien haben eine einheitliche Breite von 4 mm. Die Foliendicke liegt im Bereich 0,2...0,5 mm und steigt proportional mit der Blechdicke. Der Werkstoff der Folie ist artgleich zum Grundwerkstoff auszuwählen. Geschweißt werden un- und niedriglegierte sowie hochlegierte Stähle.

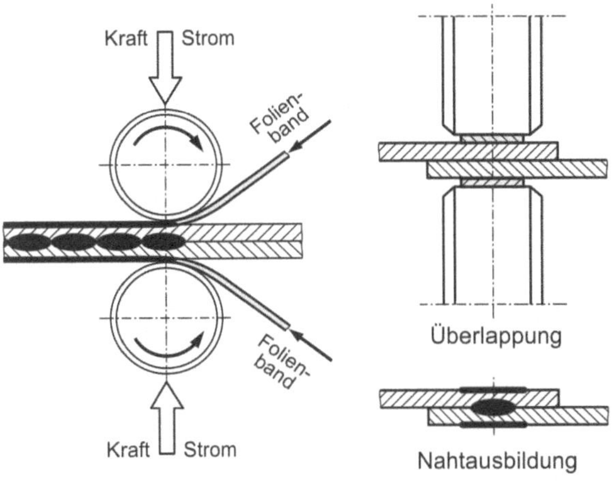


**Bild 5.59**
Folien-Überlappnahtschweißen

Haupteinsatzgebiet des Verfahrens ist das Schweißen von Blechen mit beschichteten Oberflächen. Da die Rollenelektroden keinen direkten Kontakt mit der niedrigschmelzenden Beschichtung haben, wird ein Anlegieren vermieden und eine gesteigerte Elektrodenstandlänge erreicht. Geschweißt werden Längsnähte an Kleinbehältern, wie z. B. Feuerlöschern oder Waschtrommeln, Längsnähte im Bereich Klimatechnik, Bördelnähte an Kraftstofftanks, u. ä. Ein weiteres Anwendungsfeld ist das Herstellen großer Blechtafeln aus Einzelblechen, z. B. für Dächer und Seitenwände von Schienenfahrzeugen und Bussen.

Weitere Angaben können dem Merkblatt DVS 2906-4 entnommen werden.

### Folien-Stumpfnahtschweißen (Prozess 225)

Der Prozess entspricht technologisch weitestgehend dem Folien-Überlappnahtschweißen. Allerdings sind die Bleche hier nicht im Überlappstoß, sondern im Stumpfstoß (I-Naht) angeordnet (Bild 5.60).

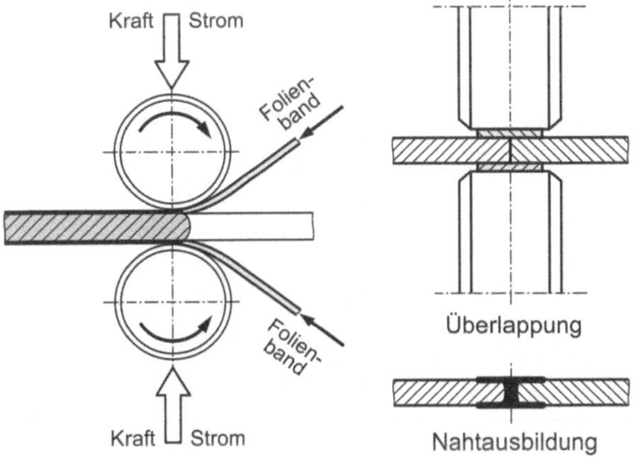


**Bild 5.60**
Folien-Stumpfnahtschweißen

Verschweißt werden Blechdicken im Bereich 0,8...4,0 mm. Der Fügespalt darf zu keiner Zeit der Schweißung größer als 0,3 mm sein. Um dies zu gewährleisten, sind entsprechende Spannvorrichtungen erforderlich. Das Anwendungsfeld entspricht dem Folien-Überlappnahtschweißen, also vorzugsweise das Verschweißen beschichteter Stahlbleche. Aufgrund der flachen Nahtausbildung (keine Überlappung) eignet sich das Verfahren besonders zum „Endlosmachen“ von Bändern in Walzwerken oder zum Herstellen großer Blechplatinen aus Einzelblechen.

## 5.2.5 Buckelschweißen (Prozess 23)

### 5.2.5.1 Verfahrensmerkmale

Die Werkstücke werden zwischen großflächigen, plattenförmigen Elektroden überlappt angeordnet, berühren sich aber nicht vollflächig, sondern nur punktuell. Diese Berührungspunkte werden als Buckel bezeichnet. Der Strompfad ist nicht durch die Elektrodengeometrie, sondern durch die Form des Fügeteiles bestimmt. Der Schweißstrom und die Erwärmung werden auf die Buckel konzentriert.

Bei einem Elektrodenniedergang können ein einzelner Buckel oder mehrere Buckel gleichzeitig verschweißt werden. Die Verbindung bildet sich, wie beim Widerstandspunktschweißen, als Schweißlinse aus. Während des Schweißvorganges werden die Buckel weitestgehend zurückverformt. Bei mehreren Buckeln sind die erforderlichen Strom- und Kraftwerte zur Linsenausbildung an den einzelnen Buckeln aufzusummieren. Im Ergebnis sind deutlich höhere Strom- und Kraftwerte erforderlich, als beim Einzelpunktschweißen.

#### Anwendungsbereich/Abmessungen

Das Buckelschweißen ist ein typisches Verfahren für die Massenfertigung. Es wird eingesetzt, wenn mehrere Schweißunkte in einer Ebene zu fertigen sind. Übliche Blechdicken liegen bei Stahlwerkstoffen im Bereich 0,1...8,0 mm und bei Aluminiumwerkstoffen im Bereich 1,0...5,0 mm. In der blechverarbeitenden Industrie wird das Verfahren zur Fertigung von Gehäusebauteilen oder zum Aufschweißen von Formelementen auf Bleche, z. B. Henkel, Muttern, usw. eingesetzt (Bild 5.61).

In der drahtverarbeitenden Industrie werden Gitterelemente aus überlappt angeordneten Drähten geschweißt, z. B. Zäune, Stahlbewehrungsmatten, usw. (Bild 5.62).

Darüber hinaus wird das Buckelschweißen in großem Umfang in der Kleinteilefertigung und der Mikrotechnik eingesetzt. Geschweißt werden elektrische Kontaktelemente, Laschen, Sensorgehäuse, Brillengestelle, usw.

**Bild 5.61**
Aufschweißmuttern zum Buckelschweißen

**Bild 5.62**
Buckelschweißen an Gitterknoten

### Werkstoffgruppen

Mit dem Buckelschweißen lassen sich alle Stähle und eine Vielzahl von Nichteisenmetallen verbinden. Als Beispiele seien Aluminium, Messing und Kupfer genannt. In der Mikrotechnik werden auch Werkstoffkombinationen geschweißt. Weitere Hinweise zu den Werkstoffgruppen sind im Abschnitt Schweißeignung enthalten.

### Wichtige Merkblätter und Normen

DVS-Merkblätter und Normen, die bereits im Abschnitt 5.2.3.1 aufgeführt sind und auch für das Buckelschweißen zutreffen, erscheinen in diesem Punkt nicht.

- **DVS 2905:** Buckelschweißen von Stählen.
- **DVS 2930:** Gestaltung von Buckelschweißwerkzeugen.
- **DVS 2936:** Widerstandsbuckelschweißen von Aluminiumwerkstoffen von 0,35 bis 3,5 mm Einzeldicke.

- **DVS 2944:** Widerstandsbuckelschweißen an NE-Metallen und Werkstoffpaarungen für Kleinteile.
- **DIN EN ISO 8167:** Widerstandsschweißen – Buckelschweißungen mit geprägten Buckeln – Buckel zum Widerstandsschweißen.

### 5.2.5.2 Verfahrensprinzip/-beschreibung

Die Buckel werden vor dem Schweißen mechanisch in ein Fügeteil eingebracht bzw. angearbeitet. Alternativ verfügen die Fügeteile über einen natürlichen Buckel, d. h. sie berühren sich aufgrund ihrer Geometrie nur punktuell. Die Berührungspunkte werden durch Stromfluss widerstandserwärmt und unter Anwendung von Kraft verschweißt. Der Buckel wird während des Schweißens ganz oder teilweise eingeebnet. Strom und Kraft werden durch flächige Elektroden übertragen (Bild 5.63).

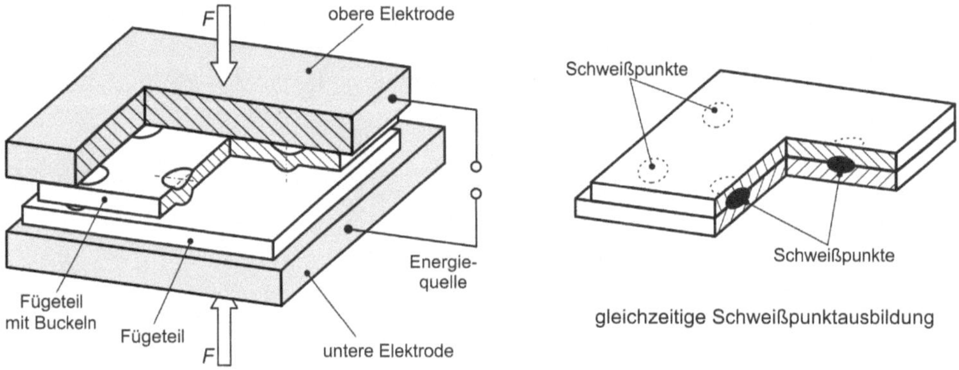


Bild 5.63 Verfahrensprinzip Buckelschweißen

Es können ein Buckel (Einzelbuckelschweißen) oder mehrere Buckel (Vielbuckelschweißen) in einem Arbeitsgang gefertigt werden. Pro Buckel bildet sich eine Schweißlinse aus. Die Anzahl der gleichzeitig zu verschweißenden Buckel ist abhängig von der Leistungsfähigkeit der Schweißstromquelle. Der zur Linsenausbildung notwendige Schweißstrom muss mit der Anzahl der Fügepunkte multipliziert werden.

### 5.2.5.3 Schweißanlagenaufbau

Das Buckelschweißen wird mit stationären Schweißmaschinen ausgeführt. Der Grundaufbau ist nahezu identisch mit einer Punktschweißmaschine. Statt stabförmiger Elektroden werden flächige, plattenförmige Elektroden zur Strom- und Kraftübertragung genutzt. Zur Aufnahme der Elektroden ist die Maschine mit genuteten Spannplatten ausgerüstet. Verwendet werden massive Ständermaschinen mit einem C-Gestell-Aufbau (Bild 5.64).

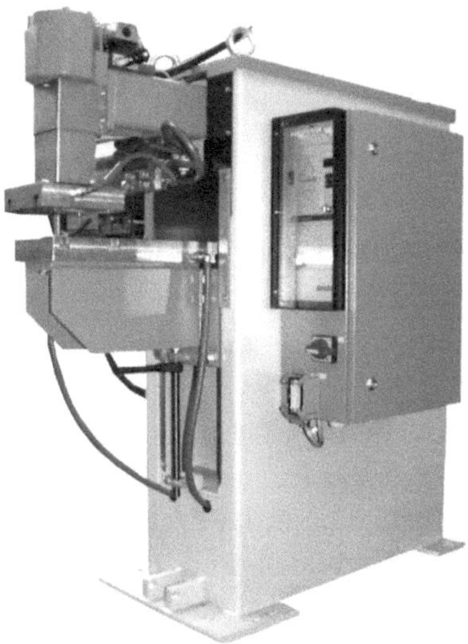

**Bild 5.64**
Buckelschweißmaschine (DALEX Schweißmaschinen GmbH & Co. KG)

Zum Schweißen von Kleinteilen und Feinschweißungen stehen Tisch-Schweißmaschinen zur Verfügung (Bild 5.65).

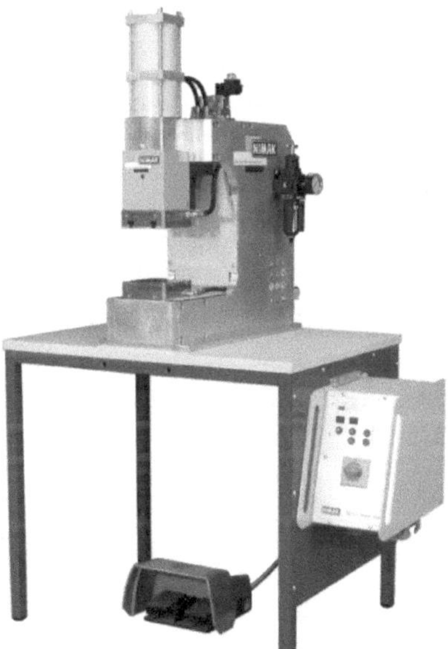


**Bild 5.65**
Tisch-Buckelschweißmaschine (NIMAK GmbH)

Darüber hinaus existieren Sondermaschinen in Portalbauweise für die Durchlauffertigung von Massenbauteilen, wie z. B. Drahtgitter-Schweißanlagen.

#### Schweißstromquelle

Die hohen Schweißströme verursachen beim Schweißen mit Wechselstrom starke induktive Effekte in der Schweißanlage (Fenstereffekt). Um diese auszuschließen, wird vorwiegend mit Gleichstrom gearbeitet. Zum Einsatz kommen dreiphasig angeschlossenen Gleichrichter oder Mittelfrequenz-Inverter. Für Schweißungen an Kleinteilen, an temperaturführungssensiblen Werkstoffen oder bei sehr hohem Strombedarf werden Kondensatorentladungs-Schweißmaschinen eingesetzt.

#### Krafterzeugungseinheit

Die Anpresskraft, mit der die Schweißbuckel an das zweite Fügeteil angepresst werden, hat einen entscheidenden Einfluss auf den Kontaktwiderstand und damit die Widerstandserwärmung an der Fügestelle. Die Kraftaufbringung muss prallfrei erfolgen, um die Schweißbuckel nicht schon vor ausreichender Widerstandserwärmung zu deformieren. Wenn der Buckel plastifiziert und eingeebnet wird, muss die obere Elektrode nachgeführt werden. Um dabei die Elektrodenkraft konstant zu halten, werden spezielle Nachsetzeinheiten verwendet. Die Anforderung an das Nachsetzverhalten der Elektrode steigen mit geringer werdender Schweißzeit und sind beim Kondensator-Entladungsschweißen am höchsten.

### 5.2.5.4 Elektroden zum Buckelschweißen

Neben der Übertragung der Elektrodenkraft und des Schweißstromes übernehmen die Buckelelektroden zusätzlich die Aufgaben des Fixierens und Positionierens der Schweißteile.

#### Elektrodenwerkstoffe

Die Auswahl der Elektrodenwerkstoffe erfolgt nach den gleichen Gesichtspunkten wie beim Punktschweißen. Abmessungen und Werkstoffe siehe DIN EN ISO 5182 und Merkblatt DVS 2903. Generell werden Kupferlegierungen eingesetzt, die in ihrer Zusammensetzung an den jeweils zu verschweißenden Werkstoff angepasst werden.

#### Schweißelektroden – Form und Art

Die Elektroden werden in Form von Einsätzen an das Buckelschweißwerkzeug (Spannplatte) montiert (Bild 5.66). Diese Einsätze sind Verschleißteile und müssen leicht wechselbar bzw. nachbearbeitbar sein.

Am gebräuchlichsten sind leisten- oder balkenförmige Elektrodeneinsätze. Ihre Form, Anzahl und Anordnung wird von der jeweiligen Fügeaufgabe bestimmt. Für kleine Bauteilflächen an dünnen Blechen mit wenigen Schweißpunkten können die Elektroden als planparallele Platten ausgeführt werden. Für dicke Bauteile, die zur Punktausbildung einen hohen Strombedarf haben, werden pro Buckel Einzelelektroden angeordnet. Dabei handelt es sich um Punktschweißelektroden mit flacher Elektrodenspitze.

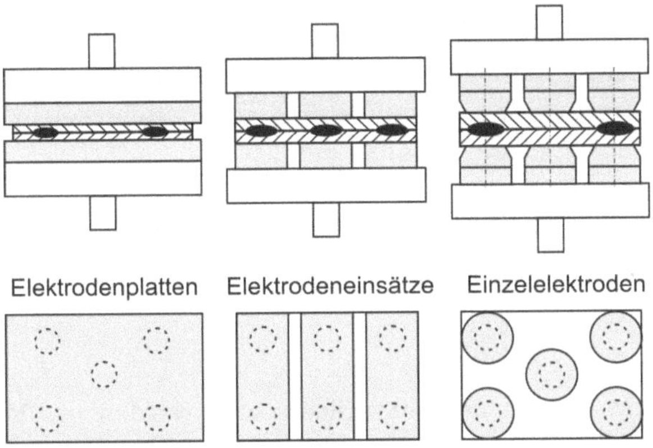


**Bild 5.66**
Ausführungsbeispiele von Buckelschweißelektroden

Aufgrund der hohen Strombelastung müssen Buckelschweißelektroden intensiv gekühlt werden. Dazu sind die Aufnahmevorrichtungen mit einem internen Wasserkühlkreislauf ausgestattet.

### 5.2.5.5 Schweißeignung

Prinzipiell ist die Schweißeignung beim Buckelschweißen mit derjenigen beim Widerstandspunktschweißen vergleichbar (siehe Abschnitt 5.2.3.5).

#### Werkstückvorbereitung

Die Oberfläche sollte zunderfrei und ohne Schmutz oder Öl sein, wobei eine leichte Ölschicht vom Tiefziehen die Schweißqualität nicht beeinträchtigt. Die Standzeit der Elektroden kann dadurch jedoch verringert werden.

#### Stähle

Un- und niedriglegierte Stähle sind ohne Einschränkungen schweißbar. Mit zunehmendem Kohlenstoffäquivalent steigen die Härtewerte im Linsenbereich an. Durch eine geeignete Wärmführung beim Schweißen, z. B. einen Stromimpuls zum Nachwärmen, lässt sich die Aufhärtung begrenzen.

Hochlegierte Stähle besitzen einen höheren elektrischen Widerstand. Dies wirkt sich positiv auf die Widerstandserwärmung aus, muss jedoch bei der Gestaltung der Strompfade am Buckelschweißwerkzeug beachtet werden.

Höherfeste Stähle und beschichtete Stahlwerkstoffe lassen sich vorteilhaft mit dem Kondensator-Entladungsschweißen fügen. Der kurze Stromimpuls führt nur zu einem eng begrenzten, kurzzeitigen Wärmeeintrag. Unerwünschte Gefügeumwandlungen oder das Verdampfen der Beschichtung lassen sich so minimieren

### Aluminiumwerkstoffe

Die Oxidschichten auf der Blechoberfläche sind durch Bürsten oder Beizen zu entfernen bzw. zu vergleichmäßigen. Die gute thermische und elektrische Leitfähigkeit erfordert im Vergleich zu Stahlwerkstoffen die Anwendung deutlich höherer Schweißströme bei kürzeren Schweißzeiten. An geprägten Buckeln ist die Gefahr von Heißrissen größer als beim Punkt- oder Rollennahtschweißen.

Weiterführende Hinweise enthält Merkblatt DVS 2936.

### Schweißen von Mischverbindungen

Beim Schweißen von Kleinteilen im Bereich der Mikrofügetechnik werden häufig Mischverbindungen aus verschiedenen Werkstoffen erzeugt, z. B. Stahl-Kupfer, Aluminium-Kupfer, Silber-Kupfer u. ä. Zum Einsatz kommt dabei nahezu ausschließlich das Kondensator-Entladungsschweißen.

Eine gute Verbindungsqualität wird erreicht, wenn die Kristallgröße, die Kristallstruktur und die Atomabstände innerhalb der Kristalle annähernd gleich oder ähnlich sind, und die physikalischen Eigenschaften der Werkstoffe nicht zu sehr voneinander abweichen. Die Buckel sollten jeweils im Fügeteil mit der

- höheren Härte bzw. Warmfestigkeit,
- höheren elektrischen Leitfähigkeit,
- höheren Wärmeleitfähigkeit,
- größeren Dicke bzw. dem größeren Volumen,

angeordnet werden. Weiterführende Hinweise sind dem Merkblatt DVS 2944 zu entnehmen.

## 5.2.5.6 Konstruktive Gestaltung

Die Buckelhöhen müssen möglichst gleichmäßig ausgebildet sein, um reproduzierbare Schweißlinsenabmessungen an allen Schweißpunkten zu erhalten. Zudem sollten die Schweißbuckel möglichst in einer Ebene liegen. Bei Anordnung in verschiedenen Ebenen muss mit verschieden hohen Elektrodeneinsätzen gearbeitet werden, wodurch Toleranz- und Passungsprobleme auftreten können. Die Buckel sind so am Bauteil anzuordnen, dass die Elektrode senkrecht auf der Blechoberfläche aufsetzen kann. An geneigten Ebenen tritt eine Schiebebewegung beim Schweißen auf, wodurch die Linsenausbildung nicht kontrolliert ablaufen kann.

Beim Schweißen unterschiedlicher Blechdicken sind die Buckel am dickeren Bauteil einzubringen. Werden unterschiedliche Werkstoffe miteinander verschweißt, sind die Buckel im härteren Werkstoff vorzusehen.

### Geprägte Buckel

Die Buckel werden mit Prägewerkzeugen in die Blechoberfläche eingebracht. Sie kommen an Blechverbindungen zum Einsatz. Unterschieden wird zwischen Rund-, Lang- und Ringbuckel. Die jeweiligen Abmessungen für geprägte Buckel sind in DIN EN ISO 8167 genormt (Bild 5.67). Die Normbezeichnung der Buckel enthält folgenden Angaben:

- Benennung (Buckel),
- Nummer der Norm,
- Buckeltyp (SP = Rundbuckel, EP = Langbuckel, RP = Ringbuckel),
- Buckeldurchmesser $d_1$ oder Buckelbreite $b_1$ in mm.

Ein Rundbuckel mit einem Durchmesser $d_1$ von 2,5 mm wird beispielweise wie folgt bezeichnet:

Buckel ISO 8167 – SP2,5

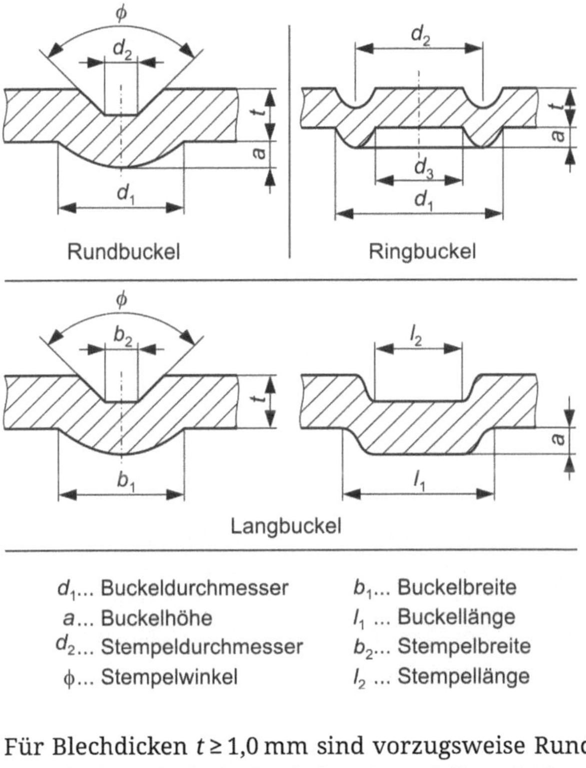


**Bild 5.67**
Geprägte Buckelformen

Für Blechdicken $t \geq 1{,}0$ mm sind vorzugsweise Rundbuckel anzuwenden. Bei dünneren Blechen sind Ringbuckel aufgrund ihrer höheren Steifigkeit vorteilhafter. Langbuckel kommen zum Einsatz, wenn aus Platzgründen nicht mehrere einzelne Rund-

oder Ringbuckel nebeneinander geschweißt werden können oder wenn die Verbindung auf Verdrehung beansprucht wird. Die Buckelabmessungen sind jeweils an die Blechdicke anzupassen (Tabelle 5.10).

Werden verschiedene Blechdicken miteinander gefügt, wird der Buckel am dickeren Blech mit den Abmessungen für das dünnere Blech eingeprägt. Das Blechdickenverhältnis sollte einen Wert von 1:2,5 nicht übersteigen.

**Tabelle 5.10** Buckelabmaße für Standardanwendungen an Stahlwerkstoffen (DIN EN ISO 8167)

| | Rundbuckel | Langbuckel | Ringbuckel |
|---|---|---|---|
| ≤ 0,4 | 1,6 | 1,6 | – |
| > 0,4 ... ≤ 0,5 | 2,0 | 2,0 | – |
| > 0,5 ... ≤ 0,63 | 2,5 | 2,5 | – |
| > 0,63 ... ≤ 1,0 | 3,2 | 3,2 | – |
| > 1,0 ... ≤ 1,6 | 4,0 | 4,0 | – |
| > 1,6 ... ≤ 2,5 | 5,0 | 5,0 | – |
| > 2,5 ... ≤ 3,0 | 6,3 | 6,3 | – |
| > 0,5 ... ≤ 0,8 | – | – | 3,0 |
| > 0,8 ... < 1,0 | – | – | 4,0 |
| 1,0 | – | – | 4,5 |

Die Verbindungsausbildung erfolgt bei Rund- und Langbuckeln als Schweißlinse. An Ringbuckeln bildet sich eine ringförmige Schweißverbindung aus. Die Schweißbuckel werden während des Schweißvorganges nahezu vollständig eingeebnet.

### Massivbuckel

Massive Buckel werden beim Verbinden von Halbzeugen mit Blechbauteilen eingesetzt. Die Buckel sind an den Halbzeugen angearbeitet. Unterschieden wird in spanlos hergestellte, spanend hergestellte und geschnittene Buckel. Die Schweißverbindung bildet sich entsprechend der Buckelgeometrie aus. Dabei kann am gebuckelten Fügeteil infolge der Fügekraft ein Materialaufwurf entstehen.

- spanlos hergestellte Buckel

Die Buckel werden durch Ur- oder Umformvorgänge erzeugt. Möglich sind Rund-, Lang- und Ringbuckel (Bild 5.68). Typische Anwendungen sind Aufschweißmuttern oder Anschweißhenkel.

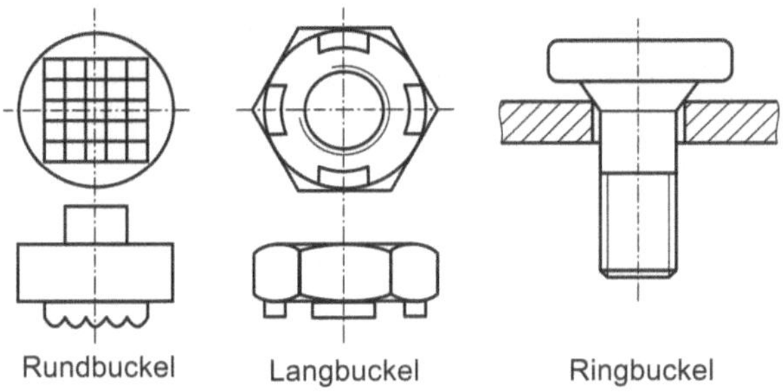


**Bild 5.68**
Beispiele für spanlos hergestellte Buckel

- spanend hergestellte Buckel

Die Buckel werden durch Dreh- oder Fräsvorgänge erzeugt. Möglich sind Rund-, Lang- und Ringbuckel (Bild 5.69). Sie werden vorwiegend an rotationssymmetrischen Teilen, wie Bolzen oder Rohren eingesetzt. Zur Anwendung kommen Rund- und Ringbuckel.

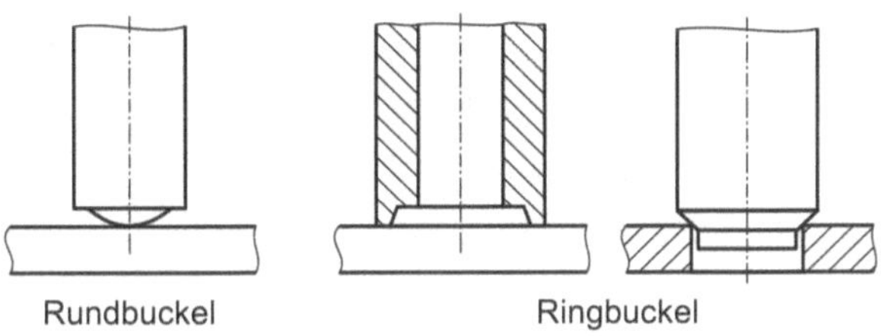


**Bild 5.69**
Beispiele für spanend hergestellte Buckel

- geschnittene Buckel

Die Buckel werden bei der Verbindung von Blechbauteilen mit rotationssymmetrischen Halbzeugen eingesetzt (Bild 5.70). Die Herstellung erfolgt durch Stanzen oder Schneidprozesse. Als Buckelform kommt der Langbuckel zum Einsatz.

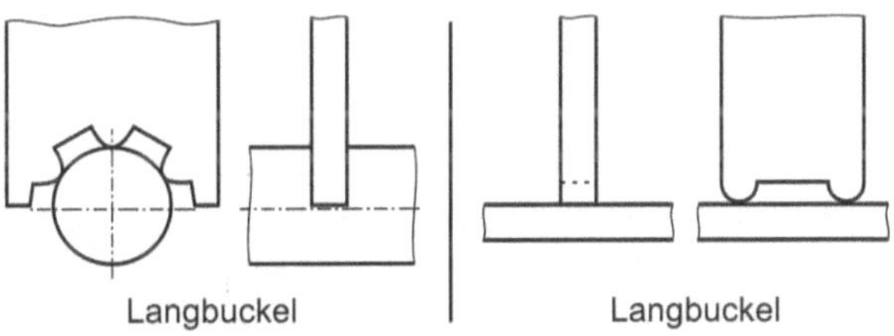


**Bild 5.70**
Beispiele für geschnittene Buckel

### Natürliche Buckel

Beim aufliegenden Verbinden von runden Teilen miteinander oder mit Blechen entstehen punkt- oder linienförmige Berührungsstellen (Bild 5.71). Diese führen beim Buckelschweißen zur „natürlichen" Stromkonzentration. Die Schweißverbindung bildet sich entsprechend der Berührungsgeometrie aus. Dabei entsteht infolge der

Fügekraft zumeist ein Materialaufwurf. Typische Anwendungsfälle sind das Schweißen von Drahtgitterkonstruktionen oder das Anschweißen von Drähten/Stäben auf Blechbauteile.

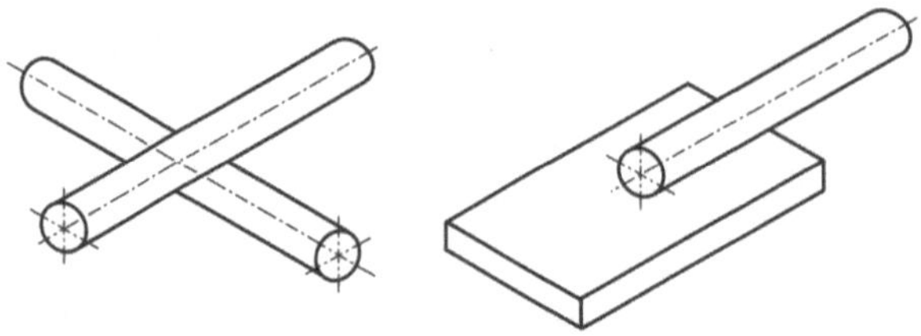


**Bild 5.71**
Beispiele für natürliche Buckel

### 5.2.5.7 Fertigungshinweise

**Buckelauswahl**

Die Geometrie, Anordnung und Größe der Schweißbuckel sind nach den jeweiligen Anforderungen an die Verbindung auszuwählen. Nach DIN EN ISO 8167 werden dazu drei Buckelgrößen unterschieden:

- Gruppe A: Buckel kleiner Abmessungen für Anwendungen mit begrenztem Platz oder wenn eine geringe Einprägung gefordert wird.
- Gruppe B: Buckel für Standardanwendungen, die üblicherweise größeren Platz erfordern und größere Einprägungen als diejenigen der Gruppe A hinterlassen.
- Gruppe C: Buckel großer Abmessungen für hohe Festigkeitsanforderungen, wobei Platzbedarf oder Form die Anwendung oder den Gebrauch von Mehrbuckeln einschränkt; üblicherweise angewendet bei hochfesten Stählen.

**Maschineneinstellungen**

Die primären Prozessparameter sind der Schweißstrom $I_s$, die Schweißzeit $t_s$ und die Elektrodenkraft $F_E$. In Tabelle 5.11 sind Richtwerte für das Schweißen von Rundbuckeln an un- und niedriglegierten Stählen angegeben. Die Angaben zu A, B und C beziehen sich auf die verschiedenen Buckelgrößen. Mit den angegebenen Richtwerten lassen sich Linsendurchmesser im Bereich des Buckeldurchmessers erzielen. Sind größere Schweißlinsen erforderlich, kann die Stromzeit um bis zu 100 % gesteigert werden.

Die Angaben in Tabelle 5.11 gelten für das Schweißen von Einzelbuckeln. Für das gleichzeitige Schweißen mehrerer Buckel müssen Elektrodenkraft und Schweißstrom mit der Anzahl der Buckel multipliziert werden. Die Schweißstromzeit ist unabhängig von der Buckelanzahl.

**Tabelle 5.11** Richtwerte für das Buckelschweißen von Stahlblech (Rundbuckel), Merkblatt DVS 2905

| Blechdicke $t$ [mm] | Buckeldurchmesser $d_1$ [mm] | | | Elektrodenkraft $F_E$ [kN] | | | Schweißstrom $I_S$ [kA] | | | Schweißzeit $t_S$ [Per] | | |
|---|---|---|---|---|---|---|---|---|---|---|---|---|
| | A | B | C | A | B | C | A | B | C | A | B | C |
| 0,5 | 1,6 | 2,0 | 2,5 | 0,4 | 0,5 | 0,6 | 4,0 | 4,1 | 4,2 | 3 | 4 | 4 |
| $0{,}5 < t \leq 0{,}63$ | 2,0 | 2,5 | 3,2 | 0,6 | 0,7 | 0,8 | 4,2 | 4,3 | 4,5 | 4 | 4 | 4 |
| $0{,}63 < t \leq 1{,}0$ | 2,5 | 3,2 | 4,0 | 0,8 | 1,0 | 1,3 | 4,5 | 5,4 | 6,3 | 4 | 5 | 5 |
| $1{,}0 < t \leq 1{,}6$ | 3,2 | 4,0 | 5,0 | 1,3 | 1,6 | 2,0 | 6,3 | 7,2 | 8,0 | 5 | 6 | 7 |
| $1{,}6 < t \leq 2{,}5$ | 4,0 | 5,0 | 6,3 | 2,0 | 2,8 | 3,6 | 8,0 | 10,0 | 12,0 | 7 | 10 | 14 |
| $2{,}5 < t \leq 3{,}0$ | 5,0 | 6,3 | 8,0 | 3,6 | 5,1 | 6,5 | 12,0 | 14,0 | 16,0 | 14 | 17 | 20 |

### Strom-Kraft-Programme

Nach dem zeitlichen Ablauf von Elektrodenkraft und Schweißstrom wird wie beim Punktschweißen (siehe Abschnitt 5.2.3.7) unterschieden in:

- Einimpulsschweißen: Ein Stromimpuls unter konstanter Anpresskraft,
- Mehrimpulsschweißen: Mehrere Stromimpulse unter konstanter Anpresskraft,
- Schweißen mit Kraftprogramm: Variation der Anpresskraft bei konstantem Stromfluss,
- Schweißen mit Kraft- und Stromprogramm: Variation von Anpresskraft und Schweißstrom während der Schweißzeit.

Über die Variation von Stromanstiegs- und -abfallgeschwindigkeit kann die Erwärmung an der Schweißstelle zusätzlich beeinflusst werden.

### Nachsetzverhalten

Im Schweißablauf wird zuerst die Elektrodenkraft und dann der Schweißstrom zugeschaltet. Die Buckel werden unter dem Einfluss der Elektrodenkraft rückverformt. Die empfehlenswerte Restbuckelhöhe zu Beginn des Stromflusses liegt bei 50...60 % der unverformten Buckelhöhe. Die Steifigkeit der Buckel verringert sich danach sich mit zunehmender Erwärmung. Vor allem beim Schweißen von gut umformbaren Leichtmetallen und bei Anwendung sehr kurzer Schweißzeiten (Kondensatorentladungs-Schweißen) ist eine an diese Vorgänge angepasste schnelle Nachführung der oberen Elektrode notwendig. Eine rein statische Kraftaufbringung führt hier zu Problemen durch zu hohe Aufsetzkräfte und/oder schwankende Fügekräfte im Schweißverlauf. Zu gezielten Steuerung des Nachsetzverhaltens der Elektrode werden daher dynamische Krafterzeugungseinheiten, sogenannte Nachsetzeinheiten, eingesetzt. Diese sind zumeist steuerungstechnisch mit einer maschineninternen Kraft- und Wegmesseinrichtung gekoppelt.

#### Schweißen unterschiedlicher Blechdicken/Materialien

Werden unterschiedliche Blechdicken miteinander verschweißt, sind die Einstellwerte auf das dünnere Blech anzupassen. Generell gilt, dass das Blechdickenverhältnis einen Wert von 2,5:1 nicht überschreiten sollte.

#### Nebenschluss

Nebenschlusseffekte können nur durch eine ungünstige Bauteilgestaltung bzw. -form auftreten. Ein Beispiel ist die Ausbildung alternativer Strompfade über die Innenwandung von rohrförmigen Werkstücken beim Schweißen mit Ringbuckel.

Beim Schweißen von geprägten Buckeln an Blechen treten keine Nebenschlusseffekte auf, da die Gesamtstromstärke auf die Anzahl der zu schweißenden Buckel abgestimmt ist.

### 5.2.5.8 Qualitätssicherung

Die Sicherstellung einer ausreichenden Schweißpunktqualität kann über folgende Methoden gewährleistet werden:

- Prozessbeschreibung (Schweißanweisung),
- Prozessüberwachung (Messtechnik),
- Prozessregelung.

#### Schweißanweisung

Die Schweißanweisung (WPS, *engl.* welding procedure specification) enthält alle zur Durchführung der Schweißaufgabe benötigten Informationen. Die erforderlichen Mindestangaben sind in DIN EN ISO 15609-5 wie folgt aufgeführt:

- Bauart und Hersteller der Schweißmaschine,
- Art des Grundwerkstoffes, inkl. Angabe von Beschichtungen,
- Blechdicke(n) der Fügeteile,
- verwendete Schweißelektroden,
- Buckelanzahl,
- Art der Buckelherstellung,
- Gestaltung der Verbindung, Buckelart und -abmessung,

- Ausführung des Schweißvorganges,
- Prozessparameter (Strom, Kraft, Zeit, usw.).

Qualifiziert wird die Schweißanweisung über eine Schweißverfahrensprüfung nach DIN EN ISO 15614-12. Dabei werden nach den Angaben aus der WPS Schweißungen an einem genormten Prüfstück durchgeführt und anschließend zerstörungsfrei und zerstörend geprüft. Erfüllen die geschweißten Punkte die geforderten Qualitätskriterien, wird davon ausgegangen, dass beim Schweißen nach der zugrunde liegenden Schweißanweisung qualitätsgerecht gearbeitet wird.

### Prozessüberwachung

Die Prozessüberwachung erfolgt durch Messung einer oder mehrerer relevanter Prozessgrößen:

- Schweißstrom,
- Elektrodenkraft,
- Schweißzeit,
- Widerstand,
- Elektrodenweg.

Ausführliche Informationen zu geeigneten Messgeräten und -verfahren enthält Merkblatt DVS 2908.

- Schweißstrommessung

Die Messung erfolgt zumeist im Sekundärstromkreis über Strommessspulen. Gemessen wird der Gesamtstromfluss über alle Schweißbuckel. Der gemessene Strom wir als Effektivwert ausgegeben. Beim Mehrimpulsschweißen oder der Anwendung von Stromanstiegs- und -abfallfunktionen, sind Messgeräte mit hoher Abtastfrequenz einzusetzen, die den zeitlichen Messwertverlauf speichern und visualisieren können. Weiterführende Informationen zur Strommessung enthält Merkblatt DVS 2942.

- Messung der Elektrodenkraft

Die Elektrodenkraft wird indirekt über Dehnungsmessstreifen oder piezoelektrische Messwertaufnehmer gemessen. Um den Kraftverlauf über die Schweißzeit zu erfassen, sind speichernde Messgeräte erforderlich.

- Messung des Elektrodenweges

Der Einsinkweg der Elektrode ist ein Maß für das Fortschreiten des Schweißprozesses. Zur Wegmessung werden induktive, kapazitive oder optische Sensoren verwendet. Bei der Positionierung der Messaufnehmer sind die durch den hohen Schweißstrom hervorgerufenen starken Magnetfelder zu berücksichtigen. Die Wegmessung kann statisch oder dynamisch erfolgen. In der statischen Variante wird vor Beginn des Stromflusses die Buckelverformung unter dem Einfluss der Elektrodenkraft bewertet. Die Messwerte geben Aufschluss über die Buckelhöhe, die Gleichmäßigkeit und die Vollzähligkeit der Buckel. In der dynamischen Variante wird der Einsinkweg über die Schweißzeit gemessen. Mit den Messwerten können Nachsetzeinheiten ereignisabhängig gesteuert werden.

#### Prozessregelung

Im Gegensatz zur Prozessüberwachung greift die Prozessregelung in den Schweißprozess ein. Ein vorgegebener Regelwert wird bei Prozessstörungen über die Veränderung von Stellgrößen konstant gehalten.

- Konstantstromregelung

Gemessen und konstant geregelt wird die Schweißstromstärke. Abweichungen durch Störeinflüsse werden von der Stromquelle kompensiert. Als Stellgröße dient der Phasenanschnittwinkel bei Thyristoren oder die Pulsweite bei Inverteranlagen.

- Konstantleistungsregelung

Das momentane Produkt aus Schweißstrom und -spannung wird konstant geregelt. Dieses Regelverfahren soll einen konstanten Wärmeeintrag in die Fügestelle gewährleisten.

- Regelung des Einsinkweges der Elektrode

Gemessen wird der Elektrodenweg bei der Schließbewegung der oberen Elektrode. Bei Erreichen eines vordefinierten Einsinkweges wird der Schweißstrom unabhängig von der voreingestellten Schweißzeit abgeschaltet. Ziel ist die Ausbildung reproduzierbarer Linsengeometrien.

- adaptive Regelung

Komplexe Systeme zur Gewährleistung einer gleichbleibenden Schweißnaht-Qualität. Einsatz vor allem in Verbindung mit gesteuerten Nachsetzeinheiten. Die Schweißparameter werden in ihrem zeitlichen Verlauf entsprechend vorprogrammierter Regelalgorithmen angepasst.

### 5.2.5.9 Prüfen der Schweißverbindung

Die Prüfung an Blech-Blech-Verbindungen mit geprägten Buckeln erfolgt weitestgehend analog zu den in Abschnitt 5.2.3.9 beschriebenen Methoden für Punktschweißverbindungen. Für Buckelschweißverbindungen mit Massivbuckeln oder natürlichen Buckeln existieren weitere zerstörende Prüfmethoden.

#### Zerstörungsfreie Prüfung

Im einfachsten Fall wird mittels Sichtprüfung eine äußere Begutachtung der Schweißnaht durchgeführt. Bewertet werden die Gleichmäßigkeit der Elektrodenabdrücke auf der Blechoberfläche, Spaltmaße zwischen den Blechen, thermische Verzüge, u. ä. Zur Detektion innerer Fehler, wie z. B. Poren oder Bindefehler, wird die Ultraschallprüfung eingesetzt.

### Zerstörende Prüfung

- Prüfung an Blech-Blech-Verbindungen mit geprägten Buckeln

Als Werkstattprüfverfahren (siehe Abschnitt 5.2.3.9) werden die Meißelprüfung für Einzelbuckel und der Abrollversuch für Mehrbuckelschweißungen eingesetzt. Ungenügende oder fehlende Schweißungen lassen sich damit einfach und sicher feststellen. Die Festigkeit der Verbindung wird in Scherzugversuchen bestimmt. Metallographie und Härtemessungen erfolgen analog zum Widerstandspunktschweißen.

- Prüfung an Rohr-Blech-Verbindungen mit Massivbuckeln

Die Verbindungsfestigkeit wird im Kopfzugversuch geprüft. Dazu wird das Anschweißteil axial auf Zug bis zum Bruch belastet. Als Werkstattprüfverfahren kann der Torsionsversuch eingesetzt werden. Das auf das Blech aufgeschweißte Halbzeug wird entweder auf ein ertragbares Solldrehmoment geprüft oder bis zum Abriss belastet. Anwendung z. B. an Aufschweißmuttern.

- Prüfung an Stab-Blech-Verbindungen mit Massivbuckeln

Die Verbindungsfestigkeit wird im Kopfzugversuch geprüft. Dazu wird das Anschweißteil axial auf Zug bis zum Bruch belastet. Als Werkstattprüfverfahren kann der Biegeversuch eingesetzt werden. Die Stäbe werden bis zu einem definierten Biegewinkel verformt oder bis zum Bruch belastet. Bewertet wird das Bruchbild.

- Prüfung an Stab-Stab-Verbindungen mit natürlichen Schweißbuckeln

Die Verbindungsfestigkeit der geschweißten Knoten kann im Kopfzug- oder Scherzugversuch ermittelt werden. Als Werkstattprüfverfahren kann der Abdrückversuch eingesetzt werden. Hier wird versucht, den aufgeschweißten Stab mit einem Gabelwerkzeug vom unteren Stab abzuhebeln. Ebenfalls üblich ist die Messung der Einschweißtiefe. Diese wird aus dem Verhältnis der Gesamthöhe der unverschweißten Stäbe zur Höhe des geschweißten Knotens bestimmt.

## 5.2.5.10 Verfahrensvarianten

### Einseitiges Buckelschweißen

Beim einseitigen Schweißen werden beide Elektroden, auf einer Seite der Verbindung angeordnet (Bild 5.72). Zum Einsatz kommen balkenförmige Elektroden oder Einzelelektroden, Der Strom fließt zwischen den Elektroden über die Buckel und das untere Blech, das zumeist auf einer Kupferunterlage aufliegt. Der gewünschte Strompfad muss bei der Buckelanordnung berücksichtigt werden.

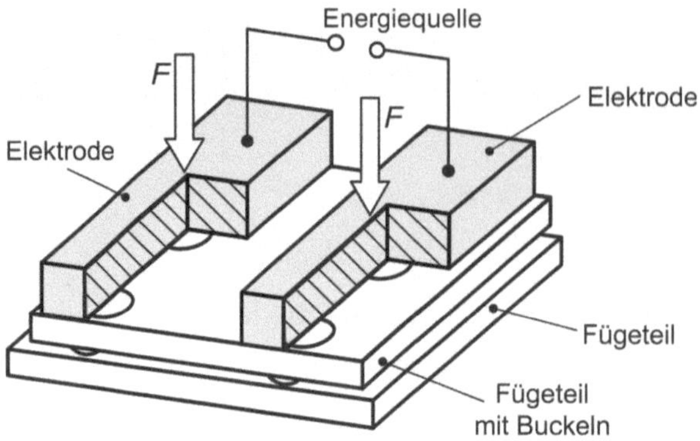


**Bild 5.72**
Einseitiges Buckelschweißen

## 5.2.6 Abbrennstumpfschweißen (Prozess 24)

### 5.2.6.1 Verfahrensmerkmale

Die Fügepartner werden vollflächig im Stumpfstoß verschweißt. Die Fügeteile müssen beiderseits in Form und Querschnitt übereinstimmen. Eine besondere Vorbereitung der Stoßflächen ist nicht erforderlich. Die Erwärmung der Fügestelle erfolgt unter hohem Stromfluss durch stirnflächigen Kontakt der Fügeteile. Durch wiederholte örtliche Berührung der grob zugearbeiteten Stoßflächen werden diese unter Materialverlust durch Abbrennen eingeebnet und anschließend unter Stauchdruck verschweißt. Dabei entsteht ein Stauchgrat. Der Schweißprozess geht einher mit großem Spritzerauswurf und einer Verkürzung der Fügeteile. In den meisten Fällen wird mechanisiert geschweißt. Kleine Querschnitte können auch auf handbetätigten Maschinen gefügt werden.

#### Anwendungsbereich/Abmessungen

Das Abbrennstumpfschweißen ist das produktivste Verfahren hinsichtlich des pro Zeiteinheit zu verbindenden Schweißquerschnittes. Die möglichen Fügequerschnitte können, in Abhängigkeit von Bauteilwerkstoff und Stoßflächengeometrie, bis zu 100.000 $mm^2$ betragen (Bild 5.73). Die untere Grenze wird von der Bauteilsteifigkeit bestimmt, die zum Ertragen der Stauchkräfte erforderlich ist. In der Drahtindustrie werden Drähte ab ca. 1,5 mm Durchmesser verschweißt.

Eingesetzt wird der Prozess in großem Umfang zur Herstellung von geschlossenen Profilgeometrien aus Bändern, z. B. Rahmen, Felgen, usw. und zum Schweißen von Kettengliedern. Im Automobilbau werden wellenförmige Teile, wie z. B. Gelenkwellen, Achsteile, Gestänge, usw. geschweißt. In der Bahntechnik werden mit mobilen Schweißmaschinen Schienenstränge verschweißt. Weitere Anwendungsfälle sind in Merkblatt DVS 2901-3 beschrieben. Bild 5.74 zeigt beispielhafte Anwendungsschweißungen.

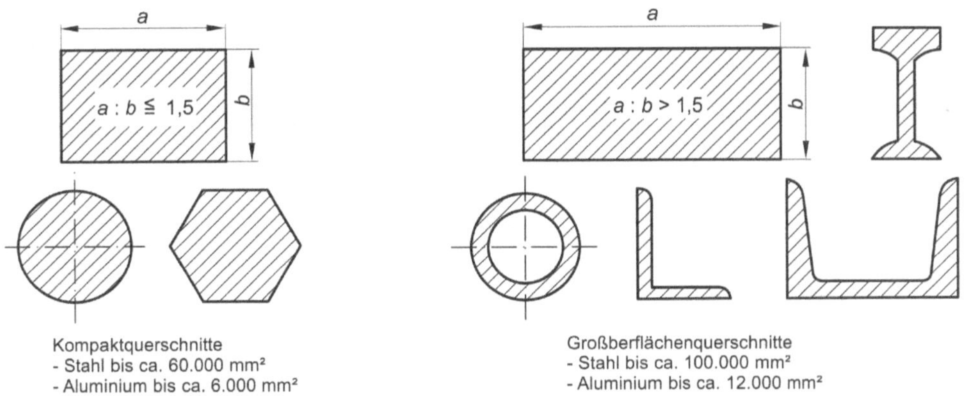


**Bild 5.73** Beispiele für Fügequerschnitte beim Abbrennstumpfschweißen

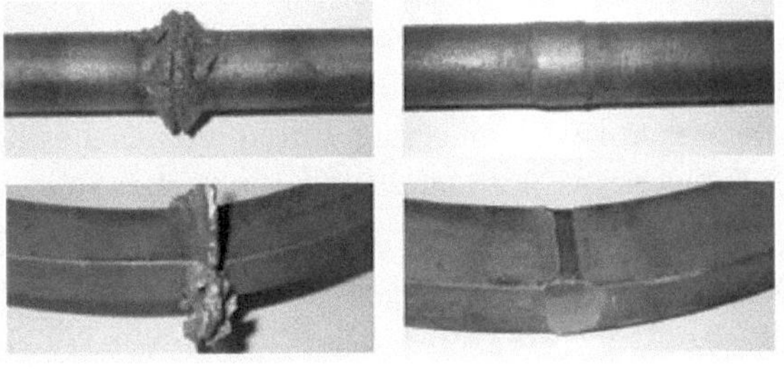

**Bild 5.74** Abbrennstumpfschweißungen, vor und nach dem Entgraten der Schweißnaht

**Werkstoffgruppen**

Mit dem Abbrennstumpfschweißen lassen sich alle nahezu Stähle und eine Vielzahl von Nichteisenmetallen verbinden. Als Beispiele seien Aluminium und Kupfer genannt. Nicht schweißgeeignet ist Grauguss. Die Herstellung von Mischverbindungen ist unter Beachtung der Werkstoffverträglichkeit möglich.

### 5.2.6.2 Verfahrensprinzip/-beschreibung

Die in Spannelementen fixierten Fügepartner werden an den Stoßflächen zusammengeführt und mit einem hohen Schweißstrom beaufschlagt (Bild 5.75). Aufgrund von Oberflächenunebenheiten fließt der Strom jedoch nicht vollflächig, sondern nur über die Berührungspunkte zwischen den Flächen. Dies bewirkt eine starke örtliche Überhitzung der Kontaktpunkte und einen explosionsartigen Abbrand von Material unter starker Funken- bzw. Spritzerbildung. Unter Aufrechterhaltung des Werkstückkontaktes (Vorschubbewegung des Schlittens) führt dieser Abbrennvorgang zu einer Verkürzung der Werkstücke, einer geometrischen Angleichung der Stoßflächen bis zum Vollkontakt und einem Temperaturgleichgewicht an der Fügestelle. Der eigentliche Schweißvorgang erfolgt durch ein schlagartiges Stauchen der erwärmten Stoßflächen. Dabei wird teigiges Material aus dem Fügespalt herausgepresst und bildet einen Schweißgrat.

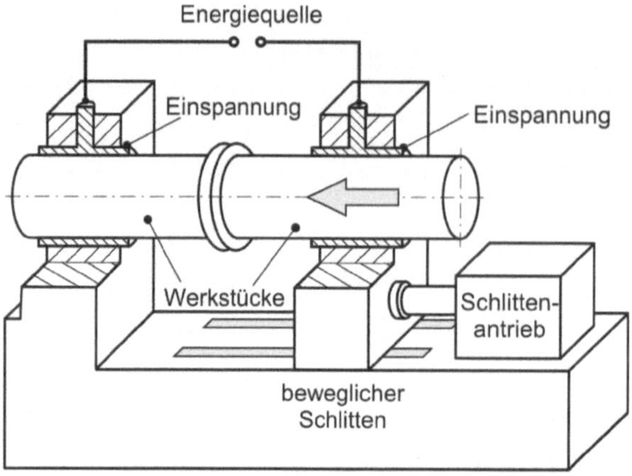


**Bild 5.75** Verfahrensprinzip Abbrennstumpfschweißen

Die Stoßflächen der Fügeteile sind möglichst planparallel anzuordnen. Bei größeren Abweichungen kann dem eigentlichen Schweißprozess noch ein Planbrennen zur Angleichung der Fügeflächen vorgeschaltet werden. Der Prozess erlaubt auch ein Vor- und Nachwärmen der Fügestelle. Das Vorwärmen erfolgt durch mehrfaches Reversieren der Schlittenbewegung. Dabei werden die Fügeteile in periodischer Folge in Berührung gebracht und nach einer Kontaktzeit wieder voneinander getrennt. Das Nachwärmen erfolgt durch gezielte Stromimpulse unter Anpressdruck. Bild 5.76 zeigt den zeitlichen Verlauf der Parameter Anpresskraft, Schweißstrom und Schweißweg einer Abbrennstumpfschweißung.

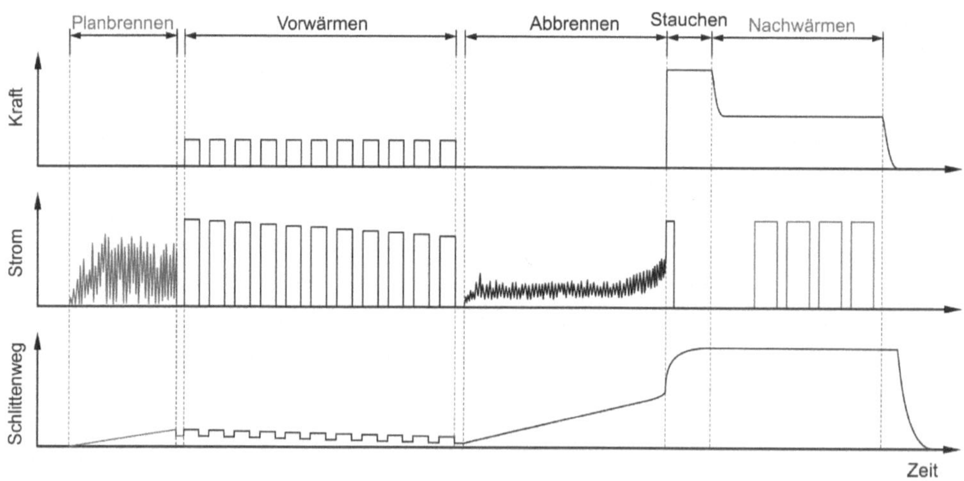


**Bild 5.76** Parameterverlauf einer Abbrennstumpfschweißung

### 5.2.6.3 Schweißanlagenaufbau

Das Abbrennstumpfschweißen wird auf mechanisierten Anlagen ausgeführt. Oft handelt es sich um Einzweckmaschinen, auf denen ein bestimmtes Produkt gefertigt wird

(Bild 5.77). Für kleine Querschnitte existieren auch handbetätigte Geräte. Im Gleisbau kommen mobile Schweißmaschinen zum Einsatz.

Die Schweißanlage besteht aus einem stabilen Maschinengestell, den Spanneinheiten, einem Stauchschlitten, einem separaten Hydraulikaggregat sowie einer Schweißsteuerung. Das Spannen der Werkstücke und der Schweißvorschub werden zumeist hydraulisch realisiert.

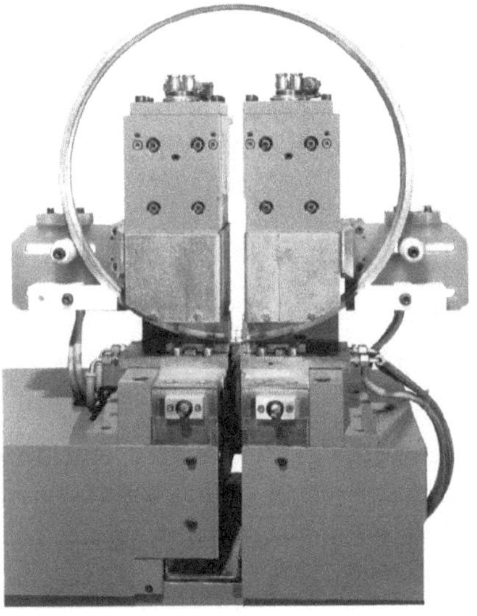

**Bild 5.77**
Abbrennstumpfschweißmaschine zum Felgenschweißen

### Schweißstromquelle

Es wird sowohl mit Wechsel- als auch mit Gleichstrom geschweißt. Unter Gleichstrom ist die Schweißzeit kürzer und der Abbrennvorgang läuft stabiler ab. Die Leerlaufspannung sollte beim Abbrennvorgang 15 V nicht übersteigen, um eine Lichtbogenausbildung zu verhindern.

### Werkstückeinspannung

Die Spannelemente übertragen den Schweißstrom auf die Werkstücke und sollen ein Rutschen beim Stauchvorgang verhindern. Die Spannkraft sollte daher mindestens 50 % höher sein als die Stauchkraft, bei glatten Werkstückoberflächen oder dem Schweißen von Schienen mindestens 100 % höher. Üblicherweise bestehen die Spannelemente aus Kupferwerkstoffen. Für das Schweißen von Aluminium werden auch verkupferte Stahl-Spannelemente eingesetzt.

Die Form der Spannelemente ist der Geometrie der Werkstücke anzupassen. Es ist anzustreben, dass ein möglichst großer Teil der Oberfläche gespannt wird. Die Kontaktflächen müssen sauber gehalten werden, um örtliche Überhitzungen beim Stromübergang auf das Werkstück zu vermeiden.

**Entgrateeinheit**

Die Schweißgratentfernung erfolgt vorteilhaft maschinenintern, im noch warmen Zustand. Dazu sind die Schweißanlagen mit entsprechenden Abschervorrichtungen ausgestattet.

#### 5.2.6.4 Schweißeignung

**Werkstückvorbereitung**

Eine besondere Vorbereitung der Stoßoberflächen ist nicht notwendig. Oxidschichten und anhaftende Verschmutzungen werden durch den Abbrennprozess entfernt. Das beim Abbrennen verdampfende Material verhindert zudem den Zutritt von Luftsauerstoff zur Fügestelle.

**Stähle**

Unlegierte Stähle sind bis zu einem Kohlenstoffgehalt von 0,4 % ohne Einschränkungen abbrennstumpfschweißbar. Bei höheren Kohlenstoffgehalten ist eine Wärmebehandlung (Vor- und/oder Nachwärmen) erforderlich.

An niedrig- und hochlegierten Stählen ist die Schweißeignung als genügend einzustufen. Das anwendbare Parameterfenster ist schmaler als an unlegierten Stählen. Mit einer der Stahlgüte angepassten Wärmenachbehandlung lassen sich jedoch vollwertige Schweißverbindungen erzielen.

**Aluminiumwerkstoffe**

Aluminium und seine Legierungen sind nahezu ausnahmslos, auch in Kombination untereinander, abbrennstumpfschweißbar. Detaillierte Informationen dazu enthält Merkblatt DVS 2901-2.

**Schweißen von Mischverbindungen**

Beim Schweißen verschiedener Werkstoffe miteinander müssen deren Leiteigenschaften für Strom und Wärme bei der Parameterauswahl beachtet werden. Geschweißt werden z. B. Mischverbindungen zwischen unlegierten und legierten Stählen bei der Herstellung von Werkzeugen. Werkzeugköpfe aus hochwertigem Material werden dabei mit einem Schaft aus unlegiertem Stahl verbunden. Mischverbindungen aus Aluminium- und Kupferwerkstoffen sowie Stahl-Kupferverbindungen werden ebenfalls geschweißt. Anwendungen finden sich bevorzugt in der Draht- und Kabelindustrie beim Verbinden von Draht- und Stangenmaterial und dem Schweißen von Stromschienen.

#### 5.2.6.5 Konstruktive Gestaltung

Das Längenmaß des geschweißten Bauteils ist geringer als die Summe der Länge der Fügeteile vor dem Schweißen. Der beim Abbrennstumpfschweißen eintretende Längenverlust setzt sich aus den Verkürzungen beim Vorwärmen $L_V$ und Abbrennen $L_A$ sowie der Stauchverkürzung $L_S$ zusammen und muss durch eine entsprechende Längenzugabe $L$ an den Fügeteilen ausgeglichen werden. Richtwerte für Stahlwerkstoffe sind in Bild 5.78 angegeben. Beim Schweißen von Aluminiumwerkstoffen liegen die Längenverluste um den Faktor 1,5...2,0 höher.

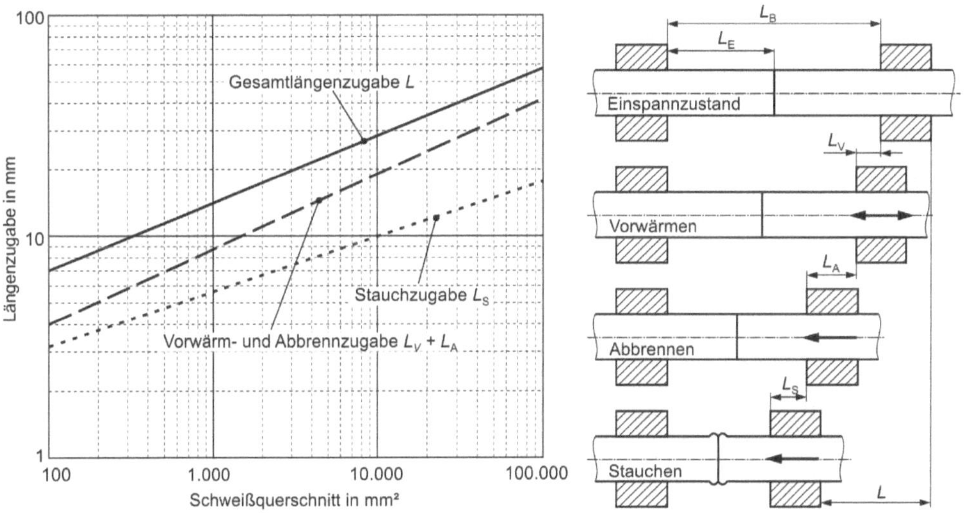


**Bild 5.78** Längenzugabe beim Abbrennstumpfschweißen von unlegiertem Stahl

Bestehen die Fügeteile aus dem selben Werkstoff, verteilen sich die Längenverluste und die daraus resultierende Längenzugabe symmetrisch auf beide Fügeteile. Beim Verschweißen verschiedenartiger Werkstoffe kann es zu unterschiedlichen Erwärmungsverläufen kommen. Diese sind durch eine Anpassung der Einspannlänge $L_E$ auszugleichen. Am Werkstück mit den besseren Leitfähigkeitseigenschaften wird eine größere freie Einspannlänge gewählt, am anderen Werkstück eine geringere.

Eine Vergrößerung der Einspannlänge erhöht den Stoffwiderstand des Fügeteils bei der elektrischen Widerstandserwärmung und somit deren Effizienz. Begrenzt wird die mögliche Einspannlänge durch die Stabilität der Fügeteilgeometrie beim Stauchvorgang. Diese ist im Wesentlichen vom Schweißquerschnitt abhängig. Bei Hohlprofilen und Rohren spielt auch die Wanddicke eine Rolle. Dünnwandige Teile sollten so kurz wie möglich eingespannt werden. Richtwerte für die Einspannlänge beim Schweißen von Stahlwerkstoffen sind in Bild 5.79 angegeben. Beim Schweißen von Aluminiumwerkstoffen liegen diese in der Regel um den Faktor 1,5 höher.

Die Querschnitte der zu verbindenden Teile müssen in Form und Größe übereinstimmen. Bei unterschiedlichen Werkstückabmessungen ist eine Angleichung vorzunehmen. Im Bild 5.80 sind einige Gestaltungsbeispiele dargestellt. Die Größe des Querschnittes sollte sich zudem in Stauchrichtung über eine ausreichende Länge $h$ nicht ändern, damit kein ungleichmäßiger Erwärmungsverlauf an der Fügestelle auftritt.

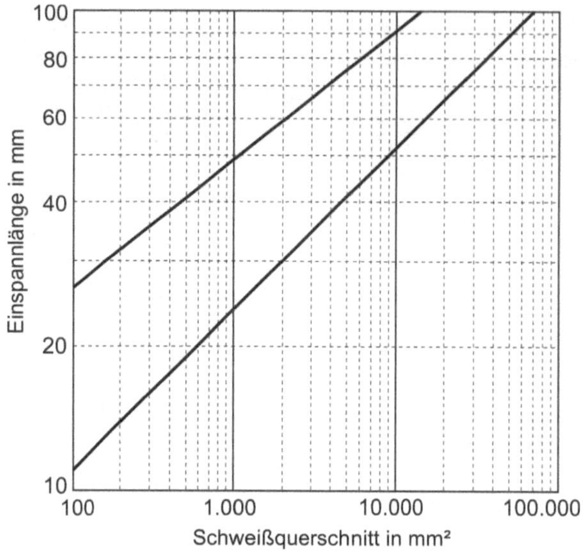


**Bild 5.79**
Freie Einspannlänge $L_E$ (einseitig) für kompakte Querschnitte, Merkblatt DVS 2901-1

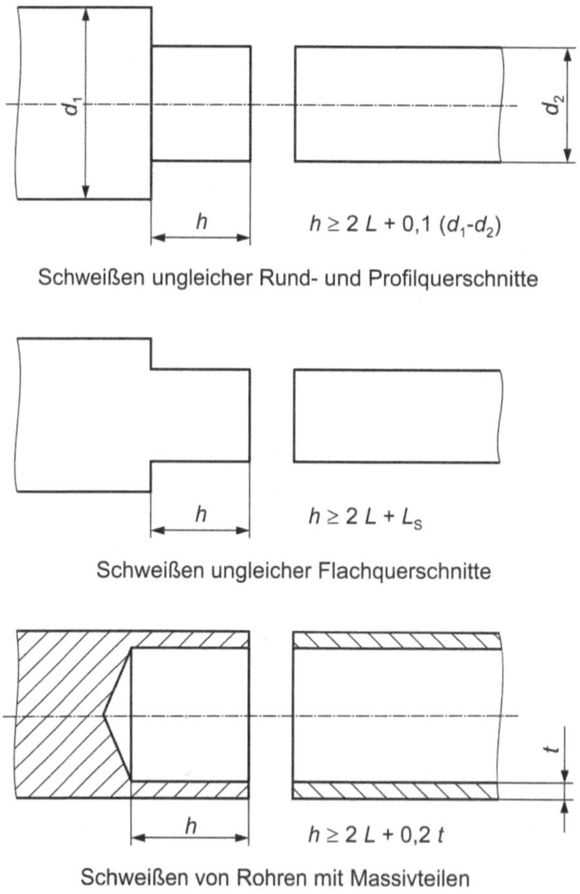


**Bild 5.80**
Gestaltungsbeispiele zur Querschnittsanpassung

#### 5.2.6.6 Fertigungshinweise

**Einstellparameter**

An der Schweißmaschine sind folgende Parameter einzustellen:

- Schweißstromstärke,
- Schlittengeschwindigkeit,
- Stauchdruck,
- Schweißzeit.

Die Einstellung erfolgt für jede Prozessphase separat und in Abhängigkeit von der zu verschweißenden Querschnittsfläche. In Tabelle 5.12 sind Richtwerte angegeben.

**Tabelle 5.12** Einstellwerte zum Abbrennstumpfschweißen

| Einstellgröße | Stahlwerkstoffe | Aluminiumwerkstoffe |
|---|---|---|
| Stromdichte [A/mm$^2$] | 3...12 | 50...130 |
| Stauchdruck [N/mm$^2$] | 20...250 | 100...300 |
| Abbrenngeschwindigkeit [mm/s] | 0,5...5 | ...20 |
| Stauchgeschwindigkeit [mm/s] | 25...200 | ...300 |

- Schweißstromstärke

In der Vorwärmphase wird mit hohen Schweißströmen gearbeitet, um ein möglichst schnelles Aufheizen der Fügezone zu erreichen. Während des Abbrennvorganges wird die Stromstärke in Abhängigkeit vom Schweißquerschnitt eingestellt. Je größer der Querschnitt ausfällt, desto höhere Ströme sind erforderlich. Während des Stauchens fließt kein Schweißstrom, er darf jedoch nicht vor Einsetzen des Stauchvorganges abgeschaltet werden. Die Verzögerungszeit (Stauchstromzeit) beträgt je nach Anwendungsfall 0,02...2,0 s. Die Stromhöhe in einer eventuellen Nachwärmphase wird entsprechend der werkstoffspezifischen Anforderungen ausgewählt.

- Schlittengeschwindigkeit

Die Schlittengeschwindigkeit ist beim Planbrennen niedriger als beim Abbrennen und erreicht in der Stauchphase ihren Maximalwert. In der Vorwärmphase wird die Schlittenbewegung reversierend, mit hohen Verfahrgeschwindigkeiten, ausgeführt.

- Kontaktkraft/-druck

Während des Vorwärmens werden die Kontaktflächen der Fügeteile mit geringer Kraft aufeinander gepresst, um einen möglichst großflächigen Stromübergang zu gewährleisten. Während des Abbrennens wird kein zusätzlicher Kontaktdruck aufgebracht. Schlittengeschwindigkeit und Stromstärke sind so aufeinander abzustimmen, dass ein stetiger Stoßflächenkontakt vorhanden ist und der Abbrennvorgang ununterbrochen abläuft.

- Stauchdruck

Für das Schweißen von kompakten Querschnitten und breit ausgebildeter Erwärmungszone gelten die unteren Werte aus Tabelle 5.12. Für das Schweißen von Großoberflächenquerschnitten, schmal ausgebildete Erwärmungszonen und das Abbrennen ohne vorangegangene Vorwärmung sind die höheren Werte anzuwenden.

- Schweißzeit

Als Schweißzeit ist der Zeitraum vom Beginn des Vorwärmens bis zum Ende des Stauchvorganges definiert. Die Schweißzeit ist abhängig vom Schweißquerschnitt, der zur Verfügung stehenden Maschinenleistung und der Stromart. Hohe Leistungen und/oder der Einsatz von Gleichstrom ergeben kürzer Schweißzeiten. Eine beliebige Verkürzung der Schweißzeit durch Steigern des Schweißstromes ist aus metallurgischen Gründen jedoch nicht zulässig. In Bild 5.81 sind Richtwerte für das Schweißen von Stahlwerkstoffen angegeben. An Aluminiumwerkstoffen sind die Schweißzeiten generell geringer.

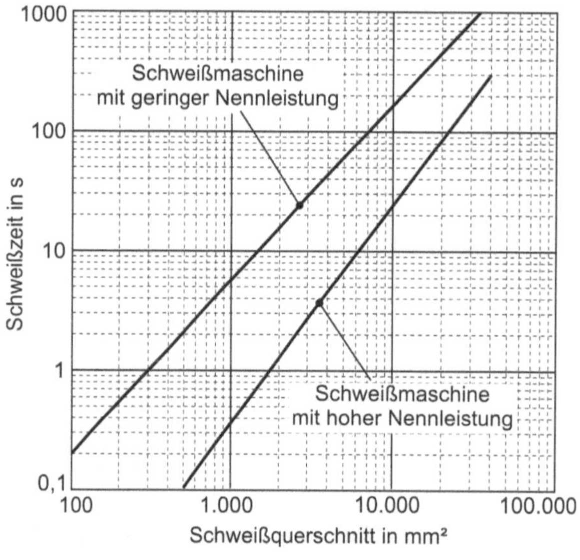


**Bild 5.81**
Schweißzeiten beim Abbrennstumpfschweißen von unlegiertem Stahl (nach Merkblatt DVS 2901-1)

## Schweißen unterschiedlicher Materialien

Beim Schweißen von Mischverbindungen werden die unterschiedlichen Leiteigenschaften für Strom und Wärme durch eine Anpassung der Einspannlänge ausgeglichen. Das leichter aufzuheizende Fügeteil wird kürzer, das andere länger eingespannt. Als Richtwert für das Einspannlängen-Verhältnis kann das Verhältnis der elektrischen Leitfähigkeiten herangezogen werden.

## Nebenschluss

Beim Schweißen von Werkstücken mit in sich geschlossener Form (Felgen, Ringe, Kettenglieder, Rahmen, usw.) fließt ein Teil des Schweißstromes über die Werkstückgeometrie ab (Bild 5.82). Außerdem wird ein Teil der Stauchkraft für die Umformung des Fügeteils zur geschlossenen Geometrie verwendet.

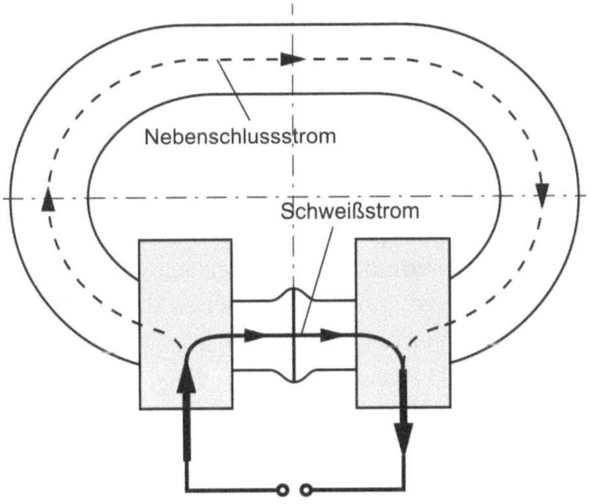


**Bild 5.82**
Nebenschluss beim Abbrennstumpfschweißen geschlossener Geometrien

Zum Ausgleich dieser Effekte müssen Schweißstrom und Stauchkraft erhöht werden, als ob ein größerer Querschnitt geschweißt würde. Für den Schweißstrom kann dieser sogenannte Ersatzquerschnitt $Q_E$ nach Gleichung 5.10 aus dem Schweißquerschnitt $Q_S$ und dem mittleren Durchmesser des Bauteils $D_m$ ermittelt werden:

$$Q_E = \frac{Q_S}{1 - \frac{1{,}5 \cdot \sqrt{Q_S}}{D_m}} \, [\text{mm}^2] \tag{5.10}$$

Für die notwendige Erhöhung der Stauchkraft lassen sich keine Richtwerte angeben, da diese sehr stark anwendungsabhängig sind.

### Schweißgratentfernung

Der Schweißgrat wird, zumeist im noch warmen Zustand, maschinell durch Abscheren oder spanende Bearbeitung entfernt. Bei Rohren wird der innere Schweißgrat durch einen Dorn ausgedrückt.

## 5.2.6.7 Qualitätssicherung

Die Qualitätssicherung erfolgt primär durch Prozessüberwachung. Folgende Größen können gemessen und aufgezeichnet werden:

- Schweißstrom,
- Anpressdruck oder -kraft,
- Schlittenweg,
- Schweißzeit.

Aus dem zeitlichen Verlauf der Messgrößen können Werte für einzelne Prozesskennzahlen abgeleitet werden, wie z. B.:

- Energieeintrag beim Vorwärmen,
- Abbrennzeit,
- Abbrenngeschwindigkeit,
- Stauchdruck,
- Stauchgeschwindigkeit,
- Stauchweg.

Im Abbrennprozess müssen die Schlittengeschwindigkeit und der Schweißstrom so aufeinander abgestimmt werden, dass ein stetiges, ununterbrochenes Abbrennen gewährleistet ist. Diese Abstimmung wird von einer übergeordneten Schweißsteuerung realisiert und kann gesteuert oder geregelt ablaufen.

- gesteuertes Abbrennen

Der Prozess beginnt mit einer vorgewählten Abbrenngeschwindigkeit, die mit zunehmendem Schlittenweg erhöht wird.

- geregeltes Abbrennen

Die Schweißstromstärke wird gemessen und konstant ausgeregelt. Als Führungsgröße dient ein in Vorversuchen ermittelter Strom-Sollwert. Als Stellgröße fungiert die Schlittengeschwindigkeit. Wenn die Anpresskraft zu groß ist, erhöht sich die Kontaktfläche zwischen den Fügeteilen. In der Folge sinkt der Übergangswiderstand und die Stromstärke steigt an. Die Regelung verringert dann die Schlittengeschwindigkeit zur Reduzierung der Anpresskraft.

#### 5.2.6.8 Prüfen der Schweißverbindung

Das Vorgehen zur Prüfung einer Abbrennstumpfschweißverbindung ist ausführlich in Merkblatt DVS 2922 beschrieben. Unterschieden wird in Sichtprüfung, zerstörungsfreie und zerstörende Prüfmethoden.

##### Sichtprüfung

Bewertet werden die Gratausbildung und die wärmebedingten Oberflächenveränderungen (Anlauffarben). Diese sollten möglichst symmetrisch beiderseits der Fügestelle ausgebildet sein. Vertiefungen im Grat dürfen den tragenden Querschnitt der Schweißverbindung nicht schwächen.

Darüber hinaus sind stauchbedingte Form- und Lageabweichungen sowie Oberflächenfehler im Einspannbereich, wie z. B. Rutschmarken oder Schmorstellen, mittels Sichtprüfung feststellbar.

#### Zerstörungsfreie Prüfung

Zur Detektion von zur Oberfläche geöffneten Rissen wird die Eindringprüfung genutzt. Dabei wird nach Entfernung des Schweißgrates eine rote Prüfflüssigkeit auf die Oberfläche aufgetragen, die in vorhandene Risse eindringt. Nach einer Oberflächenreinigung wird ein weißes Kontrastmittel aufgetragen, welches die Flüssigkeit aus den Rissen aufsaugt und somit zur Anzeige bringt. Oberflächennahe Risserscheinungen lassen sich mit dem Wirbelstromprüfverfahren oder einer Magnetpulverprüfung (nur ferromagnetische Werkstoffe) nachweisen. Zur Prüfung der Schweißstoßfläche auf vorhandene innere Fehler wird das Ultraschallprüfverfahren angewandt.

#### Zerstörende Prüfung

Die Verbindungsfestigkeit kann, je nach Anwendungsfall, im Zugversuch oder im Biegeversuch bestimmt werden. An Stahlwerkstoffen kann zusätzlich eine Kerbschlagbiegeprüfung erfolgen, um die Temperaturabhängigkeit der Zähigkeit der Schweißverbindung zu bewerten. An abbrennstumpfgeschweißten Bändern, z. B. an Sägeblättern, kommt der Tiefungsversuch zur Anwendung. Das Prüfergebnis gestattet Aussagen über die Verformungsfähigkeit der Schweißnaht.

Zur Bewertung des Wärmeeinflusses auf die Gefügeausbildung werden metallografische Schliffe angefertigt, die durch begleitende Härtemessungen ergänzt werden können.

## 5.2.7 Pressstumpfschweißen (Prozess 25)

### 5.2.7.1 Verfahrensmerkmale

Die Fügepartner werden vollflächig im Stumpfstoß verschweißt. Die Fügeteile müssen beiderseits in Form und Querschnitt übereinstimmen. Die Stoßflächen müssen eben, planparallel vorbereitet und frei von Verunreinigungen sein. Die Erwärmung der Fügestelle erfolgt mittels elektrischer Widerstandserwärmung unter hohem Stromfluss und stirnflächigem Kontakt der Fügeteile. Zur Erzeugung der Schweißverbindung werden die erwärmten Fügeteile axial aufeinander gestaucht. Dabei entsteht eine Stauchwulst. In den meisten Fällen wird mechanisiert geschweißt. Kleine Querschnitte können auch auf handbetätigten Maschinen gefügt werden.

#### Anwendungsbereich/Abmessungen

Mit Pressstumpfschweißen werden üblicherweise Querschnitte bis ca. 600 $mm^2$ verschweißt, in Einzelanwendungen auch bis 2000 $mm^2$. Mit dem Verfahren können rotationssymmetrische Bauteile, Profile, Bänder und Drähte stirnflächig miteinander verbunden werden. An Drähten sind auch T-Stoß-Verbindungen möglich.

Eingesetzt wird der Prozess bevorzugt zum Drahtstumpfschweißen bei der Herstellung von Endlosdrähten und zum Bandstumpfschweißen bei der Herstellung von flachen Bändern (z. B. Bandsägeblatt). Darüber hinaus werden in sich geschlossene Profile und Kettenglieder geschweißt. Übliche Bauteilabmessungen für Rundbauteile liegen im Durchmesserbereich 1...26 mm, für Drähte und Litzen auch darunter. Bänder werden im Blechdickenbereich 1...3 mm verschweißt. Bild 5.83 zeigt einige Anwendungsbeispiele.

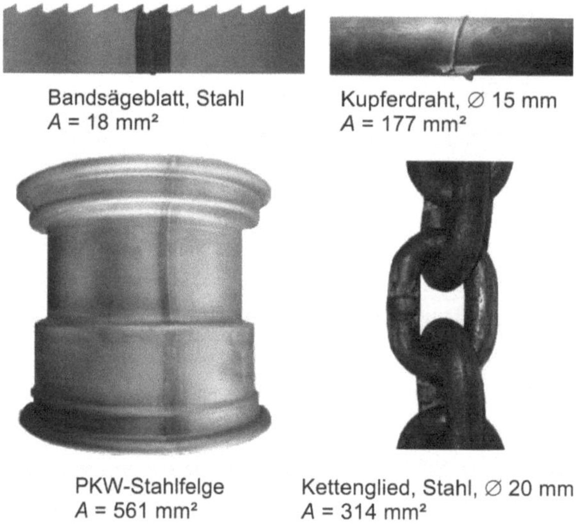


**Bild 5.83** Anwendungsbeispiele für Pressstumpfschweißungen, Merkblatt DVS 2901-3

### Werkstoffgruppen

Mit dem Pressstumpfschweißen lassen sich alle nahezu Stähle und eine Vielzahl von Nichteisenmetallen verbinden. Als Beispiele seien Aluminium, Kupfer, Titan, Nickel und Edelmetalle genannt. Die Herstellung von Mischverbindungen ist unter Beachtung der Werkstoffverträglichkeit möglich.

### Wichtige DVS-Merkblätter

- **DVS 2931:** Pressstumpfschweißen von Stahl.
- **DVS 2922:** Prüfen von Abbrennstumpf-, Pressstumpf- und MBP-Schweißverbindungen.
- **DVS 2901-3:** Abbrennstumpf- und Pressstumpfschweißen – Anwendungsbeispiele.

## 5.2.7.2 Verfahrensprinzip/-beschreibung

Die in Spannelementen fixierten Fügepartner werden an den Stoßflächen zusammengeführt und mit einem hohen Schweißstrom beaufschlagt (Bild 5.84). Die Kontaktflächen der Fügepartner sind eben und planparallel, wodurch der Schweißstrom vollflächig übertragen wird. Der dabei zu überwindende Übergangswiderstand zwischen den Fügeteilen bewirkt eine gleichmäßige elektrische Widerstandserwärmung der Fügestelle. Der eigentliche Schweißvorgang erfolgt durch ein schlagartiges Stauchen der erwärmten Stoßflächen. Dabei wird teigiges Material aus dem Fügespalt herausgepresst und bildet eine gratfreie Stauchwulst.

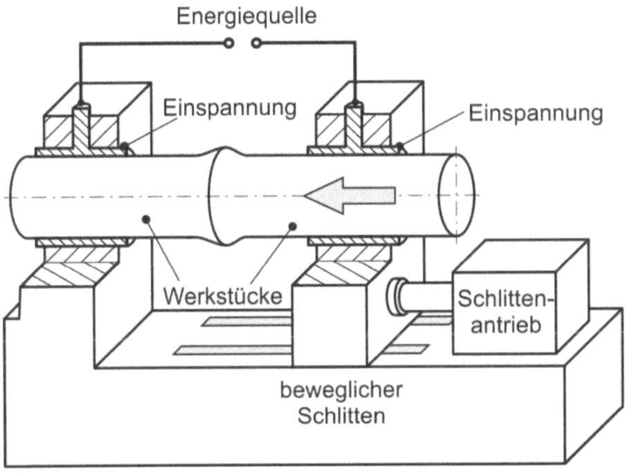


**Bild 5.84**
Verfahrensprinzip Pressstumpfschweißen

Zu Beginn des Prozesses werden die Fügeteile mit einer Kontaktkraft aneinander gepresst und anschließend unter konstantem Stromfluss widerstandserwärmt. Nach Erreichen der Fügetemperatur wird der Schlitten auf Stauchgeschwindigkeit beschleunigt und verfährt einen voreingestellten Stauchweg. Während der Abkühlung wird die Schweißverbindung für eine definierte Zeit noch unter Kontaktdruck belassen. In dieser Zeit ist alternativ auch noch eine Wärmenachbehandlung der Schweißung durch gezielte Stromimpulse möglich. Bild 5.85 zeigt den zeitlichen Verlauf der Parameter Anpresskraft, Schweißstrom und Schweißweg einer Pressstumpfschweißung.

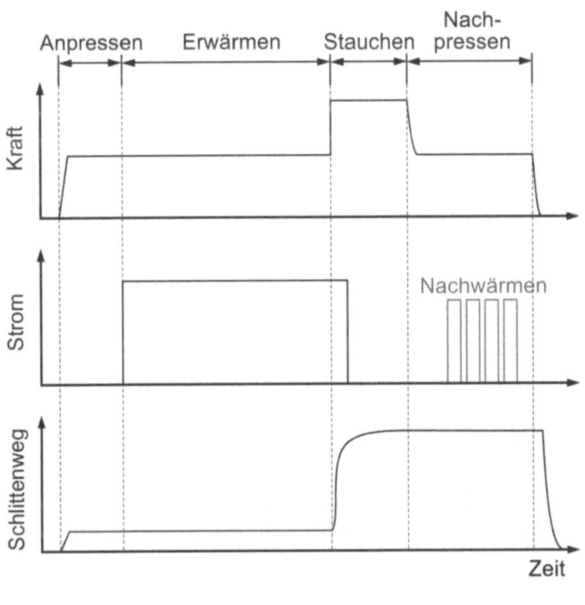


**Bild 5.85**
Parameterverlauf einer Pressstumpfschweißung

### 5.2.7.3 Schweißanlagenaufbau

Das Pressstumpfschweißen wird auf mechanisierten oder manuell betätigten Anlagen ausgeführt. Unterschieden wird in Drahtstumpf- und Bandschweißmaschinen sowie Anlagen zum Schweißen von in sich geschlossener Geometrien (z. B. Felgen, Kettenglieder).

Die Schweißanlage besteht aus einem Maschinengestell, den Spanneinheiten, einem Stauchschlitten sowie einer Schweißsteuerung. Das Spannen der Werkstücke wird hydraulisch, pneumatisch oder mittels Spannhebeln realisiert. Der Schlittenantrieb erfolgt hydraulisch, pneumatisch oder elektromotorisch. Bild 5.86 zeigt Ausführungsbeispiele für Pressstumpfschweißmaschinen.

Mehrzweckschweißmaschine

Drahtstumpf-schweißmaschine

**Bild 5.86** Pressstumpfschweißmaschinen

#### Schweißstromquelle

Es wird sowohl mit Wechsel- als auch mit Gleichstrom geschweißt. Unter Gleichstrom ist die Schweißzeit kürzer und es bilden sich schmalere Wärmeeinflusszonen aus. Die sekundärseitige Leerlaufspannung sollte 10 V nicht übersteigen, um Schmorstellen und Schweißspritzer zu verhindern.

#### Werkstückeinspannung

Die Spannelemente übertragen den Schweißstrom auf die Werkstücke und sollen ein Rutschen beim Stauchvorgang verhindern. Die Spannkraft sollte daher mindestens 50 % höher sein als die Stauchkraft. An Werkstücken, die nicht vollflächig gespannt werden können (Bänder, Bleche), liegt dieser Faktor bei mindestens 2,0. Üblicherweise bestehen die Spannelemente aus Kupferwerkstoffen.

Die Form der Spannelemente ist der Geometrie der Werkstücke anzupassen. Es ist anzustreben, dass ein möglichst großer Teil der Oberfläche gespannt wird. Die Kontaktflächen müssen sauber gehalten werden, um örtliche Überhitzungen beim Stromübergang auf das Werkstück zu vermeiden.

Beim Schweißen von Kettengliedern u. ä. Bauteilen können die Spann- und Stauchkraft auch formschlüssig über geeignete Anlageflächen eingeleitet werden. Krafteinleitung und Stromzuführung erfolgen dann über getrennte Bauteile. Für die nicht stromführenden Spannelemente werden warmfeste Stähle verwendet.

**Stauchwulstentfernung**

Die Schweißwulstentfernung erfolgt vorteilhaft maschinenintern, im noch warmen Zustand. Dazu sind die Schweißanlagen mit entsprechenden Abschervorrichtungen ausgestattet.

#### 5.2.7.4 Schweißeignung

**Werkstückvorbereitung**

Die Stoßoberflächen müssen eben und frei von Verunreinigungen sein. An Rundmaterial und Profilen erfolgt die Vorbereitung durch Sägeschnitt oder spanend, an Blechen und Bändern ist Schnittkantenqualität ausreichend. Dabei ist darauf zu achten, dass keine keilförmigen Schnittverläufe entstehen. Zur Herstellung von Kettengliedern werden Rundstahlabschnitte beidseitig gekerbt, im Kerbgrund geschnitten und dann zum Kettenglied gebogen.

**Stähle**

Un- und niedriglegierte Stähle sind bis zu einem Kohlenstoffgehalt von 0,4 % ohne Einschränkungen pressstumpfschweißbar. Bei höheren Kohlenstoffgehalten ist in der Regel nach dem Stauchen eine Wärmenachbehandlung erforderlich. Damit soll die Abkühlgeschwindigkeit reduziert werden, um Härterisse zu vermeiden und die Schweißgutzähigkeit zu steigern.

Hochlegierte Cr- und CrNi-Stähle weisen prinzipiell eine gute Schweißeignung zum Pressstumpfschweißen auf.

**NE-Metalle**

Aluminium- und Kupferlegierungen sind gut pressstumpfschweißbar. Zu beachten sind allerdings die guten Leiteigenschaften für Wärme und Strom, die eine Widerstandserwärmung erschweren. Diese erfordert deutlich höhere Schweißleistungen als beim Pressstumpfschweißen von Stahlwerkstoffen.

#### 5.2.7.5 Konstruktive Gestaltung

Der Stauchvorgang beim Schweißen führt zu einem Längenverlust $L$ am Bauteil. Muss nach dem Schweißen eine Maßhaltigkeit gewährleistet sein, ist dieser durch eine entsprechende Längenzugabe am Fügeteil auszugleichen. Richtwerte für das Schweißen von Stahlwerkstoffen an in sich geschlossenen Geometrien sind in Tabelle 5.13 angegeben. Beim Schweißen von Aluminiumwerkstoffen liegen die Längenverluste um den Faktor 1,5...2,0 höher.

**Tabelle 5.13** Längenzugaben beim Pressstumpfschweißen von Stahl

| Anwendung | Längenzugabe pro Fügeteil |
|---|---|
| Pkw-Felge, Blechdicke $t$ = 2...3 mm | (2,5...3) · $t$ |
| Lkw-Felge, Blechdicke $t$ = 3...4 mm | 2 · $t$ |
| Lkw-Felge, Blechdicke $t$ = 5...8 mm | 1,7 · $t$ |
| Kettenglied mit Drahtdurchmesser d | (0,5...0,55) · $d$ |

Die schweißbedingte Längenverkürzung muss beim Einspannen der Werkstücke berücksichtigt werden, Bild 5.87. Der Mindest-Backenabstand $L_B$ ergibt sich beim Schweißen blechförmiger Fügeteile aus der Summe des Längenverlustes $L$, der Wulstbreite $b$ und einem Sicherheitsaufschlag von 4 mm. Beim Schweißen von Kettengliedern sollte der Backenabstand $L_B$ etwa das 1,3-fache des Drahtdurchmessers $d$ betragen.

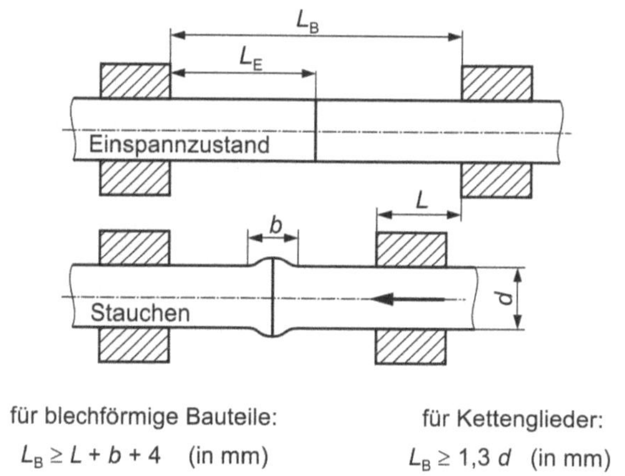


**Bild 5.87** Längenverlust beim Pressstumpfschweißen

Die Querschnitte der zu verbindenden Teile müssen in Form und Größe übereinstimmen. Es muss auf vollflächige Kontaktierung ohne Höhen- und Seitenversatz geachtet werden, damit sich keine ungleichmäßigen Erwärmungsverläufe an der Fügestelle ausbilden können.

### 5.2.7.6 Fertigungshinweise

**Einstellparameter**

An der Schweißmaschine sind folgende Parameter einzustellen:

- Schweißstromstärke,
- Kontaktdruck,

- Stauchdruck,
- Schlittenweg,
- Schweißzeit.

In Tabelle 5.14 sind Richtwerte zum Schweißen von Felgen aus unlegiertem Stahl angegeben.

Als Schweißzeit ist der Zeitraum vom Erstkontakt der Stoßflächen bis zum Ende des Stauchvorganges definiert. Sie steigt mit der Größe der zu verschweißenden Querschnittsfläche an und liegt in der Regel im Bereich von 1...10 s. Die Schweißzeit ist damit kürzer als bei allen anderen Schweißverfahren, die für vergleichbare Schweißaufgaben verwendet werden können.

**Tabelle 5.14** Einstellwerte zum Pressstumpfschweißen von Stahlfelgen (nach Merkblatt DVS 2931)

| Einstellgröße | Parameterbereich |
|---|---|
| Stromdichte [A/mm²] | 60...120 |
| Kontaktdruck [N/mm²] | ca. 50 |
| Stauchdruck [N/mm²] | ≥ 150 |
| Stauchgeschwindigkeit [mm/s] | ≥ 300 |

### Nebenschluss

Beim Schweißen von Werkstücken mit in sich geschlossener Form (Felgen, Ringe, Kettenglieder, Rahmen, usw.) fließt ein Teil des Schweißstromes über die Werkstückgeometrie ab. Dieser Effekt muss durch eine Erhöhung der Stromstärke ausgeglichen werden und führt zu einer starken Erwärmung des gesamten Bauteils (Bild 5.88).

**Bild 5.88**
Bauteilerwärmung durch Nebenschluss

#### Stauchwulstentfernung

Das Entfernen der Stauchwulst kann aus optischen oder geometrischen Gründen oder zur Vermeidung von Kerbwirkung erforderlich sein. Das Abarbeiten erfolgt zumeist manuell direkt aus der Schweißwärme heraus. Verwendet werden Schneidmesser oder Formstähle, die die Wulst in Längs- oder Querrichtung zur Schweißnaht abscheren.

### 5.2.7.7 Qualitätssicherung

Die Qualitätssicherung erfolgt primär durch Prozessüberwachung. Folgende Größen können gemessen und aufgezeichnet werden:

- Schweißstrom,
- Anpressdruck oder -kraft,
- Schlittenweg,
- Schweißzeit.

Aus dem zeitlichen Verlauf der Messgrößen können Werte für einzelne Prozesskennzahlen abgeleitet werden, wie z. B.:

- Energieeintrag,
- Kontaktdruck,
- Stauchdruck,
- Stauchgeschwindigkeit,
- Stauchweg.

Der Prozessablauf wird üblicherweise über eine elektronische Schweißsteuerung gesteuert. Für die Abstimmung von Stauchzeit und -weg sind auch mechanisch arbeitende Kurvenscheiben im Einsatz. Als Führungsgröße dient der Stauchweg oder die Stauchgeschwindigkeit. Als Stellgröße zur Erreichung eines vorgegebenen Wertes fungiert der Stauchdruck. Die Stromstärke kann unabhängig von den Kraftparametern eingestellt und überwacht bzw. geregelt werden.

### 5.2.7.8 Prüfen der Schweißverbindung

Das Vorgehen zur Prüfung einer Pressstumpfschweißverbindung ist ausführlich in Merkblatt DVS 2922 beschrieben. Unterschieden wird in Sichtprüfung, zerstörungsfreie und zerstörende Prüfmethoden, die analog zum Prüfen von Abbrennstumpfschweißverbindungen angewandt werden.

#### Sichtprüfung

Bewertet werden die Wulstausbildung und die wärmebedingten Oberflächenveränderungen (Anlauffarben). Diese sollten möglichst symmetrisch beiderseits der Fügestelle ausgebildet sein.

Darüber hinaus sind stauchbedingte Form- und Lageabweichungen sowie Oberflächenfehler im Einspannbereich, wie z. B. Rutschmarken oder Schmorstellen, mittels Sichtprüfung feststellbar.

#### Zerstörungsfreie Prüfung

Zur Rissprüfung wird bevorzugt die Farbeindringprüfung genutzt. Damit lassen sich allerdings nur zur Oberfläche hin geöffnete Risse detektieren. Zur Prüfung der Schweißstoßfläche auf vorhandene innere Fehler wird das Ultraschallprüfverfahren angewandt.

#### Zerstörende Prüfung

Die Verbindungsfestigkeit an massiven Querschnitten kann, je nach Anwendungsfall, im Zugversuch oder im Biegeversuch bestimmt werden. An Querschnitten mit geringen Blechdicken (Bänder) kann alternativ der Tiefungsversuch angewandt werden.

Zur Bewertung des Wärmeeinflusses auf die Gefügeausbildung werden metallografische Schliffe angefertigt, die durch begleitende Härtemessungen ergänzt werden können.

### 5.2.7.9 Verfahrensvariante Kammerschweißen

Das Kammerschweißen wird zum stirnseitigen Verbinden von Litzen und Leiterseilen eingesetzt. Die beiden Werkstückenden werden in ein Röhrchen (Kammer) aus Glas, Keramik oder Graphit eingebracht und unter Stromfluss aneinander gepresst (Bild 5.89).

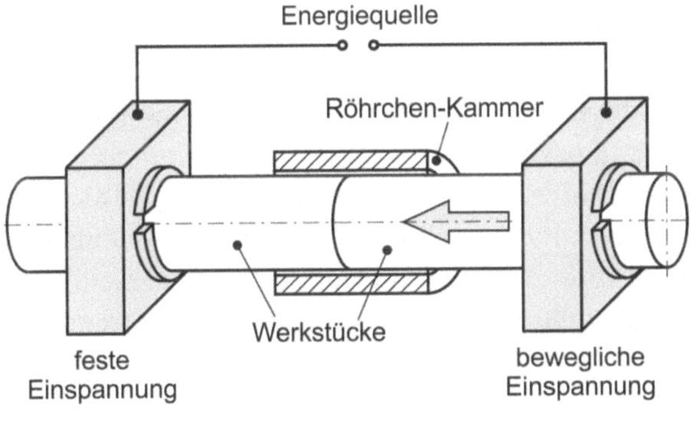


**Bild 5.89** Verfahrensprinzip Kammerschweißen

Im Gegensatz zum Pressstumpfschweißen handelt es sich beim Kammerschweißen um ein Widerstands-Schmelzschweißverfahren. Die Widerstandserwärmung führt zum Aufschmelzen der Litzen- bzw. Kabelenden innerhalb des Röhrchens, die anschließend unter stetigem Anpressdruck/Schweißvorschub verschweißt werden. Ein

Stauchen findet nicht statt. Nach Beendigung des Schweißvorganges wird das Röhrchen zerschlagen. Die Oberfläche der Schweißstelle ist glatt, gratfrei und kaum verdickt (Bild 5.90).

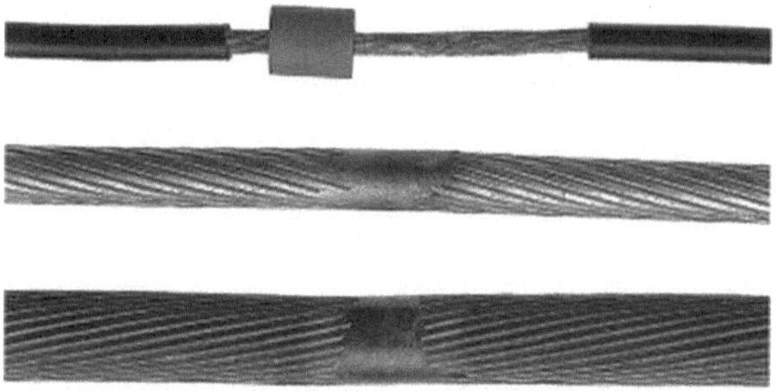

**Bild 5.90**
Stumpfgeschweißte Litzen
(Ideal-Werk GmbH & Co.KG)

# 5.3 Induktives Widerstandspressschweißen

## 5.3.1 Widerstandserwärmung durch induktive Stromübertragung

Zu dieser Gruppe gehören die Verfahren:

- induktives Stumpfschweißen (Prozess 741),
- induktives Rollennahtschweißen (Prozess 742),
- induktives Hochfrequenzschweißen (Prozess 743).

Beim Stumpfschweißen werden die Stoßflächen der zu verbindenden Teile mit einer umschließenden Induktionsspule erhitzt und anschließend axial zusammengepresst. Beim Rollennaht- und Hochfrequenz-Induktionsschweißens werden linienförmige Schweißnähte an Schlitzrohren oder -profilen erzeugt. Die Stoßflächen werden induktiv erwärmt und anschließend zusammengepresst. Der Schweißvorschub entsteht durch ein Bewegen der Fügeteile unter dem oder durch den Induktor hindurch. Beim Rollennahtschweißen ist die Fügestelle als Überlappstoß, beim Hochfrequenzschweißen als Stumpfstoß ausgelegt.

### Verfahrensmerkmale

Die Stromübertragung in die Bauteile erfolgt berührungslos. Die Wärme wird direkt an der Fügestelle erzeugt, ohne das komplette Bauteil zu erwärmen. Zur Verbindungsausbildung werden die erhitzten Stoßkanten mechanisch zusammengepresst. Beim

Fügen entsteht ein Stauchgrat, der sich bei Rohren auch an der Innenseite ausbildet. Das Verfahren wird automatisiert eingesetzt.

### Anwendungsbereich

Hauptanwendungsgebiet ist die Herstellung von längsnahtgeschweißten „Endlos"-Rohren und -Profilen mit der Verfahrensvariante induktives Hochfrequenzschweißen.

### Physikalische Grundlagen

An der Fügestelle ist eine Induktionsspule angeordnet, die mit hochfrequentem Wechselstrom durchflossen ist. Die sich dabei ausbildenden wechselnden Magnetfelder induzieren im elektrisch leitfähigen Bauteil eine Spannung, die wiederum einen Wechselstrom zur Folge hat. Dieser im Bauteil induzierte Strom wird aufgrund der in sich geschlossenen Strombahnen auch als Wirbelstrom bezeichnet, fließt in umgekehrter Richtung zum Spulenstrom und bewirkt eine elektrische Widerstandserwärmung.

Aufgrund der hohen Frequenz werden die an der Spule erzeugten Wechselfelder beim Eindringen ins Bauteil gedämpft. Die elektromagnetische Eindringtiefe $\delta$ kann näherungsweise nach Formel 5.11 berechnet werden.

$$\delta = \sqrt{\frac{\rho}{\pi \cdot f \cdot \mu}} \quad [\mathrm{mm}] \tag{5.11}$$

$\rho$ spezifischer elektrischer Widerstand in Ωmm, $f$ Wechselstromfrequenz in Hz, $\mu$ Permeabilität in Vs/Amm

In der Folge ist die Stromdichteverteilung über dem Bauteilquerschnitt nicht konstant, sondern nimmt nach außen hin zu und die leitfähigen Strombahnen konzentrieren sich an der Bauteiloberfläche (Skin-Effekt). Die daraus resultierende geringe stromleitende Querschnittsfläche besitzt einen hohen ohmschen Widerstand und heizt sich dadurch sehr schnell auf. Mit steigender Frequenz des Wechselstromes nimmt dieser Effekt zu.

Die induktive Erwärmung entsteht nur in unmittelbarer Nähe des Induktors. Dessen Geometrie und Positionierung wird so gewählt, dass sich die Induktionswirkung an der Fügestelle konzentriert, bei geschlitzten Rohren oder Profilen an der Stoßkante, bei flächigen Verbindungen an der Stoßfläche. Um ein Abfließen der Wärme in umgebende Bereiche zu verhindern, wird mit hohen Schweißgeschwindigkeiten gearbeitet.

## 5.3.2 Ausrüstungen zum induktiven Widerstandspressschweißen

### 5.3.2.1 Aufbau einer induktiven Widerstandsschweißmaschine

Im Bild 5.91 sind die Systemkomponenten einer induktiven Widerstandsschweißanlage in einem Blockdiagramm dargestellt. Die Aufgaben der Komponenten werden nachfolgend beschrieben.

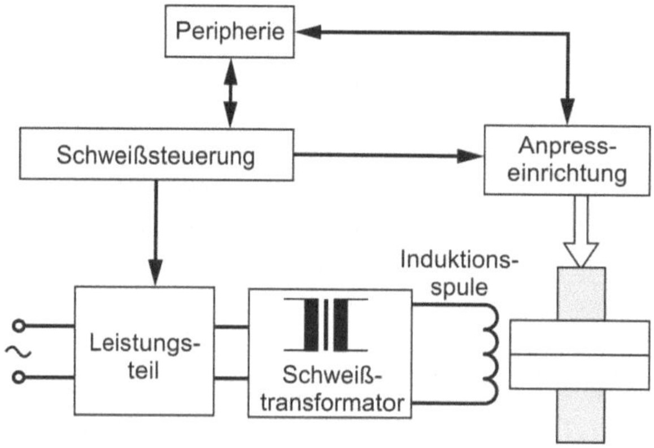


**Bild 5.91** Blockschaltbild einer induktiven Widerstandsschweißmaschine

#### Transformator

Der Schweißtransformator erzeugt aus der Netzleistung die für die Schweißung erforderlichen hohen Schweißströme.

#### Induktionsspule

Die Induktionsspule wird mit hochfrequentem Wechselstrom durchflossen und induziert über das sich dabei ausbildende wechselnde Magnetfeld den Schweißstrom berührungslos in die Fügeteile.

#### Leistungsteil

Das Leistungsteil formt den 50 Hz-Wechselstrom aus dem Netz in einen hochfrequenten Wechselstrom im kHz-Bereich um und setzt die Vorgaben der Schweißsteuerung bezüglich der Stromhöhe um.

#### Anpresseinrichtung

Die Anpresseinrichtung presst die Stoßkanten an der Fügestelle nach der Erwärmung zusammen.

Die Auslegung kann statisch als axiale Hubbewegung (Stumpfschweißen) oder dynamisch als Andruckrollenpaar, welches gleichzeitig den Schweißvorschub realisiert (Längsnahtschweißen), erfolgen.

**Peripherie**

Unter Peripherie werden dem Schweißvorgang vor- und nachgeschaltete Einrichtungen zusammengefasst. Längsnahtschweißanlagen werden als komplette Fertigungsstraßen ausgelegt, auf denen Rohre oder Profile im Durchlaufverfahren hergestellt werden. Neben der eigentlichen Schweißeinrichtung werden dazu unter anderem folgende Komponenten benötigt:

- Einformstrecke zur Umformung von Bändern zu Rohren oder Profilen,
- Entgrateeinrichtung zum Entfernen des Stauchgrates,
- Ultraschallprüfstrecke zur Qualitätskontrolle der Schweißnaht,
- induktive Glüheinrichtung zur Wärmebehandlung des Schweißnahtgefüges,
- Kalibriereinrichtungen zur Erzeugung von Produktendmaßen,
- Ablängeinrichtungen zur Erzeugung von Einzelrohren- oder Profilen aus dem Endlosstrang.

### 5.3.2.2 Schweißstromquellen zum induktiven Widerstandspressschweißen

Das induktive Widerstandspressschweißen erfolgt mit hochfrequentem Wechselstrom. Als Stromquelle wird ein Hochfrequenz-Generator eingesetzt (Bild 5.92). Die Wechselspannung aus dem Netz wird über eine Gleichrichteinheit in eine Gleichspannung umgewandelt. Im Zwischenstromkreis wird die erzeugte Gleichspannung geglättet und auf einen Umrichter geleitet. Der Umrichter besteht aus schnellen Transistorschaltern, die als H-Brücke verschaltet sind. Sie erzeugen die hochfrequente Wechselspannung, mit dem die Primärseite des Schweißtransformators versorgt wird. Der Transformator wandelt die Stromamplitude auf Schweißwerte um. Auf der Sekundärseite ist der eigentliche Induktor, eine Induktionsspule, angeschlossen. Induktor und Transformator werden üblicherweise wassergekühlt.

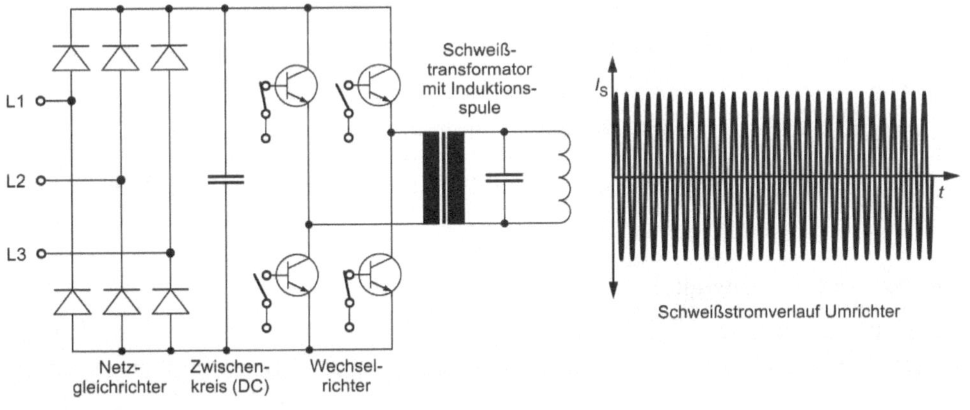


**Bild 5.92** Prinzipschaltbild eines Hochfrequenz-Umrichters

Marktübliche Generatoren erzeugen Schweißleistungen im Bereich von 50... > 1000 kW bei Frequenzen von 50...600 kHz. Bild 5.93 zeigt eine Maschinenausführung für den Einsatz in Rohrschweißanlagen.

**Bild 5.93**
Hochfrequenz-Generator (SMS Elotherm GmbH)

### 5.3.2.3 Mechanischer Teil der Schweißeinrichtungen

Je nach Ausführung des Schweißverfahrens wird in Spann-, Anpress- und Vorschubeinrichtungen unterschieden.

#### Induktives Stumpfschweißen

Die Fügeteile werden durch Spannbacken, Hebelspanner, Exzenterspanner, pneumatische oder hydraulische Spannvorrichtungen fixiert. Nach Erwärmung der Fügestelle wird ein Bauteil über einen beweglichen Schlitten an das andere angepresst. Zur Kraftaufbringung während des Anpressvorgangs werden dabei verschiedene Wirkprinzipien angewandt:

- mechanisch betätigte Maschinen: Federkraft oder Kraftaufbringung über Hebelsystem, nur für geringe Fügequerschnitte;
- pneumatisch betätigte Maschinen: Pneumatikzylinder;
- hydraulisch betätigte Maschinen: Hydraulikzylinder, für große und massive Querschnitte.

#### Induktives Nahtschweißen

Das Nahtschweißen wird als Durchlaufverfahren ausgeführt. Die Schweißanlage ist in eine Rohr- oder Profilfertigungsstraße integriert. Vorgelagert ist ein Walzgerüst angeordnet, in dem Bandmaterial in mehreren Schritten zum endlosen Schlitzrohr umformt wird. Das Schweißen selbst erfolgt in einem Stauchgerüst, in dem die auf

Schweißtemperatur erwärmten Bandkanten durch Druckrollen zusammengepresst und als Längsnaht verschweißt werden. Die Umform- und Druckrollen sind jeweils paarweise angeordnet und werden unter Rotation an das Fügeteil angepresst. Sie realisieren neben der Kraftaufbringung gleichzeitig den Schweißvorschub. Die radiale Zustellung der Rollen erfolgt zumeist manuell über skalierte Einstellhilfen.

## 5.3.3 Induktives Hochfrequenzschweißen (Prozess 743)

### 5.3.3.1 Verfahrensmerkmale

Das zu fügende Werkstück ist als offenes Profil (Schlitzrohr) ausgelegt und wird unter oder durch einen Induktor hindurchbewegt (Bild 5.94). Die Stoßkanten werden durch elektrische Widerstandserwärmung auf Schweißtemperatur (unter Schmelztemperatur) aufgeheizt. Der Stromeintrag in das Bauteil erfolgt berührungslos über Induktion. Der eigentliche Schweißvorgang erfolgt durch Anpressen der erwärmten Stoßkanten über Druckrollen. Dabei entsteht ein Schweißgrat, der zumeist noch aus der Prozesswärme heraus, durch nachfolgende Arbeitsschritte mechanisch entfernt wird. Es sind sehr hohe Schweißgeschwindigkeiten von über 100 m/min erreichbar. Umgangssprachlich wird der Prozess auch als Hochfrequenz-Induktionsschweißen (HFI-Schweißen) bezeichnet.

**Bild 5.94**
HFI-Prozess

#### Anwendungsbereich/Abmessungen

Das Verfahren wird zur Herstellung dünnwandiger, längsnahtgeschweißter Rohre und Profile in mechanisierten Schweißstraßen eingesetzt. Geschweißt werden un-, niedrig- und hochlegierte Stahlwerkstoffe sowie NE-Metalle wie Aluminium und Kupfer.

Abmessungen:

- Rohrdurchmesser: 10...660 mm,
- Rohrwanddicke: 0,5...25 mm.

### 5.3.3.2 Verfahrensprinzip/-beschreibung

Je nach Ausführung des Induktors wird in Schweißen mit stabförmigem und mit umschließendem Induktor unterschieden. In beiden Fällen induziert der mit hochfrequentem Wechselstrom betriebene Induktor im Werkstück Wirbelströme, die zu einer Widerstandserwärmung des Bauteils führen. In Folge des Skin-Effektes fließt der Strom nur in einer dünnen Oberflächenschicht. Damit steigt der die Widerstandserwärmung hervorrufende ohmsche Widerstand stark an. In Verbindung mit einer Konzentration der elektrischen Feldlinien an der Fügestelle wird diese sehr schnell und örtlich begrenzt aufgeheizt. Die Fügeverbindung entsteht durch Zusammenpressen der erwärmten Stoßkanten über Andruckrollen. Zur Ausbildung einer Schweißnaht ist eine Relativbewegung des Werkstücks zum Induktor erforderlich.

#### Schweißen mit umschließendem Induktor

Das Fügeteil wird durch einen geschlossenen Induktor hindurchgeführt, der zumeist aus mehreren Windungen besteht (Bild 5.95). Die Form des Induktors ist der jeweiligen Querschnittsgeometrie des Rohres bzw. Profiles anzupassen.

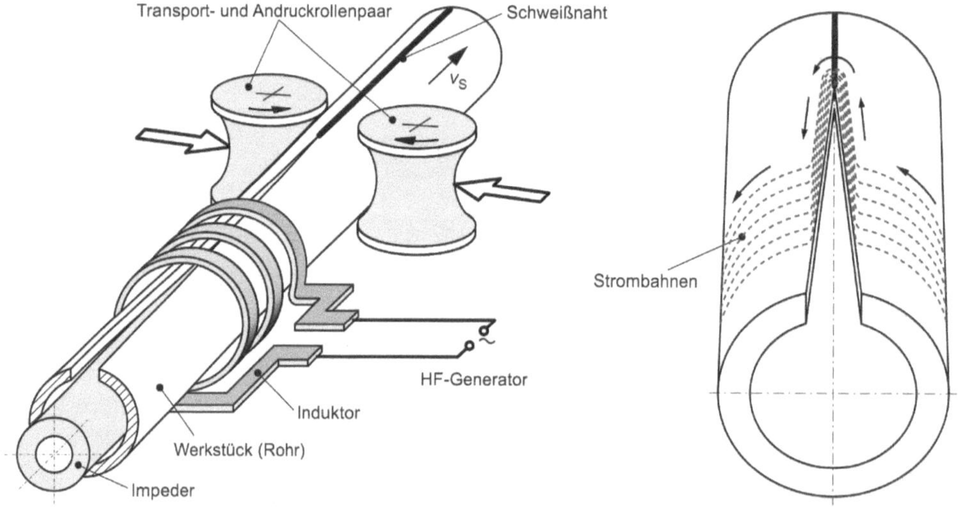


Bild 5.95 Induktives Hochfrequenzschweißen mit umschließendem Induktor

Der induzierte Strom fließt über die schon geschweißte Naht um das Rohr herum. Die Strombahnen konzentrieren sich dabei entlang der Bandkanten und führen zu deren schnellen Aufheizung. Um diesen Stromfluss zu gewährleisten, muss der Stromkreis zwingend geschlossen sein, das heißt, das Schlitzrohr muss schon eine Verbindungsstelle aufweisen. Zusätzlich muss verhindert werden, dass der Strom auf alternativen Bahnen über die Rohrinnenseite fließt. Bei den eingesetzten hohen Frequenzen bewirkt der Skin-Effekt, dass nur die Oberfläche des Rohres (innen und außen) elektrisch leitfähig ist. Ein Teil des Stromes könnte somit den in Bild 5.96 dargestellten Weg fließen und die Effizienz der Widerstandserwärmung abschwächen. Um die zu verhindern werden Impeder eingesetzt. Dabei handelt es sich um einen in der Rohrmitte angeordneten Ferritstab. Dieser muss intensiv gekühlt werden, damit sich seine magnetischen Eigenschaften nicht durch ansteigende Temperaturen verlieren.

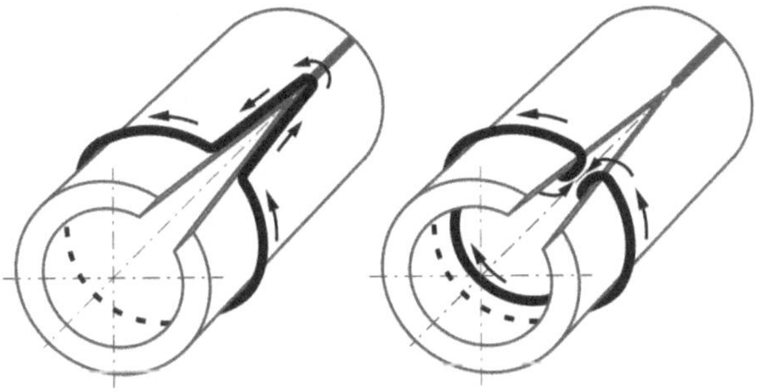


**Bild 5.96** Strombahnen des induzierten Stromes

### Schweißen mit stabförmigem Induktor

Das Fügeteil wird unter einem stabförmigen Induktor hindurchgeführt (Bild 5.97). Über ein Magnetjoch werden die Feldlinien auf die Fügestelle konzentriert. Für diese Verfahrensvariante sind Frequenzen im Bereich 1...10 kHz ausreichend. In älteren Literaturstellen wird die Verfahrensvariante auch als Mittelfrequenz-Induktionsschweißen bezeichnet.

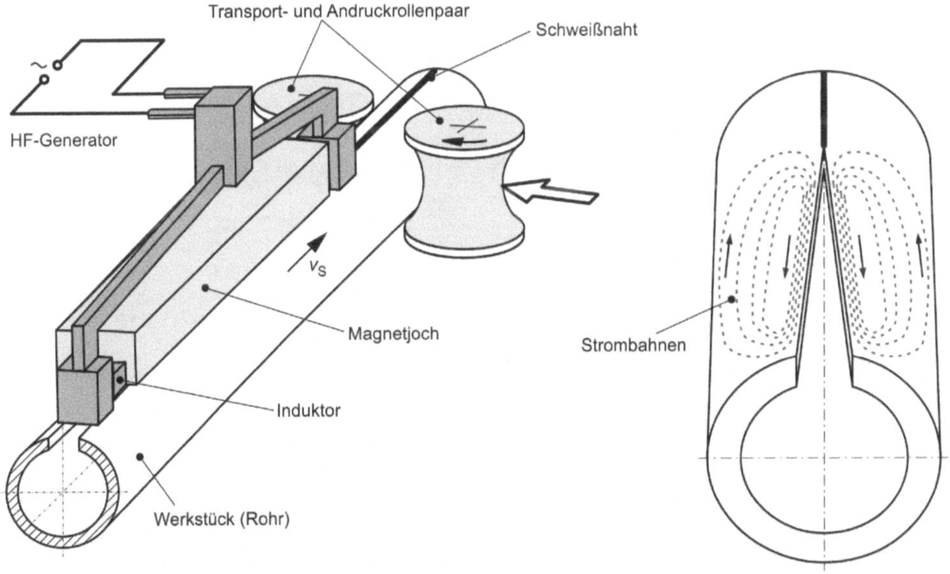


**Bild 5.97** Induktives Hochfrequenzschweißen mit Stabinduktor

Die Breite des Induktors richtet sich nach der zu verschweißenden Wanddicke und ist unabhängig vom Rohrdurchmesser. Die Länge des Induktors wird an die benötigte Schweißleistung angepasst. Übliche Abmessungen liegen im Bereich 10...20 mm Breite und bis zu 700 mm Länge. Mit steigender Wanddicke erhöht sich die eingesetzte Induktorbreite und verringert sich die Induktorlänge. Im Vergleich zum Ringinduktor fließt mehr Wärme in die Rohrwandung ab, ist die Aufheizzeit der Stoßkanten länger und die Schweißtemperatur geringer. In der Folge wird mit höheren Anpressdrücken gearbeitet und es bildet sich ein größerer Stauchgrat aus.

### 5.3.3.3 Schweißeignung

Verschweißt werden können prinzipiell alle elektrisch leitfähigen Werkstoffe. Haupteinsatzgebiet des Verfahrens ist das Schweißen von Stählen. Infolge der hohen Schweißgeschwindigkeit und der nur örtlichen Erwärmung wird das Stahlgefüge nur in einem relativ kleinen Bereich neben der Schweißnaht beeinflusst. In der Fertigungsanlage sind dem Schweißprozess noch Glühanlagen nachgeschaltet. Mit diesen lassen sich direkt nach dem Schweißen ein Spannungsarm- oder Normalglühen durchführen.

Die Effizienz der Widerstandserwärmung sinkt mit zunehmender elektrischer Leitfähigkeit der Bauteile. Beim Schweißen von Aluminium- und Kupferwerkstoffen sind daher nur geringere Schweißgeschwindigkeiten anwendbar als an Stahlwerkstoffen.

### 5.3.3.4 Fertigungshinweise

Die anwendbaren Schweißparameter sind von der Geometrie, den Abmessungen und dem Werkstoff des Fügeteils abhängig. Tabelle 5.15 und Tabelle 5.16 geben entsprechende Richtwerte an.

**Tabelle 5.15** Richtwerte zum induktiven Hochfrequenzschweißen mit Ringinduktor

| Werkstoff | Rohrdurchmesser [mm] | Wanddicke [mm] | Schweißleistung [kW] | Frequenz [kHz] | Schweißgeschwindigkeit [m/min] |
|---|---|---|---|---|---|
| niedriglegierter Stahl | 50...200 | 1,5...13 | 200...1000 | 200...400 | 20...150 |
| | 150...400 | 2...13 | 400...1200 | 150...300 | 15...90 |
| | 300...600 | 6...25 | 800...1200 | 100...200 | 10...50 |
| hochlegierter Stahl | 10...75 | 0,5...2,0 | 50...300 | 250...300 | 10...90 |
| Aluminium | 10...38 | 0,3...1,0 | 50...150 | 400...800 | 40...150 |
| | 25...75 | 1,0...2,0 | 50...300 | 400...800 | 40...90 |
| Kupfer | 10...75 | 0,3...2,0 | 50...300 | 400...600 | 40...150 |

Tabelle 5.16 Richtwerte zum induktiven Hochfrequenzschweißen mit Stabinduktor [BEN90]

| Werkstoff | Rohrdurchmesser [mm] | Wanddicke [mm] | Schweißleistung [kW] | Frequenz [kHz] | Schweißgeschwindigkeit [m/min] |
|---|---|---|---|---|---|
| niedriglegierter Stahl | 10...350 | 2 | 100...200 | 8...10 | 20...28 |
| | | 4 | 100...400 | 3...6 | 10...24 |
| | | 6 | 200...600 | 2...3 | 10...20 |
| | | 8 | 600...800 | 1...2 | 10...17 |

Höhere Wechselstromfrequenzen ermöglichen generell ein schnelleres Aufheizen und damit höhere Schweißgeschwindigkeiten. Größere Bauteildimensionen (Durchmesser, Wanddicke) und Werkstoffe mit guter elektrischer Leitfähigkeit und/oder Wärmeleitfähigkeit erfordern höhere Schweißleistungen für eine ausreichende Widerstandserwärmung. Bei größeren Wanddicken werden geringere Wechselstromfrequenzen eingesetzt, als an dünnwandigen Materialien. Hier muss der Skin-Effekt begrenzt werden, um ausreichende Querschnittsanteile aufzuheizen.

Die Anpressdrücke zur Verbindungsausbildung liegen im Bereich 20...40 MPa. Die anwendbare Schweißgeschwindigkeit wird zumeist nicht durch die elektrischen Parameter begrenzt, sondern von der mechanischen Peripherie der Fertigungsstraße.

## 5.3.4 Induktives Stumpfschweißen (Prozess 741)

Das Verfahren wird zum stirnseitigen, flächigen Verschweißen kurzer Rohre oder Profile eingesetzt. Die Erwärmung der Fügestelle erfolgt induktiv über einen umschließenden Induktor. Dabei gelten prinzipiell die gleichen Gesetzmäßigkeiten wie beim induktiven Hochfrequenzschweißen. Über hohe Induktionsfrequenzen werden hohe Aufheizraten erzielt, über die Induktorform und -anordnung eine Konzentration der Erwärmung an der Fügestelle. Die Verbindung wird nach dem Aufheizen der Stoßflächen durch ein axiales Anpressen der beiden Fügeteile hergestellt. Bild 5.98 zeigt den grundlegenden Anlagenaufbau.

Die Form des Induktors ist der Geometrie der zu verbindenden Werkstücke anzupassen (Bild 5.99). Die Breite des Induktors richtet sich nach der zu verschweißenden Wanddicke. Die Erwärmung erfolgt nur örtlich begrenzt im unmittelbaren Umfeld des Induktors. Gearbeitet wird im Frequenzbereich 1...10 kHz. Höhere Frequenzen verursachen einen zu starken Skin-Effekt (nur oberflächlicher Stromfluss) und verhindern die ausreichende Widerstandserwärmung des kompletten Schweißquerschnitts. Die erforderliche Schweißleistung steigt mit größer werdendem Verbindungsquerschnitt. Die Schweißzeiten liegen im Bereich 10...60 s.

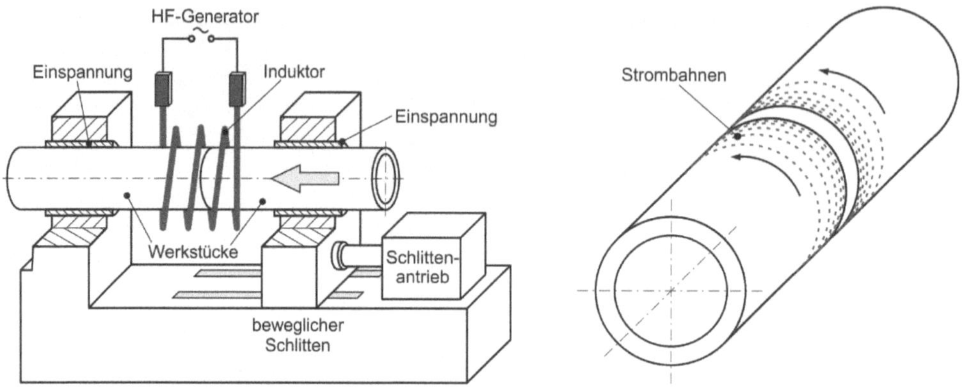


**Bild 5.98** Induktives Stumpfschweißen

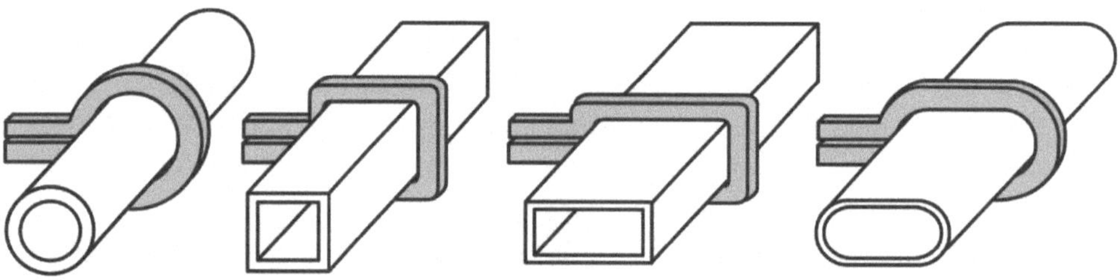

**Bild 5.99** Induktorform in Abhängigkeit von der Halbzeuggeometrie

# 5.4 Elektroschlackeschweißen (Prozess 72)

## 5.4.1 Grundlagen zum Elektroschlackeschweißen

Das Verfahren zählt zur Gruppe der Widerstandsschmelzschweißverfahren und wird auch als RES-Schweißen bezeichnet (R = Widerstandserwärmung, ES = elektrisch leitende Schlacke). Das Grundprinzip ähnelt dem UP-Schweißen. Auf die Fügestelle wird Schweißpulver aufgeschüttet. Durch die Pulverschüttung wird eine stromführende, abschmelzende Elektrode mit dem Werkstück in Kontakt gebracht und es zündet ein Lichtbogen unter der Pulverabdeckung. Dieser schmilzt das Schweißpulver an der Fügestelle komplett auf und es entsteht ein flüssiges Schlackebad mit guter elektrischer Leitfähigkeit. Der Lichtbogen verlischt und der Schweißstrom fließt von der Elektrode über die Schlacke zum Werkstück. Die dabei auftretende Widerstandserwärmung heizt das Schlackebad derart auf (bis ca. 2000 °C), dass die zugeführte Elektrode ab- und der Grundwerkstoff aufschmilzt. Zur Aufrechterhaltung des Prozesses sind die abschmelzende Elektrode und, in geringem Maße, Pulver zur Schlackebildung ständig nachzuführen. Die Schweißnaht entsteht durch eine Relativbewegung zwischen Schweißwerkzeug und Fügestelle.

Unterschieden wird in RES-Verbindungsschweißen und RES-Auftragschweißen. Beim Verbindungsschweißen werden senkrechte Fugen an dickwandigen Blechen mit abgeschmolzenem Zusatzwerkstoff gefüllt. Als Zusatzwerkstoff werden eine oder mehrere Drahtelektroden verwendet. Beim Auftragschweißen werden großflächige Verschleiß- oder Korrosionsschutzschichten auf ein Grundmaterial aufgebracht. Hier werden Bandelektroden als Zusatzwerkstoff eingesetzt.

#### Wichtige Merkblatter und Normen

- **DIN EN ISO 14171:** Schweißzusätze – Massivdrahtelektroden, Fülldrahtelektroden und Drahtpulver-Kombinationen zum Unterpulverschweißen von unlegierten Stahlen und Feinkornbaustahlen – Einteilung.
- **DIN EN ISO 14343:** Schweißzusätze – Drahtelektroden, Bandelektroden, Drähte und Stäbe zum Schmelzschweißen von nichtrostenden und hitzebeständigen Stählen – Einteilung.
- **DIN EN ISO 14174:** Schweißzusätze – Pulver zum Unterpulverschweißen und Elektroschlackeschweißen – Einteilung.

## 5.4.2 Elektroschlacke-Verbindungsschweißen

### 5.4.2.1 Verfahrensprinzip/-beschreibung

Das Verfahren wird zum Schweißen von Stumpfstößen in senkrechter Position im Dickblechbereich eingesetzt. Die Werkstückflanken sind als I-Stoß mit einem Spaltabstand von 20...35 mm vorbereitet. Die durch Widerstandserwärmung aufgeheizte Schlacke schmilzt den zugeführten Zusatzwerkstoff und die Werkstückkanten in der Schweißfuge auf. Das geschmolzene Metall ist schwerer als die flüssige Schlacke, sinkt nach unten ab und erstarrt als Schweißgut. Zur Füllung der Schweißfuge bzw. zur Erzeugung einer Schweißnaht wird der Schweißkopf kontinuierlich nach oben geführt. Die Schweißnaht baut sich somit von unten nach oben auf. Das Auslaufen des Metall- und Schlackebades wird durch wassergekühlte Kupfergleitschuhe verhindert, die mit dem Schweißbad nach oben geführt werden (Bild 5.100).

Als Zusatzwerkstoff werden eine oder mehrere Drahtelektroden zugeführt. Das mineralische Pulver, welches die Schlacke bildet, wird bei Bedarf nachgegeben. Übliche Schlackebadhöhen liegen im Bereich 40...60 mm. Die Werkstücke sind zwingend mit An- und Auslaufstücken zu versehen, um den Schweißspalt vollständig mit Schweißgut aufzufüllen.

Eingesetzt wird das Verfahren in der industriellen Praxis ausschließlich zum Schweißen von un- und niedriglegierten Stählen ab einer Blechdicke von ca. 30 mm. Mit Mehrdrahtanwendungen werden Blechdicken bis ca. 450 mm verschweißt, in Einzelfällen auch darüber. Anwendungsfälle finden sich im Schwermaschinenbau, im Brücken- und Stahlbau, im Schiffbau u. ä. Da die Verbindung einlagig geschweißt wird, tritt nahezu keine Winkelschrumpfung auf. Das große Schmelzbad führt zur Ausbildung einer Gussstruktur im Schweißgut, wodurch dessen Zähigkeitswerten eingeschränkt sind.

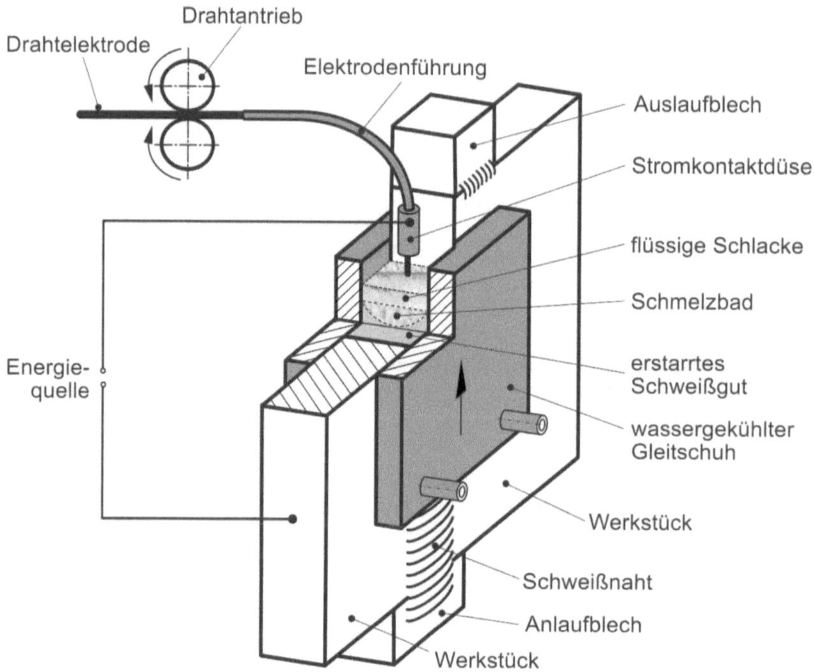


**Bild 5.100** Verfahrensprinzip Elektroschlacke-Verbindungsschweißen

### 5.4.2.2 Schweißanlagenaufbau

Das Verfahren wird ausschließlich mechanisiert eingesetzt. Die Schweißanlage besteht aus Drahtelektrodenzufuhrsystem, Schweißstromquelle, Kupfergleitschuhen und einer Schweißvorschubeinheit, die an einem Schweißgerüst befestigt sind. Das Schweißpulver wird zumeist manuell und je nach Bedarf zugegeben.

#### Anlagenausführungen

Unterschieden wird in stationäre und in mobile Schweißanlagen.

Stationäre Geräte sind zumeist als Ständermaschinen ausgeführt und auf das zu schweißende Bauteil angepasst. Der gesamte Schweißkopf, einschließlich der daran befestigten Gleitschuhe, wird synchron mit dem aufsteigenden Schweißbad an einer Säule nach oben geführt. Die schweißbare Nahtlänge ist durch die Höhe des Ständerwerkes begrenzt. Ständermaschinen werden im Werkstattbetrieb eingesetzt.

Mobile Geräte, auch als Klettergerät bezeichnet, werden im Baustellenbetrieb für das Schweißen von Wanddicken bis ca. 100 mm verwendet. Hier werden Schweißkopf und Gleitschuhe auf einem am Bauteil angebrachten Schienensystem geführt und über einen Kettenantrieb bewegt. Die Führungsschienen sind versetzbar, sodass große Nahtlängen schweißbar sind. Um ein Nachsetzen auf der Baustelle zu ermöglichen, müssen die Geräte verhältnismäßig leicht ausgeführt sein.

#### Drahtelektrodenzufuhr

Die Drahtelektrode wird von einer Spule oder Haspel über ein Drahtvorschubgerät in einen Schweißrüssel gefördert. An dessen Ende befindet sich eine Stromkontaktdüse aus Kupferwerkstoff, in dem der Schweißstrom auf die Drahtelektrode übertragen wird. Der Drahtvorschub erfolgt über motorisch angetriebene Stirnrollen, die zumeist als 2- oder 4-Rollenantrieb ausgelegt sind. Wird mit mehreren Drahtelektroden gearbeitet, ist für jede Drahtelektrode ein separates Drahtvorschubgerät erforderlich. In einer Kontaktdüse können bis zu zwei Drähte kontaktiert werden (Doppeldrahtschweißen). Für mehr Drahtelektroden werden zumeist separate Kontaktdüsen verwendet. Zur Erhöhung der verschweißbaren Blechdicke kann die Drahtzufuhr mit einer Pendeleinheit ausgestattet werden. Die Drahtabschmelzung wird damit über eine größere Querschnittsfläche verteilt.

#### Schweißstromquelle

Es werden Stromquellen verwendet, die auch beim Unterpulverschweißen zur Anwendung kommen. Sie sind auf hohe Schweißleistung bei hohen Einschaltdauern ausgelegt. Typische Stromwerte liegen im Bereich 500...600 A pro Drahtelektrode. Es wird sowohl mit Wechselstrom als auch mit Gleichstrom (Elektrode am Pluspol) gearbeitet. Für Wechselstromanwendungen werden Schweißtransformatoren eingesetzt, für Gleichstromanwendungen thyristorgesteuerte Gleichrichter mit flach fallender Kennlinie.

Wird in Doppeldrahtanordnung geschweißt, also zwei Drähte in einem Kontaktrohr, summieren sich die Schweißströme der einzelnen Elektroden auf. Wird jede Drahtelektrode über ein eigenes Kontaktrohr zugeführt, ist für jede Drahtelektrode eine separate Stromquelle erforderlich.

### 5.4.2.3 Schweißpulver

Pulver zum Elektroschlackeschweißen sind in DIN EN ISO 14174 genormt (Bild 5.101).

Bezeichnet werden die Pulver mit der Buchstabenkombination ES. Im Vergleich zum Unterpulver-Schweißprozess werden nur Pulver mit höheren Fluoridgehalten eingesetzt. Die Fluoride erhöhen die elektrische Leitfähigkeit der Schlacke im hocherhitzen Zustand und ermöglichen so die lichtbogenlose Stromleitung über das Schlackebad. Zum Verbindungsschweißen werden Pulver der Pulverklasse 1 verwendet.

**Schweißpulver ISO 14174-ES A FB 1 67 AC H10**

Norm

Verfahren RES-Schweißen

Herstellungsart

- F (fused) erschmolzenes Pulver
- A (agglomerated) agglomeriertes Pulver
- M (mixed) Mischpulver

Kennzeichen für Pulvertyp

| Pulvertyp | Kennzeichen |
|---|---|
| Mangan-Silikat | MS |
| Calcium-Silikat | CS |
| Calcium-Magnesium/ -mit Fe | CG / CG-I |
| Calcium-Magnesium basisch/ -mit Fe | CB / CB-I |
| Magnesium-Silikat | GS |
| Zirkon-Silikat | ZS |
| Rutil-Silikat | RS |
| Aluminat-Rutil | AR |
| Basisch-Aluminat | BA |
| Aluminat-Silikat sauer | AAS |
| Aluminat-basisch | AB |
| Aluminat-Silikat | AS |
| Aluminat-Fluorid-basisch | AF |
| Fluorid-basisch | FB |
| Andere Typen | Z |

Kennzeichen für Wasserstoffgehalt des Schweißgutes

| Kenn-zeichen | max. Wasserstoffgehalt in ml / 100 g Schweißgut |
|---|---|
| H 2 | 2 |
| H 4 | 4 |
| H 5 | 5 |
| H10 | 10 |

Stromart

- DC ... Gleichstrom
- AC ... Wechselstrom

Kennzeichen für das metallurgische Verhalten von Schweißpulvern der Pulverklasse 1

| Metallurgisches Verhalten | Kenn-ziffer | Anteil durch Pulver im reinen Schweißgut % (Masseanteil) |
|---|---|---|
| Abbrand | 1 | > 0,7 |
| | 2 | 0,5 bis 0,7 |
| | 3 | 0,3 bis 0,5 |
| | 4 | 0,1 bis 0,3 |
| Neutral | 5 | 0,0 bis 0,1 |
| Zubrand | 6 | 0,1 bis 0,3 |
| | 7 | 0,3 bis 0,5 |
| | 8 | 0,5 bis 0,7 |
| | 9 | > 0,7 |

Kennzahl für die Anwendung, Pulverklasse

| Pulverklasse 1 | Pulverklasse 2 | Pulverklasse 3 | Pulverklasse 4 |
|---|---|---|---|
| Schweißpulver für das UP-Schweißen von unlegierten und Feinkornstählen, hochfesten Stählen, warmfesten Stählen und witterungsbeständigen Stählen. Die Pulver enthalten außer Mn und Si keine Legierungselemente. | Schweißpulver zum Verbindungsschweißen von nichtrostenden und hitzebeständigen Stählen und/oder Nickel und Nickellegierungen und zum korrosionsfesten Auftragschweißen. Die Pulver können Legierungselemente enthalten. | Schweißpulver, bevorzugt zum Auftragschweißen, die durch Zubrand von Legierungselementen wie C, Cr oder Mo aus dem Pulver ein verschleißfestes Schweißgut ergeben. | Andere Schweißpulver, für die die Klassen 1 bis 3 nicht gelten, z. B. Pulver für Kupferlegierungen. |

**Bild 5.101** Übersicht über die Bezeichnung von Schweißpulvern zum RES-Schweißen nach DIN EN ISO 14174

### 5.4.2.4 Zusatzwerkstoff

Beim RES-Verbindungsschweißen werden Drahtelektroden für das Unterpulverschweißen als Zusatzwerkstoff verwendet. Deren chemische Zusammensetzung ist der jeweiligen Schweißaufgabe angepasst und orientiert sich in der Regel am Material des Grundwerkstoffs in Kombination mit dem verwendeten Schweißpulver. Bevorzugt werden Massivdrahtelektroden verwendet. Für un- und niedriglegierte Stähle ist deren Zusammensetzung in DIN EN ISO 14171 genormt. Zur Steigerung der Abschmelzleistung werden dem Schmelzbad zumeist mehrere Elektroden gleichzeitig zugeführt. Übliche Elektrodendurchmesser sind 2,5...4,0 mm. Zur gezielten metallurgischen Beeinflussung des Schmelzbades können auch Fülldrahtelektroden eingesetzt werden.

### 5.4.2.5 Schweißeignung

Das Elektroschlacke-Verbindungsschweißen wird ausschließlich zum Schweißen von Werkstücken aus un- und niedriglegierten Stahlwerkstoffen eingesetzt. Die erzeugten großvolumigen Schmelzbäder erstarren sehr langsam, wodurch sich ein grobkörniges Gefüge mit geringen Zähigkeitswerten ausbildet. Eine Wärmenachbehandlung der Schweißnähte zur Verbesserung der mechanischen Gütewerte des Schweißgutes ist aufgrund der Bauteilgröße zumeist nur begrenzt möglich. Alternativ werden Fülldrahtelektroden eingesetzt, die durch eine gezielte Legierungseinstellung den Erstarrungsprozess beeinflussen.

Die hohen Streckenergien des Schweißprozesses in Verbindung mit der langsamen Abkühlung lassen eine Anwendung an modernen Stahlwerkstoffen (z. B. Feinkornbaustähle) nicht zu.

### 5.4.2.6 Fertigungshinweise

#### Werkstückvorbereitung

Geschweißt wird ausschließlich mit einer I-Naht-Vorbereitung im Stumpfstoß. Für die Oberfläche der Schweißkanten genügt die Qualität eines Brennschnittes. Die Stoßflächen der Fügeteile sind möglichst exakt parallel auszurichten und mit einem Schweißspalt von 20...35 mm zu fixieren.

Es werden gerade Nähte in steigender Position geschweißt, wobei die Abweichung aus der Senkrechten bis zu 45° betragen kann. Die Naht ist ohne Unterbrechungen zu schweißen, d. h. der Nahtquerschnitt wird im Allgemeinen in einem Durchgang gefüllt.

#### Nahtanfang und -ende

Zu Beginn der Schweißung und an deren Ende treten unvermeidliche Fehler auf. Am Nahtanfang wird zunächst ein Lichtbogen gezündet, der das Schweißpulver zur leitfähigen Schlacke einschmilzt. Erst nach einer Einlaufzeit verlischt der Lichtbogen und die Widerstandserwärmung der Schlacke setzt ein. Während dieses Zeitraumes werden die Nahtflanken nicht aufgeschmolzen und es verbleiben nicht aufgeschmolzenen Pulverreste im Schweißgut. Am Nahtende ist kein Schweißgut vorhanden, da die Schweißung mit der aufliegenden Schlackeschicht abschließt. Um diese Fehler aus dem Werkstück fernzuhalten, wird mit An- und Auslaufblechen gearbeitet (Bild 5.102). Diese werden vor dem Schweißen an die Fügeteile angebracht und nach dem Schweißen wieder entfernt. Die Länge der An- und Auslaufbleche ist an die Schmelzbadgröße anzupassen und steigt mit zunehmender Blechdicke der Fügeteile. Das Auslaufstück muss in jedem Fall länger sein als die Höhe des Schlackebades.

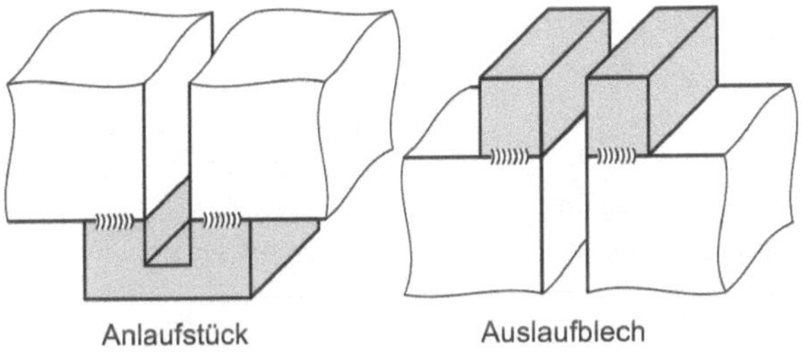


**Bild 5.102**
An- und Auslaufbleche

### Abschmelzleistung

Pro zugeführter Drahtelektrode lassen sich 18...24 kg/h Zusatzwerkstoff abschmelzen. Mit einer feststehenden Elektrode lassen sich damit Blechdicken bis ca. 50 mm verschweißen. Zur Erhöhung der Schweißgeschwindigkeit kann mit einer Doppeldrahtanordnung geschweißt werden. Wird die Elektrode im Schweißspalt gependelt, erhöht sich die verschweißbare Blechdicke auf 150 mm. Für noch breitere Bleche müssen mehrere Elektroden gleichzeitig zugeführt werden (Bild 5.103). Die schweißbaren Blechdicken summieren sich dann auf. Mehr als drei Drahtelektroden werden jedoch normalerweise nicht eingesetzt. Mit drei gependelten Elektroden lassen sich Blechdicken bis ca. 450 mm verschweißen.

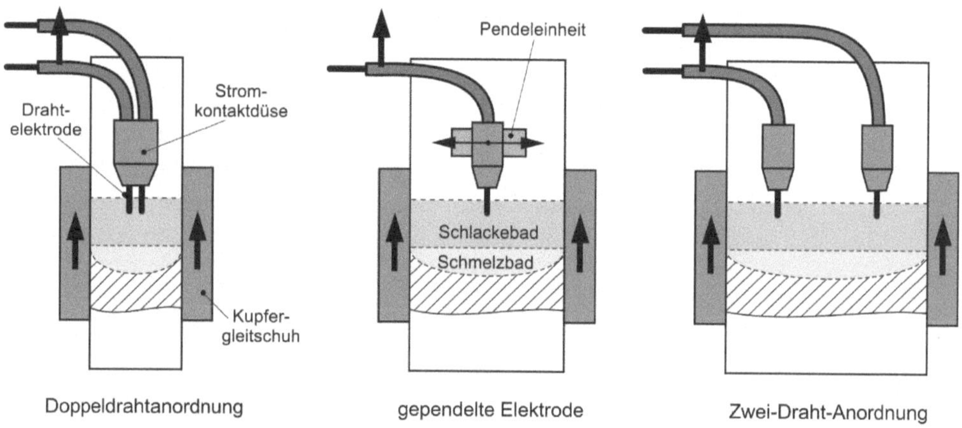


**Bild 5.103** Elektrodenzuführung beim Elektroschlacke-Verbindungsschweißen

### Schweißparameter

Eingestellt werden die Drahtvorschubgeschwindigkeit, die Schweißspannung sowie die Schweißgeschwindigkeit. Die notwendige Drahtvorschubgeschwindigkeit für eine Abschmelzleistung von 20 kg/h liegt bei 6,0 m/min (Drahtdurchmesser 3,0 mm) bzw. 3,4 m/min (Drahtdurchmesser 4,0 mm). Üblich sind Stromwerte von bis zu 600 A pro Drahtelektrode bei Schweißspannungen von ca. 44 V. Bei gependelten Elektroden sind zusätzlich die Pendelbreite und die Pendelfrequenz an der Pendeleinheit einzustellen. Die erzielbare Schweißgeschwindigkeit $v_s$ ist abhängig vom Schweißnahtquerschnitt $A_S$ und direkt proportional zur Abschmelzleistung *MR*.

$$v_S = \frac{MR \cdot 1000}{\rho \cdot A_S} \, [\mathrm{m/h}] \qquad (5.12)$$

*MR* in kg/h, $\rho$ in g/cm$^3$, $A_S$ in mm$^2$

Tabelle 5.17 gibt Richtwerte zum Elektroschlacke-Verbindungsschweißen an.

Der Pulververbrauch ist deutlich geringer als beim UP-Schweißen. Zu Schweißbeginn wird der Fugengrund mit einer Pulverschicht bedeckt. Diese wird zu einer flüssigen Schlacke eingeschmolzen und steigt während des Schweißprozesses mit der entstehenden Schweißnaht auf. Das Schlackebad sollte eine Dicke von ca. 40...60 mm aufweisen. Pulvernachführungen sind nur in geringem Umfang erforderlich, um Verluste durch Abdampfvorgänge an der heißen Oberfläche auszugleichen.

**Tabelle 5.17** Arbeitsgrößen zum Elektroschlackeschweißen von Stumpfnähten

| Blechdicke [mm] | Spaltbreite [mm] | Draht-Ø [mm] | Drahtvorschub [m/min] | Anzahl der Elektroden | Stromstärke [A] | Spannung [V] | Schweißvorschub [m/min] | Abschmelzleistung [kg/h] |
|---|---|---|---|---|---|---|---|---|
| 30 | 24 | 2,5 | 3,0 | 1 | 500 | 34 | 1,05 | 7,0 |
| 50 | 28 | 2,5 | 3,7 | 1 | 550 | 40 | 0,72 | 8,6 |
| 80 | 29 | 3 | 4,5 | 2 | 600 | 43 | 1,59 | 30,2 |
| 100 | 29 | 3 | 4,6 | 2 | 600 | 44 | 1,25 | 30,4 |
| 150 | 29 | 3 | 4,6 | 3 | 620 | 46 | 1,29 | 46,4 |
| 200 | 30 | 3 | 4,7 | 3*) | 620 | 47 | 0,96 | 46,8 |
| 300 | 30 | 3 | 4,5 | 3*) | 640 | 49 | 0,63 | 45,4 |
| 400 | 32 | 3 | 6,3 | 3*) | 660 | 50 | 0,62 | 63,2 |

*) Elektroden gependelt

### Schweißnahtqualität

Hohe Energieeinträge und langsame Wärmeableitung rufen eine stark ausgeprägte Wärmeeinflusszone hervor, die durch Grobkornbildung gekennzeichnet ist. Dies wirkt sich mindernd auf die erzielbaren Kerbschlagwerte aus. Andererseits kann durch die langsame Erstarrung das Schmelzbad gut ausgasen und Umwandlungsvorgänge können nahezu vollständig ablaufen. In der Folge sind die Schweißnähte porenfrei und nur wenig rissanfällig.

Wesentliche Gütemerkmale einer Elektroschlackeschweißung sind die Größe der Flankenaufschmelzung und die Schmelzbadtiefe. Beide beeinflussen die Schmelzbadgröße und damit die Kristallisationsbedingungen. Mit anwachsender Schweißleistung vergrößern sich die Einbandeffekte an den Nahtflanken und am Schmelzbadgrund. Die Nahtoberfläche wird rauer, die Prozessstabilität verringert sich und die Kristallisationsbedingungen verschlechtern sich. Eine Erhöhung des Schlackebades, die Verlängerung des freien Drahtendes zwischen Stromkontaktdüse und Schlackebad sowie ein Pendeln der Drahtelektrode wirken verringernd auf die Einbrandausbildung. Wärmeeintrag und Kristallisationsbedingungen im Schweißgut können auch über das Schweißpulver oder die Verwendung von Fülldrahtelektroden beeinflusst werden.

### 5.4.2.7 Verfahrensvarianten

#### Elektroschlackeschweißen mit abschmelzender Drahtzuführung (Kanalschweißen)

In dieser Verfahrensvariante wird der Schweißkopf nicht mit dem Schmelzbad nach oben geführt, sondern ist fix am oberen Ende der Schweißfuge positioniert. Die Kupferschienen zur Einformung des Schmelzbades sind ebenfalls fest montiert und über die gesamte Schweißnahtlänge angebracht. Eine Schweißvorschubeinheit ist nicht erforderlich. Die Drahtzuführung erfolgt im Hohlraum zwischen den Kupferschienen und den Stoßflächen der Werkstücke bis auf den Fugengrund. Der Schweißrüssel wird durch ein langes Stahlrohr ersetzt, welches von der Nahtoberseite bis zum Fugengrund reicht (Bild 5.104). Dieses Rohr ist mit Schweißpulver ummantelt, wodurch eine elektrische Isolation gegenüber den Fügeteilen gewährleistet wird. Das Stahlrohr sorgt für die exakte Führung der Drahtelektrode und wird während des Schweißvorganges kontinuierlich durch das aufsteigende Schmelzbad abgeschmolzen. Eine Pulverzugabe während des Schweißprozesses ist nicht erforderlich, da das Umhüllungspulver des Stahlrohres zur Schlackebildung genutzt wird.

Die abschmelzende Elektrodenzuführung lässt sich zum Schweißen von kurzen Nähten bis ca. 2 m Nahtlänge einsetzen. Die einfache Anlagentechnik lässt einen sehr flexiblen Einsatz zu. Im Vergleich zum klassischen RES-Schweißen kann mit geringeren Stoßflächenabständen gearbeitet werden.

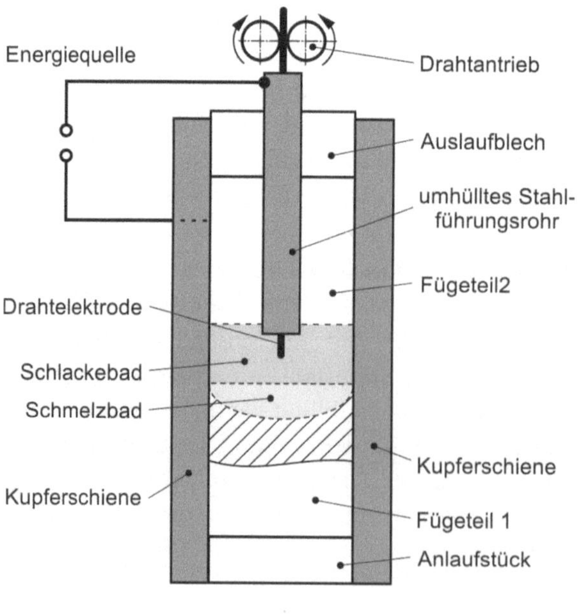


**Bild 5.104** Verfahrensprinzip Elektroschlacke-Verbindungsschweißen mit abschmelzender Drahtzuführung

### Elektroschlacke-Mehrlagenschweißen

Im Blechdickenbereich 50...100 mm kann auch mehrlagig geschweißt werden. Hier wird die Schweißnaht als Doppel-V-Fuge vorbereitet und in Lage-Gegenlage-Technik verschweißt (Bild 5.105).

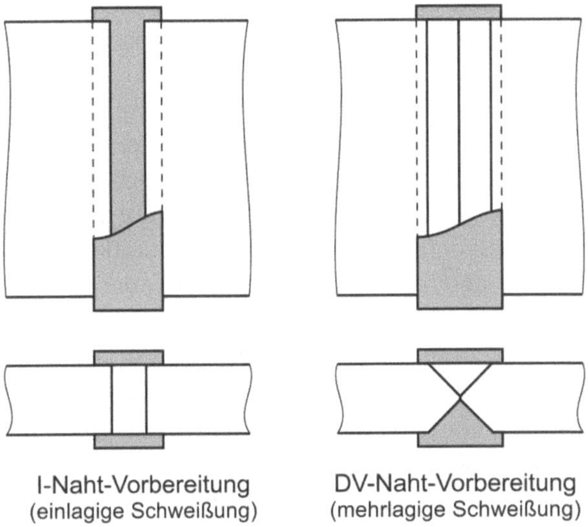


**Bild 5.105** Fugenvorbereitung beim Mehrlagenschweißen

Die Mehrlagentechnik führt zu einer Verringerung des aufzufüllenden Schweißnahtquerschnitts und ermöglicht deutlich höhere Schweißgeschwindigkeiten. Die Lagen werden nacheinander geschweißt. Die Einformung der Schweißnaht erfolgt an der Außenseite durch einen Kupfergleitschuh und an der Innenseite über einen an die Fugengeometrie angepassten Formschuh.

Bekannt sind auch dreilagige Anwendungen an dicken Blechen. Hier kommt eine unsymmetrische Doppel-V-Fuge zum Einsatz. Die erste Lage wird in der größeren Halbfuge geschweißt. Das Schweißbad wird dabei mit zwei Formschuhen eingeformt. Die 2. und 3. Lage werden danach wechselseitig als Lage-Gegenlage geschweißt.

### Elektroschlackeschweißen mit Metallpulverzugabe

In diese Verfahrensvariante wird zusätzlich zur Drahtelektrode Metallpulver in das Schmelzbad eingebracht. Die Zuführung erfolgt über am Schweißrüssel angebrachte Zusatzröhrchen. Ziel ist eine Erhöhung der Abschmelzleistung bzw. der Schweißgeschwindigkeit. Der Prozess wird zumeist in Doppeldrahtanordnung ausgeführt. Der Metallpulveranteil im Schweißgut beträgt 80...140 % der abgeschmolzenen Drahtmasse. Diese RES-Variante wird auch als Elektroschlacke-Schnellschweißen bezeichnet.

## 5.4.3 Elektroschlacke-Auftragschweißen

### 5.4.3.1 Verfahrensprinzip/-beschreibung

Das Verfahren wird zum Panzern und Plattieren von Werkstücken in waagerechter Schweißposition eingesetzt. Als Zusatzwerkstoff kommen Bandelektroden zum Einsatz. Auf dem Werkstück wird eine Pulverschicht aufgeschüttet. Die Bandelektrode wird durch diese Pulverschicht geführt und mit dem Werkstück in elektrischen Kurzschluss gebracht. Der dabei zündende Lichtbogen schmilzt das Pulver zu einer leitfähigen Schlacke um, der Lichtbogen verlischt und die Widerstandserwärmung des Schlackebades setzt ein. Aufgrund des fehlenden Lichtbogens wird primär der Zusatzwerkstoff abgeschmolzen. Die Aufschmelzung des Grundwerkstoffes und somit die Aufmischung sind deutlich geringer als beim Unterpulverschweißen mit Bandelektroden. Durch eine Bewegung des Schweißkopfes über die Werkstückoberfläche entsteht die Auftragraupe. Die Breite der Auftragschicht entspricht der Breite der verwendeten Bandelektrode, die üblicherweise quer zur Schweißrichtung angestellt wird.

Im Verlauf des Schweißprozesses wird das Pulver in Schweißrichtung nur vor der Bandelektrode zugegeben. Hinter der Elektrode entsteht ein offenes Schlackebad ohne Pulverabdeckung, unter dem sich die metallische Schweißraupe ausbildet (Bild 5.106). Eine Einformung der Naht wie beim RES-Verbindungsschweißen ist nicht erforderlich. Nach der Erstarrung verbleibt eine Schlackeschicht auf der Schweißnaht, die entfernt werden muss.

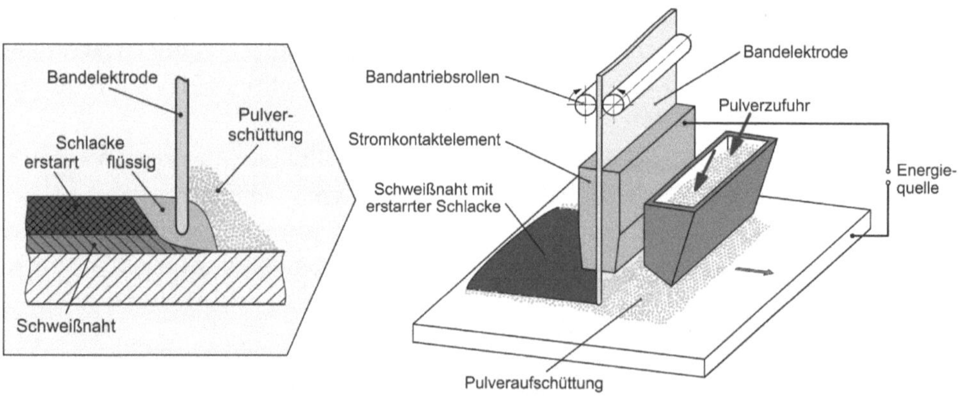


**Bild 5.106** Verfahrensprinzip Elektroschlacke-Auftragschweißen

Das RES-Auftragschweißen ermöglicht es, einlagige Schichten mit Dicken von 3,0...5,5 mm und mehrlagige Schichten unbegrenzter Dicke aufzubringen. Eingesetzt wird das Verfahren zum großflächigen Plattieren im Behälter- und Apparatebau und zum Aufpanzern von Hartstoffschichten mit großem Volumen, wie z. B. an Baumaschinen oder an Tagebaugeräten.

### 5.4.3.2 Schweißanlagenaufbau

Das Verfahren wird ausschließlich mechanisiert eingesetzt. Die Schweißanlage besteht aus Bandzufuhrsystem, Schweißstromquelle, Pulverzufuhr und einer Schweißvorschubeinheit. Der Grundaufbau der Anlage ist als Längsfahrwerk oder Schweißportal ausgeführt. Die Anlagetechnik ist nahezu identisch mit Unterpulver-Bandschweißanlagen.

#### Bandzufuhrsystem

Die Bandelektroden werden in Ringen geliefert, von denen sie über ein Bandvorschubgerät zum Schweißkopf gefördert werden. Der Bandvorschub erfolgt über motorisch angetriebene Stirnrollen, deren Laufflächenbreite mindestens der Bandbreite entspricht. Die elektrische Kontaktierung des Bandes erfolgt im Schweißkopf über eine flächige Stromkontakteinheit (Bild 5.107). Diese ist mindestens auf einer Seite in Segmente unterteilt, die einzeln angedrückt werden. Damit soll ein gleichmäßiger Stromübergang über die gesamte Bandbreite gewährleistet werden.

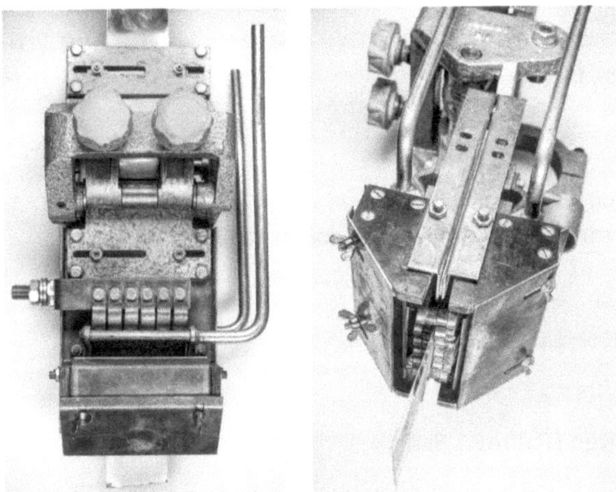

**Bild 5.107**
Bandschweißkopf

#### Schweißstromquelle

Es werden Stromquellen verwendet, die auch beim Unterpulverschweißen zur Anwendung kommen. Sie sind auf hohe Schweißleistung bei hohen Einschaltdauern ausgelegt. Typische Stromwerte liegen im Bereich von 1000 A und mehr. Es wird ausschließlich mit Gleichstrom (Elektrode am Pluspol) gearbeitet. Zum Einsatz kommen thyristorgesteuerte Gleichrichter mit Konstantspannungs-Charakteristik.

#### Pulverzufuhr

Das Pulver wird üblicherweise durch Schütten aus einem Vorratsbehälter zugeführt, im Gegensatz zur UP-Schweißen aber nur in Schweißrichtung gesehen vor der Elektrode. An den Rändern der Schweißraupe nicht aufgeschmolzenes Pulver kann unmittelbar nach dem Erstarren der Schlacke über eine Vorrichtung wieder abgesaugt werden.

#### 5.4.3.3 Schweißpulver

Pulver zum Elektroschlackeschweißen sind in DIN EN ISO 14174 genormt (siehe Bild 5.56). Bezeichnet werden die Pulver mit der Buchstabenkombination ES. Um die angestrebte gute elektrische Leitfähigkeit der Schlacke bei hohen Temperaturen zu gewährleisten, sind hohe Fluoridgehalte (> 50 %) erforderlich. Zum Einsatz kommen daher nahezu ausschließlich Pulver des Fluorid-Basischen Typs. Für das Plattieren mit korrosionsbeständigen Werkstoffen werden Pulver der Pulverklasse 2B verwendet. Das „B" in der Normbezeichnung steht für speziell zum Bandplattieren entwickelte Pulver. Zum Auftragschweißen von Hartstoffen sind zusätzlich spezielle Pulver verfügbar.

#### 5.4.3.4 Zusatzwerkstoff

Zum RES-Auftragschweißen werden Bandelektroden in den Abmessungen 60 × 0,5 bis 120 × 0,5 mm verwendet. Zum Plattieren kommen Elektroden aus nichtrostenden Stählen nach DIN EN ISO 14343 und aus Nickelbasiswerkstoffen nach DIN EN 18274 zum Einsatz. Für Hartauftragungen werden Elektroden nach DIN EN 14700, vorzugsweise auf Chromcarbid-Basis, verwendet. Das normative Kurzzeichen für die Produktform Bandelektrode ist jeweils „B".

#### 5.4.3.5 Fertigungshinweise

Im Vergleich zur Unterpulver-Technik zeichnet sich das Elektroschlacke-Auftragschweißen bei vergleichbarer Wärmeeinbringung durch folgende Merkmale aus:

- höhere Schweißstromstärken,
- höhere Abschmelzleistung (Faktor 1,6...1,8),
- geringerer Aufmischungsgrad (bis zu Faktor 0,5),
- höhere Schweißgeschwindigkeiten (Faktor 1,5...2,0).

**Schichtaufbau**

Die Schichtbreite entspricht der Breite der verwendeten Bandelektrode. Das Band wird in neutraler Anstellung (senkrecht zur Werkstückoberfläche) und quer in Schweißrichtung angeordnet. Die erzeugbare Schichtdicke beim einlagigen Schweißen beträgt 3,0...5,5 mm. Eine Verdrehung der Elektrode um die Längsachse führt zu schmalerer und höherer Raupenausbildung, ist aber nur begrenzt anwendbar. Die Aufmischung mit dem Grundwerkstoff beträgt 10...15 % (Bild 5.108). Um beim Plattieren schon in der ersten Lage die geforderte Schweißgutzusammensetzung zu erhalten, wird zumeist mit überlegierten Schweißzusätzen gearbeitet.

Die Überlappung nebeneinander liegender Schweißraupen sollte 5...9 mm betragen. Bei größeren Überlappungsbreiten besteht die Gefahr von Schlackeeinschlüssen im

Übergangsbereich (Zwickelfehler). Mit mehrlagig aufgetragenen Schweißungen sind unbegrenzte Schichtdicken realisierbar. Nach jeder Lage ist dabei die Schlackeschicht sorgfältig zu entfernen, um Schweißfehler zu vermeiden.

**Bild 5.108** Makroschliff einer Elektroschlacke-Auftragschweißung

## Schweißparameter

Eingestellt werden Bandvorschubgeschwindigkeit/Stromstärke, Schweißspannung und Schweißgeschwindigkeit. Die Stromstärke ist direkt proportional zur Abschmelzleistung. Die auf den Elektrodenquerschnitt bezogenen anwendbaren Stromdichten liegen im Bereich 33...42 A/mm$^2$. Die Schweißspannung liegt unter 30 V und ist mit zunehmender Schweißstromstärke abzusenken. Bei zu hohen Schweißspannungen können sich Lichtbögen ausbilden, weil die Bandelektrode nicht tief genug ins Schlackebad eintaucht. Die erzielbare Schweißgeschwindigkeit $v_S$ ist abhängig vom Verhältnis Bandquerschnitt $A_B$ zu gewünschtem Schweißraupenquerschnitt $A_S$ und direkt proportional zur Zufuhrrate der Bandelektrode $v_B$.

$$v_S = v_B \cdot \frac{A_B}{A_S} [\mathrm{m/min}] \tag{5.13}$$

Anwendbare Schweißgeschwindigkeiten liegen im Bereich 15...20 cm/min. Mit zunehmender Geschwindigkeit verringert sich bei konstanter Abschmelzleistung die Schichtdicke der Auftragung. Dieser Effekt ist jedoch nicht zum Schnellschweißen dünner Schichten nutzbar, da bei zu hoher Schweißgeschwindigkeit die Bandelektrode zunehmend aus dem Schlackebad austritt. Die Folgen sind ein verstärktes Auftreten von Lichtbögen und ein unruhiger Schweißprozess.

Tabelle 5.18 gibt Richtwerte zum Elektroschlacke-Auftragschweißen an.

Die Schütthöhe des Pulvers vor der Bandelektrode bestimmt die Dicke der entstehenden Schlackeschicht. Üblich ist eine Pulverschütthöhe von 35 mm. Zu hohe Pulverschichten werden nicht komplett aufgeschmolzen, zu geringe Schichten ergeben eine unzureichende Schlackebadtiefe. In beiden Fällen kann es zu Lichtbogenausbildungen und damit zu Prozessstörungen kommen.

**Tabelle 5.18** Arbeitsgrößen zum Elektroschlacke-Auftragschweißen mit Bandelektroden

| Bandabmessungen [mm] | Bandvorschub [m/min] | Stromstärke [A] | Spannung [V] | Schweißvorschub [cm/min] | Abschmelzleistung [kg/h] |
|---|---|---|---|---|---|
| 60 × 0,5 | 1,1...1,2 | 1000 | 27...29 | 15...20 | 15...17 |
| | 1,5...1,7 | 1250 | 26...28 | 15...20 | 21...24 |
| 90 × 0,5 | 1,0...1,2 | 1600 | 24,5...26,5 | 15...20 | 22...26 |
| | 1,5...1,7 | 1875 | 23,5...25,5 | 18...20 | 31...35 |
| 120 × 0,5 | 1,0...1,1 | 2000 | 23...25 | 15...20 | 27...31 |
| | 1,4...1,5 | 2500 | 21...23 | 15...20 | 39...42 |

# 6 Schweißen mit Strahlen

## 6.1 Grundlagen der Strahltechnik

Für das Schweißen, aber auch für das Löten und thermische Trennen, werden energiereiche Strahlen genutzt, mit deren Hilfe der für das Fügen bzw. Trennen erforderliche Wärmeeintrag erreicht wird. Diese Strahlen werden entweder über optische oder magnetische Linsen bzw. Spiegel gebündelt und auf die Füge- oder Trennstelle fokussiert.

Die Strahlerzeuger sind meist stationär angeordnet und erfordern Werkstückträger, die eine Relativbewegung zwischen Werkzeug (Strahler) und Werkstück mit Schweiß- bzw. Schneidgeschwindigkeit ermöglichen. Die Höhe dieser Geschwindigkeit bestimmt in Verbindung mit der Leistungsflussdichte der Strahlen die Höhe des Wärmeeintrages (Wärmefeld) und damit auch weitgehend den Aufschmelzquerschnitt des Grundwerkstoffes. Durch gezielte Ablenkung der Strahlen können spezifische Formen der Erwärmung erreicht werden, die für das thermische Fügen, das Oberflächenhärten, Trennen und das Umschmelzen von metallischen Werkstoffen geeignet sind. Tabelle 6.1 zeigt erreichbare Leistungsflussdichten für verschiedene Strahlungsquellen.

Elektronenstrahlen wirken ähnlich den Laserstrahlen, obwohl die Ruhemasse des Elektrons wesentlich über der eines Photons (Laserlicht) liegt. Strahlen mit den angeführten Leistungsdichten stellen für den Menschen Gefährdungen dar. Sie erfordern sowohl für die Strahlführung als auch für die Arbeitssicherheit erhöhte Sorgfalt und Schutz im Umgang mit den Strahlen. Für das Schweißen und verwandte Verfahren gelangt sowohl kohärentes Licht, vergleiche Abschnitt 6.4, Laserstrahlschweißen, als auch inkohärentes Licht zur Anwendung.

**Tabelle 6.1** Maximal erreichbare Leistungsflussdichte verschiedener Strahlquellen

| Strahlungsquelle | Leistungsflussdichte [W/cm²] |
|---|---|
| Brennglas (Sonnenlicht) | $10^2$ |
| Lichtstrahl (Halogenquarzlampe) | $6 \cdot 10^2$ |
| Schweißflamme | $10^4$ |
| Lichtbogen (WIG) | $1 \cdot 10^5$ |
| Plasmastrahl | $\approx 5 \cdot 10^5$ |
| Elektronenstrahl (Dauerstrahl) | $\leq 10^7$ |
| Elektronenstrahl (gepulst) | $\leq 10^8$ |
| Laser (Dauerstrich) | $\leq 10^8$ |

Von heißen Körpern (zum Beispiel Glühfaden) oder heißen Gasen (Gasentladungslampen) abgegebenes Licht ist polychromatisch und nicht parallel. Derartiges Licht wird von einer Sammellinse in verschiedenen Brennflecken gebündelt. Demgegenüber emittiert der Laser monochromatisches (einfarbiges) Licht, d. h., es enthält nur eine Wellenlänge (Farbe) des Lichtspektrums. Des Weiteren ist die Laserstrahlung kohärent; die elektromagnetischen Wellenzüge innerhalb des Lichtstrahles schwingen örtlich und zeitlich phasengleich. Diese Eigenschaften sind entscheidend für die extrem gute Bündelfähigkeit des Laserlichtes. Als Ergebnis dieser starken Einschnürung erhält man eine vergleichsweise sehr hohe Intensität im Brennfleck einer optischen Abbildung (Bild 6.1).

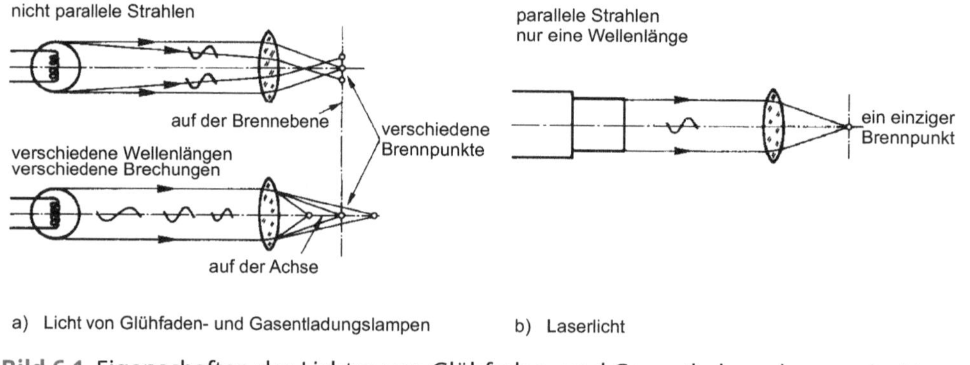


**Bild 6.1** Eigenschaften des Lichtes von Glühfaden- und Gasentladungslampen im Vergleich zum Laserlicht

## 6.2 Lichtstrahlschweißen – Schweißen mit inkohärentem Licht (Prozess 75)

Inkohärentes Licht mit einer großen spektralen Breite wird beim Erhitzen jedes Körpers emittiert. Die abgestrahlte Leistung und die Leistungsdichte nehmen mit wachsender Temperatur stark zu, das Maximum in der spektralen Verteilung wandert zu kürzeren Wellenlängen hin, d. h. von infrarot über rot nach gelb. Größte Leistungen und Leistungsdichten der Strahlung erhält man daher von glühendem Wolfram (Glühlampe) oder Kohlefäden. Fokussiert man die Strahlung einer durch Stromfluss erhitzten Wolframwendel mit einem Hohlspiegel auf den Werkstoff, so kann dieser aufgeschmolzen werden, wenn die Absorption groß genug und Reflexion und Wärmeleitung klein genug sind (Bild 6.2).

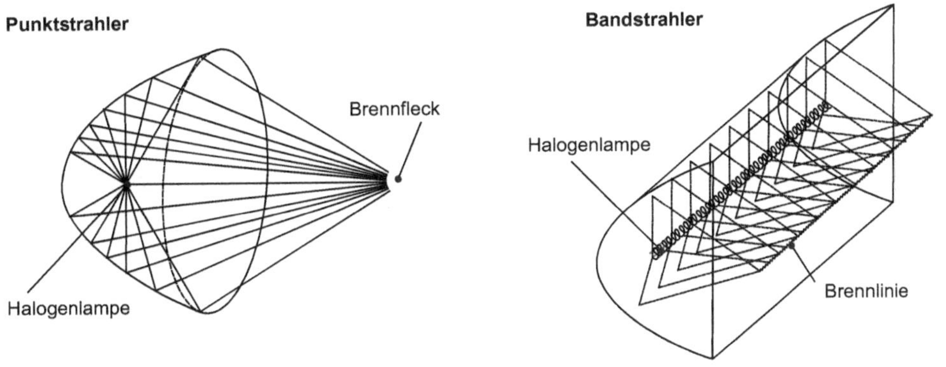


**Bild 6.2** Hohlspiegelformen

Man erreicht im Fokus Leistungsdichten bis etwa 600 W/cm². Ordnet man mehrere Strahler so an, dass sie einen gemeinsamen Fokus besitzen, kann man diese Leistungsdichte noch vervielfachen. Die Verwendung von Halogenquarzlampen ist vorteilhaft, da das Quarzglas besonders im infraroten Spektralbereich durchlässiger ist als Normalglas und die Lebensdauer der Wendel z. B. durch Jodzusätze verlängert werden kann. Das Emissionsspektrum einer Halogenquarzlampe ist in Bild 6.3 aufgetragen.

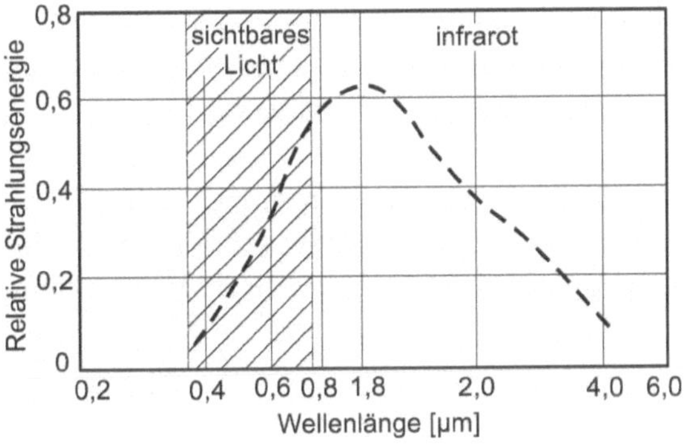


**Bild 6.3** Emissionsspektrum einer Halogenquarzlampe

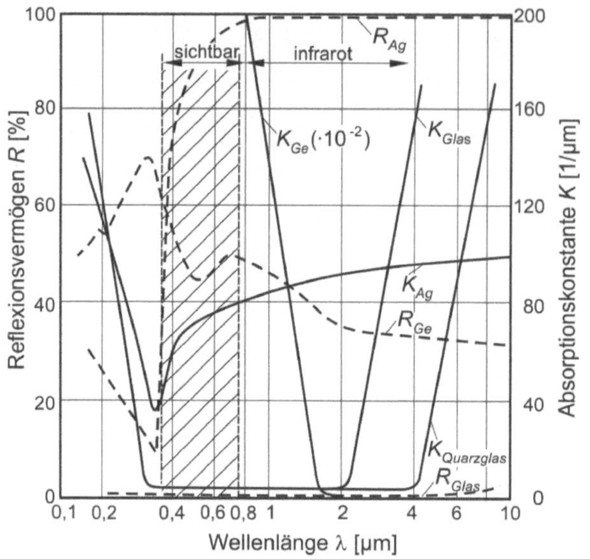


**Bild 6.4**
Optische Eigenschaften einiger Stoffe

Der Einsatz dieser Strahlungsquelle in der Schweißtechnik richtet sich nach den Werkstoffkonstanten: Reflexionsvermögen, Absorptionskonstante und Wärmeleitfähigkeit. Bei relativ niedriger Leistungsdichte im Fokus kann das Verfahren vorteilhaft zum Löten eingesetzt werden, da die Leistung genau dosiert und geregelt werden kann. In der Schweißtechnik wird das **Lichtstrahlschweißen** hauptsächlich zum Verbinden von Kunststoffen, Glas und Glas mit Metallen angewendet.

## 6.3 Elektronenstrahlschweißen (Prozess 51)

### Verfahrensmerkmale

Als Wärmequelle für die Materialbearbeitung wird die kinetische Energie der Elektronen genutzt, die beim Abbremsen der Elektronen im zu schweißenden Material in Wärme umgesetzt wird.

Anwendungen der Schweißtechnik erfolgen überwiegend unter Vakuum in einer Kammer. Die Anwendung an Atmosphäre ist möglich. Der Schweißprozess ist gekennzeichnet durch hohe Leistungsdichten und kleine Strahldurchmesser, die das Elektronenstrahltiefschweißen mit hohen Schweißgeschwindigkeiten und großem Nahttiefe-Nahtbreite-Verhältnis ermöglichen. Insgesamt sind Wärmeeintrag und Verzug sehr gering, sodass endbearbeitete Teile geschweißt werden können. Der Elektronenstrahl kann über magnetoptische Komponenten hochdynamisch fokussiert und manipuliert werden. Damit werden innovative Mehrbad- und Mehrprozesstechnologien für das Schweißen ermöglicht.

### Anwendungsbereich/Abmessungen

Einlagiges Schweißen dickster Querschnitte bis zu 200 mm vorwiegend als I-Naht ohne Zusatzwerkstoff; Rund-, Profil- und Rohrquerschnitte; Getriebeteile, Motorkomponenten, Komponenten von Vakuumanlagen, Umformteile, Wellen, Achsen z. B. im Fahrzeugbau, Komponenten des chemischen Apparatebaus, auch für das Schweißen in der Feinwerk- und Mikrotechnik mit sehr geringen Bauteilabmessungen aufgrund kleinster Fokusdurchmesser und exakter Steuerung des Energieeintrages mit geeigneter Anlagentechnik sehr gut geeignet.

### Werkstoffgruppen

Nahezu alle metallisch leitenden Werkstoffe, unlegierte, niedriglegierte, hochlegierte Stähle, hochreine Refraktärmetalle, Nichteisenmetalle, Sondermetalle; sehr gute Eignung zum Schweißen von Werkstoffkombinationen und Werkstoffen mit hoher Wärmeleitung

### Wichtige Merkblätter und Normen

- **DVS 3201:** Grundsätze für das Konstruieren von Bauteilen für das Elektronenstrahlschweißen im Fein- und Hochvakuum.
- **DVS 3202:** Steuerungen von Elektronenstrahlschweißmaschinen.
- **DVS 3204:** Elektronenstrahl- und Laserstrahlanwendungen im Vakuum – Schweißeignung metallischer Werkstoffe.
- **DVS 3205:** Schutz vor Röntgenstrahlen an Elektronenstrahlmaschinen zur Materialbearbeitung.
- **DVS 3209:** Wirkungsgrade beim Elektronen- und Laserstrahlschweißen.
- **DVS 3210:** Prüfverfahren zur Qualitätssicherung von Elektronen- und Laserstrahlschweißnähten.
- **DVS 3213:** Empfehlungen zum Reinigen der Fügezone für das Strahlschweißen unter Vakuum.
- **DVS 3220:** Grundsätze für den Einsatz des Elektronenstrahlschweißens an Atmosphäre – technologische und konstruktive Hinweise.
- **DIN EN ISO 15609-3:** Anforderung und Qualifizierung von Schweißverfahren für metallische Werkstoffe – Schweißanweisung – Teil 3: Elektronenstrahlschweißen.
- **DIN EN ISO 15614-11:** Anforderung und Qualifizierung von Schweißverfahren für metallische Werkstoffe – Schweißverfahrensprüfung – Teil 11: Elektronen- und Laserstrahlschweißen.

- **DIN EN ISO 13919-1:** Elektronen- und Laserstrahl-Schweißverbindungen – Anforderungen und Empfehlungen für Bewertungsgruppen und Unregelmäßigkeiten – Teil 1: Stahl, Nickel, Titan und deren Legierungen.
- **DIN EN ISO 13919-2:** Elektronen- und Laserstrahl-Schweißverbindungen – Anforderungen und Empfehlungen für Bewertungsgruppen und Unregelmäßigkeiten – Teil 2: Aluminium, Magnesium und ihre Legierungen und reines Kupfer.
- **DIN EN ISO 14744, Teil 1–6:** Abnahmeprüfungen für Elektronenstrahlschweißanlagen.
- **DIN EN 1011-7:** Schweißen – Empfehlungen zum Schweißen metallischer Werkstoffe – Teil 7: Elektronenstrahlschweißen.

## 6.3.1 Grundlagen des Elektronenstrahlschweißens

### 6.3.1.1 Entstehung und Besonderheiten des Elektronenstrahls

Die Geburtsstunde der Elektronenstrahltechnik für den Maschinenbau ist das Jahr 1952. Der Physiker Dr. Karl-Heinz Steigerwald baute die erste Elektronenstrahlbearbeitungsmaschine zum Bohren von Uhrensteinen.

Als Wärmequelle für die Materialbearbeitung wird die kinetische Energie der Elektronen genutzt, die zu den leichtesten Bausteinen der Materie gehören. Den Nachteil der geringen Masse gleichen die Elektronen durch ihre wichtigste Eigenschaft aus: Sie tragen eine elektrische Ladung. Damit ist es möglich, die Elektronen durch elektrische Felder so wirkungsvoll zu beschleunigen, dass die zum Schweißen erforderliche Energie zur Verfügung steht. Die bei einer schweißtypischen **Beschleunigungsspannung** von 150 kV erreichten Geschwindigkeiten liegen bei etwa zwei Drittel der Lichtgeschwindigkeit, ein entsprechendes Vakuum als Umgebung vorausgesetzt (Bild 6.5).

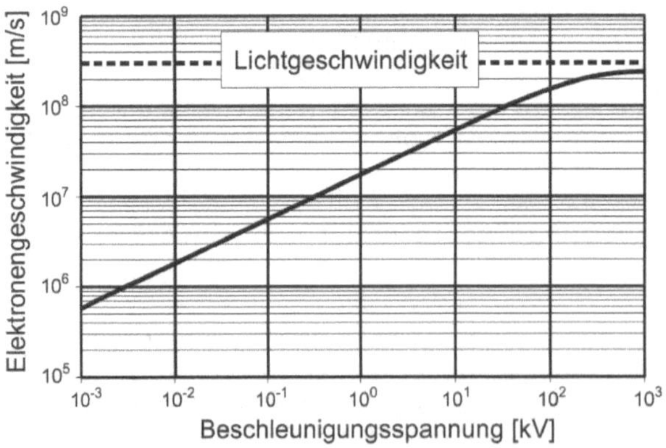


**Bild 6.5** Abhängigkeit der Elektronengeschwindigkeit von der Beschleunigungsspannung

Das **Wirkprinzip** des Elektronenstrahlschweißens (Bild 6.6) ist in Grundprozesse zerlegbar:

- Elektronenstrahlerzeugung,
- Elektronenstrahlführung (Strahlfokussierung, -ablenkung, -leitung),
- Elektronenstrahlwirkung.

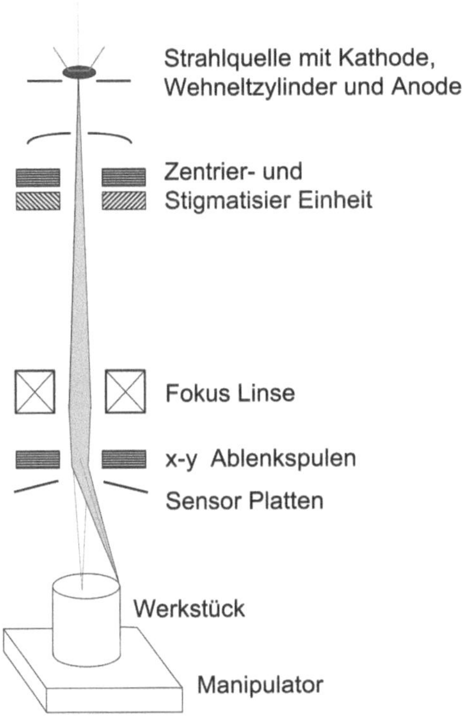


**Bild 6.6**
Elektronenstrahlschweißen – Wirkprinzip (pro-beam AG)

### 6.3.1.2 Elektronenstrahlerzeugung

Der Elektronenstrahl wird mithilfe eines aus Kathode, Steuerelektrode und Anode bestehenden Triodensystems (Strahlerzeugungssystem) im Vakuum (ca. $5 \cdot 10^{-5}$ Pa) erzeugt. Im Prinzip ist die Wirkungsweise des Triodensystems mit der einer Braunschen Röhre vergleichbar. Der wesentliche Unterschied ist die weitaus größere Strahlleistung, die mit einem für Schweißzwecke gebauten **Elektronenstrahlgenerator** (Bild 6.7) erreicht werden muss. Zunächst müssen freie Elektronen erzeugt werden. Die dafür eingesetzte Kathode stellt jedoch nicht nur die Elektronen bereit, sie hat auch eine Reihe anderer Aufgaben zu erfüllen. Sie soll bei möglichst geringer Heizleistung höchste Strahlströme ermöglichen. Da für einen hohen Elektronenstrom in erster Linie eine hohe Temperatur an der Emissionsfläche der Kathode erforderlich ist, werden hochschmelzende Werkstoffe als Kathodenmaterial eingesetzt. Hier bietet sich neben Tantal besonders Wolfram an, dass, teilweise mit Rhenium legiert, einen vergleichsweise geringen Dampfdruck im Vakuum besitzt und somit eine verhältnismäßig lange Lebensdauer gewährleistet. Wie hoch die Heizleistung sein muss, um die Kathode auf die gewünschte Temperatur zu bringen, ist nicht nur von den Abmessungen abhängig, sondern auch von der Kathodenform und der Art der Heizung. Direkt beheizbare Bandelektroden haben sich für Elektronenstrahlschweißmaschinen aus mehreren Gründen bewährt. Sie sind als ohmscher Widerstand in einen Stromkreis geschaltet und werden durch den Heizstrom direkt erwärmt. Bandkathoden weisen einen hohen Heizwirkungsgrad auf, haben eine geometrisch stabile Lage der Emissionsfläche und lassen sich praktisch als einziges Verschleißteil der Elektronenstrahlkanone rasch und problemlos austauschen.

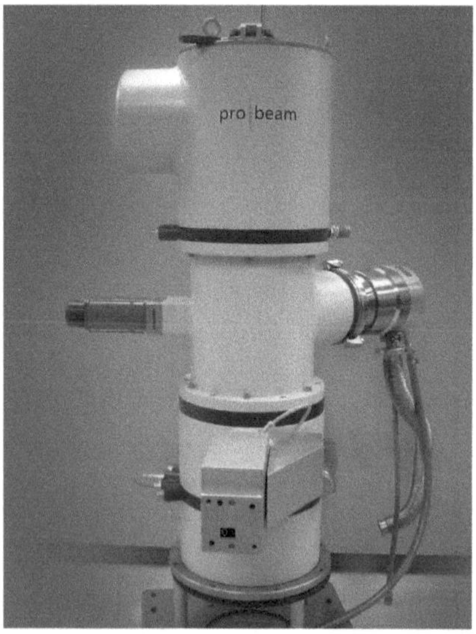


**Bild 6.7**
Elektronenstrahlgenerator (pro-beam AG)

Der **Elektronenstrahl** entsteht, wenn die von der Kathode durch thermische Emission bereitgestellten Elektronen durch die zwischen Kathode und Anode angelegte Beschleunigungsspannung $U_B$ = 15...175 kV im elektrostatischen Feld beschleunigt werden. Durch die Anodenbohrung tritt der Elektronenstrahl aus dem Strahlerzeugungssystem aus.

Eine Regelung des Strahlstromes über die Beschleunigungsspannung bzw. Kathodentemperatur ist für wirtschaftliches Schweißen ungeeignet. Deshalb werden in den heutigen Systemen **Steuerelektroden** zwischen Kathode und Anode angeordnet. Die Steuerelektrode befindet sich zunächst auf Kathodenpotenzial, erhält aber über eine separate Versorgung eine noch höhere negative Spannung als die Kathode. Nach dem physikalischen Gesetz über das gegenseitige Abstoßen von Ladungen gleicher Polarität ist die Steuerelektrode bei ausreichender Spannung in der Lage, trotz Potenzialdifferenz zwischen Anode und Kathode die Elektronen völlig zur Kathode zurückzudrängen, d. h. den Strahlstrom zu sperren. Die Kathode weist dazu keine wirksame Emissionsfläche auf. In dem Maß, wie die Steuerspannung verringert wird, nimmt die zur Elektronenemission beitragende Fläche zu, und der Strahlstrom wird größer. Das Einstellen des **Strahlstromes** erfolgt also durch die **Steuerspannung**. Eine hohe Steuerspannung bedingt einen niedrigen Strahlstrom, eine niedrige Steuerspannung einen hohen Strahlstrom (Bild 6.8).

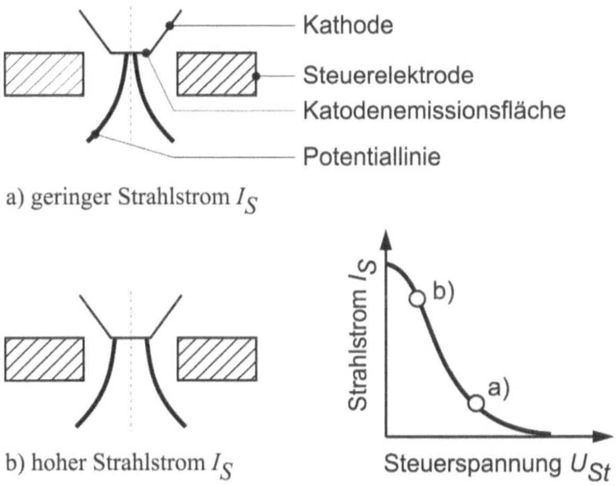


**Bild 6.8**
Verändern der Potenziallinien durch die Steuerspannung

### 6.3.1.3 Elektronenstrahlführung

Die geometrischen Formen der Kathode, Steuerelektrode und Anode haben nicht nur im Strahlerzeugerraum einen Einfluss auf die mehr oder weniger gekrümmten Bewegungsbahnen der Elektronen, sie bestimmen auch den weiteren Weg der Elektronen bis zur Schweißstelle mit. Das elektrische Feld im Triodensystem formt den Strahl zu einem ersten Fokus, dem Crossover, von dem aus die Elektronen als gleichpolige Ladungsträger sich gegenseitig abstoßend durch die Anode bewegen. Die Elektronen dieses divergierenden Strahls sind zwar nach dem Passieren der Anode auf ihre Endgeschwindigkeit beschleunigt, es fehlt dem Strahl aber eine ausreichende Leistungsflussdichte, der Elektronenstrahl muss fokussiert werden.

Die **magnetische Fokussierlinse**, eine von Gleichstrom durchflossene Ringspule, bündelt den Elektronenstrahl und bildet diesen mit hoher Tiefenschärfe und einem kleinen Strahldurchmesser, in der Regel unter 1 mm, auf einer Ebene des Schweißteils ab. Für Feinschweißaufgaben beträgt der Strahldurchmesser nur 0,1...0,3 mm, beim Tiefschweißen je nach Leistung (0,1...120 kW) 0,1...5 mm. Durch Veränderung der an der Magnetlinse anliegenden Spannung ist der Abstand Linse – Fokus des Strahls von etwa 100...1000 mm variierbar.

Zum Schweißen wird in den meisten Fällen das Werkstück unter dem nicht bewegten Elektronenstrahl entlanggeführt. Häufig ist es aber notwendig, beispielsweise beim Überbrücken größerer Spaltbreiten an I-Nähten oder zur dynamischen Beeinflussung des Schweißprozesses, den Strahl aus der optischen Achse der Elektronenkanone zu führen und auf dem zu bearbeitenden Teil die gewünschte technologische Bewegung auszuführen. Der Strahl wird durch gekreuzte magnetische Spulenpaare abgelenkt und führt beispielsweise sinus-, trapez-, sägezahn- oder kreisförmige Bewegungen aus.

Auf die Strahlführung hat außer den elektronenoptischen Bauelementen in der Elektronenstrahlkanone der Druck der Restgasatmosphäre in der **Arbeitskammer** des Systems einen entscheidenden Einfluss. Abhängig von der Schweißaufgabe sind hier Drücke von $10^{-5}$ Pa (Hochvakuum) bis $10^{5}$ Pa (Atmosphäre) aufrechtzuerhalten. Da sich der Elektronenstrahl nur im Hochvakuum ungestört ausbreitet, ist bei entsprechend höher eingestellten Drücken die Streuung der Elektronen an den Molekülen des Restgases zu berücksichtigen.

#### 6.3.1.4 Elektronenstrahlschweißanlagen

Eine Elektronenstrahlschweißanlage besteht im Allgemeinen aus:

- der Elektronenstrahlkanone und der zugehörigen Hochspannungsquelle,
- der Arbeitskammer und den Bewegungseinrichtungen,
- dem Vakuumpumpstand,
- dem Steuerschrank und Bedienpult.

**Bild 6.9**
Kammermaschine K26 (pro-beam AG)

Verschiedene Konzepte industriell eingesetzter Elektronenstrahlanlagen können hinsichtlich der Art und Weise, wie das Werkstück relativ zum Elektronenstrahl bewegt und für das Schweißen positioniert wird, unterschieden werden. Unterschiedliche Anlagenkonzepte zeigt Bild 6.11 [DOB01]. Kammermaschinen zeichnen sich durch einen einfachen Aufbau und eine hohe Flexibilität aus. Entsprechend der Anlagengröße ergeben sich Gesamttaktzeiten im Bereich mehrerer Minuten bis zu einer Stunde, da alle Arbeitsgänge zum Werkstückwechsel und Elektronenstrahlschweißen nacheinander ablaufen. Die Nebenzeiten können durch das gleichzeitige Einbringen einer größeren Anzahl von Teilen in Mehrfach-Spannvorrichtungen minimiert werden. Taktmaschinen eignen sich besonders für die Bearbeitung einer Teilefamilie mit gleicher Nahtgeometrie. Sie besitzen kleine, an die Werkstückgeometrie angepasste Bearbeitungskammern in Kombination mit einer Schwenk- oder Drehplattform, welche mit mehreren Beladestationen ausgerüstet ist. Andere Maschinenkonzepte beruhen auf dem Prinzip der Schleuse. Sie bestehen aus den drei Prozessabschnitten: Be- und Entladen der Bauteile, Schleusenkammer zum Be- und Entlüften der Schweißkammer sowie der eigentlichen Bearbeitungskammer. Kennzeichnend für Schleusenanlagen ist ihr planbarer Teileausstoß, da nicht gegen Atmosphäre belüftet wird und die Schweißkammer permanent evakuiert bleibt, während die Werkstückträger mit den zu schweißenden Bauteilen über eine oder zwei Vorkammern zwischen Atmosphäre und Vakuum geschleust werden. Damit reduzieren sich die Verschmutzung und der Reinigungsaufwand von Teilen und Maschine erheblich.

**Bild 6.10** Großkammeranlage K6000 mit 630 $m^3$ Kammervolumen für Bauteile bis 50 t Stückgewicht (pro-beam AG)

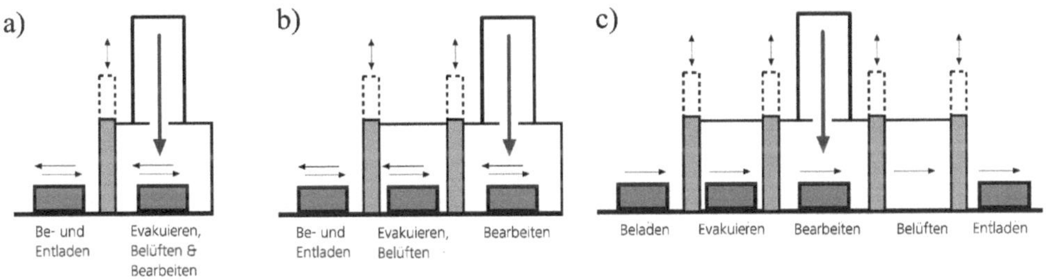


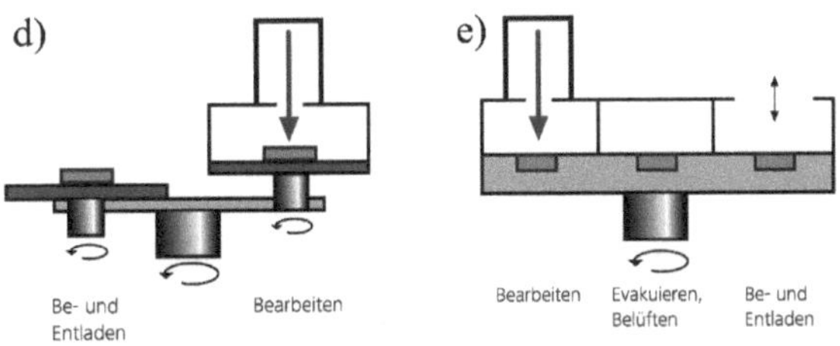


a) Kammer-Maschine
b) Schleusen-Shuttle-Maschine
c) Schleusen-Transfer-Maschine
d) Taktmaschine
e) Schleusen-Taktmaschine

**Bild 6.11** Anlagentypen für das Elektronenstrahlschweißen (pro-beam AG)

### Elektronenstrahlkanone

Hinsichtlich der Anordnung der Elektronenstrahlkanone unterscheidet man zwischen auf der Arbeitskammer (Anbaustrahler), innerhalb der Schweißkammer (Einbaustrahler) und für das Schweißen unter Normaldruck extern angeordneten Elektronenstrahlkanonen (Schweißpistolen). Entsprechend der verwendeten Beschleunigungsspannung gibt es Niederspannungsschweißeinrichtungen ($U_B$ = 15...60 kV) und Hochspannungsschweißeinrichtungen ($U_B$ = 70...175 kV). Niederspannungsschweißeinrichtungen erfordern den kleinsten technischen Aufwand.

Hochspannungsschweißeinrichtungen ermöglichen ein größeres Tiefe-Breite-Verhältnis der Schweißnaht (bis 40:1) und sind insbesondere bei Arbeitsdrücken größer 1 Pa überlegen. Elektronenstrahlkanonen werden im Leistungsbereich von einigen Watt bis etwa 120 kW gefertigt, wobei die Mehrzahl der heute eingesetzten Schweißeinrichtungen bis zu 15 kW Schweißleistung erzeugt.

### Arbeitskammer

Die evakuierte Arbeitskammer muss nicht nur das Werkstück zusammen mit den Vorrichtungen und Bewegungseinrichtungen aufnehmen, sie hat auch hohe Stabilitätsanforderungen durch die einwirkenden Luftdruckkräfte zu erfüllen. **Hochvakuumschweißanlagen** ($10^{-5}$...$10^{-1}$ Pa) haben Arbeitskammern mit 0,5...2 $m^3$ Rauminhalt. Für große Werkstücke und Spezialfälle des Flugzeug- und Raketenbaus sind Arbeitskammern bis zu 1000 $m^3$ Inhalt gebaut worden. Neue Anlagenentwicklungen machen das Elektronenstrahlschweißen mit hoher Präzision in kompakter Bauweise auch für Anwendungen der Feinwerk- und Mikrosystemtechnik verfügbar (Bild 6.12). Durch das an kleinste Werkstückabmessungen im Durchmesserbereich von 3 bis 130 mm bei Werkstückdicken im Mikrometer- bis Millimeterbereich angepasste Kammervolumen sind kurze Evakuierzeiten von unter 2 min möglich. Bei maximal 2 kW Strahlleistung und einer Fokussierung auf Strahldurchmesser deutlich unter 100 μm können höchstpräzise Schweißungen ausgeführt werden. Das Werkstück kann dabei jederzeit mittels des rasternden Elektronenstrahls über die dabei entstehenden Sekundärelektronen und zuschaltbare Detektoren abgebildet werden [FOC09].

Soll das Elektronenstrahlschweißen in getaktete automatisierte Prozesse integriert werden, empfiehlt es sich, die Anlagen mit sehr kleinen, den zu schweißenden Bauteilen angepassten Arbeitskammern auszurüsten, die innerhalb weniger Sekunden auf das Betriebsvakuum evakuiert werden. Eine Besonderheit für das Gestalten der Arbeitskammern stellt das in der Entwicklung befindliche Elektronenstrahlschweißen mit mobilem und lokalem Vakuum dar. Es handelt sich um Einrichtungen für beliebig große Bleche, Behälter und Rohrwände, bei denen das Werkstück selbst Teil der Arbeitskammerwand ist. Die Arbeitskammer gleitet mit der Elektronenstrahlkanone haubenförmig über das Werkstück und ist mit besonderen Druckstufensektionen ausgerüstet, um das Vakuum an der Schweißstelle aufrechtzuerhalten. Das Elektronenstrahlschweißen an freier Atmosphäre (**Nonvacuum-Elektronenstrahlschwei-**

**ßen** – NVEBW) mit Strahlleistungen bis zu 30 kW ist derzeit für eine Reihe von Anwendungen erprobt. Der Elektronenstrahl wird wie üblich im Hochvakuum erzeugt, beschleunigt, magnetisch fokussiert und über Druckstufen an die Atmosphäre geführt. Um die Streuung der Elektronen in der Atmosphäre zu minimieren und möglichst schmale Nähte zu erzeugen, wird mit Arbeitsabständen im Bereich von 6...30 mm gearbeitet, es sind Nahttiefe-Nahtbreite-Verhältnisse von bis zu 6:1 möglich.

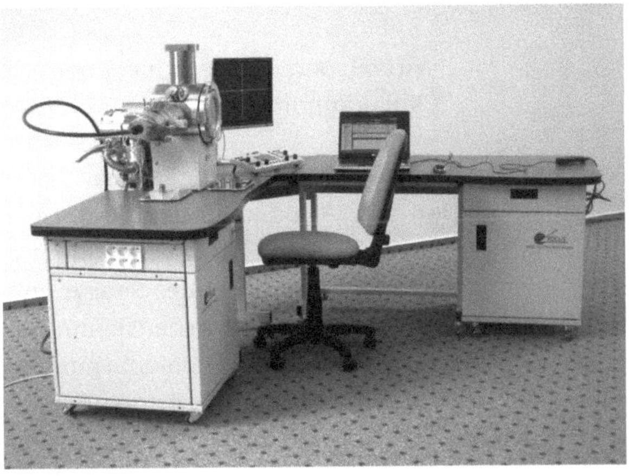

**Bild 6.12** Elektronenstrahlschweißanlage MEBW-60 für die Herstellung von Fein- und Mikroschweißungen (FOCUS GmbH)

### Bewegungseinrichtung

Diese Einrichtungen haben die Aufgabe, Werkstück und Elektronenstrahl beim Schweißen relativ zueinander zu bewegen. In der Regel befindet sich die Strahlkanone während des Schweißens außerhalb der Arbeitskammer in stationärer Position, und das Werkstück wird mit der vorgewählten Geschwindigkeit bewegt. Die am meisten benutzten Vorrichtungen sind der Arbeitstisch und die Drehvorrichtung. Der Arbeitstisch bewegt das Werkstück für das Schweißen von Längsnähten translatorisch in X- und Y-Richtung, seltener auch in Z-Richtung. Er ist mit Nuten zur Aufnahme von Spannvorrichtungen versehen und wird von vakuumtauglichen Spezialmotoren angetrieben. Für das Schweißen von Rundnähten stehen Vorrichtungen mit senkrechter oder waagerechter Drehachse bzw. mit Kippmöglichkeit für verschiedene Positionen der Drehachse zur Verfügung, die auf dem Arbeitstisch montiert werden.

### Vakuumeinrichtung

Beim Elektronenstrahlschweißen übernimmt das Vakuum eine Reihe wichtiger Aufgaben. Im Strahlerzeugerraum ist es für eine verlustarme Fokussierung des Elektronenstrahls zur Erzielung hoher, für das Schweißen notwendiger Energiedichten, zur Vermeidung der Oxidation der Kathode und zur Verhinderung der elektrischen Entladung unerlässlich. Durch Hintereinanderschaltung einzelner Pumpen, deren Arbeitsbereiche in Bild 6.13 dargestellt sind, wird das entsprechende Vakuum realisiert.

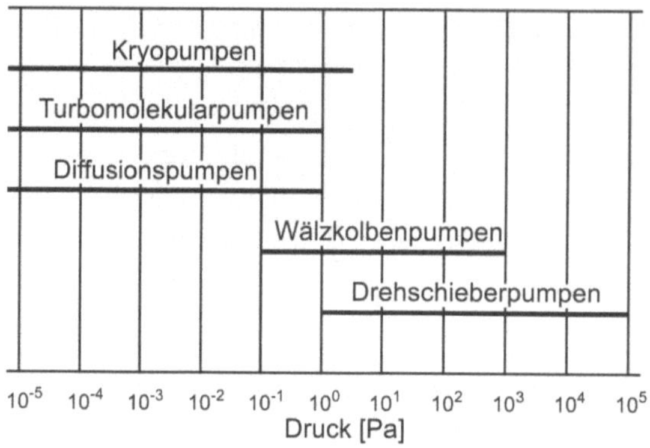


**Bild 6.13**
Arbeitsbereiche verschiedener Vakuumpumpen

An Elektronenstrahlanlagen arbeiten nur Drehschieberpumpen unmittelbar gegen Atmosphärendruck. Sie übernehmen die Funktion von Vorpumpen für die übrigen Vakuumeinrichtungen und erreichen einen Enddruck von 10...1 Pa. Wälzkolbenpumpen (Rootspumpen) haben bereits bei kleinen Abmessungen ein hohes Saugvermögen und eignen sich besonders für das schnelle Evakuieren großer Arbeitskammern, wenn mit einem Druck von ca. 1 Pa geschweißt werden soll. Turbomolekularpumpen bestehen aus einem mit zahlreichen schräg gestellten Blättern ausgerüsteten schnell umlaufenden Rotor und Stator und werden aufgrund der begrenzten Saugleistungen in Verbindung mit einer Vorpumpe eingesetzt.

Bei Diffusionspumpen werden die Gasteilchen von einem auf Siedetemperatur erwärmten und mit Überschallgeschwindigkeit ausströmenden Öldampf mitgerissen. Ein geringfügiges Rückströmen von Öl in die Saugseite lässt sich nicht vollständig vermeiden und ist beim Schweißen einiger Werkstoffe (Nickelwerkstoffe, Sondermetalle) zu berücksichtigen. Diffusionspumpen sind robust, zeichnen sich durch ein hohes Saugvermögen aus und werden deshalb in großem Umfang zum Evakuieren von Arbeitskammern eingesetzt, wenn mit Drücken < 10 Pa geschweißt werden soll. Kryopumpen arbeiten nach dem Prinzip einer Kältemaschine. Die in dem einzustellenden Vorvakuum von 1 Pa noch vorhandenen atmosphärischen Gase kondensieren an der tiefgekühlten Oberfläche der Pumpe und verfestigen. Sie gewährleisten ein von Kohlenwasserstoffen freies Vakuum, besitzen im Druckbereich von $1...10^{-1}$ Pa ein hohes Saugvermögen und sind Diffusions- und Turbomolekularpumpen überlegen.

### Steuerung und Bedienung

In Steuerschränken sind alle elektrischen Ausrüstungen für die Steuerung der Elektronenstrahlkanone, der Hochspannungsquelle, der Vorrichtungen in der Arbeitskammer und des Pumpstandes untergebracht. Über Schaltpulte wird die gesamte Anlage bedient. Der Umfang der in den Steuerschränken installierten elektrischen Baugruppen ist von der Anlagenkonzeption abhängig und folglich für die einzelnen Anwendungsgebiete des Verfahrens sehr unterschiedlich. Moderne mikroelektronische

Steuerungen für Anlage und Bewegungseinrichtungen zeichnen sich durch benutzerfreundliche computernumerische Steuerungen aus.

### Beobachtung des Schweißprozesses

An modernen Elektronenstrahlschweißanlagen kann der Schweißprozess mit zwei unterschiedlichen Systemen beobachtet werden. Ein Einblicksystem in die Bearbeitungskammer ist für die Ermittlung von Schweißparametern, die Prozessüberwachung, aber auch zum Justieren der Strahlkanone erforderlich. Einerseits kann hierfür das Bild des **lichtoptischen Einblicks** mit Fernrohr und Beleuchtung über ein Okular direkt oder über eine CCD-Kamera auf einem Monitor beobachtet werden. Eine zweite Möglichkeit stellt der **elektronenoptische Einblick** dar. Bei diesem System scannt der fokussierte Elektronenstrahl mit geringer Leistung über die Werkstückoberfläche. Dabei emittierte Sekundärelektronen werden aufgefangen und erzeugen ähnlich wie bei einem Rasterelektronenmikroskop ein Abbild der Werkstückoberfläche. Das Funktionsprinzip eines elektronenoptischen Einblicks demonstriert Bild 6.14. In Bild 6.15 sind die Abbildungen der Werkstückoberfläche bei lichtoptischem und elektronenoptischem Einblick gegenübergestellt.

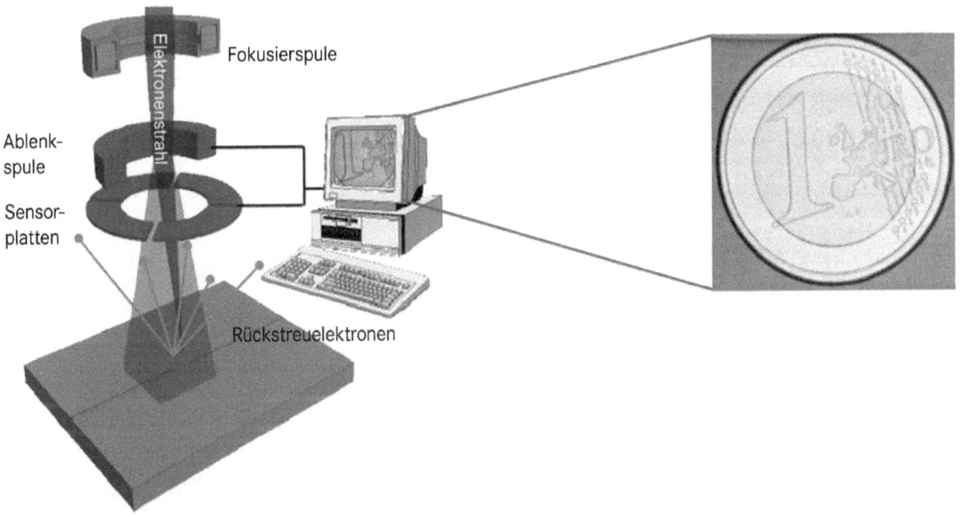


**Bild 6.14** Monitoring-System mit elektronenoptischen Einblick – Prinzipdarstellung (pro-beam AG)

Um die Schweißkontur vor oder während des Schweißens für eine automatische Nahtsuche zu ermitteln und zu speichern, wird die Scanbewegung des Elektronenstrahls auf eine Linie senkrecht zur Nahtfuge reduziert, damit die CNC-Steuerung das Sensorsignal am zu schweißenden Stoß auswerten kann. Systeme zur automatischen Nahtsuche und -verfolgung sind Bestandteil moderner Elektronenstrahlschweißanlagen.

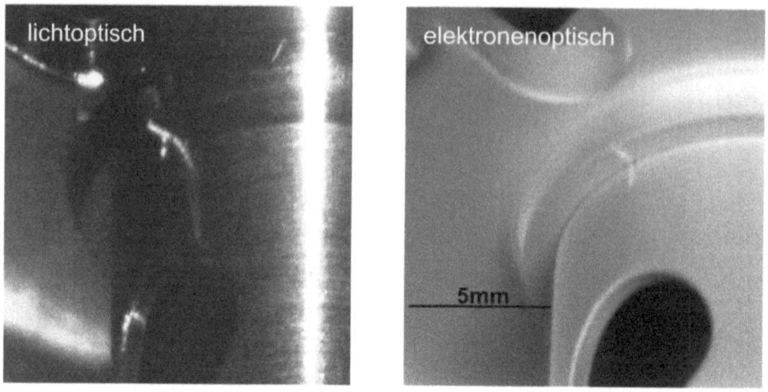


**Bild 6.15** Werkstückoberfläche bei lichtoptischer- und elektronenoptischer Betrachtung (pro-beam AG)

## 6.3.2 Anwendung des Elektronenstrahlschweißens

### 6.3.2.1 Tiefschweißeffekt

Ein wesentlicher Vorteil des Elektronenstrahl- und Laserstrahlschweißens liegt in der möglichen Nutzung des Tiefschweißeffektes. Wird mit geringem Strahlstrom geschweißt bzw. die Intensität des Elektronenstrahls zum Beispiel durch Defokussierung auf Werte der Gas- oder Lichtbogenschweißverfahren reduziert, entstehen 1...2 mm tiefe Schmelzzonen der üblichen breiten Muldenform – man spricht vom Wärmeleitungsschweißen (Bild 6.16).

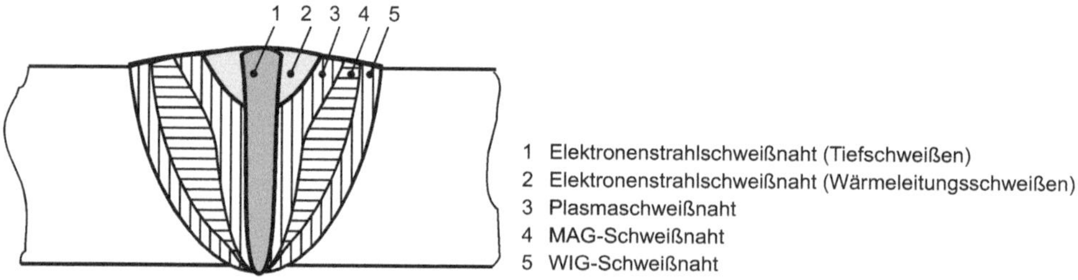


**Bild 6.16** Vergleich von Aufschmelzquerschnitten unterschiedlicher Schmelzschweißverfahren

Der Tiefschweißeffekt ist ein physikalischer Vorgang, bei dem der Elektronenstrahl über die geringe Reichweite seiner Elektronen weit hinaus durch Bildung eines Dampf- und Schmelzkanals tief in den Werkstoff eindringt. Bei Strahlintensitäten über $10^6$ W/cm$^2$ wandeln die Elektronen ihre kinetische Energie derart schnell in Wärme um, dass der Werkstoff an der Elektronenstrahl-Auftreffstelle zunächst ohne nennenswerte Wärmeableitung in den benachbarten Werkstoffbereich schmilzt. Der geschmolzene Werkstoff wird weiter erwärmt, er verdampft und der Dampf wird überhitzt. Bei Temperaturen von etwa 2700 K und darüber dehnt sich der Dampf aus. Er entweicht nach oben und drückt gleichzeitig als Folge der Reaktionskraft die Schmelze nach unten und zur Seite weg. Es entsteht eine Vertiefung, in der die Elektronen auf neuen Werkstoff treffen und ihn in gleicher Weise erwärmen. Die Vertiefung wird größer, es formt sich ein Kanal, der im Kern aus Dampf besteht und einen schmelzflüssigen Mantel aufweist. Bei ausreichender Energiezufuhr durchdringt dieser Kanal das Werkstück. Auf diese Weise werden, wie bei jedem anderen Schweißvorgang, mindestens zwei Werkstückpartner an ihren Stirnflächen aufgeschmolzen, diese Werkstoffanteile fließen in der Schmelzzone zusammen, und bei der Relativbewegung zwischen Strahl und Werkstück erstarrt die Schmelzzone nach Umströmen des **Dampfkanals** zur Schweißverbindung (Bild 6.17).

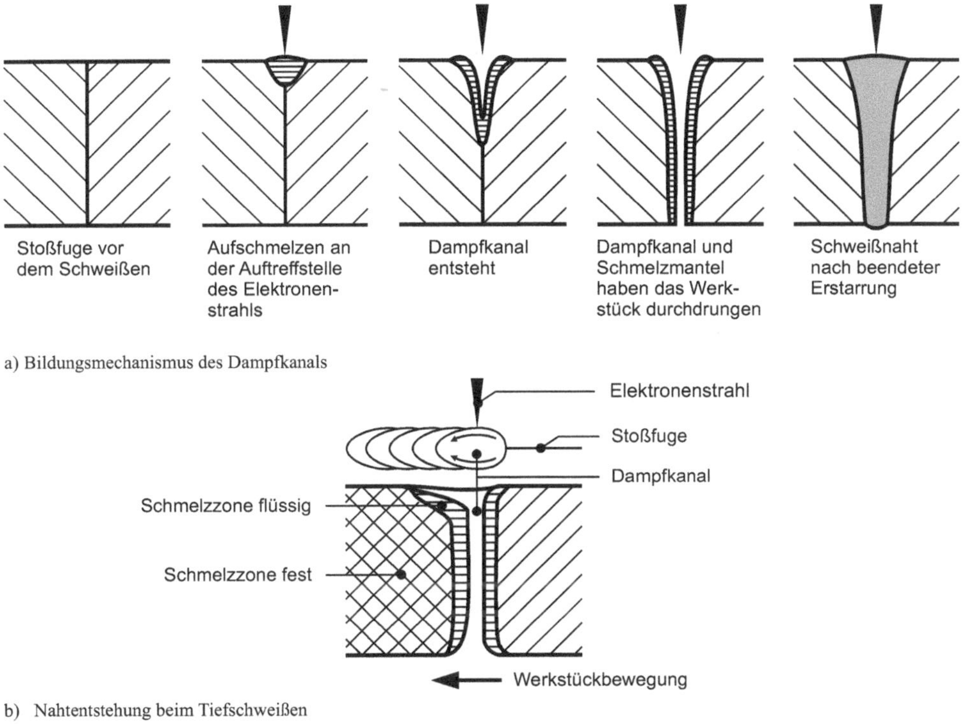


**Bild 6.17** Elektronenstrahltiefschweißen. a) Bildungsmechanismus des Dampfkanals; b) Nahtentstehung beim Tiefschweißen

Neben der Nahtform ist die hohe Prozessgeschwindigkeit durch Einkopplung der Wärme über die gesamte Schweißtiefe ein weiterer Vorteil des Tiefschweißens bzw. Stichlochschweißens. Die zu realisierende Schweißgeschwindigkeit wird damit nicht durch das Wärmeleitvermögen der Werkstoffe begrenzt.

### 6.3.2.2 Vorbereitung der Werkstücke

#### Allgemeines

Beim Schweißen mit konventionellen Gas- und Lichtbogenschweißverfahren wird das Metall nur mittels Wärmeleitung wenige Millimeter tief aufgeschmolzen. Durch die Verwendung derartiger Wärmequellen vereinigen sich deshalb auch nur volumenmäßig geringe Schmelzbereiche zur erstarrenden Schweißnaht. Beim Stumpfnahtschweißen von Wanddicken, die größer als diese Schmelztiefen (Einbrandtiefen) sind, entsteht daher die Notwendigkeit, die Werkstückkanten so zu bearbeiten (V- oder X-förmiges Abschrägen als Fugenvorbereitung), dass die Wärmequelle die gesamte Werkstückdicke aufschmelzen kann (Mehrlagentechnik). Eine Verwendung von Zusatzwerkstoff ist erforderlich, um den vorher entfernten Werkstoff wieder zu ergänzen. Das Elektronenstrahlschweißen bietet dagegen aufgrund des Tiefschweißeffektes die Möglichkeit, Werkstoffe im Stumpfstoß, ohne Zusatzwerkstoff und spezielle Nahtvorbereitung, als I-Naht zu verbinden (Bild 6.18).

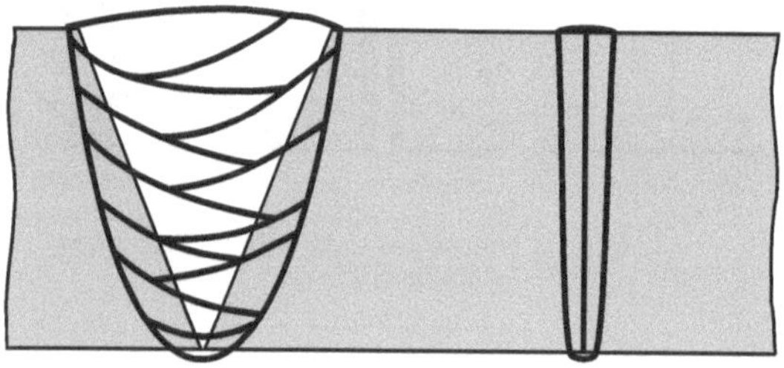


**Bild 6.18** Mehrlagen- und Elektronenstrahlschweißnaht im Vergleich

Die Teile müssen vor dem Schweißen gereinigt werden, um eventuell anhaftende Korrosionsschutzmittel bzw. Verunreinigungen zu beseitigen, eine Beizbehandlung ist für viele Anwendungen vorteilhaft. Da der Elektronenstrahl durch elektrische und magnetische Felder abgelenkt wird, ist darauf zu achten, dass in der unmittelbaren Umgebung der Schweißstelle keine unbeabsichtigte Ablenkung stattfindet, die zu Bindefehlern oder Fehlpositionierungen führt. Daher sollten Vorrichtungen, Spannmittel und sonstige Einbauten in Strahlnähe entweder aus einem nichtmagnetischen Werkstoff hergestellt oder vorher entmagnetisiert werden [DOB01].

#### I-Nähte

Wegen des verhältnismäßig geringen Bearbeitungsaufwandes und Zusatzwerkstoffverbrauchs ist die I-Naht die bevorzugte Nahtform für fast alle **Elektronenstrahlschweißverbindungen**. Fehlerfrei hergestellt ist sie aufgrund ihrer Geometrie bevorzugt für dynamische und korrosive Beanspruchung geeignet. In dieser Ausführung fehlt ihr allerdings ein formschlüssiges Element zur Positionierung. Mit einer Zentrierlippe oder einer separaten Unterlage lässt sich eine bessere Positionierung der Teile erreichen. Beide dienen gleichfalls als Badsicherung und Schutz gegen Spritzer, die sonst beim Schweißen an der Nahtunterseite austreten. Zentrierlippen und Unterlagen werden beispielsweise bei innen nicht zugänglichen Hohlkörpern, bei denen eine Spritzerfreiheit aufgrund der Bauteilfunktion gefordert ist, eingesetzt. Da für eine fehlerfreie Schweißnaht der Elektronenstrahl jedoch mit einem deutlichen Energierest an der Nahtunterseite austreten muss, um ein unvollständiges Durchschweißen mit Schmelzzonentiefenschwankungen und Bodenlunkern auszuschließen, ergeben sich am Schmelzzonenboden von Nähten mit Badsicherungen meist Unregelmäßigkeiten. Sind diese nicht tolerierbar oder können nicht abgearbeitet werden, bietet sich als Vorbereitung die I-Naht mit Innenzentrierung an, wie sie bevorzugt an Drehteilen Verwendung findet (Bild 6.19).

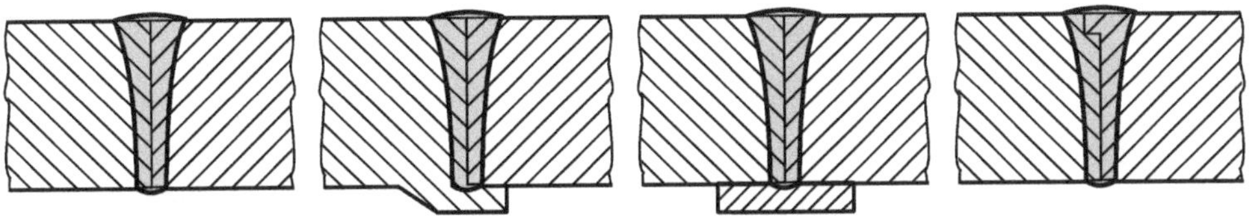


**Bild 6.19** Ausführungen von I-Nähten

### Sonstige Nahtformen

Obwohl das Schweißen von I-Nähten Hauptanwendungsgebiet des Elektronenstrahlverfahrens ist, können auch andere Nahtformen hergestellt werden. Eine Auswahl zeigt Bild 6.20.

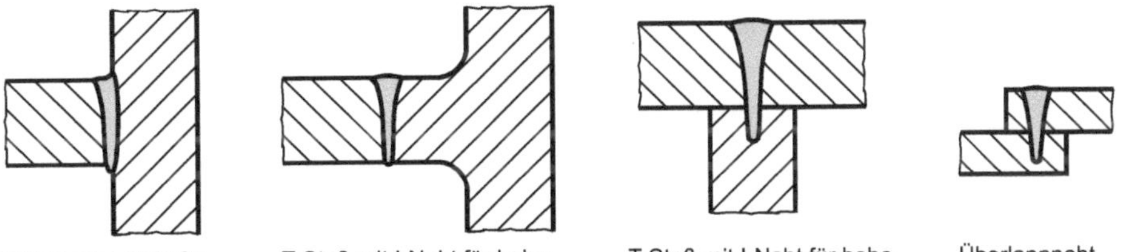


**Bild 6.20** Sonstige Nahtformen

Das Schweißen von unterschiedlichen Werkstückdicken erfordert bei hoher statischer und dynamischer Beanspruchung eine Anpassung der Querschnitte, da bei hohen Festigkeitsanforderungen der abrupte Dickenwechsel als Kerbe wirkt und damit eine große Rissgefahr darstellt. Für das Schweißen von Radialrundnähten ist unbedingt eine Zentrierung vorzusehen. Je nach Bauteilform, -montage und -funktion eignet sich dazu eine Reihe von Werkstückvorbereitungen (Bild 6.19). Beim Schweißen von Axialrundnähten erfolgt das Zentrieren in den meisten Fällen ohne zusätzliche Maßnahmen durch den vorhandenen Formschluss der Drehteile. Um die bei Schweißbeginn einsetzende Querschrumpfung mit den entsprechenden Folgen wie Nahtdurchhang, Bindefehler, Dejustage usw. auszugleichen, sind Presspassungen vorzusehen (Bild 6.21). Eine weitere effektive Möglichkeit der Minimierung des Bauteilverzuges bietet die Anwendung der Mehrstrahltechnik auf modernen Elektronenstrahlschweißmaschinen.

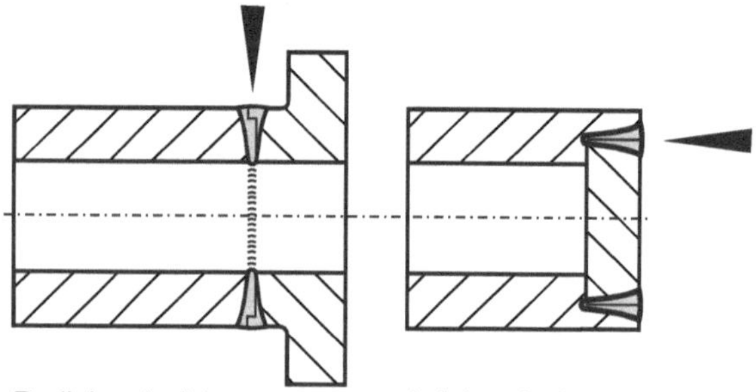


**Bild 6.21**
Ausführung von Rundnähten

## Maßtoleranzen

An die Qualität der Nahtvorbereitung werden beim Elektronenstrahlschweißen höhere Anforderungen gestellt als bei den konventionellen Lichtbogenschweißverfahren. Die zu verbindenden Flächen und die Auftrefffläche für den Elektronenstrahl müssen eben, sauber und frei von Rückständen sein. Wird Stahl in waagerechter Werkstückposition ohne Zusatzwerkstoff elektronenstrahlgeschweißt, sollten die in Bild 6.22 dargestellten Anhaltswerte für maximal zulässige Spaltbreiten von I-Längsnähten nicht überschritten werden. Beim Schweißen mit Zusatzwerkstoff, geringen Schweißgeschwindigkeiten bzw. Strahlpendeln oder Strahldefokussieren sind größere Spaltbreiten möglich, da die verbreiterte Schmelzzone der Neigung zu Nahtdurchhang und Bindefehlern entgegenwirkt.

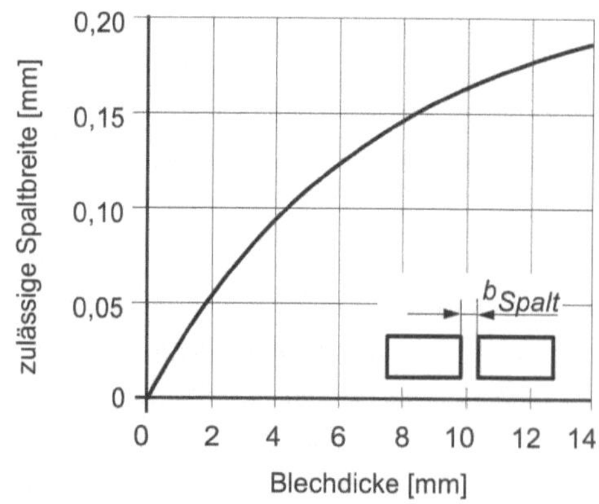


**Bild 6.22**
Zulässige Spaltbreiten von Längsnähten an Stahl

### 6.3.2.3 Schweißparameter und Hinweise für die Schweißpraxis

#### Beschleunigungsspannung

Die Beschleunigungsspannung wird für die Mehrzahl der Schweißaufgaben konstant gehalten. Üblich sind für **Niederspannungsschweißanlagen** 60 kV, für **Hochspannungsschweißanlagen** 150 kV und für Atmosphäre-Schweißmaschinen 175 kV. Mit einer großen Beschleunigungsspannung der Elektronenstrahlkanone sind höhere Einschweißtiefen bei geringeren Strahldurchmessern im Vergleich zu preisgünstigeren Niederspannungsschweißanlagen möglich.

#### Strahlstrom

Während Beschleunigungsspannung und Schweißgeschwindigkeit voreingestellt werden, ist der Strahlstrom unter den Parametern die Größe, die am häufigsten kontinuierlich geregelt wird, um die Strahlleistung den verschiedenen Schweißaufgaben anzupassen. Den Einfluss des Strahlstromes auf das Schweißergebnis zeigt Bild 6.23. Der richtige Strahlstrom schweißt die Werkstückdicke vollständig mit sich optimal ausbildender konvexer Nahtober- und -unterseite durch.

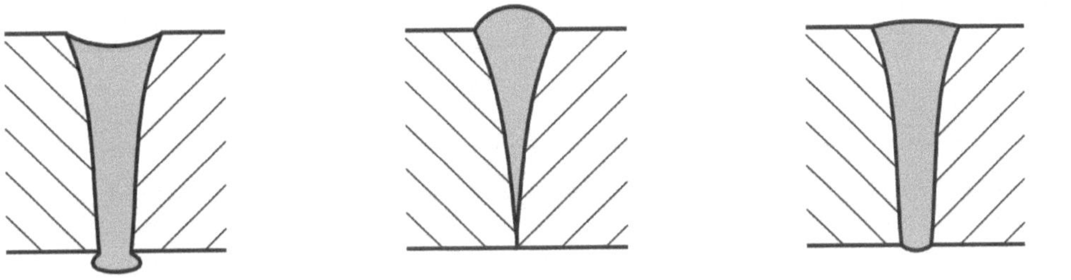


**Bild 6.23** Durchschweißen einer I-Naht in Abhängigkeit vom Strahlstrom

Moderne Anlagen besitzen folgende Regelungsmechanismen für den Strahlstrom:

- **Slope Control** – Absenkung des Strahlstromes bei Nahtanfang und -ende zur Vermeidung von Nahtüberhöhungen und Endkratern beim Schweißen von Rundnähten.
- Schweißwegabhängige **programmierbare Steuerung** – Optimale Nahtausbildung bei wechselnden Nahtdicken.
- **Durchtrittsstrommessung** – Messen der Restenergie des durch das Werkstück tretenden Strahls bei der Schweißung und entsprechende Anpassung des Strahlstromes.

### Fokuslage

Der Elektronenstrahl verlässt divergierend den Strahlerzeugerraum, wird von der elektromagnetischen Linse zu einem Fokus gebündelt und erhält dadurch erst die typische hohe Leistungsflussdichte. Für viele Anwendungen im Dünnblechbereich wird der Fokus, das heißt der kleinste Strahldurchmesser, auf die Oberfläche des Werkstückes eingestellt. Bei größeren Nahttiefen kann mit dieser Fokuslage nur schwer fehlerfrei geschweißt werden. Die Differenz im Strahlstrom zwischen noch nicht durchgeschweißt und schon übermäßig durchgeschweißt ist äußerst gering, die Nahtoberraupen weisen Randkerben auf oder die Nahtunterraupen sind ausgespratzt. Wird der Elektronenstrahl dagegen defokussiert eingestellt, das heißt mit einer Fokuslage unter oder über der Werkstückoberfläche, lassen sich diese Fehler weitgehend vermeiden (Bild 6.24).

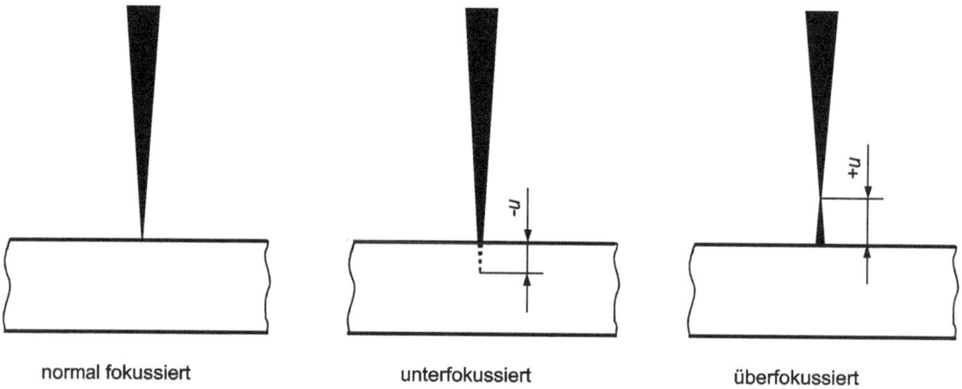


**Bild 6.24** Verschiedene Fokuslagen

Eine sehr einfache, aber wirksame Maßnahme, das Verhältnis der Kräfte im Dampfkanal und Schmelzmantel einerseits und der Schwerkraft andererseits zu beeinflussen, ist das Defokussieren. Um welchen Betrag dabei defokussiert werden muss, kann wegen der Vielzahl weiterer Einflussfaktoren nur durch Versuchsschweißungen ermittelt werden. Für Stahlwerkstoffe hat sich zum Beispiel für Nahtdicken über 10 mm eine Fokuslage bei etwa 0,3 × Blechdicke unter der Werkstückoberfläche als günstig erwiesen. Elektronenstrahlanlagen neuer Bauart können zudem mit der Möglichkeit einer hochdynamischen Variation der **Fokusposition** im Bauteil über definierte **Ablenkfiguren** ausgerüstet werden.

### Schweißgeschwindigkeit

Mit der Bewegung des Werkstückes relativ zum Elektronenstrahl wandert der Dampfkanal mit dem Schmelzmantel durch den Werkstoff, es entsteht die Schweißnaht. Die Strahlleistung wird durch diese Bewegung in ein Werkstoffvolumen eingebracht, sodass sich eine für jede Schweißaufgabe typische spezifische Wärmeeinbringung, die Streckenenergie $E_S$, einstellt. Sie berechnet sich aus dem Produkt von Beschleunigungsspannung $U_B$ und dem Strahlstrom $I_S$, geteilt durch die Schweißgeschwindigkeit $v_S$ zu $E_S = U_B \cdot I_S / v_S$ in kJ/cm und ist beim Elektronenstrahltiefschweißen gegenüber den konventionellen Schweißverfahren (Gasschmelzschweißen, WIG, MAG) sehr gering. Bild 6.25 zeigt Richtwerte für erreichbare Schweißnahtdicken in Stahl.

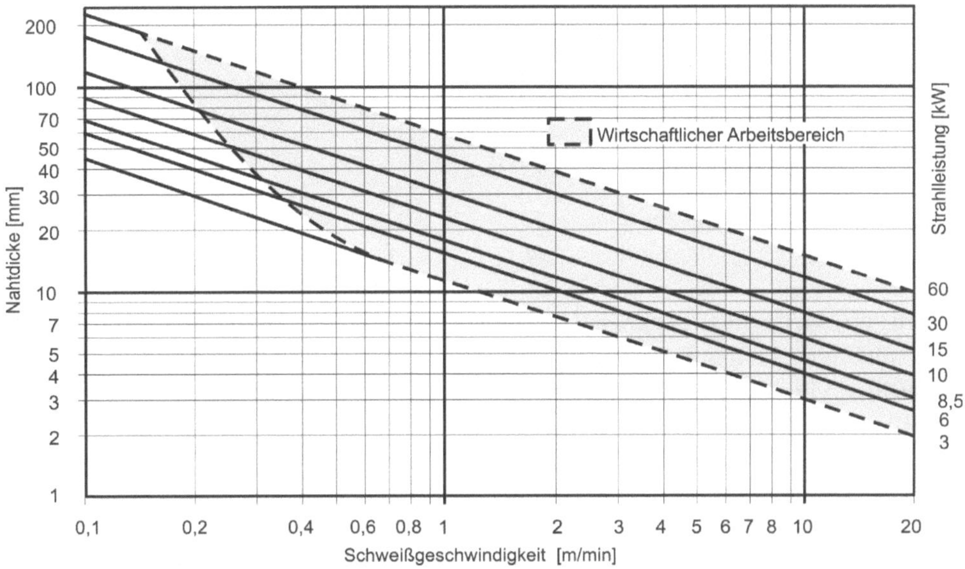


**Bild 6.25** Richtwerte für erreichbare Schweißnahtdicken in Stahl in Abhängigkeit von der Strahlleistung

### Strahlablenken und Strahlpulsen

Zum Schweißen schlecht zugänglicher Nähte lässt sich der Elektronenstrahl durch Gleichstrom statisch, das heißt in einem festen Winkel, ablenken. Mit periodischen Wechselströmen kann der Elektronenstrahl in allen für das Schweißen interessanten Formen sowohl in Schweißrichtung als auch quer zur Schweißrichtung mit unterschiedlichen Frequenzen pendeln (Bild 6.26). Durch **Strahlpendeln** mit großen Frequenzen (50...2000 Hz) ist es möglich:

- den Dampfkanal zu vergrößern und damit das Entstehen von Bodenlunkern beim Schweißen von Nähten ohne Unterraupe zu unterdrücken,
- die Dynamik im Schmelzbereich so zu beeinflussen, dass Unterraupen nicht durchfallen und Oberraupen geglättet werden,
- durch Vergrößerung der Schmelzzone vorhandenen Gasporen das Aufsteigen zur Oberfläche zu ermöglichen.

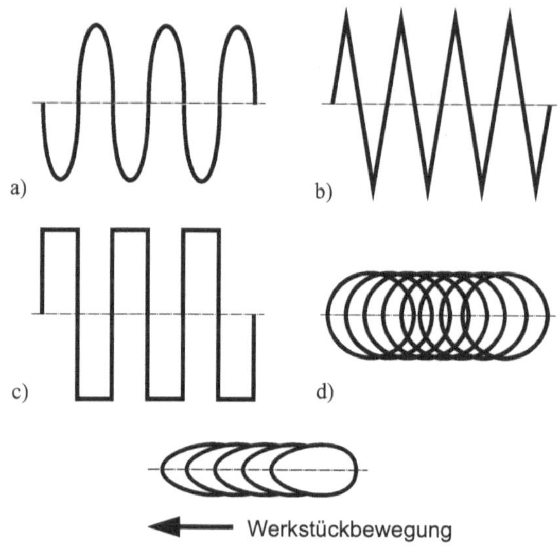


**Bild 6.26**
Formen des Strahlpendelns: a)...c) sinusförmig; d) kreisförmig

Durch Strahlpendeln mit kleinen Frequenzen (bis 15 Hz) bewegt sich die Dampfkapillare mit dem pendelnden Elektronenstrahl. Diese Verfahrensvariante wird beim Schweißen von Aluminium zur Vermeidung von Lunkern und Poren sowie mit entsprechend geringerer Leistungsdichte ($10^4$...$10^6$ W/cm$^2$) für das Härten und Umschmelzen angewendet. Mit großen Amplituden lassen sich durch Strahlpendeln auch Axialrundnähte ohne Werkstückbewegung schweißen, sofern bei größeren Nahtdicken und Pendelwinkeln die Gefahr von Bindefehlern beachtet wird (Bild 6.27). Strahlpulsen wird zur Fertigung besonders schmaler Schweißnähte mit minimalem Energieeintrag eingesetzt. Eine Anwendung ist das Elektronenstrahlschweißen der Kühlkanäle von Aluminiumkolben.

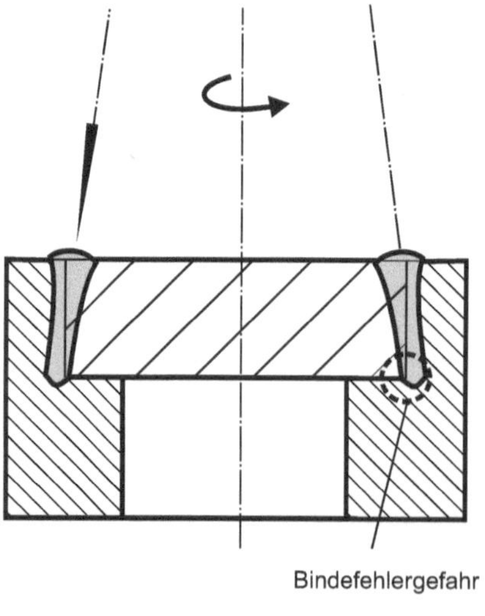


**Bild 6.27**
Schweißen einer Rundnaht mit Strahlpendeln

### Schweißen mit Zusatzwerkstoff

Für große Blech- bzw. Wanddicken, die aufgrund begrenzter Strahlleistung nicht im I-Stoß gefügt werden können, bietet sich, analog zum Lichtbogenschweißen, ein V- oder Y-förmiges Abschrägen der Stirnflächen an. Als besonders vorteilhaft hat sich die Vorbereitung in Y-Form mit Stufensprung bewährt (Bild 6.28). Dabei werden die erste Lage ohne und die nachfolgenden Lagen mit Zusatz geschweißt. Obwohl sich die Winkelschrumpfung durch die Nahtverbreiterung nach oben negativ bemerkbar macht, ist ein wesentlicher Vorteil der Verwendung von Zusatzwerkstoff und speziell der Anwendung der Mehrlagentechnik die deutliche Verringerung der Härte im Schweißgut und in der Wärmeeinflusszone. Ein weiteres Anwendungsgebiet des Elektronenstrahlschweißens mit Zusatzwerkstoff ist das Fügen von I-Stößen mit geringer Bearbeitungsqualität, d. h. mit größeren bzw. wechselnden Spaltbreiten. Eine Sensorik tastet dabei die noch unverschweißte Stoßfuge mit dem abgelenkten und voreilenden Elektronenstrahl bei voller Strahlleistung ab und steuert über das empfangene Messsignal die Drahtvorschubgeschwindigkeit.

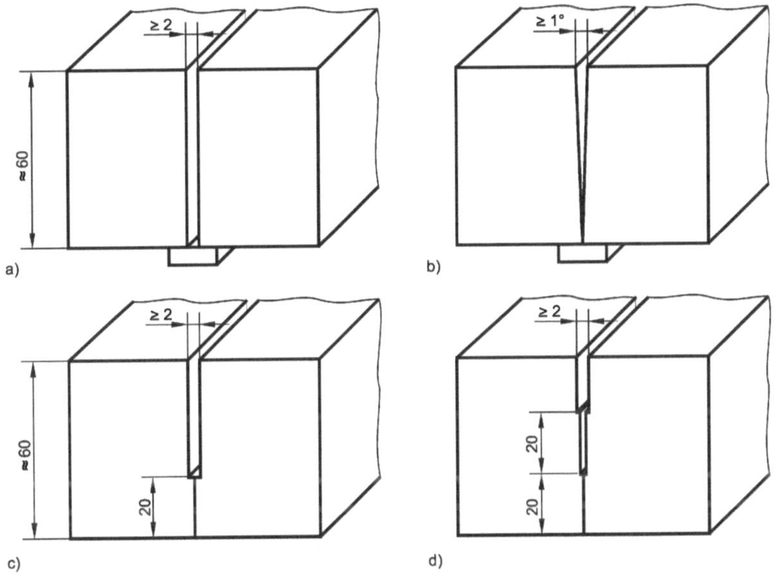


Bild 6.28 Verschiedene Werkstückvorbereitungen für das Elektronenstrahlschweißen dicker Bleche in Mehrlagentechnik. a) I-Naht mit Badsicherung; b) V-Naht mit Badsicherung; c) Y-Naht mit einfachem Stufensprung; d) Y-Naht mit doppeltem Stufensprung (Maßangaben in mm)

## 6.3.2.4 Schweißeignung metallischer Werkstoffe

Zu den Voraussetzungen für sicheres und wirtschaftliches Schweißen gehören neben werkstoffkundlichem Grundwissen auch Kenntnisse der Werkstoffeigenschaften unter dem Einfluss der verschiedenen thermischen Vorgänge. Die folgenden Ausführungen beschreiben deshalb sowohl die allgemeinen verfahrensbedingten Einflüsse als auch das Verhalten einzelner ausgewählter Metalle beim Elektronenstrahlschweißen.

### Verfahrensbedingte Einflüsse

Mit dem konzentrierten Energieeintrag durch den Elektronenstrahl werden extrem hohe Abkühlgeschwindigkeiten im Werkstoff erreicht. In der Folge erstarrt die Schmelze weitgehend feinkörnig, und trotz der hohen Ausgangstemperaturen treten nur minimale Überhitzungserscheinungen auf, die ein Gefüge mit schwach ausgebildeter Gussstruktur entstehen lassen. Obwohl Temperaturhöhe und Temperaturgradient mit zunehmendem Abstand von der Schmelzzone kleiner werden, weisen die Wärmeeinflusszonen und der angrenzende Grundwerkstoff ebenfalls noch ein feinkörniges Gefüge auf, die Grobkornzone ist wesentlich kleiner und weniger signifikant ausgebildet als bei den konventionellen Schweißverfahren (Bild 6.29).

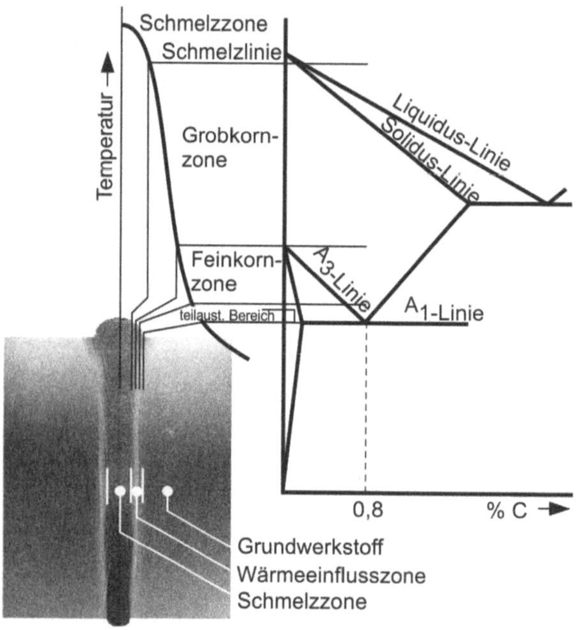


**Bild 6.29** Elektronenstrahlgeschweißte Naht, Schliffbild mit Einordnung in das Fe-$Fe_3C$-Diagramm

Da sich neben den Gefüge- auch die Festigkeitsänderungen auf sehr schmale Werkstoffbereiche beschränken, wirken sich das Gussgefüge der Schmelzzone bzw. die Härtespitzen oder Härtetäler der Schweiß- und Wärmeeinflusszonen insbesondere bei statischer Beanspruchung nur geringfügig auf die Zugfestigkeit und Dehnung der Verbindung aus. Sie sind aber bei dynamischer Belastung nicht zu unterschätzen. Schweißeigenspannungen als innere Spannungen sind die Folge einer örtlich begrenzten Erwärmung und einer Behinderung beim Ausdehnen und Schrumpfen und kennzeichnen jedes Schmelzschweißverfahren. Sie können die Ursache für Rissbildungen unterschiedlicher Art sein (Heißrisse, Schrumpfrisse, usw.), sind aber nicht immer vollständig zu vermeiden, da oft aus konstruktiven Gründen keine freie Schrumpfung der Schweißnähte in einem Bauteilverbund möglich ist. Obwohl die Schweißeigenspannungen einer elektronenstrahlgeschweißten Naht sich nicht wesentlich von denen anderer Schweißverfahren unterscheiden, sind diese durch wesentlich schlankere Nahtformen örtlich eng begrenzt. Die Folge ist ein bei freier Schrumpfung um ein Vielfaches geringerer Verzug. Dies ermöglicht die Herstellung hochmaßhaltiger Bauteile, die oft ohne Nachbearbeitung eingesetzt werden können (Bild 6.30).

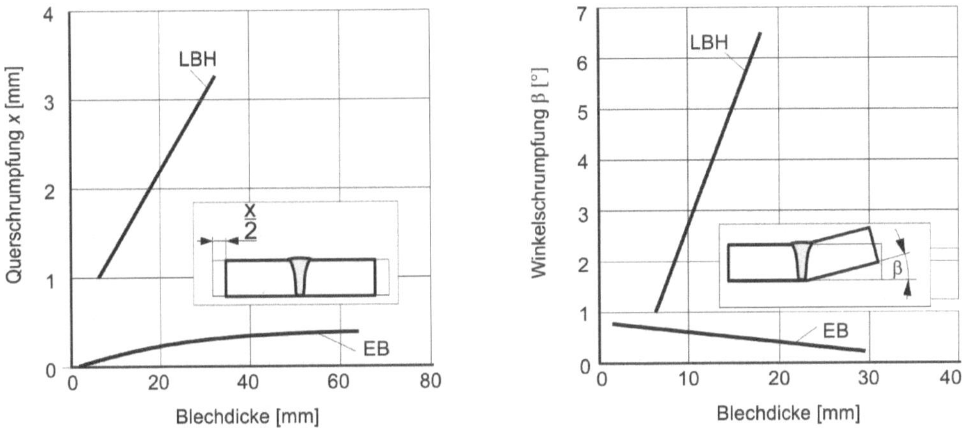


**Bild 6.30** Quer- und Winkelschrumpfung beim Elektronenstrahl- (EB) und Lichtbogenhandschweißen (LBH)

## Stahl- und Eisenwerkstoffe

Der größte Teil der Stahl- und Eisenwerkstoffe ist gut schweißgeeignet. Mit steigendem Kohlenstoffgehalt nimmt die Neigung zur Aufhärtung bei un- und niedrig legierten Stählen zu. Im Vergleich mit konventionellen Verfahren, wie z. B. Metallschutzgas- oder Unterpulverschweißen, zeigen aufgrund der hohen Abkühlgeschwindigkeiten beim Elektronenstrahlschweißen bereits Stähle ab etwa 0,15 % C deutlich höhere Härtewerte in der Schweißnaht (Bild 6.31). Die Bereiche maximaler Härtewerte sind allerdings auf die schmalen Schmelz- und Wärmeeinflusszonen beschränkt. Sie können nicht in gleichem Maß wie bei anderen Schmelzschweißverfahren bewertet werden, da die eng begrenzten aufgehärteten Zonen ausreichend von duktilem Werkstoff umgeben sind und damit eine Stützwirkung gegeben ist. Bei bestimmten abnahmepflichtigen Elektronenstrahl-Schweißbauteilen kann und sollte deshalb die zulässige Maximalhärte nach DIN EN ISO 15614-1 (380 HV) durch Biegeprüfungen bzw. Dauerschwingversuche in Zusammenhang mit metallografischen Untersuchungen ersetzt werden. Sind Stähle mit besonders hohen Kohlenstoffgehalten zu schweißen

(C > 0,4 %), müssen zur Vermeidung von Kaltrissen Wärmevor- und -nachbehandlungen durchgeführt werden. Das Werkzeug Elektronenstrahl bietet hierzu die Möglichkeit, eine Multi-Prozesstechnologie anzuwenden, bei der die Eigenschaft der hochdynamischen Strahlablenkung des Elektronenstrahls optimal genutzt werden kann, auf der Werkstückoberfläche mehrere Prozesszonen zum Vorwärmen, Schweißen und zur Wärmenachbehandlung durch Anpassung von Position, Fokussierung und Strahlleistung in jedem Punkt abzubilden.

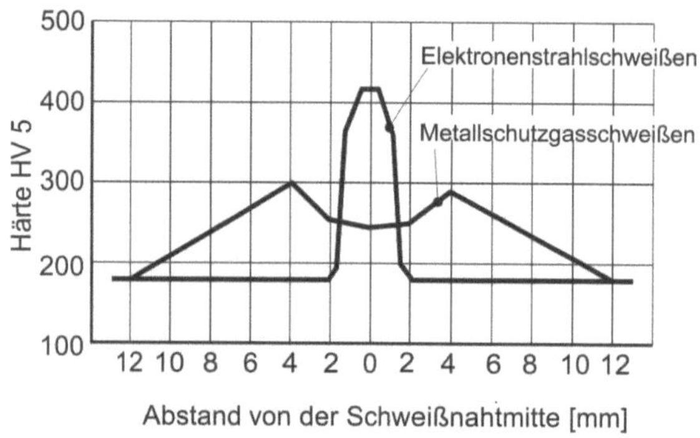


**Bild 6.31** Härteverlaufskurven der Schweißverbindung S355J2G3 (0,18 % C)

Hochlegierte Stähle sind ebenfalls bis auf einige Ausnahmen schweißgeeignet. Dem Problem der Entstehung von Heißrissen kann bei der Verwendung von Werkstoffen mit primär ferritisch erstarrender Schmelze und einem δ-Ferritanteil von 5...15 % wirkungsvoll begegnet werden. Gusseisen mit Lamellen- bzw. Kugelgraphit und Temperguss sind nur sehr bedingt mit dem Elektronenstrahl zu fügen. Bei diesen Werkstoffen erstarrt die Schweißnaht zu einem spröden und rissanfälligen Hartgussgefüge, eine Vorwärmung und gegebenenfalls eine Wärmenachbehandlung sind zweckmäßig.

### Kupferwerkstoffe

Die hohe Wärmeleitfähigkeit des Kupfers lässt die Schmelze schnell erstarren und behindert das Schließen des Dampfkanals bzw. das Entweichen gasförmiger Elemente. Eine Strahldefokussierung und Strahlpendeln zur Erzielung poren- und lunkerfreier Nähte ist deshalb oft unumgänglich. Weiterhin führt die überdurchschnittliche Wärmeausdehnung zu verstärkten Schrumpfeigenspannungen. Kupfer-Nickellegierungen sowie Aluminium- und Zinnbronzen sind gut schweißgeeignet.

### Nickel

Reinnickel und Nickelwerkstoffe sind mit geringen Legierungszusätzen gut schweißgeeignet. Dazu gehört auch die unter dem Namen „Monel“ bekannte Nickellegierung mit 35 % Kupfer. Eine große Bedeutung hat das Elektronenstrahlverfahren beim Schweißen hochwarmfester Nickellegierungen im Triebwerks- und Turbinenbau. Mit zunehmenden Legierungsgehalten, insbesondere von Aluminium und Titan, nimmt die Heißrissneigung zu, eine Verminderung der Schweißgeschwindigkeit kann diese wirkungsvoll unterdrücken. Der größte Teil der warmfesten, korrosionsbeständigen und verschleißfesten Kobaltlegierungen lässt sich ebenfalls gut mit dem Elektronenstrahl schweißen.

#### Aluminiumwerkstoffe

Beim Elektronenstrahlschweißen von Aluminium bereiten die fest haftende Oxidhaut, der große Schmelzpunktunterschied zwischen Oxid (2050 °C) und Grundwerkstoff (660 °C) und die hohe Affinität des Schmelzbades zu den atmosphärischen Gasen im Gegensatz zu den konventionellen Verfahren keine Probleme. Der Elektronenstrahl bringt mühelos die Oxidhaut zum Schmelzen, während das Vakuum die störenden Gase vom Schmelzbad fernhält. Nicht aushärtende Aluminiumlegierungen sind bis auf die heißrissempfindlichen Werkstoffe AlSi1 mit ca. 1 % Silizium und AlMg3 mit ca. 3 % Magnesium gut schweißgeeignet. Aushärtbare Legierungen eignen sich ebenfalls für das Elektronenstrahlschweißen, lediglich AlZn-Legierungen neigen aufgrund des ausdampfenden Zinks zu erheblicher Porenbildung und können nicht zufriedenstellend geschweißt werden. Aluminiumgusswerkstoffe sind bis 13 % Silizium gut schweißgeeignet, bei höheren Gehalten nimmt die Rissneigung zu. Eine geringe Porigkeit ist nicht auszuschließen, kann aber in den meisten Einsatzfällen toleriert werden.

#### Titanwerkstoffe

Titanlegierungen sind wegen ihrer geringen Dichte und hohen Festigkeit ein interessanter Werkstoff und wurden bereits bis zu Dicken von 260 mm elektronenstrahlgeschweißt. Die hohe Sauerstoffaffinität dieses Werkstoffes ab etwa 250 °C spielt beim Schweißen im Vakuum keine Rolle und lässt den Elektronenstrahl als das Werkzeug für das Fügen von Titan erscheinen. Zum Abbau von Schweißeigenspannungen werden Titanbauteile meist im Ofen spannungsarm geglüht.

### 6.3.2.5 Industrielle Anwendung

Anfänglich erlangte das Elektronenstrahlschweißen durch die Luft- und Raumfahrtindustrie sowie Kerntechnik Bedeutung. Seit den siebziger Jahren wird es darüber hinaus erfolgreich angewendet:

- im Fahrzeugbau beim Schweißen der Getrieberäder, Kolben, Ventile usw.,
- im Werkzeug- und Strömungsmaschinenbau beim Verbinden von speziellen Zahnrädern und deren Komponenten,
- in der Armaturenfertigung und Vakuumtechnik,
- im Werkzeugbau zum Schweißen der Kombinationen Stahl – Hartmetall und Hartmetall – Schnellarbeitsstahl an Drehmeißeln, Bohrern, Fräsern, Sägebändern, Sägeblättern usw.,

- im chemischen Apparatebau zum Einschweißen von Rohren in Druckkessel und zum Verbinden der Kesselsektionen,
- in der Elektrotechnik und Elektronik,
- in der Präzisionstechnik, der Feinwerk- und Mikro-Systemtechnik,
- in der Feingerätetechnik und beim Reparaturschweißen im Getriebebau und der Instandsetzung,
- in der Luft- und Raumfahrttechnik für Tanks, Behälter, Sonderbaugruppen und Sektionsteile.

**Bild 6.32**
EB-geschweißte Zahnradkombinationen in Schaltgetrieben aus 16MnCr5 (pro-beam AG)

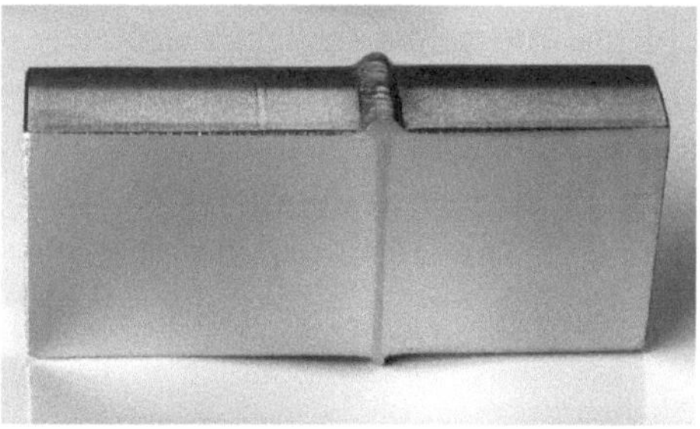

**Bild 6.33**
Querschliff einer elektronenstrahlgeschweißten Verbindung Cu-Bronze + Stahl (pro-beam AG)

**Bild 6.34**
Hochstrom-Verbindungen für Kraftwerke – Ausführung mit verpressten Kupferseilen (pro-beam AG)

**Bild 6.35**
Elektronenstrahlgeschweißter Membranspeicher (pro-beam AG)

**Bild 6.36**
Mit EB-Mehrbadtechnik (60-Strahlen) geschweißter Diesel-Partikelfilter (pro-beam AG)

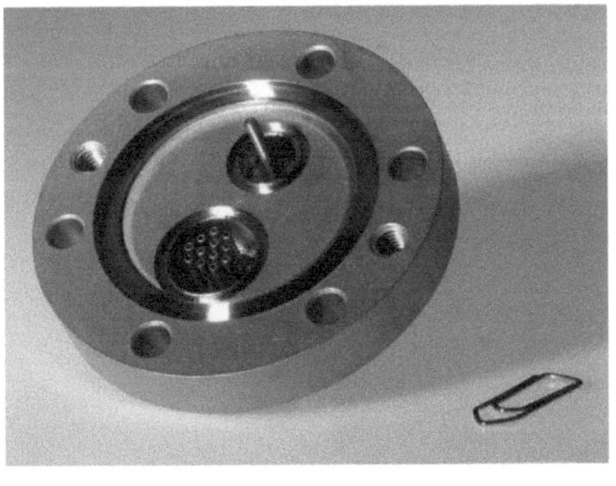

**Bild 6.37**
EB-geschweißte Vakuumdurchführung Kovar – Edelstahl (FOCUS GmbH)

**Bild 6.38**
EB-Schweißen von Membranbälgen aus Edelstahl mit einer Wandstärke von 60 µm (FOCUS GmbH)

## 6.3.3 Weitere Verfahren der Elektronenstrahlmaterialbearbeitung

Neben dem Schweißen ermöglicht die Wärmewirkung des Elektronenstrahls auch eine Vielzahl weiterer Materialbearbeitungs- und -veredelungsverfahren sowohl für Metalle als auch für Kunststoffe und Keramiken (Bild 6.39).

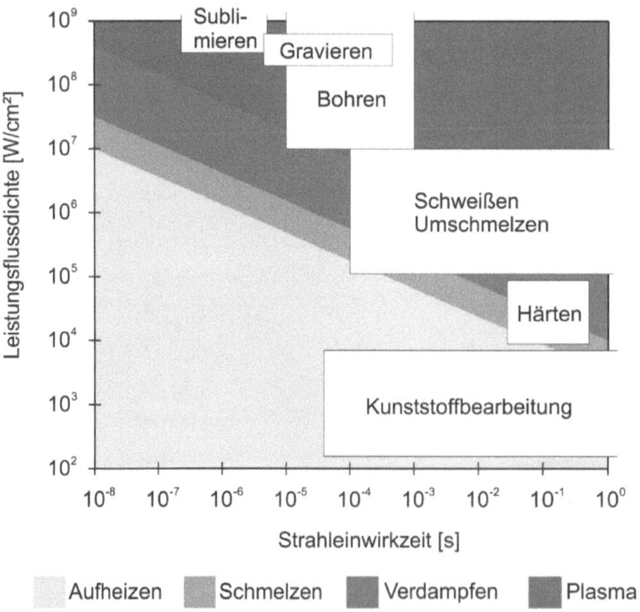


**Bild 6.39** Leistungsflussdichte und Einwirkzeit verschiedener Elektronenstrahl-Bearbeitungsverfahren

Beim **Elektronenstrahlhärten** wird das Werkstück an der Oberfläche örtlich bis zur Umwandlung in das Austenitgefüge erwärmt. Aufgrund des konzentrierten, kurzzeitigen Energieeintrags kommt es zu einer Selbstabschreckung des Gefüges, d. h., die eingebrachte Wärmemenge wird unter extrem hoher Abkühlgeschwindigkeit in den benachbarten Grundwerkstoff abgeleitet. Es sind keine zusätzlichen Abkühlmedien wie Wasser oder Öl erforderlich. Ein weiterer Vorteil des Elektronenstrahlhärtens besteht in der Möglichkeit, Oberflächen punkt-, linien- oder matrixförmig zu behandeln, während die übrigen Bereiche metallurgisch unbeeinflusst bleiben. Typische Einhärtetiefen liegen bei 0,1...2 mm.

Beim **Elektronenstrahlumschmelzen** erwärmt der Elektronenstrahl die Werkstückoberfläche bis zu einer Temperatur, die geringfügig über dem Schmelzpunkt liegt. Durch die rasche Abkühlung kommt es bei bestimmten Werkstoffen zur Bildung modifizierter verschleiß- oder korrosionsbeständiger Gefüge hoher Härte. Ein Beispiel ist das Erzeugen ledeburitischer verschleißfester Randschichten beim Umschmelzen von graphitischem Gusseisen.

Beim **Elektronenstrahlbohren** ist es möglich, mit Leistungsflussdichten über $10^7$ W/$cm^2$ Metalle, Keramiken oder Kunststoffe zu bearbeiten. Der Werkstoff wird dabei im Pulsbetrieb an der Strahlauftreffstelle sofort verdampft, es sind Bohrungen mit Aspektverhältnissen (Bohrungstiefe : Bohrungsdurchmesser) bis 80:1 möglich.

Ebenfalls eingesetzt wird der Elektronenstrahlprozess zur **additiven Fertigung.** Hierbei wird auf einem Substrat Zusatzwerkstoff abgeschmolzen und schichtweise eine Bauteilstruktur aufgebaut. Unterschieden wird in draht- und in pulverbasierte Verfahrensvarianten. Wird Draht als Zusatzwerkstoff verwendet, wird dieser extern in den Elektronenstrahl zugeführt und aufgeschmolzen. Eingeführte Verfahrensbezeichnungen dafür sind Elektron beam freeform fabrication (EBF) oder Electron beam additiv manufacturing (EBAM). Mit pulverförmigem Zusatzwerkstoff wird im Pulverbettverfahren gearbeitet. Dabei wird eine Pulverfläche nur selektiv aufgeschmolzen und die erstarrten Bereiche bilden jeweils eine Schicht der Bauteilstruktur aus. Die gute Fokussierbarkeit des Elektronenstrahls erlaubt, vor allem in der Variante Pulverbett, die Fertigung sehr filigraner und detailgetreuer Strukturen. Da der Prozess im Vakuum abläuft, sind auch reaktive Werkstoffe, wie z. B. Titan, uneingeschränkt verarbeitbar.

### 6.3.4 Strahlenschutz

Die beim Eindringen der Elektronen in den Werkstoff frei werdende **Röntgenstrahlung** darf zu keiner Gefährdung der sich in der Nähe der Anlage aufhaltenden Personen führen. Bei Beschleunigungsspannungen bis 60 kV ist die Energie der Röntgenstrahlung sehr gering und wird ohne zusätzliche Maßnahmen vom Gehäuse der Elektronenstrahlkanone bzw. von der Wand der Arbeitskammer unter die höchstzulässige Ortsdosierung reduziert. Eventuelle Einblickfenster bestehen aus Bleiglas. Bei Beschleunigungsspannungen über 60 kV sind Elektronenstrahlkanone und Arbeitskammer zusätzlich mit einem Bleimantel umkleidet. Auf keinen Fall darf der Elektronenstrahl eingeschaltet werden, wenn der Bleimantel beschädigt bzw. das Bleiglas durch Aluminium- oder Stahlscheiben ersetzt ist. Eine Genehmigung zum Betrieb einer Elektronenstrahlschweißmaschine ist entsprechend der Röntgenverordnung nach Erfüllung oben genannter Voraussetzungen nicht erforderlich. Zur eigenen Sicherheit ist es jedoch ratsam, bei erstmaliger Inbetriebnahme, Ortswechsel und gegebenenfalls bei Umbau sowie Reparatur die Ortsdosisleistung zu messen.

## 6.4 Laserstrahlschweißen (Prozess 52)

### Verfahrensmerkmale

Als Wärmequelle kommt monochromatische kohärente Strahlung großer Energiedichte zum Einsatz, die durch eine optische Anordnung fokussiert wird. Die absorbierte Laserstrahlung erwärmt die Stoßflächen der zu verschweißenden Teile im Fügebereich. Laserstrahlschweißen erfolgt überwiegend **ohne Zusatzwerkstoffe**. Die Anwendung von draht- oder pulverförmigem Zusatzwerkstoff ist möglich, wenn es die Toleranzsituation am Bauteil oder die Schweißmetallurgie erfordern. Um eine Oxidation im Schweißbereich zu unterbinden, können der Prozesszone **inerte Schutzgase** durch geeignete Düsenanordnungen zugeführt werden. Abhängig von der Intensität der Laserstrahlung am Werkstück werden beim Laserstrahlschweißen zwei Verfahrensvarianten, das **Wärmeleitungsschweißen** und das Tiefschweißen, unterschieden. Das Wärmeleitungsschweißen wird mit geringerer Leistungsdichte genutzt, um Schweißnähte in Sichtqualität zu realisieren, die keinerlei Nacharbeit wie Schleifen oder Verputzen erfordern. Der aufgrund seiner zahlreichen Verfahrensvorteile überwiegend angewendete **Tiefschweißprozess** ist gekennzeichnet durch:

- kleine Strahldurchmesser,
- hohe Leistungsdichten,
- hohe Schweißgeschwindigkeiten,
- kleine Wärmeeinflusszonen,
- schlanke Nahtgeometrien mit kleinem Nahtvolumen sowie großem Nahttiefe-Nahtbreite-Verhältnis.

Insgesamt sind Wärmeeinbringung und Verzug durch die lokale Einwirkung der Laserstrahlung gegenüber konventionellen Schweißverfahren gering. Der zumeist mechanisierte oder automatisierte Laserstrahl-Schweißprozess lässt sich gut in andere

Fertigungsschritte integrieren. Aktuelle Entwicklungen im Bereich der Gerätetechnik machen den Laserstrahl als Energiequelle auch für das Handschweißen mit drahtförmigem Zusatzwerkstoff verfügbar.

### Anwendungsbereich/Abmessungen

- Einlagiges Schweißen an Querschnitten von 0,005...20 mm ohne Zusatzwerkstoff.
- Häufig angewendete Fügequerschnitte: I-Naht am Stumpf-, Überlapp-, Eck- und T-Stoß, Überlappnaht, Bördelnaht, Kehlnaht; im Dünnblechbereich überwiegend Überlapp- und Bördelnähte.
- Laserstrahl-Nahtschweißen mit kontinuierlichen Strahlquellen.
- Laserstrahl-Punktschweißen mit Strahlquellen im Pulsbetrieb.
- Laserstrahl-Nahtschweißen durch Aneinanderreihung überlappender Einzelpulse.
- Schweißen von Blechen, Rund-, Profil- und Rohrquerschnitten im Maschinen- und Gerätebau, von Getriebeteilen, Motorkomponenten, Gehäusen, umgeformten Baugruppen, Karosseriebaugruppen im Fahrzeugbau.
- Auch für das Schweißen in der Medizintechnik, Feinwerk- und Mikrotechnik mit sehr geringen Bauteilabmessungen aufgrund kleinster Fokusdurchmesser und exakter Steuerung des Energieeintrages mit geeigneter Anlagentechnik sehr gut geeignet.

### Werkstoffgruppen

- Artgleiche oder unterschiedliche Werkstoffe ohne Zusatzmaterial.
- Un-, niedrig- und hochlegierte Stähle, Edel- und Nichteisenmetalle, Wolfram, Molybdän, Tantal, Nickel, Beryllium, Aluminium, Kupfer und Titan, sowie Kunststoffe.

Für das Schweißen der unterschiedlichen Werkstoffe ist die wellenlängenabhängige Absorption der Laserstrahlung an der Bauteiloberfläche für die Einkopplung der Prozessenergie zu berücksichtigen.

### Wichtige Merkblätter und Normen

- **DVS 2809:** Laserstrahlschweißen in Elektronik und Feinwerktechnik.
- **DVS 3203-1:** Laserstrahlschweißen von metallischen Werkstoffen – Verfahren und Laserstrahl-Schweißanlagen.
- **DVS 3203-2:** Laserstrahlschweißen von metallischen Werkstoffen – Prüfen von Schweißparametern.

- **DVS 3203-3:** Laserstrahlschweißen von metallischen Werkstoffen – Schweißeignung von metallischen Werkstoffen.
- **DVS 3203-3, Beiblatt 1:** Laserstrahlschweißen von metallischen Werkstoffen – Schweißeignung – Laserstrahlschweißen von Kupfer und Kupferlegierungen.
- **DVS 3203-4:** Laserstrahlschweißen von metallischen Werkstoffen – Nahtvorbereitung und konstruktive Hinweise.
- **DVS 3209:** Wirkungsgrade beim Elektronen- und Laserstrahlschweißen.
- **DVS 3210:** Prüfverfahren zur Qualitätssicherung von Elektronen- und Laserstrahlschweißnähten.
- **DVS 3214:** Unregelmäßigkeiten an Elektronen- und Laserstrahlschweißnähten – Ursachen und Abhilfemaßnahmen.
- **DVS 3216:** Laserstrahl-Lichtbogen-Hybridschweißverfahren.
- **DVS 3217:** Empfehlungen zum Prüfen von strahlgeschweißten Stichnähten an T-Stößen.
- **DVS 3218:** Strahlformung für das Schweißen metallischer Werkstoffe mit dem Laser.
- **DVS 3219:** Qualitätssichernde Sensorik während des Laserstrahlschweißens.
- **DVS 3222:** Laser-Remote-Bearbeitung zum Schweißen und Schneiden.
- **DIN 32511:** Schweißen – Elektronenstrahlverfahren zur Materialbearbeitung – Begriffe für Prozesse und Geräte.
- **DIN 32532:** Schweißen – Laserstrahlverfahren zur Materialbearbeitung – Begriffe für Prozesse und Geräte.
- **DIN EN 1011-6:** Schweißen – Empfehlungen zum Schweißen metallischer Werkstoffe – Teil 6: Laserstrahlschweißen.
- **DIN EN ISO 11146-1:** Laser und Laseranlagen – Prüfverfahren für Laserstrahlabmessungen, Divergenzwinkel und Beugungsmaßzahlen – Teil 1: Stigmatische und einfach astigmatische Strahlen.
- **DIN EN ISO 11146-2:** Laser und Laseranlagen – Prüfverfahren für Laserstrahlabmessungen, Divergenzwinkel und Beugungsmaßzahlen – Teil 2: Allgemein astigmatische Strahlen.
- **DIN EN ISO 13919-1:** Elektronen- und Laserstrahl-Schweißverbindungen – Anforderungen und Empfehlungen für Bewertungsgruppen und Unregelmäßigkeiten – Teil 1: Stahl, Nickel, Titan und deren Legierungen.
- **DIN EN ISO 13919-2:** Elektronen- und Laserstrahl-Schweißverbindungen – Anforderungen und Empfehlungen für Bewertungsgruppen und Unregelmäßigkeiten – Teil 2: Aluminium, Magnesium und ihre Legierungen und reines Kupfer.

- **DIN EN ISO 15609-4:** Anforderung und Qualifizierung von Schweißverfahren für metallische Werkstoffe – Schweißanweisung – Teil 4: Laserstrahlschweißen.
- **DIN EN ISO 15609-6:** Anforderung und Qualifizierung von Schweißverfahren für metallische Werkstoffe – Schweißanweisung – Teil 6: Laserstrahl-Lichtbogen-Hybridschweißen.
- **DIN EN ISO 15614-1:** Anforderung und Qualifizierung von Schweißverfahren für metallische Werkstoffe – Schweißverfahrensprüfung – Teil 1: Lichtbogen- und Gasschweißen von Stählen und Lichtbogenschweißen von Nickel und Nickellegierungen.
- **DIN EN 60825-1:** Sicherheit von Lasereinrichtungen – Teil 1: Klassifizierung von Anlagen und Anforderungen.
- **DIN EN ISO 15614–11:** Anforderung und Qualifizierung von Schweißverfahren für metallische Werkstoffe – Schweißverfahrensprüfung – Teil 11: Elektronen- und Laserstrahlschweißen.
- **DIN EN ISO 15616-1:** Abnahmeprüfungen für $CO_2$-Laserstrahlanlagen zum Qualitätsschweißen und -schneiden – Teil 1: Grundlagen, Abnahmebedingungen.
- **DIN EN ISO 15616-2:** Abnahmeprüfungen für $CO_2$-Laserstrahlanlagen zum Qualitätsschweißen und -schneiden – Teil 2: Messen der statischen und dynamischen Genauigkeit.
- **DIN EN ISO 15616-3:** Abnahmeprüfung für $CO_2$-Laserstrahlanlagen zum Qualitätsschweißen und -schneiden – Teil 3: Kalibrieren von Instrumenten zum Messen des Gasdurchflusses und -drucks.
- **DIN EN ISO 22827-1:** Abnahmeprüfung für Nd:YAG-Laserstrahlschweißmaschinen – Maschinen mit Versorgung durch Lichtleitfaser – Teil 1: Lasereinrichtung.
- **DIN EN ISO 22827-2:** Abnahmeprüfung für Nd:YAG-Laserstrahlschweißmaschinen – Maschinen mit Versorgung durch Lichtleitfaser – Teil 2: Mechanische Bewegungseinrichtungen.

## 6.4.1 Grundlagen des Laserstrahlschweißens

### 6.4.1.1 Entstehung und Besonderheiten von Laserlicht

Die Quantentheorie der Strahlung als Grundlage zur Erzeugung von Laserlicht entwickelte Einstein bereits 1917, aber erst 1960 gelang es T. Maiman von der Firma Hughes den ersten Laser auf der Basis eines Rubinkristalls zu bauen. Damals war noch nicht abzusehen, welche technischen Perspektiven sich aus der **L**ight **A**mplification by **S**timulated **E**mission of **R**adiation – **LASER**, also der Lichtverstärkung durch stimulierte Emission, eröffnen sollten.

Zur Erzeugung eines kontinuierlichen Laserstrahls ist es notwendig, Atome, Ionen oder Moleküle eines aktiven Lasermaterials in einen genau definierten angeregten Zustand zu bringen, sodass beim Rücksprung in den Grundzustand oder einen energetisch niedrigeren Zustand das Laserlicht emittiert wird. Als aktives Lasermaterial sind Gase, Flüssigkeiten und Festkörper mit metastabilen Energieniveaus geeignet. Während angeregte Elektronen normalerweise nach etwa $10^{-8}...10^{-7}$ s wieder in den Grundzustand zurückspringen, beträgt ihre Aufenthaltswahrscheinlichkeit in metastabilen Niveaus bis zu 1 s. Sie dienen daher als Speicher für angeregte Elektronen. Die Energiezufuhr des Lasers sorgt dafür, dass die metastabilen Niveaus gefüllt werden, ein Vorgang, den man als Pumpen bezeichnet. Es werden viele Formen der Energieversorgung eingesetzt: Mit Elektronen- und Ionenstößen regt man **Gaslaser** an, **Festkörperlasern** wird die Energie optisch zugeführt, Diodenlaser werden elektrisch betrieben.

Im Laser tritt Licht mit den gespeicherten energiereichen Elektronen des metastabilen Niveaus in Wechselwirkung. Wichtige physikalische Vorgänge dabei sind **Absorption, spontane und induzierte Emission**.

Absorption: Ein **Lichtquant**, dessen Energie gerade gleich dem energetischen Abstand zweier Niveaus ist, wird absorbiert und induziert einen Elektronensprung. Tritt nur Absorption auf, so nimmt die Intensität des eintretenden Lichtbündels exponentiell mit dem Weg ab.

Spontane Emission: Bei der in konventionellen **Lichtquellen** (z. B. Glühlampe) auftretenden spontanen Emission kehrt das Elektron nach einer nicht exakt vorausdefinierten, statistisch streuenden Verweildauer vom angeregten Zustand in den Grundzustand zurück; die Elektronensprünge sind nicht koordiniert.

Stimulierte oder induzierte Emission: Der Zeitpunkt des Übergangs in ein tieferes Niveau erfolgt nicht mehr zufällig, sondern ein ankommendes Lichtquant, ein **Photon**, veranlasst – induziert – den Sprung. Das zum Rücksprung veranlasste Elektron gibt seine Energie in Form eines Photons ab. Die abgegebene Strahlung besitzt dabei gleiche Frequenz, Phasenlage und Ausbreitungsrichtung, wodurch die ankommende Lichtwelle verstärkt wird.

Die induzierte Emission ist die Grundlage des **Lasereffektes**, da nur bei ihr eine feste Phasenbeziehung zwischen den emittierten Lichtquanten besteht. Spontane Emission, induzierte Emission und Absorption stehen zueinander in Konkurrenz. Die Aufgabenstellung beim Aufbau eines Lasers besteht darin, die induzierte Emission zu favorisieren. Man erreicht dies durch den Aufbau und das Aufrechterhalten einer **Besetzungsinversion** der Energiezustände gegenüber dem thermodynamischen Gleichgewicht des laseraktiven Mediums. Um einen effizienten Laserbetrieb zu ermöglichen, muss ein Medium einer Reihe von Anforderungen hinsichtlich der Lage seiner am Strahlungsübergang beteiligten Energieniveaus und deren Lebensdauer genügen. Im Einzelnen bedeutet dies, dass sich das Pumpniveau $E_4$ deutlich schneller in das obere Laserniveau $E_3$ als in den Grundzustand entleert, das obere Laserniveau $E_3$ eine möglichst große spontane Lebensdauer besitzt, sich das untere Laserniveau $E_2$ sehr schnell in den Grundzustand $E_1$ entvölkert und das untere Laserniveau $E_2$ energetisch hinreichend höher als der Grundzustand liegt, um die thermische Bevölkerung aus dem Grundzustand heraus möglichst gering zu halten. Prinzipielle Vorgänge im 4-Niveau-System, welches die Grundlage für die Funktion wichtiger Lasertypen der Materialbearbeitung bildet, veranschaulicht Bild 6.40. Der Energiefluss eines 4-Niveau-Lasers kann daher wie folgt gekennzeichnet werden: Die laseraktiven Atome oder Moleküle werden energetisch angeregt und in das Pumpniveau $E_4$ gebracht, von dem aus durch strahlungslose Übergänge das obere Laserniveau $E_3$ besetzt wird. Beim Übergang vom oberen Laserniveau $E_3$ zum unteren Laserniveau $E_2$ erfolgt die Aussendung der Laserstrahlung. Das untere Laserniveau $E_2$ entleert sich schnell in den Grundzustand. Dadurch wird erreicht, dass auch bei relativ geringer Besetzungsdichte des oberen Laserniveaus (verglichen mit der Besetzung des Grundzustandes) eine Inversion zwischen $E_3$ und $E_2$ besteht und aufrechterhalten werden kann. Dies ermöglicht einen kontinuierlichen Betrieb eines **4-Niveau-Lasers** [Hüg92].

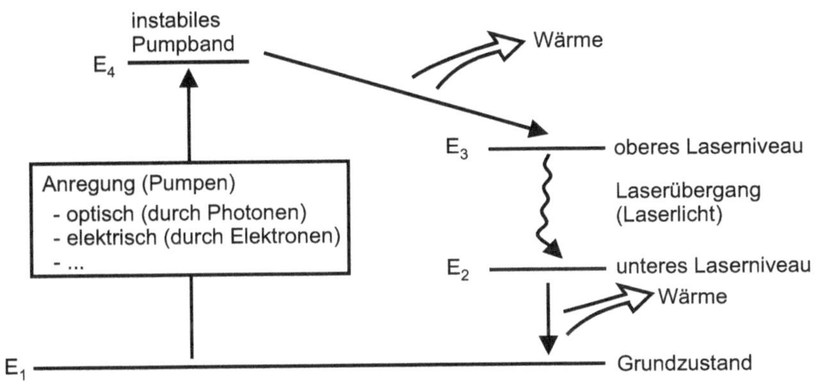


**Bild 6.40** Prinzipielles 4-Niveau-Schema für den Laserprozess

### 6.4.1.2 Eigenschaften des Laserlichts

Je nach aktivem Lasermaterial kann die Bandbreite der Strahlung vom ultravioletten bis zum infraroten Laserlicht reichen. Die durch induzierte Emission ausgesendeten Lichtquanten sind eine qualitativ hochwertige Strahlung, die Wellen des Lichtbündels weisen gleiche Phasenbeziehungen auf, d. h.:

- zu verschiedenen Zeiten in gleicher Entfernung vom Ausgangspunkt (**zeitliche Kohärenz**),
- an verschiedenen Stellen zu gleicher Zeit (**räumliche Kohärenz**) (Bild 6.41).

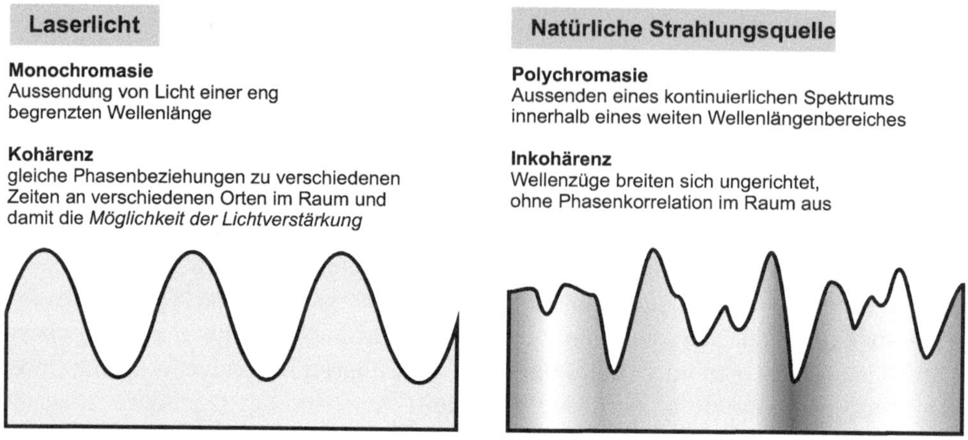


**Bild 6.41** Eigenschaften des Laserlichts

Die damit verbundenen charakteristischen Eigenschaften der Laserstrahlung sind:

- hohe **Monochromasie**: im Gegensatz zu thermischen Lichtquellen (Glühlampe) wird nur Strahlung einer eng begrenzten Wellenlänge emittiert,
- hohe Bündelungsschärfe: durch geringe Strahlaufweitung (**Divergenz**) Möglichkeit der verlustarmen Übertragung der Laserstrahlung über größere Entfernungen,
- hohe Intensität: durch Fokussierung lassen sich extrem hohe Temperaturen an der Werkstückoberfläche erzeugen.

## 6.4.2 Laseranlagen

### 6.4.2.1 Laserstrahlquellen

Für die Materialbearbeitung innerhalb der Fertigungstechnik sind Laserstrahlquellen ab ca. 10 W Ausgangsleistung von Bedeutung. Von vielen bekannten Lasersystemen erfüllen diese Anforderungen in Kombination mit vertretbarem technischem Aufwand folgende Lasertypen:

- Yb:YAG-Festkörperlaser als Scheibenlaser oder Stablaser,
- Nd:YAG-Festkörperlaser (diodengepumpt oder lampengepumpt) als Stablaser,
- $CO_2$-Gaslaser,
- Diodenlaser,
- Excimerlaser.

Bild 6.42 zeigt die Einordnung der emittierten Strahlung der aufgeführten Laser in das elektromagnetische Spektrum.

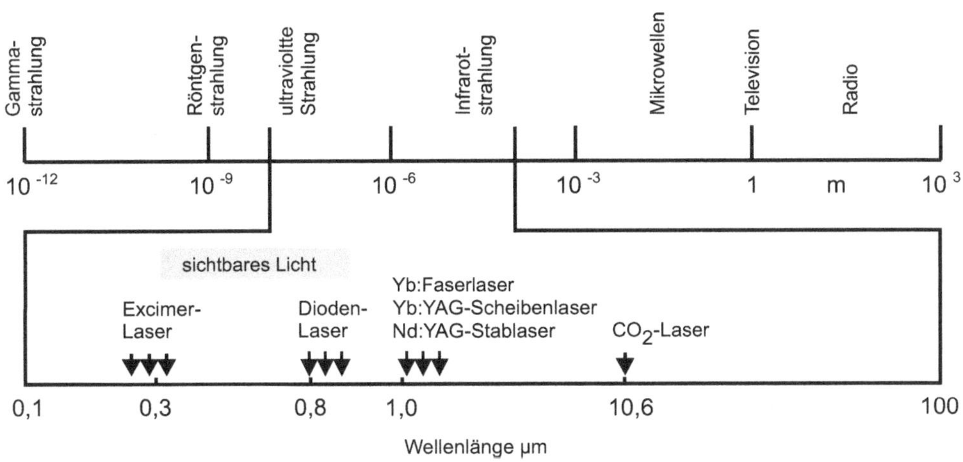


**Bild 6.42** Wellenlängen von Hochleistungslasern im elektromagnetischen Spektrum

### Festkörperlaser

Im Zentrum herkömmlicher **Nd:YAG-Festkörperlaser** mit einer Wellenlänge von 1064 nm befindet sich ein mit Ionen gezielt dotierter Kristall, der von Blitz- oder Bogenlampen umgeben ist (Bild 6.43). Das laseraktive Medium, der Kristall, ist hier ein Yttrium-Aluminium-Granat ($Y_3Al_5O_{12}$) bei dem im Gitter $Y^{3+}$-Ionen durch $Nd^{3+}$-Ionen (Neodym) ersetzt werden. Die $Nd^{3+}$-Ionen, als aktive Komponente, werden über die Lampen optisch angeregt und emittieren die Laserstrahlung entsprechend dem eingangs besprochenen 4-Niveau-Schema. Zur optimalen Einkopplung der Anregungsenergie in den Nd:YAG-Kristall sind die Anregungslampen in einem doppelten Ellipsoid angeordnet. Da von dem relativ breiten Strahlungsspektrum der Lampen nur ein geringer Wellenlängenbereich für die Anregung ausgenutzt wird, ergibt sich ein **Wirkungsgrad** des Laser von $\eta \leq 5$ %. Technisch realisierte maximale Ausgangsleistungen im kontinuierlichen Betrieb liegen bei $P \approx 6$ kW. Um für bestimmte Aufgaben höhere Leistungen zur Verfügung zu stellen, können **Nd:YAG-Laser** entsprechender Bauform auch gepulst betrieben werden. Die sich dabei ergebenden Pulsleistungen betragen bis zu $P \approx 50$ MW, bei Pulsdauern von $t = 10^{-3}...10^{-8}$ s. Die Führung des Laserstrahls von der Strahlquelle zum zu bearbeitenden Werkstück erfolgt mittels Lichtleitfasern. Diese bieten die Möglichkeit, das Laserlicht durch Totalreflexion im Kern der Fasern ohne großen gerätetechnischen und Justieraufwand direkt an die Wirkstelle zu leiten.

Moderne **Nd:YAG-Festkörperlaser** nutzen alternativ zu den Blitz- oder Bogenlampen den mit Wirkungsgraden bis zu 50 % arbeitenden Diodenlaser als Pumplichtquelle zur optischen Anregung des laseraktiven Mediums. Mit einer präzisen Abstimmung der emittierten Strahlung dieser Halbleiterlaser auf die Absorptionslinien des Festkörperlaserkristalls lässt sich der Wärmeeintrag in diesen minimieren und damit der Gesamtwirkungsgrad und die Strahlqualität verbessern. Im Vergleich zu blitz- oder bogenlampenangeregten Systemen ergibt sich eine Verbesserung der Strahlqualität um ca. 30 %, bei gleichzeitiger Steigerung des Gesamtwirkungsgrades auf $\eta \approx 10...12$ %.

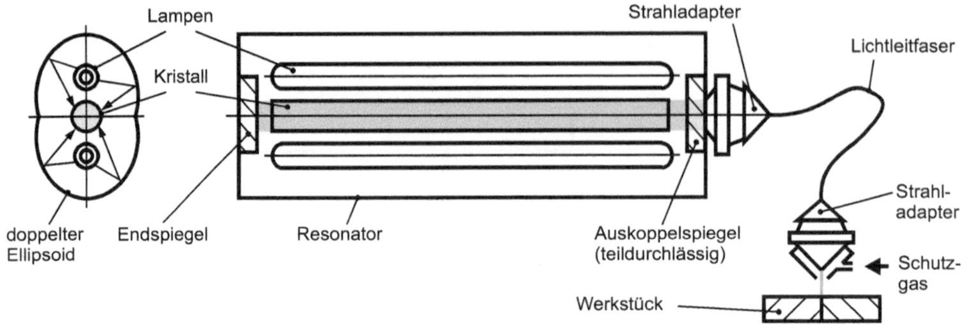


**Bild 6.43** Aufbau eines blitzlampengepumpten Nd:YAG-Lasers

Der diodengepumpte **Scheibenlaser**, ein Festkörperlaser, bei dem der Kristall als nur einige Zehntelmillimeter dicke Scheibe ausgeführt ist, hat sich als moderne Strahlquelle für Schweißanwendungen bewährt, die eine hohe Strahlqualität bei Leistungen im Multikilowatt-Bereich erfordern. Durch die verbesserte Kühlmöglichkeit des scheibenförmigen Kristalls werden höhere Strahlqualitäten gegenüber Systemen mit einem stabförmigen laseraktiven Medium erreicht. Zudem zeichnet sich das diesen Strahlquellen zugrunde liegende Konzept (Bild 6.44) durch eine bauartbedingte Unempfindlichkeit gegenüber Rückreflexionen vom Werkstück in den Laserresonator aus, wodurch eine hohe Zuverlässigkeit und Produktivität erreicht werden kann.

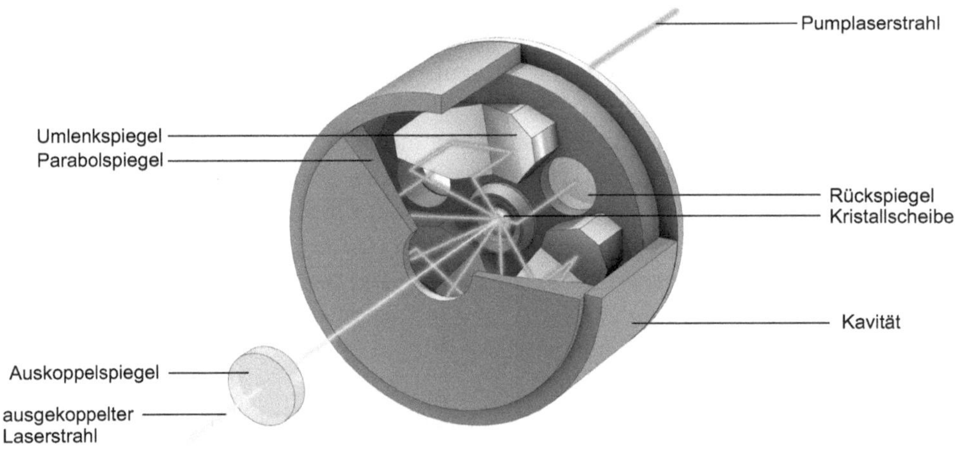


**Bild 6.44** Yb:YAG-Scheibenlaser – Prinzipdarstellung (TRUMPF Laser GmbH)

Im Verlauf der letzten Jahre haben sich **Faserlaser** von Strahlquellen niedriger Ausgangsleistung für spezielle Applikationen zu Hochleistungslasern für die Materialbearbeitung mit einer überzeugenden Zuverlässigkeit, einem hohen elektro-optischen Wirkungsgrad, höchster Strahlqualität und niedrigen Betriebskosten entwickelt. Ytterbium-Faserlaser konnten sich als hocheffiziente Strahlquellen sowohl für Schweißanwendungen im Mikro- als auch im Makrobereich etablieren. Mit einer dem Nd:YAG-Festkörperlaser ähnlichen Wellenlänge von 1070 nm hat der Faserlaser in den zurückliegenden Jahren deutliche Marktanteile im Bereich der Lasermaterialbearbeitung gewonnen. Wie andere Lasertypen auch, besteht ein Faserlaser aus einer Pumpquelle, einem Verstärker-Medium und einer optischen Rückkopplung zur Erzeugung der Emission. Hinsichtlich des Aufbaus unterscheidet sich ein Faserlaser jedoch deutlich von einem konventionellen Laser (Bild 6.45). Wird die Strahlqualität der aus dem Resonator eines konventionellen Lasers ausgekoppelten Laserstrahlung maßgeblich durch Abstand und Krümmung der Laserspiegel und der thermischen Linse des aktiven Mediums bestimmt, ist bei einem Faserlaser der Querschnitt des Faserkerns der aktiven Faser und ihre numerische Apertur, die durch den Brechungsunterschied zwischen Kern und Pumpmantel vorgegeben ist maßgeblich.

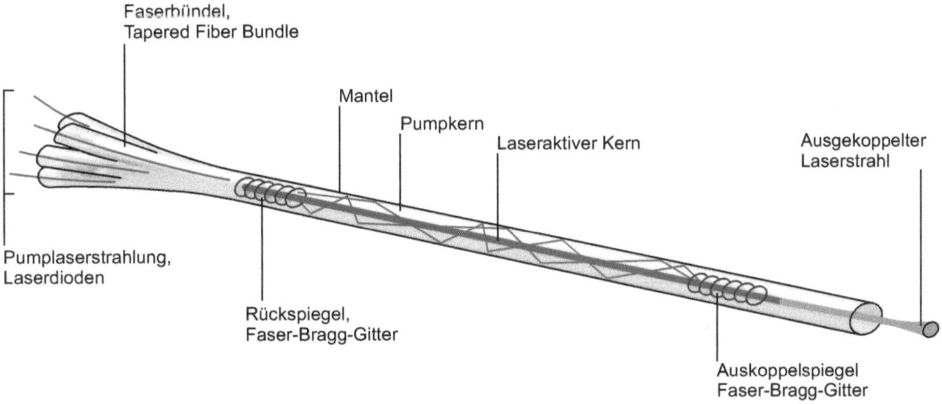


**Bild 6.45** Ytterbium-Faserlaser – Prinzipdarstellung (TRUMPF Laser GmbH)

### $CO_2$-Gaslaser

Die aktive Komponente dieses Lasertyps besteht aus $CO_2$-Molekülen. Daneben enthält das Gasgemisch im Resonator auch $N_2$- und He-Anteile (Bild 6.46).

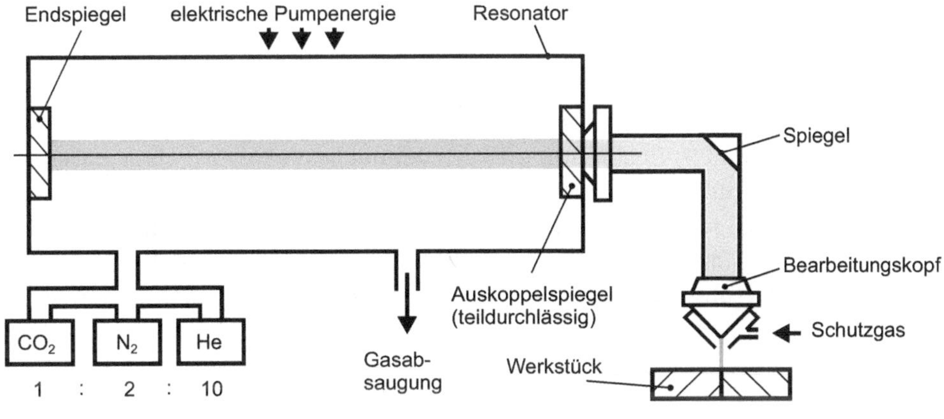


**Bild 6.46** Aufbau eines $CO_2$-Gaslasers

Die Anregung des laseraktiven Mediums erfolgt indirekt über eine elektrische Gasentladung. Dazu werden zunächst die Stickstoffmoleküle angeregt. Durch mechanische Stöße wird die kinetische Energie der $N_2$-Moleküle auf die $CO_2$-Moleküle übertragen, die sich anschließend im angeregten Zustand befinden. Eine direkte Anregung der $CO_2$-Moleküle in einer elektrischen Gasentladung ist aus physikalischen Gründen nicht möglich. Zur Verbesserung der thermischen Eigenschaften (Wärmeleitfähigkeit) und zur effizienteren Ausnutzung der stimulierten Emission wird dem Gasgemisch Helium zugefügt. $CO_2$-Hochleistungslaser weisen Leistungen bis zu $P = 45$ kW auf. Auch hier ist analog dem Nd:YAG-Festkörperlaser ein Pulsbetrieb mit Frequenzen bis $f = 10$ kHz möglich. Im Vergleich zu anderen Lasersystemen verfügen $CO_2$-Laser über relativ hohe Wirkungsgrade von $\eta \approx 15$ %. Der Verlustanteil tritt in Form von Wärme auf und muss aus dem Resonator abgeführt werden. Dazu wird das Gasgemisch ständig über einen Wärmetauscher umgewälzt. Je nach Art des Gastransports unterscheidet man längs- und quergeströmte Lasersysteme, wobei aktuelle Strahlquellen in längsgeströmter Bauweise mit meist mehrfach gefaltetem Resonator realisiert werden (Bild 6.47).

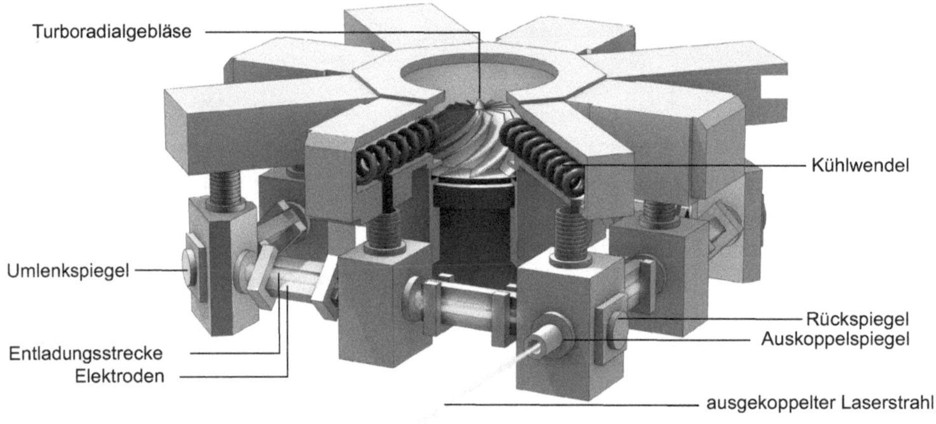


**Bild 6.47** Aufbau einer Hochleistungs-$CO_2$-Laserstrahlquelle – Prinzipdarstellung (TRUMPF Laser GmbH)

Die Anregung der elektrischen Gasentladung kann mit Gleich- oder Wechselstrom erfolgen, in derzeitigen $CO_2$-Hochleistungslasern dominiert die Hochfrequenzanregung (Bild 6.48). Die Strahlführung des Laserstrahls kann aufgrund der Wellenlänge von 10,6 µm nicht über Lichtleitfasern realisiert werden. Zum Einsatz kommen hier für Strahlführung und -formung hochreflektierende Spiegel aus zumeist oberflächenbeschichteten Kupfersubstraten oder Linsen aus Zinkselenid (ZnSe) bzw. Galliumarsenid (GaAs).

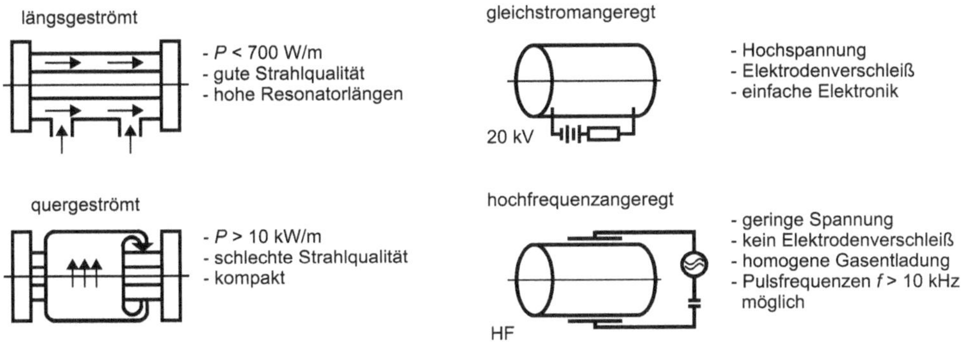


**Bild 6.48** Gastransport und elektrische Anregung von $CO_2$-Lasern

Gegenüber strömungsgekühlten Strahlquellen zeichnen sich diffusionsgekühlte **$CO_2$-Slab-Laser** als etablierte, effiziente Strahlquellen für eine Vielzahl von Anwendungen durch eine sehr hohe Strahlqualität aus. Bei diesem System erfolgt die Anregung des Lasergases zwischen zwei wassergekühlten Elektrodenplatten. Die dabei entstehende Wärme wird von den Elektrodenplatten aufgenommen (Diffusionskühlung) und über das Kühlwasser abgeleitet. Da das Lasergas weder umgewälzt noch ständig erneuert werden muss und sich damit der Gasverbrauch auf ein Minimum reduziert, reicht eine in den Laser integrierte Gasversorgung für rund 12 Monate Dauerbetrieb.

## Diodenlaser

Beim Diodenlaser wird der Laserstrahl von einer mikroelektronischen Diode erzeugt, die elektrischen Strom direkt in Laserenergie umwandelt. Diodenlaser mit geringer Leistung arbeiten beispielsweise in CD-Playern, Laserdruckern, Scannerkassen, im Bereich der Telekommunikation und in der Messtechnik. Hochleistungsdiodenlaser haben sich neben der Anwendung als Pumpquellen für Festkörperlaser in der Materialbearbeitung zunehmend auch als Strahlquellen für die Direktanwendung etabliert. Bild 6.49 zeigt in schematischer Darstellung einen sogenannten Laserbarren aus GaAs-Halbleitermaterial, in dem zur Erzeugung hoher Laserdiodenleistungen Einzeldioden zu mehreren Hundert nebeneinander angeordnet sind. Der Wirkungsgrad einer solchen Einheit beträgt bis zu $\eta \approx 50$ %, bei mittleren Leistungen von $P = 20...50$ W. Für Ausgangsleistungen bis zu ca. $P \approx 50$ kW werden die einzelnen Diodenlaserbarren zu Stapeln zusammengefügt (Bild 6.50). Mithilfe einer Mikrooptik wird der Divergenzwinkel senkrecht zur Emitterebene ($\theta \approx 90°$), mit einer Zylinderlinse der Divergenzwinkel parallel zur Emitterebene ($\theta \approx 10°$) korrigiert. Die dahinter angeordnete Fokussieroptik bündelt den Laserstrahl und ermöglicht die Strahleinkopplung in eine flexible Lichtleitfaser. In Kombination mit einer entsprechenden Fokussieroptik können Intensitäten im Bereich von $10^3...10^6$ W/cm$^2$ eingestellt werden (Bild 6.51).

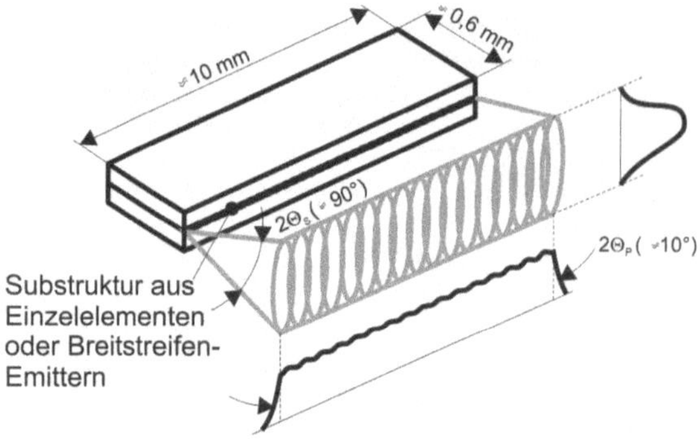


**Bild 6.49** Schematische Darstellung der Emissionscharakteristik eines Hochleistungs-Diodenlaserbarrens

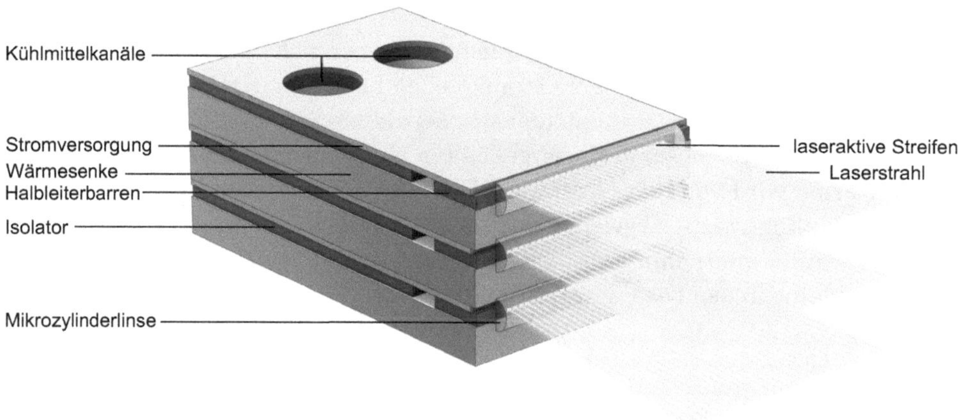


**Bild 6.50** Aufbau eines Hochleistungs-Diodenlasers – Prinzipdarstellung (TRUMPF Laser GmbH)

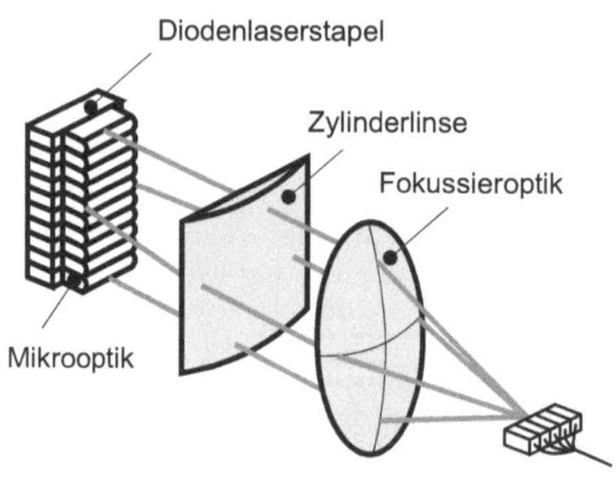


**Bild 6.51** Strahlkombination und -formung zum Diodenlaserstapel mit kleinem Fokusdurchmesser

Damit sind Hochleistungsdiodenlaser hauptsächlich für Anwendungen der Laser-Oberflächenwärmebehandlung, des Laserstrahlauftragschweißens, des Laserstrahlverbindungsschweißens bzw. des Laserstrahlhartlötens im Hinblick auf die

Möglichkeiten der Strahlformung und homogenen Energiedeposition im Werkstück interessant. Alternativ zur direkten Fokussierung der Laserstrahlung auf das Werkstück ist eine Einkopplung der Strahlung in Lichtleitfasern zur Strahlführung möglich.

### Excimerlaser

Der Excimerlaser verwendet als laseraktives Medium unterschiedliche Gasgemische kurzlebiger Edelgashalogenidmoleküle (Excimere) und wird innerhalb der Materialbearbeitung vorwiegend in der Feinwerk- und Mikrotechnik, zum großflächigen Materialabtrag von Polymeren, zum Gravieren und aufgrund seiner Strahlung im UV-Bereich zur Auslösung photochemischer Prozesse verwendet. Excimerlaser arbeiten im Pulsbetrieb mit Frequenzen $f$ von bis zu 500 Hz. Dabei sind Pulsdauern $t$ von 10...300 ns möglich. Im Gegensatz zu Festkörperlaser und $CO_2$-Gaslasern, die bei einer festen Wellenlänge Laserstrahlung emittieren, kann bei Excimerlasern die Wellenlänge durch Verwendung unterschiedlicher Edelgashalogenidmischungen variiert werden (Tabelle 6.2).

**Tabelle 6.2** Wellenlängen verschiedener Excimerlaser

| Laseraktives Medium | $H_2$ | $Ar_2$ | $F_2$ | $Xe_2$ | Ar F | Kr Cl | Kr F | Xe Cl | Xe F |
|---|---|---|---|---|---|---|---|---|---|
| Laserwellenlänge [nm] | 116 | 126 | 157 | 172 | 193 | 220 | 248 | 308 | 351 |

Die Erzeugung der Laserstrahlung erfolgt nach folgendem Schema:

- Vorionisierung des Lasergases durch Röntgenstrahlung,
- Anregung des Lasergases durch Hochspannungsentladung – Bildung der Excimermoleküle,
- Übergang der angeregten Moleküle in den Grundzustand (Zerfall in Edelgas- und Halogenatome) unter Emission von UV-Strahlung.

Die mittlere Leistung von Excimerlasern ist mit $P_m \approx 1$ kW gegenüber den verschiedenen Bauformen der Festkörperlaser und den $CO_2$-Hochleistungslasern vergleichsweise gering.

### Marktanteile

Der Laser hat sich als flexibles Werkzeug im Bereich der Materialbearbeitung fest etabliert. Die verschiedenen Anwendungen stellen dabei unterschiedliche Anforderungen an die einzusetzenden Strahlquellen. Entscheidende Frage ist hier die Leistungsfähigkeit der Strahlquelle in Relation zur Kostenstruktur. Im Wettbewerb der

Strahlquellen etablieren sich für neu zu realisierende Anwendungen zunehmend moderne Festkörperlaser wie Scheibenlaser (Bild 6.52) oder Faserlaser gegenüber herkömmlichen Konzepten wie $CO_2$-Gaslasern bzw. dioden- oder lampengepumpten Festkörperlasern mit stabförmigem laseraktivem Medium. Wie die langjährige Entwicklung auf dem Gebiet der Laserstrahlquellen belegt, sind neue Techniken nur selten in der Lage, etablierte Konzepte vollständig zu substituieren. So werden beispielsweise auch heute noch für einige gepulster Anwendungsfälle lampengepumpte Nd:YAG-Festkörperlaser eingesetzt (Bild 6.53).

**Bild 6.52**
Strahlquelle eines Scheibenlasers

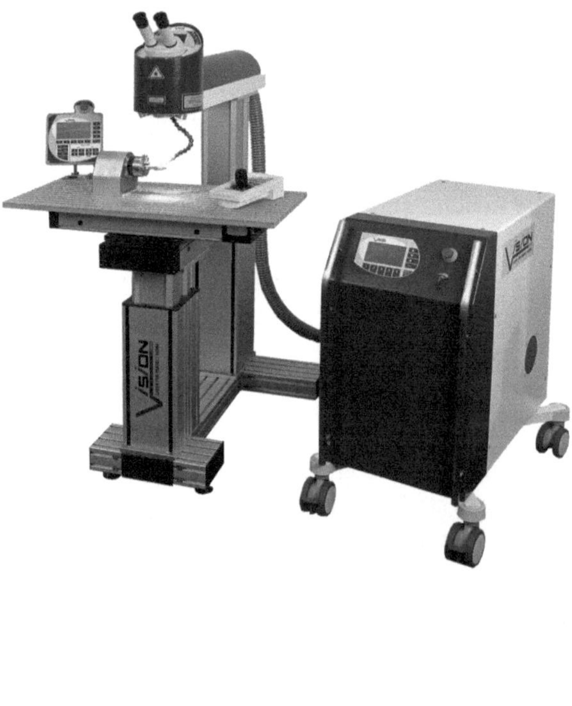

**Bild 6.53**
Gepulste Nd:YAG-Festkörperlaser-Strahlquelle an einem Handarbeitsplatz LWI IV FLEXX Workstation (Vision Lasertechnik GmbH)

Da Festkörperlaser gegenüber $CO_2$-Lasern eine flexible Strahlführung über Lichtleitfasern erlauben, ist insbesondere im Hinblick auf Systeme mit Faserlasern oder Scheibenlasern als Strahlquelle abzusehen, dass sie in Zukunft neue Fertigungsverfahren erschließen können und Anwendungsfelder besetzen, die bis heute dem Laser nicht zugänglich waren. Ebenfalls weit verbreitet sind Diodenlaser in der Direktanwendung, vorrangig für das Laserhärten, die laserunterstützte Oberflächenbearbeitung, das Laserstrahllöten und das Schweißen von Kunststoffen. Excimerlaser sind ebenfalls für einige industrielle Applikationen unverzichtbar geworden. Sie werden vielfach in der Oberflächenbearbeitung für strukturiertes Abtragen von kleinsten Volumina im Maskenverfahren eingesetzt.

### 6.4.2.2 Laserstrahlführung

In Anlagen für die industrielle Fertigung sind Strahlquelle und Werkstück je nach Bearbeitungsaufgabe, Größe des Werkstücks und Werkstückfluss mehr oder weniger weit getrennt voneinander angeordnet. Die Entfernungen reichen von sehr geringen Distanzen (< 1 m) bei feinwerktechnischen Anwendungen bis zu über 10 m bei der Bearbeitung großformatiger Blechteile. Bei Installationen, bei denen eine Strahlquelle mehrere große Bearbeitungsstationen zu bedienen hat, sind Strahlwege selbst von 50 m keine Seltenheit mehr.

Die aus der geometrischen Optik bekannten Gesetze zur Ausbreitung, Reflexion und Fokussierung gelten grundsätzlich auch für Laserstrahlen. Mit Verwendung von Spiegeln, Linsen oder Glasfaseroptiken, entsprechend dem jeweiligen Lasersystem, kann der sich geradlinig ausbreitende Laserstrahl in jede Richtung umgelenkt bzw. mittels abbildender Elemente in seinem Querschnitt verändert werden. Damit ist im Prinzip jeder beliebig weit von der Strahlquelle entfernte Raumpunkt mit der gewünschten Intensität beaufschlagbar. Die optischen Elemente lassen sich entweder nach ihrer Funktionsweise – transmittierend oder reflektierend – oder ihrer Aufgabe gemäß – fokussierend oder umlenkend – einteilen.

Bei $CO_2$-Lasern bilden **Umlenkspiegel** die Grundlage für **Strahlführungssysteme**. Ein hoher Reflexionsgrad sowie eine hinreichend hohe Oberflächengenauigkeit (Abweichungen unter 1/20 der Wellenlänge) dieser Spiegel und präzise mechanische Führungen schaffen die Voraussetzung, um eine möglichst gleichbleibende Strahlqualität an allen Punkten des Bearbeitungsraumes verfügbar zu machen. Als Spiegelwerkstoff setzt sich insbesondere im Hochleistungsbereich zunehmend sauerstofffreies Kupfer (OFHC) durch. Wesentliche Gründe dafür sind der geringe Materialpreis, die Präzision der Herstellung durch Diamantfräsen sowie die Möglichkeit, Kühlwasserkanäle direkt im Spiegelkörper anzuordnen. Zur Reduzierung der Absorption oder zum Schutz der relativ empfindlichen Flächen können entsprechende Spezialbeschichtungen aufgebracht werden. Justagefreie Gelenkarmstrahlführungen ermöglichen Bearbeitungen in einem Arbeitsbereich von bis zu 5 m und können unter Verwendung von kohlefaserverstärkten Kunststoffrohren leicht ausgeführt werden.

Die Strahlung der verschiedenen Bauformen von Festkörperlasern im Wellenlängenbereich um 1 µm lässt sich nahezu verlustfrei über flexible **Lichtleitfasern** aus Quarzglas nach dem Prinzip der **Totalreflexion** von Licht beim Auftreffen auf eine Grenzfläche zwischen einem optisch dichteren und dünneren Medium zum Bearbeitungsort führen und eröffnet diesen Lasertypen Anwendungsgebiete vor allem in der dreidimensionalen Materialbearbeitung. Lediglich Ein- und Auskopplung des Laserstrahls verursachen Verluste, die aber bei entsprechender Beschichtung der Ein- und Auskoppelfläche der Faser insgesamt unter 2 % gehalten werden können. Verbreitet sind Stufenindexfasern mit Kerndurchmessern zwischen 0,3 mm und 1 mm, die kostengünstig gefertigt werden können und eine hohe Zuverlässigkeit in der industriellen Praxis gewährleisten (Bild 6.54 und Bild 6.55). Im Bereich der Strahlführung hochbrillianter Ytterbium-Faserlaser können aufgrund kleiner Strahldurchmesser und einer sehr hohen **Strahlqualität** (kleines Strahlparameterprodukt) auch deutlich kleinere Faserdurchmesser eingesetzt werden.

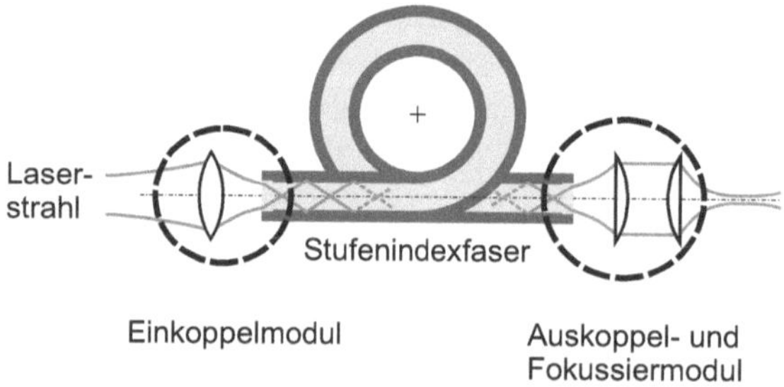


**Bild 6.54**
Prinzip der Faseroptik

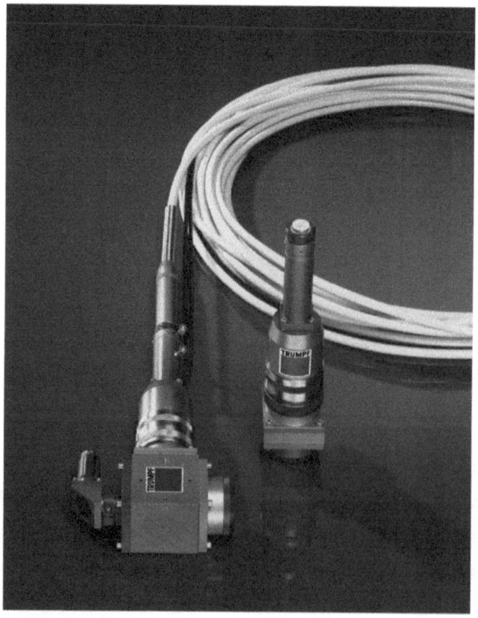

**Bild 6.55**
Glasfaser mit Fokussieroptik (TRUMPF Laser GmbH)

### 6.4.2.3 Fokussierende Optiken

Fokussierende Optiken bündeln das Laserlicht auf für das Schweißen erforderliche **Strahlintensitäten** von über $10^6$ W/cm$^2$ für das Laserstrahltiefschweißen und können als Linsen- oder Spiegelsystem ausgeführt werden (Bild 6.56).

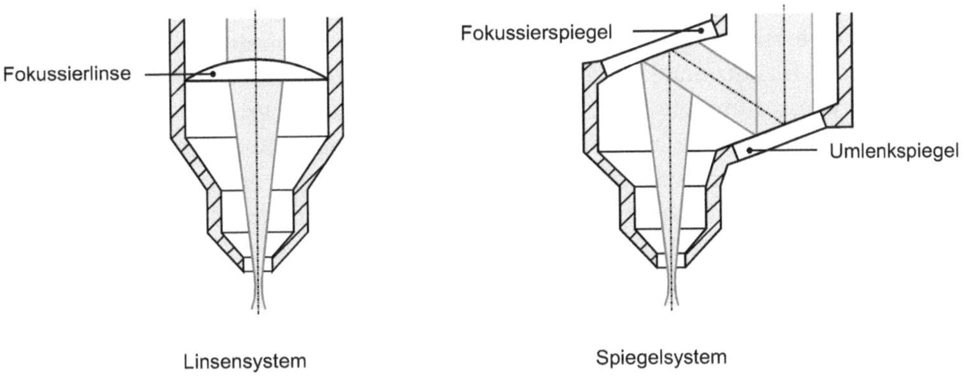


**Bild 6.56** Strahlfokussierung durch Linse und Spiegelsystem

Die Materialien für fokussierende Optiken sind der Wellenlänge des Lasers entsprechend zu wählen. Neben parabolischen Spiegeln aus Kupfer als reflektierende Optik gelangen bei $CO_2$-Lasern im Wesentlichen folgende Stoffe als Linsensystem zur Anwendung: Zinkselenid (ZnSe), das den großen Vorteil der Transparenz auch für die Wellenlänge des HeNe-Justierlasers aufweist, und Galliumarsenid (GaAs), das wegen seiner besseren thermischen Eigenschaften bei sehr hohen Intensitäten eingesetzt wird. Bei Festkörperlasern bzw. Excimerlasern werden Linsensysteme verwendet, die aus Substraten wie Glas bzw. Quarz mit dielektrischen oder auch metallischen Beschichtungssystemen bestehen. Werkstückseitig vor den Linsensystemen angeordnete **Schutzgläser** verhindern eine Verschmutzung der fokussierenden Elemente durch Emissionen des Schweißprozesses. Zusätzlich werden zu diesem Zweck mit Druckluft betriebene **Crossjet-Systeme** eingesetzt, die eine laminare Gasströmung quer zu den optischen Elementen erzeugen, die geeignet ist, auch Partikel mit hoher kinetischer Energie (Spritzer) abzulenken.

### 6.4.2.4 Bewegungseinrichtungen

Für die notwendige Relativbewegung Laserstrahl – Werkstück sind, je nach Lasertyp, erforderlichem Arbeitsraum, Mobilität der Laseroptik, Werkstückmasse und -abmessungen sowie der zu erzeugenden

Bewegungskurve folgende Bewegungseinrichtungen gebräuchlich:

- stationärer Laser und durch Roboter oder Kreuzsupport bewegtes Werkstück,
- durch Roboter bewegte Laseroptik und stationäres Werkstück – besonders geeignet für Glasfaseroptiken von Festkörperlasern und Diodenlasern zur Ausführung dreidimensionaler Schweißungen (z. B. Automobilkarosserie),

- durch Portal oder Ausleger bewegte Laseroptik und stationäres Werkstück,
- gemeinsame Bewegung von Laseroptik und Werkstück,
- handgeführte Laser z. B. für das Laserstrahlhandschweißen oder das Laserstrahlreinigen.

Ausgehend von der hohen Strahlqualität und Strahlleistung der Laserstrahlquellen neuester Generation wie Faser- oder Scheibenlaser in Verbindung mit ihrer hohen elektrischen Effizienz und kompakten Bauweise kann die Geschwindigkeit des Bearbeitungsprozesses immens gesteigert werden. Diese hohen Prozessgeschwindigkeiten können mithilfe von Scannersystemen für die **Remote-Bearbeitung** umgesetzt werden. Dabei gewinnen derartige Remote-Prozesse z. B. für das Laserstrahlschweißen im 3D-Bereich aufgrund der hohen Bearbeitungsflexibilität, der großen Arbeitsabstände und der gegenüber mechanischen Achssystemen wesentlich höheren Bearbeitungsgeschwindigkeiten aufgrund der Strahlablenkung und Positionierung über ein hochdynamisches Scannersystem (Bild 6.57) in der modernen Fertigung zunehmend an Bedeutung.

**Bild 6.57**
Programmierbare Fokussieroptik PFO 20 für das Remoteschweißen (TRUMPF Laser GmbH)

Neue Entwicklungen der Gerätetechnik, basierend auf leistungsfähigen und kompakten Faserlasern als Strahlquelle, machen den Laserstrahl als Energiequelle, unter Beachtung der sicherheitstechnischen Anforderungen, auch für Prozesse der Laserhandbearbeitung wie das Laserhandschweißen oder das Laserreinigen verfügbar (Bild 6.58).

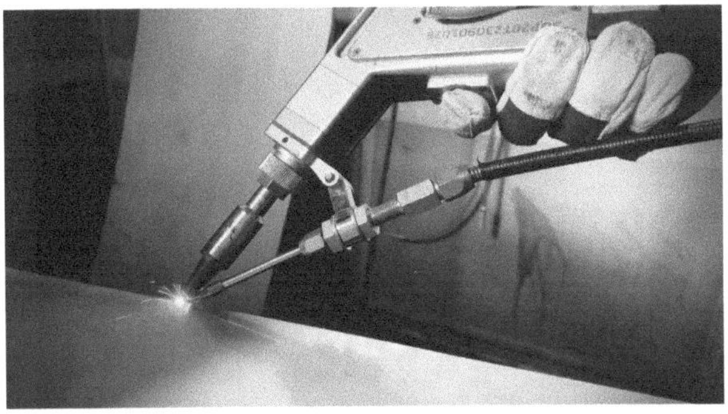

**Bild 6.58**
Gerätetechnik zum Laserstrahlhandschweißen mit drahtförmigem Zusatzwerkstoff

#### 6.4.2.5 Steuerung und Bedienung

Die notwendigen elektrischen Ausrüstungen zum Betrieb der Laserstrahlquelle und Steuerung der Bewegungseinrichtungen sind in Schränken unmittelbar am Lasersystem untergebracht. Die computernumerische Steuerung muss zusätzliche Funktionen zur Lasersteuerung berücksichtigen. Moderne Steuerungen garantieren kurze Zeiten zur Verarbeitung eines NC-Datensatzes und damit kurze Zugriffszeiten zum Maschinensystem. Mit ihnen ist es beispielsweise möglich, die Laserleistung den sich ständig verändernden Prozessbedingungen, wie z. B. einer konturbedingten Reduzierung der Vorschubgeschwindigkeit, anzupassen. Sie bieten außerdem den Vorteil einer **Offline-Programmierung**, bei der aus den CAD-Daten eines Bauteils die entsprechenden Bahninformationen ermittelt werden.

### 6.4.3 Anwendung des Laserstrahlschweißens

#### 6.4.3.1 Tiefschweißeffekt

Das Laserstrahlschweißen zeichnet sich wie das Elektronenstrahlschweißen durch die Möglichkeit der Nutzung des Tiefschweißeffektes aus. Da dieser sich bei beiden Verfahren in seinen Eigenschaften im Wesentlichen gleicht, werden die im Abschnitt 6.3.2.1 besprochenen Grundlagen hier nicht noch einmal dargestellt, sondern nur die Besonderheiten des Laserstrahlschweißens behandelt.

Bei **Strahlintensitäten** über $1 \cdot 10^6$ W/cm$^2$ bei Stahl ($5 \cdot 10^6$ W/cm$^2$ bei Aluminium) auf der Werkstückoberfläche kommt es zum Tiefschweißen. Es bildet sich ein schmaler Dampfkanal – die Dampfkapillare – aus (Bild 6.59). Der Durchmesser des Dampfkanals entspricht in etwa dem Durchmesser des fokussierten Laserstrahles, seine Tiefe richtet sich nach den Fokussierbedingungen und der Strahlleistung. Durch eine Relativbewegung zwischen Laserstrahl und Werkstück bewegt sich der Dampfkanal entlang der Fügelinie der zu schweißenden Teile, wodurch sich eine Schweißverbindung ausbildet. Der Werkstoff schmilzt dabei vor dem Kanal auf, umströmt diesen und verbindet die Fügeteile beim Wiedererstarren. Die entstehende Schweißnaht ist durch ein für das Laserstrahl-Tiefschweißen charakteristisches **Aspektverhältnis** (Tiefe-Breite-Verhältnis) bis 10:1 gekennzeichnet.

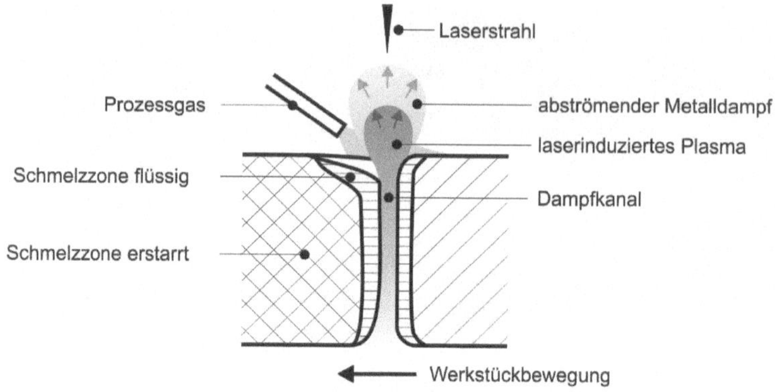


**Nahtentstehung beim Tiefschweißen**

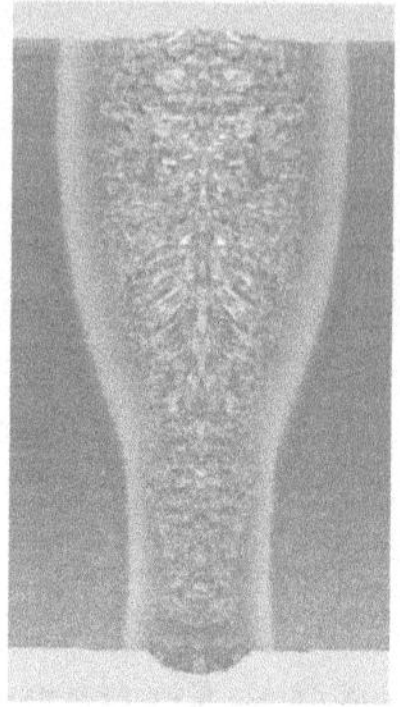

**Laserstrahlschweißnaht (Schliffbild)**

Bild 6.59 Laserstrahltiefschweißen

Ein geringer Anteil des **Metalldampfes** entweicht aufgrund des Überdrucks aus der Kapillare und initiiert ein Plasma, welches als leuchtende Fackel oberhalb des Werkstücks beobachtet werden kann und in der richtigen Dichte und Ausdehnung eine Energieeinkopplung von bis zu 95 % bewirkt. Beim Überschreiten einer kritischen Intensität beginnt das laserinduzierte **Plasma** vorrangig beim Schweißen mit $CO_2$-Laserstrahlquellen aufgrund seiner hohen lokalen Dichte, das Werkstück gegenüber der einfallenden Laserstrahlung abzuschirmen und den Laserstrahl stark zu defokussieren. Die **Plasmawolke** kann dabei im ungünstigsten Fall von der Werkstückoberfläche abheben und die Energieeinkopplung vollständig verhindern. Dieser Effekt führt zu Schweißfehlern und muss unterbunden werden. Abhilfe schafft die Zuleitung eines das Plasma beeinflussenden Gasstromes inerter Gase, welcher das Metalldampfplasma über der Oberfläche auf einen Wert begrenzt, bei dem eine möglichst hohe Absorption stattfindet, aber noch keine Abschirmung der einfallenden Laserstrahlung auftritt.

Zur Beeinflussung der Plasmawolke an der Werkstückoberfläche wird der Schweißzone ein Arbeitsgas zugeführt, um einer verstärkten Plasmabildung und damit negativen Beeinflussung des Schweißprozesses entgegenzuwirken. Im Allgemeinen stehen hierzu eine Reihe von Gasen (He, $CO_2$, Ar, $N_2$) sowie verschiedene Gasgemische zur Verfügung. Für die Auswahl eines optimalen Prozessgases spielen neben der nachgewiesenen Wirksamkeit zur Plasmakontrolle (reines He) Kostenaspekte vor allem im Bereich der Serienfertigung eine bedeutende Rolle (He-Ar-Gemische). Neben der **Plasmabeeinflussung** bzw. -kontrolle haben die Gase zum Laserstrahlschweißen noch weitere Aufgaben zu erfüllen:

- Schutz des Schmelzbades gegenüber der Umgebungsatmosphäre,
- Schutz der Fokussieroptiken vor Spritzern und Dämpfen,
- Wurzelschutz.

Mit Ausnahme der Plasmakontrolle sind diese Anforderungen für $CO_2$-Gaslaser und Festkörperlaser gleich. Der beim Schweißen mit $CO_2$-Laserstrahlung beobachtete Effekt einer durch Plasmaabschirmung verursachten Unterbrechung des Schweißprozesses tritt beim Schweißen mit Festkörperlasern mit Wellenlängen im Bereich um 1 µm nicht auf. Daraus leitet sich der Einsatz unterschiedlicher Schutzgase zum Schweißen beim Einsatz der genannten Strahlquellen ab.

### 6.4.3.2 Vorbereitung der Werkstücke

Das Laserstrahlschweißen bietet analog zum Elektronenstrahlschweißen die Möglichkeit, durch Nutzung des Tiefschweißeffektes Werkstoffe im Stumpfstoß, ohne Zusatzwerkstoff und spezielle Nahtvorbereitung als I-Naht zu verbinden. Die in Abschnitt 6.3.2.2 gemachten Aussagen zur Vorbereitung der Werkstücke zum Elektronenstrahlschweißen treffen aus diesem Grund vollinhaltlich auch auf das Laserstrahlschweißen zu und werden hier nicht noch einmal dargestellt.

### 6.4.3.3 Schweißparameter und Hinweise für die Schweißpraxis

Die Nahtgeometrie ist neben Schweißnahtimperfektionen (Unregelmäßigkeiten) und Gefügezuständen ein wesentliches Kriterium zur Charakterisierung von Laserstrahlschweißnähten. Von besonderem Interesse sind dabei die folgenden Schweißparameter, von deren optimaler Einstellung eine qualitätsgerechte Laserstrahlschweißnaht abhängt und die zur Charakterisierung eines Schweißvorganges mindestens anzugeben sind.

#### Laserleistung, Schweißgeschwindigkeit und Streckenenergie

Schweißgeschwindigkeit und Strahlleistung bestimmen die Streckenenergie und ergeben charakteristische Nahtformen bzw. Schmelzzonentiefen und Bearbeitungsergebnisse (Bild 6.60). **Hohe Streckenenergien** führen zu einer Überhitzung der Schmelze mit erhöhtem Porenanteil in der Schweißnaht und einer Vergrößerung des Schmelzvolumens sowie verminderter Nahttiefe und abgesenkten Härtewerten. Geringe Streckenenergien führen zu schlanken Nähten mit in Abhängigkeit vom Werkstoff hohen Härten im Bereich der Schweißnaht.

Zurzeit werden Verbindungen mit Blechdicken von einigen Hundertstel Millimeter bis zu etwa 20 mm mit dem Laser wirtschaftlich gefertigt. Die erreichbaren Schweißgeschwindigkeiten liegen, je nach Strahlqualität, Laserleistung und Blechdicke, zwischen 0,1...100 m/min. Bild 6.61 zeigt am Beispiel des Scheibenlasers TruDisk 6001 mit zusätzlicher Strahlführungskomponente und 2in1-LLK (BrightLine Weld) die Entwicklung der Nahtquerschnittsfläche bei einer Steigerung der Laserleistung von 500 W auf 6000 W in Schritten von 500 W bei konstanter Schweißgeschwindigkeit von 1 m/min für eine Laserstrahlquelle hoher Strahlqualität. Diese bietet zur Prozessoptimierung die Möglichkeit, die Laserleistung in einem frei wählbaren Verhältnis auf Faserkern und Fasermantel zu verteilen.

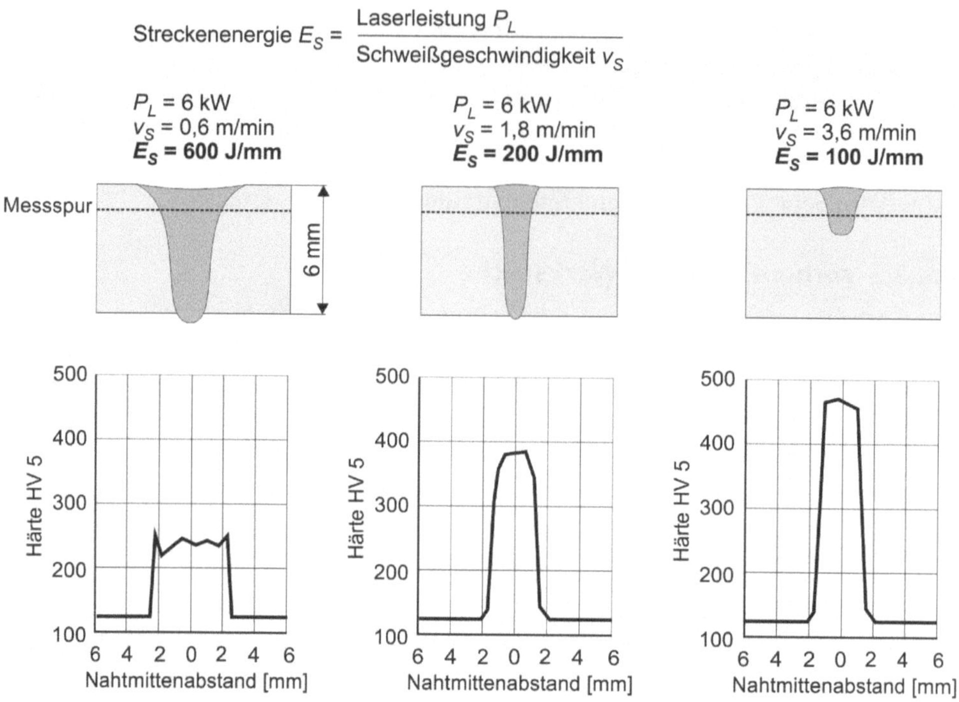


**Bild 6.60** Abhängigkeit der Nahtform und des Härteverlaufs von der Streckenenergie für das Laserstrahlschweißen des unlegierten Baustahls S355J2G3

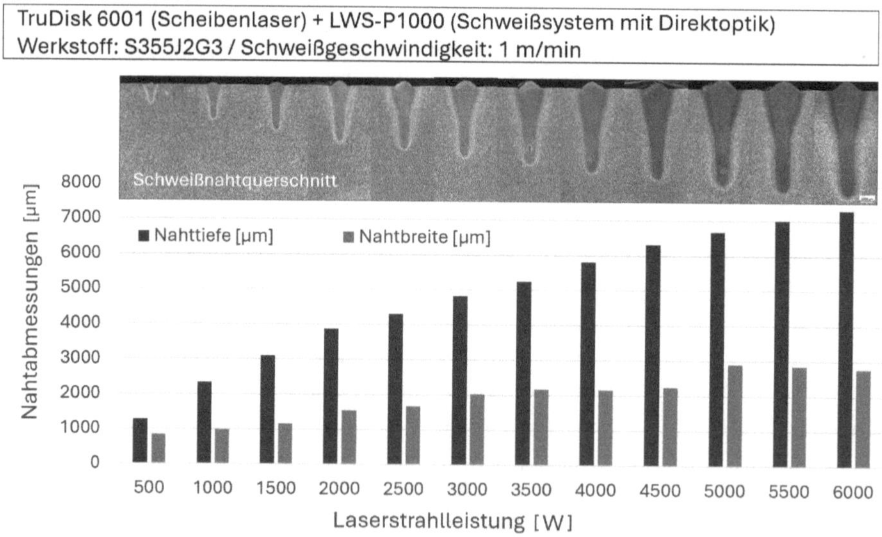


**Bild 6.61** Nahtquerschnitt in Abhängigkeit von der Laserleistung für das Schweißen mit einem Scheibenlaser TruDisk 6001 – Option: BrightLine Weld – Laserleistung 100 % Faserkern

### Strahlqualitätszahl, Fokussierzahl, Fokusdurchmesser und -lage

Die Qualität des Fertigungsergebnisses bei der Lasermaterialbearbeitung wird in erheblichem Maße durch den fokussierten Laserstrahl bestimmt. Einer Vermessung und Charakterisierung wichtiger Eigenschaften des Laserstrahls kommt daher in der Fertigung eine wachsende Bedeutung zu.

Jeder Lasertyp stellt aufgrund seiner Bauweise Laserstrahlung unterschiedlicher Qualität zur Verfügung. Die Strahlqualität wird durch das **Strahlparameterprodukt** (SPP) als Produkt aus **Strahltaillenradius** und **Divergenzwinkel** in mm · mrad definiert. Das Strahlparameterprodukt ist direkt proportional der Wellenlänge $\lambda$ und bleibt für einen aus einer Strahlquelle austretenden Laserstrahl, der durch Taillendurchmesser und Divergenzwinkel gekennzeichnet ist, während seiner gesamten Propagation konstant. Dies gilt auch für den Durchgang durch optische Elemente im Strahlengang zur Aufweitung oder Fokussierung des Laserstrahls.

Die Fokussierbarkeit von Lasern nach der ISO-Norm 11146 wird durch die **Beugungsmaßzahl** $M^2$ beschrieben. Diese gibt den Divergenzwinkel eines Laserstrahls im Verhältnis zur Divergenz eines idealen Gauß-Strahls mit gleichem Durchmesser an der Strahltaille an. Zur Bestimmung von $M^2$ müssen die Strahldurchmesser längs einer Strahltaille vermessen werden. Durch Kurvenanpassung an den Strahlverlauf werden der Durchmesser der Strahltaille, die Strahldivergenz und die Beugungsmaßzahl $M^2$ ermittelt. Für einen idealen Gaußschen Strahl ist das Strahlparameterprodukt minimal. Er ist durch die Beugungsmaßzahl $M^2 = 1$ gekennzeichnet. Ein kleines Strahlparameterprodukt kennzeichnet damit eine hohe Strahlqualität, wobei als Strahlqualität die Eigenschaft eines Laserstrahls verstanden werden soll, sich gut fokussieren zu lassen.

Eine wesentliche Zielstellung bei der Entwicklung einer Laserstrahlquelle ist daher neben der angestrebten Ausgangsleistung die Realisierung eines kleinen Strahlparameterprodukts. Moderne Hochleistungs-Singlemode-Faserlaser realisieren dies in nahezu idealer Weise. Zur normierten Angabe der Strahlqualität einer Laserstrahlquelle gelangt ebenfalls die **Strahlqualitätszahl** $K$ (mit $K = 1/M^2$) zur Anwendung. Sie kann ebenfalls als ein objektives Kriterium für die Beurteilung von Laserstrahlquellen herangezogen werden und ist definiert als das Verhältnis zwischen den Strahlparameterprodukten des Gaußschen Grundmodes und des zu beurteilenden Laserstrahls:

$$K = \frac{4 \cdot \lambda}{\pi \cdot D \cdot \theta} \tag{6.1}$$

Der Strahldurchmesser $D$ auf dem fokussierenden optischen Element kennzeichnet jene Abmessungen, innerhalb der sich 86 % der Leistung befinden. Damit liegt $K$ für reale Laserstrahlen zwischen den Werten 0 und 1. Mit einem hinreichend kleinen **Fokusdurchmesser** lässt sich bei vorgegebener Strahlleistung am Werkstück eine für das Tiefschweißen ausreichend hohe Intensität erzielen. Der Fokusdurchmesser *d* ist umso kleiner,

- je kürzer die **Wellenlänge** der zu fokussierenden Laserstrahlung ist,
- je kleiner die **Brennweite** ist (der Brennweite sind nach unten aus herstellungs- und anwendungstechnischen Gründen Grenzen gesetzt),
- je größer die **Aufweitung** des zu fokussierenden Laserstrahls ist,
- je kleiner das Strahlparameterprodukt SPP ist.

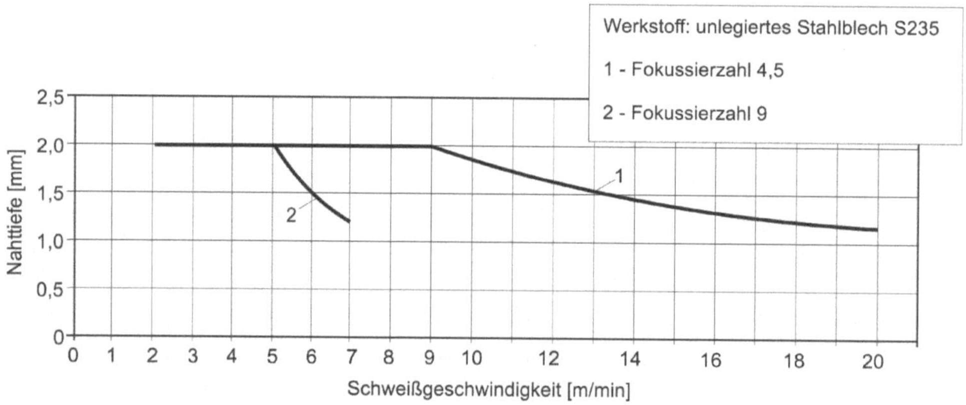


**Bild 6.62** Einfluss der Fokussierzahl *F* auf Nahttiefe/Schweißgeschwindigkeit ($P_L$ = 3,8 kW)

Oft wird in der technischen Spezifikation einer Anlage und der fokussierenden Optik die **Fokussierzahl** *F*, enthalten in der Formel für den Strahldurchmesser im Fokus, separat angegeben (Bild 6.62). Kleine Fokussierzahlen bedingen kleine Strahldurchmesser bei geringer **Schärfentiefe** und lassen hohe Schweißgeschwindigkeiten zu (Bild 6.63). Sie sind bevorzugt bei Optiken für das Schweißen im Dünnblechbereich zu finden. Optiken mit großen Fokussierzahlen bedeuten große Tiefenschärfe bei schlechterer Fokussierbarkeit des Strahls und sind besonders zur Bearbeitung von größeren Blechdicken geeignet, da der Strahl über die Blechdicke nur unwesentlich seinen Durchmesser verändert. Der Strahldurchmesser im Fokus hat einen wesentlichen Einfluss auf das Schweißergebnis. Große Fokusdurchmesser werden durch Defokussieren oder eine langbrennweitige Schweißoptik erzielt. Sie bedingen geringere Schweißgeschwindigkeiten, da das zu schmelzende Werkstoffvolumen entsprechend groß ist. Große Fokusdurchmesser und damit hohe Streckenenergien setzt man bevorzugt bei höher kohlenstoffhaltigen Stählen zur Verminderung der Gefahr einer Rissbildung infolge Aufhärtung und zum Schweißen von Aluminium zur Minderung des Schmelzauswurfs ein. Sehr kleine Strahldurchmesser im Fokus lassen sich mit modernen Laserstrahlquellen wie Scheiben- und Faserlasern in Verbindung mit relativ kurzbrennweitigen Optiken erzielen. Sie sind beispielsweise in der Feinwerk- und Mikrotechnik einzusetzen, wo hohe Schweißgeschwindigkeiten durch die Anwendung von **Scanneroptiken** und minimale Streckenenergien gefordert sind.

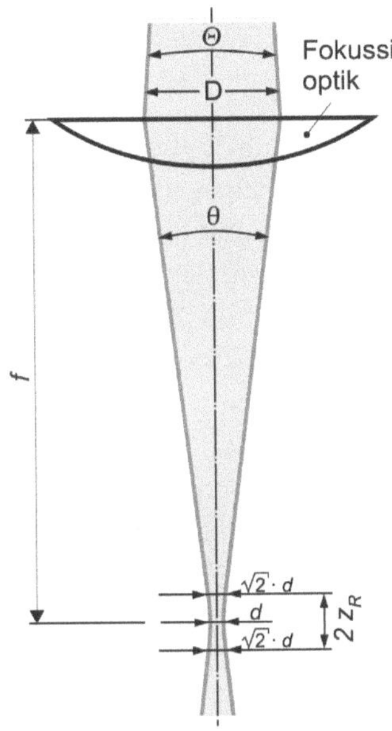


Wichtige Strahlkenngrößen:

Strahlqualitätszahl ($K$-Zahl)

$$K = \frac{4 \cdot \lambda}{\pi \cdot D \cdot \Theta}$$ kennzeichnet die Strahlqualität eines Lasers (Anhaltswerte: 0,2 (schlecht) ... 0,8 (gut))

Strahldurchmesser im Fokus

$$d = \frac{4 \cdot \lambda \cdot f}{\pi \cdot D \cdot K}$$ (für Schweißaufgaben: 0,2 ... 1,0 mm)

Fokussierzahl (F-Zahl)

$$F = \frac{f}{D}$$ (für Schweißaufgaben: 4 ... 10)

| Auswirkungen unterschiedlicher F-Zahlen auf die Strahlparameter | | |
|---|---|---|
| **4** | | **10** |
| $f$ | < | $f$ |
| $d$ | < | $d$ |
| $z_R$ | < | $z_R$ |
| $\theta$ | > | $\theta$ |

$D$ ... Strahldurchmesser vor der Fokusieroptik
$d$ ... Strahldurchmesser im Fokus
$f$ ... Brennweite
$\Theta$ ... Divergenzwinkel vor der Fokussieroptik
$\theta$ ... Divergenzwinkel nach der Fokussieroptik
$2\,z_R$ ... Schärfentiefe
$\lambda$ ... Wellenlänge

**Bild 6.63** Wichtige Kenngrößen fokussierter Laserstrahlung

Aus der hohen Strahlqualität bzw. einem kleinen Strahlparameterprodukt moderner Laserstrahlquellen resultieren für die Materialbearbeitung unter anderem die folgenden Vorteile [LEH08]:

- Für eine festgelegte Brennweite $f$ lassen sich kleinere Strahldurchmesser $d$ im Fokus erreichen. Damit ergeben sich für das Laserstrahlschweißen schmalere Schweißnähte und kleinere Wärmeeinflusszonen sowie höhere Leistungsdichten auf der Werkstückoberfläche.
- Bei gleichem Fokusdurchmesser $d$ auf dem Werkstück ergibt sich eine größere Schärfentiefe $2\,z_R$, wodurch sich die Empfindlichkeit des Schweißprozesses gegenüber Änderungen der Fokusposition relativ zur Bauteiloberfläche verringert. Die Prozessstabilität verbessert sich.
- Bei gleicher Brennweite $f$ und gleichem Fokusdurchmesser $d$ können Optiken deutlich schlanker designt werden, da kleinere Strahldurchmesser auf den fokussierenden Elementen $D$ die Verwendung kleinerer Außendurchmesser der Optiken ermöglichen. Dies hat eine bessere Zugänglichkeit zum Werkstück bei kleineren Störkonturen der Bearbeitungsköpfe für den Schweißprozess zur Folge.

- Es können größere Brennweiten $f$ eingesetzt werden, um den gleichen Fokusdurchmesser $d$ auf der Werkstückoberfläche und damit die gleiche Leistungsdichte einzustellen. Damit sinkt die Beeinträchtigung von Schutzgläsern und fokussierenden Elementen durch Emissionen des Schweißprozesses in Form von Spritzern und Dämpfen.

### Arbeits- und Schutzgase

Die **Strahlungseinkopplung** wird insbesondere beim Schweißen mit $CO_2$-Lasern durch die Eigenschaften des laserinduzierten Plasmas beeinflusst. Diese Eigenschaften können durch den Einsatz von Arbeitsgasen gesteuert werden. Zielstellung bei deren Einsatz ist es, die Plasmaeigenschaften so auf den Prozess abzustimmen, dass eine effiziente Umsetzung der Strahlungsenergie in Prozessenergie möglich ist, d. h. die Laserstrahlung vollständig in das Werkstück einkoppelt. Als **Arbeitsgase** für das Laserstrahlschweißen werden überwiegend die Inertgase Helium und Argon sowie Stickstoff verwendet. Durch den Einsatz von Gasgemischen können die Kosten bei gleichbleibender Qualität reduziert werden. Helium weist ein hohes Ionisationspotenzial auf. Die daraus resultierende kleine Plasmawolke ermöglicht eine fast vollständige Einkopplung der Laserleistung in das Werkstück, wodurch unter Helium die größten Schweißtiefen erzielt werden können. Argon bewirkt dagegen eine stärkere Absorption der Strahlung im Plasma. Bei zu geringer Gasdurchflussmenge kommt es zur Ausbildung eines eigenständigen Argonplasmas, welches die Strahlung nahezu vollständig absorbiert. Die Schweißtiefe gegenüber Helium verringert sich dadurch um ca. 20...40 %. Als reaktionsträges Gas beeinflusst Stickstoff nicht die Elektronendichte des Plasmas.

Unabhängig vom Gasdurchfluss bleibt die Schweißtiefe konstant. Bei einer Reihe von Metallen wie unlegierten und niedriglegierten Stählen kann Stickstoff aber zur Versprödung des Werkstoffes beitragen (Bild 6.64).

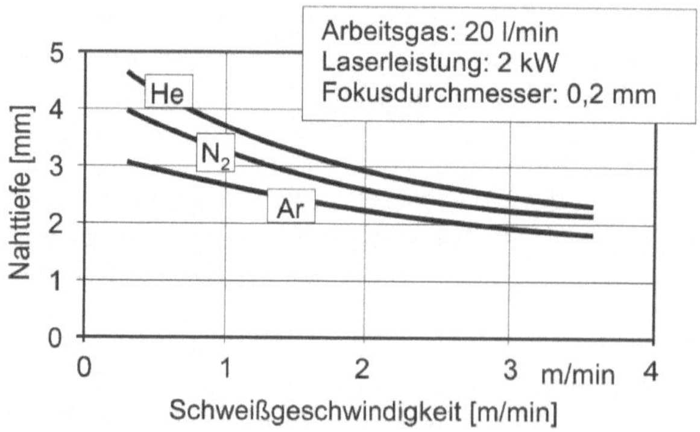


**Bild 6.64**
Einfluss des Arbeitsgases auf die Nahttiefe beim S355J2G3

Bei einigen Anwendungen kann durch den Einsatz von Argon-Sauerstoff-Gemischen auf den Einsatz von reinen, teueren Edelgasen bei gleicher Qualität verzichtet werden. Gegenüber reinem Argon lassen sich z. B. mit Argon-Sauerstoff-Gemischen die

Energieverluste im Plasmabereich vermindern. Durch den Sauerstoffanteil reduziert sich zudem die Grenzflächenspannung der Metallschmelze und ermöglicht ein besseres Anfließen der Schmelze an den Nahträndern.

Durchgeführte Untersuchungen lassen Helium-Argon-Gemische im Verhältnis 3:1 als Optimum hinsichtlich Schweißgeschwindigkeit und Einschweißtiefe für das Tiefschweißen mit $CO_2$-Gaslasern erscheinen. Es konnte nachgewiesen werden, dass bei diesem Gemisch die Defokussierung des Laserstrahls durch die Plasmawolke am geringsten ausgebildet ist. Tabelle 6.3 fasst die wichtigsten Einflüsse der einzelnen Gase auf den Laserstrahlschweißprozess zusammen.

**Tabelle 6.3** Einflüsse unterschiedlicher Arbeitsgase

| Arbeitsgas | Eigenschaften und Einflüsse |
|---|---|
| Helium | ruhiges, gleichmäßiges Plasma, parallele Nahtflanken, geringe Nahtüberhöhung, wenig Spritzer und Einbrandkerben, hohe Einschweißtiefe |
| Argon | große Plasmaausdehnung, kelchförmiger Nahtquerschnitt, große Nahtüberhöhung, unregelmäßige Nahtoberraupe, vereinzelt Einbrandkerben |
| Helium-Argon | ruhiges, gleichmäßiges Plasma, kleiner Nahtquerschnitt, parallele Nahtflanken, geringe Nahtüberhöhung, wenig Spritzer und Einbrandkerben |
| Argon-Sauerstoff | sehr kleines Plasma, gegenüber Argon reduzierte Kelchform, gleichmäßige Nahtoberraupe, gutes Anfließen der Schmelze |
| Stickstoff | unruhige Plasmaausbildung, kelchförmiger Nahtquerschnitt, unregelmäßige Oberraupe, starke Spritzerbildung und Einbrandkerben, fest anhaftende Spritzer, hohe Einschweißtiefe |

Neben Art und Zusammensetzung der Arbeitsgase ist auch die Art der Zuführung des Gases zur Wirkstelle für optimale Schweißbedingungen entscheidend. Neben der Möglichkeit der Zuführung über eine koaxiale Düse kann das Prozessgas auch über einen seitlich angeordneten Plasma-Jet zugeführt werden. Als **Schutzgase** bieten sich alle inerten Gase und Gasgemische an. Ihre vorrangige Aufgabe ist es, den noch heißen Werkstoff im Bereich der Fügezone vor Oxidation und einer damit verbundenen Versprödung zu schützen.

### Schweißen mit Zusatzwerkstoff

Obwohl das Laserstrahlschweißen aufgrund seiner großen Schmelztiefe keine V- oder X-förmige Werkstückvorbereitung erfordert und deshalb auf einen Zusatz zum Füllen des Fugenquerschnitts verzichtet werden kann, wird oft zur metallurgischen

Beeinflussung der Schmelze mit Zusatzwerkstoff gearbeitet. Beim Schweißvorgang steuert in modernen Anlagen eine Sensorik die Drahtvorschubgeschwindigkeit, um bei Stirnflächen mit geringer Bearbeitungsqualität, das heißt mit wechselnden Spaltbreiten, eine gleichmäßige Ausbildung der Schweißnaht zu erreichen. Ein weiteres Anwendungsgebiet des Laserstrahlschweißens mit Zusatzwerkstoff sind Auftrag- sowie Reparaturschweißungen mit verschleiß- oder korrosionsbeständigen Werkstoffen sowie das Laserstrahlhandschweißen.

### Prozess-Sensorik

Resultierend aus den hohen Qualitätsanforderungen an laserstrahlgeschweißte Bauteile wird eine Online-Beurteilung der Bearbeitungsqualität beim Laserstrahlschweißen notwendig, um eine Identifizierung fehlerhafter Nahtbereiche zu ermöglichen und geeignete Maßnahmen zur Fehlerbeseitigung einleiten zu können. Zur Prozessanalyse beim Laserstrahlschweißen können verschiedene Arten von Signalen herangezogen werden. Bekannte Methoden sind:

- **Plasmadiagnostik** mit Registrierung der Leuchterscheinung des Metalldampfes oder Analyse der Plasmastrahlung,
- Optische Verfahren zur Oberflächenvermessung, Erkennung von Fokusfehllagen, Oberflächenzustand und Verformung,
- Elektromagnetische Verfahren zur Bestimmung von Strukturzuständen in oberflächennahen Schichten,
- Verfahren zur Detektion der Temperatur und ihrer Verteilung wie beispielsweise Thermografie und Pyrometrie,
- Verfahren der Analyse von Schallemissionen.

Derzeit werden zur Online-Beurteilung der Bearbeitungsqualität vorrangig Methoden der Plasmadiagnostik als qualitätssichernde Maßnahme eingesetzt. Diese wird meist mit flankierenden Messmethoden kombiniert, um die Aussage über die vorliegende Qualität der Fügestelle zu erhöhen. Dabei hat sich eine Überwachung des Schmelzbades bzw. seiner Umgebung als besonders günstig erwiesen. Ausgangspunkt der Überlegungen, mit mehreren unabhängigen Detektoren zu arbeiten, ist der Sachverhalt, dass die Erfassung und Auswertung eines einzigen Signals aus dem Schweißprozess im Allgemeinen nicht ausreicht, um eine definierte Aussage über die Prozessqualität zu treffen.

### Verfahrenskombinationen – Hybridverfahren

Die Anwendung von Verfahrenskombinationen zielt auf eine Erweiterung der Einsatzbereiche des Laserstrahlschweißens aufgrund höherer Prozessgeschwindigkeiten und Wirkungsgrade sowie metallurgisch günstigerer Bedingungen ab. Bei Kombinationen des Laserstrahlschweißens mit einem Lichtbogenverfahren bestimmt der

Laserstrahl die Schweißgeschwindigkeit und Nahttiefe, die Nahtbreite kann durch den wirksamen Lichtbogen angepasst werden.

Untersuchungsergebnisse sind hierbei für die Kombinationen des Laserstrahls mit dem Wolfram-Inert-Gas- (WIG-), dem Metall-Inert-Gas- (MIG-), dem Plasma- und dem Unterpulverschweißen (UP-) bekannt (Bild 6.65).

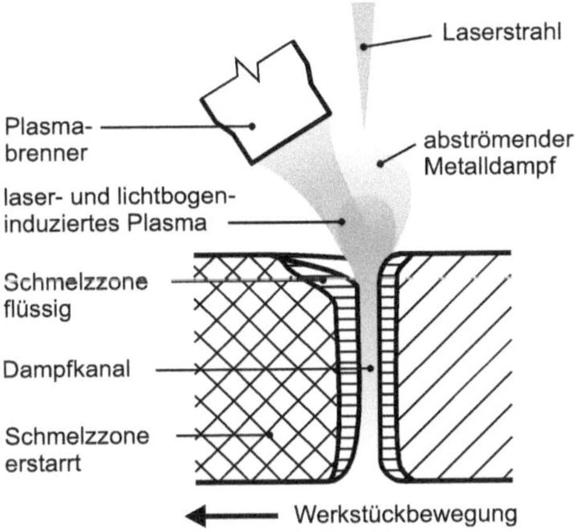


Vorteile der Laser-Plasma-Hybridschweißtechnologie:

1. Erhöhung der zulässigen Toleranzen für Fügespalte (25 bis 30 % der Blechdicke)
2. Reduzierung der Härtewerte und -gradienten
3. Minimierung von Schweißspritzern und Materialauswürfen bei Aluminium
4. Steigerung der Schweißgeschwindigkeiten

**Bild 6.65** Verfahrensskizze und Vorteile der Plasma-Laser-Hybridschweißtechnologie

Das **induktiv unterstützte Laserstrahlschweißen** von Bauteilen stellt einen weiteren interessanten Hybrid-Schweißprozess dar. Dabei wird der Laserstrahl als Oberflächenwärmequelle von einer definierten Volumenwärmequelle unterstützt, wodurch beispielsweise ein rissfreies Schweißen von höher kohlenstoffhaltigen Stählen möglich wird.

### 6.4.3.4 Schweißeignung metallischer Werkstoffe

Prinzipiell können alle Werkstoffe, die sich durch konventionelle Schweißverfahren fügen lassen, auch mit dem Laser geschweißt werden, in vielen Fällen mit höherer Qualität und Geschwindigkeit, wobei jedoch das Fügen von Stahl und Aluminium am weitesten verbreitet ist (Tabelle 6.4).

Unlegierte Baustähle mit einem Kohlenstoffgehalt bis etwa 0,15 % sind ausgezeichnet laserstrahlschweißgeeignet, der Fokus sollte etwa 1/3 in das Werkstück gelegt werden. Bei Stählen mit Kohlenstoffgehalten über 0,2 % ist oftmals die Härtezunahme in der Schweißnaht nicht zu tolerieren. Abhilfe schafft eine Vergrößerung der Streckenenergie durch Einsatz eines Hybridschweißprozesses, die Anwendung größerer Fokusdurchmesser in Verbindung mit langen Brennweiten oder Defokussieren sowie die Verwendung von kohlenstoffärmerem Zusatzwerkstoff. Das Schweißen von Aluminium und seinen Legierungen sowie anderen hochreflektierenden Werkstoffen ist aufgrund des hohen Reflexionsvermögens oft nicht ohne zusätzliche Maßnahmen oder nur mit entsprechend hohen Laserleistungen möglich. Gerade für das Fügen mit dem $CO_2$-Laser ergeben sich aufgrund der 10-fach höheren Wellenlänge gegenüber Festkörperlasern Probleme bei der Einkopplung der Energie in das Werkstück. Bewährt hat sich hierfür z. B. das Aufbringen von Schichten mit hohem Absorptionsvermögen für die Wellenlänge der $CO_2$-Laserstrahlung und das Arbeiten mit hohen Intensitäten des Laserstrahls durch kurze Brennweiten. Eventuell auftretenden Materialauswürfen kann wirkungsvoll durch den Einsatz speziell abgestimmter Schutzgase oder der Doppelfokustechnik mit zwei nebeneinander liegenden Fokuspunkten begegnet werden.

**Tabelle 6.4** Schweißeignung metallischer Werkstoffkombinationen

| | Al | Ag | Au | Cu | Pd | Ni | Pt | Fe | Be | Ti | Cr | Mo | Te | W |
|---|---|---|---|---|---|---|---|---|---|---|---|---|---|---|
| Al + Leg. | +++ | | | | | | | | | | | | | |
| Ag | + | +++ | | | | | | | | | | | | |
| Au | + | +++ | +++ | | | | | | | | | | | |
| Cu + Leg. | + | + | +++ | +++ | | | | | | | | | | |
| Pd | – | +++ | +++ | +++ | +++ | | | | | | | | | |
| Ni + Leg. | + | – | +++ | +++ | +++ | +++ | | | | | | | | |
| Pt | – | – | +++ | +++ | +++ | +++ | +++ | | | | | | | |
| Fe, Stahl | – | – | + | + | ++ | ++ | ++ | +++ | | | | | | |
| Be | – | – | + | + | + | + | – | + | – | | | | | |
| Ti + Leg. | + | + | + | + | + | + | + | + | – | +++ | | | | |
| Cr | – | – | + | – | ++ | ++ | +++ | +++ | – | ++ | – | | | |
| Mo + Leg. | – | – | – | – | – | + | +++ | ++ | – | +++ | +++ | +++ | | |
| Te | – | – | – | – | ++ | ++ | + | + | – | +++ | – | +++ | +++ | |
| W | – | – | – | – | + | + | ++ | + | – | + | +++ | +++ | +++ | +++ |

+++ sehr gut schweißbar, ++ gut schweißbar, + schweißbar, – nicht schweißbar

### 6.4.3.5 Industrielle Anwendung

Laseranlagen zum Schweißen haben sich in der industriellen Anwendung fest etabliert. Neben $CO_2$-Gaslasern kommen zunehmend Festkörperlaser als Scheiben- oder Faserlaser zum Einsatz. So werden Längsnähte an Edelstahlrohren für Abgasanlagen von Personenkraftwagen mit dem Laser geschweißt, Getriebeteile, Zahnräder und

Gehäuse von Drehmomentwandlern verschweißt und im Karosseriebau Anlagen für dreidimensionale Schweißaufgaben, auch an verzinkten Blechen, erfolgreich betrieben. Ein weiterer Bereich, in dem Laser zunehmend Anwendung finden, ist der Anlagen- und Behälterbau. Das Laserstrahlschweißen von Edelstahlrohren stellt heute ein weitverbreitetes Fügeverfahren zur Fertigung von Endlosprofilen dar.

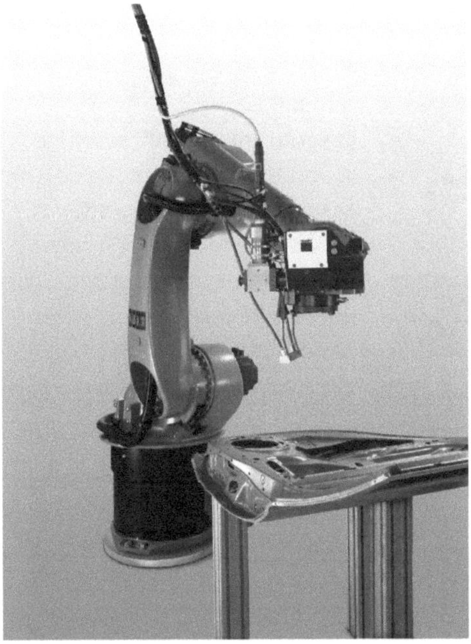

**Bild 6.66**
Industrieroboter mit programmierbarer Fokussieroptik PFO 33 für das Remote-Laserstrahlschweißen an einer Pkw-Tür (TRUMPF Laser GmbH)

Im Stahl- und Schiffbau werden bevorzugt Laser mit Strahlleistungen über 10 kW eingesetzt. Ihre Hauptanwendungsgebiete sind das Schweißen von Stumpf- und Kehlnähten und die Herstellung von Sandwichbauteilen. Auch im medizinischen und medizintechnischen Bereich werden zunehmend Laser eingesetzt. Mit ihnen ist es beispielsweise möglich, Gehäuse von Herzschrittmachern dicht zu schweißen, ohne das komplizierte Innenleben zu beschädigen, sowie Schweißverbindungen an Instrumenten für die minimalinvasive Chirurgie herzustellen. Aus einem modernen Dentallabor ist der Laser heute ebenfalls nicht mehr wegzudenken. Mit gepulsten Nd:YAG-Lasern stellt man hier an Handarbeitsplätzen Präzisionsschweißungen an Brücken, Zahnspangen und Implantaten in hoher Qualität her. Die überwiegende Anzahl von Laseranlagen in der Materialbearbeitung sind stationäre Anlagen. Im Bereich der Instandsetzung von Spritz- und Umformwerkzeugen (Reparatur im eingebauten Zustand), aber auch im Schienenfahrzeug- und Schiffbau beginnen sich jedoch auch mobile Anlagenkonzepte zu etablieren, wobei oft besondere Maßnahmen und Einrichtungen zur Sicherstellung des Arbeits- und Strahlenschutzes zu berücksichtigen sind.

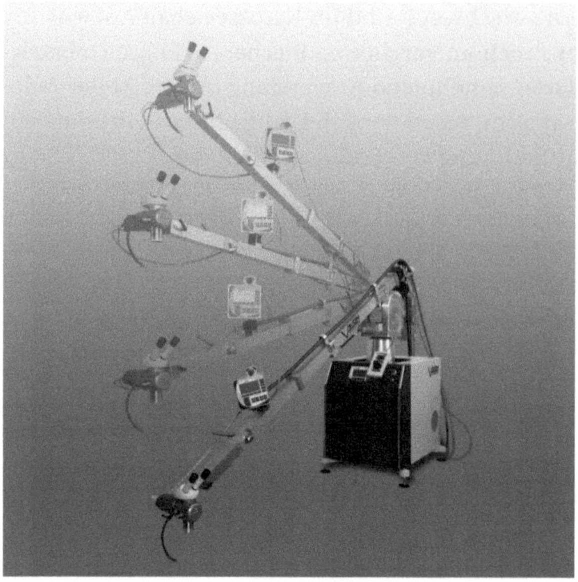

**Bild 6.67**
Laserstrahlschweißmaschine Vision Ultra Flexx mit flexiblem Laserarm und dreh- und schwenkbarer Bearbeitungsoptik für mobile Anwendungen im Bereich Reparaturschweißen (Vision Lasertechnik GmbH)

**Bild 6.68**
Laserstrahl-Punktschweißung an einem Uhrenzahnrad (Vision Lasertechnik GmbH)

**Bild 6.69**
Laserstrahlgeschweißte Zahnradbaugruppe eines Fräszentrums

**Bild 6.70**
Laserstrahlschweißen von Mantelthermoelementen an einem Rohrbündel-Wärmeübertrager

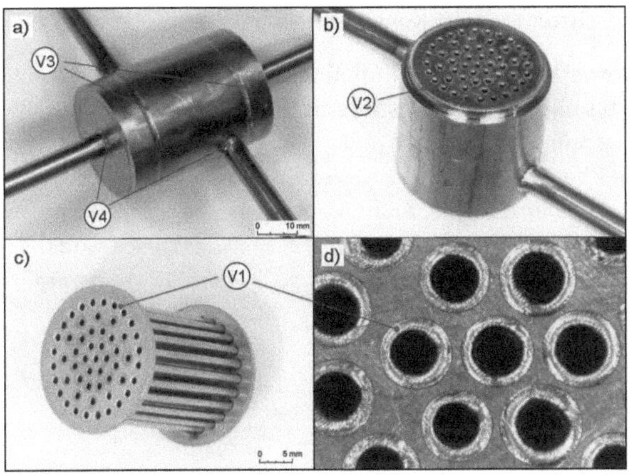


**Bild 6.71**
Laserstrahlgeschweißte Verbindungen an einem miniaturisierten Wärmeübertrager für Anwendungen der Mikrosystemtechnik (STF GmbH)

## 6.4.4 Weitere Verfahren der Lasermaterialbearbeitung

### 6.4.4.1 Überblick

Neben dem Laserstrahlschweißen hat sich die Lasertechnik eine Vielzahl von unterschiedlichen Anwendungen in der Materialbearbeitung erschlossen, wie z. B.:

- Schneiden,
- Bohren,
- Abtragen,
- Markieren,
- Reinigen,
- Oberflächenveredeln,
- additive Fertigung.

Einen zusammenfassenden Überblick zu ausgewählten industriellen Einsatzmöglichkeiten gibt Tabelle 6.5.

**Tabelle 6.5** Lasermaterialbearbeitungsverfahren im Überblick

| Verfahren | Bevorzugter Laser | Bearbeitungsmerkmale | Technologische Grenzen |
|---|---|---|---|
| **Schweißen** | | | |
| Wärmeleitungsschweißen, additive Fertigung | Festkörperlaser, $CO_2$-Laser, Diodenlaser | Festkörperlaser, $CO_2$-Laser und Diodenlaser im unteren Leistungsbereich angewendet;<br>schweißbare Werkstoffe: unlegierte bis hochlegierte Stähle, Aluminium, Kupfer, Werkstoffpaarungen unterschiedlichster Metalle, Kunststoffe | Strahlintensität $\leq 1 \cdot 10^6$ W/cm$^2$ |
| Tiefschweißen | Festkörperlaser, $CO_2$-Laser | Festkörperlaser, $CO_2$-Laser im mittleren bis oberen Leistungsbereich angewendet;<br>schweißbare Werkstoffe: unlegierte bis hochlegierte Stähle, Aluminium, Magnesium, (Kupfer), Werkstoffpaarungen unterschiedlicher Metalle | Strahlintensität $\geq 1 \cdot 10^6$ W/cm$^2$ für Stahl ($\geq 5 \cdot 10^6$ W/cm$^2$ für Aluminium und seine Legierungen)<br>Schweißgeschwindigkeit $v_s \leq 12$ (100) m/min<br>Blechdicke $t \leq 20$ mm<br>Verhältnis Tiefe : Breite $\leq 10 : 1$ |
| **Trennen/Strukturieren** | | | |
| Laserstrahlschneiden | $CO_2$-Laser, Festkörperlaser | Nd:YAG-Laser (gepulst): im unteren Leistungsbereich (0,1 bis 2 kW) in der Feinwerktechnik aufgrund ausgezeichneter Strahlqualität angewendet,<br>$CO_2$-Laser, längsgeströmt, hochfrequenzangeregt (gepulst): im mittleren Leistungsbereich (1,5...3,5 kW) aufgrund ausgezeichneter Strahlqualität angewendet,<br>Festkörperlaser (Faserlaser) im cw-Betrieb aufgrund ausgezeichneter Strahlqualität und Effizienz sowie Führung durch Lichtleitfasern für 3D-Anwendungen interessant | Schneidgeschwindigkeit $v_s \leq 12$ (100) m/min<br>Schnittfugenbreite $\geq 0,1$ mm<br>Blechdicke (Stahl) $t \leq 20$ mm |

| Verfahren | Bevorzugter Laser | Bearbeitungsmerkmale | Technologische Grenzen |
|---|---|---|---|
| Bohren | Nd:YAG-Laser (gepulst), Single-Mode-Faserlaser | Abtragen des Materials in Form von Schmelze und/oder Dampf, Setzen von schrägen Löchern, Bearbeitung von Metallen, Keramiken und Kunststoffen, Einzelpulsbohren (Erzeugen von Löchern mit geringen Durchmessern im Dünnblechbereich durch Einzelpulse), Perkussionsbohren (Erzeugen von Löchern durch Mehrfachimpulse) | Pulsdauer $t_p \leq 1$ ms<br>Durchmesser: $0{,}05 \leq 2r_B < 2$ mm (0,5 mm bei Einzelpuls)<br>Durchmessertoleranz ± 10 µm<br>Rauigkeit $R_Z \geq 10$ µm<br>Tiefe $t < 6$ mm<br>bei $0{,}01 \leq t < 2$ mm: Verhältnis Tiefe : Breite > 10 : 1<br>bei $t < 0{,}01$ mm: Verhältnis Tiefe : Breite ≤ 30 : 1 |
| Abtragen | Nd:YAG-Laser, $CO_2$-Laser, Diodenlaser | Abtragen des Materials in Form von Schmelze und/oder Dampf, Bearbeitung von Metallen, Keramiken und Kunststoffen | Rauigkeit: $R_Z \leq 10$ µm |
| | Excimerlaser | Mikroabtragen von Material überwiegend in Form von Dampf, Bearbeitung von Metallen, Keramiken und Kunststoffen | Abtrag ab Energiedichten von etwa 2...3 J/cm$^2$<br>Schichtdicken ≤ 1 µm |
| **Oberflächenveredeln** | | | |
| Laserhärten | Diodenlaser, $CO_2$-Laser, Festkörperlaser | entspricht martensitischem Umwandlungshärten von Kohlenstoffstählen, Selbstabschreckung, da nur oberflächennahe Schichten in sehr kurzen Zeiträumen aufgeheizt werden | Strahlintensität: $10^3$...$10^5$ W/cm$^2$<br>Einhärtetiefe: 2...3 mm |
| Umschmelzen | Diodenlaser, $CO_2$-Laser, Festkörperlaser | Aufschmelzen von oberflächennahen Schichten, die dann durch Selbstabschreckung erstarren (vorzugsweise bei Erzeugung von ledeburitischen Randschichten bei graphitischem Gusseisen) | Strahlintensität: ca. $10^5$ W/cm$^2$<br>Aufschmelztiefe: 2...3 mm<br>Abkühlgeschwindigkeit ≤ $10^2$ K/s |

#### 6.4.4.2 Laserstrahlschneiden

Neben dem Laserstrahlschweißen ist das Laserstahlschneiden die industriell bedeutsamste Variante der Lasermaterialbearbeitung.

In der Praxis unterscheidet man drei Verfahrensvarianten. Sie werden nach der beherrschenden Art der Umwandlung des Werkstoffes (Verbrennen, Schmelzen, Sublimieren) eingeteilt in:

- Laserstrahl-Brennschneiden,
- Laserstrahl-Schmelzschneiden,
- Laserstrahl-Sublimierschneiden.

**Laserstrahl-Brennschneiden**

Beim Laserstrahl-Brennschneiden wird das zu schneidende Material auf der Blechoberfläche durch den fokussierten Laserstrahl bis auf Zündtemperatur, bei Stahl etwa 1150 °C, erwärmt. Der Schneidsauerstoff verbrennt das Material in der Schnittfuge. Es bildet sich eine dünnflüssige Schlacke, die durch die kinetische Energie des Sauerstoffstrahls ausgeblasen wird. Durch die exotherme Reaktion des Schneidgases Sauerstoff mit dem Werkstoff Eisen wird ein großer Teil der für den Prozess notwendigen Energie aufgebracht. Dies ermöglicht hohe Schnittgeschwindigkeiten bei relativ geringen Laserleistungen. Hauptanwendungsgebiet des Laserstrahl-Brennschneidens sind Stähle mit Kohlenstoffgehalten bis etwa 1,5 %. Von Nachteil kann eine auf der Schnittfläche zurückbleibende dünne Oxidschicht sein, wenn das Teil ohne Nachbehandlung geschweißt oder lackiert werden soll.

**Laserstrahl-Schmelzschneiden**

Beim Laserstrahl-Schmelzschneiden wird der aufgeschmolzene Werkstoff durch Druck- und Reibungskräfte eines Stickstoff- oder Argonstrahls aus der Fuge ausgetrieben. Die Schnittgeschwindigkeit ist im Vergleich zum Brennschneiden geringer, liegt aber höher als beim Sublimierschneiden, da der Werkstoff nur aufgeschmolzen und nicht verdampft werden muss. Laserstrahl-Schmelzschneiden wird zum Trennen von hochlegierten Stählen, NE-Metallen (besonders Aluminium), Glas und Kunststoffen eingesetzt.

**Laserstrahl-Sublimierschneiden**

Beim Laserstrahl-Sublimierschneiden wird der zu schneidende Werkstoff durch die hohe Energiedichte des Laserstrahls im Bereich der Schnittfuge verdampft. Das verdampfte Material wird durch den Dampfdruck und ein reaktionsträges Schneidgas, wie Stickstoff oder Argon, aus der Schnittfuge geblasen. Da bei diesem Verfahren fast keine Schmelze entsteht, sind die Schnittflächen von höchster Oberflächengüte und weisen keine Riefenstruktur auf. Die Wärmebelastung des Bauteiles ist gering. Angewendet wird das Laserstrahl-Sublimierschneiden bei Kunststoffen, Holz, Papier und Keramik.

#### 6.4.4.3 Additive Fertigung mit dem Laserstrahl

Additiv Manufacturing (AM) etabliert sich in einigen Bereichen der industriellen Fertigung zunehmend als Alternative zu konventionellen Fertigungsprozessen. Die additiven Fertigungsverfahren umfassen Prozesse zur schichtweisen Herstellung komplexer Bauteile basierend auf dreidimensionalen Modellen zur Beschreibung der Werkstückgeometrie. Sie unterscheiden sich damit deutlich von traditionellen subtraktiv wirkenden Fertigungsprozessen sowie Verfahren des Ur- und Umformens, die ein entsprechendes Formwerkzeug voraussetzen.

In einigen Bereichen, wie dem Werkzeug- und Formenbau, der Medizintechnik oder der Prototypenfertigung werden dabei zunehmend strahlbasierte Prozesse angewendet, die den Laser- oder Elektronenstrahl als Energiequelle zum Schmelzen des Werkstoffs nutzen. Eine systematische Einordnung strahlbasierter additiver Fertigungsprozesse orientiert sich an den insgesamt sieben Prozesskategorien der AM-Verfahren ausgehend von der Norm DIN EN ISO/ASTM 52900. Im Kontext einer schweißtechnischen Verarbeitung der eingesetzten Werkstoffe mittels Strahlverfahren werden an dieser Stelle die Prozesskategorien Materialauftrag mit gerichteter Energieeinbringung (directed energy deposition, DED), wobei pulver- und drahtbasierte Verfahren unterschieden werden, und pulverbettbasiertes Schmelzen (powder bed fusion, PBF) näher betrachtet.

Wichtige Voraussetzungen dafür, dass sich additive Verfahren als Fertigungsverfahren in industriellen Applikationen durchsetzen, sind neben den Kosten Aspekte wie Skalierbarkeit, Reproduzierbarkeit, Automatisierung, Genauigkeit, Geschwindigkeit und Qualität. Im Vergleich der pulverbasierten additiven Fertigung mittels Strahlverfahren eignet sich der additive Aufbau mit Pulverdüse im Freiraumverfahren, welche beim Laser-Pulver-Auftragschweißen zum Einsatz gelangt, besonders für große Aufbauraten und geometrisch einfachere Strukturen Dagegen ermöglicht die Fertigung im Pulverbett die Herstellung von Komponenten mit hoher geometrischer Komplexität und Genauigkeit.

##### Vorteile und Restriktionen

Ein entscheidender Vorteil der strahlbasierten additiven Fertigungsverfahren ist der schichtweise, form- und werkzeuglose Aufbau der Bauteile aus Metallpulver oder Draht. Die Verfahren eignen sich insbesondere zur Herstellung von Bauteilen mit funktionsoptimierter komplexer Geometrie direkt aus 3D-CAD-Daten und werden aktuell vorrangig für die Herstellung von Prototypen, Kleinserien, individualisierten Bauteilen und Werkzeugen eingesetzt. Ein wirtschaftlicher Verfahrenseinsatz für die Herstellung einfacher Geometrien kann aufgrund der gegenüber konventionellen Verfahren höheren Fertigungskosten nur dann dargestellt werden, wenn im Zuge der additiven Herstellung funktionale Eigenschaften in das Bauteil integriert werden können, die mit anderen Fertigungstechnologien nicht realisierbar sind. Aus Anwendersicht bilden häufig auch die Kosten der Materialien und die Anschaffungskosten der Fertigungssysteme eine größere Hürde bei der breiten Einführung strahlbasierter additiver Fertigungsprozesse.

Der Einsatz additiver Fertigungsverfahren ermöglicht hohe Freiheitsgrade bei der Entwicklung und Konstruktion von Bauteilen, da zahlreiche Restriktionen konventioneller Fertigungsverfahren für die Bauteilgestaltung nicht oder nur eingeschränkt gültig sind. Häufig kann eine Funktionsoptimierung durch hybride oder integrale Bauweise erreicht werden. Durch Topologieoptimierung oder Leichtbaustrukturen ist eine Gewichtsreduktion der Bauteile möglich. Der Verzicht auf formspeichernde Werkzeuge und eine weitestgehend endkonturnahe Fertigung führen zu verkürzten Produktentwicklungszyklen. Die Produktionskosten sind bei additiver Herstellung unabhängig von der Bauteilkomplexität. Allerdings ist der häufig eingeschränkte Bauraum der verfügbaren Anlagentechnik zu beachten. Die wirtschaftliche Fertigung hochwertiger funktionaler Bauteile in reproduzierbar hoher Qualität verlangt jedoch die Berücksichtigung spezieller Gestaltungsrichtlinien in der Bauteilkonstruktion, welche auf die Spezifika der additiven Fertigung zugeschnitten sind. Im Anschluss an die additive Herstellung der Bauteile sind meist weitere Prozessschritte der Nachbearbeitung (z. B. Entfernung von Stützstrukturen, Wärmebehandlung, Oberflächenfinish) und der Qualitätssicherung notwendig, bevor die Bauteile eingesetzt werden können. Dies hat deutlichen Einfluss auf Herstellungskosten und Zeitaufwand der Fertigung.

### Drahtbasierte additive Fertigung mittels Laserstrahl

Strahlbasierte Verfahren der additiven Fertigung mit drahtförmigem Zusatzwerkstoff sind der Prozesskategorie Materialauftrag mit gerichteter Energieeinbringung (DED) gemäß DIN EN ISO/ASTM 52900 zugeordnet. Kennzeichen der Prozesse ist die Verwendung einer fokussierten Wärmeenergie um Materialien (Drähte) während des Auftragens durch Schmelzen zu vereinigen. Für laserstrahlbasierte Verfahren sind auch die Bezeichnungen Laser engineered net shaping (LENS), Laser consolidation (LC), Directed light fabrication (DLF), Laser metal deposition (LMD), Laser additive manufacturing (LAM) oder Direct metal deposition (DMD) gebräuchlich.

Das Bauteil bzw. die gewünschte Struktur wird durch das Aufschmelzen eines Drahtes und das definierte lokale Aufbringen auf die Bauteiloberfläche in aufeinanderfolgenden Schichten generiert. Ein besonderes Merkmal des drahtbasierten Auftragschweißens mit der Energiequelle Laserstrahl ist die nahezu 100-prozentige Materialeffizienz gegenüber pulverbasierten Prozessen, da der entweder lateral oder koaxial zugeführte Werkstoff vollständig aufgeschmolzen wird. Eine prinzipielle Anordnung für die laserstrahlbasierte additive Fertigung mit drahtförmigem Zusatzwerkstoff veranschaulicht Bild 6.72.

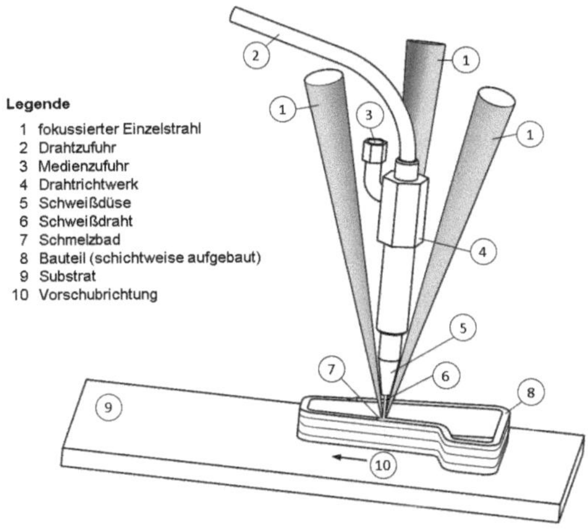


**Bild 6.72**
Prinzipielle Anordnung für die laserstrahlbasierte additive Fertigung mit koaxial zugeführtem drahtförmigen Zusatzwerkstoff

Nach Aufbereitung der CAD-Modelle durch entsprechende CAM-Lösungen kann der Prozess mit geeigneter Anlagentechnik und mehrachsiger Prozessführung genutzt werden, um komplette Bauteile additiv herzustellen, für hybride Bauweisen auf bestehenden Werkstücken ergänzende Funktionselemente zu generieren oder Reparaturen bzw. Änderungen an Bauteilen durchzuführen. Das Ergebnis einer additiv mittels Laserstrahl und drahtförmigem Zusatzwerkstoff an einer Schaltkulisse durchgeführten Fertigungsschweißung zur Änderung bzw. Ergänzung eines Konturelementes zeigt Bild 6.73.

**Bild 6.73**
Additiv mittels Laserstrahl und drahtförmigem Zusatzwerkstoff generiertes Konturelement an einer Schaltkulisse

An drahtförmigen Zusatzwerkstoffen steht eine breite Palette von Massivdrähten, Fülldrähten oder speziellen Laserdrähten unterschiedlicher Stahlsorten, Nickel- und Titanlegierungen sowie einer Reihe von Sonderwerkstoffen zur Verfügung. Aufgrund des gut handhabbaren drahtförmigen Zusatzwerkstoffs und einer damit verbundenen geringen Kontamination der Umgebung im Vergleich mit pulverförmigen Zusätzen können die Prozesse gut in bestehende Fertigungsanlagen integriert werden.

Möglich ist auch die Kombination drahtbasierter additiver Fertigung mittels Laser mit konventionellen spanenden Prozessen. Die Integration in ein gemeinsames Maschinensystem ermöglicht die komplette Bearbeitung komplexer Bauteile in einer Aufspannung. Hierzu wird beispielsweise ein Fräsbearbeitungszentrum mit einem oder mehreren Laserbearbeitungsköpfen ausgerüstet, die über das Werkzeugwechselsystem der Maschine analog zu spanenden Werkzeugen eingewechselt werden können. Derartige Prozesse besitzen im industriellen Umfeld eine hohe Relevanz sowohl für die Herstellung neuer Bauteile als auch für Reparaturanwendungen.

#### Pulverbasierte additive Fertigung mittels Laserstrahl – Freiraumverfahren

Analog zum drahtbasierten Freiraumverfahren wird das Bauteil oder die gewünschte Struktur schichtweise durch das Aufschmelzen eines lokal zugeführten Zusatzwerkstoffes, in diesem Falle Pulver, generiert. Die Pulverzufuhr kann dabei lateral oder koaxial zum Laserstrahl angeordnet sein. Nach Norm DIN EN ISO/ASTM 52900 wird die additive Fertigung mittels externer Pulverzufuhr in die Kategorie Materialauftrag mit gerichteter Energieeinbringung (DED) zugeordnet. Industriell eingeführte Bezeichnungen für den Prozess sind Laser-Deposition Technology (LDT) oder Laser-Freeform Manufacturing Technology (LFMT). Anwendungen zur Reparatur/Regenerierung von Bauteilen werden als Laser-Repair Technology (LRT) und Anwendungen für Beschichtungen als Laser Cladding Technology (LCT) bezeichnet. Neben rein laserbasierten Prozessen werden auch hybride Kombinationen mit einem Lichtbogen oder Plasmabogen erprobt.

#### Pulverbasierte additive Fertigung mittels Laserstrahl – Pulverbettverfahren

Das pulverbettbasierte Schmelzen (PBF) bezeichnet Prozesse der additiven Fertigung, in denen die Wärmeenergie gezielt Bereiche eines Pulverbetts schmilzt. Für die laserbasierten Pulverbettverfahren wurden eine Vielzahl, meist firmenspezifischer, Verfahrensbezeichnungen, wie beispielsweise Laser Powder Bed Fusion (LPBF), Direct Metal Laser Sintering (DMLS), LaserCusing, Additve Layer Manufacturing, Selective Laser Melting (SLM), Laser Beam Melting (LBM), Laser Metal Fusion (LMF), Direct Metal Printing oder Metall-3D-Druck, geprägt. Bei der Vielzahl der verwendeten Verfahrensbezeichnungen ist es wichtig, zwischen den grundlegenden Prozessen Laserschmelzen und Lasersintern zu unterscheiden. Kennzeichnend für das Laserschmelzen als Schweißprozess ist das vollständige Aufschmelzen der einzelnen Partikel des Metallpulvers, die sich mit dem umliegenden Material verbinden. Innerhalb und zwischen den einzelnen Schichten entsteht somit eine stoffschlüssige Verbindung (Bild 6.74). Bauteile, die mittels selektivem Laserschmelzen hergestellt wurden, weisen ein vollständig dichtes metallisches Gefüge mit guten mechanisch-technologischen Eigenschaften auf und sind daher auch für Anwendungen einsetzbar, in denen hohe Beanspruchungen auftreten. Dagegen wird beim Lasersintern der Pulverwerkstoff nicht vollständig aufgeschmolzen, die einzelnen Partikel verbinden sich nur partiell und es entsteht ein Bauteil mit definierter Porosität.

**Bild 6.74**
Querschliff einer durch pulverbettbasiertes Laserstrahlschmelzen hergestellten Struktur aus dem Werkstoff 1.2709 ohne nachfolgende Wärmebehandlung

Ausgangspunkt für die additive Fertigung eines Bauteils mittels Pulverbettverfahren sind 3D-CAD-Daten der Bauteilgeometrie. Um das Potenzial der additiven Fertigung vollumfänglich zu nutzen, sollte im Vorfeld eine umfassende Bauteilanalyse stattfinden, in deren Ergebnis ein auf die additive Fertigung zugeschnittenes Re-Design der Bauteile erfolgt, um beispielsweise beanspruchungsgerechte Gewichts- und Materialeinsparungen zu realisieren oder zusätzliche Funktionen zu integrieren. Ergebnis ist ein optimierter CAD-Datensatz als Grundlage für das pulverbettbasierte Schmelzen mittels Laserstrahl. Anschließend wird der CAD-Datensatz für den Fertigungsprozess vorbereitet, indem das Bauteil im Bauraum orientiert und mit notwendigen Stützstrukturen ergänzt wird. Entsprechend der spezifizierten Schichtstärken wird das Bauteil virtuell in einzelne Schichten zerlegt (Slicing). Für jede einzelne Schicht werden jetzt die Bahnen generiert, die vom Strahl im Fertigungsprozess abgefahren werden. Im Verlauf des additiven Fertigungsprozesses erfolgt der schichtweise dreidimensionale Aufbau des Werkstücks in einer Prozesskammer. Hierzu wird die auf eine Bauplattform aufgetragene Schicht des pulverförmigen Metalls mithilfe eines fokussierten Laserstrahls lokal an den Stellen aufgeschmolzen, an denen die Strukturen des Bauteils generiert werden sollen. Wenn das lokale Aufschmelzen einer Schicht (Layer) abgeschlossen ist, wird die Bauplattform um den Betrag einer Schichtstärke abgesenkt und eine neue Lage Metallpulver aufgetragen und der Prozess des strahlbasierten Schmelzens beginnt erneut. Dieser Zyklus wiederholt sich solange, bis alle Schichten des Bauteils aufgebaut wurden. Um die Effizienz des Bauprozesses zu erhöhen ist es möglich mehrere Bauteile optimiert auf der Bauplattform anzuordnen und auf speziellen Anlagen gleichzeitig mit mehreren fokussierten Strahlen in einem Bauraum zu arbeiten. Das Verfahrensprinzip für die laserstrahlbasierte additive Fertigung mittels Pulverbettverfahren veranschaulicht Bild 6.75.

Die Verarbeitung der Metallpulver erfolgt bei laserbasierten Verfahren unter Schutzgasatmosphäre mit Argon oder Stickstoff in einer Prozesskammer um unerwünschte Kontaminierung der Werkstoffe mit Sauerstoff zu vermeiden. Nach Ende des Bauprozesses werden nicht aufgeschmolzenes Pulver und ggf. anhaftende Pulverreste oder im Bauteilinneren befindliches Pulver vom Bauteil entfernt. Durch das Arbeiten in einer abgeschlossenen Prozesskammer wird dabei gleichzeitig ein unerwünschter Austrag des Metallpulvers aus dem Arbeitsbereich wirkungsvoll unterbunden. Im Anschluss wird das Bauteil aus der Prozesskammer ausgeschleust und von Stützstrukturen befreit.

An den eigentlichen additiven Bauprozess schließen sich je nach Anforderungen an das fertige Bauteil oft umfangreiche Nachbearbeitungsprozesse an.

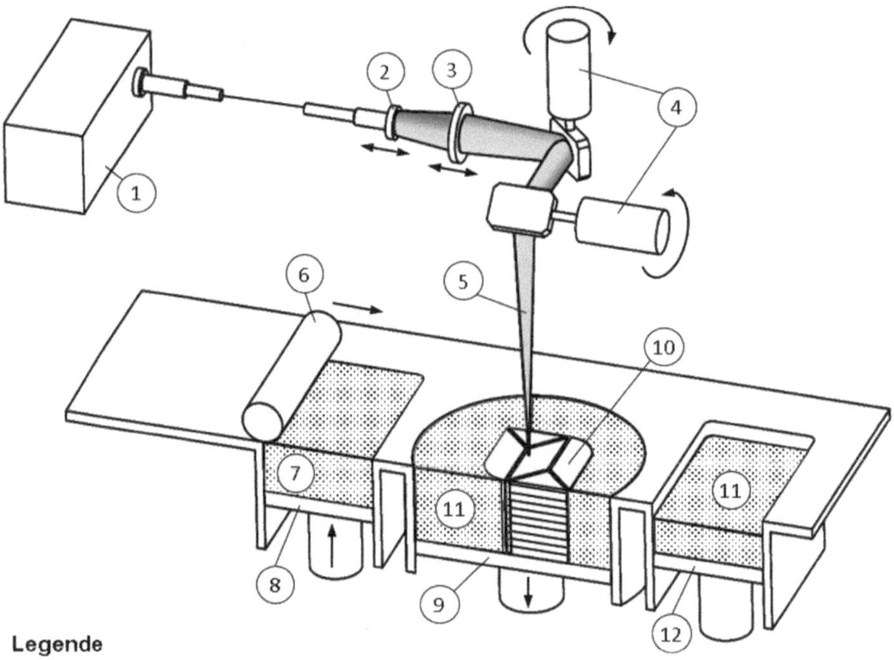


**Legende**

1 Laserstrahlquelle
2 Kollimator (variabel)
3 Fokussieroptik
4 Galvanometerantrieb mit Spiegel
5 Laserstrahl
6 Beschichter (Rolle)
7 Metallpulver / Materialvorrat
8 Pulvervorlagebehälter
9 Bauplattform
10 Bauteil (schichtweise aufgebaut)
11 ungenutztes Pulver
12 Behälter für überschüssiges Pulver

**Bild 6.75** Verfahrensprinzip für die laserstrahlbasierte additive Fertigung mittels Pulverbettverfahren

Hierzu zählen beispielsweise eine spanende Nachbearbeitung von Funktionselementen und -flächen durch konventionelle subtraktive Fertigungsprozesse wie das Fräsen von Planflächen und Passungen sowie erforderliche Oberflächenbehandlungen wie Strahlen, Schleifen, Polieren und Beschichten.

Als eine Applikation für die Herstellung hochpräziser komplexer Bauteile durch pulverbettbasiertes Laserstrahlschmelzen ist in Bild 6.76 ein Impeller dargestellt, der durch die Firma 3D MicroPrint GmbH hergestellt wurde.

**Bild 6.76** Laserstrahlbasierte additive Fertigung eines Impellers mittels Pulverbettverfahren, links: Impeller (lichtoptische Aufnahme); rechts: Nabe des Impellers (REM-Aufnahme)

Für spezifische Anwendungen können zusätzliche exakt auf die gewünschten Bauteileigenschaften abgestimmte Wärmebehandlungen angeschlossen werden, um beispielsweise im Verlauf des schichtweisen Bauprozesses thermisch induzierte Eigenspannungen abzubauen, Inhomogenitäten und eine geringe Restporosität im Bauteil zu beseitigen oder definierte Gefügezustände einzustellen.

Im Rahmen einer finalen Qualitätssicherung erfolgt eine geometrische Vermessung der additiv gefertigten und nachbearbeiteten Bauteile, die, bei Bedarf, durch Methoden der zerstörungsfreien Werkstoffprüfung ergänzt werden kann. Die Eigenschaftscharakterisierung erfolgt durch Verfahren der mechanisch-technologischen Werkstoffprüfung z. B. mittels Zugversuch, Kerbschlagbiegeversuch, Biege- und Stauchversuch sowie Härteprüfung.

Prinzipiell können beim pulverbettbasierten Schmelzen mit Strahlverfahren alle schweißbaren Metalle und Metalllegierungen mit entsprechend angepassten Prozessparametern verarbeitet werden. Etablierte Werkstoffe sind beispielsweise der rost- und säurebeständige austenitische Stahl X2CrNiMo17-12-2 (Werkstoffnummer 1.4404), der Werkzeugstahl X3NiCoMoTi18-9-5 (Werkstoffnummer 1.2709), die Aluminiumlegierung AlSi10 Mg (Werkstoffnummer 3.2382), die Titanlegierung Ti6Al4V (Werkstoffnummer 3.7165), die Kupferlegierung CuNi2SiCr (Werkstoffnummer 2.0855) oder die Nickelbasislegierungen Alloy 718 (Werkstoffnummer 2.4668) und Alloy 625 (Werkstoffnummer 2.4856).

### 6.4.5 Strahlenschutz

Menschen sind primär durch die Schädigung von Augen und Haut infolge der Strahlungseinwirkung gefährdet. Art und Grad der Schädigung hängen von der Wellenlänge, der Leistung, der Betriebsweise des Lasers und der Einwirkdauer der Strahlung auf das Gewebe ab. Die Einteilung von Lasern in vier Klassen beruht auf deren Potenzial, Schädigungen unterschiedlicher Schwere verursachen zu können. Sie umfasst alle Strahlquellen, die in ihrer Wirkung von ungefährlich für das Auge (Klasse 1) bis hin zu sehr gefährlich für Auge und Haut und bis zum Entzünden von Bränden reichen (Klasse 4). Einen Überblick über **Gefährdungsklassen** entsprechend DIN EN 60825-1 und die jeweils geforderten Sicherheitsmaßnahmen gibt Tabelle 6.6 wieder.

Zu beachten ist ferner, dass nicht nur die direkte Strahlung eine Gefahrenquelle darstellt – z. B. infolge fehlender Schutzrohre, dejustierter Spiegel, falsch positionierter Strahlweichen, eines Glasfaserbruchs beim Einsatz von Festkörper- oder Excimerlasern etc. – sondern auch Reflexionen und Streuungen an optischen Elementen im Strahlengang und am Werkstück. Neben dem Tragen geeigneter persönlicher Schutzausrüstung wie Schutzbrillen und entsprechender Kleidung sind zur Abgrenzung von Laserbereichen und der lasersicheren Einhausung von **Laserarbeitsplätzen** je nach Anwendung Kabinen oder Laserschutzvorhänge vorzusehen. Die im Bereich der Materialbearbeitung eingesetzten Hochleistungslaser gehören ausnahmslos in die Laserklasse 4. Die Laserschutzwand bzw. -kabine ist dabei die kritische Trennstelle zwischen Laserklasse 4 und Laserklasse 1. Bei der Gestaltung eines Laserarbeitsplatzes ist daher ein Lasergerät Klasse 4 so mit einer technischen Hülle zu umgeben, dass es „im bestimmungsgemäßen Fertigungsbetrieb“, vollständig gekapselt, in die Klasse 1 eingestuft werden kann.

Insbesondere neuartige Hochleistungs-Festkörperlaser wie Faser- oder auch Scheibenlaser mit sehr hoher Strahlqualität ermöglichen neuartige Laser-Bearbeitungsprozesse auch an 3D-Bauteilen. Die hohe Strahlqualität wird vielfach genutzt, um mittels langer Brennweiten scannergesteuerte Remote-Technologien zu realisieren, die neue Lasersicherheitskonzepte erfordern. Diesen Anforderungen können konventionelle passive Laserschutzwände, bei denen ein Austreten der Laserstrahlung aus der Umhausung durch die Art des Materials, das Design und die Materialdicke für einen bestimmten Zeitraum verhindert wird, nicht mehr genügen. Hier stellen aktive Laserschutzwände ein Mittel für die Gewährleistung der Lasersicherheit zur Verfügung. Das Auftreffen des Lasers auf die **Laserschutzwand**, die als doppelwandige Konstruktion mit in den Zwischenraum integrierten Sensoren zur Streulicht- oder Drucküberwachung ausgeführt ist, wird detektiert und der Laser kann daraufhin abgeschaltet werden. Ergänzend ist darauf hinzuweisen, dass eine sekundäre Gefährdung bei der Bearbeitung bestimmter Werkstoffe auch durch das Freisetzen giftiger bzw. krebserregender Stoffe in Form von Partikeln oder Dämpfen auftreten kann. Sollen entsprechende Werkstoffe bearbeitet werden, sind geeignete **Absaugungen** und **Filter** einzusetzen.

Tabelle 6.6 Laserklassen und Sicherheitsmaßnahmen

| Klasse | Grundkonzept | Schutzmaßnahmen |
|---|---|---|
| 1 | Strahlung ist ungefährlich für das menschliche Auge | Keine Schutzmaßnahmen erforderlich |
| 1M | Strahlung ist ungefährlich für das menschliche Auge, Strahlung kann bei Verwendung von optischen Instrumenten gefährlich sein | evt. Schutzbrille tragen |
| 2 und 2M | Strahlung ist ungefährlich für das menschliche Auge (Grenzwert der zugänglichen Strahlung im Sichtbaren 1 mW), Augensicherheit durch Lidschlussreflex gegeben, Strahlung kann bei Verwendung von optischen Instrumenten gefährlich sein | evt. Schutzbrille tragen |
| 3R | Strahlung ist gefährlich für das menschliche Auge (Grenzwert der zugänglichen Strahlung im Sichtbaren 5 mW) | Schutzbrille tragen, Laserbereich abgrenzen und kennzeichnen, Abschirmungen aufstellen, Wände matt und diffus reflektierend, evt. aktive Konzepte zur Lasersicherheit von Laserkabinen vorsehen, Laserschutzbeauftragten bestellen |
| 3B | Strahlung ist gefährlich für das menschliche Auge, häufig auch für die Haut (Grenzwert der zugänglichen Strahlung im Sichtbaren 500 mW) | |
| 4 | Direkte und diffuse Strahlung ist sehr gefährlich für das menschliche Auge und für die Haut (Grenzwert der zugänglichen Strahlung im Sichtbaren über 500 mW) | |

### 6.4.6 Gegenüberstellung Elektronenstrahlschweißen – Laserstrahlschweißen

Sowohl das Elektronenstrahlschweißen als auch das Laserstrahlschweißen unterscheiden sich von anderen Schmelzschweißverfahren durch ihre besonderen Merkmale und der Möglichkeit der Nutzung des Tiefschweißeffektes. Sie zeigen verfahrensspezifische Vorteile, aber auch Besonderheiten und bedingen wesentlich höhere Investitionskosten.

Tabelle 6.7 gibt einen Überblick und dient als Orientierung für den Einsatz des jeweiligen Verfahrens. In [ORL06] wird versucht eine Abgrenzung der Einsatzbereiche für das Elektronen- und Laserstrahlschweißen untereinander und gegenüber Lichtbogenprozessen vorzunehmen.

Tabelle 6.7 Vergleich Elektronenstrahl-, Laserstrahl- und Metallschutzgasschweißen

| Verfahren | Elektronenstrahlschweißen | Laserstrahlschweißen | Metallschutzgasschweißen |
|---|---|---|---|
| Energiequelle | Elektronenstrahlkanone | Laserresonator | Gleichstromquelle |
| Prinzip | Beschleunigung von Elektronen im Hochspannungsfeld<br>Triode mit Wolfram-Kathode<br>15...175 kV Beschleunigungsspannung | Erzeugung von kohärentem monochromatischem Licht durch stimulierte Emission | im sich bildenden Lichtbogen kontinuierlich abschmelzende strombelastete Drahtelektrode (40...500 A) |
| Leistungsbereich | 3...60 (100) kW | bis 6 kW Diodenlaser<br>bis 10 kW Festkörperlaser<br>bis 40 kW $CO_2$-Laser | bis 45 kW |
| Wirkungsgrad | 90 % | bis 12 % Nd:YAG-Laser (diodengepumpt)<br>bis 15 % $CO_2$-Laser<br>bis 50 % Diodenlaser | 85...90 % |
| Strahlführung | elektromagnetische Linsen | Linsen, Spiegel oder Glasfaseroptiken | – |
| Strahlcharakteristik | Gaußverteilung im Fokus, dadurch gute Reproduzierbarkeit des Schweißergebnisses | ideale Gaußverteilung nur bei Lasern im Leistungsbereich bis 1 kW möglich, größeres SPP bei Multi-Kilowatt-Laser, Faserlaser und Scheibenlaser im Multi-kW-Bereich zum Schweißen gut geeignet | – |
| Strahlpositionierung | Selbstpositionierung des Strahls auf die Schweißfuge durch automatisches Nahtsuchsystem möglich | Selbstpositionierung des Strahls auf die Schweißfuge durch automatisches Nahtsuchsystem möglich | – |
| Fokusbereich | 50...1500 mm variabel | 100...400 mm fest | – |
| Schweißstelle | Schweißvorgang findet unter Vakuum in einer Arbeitskammer statt ($10^{-5}$...$10^3$ Pa) | Schweißvorgang findet an Atmosphäre unter Schutzgas statt | Schweißvorgang findet an Atmosphäre unter Schutzgas statt |
| Werkstückabmessungen | begrenzt, abhängig von der Arbeitskammergröße | beliebig | beliebig |

| Verfahren | Elektronenstrahlschweißen | Laserstrahlschweißen | Metallschutzgasschweißen |
|---|---|---|---|
| Zeitaufwand je Werkstück | Schweißzeit<br>+ Handhabungszeit<br>+ Evakuierungszeit<br>Durchlaufmaschine = 0<br>Taktmaschine = 10…40 s<br>Kammermaschine = 1…10 min | Schweißzeit<br>+ Handhabungszeit | Schweißzeit<br>+ Handhabungszeit |
| Prozessverbrauchsstoffe | keine | Prozess- und Schutzgase je nach Schweißaufgabe | Zusatzwerkstoff, Schutzgase je nach Schweißaufgabe |
| Strahleindringverhalten | Tiefschweißeffekt | Tiefschweißeffekt | – |
| Reflexion | vernachlässigbar | kann bei hoch reflektierenden Werkstoffen zu Problemen mit der Einkopplung führen | – |
| Nahtgeometrie und Schweißtiefen | I-Naht,<br>bis auf wenige Applikationen ohne Zusatzwerkstoff<br>max. 12 mm bei 3 kW<br>max. 20 mm bei 5 kW<br>max. 40 mm bei 10 kW<br>max. 80 mm bei 20 kW<br>max. 120 mm bei 30 kW<br>max. 240 mm bei 60 kW | I-Naht,<br>bis auf wenige Applikationen ohne Zusatzwerkstoff<br>max. 3 mm bei 1 kW<br>max. 12 mm bei 6 kW<br>max. 20 mm bei 10 kW<br>max. 30 mm bei 20 kW | bis ca. 3 mm<br>I-Naht,<br>darüber Mehrlagentechnik mit V- oder X-förmiger Fugenvorbereitung |
| Tiefe-Breite-Verhältnis | bis 40:1 | bis 10:1 | ca. 1:1 |
| Schweißgefüge | feines Schweißgefüge mit sehr geringer Oxidation, da der Prozess im Vakuum stattfindet,<br>große Aufhärtung | feines Schweißgutgefüge, Oxidation des Schweißmaterials hängt von der Ausbildung der Schutzgasabdeckung ab,<br>große Aufhärtung | feines bis grobes Schweißgefüge, je nach Werkstoff, Vor- oder Nachwärmung und Lagenanzahl,<br>geringe Aufhärtung |
| Kosten (Anlage + Handhabungssystem) | ca. 750 000 € (10-kW-Kammermaschine) | ca. 750 000 € (10 kW) $CO_2$-Gaslaser inkl. Kühler stark abhängig von Art und Leistung der Strahlquelle und des Handhabungssystems | ca. 75 000 € |

Vorteile des Lasers gegenüber dem Elektronenstrahl sind:

- keine Vakuumkammer erforderlich, dadurch Bauteilgröße nicht durch Kammer begrenzt,
- keine Abschirmung des Arbeitsraumes gegen Röntgenstrahlung erforderlich,
- bei Festkörperlasern Strahlführung im Glasfaserkabel, dadurch Strahlführung beweglich und dreidimensionale Konturen durch Roboter schweißbar, dagegen EB-Kanone schwer und schlecht manipulierbar,
- bei Schweißtiefen unter 5 mm und leicht schweißbaren Werkstoffen besonders bei großen Werkstücken kostengünstiger,
- keine elektrische Leitfähigkeit des Werkstücks erforderlich,
- höhere Impulsleistungen.

Die Wärmeeinbringung ist beim Elektronenstrahlschweißen nur halb so groß wie beim Laserstrahlschweißen. Als Folge treten geringere Schrumpfungen, weniger Eigenspannungen und geringere thermische Belastungen auf.

Gegenüber dem Laser zeichnet sich der Elektronenstrahl durch die folgenden Merkmale aus:

- keine Begrenzung der Schweißgeschwindigkeit nach unten durch Plasmaabschirmung wie beim $CO_2$-Laser,
- höhere Strahlleistung (Dauerleistung), deshalb auch breite Nähte bei gleicher Tiefe möglich,
- mehr Möglichkeiten zur Strahlmanipulation und Strahlformung,
- auch Werkstoffe mit hohem Reflexionsvermögen schweißbar, bessere Eignung für das Fügen von Werkstoffkombinationen,
- größere Langzeitstabilität, besser überwachbar, besser regelbar inkl. Dokumentation,
- keine Begrenzung der Schweißtiefe,
- ab 5 mm Schweißtiefe geringere Gesamtkosten/Stunde durch geringeren Energie- und Gasverbrauch und höheren Wirkungsgrad.

Im Vergleich zu Lichtbogenverfahren sind beide Strahlverfahren durch minimale Werkstückerwärmung, eine hohe Leistungsdichte, kleine Strahldurchmesser, hohe Schweißgeschwindigkeiten, eine hohe Maßhaltigkeit, geringen Verzug, die Möglichkeit auch an fertig bearbeiteten Teilen zu schweißen und eine hohe Wirtschaftlichkeit gekennzeichnet. Sie besitzen einen hohen energetischen Wirkungsgrad und ermöglichen kurze Taktzeiten in der Fertigung.

Nachteile gegenüber Lichtbogenverfahren liegen in hohen Abkühlgeschwindigkeiten, extrem kurzen $t_{8/5}$-Zeiten, Aufhärtungs- und Rissgefahr beim Schweißen kritischer Werkstoffe, den hohen Investitionskosten, der Vielzahl der aufeinander abzustimmenden Parameter, der notwendigen Abschirmung gegenüber Strahlung und dem erforderlichen Prozesswissen.

# 7 Schweißen durch Bewegungsenergie

## 7.1 Grundlagen zur schweißtechnischen Nutzung kinetischer Energie

Für das Schweißen metallischer Werkstoffe werden folgende Formen kinetischer Energie ausgenutzt:

- statischer oder dynamischer Druck, der auf die zu verbindenden Teile einwirkt (Kaltpressschweißen, Sprengschweißen),
- Reibung, die durch eine oszillierende translatorische Relativbewegung der zu verbindenden Teile unter Einwirkung eines statischen Drucks entsteht (Ultraschallschweißen),
- Reibung, die vorwiegend durch eine rotierende oder oszillierende Relativbewegung der zu verbindenden Teile unter Einwirkung eines statischen Drucks entsteht (Reibschweißen).

Während das Kaltpressschweißen durch überwiegend statische Merkmale gekennzeichnet ist, sind das Ultraschall- und Reibschweißen aufgrund der ihnen eigenen Reibgeschwindigkeiten als dynamische Schweißverfahren einzuordnen. Bild 7.1 zeigt eine Gegenüberstellung der Schweißverfahren Kaltpress-, Ultraschall- und Reibschweißen.

Als Grundlage für diesen Vergleich dienten die zum Verbinden von Aluminium notwendigen physikalischen Größen Pressdruck und Reibgeschwindigkeit. Beim Kaltpressschweißen muss der Pressdruck die Fließgrenze des zu schweißenden Werkstoffs beträchtlich übersteigen. Demgegenüber erfordern das Ultraschall- und Reibschweißen Werte, die unterhalb der Fließgrenze liegen. Das Ultraschallschweißen steht seiner Natur nach zwischen Kaltpress- und Reibschweißen und zeigt eine enge Verwandtschaft zum Reibschweißen. Unter bestimmten Bedingungen ergeben sich für beide Verfahren Pressdrücke und Reibgeschwindigkeiten der gleichen Größenordnung.

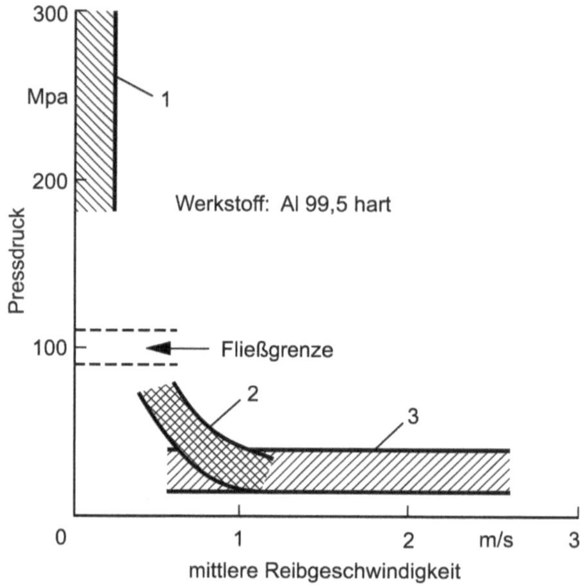


**Bild 7.1**
Vergleich ausgewählter Schweißverfahren [KRE77].
1 Kaltpressschweißen;
2 Ultraschallschweißen;
3 Reibschweißen

## 7.2 Reibschweißen

### 7.2.1 Rotationsreibschweißen (Prozess 42)

#### Verfahrensmerkmale

Zur Verbindungsbildung notwendige Wärme wird ausschließlich durch mechanische Reibung mittels Relativbewegung der zu verschweißenden Teile unter Druck erzeugt. Nach Aufheben der Relativbewegung wird die Verbindungsbildung durch erhöhten Druck vollendet.

#### Anwendungsbereich/Abmessungen

Rund-, Profil- und Rohrquerschnitte; Schmiedeteile, Umformteile, Wellen, Achsen z. B. im Fahrzeugbau, Druckmaschinenbau, Bauindustrie

Fügestellendurchmesser an Vollquerschnitten 0,7...250 mm, an Rohrquerschnitten bis max. 950 mm (bei Wanddicke 6 mm).

#### Werkstoffgruppen

Unlegierte, niedriglegierte, hochlegierte Stähle, Betonstähle, Nichteisenmetalle, Sondermetalle;

Reibschweißen ermöglicht Verbinden zahlreicher unterschiedlicher Werkstoffe miteinander

## Wichtige Merkblätter und Normen

- **DVS 2909-1:** Reibschweißen von metallischen Werkstoffen – Rotationsreibschweißen: Verfahren, Begriffe, Werkstoffe.
- **DVS 2909-2:** Reibschweißen von metallischen Werkstoffen – Merkmale und Herstellung der Verbindung und Überwachung des Schweißvorgangs.
- **DVS 2909-3:** Reibschweißen von metallischen Werkstoffen – Metallografische Merkmale einer Reibschweißverbindung und Qualitätssicherung beim Reibschweißen.
- **DVS 2909-4:** Reibschweißen von metallischen Werkstoffen – Qualifizierung und Anforderungen an das Reibschweißpersonal.
- **DVS 2909-5:** Reibschweißen von metallischen Werkstoffen – Bewertungsgruppen für das Rotationsreibschweißen.
- **DIN EN ISO 15620:** Reibschweißen von metallischen Werkstoffen.

### 7.2.1.1 Verfahrensprinzip

Die zur Verbindungsbildung notwendige Wärme wird durch mechanische Reibung, in der Mehrzahl der Fälle durch eine Relativbewegung der zu verschweißenden Teile unter Druck erzeugt. Prinzipielle Möglichkeiten der Reiberwärmung beim Rotationsreibschweißen zeigt Bild 7.2.

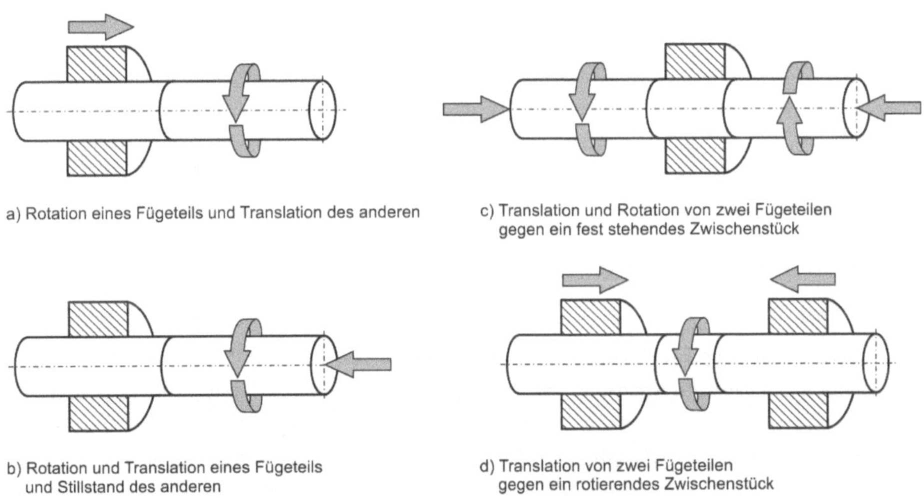


**Bild 7.2** Prinzipielle Möglichkeiten der Erwärmung beim Rotationsreibschweißen (Auswahl)

Im praktischen Einsatz wird vorrangig Variante a) angewandt. Ein Bauteil wird in Rotation versetzt. Das andere Bauteil, welches in einem axial beweglichen Schlitten fest eingespannt ist, wird an das rotierende Bauteil angepresst.

Mobile Reibschweißmaschinen arbeiten bevorzugt nach Variante b). Hier wird das rotierende Bauteil auch axial bewegt und an das stillstehende Bauteil angepresst.

Zwischenstücke nach Variante c) werden verwendet, wenn mehrere Bauteile in einem Arbeitsgang gefügt werden sollen, oder wenn zwei Bauteile metallurgisch nicht direkt miteinander verschweißbar sind. Die beiden gegenläufig rotierenden Fügeteile werden an das stillstehende Zwischenstück angepresst und jeweils mit diesem verschweißt. Maschinen dieses Typs werden als Doppelkopf-Reibschweißmaschine bezeichnet.

In Variante d) werden die Fügeteile beidseitig axial an eine rotierende Zwischenscheibe angepresst. Diese Technik wird zur Herstellung von Rohrverbindungen unter Montagebedingungen eingesetzt, wenn sich die Fügeteile selbst nicht drehen lassen. In [SCH19] wird eine Anwendung für Rohrverbindungen in der Tiefbohrtechnik vorgestellt. Im Vergleich zu herkömmlichen Technologien (Schrauben oder Schmelzschweißen von Bohrfeldrohren) ergeben sich vor allem Zeiteinsparungen.

### 7.2.1.2 Ausrüstungen

Moderne Reibschweißmaschinen sind mit vielfältigen Steuerungsmöglichkeiten des Schweißprozesses, insbesondere zur Gestaltung der Brems- und Stauchphase, ausgerüstet. Damit kann der Schweißprozess exakt auf komplizierte Bauteilformen und spezielle Werkstoffkombinationen abgestimmt werden.

In Bild 7.3 ist schematisch eine Reibschweißmaschine dargestellt. Bild 7.4 zeigt eine Reibschweißmaschine im Fertigungseinsatz.

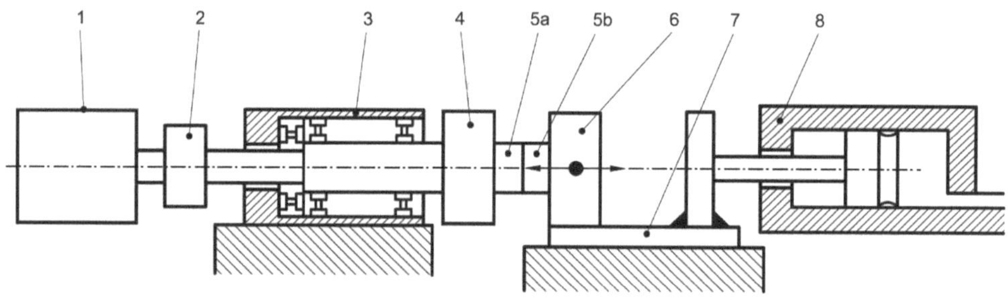


Bild 7.3 Grundaufbau einer Reibschweißmaschine (schematisch) [SCHO90]. 1 Motor; 2 Kupplung/Bremse beim Reibschweißen mit kontinuierlichem Antrieb, Schwungmasse beim Schwungradreibschweißen; 3 Spindelkopf; 4 Spanneinrichtung für rotierendes Werkstück; 5a Werkstück rotierend; 5b Werkstück feststehend; 6 Spanneinrichtung für feststehendes Werkstück; 7 Schlitten; 8 Hydraulikaggregat zur Erzeugung der Axialkraft

Bild 7.5 zeigt den Arbeitsraum einer Doppelkopfreibschweißanlage in Schrägbettausführung. Die Maschine ist mit zwei voneinander unabhängig arbeitenden servoelektrischen Vorschubeinheiten ausgerüstet. Dadurch sind beide Seiten unabhängig voneinander parametrierbar und es können gleichzeitig unterschiedliche Querschnitte und Schweißungen durchgeführt werden. Durch eine CNC-Steuerung mit direkten Messsystemen ist sowohl ein mikrometergenaues Erfassen der Istpositionen der Vorschubachsen als auch ein winkelgenaues Positionieren beider Bauteile möglich. Jede Spindel ist mit einem 2-Achs-CNC-Drehsupport ausgerüstet. Durch die in jeder Vorschubeinheit integrierte Kraftsensorik ist eine direkte Kraftüberwachung und eine hochauflösende Parameterüberwachung möglich.

Bild 7.4 Reibschweißmaschine im Fertigungseinsatz (KUKA Systems GmbH)

Bild 7.5
Arbeitsraum einer Doppelkopfreibschweißmaschine in Schrägbettausführung (Limfox GmbH)

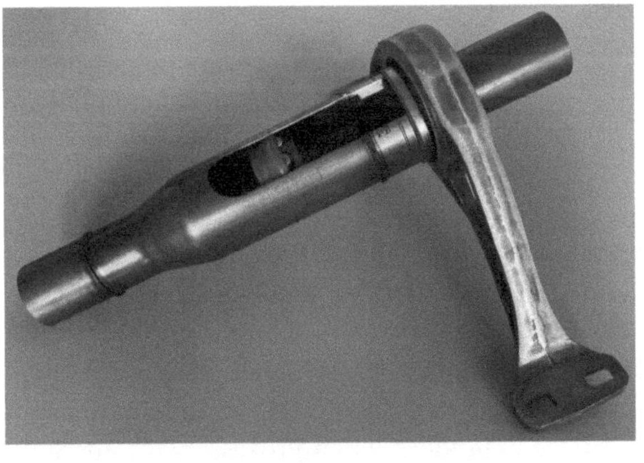

Bild 7.6
Reibgeschweißte Längswelle, Rohrdurchmesser 78 mm, Wanddicke 1,8 mm Werkstoffe: Rohr E 355, Gelenkaußenring 16 MnCr 5 (IFA Group)

Bild 7.6 zeigt eine auf dieser Reibschweißmaschine geschweißte Längswelle. Beide Reibschweißungen sind mit durch Simulation optimierter Wulst hergestellt worden.

Derartige Wellen werden in zahlreichen Kraftfahrzeugen mit Allradantrieb in der EU und den USA eingesetzt.

Die größten Reibschweißmaschinen mit bis zu 2000 Tonnen Axialkraft sind gegenwärtig in der Luft- und Raumfahrtindustrie im Einsatz [KNO09], [ADA09]. Für die Erzielung bestimmter Eigenschaften der Reibschweißverbindung ist die Einhaltung eines reproduzierbaren Druck-Zeit-Programms bei einer gewählten Relativbewegung notwendig. Nach der Art dieser Programme haben sich mehrere Verfahrensvarianten, realisiert durch entsprechende Maschinen- und Steuerungskombinationen, herausgebildet. Für die rotatorische Reibbewegung sind die grundlegenden Verfahrensabläufe Reibschweißen mit kontinuierlichem Antrieb und Reibschweißen mit Schwungradantrieb im Einsatz (Bild 7.7).

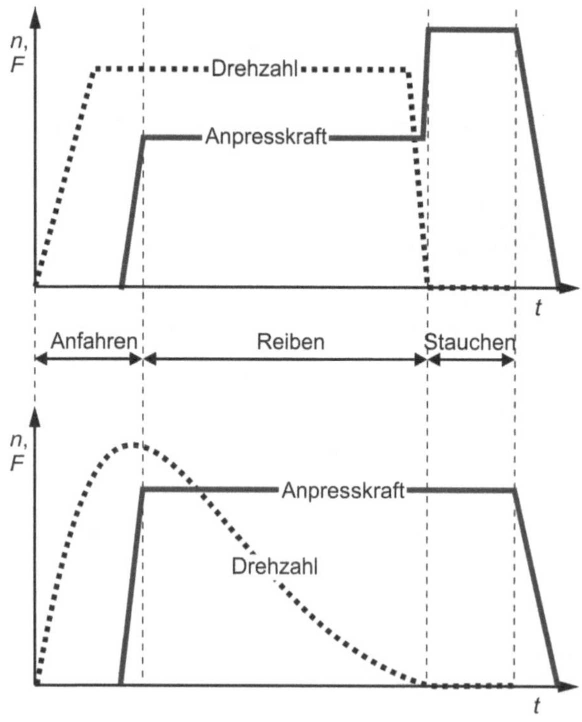


**Bild 7.7**
Verfahrensablauf beim Reibschweißen. Oben: kontinuierlicher Antrieb, unten: Schwungradantrieb

Sofern Brems- und Stauchzeitpunkt frei gewählt werden und nicht mit dem Zeitpunkt des Ausschaltens des Antriebs zusammenfallen, können zusätzliche Effekte hinsichtlich Wärmeentwicklung, Verformungsverhalten o. ä. erzielt werden. In diesem Fall wird die in Antriebsmotor, Spindel und Spannfutter gespeicherte Rotationsenergie ganz oder teilweise durch Eigenbremsung umgesetzt. Bild 7.8 zeigt beispielhaft mögliche Stauchszenarien. Variante 1 entspricht dem klassischen Prozessablauf mit Stauchen bei Drehzahl Null. Bei Variante 3 beginnt das Stauchen noch unter Reibdrehzahl. In Variante 2 wird in die Auslaufbewegung der Spindel hinein gestaucht.

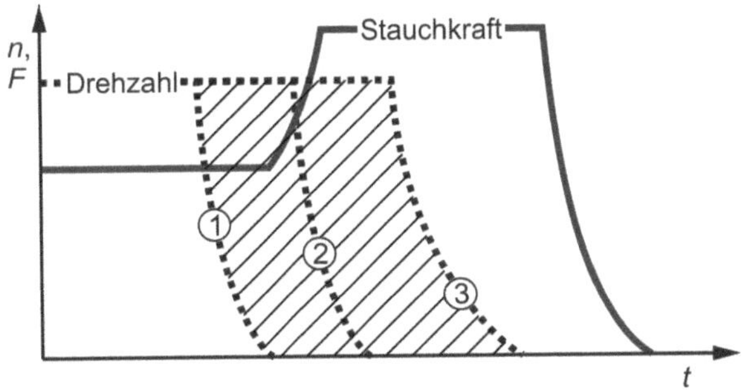


**Bild 7.8**
Variation von Brems- und Stauchzeitpunkt

### 7.2.1.3 Anwendungsbereich

Gegenwärtig wird das Reibschweißen für Fügestellendurchmesser von 0,7...250 mm (Rohre bis 950 mm) angewendet. Ausgewählte Anwendungsbeispiele zeigt Tabelle 7.1.

**Tabelle 7.1** Anwendungsbeispiele für das Rotationsreibschweißen

| Bauteilskizze | erzielbare Effekte |
|---|---|
| Kegelrad 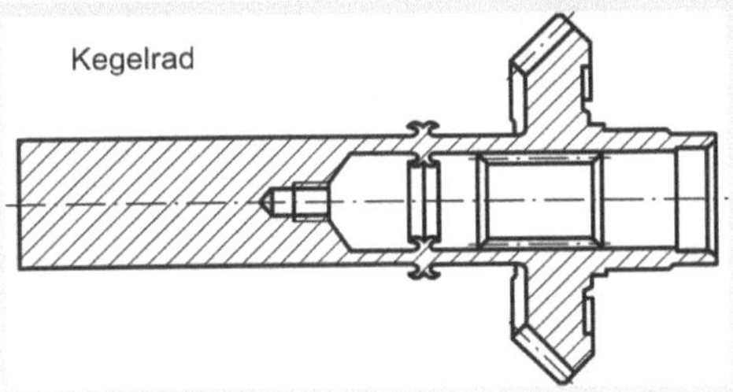 | ▪ Wellenzapfen an fertig bearbeitetes Kegelrad angeschweißt,<br>▪ Innen- und Kegelverzahnung können vorher einfacher hergestellt werden,<br>▪ unterschiedliche Längenvarianten des Kegelrades einfach herstellbar. |
| Getriebehohlwelle 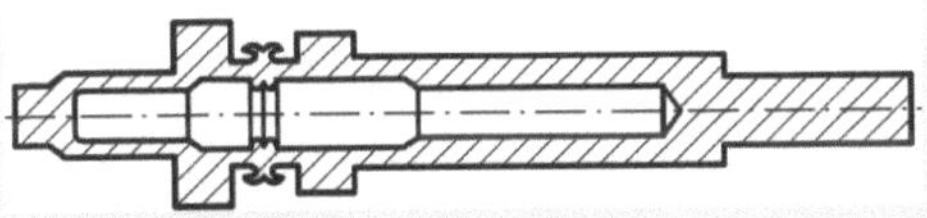 | ▪ Gewichtsersparnis im Vergleich zur Vollwelle 30 %,<br>▪ Reduzierung des Masseträgheitsmoments, im Fahrzeugbau von Bedeutung. |
| Rohr-Zapfen-Verbindung 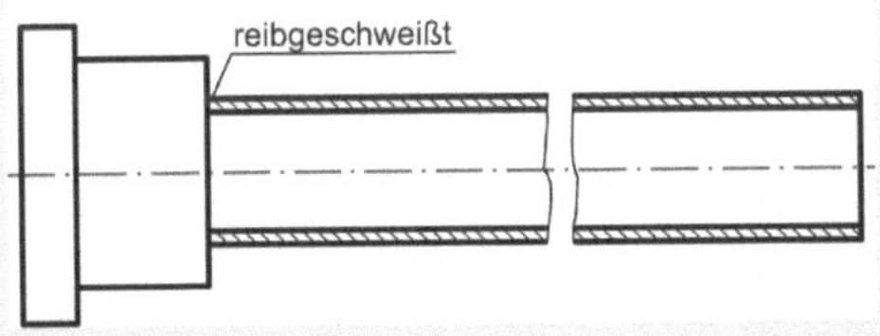  | ▪ Reibschweißen reduziert Aufwand für die Schweißnahtvorbereitung des Rohres,<br>▪ Zeiteinsparung gegenüber Schmelzschweißen 30 %,<br>▪ Handlingaufwand beim Reibschweißen für zentrisches Schweißen geringer, besonders bei kleinen Stückzahlen. |
| Kolbenstange 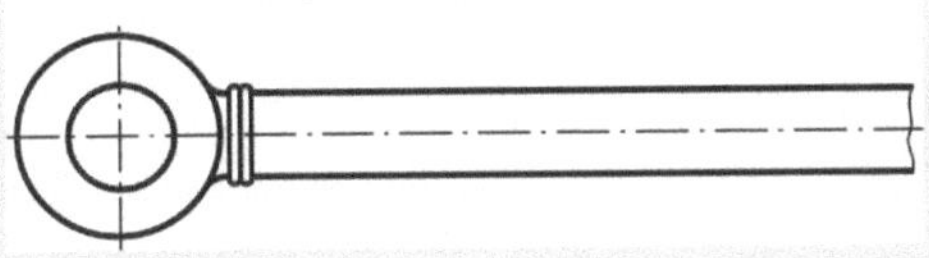 | ▪ Vereinfachung der Schmiedeteile, da einheitliche Längen,<br>▪ unterschiedliche Stangenlängen durch Reibschweißen möglich,<br>▪ teure Werkstoffe nur dort, wo sie für die Funktion notwendig sind. |

Die Anwendungsbeispiele in den Bild 7.9 und Bild 7.10 belegen, dass auch kompliziert gestaltete Bauteile und solche mit besonderen Anforderungen hinsichtlich Winkelgenauigkeit mit dem Reibschweißen verbunden werden können.

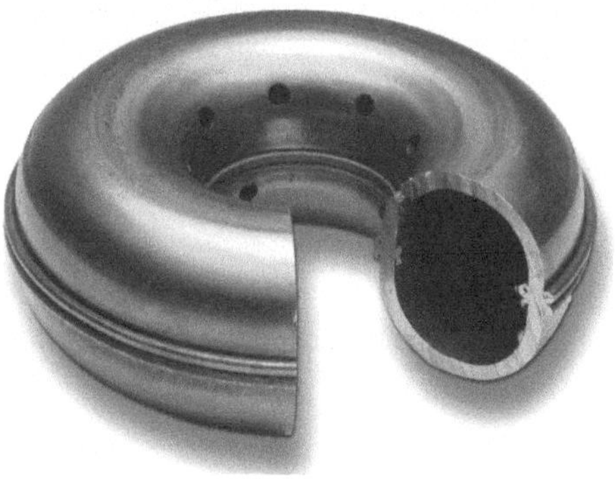

**Bild 7.9**
Reibgeschweißtes Airbaggehäuse (Verbindung Stahl – Stahl) (KUKA Systems GmbH)

**Bild 7.10**
Trailerachse mit winkelgenau reibgeschweißten, endbearbeiteten Achszapfen (KUKA Systems GmbH)

**Bild 7.11**
Reibgeschweißte Gabel (ITM Zschaler GmbH)

Bild 7.11 zeigt eine reibgeschweißte Gabel (Aufnahme für einen in zwei Richtungen schwenkbaren Arbeitszylinder). Die Gabel, ein durch Brennschneiden aus S355-Blech hergestelltes Bauteil wird an Rundmaterial, Durchmesser 100 mm, Werkstoff 42CrMo4, reibgeschweißt. Die Fügefläche an der Blechgabel ist gefräst. Wärmebehandlungen nach dem Reibschweißen sind trotz des relativ großen Fügedurchmessers und des aufhärtungsempfindlichen niedriglegierten Vergütungsstahls nicht notwendig.

### 7.2.1.4 Konstruktive Gestaltung und Festigkeit

Die konstruktive Gestaltung der reibzuschweißenden Bauteile hat aufgrund der spezifischen Vorgänge an der Fügestelle, der Realisierung eines bestimmten Druck-Zeit-Programms und der damit verbundenen speziellen Konstruktion der Reibschweißmaschine eine große Bedeutung. Mit der Gewährleistung einer reibschweißgerechten Konstruktion werden vorrangig solche die Verbindungsqualität maßgeblich beeinflussenden Faktoren, wie ausreichend sichere Spannmöglichkeiten, ausreichende Steifigkeit an der Fügestelle und günstige Reibbedingungen, gesichert.

Konstrukteur und Arbeitsvorbereiter haben die Möglichkeit, bei richtiger Gestaltung der Werkstücke und bei richtiger Anwendung des Verfahrens Fragen

- der Werkstoffsubstitution,
- der Gliederung der Einzelteile,
- der Einsparung an Zerspanungs- und Fertigungskapazitäten,
- der Ausnutzung hochproduktiver Fertigungsverfahren (wie Genauschmieden, Querwalzen, Fließpressen, Stanzen, Formgießen, Warmwalzen und Ziehen) zum Herstellen formgerechter Halbzeuge

zu lösen und damit die Vorteile des Reibschweißens zur Wirkung zu bringen.

Mithilfe der Bewertungsgruppen für das Reibschweißen [DVS 2909-5] „... können Qualitätsmerkmale bzw. Anforderungen an die Herstellung besser quantifiziert und den Einsatzbedingungen der reibgeschweißten Bauteile angepasst werden. Die Bewertungsgruppen legen damit auch die Fertigungsbedingungen zur Einhaltung der Grenzwerte hinsichtlich Unregelmäßigkeiten fest und beeinflussen die Fertigungskosten."

Von der reibschweißgerechten Gestaltung und der Wahl günstiger Schweißparameter sind Bauteilverkürzung, Wulstausbildung und mechanisch-technologische Eigenschaften der Reibschweißverbindung abhängig.

In Tabelle 7.2 sind vorzugsweise zur Anwendung empfohlene Fügestellenformen in Abhängigkeit von der Querschnittsform an der Fügestelle zusammengestellt.

**Tabelle 7.2** Zur Anwendung empfohlene Fügestellenformen zum Rotationsreibschweißen

| Querschnittsform an der Fügestelle | Fügestellenform | Reibschweißverbindung |
|---|---|---|
| Rundmaterial – Rundmaterial | 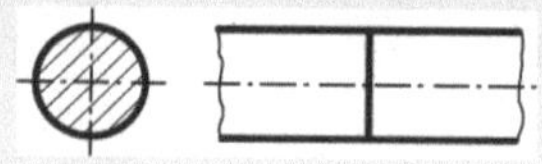 | 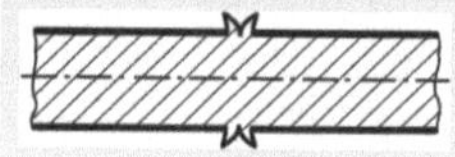 |
| Rundmaterial – Profil | 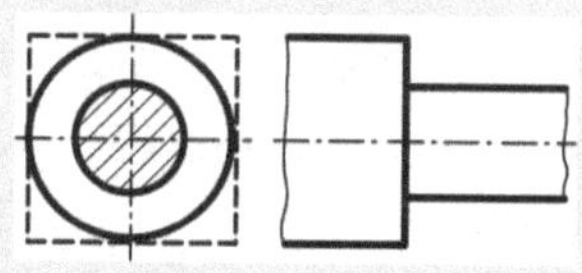 | 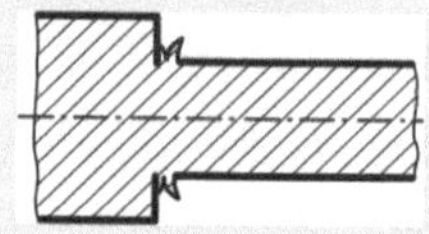 |
| Rundmaterial – Blech | 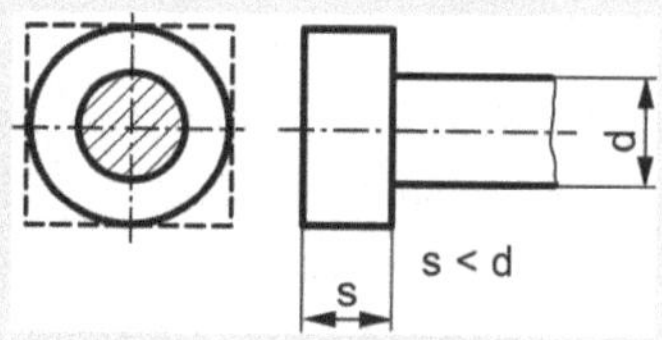 | 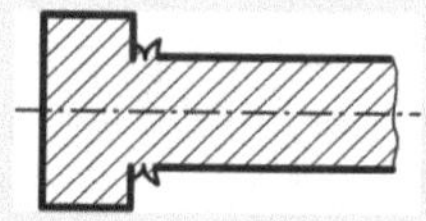 |
| Rundmaterial – Rohr | 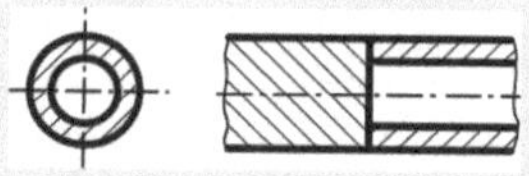 |  |
| Profil – Rohr | 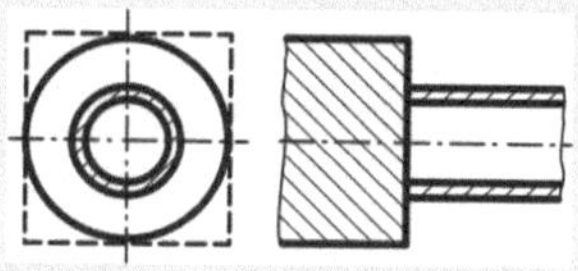 | 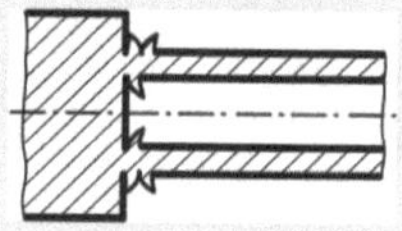 |
| Rohr – Rohr (gleiche Durchmesser) | 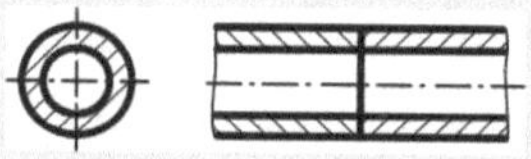 | 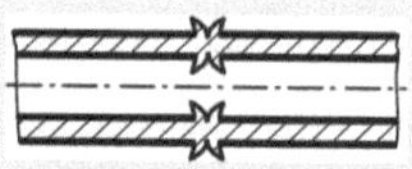 |
| Rohr – Rohr (unterschiedliche Durchmesser) | 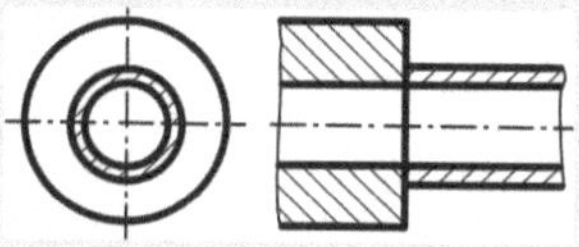 | 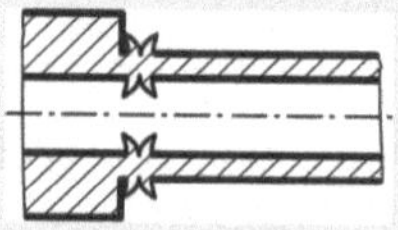 |
| Rundmaterial – Rundmaterial als Winkelstoß | 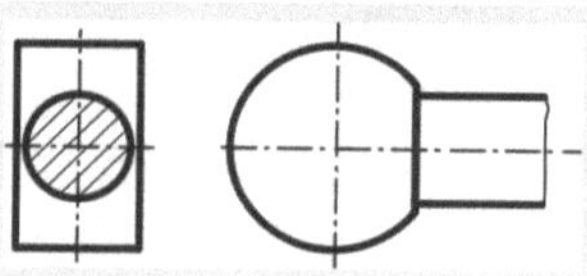 | 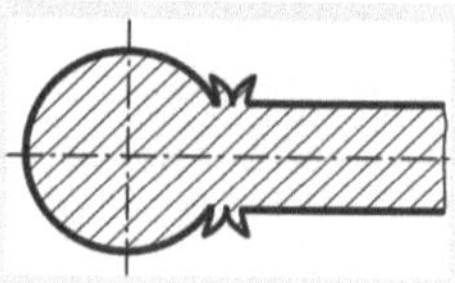 |

Reibschweißverbindungen haben aufgrund der konzentrierten Energieeinbringung und der damit verbundenen schmalen Wärmeeinflusszone sehr gute Festigkeitseigenschaften. Durch die in der Abbremsphase auftretende Warmtorsion und die damit verbundene Rekristallisation bildet sich in der Verbindungszone ein feinkörniges Gefüge aus.

Die statische Festigkeit von Reibschweißverbindungen artgleicher Werkstoffe erreicht bei Einhaltung der geforderten Herstellungsbedingungen mindestens die Festigkeit des Grundwerkstoffs. Der Schweißwulst verschlechtert nicht das statische Festigkeitsverhalten. Auch innere Fehler üben, wenn sie gewisse Grenzen nicht überschreiten, einen relativ geringen Einfluss auf die statische Festigkeit aus.

Das Ermüdungsverhalten von bearbeiteten Reibschweißverbindungen ist ebenfalls ausgezeichnet. Dauer(schwing)festigkeitswerte derartiger Reibschweißverbindungen liegen in der Regel im Bereich des Grundwerkstoffes.

### 7.2.1.5 Fertigungshinweise

Um die Vorteile der guten Wiederholbarkeit der Eigenschaften von Reibschweißverbindungen sicherzustellen, ist Folgendes zu beachten:

- Der Gefügezustand der Werkstoffe soll innerhalb einer Reibschweißserie einheitlich und gleichbleibend sein. Werkstoffe ohne ausgeprägte Zeiligkeit des Gefüges und mit geringen nichtmetallischen Einschlüssen sind zu bevorzugen.
- Schwankungen von Festigkeit und Härte, resultierend aus Unterschieden der chemischen Zusammensetzung oder der Gefügezustände, können den Schweißvorgang und damit auch die Längenverkürzung des geschweißten Teiles beeinflussen.
- Die Maßhaltigkeit der Halbzeuge und Rohteile ist den geforderten Fertigungstoleranzen anzupassen. Beim Reibschweißen dünnwandiger Rohre ist besonders auf Rundheit, Wanddickentoleranz und Planschlag zu achten; Sägeschnitte sind meist ausreichend.
- Fremdstoffe, welche die Reiberwärmung verhindern oder vermindern, sind von den Stoßflächen zu entfernen. Hierzu zählen Zunder, Walzhaut, Gusshaut, Zieh- und Schmiedepulver, Schmiermittel mit Notlaufeigenschaften, Schneidemulsionen, Bonderschichten. Wird eine geringe Bauteilverkürzung angestrebt, sind auch Öl, Fett, Farbe, dünner Rostbelag (Flugrost) und andere Oxidschichten zu entfernen.
- Die aus dem Reibschweißvorgang resultierenden Drehmomente und Axialkräfte müssen übertragen werden. Zur Aufnahme der Momente und Kräfte ist eine ausreichende Spannlänge bei Reibschluss der Spanneinrichtung oder ein Formschluss und gegebenenfalls ein Anschlag vorzusehen. Formschluss ist anzustreben bei begrenzter Spannlänge und bei fertig bearbeiteten Oberflächen der Teile.
- Die freie, aus der Spanneinrichtung herausragende Länge soll zum Vermeiden von Schwingungen und Auslenkungen möglichst gering gehalten werden. Sie muss so groß sein, dass die Wulstbildung nicht behindert wird (Richtwert: freie Länge $\leq 1{,}5 \times$ Durchmesser).

Ein Trend in der Produktionstechnik ist deren zunehmende Digitalisierung. In Zukunft wird es deshalb notwendig sein, den Produktionsprozess vor, während und nach dem Prozess mithilfe digitaler Werkzeuge zu analysieren.

Für das Rotationsreibschweißen wurde in [SCH15a] ein Modell zur Simulation des Reibschweißprozesses entwickelt, welches für die Durchführung der Simulation keinerlei Messdaten aus dem Prozess selbst benötigt. Die Modellbildung wurde prinzipiell in die Prozess-, Struktur- und Werkstoffsimulation eingeteilt.

„Die Prozesssimulation beschäftigt sich mit der aktiven Prozessphase, d. h. den physikalischen Vorgängen, welche unmittelbar während des Prozesses ablaufen, wie etwa der Reibung, dem Wärmeeintrag, der instationären Wärmeableitung und der Warmumformung. Die Struktursimulation fokussiert die Abkühlphase und in diesem Zusammenhang die Phänomene von Wärmeschrumpfung, Verfestigung, Kriechvorgängen, Eigenspannungs- und Verzugsausbildung. Die Werkstoffsimulation hat schließlich zum Ziel, die metallurgischen Vorgänge während des Prozesses und der Abkühlphase abzubilden, d. h. unter anderem die Phasenumwandlungen, die Kornstruktur, Versetzungsdichten und lokale mechanische Eigenschaften wie die Aufhärtung zu modellieren" [SCH15b]. Ausführlich wird das Prozesssimulationsmodell in [SCH15a] beschrieben. Es werden die wesentlichen Bausteine wie das Materialgesetz, das Reibgesetz, die numerische Umsetzung sowie die Finite-Elemente-Netzerstellung erläutert. In entsprechenden Reibschweißversuchen wurde nachgewiesen, dass die Ergebnisse der Simulation mit den experimentellen Ergebnissen übereinstimmen.

Bild 7.12 veranschaulicht am Beispiel einer Rohrschweißung Durchmesser 140 mm, Wanddicke 40 mm, den Verlauf der Simulation. Dargestellt ist die Wulstbildung bei unterschiedlichen Reibzeiten.

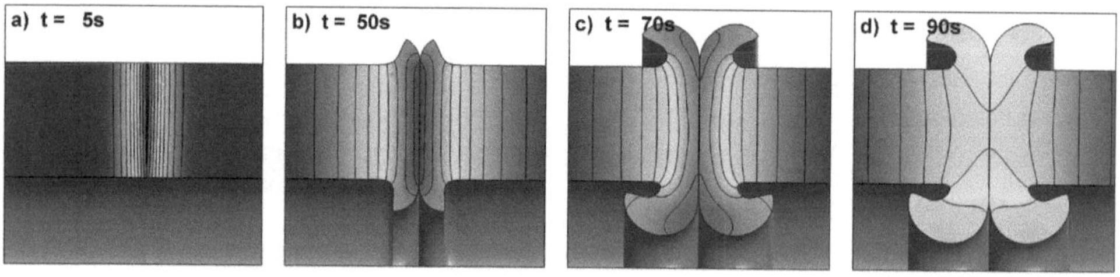


**Bild 7.12** Simulation einer Rohrreibschweißung, Durchmesser 140 mm, Wanddicke 40 mm (Sampro GmbH)

Mithilfe der Simulation ist somit eine Optimierung des Rotationsreibschweißprozesses hinsichtlich der Ausgestaltung auch von komplexeren Fügestellengeometrien, wie z. B. Erzeugung bestimmter Wulstformen, aufgleitendes Reibschweißen o. ä. möglich [STM11].

Weitere Details zu Konstruktion, Technologie, Anwendung und Qualitätssicherung beim Reibschweißen können aus DIN EN ISO 15620 und aus DVS 2909-1 bis DVS 2909-5 entnommen werden.

### 7.2.1.6 Richtwerte

Im DVS Merkblatt 2909-2 sind Richtwerte zum Reibschweißen für verschiedene Werkstoffe angegeben, Tabelle 7.3. Die Werte gelten für das Verschweißen von Bauteilen aus gleichem Werkstoff und identischen Querschnittsabmessungen. Die Reib- bzw. Stauchkraft wird auf die zu verschweißende Querschnittsfläche bezogen und als Anpressdruck angegeben. Die Umfangsgeschwindigkeit ergibt sich aus dem Produkt des Bauteilumfangs mit der Rotationsdrehzahl. Rohrquerschnitte sind mit ca. 30 % weniger Energie schweißbar und die Parameter sind entsprechend herunter zu skalieren.

Wie aus Tabelle 7.3 ersichtlich, werden die Schweißparameter nicht nur durch die Bauteilabmessungen, sondern auch durch den Bauteilwerkstoff bestimmt. Verschiedene Werkstoffe besitzen unterschiedliche Festigkeiten, Wärmeleitfähigkeiten, Warmfestigkeiten usw. Diese Eigenschaften bestimmen wesentlich die Erwärmung und Verformung an der Fügestelle.

Legierte Stähle besitzen im Vergleich zu unlegierten Stählen geringere Verformungs- und Wärmeleitfähigkeiten und erfordern deshalb höhere Anpressdrücke und längere Reibzeiten. Gut wärmeleitende Metalle, wie z. B. Kupfer und Aluminium, werden mit hohen Drehzahlen, kurzen Reibzeiten und geringen Anpressdrücken geschweißt. Beim Schweißen von oxidationsempfindlichen Werkstoffen, wie z. B. Titanlegierungen, muss die Schweißstelle bis zum Unterschreiten einer Temperatur von ca. 400 °C vor Oxidation geschützt werden.

**Tabelle 7.3** Richtwerte für Schweißparameter beim Reibschweißen mit kontinuierlichem Antrieb

| Werkstoff | Reibdruck [MPa] | Stauchdruck [Mpa] | Reibzeit [s] | Stauchzeit [s] | Umfangsgeschwindigkeit [m/min] |
|---|---|---|---|---|---|
| unlegierter Stahl | 20...80 | 80...250 | 1...100 | 2...10 | 0,5...5 |
| legierter Stahl | 40...100 | 120...400 | 3...120 | 2...3 | 0,5...5 |
| warmfester Stahl | 60...100 | 180...500 | 5...150 | 2...15 | 0,5...5 |
| Kupfer | < 10 | 20...60 | 1...6 | 2...5 | 1,5...4 |
| Aluminium | 10...30 | 30...80 | 0,1...4 | 2...5 | 2...4 |
| Titanlegierung | 20...30 | 60...80 | 2...8 | 2...5 | 1...4 |

Beim Schweißen von Werkstoffkombinationen ist neben der metallurgischen Eignung das thermische Verhalten der beteiligten Werkstoffe ausschlaggebend. Bei ähnlichen Verhältnissen können Schweißparameter wie beim Schweißen von artgleichen

Werkstoffen verwendet werden. Bei unterschiedlichem thermischem Verhalten wird der Prozess am niedriger schmelzenden Werkstoff ausgerichtet. Dabei ist zu beachten, dass auch der warmfestere Werkstoff ausreichend plastifiziert, um eine sichere Verbindungsausbildung zu gewährleisten.

## 7.2.2 Linearreibschweißen

Beim Linearreibschweißen werden die Bauteile nicht in Rotation versetzt, sondern unter zyklischer Bewegung quer zur Bauteilachse aneinandergepresst. Dadurch ist das Reibschweißen nicht rotationssymmetrischer Bauteile möglich. Prinzipielle Möglichkeiten zur Reiberwärmung zeigt Bild 7.13.

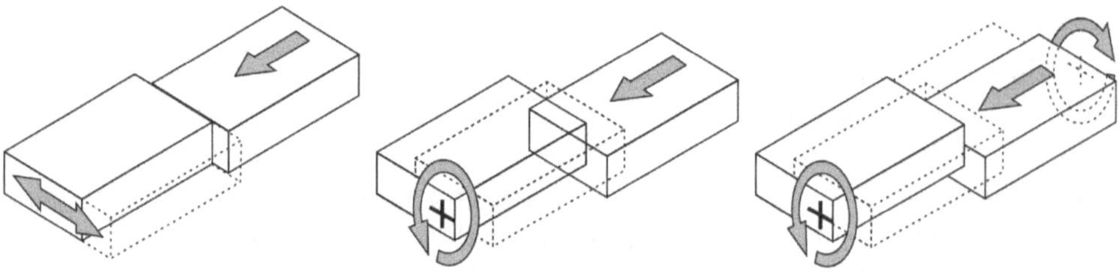


**Bild 7.13** Prinzipielle Möglichkeiten der Erwärmung beim Linearreibschweißen

Bei linearer Oszillation wird ein Bauteil in Schwingung versetzt und gegen ein fest eingespanntes Bauteil gepresst. Je nach Maschinenausführung wird die translatorische Bewegung zur Erzeugung der Anpresskraft vom eingespannten oder vom schwingenden Bauteil ausgeführt. Marktübliche Maschinen arbeiten mit Schwingungsfrequenzen im Bereich 25...125 Hz und Amplituden von bis zu 5 mm. Als Schwingungsform wird zumeist eine Sinusfunktion verwendet.

Bei orbitaler Oszillation wird an einem Bauteil eine exzentrische Drehbewegung erzeugt, die von einer axialen Anpresskraft überlagert ist. Beim Multiorbital-Reibschweißen werden beide Bauteile unter gegenläufiger Drehrichtung in exzentrische Schwingung versetzt [SEE09].

Die Fügestellenausbildung erfolgt in allen Varianten, wie beim Rotationsreibschweißen, durch ein axiales Stauchen nach ausreichender Erwärmung der Fügeteile. Übliche Stauchkräfte liegen im Bereich 2...300 kN.

Das schweißbare Werkstoffspektrum ist identisch mit dem Rotationsreibschweißen. Ebenso können Mischverbindungen aus verschiedenen Werkstoffen hergestellt werden. Das Potenzial des Linearreibschweißens liegt vor allem in der Möglichkeit, nicht runde oder nicht drehbare Bauteile mittels Reibschweißen zu fügen. Darüber hinaus können in einer Aufspannung mehrere Verbindungen gleichzeitig hergestellt werden [APP09]. Dabei kann es sich um mehrere Fügestellen an einem Bauteil oder das parallele Schweißen mehrerer Bauteile handeln. Die schweißbaren Querschnitte können dabei gleich- oder verschiedenartig ausgebildet sein, so lange die Fügefläche im Reibeingriff ist, Bild 7.14. Marktübliche Linearreibschweiß-Systeme können dabei Fügequerschnitte von bis zu 30.000 mm² realisieren.

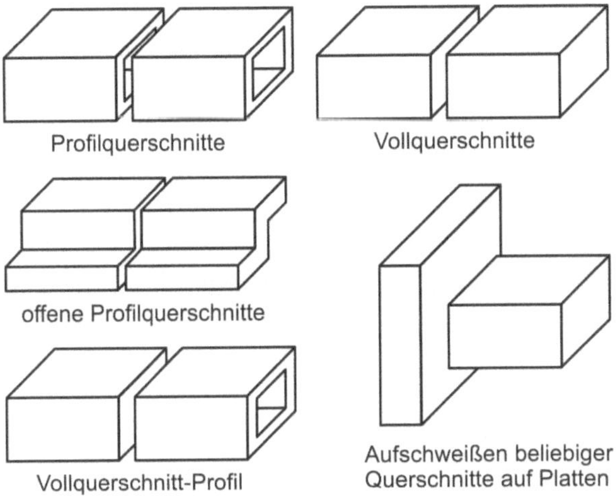


**Bild 7.14**
Beispiele für linearreibschweißbare Querschnitte

Ein typisches Anwendungsbeispiel für das Linearreibschweißen ist das Aufschweißen von Rotorschaufeln an Turbinenrädern, Bild 7.15. Die Schaufeln bestehen zumeist aus teuren Sonderwerkstoffen, wie Titan oder Nickelbasislegungen. Gegenüber herkömmlichen Fertigungsmethoden, z. B. Fräsbearbeitung aus dem Vollmaterial, ergibt sich eine enorme Materialeinsparung.

**Bild 7.15**
Linearreibgeschweißtes Turbinenrad (TWI Ltd.)

## 7.3 Rührreibschweißen (Prozess 43)

### Verfahrensmerkmale

Zwei zu verschweißende Bleche werden mit möglichst geringem Spalt stumpf gestoßen und fest auf eine Unterlage gespannt. Ein speziell geformtes Werkzeug wird rotierend in den Fügebereich gedrückt. Die dabei entstehende Reibung führt zur Plastifizierung der Fügepartner entlang der Schweißebene. Der kontinuierliche Vorschub des Werkzeuges führt zum „Verrühren" des plastifizierten Materials und zu dessen Verdichtung. Es entsteht eine metallische Verbindung.

Im internationalen Sprachgebrauch ist die Bezeichnung FSW (*engl.* Friction Stir Welding) eingeführt.

### Anwendungsbereich/Abmessungen

Verschweißen von Strangpressprofilen, Profilkonstruktionen und Kastenprofilen aus Aluminium. Es können lineare, nichtlineare und dreidimensionale Stumpf- und Überlappstöße sowie Rundverbindungen, z. B. in der Luft- und Raumfahrtindustrie, im Fahrzeugbau, im Kühlanlagenbau, Kranbau, geschweißt werden.

Blechdickenbereich ca. 1,2...50 mm.

### Werkstoffgruppen

Bevorzugter Einsatz an duktilen Metallen, wie Aluminium, Kupfer, Magnesium und deren Legierungen. Mit speziellen Werkzeugstiften auch an Stahlwerkstoffen einsetzbar. Schweißen von Mischverbindungen möglich.

### Wichtige Merkblätter und Normen

- **DIN EN ISO 25239:** Rührreibschweißen – Aluminium, Teile 1 bis 5.
- **DVS 3701:** Rührreibschweißen und seine Anforderungen an die Betriebsanlagen.
- **DVS 3702:** Einsatz der konduktiven Unterstützung beim Rührreibschweißen.
- **DVS 3703:** Reduzierung der Axialkraft beim Rührreibschweißen durch Skalierung von Schulter- und Schweißstiftdurchmesser.
- **AWS D17.3/D17.3M:** Specification for Friction Stir Welding of Aluminium Alloys for Aerospace Applications.

### 7.3.1 Verfahrensprinzip

Neben dem Rotationsreibschweißen hat in den letzten Jahren das Rührreibschweißen sowohl auf wissenschaftlicher Ebene als auch in der Anwendung eine rasante Entwicklung erfahren. Vorangetrieben wird diese Entwicklung durch fügetechnische Probleme, welche sich beim Einsatz moderner Leichtbauwerkstoffe ergeben. Das in Großbritannien patentierte Verfahren ist dadurch gekennzeichnet, dass im einfachsten Falle zwei Bleche mit einem möglichst geringen Spalt stumpf gestoßen sowie fest auf eine Unterlage gespannt, mittels eines speziell geformten Werkzeuges verbunden werden. Bild 7.16 zeigt das Verfahrensprinzip des Rührreibschweißens.

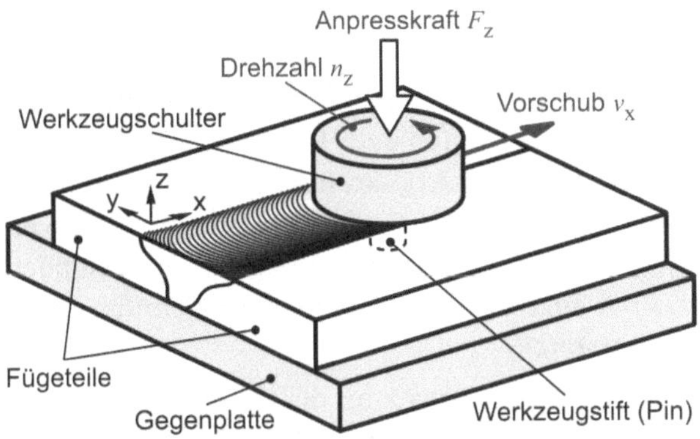


**Bild 7.16**
Verfahrensprinzip des Rührreibschweißens [nach DÖRF09]

Das Schweißwerkzeug, im Wesentlichen bestehend aus einem Werkzeugstift, welcher unter der Werkzeugschulter angeordnet ist, rotiert mit einer vorgewählten Drehzahl und wird mit einer bestimmten Kraft in den Fügebereich gedrückt. Die dabei entstehende Reibung führt mit relativ geringem Wärmeeintrag zur Plastifizierung der Fügepartner in der Schweißebene. Ein kontinuierlicher Vorschub des Werkzeuges entlang der Schweißebene führt zum „Verrühren" des plastifizierten Materials im Inneren der Schweißebene. Die speziell gestaltete Werkzeugschulter verhindert durch entsprechenden Druck den Verlust des durch den Werkzeugstift herausgepressten Werkstoffs und verdichtet diesen, und es entsteht eine metallische Verbindung. Als Gegenlager dient eine robuste Gegenplatte. Die typischen Bereiche einer Rührreibschweißverbindung sind in Bild 7.17 schematisch dargestellt.

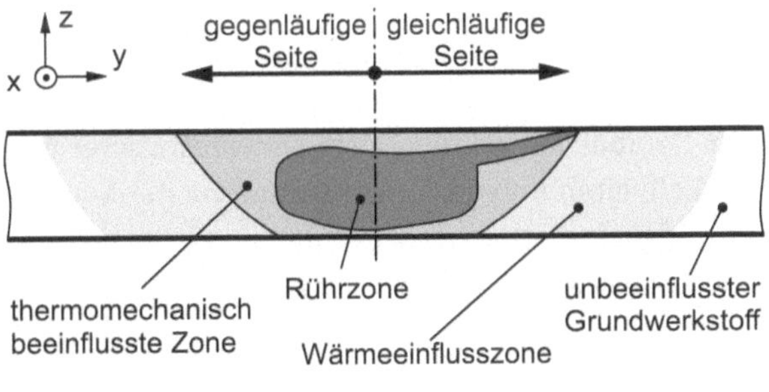


**Bild 7.17**
Einflusszonen beim Rührreibschweißen [nach DÖRF09]

Die typische Gefügestruktur beim Rührreibschweißen entsteht durch Temperatureinflüsse aufgrund der Reibungswärme und der ablaufenden Verformungsvorgänge. Im Zentrum der Verbindung befindet sich die Rührzone. Durch den hohen Verformungsgrad im Rührbereich im Zusammenhang mit dem Temperaturverlauf entsteht in diesem

Bereich ein feinkörniges, dynamisch rekristallisiertes Gefüge. In der thermomechanisch beeinflussten Zone außerhalb der Rührzone nimmt die Korngröße zu und es findet eine Deformation der Körner durch die Rührbewegung des Werkzeugstiftes statt [SAN02]. Die Wärmeeinflusszone stellt den Übergang zum unbeeinflussten Grundwerkstoff dar.

## 7.3.2 Ausrüstungen

Ähnlich wie beim Rotationsreibschweißen, in dessen anfänglichen Entwicklungsstadien in den 1950er-Jahren umgebaute Drehmaschinen zum Reibschweißen dienten, diese aber aufgrund der hohen Anforderungen an Axialkraftaufbringung und Spindellagerung bald den heute bekannten und bewährten Reibschweißmaschinen weichen mussten, wurden vor einigen Jahren für das Rührreibschweißen zum Teil noch Senkrechtfräsmaschinen eingesetzt. Aber auch hier ist ein Wandel in Richtung spezieller Rührreibschweißmaschinen eingetreten.

Der Grundaufbau besteht aus einer stabilen Rahmenstruktur, die die erheblichen Prozesskräfte aufnehmen kann, Bild 7.18. Zur Erzeugung von geradlinigen Schweißnähten in einer Ebene sind drei bewegte Achsen erforderlich, die zumeist über eine CNC-Steuerung angesprochen werden. Aufwendigere Systeme verfügen über eine Prozesskraftsteuerung. Die werkstückseitigen Spanneinrichtungen müssen eine exakte Positionierung und sichere Fixierung der Fügeteile, auch unter Einwirkung der Prozesskräfte, gewährleisten.

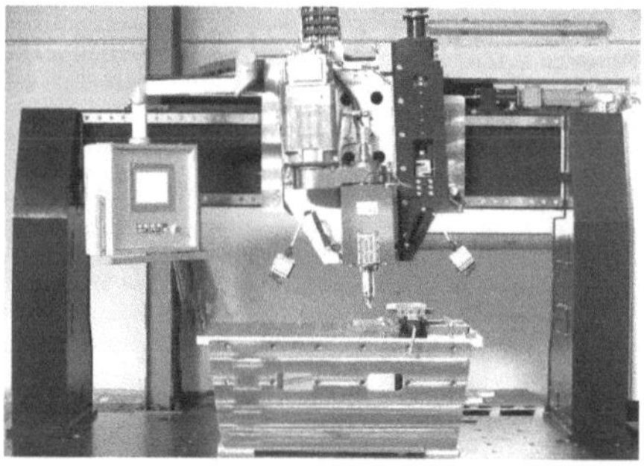

**Bild 7.18**
Anlage zum Rührreibschweißen

Für das Schweißen dreidimensionaler Geometrien werden auch Schweißroboter eingesetzt. Allerdings sind die Einsatzmöglichkeiten und der Arbeitsraum solcher Maschinen aufgrund ihrer relativ geringen Steifigkeit stark eingeschränkt.

Laut DVS-Merkblatt 3701 wird die Anlagentechnik zum Rührreibschweißen prinzipiell in folgende Kategorien eingeteilt:

- speziell für das Rührreibschweißen entwickelte Anlagen, ausgerüstet mit integrierter Kraft- und Positionssteuerung und Datenerfassung,
- für das Rührreibschweißen modifizierte handelsübliche Bearbeitungszentren,

- 5-Achs-Knickarm-Roboteranlagen mit hoher Flexibilität aber geringerer Steifigkeit und
- Roboteranlagen mit Parallelkinematik mit höherer Steifigkeit aber geringer Flexibilität.

An die Werkstoffe der Pins werden hohe Anforderungen hinsichtlich Druckfestigkeit und Zähigkeit bei höheren Temperaturen, Stoßfestigkeit, Verschleißbeständigkeit und Korrosionsbeständigkeit gestellt. Die Werkstoffwahl für den Pin wird durch die zu verschweißenden Werkstoffe bzw. Werkstoffpaarungen bestimmt. Die Gestaltung der Pingeometrien erfolgt in Abhängigkeit der jeweiligen Fügeaufgabe durch entsprechende Versuche. Zahlreiche Varianten der Pin- und Werkzeugschultergestaltung sind bekannt.

Sogenannte „Bobbin-Tool"-Werkzeuge können angewendet werden für Bauteile, deren Zugänglichkeit von einer Seite begrenzt ist (z. B. Sandwichprofile) oder wo feste Unterlagen nicht eingesetzt werden können (z. B. Rohrprofile oder Strangpressprofile). Durch eine zusätzliche untere Schulter werden die Prozesskräfte intern aufgebracht. Diese Bobbin-Tool-Rührreibschweißtechnologie erfordert aber noch Forschungsbedarf [WIL09].

In DVS-Merkblatt 3703 werden den Anwendern und Anlagenherstellern Hinweise zur Auswahl der Werkzeuggeometrie für eine Reduktion der Prozesskräfte sowie Richtwerte für Vorabeinstellung von Drehzahlen und Axialkräften gegeben.

### 7.3.3 Anwendungsbereiche

Das Rührreibschweißen wird vorrangig zum Fügen niedrigschmelzender Metalle wie Aluminium, Kupfer, Magnesium und deren Legierungen sowie für deren Kombination mit Stahlwerkstoffen angewendet. Beim Schweißen höherschmelzender Werkstoffe sind Probleme, insbesondere im Hinblick auf die Standzeiten der Werkzeuge, zu lösen. Erste Anwendungen zum Rührreibschweißen von Stählen sind realisiert.

Typische Einsatzgebiete für das Rührreibschweißen sind das Verschweißen von Strangpressprofilen, Profilkonstruktionen und Kastenprofilen aus Aluminium [BOY09]. In industriellen Anwendungen [ELL09] werden z. B. Teleskoprohre für Hubarbeitsbühnen, Aluminiumplattformen für Hubschrauberlandeplätze, Plattformen für Dreiseitenkipper, Fassadenelemente für die Solartechnik, Heizplatten für die Fertigung von Solartechnik-Wandelementen für die Raumklimatisierung sowie Auffahrschienen für Pkw-Transporter rührreibgeschweißt. Weitere Anwendungen sind in den Bereichen Luft- und Raumfahrt, im Schienenfahrzeugbau, Schiffbau aber auch zunehmend in der Industrie für Unterhaltungselektronik sowie im Automobilbau zu finden.

Die bisher erschlossenen hohen Potenziale bei der Anwendung des Rührreibschweißens werden in [MEY09] ebenfalls deutlich:

- Rührreibschweißen von Strukturbauteilen (Tailored Blanks) im Fahrzeugbau (Bild 7.19),
- Verbinden einzelner Strangpressprofile zu beliebig großen Fertigbauteilen für Kühlplatten mit druckdichten Verbindungen und geringem Verzug der Fertigteile,
- durch Rührreibschweißen der Bodenpaneele von Flugzeugen wird die Fügedauer auf ca. 40 % im Vergleich zum Nieten reduziert und es fallen 70 % der Fertigungsschritte weg (Bild 7.20),
- Rührreibgeschweißte dünnwandige Strangpressprofile für Trocknungsschalen zur Gefriertrocknung von Lebensmitteln erfüllen höchste Ansprüche an Oberflächengüte und Verzug,
- in der Medizintechnik werden hochvakuumdichte, sicherheitsrelevante Bauteile als Aluminium-Stahl-Mischverbindung durch Rührreibschweißen hergestellt,
- druckdichte, rührreibgeschweißte Wärmetauscher aus Sonderbronze leisten einen Beitrag für die Herstellung von Wärmetauscheranlagen im Design klassischer Hausdächer.

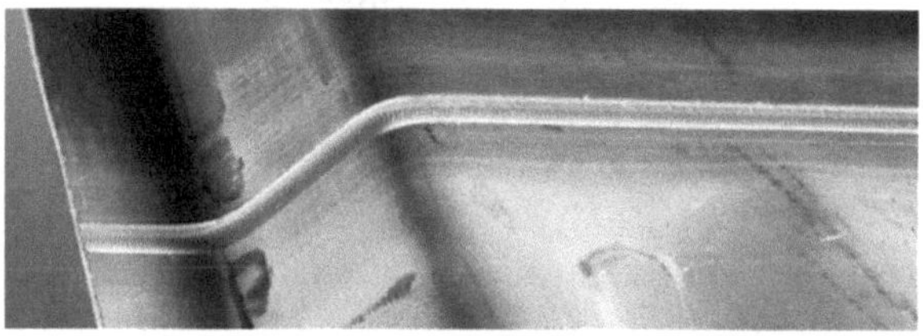

**Bild 7.19**
Rührreibgeschweißtes Aluminium Tailored Blank für den Fahrzeugbau (RIFTEC)

**Bild 7.20**
Flugzeugbodenpaneel, rührreibgeschweißt aus hochfesten Strangpressprofilen (RIFTEC)

## 7.3.4 Konstruktive Gestaltung und Festigkeit

Mit dem Rührreibschweißen können lineare, nichtlineare und dreidimensionale Stumpf- und Überlappstöße gleicher oder unterschiedlicher Werkstoffe geschweißt werden [SAN02], [KAL99]. Weitere Fügestellenformen sowohl in der Ebene als auch als Rundverbindungen sind ebenfalls möglich. Eine Auswahl ist im Bild 7.21 dargestellt.

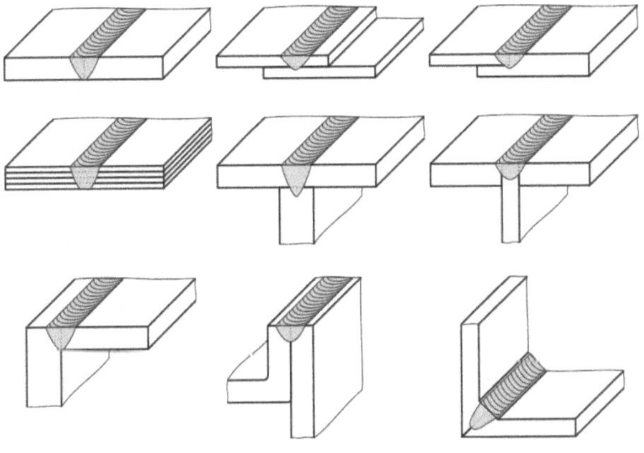

**Bild 7.21** Fügestellenformen beim Rührreibschweißen (Auswahl)

Die Qualität einer Rührreibschweißverbindung wird maßgeblich durch den Werkstoff und die Geometrie der zu fügenden Teile, die zu realisierende Nahtgeometrie, die Werkzeuggestaltung (Schulter- und Pingeometrie), die Steifigkeit der Maschine und die eingestellten Prozessparameter beeinflusst. Die Verbindungsbildung beim Rührreibschweißen erfolgt unterhalb der Schmelztemperatur der Fügepartner im teigigen Bereich. Die Verbindungseigenschaften werden durch die für Reibschweißverbindungen typische, feinkörnige Gefügestruktur bestimmt. Die mechanisch-technologischen Eigenschaften Zugfestigkeit, Dehnung und Dauerfestigkeit sind sehr gut wiederholbar und erreichen mehr als 85 % der Grundwerkstoffwerte.

Nach [SAN02] tritt in Rührreibschweißverbindungen aushärtbarer Legierungen ein Verlust an Festigkeit im Bereich der Schweißverbindung auf. Dieser ist auf die partielle Rekristallisation und die Änderung der Ausscheidungscharakteristika in der Rührzone und auf Alterungsvorgänge in der thermomechanisch beeinflussten und der wärmebeeinflussten Zone zurückzuführen. Bei nicht aushärtbaren Legierungen hingegen kann unter bestimmten Bedingungen eine Erhöhung der Festigkeit beobachtet werden. Die Dauerfestigkeit übertrifft die in Konstruktionsrichtlinien geforderten Werte und auch die Eigenschaften schmelzgeschweißter Verbindungen. Die erzielten Ermüdungseigenschaften liegen in der Regel zwischen denen des Grundwerkstoffes und denen von Verbindungen, die mit anderen Fügeverfahren hergestellt wurden.

## 7.3.5 Fertigungshinweise

Für jede Fügeaufgabe sind geeignete Werkzeuge mit entsprechenden Werkzeugwerkstoffen und passenden Werkzeuggeometrien festzulegen. Darüber hinaus sind die Position des Werkzeuges zur Werkstückoberfläche und die Werkstückdickentoleranz von Bedeutung [BOY09].

### Werkzeugwerkstoffe

Die Werkzeugwerkstoffe müssen wesentlich warm- und verschleißfester als die zu fügenden Werkstoffe sein. Beim Rührreibschweißen von Aluminiumwerkstoffen treten Temperaturen zwischen 300 und 600 °C auf. Als Werkzeugwerkstoffe werden Schnellarbeitsstähle oder wärmebehandelte Warmarbeitsstähle verwendet.

Werden Stähle, Bronze oder Titan geschweißt, müssen Werkzeuge aus Wolfram-, Molybdänlegierungen oder Polycrystalline Cubic Boron Nitride (PCBN) zum Einsatz kommen.

### Werkzeuggeometrien

Die Pingeometrie beeinflusst die Werkstoffzirkulation, die Prozesskräfte und damit die fehlerfreie Ausbildung der Schweißverbindung. Im Einsatz sind kegelstumpfartige Pins mit Hinterschneidungen, Knethaken oder konische Spiralen mit unterschiedlichen Steigungen. Eine Neigung des Pins zur Symmetrieachse und eine spiralförmig profilierte Schulter ermöglichen die verbesserte Aufnahme des verdrängten Werkstückwerkstoffes und tragen damit zur Verringerung der Prozesskräfte bei [PAL02].

### Position des Werkzeuges

Das Werkzeug muss definiert in die zu fügenden Teile eintauchen, um den plastifizierten Werkstoff ausreichend zu stauchen. Dazu sind entsprechende Positions- und Kraftregelungen erforderlich.

### Werkstückdickentoleranz

Zur Gewährleistung eines stabilen Fügeprozesses und der Vermeidung von Verspannungen in der geschweißten Baugruppe darf die Werkstückdicke einen bestimmten Toleranzbereich nicht überschreiten. Dieser ist im Vergleich zu Lichtbogenschweißverfahren kleiner, aber im Vergleich zu Strahlschweißverfahren größer. Für ein sicheres Erfassen der Wurzel ist die Einhaltung der Werkstückdicke besonders im Schweißbereich wichtig. In diesem Fall kann der Rührreibschweißprozess kraftgesteuert und damit eine bessere Prozessstabilität erreicht werden. Bei positionsgesteuertem Rührreibschweißprozess können die Blechdickentoleranzen größer sein. In diesem Fall erhöhen sich aber die Anforderungen an die Schweißunterlage. Erfahrungsgemäß sollte sich die Pinspitze ca. 0,1...0,3 mm über der Gegenplatte bewegen. Die Spaltbreiten zwischen den zu verschweißenden Bauteilen können durchaus 0,5...1,0 mm betragen [BOY09]. In der Normenreihe DIN EN ISO 25239 zum Rührreibschweißen sind die Begriffe, die Ausführung von Rührreibschweißungen, die Qualifizierung der Bediener und des Schweißverfahrens sowie die Prüfung und Bewertung von Rührreibschweißverbindungen enthalten.

### Konduktiv unterstütztes Rührreibschweißen

Um die Schweißgeschwindigkeit beim konventionellen Rührreibschweißen zu steigern, muss die eingebrachte Prozesswärme durch Erhöhung der Werkzeugdrehzahl oder der Anpresskraft erhöht werden. Entsprechend DVS-Merkblatt 3702 besteht eine weitere Möglichkeit zur Steigerung der Schweißgeschwindigkeit im konduktiv unterstützten Rührreibschweißen. Hierbei werden Werkzeug und Werkstück an der Fügezone durch elektrischen Strom erwärmt, wodurch eine Kraft- oder Drehzahlverringerung bzw. eine Erhöhung der Schweißgeschwindigkeit erreicht werden kann.

Anforderungen an Schweißanlage, Stromquelle, Schweißunterlage, Spanneinrichtung und Rührreibschweißwerkzeug sowie Beispiele für Schweißparameter sind ebenfalls in DVS-Merkblatt 3702 enthalten.

## 7.3.6 Punktreibschweißen

### 7.3.6.1 Verfahrensprinzip

Das Punktreibschweißen ist eine Entwicklung auf Basis des Rührreibschweißens, anwendbar für das Herstellen punktförmiger Überlappverbindungen an Leichtmetallen. Das Verfahrensprinzip zeigt Bild 7.22.

Entsprechend [RIFTEC09] wird der Prozessablauf in vier Phasen beschrieben.

#### Phase 1

Die zu schweißenden Bleche werden zwischen Gegenhalter und Stempel gespannt. Innerhalb des Stempels werden Stift und Hülse in Rotation versetzt und auf das obere Blech gedrückt. Die dabei entstehende Reibungswärme führt zu einer Plastifizierung der Bleche im Bereich der punktförmigen Fügezone.

#### Phase 2

Stift und Hülse werden axial gegeneinander verschoben, wobei die Hülse in das obere Blech eindringt und der Stift zurückgezogen wird und somit Raum für den verdrängten Werkstoff freigibt. Die gegenläufige Bewegung von Hülse und Stift wird beibehalten, bis die Hülse in das untere Blech eindringt.

#### Phase 3

Die Hülse wird zurückgezogen, und der Stift presst den teigigen Werkstoff in den freiwerdenden Raum.

#### Phase 4

Fertigstellen des Schweißpunktes; Stift und Hülse erreichen ihre Ausgangsstellung; Erzeugen einer blechebenen Oberfläche, indem die Spannkraft zwischen Gegenhalter und Stempel aufrechterhalten wird, bis der Punkt genügend abgekühlt ist

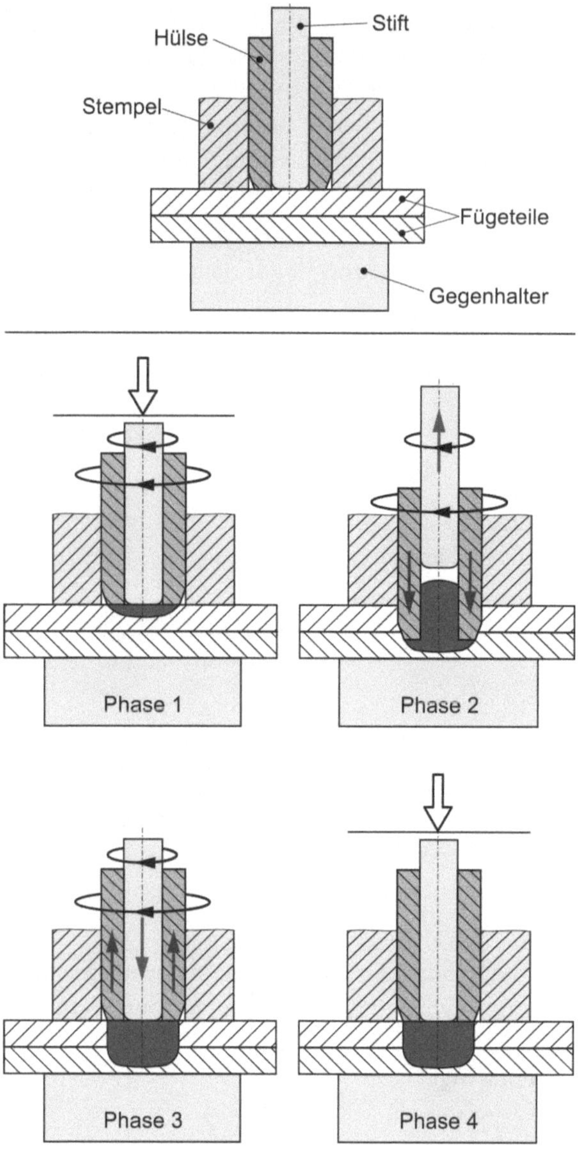


**Bild 7.22**
Prinzip des Punktreibschweißens

### 7.3.6.2 Anwendungsbereiche

Erfahrungen liegen bisher für das Punktreibschweißen von Leichtmetallen, wie Aluminium und Magnesium, vor. Die Herstellung von Mischverbindungen Aluminium – Magnesium sowie das Verschweißen mehrerer Blechlagen gleichzeitig sind ebenfalls möglich. Anwendungsbereiche ergeben sich daher im Fahrzeug-, Flugzeug- und Schienenfahrzeugbau. Neben einer Anwendung in der blechverarbeitenden Industrie ist auch der Einsatz im Handwerk denkbar.

Gegenwärtig werden Punktdurchmesser von 0,18...8 mm realisiert [ISA09]. Hervorzuheben ist, dass große Punktdurchmesser auch bei geringen Blechdicken möglich sind. Die Punkte sind auf der Blechoberseite nahezu blecheben. Auch die Oberflächengüte der Blechrückseite wird durch das Punktreibschweißen kaum beeinträchtigt. Durch die Möglichkeit, alternativ auch Zusatzwerkstoff in die Verbindung einzubringen, kann das Punktreibschweißen auch zur Reparatur von Oberflächenporen bzw. zum Füllen des Endloches beim Rührreibschweißen eingesetzt werden [RIFTEC09].

## 7.4 Ultraschallschweißen (Prozess 41)

#### Verfahrensmerkmale

Die Schweißverbindung wird erzeugt, indem durch Reibung erwärmte Fügeteile unter Krafteinwirkung örtlich aufeinander gepresst werden. Die Reibwärme entsteht durch eine hochfrequente Relativbewegung zwischen den Fügeteilen im Frequenzbereich des Ultraschalles.

#### Anwendungsbereich/Abmessungen

Verbinden relativ dünner Folien, Bleche und Drähte sowie von Bauteilen, die nur geringe Temperaturerhöhungen ertragen, z. B. in der Kraftfahrzeugindustrie, in der Feinmechanik, in der Verpackungsindustrie, in der Solartechnik

Blechdickenbereich: 0,005...3 mm (Aluminium); Durchmesserbereich bei Drähten: 0,01...0,5 mm.

#### Werkstoffgruppen

Edelmetalle, Aluminium mit seinen Legierungen, sowohl untereinander als auch Mischverbindung mit Kupfer, Titan, Stahl oder Silber. Auch Verbindungen von Aluminium mit Glas sind möglich.

### 7.4.1 Verfahrensprinzip

Die Werkstücke werden an den Stoßflächen durch Einwirkung von Ultraschall ohne oder mit gleichzeitiger Wärmezufuhr unter Anwendung von Kraft vorzugsweise ohne Schweißzusatz geschweißt. Schwingungsrichtung des Ultraschalls und Kraftrichtung verlaufen zueinander senkrecht, wobei die Stoßflächen der Werkstücke aufeinander reiben. Die Kraft wird im Allgemeinen über das schwingende Werkzeug aufgebracht. Je nach Ausbildung des Werkzeuges sowie der Art der Berührung zwischen Werkzeug und Werkstück können z. B. Punkte, Liniennähte oder beim Ultraschall-Torsionsschweißen Rundnähte geschweißt werden.

Als untere Elektrode ist ein Amboss starr und schwingungsfrei mit dem Maschinenkörper verbunden. Die obere Elektrode (Sonotrode) führt beim Metallschweißen Schwingungen mit einer Frequenz von 20 kHz aus, bei kleineren Fügeteilen bis 40 kHz und beim Ultraschallmikroschweißen bis 190 Hz, wobei der Vektor der Schwingungsbewegung in der Verbindungsebene liegt. Die Schwingungsamplitude weist Werte zwischen 0,1 und 100 µm auf, die Schweißleistung beträgt 0,001...10 kW, die Schweißzeiten liegen für die meisten Anwendungen im Bereich von 0,001...3,0 s. Die Reibgeschwindigkeit beträgt etwa 1 m/s bei Beschleunigungen bis $10^5$ m/s$^2$. Die Kräfte liegen zwischen etwa 10 N beim Kontaktieren von Halbleiterelementen und $10^4$ N beim Schweißen dickerer Bleche. Das Prinzip ist am Beispiel einer Liniennaht in Bild 7.23 dargestellt.

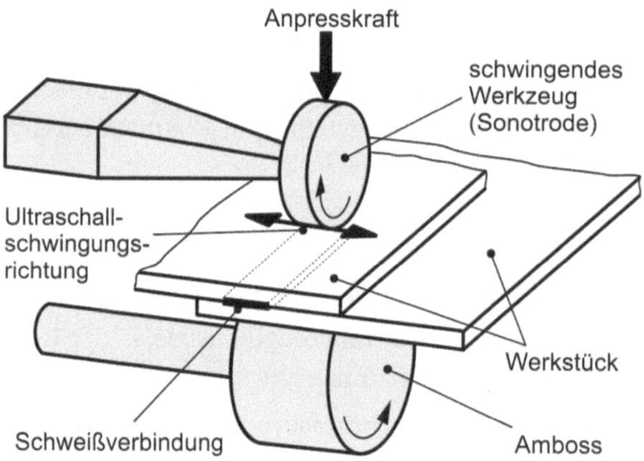


**Bild 7.23**
Prinzip des Ultraschallschweißens (nach WOD04)

Während des Schwingungsvorganges erfolgt eine plastische Deformation der Oberflächen beider Werkstücke. Die auf den Oberflächen vorhandenen Fremdschichten werden aufgerissen, und es kommt örtlich zu unmittelbarem Kontakt zwischen reinen Werkstoffbereichen beider Metalle. Eine Folge hiervon ist das Entstehen und wiederholte Trennen örtlicher Schweißverbindungen bis zum Augenblick des Abschaltens der Schwingungsbewegung. In diesem Moment findet der eigentliche Schweißvorgang statt.

Eine spezielle Variante des Ultraschallschweißens ist das Ultraschallwarmschweißen, bei dem der Amboss zusätzlich elektrisch beheizt wird.

## 7.4.2 Ausrüstungen

Ausrüstungen für das Ultraschallschweißen von Metallen bestehen aus Generator, Leistungsschallwandler (Konverter), Transformationsstück (Booster), Transformationssonotrode, Sonotrode, Amboss, pneumatischer Presse und Steuerung. Den prinzipiellen Aufbau zeigt Bild 7.24. Bild 7.25 zeigt beispielhaft eine Ultraschallschweißanlage.

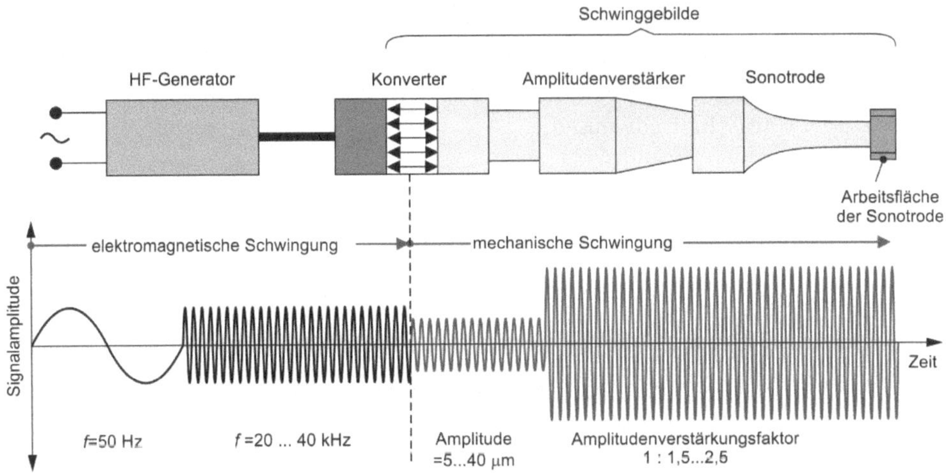


**Bild 7.24** Prinzipieller Aufbau einer Ultraschall-Schweißanlage

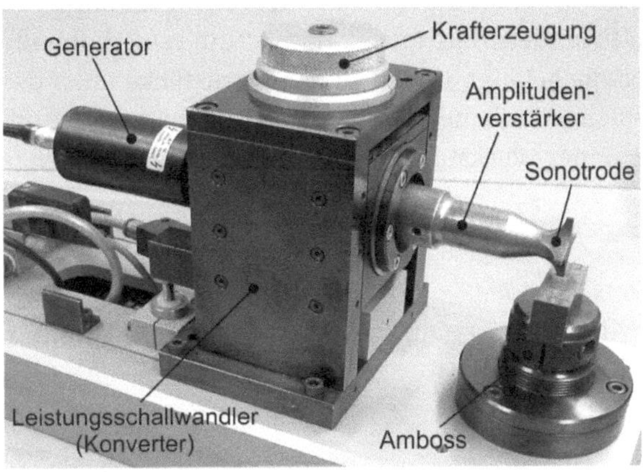


**Bild 7.25** Ultraschall-Metallschweißanlage

Je nach Fügeaufgabe sind Ultraschallschweißmaschinen für das Punktschweißen, Liniennahtschweißen, Rollennahtschweißen, Litzenschweißen und Torsionsschweißen (ringförmiges Schweißwerkzeug) im Einsatz [WOD04]. Bild 7.26 zeigt die dazu notwendigen unterschiedlichen Konfigurationen der Sonotrodenanordnung.

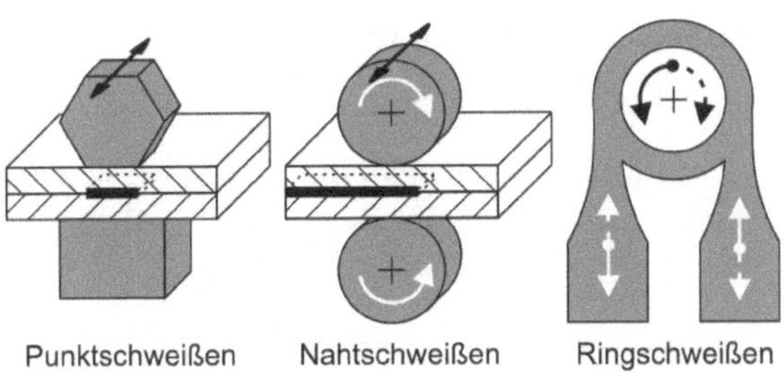


**Bild 7.26** Varianten des Ultraschallschweißens

In der Mikroelektronik kommen Drahtbonder, Scheibenbonder, Radialbonder (mechanisiert bzw. automatisiert) zur Anwendung. Verwendet wird dafür auch das Ultraschallwarmschweißen, eine Kombination aus dem Warmpressschweißen (vgl. Kapitel 8) und dem Ultraschallschweißen.

- Sonotrodenwerkstoff:

  harte und verschleißfeste Werkstoffe, wie Werkzeugstahl (C100 W1), höherfester Baustahl, Nickellegierung, Molybdän u. a.

- Ambosswerkstoff:

  unlegierter Stahl, C-Stahl, hochlegierter Stahl, Grauguss.

Aussagen zu Besonderheiten des Ultraschallschweißens sind in [MAR96] enthalten.

## 7.4.3 Anwendungsbereiche

Das Ultraschallschweißen eignet sich zum Verbinden relativ dünner Folien, Bleche und Drähte. Zumindest eines der zu fügenden Teile muss relativ dünn sein, damit die zugeführte Energie an die Schweißstelle gelangt. Die Form der Werkstücke muss das Einleiten von Kräften senkrecht zur Schweißebene zulassen. Das Verfahren ist besonders geeignet zum Fügen artverschiedener Werkstoffe sowie für Teile, die nur geringe Temperaturerhöhungen ertragen.

**Schweißbare Abmessungen**

Blechdickenbereich: 0,005...3 mm (Aluminium); Durchmesserbereich bei Drähten: 0,01...0,5 mm

Industrielle Anwendungen sind:

- Fertigung elektronischer Bauelemente durch Verbinden von Drähten mit einem Durchmesser von 10 µm mit Silizium-Kristallen oder aufgedampften Goldschichten [NN83].
- Kompaktieren von Kabellitzen aus Aluminium oder Kupfer und Aufschweißen dieser Litzen auf Kontaktfahnen und -bleche (Bild 7.27).
- Herstellung von Kabelbäumen und elektrischen Verbindungen, z. B. Kupferdraht mit Stahl am Anlasser sowie Kupferlitzen in der Kraftfahrzeugindustrie.
- Verbindungen in der Feinmechanik und in der Verpackungsindustrie [WOD77].
- Verbindung von Aluminiumrohr mit Aluminiumblech bei Kühlaggregaten, Schweißen von Aluminiumfolie zur Verarbeitung in der Kabelindustrie [BEHN90].

- Fügen von Blechteilen im Automobilbau und in der Luftfahrzeugtechnik.
- Schweißen von Kupferrohren und -blechen in der Solartechnik.
- Ultraschallschweißen von Passivkühlern aus Kupfer auf Schaltungsträger zu deren Kühlung (Bild 7.28).
- Schweißen von Aluminium-Verpackungseinheiten in der pharmazeutischen Industrie.
- Verschweißen von Kontaktwerkstoffen mit verschiedenen Trägerwerkstoffen, wie Kupfer, Messing, Bronze oder Stahl, für elektrische Schaltgeräte [WOD82].

**Bild 7.27**
Kompaktieren und Schweißen von Kabellitzen mit Ultraschall (Telsonic AG)

**Bild 7.28**
Ultraschallgeschweißter Passivkühler (5 mm × 3 mm × 0,7 mm) auf Leadframe (ZEBRAS)

## 7.4.4 Konstruktive Gestaltung und Festigkeit

Für die konzentrierte Einleitung der Ultraschallenergie werden Sonotrode und Amboss an die jeweilige Verbindungsform angepasst. Tabelle 7.4 enthält dafür Beispiele.

**Tabelle 7.4** Gestaltung verschiedener Sonotroden- und Ambossformen in Anhängigkeit von der Stoßart

| Stoßart | Symbol | Gestaltung von Sonotrode und Amboss |
|---|---|---|
| zwei Drähte parallel |  | 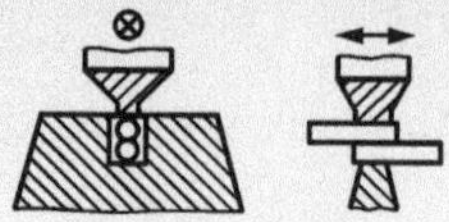 |
| zwei Drähte mit Brücke |  |  |
| Draht auf Blech | 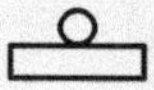 |  |
| Litze auf Blech |  |  |
| Blech auf Blech | 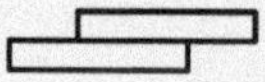 |  |
| T-Profil auf Blech | 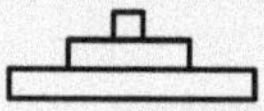 |  |
| T-Profil auf Rohr |  |  |

Die erreichbare Festigkeit wird durch eine Vielzahl von Parametern bestimmt. Von großer Bedeutung sind die zu schweißenden Werkstoffe, die Schweißleistung und -amplitude des Schweißsystems und die Beschaffenheit von Sonotrode und Amboss. Die maximal erreichbare Scherfestigkeit des Schweißpunktes beträgt 90...100 % der Festigkeit des Ausgangsmaterials. Die Zugfestigkeit erreicht 25...45 % der Scherfestigkeit.

## 7.4.5 Fertigungshinweise

### Oberflächenvorbereitung

Der Einfluss von Oxidschichten auf die Festigkeit von Ultraschallschweißverbindungen ist gering. Allerdings ist beim Verschweißen oxidierter Oberflächen mit einer Erhöhung der Schweißenergie zu rechnen. Fett-, Staub-, Farbschichten u. Ä. sollten beseitigt werden, da sie die Festigkeit und die Wiederholbarkeit der Verbindungseigenschaften erheblich beeinträchtigen.

### Werkstoffe

Besonders zum Schweißen geeignet sind zähe Metalle, wie Edelmetalle, Aluminium mit seinen Legierungen, die sowohl untereinander als auch mit Kupfer, Titan, Stahl oder Silber verbunden werden können. Auch Verbindungen von Aluminium mit Glas sind möglich. Die Ultraschallschweißeignung nimmt mit zunehmender Werkstoffhärte ab. Mit Abnahme der Translationsmöglichkeiten in der Kristallstruktur (beim Übergang vom kubisch-flächenzentrierten über das kubisch-raumzentrierte zum hexagonalen Gitter) verschlechtert sich ebenfalls die Schweißeignung.

Das Schweißergebnis wird nicht nur durch die Schweißparameter, sondern auch durch Bauteilabmessungen, den Ort der Schwingungseinleitung und die Form von Sonotrode und Amboss bestimmt.

Beim Schweißen ungleichartiger Metalle kann es zweckmäßig sein, eine Zwischenschicht einzubringen. Dies wird z. B. für die Kombination unlegierter/hochlegierter Stahl, unlegierter Stahl/Zirkonium und hochlegierter Stahl/Zirkonium empfohlen.

Der Ultraschallschweißprozess läuft in Abhängigkeit von der jeweiligen Schweißaufgabe und dem verwendeten Maschinensystem in nachfolgend genannten Parameterbereichen ab [WOD95]:

| | |
|---|---|
| Schweißleistung | 0,001...10 kW |
| Schweißzeit | 0,001...3,0 s |
| Sonotrodenkraft | 0,01...10.000 N |
| Schwingungsamplitude | 0,1...100 µm |

Frequenz

- 20...25 kHz bei einer Schweißleistung von 0,5 bis 10 kW,
- 36...44 kHz bei einer Schweißleistung von 0,02 bis 0,5 kW,
- 56...75 kHz bei einer Schweißleistung von 0,001...0,02 kW.

## 7.5 Kaltpressschweißen (Prozess 48)

**Verfahrensmerkmale**

Die Fügeteile werden bei Raumtemperatur mit hohen Anpresskräften aufeinander gepresst und im Bereich der Fügestelle plastisch verformt. Dabei werden die Schweißflächen bis in den Wirkbereich atomarer Bindungskräfte angenähert, wodurch sich eine Schweißverbindung auf Grundlage metallischer Bindungsvorgänge ausbilden kann.

**Anwendungsbereich/Abmessungen**

Stumpfschweißen von Drähten, Stangenmaterial und Blechstreifen sowie überlapptes Aufschweißen von Blechbändern auf massive Anschlussstücke in der Draht- und Kabelindustrie. Übliche Verbindungsquerschnitte für das Stumpfschweißen liegen im Bereich 0,01...750 $mm^2$. Im Überlappstoß werden Banddicken im Bereich 0,1...5 mm verschweißt. Ebenfalls möglich ist das Überlappschweißen von Blechen bis zu einer maximalen Blechdicke von ca. 15 mm.

Anwendung des Kaltpressschweißens auch in Walz-, Zieh- und Fließpressvorgängen zur Herstellung von Verbundhalbzeugen.

**Werkstoffgruppen**

Duktile NE-Metalle mit guter Kaltumformbarkeit, wie Aluminium, Kupfer, Gold, Silber, usw. Hauptsächlich eingesetzt an Aluminium- und Kupferlegierungen, auch zur Erzeugung von Mischverbindungen.

### 7.5.1 Verfahrensprinzip

Die Fügeteile werden bei Raumtemperatur unter hohem Anpressdruck ineinander gestaucht. Zusatz- oder Hilfsstoffe sind nicht erforderlich. Die Presskraft, die ein plastisches Verformen des Materials ermöglichen muss, wird mechanisch, pneumatisch oder hydraulisch über Druckzylinder aufgebracht. Unterschieden wird grundsätzlich in die Verfahrensvarianten Stumpf- und Überlappschweißen, Bild 7.29.

Beim Überlappschweißen werden die Werkstücke durch entsprechende punkt- oder linienförmige Stempel verformt. Der Umformgrad sollte mindesten 60...80 % betragen. An der Fügestelle tritt in der Folge eine entsprechende Querschnittsminderung in Dickenrichtung und eine Breitung ein. Oberflächen- oder Oxidschichten sind vor dem Schweißvorgang zu entfernen. Für verschiedene Blechdickenbereiche sind separate Stempelwerkzeuge erforderlich.

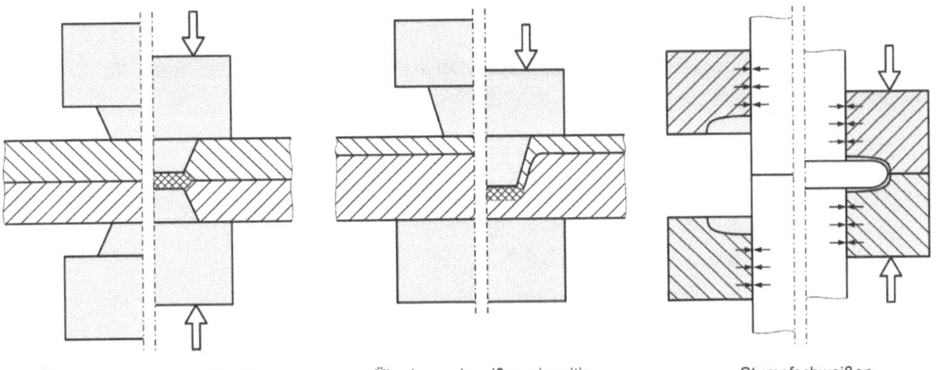


**Bild 7.29** Verfahrensvarianten des Kaltpressschweißens

Beim Stumpfschweißen werden die im Fügewerkzeug (Gesenk) eingespannten Fügeteile stirnflächig mit hohen Axialkräften aufeinander gepresst. Die dabei auftretende plastische Verformung führt zur Ausbildung einer Stauchwulst im Bereich der Fügestelle und damit zu einer Querschnittserweiterung, Bild 7.30. Diese Aufweitung sollte an Aluminiumwerkstoffen mindestens 150 % und an Kupferwerkstoffen mindestens 175 % betragen.

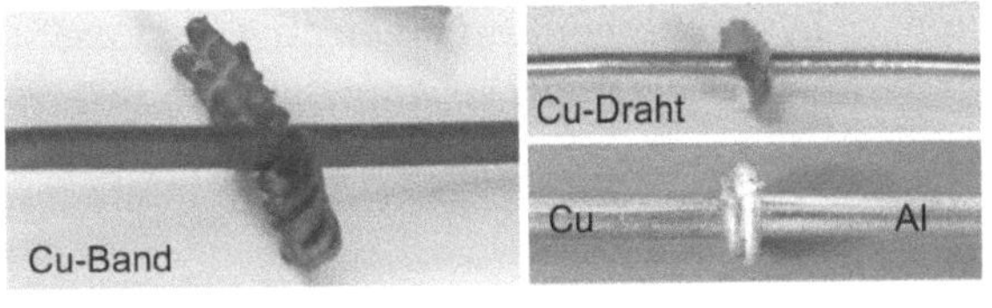


**Bild 7.30** Kaltpressgeschweißte Stumpfverbindungen

Eine Vorbereitung der Fügeflächen oder eine Oxidschichtbeseitigung ist beim Stumpfschweißen nicht notwendig. Die Materialverdrängung nach außen sorgt im Bereich der Fügestelle für reine Metalloberflächen. Zum Schweißen werden die draht- oder stangenförmigen Fügeteile in einem Gesenk fixiert, welches über einen Hohlraum zur Aufnahme der Stauchwulst verfügt. Um ein Entfernen der Stauchwulst nach dem Schweißvorgang zu erleichtern, können diese Hohlräume versetzt gegeneinander angeordnet sein. Für jeden Materialdurchmesser ist ein angepasstes Gesenk erforderlich.

## 7.5.2 Anwendungsbereich

Haupteinsatzgebiet des Kaltpressschweißes ist das Verbinden von Draht-, Stangen- und Blechstreifenmaterial in der Elektro- und Kabelindustrie. Vorzugsweise werden Drähte und Kabel aus Aluminium und Kupfer miteinander oder mit flächigen Bauteilen gefügt.

### Schweißen im Stumpfstoß

Bild 7.31 zeigt zwei Ausführungsbeispiele von Kaltpressschweißanlagen für Stumpfstoßverbindungen.

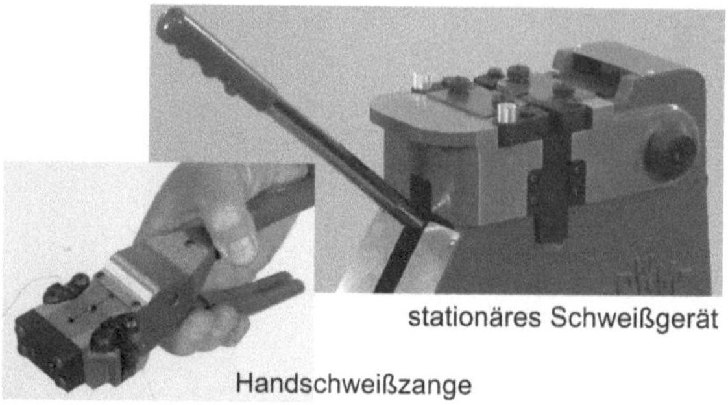


**Bild 7.31**
Anlagentechnik zum Kaltpressschweißen (Pressure Welding Machines Ltd.)

Feindrähte im Durchmesserbereich 0,1...1,2 mm können mit manueller Gerätetechnik verschweißt. Dabei werden zwei Drahtenden in das Schweißwerkzeug eingespannt und die Anpresskraft wird manuell über ein Hebelsystem aufgebracht. Drähte bis ca. 6,5 mm Durchmesser werden manuell oder teilmechanisiert mit pneumatischem Antrieb geschweißt. Handbetätigte Schweißzangen sind hier bis zu einem Schweißquerschnitt von ca. 10 $mm^2$ einsetzbar. Stangenmaterial im Durchmesserbereich 5...30 mm wird auf maschinellen Anlagen mit zumeist hydraulischer Krafterzeugung geschweißt. Beim Stumpfschweißen von Blechbändern liegen die üblichen Abmessungen bei maximal 45 mm Breite und minimal 0,2 mm Dicke.

### Schweißen im Überlappstoß

Bild 7.32 zeigt ein Ausführungsbeispiel von Kaltpressschweißanlagen für Überlappverbindungen.

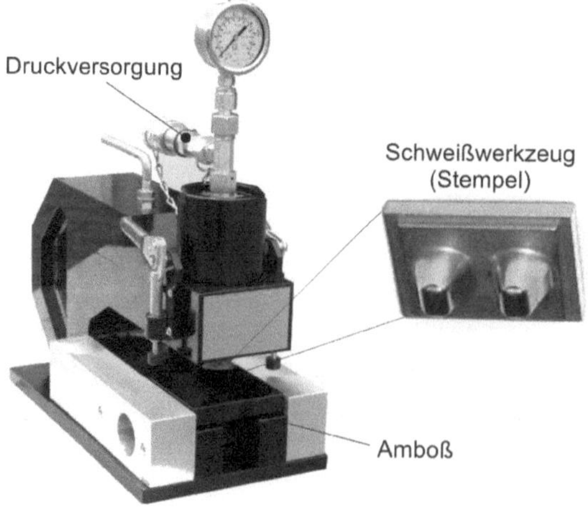


**Bild 7.32**
Anlagentechnik zum Kaltpressschweißen (Lapp GmbH)

Beim Anbringen von Ableitern an Batterien oder Spulen werden Metallbänder auf flächige Werkstücke aufgeschweißt. Übliche Banddicken liegen im Bereich 0,1...5,0 mm, teilweise auch noch darunter, bis minimal 0,025 mm. Die Anschlussbleche weisen Blechdicken von 0,2...15 mm auf. Im geschweißten Zustand weist die Verbindung an der Oberfläche Prägeeindrücke des Fügestempels auf, der Material des oberen Fügeteils in das untere umgeformt hat. Das im unteren Fügeteil verdrängte Material bewirkt eine Verbreiterung.

Beim Schweißen von Blechen im Überlappstoß werden zumeist beide Bleche gegenläufig mit einem Stempel umgeformt. Die Verbindung weist daher beidseitig Stempeleindrücke auf. Die Größe der Verbindungszone entspricht dem Stempelquerschnitt. Das verdrängte Material führt zu einer Breitung der Bleche und zu einer Querschnittsminderung in Dickenrichtung.

### Herstellung von Verbundmaterialien

In Kombination mit umformenden Fertigungsverfahren wird das Kaltpressschweißen auch zur Herstellung von Verbundmaterialien genutzt, Bild 7.33. An der Fügestelle tritt dabei weder eine Querschnittsminderung ein, noch entsteht eine Stauchwulst.

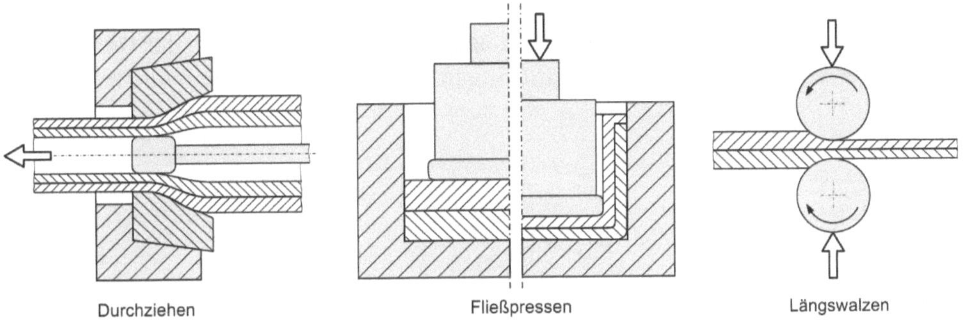


**Bild 7.33** Varianten des Kaltpressschweißen in Umformvorgängen

Beim Walzplattieren werden metallische Bänder unterschiedlichen Materials gemeinsam umgeformt. Im Walzvorgang wird die Gesamtblechdicke um mindestens 50 % reduziert. Der dabei auftretende Flächendruck hat eine Kaltverschweißung zwischen den Bandoberflächen zur Folge. Das Material wird bei der Umformung in Bandlängsrichtung verdrängt.

Durch Zieh- oder Strangpressvorgänge werden vorzugsweise Verbundrohre aus verschiedenen Materialien hergestellt. Auch hier führt der Umformvorgang zu einer Längung der Fügeteile. Fließpressvorgänge können zur Herstellung von Verbundbauteilen genutzt werden.

### 7.5.3 Konstruktive Gestaltung

Damit beim Stumpfschweißen das Draht- oder Bandmaterial unter Belastung nicht ausknickt, sind werkstoffspezifische freie Maximalstauchlängen einzuhalten, Bild 7.34. Je weicher das Material ist, desto kürzer muss es eingespannt werden.

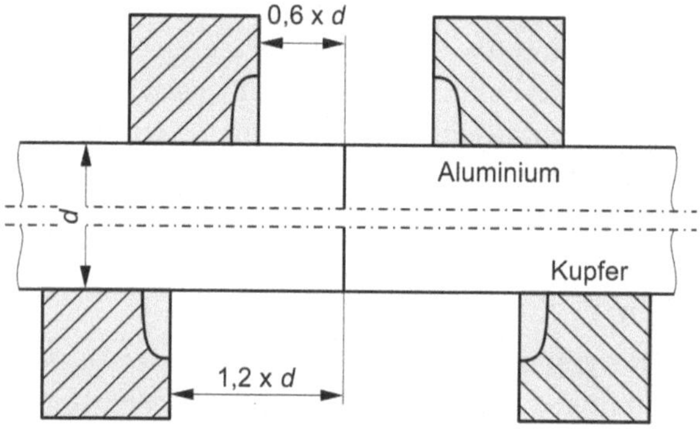


**Bild 7.34**
Freie Stauchlänge in Abhängigkeit von den Verformungseigenschaften des Werkstoffes

Werden unterschiedliche Materialien verschweißt, muss bei identischer Anpresskraft an beiden Werkstoffen eine ausreichende Verformung gewährleistet werden. Dazu kann das weichere Bauteil mit einem größeren Durchmesser (max. 30 % größer) ausgeführt werden. Alternativ kann bei gleichen Durchmessern der Querschnitt des härteren Werkstoffes durch Einbringen von Ringnuten geschwächt werden, Bild 7.35.

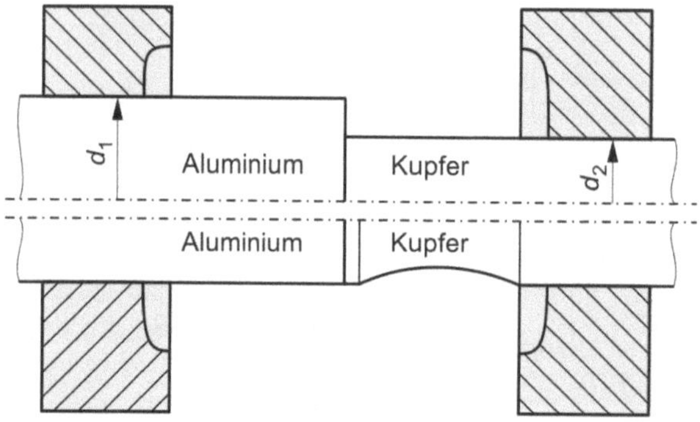


**Bild 7.35**
Bauteilgestaltung beim Kaltpressschweißen unterschiedlicher Werkstoffe im Stumpfstoß

Um beim Überlappschweißen von Blechen eine Querschnittsminderung durch die Prägeeindrücke der Stempel zu verhindern, kann mit flachen, flächigen Stempeln gearbeitet werden. Um dennoch eine ausreichende Umformung im Fügestellenbereich zu gewährleisten, sind die Fügeteile im Überlappbereich entsprechend zu gestalten, Bild 7.36.

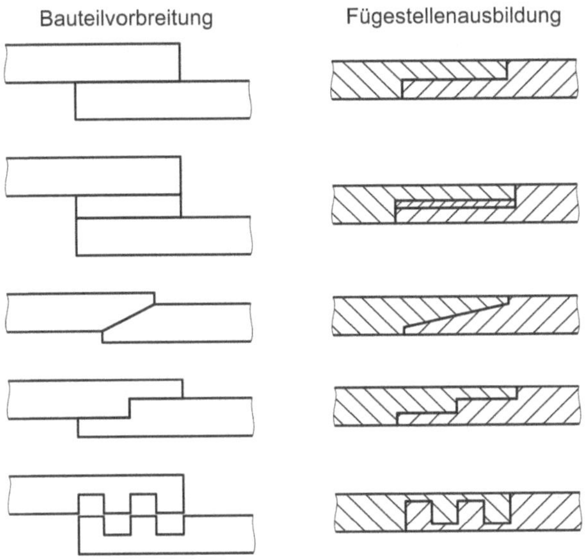


**Bild 7.36**
Beispiele für die Fügestellengestaltung beim Kaltpressüberlappschweißen (nach NEU89)

## 7.5.4 Fertigungshinweise

### Oberflächenvorbereitung

Beim Überlappschweißen sind Oberflächenanhaftungen und Oxidschichten im Bereich der Fügestelle zu beseitigen. Zumeist werden dazu mechanische Verfahren, wie Bürsten oder Schwingschleifen, genutzt. Das Schweißen sollte unmittelbar nach der Oberflächenvorbereitung erfolgen, um eine zu starke Neubildung von Oxidschichten zu vermeiden. Beim Stumpfschweißen werden die Oxide prozessintegriert durch Materialverdrängung aus dem Fügebereich entfernt.

### Umformgrade

Beim Stumpfschweißen ist das Maß für die Umformung die Oberflächenvergrößerung $\Delta A$. Berechnet wird diese aus den Geometriegrößen Durchmesser des Stauchwulstes ($D$) und Werkstückdurchmesser ($d$).

$$\Delta A = \frac{D^2 - d^2}{d^2} * 100[\%] \tag{7.1}$$

Der sich einstellende Stauchwulstdurchmesser wird beeinflusst von den Materialeigenschaften der Fügeteile und von den Stauchkräften im Fügevorgang. Als Richtwerte gelten Werte von $\Delta A > 150\ \%$ an Aluminium und $\Delta A > 175\ \%$ an Kupfer.

Beim Überlappschweißen ist das Maß für die Umformung die Abnahme der Gesamtblechdicke im Bereich der Fügestelle $\Delta t_{Ges}$. Diese wird als Verhältnis der Stempeleindringtiefe h zur Summe der Ausgangsblechdicken $t_x$ berechnet. Wird beidseitig mit Stempeln gearbeitet (Überlappschweißen von Blechen), berechnet sich $h$ aus der Summe der beiden Stempeleindringtiefen.

$$\Delta t_{\mathrm{Ges}} = \frac{h}{(t_1 + t_2)} * 100[\%] \tag{7.2}$$

Für eine sichere Verschweißung sind Werte von 60...80 % für $\Delta t_{\mathrm{Ges}}$ erforderlich. Bei zu geringer Umformung bildet sich keine Schweißverbindung aus, bei zu hoher Umformung ist die Fügestelle nicht ausreichend belastbar.

## 7.6 Sprengschweißen (Prozess 441)

#### Verfahrensmerkmale

Mittels durch Sprengstoff ausgelöster Schockwellen werden die zu fügenden, meist großflächigen Teile aufeinandergeschlagen und verschweißt.

#### Anwendungsbereich/Abmessungen

Anwendung des Sprengschweißens z. B. im Chemieapparatebau, wenn konventionelle Verfahren, wie Walzplattieren, Gießplattieren oder Auftragsschweißen, aufgrund technologischer Probleme ausscheiden oder geringe Stückzahlen vorliegen und Sonderaufgaben zu lösen sind.

Blechdicken: 0,5...25 mm

#### Werkstoffgruppen

Titan auf Stahl, Tantal und Molybdän auf Stahl, Aluminium auf Stahl, Kupfer auf Aluminium, Nickel auf Titan, Titan auf Kupfer, Aluminium auf Zirkonium, Aluminium auf Inconel

### 7.6.1 Verfahrensprinzip

Beim Sprengschweißen werden die zu fügenden, meist großflächigen Teile parallel oder unter einem Winkel zueinander angeordnet und mit, durch Sprengstoff ausgelösten Schockwellen aufeinandergeschlagen und verschweißt. Eine mögliche Anordnung zeigt Bild 7.37.

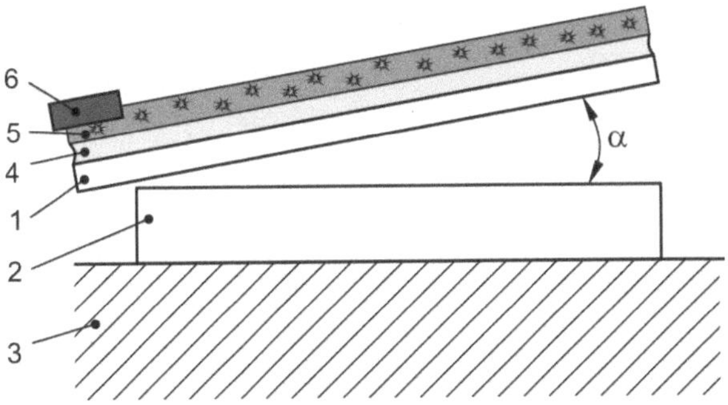


**Bild 7.37**
Anordnung zum Sprengschweißen [nach GRO87]. 1, 2 Werkstücke; 3 Stahlunterlage oder Sandbett; 4 Dämpfungsschicht; 5 Sprengstoff; 6 Zünder

Nach der Zündung bewegen sich die zu fügenden Flächen mit hoher Geschwindigkeit gegeneinander. Die Verbindung erfolgt kontinuierlich bei örtlicher plastischer Verformung der Berührungsstellen. Die Verbindung kommt durch ein verformungsinduziertes Schmelzen zustande. Der Sprengstoff wird in der Regel in Form von Folien unmittelbar oder mit schützenden Pufferschichten auf mindestens eine oder auch auf beide der zu plattierenden Metallplatten aufgelegt. Der für die Verschweißung notwendige Druck kann auf der gesamten Fläche gleichzeitig wirken oder in Form einer linearen Druckwelle über die Verbindungsfläche laufen. Die ablaufenden Vorgänge zeigt, schematisch dargestellt, Bild 7.38. Eine weitere Variante des Sprengschweißens, das Aufschweißen eines bolzenförmigen Werkstückes, zeigt Bild 7.39.

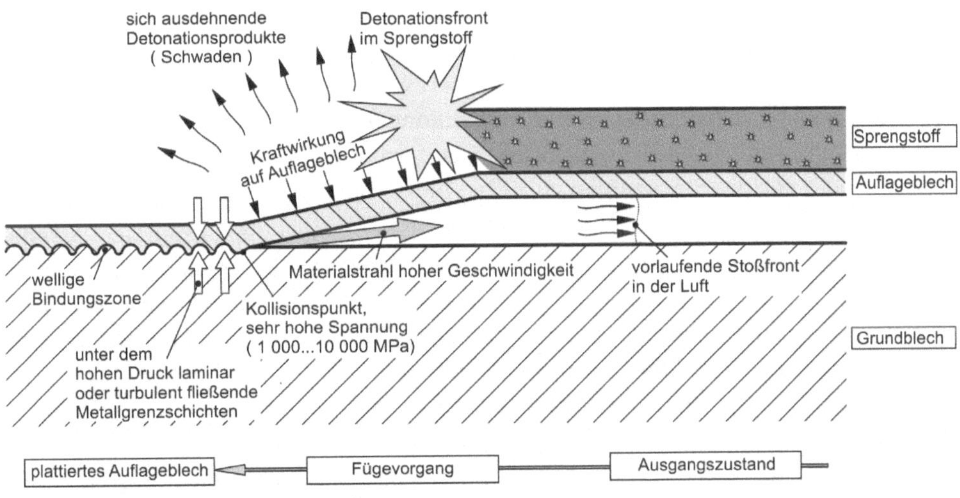


**Bild 7.38** Schema einer Sprengplattierung

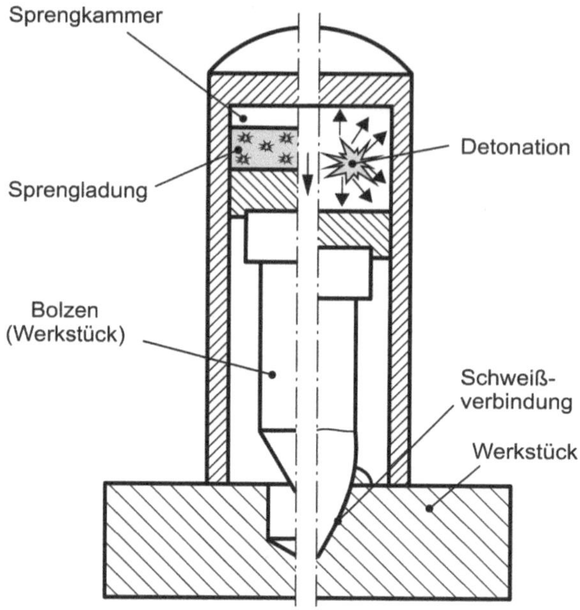


**Bild 7.39**
Sprengschweißen eines Bolzens [GRO83]

## 7.6.2 Anwendungsbereich

Das Sprengschweißen wird in erster Linie für das Plattieren angewendet. Es können Blechdicken im Bereich von 0,5...25 mm plattiert werden. Die Anwendung des Sprengschweißens bietet sich dann an, wenn konventionelle Verfahren, wie z. B. Walzplattieren, Gießplattieren oder Auftragsschweißen, aufgrund technologischer Probleme ausscheiden oder geringe Stückzahlen vorliegen und Sonderaufgaben zu lösen sind.

Da in der Plattierung, anders als beim Auftragsschmelzschweißen, keine Gefügeänderungen auftreten, wird die Korrosionsbeständigkeit der Schicht nicht beeinträchtigt. Bewährt haben sich mit Titan sprengplattierte Behälterböden im chemischen Apparatebau. Tantal und Molybdän können in gleicher Weise auf Stahl plattiert werden. Weitere mögliche Metallkombinationen sind Aluminium/Stahl, Kupfer/Aluminium, Nickel/Titan, Titan/Kupfer, Aluminium/Zirkonium, Aluminium/Inconel.

Auch zum spaltfreien Einschweißen von Rohren in Rohrböden kann das Sprengschweißen herangezogen werden. Zur Erzielung einer Schweißverbindung sind konische Bohrungen im Behälterboden bzw. konische Rohrenden erforderlich, um die Auftreffgeschwindigkeit durch den Anstellwinkel zwischen Rohraußenoberfläche und Bohrungsoberfläche zu erhöhen. Das Verfahren hat den Vorteil, dass durch das spaltfreie Einschweißen der Rohre die Gefahr einer Spaltkorrosion vermieden werden kann. Weitere Anwendungen sind das Aufsprengen verschleißfester Schichten, das Aufplattieren von Hartmetall auf Stahl als Träger, wobei der pulverförmige Auftragswerkstoff über eine Druckplatte vom Sprengstoff beaufschlagt wird. Auch die Herabsetzung von Eigenspannungen in Schweißverbindungen ist durch einen Sprengvorgang, welcher plastische Verformungen verursacht, möglich. Im Allgemeinen wird das Sprengschweißen an Luft durchgeführt, man kann jedoch auch unter Vakuum arbeiten, um Lufteinschlüsse und Fehler durch Oxidation sicher zu vermeiden.

### 7.6.3 Konstruktive Gestaltung und Festigkeit

Die Gestaltung der zu fügenden Bauteile muss so erfolgen, dass im Bereich der Fügestelle stets ein bestimmtes Luftvolumen bereitgestellt wird. Bei flächenhaften Verbindungen von Blechen (Plattierungen) wird dies durch die Einstellung eines bestimmten Winkels der Bleche zueinander ($\alpha = 1$ bis 20°) erreicht. Beim Überlappschweißen von Rohren erfolgt die Bereitstellung des Luftvolumens durch Sicken, Rillen oder Aufrauen der Oberfläche.

Die Qualität der Verbindung und deren Festigkeit sind abhängig vom Anstellwinkel, vom Auftreffwinkel und von der Auftreffgeschwindigkeit. Für die Verbindungsbildung ist eine kritische Plattierungsgeschwindigkeit notwendig. Die höchste Scherfestigkeit von Explosionsschweißverbindungen wird im Allgemeinen bei der kritischen Plattierungsgeschwindigkeit erreicht, bei der sich wellenförmige Grenzflächen ausbilden (für Stahl-Stahl-Verbindungen ca. 2700 m/s).

### 7.6.4 Fertigungshinweise

Die Eigenschaften des Sprengstoffs beeinflussen die Detonationsgeschwindigkeit und damit den Sprengschweißprozess. Als Sprengstoffe werden vorwiegend hochbrisante plastische Sprengstoffe mit Detonationsgeschwindigkeiten > 5000 m/s eingesetzt. Angestrebt wird ein stabiler Detonationsverlauf über gegebenenfalls lange Strecken bei konstanter Sprengstoffschichtdicke und -dichte. Die maximale Detonationsgeschwindigkeit sollte bei möglichst geringer Schichtdicke erreicht werden, und die Anlaufstrecke der Detonation soll kurz sein (10...20 mm). Für jeden Sprengstoff gibt es eine kritische Schichtdicke, von der ab er sicher detoniert. Darunter kommt es lediglich zu einer Verpuffung (Deflagration). Für eine einwandfreie Schweißung ist ein bestimmtes Luftvolumen zwischen den zu verschweißenden Teilen erforderlich. Als Richtwert gilt ein Volumen von 12,5...40 mm$^3$ Luft pro cm$^2$ Schweißfläche. Die anzuwendende Sprengstoffmenge $L$ ist abhängig von der Masse des zu beschleunigenden Bleches $m_{\mathrm{Bl}}$ und von der zu verschweißenden Werkstoffkombination (Faktor $k$).

$$L = m_{\mathrm{Bl}} * k \tag{7.3}$$

In Tabelle 7.5 sind $k$-Faktoren für verschiedene Werkstoffpaarungen angegeben.

Tabelle 7.5 Werkstoffspezifische Faktoren für die Berechnung der Ladungsmenge

| Werkstoffkombination | *k* |
|---|---|
| CrNi-Stahl auf Baustahl | 1,0...1,2 |
| Titan auf Stahl | 2,2...2,5 |
| Kupfer auf Stahl | 0,9...1,0 |
| Aluminium auf Stahl | 0,8...1,0 |

Für die Fixierung der zu plattierenden Teile sind bauteilspezifische Einrichtungen notwendig. Die Sprengstoffe werden in der Regel flächig aufgebracht. Des Weiteren werden eine Zündkapsel (Zündung über die gesamte Blechbreite), eine Zündeinrichtung und eine massive ebene Unterlage benötigt.

### 7.6.5 Spezielle Gefährdungen

Das Explosionsschweißen sollte im Freien durchgeführt werden. Bewährt haben sich aber auch entsprechende Kammern. Für die Lagerung des Sprengstoffes sind besondere Vorkehrungen bezüglich Entzündbarkeit und Feuchtigkeit zu treffen.

## 7.7 Magnetimpulsschweißen (Prozess 442)

#### Verfahrensmerkmale

Pressschweißverfahren, bei dem die Fügeteile durch die Einwirkung eines starken Magnetfeldes stoßartig aufeinander zu beschleunigt werden und ohne externe Wärmeeinwirkung miteinander verschweißen. Eingeführte Prozessbezeichnungen sind auch Magnetpulsschweißen (MPW, *engl.* magnet puls welding) und Elektromagnetisches Impulsschweißen (EMPT).

#### Anwendungsbereich/Abmessungen

Schweißen von Überlappverbindungen an Rohrgeometrien und Blechen. Anwendungen in der Batterieproduktion für Zellgehäuse und Stromabnehmer, im Automobilbau für Druckzylinder. Vorteilhaft einsetzbar, wenn keine thermische Beeinflussung der Bauteile zulässig ist. Bevorzugt in Serien- und Massenfertigung eingesetzt.

Übliche Materialdicken 1...3 mm, bei ebenen Schweißungen auch Folien verschweißbar.

**Werkstoffgruppen**

Das durch den Magnetimpuls zu beschleunigende Fügeteil muss elektrisch leitfähig sein.

Hauptsächliche Anwendung an Aluminium- und Kupferwerkstoffen und zum Herstellen von Mischverbindungen Stahl-Aluminium und Aluminium-Kupfer.

## 7.7.1 Verfahrensprinzip

Die Fügeteile werden überlappt in einer mit Wechselstrom durchflossenen Spule positioniert, Bild 7.40. Das Magnetfeld der Spule induziert im elektrisch leitfähigen Fügeteil einen gegenläufigen Wirbelstrom, der seinerseits ein Magnetfeld hervorruft. Durch den gegensinnigen Stromfluss stoßen sich die Magnetfelder von Spule und Fügeteil voneinander ab. Im Ergebnis entsteht eine radiale Kraftwirkung. Die Spule ist wesentlich massiver ausgeführt als die Fügeteile und das innere Fügeteil ist fixiert. Die Kraft wirkt daher auf das äußere Fügeteil und formt es auf das innere ein.

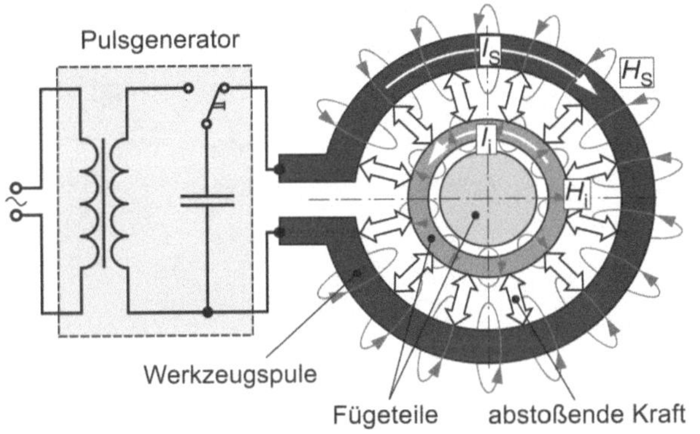


**Bild 7.40**
Grundprinzip des Magnetimpulsschweißens

Um eine Verschweißung zu erreichen, müssen die Fügeteile mit hohen Geschwindigkeiten miteinander kollidieren. Voraussetzungen dafür sind ein definierter Abstand zwischen den Fügeteilen und ein schlagartiges Einwirken der Fügekraft. Dazu werden hohe Ströme über einen Pulsgenerator erzeugt. Dieser besteht aus einer Kondensatorbatterie, sowie den zugehörigen Lade- und Schalteinrichtungen. Der Kondensator wird über mehrere Sekunden auf eine Hochspannung von 10...30 kV aufgeladen. Zur Entladung wird ein Hochstromschalter geschlossen und der Strom fließt impulsartig in die Spule. Die Stromstärke liegt im Bereich > 100 kA für Pulsdauern von < 1 ms. Die erzeugte Aufprallgeschwindigkeit liegt über 300 m/s.

Die Werkzeugspule muss der Geometrie der Fügestelle angepasst werden. Der Fügevorgang erfolgt ohne Berührung des Fügewerkzeuges mit den Fügeteilen und ohne externen Wärmeeintrag. Zusatz- oder Hilfsstoffe sind nicht erforderlich. Der Werkzeugverschleiß ist vernachlässigbar, die Spulensysteme sind üblicherweise auf eine Lebensdauer von mehreren Millionen Schweißzyklen ausgelegt.

## 7.7.2 Anwendungsbereich

Das Magnetimpulsschweißen kann sowohl zum Fügen rohrförmiger Geometrien, als auch zum Schweißen von Blechen eingesetzt werden. Die Spulensysteme sind dabei, je nach Bauteilgeometrie, als Ring- oder Flachspule ausgelegt, Bild 7.41. Über eine entsprechende Anpassung der Spulengeometrie können auch rechteckige Profilformen geschweißt werden. Das der Spule zugewandte Fügeteil wird als Flyer, das zweite Fügeteil als Target bezeichnet

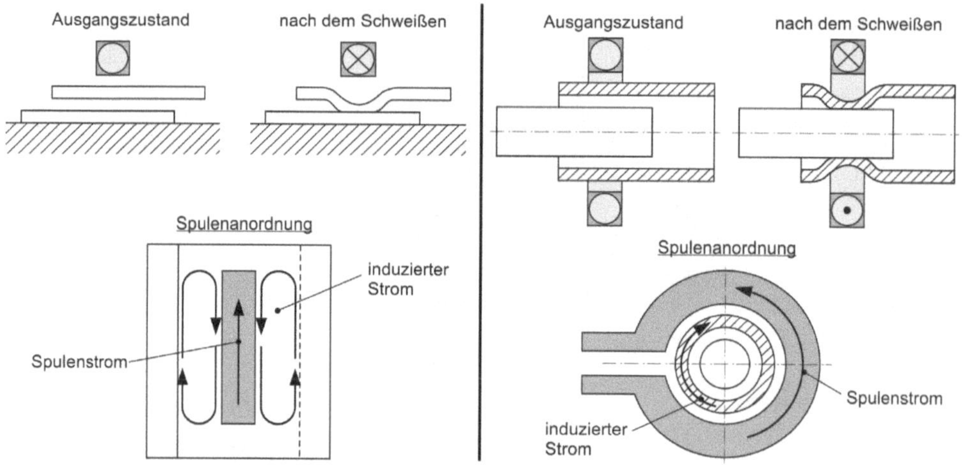


Bild 7.41 Varianten des Magnetimpulsschweißens. Links: Blechschweißen, rechts: Rohrschweißen

Die verschweißbaren Blechdicken liegen im Bereich von 1...3 mm, als Flachmaterial lassen sich aber auch Folien verschweißen. Für den Fügevorgang müssen die Fügeteile zwingend überlappt angeordnet sein. Zudem muss zwischen ihnen ein definierter Abstand von 1...2 mm bestehen, damit ein aufeinander zu beschleunigen möglich ist. Verschweißt werden Rohre mit Durchmessern von zumeist < 100 mm. An Blechverbindungen ist die Schweißnahtlänge abhängig von der Länge der Werkzeugspule. Üblicherweise werden nur kurze Schweißnähte erzeugt. Mit angepassten Spulen können in einem Puls aber auch bis zu ca. 3 m lange Verbindungen geschweißt werden.

Vorzugsweise werden Aluminiumlegierungen, Kupferlegierungen sowie Mischverbindungen aus Stahl und Aluminium, und aus Aluminium und Kupfer geschweißt. Bild 7.42

zeigt die Ausbildung verschiedener Schweißverbindungen. Bei der Herstellung von Mischverbindungen wird immer das leichter umzuformende Material als Flyer genutzt.

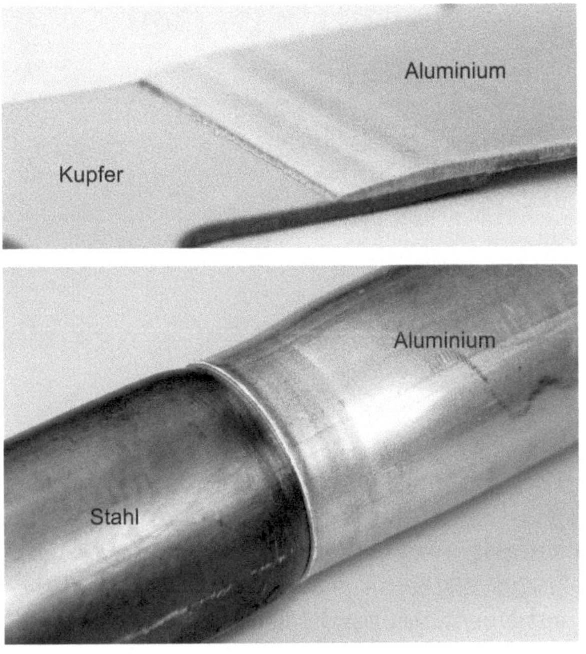


**Bild 7.42**
Magnetimpuls geschweißte Bauteile. Oben Blechverbindung (PSTproducts GmbH), unten Rohrverbindung (Fraunhofer IWU Chemnitz)

### 7.7.3 Spezielle Gefährdungen

Die starken elektromagnetischen Felder können andere elektronische Geräte beeinflussen. Personen mit elektronischen Körperimplantaten, wie z. B. Herzschrittmachern, dürfen sich nicht im Arbeitsbereich von Magnetpulsanlagen aufhalten.

# 8 Schweißen durch festen Körper

## 8.1 Grundlagen zur schweißtechnischen Nutzung von Heizelementen

Heizelemente werden für das **Warmpressschweißen** (auch **Thermokompressionsschweißen** oder **TC-Bonding**) metallischer Werkstoffe genutzt. Die Heizelemente dienen der Erwärmung der Fügestelle und dem Aufbringen der notwendigen Presskräfte, welche an der Schweißstelle die notwendige Verformung hervorrufen. Die Erwärmung der Bauteile an der Fügestelle kann sowohl durch eine äußere Wärmequelle (z. B. Gasflamme) als auch durch das Schweißwerkzeug oder die Werkstückaufnahme erfolgen. Die Wärmequelle kann kontinuierlich oder impulsartig wirken.

## 8.2 Heizelementschweißen

### Verfahrensmerkmale

Erwärmung der Bauelemente an der Schweißstelle durch ein speziell konstruiertes Schweißwerkzeug bei gleichzeitigem Aufbringen einer Kraft, welche eine plastische Verformung hervorruft. Die Verbindung entsteht durch atomare Bindekräfte und Diffusion.

#### Anwendungsbereich/Abmessungen

Herstellung elektrisch und thermisch leitender sowie mechanischer Verbindungen, Drahtkontaktierung und Kontaktierung von Dünnschichten z. B. in der Elektronik und Feinwerktechnik.

Blechdicken $t = 0{,}010 \ldots 0{,}050$ mm.

Drahtdurchmesser $d = 0{,}007 \ldots 0{,}050$ mm.

#### Werkstoffgruppen

Gold mit Gold, Silber mit Gold, Aluminium mit Gold, Kupfer mit Aluminium, Silber, Aluminium, Kupfer, Nickel, Palladium

#### Wichtige Merkblätter und Normen

- **DVS 2807-1:** Zusatzstoffe für Mikroverbindungen; Bonddrähte und Bändchen.
- **DVS 2810:** Drahtbonden.
- **DVS 2811:** Prüfverfahren für Drahtbondverbindungen.
- **MIL-STD-883 K CHG-1:** Test Method Standard – Microcircuits.

### 8.2.1 Verfahrensprinzip

Die zu verbindenden Teile werden im Bereich des Schweißstoßes durch ein speziell konstruiertes Schweißwerkzeug dauernd oder impulsartig erwärmt (unterhalb Schmelztemperatur) und unter Anwendung einer Kraft, welche eine plastische Verformung hervorruft, ohne Schweißzusatz verschweißt. Die Verbindung entsteht durch atomare Bindekräfte und Diffusion, wobei mit oder ohne neutrale Gasatmosphäre gearbeitet werden kann.

Drei Verfahrensvarianten sind in Anwendung. Beim Heizkeilschweißen wird die Kraft über ein keilförmiges Werkzeug (Bild 8.1), beim Düsenschweißen über eine Düse, durch die eines der Werkstücke (Draht) geführt wird (Bild 8.2), aufgebracht. Das Nagelkopfschweißen ist eine Variante des Düsenschweißens, bei der die Stoßfläche des durch die Düse geführten Werkstückes (z. B. Draht) durch Schmelzen mit einer Flamme eine Kugel bildet, die sich unter Einwirkung der Kraft während der Abkühlung nagelkopfförmig verbreitert (Bild 8.3).

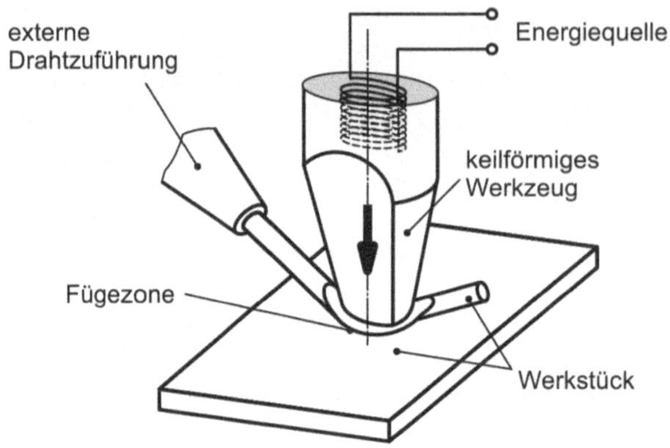


**Bild 8.1**
Heizkeilschweißen [NEU89]

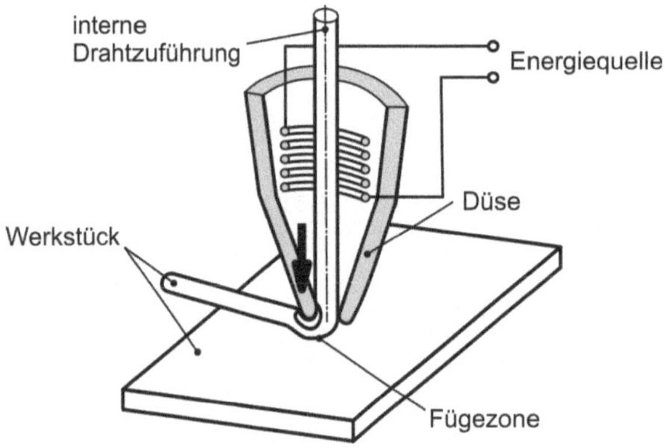


**Bild 8.2**
Düsenschweißen [NEU89]

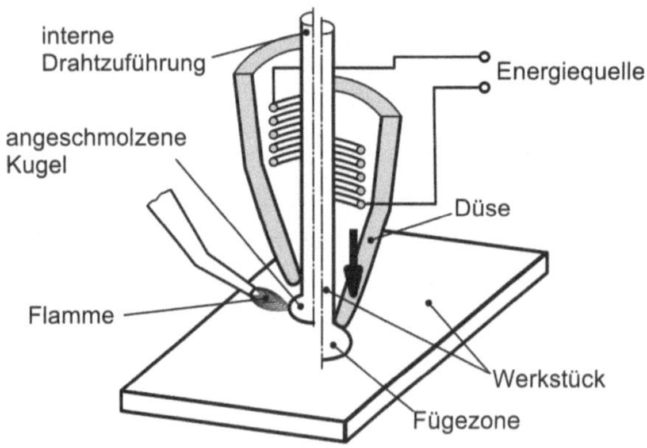


**Bild 8.3**
Nagelkopfschweißen [NEU89]

## 8.2.2 Anwendungsbereich, Ausrüstungen

Das Heizelementschweißen wird in der Elektronik und Feinwerktechnik für die Herstellung elektrisch und thermisch leitender sowie mechanischer Verbindungen angewendet [DVS 2807-1], z. B. um Golddrähte von Mikrochips mit Aluminiumleiterbahnen zu verbinden, ebenso zur Drahtkontaktierung und Kontaktierung von Dünnschichten. Folgende Eckdaten sind charakteristisch:

**Abmessungen**

Wand- bzw. Blechdicken $t$ = 0,010...0,050 mm

Drahtdurchmesser $d$ = 0,007...0,050 mm

**Werkstoffgruppen**

Gold mit Gold, Silber mit Gold, Aluminium mit Gold, Kupfer mit Aluminium, Silber, Aluminium, Kupfer, Nickel, Palladium

Die Ausrüstungen arbeiten manuell bzw. automatisch, wobei das Schweißwerkzeug aus Glas, Wolframcarbid, Stahl oder Keramik gefertigt sein kann. Besondere Anforderungen hinsichtlich Fixierung in einer definierten Position und Positioniergenauigkeit werden an den Werkstückhalter gestellt. Letzterer ist bei automatischem Betrieb zusätzlich mit Magazineinrichtungen ausgerüstet. Durch Überwachung von Prozessparametern wird eine ausreichende Wiederholbarkeit der Verbindungseigenschaften erreicht.

## 8.2.3 Konstruktive Gestaltung und Festigkeit

Typische Verbindungsformen sind Draht-Trägerwerkstoff-Verbindungen. Die in die Fügeteile eingebrachte Wärme und die durch den Anpressdruck hervorgerufene plastische Verformung bewirken eine atomare Bindung zwischen den Fügeteilen. Die Drahtdurchmesser werden üblicherweise nach der mechanischen Stabilität, elektrischen Eigenschaften und Platzbedarf ausgelegt. Die Gestaltung des Schweißwerkzeugs erfolgt in Abhängigkeit von der zu verbindenden Werkstoffkombination (z. B. keil- und kapillarförmige Schweißwerkzeuge).

Die Schweißverbindungen müssen einen ausreichenden elektrischen Kontakt gewährleisten, mechanische Belastungen, aber auch Temperaturschwankungen und andere Umwelteinflüsse ertragen können. Die Überprüfung der Erfüllung dieser Anforderungen erfolgt nach den Kriterien im MIL-Standard-883 K. Typische Fehler sind in DVS 2810 erläutert. Neben einer visuellen Beurteilung, insbesondere des Verformungsgrades des aufgeschweißten Drahtes, wird die Festigkeit durch Scher-, Zug- und Schälversuche ermittelt. Für eine umfassende Überwachung des Schweißvorgangs werden Sensorsignale ausgewertet, welche während des Schweißprozesses durch den Bondautomaten aufgezeichnet werden Die Prüfverfahren, Testbedingungen und Richtwerte für Prüfergebnisse sind in DVS 2811 beschrieben.

### 8.2.4 Fertigungshinweise

Allgemein müssen folgende Voraussetzungen für das Heizelementschweißen erfüllt sein:

- Die Parameter Schweißkraft, Temperatur und Schweißzeit müssen ein ausreichendes plastisches Fließen der Metalle in der Berührungsfläche ermöglichen, damit die Verunreinigungsfilme auf der Kontaktfläche zerstört werden.
- Die Arbeitstemperatur muss unterhalb des niedrigsten eutektischen Punktes der zu verbindenden Werkstoffkombinationen, jedoch oberhalb der Rekristallisationstemperatur der Fügeteilwerkstoffe liegen.
- Die Verformung der Fügeteile muss an der Fügestelle ausreichend sein, jedoch darf die Querschnittsfläche der Fügeteile, z. B. eines Drahtes, nicht mehr als 50 % verringert werden.
- Bei Verbindungen zwischen Draht und Metallschicht muss die Verbindungsfläche etwa genauso groß sein wie die Querschnittsfläche des Drahtes.
- Zum Vermeiden von mechanischen Spannungsspitzen müssen die Radien der Schweißwerkzeuge mindestens gleich dem Drahtradius sein.

Die Zuführung der Wärme an die Fügestelle kann durch Beheizen des Fügeteilträgers, Beheizen des Schweißwerkzeuges oder gleichzeitiges Beheizen von Träger und Werkzeug erfolgen. Zur Unterstützung der Verbindungsbildung ist es möglich, mechanische Schwingungen in die Verbindungsebene einzutragen (Thermosonicverfahren). Als optimaler Zusatzwerkstoff kann Golddraht mit einem Durchmesser von (0,03 ± 0,01) mm mit einer Reinheit von 99,99 % in der Qualität halbhart mit 4...7 % Dehnung, 0,11...0,14 N Reißlast und metallisch blanker Oberfläche angesehen werden.

# 9 Schweißen mit Metallschmelzen

## 9.1 Grundlagen der schweißtechnischen Nutzung von Metallschmelzen

Aluminium besitzt eine größere Affinität zu Sauerstoff als die meisten anderen Metalle. Aluminium, in fein verteiltem Zustand, ist dadurch in der Lage, die Oxide dieser Metalle zu reduzieren. Es laufen folgende Reaktionen ab:

$$3\,FeO + 2\,Al \rightarrow Al_2O_3 + 3\,Fe – 783\,kJ$$

$$Fe_2O_3 + 2\,Al \rightarrow Al_2O_3 + 2\,Fe – 758\,kJ$$

$$3\,Fe_3O_4 + 8\,Al \rightarrow 4\,Al_2O_3 + 9\,Fe – 3012\,kJ$$

Diese chemische Umsetzung von Aluminiumpulver und Metalloxid ist ein exothermer Vorgang. Es wird Wärme frei. Für die Erschmelzung des Eisens auf metallothermischem Wege ist der Einsatz von Aluminium als Reduktionsmetall am wirtschaftlichsten. Die aluminothermische Reaktion wird für das **Gießschweißen** ausgenutzt. Das Gießschweißen beinhaltet entsprechend der Nutzung der bei der aluminothermischen Reaktion entstehenden Produkte zwei Verfahrensgruppen:

**1. Aluminothermisches Schmelzschweißen**

Für die Herstellung der Schweißverbindung werden die entstehende Reaktionswärme und der gewonnene flüssige AT-Stahl genutzt. Das gleichzeitig entstehende Aluminiumoxid (Schlacke) wirkt als Schutz gegen äußere Einflüsse.

**2. Aluminothermisches Pressschweißen**

Die Schweißtemperatur wird nur durch die freiwerdende Reaktionswärme erzeugt. Das Verschweißen erfolgt unter Druck.

## 9.2 Gießschweißen (Thermitschweißen)

**Verfahrensmerkmale**

Für die Herstellung der Verbindung wird die Wärme der exothermen aluminothermischen Reaktion (Aluminiumpulver und Metalloxid) genutzt.

**Anwendungsbereich/Abmessungen**

Montageschweißen an Schienen und Walzprofilen, Reparaturschweißen von Maschinenständern, Auftragsschweißen von Verschleißteilen, Gussfehlerbeseitigung.

Profilquerschnitte beliebig, abhängig von Gussform; an Seilen Querschnitte von 35...185 $mm^2$

**Werkstoffgruppen**

Stahl, Stahlguss und Grauguss

**Wichtige Normen**

- **DIN EN 14730-1:** Bahnanwendungen – Oberbau – Aluminothermisches Schweißen von Schienen – Teil 1: Zulassung der Schweißverfahren.

### 9.2.1 Aluminothermisches Schmelzschweißen (Prozess 71)

#### 9.2.1.1 Verfahrensprinzip

Beim aluminothermischen Schmelzschweißen stehen sich die zu verbindenden Stoßflächen durch einen Luftspalt getrennt gegenüber. Die Schweißstelle wird durch eine Gießform umschlossen. Nach dem Anwärmen der Schweißteilenden auf ca. 1000 °C wird das Gemisch aus Aluminiumpulver und Eisenoxid zur Reaktion gebracht. Der entstehende AT-Stahl wird in die Form gegossen (Bild 9.1). Da der AT-Stahl nicht nur als Wärmeträger verwendet wird, sondern auch für die Ausbildung der Schweißverbindung genutzt wird, muss er gleiche oder ähnliche Zusammensetzung wie der Grundwerkstoff aufweisen. Dies wird durch Zugabe entsprechender Legierungselemente, wie z. B. Nickel oder Vanadium, erreicht.

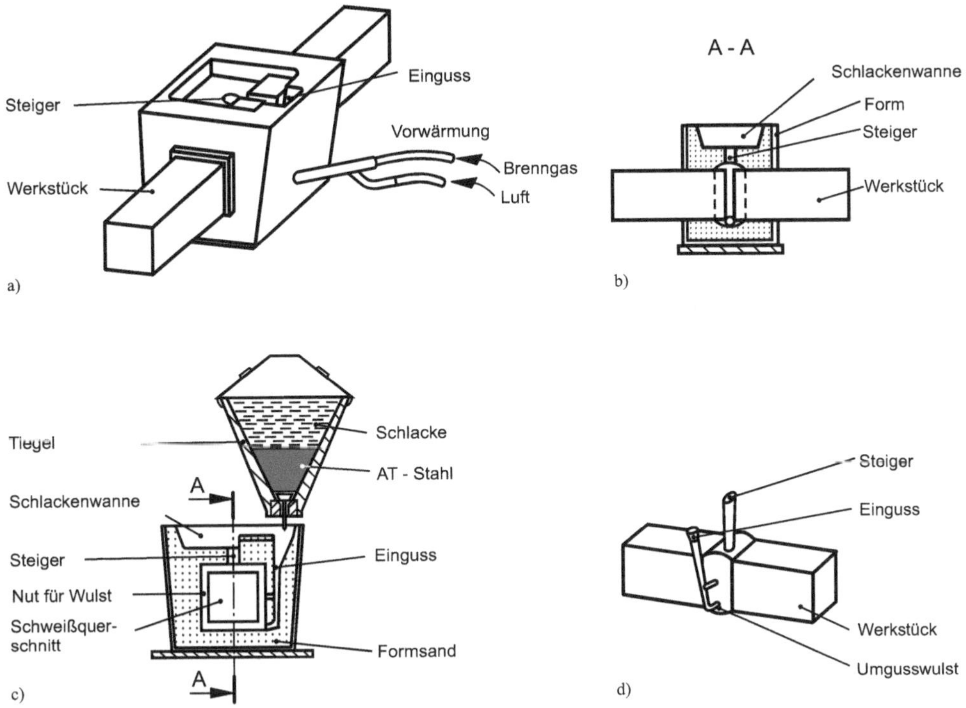


**Bild 9.1** Aluminothermisches Schmelzschweißen [AHL66]. a) Schweißstelle mit Gießform; b) Querschnitt durch Schweißanordnung; c) Längsschnitt; d) geschweißtes Werkstück

### 9.2.1.2 Anwendungsbereich

Das aluminothermische Schmelzschweißen wird angewandt zum Montageschweißen an Schienen und Walzprofilen, Reparaturschweißen von Maschinenständern, Auftragsschweißen von Verschleißteilen und zur Gussfehlerbeseitigung. Für das Schienenschweißen sind der flexible Einsatz und die schnelle Realisierbarkeit einer aluminothermischen Schweißung im Vergleich zum Abbrennstumpfschweißen hervorzuheben. Ebenso sind die Investitions- und Instandhaltungskosten für Einrichtungen zum aluminothermischen Schweißen im Vergleich zu anderen Schweißverfahren, wie z. B. dem mobilen Abbrennstumpfschweißen, geringer [BRA15].

Die zunehmende Digitalisierung ermöglicht bereits in der Vorbereitung zum aluminothermischen Schweißen eine Erfassung geometrischer Merkmale mittels digitaler Messmittel. Die erhaltenen Daten können dann zur Vorbereitung und Kontrolle einer Schweißung genutzt werden [WEG15]. Die Zulassung des AT-Schweißens für Schienen ist in DIN EN 14730-1 geregelt.

Verschweißte Werkstoffe sind z. B. Stähle, Betonstähle, Stahlguss und Grauguss.

### 9.2.1.3 Ausrüstungen

Eine Ausrüstung für das Gießschmelzschweißen besteht aus folgenden Grundelementen:

- Reaktionstiegel mit Bodenauslauf:

  Werkstoff: Magnesit, Pyropanzer, Chromerz, Quarzsand;

  Reaktionstiegelgröße abhängig von Arbeitsaufgabe (Vorsicht, Tiegelausbrüche bei Großschweißungen vermeiden).
- Schweißform:

  Werkstoff für Einmalform: Quarzsand, Schamotte,

  Werkstoff für Dauerform: Graphit, Grauguss, Kupfer für Serienschweißungen.
- Modelle:

  Stampfmodell je nach Profil.
- Formkasten.
- Halte- und Spannvorrichtung:

  für ein- und mehrteilige Schweißformen.
- Sondergeräte:

  Tiegelständer, Abstichstab, Brennschneidgerät, Schienenthermometer, Anwärmbrenner (Propan).
- Werkzeuge:

  Schrotmeißel, Setzhammer, Schleifaggregat, Drahtbürste.
- Spezialzünder:

  Ausführung manuell oder elektrisch.

Bild 9.2 zeigt ein Anwendungsbeispiel zum Schienenschweißen.

**Bild 9.2** Aluminothermisches Schweißen eines Schienenstoßes

### 9.2.1.4 Fertigungshinweise

Das Verbindungsschweißen erfolgt in der Regel als Stumpfstoß ohne besondere Vorbereitung. Allerdings sollten die Stoßflächen zunder- und fettfrei sein. Beim aluminothermischen Schmelzschweißen kühlt der Schweißstoß relativ langsam ab. Dadurch ist das Schweißen von Schienen auch bei erhöhtem Kohlenstoffgehalt des Schienenstahls ohne kritische Aufhärtungen in der Wärmeeinflusszone möglich. Die Zusatzstoffe zu den Werkstoffgruppen Stahl, Stahlguss und Grauguss werden in ihrer chemischen Zusammensetzung entsprechend dem Grundwerkstoff gewählt. Der Zusatzwerkstoff wird im Reaktionstiegel aus Metalloxidpulver und Aluminiumpulver erschmolzen. In der Regel werden diese Stoffe mit einem Bindemittel körnig gehalten, damit sie kein Wasser aufnehmen können und rieselfähig bleiben. Durch Beigaben von Ferrolegierungen, Carbiden, Oxiden oder reinen Elementen wird der AT-Stahl legiert. Es fallen 50 % AT-Schlacke und 50 % AT-Schmelze an.

In Abhängigkeit vom zu verbindenden Querschnitt beträgt der Stegabstand beim AT-Verbindungsschweißen 10...40 mm. An Seilen können Querschnitte von 35...185 $mm^2$ geschweißt werden.

Bei Fallhöhen des geschmolzenen Zusatzwerkstoffes > 200 mm wird steigender Guss gewählt, ansonsten fallender oder seitlicher Guss.

Es ist notwendig den Schweißstoß vorzuwärmen, Stahl und Stahlguss auf ca. 900 °C und Grauguss auf ca. 800 °C. Formschwierige Graugusswerkstücke erfordern ein Vorwärmen des gesamten Werkstücks auf ca. 600 °C. Die Schweißform wird ca. 3 min nach dem Schweißvorgang entfernt. Im Anschluss wird der Schweißstoß im rotwarmen Zustand endbearbeitet (Gratentfernung). Richtgrößen für die AT-Schweißung sind in Tabelle 9.1 und Bild 9.3 enthalten.

**Tabelle 9.1** Richtgrößen für das AT-Schweißen von Baustahl

| AT-Muffelschweißung | Werkstückdicke [mm] | Spaltbreite [mm] | AT-Masse [kg] |
|---|---|---|---|
| Horizontale Kokille | 18...32 | 10...30 | 0,8 |
| | 24...26 | 10...35 | 0,9 |
| Vertikale Kokille | 18...22 | 10...30 | 0,8 |
| | 24...26 | 15...35 | 1,2 |
| | 28 | 15...35 | 1,3 |
| | 30...32 | 20...40 | 1,5 |

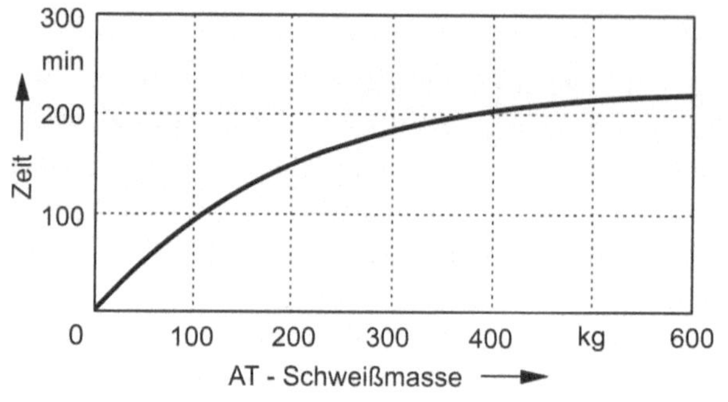


**Bild 9.3**
Richtgrößen für Zeiten beim aluminothermischen Reparaturschweißen [AHL66]

## 9.2.2 Aluminothermisches Pressschweißen

### 9.2.2.1 Verfahrensprinzip

Beim aluminothermischen Pressschweißen wird die Wärme durch einen flüssigen Wärmeträger übertragen. Dieser entsteht durch chemische Umsetzung von Aluminiumpulver und Metalloxid zu Aluminiumoxid (Schlacke) und Metall nach den in Abschnitt 9.1 genannten Reaktionsabläufen. Nach dem Entzünden des Gemisches aus Eisenoxid und Aluminiumpulver in einem Schmelztiegel setzt eine exotherme Reaktion ein, bei der das Aluminium oxidiert und das Eisenoxid zu Eisen reduziert wird. Die zuerst aus dem Schmelztiegel ausfließende Schlacke oder ein zwischengeschaltetes geeignetes Schutzmittel mit höherem Schmelzpunkt verhindert eine unmittelbare Berührung zwischen der Schweißstelle und dem Wärmeträger. Die auf Schweißtemperatur erwärmten Teile werden unter Druck verbunden (Bild 9.4).

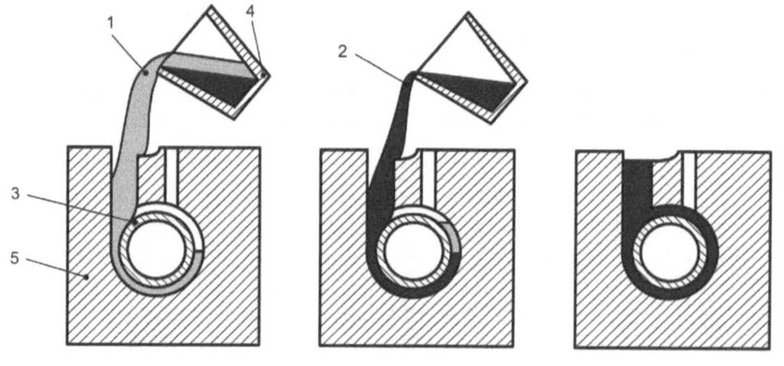


**Bild 9.4** Prinzip des AP-Schweißens [NEU89]. 1 Schlacke; 2 flüssiges Eisen; 3 Werkstück; 4 Kipptiegel; 5 Schweißform

#### 9.2.2.2 Anwendungsbereich

Das aluminothermische Pressschweißen wird hauptsächlich zur Montage von Rohren und Schienen angewandt. Durch die kontinuierliche Entwicklung alternativer Schweißverfahren ist es allerdings weitgehend aus der praktischen Anwendung verdrängt worden.

#### 9.2.2.3 Fertigungshinweise

Das Verschweißen erfolgt in der Regel als Stumpfstoß. Die Stoßflächen müssen metallisch blank sein.

Da die unlegierte und ungereinigte Schweißmasse beim aluminothermischen Pressschweißen lediglich der Wärmeübertragung auf die zu schweißenden Bauteile dient, sind die Festigkeit und Härte der Schweißmasse gering. Beim Abkühlen der Schweißverbindung scheidet sich an der Stoßstelle Ferrit aus (künstliche Korngrenze). Die Ferritausscheidung ist vom Kohlenstoffgehalt des Werkstoffs abhängig. Bei Stählen mit mehr als 0,4 % C wird daher ein kohlenstoffarmes Blech (Ferritblech) zwischen die beiden Werkstücke gelegt, um die zur Herbeiführung der Schweißung notwendige Ferritausscheidung zu sichern.

Der Stegabstand beim Stumpfstoß wird nach folgender Gleichung berechnet:

$$b_{sp} = 0{,}75 \cdot \sqrt[3]{A_s} \quad [\text{mm}] \tag{9.1}$$

$b_{sp}$ Stegabstand in mm, $A_S$ Schweißquerschnitt in mm$^2$

Es empfiehlt sich, den Schweißstoß auf ca. 900 °C vorzuwärmen. Etwa 2,5 min nach dem Schweißvorgang sollte die Schweißform entfernt werden. Eine Endbearbeitung des Schweißstoßes im rotwarmen Zustand sollte im Anschluss folgen. Die Ausrüstungselemente entsprechend Abschnitt 9.2.1.3 werden auch für das AP-Schweißen benötigt. Hinzu kommt eine Klemmvorrichtung, welche die unter Anpressdruck stehenden Werkstücke nach der Erwärmung staucht.

## 9.3 Besondere Gefährdungen

Die Zusatzstoffe Eisenoxid und Aluminiumpulver können sich unter Umständen (bei hoher Aktivierungsenergie) auch bei Raumtemperatur entzünden. Dadurch kann die exotherme Reaktion in Gang kommen und zur Verflüssigung der Zusatzstoffe führen. Da die Reaktion keinen Luftsauerstoff benötigt, kann die Reaktion weder durch Abdecken mit Sand noch durch Wasser unterbrochen werden. Durch Wasser wird die Gefahr noch erhöht, da der Kontakt mit Wasser zur Bildung der explosionsfähigen Mischung aus Sauerstoff und Wasserstoff (Knallgas) führt.

# 10 Schweißen durch Diffusion

## 10.1 Grundlagen zur schweißtechnischen Nutzung der Diffusion

Metallische Werkstoffe bestehen aus einer oder mehreren Atomarten, deren Zusammenhalt in der Gitteranordnung durch die Bindungen zwischen den Atomen beschrieben wird. In einem metallischen Festkörper schwingen die Atome bei Raumtemperatur um ihre Gitterplätze mit Amplituden in der Größenordnung 5...10 % des Atomabstandes. Eine Erhöhung der Temperatur des metallischen Festkörpers führt zu einer Vergrößerung der Amplitude und der Atomabstände und, damit verbunden, einer Schwächung der Atombindungen. Mit steigender Temperatur wächst die Wahrscheinlichkeit für Platzwechsel der Atome in einem metallischen Festkörper. Dieser physikalische Vorgang wird als Diffusion bezeichnet und führt zur Durchmischung der beteiligten Festkörper in der Kontaktebene.

Für das Diffusionsschweißen müssen die Atome der zu verbindenden metallischen Werkstoffe durch Energiezufuhr zu Platzwechseln angeregt werden und die Bedingungen für den Platzwechsel der angeregten Atome über die Bindeebene hinweg geschaffen werden. Dies setzt voraus, dass die Atome der Verbindungspartner in den Bereich der Gitterabstände angenähert werden und atomare Bindekräfte zwischen ihnen zum Tragen kommen. Beim Diffusionsschweißen erfolgt diese Annäherung in Kriechprozessen der Oberflächenstrukturen, in deren Verlauf zwischen zwei quantenmechanisch unabhängigen Gittersystemen die für die Atomverschiebung über die Bindeebene erforderliche Abhängigkeit geschaffen wird. Voraussetzung dafür ist eine bestmögliche Beseitigung von auf den Bindeebenen vorhandenen Oberflächenschichten und die Verhinderung des Entstehens solcher Schichten im Verlauf des Diffusionsschweißens. Die Annäherung der Atome in den Bereich der Gitterabstände, die Entstehung metallischer Bindungen zwischen ihnen und die Anregung der Atome zu Platzwechseln im Verlauf des Diffusionsschweißens erfordern die Zufuhr von Energie, die in Form von mechanischer und Wärmeenergie erfolgen muss. Mit der Energiezufuhr wird die Ausbildung einer neuen Struktur in der früheren Bindeebene gesteuert. Ihre Geometrie und ihr Aufbau bestimmen die Belastbarkeit diffusionsgeschweißter Verbindungen.

## 10.2 Diffusionsschweißen (Prozess 45)

#### Verfahrensmerkmale

Die Verbindung wird mit geringen Anpressdrücken und geringen plastischen Verformungen bei Temperaturen oberhalb der Rekristallisationstemperatur im festen Zustand unter Vakuum (oder inerter Schutzgasatmosphäre) durch Diffusion erzeugt. Die Fügezone weist eine vollständige Kontinuität der beteiligten Werkstoffe auf und die Verbindungsfestigkeit liegt im Bereich der Grundwerkstoffkennwerte.

#### Anwendungsbereich/Abmessungen

- vorzugsweise für Fügeaufgaben, für die andere Verbindungsverfahren nicht oder nur bedingt einsetzbar sind, z. B. in der Verfahrenstechnik, im Anlagenbau, der Medizintechnik, der chemischen Industrie, der Energietechnik und dem Werkzeugbau.
- hochfeste, großflächige Verbindungen.
- Fügestellen an miniaturisierten Bauteilen.
- schweißbare Abmessungen sind abhängig von der Größe der Vakuumkammer.

#### Werkstoffgruppen

Nahezu alle Werkstoffe und eine große Zahl von Werkstoffkombinationen; neben metallischen Werkstoffen Verbindungen von Keramik mit Keramik und Glas-Glas-Verbindungen herstellbar.

### 10.2.1 Verfahrensprinzip

Das Diffusionsschweißen ist ein Pressschweißen im festen Zustand. Die Verbindung wird mit geringen Anpressdrücken und Verformungen bei Temperaturen oberhalb der Rekristallisationstemperatur durch Diffusion erzeugt. Die Schweißtemperatur ist abhängig vom zu verschweißenden Werkstoff und beträgt i. d. R. 52...88 % der Schmelztemperatur. Die Schweißzeit beträgt einige Minuten bis mehrere Stunden. Die Anordnung beim Diffusionsschweißen zeigt schematisch Bild 10.1.

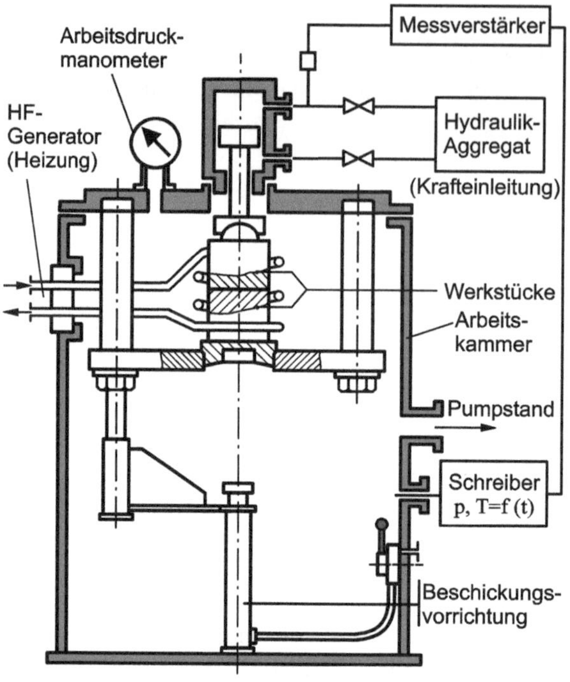


**Bild 10.1** Diffusionsschweißanlage (schematisch) [WIE84]

Im Allgemeinen bestehen Diffusionsschweißanlagen aus folgenden Baugruppen:

- der Schweißkammer mit Einrichtung für die Erzeugung und Aufrechterhaltung der für das Diffusionsschweißen erforderlichen Atmosphäre,
- der Heizeinrichtung in der Kammer mit der zugehörigen Energieversorgung,
- der Druckeinrichtung für das Aufeinanderpressen der Verbindungsflächen,
- den Steuer-, Mess-, Regel- und Registriereinrichtungen für den Schweißprozess.

Die Belastbarkeit einer Diffusionsschweißverbindung an metallischen Werkstoffen wird einer durch Platzwechsel von Atomen beider Verbindungspartner über die frühere Bindeebene hinweg entstandenen neuen Struktur zugeschrieben. Die für das Diffusionsschweißen erforderliche Gesamtzeit beinhaltet die Einbauzeit der zu verbindenden Teile, die Zeit für die Erzeugung der für das Schweißen benötigten Atmosphäre, die Aufheizzeit, die Temperaturhaltezeit, die Abkühlzeit und die für das Entstehen der Verbindung erforderliche Zeit (Bild 10.2).

Die Wiederholbarkeit der Eigenschaften einer Verbindung hängt im Wesentlichen von der exakten Einhaltung des Temperaturverlaufs über der Zeit sowie einer reproduzierbaren Oberflächenvorbehandlung der Fügestellen ab.

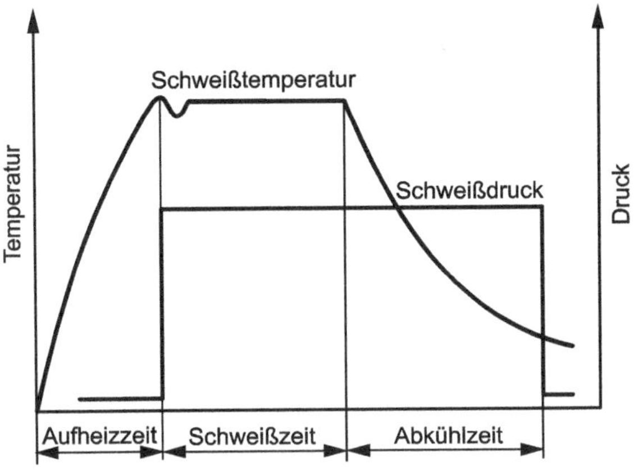


**Bild 10.2**
Verlauf von Temperatur und Druck beim Diffusionsschweißen [WIE84]

Der Diffusionsschweißprozess findet in zwei aufeinanderfolgenden Phasen, der Annäherungsphase und der Diffusionsphase, statt. In der ersten Phase werden die Fügeflächen der Fügepartner zusammengeführt. Die Kontaktfläche bildet sich zunächst mikroskopisch über Rauhigkeitsspitzen aus (Bild 10.3, links). Nach Evakuierung der Arbeitskammer werden die Fügeteile mit einer definierten Aufheizrate auf Schweißtemperatur erwärmt und anschließend unter Fügedruck aufeinander gepresst. Die Kontaktspitzen werden dabei plastisch verformt und es kommt durch Kriechvorgänge zur Annäherung der Fügeteiloberflächen auf atomaren Abstand.

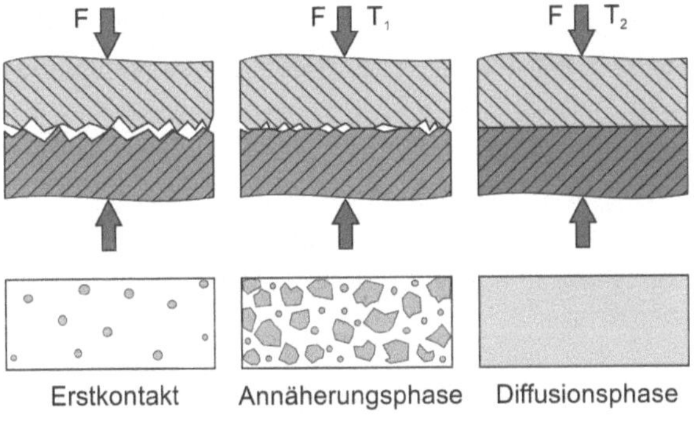


**Bild 10.3**
Ausbildung von Kontaktflächen zwischen den Fügepartnern

In der zweiten Phase findet der eigentliche Schweißprozess statt und es kommt unter Beibehaltung von Vakuum, Temperatur und Anpressdruck zu Diffusionsvorgängen zwischen den Fügepartnern. Nach Ablauf der Schweißzeit wird die Temperatur über eine definierte Abkühlrate noch unter Vakuum reduziert, wobei der Anpressdruck aufrechterhalten wird. Bei Erreichen von Raumtemperatur wird die Fügekraft abgeschaltet und die Arbeitskammer geflutet.

## 10.2.2 Anwendungsbereich

Das Diffusionsschweißen wird eingesetzt für:

- das Schweißen gleicher oder gleichartiger metallischer Werkstoffe,
- das Schweißen ungleicher metallischer oder keramischer Werkstoffe direkt oder über eine oder mehrere Zwischenschichten.

Das Verfahren wird vorzugsweise in solchen Fällen angewendet, wenn andere Verbindungsverfahren nicht oder nur bedingt eingesetzt werden können. Es lassen sich nahezu alle Werkstoffe und eine große Zahl von Werkstoffkombinationen mit diesem Verfahren schweißen. Dazu gehört neben metallischen Werkstoffen beispielsweise das Verbinden von Keramik mit Keramik oder von Keramik mit Metall. Auch pulvermetallurgisch hergestellte Teile sind – meist unter Verwendung von Zwischenschichten – schweißgeeignet. Ferner sind Glas-Glas-Verbindungen [DAH09], Verbindungen zwischen Titan und zahlreichen anderen Metallen, Hartstoffverbindungen, Verbindungen zwischen Stahl und den Elementen der Gruppen IVa, Va und VIa des Periodischen Systems, zwischen Stahl und Uran, zwischen Stahl und Aluminium und Nickelbasis-Superlegierungen herstellbar. Exemplarisch wird im Bild 10.4 eine Diffusionsschweißverbindung zwischen Stahl und Aluminium dargestellt. Beide Werkstoffe weisen eine nahezu vollständige Unlöslichkeit im festen Zustand auf. Infolge von Diffusionsprozessen bilden sich, ähnlich bei beim Abkühlen aus dem schmelzflüssigen Bereich, Bereiche mit verschiedenen chemischen Zusammensetzungen aus, die als intermetallische Phasen bezeichnet werden. Diese sind in der Regel sehr hart und spröde, weshalb sich oftmals Risse im Übergangsbereich ausbilden. Um dies zu vermeiden, hat es sich in der Praxis durchgesetzt, für die Dicke der intermetallischen Phase einen Grenzwert zu definieren. In vielen Veröffentlichungen und Fachschriften wird dieser Grenzwert mit 5 bis 10 µm angegeben [KOT13]. Unterhalb dieses Grenzwertes kann die Beeinträchtigung der Fügeverbindung infolge der Aufhärtung toleriert werden. Phasendicken von unter 2 µm werden als Idealfall für eine stabile Fügeverbindung benannt [ESS15].

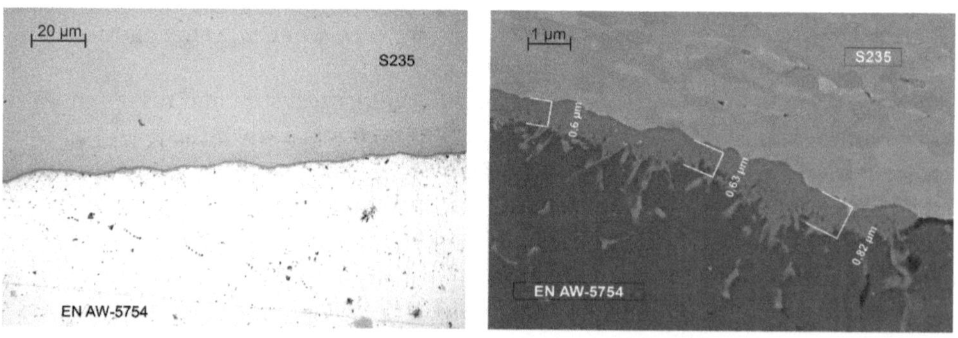


**Bild 10.4** Detailaufnahme einer Diffusionsschweißverbindung zwischen Stahl und Aluminium mit vermessenem intermetallischen Phasenbereich (rechts) (TU Chemnitz)

Bild 10.5 zeigt einen mikrostrukturierten Wärmeübertrager. Die lasergeschnittenen Platinen (Dicke 0,5 mm) werden durch Diffusionsschweißen verbunden. Diese Methodik des flächigen Verbindens von strukturierten bzw. geschnittenen Blechebenen (Slicen) ist der additiven Fertigung zuzuordnen. Vorteilhaft ist, dass im Gegensatz zum flächigen Löten oder Kleben kein Zusatzwerkstoff die Mikrokanäle verstopfen kann.

**Bild 10.5** Diffusionsgeschweißter Wärmeübertrager (ZEBRAS)

## 10.2.3 Konstruktive Gestaltung

Für eine gleichmäßige Druckverteilung über die gesamte Fügefläche sind konturengleiche, selbstzentrierende und planparallele Verbindungsflächen anzustreben. Beispiele sind in Tabelle 10.1 enthalten.

**Tabelle 10.1** Fügestellengestaltung beim Diffusionsschweißen

| Verbindungsform | Anwendungsbeispiele/Gestaltungshinweise |
|---|---|
| 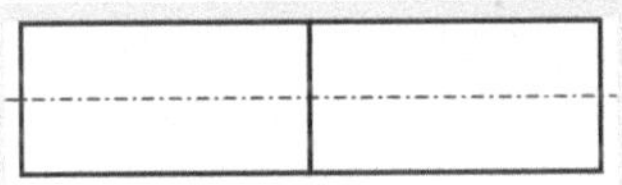 Stumpfverbindung 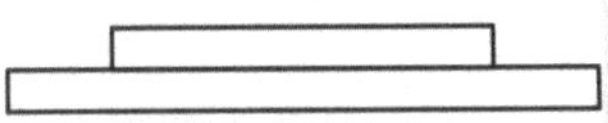 flächige Verbindung | ▪ Reaktorbau<br>▪ Verbundwerkstoffplatten<br>▪ vollkommene metallische Berührung der beiden Verbindungsflächen erforderlich |
| 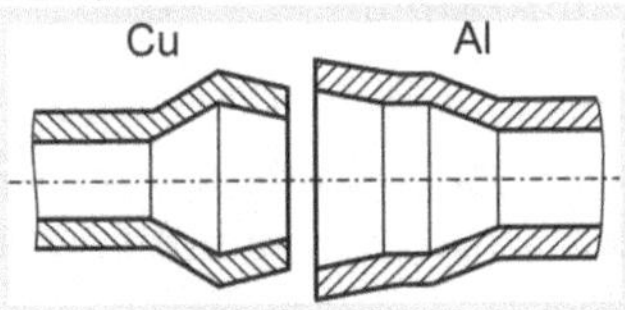 | ▪ Kühlgerätebau<br>▪ Schweißen dünnwandiger Rohre ($t$ = 1,0 mm) aus Aluminium und Kupfer, auch als Mischverbindung |

Tabelle 10.1 Fügestellengestaltung beim Diffusionsschweißen (*Fortsetzung*)

| Verbindungsform | Anwendungsbeispiele/Gestaltungshinweise |
|---|---|
| 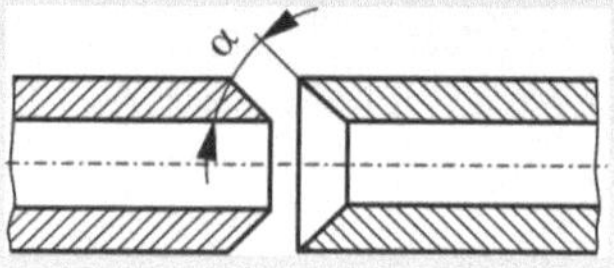 | ▪ Vakuumgerätebau<br>▪ Kegelvorbereitung: $\alpha \approx 30°$ |
| 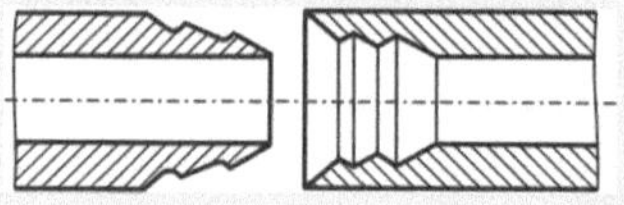 | ▪ Mischverbindungen an Rohren, z. B. Aluminium – hochlegierter Stahl<br>▪ zusätzliche Sicherung der Verbindung über Formschluss |

## 10.2.4 Fertigungshinweise

- Die Oberflächenvorbereitung hat großen Einfluss auf die Qualität der Verbindung. Die zu verbindenden Oberflächen müssen metallisch blank sein (in der Regel Polieren oder Läppen notwendig). Ein Kantenabfall ist zu vermeiden. Die Rautiefe bei harten und spröden Metallen sowie Glas und Keramik sollte 0,5...1,5 µm nicht überschreiten. Bei duktilen Werkstoffen oder Folien als Zwischenschicht kann sie bis zu 40 µm betragen.
- Die Oberflächenaktivierung kann mechanisch und/oder chemisch erfolgen. Ein Waschen im Ultraschallbad und eine abschließende Beizbehandlung sind empfehlenswert.
- Die Einrichtung zum Positionieren der Werkstücke muss eine gleichmäßige Wärmeübertragung auf die Schweißteile ermöglichen.
- Das Aufheizen muss eine gute Durchwärmung der Schweißteile gewährleisten, darf aber keine Überhitzung verursachen. Die Aufheizgeschwindigkeit sollte bei Verbindungen Keramik/Kupfer 5...10 K/min und bei Stahl/Stahl 30 bis 60 K/min betragen. Diese Aufheizgeschwindigkeiten können nur bei direkter Bauteilerwärmung, z. B. mittels Induktion, erzielt werden.

  Bei Strahlungserwärmung der Bauteile im Vakuum können lediglich Aufheizraten von ca. 5 K/min erreicht werden (unter Schutzgas bis zu 20 K/min).
- Beim Schweißen verschiedener Werkstoffe sind die unterschiedlichen thermischen Ausdehnungskoeffizienten und Wärmeleitfähigkeiten zu beachten. Je stärker die Ausdehnungskoeffizienten der Werkstoffe voneinander abweichen, umso langsamer sollte aufgeheizt werden.
- Die Abkühlzeit ist oft der längste Zeitraum im Schweißzyklus. Metall-Metall-Verbindungen sollten bis 100 °C im Vakuum (oder unter Schutzatmosphäre) abkühlen.

Glas-Metall- oder Keramik-Metall-Verbindungen sollten bis auf Raumtemperatur im Vakuum (oder unter Schutzatmosphäre) abkühlen.

- Bei manchen Metallpaarungen ist es zweckmäßig, Zwischenschichten aus artgleichem oder artverschiedenem Werkstoff zu verwenden, die metallurgisch mit den zu verbindenden Werkstoffen kompatibel sind oder die sich, wie die Edelmetalle, besonders gut zum Diffusionsschweißen eignen. Zu ihrer Auswahl sind die jeweiligen Zustandsschaubilder heranzuziehen. Diese Zwischenschichten können durch Bedampfen, Elektroplattieren oder in Form von Folien aufgebracht werden. Durch Einlegen von weichen, artgleichen Folien oder dem Auftragen von festem Gallium [SHI97] können auch Teile mit Oberflächen größerer Rauigkeit verschweißt werden. Derartige Zwischenschichten aus artverschiedenen Werkstoffen können beim Schweißen ungleichartiger Werkstoffe die Bildung unerwünschter spröder intermetallischer Phasen verhindern und gegebenenfalls die erforderlichen Schweißtemperaturen reduzieren. Außerdem können solche Schichten die durch unterschiedliche Ausdehnungskoeffizienten der verschweißten Werkstoffe während des Abkühlvorganges entstehenden Eigenspannungen vermindern. Optional ist es auch möglich, den Diffusionsvorgang durch Einbringen von Oberflächenspannungen, wie z. B. durch Diamantglätten oder Kugelstrahlen zu verbessern und damit die Schweißtemperatur oder die Schweißzeit zu senken.

Weitere Angaben enthalten [LIS94] und [MEH79]. Mögliche Ursachen für Unregelmäßigkeiten sind in Tabelle 10.2 zusammengestellt.

**Tabelle 10.2** Unregelmäßigkeiten und deren Ursachen beim Diffusionsschweißen

| Unregelmäßigkeiten | Mögliche Ursachen |
|---|---|
| Kaltschweißungen | ▪ Schweißtemperatur zu niedrig<br>▪ Schweißzeit zu kurz<br>▪ falsche Vorbereitung der Verbindungsflächen<br>▪ ungenügendes Vakuum |
| Risse | ▪ zu schnelle Erwärmung und Abkühlung<br>▪ Anpressdruck zu groß<br>▪ Schweißtemperatur zu hoch |
| Verformungen | ▪ Schweißtemperatur zu hoch<br>▪ Anpressdruck zu groß<br>▪ Schweißzeit zu lang |
| Anschmelzungen | ▪ Schweißtemperatur zu hoch<br>▪ Schweißzeit zu lang<br>▪ unzureichende Konstruktion der Erwärmungsanlage<br>▪ Temperaturmessung zu ungenau |
| Versatz der Werkstücke | ▪ falsche Positionierung<br>▪ Vibration der Teile<br>▪ Fehler in der Konstruktion der Belastungseinrichtung |

# Literaturverzeichnis


## Selbständige Quellen

**BAU87**

*Baum, L.; Fischer, H. (1987)*: Der Schutzgasschweißer, Teil 1: WIG-Schweißen/Plasmaschweißen. Die Schweißtechnische Praxis. 3. Aufl. Düsseldorf: Deutscher Verlag für Schweißtechnik (DVS) (11). ISBN/EAN 3-87155-516-9

**BEN90**

*Benkowsky, G. (1990)*: Induktionserwärmung: Härten, Glühen, Schmelzen, Löten, Schweißen. Berlin: Verlag Technik GmbH

**BOE84**

*Boese, U.; Werner, D.; Wirtz, H. (1984)*: Das Verhalten der Stähle beim Schweißen. Teil II: Anwendung. 3. Auflage. Düsseldorf: Deutscher Verlag für Schweißtechnik (Band 44).

**BOE92**

*Böhme, D.; Herrmann, F.-D. (1992)*: Handbuch der Schweißverfahren Teil II. Fachbuchreihe Schweißtechnik. Düsseldorf: DVS-Verlag (76). ISBN/EAN 978-3871550935

**DIR05**

*Dirksen S. (2005)*: Nicht alltägliche Anwendung des Unterpulver-Schweißverfahrens. DVS-Berichte. Düsseldorf: DVS-Verlag (232). ISBN/EAN 978-3-87155-689-0

**DOB01**

*Dobeneck, D. von; Löwer, Th.; Adam V. (2001)*: Elektronenstrahlschweißen: das Verfahren und seine industrielle Anwendung für höchste Produktivität. Die Bibliothek der Technik. Landsberg/Lech: Verlag moderne Industrie (221). ISBN/EAN 3-478-93262-9

**DVS89**

*N.N. (1989)*: Zentrale Versorgung von Betrieben mit technischen Gasen zum Schweißen, Schneiden und für verwandte Verfahren. Fachbuchreihe Schweißtechnik. 4. Aufl. Düsseldorf: DVS-Verlag (37). ISBN/EAN 978-3-87155-038-6

**END73**

*Endter, H. (1973):* Fachkunde für Schweißer Bd. 1. 10. Aufl. Berlin: Verlag Technik.

**ENG99**

*Engindeniz, E.; Osivandi, K. B. (1999):* Unterpulverschweißen mit Fülldrahtelektroden – Technologie, Wirtschaftlichkeit, Anwendungsbeispiele. Jahrbuch Schweißtechnik 2000. Düsseldorf: DVS-Verlag. ISBN/EAN 3-87155-747-1

**FOR03**

Forschungskuratorium Maschinenbau (Hg.) (2003): FKM-Richtlinie. Rechnerischer Festigkeitsnachweis für Maschinenbauteile aus Stahl, Eisenguss und Aluminiumwerkstoffen. 5., überarbeitete Ausgabe. Unter Mitarbeit von B. Hänel, E. Haibach und T. Seeger et al. Frankfurt/Main: VDMA Verlag. ISBN/EAN 3-8163-0479-6

**GRO94**

*Grobecker, J. (1994)*: Beitrag zum Unterpulverschweißen mit thyristorisierten Wechselstromquellen. Aachen: Verlag Shaker (5). ISBN/EAN 3-8265-0150-0

**HOB07**

*Hobbacher, A. (2007)*: IIW-1823-07 (XIII-2151-07/XV-1254-07). Recommendations for Fatigue Design of Welded Joints and Components. Paris: International Institute of Welding.

**HUE92**

*Hügel, H. (1992)*: Strahlwerkzeug Laser: eine Einführung. Teubner Studienbücher: Maschinenbau. 1992. Aufl. Stuttgart: Teubner. ISBN/EAN 3-519-06134-1

**KIL91**

*Killing, R. (1991)*: Handbuch der Schweißverfahren Teil I, Lichtbogenschweißverfahren. 2. Auflage. Düsseldorf: DVS-Verlag (1). ISBN/EAN 3-87155-087-6

**KRI54**

*Krist, Th. (1954)*: Werkstatt-Tabellen für die Metallindustrie. Bd. 2. Leipzig: Fachbuchverlag.

**KUP99**

*Kupetz G., Janssen W., Schlenk W. (1999)*: Leistungssteigerung im Energieanlagenbau durch das UP-Band-Verbindungsschweißen. DVS-Berichte. Düsseldorf: DVS-Verlag (204). ISBN/EAN 978-3-87155-661-6

**LEI06**

*Leibinger-Kammüller, N. (Hg.) (2006)*: Werkzeug Laser – Ein Lichtstrahl erobert die industrielle Fertigung. 1. Auflage. Würzburg: Vogel-Buchverlag. ISBN/EAN 978-3-8343-3052-9

**MAL77**

*Malisius, R. (1977)*: Schrumpfungen, Spannungen und Risse beim Schweißen. 4., überarbeitete Auflage. Düsseldorf: DVS-Verlag.

**MAT03**

*Matthes, K.-J.; Riedel, F. (Hg.) (2003)*: Fügetechnik. Überblick – Löten – Kleben – Fügen durch Umformen. Leipzig: Fachbuchverlag Leipzig im Carl Hanser Verlag. ISBN/EAN 3-446-22133-6

**MIT09**

*Mittelberg, D. (2009)*: Kondensator-Entladungsschweißen zum punktförmigen Verbinden von Magnesiumwerkstoffen. Jahrbuch Schweißtechnik 2010. 69–84. Düsseldorf: DVS Media GmbH.

**MUE83**

*Müller, P.; Wolff, L. (1983)*: Handbuch des Unterpulverschweißens Teil I bis Teil V. Düsseldorf: DVS-Verlag (63).

**NEU89**

*Neumann, A. (1989)*: Tabellenbuch Schweiß- und Löttechnik. Fachbuchreihe Schweißtechnik. Unter Mitarbeit von E. Richter. Düsseldorf: DVS-Verlag (91). ISBN/EAN 3-341-00263-4

**NEU91**

*Neumann, H. (1991)*: Autogentechnik. Grundlagen, Ausbildung, Praxis: Gasschweißen, Löten, Brennschneiden. 2. Aufl. Böblingen: Expert. ISBN/EAN 3-8169-0621-4

**RAD07**

*Radaj, D.; Vormwald, M. (2007)*: Ermüdungsfestigkeit. Grundlagen für Ingenieure. 3., neubearbeitete und erweiterte Auflage. Berlin Heidelberg: Springer-Verlag. ISBN/EAN 978-3-540-71458-3

**REI08**

*Reisgen U., Aretov I., Gräb Th., Mußmann J. (2008)*: Industrielle Anwendung des UP-Kahldrahtschweißens (von Rundnähten) an Bauteilen aus Alloy 617 mod. für Kraftwerke der neuen Generation. DVS-Berichte. Düsseldorf: DVS-Verlag (250). ISBN/EAN 978-3-87155-256-4

**ROE06**

*Rösemann, B. (2006)*: Gasschweißer. BG-Information. Ausgabe 2006. Köln: Carl Heymanns (554).

**RUG93**

*Ruge, J. (1993)*: Handbuch der Schweißtechnik Bd. 2: Verfahren und Fertigung. 3. Aufl. Berlin: Springer. ISBN/EAN 978-0387554075

**RYK57**

*Rykalin, N. N. (1957)*: Berechnung der Wärmevorgänge beim Schweißen. Übersetzung aus dem Russischen. Unter Mitarbeit von C. Fritzsche. Berlin: Verlag Technik.

**SCH15a**

*Schmicker, D. (2015)*: A holistic approach of the simulation of rotary friction welding. PhD Thesis, Otto-von-Guericke-Universität Magdeburg.

**SCH90**

*Schober, D. (1990)*: Reibschweißen von Metallen – Konstruktion, Technologie, Qualitätssicherung. Fachbuchreihe Schweißtechnik. Unter Mitarbeit von A. Neumann. Düsseldorf: DVS-Verlag (107). ISBN/EAN 3-87155-124-4

**SFM16**

Lehrunterlagen zum DVS-IIW-Lehrgang Internationaler Schweißfachmann nach Richtlinie DSV-IIW 1170 (2008), Düsseldorf: DVS-Media GmbH.

**STE95**

*Stein, R. (1995)*: Erfahrungen bei der Anwendung des Elektroschlackeschweißens im Schwermaschinenbau. Jahrbuch Schweißtechnik 1996. Düsseldorf: DVS-Verlag. ISBN/EAN 978-3-87155-737-4

**TRE93**

*Tremmer, D. (1993)*: Elektroschlacke-Bandauftragschweißen – eine wirtschaftliche Alternative. Jahrbuch Schweißtechnik 1994. Düsseldorf: DVS-Verlag. ISBN/EAN 978-3-87155-729-3

**TRI97**

*Trillmich, R.; Welz, W. (1997)*: Bolzenschweißen – Grundlagen und Anwendung. Fachbuchreihe Schweißtechnik. Düsseldorf: DVS-Verlag (133). ISBN/EAN 3-87155-172-4

**WOD04**

*Wodara, J. (2004)*: Ultraschallfügen und -trennen. Fachbuchreihe Schweißtechnik. Düsseldorf: DVS-Verlag (151). ISBN/EAN 3-87155-212-7

## Unselbständige Quellen

**AHL66**

*Ahlert, W. (1966)*: Neuzeitliches Thermitschweißen. In: Schweißen und Schneiden, S. 430–434.

**BEH90**

*Behnke, W. R. (1990)*: Ultraschallschweißen von Aluminium. In: Aluminium, S. 930–932.

**BRA15**

*Braun, J.; Keichel, J.; Peters, A. (2015)*: Aluminothermisches Schweißen: Tradition und Innovation im lückenlosen Gleis. In: ZEVrail 139 (2015), Heft 10, S. 382–389

**BUR62**

*Burat, F. (1962)*: Erfahrungen mit dem Gaspressschweißen im Stahlbeton-Hochbau. In: Schweißen und Schneiden, S. 385–389.

**DAH09**

*St. Dahms (2009)*: Diffusionsschweißen von Borsilikatglas und Quarzglas. In: Jahrbuch Schweißtechnik 2009, S. 48–56.

**ESS15**

*Esser, M.; Schiebahn; A., Reisgen, U. (2015)*: Widerstandsbuckelschweißen von Al-Cu-Mischverbindungen zur Generierung elektrischer Kontaktierungen. In: DVS Berichte Band 315 (2015), S. 361–367.

**GRO83**

*Groschopp, J. (1983)*: Anwendung der Explosivplattierung und -umformung im Chemieanlagenbau. In: ZIS-Mitteilungen, S. 135.

**GRO87**

*Groschopp, J. (1987)*: Explosivplattierter Verbundwerkstoff Titan-Stahl. In: ZIS-Mitteilungen, S. 125–134.

**HAD04**

*Hadamik, P.; Heuser, H. (2004)*: Praxis des Unterpulverschweißens, Teil 4: Kalkulationsgrößen, praktische Hinweise und Schweißparameter. In: Technica, H. Heft 15/16, S. 48–51.

**HAD04**

*Hadamik, P.; Heuser, H. (2004)*: Praxis des Unterpulverschweißens, Teil 1. In: Technica, H. Heft 8, S. 48–54.

**HEE78**

*Heer, S. (1978)*: Teilautomatisches Kaltpress-Stumpfschweißen. In: Schweißtechnik, S. 443–445.

**HER89**

*Hereth, M.; Schlatter, B. (1989)*: Erhöhung von Leistung und Qualität beim UP-Verfahren durch den Einsatz von zwei Drähten im Doppeldrahtprinzip. In: OERLIKON Schweißmitteilungen, H. Heft 121, S. 4–11.

**HOF73**

*Hofe, D. von (1973)*: Elektroschlackeschweißen. Merkblatt 466.

**KIL78**

*Killing, R.; Thier H. (1978)*: Einige Leistungs- und Verbauchswerte für das Unterpulverschweißen. In: Der Praktiker, H. Heft 1, S. 9–12.

**KNO09**

*Knott, U. (2009)*: Die RS 1000 – eine neue Reibschweißmaschinengeneration für den Triebwerksbau. In: DVS-Berichte, S. 10–13.

**KOT18**

*Kotschote, C. et al. (2013)*: Besonderheiten beim Aluminium-Stahl-Schweißen mittels Stanzelement. In: DVS Berichte Band 296 (2013), S. 88–92.

**KRE77**

*Kreye, H. (1977)*: Elektronenmikroskopische Untersuchungen zum Bindemechanismus beim Kaltpressschweißen. In: Schweißen und Schneiden, S. 249–252.

**LIS94**

*Lison, R. (1994)*: Verwandte Verfahren der Schweißtechnik – Diffusionsschweißen und seine Anwendung. In: Jahrbuch Schweißtechnik 1994.

**LUK01**

*Lukkari L. (2001)*: Look at the deposition rates in SAW now. In: Svetsaren, English Edition, H. Heft 2/3, S. 51–57.

**MAR96**

*Martinek, I. (1996)*: Besonderheiten des Ultraschallschweißens gegenüber anderen Fügeverfahren. In: Jahrbuch Schweißtechnik 1996.

**MEH79**

*Mehlhorn, H. (1979)*: Parameter von Diffusionsschweißverbindungen. In: ZIS-Mitteilungen, S. 90–91.

**NENT86**

*Nentwig, A. (1986)*: Magnetfeldverteilung beim Pressschweißen mit magnetisch bewegtem Lichtbogen an magnetischen und unmagnetischen Bauteilen. In: Schweißen und Schneiden, S. 502–506.

**NEU96**

*Neumann, A. (1996)*: Schweißtechnischeas Handbuch für Konstrukteure. Teil I: Grundlagen Tragfähigkeit, Gestaltung, H. 7., überarbeitete Auflage.

**NIE91**

*Nies, H. (1991)*: Unterpulver-Engspaltsschweißen mit Doppeldrahtelektroden: Schweißtechnologie und Nahteigenschaften. In: OERLIKON Schweißmitteilungen, H. Heft 125, S. 4–13.

**NN83**

*N.N.: (1983)*: Ultraschallschweißen im Kundenauftrag. In: Der Zuliefermarkt, S. 56.

**PEN75**

*Penning. E.: (1975)*: MBL-Schweißen von Rohr-Flansch-Verbindungen. In: Schweißtechnik, S. 147–149.

**POL06**

*Polrolniczak, H. u. a. (2006)*: Fehler und deren Vermeidung beim Widerstandsschweißen. Einflussgrößen und Maschineneinstellung. In: Der Praktiker, S. 270–276.

**SCH08**

*Schofer E., Gehring M. (2008)*: A complete and reliable partner for pipe mills. In: Svetsaren, English Edition, H. Heft 1, S. 27–31.

**SEY92**

*Seyffarth, P.; Scharff, A.; Meyer, B. (1992)*: Großer Atlas Schweiß-ZTU-Schaubilder. Fachbuchreihe Schweißtechnik; 110.

**SFI09**

*(2009)*: Lehrunterlagen zum internationalen Schweißfachingenieur nach DVS-IIW/EWE-Richtlinie 1173. In: Software, S. 122–129.

**SHI97**

*SHIRZADI, A. A. (1997)*: Diffusion Bonding Aluminium Alloys and Composites – New Approaches and Modelling, In: King's College, Cambridge, GB, 1997.

**THI77**

*Thier, H. (1977)*: Ein neuer Weg zum quantitativen Erfassen metallurgischer Reaktionen beim Schmelzschweißen. In: Schweißen und Schneider, H. Heft 7, S. 241–246.

**TRI05**

*Trillmich, R. (2005)*: Welche Arbeitshilfen bietet das Merkblatt DVS 0904 beim Bolzenschweißen. In: Jahrbuch Schweißtechnik 2005, S. 89–105.

**TUS03**

*Tusek J., Suban M. (2003)*: High-productivity multiple-wire submerged arc welding and cladding with metal-powder addition. In: Journal of Materials Processing Technology, H. Heft 1–2, S. 207–213.

**UWE91**

*Uwer, D.; Höhne, H. (1991)*: Charakterisierung des Kaltrißverhaltens von Stählen beim Schweißen. In: Schweißen und Schneiden, S. 195–199.

**WEG15**

*Wegner, A.; Damm, S. (2015)*: Digitale Abnahme von Schienenlängsprofilen. In: ZEVrail 139 (2015), Heft 6–7, S. 252–259.

**WIE84**

*Wiesner, P. (1984)*: Praktische Hinweise zum Diffusionsschweißen. In: ZIS-Mitteilungen.

**WOD77**

*Wodara, J. (1977)*: Algorithmus zur Auswahl des Ultraschallpunktschweißens von Metallen. In: Schweißtechnik, S. 201–203.

**WOD82**

*Wodara, J. (1982)*: Ultraschallschweißen von durchoxidierten AgCdO-Kontaktstücken. In: ZIS-Mitteilungen, S. 407–413.

**WOD95**

*Wodara, J. (1995)*: Ultraschallschweißen (Metalle). In: in: Fügetechnik/Schweißtechnik, S. 173.

## Tagungsschriften (Vorträge)

**ADA09**

*Adams, D. C. (2009):* News of MTI Friction Welding USA/SLV München (Veranst.). 18. Erfahrungsaustausch Reibschweißen. München: 10.03.2009, Tagungsband.

**APP09**

*Appel, L.; Cramer, H.; Serve, M. (2009):* Untersuchungsergebnisse zur Anwendung des Orbitalreibschweißens von Metallen / SLV München (Veranst.). 18. Erfahrungsaustausch Reibschweißen. München: 10.03.2009, Tagungsband.

**BOT07**

*Bothfeld, R. u. a. (2007):* Integriertes Qualitätssicherungssystem: Steuerung mit adaptiver Regelung und Inline-Überwachung-GeniusMF/DVS Media GmbH (Hrsg.). 20. DVS-Sondertagung Widerstandsschweißen. Düsseldorf: 2007.

**BOY09**

*Boywitt, R. (2009):* Grundlagen und Anwendungsbeispiele des Rührreibschweißens/SLV München (Veranst.). 18. Erfahrungsaustausch Reibschweißen. München: 10.03.2009, Tagungsband.

**DÖRF09**

*Dörfler, S. M. (2009):* Simulation der Werkstoffdurchmischung beim Rührreibschweißen von Aluminiumlegierungen/GKSS Geesthacht (Veranst.). 4. Workshop Rührreibschweißen. Geesthacht: 31.03.-02.04.2009, Tagungsband.

**ELL09**

*Ellermann, F. (2009):* Neue rührreibgeschweißte Produkte/GKSS Geesthacht (Veranst.). 4. Workshop Rührreibschweißen. Geesthacht: 31.03.–02.04.2009, Tagungsband.

**ISA09**

*Isakovic, J. T. (2009):* Punktreibschweißen – Stand der Technik und neueste Entwicklungen/GKSS Geesthacht (Veranst.). 4. Workshop Rührreibschweißen. Geesthacht: 31.03.–02.04.2009, Tagungsband.

**KAL99**

*Kallee, St. (1999):* Rührreibschweißen – Verfahren und Einsatzfälle/GKSS/TWI (Veranst.). GKSS/TWI Workshop. Geesthacht: 03.05.1999, Tagungsband.

**MAN07**

*Manzenreiter, Th. u. a. (2007):* Herausforderungen bei der Produktion und Verarbeitung von pressgehärteten Stahl mit kathodischen Korrosionsschutz/DVS Media GmbH (Hrsg.). 20. DVS-Sondertagung Widerstandsschweißen. Düsseldorf: 2007.

**MEY09**

*Meyer, A.; Fellhauer, A. (2009):* Rührreibschweißen von hochfesten Aluminiumprofilen für Aufgleisbrücken/GKSS Geesthacht (Veranst.). 4. Workshop Rührreibschweißen. Geesthacht: 31.03.–02.04.2009, Tagungsband.

**ORL06**

*Orlick, H. (2006):* Laser- und Elektronenstrahl – Innovative Werkzeuge zur Materialbearbeitung für Industrie und Handwerk/Teutloff Bildungszentrum Wernigerode (Veranst.). 3. Thementag Schweißen. Wernigerode: 18.05.2006, Tagungsband.

**PAL00**

*Palm, F. (2000):* Friction Stir Welding (Rührreibschweißen) – Aktuelle Entwicklungen und Anwendungen/SLV München (Veranst.). Erfahrungsaustausch Reibschweißen. München: 29.03.2000, Tagungsband.

**PUS07**

*Puschner, P. (2007):* Intelligente Transformator-Punktschweißzange in 10 kHz-Technik – Vorteile in Reparatur und Produktion/DVS Media GmbH (Hrsg.). 20. DVS-Sondertagung Widerstandsschweißen. Düsseldorf: 2007.

**SAN02**

*dos Santos, J. F.; Strombeck, A. von; Schilling, C. (2002):* Rührreibschweißen – Verfahren und Stand der Technik/GKSS Geesthacht (Veranst.). 2. Workshop Rührreibschweißen. Geesthacht: 22.01.–23.01.2002.

**SCH07**

*Schreiber, St. (2007):* Ultraschallprüfen beim Widerstandspunktschweißen-Überblick/DVS Media GmbH (Hrsg.). 20. DVS-Sondertagung Widerstandsschweißen. Düsseldorf: 2007.

**SCH15b**

*Schmicker, D.; Strackeljan, J. (2015):* Die prädiktive Prozesssimulation mittels virtua RFW als innovatives Werkzeug für die Optimierung des Rotationsreibschweißens/SLV München (Veranst.). 21. Erfahrungsaustausch Reibschweißen. München: 10. 03. 2015, Tagungsband.

**SCH19**

*Scheler, R.; Faber, T.; Pfeifer, K. (2019):* Reibschweißen von Rohren für tiefbohrtechnische Anwendungen/SLV München (Veranst.). 23. Erfahrungsaustausch Reibschweißen. München: 12. 03. 2019, Tagungsband.

**SEE09**

*Seeghitz, J.; Reinel, U. (2009):* Multi Orbitales Reibschweißen/SLV München (Hrsg.). 18. Erfahrungsaustausch Reibschweißen. München: 10.03.2009, Tagungsband.

**STM11**

*Steinmetz, H.; Reinhardt, R.; Trommer, F. (2011):* Aufgleitendes Reibschweißen eröffnet neue Anwendungsgebiete im Automobilbau/SLV München (Veranst.). 18. Erfahrungsaustausch Reibschweißen. München: 08. 03. 2011, Tagungsband.

**WIL09**

*Wilden, J.; Neumann, T.; dos Santos, J. F. (2009):* Einsatz des kraftautarken Werkzeuges „Bobbin-Tool" zum Rührreibschweißen der Aluminiumlegierung 2024-T351 Prozessentwicklung/GKSS Geesthacht (Veranst.). 4. Workshop Rührreibschweißen. Geesthacht: 31.03.–02.04.2009, Tagungsband.

## Forschungs- und Entwicklungsberichte

**AIF05**

Untersuchung innovativer Geräte zur Qualitätssicherung beim Widerstandspunktschweißen (Aif-Nr. 13.568N). Abschlussbericht zum Forschungsvorhaben.

**PAL02**

*Palm, F. (2002):* Rührreibschweißen von Al- und Mg-Werkstoffen mit Blick auf zukünftige Anwendungen. EADS Deutschland GmbH/Zentrale Forschung. Ottobrunn.

## Firmenschriften

**FOC09**

FOCUS GmbH (2009): Elektronenstrahlschweißen mit dem MEBW-60. Huenstetten-Kesselbach.

**KUK06**

KUKA Systems GmbH: Magnetarc-Schweißen. Augsburg. (996095/0406/1d).

**NIM09**

Nimak GmbH (2009): Die NIMAK KES-Familie. Wissen.

## Internetquellen

**RIFTEC 09**

Riftec GmbH Geestacht: RIFTEC – The Smart Way of Welding, Stand: 20.05.2009.

## Gesetze/Vorschriften

**BetrSichV**

07-2021: Betriebsicherheitsverordnung. Verordnung über Sicherheit und Gesundheitsschutz bei der Verwendung von Arbeitsmitteln.

**DGUV Information 205-001**

12-2020: Deutsche Gesetzliche Unfallversicherung. DGUV Information 205-001: Betrieblicher Brandschutz in der Praxis.

**DGVU Information 209-011**

10-2018: Deutsche Gesetzliche Unfallversicherung. DGUV Information 209-011: Gasschweißen.

**DGUV Information 209-016** (zurückgezogen 06-2018)

11-2012: Deutsche Gesetzliche Unfallversicherung. DGUV Information 209-016: Schadstoffe beim Schweißen und bei verwandten Verfahren.

**DGUV Information 209-049** (zurückgezogen 08-2024)

10-2018: Deutsche Gesetzliche Unfallversicherung. DGUV Information 209-049: Umgang mit thoriumoxidhaltigen Wolframelektroden beim Wolfram-Inertgasschweißen (WIG).

**DGUV Regel 100-500**

11-2024: Deutsche Gesetzliche Unfallversicherung. DGUV Regel 100-500: Betreiben von Arbeitsmitteln.

**DGUV Regel 113-004**

02-2019: Deutsche Gesetzliche Unfallversicherung. DGUV Regel 113-004: Behälter, Silos und enge Räume. Teil 1: Arbeiten in Behältern, Silos und engen Räumen.

**DGUV Vorschrift 1**

11-2013: Deutsche Gesetzliche Unfallversicherung. DGUV Vorschrift 1 – Grundsätze der Prävention.

**DGUV Vorschrift 11** (außer Kraft gesetzt 04-2023)

01-1997: Deutsche Gesetzliche Unfallversicherung. DGUV Vorschrift 11 – Unfallverhütungsvorschrift Laserstrahlung.

**TRAC 201** (außer Kraft gesetzt 01-2013)

(11-1982): Technische Regeln für Acetylenanlagen und Calciumcarbidlager: TRAC 201 Acetylenentwickler.

**TRAC 202** (außer Kraft gesetzt 01-2013)

(10-1990): Technische Regeln für Acetylenanlagen und Calciumcarbidlager: TRAC 202 Acetylenkühler, -trockner und -reiniger.

**TRAC 204** (außer Kraft gesetzt 01-2013)

(10-1990): Technische Regeln für Acetylenanlagen und Calciumcarbidlager: TRAC 204 Acetylenleitungen.

**TRAC 206** (außer Kraft gesetzt 01-2013)

(05-1994): Technische Regeln für Acetylenanlagen und Calciumcarbidlager: TRAC 206 Acetylenflaschenbatterieanlagen.

**TRAC 207** (außer Kraft gesetzt 01-2013)

(08-1999): Technische Regeln für Acetylenanlagen und Calciumcarbidlager: TRAC 207 Sicherheitseinrichtungen.

**TRAC 208** (außer Kraft gesetzt 01-2013)

(03-1999): Technische Regeln für Acetylenanlagen und Calciumcarbidlager: TRAC 208 Acetyleneinzelflaschenanlagen.

**TRG 280** (außer Kraft gesetzt 01-2013)

(10-1995): Technische Regeln Druckgase: TRG 280 Allgemeine Anforderungen an Druckgasbehälter – Betreiben von Druckgasbehältern.

**TRF 2021**

05-2021: Deutscher Verband Flüssiggas (DVFG): TRF 2021 Technische Regeln Flüssiggas.

**TRG 311** (außer Kraft gesetzt 01-2013)

(04-2000): Technische Regeln Druckgase: TRG 311 – Besondere Anforderungen an Druckgasbehälter, Flaschen Acetylenflaschen.

**TRGS 528**

02-2020: Technische Regeln für Gefahrstoffe: TRGS 528 Schweißtechnische Arbeiten.

**TRGS 900**

05-2025: Technische Regeln für Gefahrstoffe: TRGS 900 Arbeitsplatzgrenzwerte.

## Normen/Merkblätter

**AWS D17.3/D17.3 M**

08-2023: Specification for Friction Stir Welding of Aluminium Alloys for Aerospace Applications.

**DIN 488-1**

08-2009: Betonstahl; Teil 1: Stahlsorten, Eigenschaften, Kennzeichnung.

**DIN 1340**

12-1990: Gasförmige Brennstoffe – Arten, Bestandteile, Verwendung.

**DIN 1343**

01-1990: Referenzzustand, Normzustand, Normvolumen; Begriffe und Werte.

**DIN 1910-100**

02-2008: Schweißen und verwandte Prozesse – Begriffe; Teil 100: Metallschweißprozesse mit Ergänzungen zu DIN EN 14610:2005.

**DIN 2310-6**

03-2023: Thermisches Schneiden – Teil 6: Einteilung, Prozesse.

**DIN 5381**

02-2021: Kennfarben.

**DIN 8522**

12-2009: Fertigungsverfahren der Autogentechnik – Übersicht.

**DIN 8580**

12-2022: Fertigungsverfahren – Begriffe, Einteilung.

**DIN 8593-0**

09-2003: Fertigungsverfahren Fügen; Teil 0: Allgemeines, Einordnung, Unterteilung, Begriffe.

**DIN 8593-6**

09-2003: Fertigungsverfahren Fügen; Teil 6: Fügen durch Schweißen – Einordnung, Unterteilung, Begriffe.

**DIN 22261-2**

06-2023: Bagger, Absetzer und Zusatzgeräte in Braunkohlentagebauen; Teil 2: Berechnungsgrundlagen.

**DIN 32511**

03-2007: Schweißen – Elektronenstrahlverfahren zur Materialbearbeitung – Begriffe für Prozesse und Geräte.

**DIN 32532**

08-2009: Schweißen – Laserstrahlverfahren zur Materialbearbeitung – Begriffe für Prozesse und Geräte.

**DIN 51622**

09-2020: Flüssiggase – Propan, Propen, Butan – Anforderungen.

**DIN EN 169**

02-2003: Persönlicher Augenschutz – Filter für das Schweißen und verwandte Techniken – Transmissionsanforderungen und empfohlene Anwendung.

**DIN EN 379**

07-2009: Persönlicher Augenschutz – Automatische Schweißerschutzfilter.

**DIN EN 560**

11-2018: Gasschweißgeräte – Schlauchanschlüsse für Geräte und Anlagen für Schweißen, Schneiden und verwandte Prozesse.

**DIN EN 561**

09-2002: Gasschweißgeräte – Schlauchkupplungen mit selbsttätiger Gassperre für Schweißen, Schneiden und verwandte Prozesse.

**DIN EN 1011-1**

07-2009: Schweißen – Empfehlungen zum Schweißen metallischer Werkstoffe – Teil 1: Allgemeine Anleitungen für das Lichtbogenschweißen.

**DIN EN 1011-2**

05-2001: Schweißen – Empfehlungen zum Schweißen metallischer Werkstoffe; Teil 2: Lichtbogenschweißen von ferritischen Stählen.

**DIN EN 1011-6**

04-2019: Schweißen – Empfehlungen zum Schweißen metallischer Werkstoffe – Teil 6: Laserstrahlschweißen.

**DIN EN 1011-7**

10-2004: Schweißen – Empfehlungen zum Schweißen metallischer Werkstoffe – Teil 7: Elektronenstrahlschweißen.

**DIN EN 1089-3**

10-2011: Ortsbewegliche Gasflaschen – Gasflaschen-Kennzeichnung (ausgenommen Flüssiggas LPG) – Teil 3: Farbcodierung.

**DIN EN 1256**

03-2008: Gasschweißgeräte – Festlegungen für Schlauchleitungen für Ausrüstungen für Schweißen, Schneiden und verwandte Prozesse.

**DIN EN 1990**

10-2021: Eurocode: Grundlagen der Tragwerksplanung.

**DIN EN 1991-1-1**

12-2010: Eurocode 1: Einwirkungen auf Tragwerke – Teil 1-1: Allgemeine Einwirkungen auf Tragwerke; Wichten, Eigengewicht und Nutzlasten im Hochbau.

**DIN EN 1992-1-1**

01-2011: Eurocode 2: Bemessung und Konstruktion von Stahlbeton und Spannbetontragwerken; Teil 1-1: Allgemeine Bemessungsregeln und Regeln für den Hochbau.

**DIN EN 1993-1-1**

04-2025: Eurocode 3: Bemessung und Konstruktion von Stahlbauten – Teil 1-1: Allgemeine Bemessungsregeln und Regeln für den Hochbau.

**DIN EN 1993-1-8**

04-2025: Eurocode 3: Bemessung und Konstruktion von Stahlbauten; Teil 1-8: Anschlüsse.

**DIN EN 1993-1-9**

12-2010: Eurocode 3: Bemessung und Konstruktion von Stahlbauten; Teil 1-9: Ermüdung.

**DIN EN 1993-3-1**

04-2025: Eurocode 3: Bemessung und Konstruktion von Stahlbauten – Teil 3-1: Türme, Maste und Schornsteine – Türme und Maste.

**DIN EN 1993-3-2**

12-2010: Eurocode 3: Bemessung und Konstruktion von Stahlbauten – Teil 3-2: Türme, Maste und Schornsteine – Schornsteine.

**DIN EN 1993-6**

12-2010: Eurocode 3: Bemessung und Konstruktion von Stahlbauten – Teil 6: Kranbahnen.

**DIN EN 1999-1-1**

11-2024: Eurocode 9: Bemessung und Konstruktion von Aluminiumtragwerken – Teil 1-1: Allgemeine Bemessungsregeln.

**DIN EN 1999-1-1/NA**

03-2021: Nationaler Anhang – National festgelegte Parameter – Eurocode 9: Bemessung und Konstruktion von Aluminiumtragwerken – Teil 1-1: Allgemeine Bemessungsregeln.

**DIN EN 1999-1-3**

04-2025: Eurocode 9: Bemessung und Konstruktion von Aluminiumtragwerken – Teil 1–3: Ermüdungsbeanspruchte Tragwerke.

**DIN EN 10025-2**

10-2019: Warmgewalzte Erzeugnisse aus Baustählen; Teil 2: Technische Lieferbedingungen für unlegierte Baustähle.

**DIN EN 10020**

07-2000: Begriffsbestimmungen für die Einteilung der Stähle.

**DIN EN 10025-1**

04-2011: Warmgewalzte Erzeugnisse aus Baustählen – Teil 1: Allgemeine technische Lieferbedingungen.

**DIN EN 10028-2**

10-2017: Flacherzeugnisse aus Druckbehälterstählen – Teil 2: Unlegierte und legierte Stähle mit festgelegten Eigenschaften bei erhöhten Temperaturen.

**DIN EN 10080**

08-2005: Stahl für die Bewehrung von Beton; Schweißgeeigneter Betonstahl; Allgemeines.

**DIN EN 10216-2**

02-2025: Nahtlose Stahlrohre für Druckbeanspruchungen – Technische Lieferbedingungen – Teil 2: Rohre aus unlegierten und legierten Stählen mit festgelegten Eigenschaften bei erhöhten Temperaturen.

**DIN EN 10217-1**

08-2019: Geschweißte Stahlrohre für Druckbeanspruchungen – Technische Lieferbedingungen – Teil 1: Elektrisch geschweißte unter unterpulvergeschweißte Rohre aus unlegierten Stählen mit festgelegten Eigenschaften bei Raumtemperatur.

**DIN EN 10217-2**

08-2019: Geschweißte Stahlrohre für Druckbeanspruchungen – Technische Lieferbedingungen – Teil 2: Elektrisch geschweißte Rohre aus unlegierten und legierten Stählen mit festgelegten Eigenschaften bei erhöhten Temperaturen.

**DIN EN 10218-2**

03-2012: Stahldraht und Drahterzeugnisse – Allgemeines – Teil 2: Drahtmaße und Toleranzen.

**DIN EN 13001-3-1**

07-2025: Krane – Konstruktion Allgemein – Teil 3-1: Grenzzustände und Sicherheitsnachweis von Stahltragwerken.

**DIN EN 13479**

10-2017: Schweißzusätze – Allgemeine Produktnorm für Zusätze und Pulver zum Schmelzschweißen von metallischen Werkstoffen.

**DIN EN 14587-2**

10-2024: Bahnanwendungen – Infrastruktur – Abbrennstumpfschweißen von neuen Schienen – Teil 2: Abbrennstumpfschweißen von Schienen der Stahlsorten R200, R220, R260, R260Mn, R320Cr, R350HT, R370CrHT und R400HT durch mobile Schweißmaschinen an Orten außerhalb eines Schweißwerkes.

**DIN EN 14610**

02-2005: Schweißen und verwandte Prozesse; Begriffe für Metallschweißprozesse (zurückgezogen 10-2017).

**DIN EN 14700**

02-2023: Schweißzusätze – Schweißzusätze zum Hartauftragen.

**DIN EN 14730-1**

06-2017: Bahnanwendungen – Oberbau – Aluminothermisches Schweißen von Schienen – Teil 1 Zulassung der Schweißverfahren.

**DIN EN 15085-1**

09-2023: Bahnanwendungen – Schweißen von Schienenfahrzeugen und -fahrzeugteilen – Teil 1: Allgemeines.

**DIN EN 15085-4**

05-2023: Bahnanwendungen – Schweißen von Schienenfahrzeugen und -fahrzeugteilen – Teil 4: Fertigungsanforderungen.

**DIN EN 16436-1**

12-2020: Gummi- und Kunststoff-Schläuche und –Schlauchleitungen mit und ohne Einlage zur Verwendung mit Propan, Butan und deren Gemische in der Gasphase – Teil 1: Schläuche mit und ohne Einlage.

**DIN EN 60825-1 / VDE 0837-1**

07-2022: Sicherheit von Lasereinrichtungen – Teil 1: Klassifizierung von Anlagen und Anforderungen.

**DIN EN IEC 60974-1 / VDE 0644-1**

08-2023: Lichtbogenschweißeinrichtungen – Teil 1: Schweißstromquellen.

**DIN EN IEC 60974-7, VDE 0633-7**

06-2020: Lichtbogenschweißeinrichtungen – Teil 7: Brenner.

**DIN EN ISO 544**

12-2024: Schweißzusätze – Technische Lieferbedingungen für Schweißzusätze und Pulver – Art des Produktes, Maße, Grenzabmaße und Kennzeichnung.

**DIN EN ISO 636**

12-2024: Schweißzusätze – Stäbe, Drähte und Schweißgut zum Wolfram-Inertgasschweißen von unlegierten Stählen und Feinkornstählen – Einteilung.

**DIN EN ISO 669**

07-2016: Widerstandsschweißen – Widerstandsschweißeinrichtungen – Mechanische und elektrische Anforderungen.

**DIN ISO 857-2**

03-2007: Schweißen und verwandte Prozesse – Begriffe – Teil 2: Weichlöten, Hartlöten und verwandte Begriffe.

**DIN EN ISO 2503**

12-2015: Gasschweißgeräte – Druckminderer für Gasflaschen für Schweißen, Schneiden und verwandte Verfahren bis 300 bar.

**DIN EN ISO 2553**

07-2022: Schweißen und verwandte Prozesse – Symbolische Darstellung in Zeichnungen – Schweißverbindungen.

**DIN EN ISO 2560**

01-2021: Schweißzusätze – Umhüllte Stabelektroden zum Lichtbogenhandschweißen von unlegierten Stählen und Feinkornstählen – Einteilung.

**DIN EN ISO 3580**

08-2017: Schweißzusätze – Umhüllte Stabelektroden zum Lichtbogenhandschweißen von warmfesten Stählen – Einteilung.

**DIN EN ISO 3581**

11-2023: Schweißzusätze – Umhüllte Stabelektroden zum Lichtbogenhandschweißen von nichtrostenden und hitzebeständigen Stählen – Einteilung.

**DIN EN ISO 3821**

04-2020: Gasschweißgeräte – Gummischläuche für Schweißen, Schneiden und verwandte Prozesse.

**DIN EN ISO 3834-1**

01-2022: Qualitätsanforderungen für das Schmelzschweißen von metallischen Werkstoffen; Teil 1: Kriterien für die Auswahl der geeigneten Stufe der Qualitätsanforderungen.

**DIN EN ISO 4063**

07-2023: Schweißen, Hartlöten, Weichlöten und Schneiden – Liste der Prozesse und Ordnungsnummern.

**DIN EN ISO 4136**

09-2022: Zerstörende Prüfung von Schweißverbindungen an metallischen Werkstoffen – Querzugversuch.

**DIN EN ISO 4885**

07-2018: Eisenwerkstoffe – Wärmebehandlung – Begriffe.

**DIN EN ISO 5171**

09-2019: Gasschweißgeräte – Manometer für Schweißen, Schneiden und verwandte Prozesse.

**DIN EN ISO 5172**

12-2015: Gasschweißgeräte – Brenner für Schweißen, Wärmen und Schneiden – Anforderungen und Prüfungen.

**DIN EN ISO 5173**

05-2023: Zerstörende Prüfungen von Schweißnähten an metallischen Werkstoffen – Biegeprüfungen.

**DIN EN ISO 5175-1**

03-2018: Gasschweißgeräte – Sicherheitseinrichtungen Teil 1: Mit integrierter Flammensperre.

**DIN EN ISO 5175-2**

05-2019: Gasschweißgeräte – Sicherheitseinrichtungen Teil 1: Ohne integrierte Flammensperre.

**DIN EN ISO 5182**

11-2016: Werkstoffe für Elektroden und Hilfseinrichtungen.

**DIN EN ISO 5817**

07-2023: Schweißen – Schmelzschweißverbindungen an Stahl, Nickel, Titan und deren Legierungen (ohne Strahlschweißen) – Bewertungsgruppen von Unregelmäßigkeiten.

**DIN EN ISO 6520-1**

11-2007: Schweißen und verwandte Prozesse – Einteilung von geometrischen Unregelmäßigkeiten an metallischen Werkstoffen – Teil 1: Schmelzschweißen.

**DIN EN ISO 6520-2**

12-2013: Schweißen und verwandte Prozesse – Einteilung von geometrischen Unregelmäßigkeiten an metallischen Werkstoffen – Teil 2: Pressschweißungen.

**DIN EN ISO 6848**

12-2015: Lichtbogenschweißen und -schneiden – Wolframelektrode – Einteilung.

**DIN EN ISO 6947**

02-2020: Schweißen und verwandte Prozesse – Schweißpositionen.

**DIN EN ISO 7225**

01-2013: Gasflaschen – Gefahrgutaufkleber.

**DIN EN ISO 7291**

03-2021: Gasschweißgeräte – Hauptstellendruckregler für Schweißen, Schneiden und verwandte Verfahren bis 30 MPa (300 bar).

**DIN EN ISO 8167**

10-2021: Widerstandsschweißen – Buckelschweißungen mit geprägten Buckeln – Buckel zum Widerstandsschweißen.

**DIN EN ISO 9000**

11-2015: Qualitätsmanagementsysteme – Grundlagen und Begriffe.

**DIN EN ISO 9001**

11-2015: Qualitätsmanagementsysteme – Anforderungen.

**DIN EN ISO 9606-1**

12-2017: Prüfung von Schweißern – Schmelzschweißen – Teil 1: Stähle.

**DIN EN ISO 9606-2**

03-2005: Prüfung von Schweißern – Schmelzschweißen; Teil 2: Aluminium und Aluminiumlegierungen.

**DIN EN ISO 9692-1**

12-2013: Schweißen und verwandte Prozesse – Arten der Schweißnahtvorbereitung – Teil 1: Lichtbogenhandschweißen, Schutzgasschweißen, Gasschweißen, WIG-Schweißen und Strahlschweißen von Stählen.

**DIN EN ISO 9692-2**

06-2024: Schweißen und verwandte Verfahren – Schweißnahtvorbereitung – Teil 2: Unterpulverschweißen von Stahl.

**DIN EN ISO 9692-3**

11-2016: Schweißen und verwandte Prozesse – Arten der Schweißnahtvorbereitung – Teil 3: Metall-Inertgasschweißen und Wolfram-Inertgasschweißen von Aluminium und Aluminium-Legierungen.

**DIN EN ISO 10042**

01-2019: Schweißen – Lichtbogenschweißverbindungen an Aluminium und seinen Legierungen – Bewertungsgruppen von Unregelmäßigkeiten.

**DIN EN ISO 10882-1**

12-2024: Arbeits- und Gesundheitsschutz beim Schweißen und bei verwandten Verfahren – Probenahme von partikelförmigen Stoffen und Gasen im Atembereich des Schweißers – Teil 1: Probennahme von partikelförmigen Stoffen.

**DIN EN ISO 11146-1**

11-2021: Laser und Laseranlagen – Prüfverfahren für Laserstrahlabmessungen, Divergenzwinkel und Beugungsmaßzahlen – Teil 1: Stigmatische und einfach astigmatische Strahlen.

**DIN EN ISO 11146-2**

11-2021: Laser und Laseranlagen – Prüfverfahren für Laserstrahlabmessungen, Divergenzwinkel und Beugungsmaßzahlen – Teil 2: Allgemein astigmatische Strahlen.

**DIN EN ISO 13769**

11-2018: Gasflaschen – Stempelung.

**DIN EN ISO 13918**

12-2021: Schweißen – Bolzen und Keramikringe für das Lichtbogenbolzenschweißen.

**DIN EN ISO 13919-1**

03-2020: Elektronen- und Laserstrahl-Schweißverbindungen – Anforderungen und Empfehlungen für Bewertungsgruppen für Unregelmäßigkeiten – Teil 1: Stahl, Nickel, Titan und deren Legierungen.

**DIN EN ISO 13919-2**

06-2021: Elektronen- und Laserstrahl-Schweißverbindungen – Anforderungen und Empfehlungen für Bewertungsgruppen für Unregelmäßigkeiten – Teil 2: Aluminium, Magnesium und ihre Legierungen und reines Kupfer.

**DIN EN ISO 14001**

11-2015: Umweltmanagementsysteme – Anforderungen mit Anleitung zur Anwendung.

**DIN EN ISO 14040**

12-2021: Umweltmanagement – Ökobilanz – Grundsätze und Rahmenbedingungen.

**DIN EN ISO 14171**

12-2016: Schweißzusätze – Massivdrahtelektroden, Fülldrahtelektroden und Draht-Pulver-Kombinationen zum Unterpulverschweißen von unlegierten Stählen und Feinkornstählen – Einteilung.

**DIN EN ISO 14172**

10-2023: Schweißzusätze – Umhüllte Stabelektroden zum Lichtbogenhandschweißen von Nickel und Nickellegierungen – Einteilung.

**DIN EN ISO 14174**

09-2019: Schweißzusätze – Pulver zum Unterpulverschweißen und Elektroschlackeschweißen – Einteilung.

**DIN EN ISO 14175**

06-2008: Schweißzusätze – Gase und Mischgase für das Lichtbogenschweißen und verwandte Prozesse.

**DIN EN ISO 14272**

11-2016: Widerstandsschweißen – Zerstörende Prüfung von Schweißverbindungen – Probenmaße und Verfahren für die Kopfzugprüfung an Widerstandspunkt- und Buckelschweißungen mit geprägten Buckeln.

**DIN EN ISO 14273**

11-2016: Widerstandsschweißen – Zerstörende Prüfung von Schweißverbindungen – Probenmaße und Verfahren für die Scherzugprüfung an Widerstandspunkt- und Buckelschweißungen mit geprägten Buckeln

**DIN EN ISO 14327**

06-2004: Widerstandsschweißen – Verfahren für das Bestimmen des Schweißbereichsdiagramms für das Widerstandspunkt-, Buckel- und Rollennahtschweißen.

**DIN EN ISO 14329**

12-2003: Widerstandsschweißen – Zerstörende Prüfung von Schweißverbindungen – Brucharten und geometrische Messgrößen für Widerstandspunkt-, Rollennaht- und Buckelschweißungen.

**DIN EN ISO 14341**

12-2020: Schweißzusätze – Drahtelektroden und Schweißgut zum Metall-Schutzgasschweißen von unlegierten Stählen und Feinkornstählen – Einteilung.

**DIN EN ISO 14343**

05-2025: Schweißzusätze – Drahtelektroden, Bandelektroden, Drähte und Stäbe zum Lichtbogenschweißen von nichtrostenden und hitzebeständigen Stählen – Einteilung.

**DIN EN ISO 14555**

10-2017: Schweißen – Lichtbogenbolzenschweißen von metallischen Werkstoffen.

**DIN EN ISO 14713-3**

08-2017: Zinküberzüge – Leitfäden und Empfehlungen zum Schutz von Eisen- und Stahlkonstruktionen vor Korrosion – Teil 3: Sherardisieren.

**DIN EN ISO 14731**

07-2019: Schweißaufsicht – Aufgaben und Verantwortung.

**DIN EN ISO 14732**

12-2013: Schweißpersonal – Prüfung von Bedienern und Einrichtern zum mechanischen und automatischen Schweißen von metallischen Werkstoffen.

**DIN EN ISO 14744-1**

09-2008: Schweißen – Abnahmeprüfung von Elektronenstrahl-Schweißmaschinen – Teil 1: Grundlagen und Abnahmebedingungen.

**DIN EN ISO 14744-2**

07-2000: Schweißen – Abnahmeprüfung von Elektronenstrahl-Schweißmaschinen – Teil 2: Messen der Beschleunigungsspannungs-Kenngrößen.

**DIN EN ISO 14744-3**

07-2000: Schweißen – Abnahmeprüfung von Elektronenstrahl-Schweißmaschinen – Teil 3: Messen der Strahlstrom-Kenngrößen.

**DIN EN ISO 14744-4**

07-2000: Schweißen – Abnahmeprüfung von Elektronenstrahl-Schweißmaschinen – Teil 4: Messen der Schweißgeschwindigkeit.

**DIN EN ISO 14744-5**

07-2000: Schweißen – Abnahmeprüfung von Elektronenstrahl-Schweißmaschinen – Teil 5: Messen der Führungsgenauigkeit.

**DIN EN ISO 14744-6**

07-2000: Schweißen – Abnahmeprüfung von Elektronenstrahl-Schweißmaschinen – Teil 6: Messen der Flecklagetoleranz.

**DIN EN ISO 15011-4**

05-2018: Arbeits- und Gesundheitsschutz beim Schweißen und bei verwandten Verfahren – Laborverfahren zum Sammeln von Rauch und Gasen – Teil 4: Rauchdatenblätter.

**DIN EN ISO 15609-4**

10-2009: Anforderung und Qualifizierung von Schweißverfahren für metallische Werkstoffe – Schweißanweisung – Teil 4: Laserstrahlschweißen.

**DIN EN ISO 15607**

02-2020: Anforderung und Qualifizierung von Schweißverfahren für metallische Werkstoffe – Allgemeine Regeln.

**DIN EN ISO 15609-1**

12-2019: Anforderung und Qualifizierung von Schweißverfahren für metallische Werkstoffe – Schweißanweisung – Teil 1: Lichtbogenschweißen.

**DIN EN ISO 15609-3**

10-2004: Anforderung und Qualifizierung von Schweißverfahren für metallische Werkstoffe – Schweißanweisung – Teil 3: Elektronenstrahlschweißen.

**DIN EN ISO 15609-4**

10-2009: Anforderung und Qualifizierung von Schweißverfahren für metallische Werkstoffe – Schweißanweisung – Teil 4: Laserstrahlschweißen.

**DIN EN ISO 15609-5**

03-2012: Anforderung und Qualifizierung von Schweißverfahren für metallische Werkstoffe – Schweißanweisung – Teil 5: Widerstandsschweißen.

**DIN EN ISO 15609-6**

06-2013: Anforderung und Qualifizierung von Schweißverfahren für metallische Werkstoffe – Schweißanweisung – Teil 6: Laserstrahl-Lichtbogen-Hybridschweißen.

**DIN EN ISO 15614-1**

05-2020: Anforderung und Qualifizierung von Schweißverfahren für metallische Werkstoffe – Schweißverfahrensprüfung – Teil 1: Lichtbogen- und Gasschweißen von Stählen und Lichtbogenschweißen von Nickel und Nickellegierungen.

**DIN EN ISO 15614-11**

10-2002: Anforderung und Qualifizierung von Schweißverfahren für metallische Werkstoffe – Schweißverfahrensprüfung – Teil 11: Elektronen- und Laserstrahlschweißen.

**DIN EN ISO 15614-12**

06-2022: Anforderung und Qualifizierung von Schweißverfahren für metallische Werkstoffe – Schweißverfahrensprüfung Teil 12: Widerstandspunkt-, Rollennaht- und Buckelschweißen.

**DIN EN ISO 15616-1**

05-2003: Abnahmeprüfungen für $CO_2$-Laserstrahlanlagen zum Qualitätsschweißen und -schneiden – Teil 1: Grundlagen, Abnahmebedingungen.

**DIN EN ISO 15616-2**

05-2003: Abnahmeprüfungen für $CO_2$-Laserstrahlanlagen zum Qualitätsschweißen und -schneiden – Teil 2: Messen der statischen und dynamischen Genauigkeit.

**DIN EN ISO 15616-3**

05-2003: Abnahmeprüfung für $CO_2$-Laserstrahlanlagen zum Qualitätsschweißen und -schneiden – Teil 3: Kalibrieren von Instrumenten zum Messen des Gasdurchflusses und -drucks.

**DIN EN ISO 15620**

09-2019: Reibschweißen von metallischen Werkstoffen.

**DIN EN ISO 16834**

06-2025: Schweißzusätze – Drahtelektroden, Drähte, Stäbe und Schweißgut zum Schutzgasschweißen von hochfesten Stählen – Einteilung.

**DIN EN ISO 17632**

05-2016: Schweißzusätze – Fülldrahtelektroden zum Metall-Lichtbogenschweißen mit und ohne Schutzgas von unlegierten Stählen und Feinkornstählen – Einteilung.

**DIN EN ISO 17633**

09-2021: Schweißzusätze – Fülldrahtelektroden und Füllstäbe zum Metall-Lichtbogenschweißen mit und ohne Gasschutz von nichtrostenden und hitzebeständigen Stählen – Einteilung.

**DIN EN ISO 17634**

12-2015: Schweißzusätze – Fülldrahtelektroden zum Metall-Schutzgasschweißen von warmfesten Stählen – Einteilung.

**DIN EN ISO 17659**

09-2005: Schweißen – Mehrsprachige Benennungen für Schweißverbindungen mit bildlichen Darstellungen.

**DIN EN ISO 18274**

09-2023: Schweißzusätze – Massivdraht- und Massivbandelektroden, Massivdrähte und -stäbe zum Schmelzschweißen von Nickel und Nickellegierungen – Einteilung.

**DIN EN ISO 18278-1**

06-2023: Widerstandsschweißen – Schweißeignung Teil 1: Allgemeine Anforderungen an die Bewertung der Schweißeignung von Widerstandspunkt-, Rollennaht- und Buckelschweißen von metallischen Werkstoffen.

**DIN EN ISO 18595**

05-2021: Widerstandsschweißen – Punktschweißen von Aluminium und Aluminiumlegierungen – Schweißeignung, Schweißen und Prüfen.

**DIN EN ISO 18273**

05-2016: Schweißzusätze – Massivdrähte und -stäbe zum Schmelzschweißen von Aluminium und Aluminiumlegierungen – Einteilung.

**DIN EN ISO 18275**

12-2018: Schweißzusätze – Umhüllte Stabelektroden zum Lichtbogenhandschweißen von hochfesten Stählen – Einteilung.

**DIN EN ISO 18276**

12-2024: Schweißzusätze – Fülldrahtelektroden zum Metall-Lichtbogenschweißen mit und ohne Schutzgas von hochfesten Stählen – Einteilung.

**DIN EN ISO 20378**

12-2018: Schweißzusätze – Stäbe zum Gasschweißen von unlegierten und warmfesten Stählen – Einteilung.

**DIN EN ISO 21952**

05-2025: Schweißzusätze – Drahtelektroden, Drähte, Stäbe und Schweißgut zum Schutzgasschweißen von warmfesten Stählen – Einteilung.

**DIN EN ISO 22827-1**

02-2006: Abnahmeprüfung für Nd:YAG-Laserstrahlschweißmaschinen – Maschinen mit Versorgung durch Lichtleitfaser – Teil 1: Lasereinrichtung.

**DIN EN ISO 22827-2**

02-2006: Abnahmeprüfung für Nd:YAG-Laserstrahlschweißmaschinen – Maschinen mit Versorgung durch Lichtleitfaser – Teil 2: Mechanische Bewegungseinrichtungen.

**DIN EN ISO 24034**

12-2020: Schweißzusätze – Massivdrahtelektroden, Massivdrähte und Massivstäbe zum Schmelzschweißen von Titan und Titanlegierungen – Einteilung.

**DIN EN ISO 24373**

11-2018: Schweißzusätze – Massivdrähte und -stäbe zum Schmelzschweißen von Kupfer und Kupferlegierungen – Einteilung.

**DIN EN ISO 24598**

09-2019: Schweißzusätze – Drahtelektroden, Fülldrahtelektroden und Draht-Pulver-Kombinationen für das Unterpulverschweißen von warmfesten Stählen – Einteilung.

**DIN EN ISO 25239-1**

12-2020: Rührreibschweißen – Aluminium, Teil 1: Begriffe.

**DIN EN ISO 25239-2**

12-2020: Rührreibschweißen – Aluminium, Teil 2: Ausführung der Schweißverbindung.

**DIN EN ISO 25239-3**

12-2020: Rührreibschweißen – Aluminium, Teil 3: Qualifizierung der Bediener.

**DIN EN ISO 25239-4**

12-2020: Rührreibschweißen – Aluminium, Teil 4: Spezifikation und Qualifizierung von Schweißverfahren.

**DIN EN ISO 25239-5**

12-2020: Rührreibschweißen – Aluminium, Teil 5: Qualitäts- und Prüfungsanforderungen

**DIN EN ISO 26304**

05-2018: Schweißzusätze – Massivdrahtelektroden, Fülldrahtelektroden und Draht-Pulver-Kombinationen zum Unterpulverschweißen von hochfesten Stählen – Einteilung.

**DIN EN ISO 50001**

12-2018: Energiemanagementsysteme – Anforderungen mit Anleitung zur Anwendung.

**DIN EN ISO/ASTM 52900**

03-2022: Additive Fertigung – Grundlagen – Terminologie.

**DIN-Fachbericht ISO/TR 14062**

01-2003: Umweltmanagement – Integration von Umweltaspekten; in Produktdesign und -entwicklung.

**DIN-Fachbericht ISO/TR 581**

04-2007: Schweißbarkeit – Metallische Werkstoffe – Allgemeine Grundlagen.

**DIN/TS 35807**

08-2020: Leitfaden zur Lebenswegbetrachtung nach DIN EN ISO 14001:2015-11.

**DIN/TS 35235**

05-2021: Nachhaltigkeit in der Schweißtechnik - Ökobilanzierung von Schweißverfahren - Anleitung und Beispiele.

**DS 804**

05-2003: DB Netz AG – Eisenbahnbrücken (und sonstige Ingenieurbauwerke) planen, bauen und instand halten.

**DS 952**

01-1983: Deutsche Bahn – Vorschrift für das Schweißen metallischer Werkstoffe in Privatwerken.

**Merkblatt AD 2000-Merkblatt HP 0**

08-2024: Herstellung und Prüfung von Druckbehältern – Allgemeine Grundsätze für Auslegung, Herstellung und damit verbundene Prüfungen.

**Merkblatt AD 2000-Merkblatt HP 1**

05-2019: Herstellung und Prüfung von Druckbehältern – Auslegung und Gestaltung.

**Merkblatt AD 2000-Merkblatt S 1**

05-2019: Druckbehälter – Vereinfachte Berechnung auf Wechselbeanspruchung.

**Merkblatt AD 2000-Merkblatt S 6**

05-2018: Druckbehälter – Zeitstandbeanspruchung für Stähle.

**Merkblatt DVS 0212**

06-1986: Umgang mit Druckgasflaschen (zurückgezogen 06-2018).

**Merkblatt DVS 0901**

06-2019: Bolzenschweißen für Metalle – Übersicht.

**Merkblatt DVS 0902**

06-2019: Lichtbogenbolzenschweißen mit Hubzündung.

**Merkblatt DVS 0903**

06-2019: Kondensatorentladungs-Bolzenschweißen mit Spitzenzündung.

**Merkblatt DVS 0904**

06-2019: Hinweise für die Praxis-Lichtbogenbolzenschweißen.

**Merkblatt DVS 0907-1**

09-2006: Ermittlung des Zu- und Abbrandes von UP-Schweißpulvern beim Schweißen von unlegierten und niedriglegierten Stählen mit Massivdrahtelektroden – Zu- und Abbrandlinien.

**Merkblatt DVS 0909-1**

09-2000: Grundlagen des MSG-Hochleistungsschweißens mit Massivdrahtelektroden, Definitionen und Begriffe.

**Merkblatt DVS 0912-1**

03-1981: Metall-Schutzgasschweißen von Stahl; Richtlinien zur Verfahrensdurchführung, Vermeiden von Bindefehlern.

**Merkblatt DVS 0912-2**

02-1991: Metall-Schutzgasschweißen von Stahl; Richtlinie zur Verfahrensdurchführung, Vermeiden von Poren.

**Merkblatt DVS 0913-2**

05-2008: MIG-Schweißen von Aluminium; Geräte, Prozesse, Hilfsstoffe.

**Merkblatt DVS 0913-3**

05-2008: MIG-Schweißen von Aluminium, Anwendungstechnische Hinweise.

**Merkblatt DVS 0914**

09.2006: Verarbeitung und Lagerung von Schweißpulvern für das Unterpulverschweißen.

**Merkblatt DVS 0915**

02-2000: Unterpulver-Mehrdrahtschweißen.

**Merkblatt DVS 0916**

04-2012: Metall-Schutzgasschweißen von Feinkornbaustählen.

**Merkblatt DVS 0919**

02-1995: Wolfram-Plasmalichtbogenschweißen.

**Merkblatt DVS 0920**

06-2023: Wolfram-Inertgasschweißen (WIG) – Prozess, Verfahren, Werkstoffe, Normung.

**Merkblatt DVS 0926-1**

06-2003: Anforderungen an Energiequellen zum Metall-Schutzgasschweißen.

**Merkblatt DVS 0926-2**

08-2005: Anforderungen an Drahtvorschubsysteme, Schlauchpakete und Schweißbrenner zum Metall-Schutzgasschweißen.

**Merkblatt DVS 0927-1**

01-2025: Sensoren für vollmechanische und automatisierte Lichtbogenschweißverfahren.

**Merkblatt DVS 0931**

02-2012: MAG-Schweißen von nichtrostenden austenitischen Stählen.

**Merkblatt DVS 0934**

01-2025: WIG-Schweißen, Ausrüstung und Geräte.

**Merkblatt DVS 0935**

07-1998: Elektroschlacke-Auftragsschweißen mit Bandelektrode. (zurückgezogen 06-2018)

**Merkblatt DVS 0937**

05-2023: Wurzelschutz beim Schutzgasschweißen.

**Merkblatt DVS 0940**

03-1991: Unterpulverschweißen mit Bandelektrode.

**Merkblatt DVS 0941-1**

09-2020: Fülldrahtelektroden für das Verbindungs- und Auftragsschweißen, Grundlagen und Begriffsbestimmung.

**Merkblatt DVS 0941-2**

05-2023: Fülldrahtelektroden zum Metall-Lichtbogenschweißen mit und ohne Schutzgas von unlegierten, Feinkorn- sowie hochfesten Stählen.

**Merkblatt DVS 0942**

01-1995: Schweißen mit umhüllten Stabelektroden – Auftreten und Vermeidung von Poren.

**Merkblatt DVS 0948**

09-2024: Unterpulverschweißen mit seinen Verfahrensvarianten.

**Merkblatt DVS 0950**

06-2001: Mechanisiertes WIG- und Plasmaschweißen, Anforderungen an Stromquellen und Gerätetechnik.

**Merkblatt DVS 0958**

09-2005: Umhüllte Stabelektroden – Ausbringung, Abschmelzfaktor und Abschmelzkoeffizient – Arbeitsblätter und Berechnungshilfen.

**Merkblatt DVS 0968**

07-2008: Leistungsangaben von Bolzenschweißgeräten.

**Merkblatt DVS 1608-1**

02-2022: Gestaltung und Festigkeitsbewertung von Schweißkonstruktionen aus Aluminiumlegierungen im Schienenfahrzeugbau.

**Merkblatt DVS 1612**

08-2014: Gestaltung und Bewertung von Stumpf- und Kehlnähten im Schienenfahrzeugbau – Bauformen-Katalog.

**Merkblatt DVS 2803**

12–1974: Elektronenstrahlschweißen in der Mikrotechnik.

**Merkblatt DVS 2807-1**

04-1992: Zusatzstoffe für Mikroverbindungen; Bonddrähte und Bändchen.

**Merkblatt DVS 2809**

03-1993: Laserstrahlschweißen in Elektronik und Feinwerktechnik.

**Merkblatt DVS 2810**

09-1992: Drahtbonden.

**Merkblatt DVS 2811**

02-2017: Prüfverfahren für Drahtbondverbindungen.

**Merkblatt DVS 2901-1**

05-2022: Abbrennstumpfschweißen – Schweißen von Stahl.

**Merkblatt DVS 2901-2**

09-2014: Abbrennstumpfschweißen von Aluminium, Magnesium und deren Legierungen.

**Merkblatt DVS 2901-3**

03-2016: Abbrennstumpf- und Pressstumpfschweißen – Anwendungsbeispiele.

**Merkblatt DVS 2902-1**

09-2001: Widerstandspunktschweißen von Stählen bis 3 mm Einzeldicke – Übersicht.

**Merkblatt DVS 2902-2**

09-2001: Widerstandspunktschweißen von Stählen bis 3 mm Einzeldicke – Punktschweißeignung.

**Merkblatt DVS 2902-3**

02-2016: Widerstandspunktschweißen von Stählen bis 3 mm Einzeldicke – Konstruktion und Berechnung.

**Merkblatt DVS 2902-4**

10-2001: Widerstandspunktschweißen von Stählen bis 3 mm Einzeldicke – Grundlagen, Vorbereitung und Durchführung.

**Merkblatt DVS 2903**

10-1998: Elektroden für das Widerstandsschweißen.

**Merkblatt DVS 2904**

07-2020: Steuerungen, Leistungsteile und Transformatoren für das Widerstandsschweißen.

**Merkblatt DVS 2905**

05-2001: Buckelschweißen von Stählen.

**Merkblatt DVS 2906-1**

06-2021: Widerstands-Rollennahtschweißen – Verfahren und Grundlagen.

**Merkblatt DVS 2906-2**

06-2021: Widerstands-Rollennahtschweißen – Quetschnahtschweißen von Blechen aus Stahl.

**Merkblatt DVS 2906-3**

01-1992: Widerstands-Rollennahtschweißen mittels Drahtzwischenelektrode.

**Merkblatt DVS 2906-4**

02-1999: Widerstands-Foliennahtschweißen von Blechen aus Stahl.

**Merkblatt DVS 2908**

02-2016: Messen beim Punkt-, Buckel- und Rollennahtschweißen.

**Merkblatt DVS 2909-1**

07-2022: Reibschweißen von metallischen Werkstoffen – Rotationsreibschweißen: Verfahren, Begriffe, Werkstoffe.

**Merkblatt DVS 2909-2**

07-2022: Reibschweißen von metallischen Werkstoffen – Merkmale und Herstellung der Verbindung und Überwachung des Schweißvorganges.

**Merkblatt DVS 2909-3**

06-2016: Reibschweißen von metallischen Werkstoffen – Metallografische Merkmale einer Reibschweißverbindung und Qualitätssicherung beim Reibschweißen.

**Merkblatt DVS 2909-4**

11-2018: Reibschweißen von metallischen Werkstoffen – Qualifizierung und Anforderungen an das Reibschweißpersonal.

**Merkblatt DVS 2909-5**

08-2005: Reibschweißen von metallischen Werkstoffen – Bewertungsgruppen für das Rotationsreibschweißen.

**Merkblatt DVS 2916-1**

03-2014: Prüfen von Widerstandspressschweißverbindungen – Zerstörende Prüfung, quasistatisch.

**Merkblatt DVS 2916-4**

04-2021: Prüfen von Widerstandspressschweißverbindungen – Metallographische Prüfung.

**Merkblatt DVS 2916-5**

09-2017: Prüfen von Widerstandspressschweißverbindungen – Zerstörungsfreie Prüfung von Punktschweißverbindungen.

**Merkblatt DVS 2919**

05-2013: Widerstandspunkt-, Buckel- und Rollennahtschweißen von stahlfeinblechen mit Aluminiumüberzügen.

**Merkblatt DVS 2920**

02-2000: Widerstandspunkt-, Buckel- und Rollennahtschweißen von Stahlblechen bis 3 mm mit metallischen Überzügen.

**Merkblatt DVS 2920-2**

11-2017: Widerstandspunkt-, Buckel- und Rollennahtschweißen von Stahlfeinblechen mit metallischen Überzügen. Teil 2: Verzinktes Stahlfeinblech (ZE und Z).

**Merkblatt DVS 2922**

04-2021: Prüfen von Abbrennstumpf-, Pressstumpf- und MBP-Schweißverbindungen.

**Merkblatt DVS 2929-1**

08-2014: Messung des Übergangswiderstandes – Grundlagen, Messmethoden und -einrichtungen.

**Merkblatt DVS 2930**

07-2016: Gestaltung von Buckelschweißwerkzeugen.

**Merkblatt DVS 2931**

12-2008: Pressstumpfschweißen von Stahl.

**Merkblatt DVS 2933**

12-2004: Widerstandspunkt- und Buckelschweißen von Stählen – Beschichtungen mit Punktschweißlack.

**Merkblatt DVS 2935-1**

09-2004: Widerstandspunktschweißen von Feinblechen aus niedriglegierten Stählen – Kaltgewalzte höherfeste Stähle.

**Merkblatt DVS 2935-2**

05-2007: Widerstandspunktschweißen von Feinblechen aus niedriglegierten Stählen – Kaltgewalzte Mehrphasenstähle.

**Merkblatt DVS 2936**

12-2006: Widerstandsbuckelschweißen von Aluminiumwerkstoffen von 0,35 bis 3,5 mm Einzeldicke.

**Merkblatt DVS 2934**

11-2001: Pressschweißen mit magnetisch bewegtem Lichtbogen (MBP-Schweißen).

**Merkblatt DVS 2942**

12-2019: Schweißstrommessung beim Widerstandsschweißen. Messgeräte – Strommessspulen – Effektivwerte.

**Merkblatt DVS 2944**

07-2017: Widerstandsbuckelschweißen an NE-Metallen und Werkstoffpaarungen.

**Merkblatt DVS 2950**

04-2010: Widerstandsschweißen in der Elektronik und Feinwerktechnik – Übersicht und Grundlagen.

**Merkblatt DVS 3201**

04-2019: Grundsätze für das Konstruieren von Bauteilen für das Elektronenstrahlschweißen im Fein- und Hochvakuum.

**Merkblatt DVS 3202**

11-2023: Steuerungen von Elektronenstrahlschweißmaschinen.

**Merkblatt DVS 3203-1**

06-2017: Laserstrahlschweißen von metallischen Werkstoffen – Verfahren und Laserstrahlschweißanlagen.

**Merkblatt DVS 3203-2**

01-2015: Laserstrahlschweißen von metallischen Werkstoffen – Prüfen von Schweißparametern.

**Merkblatt DVS 3203-3**

09-2017: Laserstrahlschweißen von metallischen Werkstoffen – Schweißeignung von metallischen Werkstoffen.

**Merkblatt DVS 3203-3 – Beiblatt 1**

01-2015: Laserstrahlschweißen von metallischen Werkstoffen – Schweißeignung – Laserstrahlschweißen von Kupfer und Kupferlegierungen.

**Merkblatt DVS 3203-4**

01-2015: Laserstrahlschweißen von metallischen Werkstoffen – Nahtvorbereitung und konstruktive Hinweise.

**Merkblatt DVS 3204**

01-2021: Elektronenstrahl- und Laserstrahlanwendungen im Vakuum – Schweißeignung metallischer Werkstoffe.

**Merkblatt DVS 3205**

08-2021: Schutz vor Röntgenstrahlen an Elektronenstrahlmaschinen zur Materialbearbeitung.

**Merkblatt DVS 3209**

06-2007: Wirkungsgrade beim Elektronen- und Laserstrahlschweißen.

**Merkblatt DVS 3210**

07-2022: Prüfverfahren zur Qualitätssicherung von Elektronen- und Laserstrahlschweißnähten.

**Merkblatt DVS 3213**

08-2020: Empfehlungen zum Reinigen der Fügezone für das Strahlschweißen unter Vakuum.

**Merkblatt DVS 3214**

03-2024: Unregelmäßigkeiten an Elektronen- und Laserstrahlschweißnähten – Ursachen und Abhilfemaßnahmen.

**Merkblatt DVS 3216**

06-2025: Laserstrahl-Lichtbogen-Hybridschweißverfahren.

**Merkblatt DVS 3217**

03-2010: Empfehlungen zum Prüfen von strahlgeschweißten Stichnähten an T-Stößen.

**Merkblatt DVS 3218**

10-2023: Strahlformung für das Schweißen metallischer Werkstoffe mit dem Laserstrahl.

**Merkblatt DVS 3219**

01-2015: Qualitätssichernde Sensorik während des Laserstrahlschweißens.

**Merkblatt DVS 3220**

01-2017: Grundsätze für den Einsatz des Elektronenstrahlschweißens an Atmosphäre – technologische und konstruktive Hinweise.

**Merkblatt DVS 3222**

08-2010: Laser-Remote-Bearbeitung zum Schweißen und Schneiden.

**Merkblatt DVS 3701**

02-2016: Rührreibschweißen und seine Anforderungen an die Betriebsanlagen.

**Merkblatt DVS 3702**

07-2018: Einsatz der konduktiven Unterstützung beim Rührreibschweißen.

**Merkblatt DVS 3703**

06-2020: Reduzierung der Axialkraft beim Rührreibschweißen durch Skalierung von Schulter- und Schweißstiftdurchmesser.

**MIL-STD-883 K CHG-1**

07:2016: Test Method Standard – Microcircuits.

**Richtlinie 2014/68/EU DGRL**

05-2014: Richtlinie 2014/68/EU des Europäischen Parlaments und des Rates vom 15. Mai 2014 zur Harmonisierung der Rechtsvorschriften der Mitgliedstaaten über die Bereitstellung von Druckgeräten auf dem Markt (Druckgeräterichtlinie).

**VDI 2860**

05-1990: Montage- und Handhabungstechnik; Handhabungsfunktionen, Handhabungseinrichtungen; Begriffe, Definitionen, Symbole. (zurückgezogen 07-2016)

# Index

## G



## H



## I



## K



## L

## Q



## R



## S